**아메리칸
프로메테우스**

AMERICAN PROMETHEUS
by Kai Bird and Martin J. Sherwin

Copyright © Kai Bird and Martin J. Sherwin 2005
All rights reserved.

Korean translation edition is published by arrangement with
Alfred A. Knopf, a division of Random House Inc. through KCC.
Korean Translation Copyright © ScienceBooks 2010, 2023

이 책의 한국어판 저작권은 KCC를 통해 Alfred A. Knopf, a division of Random House Inc.와
독점 계약한 (주)사이언스북스에 있습니다.

저작권법에 의해 한국 내에서 보호를 받는 저작물이므로
무단 전재와 무단 복제를 금합니다.

아메리칸
프로메테우스

로버트 오펜하이머 평전 AMERICAN PROMETHEUS   카이 버드·마틴 셔윈 | 최형섭 옮김

수전 골드마크와 수전 서윈을 위해

그리고 앵거스 캐머론과 진 메이어를 기억하며

한국어판 서문

오펜하이머는 1904년에 태어나 1967년에 죽었다. 그는 63년의 일생 동안 핵무기의 개발과 세계사의 대전환을 낳은 과학 혁명에 주요 인물로 참여했다. 제2차 세계 대전 중에 그는 맨해튼 프로젝트의 로스앨러모스 과학 연구소의 소장직을 맡았다. 뉴멕시코 주에 위치한 로스앨러모스의 비밀 연구소에서는 원자 폭탄의 설계와 첫 실험이 이루어졌고, 그는 "원자 폭탄의 아버지"라는 별명을 얻게 되었다.

오펜하이머는 과학자와 과학 행정가였을 뿐만 아니라 정치 활동가이기도 했다. 하지만 그의 정치적 입장은 전쟁을 거치면서 급격하게 변화했다. 캘리포니아 대학교 버클리 분교의 물리학 교수였던 1930년대에 그는 공산당 활동에 깊이 관여했던 자유주의 성향의 공산당 동조자(fellow traveler)이기는 했지만 한번도 공산당에 가입한 적은 없었다. 전쟁 후 오펜하이머는 원자력 에너지 위원회 자문 위원회의 의장직을 비롯한 여러 정부 자문 활동을 하게 되었다. 그는 결코 고분고분하지는 않았지만, 어쨌든 제도권 과학자로서의 활동을 활발하게 전개했다. 이 시기의 활동으로 보아 그는 "군축의 아버지"라고 불려도 손색이 없을 것이다.

1953년 무렵이 되자 오펜하이머는 수많은 정적들을 만들게 된다. 미국이 핵무기에 대한 의존을 최소화해야 한다는 그의 주장 때문이었다. 당시 미국에서는 의회, 군부를 비롯해 막 임기를 시작하던 아이젠하워 행정부 내에서 미국의 핵 능력을 증강해야 한다고 생각하던 세력이 동맹을 결성해 힘을 키워가고 있었다. 그들은 눈엣가시 같은 오펜하이머를 모든 정부 자문 위원회로부터 축출하려는 음모를 꾸미기 시작했다. 핵 증강 동맹은 1930년대 당시 오펜하이머의 사회 활동들과 전쟁 직후 군비 축소를 옹호했던 그의 주장들을 증거로 그가 친소파인 것이 분명하며 정부 자문 활동을 금해야 한다고 주장했다. FBI는 오펜하이머를 정치적으로 공박하기 위해 8,000쪽이 넘는 증거 자료를 수집했다. 그 증거들 중에는 불법 도청 기록과 뻔뻔한 거짓말이 다수 포함되어 있었다. 하지만 모든 증거를 살펴보면 오펜하이머는 소련의 스파이가 아니라 미국의 애국자라는 것이 확연하게 드러난다.

전쟁 직후 오펜하이머는 핵무기의 존재가 미국에, 나아가 전 세계에 위협으로 작용하게 될 것이라고 경고했다. 미국의 핵 독점은 유지될 수 없었다. 맨해튼 프로젝트에 참여했던 다른 과학자들과 같이, 그는 소련이 3~5년 안에 미국의 핵 독점을 무너뜨릴 수 있을 것이라고 보았다(역시나 소련은 그들의 첫 원자 폭탄을 1949년 8월에 만들어 냈다.). 핵을 보유함으로써 미국의 안전을 지킬 수 있으리라는 환상은 위험한 것이었다. 그것은 미지근한 물속에 담긴 개구리 이야기와 크게 다르지 않았다. 물은 서서히 데워졌고 개구리는 자신이 삶아지고 있다는 사실을 눈치채지 못했다. 물이 뜨거워지면서 개구리는 점점 불편해졌지만, 스스로를 구하기에는 이미 늦어 버렸던 것이다.

히로시마와 나가사키에 대한 폭격이 있고 나서, 원자 폭탄의 아버지는 핵무기라는 미지근한 물속에서 뛰쳐나왔다. 그해 9월, 오펜하이머는 로스 앨러모스 연구소장 직에서 사임했다. 10월에 그는 트루먼 대통령에게 미국이 직면하고 있는 위험에 대해 호소하면서 "내 손에 피가 묻어 있습니다."라고 말했다. 1946년 1월에 그는 국무부 장관이 소집한 위원회의 일원으로 원자력 에너지의 국제 통제를 위한 계획을 세우는 데 참여했다. 이 계획의 궁극적인 목표는 핵무기의 전면적인 철폐에 있었다. 오펜하이머 계획의 기본 전제는 세계가 중대한 선택의 기로에 서 있다는 것이었다. 세계 각국의 정부들이 핵무기를 철폐하기 위한 계획에 참여하지 않으면 이 무기들은 점점 확산될 것이며 궁극적으로 다시 사용되리라는 것이었다.

지난 65년 동안에 오펜하이머의 음울한 예측이 실현될 뻔한 사건이 몇 차례 있었다. 가장 위험했던 사건은 1962년 10월 미국과 소련이 핵 충돌 직전까지 갔던 쿠바 미사일 위기였다. 그 전에도 핵무기를 사용할 뻔했던 사건이 한국전쟁 중에 있었다. 이 책의 독자들은 알겠지만, 한국전쟁 중에 중국군이 압록강을 넘어 진공해 오자 유엔군 사령관 더글러스 맥아더 장군은 핵무기의 사용을 허가해 달라고 트루먼 대통령에게 요청했던 것이다. 그런 의미에서 한반도와 핵무기는 핵 시대 초창기에 처음 만났다고 할 수 있다. 한반도와 핵무기의 재회는 1970년대에 이루어졌다. 당시 미국이 한반도에서 군대를 철수하려는 움직임을 보이자 대한민국의 박정희 대통령은 핵무기 개발에 필요한 기반 시설을 갖추기 위한 비밀 프로그램을 시작했다. 하지만 이 프로그램은 (핵무기를 개발하려던 포부와는 관계없이) 그가 암살당하면서 끝났다.

오펜하이머는 전쟁 직후 미국인들에게 핵무기는 의지만 있다면 비교적 값싸게 만들 수 있을 것이라고 경고했다. 이와 같은 주장은 맨해튼 프로젝트에 투입된 막대한 노력과 자금에 비추어 봤을 때 터무니없는 것처럼 들렸다. 하지만 얼마 전 가난하고 고립된 국가인 북한이 핵무기 개발에 성공한 것으로 보인다. 국제 과학, 문화, 상업의 주류에서 고립되어 있고, 심지어 자국민을 먹여 살리는 데조차 실패한 국가가 핵무기를 만들어 낼 수 있다면, 이는 핵무기의 전 세계적 확산이 그리 어려운 일이 아니라는 것을 명백히 보여 주는 것이다.

오펜하이머가 1946년에 주장했듯이 핵무기의 철폐는 문명의 생존에 가장 중요하고 시급한 선결 과제이다. 전 세계적으로 냉전은 종식되었다. 하지만 한반도에서의 핵 대결은 여전히 공포스러운 현실로 남아 있다. 오펜하이머는 핵 확산이 불가피하다는 것을 처음부터 명확하게 이해하고 있었다. 오늘날 그는 핵전쟁을 방지하기 위한 국제 관리 체제를 만들기 위한 노력이 위험스러울 정도로 늦게 진행되고 있다고 경고할 것이다. 하지만 아직 너무 늦은 것은 아니다. 오펜하이머가 1946년에 제안했던 핵무기 국제 통제 계획은 오늘날에도 여전히 유효하다. 오펜하이머의 삶과 고민은 누구보다도 대한민국의 독자들에게 실제적으로 중요한 가치를 지닐 것이다.

카이 버드 & 마틴 J. 셔윈

서문

줄리어스 로버트 오펜하이머(Julius Robert Oppenheimer)의 일생, 그의 경력, 그의 명성, 심지어 자존심까지 갑자기 통제 불가능한 상태에 빠지게 된 것은 1953년 크리스마스 나흘 전의 일이었다. 그는 워싱턴 D.C.의 조지타운 지역에 위치한 자신의 변호사의 집으로 돌아가는 길에 차창 밖을 내다보면서 "나에게 무슨 일이 일어나고 있는지 믿을 수가 없다."라고 말했다. 그리고 몇 시간 후에 그는 운명적인 결정을 내려야만 했다. 정부 자문 위원회로부터 사직해야만 할까? 아니면 원자력 에너지 위원회 의장 루이스 스트라우스(Lewis Strauss)가 그날 오후 느닷없이 전해 준 편지에 담긴 혐의들을 강력하게 부인하는 편이 좋을까? 스트라우스의 편지는 오펜하이머의 배경과 그동안의 정책 제안들을 검토해 본 결과, 그가 보안 위험 인물로 지정되었음을 알리고 있었다. 편지는 또한 34건의 혐의 사항들을 나열하고 있었다. 그것들은 말도 안 되는 소문에 근거한 것으로부터("당신이 1940년에 중국 인민 우호회(Friends of the Chinese People)의 후원자 명단에 올라 있다는 보고가 있었다.") 정치적인 공격에 이르기까지 ("1949년 가을부터 당신은 수소 폭탄의 개발에 강력하게 반대했다.") 다양한 혐의 사항들을 포함하고 있었다.

히로시마와 나가사키에 대한 원자 폭탄 폭격이 있고 나서부터 오펜하이머는 자신 앞에 어둡고 불길한 무언가가 기다리고 있다는 희미한 느낌을 가지고 있었다. 그가 미국 사회의 가장 존경받는 과학자이자 영향력 있는 정책 자문역으로서의 지위를 이미 획득했을 당시인 1940년대 후반에 헨리 제임스(Henry James)의 단편소설 『정글 속의 야수(The Beast in the Jungle)』를 읽은 적이 있었다. 오펜하이머는 집착과 고통스러운 자기 중심벽(癖)을 주제로 한 이 소설에 빠져들었다. 제임스 소설의 주인공은 자신에게 "무언가 진기한 일이, 어쩌면 지독하게 끔찍할지도 모르는 어떤 일이 조만간 벌어질 것"이라는 예감에 시달리고 있었다. 그것이 무엇이건 간에, 그는 그것이 자신을 "압도"해 버리리라는 것을 알고 있었다.

전후 미국에서 반공주의가 힘을 얻기 시작하자, 오펜하이머는 "정글 속의 야수"가 자신을 쫓고 있다는 것을 눈치채기 시작했다. 빨갱이 사냥을 목적으로 한 의회 조사 위원회에 출석하라는 요청을 받고, FBI가 그의 자택과 사무실의 전화에 대한 도청을 시작했으며, 언론에서는 그의 과거 정치 활동과 정책 제안들에 대한 말도 안 되는 기사들을 쏟아 내기 시작하자, 그는 더욱 쫓기고 있다는 느낌을 받았다. 1930년대 버클리에서의 좌익 활동들과 함께 그가 핵무기를 이용한 대규모 전략적 폭격을 준비해야 한다는 공군의 계획에 반대 입장을 취했던 것은(그는 이를 학살 계획이라고 불렀다.) FBI 국장 J. 에드거 후버, 루이스 스트라우스 등 권력자들의 분노를 사기에 충분했다.

그날 저녁, 허버트와 앤 마크스의 조지타운 집에서 그는 자신 앞에 놓인 선택지에 대해 숙고했다. 허버트는 그의 변호사였을 뿐만 아니라 가장 가까운 친구들 중 하나였다. 그리고 허버트의 아내 앤 윌슨 마크스는 로스앨러모스에서 한때 그의 비서로 일하기도 했다. 그날 밤 앤은 그가 "거의 자포자기 상태"에 빠져 있는 듯 했다고 느꼈다. 하지만 장시간에 걸친 의논 끝에 오펜하이머는 아무리 상황이 불리하더라도 자신에 대한 혐의를 그대로 인정할 수는 없다는 결론을 내렸다. 그래서 그는 허버트의 도움을 받아 "친애하는 루이스"로 시작하는 편지의 초안을 작성했다. 그 편지에서 오펜하이머는 스트라우스가 자신에게 사퇴하라는 압력을 가하고 있다는 점에 주목했다. "당신은 내가 (원자력 에너지) 위원회에 컨설턴트 계약을 파기해 줄 것으로 요청함으로써 나에 대한 혐의들로부터 벗어나는 것이 좋을 것이라고 말하고 있습니다……." 오펜하이머는 자신이 스트라우스의 권고를 진지하게 고려해 보았다고 말했다. 하지만 그는 "현 상황에서 그렇게 하는 것은 내가 공직을 맡기에 부적절하다는 것을 나 스스로 인정하는 것입니다. 나는 그렇게 할 수 없습니다. 내가 정말로 부적절한 인물이었다면, 지난 12년 동안 했던 것처럼 국가를 위해 봉사할 수 없었을 것이고, 프린스턴의 (고등) 연구소장직을 맡지도 못했을 것이며, 과학과 조국의 이름으로 수많은 발언을 하지도 못했을 것입니다."라고 덧붙였다.

오펜하이머는 그날 저녁 무척 피곤했고 의기소침했다. 술을 몇 잔 마시고 나서 그는 위층의 손님용 침실로 올라갔다. 몇 분 후 앤, 허버트, 그리고 워싱턴까지 동행했던 오펜하이머의 아내 키티는 "끔찍한 충돌음"을 들었다. 그들이 위층으로 달려 올라가 보니 침실은 비어 있었고 화장실 문이 잠겨 있었다. 앤은 "나는 문을 열 수가 없었어요. 그리고 로버트는 아무 대답도 하지 않았지요."라고 말했다.

그는 화장실 바닥에 쓰러져 의식을 잃은 채로 문을 가로막고 있었던 것이다. 그들은 결국 오펜하이머의 축 처진 몸을 조금씩 밀어내어 문을 열 수 있었다. 앤은 그가 깨어났을 때 "무언가 중얼중얼거렸다."라고 회고했다. 그는 자신이 키티의 수면제 한 알을 먹었다고 말했다. 의사는 전화로 "그가 잠들지 못하게 하시오."라고 경고했다. 의사가 도착하기까지 약 한 시간 동안 그들은 오펜하이머에게 커피를 마시게 하면서 방안을 이리저리 돌아다니게 했다.

오펜하이머의 "야수"가 마침내 그 모습을 드러냈다. 그의 공직 생활을 끝장내기도 했지만, 아이러니하게도 그의 명성을 오히려 더 높여 준 호된 시련이 시작되었던 것이다.

뉴욕에서 뉴멕시코 주 로스앨러모스에 이르는 오펜하이머의 인생은 그를 유명 인사로 만들어 주었다. 또한 그 길 위에서 그는 20세기의 과학, 사회 정의, 전쟁, 냉전 등 거대한 투쟁에 참가했다. 그의 여로는 그의 지능, 부모, 에티컬 컬처 스쿨(Ethical Culture School) 시절의 스승, 그리고 어린 시절의 경험을 통해 형성된 것이었다. 과학자로서 그의 경력은 1920년대 독일에서 양자 물리를 배우게 되면서 시작되었다. 1930년대에 캘리포니아 대학교 버클리 분교를 미국 양자 물리학 연구의 중심지로 만들면서 그는 미국에서의 대공황과 유럽에서의 파시즘의 발호에 대한 대응으로 (대부분 공산당원이거나 공산주의 동조자인) 친구들과 함께 경제적, 인종적 정의를 이루기 위한 투쟁에 활발하게 참여했다. 이 당시가 그의 인생에서 가장 아름다운 시기였다. 10년 후 그러한 경력이 그의 목소리를 잠재우는 데에 손쉽게 이용되었다는 사실은 우리가 소중하게 여기는 민주주의 원칙들이 얼마나 부서지기 쉬우며 소중하게 지켜야 하는지를 보여 준다.

1954년에 오펜하이머가 견뎌야 했던 고통과 치욕은 매카시 시대에 희귀한 일이 아니었다. 하지만 피고로서 그는 다른 사람들과는 차원이 다른 인물이었다. 그는 전시 조국을 위해 자연으로부터 태양의 거대한 불꽃을 얻어내려는 노력을 진두지휘했던 "원자 폭탄의 아버지"이자 미국의 프로메테우스였다. 나중에 그는 원자력의 잠재적 이로움과 위험성에 대해 현명하게 발언했고, 학계 전략가들이 옹호했고 군부가 받아들인 핵 전쟁 제안들에 대해서는 비판적인 입장을 취했다. "우리는 항상 윤리를 인류 문명의 가장 필수 요소로 여겨 왔다. 하지만 이제 우리는 모든 인류를 죽일 수 있는 가능성에 대해 이야기하면서 게임 이론의 논리에 의존할 수밖에 없다. 이와 같은 문명을 어떻게 보아야 하는 것일까?"

1940년대 말 미소 관계가 악화되자, 워싱턴의 국가 안보 세력은 핵무기에 대한 근본적인 질문들을 제기하는 오펜하이머의 활동을 불편해하기 시작했다. 1952년에 공화당이 백악관을 다시 장악하자 스트라우스를 비롯해 대규모 핵 보복 전략을 옹호하는 세력이 워싱턴에서 권력을 장악하게 되었다. 스트라우스와 그의 동료들은 자신들의 정책에 도전할 능력과 권위를 가지고 있는 단 한 사람의 입에 재갈을 물려야 한다고 생각했다.

오펜하이머의 비판자들은 1954년 그의 정치적, 과학적 판단들에 공격을 감행하면서 그의 품성을 여러 측면에서 조명했다. 그는 야심과 불안감을, 명석함과 순진함을, 강력한 의지와 두려움을, 차분한 금욕주의와 혼란을 동시에 가지고 있었다. 1,000쪽이 넘는 원자력 에너지 위원회 인사 보안 청문회 녹취록 'J. 로버트 오펜하이머 사건에 대하여(In the Matter of J. Robert Oppenheimer)'에는 수많은 사실들이 폭로되었다. 하지만 녹취록을 살펴보면 그의 비판자들이 그가 어린 시절부터 세우기 시작한 감정의 보호막을 파고드는 데 실패했다는 것을 알 수 있다. 『아메리칸 프로메테우스(American Prometheus)』는 그 보호막 뒤에 놓인 불가사의한 인물을 탐구하기 위해 20세기 초 뉴욕 어퍼웨스트사이드에서 보낸 어린 시절부터 1967년 그가 죽음에 이르기까지의 과정을 추적할 것이다. 이 책은 한 사람의 공적인 행동과 정책 결정 과정이 (오펜하이머의 경우에는 심지어 그의 과학 업적들마저도) 일생에 걸친 개인적 경험들에 의해 형성되었다는 믿음으로 쓰인 극도로 개인적인 전기이다.

이 책은 우리(두 저자)가 25년에 걸쳐 여러 아카이브들과 개인 소장 문서들로부터 수집한 수천 건의 기록에 바탕하고 있다. 미국 국회 도서관에 보관되어 있는 오펜하이머의 개인 문서는 물론이고 FBI가 25년에 걸쳐 수집한 수천 쪽에 달하는 감시 기록도 이용했다. 공인들 중에서도 이와 같은 철저한 감시를 받으며 산 사람은 드물 것이다. 독자들은 FBI 도청기에 잡혀 녹취된 그의 육성을 "들을" 수 있을 것이다. 그리고 문서 기록은 한 사람의 인생에 대한 일면의 진실만을 보여 주기 때문에 우리는 거의 100명에 달하는 오펜하이머의 가장 가까운 친구, 친척, 동료 들과 인터뷰를 했다. 우리가 1970년대와 1980년대에 인터뷰했던 사람들 중 다수는 이미 세상을 떠났다. 하지만 그들이 남긴 이야기들로부터 우리는 인류를 핵 시대로 이끌었고 핵전쟁의 위험을 없애는 방법을 찾기 위해 노력했지만 결국 실패했던 사람의 미묘한 초상을 그릴 수 있게 되었다.

오펜하이머의 이야기는 인류로서 우리의 정체성이 핵과 관련된 문화와 긴밀한 연관이 있다는 것을 보여 준다. E. L. 닥터로(E. L. Doctorow)는 "우리는 1945년 이래로 우리 마음속에 폭탄을 갖게 되었다."라고 논평했다.[1] "처음에 그것은 무기였고, 다음에는 외교 수단이었다. 이제 그것은 우리의 경제이다. 그와 같이 강력한 물건이 40년이나 지난 후에 우리의 정체성에 영향을 미치지 않을 수 있겠는가? 우리가 적들에 대항하기 위해 만들어 낸 거대한 골렘이 바로 우리의 문화가 되었다. 폭탄의 논리, 그것에 대한 믿음, 그것이 만들어 낸 비전이 바로 폭탄의 문화인 것이다." 오펜하이머는 용감하게도 그가 만들어 낸 핵 위협을 봉쇄함으로써 우리가 폭탄의 문화로부터 벗어날 수 있도록 하기 위해 노력했다. 그는 (대부분 오펜하이머가 작성했지만) 애치슨릴리엔털 보고서(Acheson-Lilienthal Report)라고 알려진 원자력 에너지에 대한 국제 통제 계획을 제안했다. 이는 오늘날에도 핵 시대의 합리성을 보여 주는 단 하나의 본보기로 남아 있다.

하지만 미국과 세계에서의 냉전 정치는 그의 계획을 실패로 돌아가게 만들었다. 그리고 미국은 점점 늘어나는 다른 핵 보유국들과 함께 이후 반세기 동안 폭탄을 끌어안고 지낼 수밖에 없었다. 냉전이 끝나고 핵 전멸의 위험에서 벗어날 수 있게 된 것처럼 보이기 시작했지만, 아이러니하게도 핵전쟁과 핵 테러리즘의 위협은 이전 어느 시기보다도 높아져만 갔다.

9·11 이후 우리는 원자 폭탄의 아버지가 이미 핵 시대의 초창기부터 핵무기와 같은 무차별 테러 무기를 보유하는 것이 오히려 미국을 무자비한 공격으로부터 취약하게 만들 것이라고 경고했다는 사실을 상기할 필요가 있다. 1946년 비공개 상원 청문회에서 "서너 명이 뉴욕으로 (원자) 폭탄을 몰래 가지고 들어와 도시 전체를 폭파시킬 수 있지 않을지"에 대한 질문을 받자, 그는 날카롭게 "물론 가능합니다. 그들은 뉴욕을 파괴할 수도 있습니다."라고 대답했다. 깜짝 놀란 상원 의원이 "도시 어딘가에 숨겨진 원자 폭탄을 탐지하기 위해서는 어떤 기구를 사용하지요?"라고 묻자, 오펜하이머는 "드라이버."(모든 상자와 서류 가방을 열어 보기 위한 도구)라고 짧게 대답했다. 핵 테러리즘에 대항하는 유일한 방어책은 핵무기 자체를 없애는 것이었다.

오펜하이머의 경고는 무시되었고, 궁극적으로 그는 침묵할 수밖에 없었다. 반항적인 그리스의 신 프로메테우스가 제우스로부터 불을 훔쳐 인류에게 주었듯이, 오펜하이머는 우리에게 핵이라는 불을 선사해 주었다.

하지만 그가 그것을 통제하려고 했을 때, 그가 그것의 끔찍한 위험성에 대해 경고하려고 했을 때, 권력자들은 제우스처럼 분노에 차서 그에게 벌을 내렸다. 원자력 에너지 위원회의 청문회 위원회에서 반대 의견을 피력했던 워드 에번스(Ward Evans)가 썼듯이, 오펜하이머에게서 비밀 취급 인가를 빼앗은 것은 "이 나라의 오명"이 아닐 수 없었다.

차례

한국어판 서문 7
서문 11
프롤로그 21

1부

1 그는 모든 새로운 생각을 완벽하게 아름다운 것으로 받아들였다 29
2 자신만의 감옥 63
3 사실은 별로 재미가 없다 83
4 이곳의 일은, 정말 고맙게도, 어렵지만 재미있다 109
5 내가 오펜하이머입니다 129
6 오피 149
7 님 님 소년들 173

2부

8 1936년에 내 관심사가 바뀌기 시작했다 199
9 프랭크가 그것을 잘라서 보냈다 227
10 점점 더 확실하게 251
11 스티브, 나는 당신의 친구와 결혼할 겁니다 267
12 우리는 뉴딜을 왼쪽으로 견인하고 있었다 289
13 고속 분열 코디네이터 311
14 슈발리에 사건 337

3부

15 그는 대단한 애국자가 되었다 349
16 너무 많은 비밀 379
17 오펜하이머는 진실을 말하고 있다 399
18 동기가 불분명한 자살 419
19 그녀를 입양할 생각이 있습니까? 429
20 보어가 신이라면 오피는 그의 예언자였다 455
21 장치가 문명에 미치는 영향 465
22 이제 우리는 모두 개새끼들이다 487

4부

23 불쌍한 사람들 521
24 내 손에는 피가 묻어 있는 것 같다 537
25 누군가 뉴욕을 파괴할 수도 있다 557
26 오피는 뾰루지가 났었지만 이제는 면역이 생겼다 581
27 지식인을 위한 호텔 609
28 그는 자신이 왜 그랬는지 이해할 수 없었다 643
29 그것이 그녀가 그에게 물건들을 내던진 이유 669
30 그는 자신의 의견이 무엇인지에 대해서는 입을 다물었다 687
31 오피에 대한 어두운 말들 711
32 과학자 X 747
33 정글 속의 야수 759

5부

34 상황이 별로 좋아 보이지 않지요? 799
35 나는 이 모든 일이 멍청한 짓이 아닐까 두렵다 817
36 히스테리의 징후 859
37 이 나라의 오명 883
38 나는 아직도 손에 묻은 뜨거운 피를 느낄 수 있다 905
39 그곳은 정말 이상한 같았습니다 929
40 그것은 트리니티 바로 다음 날 했어야 했다 943

에필로그 967
감사의 글 973
원문 출처 987
참고 문헌 1075
옮긴이의 글 1093
찾아보기 1097
사진 출처 1115

프롤로그

제길, 나는 이 나라를 사랑한단 말야.

— 로버트 오펜하이머

1967년 2월 25일. 살을 엘 정도의 추운 날씨에도 불구하고 600여 명의 조문객들이 뉴저지 주의 프린스턴에 차려진 줄리어스 로버트 오펜하이머(Julius Robert Oppenheimer, 1904~1967년)의 추도식장에 모여들었다. 노벨상 수상자, 정치인, 장군, 과학자, 시인, 소설가, 작곡가 등 오펜하이머와 친분이 있던 사람들은 그의 일생을 기억하고 그의 죽음에 조의를 표했다. 그들 중 일부에게 오펜하이머는 '오피(Oppie)'라고 불리는 것을 즐기던 자상한 선생님이었다. 또 어떤 사람들에게 그는 위대한 물리학자이자 1945년에 개발된 원자 폭탄의 '아버지', 그리고 과학자가 공익을 위해 무엇을 할 수 있는지를 상징적으로 보여 준 국민 영웅이었다. 다른 한편으로 이날 모인 모든 사람들은 원자 폭탄의 개발에 성공한 지 불과 9년 후, 드와이트 데이비드 아이젠하워(Dwight David Eisenhower, 1890~1969년)가 이끄는 공화당 정부가 어떻게 오펜하이머에게 국가 안보를 위협하는 위험인물이라는 딱지를 붙여 미국 반공주의 성전(聖戰)의 가장 유명한 희생자로 만들었는지를 기억하며 안타까워했다. 이날 조문객들의 무거운 마음속에서 오펜하이머는 위대한 업적을 이룬 동시에 끔찍한 비극을 경험한, 명석한 인간이었다.

노벨상 수상자인 이지도어 아이작 라비(Isidor Isaac Rabi, 1898~1988년), 유진 폴 위그너(Eugene Paul Wigner, 1902~1995년), 줄리언 시모어 슈윙거(Julian Seymour Schwinger, 1918~1994년), 리정다오(李政道, 1926년~), 에드윈 매티슨 맥밀런(Edwin Mattison McMillan, 1907~1991년) 등 세계적 명성을 지닌 물리학자들이 조의를 표했다.[1] 알베르트 아인슈타인(Albert Einstein, 1879~1955년)의 딸 마고(Margot)는 프린스턴 고등 연구소에서 아버지의 상사였던 사람에게 예를 갖추었다. 오펜하이머의 버클리 시절 제자이면서 로스앨러모스에서도 함께 일했으며 가까운 친구이기도 했던 로버트 서버(Robert Serber)와 프린스턴 대학교의 위대한 물리학자로 태양의 작동 원리를 밝혀 노벨상을 수상한 한스 알브레히트 베테(Hans Albrecht Bethe, 1906~2005년)도 참석했다. 오펜하이머가 1954년 공개적인 굴욕을 당한 후, 카리브 해 세인트존 섬의 해변에 별장을 짓고 조용히 살던 시절의 이웃이었던 이르바 데넘 그린(Irva Denham Green)도 참석했다. 또 변호사이자 오랫동안 대통령 자문역을 맡았던 존 매클로이(John McCloy), 맨해튼 프로젝트의 군사 지휘관이었던 레슬리 그로브스(Leslie Groves) 장군, 해군부 장관 폴 니츠(Paul Nitze), 퓰리처상을 수상한 역사학자 아서 마이어 슐레진저 2세(Arthur Meier Schlesinger Jr., 1917년~2007년), 뉴저지 상원 의원 클리퍼드 케이스(Clifford Case) 등 미국 외교 정책을 좌지우지하던 저명인사들도 참석했다. 백악관을 대표해서는 린든 B. 존슨(Lyndon B.

Johnson) 대통령이 그의 과학 담당 보좌관인 도널드 F. 호닉(Donald F. Hornig)을 보냈다. 호닉 역시 로스앨러모스 출신으로 첫 번째 원자 폭탄 실험이 있었던 1945년 6월 16일 오펜하이머와 함께 '트리니티' 실험장에 있었다. 과학자들과 워싱턴의 파워 엘리트들 사이에 시인 스티븐 스펜더(Stephen Spender, 1909~1995년), 소설가 존 오해러(John O'Hara, 1905~1970년), 작곡가 니콜라스 나보코프(Nicholas Nabokov), 그리고 뉴욕 시립 발레단 단장 게오르게 발란친(George Balanchine, 1904~1983년) 같은 예술인, 문화인들도 섞여 있었다.

오펜하이머의 미망인 캐서린 '키티' 퓨닝 오펜하이머(Katherine 'Kitty' Puening Oppenheimer)는 많은 사람들이 차분하고도 달콤쏩쓸했다고 기억하는 추도식이 진행되는 동안 식장이었던 프린스턴 대학교의 알렉산더 홀 강당 첫 줄에 앉아 있었다. 그녀의 곁에는 22세의 딸 토니(Toni)와 25세의 아들 피터(Peter)가 함께했다. 피터 옆자리에는 형과 마찬가지로 매카시 광풍의 여파로 물리학자로서의 경력을 일찍감치 마감해야 했던 오펜하이머의 남동생 프랭크 프리드먼 오펜하이머(Frank Friedman Oppenheimer)가 앉아 있었다.

강당에는 오펜하이머가 바로 지난해 가을에, 바로 이 장소에서 처음으로 듣고 좋아하게 된 이고르 페도르비치 스트라빈스키(Igor Fedorovich Stravinsky, 1882~1971년)의 「레퀴엠 칸티클」이 흐르고 있었다. 오펜하이머를 30년 동안 알고 지낸 한스 베테가 첫 추도사를 읽었다. 베테는 "그는 미국 이론 물리학의 발전을 위해서 어느 누구보다도 많은 일을 했습니다."라고 말했다. "그는 지도자였습니다. 그러나 그는 권세를 부리거나 독재를 하지 않았습니다. 그는 우리 모두가 최선을 다할 수 있는 조건을 만들어 주었습니다."[2] 원자 폭탄을 만들기 위한 경주를 지휘했던 로스앨러모스에서 오펜하이머는 자연 그대로의 대지(臺地, 메사)를 거대한 연구소로 탈바꿈시키고 다양한 배경을 가진 수천 명의 과학자들을 효율적인 팀으로 만들었다. 베테를 포함한 로스앨러모스 출신 과학자들은 오펜하이머가 없었더라면 그들이 뉴멕시코에서 만들었던 최초의 '장치(gadget)'를 제2차 세계 대전에 사용 가능할 정도로 빨리 만들 수 없었으리라는 것을 잘 알고 있었다.

물리학자이자 프린스턴 대학교에서 이웃집에 살았던 헨리 드울프 스미스(Henry DeWolf Smyth)가 두 번째 추도사를 읽었다. 스미스는 1954년 원자력 에너지 위원회(Atomic Energy Commission, AEC)의 위원으로 오펜하이머의 기밀 취급 허가 반환을 결정하는 투표에서 찬성표를 던진 유일한 인물이었다. 그는 오펜하이머가 겪었던 '안보 청문회'에 증인으로 참석했던 경험이 있었기 때문에 그 모든 것이 돌이켜 보면 얼마나 웃기는 일이었는지를 잘 알고 있었다. "이와 같은 잘못은 절대로 돌이킬 수 없습니다. 이와 같은 역사의 오점은 절대로 지울 수 없을 것입니다……. 이 나라를 위해 그가 이루었던 위대한 일들에 대한 대가로 그에게 그런 일을 겪게 했던 것을 우리 모두는 후회하고 있습니다."[3]

마지막으로 오랜 경력의 외교관으로서 미국의 대소 봉쇄 정책을 입안했으며 고등 연구소에서 오랫동안 오펜하이머와 친분을 쌓았던 조지 프로스트 케넌(George Frost Kennan, 1904~2005년)이 단상에 올랐다. 핵 시대의 여러 위험성을 경고하는 케넌의 주장에 오펜하이머만큼 큰 영향을 미친 사람은 없었다. 또한 케넌이 미국의 군사적 냉전 정책에 반대했다는 이유로 워싱턴 공직에서 축출되었을 때, 오펜하이머는 그의 입장을 변호하고 연구소에 자리를 마련해 주는 등 친구로서 그에게 많은 도움을 주었다.

케넌은 "우리의 도덕적 지혜로는 도저히 감당할 수 없을 정도의 힘을 자연으로부터 뽑아 내는 데 성공함으로써 인류는 딜레마에 빠지게 되었습니다."라고 말했다. "이 딜레마는 그 어느 누구보다도 더 오펜하이머의 어깨를 잔혹하게 짓눌렀습니다. 이로 인한 위험성을 그보다 더 잘 파악하고 있는 사람은 없었습니다. 이와 같은 걱정에도 불구하고 그는 모든 종류의 진리 탐구에 대한 믿음을 버리지 않았습니다. 하지만 그보다 더 열정적으로 대량 살상무기의 개발이 가져올 재앙을 피하기 위한 노력에 공헌하기를 바란 사람은 없었습니다. 그는 전 인류의 이익을 생각했습니다. 그렇지만 그는 미국인으로서 그리고 그가 속한 이 국가 공동체를 통해서 그와 같은 목표를 이룰 수 있다고 생각했습니다."

"1950년대의 암흑기에 논쟁의 중심에 있다는 이유로 그가 괴로움을 겪고 있을 때, 나는 그에게 마음만 먹으면 외국의 대학에서 그를 환영할 테니 외국에 나가서 살 생각은 해 보지 않았느냐고 물었습니다. 그는 눈물을 글썽이면서 대답했습니다. '제길, 나는 이 나라를 사랑한단 말야.'"[4]*

오펜하이머는 이해하기 쉽지 않은 사람이었다.[5] 그는 위대한 지도자의 자질을 지닌 카리스마 넘치는 이론 물리학자인 동시에 모호함을 즐기는 심미가였다. 그가 죽은 지 수십 년이 지난 지금까지도 그의 일생은 격렬한 논쟁의 대상이자, 신화이고, 불가사의한 일투성이로 남아 있다. 일본의 첫 노벨상을 수상한 유카와 히데키(湯川秀樹, 1907~1981년)와 같은 과학자들에게 오펜하이머는 '현대 핵 과학자의 비극의 상징'이었다.[6] 진보주의자들에게 그는 매카시 마녀사냥의 가장 두드러진 순교자이자 우익들의 개념 없는 적개심을 상징적으로 보여 준 사람이었다. 정적들에게는 비밀스러운 공산당원이자 거짓말쟁이로 입증된 사람이었다.

---

* 케넌은 이와 같은 오펜하이머의 대답에 깊은 감동을 받았다. 2003년, 자신의 100세 생일 파티에서 이 이야기를 되풀이했을 때 케넌의 눈에는 눈물이 맺혀 있었다.

사실 그는 대단히 인간적이었다. 그는 다면적이었던 것만큼 유능했고, 순진했던 것만큼 명석했다. 사회 정의를 위한 열정적인 운동가이면서 고삐 풀린 핵무기 경쟁을 통제하기 위한 노력을 기울임으로써 막강한 정적을 얻게 된 정부의 자문역이었다. 그의 친구 라비가 말했듯이 그는 "대단히 현명하지만 그보다 더 멍청할 수 없었다."[7]

물리학자 프리먼 다이슨(Freeman Dyson, 1923년~2020년)은 오펜하이머에게서 깊고 신랄한 모순을 느꼈다. 다이슨은 오펜하이머가 학살 무기를 만드는 일에 참여하기로 결정한 것은 "파우스트의 거래 같은 것이었다……. 물론 우리는 지금도 똑같은 거래를 하면서 살고 있기는 하지만……."이라고 이야기했다.[8] 파우스트와 마찬가지로 오펜하이머 역시 거래의 조건을 재협상하려고 시도했지만 바로 그 때문에 잘려져 나가야만 했다. 그는 원자의 힘을 이용하기 위한 노력에 앞장섰지만, 그가 동포들에게 그 위험성에 대해 경고하려고 했을 때, 즉 미국이 핵무기에 대한 의존을 줄여야 한다고 주장했을 때 미국 정부는 그의 충성심을 의심했고 그를 재판정에 세우고 말았다. 그의 친구들은 그가 겪어야만 했던 공개적 굴욕을 1633년 중세 교회의 갈릴레오 갈릴레이 재판과 비교하고는 했다. 다른 사람들은 이 재판에서 반유태주의의 망령을 보았고, 자연스럽게 1890년대 프랑스에서 열린 알프레드 드레퓌스(Alfred Dreyfus, 1859~1935년)에 대한 재판을 떠올렸다.

하지만 이와 같은 비교는 오펜하이머를 인간으로서 이해하고 그의 과학자로서의 성취와 핵 시대의 설계자로서의 유례없는 역할을 이해하는 데 그다지 도움이 되지 않는다. 이 책은 그의 일생에 대한 이야기이다.

1부

1장

그는 모든 새로운 생각을 완벽하게 아름다운 것으로 받아들였다

나는 매끈한, 불쾌할 정도로 착한 어린아이였다.

― 로버트 오펜하이머

20세기의 첫 10년 동안 미국은 과학으로 말미암아 또 한번의 혁명을 겪었다. 말이 주요 교통수단이었던 이 나라는 어느새 내부 연소 엔진과 유인 비행을 비롯한 다양한 발명품들로 인해 변화하기 시작했다. 기술 혁신은 빠른 속도로 보통 사람들의 일상을 바꾸어 나갔다. 이와 동시에 난해한 이론에 심취한 과학자들은 이보다 훨씬 더 근본적인 혁명을 만들어 나가고 있었다. 세계 각지에서 이론 물리학자들은 공간과 시간을 이해하는 완전히 새로운 방식을 제안하기 시작했다. 1896년 프랑스 물리학자 앙투안 앙리 베크렐(Antoine Henri Becquerel, 1852~1908년)이 방사성을 발견했고, 막스 카를 에른스트 루트비히 플랑크(Max Karl Ernst Ludwig Planck, 1858~1947년), 마리 퀴리(Marie Curie, 1867~1934년), 피에르 퀴리(Pierre Curie, 1859~1906년)를 비롯한 과학자들은 원자의 성질에 대한 연구를 진행하고 있었다. 그리고 마침내 1905년에는 아인슈타인이 특수 상대성 이론에 대한 논문을 출판했다. 아인슈타인의 이론은 갑자기 우주가 바뀐 듯한 혁명적인 변화를 낳았다.

전 세계에서 과학자들은 새로운 종류의 영웅으로 부상할 준비를 하고 있었다. 이들은 합리성의 르네상스, 엄청난 부, 그리고 능력에 따른 사회의 재조직을 가져다주겠다고 약속했다. 미국에서도 역시 개혁 운동이 구질서에 도전하고 있는 상황이었다. 미국 대통령 시어도어 루스벨트(Theodore Roosevelt, 1858~1919년)는 백악관이라는 발언대를 통해 과학 및 응용 기술이 좋은 정부와 결합한다면 새로운 혁신주의 시대(Progressive Era)를 열 수 있을 것이라고 주장했다.

오펜하이머는 이러한 약속의 시대의 와중인 1904년 4월 22일에 태어났다. 그의 부모는 미국에 정착하기 위해 노력하는 독일계 이민 1세대와 2세대 출신들이었다. 뉴욕에 자리잡은 오펜하이머 가족은 인종적으로나 문화적으로 유태인이었지만 유태교 회당에는 나가지 않았다. 그들은 스스로 유태인임을 부인하지는 않았지만, '윤리 문화 협회(Ethical Culture Society)'라는 합리성과 진보적이고 세속적인 인본주의를 강조하는 독특한 미국식 유태 신앙 조직 안에서 그들의 새로운 정체성을 만들어 나갔다. 이는 미국에 이민 온 사람들이 맞닥뜨리는 어려움을 극복하기 위한 혁신적인 방법의 일환이기도 했다. 하지만 오펜하이머는 이와 같은 성장 배경으로 인해 평생 유태인으로서 자신의 정체성에 혼란을 갖게 되었다.

이름에서도 잘 드러나듯이, 윤리 문화 협회는 종교적인 색채가 엷고, 개인적 이해 관계보다는 전 사회적 정의를 강조하는 삶의 방식을 강조했다. 이렇듯 오펜하이머는 어린 시절부터 독립적이고 경험적인 탐구와 자유로운 정신을 중시하는 분위기에서 자랄 수 있었다. 과학의 가치를 높이 평가하는 분위기에서 자란 어린 소년은 나중에 원자 폭탄의 아버지로 세상에 이름을 떨쳤다. 아이러니하게도, 사회 정의, 합리성, 그리고 과학에 바친 오펜하이머의 일생은 결국 거대한 버섯 구름 아래서의 대량 학살을 상징하게 되었다. 우리는 오펜하이머의 일생에서 이와 같은 예기치 못한 만남을 읽을 수 있다.

오펜하이머의 아버지 율리우스 오펜하이머(Julius Oppenheimer)는 1871년 5월 12일 독일 프랑크푸르트 동쪽의 하나우(Hanau)라는 마을에서 태어났다. 율리우스의 아버지 베냐민 핀하스 오펜하이머는 "중세적 분위기의 독일 마을"의 오두막에서 자란 무학의 농부이자 곡물 상인이었다.[1] 로버트 오펜하이머의 기록에 따르면, 율리우스의 부모는 삼남 삼녀를 두었다. 율리우스가 태어나기 바로 전 해에 베냐민의 사돈 쪽 친척인 지그문트(Sigmund)와 솔로몬 로스펠드(Solomon Rothfeld)가 뉴욕으로 이민을 떠났다. 몇 년 안에 이들은 스턴(J. H. Stern)이라는 또 다른 친척과 함께 남성 양복 안감을 수입하는 작은 사업을 시작했다. 이 회사는 당시 수요가 급증하던 남성 기성복 시장에서 큰 성공을 거두었다. 1880년대 말, 로스펠드 형제는 베냐민에게 미국에 그의 아들들을 위한 일자리가 있다고 연락을 해 왔다.

먼저 형인 에밀(Emil)이 미국으로 건너왔고, 율리우스는 몇 년 후인 1888년 봄 뉴욕에 도착했다. 그는 팔다리가 가늘고 키가 큰, 어딘지 모르게 어색해 보이는 젊은이였다. 로스펠드 형제는 율리우스에게 옷감을 분류하는 창고지기 일을 맡겼다. 회사 자산에 한푼도 기여하지 않았을 뿐더러 영어는 한마디도 못했지만 율리우스는 이 기회를 통해 새로운 인생을 시작하기로 결심했다. 다행히 율리우스는 색감을 보는 남다른 눈을 가지고 있었고 곧 시내에서 '옷감'에 대해 가장 잘 아는 사람 중 하나라는 평판을 얻었다. 에밀과 율리우스는 1893년의 불황을 잘 견뎌냈고, 세기가 바뀔 무렵 율리우스는 로스펠드 스턴 회사의 공동 경영자 자리를 차지했다. 그는 자신의 새로운 지위에 맞게 항상 흰색의 높은 칼라 셔츠에 보수적인 넥타이, 짙은 색깔의 양복을 맞춰 입었다. 그의 몸가짐은 그의 옷차림만큼이나 흠잡을 데 없었다. 모두가 율리우스를 호감 가는 젊은이로 기억했다. 미래에 그의 부인이 될 여인은 1903년 그에게 보내는 편지에 "당신에게는 어딘지 모르게 믿음이 가는 구석이 있어요."라고 썼다.[2] 30세 무렵 그는 영어를 아주 잘하게 되었고, 독학으로 미국사와 유럽사에 대한 폭넓은 지식을 갖게 되었다. 또한 그는 예술을 사랑해서 주말에는 뉴욕의 여러 미술관에서 시간을 보냈다.

아마도 그가 젊은 화가인 엘라 프리드먼(Ella Friedman)을 만난 것은 미술관이 아니었을까 싶다. 그녀는 갈색 머리에 섬세한 얼굴, 회청색 눈동자에 속눈썹이 길고 검은, "우아한 아름다움"을 지닌 여인이었다.[3] 안타깝게도 그녀의 오른손은 선천성 기형이어서, 이를 가리기 위해 엘라는 항상 긴 팔 옷을 입고 영양(羚羊) 가죽 장갑을 끼고 있었다.[4] 그녀의 오른손을 가린 장갑 속에는 인공 엄지손가락과 보철 장치가 들어 있었다. 율리우스는 곧 그녀와 사랑에 빠졌다. 프리드먼 가족은 1840년대에 볼티모어로 이민 온 바바리아 출신의 유태인이었다. 1869년에 태어난 엘라와 어릴 적부터 알고 지낸 한 친구는 그녀를 "온화하고, 고상하고, 날씬하고, 키가 크고, 파란 눈을 가진 여자였어요. 아주 예민하고, 대단히 예절바른 사람이었습니다. 그녀는 항상 어떻게 하면 다른 사람들을 편안하고 행복하게 해 줄 수 있을까를 생각했어요."라고 묘사했다.[5] 그녀는 20대에 1년 동안 파리에서 초기 인상파 화가들에 대해 공부했다. 미국으로 돌아와서 엘라는 바나드 대학(Barnard College)에서 미술을 가르쳤다.[6] 율리우스를 만났을 무렵 그녀는 학생들과 함께 뉴욕의 아파트 건물 옥상에 개인 스튜디오를 운영할 정도로 성공한 화가의 위치에 올라 있었다.

엘라의 성공은 당시 여성들의 사회 참여 수준에 비추어 봤을 때 대단한 것이었다. 뿐만 아니라 그녀는 일 이외의 측면에서도 특별하고 강한 여자였다. 엘라를 처음 만나는 사람들은 격식을 갖춘 그녀의 우아한 자태를 도도하다고 느끼기도 했다. 그녀는 물질적으로 풍요로운 환경에서 자랐음에도 불구하고, 지나칠 정도로 성공을 위해 노력하고 스스로를 통제했다. 율리우스는 그녀를 숭배했고, 그의 사랑은 결실을 맺었다. 결혼식을 얼마 남겨 두지 않은 어느 날, 엘라는 자신의 약혼자에게 다음과 같은 편지를 보냈다. "저는 당신이 인생을 최대한 즐길 수 있게 해 주고 싶어요. 내가 당신을 돌보도록 해 줄 거죠? 사랑하는 사람을 돌보는 것은 내게 표현할 수 없는 달콤함을 느끼게 해 줘요. 잘 자요, 내 사랑."[7]

1903년 3월 23일, 율리우스는 엘라와 결혼했고, 웨스트 94번가 250번지에 위치한 멋진 석조 건물에서 신혼 생활을 시작했다. 1년 후 기록적으로 추웠던 어느 봄날 34세의 엘라는 산고 끝에 첫 아들을 낳았다. 율리우스는 이미 첫 아이를 로버트라고 부르기로 결정한 상태였다. 하지만 일설에 따르면 그는 출생 신고 직전에 오펜하이머 앞에 이니셜 'J'를 붙이기로 했다. 아이의 출생 신고서에는 "줄리어스 로버트 오펜하이머(Julius Robert Oppenheimer)"라고 기록되었는데, 이는 율리우스가 아이에게 자신의 이름을 물려주기로 했다는 것을 보여 준다.[8] 이것은 보통의 미국인이라면 별로 놀랄 일이 아니었지만, 아이의 이름을 살아 있는 친척의 이름을 따서 짓지 않는 유럽 출신 유태인의 전통에서 비추어 보면 조금은 특이하다고 할 수 있다. 어쨌든 아이는 항상 로버트라고 불렀고, 로버트 오펜하이머는 자신의 이름의 첫 번째 이니셜은 약자가 아니라 그저 'J'일 뿐이라고 주장했다. 이는 오펜하이머 가족에서 유태 전통이 별로 중요한 것이 아니었음을 확실히 보여 주는 사례였다.

로버트 오펜하이머가 태어나고 얼마 안 되었을 때 율리우스는 허드슨 강이 내려다보이는 웨스트 88번가의 넓은 아파트 11층으로 가족과 함께 이사했다.[9] 율리우스는 한 층 전체를 차지하는 이 아파트를 유럽산 고급 가구들로 세련되게 꾸몄다. 오펜하이머 가족은 엘라가 고른 프랑스 후기 인상파와 야수파 그림들을 모으기 시작했다.[10] 오펜하이머가 청년기였을 무렵, 집안의 소장품들 중에는 파블로 피카소의 '청색 시대(blue period)' 작품인 「어머니와 아이(Mother and Child)」, 렘브란트(Rembrandt)의 부식 동판화, 그리고 에두아르 뷔야르(Edouard Vuillard, 1868~1940년), 앙드레 드랭(André Derain, 1880~1954년), 피에르오귀스트 르누아르(Pierre-Auguste Renior, 1841~1919년)의 그림이 있었다. 금박 벽지를 바른 거실에는 빈센트 반 고흐(Vincent Van Gogh, 1853~1890년)의 세 작품, 「울타리로 둘러싸인 들판과 떠오르는 해(Enclosed Field with Rising Sun)」(생레미, 1889년), 「첫걸음(밀레 이후)(First Steps(After Millet))」(생레미, 1889년), 「애들린 라보의 초상화(Portrait of Adeline Ravoux)」(오베르 쉬우아즈, 1890년)가 걸려 있었다. 얼마 후 그들은 폴 세잔(Paul Cézanne, 1839~1906년)의 선화(線畵)와 모리스 드 블라맹크(Maurice de Vlaminck, 1876~1958년)의 그림도 손에 넣었다. 프랑스 조각가 샤를 데스피오(Charles Despiau, 1874~1946년)의 두상이 이 세련된 수집 목록의 절정을 이루었다.*

엘라는 철저한 규칙에 따라 집안을 운영했다. "탁월함과 목적(excellence

---

* 오펜하이머 가족은 미술품 수집에 재산의 상당액을 투자했다. 예를 들어 1926년에 율리우스는 1만 2900달러를 주고 반 고흐의 「첫걸음(밀레 이후)」을 구매했다.

and purpose)"이라는 가훈은 오펜하이머의 귓가에서 떠날 날이 없었다. 세 명의 입주 가정부들이 아파트를 먼지 한 점 없이 깨끗하게 유지했다. 오펜하이머에게는 넬리 코놀리(Nellie Connolly)라는 아일랜드 계 천주교 신자였던 유모가 있었고, 나중에는 프랑스 인 가정 교사가 그에게 프랑스 어를 가르쳤다. 집에서 독일어는 쓰지 않았다. "어머니는 독일어를 잘 하지 못하셨고, 아버지는 독일어로 말하는 것을 좋아하지 않았습니다."라고 오펜하이머는 회고했다.[11] 그는 나중에 학교에서 독일어를 배웠다.

주말이면 가족은 회색 제복을 입은 운전기사가 모는 승용차를 타고 시골로 드라이브를 가고는 했다. 로버트 오펜하이머가 12세가 되었을 때, 율리우스는 롱아일랜드 베이 쇼어에 큼지막한 여름 별장을 구입했다. 이곳에서 오펜하이머는 항해술을 배웠다. 게다가 율리우스는 '로렐라이(Lorelai)'라고 이름 붙인, 온갖 편의 시설을 갖춘 12미터짜리 호화 요트를 집 근처 부두에 정박시켜 놓았다. 로버트 오펜하이머의 동생 프랭크는 그곳을 다음과 같이 기억했다. "베이의 별장은 아주 아름다웠어요. 약 3만 제곱미터의 대지에다 커다란 채소밭이 있었고 꽃이 아주 많이 피어 있었지요."[12] 오펜하이머 가족의 한 친구가 나중에 말했듯이, "로버트는 부모님의 사랑을 아주 듬뿍 받았습니다. 그는 가지고 싶은 것은 무엇이든 가질 수 있었죠. 사치스럽게 자랐다고 할 수 있을 정도로요."[13] 하지만 오펜하이머의 어릴 적 친구들은 아무도 그가 버릇없다고 생각하지 않았다. 해럴드 체르니스(Harold Cherniss)는 "그는 돈이나 물질적인 것을 아까워하지 않았습니다. 그는 어떤 의미에서도 버릇없는 아이가 아니었어요."라고 회고했다.

유럽에서 제1차 세계 대전이 발발했던 1914년 무렵 율리우스는 대단히 성공한 사업가가 되어 있었다. 그의 재산은 최소한 수십만 달러, 현재 화폐 가치로는 수백만 달러에 달했다. 오펜하이머 부부는 금슬이 아주 좋다고 알려져 있었다. 하지만 오펜하이머의 친구들은 그들의 정반대 성격에 놀라고는 했다. 오펜하이머의 가장 친한 친구 중 하나인 프랜시스 퍼거슨은 "그(율리우스)는 유쾌한 독일계 유태인이었죠."라고 회고했다.[14] "좋아하지 않을 수 없는 사람이었어요. 그는 워낙 열정적이고 잘 웃는 사람이었기 때문에, 오펜하이머의 어머니가 그와 결혼했다는 것이 놀라울 따름이었죠. 하지만 그녀는 그를 매우 좋아했고 정말로 그를 잘 다뤘습니다. 그들은 서로를 매우 좋아했죠. 완벽한 부부였어요."

율리우스는 사람들과 대화하는 것을 즐기는 외향적인 성격을 가졌다. 그는 미술과 음악을 사랑했고 베토벤의 「영웅(Eroica)」 교향곡을 "위대한 걸작 중 하나"라고 생각했다. 가족의 친구였던 인류학자 조지 보애스(George Boas)는 율리우스가 "그의 두 아들에게 예민함을 물려주었다."라고 회고했다.[15] 보애스는 또한 그를 "내가 아는 사람 중에 가장 착한 사람"이라고 생각했다. 하지만 율리우스는 가끔 저녁 식탁에서 큰 소리로 노래를 불러 그의 아들들을 부끄럽게 만들고는 했다. 그는 논쟁하는 것을 좋아했다. 반면 엘라는 조용히 앉아서 듣는 편이었다.[16] 오펜하이머의 또 다른 친구이자 나중에 저명한 작가가 된 폴 호건(Paul Horgan)의 관찰에 따르면 "그녀(엘라)는 섬세한 사람이었어요. 감정을 극도로 절제했지요. 그녀는 무엇을 하든 극도의 섬세함과 우아함을 보여 주었습니다. 하지만 슬픈 사람이기도 했습니다."[17]

로버트 오펜하이머가 태어나고 나서 4년 후, 엘라는 둘째 아들 루이스 프랭크 오펜하이머(Lewis Frank Oppenheimer)를 낳았다.[18] 그러나 아이는 유문 협착증(선천적으로 위에서 소장으로 통하는 관이 막히는 병)으로 곧 죽고 말았다. 엘라는 슬픔에 잠긴 나머지 몸까지 쇠약해졌다. 게다가 어린 오펜하이머 역시 자주 아팠기 때문에 엘라는 그를 과잉보호하게 되었다. 그녀는 오펜하이머가 세균에 감염될까봐 다른 아이들과 오펜하이머를 격리시켰고, 길거리에서 음식을 사먹는 것조차 금지했다. 또한 머리를 자를 때도 이발소에 데려 가는 대신 이발사를 집으로 불렀다.

천성적으로 내성적이고 운동 신경이 둔했던 오펜하이머는 어린 시절을 어머니 품에서 보냈다. 어머니와 아들은 언제나 지나칠 정도로 가까웠다. 엘라는 오펜하이머에게 그림을 가르쳤고 그는 한때 풍경화를 즐겨 그렸으나 대학에 들어가면서 그만두었다.[19] 오펜하이머는 어머니를 숭배했다. 하지만 엘라는 은근히 아들에게 요구하는 것이 많았다. 오펜하이머 가족의 한 친구는 "그녀는 식탁에서 불쾌한 이야기를 하는 것을 절대 허락하지 않았어요."라고 회고했다.

오펜하이머는 어머니가 남편이 몸담고 있는 상업계의 사람들을 못마땅해한다는 것을 금세 느낄 수 있었다. 율리우스의 친구들은 사업상 친구들을 포함해서 대부분 유태인 이민 1세대들이었고 엘라는 그들의 "주제넘게 나서는 태도"가 불편하다는 것을 오펜하이머에게 숨기지 않았다. 이렇듯 오펜하이머는 어머니의 엄격한 기준과 아버지의 외향적인 행동 사이에서 괴로워하며 어린 시절을 보냈다. 그는 때때로 아버지의 자연스러운 행동을 창피해했고, 그와 동시에 자신이 아버지를 창피해했다는 사실에 죄책감을 느꼈다. 그의 어릴 적 친구는 "로버트는 율리우스가 아들을 자랑한답시고 떠벌리고 다니는 것을 아주 못마땅해했습니다."라고 회고했다.[20] 어른이 되고 나서 오펜하이머는 그의 친구이자 예전 스승인 허버트 윈슬로 스미스(Herbert Winslow Smith)에게, 셰익스피어의 『코리올라누스(*Coriolanus*)』에 등장하는 영웅이 자신의 어머니 손을 뿌리치고 그녀를 땅에 내동댕이치는 장면이 담긴 목판화를 선물했다. 스미스는 오펜하이머가 어머니로부터 독립하는 것이 얼마나 어려운지 이야기하고 싶어 했다고 믿었다.

오펜하이머가 5~6세 때 엘라는 그에게 피아노 레슨을 시키기 시작했다. 그는 피아노 치기를 싫어했지만 의무적으로 매일 연습했다. 1년쯤 후 그가 아주 아팠을 때가 있었는데 엘라는 혹시나 오펜하이머가 소아마비가 아닐까 하는 최악의 상상을 했다. 그녀는 그를 간호하면서 오펜하이머에게 상태가 어떤지 계속해서 물었다. 어느 날 오펜하이머는 누워서 어머니를 올려보면서 "피아노 레슨을 받아야 할 때랑 비슷해요."라고 불평어린 말투로 대답했다.[21] 결국 엘라는 항복했고 오펜하이머는 레슨을 그만둘 수 있었다.

1909년, 오펜하이머가 5세 때 율리우스는 그와 함께 처음으로 독일에 있는 할아버지 베냐민을 만나러 유럽으로 여행을 갔다. 그들은 2년 후 다시 독일을 방문했는데, 당시 할아버지 베냐민은 75세의 나이에도 불구하고 오펜하이머에게 강한 인상을 남겼다. 오펜하이머는 "할아버지는 학교에 거의 다니지 않았지만, 분명히 독서가 인생의 가장 큰 기쁨 중 하나였다."라고 회고했다.[22] 어느 날 베냐민은 오펜하이머가 나무 블록 쌓기 놀이를 하는 것을 보다가 그에게 건축 백과 사전 전집을 선물로 주기로 결정했다. 또 그는 손자에게 암석 20여 개에 각각 독일어로 라벨이 붙어 있는 "흔히 구할 수 있는" 암석 수집 세트를 주었다. "그 후 나는 정열적인 암석 수집가가 되었다."라고 오펜하이머는 나중에 회고했다.[23] 뉴욕으로 돌아와서도 그는 아버지에게 팰리세이드(Palisades) 강을 따라서 암석 수집 탐험을 가자고 졸라댔다. 리버사이드 드라이브의 아파트는 곧 오펜하이머가 수집하고 꼼꼼하게 학명을 적은 암석들로 가득 찼다. 율리우스는 암석에 관한 서적을 사다 주는 등 아들이 몰두하게 된 고독한 취미를 장려했다. 훗날 오펜하이머가 털어놓은 바에 따르면, 그는 암석들의 지질학적 근원보다는 결정의 구조나 편광에 더 관심이 있었다.

오펜하이머는 이 시기에 암석 수집, 시 읽고 쓰기, 그리고 블록 쌓기라는 세 가지 고독한 취미에 푹 빠져 있었다.[24] 나중에 그는 이러한 취미들에 심취한 이유에 대해 "친구를 사귀기 위해서나 학교 공부와 관계가 있었기 때문이 아니라 그냥 그 자체를 즐겼기 때문이었다."라고 회고했다. 12세가 되었을 때 그는 자신이 센트럴파크에서 관찰한 암석층에 대해 뉴욕 지역의 유명한 지질학자들과 편지를 주고받기 시작했다. 한 지질학자는 그가 어린 소년이라는 사실을 눈치채지 못하고 오펜하이머를 뉴욕 광물학 클럽 회원으로 추천했다. 그리고 얼마 후 오펜하이머는 클럽 회원들에게 강연을 해 달라고 초청하는 편지를 받게 되었다. 어른들 앞에서 강연을 해야 한다는 사실에 기겁한 그는 아버지에게 사실을 밝혀 달라고 부탁했다. 하지만 율리우스는 오히려 이를 재미있다고 생각해 아들에게 이 영예를 받아들이는 것이 어떻겠냐고 제안했다. 정해진 날 저녁에 오펜하이머는 그의 부모와 함께 클럽에 나타났고 오펜하이머 부부는 자랑스럽게 그들의 아들을 "J. 로버트 오펜하이머"라고 소개했다. 지질학자와 아마추어 암석 수집가가 대부분이었던 청중은 처음에는 깜짝 놀랐지만 오펜하이머가 연단에 오르자 웃음보를 터뜨릴 수밖에 없었다. 키가 너무 작아 연단 위로 그의 뻣뻣한 검은 머리카락 끝밖에 보이지 않아서 어디선가 구해 온 나무 상자 위에 올라서서야 사람들이 그를 볼 수 있었다. 오펜하이머는 수줍고 어색해하면서 준비해 온 원고를 읽었고 강연을 마친 후에는 열렬한 박수를 받았다.

이렇듯 율리우스는 그의 아들이 어린 나이에 어른스러운 일을 하는 것을 오히려 장려했다. 오펜하이머 부부는 오펜하이머가 "천재"라는 것을 알고 있었다. "그들은 그를 사랑하면서, 걱정했고, 그 때문에 보호하려고 했어요."라고 오펜하이머의 사촌 바베트 오펜하이머(Babette Oppenheimer)는 기억했다.²⁵ "로버트에게는 자신이 원하는 정도의 속도로 성장할 수 있는 모든 기회가 주어졌어요." 어느 날 율리우스는 오펜하이머에게 전문가 수준의 현미경을 주었고 그것은 곧 오펜하이머가 가장 아끼는 장난감이 되었다. 오펜하이머는 나중에 "나는 나의 아버지가 이 세상에서 가장 관대하고 인간적인 사람이라고 생각한다. 그는 다른 사람들이 무엇을 원하는지 알아내고는 그것을 해 주었다."라고 말했다. 오펜하이머는 자신이 무엇을 원하는지 명확히 알고 있었다. 어릴 적부터 그는 책과 과학에 푹 빠져 살았다. 바베트는 "그는 몽상가예요. 그 나이 때의 다른 아이들이 보통 관심 있어 하는 것들에는 눈길조차 주지 않았죠. 그는 이 때문에 종종 괴롭힘을 당하고는 했습니다." 그가 나이를 먹어 가면서 그의 어머니조차 가끔씩 오펜하이머가 동년배와의 사이에 "제한된 관심"만을 공유한다는 사실에 걱정하기 시작했다. "나는 어머니가 나를 다른 아이들처럼 만들려고 노력한 것을 알고 있습니다. 하지만 별로 효과는 없었습니다."

오펜하이머가 8세 되던 1912년에 엘라는 또 아들을 낳았고, 이후 그녀의 관심은 새로운 아기에게로 쏠렸다. 오펜하이머 부부는 아기에게 '프랭크 프리드먼 오펜하이머'라는 이름을 지어 주었다. 프랭크가 태어났을 무렵 엘라의 어머니가 리버사이드의 아파트로 와서 같이 살기 시작했다.²⁶ 8년이라는 나이 차이 때문에 두 형제 사이에는 경쟁 의식이 생길 여지가 별로 없었다. 오펜하이머는 "나이 차이 때문에" 자신이 프랭크에게 형보다는 "아버지"에 가까웠다고 생각했다. 프랭크는 오펜하이머보다 더 과잉보호를 받으며 자랐다. "우리가 조금이라도 관심을 보이면 부모님은 금세 그것을 구해 주셨어요."라고 프랭크는 기억했다.²⁷ 프랭크가 고등학생일 때 잠시 제프리 초서(Geoffrey Chaucer, 1342?~1440년)에 관심을 보이자 율리우스는 바로 뛰쳐나가서 그 시인의 1721년도 초판 시집을 사다 주었다. 프랭크가 플루트를 연주하고 싶다고 하자 그의 부모는 미국의 위대한 플루트 주자 중 하나였던 조지 바레레(George Barère)를 가정 교사로 고용했다. 형제는 둘 다 지나치게 응석받이로 키워졌다. 하지만 맏이였던 오펜하이머는 이에 어느 정도 싫증을 내는 경우도 있었다. "나는 부모님이 나를 믿는다는 것을 이용해 성질을 부리고는 했습니다."라고 오펜하이머는 나중에 고백했다.[28] "어른이고 아이고 그런 나를 대할 때면 그리 기분이 좋지는 않았을 것입니다."

1911년 9월, 두 번째로 할아버지 베냐민을 만나러 독일에 갔다가 돌아온 직후부터 오펜하이머는 아주 독특한 사립 학교에 다니기 시작했다. 몇 년 전부터 율리우스는 윤리 문화 협회의 정회원으로 등록되어 있었다. 그와 엘라는 펠릭스 애들러(Felix Adler) 박사의 주례로 결혼했는데 그는 협회의 지도자이자 창립자였고, 게다가 1907년부터 율리우스는 협회의 이사로 일하기까지 했다.[29] 그러니 그의 아들들이 센트럴파크 서쪽에 위치한 협회에서 운영하는 학교에 다니는 것도 당연한 일이었다. 학교의 교훈은 "말이 아니라 행동(Deed, not Creed)"이었다.[30] 1876년에 창립된 윤리 문화 협회는 회원들에게 사회 발전을 위한 행동과 인도주의를 설파했다. "인간은 스스로의 삶과 운명의 방향에 책임을 져야 한다."[31] '윤리적 문화(Ethical Culture)'는 개혁 유태교의 한 분파로 출발했지만 엄격한 의미에서 종교가 아니었다. 애들러와 그를 따르는 일군의 교사들은 유태인들이 미국 사회에 동화되어 살아야 한다고 주장했고, 이는 당시 중산층 독일계 유태인들의 욕구와 잘 맞아 떨어졌다. 이와 같은 교육 방침은 오펜하이머의 심리 구조 형성에 감성적으로 그리고 지적으로 강력한 영향을 미쳤다.

펠릭스 애들러는 랍비였던 새뮤얼 애들러(Samuel Adler)의 아들로 6세 때

가족과 함께 1857년 독일에서 뉴욕으로 이민 왔다.[32] 독일에서 유태교 개혁 운동의 지도자였던 그의 아버지가 미국에서 가장 큰 개혁 교당이었던 에마누엘(Emanu-El) 교회의 담임 성직자로 초빙되었기 때문이다. 애들러가 마음만 먹었다면 아버지의 뒤를 이어 그 역시 성직자가 될 수도 있었을 것이다. 하지만 그는 독일로 돌아가서 대학을 다녔고, 그곳에서 범신론과 사회에 대한 개인의 책임 같은 급진적인 사상에 빠졌다. 그는 찰스 로버트 다윈(Charles Robert Darwin, 1809~1882년), 카를 마르크스(Karl Marx, 1818~1883년), 그리고 토라(Torah)의 신성함에 대한 전통적인 믿음을 거부한 펠릭스 벨하우젠(Felix Wellhausen)을 비롯한 여러 독일 철학자들의 저작으로부터 영향을 받았다. 애들러는 1873년 에마누엘로 돌아와 '미래를 위한 유태교'라는 주제로 일련의 강연을 했다. 젊은 애들러는 유태교가 오늘날과 같은 근대에 살아남기 위해서는 "협소한 배제의 정신"을 버려야 한다고 주장했다. 유태인들은 스스로 "선민(選民)"이라는 종교적 정체성을 버리고 노동 계급을 위한 사회적 관심과 행동을 통해 새로운 정체성을 만들어야 한다는 것이었다.

뉴욕에 돌아온 지 3년 만에 애들러는 에마누엘 교회 신도들 중 400여 명을 이끌고 주류 유태교 사회로부터 빠져 나왔다. 그는 요제프 셀리그만(Joseph Seligman)을 비롯한 독일계 유태인 사업가들의 재정 지원을 받아 '윤리적 문화' 운동을 창시했다.[33] 일요일 오전 집회에서는 보통 애들러가 강연을 했다. 오르간 음악은 연주되었지만 기도문을 외우거나 다른 종교 의식은 거행하지 않았다. 오펜하이머가 6세였던 1910년부터 협회는 웨스트 64번가 2번지에 위치한 멋진 집회장을 모임의 장소로 사용했다. 율리우스는 1910년에 새 집회장 개관식에 참가했다. 강당에는 오크 재질의 수제 조각 패널, 아름다운 스테인드글라스 창문이 있었고, 발코니에는 윅스(Wicks)제 파이프 오르간이 설치되어 있었다. W. E. B. 듀보이스(W. E. B. DuBois), 부커 T. 워싱턴(Booker T. Washington)을 비롯한 미국의 저명한 진보계열 학자들이 이 화려한 강당에서 강연을 하기도 했다.

'윤리적 문화'는 개혁적 유태교의 한 분파였다. 하지만 이 운동의 근원은 19세기에 상류층 유태인들을 독일 사회로 동화시키기 위한 엘리트들의 노력에서 이미 찾을 수 있었다. 유태인의 정체성에 관한 애들러의 급진적인 생각이 뉴욕의 부유한 유태인 사업가들 사이에서 유행할 수 있었던 것은 바로 이들이 19세기 이후 부상하기 시작한 반유태주의에 대항해 싸우고 있었기 때문이었다. 미국에서 조직적이고 제도적인 유태인 차별이 시작된 것은 비교적 최근의 일이었다. 미국 혁명 이후 토머스 제퍼슨과 같은 이신론자(deist, 理神論者)들이 정교분리를 주장해 온 이래 미국인들은 유태인들에게 어느 정도의 관대함을 보였다. 하지만 1873년 주식 시장 폭락 이후 뉴욕의 분위기는 바뀌었다. 그리고 1877년 여름, 뉴욕의 독일 출신 유태인들 중 가장 부자로 유명했던 셀리그만이 단지 유태인이라는 이유만으로 사라토가의 그랜드 유니언 호텔에 투숙을 거부당하자 유태인 사회에는 파문이 일었다. 이후 몇 년 사이에 호텔뿐만 아니라 사교 클럽, 사립 학교 등 엘리트 기관들이 갑자기 유태인들에게 문을 닫아걸었다.

즉 애들러의 윤리 문화 협회는 미국인들의 편협성에 대한 뉴욕 유태인 사회의 대응 방식의 하나였다. 사상적인 관점에서 보았을 때, 윤리적 문화는 미국 건국의 아버지들과 마찬가지로 정교 분리를 주장했다. 1776년의 혁명으로 미국의 유태인들이 해방되었다면, 편협한 기독교도들에 대한 적절한 대응은 미국인들보다 더 미국적인 공화주의자가 되는 것뿐이었다. 이와 같은 생각을 가진 유태인들은 이신론을 받아들이고 미국 사회에 동화되기 위해 노력했다. 애들러는 유태 민족이 하나의 국가라는 생각은 시대척오적인 것이라고 생각했다. 그는 곧 그의 추종자들이 "해방된 유태인"으로 살아갈 수 있는 제도적 장치를 만들기 시작했다.[34]

애들러는 지성적 문화를 전 세계에 퍼뜨리는 것이 반유태주의에 대한 올바른 대응이라고 주장했다. 다른 유태인들과는 달리, 애들러는 시온주의가 유태 배타주의에 빠지는 지름길이라며 비판했다. "시온주의 자체가 차별하려는 경향을 내포하고 있다."[35] 애들러는 유태인의 미래가 팔레스타인이 아닌 미국에 있다고 보았다. "나는 앨러게니(Alleghenies) 강과 로키 산맥 위를 비추는 아침의 여명에서 시선을 떼지 않는다. 예루살렘 언덕 위의 빛은 아무리 아름다워도 저녁의 황혼일 뿐이다."

애들러는 이와 같은 자신의 세계관을 현실화시키기 위해 1880년 '노동자 학교(Workingman's School)'라는 무료 학교를 설립했다. 애들러는 학생들이 산수, 읽기, 역사를 비롯한 일반 교과목은 물론이고, 예술, 연극, 무용, 그리고 빠르게 산업화되는 사회에서 필요한 기능들을 익혀야 한다고 주장했다. 그는 모든 아이들이 무엇이든 재능을 하나씩은 가지고 있다고 믿었다. 수학에 재능이 없는 아이일지라도 "손으로 무언가를 만들 수 있는 예술적 재능"을 가지고 있을지 모른다는 것이다.[36] 애들러에게 이와 같은 통찰은 "윤리의 씨앗"이었다. "우리가 해야 하는 일은 학생들이 다양한 재능을 발현할 수 있도록 해 주는 것"이었다. 그의 목표는 "더 나은 세상"이었고, 그러므로 학교의 사명은 "개혁가"들을 양성하는 것이었다. 노동자 학교는 발전을 거듭하며 점차 진보적 교육 개혁 운동의 모범 사례가 되었다. 그리고 애들러는 교육가이자 철학자인 존 듀이(John Dewey, 1859~1952년)의 미국 실용주의 학파의 영향력 아래 놓이게 되었다.

애들러는 사회주의자는 아니었지만 마르크스가 『자본(Das Kapital)』에서 묘사한 산업 노동자 계급의 고통에 민감하게 반응했다. 그는 "사회주의가 제기하는 쟁점들에 내 자신을 맞추지 않으면 안 된다."라고 썼다.[37] 그는 노동 계급이 "정당한 보수, 안정적인 고용, 그리고 사회적 존엄"을 가질 권리가 있다고 믿었다. 그는 또 노동 운동은 "윤리적 운동이다. 나는 그것을 마음속으로부터 지지한다."라고 쓰기도 했다. 노동계 지도자들은 이와 같은 지지에 보답했다. 예를 들어 생긴 지 얼마 되지 않은 '미국 노동 연맹(American Federation of Labor)'의 지도자 새뮤얼 곰퍼스(Samuel Gompers, 1850~1924년)는 뉴욕 윤리 문화 협회의 회원이었다.

노동자 학교의 학생 수는 계속 늘어 갔다. 그러자 역설적으로 애들러는 윤리 문화 협회의 자금 부담을 덜기 위해 학비를 내는 학생들을 받을 수밖에 없었다. 당시 많은 엘리트 사립 학교들이 유태인들에게 문을 닫고 있었기 때문에 수많은 성공한 유태인 사업가들이 자신의 자녀들을 애들러의 노동자 학교에 입학시키기 위해 줄을 섰다. 1895년 무렵 애들러는 고등학교를 신설하고 학교명을 '에티컬 컬처 스쿨'로 개칭했다(수십 년 후 필드스턴 학교(Fieldston School)로 바뀌었다.). 로버트 오펜하이머가 입학했던 1911년 당시 전체 학생의 약 10퍼센트만 노동 계급 가정 출신이었다. 그럼에도 불구하고 학교는 진보적이고 사회적 책임을 강조하는 학풍을 잃지 않았다. 윤리 문화 협회의 비교적 부유한 후원자들의 자녀들은 학교를 다니면서, 자신들이 세상을 개혁하리라는 것을, 또 지극히 현대적인 윤리 복음의 전도사라는 것을 배웠다. 오펜하이머는 그중에서도 두드러진 학생이었다.

오펜하이머가 나이 먹어서 보이게 되는 정치적 감성은 그가 애들러의 학교에서 받은 진보적 교육에서 비롯된 것이라고 할 수 있다. 한창 성장기였던 시기에 그는 자신이 더 나은 세상을 만들기 위한 촉매라고 생각하는 사람들에게 둘러싸여 있었다. 20세기 초부터 제1차 세계 대전이 끝날 때까지, 윤리 문화 협회 회원들은 인종 문제, 노동자 권리, 시민의 자유, 환경주의 등 여러 정치 쟁점들에서 중추적인 역할을 담당했다. 예를 들어 1909년에 윤리 문화 협회의 저명한 회원들이었던 헨리 모스코비치(Henry Moskowitz) 박사, 존 러브조이 엘리엇(John Lovejoy Elliott), 애너 갈린 스펜서(Anna Garlin Spencer), 그리고 윌리엄 솔터(William Salter) 등은 '전국 유색인종 지위 향상 협회(National Association for the Advancement of Colored People)'의 창립을 도왔다. 모스코비치 박사는 또한 1910년과 1915년 사이에 일어난 의류 노동자 파업에서 중요한 역할을 했다. 다른 회원들은 '미국 시민 자유 연맹(American Civil Liberties Union)'의 전신인 '전국 시민 자유 사무국(National Civil Liberties Bureau)'의 창립을 도왔다. 협회 회원들은 계급 투쟁을 전면적으로 받아들이지는 않았지만 실용적 급진주의자들로서 사회 변화를 가져오는 데 능동적인 역할을 하는 데 주저함이 없었다. 그들은 더 나은 세상을 만들기 위해서는 고된 일, 끈기, 그리고 정치 조직이 필요하다고 믿었다. 1921년 오펜하이머가 에티컬 컬처 스쿨을 졸업하던 해에 애들러는 학생들에게 "윤리적 상상력"을 발휘하라고, "세상을 있는 그대로가 아니라 어떻게 바뀔 수 있을지를" 보라고 훈계했다.[38]*

오펜하이머는 자신뿐만 아니라 아버지 율리우스에게 애들러가 어떤 영향을 주었는지 잘 알고 있었다. 그는 때때로 이것을 가지고 그의 아버지를 놀리기도 했다. 17세에 오펜하이머는 율리우스의 50번째 생일을 맞아 시를 한 편 썼는데, 그중에는 "그가 미국으로 오고 나서, 애들러 박사의 도덕

---

* 수십 년 후, 오펜하이머의 동급생 데이지 뉴먼(Daisy Newman)은 다음과 같이 회고했다. "오펜하이머의 이상주의가 그를 곤경에 빠지게 했을 때, 나는 그것이 우리가 받은 훌륭한 윤리학 교육의 논리적인 귀결이라고 느꼈다. 펠릭스 애들러와 존 러브조이 엘리엇의 학생이라면 아무리 현명하지 못한 선택일지라도 자신의 양심에 따라 행동할 것이었다."(뉴먼이 앨리스 스미스에게 보낸 편지, 1977년 2월 17일)

성을 알약처럼 압축해 삼켰다네."라는 구절이 있었다.[39]

 독일에서 이주한 미국인들이 대부분 그랬듯이 애들러 박사 역시 미국이 제1차 세계 대전에 참전했을 때 깊은 슬픔과 혼란에 빠졌다. 잡지《더 네이션(The Nation)》의 편집장이자 윤리 문화 협회의 저명한 회원인 오스왈드 개리슨 빌러드(Oswald Garrison Villard)와 달리 애들러는 평화주의자가 아니었다. 독일 잠수함이 미국 여객선 루시타니아(Lusitania) 호를 침몰시켰을 때 그는 미국 상선의 무장을 지지했다. 그는 미국의 참전에는 반대했지만, 윌슨 행정부가 1917년 4월 전쟁을 선포하자 주례 강연에서 우리는 미국에 "완전한 충성"을 보여야 한다고 역설했다.[40] 그와 동시에 그는 독일만 잘못을 저질렀다고는 할 수 없다고 주장했다. 독일 군주제에 비판적이었던 애들러는 전쟁으로 인한 제정의 종식과 오스트리아헝가리 제국의 몰락을 환영했다. 하지만 다른 한편으로 그는 격렬한 반식민주의자로서 영국과 프랑스 제국만 강화시키는 결과를 낳은 승자만을 위한 평화를 공개적으로 비난했다. 당연하게도 반대파는 그를 친독파로 몰아갔다. 협회 이사이자 애들러 박사를 깊이 존경했던 율리우스 역시 유럽에서의 전쟁에 대해, 또 독일계 미국인으로서 정체성에 대해 어떻게 생각해야 하는지 혼란스러워했다. 어린 오펜하이머가 전쟁에 대해 어떻게 생각했는지를 알 수 있는 증거는 남아 있지 않다. 하지만 학교에서 그의 윤리학 선생님은 미국의 참전을 강력하게 비판하던 존 러브조이 엘리엇이었다.

 엘리엇은 1868년 일리노이 주에서 노예 폐지론과 무신론(freethinkers)을 지지하는 가정에서 태어나 혁신주의적인 뉴욕 시의 인도주의 운동의 중추적 인물이 되었다. 큰 키에 따뜻한 마음을 가진 남자였던 엘리엇은 애들러의 문화 원칙을 실천에 옮기는 역할을 담당한 실용주의자였다. 그는 뉴욕의 빈민가 첼시 지구에 미국에서 가장 성공한 사회 복지 시설 중 하나인 허드슨 길드를 설립했다. 평생에 걸쳐 미국 시민 자유 연맹의 이사를 지내기도 했던 엘리엇은 정치적으로도 개인적으로도 두려움이 없는 사람이었다. 1938년 윤리 문화 협회 비엔나 지부의 지도자 2명이 히틀러의 게슈타포에게 구속되자 70세의 엘리엇은 베를린으로 건너가 몇 개월 동안 그들의 석방을 위해 노력했다. 엘리엇은 게슈타포에 뇌물을 주고 두 사람을 나치스 독일에서 탈출시키는 데 성공했다. 그가 1942년에 세상을 떠났을 때 미국 시민 자유 연맹의 로저 볼드윈은 조사에서 그를 "재치있는 성인(聖人)이었고……사람에 대한 연민이 넘쳐 작은 일이라도 도와주려고 했던 분이었다."라고 표현했다.[41]

오펜하이머 형제는 바로 이 "재치있는 성인"에게 매주 윤리학 수업을 들었다. 수년 후 그들이 청년이 되었을 때 엘리엇은 그들의 아버지에게 보내는 편지에서 "당신의 아들들과 이렇게 가까워질 수 있을지 몰랐습니다. 당신과 당신의 아이들을 알게 된 것은 나에게는 행운이었습니다."라고 썼다.[42] 엘리엇의 윤리학 수업은 학생들이 특정한 사회적, 정치적 쟁점에 대해 토론하는 소크라테스식 세미나로 진행되었다. 그가 가르치는 '인생 문제 교육(Education in Life Problems)'은 에티컬 컬처 스쿨의 필수 과목이었다. 그는 종종 학생들에게 개인적인 윤리적 딜레마를 제기하고는 했다. 예를 들면 이런 것이었다. "자네가 교사라는 직업과 리글리(Wrigley's) 껌 공장에서 높은 임금을 받는 직업 중 하나를 선택할 수 있다면 어느 쪽을 고를 텐가?" 오펜하이머는 학교에 다니는 동안 흑인 문제, 전쟁과 평화의 윤리학, 경제적 불평등, 그리고 남녀 관계의 이해 등 여러 쟁점에 대해 고민해야만 했다.[43] 엘리엇은 졸업반 학생들에게 '국가'의 역할에 대해 토론하라는 과제를 주었다. 이 수업에서 오펜하이머는 '정치 윤리학에 관한 짧은 문답'이라는 제목으로 '충성과 반역의 윤리'에 대해 토론했다.[44] 엘리엇의 수업은 사회적 관계와 세계의 각종 문제에 대한 특별한 교육을 제공했고 이는 오펜하이머의 심리 구조에 깊은 영향을 미쳤다. 그리고 그가 받은 영향은 그의 일생을 거쳐 풍부한 결실을 맺게 되었다.

오펜하이머는 "나는 매끈한, 기분 나쁠 정도로 착한 어린아이였다."라고 회고했다.[45] "어린 시절 나는 세상이 잔인하고 냉엄한 곳이라는 사실에 전혀 준비하지 못했다." 과잉보호하는 부모 밑에서 그는 "정상적이고 건전하게 나쁜 놈(bastard)이 될 방법"이 없었다. 하지만 오펜하이머 자신은 느끼지 못했을지 몰라도 이로 인해 그는 내적 강인함뿐만 아니라 육체적으로도 극기할 수 있는 의지를 갖게 되었다.

율리우스는 오펜하이머가 친구들과 함께 밖에서 뛰놀았으면 하는 생각에 그가 14세가 되던 해에 여름 캠프에 보내기로 결정했다. 다른 대부분의 아이들에게 쾨닉 캠프(Camp Koenig)는 즐겁게 시간을 보내며 우정을 쌓을 수 있는 곳이었다. 하지만 오펜하이머에게 이것은 고통스러운 체험이었다. 수줍고 예민하거나 자신들과 그저 조금 다를 뿐인 아이들을 괴롭히기를 좋아하는 어린 소년들 사이에서, 오펜하이머는 모든 면에서 표적이 되었다. 다른 아이들은 곧 그를 "귀염둥이"라고 부르며 무자비하게 놀려댔다. 하지만 오펜하이머는 맞대응하지 않았다. 그는 아이들과 어울려 운동경기에 참가하지 않고 산길을 따라 산책하거나 암석을 수집하며 시간을 보냈다. 그는 캠프에서 단 한 명의 친구를 사귀었는데 그는 오펜하이머가 그해 여름 조지 엘리엇(George Eliot)의 소설에 푹 빠져 있었다고 회고했다. 엘리엇의 『미들마치(Middlemarch)』는 특히 그의 마음에 와 닿았다. 이 소설은 그가 불가사의하다고 생각하던 주제, 즉 마음속 깊은 곳에서의 삶과 인간관계의 상호 작용에 대해 깊이 있게 다루고 있었다.

오펜하이머는 집으로 보내는 편지에 다른 아이들이 인생의 진실 몇 가지를 가르쳐 주고 있다고, 그래서 캠프에 오기를 잘한 것 같다고 쓰는 실수를 저질렀다. 이 편지를 받은 오펜하이머 부부는 곧 캠프장으로 달려왔고, 면담의 결과로 캠프 책임자는 아이들이 저속하고 성적인 이야기를 주고받는 것을 전면적으로 금지하기에 이르렀다. 당연하게도 오펜하이머는 아이들 사이에서 고자질쟁이로 지목을 받았고, 어느 날 밤 아이들은 그를 캠프 얼음 창고로 끌고 가서 옷을 벗기고 두들겨 팼다. 마지막으로 아이들은 오펜하이머의 엉덩이와 성기를 초록색 페인트로 칠하고 밤새 얼음 창고에 벌거벗은 채로 가뒀다. 그의 유일한 캠프 친구는 나중에 이 사건을 "고문"이라고 표현했다.[46] 오펜하이머는 이 엄청난 치욕을 금욕적인 침묵으로 견뎠다. 그는 캠프를 떠나지도 불평하지도 않았다. 그의 친구는 "로버트가 어떻게 나머지 몇 주간을 버텼는지 모르겠어요."라고 말했다. "보통 사람이라면 캠프를 그만두고 집으로 돌아갔을 겁니다. 아니, 돌아갈 수밖에 없었을 테지요. 하지만 오펜하이머는 견뎌 냈어요. 그에게는 지옥 같았을 겁니다." 오펜하이머와 친한 사람이라면 그가 겉보기에는 너무 단단해서 부서지기 쉬울 것 같지만 속으로는 고집스러운 자존심과 결단력으로 똘똘 뭉친 금욕적 성품을 가졌다는 것을 잘 알고 있었다. 이와 같은 성격은 그의 일생 동안 때때로 드러났다.

하지만 이와 같은 오펜하이머의 고답적 성격은 학교에서는 좋은 평가를 받았다. 애들러 박사가 진보적 교육을 실천하기 위해 정성 들여 인선한 에티컬 컬처 스쿨의 교사들은 이를 잘 이해할 수 있었던 것이다. 오펜하이머의 수학 선생님이었던 마틸다 아우어바흐(Matilda Auerbach)는 오펜하이머가 수업에 흥미를 느끼지 못한다는 것을 알고 그를 혼자 도서실로 보내 자율적으로 공부할 수 있게 해 주었다. 게다가 그녀는 오펜하이머에게 자신이 배운 것을 급우들에게 설명할 수 있는 기회까지 주었다. 오펜하이머의 그리스 어와 라틴 어 교사였던 알베르타 뉴턴(Alberta Newton)은 그를 가르치는 것은 매우 즐거운 일이었다고 회고했다. "그는 모든 새로운 생각을 완벽하게 아름다운 것으로 받아들였어요."[47] 오펜하이머는 플라톤(Platon)과 호메로스(Homeros)를 그리스 어로, 카이사르(Caesar)와 베르길리우스(Vergilius), 호라티우스(Horatius)를 라틴 어로 읽을 수 있게 되었다.

오펜하이머는 언제나 탁월한 학생이었다. 그는 3학년 때부터 실험실에서 과학 실험을 했고, 5학년이었던 10세 무렵에는 물리학과 화학을 공부하기 시작했다. 오펜하이머의 과학 공부에 대한 열의는 미국 자연사 박물관의 학예사가 그의 과외 수업을 해 주기로 동의했을 정도였다. 그는 몇 학년을 건너뛰었고 모두 그가 신동이라고 생각했다. 그는 9세 때 사촌 누나에게 다음과 같이 말했다. "누나가 라틴 어로 질문하면 내가 그리스 어로 대답할게."[48]

오펜하이머의 동료들은 때때로 그와 친해지기 어렵다고 생각했다. 한 친구는 "우리는 함께 지냈지만 가까운 사이가 되지는 않았습니다. 그는 자신만의 생각에 골똘히 빠져 있는 경우가 많았지요."라고 말했다.[49] 또 다른 급우는 그가 교실에서 "제대로 먹거나 마시지 못한 것처럼" 힘없이 앉아 있었다고 회고했다. 그의 친구들은 그가 "조금은 버릇이 없었다."라고 생각했다.[50] "그는 다른 아이들과 어떻게 지내야 하는지 잘 몰랐어요." 오펜하이머는 자신이 급우들보다 훨씬 지식이 많다는 사실이 가져오는 여러 문제점들에 대해 잘 알고 있었다. 한번은 그가 어느 친구에게 "그저 책장을 넘기면서 '그래, 그래, 그 정도는 물론 알고 있지.'라고 말하는 것은 별로 재미없어."라고 말했다고 한다.[51] 지넷 머스키(Jeannete Mirsky)는 졸업을 앞두고 오펜하이머를 "특별한 친구"로 생각할 정도로 그와 가깝게 지냈다.⁵² 그녀는 그가 일반적인 의미에서 수줍음을 탄다기보다는 남들과 거리감을 두는 편에 가깝다고 생각했다. 그녀는 그에게 파멸의 씨앗을 내재한 "오만함"이 있다고 생각했다. 오펜하이머의 성품은 "자신의 탁월함을 보이고 싶은 욕망"을 보여 주는 것이었다.

오펜하이머의 고등학교 시절 담임이었던 스미스는 하버드 대학교에서 석사 학위를 마치고 박사 과정에 재학 중인 1917년에 부임한 젊은 영어 교사였다. 스미스는 에티컬 컬처 스쿨의 분위기에 매료된 나머지 박사 과정을 마치려던 계획을 포기하고 교사로 남기로 결정했다. 그는 에티컬 컬처 스쿨에서 평생 학생들을 가르쳤고, 나중에는 교장 자리까지 올랐다. 스미스는 덩치가 크고 운동 신경이 남달랐다. 하지만 다른 한편으로 그는 학생들 하나하나가 무엇을 가장 궁금해하는지 찾아내 그것을 어떻게든 그날의 수업 주제와 연관시키려고 노력하는 따뜻하고 온화한 교사였다. 그의 수업이 끝나면 학생들은 항상 그의 책상 주변으로 모여들어 그와 한마디라도 더 대화를 나누려고 했다. 이 당시 오펜하이머의 주된 관심사는 과학이었지만, 스미스의 수업은 그의 문학적 관심을 북돋웠다. 스미스는 오펜하이머가 이미 "기막힌 작문 스타일"을 가졌다고 생각했다.⁵³ 한번은 오펜하이머가 산소에 관한 재미있는 에세이를 써 오자 스미스가 "너는 과학 저술가가 되는 게 좋겠구나."라고 제안했다. 퍼거슨은 "스미스는 학생들에게 아주 친절했습니다."라고 회고했다.⁵⁴ "그는 오펜하이머와 나, 그리고 다른 몇몇과 특히 친했고……우리의 고민을 듣고 다음에는 이렇게 하라고 충고해 주었습니다."

고등학교 2학년 때 오펜하이머는 오거스투스 클록(Augustus Klock)의 물리 수업을 들으며 인생의 큰 결단을 내리게 된다. "그는 대단했어요."⁵⁵ 오펜하이머는 말했다. "나는 첫해 수업을 듣고 너무 들떠서 여름 방학 동안 그와 함께 다음 학기 화학 수업을 위한 실험 기기 준비를 돕겠다고 나섰습니다. 우리는 1주일에 닷새는 함께 보냈죠. 가끔씩 그는 포상으로 나와 함께 암석 탐사 여행을 떠나기도 했습니다." 그는 전극과 전기 전도에 관한 실험을 시작했다. "나는 화학을 깊이 사랑했습니다. 화학은 물질의 본질을 다루는 학문으로, 내가 눈으로 보고 있는 것과 일반적인 이론 사이의 관계를 금방 느낄 수 있습니다. 물리학에서도 물론 그런 것을 느낄 수 있지만 거기까지 도달하기란 훨씬 어렵지요." 오펜하이머는 과학자로의 길로 자신을 안내해 준 클록에게 항상 고마운 마음을 가지고 있었다. "그는 무언가를 발견할 때 경험하게 마련인 시행착오 자체를 즐겼고, 그것을 통해 학생들에게 희열을 느끼게 해 주었습니다."

제인 디디스하임(Jane Didisheim)은 반세기가 지난 후에도 오펜하이머를 특히 생생하게 기억하고 있었다. "그는 아주 쉽게 얼굴이 붉어졌어요."[56] 그녀는 회고했다. "아주 허약했고, 볼이 아주 붉었으며, 수줍음을 무척 많이 탔고, 물론 아주 천재적이었습니다. 우리 모두는 그가 보통 사람과는 다르다는 것을 재빨리 알아챘죠. 공부에 관한 한 그는 모든 과목에서 탁월했어요."

에티컬 컬처 스쿨은 이 비상하게 박학다식한 아이에게 이상적인 환경을 제공했다. 오펜하이머는 그 안에서 자신이 원하는 부문에서 자신이 원할 때 빛날 수 있었으며, 동시에 대항할 준비가 되어 있지 않은 사회 문제들로부터 보호받을 수 있었다. 그를 고치처럼 보호해 주었던 학교의 환경은 그의 사춘기가 왜 그렇게 길었는지를 설명해 줄지도 모른다. 에티컬 컬처 스쿨의 분위기는 그가 하루아침에 어른이 되는 것을 요구하지 않았다. 오히려 천천히 사춘기에서 벗어날 수 있는 환경을 조성해 주었다. 17세 무렵까지 그의 진짜 친구는 단 한 명뿐이었다. 프랜시스 퍼거슨은 뉴멕시코 출신의 장학생이었는데 오펜하이머와는 3학년 때 같은 반이 되었다. 퍼거슨이 그를 처음 만난 1919년 무렵에는 오펜하이머는 이미 별로 공부할 필요가 없었다. "그는 그냥 놀고 있거나 무언가 할 일을 찾으려고 했습니다."[57] 퍼거슨은 회고했다. 오펜하이머는 역사, 영문학, 수학, 그리고 물리 수업을 듣는 것 이외에도 그리스 어, 라틴 어, 프랑스 어, 독일어 수업도 들었다. "그는 그래도 전 과목 A를 받았습니다."[58] 그는 학년 수석으로 졸업했다.

오펜하이머는 등산과 암석 수집 외에도 운동 삼아 요트 타기를 즐겼다. 사람들의 기억에 따르면 그는 요트를 한계까지 밀어붙이는 용감하고 유능한 항해사였다. 그는 어릴 때부터 몇 척의 작은 배로 기술을 연마했다. 그리고 그가 16세가 되었을 때 율리우스는 그에게 8미터짜리 슬루프(sloop) 선을 사 주었다. 오펜하이머는 이 배에 화학 분자 이산화트리메틸렌(trimethylene dioxide)에서 딴 '트리메티(Trimethy)'라는 이름을 붙였다. 그는 여름 태풍 속에서 파도를 거슬러 대서양 방향으로 항해하기를 즐겼다. 그는 배를 몰고 돌아오면서 동생 프랭크에게 조종간을 맡기고 자신은 키를 다리 사이에 끼고 바람 속으로 즐거운 듯 소리를 지르고는 했다. 그의 부모는 수줍고 내성적인 아이가 어떻게 그토록 충동적인 행동을 할 수 있는지 이해할 수 없었다. 오펜하이머가 바다로 나갈 때마다 엘라는 베이 쇼어의 집 창가에 서서 수평선에 트리메티 호의 모습이 보이는지를 찾고는 했다. 율리우스가 모터보트를 타고 트리메티 호를 찾으러 나가 오펜하이머의 겁 없는 행동이 얼마나 자신과 다른 사람의 생명을 위험에 빠뜨리는 것인지 아느냐고 야단을 쳐야 했던 것도 한두 번이 아니었다. 율리우스는 "로버티, 로버티……"라고 말하면서 고개를 흔들었다.[59] 그러나 아무도 오펜하이머를 말릴 수 없었다. 그는 바람과 바다에 대한 자신의 지식에 확고한 자신감을 가지고 있었다. 그는 자신의 기술의 한계를 잘 알고 있었고, 할 수 있다는 확신이 서기만 하면 해방감을 느낄 수 있는 기회를 결코 놓치지 않았다. 그래도 몇몇 친구들은 오펜하이머가 폭풍이 몰아치는 바다에서 보인 무모한 행동이 그의 뿌리 깊은 오만함의 한 단면이거나 내면적 반항심의 연장이라고 생각했다. 그는 위험한 상황에 저항할 수 없는 매력을 느꼈다.

퍼거슨은 오펜하이머와 함께 배를 타고 나갔던 때를 결코 잊지 못했다. 그들이 이제 막 17세가 되었을 때였다. "아주 추운 봄날이었습니다. 바람이 불어 만에는 작은 파도가 쳤고 비도 조금 내렸죠. 나는 그가 그것을 해낼 수 있을지 없을지 몰랐기 때문에 조금은 무서웠습니다. 하지만 그는 해냈어요. 그는 이미 꽤 숙련된 항해사였죠. 그의 어머니는 2층 창문으로 우리를 지켜보면서 아마도 꽤 가슴을 졸였을 겁니다. 하지만 그는 그녀를 설득해서 허락을 받아 냈어요. 그녀는 걱정했지만 결국 허락하고 말았죠. 우리는 물론 바람과 파도 때문에 바닷물에 흠뻑 젖었습니다. 하지만 나는 대단히 깊은 인상을 받았습니다."[60]

오펜하이머가 에티컬 컬처 스쿨을 졸업한 1921년 여름 율리우스와 엘라는 아들들을 데리고 다시 독일로 여행을 떠났다.[61] 오펜하이머는 혼자서 몇 주간 베를린 북동쪽에 위치한 요아킴슈탈(Joachimsthal) 근처의 낡은 광산들로 채광지 답사 여행을 떠났다(아이러니하게도 20년 후 독일인들은 이 부근에서 원자 폭탄 계획에 쓸 우라늄을 채굴하게 된다.). 그는 험한 조건에서의 야영 생활을 마치고 가방 한가득 암석 표본을 가지고 돌아왔다. 하지만 그가 얻은 것은 암석만이 아니었다. 오펜하이머는 치명적인 참호 이질(trench dysentery)에 걸려 들것에 실려서야 집에 돌아올 수 있었고, 이 때문에 그해 가을로 예정된 하버드 대학교 입학도 미뤄야만 했다. 부모는 그를 집에 가둬 놓고 이질과 합병증으로 얻은 대장염을 치료했다. 대장염은 그를 평생 괴롭혔는데

이는 그가 고집스럽게 좋아한 매운 음식 때문에 악화된 것이기도 했다. 그는 의사의 말을 잘 듣는 환자가 아니었다. 그는 뉴욕의 아파트에서 긴 겨울을 보냈고, 짜증이 난 나머지 때때로 어머니의 간호를 거부하고 방 안에서 문을 잠그는 등 버릇없는 행동을 보이기도 했다.

1922년 봄 무렵 율리우스는 이제 어느 정도 건강을 회복한 아들이 집 밖으로 나가도 괜찮겠다고 생각했다. 그는 스미스에게 오펜하이머를 데리고 여름에 남서부로 여행을 가는 것이 어떻겠냐고 제안했다. 스미스는 그 전 해 여름에도 다른 학생을 데리고 비슷한 여행을 갔었고, 율리우스는 서부에서의 모험이 그의 아들을 강하게 만들어 줄 것이라고 생각했다. 스미스는 그렇게 하겠다고 대답했다. 하지만 그가 놀란 것은 오펜하이머가 떠나기 직전에 조용히 찾아와서 좀 이상한 제안을 했을 때였다. 여행하는 동안 자신이 스미스의 동생으로 행세하면 안 되겠냐는 것이었다. 스미스는 이 제안을 그 자리에서 바로 거부했다. 그러나 스미스는 오펜하이머가 유태인식 이름을 갖고 있다는 사실을 불편해한다는 것을 알아챘다. 퍼거슨은 나중에 오펜하이머가 "자신이 동부 출신의 부유한 유태인이라는 사실"에 대한 남의 이목을 의식했을 수도 있었을 것이라고 추측했다.[62] "뉴멕시코 여행은 그 모든 것들로부터 벗어난다는 의미도 있었습니다." 또 다른 친구인 머스키 또한 오펜하이머가 자신의 유태인 혈통에 대해 어느 정도는 불편해했다고 생각했다. "모두가 그렇게 생각했어요."[63] 머스키는 말했다. 하지만 몇 년 후 하버드에서 오펜하이머는 그의 스코틀랜드 아일랜드 출신 가문의 한 친구에게 "우리 둘 다 메이플라워 호를 타고 건너오지는 않았으니까."라고 말할 정도로 자신의 유태인 혈통에 대해 훨씬 편안해진 듯 보였다.

오펜하이머와 스미스는 남부에서 출발해 서서히 뉴멕시코의 메사를 가로질렀다. 그들은 앨버커키에서 퍼거슨 가족과 함께 지냈다. 오펜하이머는 그들과 함께 지내는 것을 좋아했고, 이 방문은 그와 퍼거슨의 평생에 걸친 우정의 출발점이 되었다. 퍼거슨은 오펜하이머에게 앨버커키에 살고 있던 폴 호건이라는 동년배 소년을 소개했다. 호건 역시 당시 신동으로 알려져 있었고, 나중에는 작가로 성공적인 이력을 쌓게 될 것이었다. 호건과 퍼거슨은 오펜하이머와 마찬가지로 하버드에 입학할 예정이었다. 오펜하이머는 호건을 좋아했고, 갈색 머리칼에 파란 눈을 가진 아름다운 호건의 여동생 로즈메리(Rosemary)에게 마음을 빼앗겼다. 프랭크 오펜하이머는 형이 로즈메리에게 강하게 끌렸다고 나중에 고백했다고 말했다.[64]

그들이 케임브리지에 도착해서도 계속 뭉쳐 다니자, 호건은 자신들을 "잡학박사 삼인방"이라고 재치 있게 부르기도 했다.[65] 하지만 뉴멕시코에서 오펜하이머는 자신의 내부에서 새로운 태도와 관심을 끄집어낼 수 있었다. 앨버커키에서 호건은 오펜하이머로부터 강렬한 첫인상을 받았다. "그는 놀라운 재치, 유쾌함, 그리고 혈기 왕성함이 모두 있었습니다. 그는 훌륭한 사교성 덕분에 어디서나 어느 순간에 대화에 끼어도 전혀 이상하지 않았지요."

스미스는 오펜하이머와 그의 두 친구 호건과 퍼거슨을 데리고 앨버커키를 떠나 샌타페이에서 북동쪽으로 약 40킬로미터 떨어진 로스피노스(Los Pinos)라는 관광 목장으로 향했다. 목장 운영자는 오펜하이머와 평생에 걸친 친구가 될 28세의 매력적이고 도도한 캐서린 차베스 페이지(Katherine Chaves Page)였다. 하지만 우정 이전에 열정이 있었다. 오펜하이머는 갓 결혼한 캐서린에게 강하게 끌렸다.[66] 1년 전 불치병에 걸렸던 그녀는 죽음에 임해 아버지뻘의 앵글로색슨계 미국인 윈드롭 페이지(Withrop Page)와 결혼했다. 그러나 그녀는 죽지 않았고, 시카고에서 사업을 하던 페이지는 페코스

(Pecos)에는 거의 들르지 않았다.

차베스 가족은 스페인 남서부에 뿌리를 둔 귀족 가문이었다. 캐서린의 아버지 돈 아마도 차베스(Don Amado Chaves)는 북쪽으로는 눈덮인 상그레 데 크리스토(Sangre de Cristo) 산맥이 보이고 장대한 페코스 강의 경치가 펼쳐진 카울스(Cowles)라는 마을 근처에 아름다운 목장을 지었다. 캐서린은 이 왕국을 "다스리는 공주"였고, 오펜하이머는 기꺼이 그녀의 총애를 받는 신하가 되었다.[67] 퍼거슨은 이렇게 언급했다. "그녀는 그의 좋은 친구가 되었습니다. 그는 그녀에게 항상 꽃을 갖다 주었고 그녀를 볼 때마다 지나칠 정도로 기분 좋아할 만한 소리만 골라서 했죠."[68]

그해 여름 캐서린은 오펜하이머에게 승마를 가르쳤고, 곧 그와 함께 말을 타고 주변의 때 묻지 않은 황야를 탐험하러 5~6일씩 여행을 다니고는 했다. 스미스는 오펜하이머의 말 위에서 끈질기게 버티는 근성과 활력에 감탄했다. 그는 악화된 건강과 약해 보이는 외모에도 불구하고 승마가 요구하는 육체적 도전을 즐겼다. 이는 그가 요트 항해에서 위험한 행동을 하는 것을 즐겼던 것과 비슷한 것이었다. 어느 날 콜로라도에서 돌아오는 길에 오펜하이머는 굳이 눈이 쌓인 높은 산길을 따라 가겠다고 고집을 부렸다. 스미스가 그 길로 가면 얼어 죽을 것이 분명하다고 말했으나 오펜하이머는 그래도 가겠다고 우겼다. 결국 스미스는 동전을 던져 결정하자고 제안했다. "천만다행으로 내가 이겼습니다."[69] 스미스는 회고했다. "이기지 않았다면 어떻게 그를 설득했을지 알 수 없는 일이었습니다." 그는 오펜하이머의 터무니없는 행동이 자살 행위에 가깝다고 생각했다. 스미스는 오펜하이머가 죽을 수도 있다는 생각 때문에 "하고 싶은 일을 못 하는" 아이가 아니라고 느꼈다.

스미스는 오펜하이머를 14세 무렵부터 알고 지냈지만, 그가 알던 오펜하이머는 항상 육체적으로 허약하고 감정적으로 상처 받기 쉬운 아이였다. 하지만 지금 이렇게 편의 시설도 없는 험한 산속에서 야영을 하고 있는 그를 보니 혹시 오펜하이머의 만성 대장염이 육체가 아니라 마음의 병이 아닐까 하는 생각도 들었다. 그는 불현듯 오펜하이머의 병은 항상 그가 유태인을 비방하는 말을 들었을 때 나타난다는 것을 깨달았다. 스미스는 그가 "참을 수 없는 사실에서 도피해 버리는" 버릇을 길러 왔다고 생각했다. 스미스는 이와 같은 심리적 작동이 "위험한 수준까지 진행될 때 문제가 일어났다."라고 생각했다.

스미스는 프로이트의 최신 아동 발달 이론에 대해 잘 알고 있었고, 모닥불 곁에서 격의 없는 대화를 나눈 끝에 오펜하이머에게 현저한 오이디푸스 콤플렉스가 있다고 결론 내렸다. "나는 오펜하이머가 그의 어머니에 대해 한번도 비판적으로 말하는 것을 들은 적이 없습니다."[70] 스미스는 회고했다. "반면 그는 아버지에 대해서는 다분히 비판적이었죠."

오펜하이머가 어른이 되었을 때, 그는 아버지에게 사랑과 존경을 보냈고, 자신의 친구들에게 아버지를 소개했으며, 아버지가 돌아가실 때까지 성심을 다해 모셨다. 하지만 어린 시절의 오펜하이머는 아버지가 가끔씩 보여 준 상스러운 친화력을 수치스럽게 생각했다. 오펜하이머는 어느 날 밤 모닥불 옆에서 스미스에게 쾨닉 캠프에서의 얼음 창고 사건 얘기를 했다.[71] 오펜하이머의 표현에 따르면 그 사건은 오로지 아버지가 그의 편지에 과잉 반응을 보였기 때문에 일어난 것이었다. 사춘기에 접어들면서 그는 전통적인 유태인 업종이라고 할 수 있는 아버지의 의류 사업에 대해 남들이 어떻게 생각할지 걱정하기 시작했다. 한번은 스미스가 1922년 서부 여행 중 짐을 싸면서 오펜하이머에게 윗옷을 개켜 달라고 부탁했다. "그는 나를 날카롭게 쳐다보면서 '그래요. 재단사의 아들이 그건 잘 하겠죠.'라

고 말했습니다."라고 스미스는 회고했다.[72]

이렇게 가끔씩 폭발했던 것을 제외하면, 스미스는 오펜하이머가 로스 피노스 목장에서 시간을 보내는 동안 감정적으로 안정되고 자신감을 갖게 되었다고 생각했다. 그는 이것이 캐서린 덕분임을 알고 있었다. 그녀의 우정은 오펜하이머에게 대단히 중요한 의미를 가졌다. 캐서린과 그녀의 귀족 친구들이 자신감 없는 뉴욕 출신의 유태인 소년을 받아들였다는 사실은 오펜하이머의 내면에 커다란 의미가 있었다. 그는 자신이 뉴욕의 윤리적 문화 공동체의 일원이라는 것은 이미 알고 있었다. 하지만 익숙한 세계 밖에서 자신이 좋아하는 사람들로부터 인정을 받는 것은 또 다른 의미가 있었다. "아마도 오펜하이머는 태어나서 처음으로 사랑받고, 칭찬받고, 인기가 있었을 겁니다."라고 스미스는 말했다.[73] 이것은 오펜하이머가 소중하게 간직했던 감정이었고, 그 후에도 필요할 때마다 타인의 사랑을 얻을 수 있는 사회적 기술을 습득한 계기가 되었다.

어느 날 캐서린과 다른 몇몇은 말을 타고 리오그란데(Rio Grande) 서쪽의 프리홀레스(Frijoles) 마을에서 출발해 남쪽으로 3,000미터까지 높아지는 퍼헤이리토(Pajarito, 작은 새) 고원을 올랐다. 그들은 폭이 19킬로미터에 달하는 그릇처럼 생긴 화산 분화구인 헤메스 칼데라(Jemez Caldera) 안에 들어 있는 협곡 발레 그란데(Valle Grande)를 가로질렀다. 그리고 북동쪽으로 방향을 바꿔 6,000미터를 가자 계곡을 따라 흐르는 강가에 자라는 미루나무(cottonwood tree)의 스페인 어 이름을 딴 또 하나의 협곡과 만났다. 이곳이 바로 로스앨러모스(Los Alamos)였다. 그 당시 이곳에 인적이라고는 로스앨러모스 목장 학교뿐이었다.

물리학자 에밀리오 세그레(Emilio Segré, 1905~1989년)는 로스앨러모스를 보고 "아름답고 야생적인 지방"이라고 썼다.[74] 빽빽한 소나무와 노간주나무 숲 사이로 군데군데 목초지가 있었다. 목장 학교는 폭 3,000미터의 메사 위에 있었고, 남북으로는 가파른 낭떠러지로 가로막혀 있었다.[75] 오펜하이머가 1922년에 학교를 처음 방문했을 때 학생은 단 25명뿐이었는데 대부분 신흥 부자로 떠오른 디트로이트 자동차 사업가의 자녀들이었다. 학생들은 1년 내내 반바지를 입었으며 침실에는 난방도 들어오지 않았다. 그들은 각기 말을 한 마리씩 돌보았으며 가끔씩 근처 헤메스 산으로 야영을 가기도 했다. 오펜하이머는 에티컬 컬처 스쿨에서의 환경과는 너무나 다른 이곳에 감탄했다. 그리고 이후 계속해서 이곳으로 돌아오게 될 것이었다.

그해 여름 여행에서 돌아온 오펜하이머는 뉴멕시코의 아름다운 사막과 산악 지대와 사랑에 빠졌다. 몇 달 후 스미스가 "호피(Hopi) 지방"으로 다시 여행을 계획하고 있다는 얘기를 들은 오펜하이머는 그에게 다음과 같은 편지를 보냈다. "미치도록 부럽습니다. 나는 선생님이 폭우와 석양이 하늘을 수놓는 그 순간 말을 타고 산에서 내려와 사막으로 접어드는 모습을 상상할 수 있습니다. 나는 당신이 페코스에서…… 그라스 산(Grass Mountain) 위에 떠 있는 달빛을 감상하는 모습을 상상할 수 있습니다."[76]

2장

자신만의 감옥

내가 명확한 경로를 따라 가고 있다는 개념은 전혀 사실과 맞지 않는 것이었다.

— 로버트 오펜하이머

1922년 9월에 오펜하이머는 하버드 대학교에 입학했다. 하버드에서는 그에게 장학금을 수여했지만, 그는 "그 돈 없이도 살아갈 수 있다."라며 거절했다.[1] 대학은 장학금과 함께 갈릴레오의 초기 저작 한 권을 주었다. 그는 찰스 강이 내려다보이는 신입생 기숙사 스탠디시 홀(Standish Hall)의 독방을 배정받았다. 19세의 오펜하이머는 독특하게 잘생긴 젊은이였다. 그의 신체는 모든 부분이 극단적이었다. 그의 잡티 없는 하얀 피부는 높은 광대뼈 위로 팽팽하게 당겨져 있었다. 그의 눈은 밝은 하늘색이었고, 눈썹은 반들반들한 검은색이었다.[2] 그는 굵은 곱슬머리를 가졌는데, 윗머리는 기르고 옆머리는 짧게 쳐서 원래 키인 178센티미터보다 커 보였다. 그는 너무 말라서(그는 60킬로그램을 넘은 적이 없었다.) 유약한 인상을 주었다. 그의 코는 로마인처럼 곧았고, 입술은 얇았으며, 귀는 크고 뾰족했는데, 전체적인 인상은 그의 과장되게 섬세한 이미지를 강조했다. 그는 어머니가 가르쳐 준 것처럼 화려한 유럽식 예절대로 완벽하게 문법에 맞는 문장을 구사했다. 하지만 그의 길고 가는 손의 움직임은 이 모든 것이 뭔가 일그러진 것처럼 보이게 했다. 그의 외모는 매력적이었지만, 약간은 기묘한 분위기도 풍겼다.

그의 외모는 학구적이고, 사회적으로 서투른 미숙한 젊은이의 모습이었다. 이후 3년간 케임브리지에서의 그의 행동은 이를 뒷받침했다. 뉴멕시코가 오펜하이머의 성격을 열어 주었다면, 케임브리지는 다시 그를 원래의 내성적인 모습으로 되돌려 놓았다. 하버드에서 그는 지적으로는 크게 성장했지만, 사회적으로는 그다지 성장하지 못했다. 적어도 그의 주변인들은 그렇게 생각했다. 하버드는 정신적 즐거움을 주는 것들로 가득 찬 지식의 만물 시장 같은 곳이었다. 하지만 대학은 오펜하이머에게 에티컬 컬처 스쿨과 같은 섬세한 지도와 헌신적인 교육 환경을 제공하지 못했다. 그는 혼자서 헤쳐 나가야만 했고, 그랬기 때문에 자신의 우월한 지적 능력이 가져다주는 안전함 속으로 빠져들었다. 그는 자신의 괴짜스러움을 과시하지 않고는 견딜 수 없는 것처럼 보였다. 그는 식사를 대부분 초콜릿, 맥주, 그리고 아티초크로 때웠다. 점심은 거의 땅콩 버터를 바른 토스트에 초콜릿 시럽을 뿌린 '블랙 앤드 탠(black and tan)'이었다. 그의 급우들은 대부분 그가 수줍음이 많다고 생각했다. 그해 하버드에 남아 있던 퍼거슨과 호건만이 그가 내밀한 얘기를 나눌 수 있는 상대였다. 그는 이 두 사람 외에는 새 친구를 거의 만들지 않았다. 그해 생물학 전공으로 대학원 과정을 시작한 보스턴 상류 사회 출신의 제프리스 와이먼(Jeffries Wyman)만이 예외였다. 와이먼은 "그(오펜하이머)는 새로운 사회 환경에 적응하는 것을 매우 힘들어했습니다."라고 회고했다.³ "나는 그가 불행했다고 생각합니다. 그는 외로웠고 자신이 잘 적응하지 못한다고 생각했습니다……. 우리는 좋은 친구였고 그에게는 몇몇 다른 친구들도 있었지만, 그에게는 뭔가 부족한 것이 있었습니다……. 우리의 관계는 거의 대부분 지적인 차원이었습니다."

내성적이고 지적인 오펜하이머는 체호프(Chekhov)와 캐서린 맨스필드(Katherine Mansfield) 같은 어두운 정신세계를 가진 작가들의 작품을 즐겨 읽었다. 그는 셰익스피어의 희곡에 등장하는 인물들 중에서 햄릿을 가장 좋아했다. 호건은 몇 년 후 "오펜하이머는 어린 시절 대단히 심각한 우울증에 시달렸습니다. 한번 우울증에 빠지면 며칠 동안은 감정적으로 소통이 불가능할 정도였죠. 내가 그와 함께 지낼 때 그런 적이 한두 번 있었습니다. 나는 도무지 이유를 알 수 없어 괴로웠습니다."라고 회고했다.⁴

오펜하이머의 지적 편력은 종종 겉치레뿐만이 아니었다. 와이먼은 어느 더운 봄날 오펜하이머가 그의 방으로 들어와 "견딜 수 없이 덥군. 나는 오후 내내 침대에 누워 진스의 『기체의 동적 이론(Dynamical Theory of Gases)』을 읽었어. 이런 날씨에 또 뭘 할 수 있겠어?"라고 말했다고 회고했다⁵ (40년 후 오펜하이머는 낡고 때에 절은 제임스 호프우드 진스(James Hopwood Jeans)의 『전기와 자기(Electricity and Magnetism)』를 여전히 가지고 있었다.).

오펜하이머는 대학 1학년 봄 학기에 에티컬 컬처 스쿨의 1년 후배이자 의과 대학 진학 과정생이었던 프레더릭 번하임(Frederick Bernheim)과 친해졌다. 그들은 과학에 관심이 많다는 공통점이 있었다. 퍼거슨이 로즈 장학금(Rhodes Scholarship)을 받아 영국으로 떠나게 되자 번하임은 그의 단짝이 되었다. 알고 지내는 사람은 많지만 깊이 있는 친구는 적게 마련인 보통의 대학생들과는 달리 오펜하이머는 소수의 친구들을 깊이 사귀는 편이었다.

오펜하이머가 2학년에 올라가던 1923년 9월, 그는 번하임과 《하버드 크림슨(Harvard Crimson)》 사무실 근처 마운트 오번 가 60번지에 위치한 낡은 집에서 같이 살기로 했다. 오펜하이머는 자신의 방을 집에서 가져온 양탄자, 유화, 동판화 등으로 장식했고, 러시아풍 주전자에 숯불로 물을 끓여 차를 마시고는 했다. 번하임은 친구의 독특함에 짜증을 내기보다는 재미있어하는 편이었다. "그는 어떤 면에서 편안한 사람은 아니었습니다. 그는 항상 모든 일을 깊이 생각한다는 인상을 주었죠. 우리가 같이 살 때 그는 저녁 내내 플랑크 상수로 뭔가를 해 보겠다고 방 안에 틀어박혀 있고는 했습니다. 나는 그저 어떻게든 하버드를 졸업하려고 버둥대고 있었는데 말이지요. 나는 그가 언젠가 위대한 발견을 할 물리학자가 될 거라고 생각했습니다."

번하임은 오펜하이머가 자신의 병을 과장하는 우울증 증세가 있었다고 생각했다. "그는 매일 밤 전기장판을 켠 채 잠을 잤는데, 하루는 거기에서 모락모락 연기가 나기 시작했어요."⁶ 오펜하이머는 잠에서 깨어 불타는 장판을 들고 화장실로 달려갔다. 그는 장판이 여전히 타고 있다는 사실을 모른 채 침대로 돌아가 다시 잠을 청했다. 번하임은 자신이 불을 끄지 않았다면 집이 완전히 타 버렸을지도 모른다고 회고했다. 오펜하이머와 한 집에 사는 것은 항상 "조금은 스트레스 받는 일"이었다고 번하임은 말했다. "왜냐하면 항상 그의 기준이나 기분에 맞춰야 했기 때문입니다. 그는 주도권을 쥐지 않고는 견디지 못하는 성격이었습니다." 어쨌든 번하임은 오펜하이머와 하버드에서의 남은 2년을 함께 보냈고, 그가 자신이 의학 연구에 매진할 영감을 주었다고 말하기도 했다.

그들의 마운트 오번 가 집에 자주 들르던 하버드 학생은 윌리엄 클라우저 보이드(William Clouser Boyd) 단 하나뿐이었다. 보이드는 오펜하이머와 화학 수업 시간에 처음 만난 즉시 그를 좋아하게 되었다. 그는 "우리는 과학 이외에 공통의 관심사가 많았습니다."라고 회고했다.[7] 그들은 둘 다 시를 쓰려고 했고(가끔은 프랑스 어로) 체호프를 흉내 낸 짧은 소설을 쓰기도 했다. 오펜하이머는 그의 이름 철자를 일부러 바꿔 '클라우저(Clowser)'라고 불렀다. 클라우저는 오펜하이머와 번하임이 주말에 보스턴 북동쪽으로 차로 1시간 정도 떨어진 케이프 앤에 갈 때면 같이 가고는 했다. 오펜하이머는 아직 운전할 줄 몰랐기 때문에 이들은 주로 번하임의 윌리스 오버랜드(Willys Overland) 지프를 이용했다. 그들은 글로스터(Gloucester) 외곽의 폴리 만(Folly Cove)에 위치한 여관에 묵으며 그 동네의 유난히 맛있는 음식을 즐겼다. 하버드를 3년 만에 마친 보이드는 오펜하이머처럼 공부에 열중했다. 보이드는 오펜하이머가 방에 틀어박혀 오랫동안 공부했지만 "그는 다른 사람에게 공부하는 모습을 들키지 않으려고 조심했습니다."라고 기억했다.[8] 그는 오펜하이머가 지적으로 탁월하다고 생각했다. "그는 머리가 팽팽 돌아갔습니다. 예를 들어 누군가 문제를 내면 그는 두세 개의 틀린 대답을 내놓은 후에 바로 정답을 맞혔습니다. 내가 단 하나의 답도 내기 전에 말입니다."

보이드와 오펜하이머가 공유하지 않았던 한 가지는 음악이었다. 보이드는 "나는 음악을 굉장히 좋아했습니다. 하지만 그는 1년에 딱 한 번 나와 번하임과 함께 보러 간 오페라에서 1막이 끝나자마자 뛰쳐나가고는 했습니다. 그는 더 이상 앉아 있을 수 없었던 것입니다."[9] 스미스 선생 역시 이와 같은 성향을 알아채고는 오펜하이머에게 "자네는 내가 아는 물리학자들 중 유일하게 음악을 좋아하지 않는 사람이네."라고 말한 적이 있다.

대학에 입학했을 때 오펜하이머는 무엇을 전공할지 확실하게 마음을 정하지 못했다. 그는 철학, 불문학, 영어, 미적분학 입문, 역사학, 그리고 3개의 화학 과목(정성 분석, 기체 분석, 그리고 유기화학) 등 다양한 수업들을 수강했다. 그는 잠시 건축학을 고려하기도 했고, 고등학교 때 그리스 어를 좋아했기 때문에 고전학자가 되겠다고 생각하기도 했으며, 심지어는 시인이나 화가는 어떨까 하고 생각했다. 그는 "내가 명확한 경로를 따라 가고 있다는 개념은 전혀 사실과 맞지 않는 것이었다."라고 회고했다.[10] 하지만 수개월 안에 그는 처음에 마음먹은 대로 화학으로 진로를 정했다. 3년 안에 졸업하기로 마음먹은 그는 한 학기에 신청할 수 있는 가장 많은 6개의 수업을 한꺼번에 듣기로 했다. 거기다 매 학기마다 또 다른 두세 개의 수업을 청강하기도 했다. 그는 사회생활은 거의 하지 않은 채 하루 종일 공부에 매달렸다. 물론 그는 별다른 노력 없이 탁월한 결과를 이룰 수 있음을 보이는 것을 중요하게 여겼기 때문에, 그 사실을 숨기려고 노력했다. 그는 에드워드 기번(Edward Gibbon)의 고전인 3,000쪽짜리 『로마 제국 쇠망사(The Decline and Fall of the Roman Empire)』를 통독했다. 그는 또한 불문학 작품을 폭넓게 읽었고, 자작시를 쓰기 시작해 몇 편은 학생 잡지 《하운드와 혼(Hound and Horn)》에 기고하기도 했다. 그는 스미스에게 "나는 영감이 떠오를 때면 시구를 끄적입니다. 선생님께서 제대로 보셨듯이, 이것들은 다른 사람들에게 보여 줄 의도를 가지고 쓴 것도 아니고, 그러기에 적절한 것도 아닙니다. 이런 자위행위의 결과물을 다른 이에게 보이는 것은 범죄일 테지요. 나는 이것들을 서랍에 넣어 둘 생각이지만 선생님이 원하신다면 보내 드리겠습니다."[11] 그해 T. S. 엘리엇(T. S. Eliot)의 『황무지(The Waste Land)』가 출간되었고, 오펜하이머는 그것을 읽고 엘리엇의 빈약한 실존주의에 즉시 공감했다. 오펜하이머의 시 역시 슬픔과 외로움에 대한 것이었다. 그는 하버드 생활 초기에 다음과 같이 썼다.

먼동은 우리의 존재를 욕망으로 채운다.

그리고 서서히 다가오는 빛은 우리와, 우리의 아쉬움을 배반한다.

하늘의 사프란이

바래어 무색으로 변할 때,

그리고 태양이

메마르고 커져 가는 불덩이가

우리를 흔들어 깨울 때,

우리는 우리를 다시 찾는다.

각자 자신만의 감옥 속에서

희망없이 준비된

다른 사람들과의

담판을 위해[12]

1920년대 초 하버드의 정치 문화는 보수 일색이었다. 오펜하이머가 도착하자마자 대학은 유태인 학생 수를 제한하는 쿼터제를 실시했다(1922년에 유태인 학생의 비율은 21퍼센트로 증가했다.). 1924년에《하버드 크림슨》1면에는 전 총장인 찰스 엘리엇(Charles Eliot)이 점점 많은 수의 "유태인"들이 기독교인들과 결혼하는 것은 "불행한 일"이라고 말했다는 기사가 실렸다. 엘리엇은 그렇게 결혼해서 행복하게 사는 부부가 거의 없다고 주장했다. 게다가 생물학자들에 따르면 유태인들은 "우성"이기 때문에 그들의 자녀는 "오직 유태인들처럼 생기게"되리라는 것이다.[13] 하버드 대학교는 소수의 흑인들에게 입학을 허용했지만, 로런스 로웰(Lawrence Lowell) 총장은 그들이 백인들과 같은 기숙사를 쓰는 것을 엄금했다.

오펜하이머는 이런 사회 분위기에 대해 잘 알고 있었다. 그는 1922년 초가을에 '학생 진보 클럽(Student Liberal Club)'에 가입했는데, 이는 3년 전에 학생들이 정치와 시사 문제를 토론하기 위한 공론장으로 만들어진 것이었다. 초창기에 이 클럽은 진보적 저널리스트인 링컨 스테펀스(Lincoln Steffens), 미국 노동 연맹의 새뮤얼 곰퍼스, 그리고 평화주의자 A. J. 머스트(A. J. Muste) 등을 강사로 초빙해 많은 관중을 끌어모았다. 1923년 3월에 클럽은 대학의 차별적 입학 정책에 공식적인 반대 입장을 표명했다.[14] 진보 클럽은 캠퍼스 내에서 곧 급진적이라는 평판을 얻었지만, 오펜하이머는 시큰둥했다. 그는 심지어 스미스에게 보낸 편지에서 "진보 클럽의 우둔한 오만함"이라고 쓰기도 했다.[15] 오펜하이머가 처음으로 경험했던 정치 활동은 그에게 그다지 깊은 인상을 남기지 못했고, 그는 클럽 활동을 하면서 "물을 떠난 물고기"가 된 듯한 느낌을 받았다. 하지만 그는 어느 날 클럽에서 점심을 먹다가 창간 준비 중인 학생 잡지의 편집을 도와 달라는 4학년생 존 에드살(John Edsall)의 설득에 넘어가고 말았다. 그는 새로운 잡지의 제목을 《개드 플라이(The Gad-Fly)》라고 하자고 제안했다. 표제에는 소크라테스를 아테네 인들의 쇠파리(Gadfly. 성가시게 잔소리하는 사람. — 옮긴이)라고 표현하는 그리스 어 원문을 집어넣었다. 《개드 플라이》 창간호는 1922년 12월에 나왔고, 오펜하이머의 이름은 발행인 명단에 부편집인으로 실렸다. 그는 익명으로 몇 편의 기사를 더 썼지만, 《개드 플라이》는 4호까지 나오고 폐간되고 말았다. 하지만 오펜하이머는 에드살과의 친분을 유지했다.

하버드에서의 첫해가 끝날 무렵 오펜하이머는 화학을 전공하기로 선택한 것이 실수였다고 생각하게 되었다. 그는 "내가 화학에서 좋아하던 것들이 사실은 물리학에 더 가까운 것들임을 어떻게 알게 되었는지는 정확히 기억나지 않습니다."라고 말했다.[16] "물리화학이나 열역학 또는 통계역학에 관한 책들을 읽으면 더 깊이 파고들어가 보고 싶은 생각이 드는 것이 당연합니다……. 그것들은 매우 오묘한 것이었어요. 하지만 나는 기초 물리학 과목조차 들은 적이 없었습니다." 이미 화학 전공자로 분류된 상태였지만 그는 그해 봄 물리학과에 대학원생 과목을 듣게 해 달라는 청원서를 제출했다. 자신이 물리학에 어느 정도의 지식이 있다는 것을 보이기 위해 그는 물리학 책 15권의 제목을 나열하면서 이것들을 모두 읽었다고 주장했다. 수년 후 오펜하이머는 교수 위원회가 그의 청원서를 심사하기 위해 모였을 때, 위원 중 하나인 조지 워싱턴 피어스(George Washington Pierce, 1872~1956년) 교수가 "그(오펜하이머)가 이 책들을 읽었다고 말한다면, 그는 거짓말을 하는 것이 틀림없습니다. 하지만 제목들을 아는 것만으로도 그는 박사 학위를 받을 자격이 있습니다."라고 빈정거렸다는 이야기를 들었다.[17]

오펜하이머는 나중에 노벨상을 받게 될 퍼시 윌리엄스 브리지먼(Percy Williams Bridgman, 1882~1961년)을 물리학 지도 교수로 삼았다. 그는 "브리지먼은 훌륭한 스승이었습니다. 그는 항상 당연하다고 생각되는 것들에 의심을 품고 스스로의 방식으로 생각을 풀어내는 법을 가르쳐 주었습니다."라고 기억했다.[18] 브리지먼은 나중에 오펜하이머에 대해 "그는 의미 있는 질문을 던질 수 있을 정도의 지식은 가지고 있었습니다."라고 말했다. 하지만 브리지먼이 그에게 수제 노(爐) 속에서 구리-니켈 합금을 만드는 실험을 해 보라고 시켰을 때, "오펜하이머는 땜질 인두를 어떻게 사용하는지조차" 몰랐다. 실험에 서툴렀던 오펜하이머는 검류계 같은 민감한 장치들을 매번 고장내고는 했다. 하지만 오펜하이머는 끈기를 보였고 브리지먼은 그가 가져온 실험 결과가 전문 과학 저널에 출판해도 좋을 정도의 수준이라고 생각했다. 오펜하이머는 조숙함과 동시에 때로는 남을 자극할 정도로 건방진 태도를 보이기도 했다. 어느 날 저녁 브리지먼은 그를 집으로 초대했다. 그날 저녁 브리지먼은 오펜하이머에게 기원전 400년경에 세워졌다며 시칠리아 세게스타(Segesta)의 사원 사진을 보여 주었다. 오펜하이머는 곧 다른 의견을 내놓았다. "기둥머리의 모양으로 보아 기원전 400년보다 50년은 전에 만들어진 것 같습니다."[19]

1923년 10월, 유명한 덴마크 물리학자 닐스 헨리크 다비드 보어(Niels Henrik David Bohr, 1885~1962년)가 하버드에서 두 차례에 걸친 강연을 했을 때, 오펜하이머는 두 번 모두 참석했다.[20] 보어는 '원자의 구조와 방사선의 발생'에 관한 연구로 전년도에 노벨상을 받았다. 오펜하이머는 나중에 "내가 얼마나 보어를 존경하고 있는지 말로 표현하기 힘들 정도이다."라고 말하게 된다.[21] 오펜하이머는 보어를 처음 만났을 때부터 깊은 감동을 받았다. 나중에 브리지먼 교수는 "그(보어)가 우리에게 준 인상은 개인적으로 대단히 매력적인 사람이라는 것이었습니다. 그처럼 목적이 분명하고 열린 마음을 가진 사람은 매우 드물지요……. 그는 이제 유럽 전역에 걸쳐 과학의 신으로 추앙받고 있습니다."라고 말했다.

오펜하이머가 물리학을 배우는 방식은 무계획적이라고 할 수 있을 정도였다. 그는 기초적인 내용은 모두 건너뛰고 가장 흥미롭고 추상적인 문제에 집중했다. 나중에 그는 자신의 듬성듬성한 물리학 지식 때문에 불안감을 느끼기도 했다고 고백했다. 1963년에 그는 한 기자에게 "오늘까지도 나는 연기 고리(smoke ring)나 탄성 진동에 대해 생각하면 당황스럽습니다. 그런 것들은 공부하지 않았으니까요. 그저 남들이 하는 얘기를 들어본 정도지, 깊이 들어가면 잘 모릅니다. 마찬가지로 수학 공부도 당시의 기준에서 봐도 매우 부족한 수준이었습니다……. 나는 J. E. 리틀우드(J. E. Littlewood)의 정수론(整數論) 수업을 들었지만, 그것만으로 전문적인 물리학자에게 필요한 수학 기법들을 모두 습득할 수는 없었습니다."[22]라고 말했다.

앨프리드 노스 화이트헤드(Alfred North Whitehead, 1861~1947년)가 캠퍼스에 당도했을 때, 이 저명한 철학자이자 수학자가 개설한 과목을 신청할 정도로 용기가 있었던 사람은 오펜하이머와 또 한 명의 학부생뿐이었다. 그들은 화이트헤드와 버트런드 아서 윌리엄 러셀(Bertrand Arthur William Russell, 1872~1970년)이 쓴 3권짜리 『프린키피아 매서매티카(Principia Mathematica)』를 차근차근 읽어 나갔다. 오펜하이머는 "나는 화이트헤드와 『프린키피아』를 읽으며 즐거운 시간을 보냈습니다. 그는 선생님이었을 뿐만 아니라 우리와 함께 배우는 학생이기도 했습니다."라고 회고했다.[23] 이런 경험에도 불구하고, 오펜하이머는 항상 자신에게 수학 실력이 부족하다고 느꼈다. "나는 많이 배우지 못했습니다. 아마도 사람들과 어울리면서 이것저것 주워들었을지는 모르지만, 정식 수업은 그리 많이 듣지 않았어요……. 수학 공부를 더 해야 했습니다. 지금 와서 생각해 보면 아마도 재미있었을 것이라는 생각이 들지만, 당시에는 차근차근 기초부터 배워 나갈 참을성이 없었습니다."

자신이 받았던 교육에는 빈틈이 많았다고 생각했지만, 그래도 그는 친구 호건에게 자신은 하버드에서 많은 것을 배웠다고 말할 수 있었다. 1923년 가을에 오펜하이머는 자신의 경험을 제3자의 입장에서 보는 풍자로 가득 찬 편지를 호건에게 보냈다. "(오펜하이머는) 그동안 하버드에서 많은 것을 배워서 이제 몰라볼 정도로 듬직한 남자가 되었다. 그는 자신의 영혼을 갉아먹을 정도로 열심히 공부에 몰두했다. 그는 가장 끔찍한 말을 뇌까리고는 한다. 바로 전날 밤 나는 그와 논쟁을 벌이면서 '너는 그래도 신을 믿기는 하지?'라고 물었다. 그가 대답하기를, 자신은 오히려 열역학 제2법칙을, 해밀턴의 원리를, 버트런드 러셀을, 그리고 맙소사! 지그프리트 프로이트(Siegfried(Sigmund의 오기) Freud)를 믿는다고 말했다."[24]

호건은 오펜하이머가 매력적이라고 생각했다. 호건 자신도 명석한 젊은이였고, 나중에 평생에 걸쳐 소설책 17권과 역사책 20권을 쓰고 퓰리처상을 두 차례나 수상하는 등 화려한 경력을 쌓게 된다. 하지만 그는 항상 오펜하이머를 보기 드물게 박식한 사람이라고 생각했다. 호건은 1988년에 "레오나르도 다빈치와 오펜하이머 같은 사람은 매우 드물다. 하지만 그들의 멋진 사랑과 위대한 지적 업적은 우리 같은 범인에게 적어도 이상적인 척도가 될 수는 있다."[25]라고 썼다.

오펜하이머는 하버드에 다니는 동안 에티컬 컬처 스쿨 시절 선생이었던 스미스와 자주 편지를 주고받았다. 1923년 겨울에 그는 하버드에서의 생활을 다음과 같이 전했다. "지난 주 보낸 끔찍한 편지에서 이야기했던 활동들에 덧붙여, 나는 수많은 논문, 조각글, 시, 소설 등 쓰레기 같은 글들을 쓰고 있습니다. 나는 수학 도서관이나 철학 도서관에서 책을 읽고, (버트런드) 러셀의 저작을 탐독하거나 스피노자에 대한 논문을 쓰는 아름다운 여인을 생각합니다. 참으로 매력적인 아이러니 아닙니까? 나는 세 군데의 연구실에서 일하고, 루이스 앨라드(Louis Allard) 교수가 라신(Racine, 프랑스의 극작가 ― 옮긴이)에 대해 잡담하는 것을 듣고, 손님들이 마실 차를 내오고, 사람들과 현학적인 대화를 나누며, 주말에는 어디론가 떠나서 지칠 때까지 웃으며 재충전하기도 하고, 그리스 어 책을 읽고, 실수를 저지르며, 예전에 받은 편지를 찾느라 책상을 뒤집어엎기도 하고, 내가 죽어 버리기를 바랍니다."[26]

이렇듯 오펜하이머는 음울한 재치를 지녔을 뿐만 아니라 실제로 우울증에 시달렸다.[27] 그의 우울증 발작은 가족들이 케임브리지에 방문했을 때 발생하기도 했다. 퍼거슨은 오펜하이머와 그의 부모님이 아닌 몇몇 친척과 저녁 식사를 하러 나갔을 때를 기억한다. 예절바르게 행동해야 한다는 부담감에 오펜하이머의 얼굴이 눈에 띄게 초록색으로 변했다. 식사가 끝나고 오펜하이머는 퍼거슨을 끌고 몇 킬로미터고 걸으면서 조용하고 차분한 목소리로 무언가 물리학 문제를 중얼거리기 시작했다. 걷는 것은 그의 유일한 치료법이었다. 번하임은 어느 겨울 밤 그와 함께 새벽 3시까지 걸어 다녔던 것을 회고했다. 그날 누군가가 강물로 뛰어들 수 있으면 해 보라고 이들을 부추겼다. 오펜하이머와 또 한 친구는 옷을 벗고 얼어붙은 물로 뛰어들었다.

돌이켜 보면 당시 그의 친구들은 모두 그가 자신 안의 악마와 싸우고 있는 듯했다고 생각했다. 오펜하이머는 나중에 이 시기에 대해 "나는 항상 극도로 불만에 가득 차 있었습니다. 나는 인간에 대한 민감함과 현실에 대한 겸허함이 없었습니다."라고 말했다.[28]

오펜하이머의 문제들 뒤에는 확실히 충족되지 못한 성적 욕망이 깔려 있었다. 20세였던 그는 물론 홀로 외롭게 지낸 것은 아니었다. 하지만 그의 친구들 중에는 여성들과 어울리는 사람이 거의 없었다. 그들 역시 오펜하이머가 데이트하는 것을 본 적이 없었다. 와이먼은 자신과 오펜하이머는 지적인 세계에 "너무 빠져서 여자에 대해 생각할 틈이 없었습니다."라고 회고했다.[29] "우리는 (새로운 생각들과) 애정 행각을 벌이고 있었습니다……. 하지만 어쩌면 우리는 삶의 윤활제 역할을 해 줄 세속적인 의미에서의 애정 행각이 필요했을지도 모릅니다." 오펜하이머가 이 무렵 관능적인 욕망을 가지고 있었다는 것은 그가 당시에 썼던 에로틱한 시를 보면 알 수 있다.

> 오늘밤 그녀는 물개 가죽 망토를 입고
> 물이 허벅지를 감싸는 곳에 빛나는 검은 다이아몬드의

퇴폐적인 반짝임이 놀래킬 음모를 꾸미네.
강간의 열망을 묵과하는 나의 맥박을.[30]

1923~1924년 겨울에 그는 스스로 "나의 첫 연시(戀詩)"라고 부르던 시를 썼다. 이것은 "스피노자에 대한 논문을 쓰고 있는 아름다운 여인"을 위한 것이었다. 그는 도서관에서 이 수수께끼 여인을 멀리서 바라보았지만, 실제로 그녀에게 말을 걸지는 못했다.

아니, 나는 스피노자를 읽은 다른 사람들이 있다는 것을 알고 있네.
나 또한
그들은 흰 팔로 팔짱을 끼고
암갈색 책장을 건너
그들은 단 한순간이라도 바라보기에는 너무나 순수하여,
그들의 박식함의 성스러운 팔약근 너머.
하지만 그것이 나에게 무슨 의미란 말인가?
당신은 나에게로 와서 바다갈매기들을 보아야만 한다.
석양이 황금빛으로 빛나네.
당신은 나에게로 와서 이유를 말해 주어야만 한다.
같은 세상에서, 작은 흰색 조각구름-
면 이불솜처럼, 아니면 란제리처럼,
나는 그 소리를 들어 본 적이 있다.
작은 흰색 조각구름은 조용히 떠다니며
맑은 하늘을 가로지르네.
그리고 당신은 베네딕트 수사의 엄격한 금욕적 양심에 걸맞는 창백한 얼굴로 검정 드레스를 입고 앉아 있어야 한다.
그리고 스피노자를 읽으며, 구름이 바람에 날릴 때,
내가 빈곤의 쾌락에 잠길 수 있게 하라.
글쎄, 내가 잊어버리면 어떡할까?
스피노자와 당신의 한결같음을,
나와 함께 있을 때까지 모든 것을 잊고
희미한 절반의 희망과 절반의 후회, 그리고
무한한 바다만이 남아.[31]

그는 자신이 먼저 다가가지 못한 채 무심하게 행동했으나, 시 구절에서처럼 그 젊은 여인이 먼저 다가오기를 은밀히 바랐다. "당신은 나에게로 와서……말해 주어야만 한다." 그는 "희미한 절반의 희망과 절반의 후회"를 느낀다. 물론 그와 같은 강렬한 감정의 부딪힘은 갓 성년이 된 젊은이들 사이에서 일반적으로 나타나는 현상이다. 하지만 오펜하이머는 자신이 혼자가 아니라는 사실을 확인받아야만 했다.

오펜하이머는 화가 치밀어 오를 때면 언제나 자신의 옛 스승에게 의지했다. 1924년 늦겨울, 그는 어떤 감정적 위기 상황을 맞아 엄청난 "고통"을 받고 있다며 스미스에게 편지를 보냈다. 그 편지는 남아 있지 않지만, 오펜하이머를 안심시키는 스미스의 답신에 대한 오펜하이머의 답장은 남아 있다. 그는 스미스에게 "무엇보다 가장 위안이 되었던 것은 당신 역시 나와 비슷한 경험을 했다는 것입니다. 지금 내가 보기에 모든 면에서 완벽하고 부럽다고 생각되는 사람이 예전에 나와 비슷한 상황에 처했을 수 있다는 사실을 생각해 보지 못했습니다……. 추상적으로 말해서 내가 알지 못할 수많은 좋은 사람들과, 겪어 보지 못할 수많은 기쁨들이 있다는 것이 큰 괴로움으로 다가옵니다. 하지만 당신이 옳아요. 적어도 나에게 욕망이란 꼭 필요한 것이 아닙니다. 주제넘은 것이지요."[32]

오펜하이머가 하버드에서 첫해를 마치자, 그의 아버지는 뉴저지의 어느 연구 기관에 여름 인턴 자리를 구해 주었다. 하지만 그곳에서 그는 따분했다. 그는 아름다운 로스피노스에 가 있던 퍼거슨에게 "업무도 사람도 모두 부르주아적이고 게으르고 죽어 있는 것과 다름 없어. 하는 일도 별로 없고 머리를 써야 할 일도 없어……. 네가 어찌나 부러운지!……프랜시스, 나는 너를 보면 화가 나고 절망할 수밖에 없어. 내가 할 수 있는 것이라고는 초서식으로 '사랑은 모든 것을 정복한다(Amour vincit omnia)'는 물리화학적 불변항의 위계를 인정하는 것밖에 없어."라고 썼다.[33] 오펜하이머의 친구들은 이와 같은 현란한 언어에 익숙했다. 프랜시스는 나중에 "그는 모든 것을 과장했습니다."라고 말했다. 호건 역시 오펜하이머가 "바로크식으로 과장하려는 경향"이 있었다고 회고했다. 오펜하이머는 실제로 연구소 일을 그만두고, 8월 한 달 동안 베이 쇼어에서 호건과 항해하면서 시간을 보냈다.

대학 공부를 시작한 지 3년 만인 1925년 6월에 오펜하이머는 화학 학사 학위를 가지고 최우등(summa cum laude)으로 졸업했다. 그는 우등생 명단(dean's list)에 이름을 올렸으며 파이 베타 카파(Phi Beta Kappa, 성적 우수 대학생 클럽—옮긴이) 회원으로 선정된 30명의 학생들 중 하나였다.[34] 그는 그해 반놀림조로 스미스에게 보낸 편지에서 "노망이 들어 실어증에 걸리더라도 나는 대학 교육이 부차적이라고 말하지 않을 것입니다. 나는 매주 두꺼운 과학책을 5~10권 독파하고, 연구하는 시늉이라도 합니다. 결국 치약의 성능을 시험하는 일자리밖에 구할 수 없게 되더라도, 나는 대학 생활에 대체로

만족하는 편이라고 말할 것입니다."라고 썼다.[35]

'콜로이드 화학', '1688년부터 현재까지의 영국사', '전위 함수와 라플라스 방정식 이론', '열의 분석 이론과 비탄성 진동의 문제' 그리고 '전자기의 수학 이론' 같은 고급 과목들을 수강한 하버드 졸업생이 치약 성능을 시험하는 일자리로 갈 가능성은 매우 적었다. 하지만 수십 년 후, 그는 자신의 학부 시절을 돌아보면서 다음과 같이 고백했다. "나는 공부하는 것을 좋아했지만, 한 분야에 집중하지 못했습니다. 많은 과목들을 가까스로 통과했는데, 운 좋게도 A학점을 받은 경우도 많았지요."[36] 그는 자신이 "물리학의 몇몇 부분을 표면적으로 이해할 수 있게 되었지만, 엄청난 공백이 있었고 많은 경우에 연습과 훈련이 부족했다."라고 생각했다.

오펜하이머는 졸업식에 참석하지 않은 채 친구인 보이드와 번하임과 함께 기숙사 방에서 실험실용 알코올을 마시며 개인적으로 자축했다. "보이드와 나는 엉망으로 취했습니다."[37] 번하임은 회고했다. "오펜하이머는 딱 한 잔 마시고 자러 들어갔지요." 돌아오는 주말에 오펜하이머는 보이드를 베이 쇼어의 여름 별장으로 데리고 가서 아끼는 트리메티 호를 타고 파이어 섬(Fire Island)으로 항해했다. 보이드는 "우리는 옷을 벗어던졌습니다."라고 기억했다. "그리고 일광욕을 하느라 해변을 왔다 갔다 했지요." 오펜하이머는 하버드에서 대학원 장학금을 제의받아 마음만 먹으면 케임브리지에 계속 머물 수도 있었다. 하지만 그는 이미 더 높은 야심을 품고 있었다. 그는 화학 전공으로 졸업했지만 물리학에 더 마음을 두고 있었다. 그리고 그는 물리학 세계에서 영국 케임브리지가 "중심에 더 가깝다"는 사실을 잘 알고 있었다.[38] 오펜하이머는 1911년 최초의 원자핵 모형을 개발한 것으로 유명한 영국 물리학자 어니스트 러더퍼드(Ernest Rutherford, 1871~1937년)가 자신을 학생으로 받아 주기를 바라며 하버드 물리학 교수인 퍼시 브리지먼에게 추천서를 부탁했다. 브리지먼은 편지에서 오펜하이머는 "놀랄 만큼 빨리 지식을 흡수하는 능력"을 가졌다고 칭찬한 반면 "그의 단점은 실험에 약하다는 것이다. 그의 정신은 매우 분석적이지만 실험실에서 장치를 조작하는 일에는 능숙하지 못하다……. 오펜하이머가 물리학에 중요한 기여를 할 수 있을지의 여부를 정하는 것은 약간의 도박일 것으로 생각된다. 하지만 무언가를 이루어 내기만 한다면 그는 매우 위대한 물리학자가 될 충분한 자질을 가지고 있다."라고 썼다.

브리지먼은 이어서 오펜하이머가 유태인이라는 사실을 지적하면서 추천서를 끝맺었는데, 이는 당시 미국에서 그리 이례적인 것은 아니었다. "그의 이름에서도 알 수 있듯이, 오펜하이머는 유태인이지만 일반적인 유태인 같지는 않다. 그는 키가 훤칠하고 건장하며 매력적인 성격을 가졌다. 그러므로 그가 유태인이라는 사실이 그를 학생으로 받아들이는 데 걸림돌이 되어서는 안 된다고 생각한다."[39]

오펜하이머는 브리지먼의 추천서가 자신을 러더퍼드의 연구실에 입학시켜 줄 것이라고 기대하며 그해 8월을 뉴멕시코에서 보냈다. 그는 처음으로 부모에게 자신만의 천국을 보여 주었다. 오펜하이머 가족은 며칠 동안 샌타페이 외곽에 위치한 비숍 여관(Bishop's Lodge)에 묵은 후, 북쪽으로 이동해 캐서린의 로스피노스 목장으로 갔다. 오펜하이머는 스미스에게 보낸 편지에서 자랑하듯이 "부모님은 이곳을 꽤 좋아하는 것 같습니다. 그들은 말을 타기 시작했어요. 신기하게도 그들은 이곳의 천박한 예법을 즐기기 시작했습니다."라고 썼다.

오펜하이머는 여름 방학을 맞아 하버드로부터 돌아와 있던 호건과 이제 13세가 된 동생 프랭크와 함께 산으로 긴 승마 여행을 하고는 했다. 호건은 샌타페이에서 말을 빌려서 오펜하이머와 함께 피크 호(Lake Peak) 오솔

길을 따라 상그레 데 크리스토 산맥을 넘어 카울스까지 내려갔던 것을 회고한다. "우리는 엄청난 뇌우가 쏟아지는 가운데 산 정상에서 갈림길을 만났습니다……. 우리는 흠뻑 젖은 상태로 말잔등 아래에서 비를 피하며 점심으로 오렌지를 먹었지요……. 내가 오펜하이머를 보고 있었는데 갑자기 그의 머리카락이 정전기 때문에 곤두섰습니다. 놀라운 일이었습니다."[40] 그들이 한밤중에 마침내 로스피노스에 도착했을 때, 캐서린의 방에는 불이 켜져 있었다. 호건은 "참으로 반가웠습니다. 그녀는 우리를 맞았고, 우리는 며칠 동안 그곳에서 재미있게 보냈지요. 그녀는 그때부터 항상 우리를 자신의 노예들이라고 불렀습니다. '나의 노예들이 오는구나.'라구요."라고 말했다.

오펜하이머 부인이 로스피노스 목장의 그늘진 현관에 앉아 있는 동안, 페이지와 그녀의 '노예들'은 하루 종일 주변 산으로 승마 여행을 다녔다. 그러던 중 오펜하이머는 지도에 나와 있지 않은 작은 호수를 발견했고, 캐서린 호수(Lake Katherine)라고 이름 붙였다.

그가 처음으로 담배를 피운 것은 아마도 이 무렵이었을 것이다. 캐서린은 아이들에게 짐을 간소하게 챙기라고 가르쳤다. 어느 날 밤 야영을 했을 때 오펜하이머는 먹을 것이 떨어졌고, 누군가가 허기를 없애기 위해 파이프를 피워 보라고 권유했다. 그는 이때부터 평생 파이프와 담배를 피우게 되었다.[41]

뉴욕으로 돌아온 오펜하이머는 러더퍼드가 자신을 불합격시켰다는 소식을 듣게 된다. 오펜하이머는 "러더퍼드는 나를 받아들이지 않았습니다. 그는 브리지먼을 높이 평가하지 않았고, 내 경력 역시 그의 눈길을 끌지 못했습니다."라고 회고했다.[42] 하지만 러더퍼드는 오펜하이머의 지원서를 J. J. 톰슨(J. J. Thomson, 1856~1940년)에게 넘겼다. 톰슨은 러더퍼드 이전에 캐번디시 연구소의 소장을 맡았던 저명한 물리학자였다. 69세의 톰슨은 전자를 발견한 공로를 인정받아 1906년에 노벨 물리학상을 받았다. 1919년에 그는 행정 업무에서 완전히 손을 놓았고, 1925년 무렵에는 실험실에 띄엄띄엄 나오며 가뭄에 콩 나듯 학생을 받고 있었다. 오펜하이머는 그럼에도 불구하고 톰슨이 자신을 받아 주기로 했다는 소식을 뒤늦게 듣고서는 크게 안도했다. 그는 물리학을 직업으로 선택했고, 물리학의 미래와 함께 자신의 미래 역시 유럽에 있다고 확신했던 것이다.

3장
사실은 별로 재미가 없다

나는 지금 상태가 좋지 않다.
감정이 폭발할지도 모른다는 생각에 너를 만나러 가기가 두렵다.
― 로버트 오펜하이머, 1926년 1월 23일

하버드는 오펜하이머에게 좋기도 하고 나쁘기도 한 경험이었다. 한편으로는 상당한 지적 성장을 이루었지만, 다른 한편으로는 대학 시절 겪었던 사회적 경험들로 인해 그는 감정적으로 긴장 상태에 놓이게 되었다. 학부 교육 과정의 정해진 일과는 그에게 일종의 보호막 구실을 해 주었다. 에티컬 컬처 스쿨에서처럼 하버드에서도 그는 교실 안에서는 슈퍼스타였다. 이제 그 보호막이 사라졌고, 그는 1925년 가을부터 1926년 봄까지 심각한 존재의 위기를 맞게 될 터였다.

1925년 9월 중순, 그는 영국으로 향하는 배에 올랐다.[1] 그와 퍼거슨은 영국 남서쪽 도싯셔(Dorsetshire)의 스완지(Swanage)에서 만나기로 했다. 퍼거슨은 여름 내내 어머니와 유럽을 여행하며 보냈기 때문에 이제는 친구와 시간을 보내고 싶어 안달이 난 터였다. 그들을 열흘 동안 해변 절벽을 따라 걸으며 최근에 있었던 일들에 대해 이야기를 주고받았다. 그들은 지난 2년 동안 만나지 못했지만 편지로 소식을 주고받고 있었다.

퍼거슨은 나중에 "오펜하이머를 기차역에서 만났을 때, 그는 예전보다 훨씬 더 자신감에 넘쳤고 건장해 보였습니다……. 그는 나의 어머니 앞에서 어딘지 모르게 당당해 보였습니다. 나중에야 알았지만 그 당당함은 그가 뉴멕시코에서 거의 사랑에 빠질 뻔한 경험을 했기 때문이었습니다."라고 썼다.[2] 그래도 퍼거슨이 보기에 21세의 오펜하이머는 "성생활에 대해서는 전혀 어찌할 바를 모르고" 있었다.[3] 퍼거슨은 오펜하이머에게 나름대로 "그동안 내가 남들에게 말하지 못했던 은밀한 이야기들을 해 주었다." 돌이켜 보면 너무 자세하게 이야기하지 않았나 싶을 정도였다. 그는 "오펜하이머에게 (그런 이야기들을) 해 준 것은 잔인하고 멍청한 행동이었다. (또 다른 친구인) 진은 그것을 정신적 강간이라고 부를 정도였다."라고 썼다.[4]

그 무렵 퍼거슨은 로즈 장학생으로 옥스퍼드에서 2년을 보내고 있었다. 퍼거슨은 항상 오펜하이머보다 성숙했고, 오펜하이머는 언제나 그를 올려다보는 입장이었다. 하지만 이제 퍼거슨의 자연스러운 대인 관계를 보며 오펜하이머는 깜짝 놀랄 수밖에 없었다. 무엇보다도 퍼거슨은 지난 3년 동안 에티컬 컬처 스쿨 시절부터 알고 지낸 프랜시스 킬리(Francis Keeley)와 사귀고 있었다. 당연히 오펜하이머도 그녀를 알고 있었다. 그는 또한 퍼거슨이 생물학을 포기하고 문학과 시 작법으로 전공을 바꿀 정도로 자신의 열정을 좇을 수 있는 자신감을 가졌다는 것에 깊은 인상을 받았다. 그는 상류 사교계의 일원이 되어 영국 상류층 가문들의 시골 별장에 초대받고는 했다. 오펜하이머는 친구가 점점 세련되게 변하는 것을 보며 부러움을 감출 수 없었다. 열흘의 시간이 흐르고 퍼거슨은 옥스퍼드로, 오펜하이머는 케임브리지로 갔고, 크리스마스 방학 때 다시 만나기로 약속했다.

오펜하이머가 케임브리지의 캐번디시 연구소(CavendishLaboratory)에 도착한 것은 전 세계 물리학계에 엄청난 변화가 일어난 시기였다. 1920년대 초, 닐스 보어와 베르너 카를 하이젠베르크(Werner Karl Heisenberg, 1901~1976년) 등 유럽의 몇몇 물리학자들이 양자 물리(또는 양자 역학)라는 이론을 만들고 있었다. 간단히 말해 양자 물리는 분자와 원자 크기의 매우 작은 규모에서 일어나는 현상들에 적용되는 법칙을 연구하는 학문이다. 양자 이론은 곧 수소 원자핵 주위를 도는 전자 같은, 원자보다 작은 규모의 현상을 설명하는 데 있어서 고전 물리학을 대체하게 될 것이었다.[5]

유럽에서 물리학 분야의 거대하고 흥미로운 변화가 일어나고 있었지만, 오펜하이머는 물론이고 대다수의 미국 물리학자들은 이를 깨닫지 못하고 있었다. 오펜하이머는 "나는 그저 학생에 불과했습니다. 나는 유럽에 도착하기 전까지 양자 역학에 대해서 제대로 배운 적이 없었습니다. 나는 유럽에 도착해서야 비로소 전자 스핀에 대해 배웠어요. 1925년 봄 무렵이면 미국에는 알려지지도 않았을 것이라고 생각합니다만, 어쨌든 미국에 있을 때 나는 전혀 무지한 상태였습니다."라고 회고했다.[6]

오펜하이머는 그가 나중에 "비참한 구덩이"라고 부르게 된 허름한 아파트에 짐을 풀었다. 그는 대학 구내식당에서 모든 식사를 해결했고 하루 종일 J. J. 톰슨의 지하 실험실에서 전자 현상에 대한 실험을 하기 위해 베릴륨 박막을 만들면서 시간을 보냈다. 이것은 우선 콜로디온(collodion, 필름 제조용 용액) 위로 베릴륨을 증발시킨 후 조심스럽게 콜로디온을 제거하는, 시간이 많이 드는 작업이었다. 이와 같은 섬세한 작업에 서툴렀던 오펜하이머는 곧 실험실을 회피하게 되었고, 대신 세미나에 참석하거나 물리학 잡지를 읽는 시간이 많아졌다. 실험실 작업에서는 별다른 성과를 내지 못했지만, 이 시기에 그는 러더퍼드, 채드윅, 세실 프랭크 파웰(Cecil Frank Powell, 1903~1969년) 같은 물리학자들을 만날 수 있었다. 오펜하이머는 수십 년 후 "나는 블래킷을 만났고 그를 매우 좋아하게 되었습니다."라고 회고했다.[7] 1948년 노벨 물리학상을 받게 될 패트릭 메이너드 스튜어트 블래킷(Patrick Maynard Stuart Blackett, 1897~1974년)은 곧 오펜하이머를 지도하게 되었다. 사회주의 정치관이 투철한 세련된 영국 신사 블래킷은 케임브리지에서 3년 전 박사 학위를 받고 모교에 교수로 부임해 있었다.

1925년 11월에 오펜하이머는 퍼거슨에게 쓴 편지에 "이곳은 귀중한 보물들로 가득 차 있지만, 내가 그것들을 즐길 만한 상황은 아니야. 그래도 나는 훌륭한 사람들 몇 명을 만날 수 있었지. 이 동네에는 뛰어난 물리학자들이 많아. 특히 젊은 사람들 중에는……사람들은 나를 온갖 종류의 모임에 데리고 갔어. 트리니티 대학의 비밀 평화주의자 모임, 시온주의 클럽, 그리고 몇몇 별 볼 일 없는 과학 클럽들에도 가 보았지. 하지만 이곳에서는 과학자가 아닌 사람 중에 쓸모 있는 사람은 아무도 없는 것 같아."라고 썼다.[8] 하지만 그는 곧 허세를 거두고 다음과 같이 고백했다. "사실은 별로 재미가 없어. 실험실에서의 일은 무지하게 지루하고, 나는 너무 서툴러서 아무것도 배우는 것이 없는 것 같아……. 강의들은 끔찍할 정도야."

그는 실험실에서 겪은 어려움에 더해 정신 상태마저 악화되었다. 어느 날 오펜하이머는 분필 조각을 들고 칠판을 바라보면서 "내가 하려는 말은, 내가 하려는 말은……내가 하려는 말은."이라고 반복해서 말하고 있는 자신을 발견했다.[9] 그해 케임브리지에 같이 와 있던 하버드 시절의 친구 와이먼은 그가 정신적으로 고통받고 있음을 느낄 수 있었다. 어느 날 와이먼이 오펜하이머의 방에 들어갔을 때, 그는 끙끙대면서 바닥을 구르고 있었다. 와이먼은 오펜하이머가 자신에게 "케임브리지에서 너무 비참하고 너무 불행해서 가끔씩 땅바닥에서 구르고는 했다."라고 말해 주었다고 전했다.[10] 러더퍼드 역시 오펜하이머가 실험실에서 쓰러지는 것을 목격한 적이 있었다.[11]

가장 친한 친구들이 일찌감치 가정을 이루어 정착하는 것도 그의 불안감을 더하는 요인들 중 하나였다.[12] 그의 하버드 시절 룸메이트였던 번하임도 케임브리지에 와 있었는데, 그는 이곳에서 만난 여인과 사랑에 빠져 곧 결혼할 예정이었다. 오펜하이머는 번하임과 예전처럼 지낼 수 없으리라는 것을 알 수 있었다. 오펜하이머는 퍼거슨에게 "프레더릭과 2주 전쯤 저녁을 먹었는데, 그때 심각한 오해가 있었어. 그 이후로는 만난 적이 없는데, 지금도 그 생각만 하면 얼굴이 붉어지고는 해."라고 설명했다.[13]

오펜하이머는 친구들에게 많은 것을 요구했는데, 가끔은 도를 넘어설 때도 있었다. 번하임은 "어떤 면에서 그것은 다행스러운 일이었습니다……. 그의 강렬한 성정은 나를 언제나 약간 불편하게 만들었습니다."라고 회고했다.[14] 번하임은 오펜하이머와 있으면 그에게 기를 빼앗기는 것 같았다. 오펜하이머는 그들의 우정을 회복하기 위해 계속해서 노력했다. 하지만 번하임은 참다못해 그에게 자신은 결혼할 것이고 "우리는 하버드 시절로 돌아갈 수 없다."라고 단호하게 말할 수밖에 없었다. 오펜하이머는 화가 났다기보다는, 그토록 가깝게 지내던 사람이 스스로 자신으로부터 멀어지기로 결정했다는 사실에 당황했다. 마찬가지로 그는 또 다른 에티컬 컬처 스쿨 동창생인 디디스하임이 그토록 어린 나이에 결혼했다는 소식을 듣고 깜짝 놀랐다. 오펜하이머는 항상 그녀를 좋아했고, 자신과 동갑내기

인 여자가 벌써 (프랑스 인과) 결혼해서 아이까지 가졌다는 사실을 받아들이지 못했다.[15]

가을 학기가 끝날 무렵, 퍼거슨은 오펜하이머가 "심각한 우울증"에 시달리고 있다고 결론내렸다.[16] 오펜하이머의 부모 역시 아들이 위험한 상태라는 것을 어느 정도 눈치채고 있었다. 퍼거슨에 따르면 오펜하이머의 우울증은 "그의 어머니와의 싸움으로 인해 더욱 악화되었다." 엘라와 율리우스는 영국으로 와서 고통에 빠진 아들과 함께 있겠다고 고집했다. 퍼거슨은 자신의 일기에 "그는 어머니가 오기를 바라는 마음도 있었지만, 오지 말라고 말해야 한다고 생각했다……. 따라서 그녀를 마중하러 사우샘프턴(Southampton)으로 가는 기차 안에서 그의 마음속에서는 온갖 생각들이 충돌하고 있었을 것이다."라고 썼다.

퍼거슨은 그해 겨울에 있었던 엄청난 사건들의 일부를 목격했을 뿐이었다. 나머지 구체적인 이야기는 오펜하이머에게서 전해 들었을 수밖에 없는 내용들이었다. 그리고 오펜하이머가 자신의 경험을 전하면서 상상력을 가미해 이야기를 꾸몄을 가능성이 매우 높다. 퍼거슨이 작성한 '유럽에서 로버트 오펜하이머의 모험에 대한 이야기(Account of the Adventures of Robert Oppenheimer in Europe)'에는 "2월 26일"자라고만 표기되어 있는데, 주변 정황을 고려해 보면 그것이 1926년 2월임을 알 수 있다. 어쨌든 퍼거슨은 오펜하이머가 세상을 떠나고 나서 몇 년이 지난 후에야 이 문서를 공개했다.

퍼거슨의 이야기에 따르면, 오펜하이머는 부모를 마중하러 사우샘프턴으로 향하는 기차를 타고 가다가 스스로의 감정을 통제할 수 없어 해괴한 짓을 저지르고 말았다. "그는 진한 애정 행각을 벌이는 커플과 함께 3등칸 열차를 타고 있었다. 그는 들고 간 열역학 책을 읽으려 했지만 집중할 수가 없었다. 남자가 잠시 자리를 뜬 사이 (오펜하이머는) 여자에게 키스했다. 그녀는 그다지 놀란 것 같지 않았다. 하지만 그는 곧 죄책감에 빠져 무릎을 꿇고 눈물을 흘리며 용서를 빌었다."[17] 오펜하이머는 급하게 짐을 챙겨 기차를 빠져나갔다. "그는 방금 벌어진 일을 생각하면 할수록 점점 더 견디기 어려웠다. 기차역에서 오펜하이머는 그녀가 계단 밑으로 지나가는 것을 발견하고는, 그녀의 머리를 겨냥해 여행 가방을 일부러 떨어뜨렸다. 다행히도 그는 그녀를 맞히지는 못했다." 퍼거슨의 이야기가 정확하다면, 오펜하이머는 자신만의 환상에 빠져 있는 듯했다. 그는 그 여인에게 키스하고 싶었다. 그는 그녀에게 정말로 키스했을까? 하지 않았을까? 기차 안에서 정확히 무슨 일이 벌어졌는지는 확실하지 않다. 하지만 기차역 안에서 가방을 떨어뜨린 일은 확실히 만들어 낸 이야기였다. 오펜하이머는 퍼거슨에게 거짓 이야기를 만들어 꾸며 댄 것이었다. 그는 심리적 불안 상태에 놓여 있었고 스스로를 통제할 수 없었다. 그가 꾸며 낸 이야기는 그가 겪는 고통의 정도를 반영하는 것이었다.

이렇게 흥분한 상태에서, 오펜하이머는 부모를 만나기로 예정된 항구에 도착했다. 그는 부모가 에티컬 컬처 스쿨 동창생인 이네즈 폴락(Inez Pollak)과 함께 왔다는 것을 알게 되었다. 오펜하이머는 이네즈가 바서 대학에 다니고 있을 때 그녀와 편지를 주고받은 적이 있었고, 방학 때면 뉴욕에서 종종 만나기도 했다. 수십 년 후의 인터뷰에서 퍼거슨은 엘라가 "(영국에) 갈 때 반드시 (오펜하이머가) 뉴욕에서 알고 지내던 젊은 여자를 데리고 가야 한다."라고 생각했다고 말했다.[18] "엘라는 오펜하이머와 이네즈를 연결시켜 주려 했지만 별 성과는 없었습니다."

퍼거슨은 자신의 '일기'에 오펜하이머는 이네즈가 배의 건널판을 걸어 내려오는 것을 보자마자 뒷걸음쳐 도망치고 싶어 했다고 썼다. 퍼거슨은 "물론 오펜하이머와 이네즈 중 누가 더 겁에 질렸는지는 확실하지 않다."

라고도 썼다. 이네즈 역시 나름대로 이 기회를 어머니와의 불화로 견딜 수 없었던 뉴욕 생활에 대한 돌파구로 생각하고 받아들였을 것이다. 엘라는 이네즈가 오펜하이머의 우울증을 잊게 해 줄지 모른다는 막연한 기대감에 그녀에게 함께 영국으로 가자고 제안했다. 하지만 퍼거슨에 따르면, 엘라는 당시 이네즈가 자신의 아들과는 "전혀 어울리지 않는다."라고 생각했고, 오펜하이머가 그녀에게 관심을 보이자 "이네즈가 여기까지 오느라 얼마나 힘들었겠니!"라며 두 사람 사이를 떼어 놓았다.

이네즈는 오펜하이머 가족과 함께 케임브리지로 갔다. 오펜하이머는 여전히 물리학 연구로 바빴지만, 오후마다 이네즈를 데리고 시내로 산책을 다니기 시작했다. 퍼거슨에 따르면, 오펜하이머는 그녀에게 구애하는 듯한 행동을 보였다. "그는 말로만 사랑한다고 가장하는 데에 매우 능숙했고, 그녀 역시 남자들의 그런 태도에 익숙했다."[19] 얼마 후 두 사람의 관계는 비공식적으로 약혼한 정도의 사이로까지 발전했다. 그리고 어느 날 저녁, 그들은 이네즈의 방에서 한 침대에 눕게 되었다. "그들은 누워서 추위에 떨며 아무것도 하지 못했다. 그때 이네즈가 울기 시작했다. 그러자 오펜하이머도 울기 시작했다."[20] 얼마 후 오펜하이머 부인이 문을 두드리면서 "들여보내 줘, 이네즈. 왜 문을 잠근 거야? 오펜하이머가 그 안에 있다는 것을 알고 있어."라고 말했다. 엘라는 마침내 씩씩거리면서 물러갔고, 비참함과 수치심에 사로잡힌 오펜하이머가 슬며시 방에서 나왔다.

이네즈는 그 직후 이탈리아로 떠났고, 그때 오펜하이머로부터 선물받은 도스토예프스키의 소설 『악령(The Possessed)』을 소중하게 간직했다. 당연하게도 이 일은 오펜하이머의 우울증을 악화시키는 결과를 낳았다. 크리스마스 방학이 시작되기 직전에 그는 스미스에게 슬프고 아쉬운 마음을 편지로 썼다. 그동안 연락이 뜸했던 것을 사과하면서 그는 "제 경력을 쌓는 일을 하느라고 정신이 없었습니다……. 그동안 편지를 쓰지 못한 것은 멋진 편지를 쓸 수 있다는 확신이 없었기 때문입니다."라고 변명했다.[21] 이어 퍼거슨에 대해 이야기하면서 그는 "그는 많이 변했어요. 아주 행복해 보입니다……. 옥스퍼드에서 그를 모르는 사람이 없어요. 그는 상류 사회의 안주인이며 (T. S.) 엘리엇과 버티(버트런드 러셀)의 후원자인 오토라인 모렐(Ottoline Morrell) 부인과 함께 차를 즐기는 사이가 되었을 정도입니다."라고 썼다.

친구들과 가족들이 우려하는 가운데, 오펜하이머의 심리 상태는 점점 나빠지기만 했다. 그는 점점 자신감이 떨어지고 뚱한 모습을 보이는 일이 잦아졌다. 특히 그는 자신의 지도 교수 블래킷과의 관계가 악화되는 것에 대해 이야기했다.[22] 오펜하이머는 블래킷을 좋아했고 그의 인정을 받기 위해 열심히 노력했다. 하지만 블래킷은 실험 물리학자였고, 실험실에서 일하는 시간을 늘려야 한다며 오펜하이머를 끈질기게 괴롭혔다. 블래킷은 별 생각 없이 그랬을지 모르지만, 불안한 심리 상태에 놓여 있던 오펜하이머에게는 이것이 근심의 원천이 되었다.

1925년 늦가을에 오펜하이머는 자신의 정신적인 고통을 더 이상 견디지 못한 나머지 너무나 멍청한 행동을 저지르고 말았다. 블래킷으로부터 인정을 받지 못한 불만이 쌓이자, 그것은 곧 강한 질투심으로 이어졌다. 오펜하이머는 실험실에서 구한 화학 약품을 이용해 만든 "독"을 사과에 발라 블래킷의 책상에 올려 두었다. 와이먼은 나중에 "그것이 상상의 사과였든 진짜 사과였든, 그의 행동은 질투심의 발로였다."라고 말했다.[23] 다행히 블래킷은 사과를 먹지 않았다. 하지만 대학 당국이 이 사건에 대해 알게 되었다. 오펜하이머가 두 달 후 퍼거슨에게 고백했듯이, "그는 자신이 지도 교수에게 독을 먹이려고 했다고 말했습니다. 믿을 수 없는 일이었지요. 그리고 그는 실제로 청산가리를 사용했다고 했습니다. 다행히 교수가 그것을 발견했습니다. 물론 케임브리지 대학교는 이 일을 그냥 넘기지 않을 생각이었습니다."[24] 만약 오펜하이머가 발랐다는 "독"이 치명적인 것이었다면, 그의 행동은 살인 미수에 해당하는 것이었다. 하지만 이후의 사태 전개를 보면, 그 정도로 심각했던 것 같지는 않다. 오펜하이머는 아마도 구토를 나게 하는 정도의 물질을 사과에 발랐을 것이다. 아무리 그렇다고 해도 이는 퇴학을 각오해야 할 정도로 심각한 사건이었다.

오펜하이머의 부모는 아직 케임브리지에 머물고 있었고, 대학 당국은 즉시 그들에게 무슨 일이 있었는지 알렸다. 율리우스 오펜하이머는 형사처벌만은 면하게 해 달라고 대학을 상대로 로비를 벌였다. 기나긴 협상 끝에, 오펜하이머를 기소유예 상태에서 런던에서 유명한 할리 가(Harley Street)의 정신과 의사의 상담을 받게 하는 것으로 결정이 났다. 에티컬 컬처 스쿨 시절 오펜하이머의 스승이었던 스미스가 말했듯이 "그는 정신과 의사와 정기적으로 만나야 한다는 조건으로 케임브리지에 남을 수 있었습니다."[25]

오펜하이머는 상담을 받기 위해 정기적으로 런던을 오갔지만, 그것은 그다지 즐거운 경험이 아니었다. 오펜하이머가 만나기 시작한 프로이트식 정신 분석가는 그가 정신 분열 증상에 대한 구식 명칭인 조발성 치매증(dementia praecox)을 보인다고 진단했다. 그는 오펜하이머에 대해 "더 이상의 분석은 오히려 상태를 악화시킬 것"이라며 별로 나아질 가망성이 없다고 결론을 내렸다.[26]

퍼거슨은 오펜하이머가 정신과 의사와 만난 직후에 그를 만났다. "그는 미친 사람처럼 보였습니다……. 나는 그가 길모퉁이에 서서 모자를 비딱하게 쓴 채 나를 기다리는 것을 보았습니다. 매우 이상한 모습이었지요……. 마치 차도에 뛰어들 것 같은 분위기였습니다."²⁷ 두 사람은 빠른 걸음으로 자리를 떴다. 오펜하이머는 특유의 팔자걸음으로 걷고 있었다. "나는 그에게 어떻게 지냈느냐고 물었습니다. 그는 의사가 너무 멍청해서 자신이 무슨 말을 하는지 알아듣지도 못한다고 했지요. 그는 의사보다 자신의 병에 대해 더 잘 알고 있다고 했는데, 아마도 그랬을 겁니다." 당시에 퍼거슨은 아직 '독사과' 사건에 대해 모르고 있었기 때문에, 그가 왜 정신병원을 드나들기 시작했는지 이해하지 못했다. 그는 오펜하이머가 큰 고통에 빠져 있다는 것을 알았지만, 그가 "스스로를 일으켜 세우고 문제를 파악한 후 적절하게 대처할 수 있는 능력"을 가지고 있다고 확신했다.

하지만 위기는 쉽게 지나가지 않았다. 크리스마스 방학 도중에 오펜하이머는 캔케일(Cancale) 마을 근처의 브리타니 해안을 거닐고 있었다. 마침 그날은 비가 주룩주룩 내리는 음울한 겨울날이었고, 수년 후 오펜하이머는 자신이 그때 자신이 처한 상황을 생생하게 깨달았다고 말했다. "나는 절벽을 뛰어내리기 일보 직전까지 갔습니다. 나의 정신 상태는 고질적인 것이었어요."²⁸

1926년 새해가 되기 얼마 전, 퍼거슨은 파리에서 오펜하이머를 만나기로 약속했다. 오펜하이머의 부모는 남은 겨울 방학을 파리에서 보내기로 했던 것이다. 파리의 거리를 따라 오랫동안 걸으면서 오펜하이머는 마침내 퍼거슨에게 자신이 왜 런던의 정신과 의사를 만나러 가기 시작했는지 털어놓았다. 이때 오펜하이머는 케임브리지 대학교가 자신의 복학을 허용하지 않을지도 모른다고 생각한다고 말했다. 퍼거슨은 "나는 당황했습니다. 하지만 그가 그 이야기를 했을 때, 나는 그가 그 일을 어느 정도 극복했고, 이제는 아버지와 무슨 문제가 있지 않나 생각했습니다."라고 회고했다.²⁹ 오펜하이머는 부모가 자기 때문에 걱정을 많이 하고 그들이 자신에게 도움을 주려고 노력한다는 점은 인정했지만, 그들이 "성공을 거두지는 못하고 있다."라고 말했다.

오펜하이머는 잠을 거의 자지 못했고, 퍼거슨에 따르면 "대단히 이상한 행동"을 보이기 시작했다.30 어느 날 아침, 그는 어머니를 호텔방에 가두고 나가 버려 그녀를 크게 화나게 했다. 그 사건 이후 엘라는 그에게 프랑스인 정신 분석가를 만나 보라고 강권했다. 새로운 의사는 오펜하이머를 몇 번 만나 본 후, 그가 성적 불만에 의한 "정신적인 동요(crise morale)"를 겪고 있다고 진단했다. 의사는 "최음제"를 처방하고 "여자(une femme)"를 사귀라고 권했다. 수년 후 퍼거슨은 당시의 일에 대해 "그(오펜하이머)는 자신의 성생활에 어떻게 대처해야 할지 몰랐습니다."라고 회고했다.

얼마 후 오펜하이머의 불안한 심리 상태는 폭력적인 행동으로 발전했다. 파리에서 오펜하이머와 함께 호텔 방에 앉아 있을 때, 퍼거슨은 친구가 "우울한 기분에 빠져 있다는 것"을 눈치챘다. 그의 주의를 환기시키기 위해 퍼거슨은 자신의 여자 친구 프랜시스 킬리가 쓴 시를 보여 주면서, 얼마 전 자신이 그녀에게 청혼했고 그녀가 받아들였다고 이야기해 주었다. 이 소식을 들은 오펜하이머는 깜짝 놀랐고, 퍼거슨에게 달려들었다. 퍼거슨은 "내가 책을 집어 들기 위해 고개를 숙였을 때 그가 나를 뒤에서 덮쳐 가방 끈으로 목을 조르려고 했습니다. 나는 꽤 겁을 집어먹었지요. 우리는 우당탕거리는 큰 소리를 냈습니다. 나는 간신히 그로부터 벗어날 수 있었고 그는 바닥에 쓰러져 흐느끼기 시작했습니다."라고 회고했다.31

오펜하이머가 친구의 사랑 이야기에 단순한 질투심을 느꼈던 것인지도 모른다. 이미 번하임이라는 친구가 여자 친구를 사귀기 시작하면서 그로부터 멀어졌다. 똑같은 이유로 또 다른 친구를 잃게 된다는 것은 당시의 그에게 아마도 견딜 수 없는 일이었을 것이다. 퍼거슨은 "오펜하이머가 그녀(프랜시스 킬리)를 끊임없이 노려보았다는" 것을 눈치챘다.[32] "그는 난폭한 연인 역할을 하는 편이 훨씬 쉬웠을 것이다. 나 역시 경험으로부터 그 느낌을 알고 있다."

퍼거슨은 오펜하이머에게 목이 졸리는 경험을 한 후에도 친구를 버리지 않았다. 어쩌면 약간의 죄책감이 있었기 때문인지도 모른다. 오펜하이머의 문제에 대해 잘 알고 있던 스미스가 그에게 편지로 미리 경고했기 때문이다. "내가 생각할 때 네가 그(오펜하이머)에게 사교 생활을 가르쳐 줄 기회가 생기면 너무 한꺼번에 하는 것보다는 천천히 하는 편이 좋을 거야. 2년이나 앞선 너의 사교적인 모습을 보게 되면 그는 자포자기해 버릴지도 모르니까. 그렇다고 해서 로버트가 네가 예전에 조지에게 그러려고 했던 것처럼 너의 목을 조르지는 않겠지만, 그가 더 이상 살고 싶지 않다고 생각할까 걱정이 되는 것은 사실이네."[33] 이 편지는 작가가 될 꿈을 가지고 있던 퍼거슨이 자신의 경험과 '조지'와 오펜하이머의 행동을 합성해 새로운 이야기를 만들었을지도 모른다는 의구심을 갖게 한다. 하지만 오펜하이머가 퍼거슨에게 사과한 태도로 보아 퍼거슨의 이야기가 신빙성이 있다는 것을 알 수 있다.

퍼거슨은 오펜하이머가 "신경과민" 증세를 가졌다는 것을 알았지만, 다른 한편으로는 그가 그것을 극복하려 한다고 생각했다. "내가 그의 행동들을 일시적인 이상 현상이라고 생각했다는 것을 그 역시 알고 있었습니다……. 그가 그토록 빠르게 변하고 있다는 것을 눈치채지 못했다면 나는 훨씬 더 많이 걱정했을 것입니다……. 나는 그를 무척 좋아했습니다."[34] 두 사람은 평생을 걸쳐 친구로 지냈다. 그래도 오펜하이머로부터 공격을 당하고 나서 몇 달 동안 퍼거슨은 그를 경계하는 편이 좋겠다고 느꼈다. 그는 다른 호텔로 숙소를 옮겼고, 오펜하이머가 그해 봄에 케임브리지로 놀러 오라고 했을 때에는 망설였다. 오펜하이머는 퍼거슨만큼이나 자신의 행동에 대해 혼란스러워했다. 그는 그 사건이 있고 나서 몇 주 후 퍼거슨에게 보낸 편지에서 "나는 너에게 조금이라도 유용한 일을 해 줄 수 있을 때까지 나의 후회와 고마움, 그리고 부끄러움을 간직하고 있을 거야. 나는 네가 어떻게 나에게 그토록 관용과 자비를 베풀 수 있는지 이해할 수 없지만, 적어도 내가 그것을 잊지 않으리라는 것은 알아주었으면 좋겠어."라고 썼다.* 이와 같은 소동을 겪으면서 오펜하이머는 의식적으로 자신의 감정적 허약함에 맞서려 노력했고, 이를 통해 어느 정도는 스스로의 정신 분석을 할 수 있는 경지에 이르렀다. 그는 1926년 1월 23일 퍼거슨에게 보낸 편지에서 자신의 정신 상태가 무언가 "탁월하지 않으면 안 된다는 끔찍한 사실"과 관련이 있지 않을까 생각한다고 말했다.[35] "구리선을 땜질할 능력도 없다는 사실이 아마도 나를 미치게 만들고 있지 않나 싶어." 이어서 그는 "나는 지금 상태가 좋지 않아. 감정이 폭발할지도 모른다는 생각에 너를 만나러 가기가 두려워."라고 고백했다.

퍼거슨은 꺼림칙한 기분을 제쳐두고 그해 초봄에 케임브리지를 방문하기로 결정했다. "그는 나에게 옆방을 주었습니다. 그가 한밤중에 들이닥칠까 걱정했던 기억이 납니다. 그래서 나는 문을 의자로 막아 두었지요. 하지만 아무 일도 없었습니다."[36] 그 무렵에는 이미 오펜하이머의 상태는 호전된 듯했다. 퍼거슨이 그 문제를 언급하자 "그는 이제 더 이상 걱정하지 않아도 된다고, 이미 극복했다고 말했습니다." 이때 오펜하이머는 케임브리지에서 또 다른 정신 분석가를 만나고 있었다. 당시 오펜하이머는 정식 분

---

* 오펜하이머는 이 말을 잊지 않았다. 수십 년 후, 오펜하이머는 퍼거슨에게 프린스턴 대학교 고등 연구소에 자리를 만들어 주었다.

석학에 대해 꽤 많은 공부를 했고, 그의 친구 존 에드살에 따르면 그는 정신 상담을 "꽤 심각하게 받아들였습니다." 오펜하이머는 자신이 새로 만나기 시작한 정신 분석가 M 박사가 자신이 런던과 파리에서 상담했던 의사들보다 훨씬 더 "현명하고 분별력 있는 사람"이라고 생각했다.

오펜하이머는 이 정신 분석가를 1926년 봄 내내 만났다. 하지만 시간이 지나면서 그들의 관계는 악화되고 말았다. 6월의 어느 날 오펜하이머는 에드살의 방으로 찾아와 그에게 "M(박사)이 더 이상 정신 분석을 계속하는 것은 의미가 없다고 결정했어."라고 말했다.[37]

스미스가 나중에 뉴욕에서 만난 한 정신과 의사 친구는 오펜하이머의 사례에 대해 알고 있었다. 그 의사는 오펜하이머가 "케임브리지의 정신과 의사에게 말도 안 되는 거짓말을 했다."라고 주장했다.[38] "문제는 정신과 의사가 분석을 받는 사람보다 더 유능해야 하는데, 오펜하이머의 경우에는 그런 사람을 구할 수 없었다는 것이다."

1926년 3월 중순 오펜하이머는 짧은 휴가를 보내기 위해 케임브리지를 떠났다. 제프리스 와이먼, 프레더릭 번하임, 그리고 존 에드살 등 세 명의 친구들은 그에게 코르시카로 가자고 설득했다. 열흘 동안 그들은 섬의 곳곳을 자전거로 누비며 마을 여관에서 묵거나 야영을 하면서 시간을 보냈다.[39] 섬의 바위투성이 산과 적당히 숲으로 우거진 높은 메사는 오펜하이머에게 뉴멕시코의 험준한 아름다움을 연상시켰다. 번하임은 "경치는 훌륭했습니다. 하지만 원주민들과는 거의 의사소통이 되지 않았지요. 벼룩들은 매일 밤 포식했을 것입니다."라고 회고했다.[40] 오펜하이머는 음울한 기분이 고개를 들 때마다 우울함을 느낀다고 친구들에게 말했다. 그는 당시에 프랑스와 러시아 문학에 빠져 있었고, 숲 속을 걸으면서 에드살과 톨스토이와 도스토예프스키의 장단점에 대해 토론하는 것을 즐겼다. 어느 날 저녁 갑작스러운 폭풍우에 흠뻑 젖은 젊은이들은 근처 여관에 잠자리를 구했다. 젖은 옷가지를 불가에 널어놓고 이불 속으로 들어가면서 에드살은 "뭐니뭐니 해도 톨스토이가 가장 위대한 작가야."라고 고집했다. 오펜하이머는 "아니야, 도스토예프스키가 훨씬 낫지. 그는 인간의 영혼과 고뇌를 표현할 줄 아니까."라고 말했다.

얼마 후 앞으로의 진로에 대한 이야기나 나오자, 오펜하이머는 "내가 가장 존경하는 사람은 여러 가지 일들을 비상하게 잘 하지만 그래도 한줄기 눈물을 흘릴 줄 아는 사람"이라고 말했다.[41] 오펜하이머는 이와 같은 깊은 실존적 문제로 번뇌하고 있었지만, 그의 친구들은 그가 코르시카 섬을 헤매고 다니며 조금씩 짐을 내려놓았다는 인상을 받았다. 그는 장대한 풍경과 좋은 프랑스 음식과 와인을 즐기면서 동생 프랭크에게 다음과 같이 썼다. "대단한 곳이야. 와인부터 빙하까지, 그리고 대하(大蝦)에서 브리건틴(brigantine, 쌍돛대 범선)까지, 모든 것이 훌륭해."[42]

와이먼은 오펜하이머가 코르시카에서 "엄청난 감정적 위기를 극복했다."라고 믿었다. 그리고 나서 뭔가 이상한 사건이 발생했다. 와이먼은 수십 년 후에 "코르시카 여행 일정이 거의 끝나가던 어느 날 우리는 묵고 있던 여관에서 함께 저녁을 먹고 있었습니다."라고 회고했다.[43] 웨이터는 오펜하이머에게 다가와 프랑스로 가는 다음 배가 언제 떠난다고 말해 주었다. 에드살과 와이먼은 놀라서 오펜하이머에게 왜 애초의 계획보다 빨리 떠나려 하느냐고 물었다. 오펜하이머는 "이유를 차마 말할 수 없지만, 나는 가야 해."라고 대답했다. 그날 저녁 늦은 시간까지 와인을 조금 더 마시고 나서 그는 마침내 "내가 왜 떠나야만 하는지 얘기해 주지. 나는 끔찍한 일을 저질렀어. 나는 블래킷의 책상에 독이 묻은 사과를 올려놓았고, 이제 가서 어떻게 됐는지 확인해 보아야 해."라고 말했다. 에드살과 와이먼은 깜짝 놀랐다. 와이먼은 "나는 그것이 진짜인지 상상인지 알 수 없었습니다."라고 회고했다. 오펜하이머는 더 구체적인 이야기는 하지 않았다. 하지만 그는 자신이 정신 분열증 진단을 받았다는 사실은 언급했다. '독사과' 사건이 사실은 전년도 가을에 벌어진 일이라는 것을 모른 채, 와이먼과 에드살은 오펜하이머가 그해 봄 코르시카로 여행을 떠나기 직전에 블래킷에게 무언가 일을 저질렀다고 생각했다. 확실히 무슨 일이 있는 것 같기는 했지만, 에드살이 나중에 말했듯이, "제프리스와 나는 그(오펜하이머)가 말하는 것만 들어서는 환각을 보는 것 같다고 느꼈다."[44]

오펜하이머의 독사과 이야기에 대해서는 이후 여러 모순되는 진술들이 나와서 진실이 무엇인지 확인하기가 매우 어렵다. 하지만 퍼거슨은 1979년 마틴 셔윈과의 인터뷰에서 그 사건이 1926년 봄이 아니라 1925년 늦가을에 일어났다는 것을 명확히 했다. "이 모든 일은 그(오펜하이머)가 케임브리지에서 보낸 첫 학기에 일어났습니다. 그리고 내가 그를 런던에서 만나기 직전, 즉 그가 정신과 의사를 만나러 가기 직전에 일어났습니다."[45] 셔윈이 퍼거슨에게 독사과 이야기를 정말로 믿느냐고 묻자, 그는 "그렇습니다. 나는 믿어요. 그의 아버지는 오펜하이머의 살인 미수 혐의를 무마하기 위해 케임브리지 대학교와 협상까지 벌였습니다."라고 대답했다. 퍼거슨은 1976년 앨리스 킴벌 스미스(Alice Kimball Smith)와 대화를 나누던 중에 "그(오펜하이머)가 자신의 지도 교수를 독살하려 했을 때"에 대해 언급했다. "그는 분명 나에게 당시에 그 이야기를 했거나, 얼마 후 파리에서 해 주었습니다. 나는 항상 그것이 아마도 사실일 것이라고 생각했습니다. 하지만 정확히는 모릅니다. 그는 당시에 온갖 미친 짓을 하고 있었으니까요." 스미스는 퍼거슨이 믿을 만한 정보원(源)이라고 확신하는 듯했다. 그녀가 인터뷰 후에 기록했듯이 "그는 자신이 기억하지 못하는 것을 기억하는 것처럼 꾸미지 않는다."

오펜하이머의 기나긴 사춘기가 마침내 끝나려 하고 있었다. 코르시카에서 지내는 동안 그의 내부에서 무언가가 깨어났던 것이다. 그것이 무엇이었든 오펜하이머는 그것이 비밀로 남을 수 있도록 세심한 주의를 기울였다. 어쩌면 그것은 짧은 애정 행각이었을지도 모른다. 하지만 아니었을 가능성이 훨씬 높다. 나중에 그는 작가 누엘 파르 데이비스(Nuel Pharr Davis)의 질문에 다음과 같이 대답했다. "그 정신과 의사와의 만남은 코르시카에서 있었던 일의 전조였습니다. 당신은 내가 그 이야기의 전모를 밝힐 의사가 있는지, 아니면 당신이 스스로 파헤쳐야 하는지를 묻고 있습니다. 하지만 그 이야기를 알고 있는 사람들은 몇 명 되지 않고, 그들은 말하지 않을 것입니다. 당신은 아무리 노력해도 진실에 접근할 수 없을 것입니다. 당신이 알아야 하는 것은 그것이 단순한 애정 행각이 아니었다는 것입니다. 그것은 애정 행각이 아니라 사랑이었습니다."[46] 그 만남은 오펜하이머에게 일종의 신비롭고 초월적인 의미를 가지고 있었다. "코르시카 여행 때부터 지리적인 분리는 내가 인식했던 유일한 것이었지만, 나에게 그것은 진정한 의미에서의 분리가 아니었습니다." 그는 데이비스에게 그것은 "나의 인생에서 중대한 의미를 갖는 것이었습니다. 중요하고 항구적인 부분이었지요. 이제 인생이 거의 끝나가는 지금 돌이켜 생각하니 더욱 그런 생각이 드는군요."라고 말했다.

그렇다면 코르시카에서 도대체 무슨 일이 있었던 것일까?[47] 아마도 아무 일도 없었을 것이다. 오펜하이머는 코르시카에 대한 데이비스의 질문에 일부러 애매하게 대답했다. 그는 의뭉스럽게도 그것이 "단순한(mere)"

애정 행각(love affair)이 아니라 "사랑(love)"이라고 불렀다. 확실히 그 두 단어 사이의 구분은 그에게 중요한 의미를 가졌다. 코르시카에서 그는 친구들과 항상 함께 있었기 때문에 실제 애정 행각을 벌일 수는 없었을 것이다. 하지만 그는 계시를 받는 듯한 경험을 하게 해 준 책을 읽었다.

그 책은 오펜하이머의 고뇌하는 영혼에 답을 주었던 마르셀 프루스트(Marcel Proust, 1871~1922년)의 신비주의적이고 실존주의적인 소설 『잃어버린 시간을 찾아서(*A La Recherche du Temps Perdu*)』였다.[48] 오펜하이머가 나중에 버클리 시절의 친구 슈발리에게 말했듯이, 그가 이 책을 코르시카를 헤매고 다니던 어느 날 밤 손전등 밑에서 읽었던 것은 그의 인생에서 가장 멋진 경험들 중 하나였다. 프루스트의 작업은 자기 성찰에 관한 고전 소설이고, 그것은 오펜하이머에게 깊고 항구적인 인상을 남겼다. 오펜하이머는 프루스트의 소설을 처음 읽은 지 10년이 지난 후에도 잔인함을 논하는 구절을 외워 슈발리에를 놀라게 했다.

    그녀가 다른 사람들처럼 자신이 남에게 주는 고통에 무관심할 수 있다는 사실을 알았다면, 사악함이 그토록 드물고, 비정상적이며, 소외된 상태가 아니고 심지어 그 안에서 편히 쉴 수도 있다고 생각했을지 모른다. 그와 같은 무관심을 지칭하는 단어는 여럿 있지만, 결국은 끔찍하고 영구적인 형태의 잔인함이라고 할 수 있다.

코르시카에서 오펜하이머는 이 글을 외울 정도로 반복해 읽으면서 자신이 남에게 끼치는 고통에 무관심하다는 것을 의식했을 것이다. 그것은 고통스러운 통찰이었다. 우리는 한 사람의 내면에 대해 추측만 할 수 있을 뿐이다. 하지만 오펜하이머는 어쩌면 자신이 가지고 있던 죄의식에 가득 찬 어두운 생각들이 활자로 표현되어 있는 것을 보며 자신의 심리적 부담을 덜었을지도 모른다. 그는 자신이 혼자가 아니라는 것을, 그런 생각이 인간 조건의 일부라는 것을 알고서는 위안을 받았을 것이다. 그는 이제 더 이상 스스로를 혐오할 필요가 없었다. 그는 사랑할 수 있었다. 그리고 지식인이었던 오펜하이머는 정신과 의사의 도움 없이 독서를 통해서 우울증이라는 블랙홀에서 빠져나올 수 있었다는 것에 대해서도 자기 위안을 받을 수 있었을 것이다.

오펜하이머는 가벼운 마음과 삶에 대한 관대한 태도를 가지고 케임브리지로 돌아왔다. 그는 "나는 훨씬 더 친절하고 관용적이 되었습니다."라고 회고했다.[49] "나는 다른 사람들과 관계를 맺을 수 있게 되었지요." 1926년 6월이 되자 그는 정신과 상담을 그만 받기로 결정했다. 그를 더 기운나게 했던 것은 그해 봄 그가 케임브리지에서 지내던 "비참한 구덩이" 같은 아파트를 나와 케임브리지 남쪽 그랜트체스터(Grantchester) 방향으로 약 1.5킬로미터 떨어진 곳의 "조금 덜 비참한" 숙소로 이사를 갔기 때문이었다.

그는 자신이 싫어하고 재능도 없는 실험 물리학을 포기하고, 이론 물리학이라는 추상 세계로 관심을 돌리기 시작했다. 그는 영국의 기나긴 겨울을 이론 물리학 논문들을 읽으며 보냈고, 곧 이 분야가 격동기에 들어섰다는 것을 알아챘다. 어느 날 캐번디시 세미나에서 오펜하이머는 중성자를 발견한 제임스 채드윅(James Chadwick, 1891~1974년)이 《피지컬 리뷰(Physical Review)》에 실린 로버트 앤드루스 밀리컨(Robert Andrews Millikan, 1868~1953년)의 최신 논문을 펴들며 "또 울어 대는군. 과연 알을 낳기는 할까?"라고 말하는 것을 보았다.[50]

1926년 초의 어느 날, 오펜하이머는 젊은 독일인 물리학자 하이젠베르크의 논문을 읽고 나서, 전자의 거동에 대한 완전히 새로운 해석이 등장했다는 것을 알게 되었다. 이 무렵 오스트리아 물리학자 에어빈 슈뢰딩거(Erwin Schrödinger, 1887~1961년)가 원자의 구조에 대한 완전히 새로운 이론을 발표했다. 슈뢰딩거는 전자들이 원자핵 주변을 둘러싼 파동처럼 행동한다고 제안했다. 하이젠베르크처럼 그는 원자를 수학적으로 묘사하려 했고, 자신의 이론을 양자 역학이라고 부르기 시작했다. 이 두 논문을 읽고 나서 오펜하이머는 슈뢰딩거의 파동 역학과 하이젠베르크의 행렬 역학 사이에 무언가 연결 고리가 있을 것이라고 예상했다. 그것들은 사실 똑같은 이론의 두 가지 표현 방식이었다. 마침내 또 한번의 울음을 넘어 앎이 등장했던 것이었다.

양자 역학은 이제 젊은 러시아 물리학자 페테르 카피차(Peter Kapitza)의 이름을 딴 비공식 물리학 토론회인 카피차 클럽의 중요한 화제로 떠올랐다. 오펜하이머는 "나는 (양자 역학에) 서서히 관심을 갖기 시작했습니다."라고 회고했다.[51] 그해 봄 그는 몇 달 후에 케임브리지에서 박사 학위를 받게 될 또 다른 젊은 물리학자 폴 디랙(Paul Dirac, 1902~1984년)을 만났다. 당시 디랙은 이미 양자 역학 분야에서 혁신적인 성과를 이룬 상태였다. 오펜하이머는 상당히 억제된 표현을 사용해, 디랙의 작업을 "이해하기 쉽지 않았고 (그 역시) 다른 사람들을 이해시키는 것에 큰 관심을 기울이지 않았다.[52] 나는 그가 훌륭하다고 생각했다."라고 말했다. 다른 한편으로 디랙에 대한 그의 첫인상은 그다지 좋지 않았을지도 모른다. 와이먼은 "오펜하이머는 (디랙이) 큰 의미 없는 주장을 하고 있다고 생각했다."라고 말했다. 디랙은 그 나름대로 대단히 괴벽스러운 젊은이였고, 과학 연구밖에 모르는 사람으로 널리 알려져 있었다. 몇 년 후의 어느 날, 오펜하이머가 디랙에게 몇 권의 책을 선물로 주겠다고 했을 때, 디랙은 예의바르게 제의를 거절하며 "책

을 읽는 것은 생각하는 데에 방해가 된다."라고 말했다.[53]

오펜하이머가 위대한 덴마크 물리학자 닐스 보어를 다시 만나게 된 것도 바로 이 무렵이었다. 그는 하버드 시절 보어의 강연을 들은 적이 있었다. 보어는 오펜하이머의 감성에 잘 맞는 역할 모델이 될 만한 사람이었다. 오펜하이머보다 19세 위였던 보어는 오펜하이머처럼 책, 음악, 그리고 학문적 분위기에 둘러싸인 상류층 가정에서 태어났다. 보어의 아버지는 생리학 교수였고, 그의 어머니는 유태인 은행가 집안 출신이었다. 보어는 1911년 코펜하겐 대학에서 물리학 박사 학위를 취득했다. 2년 후 그는 원자핵 주변에 위치한 전자의 궤도 운동량이 '양자 점프'를 한다고 주장해 초기 양자 역학을 세우는 데 중요한 이론적 기여를 했다. 1922년에 그는 원자 구조의 이론 모델로 노벨상을 받았다.

보어는 훤칠한 키에 강건한 신체, 따뜻하고 부드러운 영혼에, 약간은 심술궂은 유머 감각을 가지고 있었다. 모든 사람이 그를 좋아했다. 그는 항상 속삭임에 가까운 낮은 목소리로 말했다. 아인슈타인은 1920년 봄에 보어에게 보낸 편지에서 "당신처럼 단지 주변에 있는 것만으로 이토록 즐거움을 주는 사람을 만나기란 쉬운 일이 아닙니다."라고 썼다.[54] 아인슈타인은 "자신의 의견에 확고한 믿음을 가진 사람처럼 말하는 것이 아니라 항상 진실을 모색하는 중인 것처럼 말하는" 보어의 태도에 매료되었다. 오펜하이머는 나중에 보어를 "나의 신"이라고 말하게 되었다.

"그 후 나는 베릴륨 박막 실험에 대해 까맣게 잊어버리고, 이론 물리학자가 되기로 결심했습니다. 그 무렵이면 나는 곧 엄청난 일이 벌어질 특별한 시기가 도래했다는 것을 잘 알고 있었지요."[55] 그해 봄, 정신 건강이 많이 좋아진 오펜하이머는 이론 물리학 분야에서 자신의 첫 주요 논문이 될 '충돌(collision)' 또는 '연속 스펙트럼'에 대한 연구를 차근차근 진행해 나갔다. 그것은 힘든 작업이었다. 어느 날 러더퍼드의 사무실에 찾아간 오펜하이머는 보어가 앉아 있는 것을 보았다. 러더퍼드는 책상 뒤에서 일어나 오펜하이머를 보어에게 소개시켜 주었다. 유명한 덴마크 물리학자는 정중한 태도로 "잘되고 있나요?"라고 물었다.[56] 오펜하이머는 퉁명스럽게 "어려운 문제에 봉착했어요."라고 대답했다. 보어는 "수학적인 어려움입니까, 물리적인 어려움입니까?"라고 물었다. 오펜하이머가 "잘 모르겠습니다."라고 대답하자, 보어는 "안 좋은 상황이군요."라고 말했다.

보어는 이 만남을 생생하게 기억했다.[57] 오펜하이머는 유난히 젊어 보였고, 그가 방에서 나간 후에 러더퍼드는 보어에게 자신이 그 젊은이에게 큰 기대를 가지고 있다고 말했다.

수년 후 오펜하이머는 "수학적인 어려움입니까, 물리적인 어려움입니까?"라는 보어의 질문이 매우 좋은 질문이었다고 생각했다.[58] "당시 내가 문제의 물리적 측면과 어떤 관련이 있는지 한 발짝 물러서서 보지 않고 형식적인 문제에만 골몰했다는 점에서 그 질문은 나에게 매우 유용한 조언이었다고 생각합니다." 나중에 그는 몇몇 물리학자들이 자연의 실체를 묘사하기 위해 오직 수학적 언어에만 의존한다는 것을 알게 되었다. 말로 표현하는 것은 "단지 이해를 돕기 위한 장치에 불과"한 것이었다. "교육적인 목적을 위한 것이지요. 나는 이것이 디랙에게 딱 맞는 말이라고 생각합니다. 그의 업적은 항상 말에서 시작하는 것이 아니라 수식에서 시작하는 것이었으니까요." 반면에 보어 같은 물리학자들은 "디랙이 말을 대하는 것처럼 수학을 대합니다. 즉 다른 사람들의 이해를 돕기 위해 수학을 사용하지요……. 그러니까 여러 종류의 사람들이 있습니다. (케임브리지에서) 나는 배우는 입장이었는데, 그나마도 그리 많이 배우지 못했던 것이 안타까울 따름입니다." 성정이나 재능으로 보았을 때, 오펜하이머는 보어와 비슷하게 말을 중시하는 물리학자였다.

그해 늦봄에 케임브리지 대학교는 미국 출신 물리학과 학생들이 라이덴 대학교를 1주일간 방문할 수 있도록 주선했다. 오펜하이머는 이를 계기로 여러 독일 물리학자들을 만날 수 있었다. 그는 "아주 좋았습니다."라고 회고했다.[59] "나는 지난 겨울 동안 겪었던 몇 가지 문제들이 영국 물리학계의 관습에서 비롯된 것임을 알았습니다." 그가 케임브리지로 돌아왔을 때, 그는 또 다른 독일 물리학자 막스 보른(Max Born, 1882~1970년)을 만났다. 보른은 괴팅겐 대학교 이론 물리학 연구소의 소장직을 맡고 있었다. 보른은 하이젠베르크와 슈뢰딩거가 최근의 논문에서 제기한 이론적 문제를 두고 이 22세의 미국인 학생이 고심하고 있다는 것에 관심을 보였다. 보른은 "나는 오펜하이머를 만나자마자 대단한 재능을 타고난 사람이라는 것을 알 수 있었습니다."라고 말했다.[60] 그해 봄이 가기 전에, 오펜하이머는 괴팅겐으로 와서 연구를 계속하라는 보른의 초청을 받아들였다.

케임브리지에서의 1년은 오펜하이머에게 참담한 시기였다. 그는 '독사과' 사건으로 퇴학당할 뻔했다. 그는 평생 처음으로 자신이 탁월한 지적 능력을 보일 수 없을 수도 있다는 것을 알게 되었다. 그리고 그의 가까운 친구들은 여러 차례 그의 심리 불안 상태를 목격했다. 하지만 그는 우울한 겨울을 이겨냈고, 이제 완전히 새로운 분야를 탐험할 준비가 되어 있었다. 오펜하이머는 "케임브리지에 도착했을 때, 나는 정해진 해답이 없는 질문을 마주할 의지가 없었습니다. 케임브리지를 떠날 무렵, 나는 어떻게 문제를 해결해야 하는지는 여전히 잘 몰랐지만, 그것이 내가 해야 할 일이라는 것 정도는 이해하게 되었습니다. 이것이 케임브리지에서 보낸 1년 동안 나에게 있었던 가장 큰 변화였습니다."라고 말했다.

오펜하이머는 나중에 자신이 여전히 "스스로에 대해 모든 면에서 대단히 큰 의구심"을 가지고 있다고 회고했다.[61] "하지만 나는 할 수만 있다면 확실히 이론 물리학을 연구하리라 결심했습니다……. 실험실로 돌아가지 않아도 된다고 생각하니 커다란 해방감을 느꼈지요. 나는 실험에 별로 재능이 없었고, 남들에게 도움을 주지도 못했지요. 무엇보다도 나는 실험을 하는 과정에서 아무런 재미도 느낄 수 없었습니다. 하지만 이제 나는 꼭 해 보고 싶은 일을 찾았습니다."

4장
이곳의 일은, 정말 고맙게도, 어렵지만 재미있다

> 너도 괴팅겐을 좋아할 거라고 생각해……. 이곳의 과학 수준은 케임브리지보다 훨씬 나은 것 같아. 전반적으로 평가해 보면 전 세계에서 이보다 더 나은 곳을 찾기 어려울 거야…….
> 이곳의 일은, 정말 고맙게도, 어렵지만 재미있다.
> ― 로버트 오펜하이머

1926년 늦여름이 되자 오펜하이머는 1년 전보다는 훨씬 활기차고 성숙해졌다. 그는 기차를 타고 니더작센(Lower Saxony)을 거쳐 괴팅겐으로 갔다. 괴팅겐에는 오래된 시청과 14세기에 지어진 몇 개의 교회가 있었는데, 이와 같은 고풍스러운 건물들은 자그마한 중세 마을 분위기를 자아냈다. '맨발의 거리(Barfüsser Strasse)'와 '유태인 거리(Jüden Strasse)'가 만나는 교차로 한귀퉁이에는 400년 이상 된 융커스 홀(Junkers' Hall)이라는 식당이 있었고, 그곳에서는 3층 높이의 스테인드 글라스로 둘러싸인 비스마르크의 부조 아래서 송아지 커틀릿을 즐길 수 있었다. 예스러운 집들이 마을의 좁고 구불구불한 거리를 따라 늘어서 있었다. 라인 운하(Leine Canal) 기슭에 위치한 괴팅겐의 자랑거리는 1730년대에 독일 왕자가 설립한 게오르기아 아우구스타 대학교(Georgia Augusta University)였다. 이 대학의 졸업생들은 오래된 시청 앞 분수대로 걸어 들어가 거위 소녀 동상에 키스하는 것이 오랜 전통이었다.

케임브리지가 유럽 실험 물리학의 중심이었다면, 괴팅겐은 이론 물리학의 본산이었다. 당시 독일 물리학자들은 미국의 물리학 수준을 아주 낮게 평가했다.[1] 심지어 미국 물리학회에서 출간하는 월간 학술지 《피지컬 리뷰》는 1년 이상 아무도 읽지 않은 채로 쌓여 있기도 했다.

오펜하이머가 이론 물리학의 거대한 혁명이 끝나기 직전에 괴팅겐에 도착한 것은 그에게 큰 행운이었다.[2] 이 당시의 위대한 업적으로는 막스 플랑크의 양자 발견, 아인슈타인의 위대한 업적인 특수 상대성 이론, 보어의 수소 원자의 거동에 대한 이론적 해명, 하이젠베르크의 행렬 역학, 그리고 슈뢰딩거의 파동 역학 이론 등이 있었다. 이와 같은 혁신적인 시기는 확률과 인과성에 대한 보른의 1926년 논문과 함께 사그라지기 시작했다. 물리학의 혁명적인 변화는 1927년에 하이젠베르크가 불확정성 원리를 발표하고 보어가 상보성 이론을 정립하면서 완성되었다. 오펜하이머가 괴팅겐을 떠날 무렵이면, 뉴턴을 넘어서는 새로운 물리학의 토대가 놓이게 된다.

물리학과 학과장이었던 막스 보른 교수는 하이젠베르크, 유진 위그너, 볼프강 파울리, 그리고 엔리코 페르미 등의 연구를 장려했다. 1924년에 '양자 역학(quantum mechanics)'이라는 말을 만든 사람도 보른이었고, 양자의 세계에서 상호 작용의 결과는 확률에 의해 결정될 것이라고 제안한 것도 그였다. 그는 1954년에 노벨 물리학상을 수상하게 된다. 평화주의자이자 유태인이었던 보른은 학생들 사이에서 대단히 따뜻하고 참을성 있는 스승으로 알려져 있었다. 그는 오펜하이머와 같은 민감한 기질을 가진 젊은 학생에게 이상적인 스승이었다.[3]

오펜하이머는 괴팅겐에서 다른 훌륭한 과학자들과 함께 시간을 보냈다. 오펜하이머와 함께 공부하던 제임스 프랑크(James Franck, 1882~1964년)는 바로 전 해에 노벨상을 받은 실험 물리학자였다. 독일인 화학자 오토 한(Otto Hahn, 1879~1968년)은 몇 년 후에 핵분열 현상을 발견하게 된다. 또 다른 독일인 물리학자 에른스트 파스쿠알 요르단(Ernst Pascual Jordan, 1902~1980년)은 보른, 하이젠베르크와 함께 양자 이론을 행렬 역학으로 나타내기 위한 공동 연구를 진행 중이었다. 오펜하이머가 케임브리지에서도 만났던 젊은 영국인 물리학자 디랙은 당시에 양자장 이론에 대한 작업을 하고 있었고, 1933년에 슈뢰딩거와 공동으로 노벨상을 받게 된다. 헝가리 출신 수학자 요한 폰 노이만(Johann von Neumann, 1903~1957년)은 나중에 맨해튼 프로젝트에 참여하게 될 것이었다. 조지 유진 윌렌베크(George Eugene Uhlenbec, 1900~1988년)는 인도네시아 출신의 네덜란드 인으로, 새뮤얼 에이브러햄 호우트스미트(Samuel Abraham Goudsmit, 1902~1978년)와 함께 1925년 말에 전자 스핀의 개념을 발견했다. 오펜하이머는 곧 이들의 주목을 받았다. 그는 지난해 봄 라이덴 대학교를 1주일 동안 방문했을 때 윌렌베크를 만난 적이 있었다. 윌렌베크는 "우리는 즉시 친해졌습니다."라고 회고했다.[4] 오펜하이머는 당시 물리학에 너무나 푹 빠져 있어서 윌렌베크는 "마치 오래된 친구를 만난 것" 같았다.

오펜하이머는 의료 사고로 의사 자격증을 잃은 괴팅겐 내과 의사 카리오(Cario)의 개인 빌라에서 묵게 되었다. 한때 부유했던 카리오 가족은 이제 재산이라고는 괴팅겐 중심부에 넓은 정원이 딸린 화강암 빌라 한 채만

남은 상태였다. 독일의 전후 인플레이션으로 전 재산을 잃게 된 카리오는 하숙생을 받을 수밖에 없었다. 독일어가 유창했던 오펜하이머는 바이마르 공화국의 허약한 정치 분위기를 재빨리 알아챘다. 그는 나중에 카리오가 "나치스 운동의 근간이 된 당시 독일인 특유의 냉소주의"를 가지고 있었다고 회고했다.5 그해 가을 동생에게 보낸 편지에서 그는 모든 사람들이 "독일을 성공적이고 이성적인 나라로 만들기 위해 노력"하고 있는 듯 보인다고 썼다. "사람들은 신경과민으로 날카로워져 있어. 유태인, 프러시아인, 그리고 프랑스 인들에 대한 경계심 역시 심해진 것 같아."

오펜하이머는 그 시기가 대부분의 독일인들에게 힘든 시기였음을 목격할 수 있었다. "비록 (대학) 사회는 매우 부유하고, 따뜻하며, 나에게 많은 도움을 주었지만, 무언가 대단히 비참한 독일의 분위기라는 것이 있기는 해."6 그는 많은 독일인들이 "음울하고 분노에 가득 차 있으며, 곧 커다란 재앙이 일어날 것 같은 분위기가 충만해 있었다."라고 표현했다. "나는 이것을 똑똑히 느낄 수 있어." 그의 독일인 친구들 중 단 한 명만이 자동차를 가지고 있었는데, 그는 부유한 울슈타인(Ullstein) 출판사 집안 출신이었다. 그와 오펜하이머는 시골로 드라이브를 다니고는 했다. 하지만 오펜하이머는 자신의 친구가 "운전하고 돌아다니는 것이 눈에 띄면 위험할 수 있다며 자동차를 괴팅겐 외곽의 헛간에 주차하는 것"을 보고 깜짝 놀랐다.

독일에 거주하는 미국인들의 생활, 그중에서도 오펜하이머의 생활은 전혀 달랐다. 우선 그는 돈이 부족한 적이 없었다. 22세의 오펜하이머는 최고급 영국제 양모로 만든 구겨진 양복을 즐겨 입었다. 그의 동료 학생들은 그가 일반적인 천 가방이 아니라 번쩍이는 돈피(豚皮) 여행 가방을 사용한다는 점을 눈치챘다. 그리고 그들이 단골 술집인 슈바르첸 바렌(Schwartzen Baren, 흑곰 선술집)에서 프리셰스 맥주(fresches Bier)를 마시거나 카론

란츠(Karon Lanz) 커피숍에서 커피를 마실 때면, 오펜하이머가 종종 계산서를 집어 들기도 했다. 그는 이제 성숙해졌고, 자신감에 넘쳤으며, 일에 집중할 수 있었다. 재물은 그에게 중요하지 않았다. 하지만 그는 매일 사람들의 흠모를 추구했다. 그는 자신의 재치, 지식, 그리고 재력을 이용해 사람들을 주변에 끌어모았다. 윌렌베크는 "그는 젊은 학생들 사이에서 말하자면 중심적인 인물이었습니다······. 일종의 신탁(神託)을 받은 사람 같았습니다. 그는 아는 것이 많았습니다. 그의 말을 이해하는 것은 쉽지 않았지만, 그의 두뇌 회전이 대단히 빠르다는 것은 모두가 알게 되었습니다."라고 말했다.[7] 윌렌베크는 그처럼 젊은 사람이 벌써부터 "일군의 추종자들"을 거느리고 있다는 것이 놀랍다고 생각했다.

케임브리지에서와는 달리, 괴팅겐에서 오펜하이머는 동료 학생들과 유쾌하게 어울릴 수 있었다. "나는 공통의 관심사와 취향을 가진 작은 공동체의 일원이었습니다."[8] 하버드와 케임브리지에서 오펜하이머는 주로 책을 통해 외로운 지적 작업을 했다. 괴팅겐에서 그는 처음으로 다른 사람들로부터 배울 수도 있다는 것을 깨달았다. "나에게 매우 중요한 일이 벌어지고 있었다. 나는 사람들과 대화를 나누기 시작했다. 그들은 서서히 내가 물리학에 대한 취향을 갖게 해 주었다. 이것은 나 혼자서는 절대로 얻지 못했을 그런 것이다."

카리오의 빌라에서 묵던 사람들 중에는 프린스턴 대학교의 물리학 교수인 39세의 칼 콤프턴(Karl T. Compton, 1887~1954년)이 있었다. 나중에 MIT 총장까지 오르게 될 콤프턴은 당시 오펜하이머의 박학다식함에 기가 눌리는 것 같았다. 그는 과학 분야에서는 오펜하이머의 맞수가 될 수 있었지만, 이 젊은이가 문학, 철학, 심지어 정치 상황에 대해 이야기하기 시작하면 전혀 대응할 수가 없었다. 오펜하이머는 동생에게 보내는 편지에서 괴팅겐에 와 있는 미국인들은 대개 "프린스턴 대학교나 캘리포니아에서 온 기혼자 대학 교수들이야. 그들은 물리학에 대해서는 일가견이 있지만, 교양 교육은 전혀 받지 못한 것 같아. 그들은 독일인들의 섬세하고 잘 조직된 지적 활동을 부러워하고 있고, 그와 같은 물리학을 미국으로 이식하고 싶어 하지."라고 썼다.[9] 이는 확실히 콤프턴을 염두에 둔 발언이었다.

간단히 말해서 오펜하이머는 괴팅겐에서 빠르게 성장했다. 그해 가을 그는 열광적인 편지를 썼다. "너도 괴팅겐을 좋아할 거라고 생각해. 이곳은 케임브리지처럼 과학 연구를 중심으로 돌아가고 있어. 철학자들은 인식론적인 역설과 속임수 같은 문제들에 많은 관심을 가지고 있는 것 같아. 이곳의 과학 수준은 케임브리지보다 훨씬 나은 것 같아. 전반적으로 평가해 보면 전 세계에서 이보다 더 나은 곳을 찾기 어려울 거야. 이곳 사람들은 매우 열심히 일하고 있어. 도저히 해결할 수 없는 형이상학적 문제들에 천착함과 동시에 실제적으로 일을 추진하는 능력을 겸비했다고나 할까. 그래서인지 이곳의 작업들은 개연성이 거의 없는 듯하지만 신기하게도 대단히 성공적이야……. 이곳의 일은, 정말 고맙게도, 어렵지만 재미있다."[10]

오펜하이머는 괴팅겐에서 머무는 동안 대체로 평온한 심리 상태를 유지했지만, 가끔씩 순간적으로 발작하는 경우도 있었다. 어느 날 폴 디랙은 그가 바로 지난 해에 러더퍼드의 실험실에서 그랬던 것처럼 정신을 잃고 바닥에 쓰러지는 것을 보았다.[11] 오펜하이머는 수십 년 후에 "나는 아직 완전히 나은 상태는 아니었습니다."라고 회고했다.[12] "나는 그해에 몇 번이나 발작을 일으켰지만, 시간이 지날수록 점점 빈도가 줄어들었고 일하는 데 방해가 되지 않는 상태까지 발전했습니다." 오펜하이머와 함께 카리오 저택에 머무르던 동료 물리학과 학생인 도핀 호그니스(Thorfin Hogness)와 그의 아내 피비(Phoebe) 역시 그의 행동이 가끔씩 이상하다고 생각했다. 피비는 그가 종종 침대에 누워 가만히 있는 것을 보았다. 하지만 이와 같은 동면의 시기가 지나가면 그는 끊임없이 떠들어 대고는 했다. 피비는 그가 "심한 신경과민"이라고 생각했다.[13] 몇몇 사람들은 오펜하이머가 말더듬이 현상을 없애려고 노력하는 모습을 보기도 했다.[14]

서서히 자신감을 회복한 오펜하이머는 자신의 이름이 이미 괴팅겐에 알려져 있음을 발견했다. 그는 케임브리지를 떠나기 직전에 케임브리지 철학회(Cambridge Philosophical Society)에서 「진동-회전 밴드의 양자 이론에 대하여(On the Quantum Theory of Vibration-rotation Bands)」와 「이체(二體) 문제에 대한 양자 이론에 대하여(On the Quantum Theory of the Problem of the Two Bodies)」라는 제목의 두 편의 논문을 발표했다. 첫 번째 논문은 분자 에너지 준위에 대한 것이었고, 두 번째 논문은 수소 원자에서 연속 상태로의 전환에 대한 연구였다. 이 두 편의 논문은 양자 이론에 작지만 중요한 기여를 했다. 오펜하이머가 괴팅겐에 도착했을 무렵에 케임브리지 철학회는 이미 이 논문들을 출판했던 것이다.

이와 같은 성과로 사기충천한 오펜하이머는 세미나 토론 시간에 열정적으로 참여하기 시작했는데, 그의 태도는 종종 동료 학생들의 신경을 거슬리게 했다. 보른 교수는 나중에 "그는 대단한 재능을 가진 젊은이였습니다. 그는 자신의 유능함을 분쟁을 일으키는 방식으로 표현하고는 했지요."라고 썼다.[15] 양자 역학에 대한 보른의 세미나에서 오펜하이머는 일상적으로 연사의 말을 끊고 분필을 들고 칠판으로 걸어 나가 미국식 억양의 독일어로 "이것은 다음과 같은 방식으로 하는 것이 낫습니다."라고 말했다. 연사가 보른일 때에도 예외가 아니었다. 다른 학생들은 오펜하이머의 행동에 대해 불평했고, 보른 교수 역시 그의 행동을 바꾸기 위해 부드럽게 충고했지만, 그는 자신의 문제를 깨닫지 못했다. 그러던 어느 날, 나중에 노벨상을 받게 될 마리아 거트루드(Maria Gertrude., 1906~1972년)가 세미나 참가자 대부분의 서명이 담긴 탄원서를 보른에게 가지고 왔다. 보른이 이 "신동"을 통제하지 못한다면, 나머지 학생들은 더 이상 세미나에 참가하지 않겠다는 내용이었다. 보른은 성격상 오펜하이머에게 직접 얘기하기를 꺼렸다. 그는 오펜하이머가 논문에 대해 의논하기 위해 들렀을 때 쉽게 볼 수 있는 자리에 탄원서를 꺼내 두는 방법을 택했다. 보른은 나중에 "더 확실히 하기 위해 누군가가 나를 불러서 몇 분 동안 밖에 나가 있기로 계획을 짜 두었다. 계획은 성공적이었다. 내가 돌아왔을 때 그는 얼굴이 창백해져서 말을 제대로 잇지 못했다."라고 썼다. 그 후 그는 더 이상 연사의 말을 끊지 않았다.

그렇다고 해서 그가 완전히 길들여진 것은 아니었다. 오펜하이머의 날카로운 솔직함은 교수들을 놀라게 할 정도였다. 보른은 뛰어난 이론 물리학자였지만, 가끔은 계산하는 과정에서 작은 실수를 저지를 때도 있었기 때문에 대학원생을 시켜 검산을 시키고는 했다. 보른의 회고에 따르면, 한번은 그가 오펜하이머에게 자신이 계산한 결과를 준 적이 있었다. 며칠 후 오펜하이머는 돌아와서 "아무런 실수도 발견할 수 없었습니다. 정말로 교수님이 직접 계산하신 것입니까?"라고 말했다.[16] 보른의 학생이라면 누구나 그가 가끔씩 계산 실수를 한다는 것을 알고 있었다. 하지만 보른이 나중에 썼듯이 "진심으로 그런 말을 할 수 있을 정도로 솔직하고 무례했던 것은 오펜하이머뿐이었다. 하지만 그 일로 인해 나는 오히려 그의 솔직한 성격의 장점을 존중하게 되었다."

보른은 곧 오펜하이머와 공동 연구를 시작했고, 오펜하이머는 하버드의 물리학 교수인 에드윈 켐블(Edwin Kemble)에게 연구 결과에 대한 요약문을 보냈다. "대부분의 이론가들은 q 역학에 대한 연구를 하고 있는 것으로 보인다. 보른 교수는 단열 법칙에 대한 논문을, 하이젠베르크는 변동(Schwankungen)에 대한 논문을 준비하고 있다. 가장 중요한 아이디어를 낸 것은 아마도 (볼프강) 파울리일 것이다. 그는 우리가 통상 사용하는 슈뢰딩거 ψ(psi, 싸이) 함수가 사실 분광이라는 특수한 경우에만 우리가 원하는 물리 정보를 제공할 수 있다고 제안한다……. 나는 그동안 비주기적 현상에 대한 양자 이론에 대한 작업을 진행했다……. 보른 교수와 내가 연구하는 또 다른 주제는 원자핵에 의한 알파 입자의 굴절 법칙에 대한 것이다. 우리는 아직까지 큰 성과를 내지는 못했지만, 곧 획기적인 돌파구를 찾아낼 수 있을 것이라고 생각한다. 새로운 이론은 입자 역학에 기반한 낡은 이론만큼 단순하지는 않을 것이다."[17] 켐블 교수는 깊은 인상을 받았다. 오펜하이머는 괴팅겐에 도착한 지 석 달도 되지 않아서 양자 역학의 수수께끼를 해결하는 데에 푹 빠져 있었던 것이다.

1927년 2월이 되자, 오펜하이머는 자신감이 넘친 나머지 하버드 물리학 교수인 브리지먼에게 새로운 양자 역학의 세세한 이론적인 부분을 설명하는 편지를 보내기도 했다.

> 고전 양자 이론에서, 고준위 구역으로 분리된 2개의 저준위 구역 중 한 쪽에 위치한 전자는 '장애물(impediment)'을 넘어설 수 있을 정도의 에너지를 받지 않고서는 다른 쪽으로 넘어갈 수 없습니다. 그러나 새로운 이론에서는 더 이상 그렇지 않습니다. 전자는 한쪽 구역에 있기도 하고 다른 쪽에 존재하기도 합니다……. 이러한 새로운 역학 관계는 한 가지 변화를 요구합니다. 위와 같은 개념상 '자유로운' 전자들은 그것들이 등분배된 열 에너지를 가지고 있다는 의미에서 더 이상 '자유롭지' 않습니다. 위드만-프란츠(Wiedemann-Franz) 법칙을 설명하기 위해서는, 전자가 한 원자에서 다른 원자로 건너가면 운동량을 주

고받을 수도 있다는 보어 교수의 제안을 받아들여야 할지도 모릅니다. 안부를 전하며,

J. R. 오펜하이머[18]

브리지먼은 두말 할 것도 없이 새로운 이론에 정통해진 오펜하이머의 모습에 깊은 인상을 받았다. 하지만 오펜하이머의 건방진 태도는 다른 사람들의 신경을 거슬리게 했다. 그는 한순간 매력적이고 친절하다가도, 곧 태도를 바꿔 무례하게 남의 말을 끊었다. 저녁 식사 시간에 그는 극단적으로 정중하고 예의 바른 모습을 보였다. 하지만 그는 진부한 것에는 인내심이 없어 보였다. 그의 동료였던 에드워드 콘던(Edward Condon, 1902~1974년)은 "오피의 문제는 머리가 너무 빨리 돌아간다는 것입니다."라고 불평했다.[19] "그는 다른 사람들보다 저만치 앞서 나갑니다. 게다가 빌어먹을, 그는 항상 옳았습니다. 아니, 적어도 상대적으로 보면 말이지요."

1926년에 버클리에서 박사 학위를 받은 콘던은 박봉의 박사 후 연구 장학금으로 아내와 갓난아이를 부양하기 위해 고생하고 있었다. 그는 오펜하이머가 가족을 부양할 책임을 맡은 친구는 전혀 의식하지 못한 채 좋은 음식과 옷에 많은 돈을 쓰는 것이 못마땅했다. 어느 날 오펜하이머는 에드워드 콘던과 그의 아내 에밀리 콘던(Emily Condon)에게 함께 산책을 가자고 초대했다. 하지만 에밀리는 자신이 아기를 돌봐야 한다고 설명했다. 이에 오펜하이머는 "알았어요, 당신은 촌 무지렁이나 할 만한 일을 하세요."라고 대답해 콘던 부부를 놀라게 했다.[20] 오펜하이머는 종종 신랄한 발언을 하기는 했지만, 다른 한편으로는 유머 감각이 있는 사람이었다. 콤프턴의 두 살배기 딸이 마침 피임법에 대한 조그마한 빨간 책을 읽는 시늉을 하자, 오펜하이머는 임신 중인 콤프턴 부인을 바라보면서 "조금 늦었

군."이라고 재치있게 말했다.[21]

디랙은 1927년 겨울 학기에 괴팅겐에 도착해 카리오 빌라에 방을 얻었다. 오펜하이머는 디랙과 교류하는 것을 즐겼다. 오펜하이머는 언젠가 "내 인생에서 가장 신났던 시기는 디랙이 도착해서 복사 현상의 양자 이론에 대한 그의 논문의 증명 과정을 보여 주었을 무렵이었다."라고 말했다.[22] 하지만 디랙은 오펜하이머의 다재다능한 지적 활동에 다소 당황했다. 그는 오펜하이머에게 "사람들 말로는 당신이 물리학 연구를 할 뿐만 아니라 시도 쓴다고 하더군요."라고 말했다. "어떻게 두 가지 모두 할 수 있지요? 물리학에서 우리는 아무도 몰랐던 것을 이해할 수 있도록 사람들에게 설명하는 일을 합니다. 시작(詩作)의 경우는 반대 아닌가요?"[23] 오펜하이머는 그저 웃을 수밖에 없었다. 그는 디랙이 물리학밖에 모른다는 것을 알고 있었다. 반면에 오펜하이머의 관심사는 그 폭이 엄청나게 넓었던 것이다.[24]

그는 여전히 프랑스 문학을 사랑했고, 괴팅겐에 있는 동안 폴 클로델(Paul Claudel, 1868~1955년)의 희곡 작품, 프랜시스 스콧 피츠제럴드(Francis Scott Fitzgerald, 1896~1940년)의 단편집, 안톤 체호프(Anton Chekhov, 1860~1904년)의 희곡, 그리고 요한 횔덜린(Johann Hölderlin, 1770~1843년)과 슈테판 츠바이크(Stefan Zweig, 1881~1942년)의 작품들을 읽었다.[25] 오펜하이머는 두 명의 친구들이 이탈리아 어로 단테를 읽고 있다는 것을 알게 되자, 한 달 동안 사라졌다가 단테를 소리 내어 읽을 정도로 이탈리아 어를 배워서 다시 나타나기도 했다. 디랙은 오펜하이머의 이런 모습에 시큰둥한 반응을 보였다. 그는 "왜 그런 쓸데없는 일에 시간을 낭비하지요? 나는 당신이 음악과 미술품 수집에 너무 많은 시간을 쓰고 있다고 생각합니다."라고 투덜거렸다. 하지만 오펜하이머는 디랙과는 다른 세계에서 살고 있었다. 디랙은 오펜하이머와 함께 괴팅겐 시내를 산책하며 비이성적인 것을 좇는 일을 그만두라고 설득했지만 소용없었다.

오펜하이머가 괴팅겐에서 물리학과 문학에만 몰두했던 것은 아니었다. 오펜하이머는 독일인 물리학도이자 대학 내 최고 미녀 중 하나였던 샬럿 리펜슈탈(Charlotte Riefenstahl)에게 끌리기 시작했다. 그들은 함부르크로 단체 여행을 갔을 때 처음 만났다. 리펜슈탈이 기차역 플랫폼에 서 있었을 때 여행 가방들 중에 유난히 값비싸 보이는 가방이 눈길을 끌었다.

그녀는 프랑크 교수에게 윤이 나는 돈피 가방 손잡이를 가리키며 "참 아름답네요, 누구 거죠?"라고 말했다.

프랑크는 어깨를 으쓱하며 "오펜하이머 말고 누구겠어."라고 대답했다.

괴팅겐으로 돌아오는 기차 안에서 리펜슈탈은 친구에게 오펜하이머가 누구냐고 물어서 그의 옆자리를 차지하고 앉았다. 그는 마침 전 지구적 문제들에 대한 개인의 윤리적 책임에 천착하던 프랑스 소설가 앙드레 지드(André Gide, 1869~1951년)의 소설을 읽고 있었다. 그는 이 아름다운 여인이 지드의 작품을 이미 읽었고, 그것에 대한 지적인 대화를 나눌 수 있다는 것을 발견하고는 깜짝 놀랐다. 괴팅겐에 도착했을 때, 리펜슈탈은 지나가는 말로 돈피 가방이 아주 좋아 보인다고 말했다. 오펜하이머는 고맙다고 말했지만, 그녀가 자신의 여행 가방을 칭찬한 것에는 조금 당황한 듯했다.

리펜슈탈이 동료 학생에게 대화 내용을 말해 주자, 동료 학생은 오펜하이머가 곧 그녀에게 가방을 선물할 것이라고 생각했다. 오펜하이머의 친구들은 그에게 여러 독특한 점이 있었지만, 그중에서도 남이 칭찬하는 물건을 선물해야 한다고 생각한다는 것을 알고 있었다. 오펜하이머는 리펜슈탈에게 푹 빠졌고, 뻣뻣할 정도로 지나치게 예의 바른 태도로 그녀의 마음을 얻기 위해 최선을 다했다.

리펜슈탈에게 마음이 있던 것은 오펜하이머만이 아니었다. 오펜하이머의 동급생이자 나중에 별의 에너지 생성에 대한 논문으로 명성을 얻게 될 프리드리히 게오르그 호우터만스(Friedrich Georg Houtermans)도 마찬가지였다. 오펜하이머처럼 '프리츠(Fritz)' 역시 부모님 돈으로 괴팅겐에 와 있었다. 그는 네덜란드 인 은행가의 아들이었고, 그의 어머니는 독일인이었지만 절반은 유태인이었다. 호우터만스는 권위를 경멸했고 위험스러운 재치로 무장하고 있었다. 그는 친구들에게 "너희 선조들이 나무 위에서 살고 있을 때, 우리 선조들은 이미 수표를 위조하고 있었다고."라고 말하고는 했다.[26] 그는 청소년기를 빈에서 보냈는데, 노동절에 공개적으로 '공산당 선언(Communist Manifesto)'을 읽었다는 이유로 김나지움(고등학교)에서 퇴학당했다. 그와 오펜하이머는 동년배였고, 두 사람 모두 1927년에 박사 학위를 받았다. 그들은 둘 다 문학에 대한 열정이 있었고, 리펜슈탈에게 푹 빠졌다는 공통점이 있었다. 오펜하이머와 호우터만스는 운명적이게도 각자 미국과 독일에서 원자 폭탄을 개발하는 프로젝트에 참여하게 될 것이었다.[27]

물리학자들은 20세기 초부터 거의 25년 동안이나 양자 이론을 임시 변통으로 사용해 왔다. 그런데 1925~1927년 무렵 갑자기 몇 개의 극적인 돌파구가 열리면서 정합적이고 급진적인 양자 역학 이론을 만드는 것이 가능해졌다. 당시에는 새로운 발견이 너무 빨리 나와서 따라가기 힘들 정도였다. 콘던은 "그 당시에는 위대한 아이디어들이 매우 빠르게 나오고 있었습니다."라고 회고했다.[28] "그래서 우리는 이론 물리학의 정상적인 발전 속도에 대한 잘못된 인상을 갖게 되었지요. 그해 우리 모두는 지적인 소화불량에 걸렸었습니다. 모두 기가 죽었었지요." 새로운 결과를 먼저 출판하기 위한 치열한 경쟁 속에서, 괴팅겐의 물리학자들은 코펜하겐이나 캐번디시

보다 많은 수의 양자 역학 관련 논문을 발표했다. 오펜하이머는 괴팅겐에 머무는 동안 17개의 논문을 출판했는데, 이는 23세의 대학원생으로는 놀라운 성과였다. 볼프강 파울리는 양자 역학을 "소년의 물리학(Knabenphysik)"이라고 부르기 시작했다. 많은 논문의 저자들이 매우 젊었기 때문이다. 1926년에 하이젠베르크와 디랙은 24세, 파울리는 26세, 그리고 요르단은 23세였다.

새로운 물리학은 물론 논쟁의 여지가 많았다. 막스 보른은 아인슈타인에게 양자 현상을 수학적으로 해석하는 행렬 역학에 대한 하이젠베르크의 1925년 논문을 보내면서, 이것이 "신비주의적인 것처럼 보이지만, 정확하고 깊이 있다."며 다소 방어적으로 설명했다. 하지만 그해 가을 그 논문을 읽고 나서 아인슈타인은 폴 에렌페스트(Paul Ehrenfest, 1880~1933년)에게 "하이젠베르크는 거대한 양자 달걀을 낳았다. 괴팅겐에서는 그것을 믿는다(나는 믿지 않는다.)."라고 썼다.[29] 아이러니하게도 상대성 이론의 창시자인 아인슈타인은 "소년의 물리학"이 불완전하며 심지어 근본적인 오류를 안고 있다고 끝까지 믿게 된다. 게다가 하이젠베르크가 1927년 양자 세계에서 불확실성이 가지는 중심 역할에 대한 논문을 출판하자 아인슈타인의 의구심은 극에 달했다. 하이젠베르크의 주장은 한 시점에 물질의 정확한 위치와 정확한 운동량을 동시에 결정하는 것은 불가능하다는 것이었다. "원칙적으로, 우리는 현상의 모든 부분을 구체적으로 알 수는 없다." 보른은 이에 동의했고, 어떤 양자 실험의 결과도 확률에 의존할 수밖에 없다고 주장했다. 1927년에 아인슈타인은 보른에게 다음과 같이 썼다. "나는 본능적으로 이것이 우리가 기다리던 야곱(Jacob)이 아니라고 생각합니다. 그 이론이 많은 문제를 해결해 주는 것은 사실이지만, 자연의 비밀에 더 가깝게 갈 수 있게 해 주지는 않습니다. 어쨌든 나는 신이 주사위 놀이를 하지 않는다고 확신합니다."[30]

양자 물리학은 확실히 젊은이들의 과학이었다. 젊은 물리학자들은 아인슈타인이 새로운 물리학을 완강하게 거부하는 것을 그의 시대가 지나갔음을 알리는 신호라고 생각했다. 몇 년 후 프린스턴 대학교에서 아인슈타인을 만난 오펜하이머는 실망한 채로 동생에게 보내는 편지에서 오만방자하게도 "아인슈타인은 완전히 맛이 갔어."라고 썼다.[31] 하지만 1920년대 말까지만 해도 괴팅겐의(그리고 보어의 코펜하겐의) 젊은이들은 여전히 아인슈타인에게 그들의 양자 이론을 설득할 수 있다는 희망을 가지고 있었다.

오펜하이머가 괴팅겐에서 썼던 첫 번째 논문은 양자 이론을 이용해 분자 밴드 스펙트럼의 주파수와 세기를 측정할 수 있음을 보여 주는 것이었다. 그는 양자 역학 이론이 관찰 가능한 현상들을 "조화롭고 일관적이며 명료하게" 설명할 수 있다는 것 때문에 새로운 이론의 "기적"에 사로잡혀 버렸다.[32] 1927년 2월 양자 역학을 연속 스펙트럼의 변환에 응용하는 오펜하이머의 연구에 깊은 인상을 받은 보른은 매사추세츠 공과 대학 총장인 S. W. 스트래턴(S. W. Stratton)에게 다음과 같은 편지를 썼다. "이곳에는 여러 미국인들이 와 있습니다……. 그중에서도 오펜하이머는 매우 훌륭한 성과를 내고 있습니다."[33] 오펜하이머의 동료들은 지적 능력에서 그를 디랙과 요르단 정도와 비슷한 수준이라고 평가했다. 어느 젊은 미국인 학생은 "이곳에는 세 사람의 젊은 천재 이론가들이 있다. 나는 그들의 연구를 이해하기조차 버겁다."라고 보고했다.[34]

이 무렵부터 오펜하이머는 밤새 일하고 다음 날 낮까지 자는 습관을 갖게 되었다.[35] 괴팅겐의 습한 기후와 난방이 잘 들어오지 않는 건물은 그의 건강을 악화시켰다. 그는 만성적인 기침을 달고 살았는데, 그의 친구들은 이것이 감기 때문이기도 하지만 줄담배를 피우는 그의 습관 때문이기도

하다고 생각했다.³⁶ 하지만 다른 면에서 괴팅겐에서의 생활은 평온한 편이었다. 한스 베테가 이론 물리학의 황금기에 대해 나중에 비평했듯이 "그 당시 이룩한 위대한 과학적 성과에도 불구하고, 양자 이론의 중심지였던 코펜하겐과 괴팅겐에서의 생활은 목가적이었고 여유가 있었다."³⁷

오펜하이머는 좋은 업적을 내던 젊은 물리학자들을 빼놓지 않고 만나려 했다. 다른 사람들은 그에게서 무시당한다는 느낌을 지울 수 없었다. 콘던은 약간은 언짢은 듯이 "그(오펜하이머)와 보른은 매우 가까운 친구가 되었고, 대단히 자주 만났습니다. 그것이 조금 지나쳐서 보른은 자신과 함께 연구하기 위해 찾아온 다른 이론 물리학 학생들을 제대로 만나지 못할 정도였습니다."라고 나중에 말했다.

그해 하이젠베르크가 괴팅겐에 잠시 머물렀을 때, 오펜하이머는 독일의 젊은 물리학자들의 선두 주자를 만나기 위해 일부러 약속을 잡았다. 오펜하이머보다 세 살 위인 하이젠베르크는 논리 정연하고, 매력적이며, 동료들과의 논쟁에서 집요한 면이 있었다. 두 사람은 모두 창의적인 지적 능력을 가지고 있었다. 그리스 어 교수의 아들인 하이젠베르크는 뮌헨 대학교에서 볼프강 파울리와 함께 공부했고, 나중에는 보어와 보른 밑에서 박사 후 연구원으로 근무했다. 오펜하이머처럼 하이젠베르크 역시 어떤 문제의 핵심을 찌르는 탁월한 재능을 가지고 있었다. 그는 미묘한 카리스마가 넘치는 젊은이였고, 그의 빛나는 지성은 주변 사람들의 관심을 끌어모았다. 오펜하이머는 확실히 하이젠베르크와 그의 작업에 존경심을 가지고 있었다. 그는 아직 앞으로 그들이 중대한 라이벌이 될 것임은 알지 못했다. 훗날 오펜하이머는 하이젠베르크가 나치스 독일에 얼마나 충성심을 가지고 있는지, 그리고 그가 과연 아돌프 히틀러를 위해 원자 폭탄을 만들 수 있는 사람인지 생각해 보게 될 것이었다. 하지만 1927년에 그는 양자 역학에서의 하이젠베르크가 이룬 성과를 발판으로 연구를 하는 입장이었다.

그해 봄 오펜하이머는 하이젠베르크와 대화를 나눈 이후, 새로운 양자 이론을 이용해 '왜 분자가 분자인가'를 설명하는 데 관심을 갖게 되었다. 그는 곧 이 문제에 대한 간단한 해답을 찾아냈다. 그가 보른에게 자신의 생각을 말해 주자, 보른은 깜짝 놀라며 매우 기뻐했다. 그들은 곧 공동으로 논문을 쓰기로 결정했고, 오펜하이머는 부활절 기간에 파리에 있을 예정이지만 그동안 자신의 생각을 바탕으로 초고를 작성하겠다고 약속했다. 하지만 보른은 오펜하이머가 파리에서 보내 온 서너 쪽짜리 논문을 받아 보고는 "충격을 받았다." 오펜하이머는 "나는 그 정도면 됐다고 생각했습니다. 그것은 가벼운 논문이었고 필요한 내용은 다 들어 있었으니까요."라고 회고했다. 보른은 결국 논문을 30쪽으로 늘렸는데, 오펜하이머는 그가 불필요하고 누구에게나 명백한 정리(定理)들을 채워 넣었다고 생각했다. "나는 그것이 별로 마음에 들지 않았습니다. 하지만 당시에는 지도 교수에게 저항한다는 것은 생각할 수 없는 일이었지요." 오펜하이머에게는 핵심적인 새로운 아이디어가 전부였다. 그 맥락에 대한 설명과 학술적인 형식을 갖추는 것은 그의 미적 감각을 어지럽히는 것일 따름이었다.

오펜하이머와 보른의 논문 「분자의 양자 이론에 대하여(On the Quantum Theory of Molecules)」는 그해 말에 출판되었다. '보른-오펜하이머 근사(Born-Oppenheimer approximation)', 사실상 '오펜하이머 근사'가 포함된 이 논문은 분자의 거동을 이해하는 데 양자 역학을 이용한 중대한 발견으로 여겨지고 있다. 오펜하이머는 분자 안의 가벼운 전자가 무거운 원자핵보다 훨씬 빠른 속도로 이동할 것이라고 예상했다. 고주파로 움직이는 전자의 움직임을 제외시킴으로써, 그와 보른은 핵 진동의 '유효 파동역학적(effective wave-mechanical)' 현상을 계산할 수 있었다. 이 논문은 70년 후에 고에너지 물리학이 발전할 수 있는 근간이 되었다.

이듬해 늦봄 오펜하이머는 수소 원자와 엑스선에서의 광전 효과의 복잡한 계산이 포함된 박사 학위 논문을 제출했다. 보른은 그것을 "우수한 성적으로" 통과시키자고 추천했다. 그가 발견한 한 가지 문제점은 이 논문이 "읽기 어렵다."는 것이었다. 그럼에도 불구하고 보른은 오펜하이머가 "복잡한 논문"을 "잘 해냈다."라고 기록했다. 수년 후 또 다른 노벨상 수상자인 베테는 "1926년에 오펜하이머는 연속체에서 파동 함수의 규격화를 비롯한 모든 방법론을 스스로 개발해야 했다.[38] 물론 더 정교했으면 좋았겠지만, 오펜하이머는 K 경계값에서의 흡수 계수와 주파수 의존도의 근사치를 계산해 냈다."라고 논평했다. 베테는 다음과 같은 결론을 내렸다. "오늘날의 기준으로 보더라도 이것은 대부분의 양자 역학 교과서의 수준을 훨씬 뛰어넘는 복잡한 계산이다." 1년 후 오펜하이머는 입자들이 말 그대로 장애물 "터널"을 뚫고 지나가는 양자 "터널링" 현상을 묘사하는 첫 번째 논문을 출판했다. 두 논문 모두 상당한 업적이었다.

1927년 5월 11일에 오펜하이머는 구두시험을 훌륭한 점수로 통과했다. 시험이 끝나고 시험관 중 한 명이었던 물리학자 제임스 프랑크는 한 동료에게 "하마터면 그가 나에게 질문을 하기 시작할 뻔했어."라고 말했다. 마지막 순간에 대학 당국은 오펜하이머가 정식 학생으로 등록되어 있지 않다는 것을 발견하고는, 학위를 승인할 수 없다고 협박했다. 이 문제를 해결하기 위해 보른은 프러시아 교육성에 "오펜하이머는 경제적인 문제로 여름 학기 이후에 괴팅겐에 머물러 있기가 곤란하다."라고 거짓말을 했고, 오펜하이머는 마침내 학위를 받을 수 있었다.

그해 6월 켐블 교수가 괴팅겐을 방문했다. 그는 한 동료에게 보낸 편지에서 "오펜하이머는 우리가 하버드에서 생각했던 것보다 훨씬 더 훌륭하게 성장했네. 그는 새로운 연구 결과를 빨리 내놓고 있으며 이곳의 수많은 젊은 수리 물리학자들 사이에서 자신의 결과를 방어할 수 있는 능력을 갖추었어." 켐블 교수는 이어서 이상하게도 "보른에 따르면 그는 여전히 글로 자신의 생각을 표현하는 데 어려움을 겪는다고 하는군."이라고 덧붙였다. 오펜하이머는 대단히 표현력이 풍부한 필자가 되어 있었지만 그의 물리학 논문들은 대부분 피상적이라고 해도 좋을 정도로 간결했다. 켐블은 오펜하이머의 언어 구사력이 놀랄 만하다고 생각했지만, 물리학에 대한 글을 쓸 때와 다른 일반 주제에 대한 글을 쓸 때 그는 "완전히 다른 두 사람"이었다.

보른은 오펜하이머가 떠나는 것을 아쉬워했다. 그는 "자네는 떠나는 것이 괜찮을지 모르지만 나는 그렇지 않네. 자네는 나에게 너무나 많은 숙제를 남겨 주었어."라고 말했다. 오펜하이머는 스승에게 이별 선물로 라그랑주의 고전 『해석 역학(*Mécanique Analytique*)』의 귀중한 초판본을 주었다. 수십 년 후, 독일에서 도망 나올 수밖에 없었던 보른은 오펜하이머에게 다음과 같은 편지를 보냈다. "이 책은 모든 대변동을 겪었지. 혁명, 전쟁, 이민, 그리고 귀환까지. 나는 이 책이 여전히 내 서가에 꽂혀 있어서 다행이라고 생각하네. 이것은 과학을 인류사의 지적인 발달의 일부로 생각하는 자네의 태도를 잘 보여 주는 것이니까." 그 무렵 오펜하이머는 보른보다 널리 알려진 과학자가 되어 있었다.

괴팅겐은 성인이 되어 가던 젊은이로서 오펜하이머가 처음으로 진정한 승리를 거둔 곳이었다. 오펜하이머는 과학자가 된다는 것이 "터널을 통해 산을 오르는 것과 같다."라고 비유한 적이 있다. "터널 반대편이 계속 위쪽으로 이어져 있는지, 아니면 출구가 있기는 한 것인지 알 수 없다." 양자 혁명의 끝자락에 걸쳐져 있던 젊은 과학자에게는 특히 그러했을 것이다. 오펜하이머는 물리학의 대변동에서 참가자라기보다는 오히려 증인에 가까웠지만, 자신이 물리학을 평생 직업으로 삼을 만한 지적인 능력과 의지를 가지고 있다는 것을 보여 주었다. 짧은 9개월 동안 그는 학문적 성과와 성격의 변화를 이루었고, 그 결과 스스로에 대한 자신감을 가질 수 있었다. 단지 1년 전만 해도 그의 생존까지 위협했던 불안한 감정 상태는 이제 상당한 학문적 업적과 그에 따르는 자신감으로 바뀌어 있었다. 이제 세상이 그를 부르고 있었다.

5장

내가 오펜하이머입니다

나도 그리 단순한 사람은 아닙니다만, 오펜하이머에 비하면 아주 단순한 편입니다.

— 이지도어 라비

괴팅겐에서 지낸 지 1년 정도 지나자 오펜하이머는 향수병에 시달리기 시작했다. 심지어 그가 독일에 대해 이야기하는 것을 들으면 마치 맹목적 애국주의자가 된 것 같았다. 독일의 어떤 경치도 뉴멕시코 사막의 풍광과는 비교조차 할 수 없었다. 어느 네덜란드 학생은 "좀 지나쳤습니다. 오펜하이머는 꽃향기조차 미국이 낫다고 할 정도였으니까요."라며 핀잔을 주었다.[1] 그는 독일을 떠나기 전날 밤 자신의 아파트에서 파티를 열었다. 여러 친구들이 참석했고 아름다운 갈색 머리의 샬럿 리펜슈탈도 작별 인사를 하러 찾아왔다. 오펜하이머는 그녀가 마음에 들어 한 돈피 가방을 선물로 주었다. 그녀는 그 가방을 "오펜하이머"라고 부르며 30년 동안이나 간직했다.

오펜하이머는 디랙과 잠시 라이덴 대학교를 방문한 직후인 1927년 7월 중순 리버풀에서 뉴욕으로 향하는 배에 올랐다. 그는 기분 좋게 집으로 돌아왔다. 그는 독일에서 살아남았을 뿐만 아니라, 각고의 노력 끝에 박사 학위를 받는 성공을 거두었던 것이다. 미국의 이론 물리학자들 사이에서는 오펜하이머라는 젊은 물리학자가 최신 양자 역학 이론을 유럽에서 직접 배우고 돌아왔다는 소문이 퍼졌다. 하버드에서 졸업한 지 채 2년도 되지 않아 오펜하이머는 이미 자신의 전공 분야에서 떠오르는 스타가 되어 있었다.

독일을 떠나기 전에 이미 미국 국립 연구 위원회(National Research Council)에서 주관하고 록펠러 재단(Rockefeller Foundation)에서 지원하는 박사 후 과정 연구 장학금 제의를 받았다. 그는 이미 캘리포니아 공과 대학(California Institute of Technology, 칼텍)에서 교수직을 제의받은 상태였지만, 이 장학금을 이용해 그해 가을 학기를 하버드에서 보내기로 결정했다. 오펜하이머는 앞으로의 진로가 이미 정해진 상태에서 리버사이드 가의 집으로 돌아와 짐을 풀었던 것이다. 그는 하버드로 가기 전에 6주 동안 15세가 된 동생 프랭크와 부모님과 시간을 보냈다.

안타깝게도 율리우스와 엘라는 지난 겨울 베이 쇼어의 집을 팔기로 결정했다. 하지만 그의 요트 트리메티 호는 아직 집 근처에 정박되어 있었고, 오펜하이머는 프랭크를 데리고 예전처럼 롱아일랜드 해안을 따라 항해에 나섰다. 8월에 형제는 부모님과 함께 난터킷 섬에서 짧은 휴가를 보냈다. 프랭크는 "형하고 나는 하루 종일 캔버스에 유화로 모래 언덕과 풀밭을 그렸다."라고 회고했다.[2] 프랭크는 형을 숭배하다시피 했다. 오펜하이머와는 달리 그는 손재주가 좋았고, 전기 모터나 시계 따위를 분해했다가 다시 조립하는 등 기계를 만지작거리는 것을 좋아했다. 당시 에티컬 컬처 스쿨 학생이었던 프랭크는 형을 따라 물리학에 관심을 갖기 시작했다. 오펜하이머는 하버드로 떠나면서 자신의 현미경을 프랭크에게 주었고, 프랭크는 어느 날 그것으로 자신의 정자를 관찰한 적도 있었다. 프랭크는 "정자에 대해 들어 본 적이 없었기 때문에, 그것을 처음 보았을 때 엄청난 대발견을 한 것 같았습니다."라고 말했다.[3]

그해 여름이 끝나 갈 무렵, 오펜하이머는 리펜슈탈이 바서 대학의 교수직을 수락했다는 소식을 듣고 기뻐했다. 그녀가 탄 배가 9월에 뉴욕 항에 도착했을 때 그는 선착장으로 마중을 나갔다. 그녀는 다른 두 성공적인 괴팅겐 동창생들인 새뮤얼 호우트스미트와 조지 윌렌베크 그리고 윌렌베크의 아내 엘제와 함께 도착했다. 오펜하이머는 이 두 사람이 경험 많은 물리학자라는 것을 알고 있었다. 호우트스미트와 윌렌베크는 1925년에 전자 스핀의 존재를 발견했다. 오펜하이머는 뉴욕에서 비용을 아끼지 않고 이들을 대접했다.

호우트스미트는 "우리 모두는 오펜하이머식 대접을 받았습니다. 하지만 그것은 모두 샬럿 때문이었죠. 그는 운전사가 딸린 커다란 리무진을 대절해 우리를 데리러 왔고, 자신이 고른 그리니치 빌리지의 호텔로 우리를 안내했습니다."라고 회고했다.[4] 이후 몇 주 동안 그는 리펜슈탈을 뉴욕의 미술관에서부터 값비싼 레스토랑까지 자신이 아는 곳곳으로 안내했다. 리펜슈탈은 "아는 호텔이 정말 리츠(Ritz)밖에 없는 거예요?"라며 항의했다.[5] 그는 자신이 진지하다는 것을 보여 주기라도 하듯이 그녀를 리버사이드 가의 집으로 데리고 가 부모에게 소개시키기까지 했다. 리펜슈탈은 오펜하이머를 높이 평가했고 그가 자신에게 호감을 가지고 있다는 것을 싫어하지는 않았지만, 그가 가정에 충실할 수 없는 사람이라는 느낌을 가졌다.[6] 그는 과거에 대해 이야기하는 것을 극도로 기피했다. 게다가 그녀는 오펜하이머의 집안이 숨 막힐 정도로 과잉보호하는 분위기라고 생각했다. 두 사람은 시간이 지남에 따라 서서히 멀어졌다. 리펜슈탈은 바서에서 강의를 하느라 뉴욕에 올 수 없었고, 오펜하이머는 하버드에 있었다. 리펜슈탈은 결국 독일로 돌아갔고, 1931년에 오펜하이머의 괴팅겐 동급생이었던 호우터만스와 결혼했다.

그해 가을 하버드로 돌아온 오펜하이머는 생화학으로 박사 과정을 밟고 있던 옛 친구 윌리엄 보이드를 다시 만났다. 오펜하이머는 그에게 케임브리지에서 보냈던 끔찍한 1년에 대해 털어놓았다. 보이드는 놀라지 않았다. 그는 오펜하이머가 신경이 날카롭기는 하지만 결국 자신의 문제를 해결할 수 있는 사람이라고 생각했다. 오펜하이머는 여전히 시에 열정을 가지고 있었다. 한번은 보이드에게 자신이 쓴 시를 보여 주었는데, 보이드는 그것을 하버드 문학 잡지 《하운드와 혼》에 투고해 보라고 권유했다. 그 시는 1928년 6월호에 출판되었다.

도하(渡河)

우리가 강에 도착했을 때는 저녁이었지.
사막 위에는 달이 낮게 떠 있었고
우리는 산 속에서 길을 잃어
젖은 땀이 식어 추위에 떨며
하늘을 가로막은 산맥을 바라보았네.
그리고 우리가 그것을 다시 찾았을 때
강가의 마른 언덕에서

반쯤 시들어, 우리는
불어오는 열풍을 견디느라고.

당도한 곳에는 종려나무 두 그루
유카꽃이 피어 있었네.
강변 저 멀리는 불빛과 미루나무가.
우리는 오랫동안 침묵 속에 기다렸네.
그리고 노젓는 소리가 들려오고
나중에, 나는 기억하네.
뱃사공이 우리를 불렀지.
우리는 산을 돌아보지 않았네.[7]

J. R. 오펜하이머

뉴멕시코가 오펜하이머를 부르고 있었다. 그는 "사막 위에 낮게 떠 있는 달"과 "젖은 땅이 식어 추위에 떨던" 육체적 감각을 그리워했다. 이것이 그가 서부에서 보낸 두 번의 여름 동안 그가 살아 있다는 것을 상기시켜 주던 것들이었다. 그는 뉴멕시코에서 최신 물리학 연구를 할 수는 없었다. 그가 패서디나에 위치한 칼텍의 교수직을 선택했던 것은 사막에서 가까웠기 때문이기도 했다. 동시에 그는 오랫동안 자신을 옥죄었던 "자신만의 감옥" 하버드로부터 해방되고 싶었다.[8] 그가 지난해의 위기로부터 회복할 수 있었던 까닭은 자신에게 새로운 출발이 필요하다는 것을 인식했기 때문이었다. 코르시카, 프루스트, 그리고 괴팅겐은 그가 새롭게 출발할 수 있는 계기를 마련해 주었다. 이제 하버드에 계속 머물러 있는 것은 일보 후퇴하는 것 같았다. 그래서 1927년 크리스마스 직후에 오펜하이머는 가방을 싸서 패서디나로 갔다.

캘리포니아는 그와 잘 맞았다. 서부로 옮긴 지 몇 달 지나지 않아서 그는 프랭크에게 다음과 같이 썼다. "패서디나는 쾌적하고, 수백 명의 상냥한 사람들이 끊임없이 즐거운 일들을 하자고 하는 바람에 일할 시간이 없을 정도야. 나는 내년에 캘리포니아 대학교 버클리 분교의 교수직을 수락할 것인지, 아니면 다시 외국으로 나갈지 고민하고 있어."[9]

칼텍에서 강의도 해야 했고 패서디나의 쾌적한 환경도 그의 정신을 산란하게 만들었지만, 오펜하이머는 1928년 동안 양자 이론의 다양한 측면을 다룬 6편의 논문을 출판했다. 그해 늦봄 그를 오랫동안 괴롭혀 왔던 만성 기침이 결핵의 증상이라는 진단을 받았다는 점을 고려해 볼 때, 이것은 놀랄 만한 성과였다. 1928년 6월 미시건 앤아버에서 열린 이론 물리 세미나에 참석한 후, 오펜하이머는 뉴멕시코의 건조한 산악 지대로 향했다. 1927년 봄에 그는 이제 거의 16세가 된 프랭크에게 여름이 되면 둘이서 "사막에서 2주일 정도 같이 보내자."라고 제안했던 것이다.

오펜하이머는 어린 동생이 격동의 사춘기를 잘 보낼 수 있도록 돕는 데 큰 관심을 갖기 시작했다. 그것이 얼마나 어려운 여정인지 스스로 너무나 잘 알고 있었기 때문이었을 것이다. 그해 3월에 프랭크가 이성 문제 때문에 공부에 지장을 받는다고 고백하자, 오펜하이머는 스스로를 분석하는 것에 가까운, 충고로 가득 찬 편지를 보냈다. 그는 젊은 여성은 "너는 그녀에게 네 시간을 낭비하도록 하는 것을 직업으로 삼다시피 한다. 그러한 유혹에 빠지지 말아야 해."라고 말했다. 오펜하이머는 자신의 변화무쌍했던 경험을 떠올리며, 데이트란 "낭비할 시간이 있는 사람들에게만 중요한 거야. 너나 나는 그렇지 않아."라는 소견을 말했다. 그가 말하려고 한 요지는

"여자애들에게 신경 쓰지 말고, 꼭 해야 하는 경우가 아니라면 성관계는 피하는 것이 좋을 거야. 절대로 의무감으로 해서는 안 돼. 스스로 무엇을 원하는지 잘 생각해 봐. 진심으로 원하는 것이라면 가지려고 노력해야겠지. 하지만 진심이 아니라면 잊어버려."라는 것이었다.[10] 오펜하이머는 자신이 독단적이라는 점을 인정했지만, 이런 말들이 프랭크에게 유용했으면 좋겠다고 말했다. "이것은 나의 성적인 경험에서 도출한 결론이야. 너는 아직 어리지만 내가 네 나이 때보다는 훨씬 더 성숙해."

오펜하이머가 옳았다. 어린 프랭크는 같은 나이일 때의 형보다 훨씬 더 성숙했다. 그는 형처럼 차가운 푸른 눈과 부스스한 검은 머리칼을 가졌다. 오펜하이머 가 특유의 마른 몸매를 가진 그는 곧 키가 183센티미터까지 자랄 것이지만 몸무게는 61킬로그램에 불과했다. 그는 형만큼이나 좋은 머리를 타고 났지만, 오펜하이머처럼 강렬한 에너지로 신경과민에 시달리지는 않는 듯했다. 오펜하이머는 가끔씩 무언가에 광적으로 집착하는 면이 있었던 반면에, 프랭크는 항상 차분했고 사람들과 잘 어울렸다. 프랭크는 청소년기 동안 형과 함께 휴가 때 요트를 타고 항해에 나설 때를 제외하고는 주로 편지를 통해 형을 알아 왔다. 이제 비로소 부모님 없는 둘만의 뉴멕시코 여행을 통해 프랭크는 형과 어른으로서 유대 관계를 맺게 되었다.

오펜하이머 형제가 로스피노스에 도착했을 때, 그들은 캐서린 페이지의 목장에 묵었다. 오펜하이머는 지속적인 기침에도 불구하고 말을 타고 주변의 구릉을 탐험하는 긴 여행을 가자고 고집했다. 음식이라고는 약간의 땅콩버터, 아티초크 깡통 몇 개, 비엔나 소시지, 키르시 바서(Kirsch Wasser) 브랜디와 위스키가 전부였다. 함께 말을 타고 다니면서, 프랭크는 오펜하이머가 신나게 물리학과 문학에 대해 이야기하는 것을 들었다.[11] 오펜하이머는 밤마다 낡아빠진 보들레르(Baudelaire)의 책을 꺼내 들고 모닥불 가에서 소리 내어 읽었다. 그해 여름에 오펜하이머는 1928년 출판된 e. e. 커밍스(e. e. cummings, 1894~1962년)의 소설 『거대한 방(The Enormous Room)』을 읽고 있었는데, 이는 프랑스 전시 수용소에서의 4개월을 묘사한 작가의 자전적 소설이었다. 그는 모든 것을 잃은 사람이 가장 열악한 상황에서도 개인적 자유를 찾을 수 있다는 커밍스의 생각을 매우 좋아했다. 이 이야기는 1954년 이후에 새로운 의미로 다가오게 될 것이었다.

프랭크는 형의 열정이 언제나 변덕스러웠다는 것을 알게 되었다. 오펜하이머는 세상 사람을 시간을 들이기에 아까운 사람과 그렇지 않은 사람으로 나누는 것 같았다. 프랭크는 "후자의 경우라면 오펜하이머는 열성을 가지고 사람들을 대했고 그들이 특별하다는 느낌을 갖게 만들었습니다……. 그는 일단 누군가가 주목할 가치가 있다고 생각하면 항상 전화를 걸거나 편지를 쓰고, 작은 부탁을 들어준다든가, 선물을 주고는 했지요. 그는 평범하게 행동하는 법이 없었습니다. 그는 심지어 담배를 고르는 데도 이러한 열성을 보였습니다."라고 말했다.[12] 프랭크는 형이 그들이 유명하건 아니건 온갖 부류의 모든 사람들에게 호감을 가질 수 있고, 그들을 사귀는 과정에서 영웅 대접을 해 준다는 것을 알아챘다. "형은 조금이라도 현명함, 재능, 품위, 또는 헌신성을 가지고 있는 사람이라면 일시적일지라도 영웅 대접을 해 주었고, 주변 사람들에게도 그렇게 이야기했습니다."

그해 7월의 어느 날, 캐서린은 오펜하이머 형제와 함께 말을 타고 로스 피노스 윗쪽의 산에 올랐다. 해발 고도 3킬로미터의 산길을 지나 그들은 클로버와 들꽃으로 뒤덮인 그라스 산 중턱의 초원에 당도했다. 이곳으로부터 상그레 데 크리스토 산맥과 페코스 강, 그리고 흰색 소나무 숲의 멋진 풍경을 볼 수 있었다. 해발 약 2,895미터 높이의 초원에는 어도비 진흙과 통나무로 지어진 오두막집이 있었다. 집의 한쪽 벽에는 진흙을 구워 만든 벽난로가 있었고, 좁은 나무 층계를 타고 올라가면 2개의 침실이 나왔다. 부엌에는 싱크대와 장작 난로가 있었지만 수돗물은 나오지 않았다. 집 밖의 현관 한쪽 끝에는 옥외 화장실이 있었다.[13]

캐서린은 오펜하이머에게 "괜찮아?"라고 물었다.

오펜하이머가 고개를 끄덕이자, 그녀는 이 오두막집과 62만 제곱미터의 목초지와 개울을 세놓을 생각이라고 설명했다.

오펜하이머는 "멋진데!(Hot dog!)"라고 외쳤다.[14]

캐서린은 오펜하이머의 말을 스페인 어로 번역해 "아니, 페로 칼리엔테(perro caliente)!"라고 재치 있게 받았다.

그해 겨울 오펜하이머와 프랭크는 아버지를 설득해 이 목장을 4년 동안 임대하도록 했다. 그들은 이곳을 페로 칼리엔테라고 이름 붙였다. 그들은 1947년에 오펜하이머가 이곳을 1만 달러에 구매할 때까지 계약을 연장했다. 이 목장은 이후 오펜하이머의 개인적인 피난처가 되었다.

뉴멕시코에서 2주를 보낸 오펜하이머 형제는 1928년 초가을에 부모님을 만나기 위해 콜로라도 스프링스(Colorado Springs)에 있는 브로드무어 호텔(Broadmoore Hotel)로 떠났다. 오펜하이머와 프랭크는 둘 다 기초적인 운전 교육을 받고 중고 6기통 크라이슬러 로드스터 승용차를 구입했다. 그들의 계획은 패서디나까지 차를 몰고 가는 것이었다. 프랭크는 "우리는 여러 문제에 직면했지만, 결국 (패서디나에) 도착했습니다."라고 말했지만, 이는 상당히 절제된 표현이었다.[15] 콜로라도 코르테스 부근에서 프랭크가 운전할 때, 차가 길에 깔려 있던 자갈돌에 미끄러져 도랑에 거꾸로 처박혔다. 차창은 산산조각 났고, 천 덮개는 갈기갈기 찢어졌다. 오펜하이머는 오른쪽 팔과 손목에 골절상을 입었다.[16] 그들은 견인차를 불렀고 코르테스에서 차를 수리했다. 하지만 바로 다음 날 저녁, 프랭크는 다시 차를 바위 덩어리에 들이받았다. 도저히 움직일 수 없는 상태가 되자 그들은 밤새 사막 바닥에 앉아 "가지고 있던 술을 마시며……레몬 조각을 빨아 대면서" 보냈다.[17]

마침내 패서디나에 도착한 후 오펜하이머는 곧바로 칼텍의 브리지 연구소로 향했다. 그는 밝은 빨간색 삼각건에 한쪽 팔을 걸고 헝클어진 머리에 면도도 하지 못한 얼굴로 걸어 들어가서는 "내가 오펜하이머입니다(I am Oppenheimer)."라고 말했다.[18]

물리학 교수인 찰스 크리스천 로리첸(Charles Christian Lauritsen)은 "아, 당신이 오펜하이머입니까?"라고 대답했다. 그는 오펜하이머가 "대학 교수라기보다는 거지에 가까워 보였다."라고 회고했다. "그러면 좀 도와주시지요. 이 망할 놈의 직렬 전압 발전기에서 왜 제대로 된 결과가 나오지 않는 겁니까?"

오펜하이머가 패서디나에 들른 것은 유럽으로 돌아가기 전에 짐을 챙기기 위해서였다. 그는 1928년 봄에 하버드를 포함한 미국 대학 열 군데와 외국 대학 두 군데에서 제의를 받았는데, 모두 매력적인 자리들이었다. 오펜하이머는 캘리포니아 대학 버클리 분교와 칼텍 두 군데의 제의를 받아들이기로 결정했다. 그의 계획은 각 학교에서 한 학기씩 강의하는 것이었다. 그가 버클리를 선택한 것은 이곳 물리학과의 이론 부문이 취약했기 때문이었다. 버클리는 그런 의미에서 "사막"이었고, 그는 그곳이 "무언가를 새로 시작하기에 좋을 곳이라고 생각"[19]했던 것이다.

하지만 그는 곧바로 '무언가를 시작'하려고 하지는 않았다. 오펜하이머는 1년 동안 유럽으로 돌아가 있을 수 있는 연구 장학금을 받게 된 것이다. 그는 유럽에서 1년간의 박사 후 연구를 하면서 자신에게 취약한 수학 부분을 보강할 수 있으리라고 생각했다. 그는 네덜란드 라이덴 대학교의 존경받는 물리학자인 에렌페스트 교수 밑에서 연구하고 싶었다. 그는 라이덴에서 에렌페스트와 한 학기 정도를 보내고 코펜하겐으로 가서 닐스 보어와 시간을 보낼 수 있기를 바랐다.

하지만 오펜하이머가 라이텐에 도착했을 때 마침 에렌페스트는 우울증이 재발해 건강이 좋지 않았고 집중력도 떨어진 상태였다.[20] 오펜하이머는 "당시에 내가 그의 관심을 그다지 끌지 못했던 것 같다."라고 회고했다. "나는 그가 침묵을 지키며 암울한 표정을 짓던 것을 기억한다." 오펜하이머는 자신이 라이덴에서 한 학기를 낭비했던 것이 스스로의 탓이라고 생각했다. 에렌페스트는 단순함과 명료함을 요구했는데 오펜하이머의 성격에는 맞지 않았다. 오펜하이머는 "아마도 내가 여전히 형식주의와 복잡함에 흥미를 가지고 있었던 모양입니다."라고 말했다. "내가 관심을 가졌던 주제들은 에렌페스트에게 맞지 않는 것이었지요. 그리고 그가 흥미 있어 하던 것들에 대해서는 내가 왜 중요한지 이해하지 못했습니다." 에렌페스트는 오펜하이머가 어떤 질문에 대해서든 지나치게 빨리 대답을 찾으려 한다고 생각했다. 이와 같은 순발력 뒤에는 가끔 실수가 숨어 있는 경우가 있었다.

사실 에렌페스트는 오펜하이머와 함께 일하는 것이 소모적이라고 생각하고 있었다. 막스 보른은 에렌페스트에게 보낸 편지에서 "오펜하이머는 이제 당신에게 가 있습니다. 당신이 그를 어떻게 생각하는지 알고 싶군요. 내가 누군가를 대하면서 그만큼 고통을 받았던 사람은 없었습니다. 그는 확실히 재능을 가지고 있지만, 정신 수양이 전혀 되어 있지 않습니다. 그는 겉으로는 매우 겸손한 듯하지만 속으로는 대단히 오만합니다."라고 썼다.[21] 에렌페스트의 답장은 남아 있지 않지만, 보른의 다음 편지는 개략적인 내용을 유추하게 해 준다. "오펜하이머에 대한 당신의 평가는 나에게 귀중한 정보가 될 것입니다. 나는 그가 훌륭하고 예의 바른 사람이라는 것은 알지만, 신경을 건드리는 것은 어쩔 수 없군요."

도착한 지 6주밖에 되지 않았을 때, 오펜하이머는 독학으로 배운 네덜란드 어로 강의를 해서 동료들을 깜짝 놀라게 했다.[22] 그의 네덜란드 인 친구들은 이에 깊은 인상을 받았고, 그를 '오피(Opje)'라는 애칭으로 부르기 시작했다.[23] 그는 이 별명을 평생 쓰게 된다. 그가 이토록 빨리 언어를 습득할 수 있었던 것은 한 여인의 도움 때문이었을지도 모른다. 물리학자 에이브러햄 페이스(Abraham Pais)에 따르면, 오펜하이머는 수스(Suus)라는 이름을 가진 젊은 네덜란드 여인과 잠시 사귀었다.

이 여인과의 짧은 사랑은 오펜하이머가 라이덴을 떠나기로 결정하면서 끝났다. 그는 코펜하겐으로 가려는 계획이었는데, 에렌페스트는 그에게 스위스로 가서 파울리 밑에서 공부하는 편이 낫지 않겠느냐고 설득했다. "그의 과학적 재능을 발전시키기 위해서 오펜하이머는 지금 사랑의 매를 맞을 필요가 있습니다! 그는 특히 사랑스러운 친구이기 때문에 더욱 그런 대우를 받아야 합니다."[24] 에렌페스트는 자신의 학생들을 대개 보어에게 보냈다. 하지만 이번 경우에 에렌페스트는 확신에 차 있었다. 오펜하이머는 "에렌페스트가 포용력 있고 모호한 태도를 취하는 보어는 나에게 큰 도움이 되지 않을 것"이라고 생각했다고 회고했다.[25] "그가 생각할 때, 지금 나에게 필요한 사람은 계산 물리학자였고, 그러므로 파울리가 적당하다고 보았습니다. 그는 '다듬고 또 다듬는다(herausprugeln)'라는 표현을 사용했지요……. 그는 나를 그곳으로 보내 내 스타일을 고쳐 보려고 했던 것입니다."

오펜하이머 역시 스위스의 산 공기가 자신의 건강에 좋을 것이라고 생각했다. 그는 흡연의 해악에 대한 에렌페스트의 잔소리를 무시했지만, 기침이 멈추지 않자 결핵이 재발하지 않았나 하는 의심이 들었다.[26] 걱정하는 친구들이 휴식을 취하라고 권했을 때, 오펜하이머는 어깨를 으쓱하고는 기침 걱정을 하느니 "아직 목숨이 붙어 있을 때 인생을 즐기는 편을 택하겠다."라고 말했다.[27]

취리히로 가는 길에 그는 라이프치히에 들러 강자성(強磁性, ferromagnetism)에 대한 하이젠베르크의 강연을 들었다. 오펜하이머는 1년 전 괴팅겐에 있을 때 장차 독일 원자 폭탄 프로그램의 수장이 될 이 과학자를 만난 적이 있었다. 비록 두 사람이 친분을 쌓을 기회는 없었지만, 그들 사이에 어느 정도는 서로를 존중하는 마음이 있었다. 오펜하이머가 취리히에 도착하자마자 파울리는 그에게 자신이 하이젠베르크와 함께 하던 일에 대해 이야기해 주었다. 당시 오펜하이머는 '전자 문제와 상대성 이론'에 많은 관심을 가지고 있었다. 그해 봄 그는 거의 파울리와 하이젠베르크와 함께 공동으로 논문을 쓸 뻔했다. "처음에 (우리는) 셋이 공동으로 출판하는 것이 좋겠다고 생각했습니다. 그러고 나서 파울리는 그냥 나와 둘이서 하는 게 어떨까 생각했지만, 결국 (내 논문은) 따로 출판하고, 그것을 그들의 논문에서 언급하는 편이 낫겠다고 결정했습니다. 하지만 파울리는 '당신은 연속 스펙트럼을 완전히 뒤죽박죽으로 만들어 놓았으니까 당신이 정리할 의무가 있어요. 게다가 당신이 정리한다면 천문학자들이 좋아할지도 모릅니다.'라고 말했지요. 그래서 내가 그 일에 끌려 들어갔던 것입니다."[28] 오펜하이머의 논문은 이듬해 '장과 물질의 상호 작용 이론에 대한 소고(Notes on Theory of Interaction of Field and Matter)'라는 제목으로 출판되었다.

오펜하이머는 파울리를 매우 좋아하게 되었다. 오펜하이머는 "그는 너무나 훌륭한 물리학자여서, 그가 실험실에 들어오기만 하면 무언가

고장나거나 터지거나 했지요."라며 농담하기도 했다.²⁹ 오펜하이머보다 네 살 위였던 파울리는 뮌헨 대학교에서 박사 학위를 받기 1년 전이었던 1920년, 특수 상대성 이론과 일반 상대성 이론에 대한 200쪽 길이의 논문을 발표해 명성을 얻었다. 파울리는 막스 보른과 닐스 보어와 공부를 마친 후, 잠시 함부르크 대학교에서 교수로 있다가 1928년에 취리히 스위스 연방 공과 대학(Swiss Federal Institute of Technology)으로 자리를 옮겼다. 이 무렵에 그는 나중에 '파울리의 배타 원리(Pauli exclusion principle)'라고 알려진 이론을 출판했는데, 이것은 원자 속의 각 '오비탈(orbital)'에 왜 단 2개의 전자만 들어갈 수 있는지를 설명하는 것이었다.

파울리는 예리하고 재치가 넘치는 호전적인 젊은이였다. 강연자의 논리 전개에 아주 작은 약점이라도 발견하면 곧바로 일어나 공격적으로 질문을 던지는 것은 오펜하이머와 아주 닮은꼴이었다. 그는 종종 다른 물리학자들을 비판하면서 "그들은 '틀린 것조차 아니야(not even wrong).'라고 말한다."라고 했다. 한번은 다른 학자에 대해 이야기하면서 그는 "너무나도 젊은데 벌써부터 알려지지 않았어(so young and already so unknown)."라고 말하기까지 했다.³⁰

파울리는 문제의 핵심을 간파할 수 있는 오펜하이머의 능력을 인정했지만, 그가 세부적인 내용에 부주의한 것에 항상 불만이었다. 파울리는 "그는 계산을 항상 틀려."라고 말했다.³¹ 어느 날 오펜하이머가 강의를 하면서 적절한 단어를 찾느라고 조그맣게 "님-님-님" 소리를 내는 것을 듣고서, 파울리는 그를 "님-님-님 맨"이라고 부르기 시작했다.³² 하지만 파울리는 이 복잡다단한 미국인에게 매료되었다. 파울리는 곧 에렌페스트에게 "그의 장점은 수많은 좋은 아이디어를 낼 수 있는 풍부한 상상력을 가졌다는 것입니다. 그의 약점은 엉성한 결론에 너무나 쉽게 만족해 버린다든지, 끈기와 꼼꼼함이 부족해 스스로 생각한 흥미로운 질문들에 대답하지 않는다는 것입니다……. 불행히도 그는 아주 나쁜 습관이 있습니다. 그는 권위에 대해 무조건적인 믿음을 가지고 있고, 내가 하는 모든 말들을 최종적이고 절대적인 진리로 받아들입니다……. 이런 생각을 어떻게 없앨 수 있는지 모르겠습니다."라고 썼다.[33]

또 다른 학생인 이지도어 라비는 그해 봄 오펜하이머와 함께 많은 시간을 보냈다. 그들은 라이프치히에서 만나 취리히까지 같이 여행했다. 라비는 "우리는 잘 지냈습니다. 우리는 그가 죽을 때까지 친구였지요. 나는 사람들이 싫어하는 그의 성격들을 오히려 즐기는 편이였습니다."라고 회고했다.[34] 오펜하이머보다 여섯 살 위였던 라비는 오펜하이머처럼 어린 시절을 뉴욕에서 보냈다. 하지만 그의 삶은 오펜하이머가 보냈던 유복한 생활과는 사뭇 달랐다. 라비의 가족은 뉴욕 동남쪽에 있는 방 2개짜리 아파트에서 살았다. 그의 아버지는 육체 노동자였고 가족은 가난했다. 오펜하이머와는 달리, 라비는 자신의 정체성에 대해 모호함이 없었다. 라비 가족은 정통파 유태교도였고 여호와는 일상생활의 일부였다. 라비는 "일상적인 대화에서도 거의 모든 문장에 여호와가 등장했습니다."라고 기억했다.[35] 그는 나이를 먹으면서 형식적인 종교 활동에는 참가하지 않았다. 그는 "이곳이 내가 낙제 점수를 받았던 교회입니다."라고 비꼬아 말하기도 했다. 하지만 라비는 유태인으로서 자신의 정체성을 편안하게 받아들였다. 반유태주의가 번성하던 시기에 독일에 머물렀을 때에도 라비는 고집스럽게 스스로를 오스트리아 출신 유태인으로 소개했다. "나는 오스트리아 출신 유태인입니다(Ich bin ein Aus-Jude)." 이는 독일인들이 오스트리아 출신 유태인들을 가장 싫어한다는 고정 관념에 반항하기 위함이었다. 반면에 오펜하이머는 한번도 자신이 유태인임을 밝히지 않았다. 수십 년 후, 라비는 그가 왜 그랬는지 알아냈다고 생각했다. "오펜하이머는 유태인이었지만, 자신이 유태인이 아니기를 바랐고 스스로 아닌 듯 꾸미려고 했습니다……. 유태교 전통은 너무도 강해서 그것을 부인하려고 하면 위험에 빠지게 됩니다. (이는) 정통파 교인이 되어야 한다는 말이 아닙니다. 신앙생활을 하지는 않더라도 등을 돌려서는 안 된다는 말이지요. 일단 유태인으로 태어난 사람이 유태교에 등을 돌리면 외면당하게 마련입니다. 그래서 산스크리트 어와 불문학에 조예가 깊던 오펜하이머는 불쌍하게도……(라비의 목소리는 여기서 잦아들었고, 그는 깊은 생각에 빠졌다.)"

라비는 나중에 오펜하이머가 "조화로운 성격을 갖지 못했다."라고 추측했다.[36] "이는 많은 사람들에게 나타나는 현상이지만 특히 명석한 유태인들에게 더 많이 나타나는 경향이 있습니다. 모든 부문에서 엄청난 재능을 가지고 있으면 선택하기가 어렵지요. 그는 모든 것을 원했습니다. 그를 보고 있으면 어린 시절의 한 친구가 생각납니다. 그 친구는 변호사였는데, 그에 대해 누군가가 '그는 컬럼버스 기사회(Knights of Columbus)와 브나이 브리스(B'nai B'rith, 시온주의 단체)의 회장이 되고 싶어 해.'라고 말하고는 했지요. 나도 그리 단순한 사람은 아닙니다만, 오펜하이머에 비하면 아주 단순한 편입니다."

라비는 오펜하이머를 사랑했지만 가끔은 그를 자극하기 위해 "오펜하이머? 뉴욕 유태인 출신의 부잣집 도련님 말이야?"라고 말하고는 했다.[37] 라비는 오펜하이머 같은 사람을 잘 안다고 생각했다. "그는 독일 동부 출신의 유태인이었는데, 그들은 유태 문화보다 독일 문화에 더 높은 가치를 두기 시작했습니다. 이는 폴란드 출신 유태인들과 그들의 조야한 신앙생활이 유입되기 시작하면서부터였지요." 라비가 생각했을 때 놀라운 것은 이처럼 독일 사회에 동화된 유태인들도 결국 그들의 정체성을 부인할 수 없었다는 것이었다. 문은 활짝 열려 있었지만, 많은 사람들은 지나가기를 거부했다. 라비는 "성경에서도 여호와가 그들(유태인들)이 고집센 사람들이라고 불평하는 장면이 나옵니다."라고 말했다. 라비가 보기에 오펜하이머 역시 유사한 갈등을 겪었을 텐데, 다른 점은 그가 무의식적으로 완고했다는 것이었다. 라비는 수년 후에 "그가 스스로를 유태인이라고 생각했는지는 잘 모르겠습니다. 나는 그가 유태인이 아니라고 생각하는 환상을 가지고 있었다고 생각합니다. 한번은 내가 그에게 기독교 교리에는 복수심과 관대함이 동시에 나타나서 참으로 이해하기 힘들다고 말한 적이 있습니다. 그는 바로 그것이 자신을 잡아끌었다고 말했습니다."라고 회고했다.

라비는 오펜하이머에게 자신이 그런 상반된 감정에 대해 어떻게 생각하는지는 말하지 않았다. "나는 그에게 그런 말을 해도 소용이 없을 것이라고 생각했습니다……. 아무리 해도 사람이 바뀌지는 않지요. 그것은 내부에서 우러나오는 것입니다."[38] 라비는 자신이 오펜하이머가 누구인지 오펜하이머 본인보다 더 잘 알고 있다고 느꼈다. "오펜하이머에 대해 뭐라고 말하건 간에, 그는 확실히 와스프(WASP, White Angle-Saxon Protestant)는 아니었습니다."

그들의 차이에도 불구하고 라비와 오펜하이머는 깊은 유대 관계를 형성했다. 라비는 "그의 지능은 나와는 수준이 다른 것이었습니다. 나는 그보다 명석한 사람을 만난 적이 없습니다."[39] 하지만 라비 역시 명석한 두뇌를 가졌다는 것은 의심의 여지가 없었다. 몇 년 후, 그는 컬럼비아 대학교 분자선 연구실에서 했던 실험들을 통해 물리학과 화학 등 여러 분야들을 근본적으로 뒤바꿀 만한 결과를 냈다. 오펜하이머처럼, 라비 역시 실험물리학자에게 필수적인 손재주는 없었다. 라비는 자신이 서투르다는 것을 알고 있었기 때문에 장비를 다루는 것은 다른 사람들에게 맡겼다. 하지만 그에게는 결과를 내기 위해서는 실험을 어떻게 설계해야 하는지를 빨리 파악하는 뛰어난 능력이 있었다. 이것은 아마도 라비가 취리히에서 지낼 무렵 대부분의 실험 물리학자들과는 달리 이론적인 부분에 천착했던 때문인지도 모른다. 오펜하이머의 학생 웬델 퍼리(Wendell Furry)는 "라비는 위대한 실험가였지만 이론가로서도 결코 뒤지지 않았습니다."라고 회고했다.[40] 난해한 물리학의 세계에서 라비는 깊은 사색으로, 오펜하이머는 다양한 측면을 종합할 수 있는 능력으로 널리 알려지게 되었다. 둘을 붙여놓으면 해결하지 못할 문제가 없었다.

그들의 우정은 물리학을 넘어서는 것이었다. 라비와 오펜하이머는 모두 철학, 종교, 예술 등에 관심이 있었다. 라비는 "우리는 처음부터 친근감을 느끼고 있었습니다."라고 말했다.[41] 그들의 관계는 어린 시절 형성되어 오랫동안 떨어져 있어도 유지되는 그런 것이었다. 라비는 "오랜만에 다시 만나도 편안했습니다."라고 회고했다. 오펜하이머는 특히 라비의 솔직함을 높이 샀다. 라비는 "나는 그의 태도를 불쾌하게 여기지 않았습니다. 나는 그의 비위를 맞추려고 노력하지도 않았지요. 나는 항상 그에게 솔직했습니다."라고 회고했다. 그는 오펜하이머가 언제나 "지적 자극제"가 되었다고 생각했다. 세월이 흐르고 대부분의 사람들이 오펜하이머를 두려워했을 때에도 라비는 그가 멍청한 일을 하고 있다고 직설적으로 말해 줄 수 있는 사람이었다. 라비는 말년에 "오펜하이머는 나에게 대단히 중요한 사람이었습니다. 그가 그립습니다."라고 고백했다.

취리히에서 라비는 오펜하이머가 별 표면의 불투명도와 내부 복사 사이의 관계를 계산하는 어려운 문제를 풀고 있다는 것을 알았다. 하지만 오펜하이머는 "일부러 태연한 분위기"를 꾸며 대며 자신이 최선을 다해 노력하고 있다는 사실을 숨기려 했다.[42] 그는 친구들과 물리학에 대해 이야기하는 것을 피했고, 화제가 미국으로 돌았을 때만 입을 열었다. 젊은 스위스 물리학자 펠릭스 블로흐(Felix Bloch, 1905~1983년)가 오펜하이머의 취리히 아파트에 들렀을 때 소파에 걸친 나바호 양탄자에 감탄하자, 오펜하이머는 곧바로 미국의 장점에 대해 장광설을 늘어놓았다. 블로흐는 "오펜하이머가 얼마나 조국을 사랑하는지는 의심의 여지가 없었습니다."라고 말했다. 오펜하이머는 문학에도 조예가 깊었는데, "특히 힌두 고전들과 잘 알려지지 않은 서구 작가들"에 관심이 많았다. 파울리는 라비에게 오펜하이머는 "물리학은 취미고 정신 분석이 본업인 것 같아."라고 농담하고는 했다.

친구들이 보기에 오펜하이머는 육체적으로는 허약하고 정신적으로 강한 듯했다. 그는 줄담배를 피웠고 신경질적으로 손톱을 물어뜯었다. 그는 나중에 "파울리와 보낸 시간은 매우 좋았습니다. 하지만 나는 꽤 아팠고 얼마간 휴식을 취해야만 했습니다. 의사는 물리학은 생각도 하지 말라고 명령했습니다."라고 회고했다.[43] 6주간의 휴식을 취하자 가벼운 결핵 증상도 잦아들었다. 오펜하이머는 곧바로 취리히로 돌아와 다시 정신없이 작업에 몰두했다.

오펜하이머가 1929년 6월 취리히를 떠나 미국으로 돌아갈 무렵, 그는 이미 이론 물리학계에서 국제적인 명성을 가지고 있었다.[44] 1926년과 1929년 사이에 그는 16편의 논문을 출판하는 놀라운 성과를 올렸다. 1925~1926년 양자 물리학의 첫 번째 전성기에는 조금 어렸을지 모르지만, 파울리의 지도를 받는 동안 찾아온 두 번째 전성기에는 그는 확실히 물리학계의 주요한 일원이 되었다. 그는 연속체 파동 함수의 성질이라는 분야에서 세계에서도 첫째로 손꼽히는 물리학자였다. 물리학자 로버트 서버는 그의 가장 독창적인 공헌으로 전기장 방출 이론을 들었다. 이를 통해 그는 금속판 사이에 매우 강한 전류를 걸어 주면 전자가 방출되는 현상을 탐구할 수 있었다. 또한 그는 이 당시에 엑스선의 흡수 계수의 계산과 전자의 탄성 및 비탄성 산란에 관한 여러 업적도 세웠다.

이 모든 것들은 인류에게 어떤 실용적인 의미가 있었던 것일까? 당시에는 물론이고 현재에도 일반인들은 이해할 수 없는 것들이었지만, 양자 물리학은 우리를 둘러싼 물질세계를 설명해 준다. 물리학자 리처드 파인만(Richard Feynman, 1918~1988년)이 언젠가 말했듯이 "(양자 역학은) 상식적인 관점에서 보면 불합리한 방식으로 자연을 묘사합니다. 하지만 그것은 실험 결과와는 잘 맞아 떨어지지요. 그러므로 나는 당신이 자연을 있는 그대로 받아들일 수 있게 되기를 바랍니다. 자연은 원래 불합리한 것입니다."[45] 양자 역학은 존재하지 않는 것을 연구하는 것처럼 보이기도 하지만 결국 진실로 판명되었다. 이후 수십 년 동안 양자 물리학은 개인용 컴퓨터, 원자력, 유전 공학, 그리고 레이저 기술(이를 통해 CD 플레이어와 슈퍼마켓에서 쓰는 바코드 인식기를 만들 수 있다.) 등 디지털 시대를 가능케 한 여러 실용적인 발명을 가능하게 했다. 젊은 오펜하이머는 추상적 아름다움 때문에 양자 역학을 사랑했지만, 그것은 곧 인류가 세상과 관계를 맺는 방식에 혁명적인 변화를 가져다줄 이론이 될 것이었다.

6장

오피

> 나는 앞으로 30년 동안 우리가 살게 될 세상은 대단히 고통스럽고 요동치는 곳이 될 것이라고 생각한다. 우리에게는 그러한 세상을 거부할 권리가 주어지지 않을 것이다.
>
> — 로버트 오펜하이머, 1931년 8월 10일

오펜하이머는 취리히에서 많은 성과를 올렸을 뿐만 아니라 지적 자극을 받았다. 하지만 여름이 다가오자 그는 페로 칼리엔테의 활기와 평온함이 떠올라 견딜 수가 없었다. 이제 그의 생활에는 리듬이 생겼다. 그는 평소에는 극도로 피로해질 때까지 격렬하게 지적인 작업을 하다가 여름이면 한 달 정도 뉴멕시코의 상그레 데 크리스토 산맥으로 돌아와 말을 타면서 원기를 회복하는 일정을 반복했다.

1929년 봄에 오펜하이머는 동생 프랭크에게 편지를 써서 6월에 부모님을 모시고 서부로 오라고 재촉했다. 그는 프랭크에게 율리우스와 엘라를 샌타페이의 편안한 숙소에 모셔 놓고, 프랭크의 친구 한둘을 데리고 로스 피노스 위의 목장으로 가서 "주변 정리를 하고, 말을 데려오고, 요리하는 법을 배우고, 오두막을 살 만하게 만들고, 시골 풍경을 즐기는" 일을 하면 될 것이라고 제안했다.[1] 오펜하이머는 6월 중순쯤 그곳에서 합류할 예정이었다.

프랭크에게는 더 이상의 부추김이 필요하지 않았다.[2] 그는 6월에 에티컬 컬처 스쿨의 친구인 이안 마틴(Ian Martin)과 로저 루이스(Roger Lewis)와 함께 로스피노스에 도착했다. 루이스는 앞으로 페로 칼리엔테의 단골손님이 될 것이었다. 프랭크는 시어스, 로벅(Sears, Roebuck) 상품 목록을 보고 필요한 모든 것을 우편으로 주문했다. 침대, 가구, 난로, 조리 도구, 이불, 양탄자 등. 프랭크는 "많은 물건을 샀습니다. 물건들은 그해 여름 형이 오기 전에 모두 도착했지요. 늙은 원저 씨가 마차로 물건들을 페로 칼리엔테까지 끌고 와 주었습니다."라고 회고했다.[3] 오펜하이머는 예정대로 6월 중순에 밀조 위스키 2갤런, 땅콩버터, 비엔나소시지, 그리고 초콜릿 등을 잔뜩 싸 들고 도착했다. 그는 캐서린에게 크라이시스(Crisis)라는 이름의 승용마 한 마리를 빌렸다. 크라이시스는 반쯤 거세된 커다란 종마였는데, 이 말을 탈 수 있는 사람은 오펜하이머뿐이었다.

이후 3주간 그들은 산속을 걷거나 말을 타며 보냈다. 말 잔등 위에서 유난히 힘든 하루를 보낸 후 오펜하이머는 한 친구에게 보내는 편지에서 "내가 가장 사랑하는 두 가지는 물리학과 뉴멕시코야. 두 가지를 한꺼번에 즐길 수 없다는 것이 안타까울 따름이야."라고 아쉬운 듯이 썼다.[4] 밤이면 오펜하이머는 콜먼 랜턴을 밝히고 물리학 책을 읽으며 다음 학기 강의 준비를 했다. 한번은 그들은 8일에 걸쳐 콜로라도 주 경계까지 왕복 320킬로미터를 주파하기도 했다.[5] 그들은 땅콩버터만으로 식사를 때울 때가 많았지만, 하루는 오펜하이머가 네덜란드에서 엘제 윌렌베크에게서 배운 대로 매운 인도네시아-네덜란드 요리인 나시 고렝(nasi goreng)을 만들었다. 당시는 금주법 시대였지만, 오펜하이머는 항상 충분한 양의 위스키를 준비해 두었다. 프랭크는 "우리는 조금 취해서 (산속) 높은 곳에서 바보처럼 장난치면서 놀고는 했습니다……. 형은 사소한 일조차 특별한 사건으로 만드는 재능이 있었습니다. 그는 숲 속으로 소변을 보러 들어가서는 꽃 한 송이를 들고 나오고는 했습니다. 오줌을 누었다는 것을 숨기려 한 것이 아니라, 그 행위 자체를 특별한 일로 만들기 위해서였지요."라고 회고했다.[6] 프랭크가 산딸기를 따오면, 오펜하이머는 쿠앵트로(Cointreau, 오렌지향의 술 — 옮긴이)와 함께 대접했다.

오펜하이머 형제는 말안장 위에 앉아 얘기하면서 몇 시간이고 같이 시간을 보냈다. 프랭크 오펜하이머는 "내 생각에 우리는 여름 동안 1,600킬로미터 정도 돌아다녔을 것입니다."라고 회고했다.[7] "우리는 아침 일찍 일어나 말에 안장을 얹고 돌아다니기 시작했습니다. 보통은 우리가 가보고 싶은 새로운 장소로 향했습니다. 길이 나 있지 않은 곳을 주로 다녔는데, 얼마 지나지 않아 페코스 강 상류 부근의 지형은 손바닥처럼 알게 되었습니다……. 그곳에는 항상 아름다운 꽃들이 만발해 있었지요."

어느 날 그들이 발레 그란데로 향했을 때 잊지 못할 사건이 일어났다. 벌처럼 사람을 쏘는 대모등에붙이(deer flies)의 공격을 받은 것이다. "우리는 말을 재촉해 3킬로미터 정도 앞서거니 뒤서거니 하며 전속력으로 달렸습니다. 등에들이 더 이상 쫓아오지 않자 우리는 속도를 줄이고 휴대용 술병을 주고받으며 한 모금씩 마셨지요."[8]

오펜하이머는 동생에게 선물 공세를 퍼부었다. 그해 여름이 끝날 무렵에는 고급 시계를, 2년 후에는 중고 패커드 로드스터(Packard roadster) 승용차를 사 주었다. 하지만 그는 또한 프랭크에게 사랑, 예술, 물리학, 그리고 자신의 인생철학을 가르치는 데에도 시간을 쏟았다. "나쁜 철학이 생지옥으로 이어지는 이유는, 네가 위기에 몰렸을 때 나오는 행동을 결정하는 것은 평소에 무엇을 생각하고, 원하고, 소중히 여기는지에 달려 있기 때문이야."9) 프랭크와 페로 칼리엔테에서 함께 시간을 보내는 동안 오펜하이머는 동생에게 많은 것을 전수해 주려고 했다. 그해 늦여름에 프랭크가 형에게 당나귀를 보았던 것을 묘사하는 편지를 보내자, 오펜하이머는 "너의 당나귀 이야기는 아주 재미있었어. 너무 재미있어서 이곳 친구들에게도 보여 줄 정도였지."라고 답장을 썼다.10 그러고 나서 오펜하이머는 프랭크의 글에 대해 논평했다. "예를 들어 네가 트루차스(Truchas)와 (뉴멕시코의) 오호 칼리엔테(Ojo Caliente)의 밤 풍경에 대해 말한 것이 훨씬 더 설득력 있고 솔직하게 너의 감정을 잘 전달하는 것 같아. 그에 반해 과거의 여러 석양들에 대해 잰 체하며 쓴 것은 별로 효과적이지 않았어."

8월 중순에 오펜하이머는 마지못해 가방을 싸서 버클리로 돌아가야 했다. 그는 기본적인 가구만 갖춘 교수 회관의 좁은 숙소에서 지내게 되었다. 프랭크는 9월 초까지 뉴멕시코에 머물렀고, 오펜하이머는 그에게 "페로 칼리엔테에서의 즐거운 시간"이 벌써부터 그립다는 편지를 보냈다. 그러면서도 그는 강의 준비를 하고 새로운 동료들과 인사를 나누면서 바쁜 시간을 보냈다. 그는 프랭크에게 "이곳의 학부 과정은 별 볼일 없는 것 같아. 그렇지 않다면 너를 내년에 이곳으로 오라고 할 텐데. 주변 경관이 아름답고 사람들도 친절하긴 해. 나는 당분간 교수 회관에서 지내게 될 것 같아……. 내일은 내가 모닥불을 피워 놓고 나시 고렝을 만들어 주기로 약속했어."11 오펜하이머가 버클리에서 새로 사귄 친구들은 곧 이 이국적 요리를 '내스티 고리(nasty gory, 끔찍하고 매스꺼운)'라고 부르게 되었고, 가능하면

피하게 될 것이었다.

캘리포니아 대학교 버클리 분교가 오펜하이머를 교수로 임용한 것은 대학원생들에게 새로운 물리학을 소개하기 위해서였다. 오펜하이머 자신을 포함해서 어느 누구도 그가 학부생들을 가르쳐야 하리라고는 생각하지 않았다. 양자 역학에 대한 대학원 과정 수업 첫 시간에, 오펜하이머는 곧바로 하이젠베르크의 불확정성 원리, 슈뢰딩거 방정식, 디랙의 통합 이론, 장 이론, 그리고 파울리의 최근 업적인 양자 전기 역학 등에 대해 설명하려고 했다. 그는 나중에 "나는 비상대성 양자 역학에 대해 상당히 잘 이해하고 있었습니다."라고 회고했다.[12] 그는 양자적 존재들이 실험 환경에 따라 입자일 수도 있고 파동일 수도 있다는 개념인 파동-입자 이원성(wave-particle duality)에서부터 강의를 시작했다. "나는 이 패러독스를 가능한 한 중요하게 다루었습니다." 학기 초에 학생들은 그의 강의를 거의 이해할 수 없었다. 진도가 너무 빨리 나간다는 불평이 들어오자, 그는 마지못해 속도를 줄였지만 곧 학과장에게 불평을 늘어놓았다. "진도가 너무 느려서 계속 그 자리에 머물러 있는 것 같아요."[13]

처음 한두 해 동안 오펜하이머의 강의는 기도문을 읊는 것 같았다. 하지만 일단 강의하는 데 익숙해지자 그는 항상 강의실에서 한편의 공연을 하다시피 했다. 그는 들을 수 없을 정도의 나지막한 목소리로 우물댔는데, 중요한 부분을 강조할 때면 목소리가 더 낮아졌다. 또한 처음에는 그는 꽤 더듬기도 했다. 그는 강의록 없이 이야기했지만 수업 시간에 항상 유명한 과학자나 시인의 말을 인용했다. 오펜하이머는 "나는 매우 알아듣기 힘든 강사였을 것입니다."라고 회고했다.[14] 당시 칼텍의 이론 화학 조교수였던 그의 친구 라이너스 폴링(Linus Pauling, 1901~1994년)은 1928년에 그에게 다음과 같이 충고했다. "세미나나 강의를 할 때는 일단 무엇에 대해 이야기할 것인지를 정하고 그것과 너무 동떨어지지 않은 주제를 찾도록 해. 그리고 그 주제에 적합한 내용을 생각하다가, 때때로 사고의 흐름을 끊고 생각하고 있던 것에 대해 몇 마디 하는 거야." 수년 후, 오펜하이머는 "그러니까 내가 얼마나 형편없었는지 알겠지요."라고 말했다.

그는 복잡한 말장난과 같은 언어로 장난치는 것을 좋아했다. 오펜하이머의 연설에는 비문이 없었다. 그는 미리 준비하지 않아도 완벽하게 문법에 맞는 영어 문장으로 이야기할 수 있는 비상한 능력을 가지고 있었다. 그는 문단을 바꾸듯이 가끔씩 말을 멈추고는 "님-님-님" 하면서 독특하게 경쾌한 소리로 더듬거리기도 했다. 그는 담배 연기를 내뿜느라고 말을 멈추기도 했다. 또 가끔씩 그는 칠판을 향해 돌아서서 방정식을 휘갈겨 쓰고는 했다. 당시에 대학원생이었던 제임스 브래디(James Brady)는 "우리는 그가 언제쯤 (담배로) 칠판에 글을 쓰고 분필을 입으로 가져갈까 기대했습니다. 하지만 그는 한 번도 그러지 않았지요."라고 회고했다.[15] 하루는 학생들이 강의실을 빠져나갈 때 오펜하이머는 칼텍 동료인 리처드 톨먼(Richard Tolman) 교수가 뒤쪽에 앉아 있는 것을 발견했다. 그가 톨먼에게 강의가 어땠느냐고 묻자, 그는 "훌륭했어, 오펜하이머. 하지만 나는 무슨 말인지 한 마디도 알아들을 수가 없더군."이라고 대답했다.[15]

나중에는 능숙하고 카리스마 넘치는 강사가 되었지만, 버클리에서의 첫 몇 년 동안 오펜하이머는 의사소통의 기본적인 원칙조차 염두에 두고 있지 않은 듯했다. 당시 그의 대학원생이었던 레오 네델스키(Leo Nedelsky)는 "오펜하이머는 칠판 앞에서 말도 안 되는 행동을 많이 했습니다."라고 말했다.[16] 한번은 누군가 칠판에 쓴 방정식에 대해 묻자, 오펜하이머는 "아니, 그것이 아니라 그 밑에."라고 대답했다. 학생들이 그 아래에는 아무것도 없다며 혼란스러워하자, 오펜하이머는 "아래가 아니라 밑에. 내가 그 위에다 썼잖아."라고 말했다.

장차 미국 원자력 에너지 위원회 의장 자리에까지 오르게 될 글렌 시보그(Glenn Seaborg, 1912~1999년)는 오펜하이머 교수의 "질문이 끝나기도 전에 대답을 하는 경향"에 대해 불만을 토로했다.[17] 오펜하이머는 "이봐요! 그걸 모르는 사람이 어디 있어. 빨리 넘어가자고요." 같은 코멘트로 초청 연사들의 말을 가로막고는 했다. 그는 멍청이들을 용납하지 않았을 뿐만 아니라 자신의 높은 기준을 다른 사람들에게 들이대는 것을 서슴지 않았다. 사람들은 오펜하이머가 버클리에서 보낸 첫 한두 해 동안 신랄한 말투로 학생들을 "공포에 떨게 만들었다."라고 회고했다. 한 동료는 "그는……매우 잔인하기까지 한 말을 내뱉는 경우도 있었습니다."라고 회고했다.[18] 하지만 그는 성숙한 선생이 되면서 점점 학생들에게 관대해졌다. 해럴드 체르니스는 "그는 자신보다 낮은 위치에 있는 사람에게는 항상 친절하고 배려심을 가지고 있었습니다."라고 회고했다. "하지만 자신과 동급인 사람들에게는 전혀 그렇지 않았습니다. 이것은 물론 사람들을 화나게 했고 그들을 적으로 만들었습니다."

1932년부터 1934년까지 버클리에서 공부했던 퍼리는 오펜하이머가 "우리가 따라갈 수 없을 정도로 모호하고 빠른 직관을 가지고" 말하는 것에 대해 불평했다.[19] 그래도 퍼리는 "그는 우리가 제대로 따라오지 못할 때에도 우리가 노력하는 것에 대해서는 칭찬을 아끼지 않았습니다."라고 회고했다. 어느 날 유난히 어려운 강의를 마치고 나서 오펜하이머는 "나는 이것을 더 명쾌하게 설명할 수는 있지만, 더 간단하게 만들 수는 없다."라고 재치 있게 말했다.

그는 대하기 어려운 사람이었지만, 아니, 어쩌면 그가 대하기 어려운 사람이었기 때문에, 대부분의 학생들은 그의 강의를 한 번 이상 듣는 것이 일반적이었다. 미스 카차로바(Miss Kacharova)라고만 알려진 젊은 러시아 여학생은 강의를 세 번 들었고, 그녀가 네 번째 수강 신청을 했을 때 오펜하이머는 허락하지 않았다. 서버는 "그녀는 단식 투쟁에 돌입했고, 결국 허락을 받아 냈습니다."라고 회고했다.[20] 오펜하이머는 끝까지 버틴 사람들에게 여러 가지 방식으로 상을 주었다. 네델스키는 "우리는 그와의 대화나 개인적인 만남을 통해 많은 것을 배웠습니다. 그에게 질문을 가지고 가면, 그는 학생들과 함께 몇 시간이고, 어떨 때는 자정까지도 그 문제를 다양한 각도에서 탐구했습니다." 그는 박사 과정 학생 여러 명과 공동으로 논문을 쓰자고 제안했고, 그들을 항상 공저자로 올려 주었다. 어느 동료는 "유명한 과학자 주변에 귀찮은 일들을 처리해 줄 학생들이 많이 몰리는 것은 당연한 일입니다."라고 말했다.[21] "하지만 오피는 학생들의 문제 해결을 도와주고 그들의 공로를 인정해 주었습니다." 그는 학생들에게 자신을 라이덴 대학교 시절 얻은 네덜란드식 별명인 '오피(Opje)'라고 부르라고 했다. 그의 학생들은 점점 이것을 영어식으로 '오피(Oppie)'라고 쓰기 시작했다.

시간이 흐르면서 오펜하이머는 학생들이 서로 생각을 주고받으면서 배울 수 있는 열린 교수법을 개발했다. 그는 학생들을 한 명씩 만나는 대신에, 여덟에서 열 명 정도의 대학원생들과 여섯 명 정도의 박사 후 과정 연구원들을 한꺼번에 자신의 사무실로 불렀다. 학생들은 각자 작은 책상과 의자를 놓고 오펜하이머가 방을 왔다 갔다 하는 것을 지켜보았다. 오펜하이머는 따로 책상이 없었다. 방 가운데에 놓인 종이 뭉치가 가득 쌓인 둥근 책상이 전부였다. 한쪽 벽면은 수식으로 가득 찬 칠판이 채우고 있었다. 모임 시간이 가까워지면 학생들은 하나둘씩 방으로 모였고, 책상 모서리에 걸터앉거나 벽에 등을 기댄 채로 서서 오펜하이머가 올 때까지 기다렸다. 그는 도착하자마자 각 학생들이 맞닥뜨린 문제를 돌아가면서 말하게 했고 그것들에 대해 모든 참석자들이 논평할 수 있는 기회를 주었다. 서버는 "오펜하이머의 관심사는 방대했습니다."라고 회고했다.[22] "여러 가지 연구 주제들이 소개되었고 다른 것들과 공존했습니다. 하나의 모임에서 우리는 전기역학, 우주선(宇宙線), 그리고 핵물리학에 대해 토론했습니다." 물리학에서 아직 해결되지 않은 문제들에 집중함으로써 오펜하이머는 학생들에게 지식의 최전선에 서 있다는 들뜬 기분을 느끼게 해 주었다.

얼마 지나지 않아 오펜하이머가 이론 물리학의 "피리 부는 사나이(Pied Piper)"가 되리라는 것이 명확해졌다. 이 분야를 전공하고 싶다면 버클리로 가야 한다는 소문이 전국적으로 퍼지기 시작했다. 오펜하이머는 나중에 "나는 학파(school)를 만들 생각은 없었습니다. 나는 학생들을 적극적으로 모집하지 않았어요. 나는 단지 내가 사랑하고, 계속해서 더 배우고 있었고, 아직 제대로 해명되지 않았으나 흥미로운 문제들로 가득 찬 이론을 전파하고 싶었을 뿐입니다."라고 말했다.[23] 1934년에 물리학 전공으로 국립 연구 위원회 장학금을 받게 된 다섯 명의 학생들 중 세 명이 오펜하이머 밑에서 공부하기 위해 버클리를 선택했다.[24] 그들이 버클리를 선택한 것은 오펜하이머 때문만이 아니라, 실험 물리학자인 어니스트 올랜도 로런스 (Ernest Orlando Lawrence, 1901~1958년) 때문이기도 했다.

로런스는 오펜하이머와 정반대 성향의 인물이었다. 사우스다코타에서 자라나 사우스다코타, 미네소타, 시카고, 그리고 예일 대학교 등을 거치며 교육을 받은 로런스는 자신의 재능에 강한 자신감을 가진 젊은이였다. 노르웨이 출신의 루터파 혈통을 가진 로런스는 근심 걱정 없는 전형적인 미국식 태도를 지녔다. 대학생 시절, 로런스는 학비를 마련하기 위해 농부들에게 알루미늄 냄비 행상을 하기도 했다. 그는 자신의 외향적인 성격과 타고난 사업가 기질을, 학자로서의 경력을 쌓는 수단으로 사용했다. 몇몇 친구들은 그가 출세주의자라고 생각했다. 하지만 오펜하이머와는 달리 그에게서는 존재론적 분노나 자기 성찰은 조금도 찾아볼 수 없었다. 1930년대 초 무렵이면, 로런스는 최고 수준의 실험 물리학자가 되어 있었다.

1929년 가을 오펜하이머가 버클리에 도착했을 때, 28세의 로런스 역시 교수 회관의 방에 머물고 있었다. 두 젊은 물리학자는 곧 가장 친한 친구가 되었다. 그들은 매일 이야기를 나눴고, 저녁에도 같이 어울렸으며, 주말이면 가끔씩 승마를 하러 가기도 했다. 오펜하이머는 물론 서부식 안장에 탔지만, 로런스는 자신이 시골 출신임을 감추려는 듯 승마용 바지를 입고 영국식 안장을 고집했다. 오펜하이머는 로런스의 "엄청난 활기와 삶에 대한 사랑"을 높이 평가했다. 로런스는 "하루 종일 일하고 테니스를 한 게임 치고 돌아와서 다시 새벽까지 일할 수 있는" 사람이었던 것이다.[25] 하지만 오펜하이머는 로런스의 관심 분야가 "대개 활동적이고 도구적인" 것에 있다고 보았는데, 이는 오펜하이머의 관심과 "정반대"의 것이었다.

로런스가 결혼한 후에도 오펜하이머는 그의 집에서 자주 저녁을 먹었다.[26] 그때마다 그는 로런스의 아내 몰리(Molly)에게 난 화분을 선물했다. 몰리가 둘째 아들을 낳았을 때, 로런스는 아이를 오펜하이머라고 부르겠다고 고집했다. 몰리는 승낙했지만, 그녀는 시간이 갈수록 오펜하이머가 자신의 천박한 성격을 숨기기 위해 가식적인 태도를 꾸며 댄다고 생각하게 되었다. 결혼 초기에 그녀는 두 친구 사이에 끼어들지 않았다. 하지만 나중에 상황이 바뀌면 몰리는 남편에게 오펜하이머와 어울리지 말라고 종용하게 될 것이었다.

로런스는 천성적으로 새로운 일을 벌이는 성격이었으며, 자신의 야심을 이루기 위한 자금을 조달할 능력을 가지고 있었다. 오펜하이머를 만나기 몇 달 전에 그는 지금껏 난공불락이었던 원자핵을 파고들 수 있는 기계를 만들어야겠다고 생각하게 되었다. 그의 표현을 빌면, 원자핵은 "커다란 성당 속을 날아다니는 파리"와도 같은 것이었다. 이는 매우 작고 포착하기 어려울 뿐만 아니라, 쿨롱 장벽(Coulomb barrier)이라는 껍질의 보호를 받고 있었다. 물리학자들은 그 장벽을 뚫기 위해서는 100만 볼트 정도의 에너지로 가속된 수소 이온이 필요할 것이라고 예측했다. 1929년에는 그와 같은 고에너지 상태를 만드는 것이 불가능했다. 하지만 로런스는 불가능한 일을 가능하게 만드는 방법을 찾아냈다. 그는 2만 5000볼트 정도의 비교적 작은 전압이 걸린 교류 전기장 안에서 양성자(陽性子, proton)를 왔다 갔다 하게 만들면서 가속시키는 기계를 만들 수 있을 것이라고 제안했다. 진공관과 전자석을 이용하면, 이온 입자들은 전기장과 자기장을 지나면서 나선형 궤도를 따라 점점 더 빠른 속도로 가속될 것이었다. 그는 원자핵을 파고들기 위해서 얼마나 큰 가속기가 필요한지는 정확히 몰랐지만, 웬만한 크기의 자석과 원형 상자만 있으면 100만 볼트 정도는 낼 수 있으리라고 확신했다.

로런스가 첫 번째 가속기를 만든 것은 1931년 초 무렵이었다.[27] 이 기계는 지름 11센티미터의 조야한 것이었는데, 그는 이를 이용해 8만 볼트의 양성자를 만들어 냈다. 1년 후, 그는 지름 28센티미터짜리 기계에서 100만 볼트 양성자를 만드는 데 성공했다. 이와 같은 성공을 바탕으로 로런스는 이제 수만 달러를 들여 거대한 가속기를 만들어야겠다고 결심했다. 그는 자신의 발명품에 "사이클로트론(cyclotron)"이라는 이름을 붙이고, 당시 캘리포니아 대학교 총장이었던 로버트 고든 스프라울(Robert Gordon Sproul)을 설득해 물리학과가 위치한 르콩트 홀(LeConte Hall) 옆의 낡은 목재 건물을 사용할 수 있도록 허가를 받았다. 로런스는 그것을 '버클리 방사선 연구소(Berkeley Radiation Laboratory)'라고 불렸다. 전 세계의 이론 물리학자들은 곧 로런스가 이룬 성과 덕분에 원자의 깊숙한 곳까지 탐구할 수 있게 될 것이었다. 로런스는 1939년에 그 업적으로 노벨 물리학상을 받았다.

더 크고 더 강력한 사이클로트론을 만들기 위한 로런스의 노력은 20세기 초 미국의 담합 자본주의의 등장과 함께 나타난 '거대 과학'을 향한 움직임을 잘 보여 주는 것이었다. 1890년만 해도 미국에는 단 4개의 기업 연구소가 존재했지만, 40년 후에는 거의 1,000여 개의 연구소들이 생겨났다. 이 연구소들은 과학 연구가 아니라 주로 기술 개발을 중시하는 기관들이었다. 시간이 흐르면서 오펜하이머처럼 순수하고 '작은' 과학을 추구하던 이론 물리학자들은, 일반적으로 '군사 과학'에 매진하던 거대 연구소의 문화로부터 소외되기 시작했다. 심지어 1930년대에도 이와 같은 분위기를 견디지 못하는 젊은 물리학자들이 생겨났다. 오펜하이머와 로런스의 학생이었던 로버트 윌슨(Robert Wilson)은 버클리를 떠나 프린스턴 대학교로 가기로 결정했다. 그는 사이클로트론과 같은 거대한 기계를 이용한 과학이 "가장 나쁜 의미에서의 집단 연구 활동"이라고 결론 내렸던 것이다.[28]

80톤에 달하는 거대한 자석을 장착한 사이클로트론을 만들기 위해서는 많은 자금이 필요했다.[29] 하지만 로런스는 석유 사업가 에드윈 폴리(Edwin Pauley), 은행가 윌리엄 크로커(William H. Crocker), 그리고 정계 실세인 존 프랜시스 닐런(John Francis Neylan) 등 버클리 이사회 위원들로부터 재정 지원을 끌어내는 데 뛰어난 재능을 보였다. 1932년에 스프라울 총장은 로런스를 캘리포니아의 가장 영향력 있는 사업가와 정치인 등 엘리트들의 모임인 보헤미안 클럽(Bohemian Club)의 회원이 될 수 있도록 주선해 주었다. 보헤미안 클럽의 회원들은 로버트 오펜하이머를 결코 받아들이지 않았을 것이다. 그는 유태인이었고 너무나 다른 세상에서 살고 있는 듯했다. 하지만 중서부 농장 출신의 로런스는 별 어려움 없이 엘리트 사교계에 끼어들 수 있었다(나중에 닐런은 로런스를 퍼시픽 유니언 클럽(Pacific Union Club)이라는 훨씬 더 배타적인 클럽에 가입하도록 주선해 주었다.). 로런스는 이와 같은 권력자들로부터 연구비를 받기 시작하면서 뉴딜에 반대하는 그들의 보수적인 정치관 역시 서서히 받아들이기 시작했다.

반면에 오펜하이머는 연구 활동에서 돈의 역할에 대해 자유 방임적인 태도를 가지고 있었다. 한번은 오펜하이머의 대학원생이 어떤 프로젝트를 수행하기 위한 자금을 조달하기 위해 그의 도움을 청하자, 그는 연구 활동이란 "결혼을 하는 것이나 시인이 되는 것과 마찬가지로, 못하게 말리는 상황에서 여러 가지 훼방에도 불구하고 이루어져야 하는 것이다."라고 말해 줄 뿐이었다.[30]

1930년 2월 14일에 오펜하이머는 「전자와 양성자 이론에 대하여(On the Theory of Electrons and Protons)」라는 중요한 논문을 마쳤다. 오펜하이머는 전자에 대한 디랙의 방정식을 참조하여 양의 전하를 띤 입자가 존재해야 한다고 주장했다. 이 신비한 입자는 전자와 같은 질량을 가질 것이었다. 디랙은 그것이 양성자일 것이라고 제안했지만, 오펜하이머는 이에 동의하지 않았다. 대신에 그는 '양전자(positron)'라는 새로운 입자의 존재를 예측했다. 아이러니하게도 디랙은 자신의 방정식이 가진 함의를 알아차리지 못했고, 모든 공로를 오펜하이머에게 돌렸다. 디랙은 곧 "실험 물리학자들에게 아직 알려지지 않은 새로운 종류의 입자"가 존재할지도 모른다고 제안했다. "이 입자는 전자와 같은 질량과 반대 부호의 전하를 가지고 있을 것이다." 그는 반물질(antimatter)의 존재를 제안한 것이다. 디랙은 이 오묘한 입자를 '반전자(anti-electron)'라고 부르자고 제안했다.

처음에는 디랙조차 자신의 가설을 완전히 받아들이지 못했다. 파울리와 보어마저도 그것을 단호하게 거부했다. 오펜하이머는 나중에 "파울리는 그것을 헛소리라고 생각했습니다."라고 말했다.[31] "보어 역시 그것이 헛소리라고 생각했고 완전히 회의적인 태도를 취했습니다." 디랙이 반물질을 예측했던 것은 오펜하이머 같은 사람의 종용이 있었기 때문이었다. 이것은 오펜하이머 특유의 독창적인 사고방식의 좋은 사례였다. 1932년에 실험 물리학자 칼 앤더슨(Carl Anderson, 1905~1991년)이 양전자의 존재를 증명했다. 앤더슨의 발견은 오펜하이머의 계산이 양전자의 존재를 이론적으로 보인 지 2년이 지난 후에 이루어졌다.[32] 그로부터 1년 후, 디랙은 노벨상을 받았다.

당시 전 세계의 물리학자들은 비슷한 문제들을 두고 씨름하고 있었고, 일등 자리를 두고 치열한 경쟁이 벌어졌다. 오펜하이머는 이 경주에서 꽤 많은 성과를 거두었다. 그는 몇 안 되는 학생들과 함께 일했지만, 그래도 대부분의 중요한 문제들에 대해 다른 경쟁자들보다 한두 달 먼저 짧은 소논문을 발표할 수 있었다. 버클리의 한 동료는 "오펜하이머와 그의 그룹이 수많은 문제들에 대해 다른 경쟁 그룹들과 어깨를 나란히 하며 무언가 성과를 냈다는 것은 대단한 일이었습니다."라고 회고했다.[33] 그들의 결과는 특별히 세련되거나 정확하지는 않았다. 깔끔하게 정리하는 것은 다른 사람들이 할 일이었다. 하지만 오펜하이머는 항상 핵심을 짚었다. "오피는 물리 현상의 근본을 재빨리 파악하고 나서 봉투 뒷면에 간단한 계산을 하면서도 중요한 모든 요소들을 고려하는 것에 대단한 재능을 가지고 있었습니다. 디랙처럼 세련되게 마무리하는 것은 오피의 작업 스타일이 아니었습니다." 그는 "미국식으로 기계를 만드는 것처럼 빠르지만 적당히(fast and dirty)" 일했다.

1932년에 영국 케임브리지 시절에 오펜하이머의 스승이었던 랠프 파울러(Ralph Fowler)가 버클리를 방문했다. 저녁마다 오펜하이머는 파울러에게 자신이 개발한 복잡한 게임을 하자고 졸라대고는 했다. 몇 달 후, 하버드 대학교에서 오펜하이머를 교수로 초빙하려고 하자, 파울러는 "부주의함으로 인한 실수가 많긴 하지만 그는 독창성이 돋보이는 작업을 하고 있습니다. 내가 지난 가을에 버클리에 가서 보았을 때, 그는 이론 물리학계에서 커다란 지적 자극제가 되고 있으며 커다란 영향력을 발휘하고 있었습니다."라고 썼다.[34] 서버도 이에 동의했다. "그의 물리학은 훌륭했지만, 그의 계산 능력은 형편없었습니다."[35]

오펜하이머는 한 가지 문제를 오랫동안 파고들 만한 참을성을 가지고 있지 못했다.[36] 그 결과 그가 새로운 분야의 문을 열어젖히면 다른 사람들이 그의 뒤를 따라 중요한 발견을 하는 경우가 종종 있었다. 1930년에 그는 직접 이론(direct theory)을 이용한 스펙트럼선의 무한 성질에 대한 논문을 발표해 동료 과학자들의 주목을 받았다. 그는 수소 스펙트럼의 선을 쪼갬으로써 수소 원자가 존재할 가능성이 있는 두 가지 상태의 에너지 준위 사이에 작은 차이가 있을 것이라고 제안했다. 디랙은 수소의 두 상태는 정확히 같은 에너지를 가지고 있어야 한다고 주장한 바 있었다. 이 논문에서 오펜하이머는 디랙의 주장에 이의를 제기했지만 확정적인 결과는 도출하지 못했다. 하지만 몇 년 후, 오펜하이머의 박사 과정 학생이었던 윌리스 유진 램(Willis E. Lamb, 1913년~)이라는 실험 물리학자가 이 문제를 해결했다. '램 이동(Lamb shift)'이라고 알려진 이 이론은 두 에너지 준위의 차이가 상호 작용의 과정으로 인해 발생한다는 것을 설명했다. 램은 '램 이동'을 정확히 측정하여 양자 전기 역학의 결정적인 발전을 이룬 공로를 인정받아 1955년에 노벨상을 수상했다.

이 시기에 오펜하이머는 우주선, 감마선, 전기 역학, 그리고 전자-양전자 샤워 등 다양한 분야에 걸쳐 중요한 논문들을 발표했다. 핵물리 분야에서, 그는 멜바 필립스와 함께 중양자(deuteron) 반응에서 양성자의 수율을 계산했다. 1907년에 태어나 인디애나 농장에서 자란 필립스는 오펜하이머의 첫 박사 과정 학생이었다. 양성자 수율에 대한 그들의 계산은 '오펜하이머-필립스 과정(Oppenheimer-Philips process)'으로 널리 알려지게 되었다. 필립스는 "그는 아이디어맨이었습니다. 그는 위대한 물리학자는 아니었지만, 학생들과 함께 수많은 아름다운 아이디어들을 생각해 냈습니다."라고 회고했다.[37]

물리학자들은 오펜하이머의 가장 독창적이고 놀랄 만한 작업은 그가 1930년대 말에 했던 중성자별(neutron star)에 관한 연구라는 데 대체로 동의할 것이다. 중성자별은 1967년이 될 때까지 실제로 관측되지 않았다. 오펜하이머가 천체 물리에 관심을 갖기 시작한 것은 친구인 리처드 톨먼 때문이었다.[38] 톨먼은 그를 패서디나의 윌슨 산 천문대(Mt. Wilson Observatory)의 천문학자들에게 소개시켜 주었다. 1938년에 오펜하이머는 서버와 함께 「별 중성자 중핵의 안정성(The Stability of Stellar Neutron Cores)」이라는 논문을 작성했다. 이 논문은 '백색 왜성(white dwarfs)'이라는 고도로 압축된 별의 성질을 탐구하는 것이었다.[39] 몇 달 후, 그는 또 다른 학생인 조지 볼코프(George Volkoff)와 함께 「거대 중성자 중핵에 관해(On Massive Neutron Cores)」라는 논문을 썼다. 계산자로 복잡한 계산을 한 끝에, 오펜하이머와 볼코프는 중성자별들의 질량에는 상한이 존재한다고 제안했다(이는 '오펜하이머-볼코프 한계(Oppenheimer-Volkoff limit)'라고 알려지게 되었다.).

9개월 후인 1939년 9월 1일에 오펜하이머는 또 다른 학생인 하틀랜드 스나이더(Hartland Snyder)와 「연속적 중력 수축에 관하여(On Continued Gravitational Contraction)」를 발표했다. 역사적으로 이 날은 히틀러가 폴란드를 침공함으로써 제2차 세계 대전이 시작된 날로 훨씬 더 널리 알려져 있다. 하지만 이 논문이 발표된 것 역시 중요한 사건이었다. 물리학자이자 과학사가인 제러미 번스타인(Jeremy Bernstein)은 그것을 "20세기 물리학에서 가장 중요한 논문 중 하나"라고 평가한다.[40] 하지만 당시에는 그다지 큰 주목을 받지 못했다. 수십 년이 지나고 나서야 물리학자들은 오펜하이머와 스나이더가 1939년에 20세기 물리학으로 진입할 수 있는 중요한 문 하나를 활짝 열었다는 것을 이해하게 되었다.

오펜하이머와 스나이더의 논문은 거대한 별에서 연료가 다 타 버리면 어떻게 될지를 묻는 것으로부터 출발했다. 그들의 계산에 따르면, 이 별은 백색 왜성(어느 질량 이상의 중핵을 가진 별)으로 붕괴해 버리는 것이 아니라, 스스로의 중력 때문에 수축을 계속할 것이었다. 그들은 아인슈타인의 일반 상대성 이론을 이용해, 별이 극도로 수축한 결과 생겨나는 무한한 중력 때문에 광파조차 빠져나갈 수 없는 상태가 될 것이라고 주장했다. 멀리서 관측한다면 그와 같은 별은 말 그대로 사라져 버릴 것이었다. 오펜하이머와 스나이더는 "오직 중력장만이 남게 된다."라고 썼다. 그들은 블랙홀이 생겨나는 과정을 설명한 것이었다. 이것은 흥미롭지만 기묘한 개념이었다. 이 논문은 과학자들 사이에서 무시당했고, 그들의 계산 결과는 오랫동안 수학적 호기심을 충족시켜 주는 것에 불과하다고 치부되었다.

1970년대 초가 되어서야 천문학자들은 블랙홀을 관측할 수 있을 정도의 장비를 갖추게 되었다. 전파 망원경을 둘러싼 컴퓨터 기술의 발달 덕분에 블랙홀 이론은 천체 물리학의 핵심 문제로 대두되었다. 칼텍의 이론 물리학자인 킵 손(Kip Thorne, 1940년~)은 "돌이켜보면, 오펜하이머와 스나이더의 작업은 블랙홀의 붕괴를 완벽하고 정확하게 수학적으로 기술한 것이었습니다. 당시 수학자들이 쏟아 내는 결과들은 우주가 작동하는 방식에 대한 우리의 생각과 너무나 달랐기 때문에 사람들이 이 논문을 이해하는 것이 쉽지 않았을 것입니다."[41]

오펜하이머는 그답게 이 현상에 대한 세련된 이론을 개발하는 작업은 다른 과학자들에게 맡겨 두었다.[42] 왜 그랬을까? 성격과 기질이 중요한 요인이었을 것이다. 오펜하이머는 어떤 아이디어라도 듣자마자 즉시 결점을 발견할 수 있는 능력을 가지고 있었다. 에드워드 텔러(Edward Teller, 1908~2003년) 같은 몇몇 물리학자들은 새로운 아이디어에 어느 정도 결점이 있더라도 대담하고 낙관적으로 널리 알리는 것을 서슴지 않았지만, 오펜하이머는 언제나 자신의 연구 결과에 회의적이고 비판적인 태도를 취했다. 서버는 "오피는 항상 자신의 아이디어에 비관적이었습니다."라고 회고했다.[43] 어떻게 보면 그의 지나친 명석함이 독창적인 이론 추구에 꼭 필요한 끈질긴 확신을 갖지 못하게 했던 것이라고 할 수 있다. 그는 이와 같은 회의적 태도로 인해 한 가지 연구를 완벽하게 마무리짓지 못하고 다음 주제로 넘어가는 경우가 많았다.* 오펜하이머는 블랙홀 이론이라는 창의적 성과를 올린 후 재빨리 중간자(meson) 이론이라는 새로운 주제로 옮겨 갔다.[44]

수년 후 오펜하이머의 친구들과 물리학계의 동료들은 그토록 명석했던 그가 왜 노벨상을 받지 못했는지에 대해 생각해 보고는 했다. 레오 네델스키는 "오펜하이머는 물리학에 매우 깊은 지식을 가지고 있었습니다. 어쩌면 파울리 정도나 되어야 오펜하이머보다 물리학에 대해 더 많은 그리고 더 깊은 지식을 가지고 있었을까요."[45] 하지만 노벨상을 타기 위해서는

---

* 20년 이상 흐른 뒤에 또 다른 물리학자 존 휠러가 오펜하이머를 만났을 때 중성자별에 대한 이야기를 꺼냈다. 하지만 오펜하이머는 그 당시 물리학의 가장 인기 있는 주제로 떠오르고 있던 중성자별 연구에 전혀 흥미를 보이지 않았다.

인생의 다른 많은 것들과 마찬가지로 능력뿐만 아니라 헌신성이나 전략도 있어야 하고, 타이밍도 맞아야 하며, 무엇보다도 운이 따라야 하는 것이다. 오펜하이머는 자신의 관심을 끄는 최첨단 물리학 연구를 할 헌신성을 가지고 있었다. 그리고 그는 확실히 능력도 갖추었다. 하지만 그는 올바른 전략을 구사하지 못했을 뿐더러, 타이밍도 맞지 않았다. 마지막으로, 노벨상은 대개 무언가 구체적인 성과를 낸 과학자들에게 수여되는 상이다. 반면 오펜하이머의 천재성은 물리학계 전반의 성과들을 통합할 수 있는 능력에 있었다. 1934~1936년에 그의 지도로 박사 후 과정 연구원으로 활동했던 에드윈 율링(Edwin Uehling)은 "오펜하이머는 상상력이 풍부한 사람이었습니다."라고 회고했다.[46] "그의 물리학 지식은 대단히 포괄적이었습니다. 그가 노벨상을 받을 만한 일을 하지 않았다고 말할 수 있을지는 잘 모르겠습니다. 하지만 그의 작업은 대개 노벨상 위원회의 관심을 끌 만한 결과를 내지 못했습니다."

오펜하이머는 1932년 가을에 프랭크에게 보낸 편지에서 "일은 잘되고 있어. 결과는 별 볼일 없지만 과정은 재미있어……. 우리는 기존의 세미나에 더해 핵물리 세미나를 열기 시작했어. 엄청난 혼돈 속에서 어떻게든 체계를 세워 보려는 것이지."라고 썼다.[47] 비록 오펜하이머는 자신이 실험실에서 얼마나 무능한지를 아는 이론가였지만, 적어도 로런스 같은 뛰어난 실험가들과 가깝게 지내려고 노력했다. 수많은 유럽 출신 이론가들과는 달리, 그는 자신이 연구하던 새로운 물리학의 타당성을 시험하는 실험가들과 공동 연구를 하는 것이 많은 이점을 가져다주리라는 점을 분명히 인식하고 있었다.[48] 심지어 고등학생 시절에도, 교사들은 그가 기술적인 내용을 알아듣기 쉬운 말로 설명하는 능력이 탁월하다는 것에 주목했다. 그는 드물게 이론과 실험을 모두 이해할 수 있었기 때문에, 다양한 연구 분야에서 쏟아져 나오는 엄청난 양의 정보를 통합할 수 있는 능력을 갖추게 되었다. 논리 정연하게 지식을 통합할 수 있는 오펜하이머의 능력은 세계 수준의 물리학 학파를 만들기 위해서 필수적인 것이었다. 몇몇 물리학자들은 오펜하이머가 양자 물리의 성과들을 집대성한 교과서를 쓸 수 있을 정도의 지식과 자원을 가지고 있다고 생각했다. 1935년 무렵만 해도 그는 그런 책을 쓸 만한 자료를 가지고 있었다. 양자 역학을 설명하는 그의 기초 강의록은 너무 인기가 많아서, 그의 비서였던 레베카 영(Rebecca Young)은 그것을 등사 인쇄해 학생들에게 팔 수 있을 정도였다. 여기서 나온 수익금은 물리학과의 공금으로 사용되었다. 한 동료는 "오펜하이머가 시간을 조금 들여 그의 강의와 논문들을 정리했다면, 그것은 매우 훌륭한 양자 물리학 교과서가 되었을 것이다."라고 주장했다.[49]

오펜하이머에게는 여가를 즐길 만한 시간이 없었다. 그는 1929년 가을에 프랭크에게 "나에게는 친구보다도 물리학이 더 중요해."라고 고백했다.[50] 그는 1주일에 한 번 정도 샌프란시스코 만이 내려다보이는 언덕 위에서 승마를 즐겼다. 그는 프랭크에게 보낸 편지에 "가끔씩 나는 크라이슬러 자동차를 몰고 나가 옆자리에 친구를 태운 채로 시속 110킬로미터로 모퉁이를 돌아 그를 놀래키기도 해. 이 차는 떨림 없이 시속 120킬로미터까지는 문제없어. 나는 아주 고약한 운전자야."라고 썼다. 어느 날 그는 로스앤젤레스 부근에서 연안 열차와 경주를 벌이다가 그만 사고를 내고 말았다. 오펜하이머는 큰 부상을 입지 않았지만 옆에 타고 있던 내털리 레이먼드(Natalie Raymond)는 죽은 줄만 알았다. 사실 레이먼드는 기절했을 뿐이었다. 율리우스는 사고 소식을 듣고 그녀에게 세잔 그림 한 점과 작은 블라맹크 유화 한 점을 선물로 주었다.[51]

오펜하이머가 레이먼드를 패서디나의 어느 파티에서 처음 만났을 때, 그녀는 20대 후반의 아름다운 여인이었다. 그녀를 알던 한 친구는 "내털리는 오펜하이머처럼 모험 정신이 강한 사람이었다."라고 썼다.[52] "이것이 그들이 사귀게 된 계기였을 것이다." 오펜하이머는 그녀를 냇(Nat)이라고 불렀고, 그들은 1930년대 초에 꽤 자주 만났다. 프랭크 오펜하이머는 그녀를 "만만치 않은 여성"이라고 묘사했다. 오펜하이머는 그녀와 함께 새해 파티에 참석한 직후에 프랭크에게 편지를 썼다. "냇은 옷 입는 법을 배웠어. 그녀는 금색, 푸른색, 검은색이 들어간 길고 우아한 드레스를 입고, 세련된 귀고리를 했으며, 난을 좋아하고 모자를 쓸 때도 있어. 그녀가 왜 변했는지에 대해서는 더 이상 말할 필요가 없겠지." 그녀와 함께 라디오 시티(Radio City) 연주회장에서 "실로 훌륭한" 바흐 콘서트를 듣고 난 후 오펜하이머는 프랭크에게 "이 마지막 날들은 냇에게 빠져서 지냈어. 그녀는 항상 새로운 비참함을 느끼는 듯해."라고 썼다. 그녀는 1934년 여름에 오펜하이머와 다른 친구들과 함께 페로 칼리엔테에서 시간을 보내기도 했다. 하지만 그들의 관계는 그녀가 뉴욕의 어느 출판사에 새로운 직장을 잡아 캘리포니아를 떠나면서 끝나고 말았다.

오펜하이머 주변에는 냇 말고도 여러 여성들이 맴돌았다. 1928년 봄에 그는 패서디나에서 열린 어느 파티에서 헬렌 캠벨(Helen Campbell)을 만났다. 헬렌은 이미 버클리 물리학 강사인 새뮤얼 앨리슨(Samuel K. Allison)과 약혼한 사이였지만, 그녀는 오펜하이머에게 강하게 끌렸다. 그는 그녀와 함께 저녁 식사를 했고 산책도 몇 번 갔다. 오펜하이머가 1929년에 버클리로 돌아왔을 때, 그들은 다시 만나기 시작했다. 헬렌은 이미 결혼한 상태였고, 그녀는 "젊은 부인들이 오펜하이머의 화술과 꽃 선물에 매료되는 것"[53]을 보며 즐거워했다. 그녀는 "오펜하이머에게 바람기가 있었기 때문에 그의 관심을 심각하게 받아들여서는 안 된다."는 것을 알아챘다. 그녀는 그가 "결혼 생활에 불만을 가진 여성들과 어울리는 것을 좋아했고, 특히 레즈비언들에게 민감하게 반응했다."라고 생각했다. 그는 항상 카리스마가 넘쳤다.

1929년에 오펜하이머는 동생에게 "모든 남자들은 여성들에게 매력적으로 보이고 싶어 하지. 그런 욕망이 꼭 허영심만은 아니야. 하지만 그와 같은 매력은 가지고 싶다고 해서 얻을 수 있는 것은 아니야. 사람들은 멋진 취향이나 행복을 갖고 싶어 하지만 의지만으로 그것들을 얻을 수 없는 것과 마찬가지지. 그것들은 한 사람의 삶의 방식을 그대로 반영하는 것들이야. 행복하려고 노력하는 것은 아무런 설계도 없이 기계를 만들려는 것과 같을 테니까."라고 썼다.[54]

프랭크가 "뉴욕의 젊은 여성(the jeunes files Newyorkaises)"들과의 문제에 대해 불평하는 편지를 보내오자, 오펜하이머는 "여자 문제로 고민할 필요는 없다고 말해 주고 싶다."라며 답장을 보냈다.[55] "여성들과 어울리는 것이 정말로 즐겁지 않다면, 굳이 어울리려 노력할 필요는 없어. 그리고 여자를 고를 때는 그녀가 너를 즐겁게 해 주는가뿐만이 아니라, 네가 그녀에게 즐거움을 줄 수 있는지, 그리고 그녀가 너를 편안하게 해 주는지를 고려해야 해. 대화를 시작할 때는 항상 여자에게 주도권이 있음을 잊어서는 안 돼. 그녀가 먼저 입을 열지 않는다면, 억지로 말을 시켜 봤자 불쾌한 경험만 하게 될 거야." 확실히 이성 문제는 17세의 프랭크뿐만 아니라 오펜하이머에게도 여전히 어려운 문제였다.

대부분의 친구들에게 오펜하이머는 모순 덩어리였다. 체르니스는 버클리의 고전 그리스학과에서 박사 과정을 밟던 1929년에 오펜하이머를 처음 만났다. 체르니스는 얼마 전 오펜하이머의 어릴 적 에티컬 컬처 스쿨 시절 친구였던 루스 마이어(Ruth Meyer)와 결혼했다. 체르니스는 즉시 오펜하이머에게 매료되었다. "그의 외모, 목소리, 그리고 그의 태도는 남녀를 가리지 않고 모든 사람들을 반하게 만들었습니다. 거의 대부분의 사람들이 그랬지요."[56] 하지만 그는 "내가 그를 알게 되고 가까워지면서 점점 더 그에 대해 잘 모르겠다는 생각이 들었습니다."라고 인정했다. 체르니스가 오펜하이머를 관찰한 결과, 그에게는 무언가 어긋난 부분이 있음을 느꼈다. 그는 오펜하이머가 "날카로운 지성"을 가지고 있다고 생각했다. 사람들은 오펜하이머가 워낙 많은 분야에 대해 많은 지식을 가지고 있었기 때문에 그를 복잡하고 이해하기 쉽지 않은 사람이라고 생각했다. 하지만 감성적인 차원에서 "그는 단순한 사람이고 싶어 했습니다." 체르니스는 오펜하이머가 "친구를 무척 사귀고 싶어 했습니다."라고 말했다. 하지만 넘치는 매력에도 불구하고 "그는 어떻게 친구를 만드는지 잘 몰랐습니다."

7장
님 님 소년들

정치가 진실, 선함, 그리고 아름다움과 도대체 무슨 관계가 있다는 거야?

— 로버트 오펜하이머

1930년 봄에 율리우스와 엘라 오펜하이머는 아들을 만나러 패서디나를 방문했다. 전년도의 주식 시장 붕괴로 미국 경제는 대공황을 맞게 되었다.[1] 하지만 율리우스는 우연히도 1928년에 은퇴하기로 결정하면서 로스펠드, 스턴 & 컴퍼니(Rothfeld, Stern and Co.)의 지분을 처분한 상태였다. 그는 또한 리버사이드 가의 아파트와 베이 쇼어의 여름 별장도 팔고, 엘라와 함께 파크 애비뉴에 위치한 작은 아파트로 이사 갔다. 결과적으로 오펜하이머 가의 재산은 대공황으로 큰 타격을 입지 않았다. 오펜하이머는 부모를 가장 친한 친구인 리처드와 루스 톨먼에게 소개했다. 그들은 톨먼 부부와 함께 '멋진' 저녁 식사를 하고 차까지 마셨다. 루스는 나중에 그들과 함께 로스앤젤레스로 차이코프스키 콘서트를 보러 가기도 했다. 율리우스는 "(오펜하이머의) 개조한 크라이슬러가 이상한 소리를 낸다."라며 아들에게 새 크라이슬러 자동차를 사 주기로 마음먹었다.[2] 율리우스는 나중에 작은 아들 프랭크에게 "형은 처음에는 강하게 저항했지만, 이제는 아주 좋아해. 그는 예전보다 운전 속도를 절반으로 줄였단다. 이제는 사고가 날 걱정은 하지 않아도 되겠지."라고 썼다. 오펜하이머는 새 차를 성경에 나오는 유명한 랍비의 헤브라이식 이름인 가말리엘(Garmaliel)이라고 부르기로 했다. 그는 어린 시절에 자신의 유태 혈통을 숨기려고 했다. 이제 그가 유태인으로서의 자신의 정체성을 드러낼 정도로 편안하게 느끼게 된 것은 그가 갖게 된 자신감과 성숙함을 반영하는 것이었다.

이 무렵 프랭크는 자신이 알고 있던 형이 "완전히 사라져 버렸다."라고 불평하는 편지를 보냈다. 오펜하이머는 그럴 리가 없다며 변명하는 답장을 보냈다. 오펜하이머는 자신이 유럽에서 2년을 보내는 동안, 여덟 살 아래인 프랭크가 부쩍 성장했다고 느꼈다. "나를 알아보기 위해서는 키는 183센티미터 정도, 머리카락은 검은색, 푸른 눈에, 현재 입술이 갈라져 있고, 오펜하이머라고 부르면 대답한다는 것만 알면 충분해."

그리고 나서 그는 동생이 물어봤던 "심리 상태에 어떻게 반응하는 것이 현명한 것인가?"라는 질문에 답해 주려고 했다.[3] 오펜하이머의 답변으로 보아 그가 여전히 심리학에 깊은 관심을 가지고 있었다는 것을 알 수 있다. "나의 의견을 말하자면, 우리는 심리 상태를 이용하려 해야지 그것에 휘둘려서는 안 돼. 그러므로 우리는 기분 좋은 시기에는 좋은 기분을 요구하는 일을 하고, 우울한 기분이 들 때는 꼭 해야만 하는 일을 하고, 기분이 밑바닥일 때는 그것을 스스로를 단련시키는 데 이용해야 한다는 것이지."

오펜하이머는 다른 교수들에 비해 학생들과 사적으로 어울리는 것을 즐겼다. 율링은 "우리는 모든 일을 함께 했습니다."라고 말했다.[4] 일요일 아침이면 오펜하이머는 종종 율링 부부의 아파트에 들러 아침을 먹으며 뉴욕 교향악단의 연주 방송을 들었다. 매주 월요일 저녁이면 오펜하이머와 로런스는 버클리와 스탠퍼드의 대학원생들에게 열려 있는 물리학 세미나를 주최했다. 그들은 그것을 '월요일 저녁 저널 클럽(Monday Evening Journal Club)'이라고 불렀는데, 이는 그들이 이 모임에서 《네이처(Nature)》나 《피지컬 리뷰》 등의 학술지에 최근에 실린 논문을 중심으로 토론을 벌였기 때문이었다.

오펜하이머는 잠시 자신의 박사 과정 학생인 멜바 필립스와 데이트를 하기도 했다. 어느 날 저녁 그는 그녀를 차에 태우고 샌프란시스코 만이 내려다보이는 버클리 언덕 꼭대기로 올라갔다. 오펜하이머는 필립스에게 이불을 덮어 주고는 "한 바퀴 산책하고 금방 돌아올게."라고 말했다.[5] 그는 잠시 후 돌아와서 차창 너머에서 "멜바, 나는 집으로 그냥 걸어갈래. 네가 차를 가지고 내려올 수 있겠지?"라고 말했다. 하지만 오펜하이머가 이 말을 할 때 필립스는 깜빡 잠들어 있어서 그의 말을 듣지 못했다. 그녀는 잠에서 깨어나 오펜하이머가 돌아오기를 하염없이 기다렸다. 하지만 그가 두 시간이 지나도록 돌아오지 않자, 그녀는 지나가던 경찰을 불러 세우고는 "내 남자 친구가 산책을 한다고 가서 몇 시간이 지나도 돌아오지 않아요."라고 말했다. 최악의 경우에 대비해, 경찰은 오펜하이머의 시체를 찾는 수색 작업을 벌였다. 결국 필립스는 오펜하이머의 차를 가지고 집으로 돌아갔고, 경찰은 교수 회관의 그의 방으로 찾아갔다. 그들은 그곳에서 잠을 자고 있던 오펜하이머를 발견했다. 그는 경찰에게 사과하며 자신이 필립스에 대해서 까맣게 잊고 있었다고 설명했다. "나는 좀 별난 데가 있어요. 그저 열심히 걷다 보니까 어느새 집에 와 있었고, 잠자리에 들었습니다. 대단히 죄송합니다." 이 이야기를 들은 경찰 출입 기자가 다음 날 《샌프란시스코 크로니클(San Francisco Chronicle)》 1면에 '건망증 교수가 여자 친구를 차에 두고 집에 가 버리다.'라는 제목의 짧은 기사를 보도했다. 이것이 오펜하이머에 대한 첫 언론 보도였다. 이 기사는 곧 전 세계의 언론사로 타전되었다. 프랭크 오펜하이머는 그 기사를 영국 케임브리지에서 읽었다. 오펜하이머와 필립스는 물론 난처해했다. 그는 친구들에게 약간은 방어적인 태도로 자신이 필립스에게 집까지 걸어가겠다고 말했는데, 그녀가 잠들어서 그의 말을 듣지 못했던 것이라고 설명했다.

1934년에 오펜하이머는 버클리 언덕 꼭대기 샤스타 가 2665번지에 위치한 작은 이층집의 아래층으로 이사 갔다.[6] 그는 종종 학생들을 집으로 초대해 멕시코 고추가 들어간 '오피식 달걀 요리(eggs à la Oppie)'와 와인을 대접했다. 가끔씩 그는 손님들 앞에서 화려한 칵테일 쇼를 선보이며 독한 마티니를 만들어 주었다. 그는 때때로 마티니 잔 둘레에 라임 주스와 꿀을 바르기도 했다. 겨울이건 여름이건, 그는 항상 창문을 활짝 열어 두었다. 그래서 겨울이면 손님들은 뉴멕시코산 인디언 양탄자가 걸려 있는 거실에 설치된 커다란 벽난로 가로 모여들었다. 거실 벽에는 그의 아버지가 선물한 작은 피카소 석판화가 걸려 있었다. 물리학 얘기에 진력이 나면 대화는 예술과 문학으로 이어졌고, 가끔은 오펜하이머가 영화를 보자고 제안하기도 했다. 이 작은 삼나무 집에서는 샌프란시스코와 금문교가 내려다보였다. 오펜하이머는 그것을 "전 세계에서 가장 아름다운 항구"라고 불렀다.[7] 집은 유칼립투스, 소나무, 아카시아 나무 등으로 둘러싸여 길에서는 거의 눈에 띄지 않았다. 그는 동생 프랭크에게 자신이 대부분 현관에서 "별을 보며" 자면서 "내가 페로 칼리엔테 현관에 와 있다고 상상"한다고 말했다.

그 시절 오펜하이머의 옷차림은 항상 회색 양복, 푸른색 데님 셔츠, 그리고 낡았지만 광이 나는 투박한 검정색 구두였다. 하지만 학교 밖에서 그는 푸른색 작업복에 물 빠진 청바지, 그리고 멕시코제 은 버클이 달린 넓은 가죽 허리띠로 갈아입었다. 그의 길고 마른 손가락은 니코틴에 절어 노랗게 물들어 있었다.[8]

의식적이든 아니든, 오펜하이머의 학생들은 그의 기벽(奇癖)과 엉뚱함을 흉내 내기 시작했다. 그들은 그가 "님 님" 소리를 내는 것을 따라 했기 때문에 "님 님 소년들(nim nim boys)"이라고 불리게 되었다. 이들 젊은 물리학자들은 오펜하이머가 즐겨 피우는 체스터필드(Chesterfield) 담배를 연달아 피우기 시작했고, 누군가가 담배를 꺼내 들면 경쟁적으로 라이터를 켜서 서로 불을 붙여 주었다. 서버는 "그들은 그의 몸짓, 습관, 억양을 흉내 냈습니다."라고 회고했다.[9] 라비는 "그(오펜하이머)는 주변에 통신망을 깔아 놓은 거미와도 같았습니다. 한번은 버클리에서 그의 학생 두 명과 마주쳤는데, 그들에게 '천재 복장(genius costume)을 입고 있군.'이라고 말해 주었지요(오펜하이머와 비슷한 복장이라는 뜻 ─ 옮긴이). 바로 그 다음 날, 오펜하이머는 내가 그런 말을 했다는 것을 알고 있었습니다."라고 말했다.[10] 몇몇 사람들은 사이비 종교 집단 같은 그들의 행동을 못마땅해했다. 율링은 "우리는 차이코프스키를 좋아해서는 안 되었습니다. 왜냐하면 오펜하이머가 차이코프스키를 좋아하지 않았기 때문이지요."라고 보고했다.[11]

오펜하이머의 학생들은 그가 대부분의 물리학자들과는 달리 자신의 전공 분야 이외에 폭넓은 독서를 한다는 것을 알고 있었다. 체르니스는 "그는 프랑스 시를 많이 읽었습니다."라고 회고했다.[12] "그는 새로 나온 소설과 시를 거의 다 읽었습니다." 체르니스는 그가 고대 그리스 시인들의 작품뿐만 아니라, 동시대의 소설가인 어니스트 헤밍웨이(Ernest Hemingway, 1899~1961년)의 책을 읽는 것도 보았다. 그는 헤밍웨이의 『태양은 또다시 떠오른다(The Sun Also Rises)』를 특히 좋아했다.

대공황 중에도 오펜하이머의 경제 사정에는 큰 변화가 없었다. 1931년 10월에 그는 부교수로 승진해 3,000달러의 연봉을 받게 되었고, 그의 아버지는 계속해서 용돈을 보내 주었다. 율리우스는 자신이 원하던 대로 독립 재단을 세울 만큼 재산이 충분하지 않았지만, "오펜하이머가 연구를 그만두는 일이 없도록" 계속해서 돈을 대 줄 정도의 여유는 있었다.[13]

오펜하이머도 아버지처럼 인심이 후한 편이었다. 그는 좋은 음식과 와인을 학생들과 나누어 먹는 것을 즐겼다. 버클리에서 그는 늦은 오후에 세미나를 마치고 나서 학생들 모두에게 샌프란시스코 최고급 식당인 잭스 레스토랑(Jack's Restaurant)에서 저녁을 먹자고 초대하고는 했다. 1933년 이전에는 금주법이 시행 중이었지만, 오펜하이머는 "샌프란시스코의 고급 식당과 주류 밀매점들을 줄줄이 꿰고" 있었다.[14] 당시에는 버클리에서 샌프란시스코로 가려면 페리를 타야만 했다. 그들은 (1933년 이후에) 페리 터미널에서 배가 도착하기를 기다리면서 주변 선술집에서 재빨리 한 잔씩 하고는 했다. 배를 타고 일단 새크라멘토 가 615번지에 위치한 잭스 레스토랑에 도착하면, 오펜하이머가 와인을 고르고 메뉴를 어떻게 선택해야 하는지 학생들에게 가르쳐 주었다. 그는 항상 계산서를 집어 들었다.[15] 한 학생은 "훌륭한 음식과 와인, 우아한 생활은 우리들 대부분과는 거리가 있는 것이었습니다. 오펜하이머는 우리에게 낯선 세계를 맛보게 해 주었지요……. 우리는 그의 취향에 조금씩 영향을 받았어요."라고 말했다.[16] 1주일에 한두 번씩 오펜하이머는 J. 프랭클린 칼슨(J. Franklin Carlson)과 필립스 등 여러 학생들이 방을 빌려 살고 있던 네델스키의 집에 들렀다. 그들은 밤

10시쯤 모여 차와 케이크를 먹고 나서 둘러앉아 이런저런 게임을 하거나 물리학이나 다른 주제에 대해 토론을 하며 시간을 보냈다. 대부분의 경우 모임은 자정 무렵에 파했지만, 가끔은 새벽 두세 시까지 대화가 이어질 때도 있었다.[17]

1932년 봄 학기의 어느 날 밤, 오펜하이머는 우울증 증세로 고생하던 칼슨이 학위 논문을 끝내는 데 도움이 필요할 것이라고 말했다. 오펜하이머는 "프랭크가 일은 다 해 두었고, 이제 쓰기만 하면 돼."라고 말했다.[18] 오펜하이머의 제안에 따라 학생들은 일종의 작은 논문 공장을 구성했다. 필립스의 회고에 따르면, "프랭크(칼슨)는 논문을 쓰기 시작했고, 레오(네델스키)는 교정을 보았으며……나는 최종 교열과 모든 수식을 적어 넣는 일을 맡았습니다." 칼슨의 논문은 그해 6월 최종 심사를 통과했고, 그는 1932년 가을부터 1년 동안 오펜하이머의 연구 조교로 일했다.

매년 4월에 버클리의 학기가 끝나면 오펜하이머의 학생들은 그와 함께 남쪽으로 600킬로미터 떨어진 패서디나의 칼텍으로 떠났다.[19] 그들은 당연하다는 듯이 버클리의 아파트를 비워 두고 매달 25달러의 방세를 내고 칼텍 캠퍼스 안의 오두막집에 머물렀다. 또한 매년 여름 몇몇 학생들은 미시건 대학교에서 열리는 여름 물리학 세미나에 참석하기 위해 앤아버까지 따라가기도 했다.

1931년 여름에 오펜하이머의 취리히 시절 스승이었던 볼프강 파울리가 앤아버 세미나에 참석했다. 한번은 파울리가 오펜하이머의 발표 도중에 자꾸 말을 끊자, 또 다른 저명한 물리학자인 핸드릭 앤서니 크라머스(Hendrik Anthony Kramers)가 "파울리, 닥치고 오펜하이머가 하는 얘기를 들어 보자구. 뭐가 틀렸는지는 나중에 설명하고!"라고 호통을 치기도 했다.[20] 이와 같은 날카로운 농담은 오펜하이머가 자유분방한 천재라는 인상을 강화하는 효과를 가져왔다.

1931년 여름 엘라 오펜하이머는 백혈병 진단을 받았다.[21] 1931년 10월 6일에 율리우스는 오펜하이머에게 전보를 보냈다. "어머니 중태. 돌아가실 것 같음."[22] 오펜하이머는 급히 집으로 돌아갔고 어머니의 침대 옆에 앉아 최악의 상황에 대비했다. 오펜하이머는 어머니가 "회복될 가능성이 거의 없다고" 생각했다. 그는 로런스에게 다음과 같은 편지를 보냈다. "나는 그녀와 약간의 얘기를 나눌 수 있었네. 그녀는 매우 피곤해하며 슬퍼 보였어. 하지만 조급하지는 않은 것 같아. 그녀는 믿을 수 없을 정도로 상냥하다네."라고 썼다. 열흘 후, 그는 끝이 다가오고 있는 듯하다고 전했다. "그녀는 이제 혼수상태에 빠졌고 임종이 다가오고 있네. 그녀가 더 이상 고통받지 않아도 된다는 사실에 조금은 감사해하고 있어……. 그녀가 나에게 했던 마지막 말은 '그래. 캘리포니아(Yes-California).'였다네."

임종이 다가오자 스미스가 오펜하이머를 위로하기 위해 오펜하이머 가족의 집으로 찾아왔다. 몇 시간 동안 이런저런 얘기를 나눈 후에, 오펜하이머는 그를 올려다보며 "나는 이 세상에서 가장 외로운 사람입니다."라고 말했다.[23] 엘라는 1931년 10월 17일에 62세의 나이로 세상을 떠났다. 오펜하이머는 27세였다. 가족의 한 친구가 "오펜하이머, 자네 어머니는 자네를 매우 사랑하셨어."라며 위로하려고 하자, 그는 작은 목소리로 "네, 알고 있습니다. 어쩌면 너무 많이 사랑하셨는지도 모르지요."라고 대답했다.

슬픔에 빠진 율리우스는 계속해서 뉴욕에 머물기로 했지만, 곧 아들을 만나러 캘리포니아를 정기적으로 방문하기 시작했다. 아버지와 아들은 더욱 가까워졌다. 오펜하이머의 버클리 학생들과 동료들은 그가 자신의 아버지에게 얼마나 신경 쓰는지를 보고 깜짝 놀랐다. 1932년 겨울 동안,

아버지와 아들은 오펜하이머가 강의하던 패서디나의 오두막집에서 함께 살았다. 오펜하이머는 아버지와 매일 점심을 같이 먹었고, 1주일에 한 번 엘리트 저녁 모임에 모시고 갔다. 이 모임에서는 매주 연사가 특정한 주제에 대해 발표를 하고 그에 대한 활발한 토론이 이루어졌다. 율리우스는 이 모임에 참가하게 된 것을 대단히 기뻐했다. 그는 프랭크에게 보내는 편지에서 "아주 재미있어……. 나는 오펜하이머의 친구들을 많이 만났고, 아직까지는 그다지 그의 일에 방해가 되는 것 같지 않아. 그는 항상 바쁘고, 최근에는 두 번인가 아인슈타인과 긴 대화를 나누더군."[24] 1주일에 두 번씩 율리우스는 루스 율링과 카드 놀이를 할 정도로 좋은 친구가 되었다. 루스는 나중에 "그(율리우스)보다 더 여성을 중요하다고 느끼게 해 주는 사람은 없었습니다."라고 회고했다.[25] "그는 아들을 매우 자랑스러워했지요……. 그는 자신이 어떻게 오펜하이머 같은 아들을 낳았는지 알 수 없다고 말했습니다." 율리우스는 예술 세계에 대해 열정적으로 이야기하고는 했다. 루스가 1936년 여름에 그를 만나러 뉴욕을 방문했을 때 그는 자신이 수집한 미술품들을 자랑스럽게 보여 주었다. 그녀는 "그는 나를 아름다운 반 고흐 그림 앞에 하루 종일 앉혀 놓고 빛이 변하는 것에 따라 어떻게 그림이 다르게 보이는지를 보여 주었습니다."라고 회고했다.

오펜하이머가 아버지에게 소개시켜 준 친구들 중에는 버클리 산스크리트 어 교수인 아서 라이더(Arthur W. Ryder)가 있었다. 라이더는 후버식 공화당원이었고 어떤 권위도 두려워하지 않는 독설가였다. 그는 오펜하이머에게 "매료"되었고, 오펜하이머 역시 라이더가 전형적인 지식인이라고 생각했다. 그의 아버지도 아들의 의견에 동의했다. 율리우스는 "그는 놀라운 사람입니다. 엄숙함 사이에 대단히 부드러운 영혼이 숨어 있었지요."라고 말했다.[26] 오펜하이머는 나중에 라이더가 자신에게 "윤리학을 다시 생각하게" 해 주었다고 평가했다. 그는 라이더가 "스토아학파의 금욕주의자들처럼 느끼고, 생각하고, 말했다."라고 생각했으며, "구원과 파멸 사이에서 인간의 행동이 결정적인 역할을 한다는 인생에 대한 비극적인 감성"을 가진 흔치 않은 사람들 중 하나라고 여겼다. "라이더는 누구나 돌이킬 수 없는 실수를 저지를 수 있다는 것을 알고 있었고, 그런 관점에서 세상을 보면 다른 모든 문제들은 부차적인 것에 불과했다."

오펜하이머는 라이더의 전문 분야였던 고대 언어에도 관심을 갖기 시작했다. 곧 라이더는 매주 목요일 저녁 오펜하이머에게 산스크리트 어 개인 교습을 시작했다. 오펜하이머는 프랭크에게 보내는 편지에서 "요즘 산스크리트 어를 배우고 있는데 아주 재미있어. 게다가 가르침을 받는다는 달콤함을 다시 한번 느끼고 있다."라고 썼다. 그의 친구들은 대부분 오펜하이머가 산스크리트 어에 관심을 보이는 것이 조금 이상하다고 생각했다. 하지만 오펜하이머에게 라이더를 소개시켜 준 체르니스는 이것이 아귀가 완벽하게 맞는 것이라고 생각했다. 체르니스는 "그는 복잡한 것을 좋아했습니다. 대부분의 것들이 그에게는 너무 쉬웠기 때문에, 그의 관심을 끌려면 반드시 어려운 것이어야만 했지요."[27] 더구나 오펜하이머는 "신비주의적인 것을 좋아하는 취향"을 가지고 있기도 했다.

일단 언어를 배우고 나자, 오펜하이머는 곧 바가바드기타(Bhagavad-Gita)를 읽기 시작했다. 그는 프랭크에게 "그것은 매우 쉽고 상당히 훌륭해."라고 썼다.[28] 그는 친구들에게 '신의 노래(The Lord's Song)'라는 제목의 이 고대 힌두 경전이 "전 세계에서 가장 아름다운 철학적 송가"라고 말했다. 라이더는 그에게 분홍색 표지의 『바가바드기타』를 선물로 주었고, 오펜하이머는 이 책을 항상 손이 닿는 가까운 책장에 꽂아 두었다. 오피도 곧 가까운 친구들에게 이 책을 선물로 주기 시작했다.

오펜하이머는 산스크리트 어 공부에 심취했다.²⁹ 심지어 그의 아버지가 1933년 가을 또다시 새로운 크라이슬러 자동차를 사 주었을 때 그것을 가루다(Garuda)라고 불렀을 정도였다. 가루다는 힌두 신화에서 비슈누(Vishnu)를 태우고 날아다니는 거대한 새의 형상을 한 신의 이름이다. 산스크리트 서사시 마하바라타(Mahabharata)의 핵심인 바가바드기타는 사람의 모습을 한 신 크리슈나(Krishna)와 인간 영웅 아르주나(Arjuna) 왕자의 대화로 이루어져 있다. 군대를 이끌고 피비린내 나는 전쟁터로 진군하려던 아르주나는 친구들과 친척들에 대항한 전쟁을 치르기를 거부한다. 크리슈나는 아르주나에게 전사로서의 운명을 받아들이고 나가서 싸우고 죽여야 한다고 말해 준다.*

오펜하이머는 1926년에 불안한 심리 상태를 겪은 이후 내적 평형 상태를 유지하기 위해 노력해 왔다. 엄격한 자기 통제와 고된 일은 항상 그의 삶의 원칙이었지만, 이제 그는 그것들을 삶의 철학으로 격상시켰다. 1932년 봄에 그는 동생에게 왜 그랬는지를 설명하는 긴 편지를 썼다. 그는 엄격한 자기 통제가 "다른 어떤 이유보다도 영혼에 좋기 때문에 받아들여야 한다."라고 주장했다. "나는 엄격한 자기 통제를 통해 우리가 마음의 평온과 육신으로부터의 자유에 다다를 수 있다고 믿는다……. 나는 자기 통제를 통해 우리가 점점 더 어려운 환경 속에서도 행복을 지키는 데 필수적인 그 무언가를 보존할 수 있는 방법을 배울 수 있다고 믿는다." 그리고 엄격한 자기 통제를 통해서만이 "개인적 욕망이라는 왜곡 없이 세상을 볼 수 있

---

* 오펜하이머는 확실히 이와 같은 고대 실존주의 서사시에 영향을 받았다. 하지만 그의 취리히 시절 친구인 이지도어 라비는 버클리에 들렀을 때 오펜하이머가 산스크리트 어를 공부하고 있다는 이야기를 듣고는 "어째서 탈무드는 공부하지 않는 거지?"³²라고 생각했다.

게 될 것이며, 그렇게 함으로써 속세의 궁핍과 공포를 보다 쉽게 받아들일 수 있게 될 것이다."

동양 철학에 심취했던 수많은 서양 지식인들처럼, 과학자인 오펜하이머는 이와 같은 신비주의에서 위안을 찾았다.[30] 더구나 그는 혼자가 아니라는 것을 알고 있었다. 그는 윌리엄 버틀러 예이츠(William Butler Yeats, 1865~1939년)와 T. S. 엘리엇 등 자신이 흠모하던 몇몇 시인들 역시 마하바라타에 관심을 가지고 있었음을 알고 있었다. 그는 20세의 프랭크에게 보내는 편지를 다음과 같은 말로 끝맺었다. "그러므로 나는 우리에게 자기 통제를 할 수 있게 만들어 주는 공부, 의무, 전쟁, 개인적 고난 같은 여러 계기들을 깊이 감사하는 마음으로 받아들여야 한다고 생각해. 그것들을 통해서만이 우리는 세속적인 것들에서 초연해질 수 있고, 그것은 마음의 평화로 이어질 것이기 때문이야."[31]

오펜하이머는 20대에 이미 세속적인 것들에 초연한 모습을 보이기 시작했다. 다시 말해 그는 과학자로서 물질 세계를 다루기는 했지만, 다른 한편으로는 그것과 거리를 두고 싶어 했다. 그가 순수한 영혼의 세계로 탈출하려 했던 것은 아니었다. 그는 종교에 심취하지도 않았다. 다만 그는 마음의 평화를 추구했다. 바가바드기타는 인간사와 감각적인 쾌락에 깊은 관심을 가진 지식인에게 딱 맞는 철학을 제공하는 듯했다. 그가 가장 좋아하던 산스크리트 경전은 메가두타(Meghaduta)였는데, 이는 나체 여인의 무릎에서 히말라야 산맥의 드높은 산봉우리에 이르는 사랑의 지리학에 대해 논하는 시 형식으로 되어 있었다. 그는 프랭크에게 "나는 라이더와 함께 메가두타를 읽었어. 즐거웠고, 약간은 쉬운 편이었으며, 완전히 매료되었어."라고 썼다.[33] 그가 특히 좋아하던 바가바드기타의 또 다른 부분인 사타카트라얌(Satakatrayam)은 다음과 같은 운명적인 구절을 담고 있었다.

무력으로 적들을 쳐부숴라.
과학을 통달하라
여러 가지 기술들도……
이 모든 준비를 해도, 숙명의 힘은
그것만으로 예정되지 않은 것을 막아내며
운명의 방향으로 이끈다.[34]

우파니샤드(Upanishads)와는 달리, 바가바드기타는 속세에 개입해 행동하는 삶을 찬양한다. 그런 면에서 그것은 오펜하이머가 에티컬 컬처 스쿨에서 받았던 교육과 일맥상통했다. 하지만 둘 사이에는 중요한 차이가 있었다. 기타에서의 숙명과 세속적 의무는 윤리 문화 협회의 인도주의와 상충되는 듯 보일 수도 있었다. 애들러 박사는 움직일 수 없는 "역사의 법칙"을 가르치는 것을 비난했다. 윤리적 문화는 그 대신 개별 인간 의지의 역할을 강조했다. 존 러브조이 엘리엇이 맨해튼 남쪽 이민자 게토에서 벌였던 사회 사업에서 운명적인 요소를 찾기란 어려운 일이었다. 바가바드기타의 운명론에 대해 오펜하이머가 느꼈던 매력은 어쩌면 자신의 어린 시절 받았던 교육에 대한 뒤늦은 반항이었을지도 모른다. 라비는 그렇게 생각했다. 라비의 아내인 헬렌 뉴마크(Helen Newmark)는 나중에 "그와의 대화를 생각해 보면, 그가 학교에 그다지 애착을 갖고 있지 않다는 인상을 받았습니다. 더 깊은 인간관계나 우주에서의 인류의 자리에 대한 더욱 깊은 접근법을 선호하는 젊은 지식인들에게 윤리적 문화를 지나치게 강요하다 보면, 그들의 반감을 살 수 있지요."라고 회고했다.[35]

라비는 오펜하이머가 젊은 시절 에티컬 컬처 스쿨에서 경험했던 것들이 그를 속박하는 짐이 되었을 수도 있다고 추측했다. 한 사람의 행동의 모든 결과를 알 수는 없고, 가끔은 좋은 의도로 한 일이 끔찍한 결과를 초래하는 경우도 있었다. 오펜하이머는 윤리의 중요성을 심각하게 받아들였지만, 다른 한편으로는 넓고 호기심 넘치는 지성과 야망을 가지고 있었다. 어쩌면 그는 많은 지식인들처럼 인생의 복잡다단함을 지나치게 고려한 나머지 전혀 행동할 수 없는 상태가 되었을지도 모르는 일이었다. 오펜하이머는 나중에 이와 같은 딜레마에 대해 성찰했다. "나는 다른 사람들과 마찬가지로 결정을 내리고 행동하거나, 나의 행동의 동기, 나의 독특함, 나의 장점과 단점 등에 대해 생각해 보고 나서 왜 내가 그런 행동을 하려는지 결정할 수 있을 것입니다. 우리의 삶에는 두 가지 모습이 동시에 나타나지만, 하나를 선택하면 나머지를 선택할 수 없게 되는 것입니다."[36] 에티컬 컬처 스쿨에서 애들러는 "남에게 적용하는 높은 기준과 목표를 항상 스스로에게도 적용할 것"을 강조했다. 하지만 오펜하이머가 30대에 진입하면서, 그는 이와 같은 혹독한 자기 통제를 점점 불편해했다. 역사가 제임스 히지야(James Hijiya)가 언급했듯이, 바가바드기타는 이와 같은 심리적 딜레마에 대한 해답을 제시했다. 노동, 의무, 그리고 엄격한 훈육을 받아들이되 그 결과에 대해서는 걱정하지 말라는 것이었다. 오펜하이머는 자신의 행동들이 가져올 결과에 대해서 고민하기는 했지만 아르주나처럼 자신의 의무를 다할 수밖에 없었다. 결국 의무와 야망이 그가 의구심을 넘어서게 만들었던 것이다. 물론 그와 같은 의구심은 인간의 오류에 대한 인식의 형태로 그의 마음 한구석에 남아 있었다.

1934년 6월에 오펜하이머는 미시건 대학교의 여름 세미나에 참석해 디랙 방정식에 대한 자신의 최근 비판에 대해 강의했다.[37] 이 강의는 당시 젊은 박사 후 연구원이었던 서버에게 깊은 인상을 남겼고, 그는 그 자리에서 자신의 연구 장학금을 가지고 프린스턴 대학교에서 버클리로 옮기기로 결정했다. 서버가 버클리에 도착한 지 1~2주 정도 지났을 때, 오펜하이머는 그에게 영화를 보러 가자고 했다. 그들은 로버트 몽고메리 주연의 스릴러 「나이트 머스트 폴(Night Must Fall)」을 보았다. 그것이 평생 동안 지속된 우정의 시작이었다.

정치계에 넓은 인맥을 가진 필라델피아 변호사의 아들로 태어난 서버는 좌익 정치 문화 속에서 자랐다. 그의 아버지는 러시아 출생이었고, 부모님은 둘 다 유태인이었다. 서버의 어머니는 그가 12세 때 세상을 떠났고, 그로부터 얼마 후 아버지가 재혼했다. 그의 새 어머니는 벽화가이자 도예가인 프랜시스 레프(Frances Leof)였는데, FBI 문서에 따르면 그녀는 나중에 공산당에 가입한 사실이 있었다. 로버트 서버는 곧 카리스마 넘치는 필라델피아 의사 모리스 V. 레프(Morris V. Leof)와 그의 아내 제니를 중심으로 한 레프 가문의 일원이 되었다. 레프 가족의 집은 정치가와 예술가들을 위한 사교장으로 기능하고 있었다. 이곳을 정기적으로 방문하는 사람들 중에는 극작가 클리퍼드 오데츠(Clifford Odets, 1906~1963년), 좌익 저널리스트 I. F. 스톤(I. F. Stone), 그리고 나중에 좌익 법정 변호사 레너드 보딘(Leonard Boudin)과 결혼한 시인 진 로이스먼(Jean Roisman) 등이 있었다. 어린 로버트 서버는 곧 모리스와 제니의 둘째 딸인 샬럿 레프(Charlotte Leof)의 매력에 빠져들었다. 1933년에 그는 펜실베이니아 대학교를 졸업하자마자 샬럿과 결혼식을 올렸다. 샬럿은 아버지의 급진적인 정치관의 영향을 받아 1930년대에 여러 좌익 활동에 참여하는 열성 활동가가 되었다.[38] 이와 같은 가족사를 고려했을 때 서버가 좌익 성향을 가지고 있었다는 것은 전혀 놀라운 사실이 아니었다. 하지만 수년 후 FBI는 "로버트 서버가 공산당적을 가진 적 있는지에 대해서는 확실한 증거가 발견되지 않았다."라고 결론 내렸다.[39]

버클리에서 서버는 오펜하이머 밑에서 이론 물리학을 공부했고, 이후 몇 년 동안 그는 오펜하이머와의 공저 논문 7편을 포함해 10여 편의 논문을 출판했다. 그의 논문들은 우주선 입자, 고에너지 양성자의 붕괴, 고에너지 준위에서의 핵 광전 효과 등에 대한 것이었다. 오펜하이머는 로런스에게 서버가 "자신이 같이 일해 본 이론가들 중에 몇 안 되는 일류 과학자"라고 말했다.[40]

그들은 또한 가장 친한 친구가 되었다. 1935년 여름에 오펜하이머는 서버 부부를 뉴멕시코로 초대했다. 하지만 서버는 페로 칼리엔테에서의 생활에 전혀 준비되어 있지 않았다. 그들이 비포장도로를 몇 시간이나 달려 도착했을 때, 서버 부부는 프랭크 오펜하이머, 멜바 필립스, 그리고 에드 맥밀런이 이미 도착해 있는 것을 발견했다. 오펜하이머는 그들을 태연하게 맞이하고는, 오두막집에 더 이상 자리가 없으니 그들은 말 두 마리를 가지고 북쪽으로 128킬로미터 떨어진 타오스(Taos)로 가는 것이 어떻겠냐고 제안했다. 그것은 해발 3,800미터 높이의 지코리아 산길(Jicoria Pass)을 따라 사흘이나 가야 하는 거리였다. 서버는 말을 타 본 적이 없었다! 오피의 지시에 따라 서버 부부는 갈아 신을 양말과 속옷, 칫솔, 초콜릿 크래커 한 상자, 위스키 한 병, 그리고 말에게 먹일 귀리 한 자루를 챙겨서 말 잔등에 올랐다. 사흘 후 서버 부부는 오랫동안 말을 타서 온몸이 뻐근한 채로 타오스에 도착했다. 타오스 목장 여관에서 하룻밤을 보내고 나서 그들은 다시 오펜하이머를 만나기 위해 말을 타고 페로 칼리엔테로 돌아왔다. 돌아오는 길에 두 번이나 말에서 떨어진 샬럿은 재킷에 피가 흥건하게 묻은 채로 도착했다.

페로 칼리엔테에서의 생활은 험난했다. 그곳은 거의 해발 2,743미터로, 방문객들은 제대로 숨을 쉴 수조차 없었다. 서버는 나중에 "처음 며칠 동안은 몸을 움직이기만 하면 숨이 가빠 왔다."라고 썼다.[41] 오펜하이머 형제가 목장을 임대한 지 이미 5년이 지났지만, 오두막집에는 여전히 간단한 나무 의자들, 벽난로 앞의 소파, 그리고 바닥에는 나바호 양탄자가 깔려 있을 뿐이었다. 프랭크가 오두막집 위의 샘물에 파이프를 대서 이제 집 안에서 흐르는 물을 쓸 수 있었다. 하지만 그것이 전부였다. 서버는 오펜하이머가 목장을 황야에서 길고 험한 승마 여행을 하는 사이에 잠시 지내는 목적으로 사용할 뿐이라는 것을 곧 알아챘다. 그는 그들이 폭풍이 치는 어느 날 밤 말을 타고 가다가 두 갈래길을 만났던 것을 회고했다. 오펜하이머는 "이쪽으로 가면 집까지 11킬로미터야. 하지만 저쪽으로 가면 조금 더 오래 걸리지만 경치가 끝내 줘!"라고 말했다.

이와 같은 곤경을 겪었음에도 불구하고, 서버 부부는 1935년부터 1941년까지 매년 여름을 페로 칼리엔테에서 보냈다. 오펜하이머는 다른 많은 방문객들을 받아들였다. 오펜하이머는 한번은 독일 출생의 물리학자 베테가 이 지역에서 하이킹하는 것을 우연히 만나 자신의 목장에 들르라고 설득했다. 어니스트 로런스, 게오로규 플라첵(George Placzek), 월터 엘사서(Walter Elsasser), 빅터 바이스코프(Victor Weisskopf) 등 여러 물리학자들이 며칠 동안 그곳에서 시간을 보냈다. 모든 방문객들은 겉으로는 허약해 보이는 오펜하이머가 얼마나 엄격하고 간소한 생활 방식을 즐기는지를 보며 놀랐다.

오펜하이머의 탐험 여행은 가끔 정말로 위험한 상황에 처하기도 했다. 한번은 그가 조지와 엘제 윌렌베크, 로저 루이스와 함께 캐서린 호수 부근에서 야영을 했다. 이때 오펜하이머와 다른 두 사람이 갑자기 고산병 증상을 보이기 시작했다. 침낭 속에서 어는 듯한 추위를 견디고 아침에 잠에서 깨었을 때 그들은 밤 사이 말 두 마리가 도망쳤다는 것을 알았다. 오펜하이머는 그래도 목표로 했던 3,970미터 높이의 북트루차스 봉(North Truchas

Peak)까지 걸어서라도 올라가야 하지 않겠느냐고 친구들을 설득했다. 그들은 폭풍우 속에서 정상을 밟고 흠뻑 젖은 채로 로스피노스까지 걸어서 돌아왔다. 캐서린은 그들에게 독한 술을 한 잔씩 먹였다. 다음 날 아침, 없어졌던 말 두 마리가 다시 나타났고, 엘제는 오펜하이머가 분홍색 잠옷을 입은 채로 말들을 마구간으로 모는 모습을 보며 웃었다.[42]

1934년 무렵까지 오펜하이머는 시사 문제나 정치에 거의 관심을 보이지 않았다. 그는 무지하다기보다는 무관심한 편에 가까웠다. 하지만 그는 나중에 자신의 정치적 순진함을 강조하면서 자신이 정치 문제에 무관심했다는 신화를 만들어 나갔다. 그는 자신이 라디오나 전화기도 가지고 있지 않았고, 신문이나 잡지를 읽은 적도 없다고 주장했다. 그리고 그는 사람들에게 자신이 1929년 10월 29일의 주식 시장 폭락의 소식을 몇 달 후에야 들었다는 이야기를 해 주는 것을 좋아했다. 그는 자신이 1936년 대통령 선거 때까지 한 번도 투표를 해 본 적이 없다고 말하기도 했다. 그는 1954년에 "많은 친구들은 시사 문제에 대한 나의 무관심을 이상하게 생각했고, 나의 고답적인 태도에 종종 불만을 표시했다. 나는 인간과 그의 경험에 관심을 가지고 있었다. 나는 과학에 깊은 관심을 가지고 있었다. 하지만 나는 개인과 사회의 관계에 대해서는 전혀 이해하지 못했다."라고 증언했다.[43] 수년 후 서버는 "세상에 무슨 일이 일어나고 있는지 전혀 모르는, 속세를 초월한 듯한 사람"이라는 오펜하이머의 자화상은 "그의 진짜 모습과는 정확히 정반대"였다고 말했다.[44]

버클리에서 오펜하이머 주변에는 정치와 사회 문제에 관심이 많은 친구와 동료들이 많았다. 그가 1931년 가을부터 살게 된 샤스타 가 2665번지 집의 집주인은 메리 엘렌 워시번(Mary Ellen Washburn)이라는 키가 훤칠하고, 위풍당당하고, 화려한 드레스를 즐겨 입으며, 사람들과 어울리기를 좋아하는 여인이었다. 그녀의 남편 존 워시번(John Washburn)은 회계사였는데, 대학에서 경제학 강의를 하기도 했다. 그들의 집은 젊은 버클리 지식인들 사이에서 오랫동안 사교장으로 이용되고 있었고, 이들은 대부분 좌익 정치 활동에 강한 호감을 가지고 있었다. FBI는 나중에 메리 엘렌이 "알라메다 카운티 공산당의 실제 활동 중인 당원"이라고 결론 내릴 것이었다.[45]

젊은 불문학 교수인 하콘 슈발리에(Haakon Chevalier)는 1920년대부터 워시번 부부가 주최하는 파티에 참석했다.[46] 서버 부부와 진 태트록(Jean Tatlock)이라는 아름답고 젊은 의대생도 이러한 파티에 오고는 했다. 바로 아래층에 사는 총각인 오펜하이머가 이런 사교 모임에 들르지 않는 것이 더 이상한 일일 것이었다. 그는 항상 우아한 모습으로 모두를 매료시켰다. 하지만 어느 날 저녁, 그가 어느 시에 대해 장광설을 늘어놓고 있을 때, 손님들은 불쾌하게 술에 취한 존 워시번이 "그리스 비극의 등장인물들 이래로 로버트 오펜하이머보다 더 오만한 사람은 없었다."라고 중얼거리는 것을 들을 수 있었다.[47]

필립스는 "우리는 공공연하게 정치성을 드러내지는 않았습니다."라고 회고했다.[48] 오펜하이머는 언젠가 네델스키에게 "나는 정치에 관심을 가진 사람을 딱 세 사람 알고 있어. 말해 봐, 정치가 진실, 선함, 그리고 아름다움과 도대체 무슨 관계가 있다는 거야?"[49] 하지만 1933년 1월 이후 히틀러가 독일에서 권력을 장악하자 오펜하이머는 정치 문제에 관심을 가질 수밖에 없었다. 그해 4월이 되자 유태계 독일인 교수들이 별다른 이유 없이 독일 대학에서 쫓겨났다. 그로부터 1년 후인 1934년 봄, 오펜하이머는 독일인 물리학자들이 나치스 독일에서 이민해 나오는 데 필요한 자금을 모으기 위한 광고 전단지를 보게 되었다. 그는 이후 2년 동안 연봉의 3퍼센트(1년에 약 100달러 정도)를 보내기로 약속했다.[50] 아이러니하게도 그의 도움을 받은 사람들 중 한 명은 오펜하이머의 괴팅겐 시절 교수였던 프랑크 박사였다. 제1차 세계 대전에 참전해 2개의 철십자 훈장을 받은 프랑크는 히틀러가 처음 권력을 잡았을 때 교수직을 유지할 수 있도록 허가받은 몇 안 되는 유태인 물리학자들 중 하나였다. 하지만 1년 후, 그가 다른 유태인 교수의 해고에 항의하자 그 역시 대학에서 축출되어 망명길에 오를 수밖에 없었다. 1935년에 그는 볼티모어의 존스 홉킨스 대학교에서 물리학을 가르치고 있었다. 막스 보른 역시 1933년에 괴팅겐으로부터 도망쳐 영국의 대학에서 자리를 잡았다.[51]

독일로부터 날아드는 소식들은 암울했다. 하지만 1934년 무렵 버클리 부근의 정치적 동요 역시 심각한 상황이었다. 5년째 계속된 대공황은 수백만 명의 보통 시민들을 빈곤의 나락으로 떨어뜨렸다. 급기야 그해 초, 노동 분쟁이 폭력성을 띠기 시작했다. 1월 말에 임페리얼 밸리(Imperial Valley)의 양상추 농장 노동자 3,000여 명이 파업에 돌입했다. 경찰은 고용주들 편에 서서 수백 명의 노동자들을 연행했다. 파업은 곧 중단되었고, 임금은 시간당 20센트에서 15센트로 떨어졌다. 그리고 1934년 5월 9일에 1만 2000명 이상의 항만 하역 노동자들이 서해안의 여러 항구에 피켓라인을 형성했다. 6월 말이 되자 항만 파업은 캘리포니아, 오리건, 그리고 워싱턴 주의 경제를 마비시킬 정도가 되었다. 7월 초에 정부 당국은 샌프란시스코 항구를 파업 노동자들로부터 탈환하려 시도했다. 경찰은 수천 명의 항만 노동자들을 향해 최루탄을 발사했고, 분노한 파업 노동자들은 폭동을 일으켰다. 나흘에 걸친 싸움 끝에, 몇 명의 경찰이 군중을 향해 총을 발사했다. 세 명이 부상당했고 결국 그중 두 명은 사망했다. 1934년 7월 5일은 '피의 목요일'로 알려지게 되었다. 그날 공화당원인 캘리포니아 주지사는 주 방위군을 투입해 거리를 장악하라는 명령을 내렸다.

그로부터 11일 후인 7월 16일, 샌프란시스코 노동조합들은 총파업을 선언했다. 나흘 동안 도시 전체가 마비되었다. 마침내 연방 정부에서 중재자들을 투입했고, 서부 지역 역사상 최대의 파업은 7월 30일이 되어서야 끝났다. 노동자들은 애초의 임금 인상 요구를 거의 쟁취하지 못한 채 작업장으로 복귀했지만, 노조가 주요한 정치적 승리를 이루었다는 것은 모두에게 명백해 보였다. 파업을 통해 세상에 알려진 항만 하역 노동자들의 열악한 노동 환경으로 인해 노조 운동은 탄력을 받게 되었다. 1934년 8월 28일에 급진주의 작가 업턴 싱클레어(Upton Sinclair)가 민주당 캘리포니아 주지사 후보 예비 경선에서 많은 표 차이로 선출되어 사람들을 놀라게 했다. 이는 정치 분위기가 상당히 왼쪽으로 이동했음을 보여 주는 사건이었다. 비록 싱클레어는 공화당 측의 흑색선전과 공포 분위기 조성으로 최종 선거에서 낙선했지만, 캘리포니아 정치는 새로운 단계로 돌입하게 되었다.[52]

이와 같은 극적인 사건들은 오펜하이머와 그의 학생들의 관심을 끌지 않을 수 없었을 것이다. 버클리 전체가 파업에 대한 찬성파와 반대파로 나뉘어져 논쟁을 벌였다. 항만 하역 노동자들이 처음으로 파업에 돌입한 1934년 5월 9일에 보수적인 물리학과 교수 레너드 롭(Leonard Loeb)은 버클리 미식축구 선수들을 파업 파괴자들로 고용했다. 오펜하이머는 나중에 필립스와 서버 등 자신의 학생들에게 샌프란시스코 강당에서 열리는 항만 하역 노동자 집회에 같이 가자고 초대했다. 서버는 "우리는 높은 발코니에 앉아 있었는데, 집회가 끝날 무렵이면 파업 노동자들의 분위기에 휩쓸려 그들과 함께 '파업! 파업! 파업!'이라고 외치고 있었습니다."라고 회고했다.[53] 집회가 끝나고 오피는 친구 에스텔 케인(Estelle Caen)의 아파트로 가서 카리스마 넘치는 항만 노조 지도자 해리 브리지스(Harry Bridges)를 만나게 되었다.

1935년 가을 프랭크 오펜하이머는 영국 케임브리지의 캐번디시 연구소에서 2년을 보내고 미국으로 돌아왔다. 그는 칼텍에서 대학원 과정을 마칠 수 있는 장학금을 받았다. 오펜하이머의 옛 친구 찰스 로리첸이 프랭크의 지도 교수가 되어 주기로 동의했다. 프랭크는 즉시 캐번디시에서 공부했던 베타선 분광학 연구에 빠져들었다. 프랭크는 "나는 대학원 신입생에 불과했지만 무엇을 하고 싶은지 알고 있었습니다."라고 회고했다.[54]

오펜하이머는 여전히 버클리와 칼텍 사이를 오가며 가르치고 있었다. 그는 매년 늦봄을 패서디나에 위치한 리처드와 루스 톨먼의 집에서 지냈다. 톨먼 부부는 캠퍼스 부근에 스페인풍의 집을 지었고, 뒷마당에는 무성한 정원과 오펜하이머가 지낼 수 있는 방 하나짜리 사랑채가 있었다. 오펜하이머는 톨먼 부부를 1929년 봄에 만났고, 그해 여름 그들은 뉴멕시코의 오펜하이머 목장을 방문했다. 오펜하이머는 나중에 그들과의 친분이 "매우 가까웠다."라고 표현했다.[55] 그는 톨먼의 "현명함과 물리학을 넘어서는 폭넓은 관심사"를 높이 평가했다. 하지만 그는 또한 톨먼의 "대단히 지적이고 매우 아름다운 아내"에게도 관심을 보였다. 루스는 당시에 대학원 과정을 밟고 있던 임상 심리학자였다. 톨먼 부부는 오펜하이머에게 "남캘리포니아의 끔찍함 가운데 오아시스 같은 공간"을 제공해 주었다.[56] 저녁이면 톨먼은 종종 프랭크와 라이너스 폴링, 로리첸, 서버 부부 등 오펜하이머의 친구들을 초대해 함께 저녁 식사를 하고는 했다. 이런 자리에서 프랭크와 루스는 자주 플루트를 연주했다.

1936년에 오펜하이머는 서버를 버클리 물리학과의 연구 조교로 불러들이기 위해 강력한 로비를 벌였다. 학과장이었던 레이먼드 버지(Raymond

Birge)는 마지못해 서버에게 1,200달러의 연봉을 책정하겠다고 결정했다. 이후 2년 동안, 오펜하이머는 서버를 전임 조교수로 임용하기 위해 노력했다. 하지만 버지는 완강하게 거부했다. 그가 다른 동료에게 썼듯이 "학과에 유태인은 하나면 족해."라고 생각했던 것이다.[57]

오펜하이머는 당시에 버지가 그런 말을 했다는 사실을 알지 못했지만, 그와 같은 반유태주의 분위기에 대해서는 누구보다도 잘 알고 있었다. 미국의 상류 사회에서 반유태주의는 1920년대와 1930년대를 거치면서 고조되고 있었다. 많은 대학들이 1920년대 초에 하버드가 유태인 학생의 수를 제한하는 정책을 세우는 것을 보고 그것을 따라 하기 시작했다. 뉴욕, 워싱턴, 샌프란시스코에서 엘리트 법률 회사들과 사교 클럽들은 인종과 종교에 따라 분리되어 있었다. 캘리포니아 상류 사회 역시 동부와 크게 다르지 않았다. 오펜하이머는 친구인 로렌스처럼 캘리포니아 상류 사회의 일원이 될 수는 없었지만, 그래도 그는 자신의 위치에 나름대로 만족하고 있었다.

그래서인지 그는 1930년대 내내 유럽을 방문하지 않았고, 심지어 여름에 앤아버 여름 세미나에 참석하는 것과 뉴멕시코에서 시간을 보내는 것을 제외하고는 캘리포니아 밖으로 거의 나가지 않았다. 하버드가 연봉의 2배를 제시하며 그를 데려가려 했지만, 그는 그 제안을 거부했다. 1934년에 프린스턴 대학교에 새로 세워진 고등 연구소가 그를 버클리로부터 끌어가려 했지만 오펜하이머의 의지는 확고했다. 그는 동생에게 보낸 편지에서 "나는 그런 곳에서 전혀 유용하지 못할 거야……. 나는 그들의 제안을 거절했어. 지금 나의 직장은 내 자신의 유용성에 대해 그렇게까지 고민하지 않아도 좋으니까. 게다가 훌륭한 캘리포니아 포도주가 물리학의 어려움과 인간 정신의 빈약함을 조금은 위로해 주니까 말이야."라고 썼다.[58] 그는 자신이 "아직 완전히는 아니지만 조금은 철이 들었다."라고 생각했다. 그는 강의하는 데 1주일에 5시간만 들이면 되었기 때문에 나머지 시간을 이용해 "물리학 연구와 다른 관심사들"에 몰두할 수 있었다. 그의 이론 작업은 착착 진행 중이었다. 게다가 그는 자신의 인생을 송두리째 뒤바꿀 여인을 곧 만나게 될 것이었다.

2부

8장

1936년에 내 관심사가 바뀌기 시작했다

진은 오펜하이머의 진정한 사랑이었습니다. 그는 그녀를 헌신적으로 사랑했습니다.

— 로버트 서버

오펜하이머가 1936년 봄 진 태트록을 처음 만났을 때 그녀는 22세였다. 그들은 오펜하이머의 집주인 워시번이 샤스타 가 집에서 주최한 파티에서 만났다. 진은 당시에는 샌프란시스코에 있었던 스탠퍼드 의과 대학의 1학년 과정을 막 마칠 무렵이었다. 오펜하이머는 그해 가을 자신이 "그녀에게 접근하기 시작했고, 우리는 점점 가까워졌다."라고 회고했다.[1]

진은 굵고 색이 짙은 곱슬머리, 갈색이 도는 푸른 눈동자, 짙고 검은 속눈썹, 그리고 자연스럽게 붉은 입술을 가진 아름다운 여인이었다. 어떤 사람들은 그녀가 "아일랜드 공주" 같다고 생각하기도 했다.[2] 그녀는 키가 170센티미터나 되었는데도 몸무게는 58킬로그램을 넘은 적이 없을 정도로 날씬했다.³ 그녀의 외모에서 유일한 단점은 어릴 적 사고로 한쪽 눈꺼풀이 약간 처지게 된 것이었다.⁴ 하지만 이 사소한 흠조차 그녀의 매력을 더욱 돋보이게 했다. 오펜하이머는 그녀의 아름다움과 수줍은 듯한 우울한 분위기에 흠뻑 빠져들었다. 그녀의 친구인 이디스 젠킨스(Edith A. Jenkins)는 나중에 "진은 자신의 절망감을 남에게 들키지 않으려고 했다."라고 썼다.⁵

오펜하이머는 그녀가 저명한 초서 학자인 버클리의 존 태트록(John S. P. Tatlock)의 딸이라는 사실을 알고 있었다. 태트록 교수는 오펜하이머가 물리학과 바깥에서 가깝게 지내는 몇몇 버클리 교수들 중 한 명이었다. 그들은 교수 회관에서 같이 점심을 먹을 기회가 있었는데, 태트록은 이 젊은 물리학 교수가 영문학에도 조예가 깊다는 것을 발견하고는 놀라움을 금치 못했다.⁶ 한편 오펜하이머는 진을 만났을 때 그녀가 아버지로부터 문학적 감성을 흡수했다는 것을 곧 알아챘다. 진은 제라드 맨리 홉킨스(Gerard Manley Hopkins, 1844~1889년)의 어둡고 침울한 산문을 좋아했다. 또 그녀는 존 돈(John Donne)의 시들을 사랑했다. 나중에 오펜하이머가 원자 폭탄의 처녀 시험장에 붙인 '트리니티(Trinity)'라는 이름도 돈의 소네트 중 "나의 가슴을 쳐라, 세 사람의 신이여……(Batter my heart, three-person'd God……)."라는 구절에서 영감을 받은 것이었다.⁷

진은 자신의 로드스터 승용차의 뚜껑을 열고 멋진 콘트랄토 저음으로 「12번째 밤(Twelfth Night)」의 한 구절을 부르고는 했다.⁸ 그녀는 자유로운 영혼과 시적인 정신을 가졌고, 어떤 상황에서 만나도 결코 잊을 수 없는 단 한 사람이었다. 바서 대학 시절의 한 친구는 그녀를 "내가 대학 시절 만났던 사람들 중 위대함에 근접한 단 한 명의 인물"이라고 기억했다.⁹ 진은 1914년 2월 21일 미시건 앤아버에서 태어났고, 오빠 휴(Hugh)와 함께 매사추세츠 케임브리지와 버클리에서 자랐다. 그녀의 아버지는 평생 하버드의 교수로 재직했으나 은퇴 후 버클리에서 강의를 맡고 있었다. 진이 10세 되던 해부터 그녀는 매년 여름을 콜로라도의 관광 목장에서 보냈다. 어릴 적 친구이자 대학 시절의 급우였던 프리실라 로버트슨(Priscilla Robertson)은 진이 죽은 후 그녀에게 보낸 '편지'에서 "너는 현명한 어머니를 두었어. 그분은 너를 부드럽게 감싸 안으면서도 네가 젊은 시절의 열정으로 위험에 빠지는 것을 막을 수 있었지."라고 썼다.

그녀가 1931년 바서 대학에 입학하기 전에 그녀의 부모는 진이 유럽에서 1년 동안 여행하는 것을 허락했다. 그녀는 스위스에서 카를 융(Carl Jung)의 신실한 신봉자인 어머니의 친구와 함께 지냈다. 진은 이를 통해 융을 중심으로 한 정신 분석학자들의 공동체에 들어갔다. 융 학파는 집단적 인간 정신에 방점을 찍었는데, 젊은 진은 이러한 접근 방식에 강하게 끌렸다. 스위스를 떠날 무렵이 되자 그녀는 심리학에 깊은 관심을 갖게 되었다.

바서에서 그녀는 영문학을 전공했고 대학의 《문학 평론(Literary Review)》에 글을 투고하기도 했다. 영문학자의 딸이었던 그녀는 어린 시절부터 부모님들이 셰익스피어나 초서의 작품을 소리 내어 읽는 것을 들으며 자랐다. 청소년 시절 그녀는 2주에 걸쳐 스트랫포드온에이본(Stratford-on-Avon)에서 매일 밤 셰익스피어 공연을 보기도 했다. 지성과 아름다운 외모를 겸비한 그녀는 급우들을 압도했다. 진은 항상 나이에 비해 성숙해 보였고 "대부분의 여학생들이 졸업 후에도 갖기 어려운 깊이를 선천적으로 가지고 있었다."[10]

그녀는 또한 일찍부터 무솔리니와 히틀러에 반대했는데, 이 때문에 "미숙한 반파시트주의자"라는 반어적인 별명을 얻기도 했다. 한 교수는 그녀가 가지고 있던 러시아식 공산주의를 향한 낭만적인 동경에 대한 해독제로 맥스 이스트먼(Max Eastman)의 『제복을 입은 예술가들(Artists in Uniform)』이라는 책을 건네주기도 했다. 진은 한 친구에게 "러시아가 (미국보다) 모든 면에서 나을 것이라는 믿음 없이 어떻게 살아갈 수 있을지 모르겠다."라고 고백했다.[11]

그녀는 1933~1934년을 캘리포니아 대학교 버클리 분교에서 의예 과정 수업을 들으며 보냈고, 1935년 6월에 바서 대학을 졸업했다. 한 친구가 나중에 진에게 다음과 같이 썼다. "네가 의사가 되고 싶은 것은 일찍이 융을 접했던 것과 동시에 너의 사회적 양심 때문이야."[12] 버클리에서 그녀는 미국 공산당 서해안 지부의 기관지인 《서부 노동자(Western Worker)》의 기자로 일하기도 했다. 진은 당비를 내는 당원으로서 1주일에 두 번씩 공산당 회의에 정기적으로 참석했다. 그녀가 오펜하이머를 만나기 1년 전, 진은 로버트슨에게 "나는 완전히 붉은 물이 들었어."라고 썼다. 그녀의 분노와 열정은 사회의 부조리와 불평등에 대한 이야기에 쉽게 불타올랐다. 그녀가 《서부 노동자》에 썼던 기사들은 이와 같은 분노를 더욱 부추기는 것들이었는데, 예를 들면 샌프란시스코 거리에서 《서부 노동자》를 팔다가 연행된 세 명의 어린이에 대한 재판 이야기라든지, 캘리포니아 유레카(Eureka) 시에서 시위를 주도한 혐의로 재판을 받게 된 25명의 제재소 노동자들에 대한 이야기였다.

그러나 많은 미국의 공산주의자들이 그랬듯이 진 역시 그리 좋은 이데올로그는 아니었다. 그녀는 로버트슨에게 보내는 편지에서 "나는 열성 공산주의자가 될 수는 없을 것 같아."라고 썼다.[13] "그렇게 되려면 항상 공산주의자처럼 숨쉬고, 말하고, 행동해야 할 텐데." 더군다나 그녀는 프로이트식 심리 분석가가 되고 싶어 했는데, 당시 공산당 내에는 프로이트와 마르크스의 사상은 서로 공존할 수 없다는 생각이 만연해 있었다. 이와 같은 지적 분열이 진을 혼란에 빠지게 하지는 않았지만, 적어도 그녀의 들쭉

날쭉한 공산당 활동은 설명해 줄 수 있을지 모른다(어린 시절 그녀는 성공회 교회에서 배운 종교 교리에 반발한 적이 있었다. 그녀는 한 친구에게 자신이 매일 세례를 받은 앞이마를 닦아 내려 문질렀다고 말했다. 그녀는 모든 형태의 종교적 '허튼소리(claptrap)'를 싫어했다.). 진은 정치 행동을 혐오하는 심리학자들에게 분개하면서도 "신성함과 개별 영혼에 대한 믿음"을 가지고 있었다.[14] "그들이 정신 분석에 대해 갖는 관심은 다른 형태의 사회적 행동에 대한 거부감의 한 표현이다." 그녀에게 심리학 이론은 "특정한 질병을 치료하는 방법"이라는 측면에서 외과 수술과 크게 다르지 않다고 생각했다.

이렇듯 진은 심리학에 깊은 관심을 가진 한 물리학자의 관심을 끌기에 충분한 세련된 여인이었다. 한 친구의 표현에 따르면 그녀는 "모든 면에서 오펜하이머에게 어울리는 사람이었습니다. 그들은 공통점이 많았어요."[15]

진과 오피가 그해 가을 데이트를 시작하자, 주변 사람들은 모두 그들이 뜨거운 관계로 발전하게 될 것임을 알았다. 진의 가까운 친구인 이디스 젠킨스는 나중에 "우리는 모두 (진을) 조금은 부러워했다."라고 썼다.[16] "나 역시 그(오펜하이머)를 멀리서나마 좋아했다. 그의 조숙함과 지적인 탁월함은 이미 전설이었다. 그는 팔자걸음에 푸른 눈, 그리고 아인슈타인처럼 헝클어진 머리를 하고 있었다. 스페인 공화파를 위한 파티에서 그를 만났을 때, 그의 눈이 어떻게 우리의 눈길을 잡아끄는지, 그가 어떻게 귀를 기울이며 '그래! 그래! 그래!'라고 추임새를 넣으면서 우리의 말에 집중하는지, 그리고 그를 따르는 젊은 물리학도들이 어떻게 그의 흉내를 내는지 알게 되었다."

진은 오펜하이머의 독특함에 대해 잘 알고 있었고, 그의 독특한 열정에 공감했다. 그녀는 한 친구에게 "그가 일곱 살 때부터 학회에서 강연을 했다는 사실을 잊으면 안 돼. 그는 어린 시절이 전혀 없었기 때문에 우리와는 매우 다른 생각을 가지고 있을 거야."라고 말했다.[17] 오펜하이머처럼 그녀도 매우 내성적이었다. 그녀는 이미 정신 분석가 또는 정신과 의사가 되려고 결심한 상태였다.

오펜하이머의 학생들은 그가 진을 만나기 전에도 만나는 여자들이 있었다는 것을 알고 있었다. 서버는 "적어도 대여섯 명은 있었습니다."라고 회고했다.[18] 하지만 진의 경우에는 뭔가 달랐다. 오펜하이머는 그녀를 물리학과 친구들이 모일 때 거의 데리고 오지 않았다. 그의 친구들은 그녀를 워시번이 가끔씩 주최하는 파티에서 만날 수 있을 뿐이었다. 서버는 진을 "매우 아름답고, 어떤 모임에도 잘 어울리는 사람"으로 기억했고, 그녀의 정치관이 "우리보다 훨씬 좌익"에 가까웠다고 판단했다. 그녀는 확실히 "매우 똑똑한 여성"이기는 했지만 어딘지 모르게 어두운 면을 가지고 있었다. "나는 그것이 조울증인지 무엇인지는 몰랐지만, 어쨌든 그녀는 뭔가 우울한 분위기를 풍겼습니다." 그리고 진이 우울해지면, 오펜하이머 역시 그 영향을 받았다. 서버는 "그가 며칠 동안 우울해하는 것은 진과의 관계에 뭔가 문제가 있기 때문인 경우가 많았습니다."라고 말했다.

그들의 관계는 3년 이상 지속되었다. 한 친구는 나중에 "진은 오펜하이머의 진정한 사랑이었습니다."라고 말했다.[19] "그는 그녀를 가장 많이 사랑했습니다. 그는 그녀에게 헌신적이었지요." 진의 활동가적 기질과 사회 의식이 오펜하이머가 에티컬 컬처 스쿨 시절 그토록 자주 토의했던 사회적 책무에 대한 감각을 불러일으켰을지도 모른다. 그는 곧 여러 인민 전선 (Popular Front) 활동에 활발하게 참여하게 되었다.

오펜하이머는 1954년 심문관들에게 "1936년 무렵에 나의 관심사가 바뀌기 시작했습니다."라고 설명했다.[20] "나는 독일에서 유태인들이 겪는 일에 대해 지속적이고 사무치는 분노를 가지고 있었습니다. 독일에 친척들(고모와 사촌들 몇 명)이 있었고, 나는 그들이 미국으로 올 수 있도록 도움을 주었습니다. 나는 대공황이 나의 학생들에게 미치는 영향을 보았습니다. 그들은 적절하지 못한 직장을 구할 수밖에 없었고, 심지어 아예 직장을 구하지 못하는 경우도 많았습니다. 그들을 통해 나는 정치적이고 경제적인 사건들이 인간의 삶에 이토록 깊은 영향을 줄 수 있다는 것을 이해하게 되었습니다. 나는 공동체의 삶에 보다 적극적으로 참여해야겠다는 생각을 갖게 되었습니다."

그는 곤경에 빠진 농장 이주 노동자들의 상황에 관심을 갖기 시작했다. 오펜하이머가 지도하던 어느 학생의 옆집에 살던 아브람 예디디아(Avram Yedidia)는 1937~1938년에 캘리포니아 구호청(California State Relief Administration)에서 일을 하던 중 오펜하이머를 만났다. 예디디아는 "그는 실업자들의 어려운 처지에 깊은 관심을 보였습니다.[21] 그는 오클라호마와 아칸소 등 중남부 평원 지대에서 캘리포니아 지역으로 온 이주민들에 대한 질문을 많이 했지요……. 당시 우리의 인식은 (오펜하이머 역시 이에 동의했다고 생각하는데) 우리가 하던 일은 '실제적으로 중요한(relevant)' 것이었던 반면에 그의 관심은 난해하고 현학적이라는 것이었습니다."라고 회고했다.

대공황은 많은 미국인들의 정치관을 바꾸어 놓았다. 이와 같은 경향은 캘리포니아에서 특히 심하게 나타났다. 1930년에 캘리포니아 유권자 네 명 중 세 명은 등록된 공화당원이었다. 8년 후에는 민주당원이 공화당원보다 2배 이상 많아졌다. 1934년에는 급진주의 작가 업턴 싱클레어가 캘리포니아에서 '빈곤 퇴치(End Poverty in California, EPIC)'라는 급진 정책을 내세워 주지사 선거에서 선전했으나 아깝게 낙선하고 말았다. 그해 《더 네이션(The Nation)》은 사설을 통해 다음과 같이 말했다. "혁명이 일어난다면, 그것은 캘리포니아에서 시작될 확률이 높다. 이곳에서 노동과 자본 사이의 전쟁은 다른 곳보다 훨씬 광범위하고 쓰라린 것이었으며, 많은 사상자를 냈다. 또한 어떤 곳도 캘리포니아보다 권리 장전에 보장된 개인의 자유가 혹독하게 침해되지 않았다."22 1938년에 또 다른 개혁가 컬버트 올슨(Culbert L. Olson)이 민주당 후보로 주지사에 당선되었는데, 그는 캘리포니아 공산당의 공개적인 지지를 받는 인물이었다. 올슨의 선거 구호는 '파시즘에 대항하는 통일 전선(united front against fascism)'이었다.

캘리포니아에서 좌파가 잠시나마 스포트라이트를 받았지만, 공산당은 여전히 소수에 불과했다. 이는 캘리포니아 대학교의 여러 캠퍼스에서도 마찬가지였다. 버클리가 위치한 알라메다 카운티(Alameda County)에서 공산당은 오클랜드 부두에서 일하는 하역 노동자 100여 명을 포함해 500명에서 600명 정도의 당원만 확보하고 있을 뿐이었다. 캘리포니아의 공산주의자들은 전국에서 가장 유화적인 그룹으로 평가받고 있었다. 1936년에는 당원수가 2,500명에 불과했지만, 1938년 무렵에는 6,000명으로 불어났다. 전국적으로 미국 공산당은 1938년에 약 7만 5000명의 당원을 가지고 있었지만, 대부분의 신입 당원들은 1년 이상 당적을 유지하지 않았다. 전체적으로 보아 1930년대를 통틀어 약 25만 명의 미국인들이 잠시나마 공산당적을 가졌다고 추산해 볼 수 있다.

많은 뉴딜 민주당원들은 미국 공산당과 공산당이 주관하는 문화적, 교육적 활동에 관여했던 사람들에 대해 특별한 반감을 갖지 않았다. 오히려 인민 전선에 참여했다는 경력은 어느 정도의 명망을 가져다주기도 했다. 당적을 가진 적이 없는 수많은 지식인들도 별 저항감 없이 공산당이 주최하는 작가 회의(writer's congress)에 참가하거나 '인민 교육 센터(People's Educational Center)'에서 강사로 일하고는 했다. 그러므로 오펜하이머 같은 젊은 버클리 교수가 대공황 시기 캘리포니아에서 약간의 지적, 정치적 활동을 즐겼던 것은 결코 이례적인 일이 아니었다. 그는 나중에 "나는 새로 맛보게 된 동료 의식을 즐겼습니다. 그리고 당시 나는 이 시대와 이 나라의 일부분이 되었다고 느꼈습니다."라고 증언했다.[23]

오펜하이머를 정치 세계로 "불러들인" 것은 진이었다.[24] 그녀의 친구들은 곧 그의 친구가 되었다. 이렇게 사귀게 된 공산당원들로는 케네스 메이(Kenneth May, 버클리 대학원생), 존 피트먼(John Pitman,《피플스 월드(People's World)》기자), 오브리 그로스먼(Aubrey Grossman, 변호사), 루디 램버트(Rudy Lambert), 그리고 이디스 안스타인(Edith Arnstein) 등이 있었다. 진의 가장 친한 친구들 중 하나는 스탠퍼드 의대 시절 친구인 독일 출생의 의사 한나 피터스(Hannah Peters)였다. 피터스 박사는 곧 오펜하이머의 주치의가 되었다. 그녀의 남편 버나드 피터스(Bernard Peters, 원래 이름은 피에트르콥스키(Pietrkowski)) 역시 나치스 독일에서 도피한 유태인이었다.

버나드 피터스는 1910년 포센(Posen)에서 태어나 1933년 히틀러가 권력을 잡을 때까지 뮌헨 대학교에서 전기 공학을 전공했다. 그는 비록 나중에는 공산당원이었다는 것을 부인했지만, 구경꾼으로는 몇 차례 공산당 집회에 참석한 적이 있었고, 나치스 반대 시위 현장에 있기도 했다. 그는 곧 구속되어 나치스가 전쟁 초기에 수용소로 이용했던 다하우(Dachau)에 투옥되었다. 3개월의 끔찍한 시간을 보낸 후 그는 뮌헨의 감옥으로 이감되었고, 그곳에서 별다른 설명 없이 석방되었다(이 이야기의 또 다른 버전에 따르면 피터스는 탈옥했다.)[25]. 그는 이후 몇 달 동안 어둠을 틈타 자전거를 타고 독일 남부 지방을 거쳐 알프스 산맥을 넘어 이탈리아로 탈출했다. 그곳에서 그는 의학을 공부하기 위해 파두아(Padua)로 도망 온 베를린 출신의 여자 친구 한나 릴리엔(Hannah Lilien)을 만났다. 1934년 4월에 두 사람은 미국으로 건너

왔다. 그들은 1934년 11월 20일 뉴욕에서 결혼했고, 한나가 1937년 뉴욕의 롱아일랜드 의과 대학에서 학위를 받고 나서 샌프란시스코 베이 지역으로 이사 왔다. 이곳에서 한나는 잠시 동안 스탠퍼드 의과 대학에서 일했는데, 당시 진의 친구이자 스승인 토머스 애디스(Thomas Addis) 박사의 연구 프로젝트에 연구원으로 참여하게 되었다. 오펜하이머가 진을 통해 피터스 부부를 만났을 무렵에 피터스는 항만 하역 노동자로 일하고 있었다.

1934년에 피터스는 자신이 다하우에서 겪은 끔찍한 일들을 묘사한 3,000단어 분량의 글을 썼다. 이 글에서 그는 수감자들에 대한 고문과 즉결 처형 등을 매우 자세하게 묘사했다. "한 수감자는 몰매를 맞고 몇 시간 후 내 품에 안겨 숨졌다. 그의 등은 피부가 완전히 벗겨져 있었고, 그의 근육은 갈기갈기 찢겨 주렁주렁 매달려 있었다."26 미국 서부에 도착한 피터스는 곧 친구들에게 나치스의 잔혹함에 대해 생생하게 증언했을 것이다. 오펜하이머가 피터스의 다하우 보고서를 읽었든 그에게서 직접 들었든 간에, 그는 이 이야기들에 틀림없이 깊은 인상을 받았을 것이다. 피터스의 기이한 인생 이야기에는 진실하고 세속적인 무언가가 담겨 있었다. 오펜하이머의 대학원생이었던 필립 모리슨(Philip Morrison)은 피터스가 "우리와는 뭔가 달랐습니다. 그는 더 성숙하고, 특별한 진지함과 강렬함을 가지고 있었습니다……. 그의 경험은 우리와는 비교할 수조차 없었지요……. 그는 나치스 독일을 지탱하던 야만적인 암흑을 보고 느꼈으며, 또한 샌프란시스코 부두에서 항만 하역 노동자들 틈에서 일하기도 했으니까요."27

피터스가 물리학에 관심을 보이자 오피는 그에게 버클리에서 수업을 들어 보라고 권했다.28 그는 학사 학위도 없었지만 꽤 재능 있는 학생이었다. 오펜하이머는 그가 버클리 물리학과 대학원 과정에 등록할 수 있게 해 주었다. 피터스는 곧 오펜하이머의 양자 역학 수업에서 필기를 전담하는 임무를 맡게 되었고, 그의 지도로 논문을 썼다. 당연하게도 오펜하이머와 진은 피터스 부부와 자주 어울렸다. 피터스 부부는 그들이 공산당에 가입한 적이 없었다고 항상 주장했지만, 그들의 정치관은 확실히 좌익 성향이 강했다. 1940년 무렵에 한나는 오클랜드 시내의 빈민 구역에서 개업의로 활동을 시작했고, 이 경험을 통해 그녀는 "적절한 의료 서비스를 제공하기 위해서는 연방 정부의 지원을 받는 종합 의료보험 제도를 도입해야 한다는 신념을 강화"하게 되었다.[29] 한나는 인종을 가리지 않고 환자를 받았다.[30] 당시 다른 백인 의사들은 흑인 환자를 거의 받지 않았다. 이 두 가지 견해로 인해 그녀에게는 급진주의자라는 낙인이 찍혔고, FBI는 그녀가 공산당원이라고 결론 내렸다.

피터스 부부와 같은 새로운 친구들로 인해 오펜하이머는 정치 활동의 세계에 발을 들여놓게 되었다. 하지만 다른 한편으로는 그의 정치적 각성이 단지 진과 그녀의 친구들 때문만은 아니었다. 1935년 무렵에 오펜하이머는 아버지로부터 『소련 공산주의. 새로운 문명?(*Soviet Communism. A New Civilization?*)』이라는 제목의 책을 빌렸다. 영국 사회주의자 시드니 웹(Sidney Webb)과 베아트리스 웹(Beatrice Webb)이 쓴 이 책은 소련 국가 체제에 대한 장밋빛 묘사로 가득 차 있었다. 오펜하이머는 소련의 실험에 대한 웹 부부의 소개에 좋은 인상을 받았다.[31]

1936년 여름에 오펜하이머는 뉴욕으로 기차 여행을 떠나면서 독일어판 『자본』 세 권을 들고 갔다고 전해진다. 친구들의 이야기에 따르면, 그는 사흘 후 뉴욕에 도착할 무렵 세 권을 처음부터 끝까지 읽었다. 사실 그가 마르크스의 저작을 읽은 것은 몇 년 전, 아마도 1932년 봄이었을 것이다. 그의 친구 체르니스는 오펜하이머가 자신을 만나러 그해 봄 뉴욕 이타카로 찾아왔을 때 『자본』을 읽었다고 자랑하던 것을 기억했다. 체르니스는 그저 웃을 수밖에 없었다. 그는 오펜하이머가 정치적이라고 생각하지는 않았지만, 그의 친구가 폭넓은 독서를 한다는 것은 익히 알고 있었다. "누군가가 그에게 '이것도 몰라? 이런 것도 안 읽었어?'라고 말했을 겁니다. 그래서 그는 그 빌어먹을 책을 구해서 읽었을 테지요!"[32]

아직 직접 인사를 나누지는 않았지만, 하콘 슈발리에는 오펜하이머에 대해 잘 알고 있었다. 하지만 오펜하이머의 명성은 물리학에 대한 것만이 아니었다. 1937년 7월 슈발리에는 자신의 일기에 누군가로부터 오펜하이머가 레닌 전집을 사서 읽었다는 말을 들었다고 기록했다. 슈발리에는 이로써 오펜하이머는 "대부분의 공산당원들보다 공산주의에 대해 더 깊은 지식을 가지고 있을 것"이라고 논평했다.[33] 자신을 비교적 세련된 마르크스주의자라고 생각하고 있었던 슈발리에조차 『자본』을 완독하지는 않았다.

슈발리에는 1901년 뉴저지 레이크우드(Lakewood)에서 태어났지만 이름 때문인지 사람들은 곧잘 그를 이민자라고 생각했다.[34] 그의 아버지는 프랑스 인이었고 그의 어머니는 노르웨이에서 태어났다. 그의 친구들은 그를 '호크(Hoke)'라고 불렀는데, 그는 어린 시절을 파리와 오슬로에서 잠깐씩 보냈다. 결과적으로 그는 프랑스 어와 노르웨이 어에 능통했다. 하지만 그의 부모는 1913년 그를 미국으로 데리고 돌아왔고, 그는 캘리포니아 샌타바버라에서 고등학교를 마쳤다. 그는 스탠퍼드와 버클리에서 공부하던 중인 1920년 학업을 중단하고 11개월 동안 샌프란시스코와 케이프타운을 오가는 상선에서 선원으로 일한 적이 있었다. 슈발리에는 이 모험을 끝내고 버클리로 돌아와 1929년에 로망스 어 전공으로 박사 학위를 받았다. 그의 전문 분야는 프랑스 문학이었다.

184센티미터의 훤칠한 키에, 푸른 눈과 갈색 곱슬머리를 가진 슈발리에는 활기차고 예의 바른 젊은이였다. 1922년에 그는 루스 윌스워드 보슬리(Ruth Walsworth Bosley)와 결혼했지만 1930년에 이혼했다. 1년 후 그는 버클리에서 자신의 학생이었던 21세의 바버라 에델 랜스버그(Barbara Ethel Lansburgh)와 결혼했다. 갈색 눈에 금발의 랜스버그는 부유한 가정 출신으로 샌프란시스코에서 북쪽으로 32킬로미터쯤 떨어진 스틴슨 해변(Stinson Beach)에 멋진 삼나무 별장을 가지고 있었다. 그들의 딸 수잔 슈발리에 스콜니코프(Susan Chevalier-Skolnikoff)는 "아버지는 카리스마 넘치는 교수였습니다. 엄마는 그런 아버지에게 끌렸던 것이지요."라고 회고했다.[35]

1932년에 슈발리에는 그의 첫 책인 아나톨 프랑스(Anatole France)의 전기를 출판했다. 그해 그는 좌익 성향의 《뉴 리퍼블릭(New Republic)》과 《네이션(Nation)》 등에 서평과 에세이를 쓰기 시작했다. 1930년대 중반 무렵이면 그는 버클리 캠퍼스의 터줏대감이 되었다. 그는 주로 프랑스 어를 가르쳤으며 오클랜드 샤봇 가에 위치한 삼나무 집에서 에드먼드 윌슨(Edmund Wilson), 릴리언 헬먼(Lillian Hellman), 링컨 스테펀스 같은 학생, 예술가, 정치 활동가, 작가들을 초대해 파티를 열고는 했다. 슈발리에는 밤늦도록 파티를 즐겼고, 오전 수업에 너무 자주 지각한 나머지 학과에서는 아예 그에게 오전 수업을 맡지 못하게 했다.[36]

슈발리에는 야심찬 젊은 학자였지만, 다른 한편으로는 정치 활동에도 열심히 참여했다. 그는 미국 자유 인권 협회(American Civil Liberties Union), 교원 노조(Teachers' Union), 전문가 협회(Inter-Professional Association), 소비자 연맹(Consumer's Union) 등에 가입했다. 그는 멕시코계 미국인 농장 노동자들을 대표하는 급진적 노동조합인 캘리포니아 통조림 및 농업 노동조합(California Cannery and Agricultural Workers)의 지도자인 캐롤라인 데커(Caroline Decker)의 친구이자 지지자가 되었다. 1935년 봄에 버클리 학생들은 자신의 공산당 가입 사실을 공개함으로써 대학 당국을 도발했다는 이유로 퇴학 처분을 당한 학생을 지지하는 시위를 조직했다. 퇴학에 항의하기 위한 이 모임에 미식축구 팀 코치의 부추김을 받은 선수들이 들이닥쳐 강제로 해산시킨 사건이 발생했다. 한 목격자에 따르면, 슈발리에는 "겁먹은 학생들의 보호막이 되어 준" 유일한 교수였다.[37]

1933년에 슈발리에는 프랑스를 방문해 앙드레 지드, 앙드레 말로(André Malraux, 1901~1976년), 그리고 앙리 바르뷔스(Henri Barbusse, 1873~1935년) 같은 좌익 작가들을 만났다. 그는 자신이 "이익의 추구와 인간의 인간에 대한 착취에 기반을 둔 사회에서, 사용을 위한 생산과 협동에 기반을 둔 사회로의 전환을 목격할" 운명이라는 확신에 차서 캘리포니아로 돌아왔다.[38]

1934년에 그는 1927년 중국 봉기를 다룬 소설 『인간의 조건(La Condition Humaine)』과 슈발리에가 "새로운 인간관"이라는 생각의 영감을 받은 소설집 『모멸의 시대(Le Temps du Mépris)』 등의 앙드레 말로 작품들을 번역했다.[39]

당시에 좌익 성향을 가졌던 수많은 사람들처럼, 스페인 내전의 발발은 슈발리에에게 중대한 전환점이 되었다. 1936년 7월에 스페인 육군의 우익 파벌은 민주적으로 선출된 좌익 정부에 대항해 반란을 일으켰다. 프란시스코 프랑코(Francisco Franco, 1892~1975년) 장군이 이끄는 파시스트 반란군들은 몇 주 내로 공화국을 전복시킬 수 있다고 예측했다. 하지만 대중들의 저항은 끈질겼고, 잔혹한 내전이 일어났다. 공산주의의 영향을 받은 스페인 정부에 의구심을 가지고 있던 미국과 유럽의 민주 국가들은 가톨릭 교회의 부추김을 받자 양쪽 모두에 대한 무기 금수(禁輸) 조치를 선언했다. 이는 히틀러의 독일과 무솔리니의 이탈리아로부터 후한 원조를 받던 파시스트들에게 유리한 환경을 제공했다. 포위당한 공화국 정부에 원조를 제공한 것은 소련뿐이었다. 좌익 정부를 지원하기 위해 전 세계의 좌파들은 공화국을 수비하기 위해 국제 여단(international brigade)을 조직해 내전에 참전했다. 1936년부터 1939년까지 스페인 공화국의 방어는 전 세계 진보주의자들에게 유명한 대의(cause célèbre)가 되었다. 내전 동안 2,800여 명의 미국인 자원병들은 공산주의자들이 주도했던 에이브러햄 링컨 여단(Abraham Lincoln Brigade) 소속으로 파시스트들에 대항해 싸웠다.[40]

1937년 봄 슈발리에는 말로와 함께 캘리포니아 전역을 돌아다녔다. 얼마 전 스페인 내전에서 부상을 입은 말로는 자신의 소설을 선전함과 동시에 스페인 내전에서 의료 지원을 제공하던 스페인 의료국(Spanish Medical Bureau)을 대신해 모금 운동을 벌이고 있었다. 슈발리에에게 말로는 정치적 신념을 가진 진지한 지식인의 표상이었다.

1937년 무렵 슈발리에가 공산당에 가입했던 것은 거의 확실한 듯하다. 1965년에 출판된 그의 회고록 『오펜하이머. 한 우정에 대한 이야기(Oppenheimer. The Story of a Friendship)』에는 그가 1930년대에 가졌던 정치관이 솔직하게 드러나 있다. 하지만 매카시즘의 광풍이 사그라지고 11년이 지난 이때에도 그는 자신의 공산당적에 대한 부분은 애매하게 처리하는 편이 좋을 것이라고 생각했다. 그는 1930년대 말은 "순수함의 시대"였다고 썼다. "우리는 이성과 설득의 효율성에 대한, 민주적 절차의 작동에 대한, 그리고 정의가 결국은 승리하리라는 믿음에서 힘을 얻었다."라고 썼다. 그는 또한 오펜하이머처럼 자신의 생각에 동의하는 사람들은 해외에서는 스페인 공화국이 파시스트 유럽의 광풍에 대항해 승리를 거둘 것이며, 국내에서는 뉴딜 개혁이 인종 및 계급 평등에 기반을 둔 새로운 사회 계약으로 향하는 길을 닦을 것이라고 믿었다고 밝혔다. 수많은 지식인들이 이와 같은 희망을 품고 있었다. 이들 중 몇몇은 공산당에도 가입했다.

오펜하이머를 만났을 무렵의 슈발리에는 헌신적인 마르크스주의 지식인이었고, 아마도 공산당원이었을 것이며, 샌프란시스코 당 간부들의 존경을 받는 비공식 고문 역할을 맡았을 것이다. 그는 몇 년 동안 오펜하이머를 멀리서 지켜보고 있었다. 하지만 슈발리에는 버클리에 떠도는 입소문을 통해 이 뛰어난 젊은 물리학자가 이제 "이 세상의 여러 문제들에 대해 읽는 것에 그치지 않고 무언가를 하고 싶어 한다."는 이야기를 들었다.[41]

슈발리에와 오펜하이머는 새로 조직된 교원 노조 회의 자리에서 마침내 만나게 되었다. 슈발리에는 나중에 첫 만남을 1937년 가을이라고 기억했다. 하지만 그들이 말한 것처럼 노조 회의에서 만났다면, 그것은 아마도 2년 전인 1935년 가을이었을 것이다. 이때 미국 노동 연맹 소속 교원 노조 349지부는 대학 교수들도 조합원으로 받아들일 수 있도록 결정을 내렸다. 오펜하이머는 나중에 "여러 교수들이 슈발리에에 대한 이야기를 했습니다."라고 증언했다.[42] "그러고는 교수 회관에 모여서 점심 식사를 하며 참여하기로 결정했습니다." 오펜하이머는 서기에 선출되었고 슈발리에는 나중에 지부장까지 맡게 되었다. 몇 달 안에 349지부는 100여 명의 조합원을 거느리게 되었는데, 이들 중 40명은 대학의 교수이거나 조교였다.

오펜하이머와 슈발리에는 그들의 첫 만남의 구체적인 상황은 기억하지 못했다. 그러나 그들이 즉시 서로를 좋아했다는 것은 확실했다. 슈발리에는 "내가 그를 오래전부터 알고 지낸 듯한……환각의 느낌"을 받았다고 회고했다.[43] 그는 오펜하이머의 지적 능력은 물론이고 그의 "자연스러움과 단순함"에 매료되었다. 슈발리에에 따르면 바로 그날 그들은 한두 주에 한 번씩 모여 정치 토론을 하는 모임을 만들자는 데 의견을 같이했다. 이 모임은 1937년 가을부터 1942년 늦가을까지 정기적으로 모였다. 그동안 슈발리에는 오펜하이머를 "나의 가장 절친하고 확고한 친구"라고 여겼다. 처음에 그들의 친분은 공통의 정치적 신념에서 비롯됐다. 하지만 슈발리에가 나중에 설명했듯이 "우리의 우정은 처음부터 이데올로기적인 것뿐만은 아니었습니다. 그것은 따뜻함, 호기심, 상호 의존, 지적 상부상조 등 개인적 의미로 가득 차 있었고, 빠르게 애정으로 발전했습니다." 슈발리에는 어느새 자신의 새 친구를 오피라는 별명으로 부르기 시작했고, 오펜하이머는 슈발리에의 집에 저녁을 먹으러 들르고는 했다. 때때로 그들은 함께 영화나 콘서트를 보러 가기도 했다. 슈발리에는 회고록에 "술을 마시는 것은 그에게 특정한 의식을 동반하는 사회적 행사였다."라고 썼다. 오피는 "세상에서 제일 맛있는 마티니"를 만들어 언제나 "적들의 혼란을 위해"라고 외치며 마셨다. 슈발리에는 그가 말하는 적들이 누군지는 명백하다고 생각했다.

진 태트록에게 중요했던 것은 공산당과 공산주의 이데올로기가 아니라 운동의 대의였다. 오펜하이머는 나중에 "그녀는 나에게 자신이 공산당원이라고 말했습니다."라고 증언했다. "그녀는 가입하고 탈퇴하기를 반복했으나, 당은 그녀가 찾던 것을 제공해 주지 못하는 듯했습니다. 나는 그녀의 관심이 정치적인 데에 있었다고 생각하지 않습니다. 그녀는 깊은 종교적 감성을 지닌 사람이었습니다. 그녀는 미국을, 미국인들을, 미국인들의 삶을 사랑했습니다." 1936년 가을 무렵 그녀를 사로잡은 가장 중요한 대의는 곤경에 빠진 스페인 공화국이었다.

오펜하이머를 이론에서 행동으로 나아가게 한 것은 진의 열정적인 성격이었다. 어느 날 그는 자신이 확실히 "약자(underdogger)"이기는 하지만 그는 이 정치 투쟁에서 주변부에 머무는 것에 안주해야 할 것 같다고 말했다. 진은 "맙소사, 절대로 안주하지는 말아요."라며 항의했다.[44] 그녀와 오펜하이머는 곧 여러 스페인 구호 그룹을 위한 모금 운동을 조직하기 시작했다. 1937~1938년에 진은 오펜하이머를 스페인 피난민 대책 위원회(Spanish Refugee Appeal) 의장을 맡고 있던 토머스 애디스 박사에게 소개했다. 스탠퍼드 의과 대학의 저명한 교수인 애디스 박사는 진이 스탠퍼드에서 의대 공부를 하도록 격려했던 친구이자 스승이었다. 그는 또한 하콘 슈발리에, 라이너스 폴링(오펜하이머의 칼텍 시절 동료), 루이스 브랜스텐(Louise Bransten) 등 오펜하이머가 버클리에서 알고 지내던 여러 사람들과 친분이 있었다. 애디스는 곧 오펜하이머의 "좋은 친구"가 되었다.[45]

애디스는 대단히 세련된 스코틀랜드 사람이었다. 그는 1881년 에든버러에서 태어나 엄격한 칼뱅주의 가족 사이에서 자랐다(그는 젊은 의사 시절 주머니 속에 항상 작은 성경책을 넣고 다녔다.).[46] 그는 1905년 에든버러 대학교에서 의학 학위를 받고 베를린과 하이델베르크에서 카네기 스칼라(Carnegie Scholar)로 박사 후 연구 과정을 밟았다. 그는 혈우병(hemophilia)을 고치는 데 일반 혈장을 쓸 수 있다는 시범을 보인 첫 의학 연구자였다. 1911년에 그는 샌프란시스코의 스탠퍼드 의과 대학 임상 연구실의 주임 교수가 되었다. 스탠퍼드에서 그는 의사이자 과학자로서 오랫동안 훌륭한 업적을 쌓았고, 신장 질병에 대한 새로운 치료법을 개척하기도 했다. 그는 신장염에 대한 두 권의 책과 130편이 넘는 과학 논문을 발표한 이 분야에서 미국에서 제일가는 전문가였다. 1944년에 그는 영예로운 미국 과학 아카데미(National Academy of Sciences)의 회원으로 선출되었다.[47]

애디스는 의사이자 과학자로서의 명성을 쌓던 중에도 항상 활발한 정치 활동을 펼쳤다.[48] 1914년 유럽에서 전쟁이 발발하자, 애디스는 영국의 전쟁 비용을 충당하기 위한 모금 활동을 벌여 미국의 중립법(neutrality laws)을 위반했다. 그는 1915년에 기소되었으나 우드러 윌슨(Woodrow Wilson, 1856~1924년) 대통령은 1917년에 그를 공식적으로 사면해 주었다. 이듬해 애디스는 미국 시민이 되었다. 비록 유복한 가문 출신이었지만(그의 삼촌 찰스 애디스 경(Sir Charles Addis)은 영국 은행의 총재였다.) 그는 돈에 대한 심한 혐오감을 갖고 있었다. 캘리포니아에서 그는 흑인, 유태인, 노동자 인권의 옹호자로서 수많은 청원서에 서명했고 여러 시민 조직에 이름을 빌려 주기도 했다. 그는 급진적 항만 하역 노동조합의 지도자 해리 브리지스의 친구였다.[49]

1935년에 애디스는 레닌그라드에서 열린 국제 생리학 회의(International Physiological Congress)가 주최하는 학술 행사에 참석했다.[50] 그는 미국으로 돌아와서 공중 보건 분야에서 소련이 이룬 성과들을 극찬하는 보고서를 작성했다. 그는 특히 소련 의사들이 1933년부터 이미 인간 시신에서 적출한 신장을 이식하는 실험을 했다는 사실에 깊은 인상을 받았다. 그 이후 그는 전국 의료 보험을 위해 강력한 로비 활동을 전개했고, 이로 인해 미국 의학 협회(American Medical Association)로부터 추방당하기도 했다. 하지만 그의 스탠퍼드 동료들은 그가 소련 시스템을 극찬했던 것은 "신념에 의한 행동"이었다고 생각했다.[51] 존경받는 과학자의 사소한 결점일 뿐이라고 여겼던 것이다. 폴링은 그가 "과학자와 임상의의 조화를 이룬 위대한 사람"이라고 생각했다.[52] 다른 이들은 그를 천재라고 불렀다. 그의 동료인 호러스 그레이(Horace Gray) 박사는 "그는 안전한 길을 가거나 건전하고 이성적으로 보여야 한다는 생각에 사로잡힌 사람이 아니었습니다."라고 회고했다. "그는 탐험가였고, 자유로운 정신의 소유자였으며, 반항적이지 않으면서 관습을 거부하는 사람이었습니다."

1930년대 말 무렵에 FBI는 애디스가 화이트칼라 전문가들을 공산당으로 끌어들이는 데 중요한 역할을 담당하고 있다고 보고했다. 오펜하이머 역시 나중에 애디스가 공산주의자였거나 "그에 가까웠다."라고 생각했다.[53] 스탠퍼드 의과 대학의 한 동료 교수는 "톰 애디스는 가깝건 멀건, 남아프리카, 유럽, 또는 자바라도 인간이 사는 곳에서 벌어지는 불의와 억압을 개인적인 모욕으로 받아들였다.[54] 그의 이름은 민주주의를 지지하고 파시즘에 대항하는 수많은 단체의 후원자 명단에서 쉽게 발견할 수 있다." 라고 썼다.

10여 년 동안 애디스는 미국 스페인 구호 위원회의 의장 또는 부의장 직을 맡았고, 이 자격으로 오펜하이머에게 기부를 요청하기도 했다. 1940년 무렵 애디스는 자신이 이끄는 단체가 수많은 유럽 출신 유태인들을 포함한 수천 명의 난민들을 프랑스의 수용소로부터 구출하는 데 "결정적인 역할"을 했다고 주장했다.[55] 스페인 공화국의 대의에 공감하고 있던 오펜하이머는 실용주의적 신념과 지적 엄격함을 세련되게 조화시킨 애디스에게 매료되었다. 애디스 박사는 오펜하이머처럼 시, 음악, 경제학, 과학을 아우르는 폭넓은 관심사를 지닌 지식인이었다. "이 모든 것들 사이에 구분이 없었다."[56]

어느 날 오펜하이머는 애디스의 전화를 받았다. 자신의 스탠퍼드 실험실에서 만나자는 것이었다. 그들은 얼마 후 만났고, 애디스는 그에게 "당신은 이미 (스페인 공화국의 대의를 위해) 기부금을 내고 있습니다. 만약 당신의 기부금이 정말로 유용하게 쓰이기를 바란다면 공산당 채널을 통해 보내도록 하세요. 그러면 정말 큰 도움이 될 것입니다."라고 말했다.[57] 그 이후 오펜하이머는 애디스를 그의 실험실이나 집에서 정기적으로 만나 직접 현금을 전달했다. 오펜하이머는 나중에 "애디스는 그 돈이 투쟁 비용으로 쓰이게 될 것이라고 말했다."라고 밝혔다. 하지만 얼마 후 애디스는 오펜하이머에게 기부금을 직접 샌프란시스코 공산당의 베테랑 당원인 아이작 '팝' 폴코프(Isaac 'Pop' Folkoff)에게 주는 편이 낫겠다고 제안했다. 오펜하이머는 군사 장비를 구입하기 위한 기부금은 불법일 수도 있겠다고 생각해 항상 현금으로 자금을 전달했다. 그가 공산당을 통해 스페인 구호 활동에 기부한 금액은 연간 약 1,000달러 정도였는데, 이는 1930년대 기준으로는 상당한 액수였다.[58] 하지만 1939년 파시스트가 승리한 후에 애디스와 폴코프는 캘리포니아의 이주 농장 노동자들을 조직하는 것과 같은 다른 공산당 사업을 위한 기부금을 요청하기도 했다. 1942년 4월에 낸 돈이 오펜하이머가 낸 마지막 기부금이었다.[59]

폴코프는 70대 후반의 전직 의류 노동자로, 한쪽 손이 마비된 상태였다. 그가 오펜하이머를 만났을 당시에 그는 샌프란시스코 베이 지역 공산당의 재정 위원장직을 맡고 있었다. 에이브러햄 링컨 여단의 정치위원 출신으로 1940년에 샌프란시스코 공산당 의장이 된 스티브 넬슨(Steve Nelson)은 "그는 존경받는 늙은 좌익 활동가였습니다."라고 회고했다.[60] "그를 무시하는 것은 아니지만, 그는 잠시 동안 노동자로 일을 한 적이 있었고, 철학에 관심을 갖게 되었습니다. 그는 마르크스주의 철학에 상당히 정통하게 되었지요. 그래서 그는 사람들로부터 신망을 얻었습니다. 그는 공산주의 운동 주변을 맴돌던 전문직 동조자들을 만나고 다니며 기부금을 수금하는 일을 했습니다." 넬슨은 폴코프가 오펜하이머 형제에게서 기부금을 받았다는 사실을 확인해 주었다.

1954년에 공산당에 기부금을 냈던 것에 대한 질문을 받은 오펜하이머는 "내가 냈던 기부금이 의도하지 않은 다른 목적을 위해 사용된다든지, 그 목적들이 사악한 것일 수도 있다는 생각은 전혀 하지 않았던 것 같습니다. 나는 당시에 공산주의자들을 위험하다고 여기지 않았어요. 그리고 그들이 공개적으로 밝힌 목적들은 내가 동의할 수 있는 것이었습니다."라고 설명했다.[61]

당시 미국 공산당은 인종 차별 폐지, 이주 농장 노동자들의 작업 조건

개선, 스페인 내전의 반파시즘 투쟁 등 진보적 대의의 선봉에 섰고, 오펜하이머는 점차 이와 같은 활동에 활발하게 참여하게 되었다. 1938년 초 그는 새로 창간된 서부 지역 공산당 기관지《피플스 월드》를 구독했다. 그는 이 신문을 정기적으로 읽었고, 그가 나중에 설명했듯이 신문이 "이슈를 형성하는 방식"에 관심을 가졌다.[62] 1938년 1월 말 이 신문에는 오펜하이머와 슈발리에를 포함한 몇몇 버클리 교수들이 스페인 공화국에 보내기 위한 앰뷸런스를 사기 위해 1,500달러를 모금했다는 기사가 실리기도 했다.[63]

그해 봄 오펜하이머를 비롯한 197명의 서해안 지역 대학 교수들은 스페인 공화국에 대한 미국의 무기 금수 정책 해제를 요청하는 탄원서를 루스벨트 대통령에게 보냈다.[64] 같은 해에 그는 소비자 연맹의 서부 지역 위원회에 가입했다. 1939년 1월에 오펜하이머는 미국 시민 자유 연맹 캘리포니아 지부의 최고 집행 위원회 위원으로 임명되었다. 1940년에 그는 중국 인민 우호회(Friends of the Chinese People)의 발기인 명단에 이름을 올렸고, 독일 지식인들의 고난을 널리 알리기 위한 모임인 미국 민주주의 및 학문의 자유 위원회(American Committee for Democracy and Intellectual Freedom)의 전국 집행 위원회 위원이 되었다. 미국 시민 자유 연맹을 제외한 나머지 단체들은 1942년과 1944년에 반미 활동 조사 위원회(House Committee on Un-American Activities, HUAC)로부터 "공산당 위장 단체(Communist front organizations)"라는 지목을 받게 된다.

오펜하이머는 특히 교원 노조 349지부에서 활발하게 활동했다. 슈발리에는 "당시는 교수진들 사이에 팽팽한 긴장감이 감돌던 때였습니다."라고 회고했다.[65] "어느 정도 좌익 성향을 가지고 있었던 소수의 젊은 교수들은 나이든 교수들이 그들의 활동을 못마땅하게 생각한다는 사실을 의식하고 있었습니다." 교수 협의회 회의에서는 보수파가 "항상 승리했다." 대부분의 버클리 교수들은 노조에 관여하고 싶은 생각이 전혀 없었다. 진 태트록의 심리학 교수이자 오펜하이머의 칼텍 시절 친구 리처드 톨먼의 형인 에드워드 톨먼(Edward Tolman)은 예외적인 경우였다. 이후 4년 동안 오펜하이머는 조합원 수를 늘리기 위해 열심히 노력했다. 슈발리에에 따르면 그는 노조 회합에 거의 빠지지 않았고 아무리 사소한 일이라도 충실히 수행했다. 슈발리에는 그와 함께 새벽 2시까지 잠도 못자고 700여 명에 달하는 조합원들에게 보낼 편지에 주소를 쓰는 일을 했던 것을 회고했다. 어느 날 저녁 오펜하이머는 오클랜드 고등학교 강당에서 열린 교원 노조 회합에 주 강연자로 등장했다. 이 행사는 널리 홍보되었고, 교원 노조는 수백 명의 공립학교 교사들이 오펜하이머가 노동조합 운동의 장래성에 대해 설명하는 것을 들으러 올 것이라고 예상했다. 하지만 단지 10여 명에 불과한 사람들이 참석했다. 그래도 오펜하이머는 특유의 기어 들어가는 목소리로 참석자들에게 노조 가입을 권유했다.[66]

    몇몇 사람들은 오펜하이머의 정치관이 그의 개인사에 의해 결정되었다고 느꼈다. 진의 친구이자 공산당원인 이디스는 "우리는 그가 자신이 타고난 재능에 대해, 그가 물려받은 재산에 대해, 선택받은 사람이라는 것에 대해 죄책감을 가지고 있음을 알고 있었다."라고 논평했다.[67] 그가 아직 정치 활동에 참여하기 전이었던 1930년대 초에도 그는 독일의 상황에 촉각을 곤두세우고 있었다. 히틀러가 권력을 잡고 1년 정도 지난 1933년, 오펜하이머는 이미 독일의 유태인 물리학자들이 나치스 치하에서 탈출하는 것을 돕기 위해 상당한 액수의 돈을 기부하고 있었다. 이들은 그가 알고 존경하던 과학자들이었다. 1937년 가을에 오펜하이머의 고모 헤드윅 오펜하이머 스턴(Hedwig Oppenheimer Stern, 율리우스의 여동생)이 아들인 앨프레드 스턴(Alfred Stern)의 가족과 함께 나치스 독일에서 도망쳐 뉴욕에 도착했다.

오펜하이머는 법적으로 그들에 대한 보증을 섰고, 그들의 이주 비용을 지불했을 뿐만 아니라, 그들을 설득해 버클리에 자리 잡도록 했다. 오펜하이머는 그들이 미국에 자리 잡은 이후에도 불편함이 없도록 지속적으로 신경을 썼다. 수십 년 후 헤드윅이 세상을 떠났을 때, 그녀의 아들 앨프리드는 오펜하이머에게 "어머니는 돌아가시기 직전까지 당신 생각뿐이었습니다."라며 편지를 썼다.[68]

그해 가을, 오펜하이머는 또 한 명의 유럽 망명객을 소개받았다. 지그프리트 베른펠트(Siegfried Bernfeld) 박사는 비엔나 출신으로 프로이트의 제자였다. 베른펠트는 나치스라는 전염병을 피해 처음에는 런던으로 갔다. 그곳에서 만난 또 다른 프로이트의 제자인 어니스트 존스(Ernest Jones) 박사는 그에게 "이곳에 머물지 말고 서쪽으로 가시오."라고 조언했다. 1937년 9월 무렵 베른펠트는 샌프란시스코에 자리 잡을 수 있었는데, 그가 알기로 그 도시에 정신 분석가는 단 한 명뿐이었다. 그의 아내 수잔(Susan) 역시 정신 분석가였다. 그녀의 아버지는 세잔과 피카소 같은 예술가들을 독일 대중에게 소개했던 저명한 미술관 기획자였다. 그들이 샌프란시스코에 도착했을 때, 베른펠트 부부는 마지막으로 남은 그림을 팔아 생활비를 댈 수밖에 없었다. 훌륭한 선생이자 열정적인 이상주의자인 베른펠트 박사는 정신 분석학과 마르크스주의를 접목시키려 노력하던 몇 안 되는 프로이트식 분석가 중 한 명이었다.[69] 젊은 시절을 오스트리아에서 보낸 베른펠트는 처음에는 시온주의자로 출발해 나중에는 사회주의자가 되었다. 그는 훌쩍 큰 키에 말라빠진 외모를 가졌고, 독특한 모양의 펠트제 중절모를 쓰고 다녔다. 오펜하이머는 깊은 인상을 받았고, 곧 자신도 베른펠트와 같은 중절모를 쓰기 시작했다.

베른펠트 박사는 샌프란시스코에 도착한 지 몇 주만에 정기적으로 정신 분석학을 논의하는 모임을 조직했다. 오펜하이머 이외에도 에드워드 톨먼 박사, 어니스트 힐가드(Ernest Hilgard) 박사, 도널드 맥팔레인(Donald Macfarlane) 박사와 그의 아내 진 맥팔레인(Jean Macfarlane) 박사(프랭크 오펜하이머의 친구들), 에릭 에릭슨(Erik Erikson, 안나 프로이트 밑에서 훈련받은 독일 출생의 정신 분석가. 나중에 마운트 시온 병원 소아과에서 진 태트록의 상사가 된다.) 에른스트 울프(Ernst Wolff) 박사, 버클리 철학 교수 스티븐 페퍼(Stephen Pepper) 박사, 저명한 인류학자 로버트 로위(Robert Lowie, 1883~1957년) 등이 이 모임의 정규 회원으로 초청을 받았다. 그들은 각자의 집에서 돌아가면서 모였고, 고급 와인을 마시고 담배를 피우며 "전쟁의 심리학"이나 "거세 공포" 같은 정신 분석학의 주요 쟁점들에 대해 이야기를 나눴다.[70]

물론 오펜하이머는 어린 시절 정신과 의사와의 고통스러운 기억을 가지고 있었다. 하지만 그의 경험은 그를 오히려 이 주제로 끌어당겼다. 그는 특히 청소년기의 "정체성 형성"의 문제에 관한 에릭슨의 작업에 관심을 보였을 것이다. 에릭슨은 "만성 악성 혼란(chronic malignant disturbance)"을 동반한 장기적인 유아기는 대개 그 사람이 불쾌하게 생각하는 성격을 탈피하는 데 어려움을 겪는 신호라고 주장했다. 일부 청소년들은 "완전함"을 추구하지만 동시에 정체성을 잃는 것을 두려워한 나머지 무작위적인 파괴 행동을 보이는 것으로 다른 이들에 대한 분노를 표출한다는 것이다. 1925~1926년 무렵 오펜하이머의 행동은 이 주장에 부합하는 것이었다. 오펜하이머는 이론 물리학에 투신함으로써 강고한 정체성을 형성할 수 있었지만 여전히 생채기가 남아 있었다. 물리학자이자 과학사가인 제럴드 홀튼(Gerald Holton)이 말했듯이 "하지만 어느 정도의 정신적 상처가 남아 있었다. 그로 인해 그의 성격은 지질학적 단층과 같은 취약함을 갖게 되었고, 다음 지진이 발생하면 그 면모가 드러날 것이었다."[71]

베른펠트는 가끔 개별 치료 사례를 소개해 주기도 했다. 그는 자신의 스승인 프로이트처럼 줄담배를 피우며 노트 없이 강의했다. 또 다른 정신 분석가인 네이선 애들러(Nathan Adler) 박사는 "베른펠트는 내가 본 사람 중에 가장 능변의 연사였습니다. 나는 엉덩이를 들썩거리면서 그가 말하는 내용을 들었을 뿐만 아니라, 말하는 태도까지 주의 깊게 관찰했습니다. 그것은 심미적인 경험이었습니다."라고 회고했다.72 이 모임에서 유일한 물리학자였던 오펜하이머에 대해 사람들은 그가 정신 분석학에 "깊은 관심을 가지고 있었다."라고 기억했다. 인간 심리에 대한 오펜하이머의 호기심은 물리학에 대한 그의 관심을 보완해 주었다. 취리히에서 파울리가 라비에게 오펜하이머는 "물리학이 부업이고 정신 분석학이 본업인 것 같다."라고 불평했던 것을 상기해 보라.73 형이상학적인 논의들은 여전히 우선시되었다.74 그래서 그는 1938년부터 1941년에 걸쳐 베른펠트의 세미나에 열심히 참가했던 것이다. 이 모임은 1942년에 창립된 샌프란시스코 정신 분석학 연구소 및 학회(San Francisco Psychoanalytic Institute and Society)의 모태가 되었다.

심리학에 대한 오펜하이머의 관심은 정신 의학을 공부하던 진과 사귀기 시작했던 것과 연관이 있었다. 진은 베른펠트가 주최하는 월례 모임의 회원은 아니었지만 참가자들 중 몇몇을 알고 있었다. 한번은 교육 과정의 일환으로 그녀가 베른펠트 박사로부터 정신 분석을 받은 적도 있었다. 진은 변덕스럽고 내성적이었으며, 오펜하이머처럼 무의식에 깊은 관심을 가지고 있었다. 오펜하이머가 정치 활동가로서 마르크스주의와 프로이트주의를 접목시키려 했던 베른펠트의 지도 아래 정신 분석학을 공부한 것은 적절한 것이었다.

오펜하이머의 오랜 친구들은 그가 갑작스럽게 정치 활동에 열을 올리는 것을 불쾌하게 생각했다. 로런스가 특히 그랬다. 그는 독일에서 박해받고 있는 친구들과 친척들의 곤궁한 사정에는 동감할 수 있었지만, 유럽에서 벌어지는 일에 미국이 관여할 필요는 없다고 생각했다. 그는 오펜하이머와 프랭크에게 각각 "자네 같은 훌륭한 물리학자가 정치니 운동에 정신을 쏟기에는 시간이 아깝다."라고 말했다.[75] 그와 같은 일들은 전문가들에게 맡기는 편이 낫다고 생각했다. 어느 날 방사선 연구소에 들어선 로런스는 칠판에 "브로드(Brode's) 식당에서 스페인 인민 전선을 위한 자선 칵테일 파티 개최. 연구원들 모두 환영"이라고 써 둔 오펜하이머의 메모를 발견했다. 꿈틀한 로런스는 이를 노려보다가 지워 버렸다. 로런스에게 오펜하이머의 정치 성향은 골칫거리였던 것이다.

9장

프랭크가 그것을 잘라서 보냈다

우리는 공산당에 가입하기도 했고 가입하지 않기도 했다.

당신이 어떻게 보느냐에 따라 달라지는 것이다.

— 하콘 슈발리에

1937년 9월 20일 율리우스 오펜하이머는 67세의 나이에 심장마비로 세상을 떠났다. 오펜하이머는 아버지가 더 이상 건강하지 않다는 것은 알고 있었지만, 그의 갑작스러운 죽음은 여전히 충격으로 다가왔다. 1931년 엘라가 죽은 이후 거의 6년 동안 율리우스는 아들들과 가깝게 지냈다. 그는 두 아들을 자주 찾아갔고, 오펜하이머의 친구들이 아버지의 친구가 된 경우도 많았다.

율리우스는 8년 동안 우울증에 시달리면서 상당한 재산을 날렸다.[1] 그래도 그는 오펜하이머와 프랭크에게 39만 2602달러라는 상당한 유산을 남겼다. 이것으로 두 형제는 매년 1만 달러 정도씩 부가 수입을 받게 되었다. 하지만 오펜하이머는 즉시 사후 전 재산을 캘리포니아 대학교에 기부해 대학원생 장학금으로 쓰겠다는 유언장을 작성했다.[2] 그는 마치 자신이 부에 대해 양면적인 감정을 가졌다는 것을 강조라도 하는 것 같았다.

오펜하이머 형제는 언제나 가깝게 지냈다. 오펜하이머는 많은 사람들과 깊은 관계를 맺었지만, 그의 동생만큼 깊고 지속적인 유대감을 형성했던 사람은 없었다. 1930년대에 그들이 주고받은 편지들은 그들이 형제 사이라고 하기에는 이례적일 정도의 유착 관계를 가지고 있었다는 사실을 보여 준다. 이는 여덟 살이나 차이 나는 형제 사이에서는 찾아보기 어려운 것이었다. 오펜하이머의 편지들은 그가 형이라기보다는 아버지에 가까웠다는 것을 보여 준다. 그는 때때로 자신을 본받고 싶어 하는 프랭크에게 심한 소리도 서슴지 않았다. 프랭크는 강한 성격을 가진 형의 말과 행동을 참을성 있게 견뎠다. 시간이 많이 지나고 나서야 프랭크는 오펜하이머가 "젊은 시절의 오만함을……나이 먹어서까지 가지고 있었다."고 불만을 털어놓았다.[3]

그들은 비슷하면서도 달랐다. 프랭크 오펜하이머를 싫어하는 사람은 아무도 없었다. 그는 모나지 않은 오피였다. 오펜하이머 가문의 탁월함을 물려받았으면서도 까칠함은 없었다. 이들 둘 모두와 친구였던 물리학자 레오나 마셜 리비(Leona Marshall Libby)는 "프랭크는 친절하고 호감 가는 성격을 가진 사람입니다."라고 말했다.[4] 그녀는 그를 "델타 함수(delta function)"라고 불렀는데, 이는 특정한 지점이나 시간에서는 무한대가 되지만 나머지는 영으로 정의되는 함수이다. 프랭크는 언제나 무한한 선의와 즐거움을 가지고 있었다. 수년 후 오펜하이머는 동생에 대해 "그는 나보다 훨씬 훌륭한 사람입니다."라고 말했다.[5]

한때 오펜하이머는 프랭크에게 물리학을 전공하지 말라고 설득하려 했다. 그러나 프랭크는 13세 무렵부터 형의 뒤를 따라가려고 생각하고 있었다. 그러나 오펜하이머는 다음과 같은 편지를 썼다. "나는 네가 기하학, 역학, 전자기학 등을 조금 더 공부하기 전까지는 상대성 이론에 대해 읽는 것이 그리 즐겁지 않을 것이라고 생각한다. 그래도 해 보고 싶다면 에딩턴(Eddington)의 책이 초보자에게는 적당할 거야……. 내가 마지막으로 조언 한마디 하지. 네가 제일 관심 있는 몇 가지 주제에 대해 진심으로 만족할 수 있을 때까지 꼼꼼하고 솔직하게 이해하도록 해 보는 게 좋을 거야. 그렇게 해 봐야 상대성 이론이나 기계적 생물학과 같은 멋진 학문들의 진가를 알게 될 테니까. 내가 틀렸다고 생각하면 언제든지 말해. 나도 나의 좁은 경험을 바탕으로 얘기하는 것뿐이니까."[6]

볼티모어의 존스 홉킨스 대학교에 입학한 프랭크는 자신도 형만큼 할 수 있다는 것을 보여 주기로 결심했다. 오펜하이머처럼 그도 박학다식했다. 그는 음악을 사랑했고, 형과는 달리 실제로 플루트를 매우 잘 연주했다. 홉킨스에서 그는 4중주단에서 활동했다.[7] 하지만 그는 물리학을 전공하기로 마음을 정했다. 2학년때 프랭크는 뉴올리언스에서 열린 미국 물리학회 연례 회의에서 오펜하이머를 만났다. 나중에 오펜하이머는 로런스에게 보낸 편지에서 "우리는 멋진 휴가를 함께 보냈다네. 프랭크는 이제 물리학을 직업으로 삼기로 확실히 결심한 것 같아."라고 썼다.[8] 자신의 작업에 대한 열정으로 끓어넘치는 여러 물리학자들과 어울리면서 오펜하이머는 "그들을 좋아하고 존경하지 않을 수 없고, 그들의 작업에 끌릴 수밖에 없다."라고 말했다. 학회 이틀째 되던 날 오펜하이머는 프랭크를 생화학자들과 심리학자들이 공동으로 주최하는 세션에 데려갔다. "싸움 구경이 대단히 재미있지만, 이들 분야에 대한 믿음을 잃어버리게 되었다."

하지만 몇 달 후 오펜하이머는 프랭크에게 다른 대안을 고려해 보지 않은 채 물리학에 투신하지는 말라고 경고했다. 그는 프랭크가 지적 허기를 채우기 위해 생물학 수업을 몇 개 들어 보는 것이 좋을 것이라고 생각했다. 그는 "물리학에는 다른 과학 분야에서는 찾아볼 수 없는 아름다움, 엄정함, 그리고 깊이가 있다."라고 말하는 한편, 프랭크에게는 생리학의 고급 과정을 들으라고 조언했다.[9] "유전학 역시 엄격한 기교와 구조적이고 복잡한 이론을 가지고 있어……. 네가 물리학을 배우는 것은 찬성이야. 열심히 배워서 이해하고, 사용하고, 사색할 수 있게 만들어. 그리고 원한다면 물리학을 가르치기도 하렴. 하지만 아직까지는 물리학을 '하겠다고,' 즉 물리학 연구를 직업으로 삼겠다는 계획을 세워서는 안 돼. 그 결정을 내리기 위해서는 네가 다른 과학 분야에 대해서뿐만 아니라 물리학도 훨씬 더 많이 공부할 필요가 있어."

프랭크는 형의 조언을 무시했다. 그는 3년만에 물리학 학사 학위를 받고 나서, 1933년부터 2년 동안 영국 케임브리지의 캐번디시 연구소에서 공부했다. 영국에서 프랭크는 오펜하이머를 가르쳤던 물리학자들 밑에서 연구했고, 폴 디랙과 막스 보른 등 형의 친구들을 만났다. 이 무렵 오펜하이머는 동생의 선택을 받아들였다. 그는 1933년 프랭크에게 보낸 편지에서 "네가 케임브리지에 간다고 했을 때 내가 얼마나 기뻤는지 잘 알 거야."라고 썼다.[10] 하지만 이제 그는 동생을 그리워했다. 그는 1934년 초에 보낸 편지에서 "지난 며칠 동안처럼 너를 그리워한 적이 없었단다……. 케임브리지가 너와 잘 맞는 것 같구나. 이제는 물리학 연구에 어느 정도 익숙해졌겠지. 네가 연구실에서 손을 더럽히면서도 수학도 열심히 배우면서, 물리학에서 그동안 네가 그토록 찾아 헤맨 규칙과 질서를 찾아가고 있다는 이야기를 들었어. 케임브리지의 엄격한 삶 속에서 열심히 하는 모습이 보기 좋구나."라고 썼다.[11] 오펜하이머는 가끔씩 형으로서 보호자인 것 같은 말투를 보이기도 했지만, 그가 프랭크에게 보낸 편지들은 그가 프랭크만큼이나 형제의 유대감에 의지하고 있었음을 잘 보여 준다.

오펜하이머와는 달리 프랭크는 실험 물리학에서 두각을 나타냈다. 그는 실험실에서 뚝딱거리며 손을 더럽히는 것을 좋아했다.[12] 그는 언젠가 형을 위해 직접 축음기를 만들어 주기도 했다. 오펜하이머가 관찰했듯이 프랭크는 "구체적이고 복잡한 상황을 꿰뚫는 근본적인 질문(Fragestellung)을 찾아내는" 재능이 있었다.[13] 영국에서 2년 그리고 이탈리아에서 몇 개월(그는 이때부터 무솔리니의 파시즘을 혐오하게 되었다.)의 공부를 마치고 나서 프랭크는 실험 물리학 박사 과정에 입학하기 위해 몇 개의 대학에 지원했다. 그는 칼텍으로 갈까 말까 망설였는데, 오펜하이머가 "무언가 했고", 갑자기 칼텍이 그에게 성적 우수 장학금을 제의하자 그는 쉽게 결정을 내릴 수 있었다.[14]

그는 연구실에서 오펜하이머의 옛 친구인 찰리 로리첸 밑에서 베타선 분광기를 이용한 실험을 했다.[15] 오펜하이머는 박사 과정을 끝내는 데 2년밖에 걸리지 않았는데, 프랭크는 4년에 걸쳐 천천히 학업을 끝냈다.[16] 이는 실험 물리학이 이론 물리학보다 시간이 많이 걸리기 때문이었지만 다른 한편으로는 프랭크의 선택이기도 했다. 그는 공부 이외에도 다른 경험을 많이 해 보고 싶었던 것이다. 그는 음악을 사랑했고 전문적으로 연주해도 될 정도로 플루트 연주에 능숙했다. 어머니의 예술적 감성을 물려받은 그는 그림을 사랑했고 많은 시를 읽었다. 오펜하이머의 엄격한 유럽식 예절과는 달리, 프랭크는 털털한 옷차림에 자유분방한 태도를 가졌다고 친구들은 생각했다.

칼텍 1년차 때 프랭크는 프랑스계 캐나다 인으로 버클리에서 경제학을 공부하던 24세의 자크넷 '재키' 콴(Jacquenette 'Jackie' Quann)을 만났다. 1936년 봄 오펜하이머가 프랭크를 데리고 친구 웨노나 네델스키(Wenonah Nedelsky)를 만나러 갔을 때, 마침 재키가 아이를 봐주러 와 있었다. 생활비를 벌기 위해 그녀는 웨이트리스로 일하기도 했다. 그녀는 검소하고 활발한 성격에 허세를 부리지 않는 성품을 지니고 있었다. 서버는 "재키는 자신이 노동 계급이라는 사실을 자랑스러워했지요."라고 말했다.[17] "그녀는 지식인이라고 젠 체하는 것을 경멸했습니다." 그녀의 꿈은 사회 복지사가 되는 것이었다. 그녀는 짧은 단발머리를 하고 있었고 화장은 전혀 하지 않았다. 그녀는 로버트 오펜하이머가 자신의 동생에게 소개시켜 줄 만한 여자가 아니었다. 하지만 그해 늦봄에 오펜하이머는 프랭크, 재키, (최근 남편 레오와 별거에 들어간) 웨노나와 함께 두세 차례 식사를 했다. 6월에 프랭크는 재키를 여름에 페로 칼리엔테로 초대했다. 그들은 오펜하이머가 선물해 준 750달러짜리 신형 포드 픽업 트럭를 타고 도착했다.[18]

그해 늦여름 프랭크가 재키와 결혼하겠다고 말했을 때 오펜하이머는 그를 설득하려 했다. 재키와 오펜하이머는 사이좋게 지내지 못했다. 그녀는 "그는 항상 '물론 당신이 프랭크보다 나이가 훨씬 많으니까.'라는 둥 쓸데없는 말을 하고는 했어요. 사실 8개월밖에 차이 나지 않는데 말이죠. 게다가 그는 프랭크가 아직 준비가 되지 않았다고 말하기도 했지요."라고 회고했다.

프랭크는 형의 조언을 무시한 채 1936년 9월 15일 재키와 결혼했다. 오펜하이머는 "그것은 그가 나에 대한 의존으로부터 벗어나겠다는 선언이었다."라고 썼다.[19] 오펜하이머는 재키에 대해 "내 동생이 결혼한 웨이트리스"라고 부르며 그녀를 비하했다. 그런 와중에도 그는 동생과 제수씨를 만나기 위한 약속을 잡고는 했다. 프랭크는 "우리 셋은 패서디나, 버클리, 그리고 페로 칼리엔테 등에서 여러 번 만났습니다."라고 회고했다.[20] "형과 나 사이의 관계에는 변함이 없었습니다. 우리는 계속해서 모든 것을 나누었죠."

재키는 항상 정치적 선동꾼이었다. 한 친척은 "그녀가 자신의 정치적 생각을 떠벌리기 시작하면 정신이 사나울 지경이었죠."라고 회고했다.[21] 그녀는 버클리 학부생이었을 때 공산주의 청년 동맹(Young Communist League, YCL)에 가입했고, 나중에는 로스앤젤레스 공산당 기관지 사무실에서 일하기도 했다.[22] 프랭크는 그녀의 정치 활동에 불만이 없었다. 그는 "나는 고등학교 시절부터 좌익 성향에 노출되기 시작했습니다. 한번은 카네기 홀에서 하는 콘서트에 갔는데 지휘자도 없이 연주하더군요. 일종의 '상사 타도(down with the bosses)' 운동이었죠."라고 회고했다.

프랭크는 오펜하이머처럼 에티컬 컬처 스쿨의 졸업생이었고, 그곳에서 도덕적, 윤리적 문제들에 대해 토론하는 법을 배웠다. 16세에 그는 학교 친구들과 함께 알 스미스(Al Smith)의 1928년 대통령 선거 운동에 참여했고, 존스 홉킨스에서 좌익 성향의 친구들과 어울렸다. 하지만 당시에 프랭크는 장황한 정치 토론을 그다지 즐기지는 않았다. 그는 "나는 행동하기로 결심이 서기 전에 입만 놀리는 것은 의미가 없다고 말하고는 했습니다."라고 회고했다.[23] 그는 1935년에 영국 케임브리지에서 공산당 회합에 가 보고는 크게 실망했다. 프랭크는 "공허한 말만 주고받고 있더군요."라고 회고했다. 하지만 그가 독일을 방문했을 때 파시스트들이 얼마나 위협적일 수 있는지 직접 눈으로 확인했다. "전 사회가 부패한 것 같았습니다." 아버지 쪽 친척들은 그에게 히틀러 치하의 독일에서 벌어지고 있는 "끔찍한 일들"에 대해 이야기했다. 그는 "이에 대항하는" 단체를 지지할 의사가 충분했다.

그해 가을 캘리포니아로 돌아온 프랭크는 지역 농장 노동자들과 흑인들의 개탄스러운 처지에 관심을 가졌다.[24] 대공황은 수백만 명의 사람들에게 엄청난 타격을 주었던 것이다. 칼텍 물리학과 대학원생이었던 윌리엄 '윌리' 파울러(William 'Willie' Fowler, 1911~1995년)는 사람들을 대하기 싫어서 물리학자가 되었다고 말하고는 했다. 하지만 이제 그조차 사회 문제에 관심을 갖지 않을 수 없었다. 프랭크도 마찬가지였다. 그는 노동사 책들을 탐독하는 것으로 시작해 마르크스, 엥겔스, 레닌의 저작들을 읽었다.

1937년의 어느 날 이른 아침에 재키와 프랭크는 지역 공산당 기관지 《피플스 월드》에서 당 가입 원서를 발견했다. 프랭크는 "나는 그것을 잘라서 보냈다."라고 회고했다.[25] "우리는 그 사실을 숨길 생각이 전혀 없었습니다." 공산당에서 연락이 온 것은 몇 달이나 지난 후였다. 많은 전문직 종사자들처럼 프랭크는 프랭크 폴섬(Frank Folsom)이라는 가명을 써서 당원으로 가입했다. 그는 나중에 "내가 공산당에 가입했을 때 그들은 나의 진짜 이름과 함께 기록용 이름을 요구했습니다. 나는 그들이 왜 그랬는지 아직까지도 이해할 수 없습니다. 나는 이것이 바보 같은 일이라고 생각했고 순간 떠오르는 대로 캘리포니아 감옥의 이름(폴섬)을 기입했습니다."라고 증언했다. 그의 당원 번호는 56385였다. 하루는 그가 깜빡 잊고 자신의 초록색 당원증을 셔츠 호주머니에 넣은 채 세탁소로 보낸 일이 있었다. 당원증은 봉투에 담겨져 세탁한 셔츠와 함께 돌아왔다.

1935년 무렵에 경제적 정의 문제에 관심 있는 미국인이라면 누구나 뉴딜 자유주의자들을 포함해서 공산주의 운동에 찬동하는 것은 이상한 일이 아니었다. 작가, 기자, 교사를 비롯한 수많은 노동자들이 프랭클린 루스벨트(Franklin Roosevelt)의 급진적인 뉴딜 정책을 지지했다. 물론 대부분의 지식인들은 공산당에 가입까지 하지는 않았지만, 평등주의의 문화로 가득찬 정의로운 세상을 약속했던 대중 운동을 마음으로 지지했던 것이다.

공산주의에 대한 프랭크의 관심은 지극히 미국적이었다. 그가 나중에 설명했듯이 "1930년대의 불의와 공포에 맞서기 위해 좌익 사상에 끌렸던 지식인들은 대부분 미국에서의 저항의 역사와 공감대를 형성할 수 있었습니다……. 존 브라운(John Brown), 수전 B. 앤서니(Susan B. Anthony), 클레런스 대로(Clarence Darrow), 잭 런던(Jack London), 노예 폐지 운동, 초기 미국 노동 총연맹과 세계 산업 노동자 연맹(International Workers of the World, IWW)의 활동들."[26]

당은 프랭크와 재키를 우선 패서디나의 '지역 단위(street unit)'에 배정했다. 대부분의 동지들은 지역 사회의 주민들이었고, 상당수는 흑인 빈민층이었다. 그들이 속한 당 세포 조직은 열 명에서 서른 명 사이를 왔다 갔다 하는 크기였다. 그들은 정기적으로 공개 회합을 가졌는데, 여기에는 공산주의자들뿐만 아니라 뉴딜과 관련된 여러 조직의 성원들도 참가했다. 그들은 토론만 하고 행동은 거의 취하지 않았는데, 프랭크는 이에 불만을 가지고 있었다. 그는 "우리는 시에서 운영하는 수영장에서의 인종 차별을 폐지하려고 했습니다."라고 말했다.[27] "그들은 수요일 오후와 저녁에만 흑인들의 입장을 허용했는데, 목요일 오전에 수영장 물을 갈았습니다." 하지만 그들의 노력에도 불구하고 수영장은 계속 흑인들을 차별했다.

얼마 후 프랭크는 칼텍에서 당 지부를 조직하자는 제의를 받아들였다. 재키는 지역 단위에 얼마 동안 남아 있었지만 곧 칼텍 모임에 참가하기 시작했다. 그녀와 프랭크는 동료 대학원생 프랭크 말리나(Frank K. Malina), 시드니 와인바움(Sidney Weinbaum), 그리고 첸 슈에셴(Hsue-Shen Tsien)을 비롯해 약 열 명의 당원을 가입시킬 수 있었다. 패서디나 지역 단위와는 달리 칼텍 모임은 "사실상 비밀 조직"이었다.[28] 프랭크는 당적이 외부에 알려진 유일한 당원이었다. 그는 다른 이들이 "직장을 잃을까 겁을 냈다."라고 설명했다.

프랭크는 자신이 공산당에 가입한 것을 불쾌하게 생각하는 사람들이 있다는 것을 알고 있었다. "아버지의 한 친구는 내가 가르치는 대학에 아들을 보내지 않을 것이라고 말한 적도 있었습니다."[29] 스탠퍼드의 물리학자인 블로흐는 그에게 탈퇴를 권유하기도 했다.[30] 하지만 대부분의 친구들은 개의치 않았다. 공산당원이라는 신분은 그의 일부에 불과했다. 이 무렵 프랭크는 칼텍에서 베타선 분광학 연구에 매진하고 있었다. 그는 형처럼 전도유망한 과학자로서의 경력을 시작하기 일보 직전이었다. 하지만 그의 정치관은 널리 알려져 있었다. 하루는 프랭크를 매우 좋아하던 로런스가 그에게 왜 "운동" 따위에 그토록 많은 시간을 허비하느냐고 물었다.[31] 스스로를 정치에 무관심한 과학자라고 생각했던 로런스는 프랭크를 도무지 이해할 수 없었다. 아이러니했던 것은 그 역시 캘리포니아 대학교 이사회에 임명된 기업가들이나 금융 관계자들과 비위를 맞추는 데 많은 시간을 들이고 있었다는 것이다. 정치적인 성향이 달랐을 뿐이지 로런스는 프랭크만큼이나 정치적인 동물이었다.

프랭크와 재키는 매주 화요일 저녁 집에서 공산당 회합을 가졌다. "믿을 만한 비밀" FBI 정보원에 따르면 프랭크는 1941년 6월까지 이런 모임을 주최했다. 오펜하이머는 이 모임에 최소한 한 번 참석했는데, 그는 나중에 이것이 자신이 참가한 유일한 공산당 모임이었다고 주장했다. 회합의 주제는 패서디나 시영(市營) 수영장에서의 인종 차별 문제였다. 오펜하이머는 나중에 "아무짝에도 쓸모없는 모임이라고 생각했다."라고 증언했다.[32]

프랭크는 형과 함께 이스트 베이(East Bay) 교원 노조, 소비자 연맹, 그리고 캘리포니아 이주 농장 노동자 운동 등에서 활발하게 활동했다. 그는 패서디나에서 플루트 연주회를 열어 입장료 수입을 모두 스페인 공화국에 기부하기도 했다. 프랭크는 나중에 "우리는 정치 회합에 많은 시간을 쏟

않습니다."라고 말했다.[33] "당시에는 쟁점들이 아주 많았지요." 한 스탠퍼드 동료는 FBI에게 "그는 경제적 억압에 대해 분개하면서 말하는 일이 잦았다."라고 말했다.[34] 또 다른 정보원은 프랭크가 "소련과 그 정책들을 흠모했다."라고 주장했다. 때때로 프랭크는 귀에 거슬리는 말을 하기도 했다. 그는 한 동료를 "프롤레타리아를 지지하지 않는 가망 없는 부르주아"라고 공격했고, 그 동료는 나중에 이를 FBI에 보고했다.

오펜하이머는 나중에 동생의 공산주의 활동을 가벼운 일탈 정도로 표현했다. 프랭크는 당원이기는 했지만 다른 많은 일도 했다는 것이었다. "그는 음악에 열정을 가지고 있었습니다. 그는 공산주의자가 아닌 다른 친구들도 많았습니다……. 그는 여름에는 대개 목장에서 일하며 시간을 보냈지요."[35] 오펜하이머는 "그는 그 당시에 그다지 열성적인 공산주의자는 아니었을 것입니다."라고 말했다.

공산당에 가입하고 나서 얼마 후 프랭크는 일부러 버클리로 찾아가 형에게 그 사실을 말했다. 오펜하이머는 1954년에 "나는 이를 못마땅하게 생각했습니다."라고 증언했으나, 구체적으로 왜 못마땅하게 여겼는지는 설명하지 않았다.[36] 당적을 갖는 것은 물론 어느 정도의 위험을 감수하는 행동이었다. 하지만 1937년에 버클리의 자유주의자들 사이에서 그것은 큰 일이 아니었다. 오펜하이머는 "당시에는 공산당원이 되는 것이 범죄 행위라든가 창피한 일이라는 생각은 거의 없었습니다."라고 증언했다. 하지만 캘리포니아 대학교가 공산당과 연계가 있는 사람에게 적대적이었다는 것은 분명했고, 프랭크는 막 학교에 자리를 잡으려던 참이었다. 그리고 프랭크는 오펜하이머와는 달리 아직 종신 재직권을 갖고 있지 않았던 것이다. 오펜하이머가 프랭크의 결정을 못마땅해했다면, 그것은 아마도 동생이 현명하지 못하게 억지를 썼다거나, 급진적인 그의 아내의 영향을 받았다고 생각했기 때문이었을 것이다. 오펜하이머 자신도 정치적으로 각성하긴 했지만 공산당에 가입할 의사는 전혀 없었다. 반면 프랭크는 이를 공식화해야 할 필요를 느꼈다. 형제는 유사한 정치적 감성을 지녔지만, 프랭크는 형에 비해 훨씬 충동적이던 것으로 드러났다. 그는 여전히 오펜하이머를 우러러보았지만, 서서히 오펜하이머의 그림자에서 벗어나 자신만의 영역을 구축하려 하고 있었다. 결혼 문제를 둘러싼 갈등과 공산당 가입 결정 등이 이를 잘 보여 준다.

1943년에 프랭크의 스탠퍼드 동료는 FBI 요원에게 "프랭크 오펜하이머는 정치 성향이나 정당 가입 등의 문제에서 형인 J. 로버트 오펜하이머의 뒤를 따르는 것 같다."라고 말했다.[37] 이 익명의 정보원은 뭔가 잘못 알고 있었다. 프랭크는 형의 조언을 무시한 채 스스로 당에 가입했다. 하지만 이 정보원은 적어도 한 가지 사실은 정확히 알고 있었다. 그는 오펜하이머 형제가 "기본적으로는 이 나라에 대한 충성심을 가지고 있다."라고 믿는다고 말했던 것이다. 친구들(그리고 FBI)의 눈에 오펜하이머 형제는 유난히 가까웠다. 프랭크의 행동은 항상 오펜하이머에게도 영향을 미쳤다. 그리고 오펜하이머는 자신의 유명세로부터 프랭크를 보호할 수 없게 될 것이었다.

자신의 마음을 있는 그대로 드러내는 프랭크와는 달리 오펜하이머는 수수께끼 같은 사람이었다. 그의 친구들은 그의 정치 성향을 잘 알고 있었지만, 그와 공산당의 관계는 지금까지도 모호한 안개 속에 파묻혀 있다. 그는 나중에 친구인 슈발리에를 "말뿐인 사회주의자"라고 묘사했다. "그는 온갖 공산주의 위장 단체들과 연계가 있었습니다. 그는 좌익 작가들에게 관심이 많았지요……. 그는 자신의 의견을 꽤 자유롭게 설파했습니다." 이 말은 오펜하이머 자신에게도 적용될 수 있는 것이었다.

말할 것도 없이 오펜하이머는 한때 공산당원이었던 여러 친척, 친구, 동료들에게 둘러싸여 있었다. 좌파 뉴딜주의자로서 그는 공산당이 지원하는 활동에 상당한 액수의 자금을 쾌척했다. 하지만 그는 자신이 공산당에 정식으로 가입한 적은 없었다고 주장했다. 공산당과의 그의 연계는 스페인 내전 당시를 전후로 "매우 짧고 강렬한" 것이었다.[38] 하지만 내전이 끝난 이후에도 그는 공산당원들이 주도하는 시사 토론회에 계속해서 참석했다. 이런 모임들은 공산당의 은밀한 후원 아래 바로 오펜하이머와 같은 지식인들을 포섭하기 위한 것이었다. 하지만 그는 정식으로 입당한 적은 없었기 때문에 당과의 관계를 딱히 정의하기가 애매했다. 그는 스스로를 비당원 동지(unaffiliated comrade)라고 생각했을 가능성이 높다. 그가 훗날 당과의 연계를 끊으려고 노력했던 것은 의심의 여지가 없다. 간단히 말해 로버트 오펜하이머에게 공산당원이라는 딱지를 붙이려는 시도는 무의미한 것이었다. 이후 몇 년 동안 FBI 역시 이 문제로 대단한 어려움을 겪게 될 것이었다.

사실 그가 공산주의자들과 연계를 맺은 것은 당시 그의 위치와 사상의 자연스러운 귀결이었다. 1930년대 말 캘리포니아 대학교의 교수로서 오펜하이머는 정치적으로 격앙된 환경에 놓여 있었다. 이런 환경 속에서 그는 정식 공산당원이었던 친구들에게 같은 편이라는 인상을 심어 줄 수밖에 없었다. 어찌되었건, 오펜하이머는 공산당이 추구하는 사회 정의를 향한 목표에 공감했고, 그 때문에 몇몇 공산당원들은 그를 동지라고 생각했다. 그리고 FBI가 오펜하이머에 대해 이야기하는 대화를 도청했을 때 당연하게도 공산당원이라고 알려진 사람들이 그를 같은 편이라고 표현하는 것을 듣게 되었다. 다른 한편 또 다른 FBI 도청에는 당원들이 오펜하이머가 냉담하고 신뢰할 수 없다며 불평했던 것도 기록되어 있다. 하지만 무엇보다도 그가 당의 규율에 복종했다는 증거는 전혀 찾아볼 수가 없다. 그는 대부분의 당 활동에 개인적으로 협력했지만, 자신이 동의할 수 없는 부분에 대해서는 당의 노선을 거부하는 행동을 서슴지 않았다. 예를 들어 그는 소련 정권의 전체주의적 성격에 불만을 표현하고는 했다. 그는 프랭클린 루스벨트를 공개적으로 칭송했고 뉴딜 정책을 지지했다. 그는 공산당이 주도하는 여러 인민 전선 조직들에 참여했지만, 다른 한편으로는 그는 견실한 시민 자유주의자이자 미국 시민 자유 연맹의 명망 높은 회원이기도 했다. 간단히 말해 그는 전형적인 뉴딜 진보주의자이자 유럽의 파시즘에 반대하고 미국의 노동자 권리를 옹호하는 공산당의 노선을 지지하는 동조자였다. 그가 이러한 목표들을 위해 공산당원들과 협력했다는 것은 놀라운 일이 아니었다.

이와 같은 모호함을 더욱 가중시키는 것은 당시 공산당, 특히 캘리포니아 공산당의 조직 체계에서 실제 당적을 가진 사람과 단순 동조자와의 구분이 흐릿했다는 사실이다. 제시카 미퍼드(Jessica Mitford)가 미국 공산당 샌프란시스코 지부에서의 자신의 경험을 다룬 회고록에 썼듯이 "그 당시……공산당은 공개주의와 비밀주의가 기묘하게 혼재되어 있었다."[39] 이 무렵 세 명에서 다섯 명의 당원으로 이루어진 "세포" 조직은 "지부" 또는 "클럽"으로 개명되었다. 이는 "미국식 정치 전통과 일치하는 명명법"에 따르기 위한 것이었다. 이 "클럽"들에는 수백 명의 사람들이 참여했고, 공산당 활동은 공개적이고 비공식적으로 행해졌다. 매주 열리는 클럽 회합에는 당비 납부 여부와는 상관없이 누구나 참가할 수 있었고, 참가자들 중에는 FBI 정보원도 상당수 섞여 있었다. 다른 한편으로 미퍼드는 자신과 남편은 "처음에 몇 안 되는 '비공개' 또는 비밀 지부였던 사우스 사이드 클럽으로 배정되었는데, 이는 공무원, 의사, 변호사 등 당적을 가졌다는 사실이 알려지면 직업상 불리할 수 있는 사람들을 위한 것이었다."라고 쓰기도 했다.

1930년대 말에는 중도 좌파, 친노조, 반파시스트 성향의 지식인들 중 공산당에 가입하지 않은 사람들이 많았다. 하지만 당에 가입했던 사람들은 그들의 당적을 숨기는 것이 일반적이었다. 이는 수많은 비밀 당원을 낳았고, 이들의 숫자는 1936년 6월 공산당 당수였던 얼 브라우더(Earl Browder)가 미국 사회의 많은 유명인사들이 그들의 당적을 숨기고 있다며 불평을 터뜨릴 정도였다. 그는 "어떻게 하면 공산주의자들 사이에서의 적색 공포를 가시게 할 수 있을 것인가?"라고 물었다.[40] "몇몇 동지들은 자신들의 공산주의적 의견과 당적을 수치스러운 비밀인 양 숨기고 있다. 그들은 당이 자신들의 일터에서 최대한 멀리 떨어져 있기를 바란다."

수년 후 슈발리에는 오펜하이머가 비밀 당원이었다고 주장했다. 하지만 오펜하이머가 구체적으로 어느 지부에 소속되어 있었느냐는 질문에 슈발리에는 자신이 1965년 출판한 회고록에서 언급한 "토론회"와 같은 모임을 묘사했다. 이는 미퍼드가 말한 공식적인 "비공개 조직"과는 확실히 다른 것이었다. 슈발리에는 마틴 셔윈에게 오펜하이머를 지칭하면서 "그가 모임을 시작했습니다. 그것은 비공개 조직이었고 비공식적이었어요. 기록을 전혀 남기지 않았습니다……. 오직 한 사람만이 이 모임의 존재를 알고 있었지요. 나는 그가 샌프란시스코 공산당의 고위 간부 중 한 명이었다는 것밖에는 모릅니다."[41] "오직 한 사람"에게만 알려진 이 "비공식" 모임은 처음에는 여섯 또는 일곱 명의 회원으로 시작해 나중에는 열두 명까지 확대되었다. 슈발리에는 "우리는 우리 지역에서, 주에서, 미국 전체에서, 나아가 전 세계에서 벌어지는 일들에 대해 토론했습니다."라고 회고했다.

FBI 파일에는 슈발리에의 증언이 기록되어 있다. FBI는 1941년 3월에 오펜하이머에 대한 파일을 만들기 시작했다. 그의 이름은 1940년 12월에 우연히 FBI의 관심을 끌기 시작했다. FBI는 거의 1년 동안이나 캘리포니아 공산당 서기인 윌리엄 슈나이더만(William Schneiderman)과 회계 담당자인 폴코프의 전화 통화를 도청했다.[42] 이 도청은 법원이나 법무부 장관의 허가를 받지 않은 불법 행위였다. 하지만 1940년 12월, 한 FBI 요원이 폴코프가 슈발리에의 집에서 오후 3시 "거물들"의 모임이 있을 것이라고 말하는 것을 엿듣고는 다른 요원을 보내 자동차 번호판을 적어 오게 했다.[43] 슈발리에의 집 앞에 주차된 차 중 하나는 오펜하이머의 크라이슬러 로드스터였다. 1941년 봄 무렵부터 FBI는 오펜하이머를 "다른 정보원들의 보고에 따르면 공산주의 사상에 공감하는" 대학 교수로 지목하기 시작했다. FBI는 그가 "공산당의 위장 단체"로 분류된 미국 시민 자유 연맹의 집행위원회 소속이라는 점에 주목했다. 그들은 곧 오펜하이머에 대한 수사 파일을 수집하기 시작했고, 나중에는 7,000쪽이 넘는 방대한 분량이 되었다. 그달에 오펜하이머는 "국가 비상 사태 시 조사 후 격리수용 대상자" 명단에 오르게 되었다.[44]

또 다른 FBI 문서는 '정부 기관 T-2'의 수사 보고서를 인용하면서 오펜하이머가 공산당의 "전문직 분과" 소속이라고 주장했다.[45] 오펜하이머의 FBI 파일에서 발견된 'T-2' 문서들 중 하나에는 출처 미상의 보고서에서 발췌한 공산당 소속 각종 지부들의 회원 명부가 포함되어 있었다. 이 문서에는 '항만 노동자 지부', '선원 지부', '전문직 분과' 회원들의 이름과 주소가 나와 있다. '전문직 분과' 밑에는 아홉 명의 회원이 기록되어 있다. 헬렌 펠(Helen Pell), 토머스 애디스 박사, 로버트 오펜하이머, 하콘 슈발리에, 알렉산더 카운(Alexander Kaun), 오브리 그로스만, 허버트 레스너(Herbert Resner), 조지 안데르센(George R. Andersen), 리처드 글래드스타인(I. Richard Gladstein).

오펜하이머는 확실히 이들 중 몇몇(펠, 애디스, 슈발리에, 그리고 카운)과 친분이 있었고, 이들 중 적어도 몇 명은 공산당원이었다. 하지만 출처가 불분명한 이와 같은 문서의 신뢰성을 평가하기란 불가능하다.

마틴 셔윈은 오펜하이머의 공산당적 문제에 대해 슈발리에와 오랫동안 구체적으로 대화를 나눴다. 슈발리에에 따르면 이 "비공개 조직"의 회원들은 공산당에 당비를 납부했는데, 오직 오펜하이머만이 예외였다. 슈발리에는 "오펜하이머는 따로 냈을 겁니다."라고 추측했다. "왜냐하면 그는 일반 당비보다 훨씬 많은 액수를 냈기 때문이었을 겁니다." 또는 오펜하이머가 항상 주장했듯이, 그는 사안에 따라 기부금만 내고, 당비는 전혀 내지 않았을 수도 있다. 슈발리에는 "하지만 나머지 사람들은 모두 확인된 공개 당원인 한 사람에게 납부했지요."라고 말했다. "이건 얘기하면 안 되지만, 그는 필립 모리슨이었습니다." 이를 제외하고는 이 모임은 당으로부터 어떤 "명령"도 받지 않았고, 단순히 국제 정세와 정치 문제에 대한 생각을 나누는 학자들의 모임일 따름이었다. 모리슨은 이전부터 자신이 1938년 공산주의 청년 동맹에 가입했고 1939년이나 1940년에 공산당에 가입했다고 인정했다.[46] 슈발리에의 회고에 대해 묻자, 모리슨은 오펜하이머와 자신은 같은 공산당 분과에 소속된 적이 없었다고 단호하게 말했다.[47] 당시 그는 학생이었기 때문에 교수들과 같은 분과에 배정되었을 리가 없었다는 것이다.

1982년 셔윈이 "그 모임이 단순히 좌파들의 회합이 아니라 공산당 조직이라는 것을 어떻게 알 수 있었습니까?"라고 묻자 슈발리에는 "모르겠습니다. 우리는 당비를 냈어요."라고 대답했다.[48] 셔윈이 "당신은 당으로부터 명령을 받았습니까?"라고 그에게 다시 묻자 슈발리에는 "아니오. 그런 점에서 우리는 (정규 당원이) 아니었습니다."라고 말했다. 그는 당시에 자신과 오펜하이머 같은 사람들이 스스로를 당 규율로부터는 자유롭지만 여전히 정치적 신념을 가진 지식인이라고 생각하는 것이 가능했다고 설명했다. 이 모임의 회원들은 공산당의 활동에 자금을 제공하거나, 당이 후원하는 행사에서 강연을 하거나, 공산당 기관지에 기사를 썼다. 슈발리에는 그럼에도 "우리는 그렇기도 했고 그렇지 않기도 했습니다. 어떻게 보느냐에 따라 달라지는 것이지요."라고 설명했다. 이와 같은 모호함에 대해 조금 더 자세히 말해 달라고 요청하자, 슈발리에는 "일종의 그림자 같은 존재였습니다. 존재하기는 했지만 정식으로 인정받지는 않았지요. 우리는 어느 정도의 영향력도 있어서 현안에 대한 우리의 견해가 중앙으로 전달되기도 하고, 때로는 그쪽에서 의견을 물어 오기도 했습니다……. 모르긴 몰라도 미국 전역에서 비슷한 일들이 있었을 겁니다. 전문직이나 공산당원으로 지목받고 싶지 않았던 사람들을 위한 비공개 조직 말이지요."라고 말했다.

슈발리에가 묘사한 오펜하이머와 공산당의 모호한 관계는 카리스마 넘치는 샌프란시스코 공산당 지도자이자 1940년부터 1943년까지 오펜하이머의 친구였던 스티브 넬슨의 증언이 뒷받침하고 있다. 넬슨은 오펜하이머를 사교 모임에서 종종 만났는데, 그는 공산당의 대학 공동체 연락책의 임무를 맡고 있기도 했다. 넬슨은 1981년 인터뷰에서 "이 모임은 몇몇 당원들과 비당원들이 모여 앞으로 일어날 일들에 대해 자유롭게 토론하는 자리였습니다……. 주로 외교 정책에 관한 사안을 논의했지요. 전반적인 의견은, 이는 오펜하이머의 의견도 포함하는 것인데, 미국, 영국, 프랑스가 연합해 이탈리아를 견제하지 않으면 비극적인 사건이 벌어지리라는 것이었습니다. 이와 같은 의견을 냈던 사람이 슈발리에였는지 오펜하이머였는지는 기억나지 않습니다. 하지만 전반적인 분위기는 그랬습니다."라고 설명했다.

넬슨은 오펜하이머의 당적에 대한 슈발리에의 모호한 설명을 확인해 주었다. 넬슨은 "내가 그것을 증명하거나 반박할 수는 없을 것 같군요. 다만 그가 공산당 주변에서 활동했던 동조자였다는 것은 확실합니다. 나는 그와 좌파 정책들에 대해 여러 번 의견을 나눴기 때문에 확실히 알고 있습니다……. 하지만 그것이 그가 당원이었다는 것을 의미하는 것은 아닙니다. 나는 그가 캠퍼스의 여러 공산당원들과 가까운 친구였다고 생각합니다."라고 말했다.[49]

넬슨 자신은 1957년 공산당과 결별했다. 그는 1981년에 출판된 회고록에서 오펜하이머와의 관계를 짧게 언급했다. 그가 회고록 초고를 보여 준 캘리포니아 공산당의 옛 동지는 넬슨이 오펜하이머에 대해 "지나치게 관대하게 표현했다."라고 생각했다. 넬슨이 오펜하이머가 당적을 부인한 것을 훨씬 더 강하게 공격했어야 한다는 것이었다. 넬슨은 "나는 오펜하이머가 좌익과 연계가 있었다고 생각합니다. 그가 당원증을 가지고 있었는지의 여부는 중요한 문제가 아니었습니다. 그는 좌파 운동의 대의에 참여했고, 그것만으로도 그를 정치적으로 죽이기에는 충분했습니다."[50]

오펜하이머가 참여했다고 알려진 비공개 당 조직의 회원들은 모두 세상을 떠났다. 하지만 그들 중 한 명은 미출판 회고록을 남겼다. 고든 그리피스(Gordon Griffiths, 1915~2001년)는 옥스퍼드로 떠나기 직전인 1936년 6월에 버클리에서 공산당에 가입했고, 1939년 여름에 미국으로 돌아오자마자 조용히 당적을 갱신했다. 하지만 그는 아내 메리가 공산당에 환멸을 느끼고 있으니 눈에 띄지 않는 임무를 달라고 요청했다. 결국 그는 "캘리포니아 대학교 교수 모임의 연락책"을 맡게 되었다.[51] 그리피스는 1940년 가을 임무를 수행하기 시작해 1942년 봄까지 계속했다. 그의 회고록에서 버클리의 수백 명에 달하는 교수들 중에 "공산당 교수 모임"의 회원은 단 세 명뿐이었다고 증언했다. 아서 브로듀어(Arthur Brodeur, 아이슬랜드 모험담과 베오울프(Beowulf) 전문가인 영문과 교수), 하콘 슈발리에, 로버트 오펜하이머가 그들이었다.

그리피스는 회고록에서 오펜하이머가 당적을 가진 적이 없다고 주장했다는 점을 언급하고 있다. 그는 오펜하이머의 변론자들이 그가 정치적으로 순진했다고 주장함으로써 그가 공산주의에 동조했던 행위를 설명하려 했다는 점을 지적했다. "선의를 가진 자유주의자들은 이것이 그를 변호할 수 있는 유일한 방법이라고 생각해 이에 많은 에너지를 쏟았다. 어쩌면 매카시 광풍이 극에 달했던 그 당시에는 그랬어야만 했을지도 모른다……. 하지만 이제는 진실을 밝힐 때가 왔다. 중요한 것은 그가 공산당원이었는지의 여부가 아니다. 이제 우리가 물어야 하는 것은 공산당원이라는 사실 자체가 그의 신뢰를 무너뜨릴 만한 것이냐 하는 것이다."

그리피스의 회고록에 적힌 내용은 슈발리에가 묘사한 "비공개 조직"과 크게 다르지 않다. 그리피스는 확실히 오펜하이머가 이 모임에 참석했다는 사실만으로 그가 공산주의자였다고 결론 내릴 수 있다고 믿는다. 그는 이 모임이 한 달에 두 번씩 슈발리에의 집 또는 오펜하이머의 집에서 정기적으로 열렸다고 쓰고 있다. 그리피스는 보통 최근 발간된 공산당 출판물을 가져갔고, 브로듀어와 슈발리에로부터 당비를 받았으나, 오펜하이머에게는 받지 않았다. "나는 오펜하이머가 부유한 사람이었고, 특별한 통로로 기부금을 냈다는 것을 알고 있었다. 참가자들 중 누구도 당원증을 가지고 있지 않았다. 당비 납부가 당적 유무를 판별하는 유일한 기준이라면, 나는 오펜하이머가 당원이라고 확신할 수 없다. 하지만 나는 세 사람 모두 스스로를 공산주의자라고 여기고 있었다는 것은 확실히 말할 수 있다."

그리피스는 교수 모임이 사실 "자유주의자나 민주당원 모임에서 할 수 없는 일"을 하지는 않았다고 회고했다. 그들은 교원 노조에 참여하거나 곤경에 빠진 스페인 내전 피난민들을 돕는 등 좋은 일을 하도록 서로를 독려했다. "그 모임에서는 이론 물리학의 최신 동향에 대한 토의를 한 적도 없었거니와, 그런 정보를 소련에 넘겨주자는 제안 따위는 더더욱 없었다. 간단히 말해서 우리의 활동은 체제 전복적이거나 반역적인 것이 아니었다……. 그 회합에서 우리는 대부분 세계에서 일어나던 일들과 그것들을 어떻게 이해할 수 있을 것인지에 대해 토론했다. 오펜하이머는 항상 마르크스주의 이론에 대한 자신의 이해에 기반해 가장 포괄적이고 깊이 있는 설명을 제공하는 사람이었다. 그의 좌익 활동이 정치적 순진함에서 기인한다는 많은 사람들의 주장은 헛소리에 불과하다. 그것은 보통 사람들보다 훨씬 깊이 있게 정치 세계에서 벌어지는 일들의 함의를 볼 수 있었던 사람의 지적 능력을 모독하는 것이다."

그리피스를 이 모임에 배정했던 버클리 공산당 당직자인 케네스 메이는 나중에 FBI에게 슈발리에와 다른 버클리 교수들이 모임에 참석했다고 밝혔다. 그러나 그는 "이 모임에 참여했던 사람들이 모두 공산당원이라고 생각하지 않았다."라고 말했다.[52]

한때 버클리 수학과 대학원생이었던 메이는 오펜하이머의 친구였다. 메이는 1936년에 공산당에 가입했다.[53] 그는 1937년에 5주 동안, 1939년에 다시 2주 동안 소련을 방문했고, 소련의 정치 경제 모델에 반해서 돌아왔다. 1940년 시행된 지역 선거에서 메이는 지역 공산당 후보들이 공립 학교에서 회합을 가질 권리를 옹호하는 연설을 했다. 그의 연설이 지역 언론에 보도되자, 보수적인 버클리 정치학과 교수인 그의 아버지는 공개적으로 그와 인연을 끊고 대학은 그의 수업 조교직을 박탈했다. 이듬해 메이는 수학과 대학원생 신분으로 버클리 시의원 선거에 공산당 후보로 출마했다. 그러므로 그가 오펜하이머를 처음 만났을 때 그가 공산당원이라는 것은 널리 알려진 사실이었다. 메이는 진 태트록의 친구였고, 두 사람은 아마도 1939년 무렵 교원 노조 회합에서 처음으로 소개받았을 것이다.

나중에 메이는 당을 떠난 후 FBI에 오펜하이머와 정치 얘기를 하러 그의 집을 여러 차례 방문한 적이 있었으며, "사회주의에 대한 이론적 문제들을 논의하기 위한……비공식 회합"에서 그를 만나기도 했다고 말했다. 하지만 그는 오펜하이머가 당원이거나 "공산당 규율 하에 놓인" 사람이라고 생각하지 않았다고 덧붙였다. 오펜하이머는 독립적인 지식인이었고 "공산당은 지식인 그룹을 불신하는 경향이 있었다. 하지만 동시에 공산당은 당 노선에 동조하는 지식인들의 생각에 영향을 미치고 싶어 했고, 그들이 당 활동에 가져다줄 신망과 지지를 얻으려 애썼다. 그런 이유 때문에 메이는 조사 대상자(오펜하이머)를 비롯한 다른 전문직 사람들과의 접촉을 유지했다. 그는 그들과 공산주의에 대해 의논했고 그들에게 공산당 발간물을 제공했다."

메이는 FBI 요원들에게 오펜하이머는 "스스로 생각해서 특정한 시기에 공산당의 목표가 가치 있다고 생각되면 그에 동의할" 의사가 충분한 사람이라고 설명했다.[54] "그러나 그는 자신이 동의하지 않는 목표는 용인하지 않을 것이다." 메이는 "오펜하이머는 마음이 가는 사람이라면 공산주의자인지 아닌지 가리지 않고 드러내 놓고 지지했다."라고 논평했다.

FBI는 오펜하이머가 공산당원이었는지의 여부를 영원히 가릴 수 없을 것이었다. 이는 그가 당원이었다는 증거가 희박했음을 의미하는 것이다. 이 문제에 대해 FBI가 수집한 증거들은 대부분 정황 증거인데다 이마저도 모순되는 것들이 많았다. 몇몇 FBI 정보원들은 오펜하이머가 공산당원이라고 주장했지만, 대부분은 그를 단순한 동조자로 묘사했다. 그리고 나머지는 그가 당적을 가진 적이 있었다는 것을 단호하게 부인했다. FBI는 의혹을 가졌을 뿐이었고, 다른 이들은 추측하는 것에 불과했다. 오직 오펜하이머 자신만이 알고 있었다. 그리고 그는 항상 자신이 공산당 당적을 가진 적이 없었다고 주장했다.

10장
점점 더 확실하게

> 그때가 그의 인생에서 매우 결정적인 1주일이었지요. 그가 직접 나에게 그렇게 말했어요……. 그 주말부터 오펜하이머는 공산당과 거리를 두기 시작했습니다.
>
> ― 빅터 바이스코프

1939년 8월 24일. 소련은 바로 하루 전날 나치스 독일과 불가침 조약을 맺었다고 발표해 세상을 발칵 뒤집어 놓았다. 1주일 후, 독일과 소련이 동시에 폴란드를 침공하면서 제2차 세계 대전이 시작되었다. 오펜하이머는 동료 물리학자인 파울러에게 보내는 편지에서 이와 같은 중대한 사건들에 대해 논평했다. "찰리(로리첸)는 나치스와 소련이 그럴 줄 알았다며 풀이 죽겠지만, 나는 독일군이 이미 폴란드에 상당히 진군해 들어갔으리라는 점을 제외하고는 내기를 걸지 않겠어. 고약한 일이야."[1]

독-소(獨-蘇) 불가침 조약은 좌파 지식인 서클에서 활발한 토론을 촉발시켰다.² 수많은 미국 공산주의자들이 나치스와 손을 잡은 소련에 실망한 나머지 공산당을 탈당하기도 했다. 슈발리에의 상당히 절제된 표현에 따르면, 독-소 조약은 "많은 사람들을 혼란스럽고 당황하게 만들었다." 하지만 슈발리에는 소련이 전략적인 결정을 내릴 수밖에 없었다며 계속해서 공산당을 변호했다. 그는 《소비에트 러시아 투데이(Soviet Russia Today)》 1939년 9월호에 실린 공개서한에 다른 400여 명과 함께 서명했다. 이 편지에서 그들은 "소련과 전체주의 국가들이 근본적으로 똑같다는 엄청난 거짓말"에 대해 반박했다.³ 오펜하이머는 여기에 서명하지 않았다. 슈발리에에 따르면, 1939년 가을 무렵부터 "오피는 대단히 인상적이고 효과적인 분석가의 면모를 보이기 시작했다……. 오피는 의혹을 불식시키고 상대방을 설득할 수 있도록 사실과 주장을 간명하게 전개하는 데 능숙했다."⁴ 캘리포니아 지식인들조차 공산당으로부터 멀어지고 있던 당시, 오펜하이머는 독-소 조약이 나치스와 소련이 동맹을 맺은 것이라기보다는, 서방 진영이 뮌헨에서 히틀러에 대한 유화 정책을 채택한 것에 대한 대응이라는 점을 차분히 설명했던 것이다.⁵

슈발리에는 "오랜 진보주의자들을 보수주의자로, 평화주의자들을 전쟁광으로" 바꾸어 놓는 전쟁의 광풍에 경악했다.⁶ 어느 날 밤 자정이 지난 시간에 슈발리에는 미국 작가 동맹(League of American Writers) 회합을 마치고 집으로 돌아가는 길에 오펜하이머의 집에 들렀다. 오펜하이머는 물리학 강의 준비로 아직 깨어 있었다. 오펜하이머가 술을 한 잔 권하자 슈발리에는 반전 팸플릿 문안을 교정하는 일에 그의 도움이 필요하다고 했다. 오펜하이머는 어쩔 수 없이 앉아서 초고를 읽었다. 그는 그것을 다 읽고 나서 자리에서 일어나 "이대로는 안 되겠어."라고 말했다. 그는 슈발리에를 자신의 타자기 앞에 앉히고는 새로운 문안을 구술하기 시작했다. 한 시간 후 슈발리에는 "완전히 새로운 문안"을 들고 떠났다.

오펜하이머는 미국 작가 동맹의 회원이 아니었고, 그가 팸플릿 문안을 교정했던 것은 단순히 친구에게 호의를 베푼 것이었다.[7] 팸플릿의 새로운 문안은 미국이 유럽에서의 전쟁에 휘말리게 해서는 안 된다는 주장을 열정적으로 전개한 것이었다. 오펜하이머는 1940년 2월과 4월에도 다른 2개의 팸플릿을 쓰거나 교정하는 데 도움을 주었을 수도 있다. 이 팸플릿들은 "캘리포니아 공산당 교수 위원회" 명의로 배포되었다. 이들의 목적은 유럽에서 일어난 전쟁의 결과를 설명하기 위한 것이었고, 서부의 여러 대학 교수들에게 1,000부 이상 우편으로 발송되었다.

슈발리에에 따르면 오펜하이머는 이와 같은 보고서들의 초안을 작성했을 뿐만 아니라 인쇄 및 배포 비용까지 제공했다. 그의 주장은 오펜하이머가 공산당원이었는지에 관한 논쟁에 새로운 불을 지폈다.[8]* 그리피스는 오펜하이머가 이들 팸플릿의 제작에 관여했다는 슈발리에의 주장을 확인했다. "그것은 값비싼 고급 종이에 인쇄되었습니다. 오피가 비용을 댔다는 것에는 의심의 여지가 없지요. 그는 유일한 저자는 아니었지만, 그 팸플릿들을 꽤 자랑스러워했습니다……. 그 편지들은 이해하기 쉽지만 우아한 문체로 씌어져 있고 매우 설득력이 있었습니다."[9]

1940년 2월 20일자 팸플릿에는 다음과 같은 내용이 포함되어 있었다. "유럽에서의 전쟁 발발은 우리의 정치적 발전 방향을 근본적으로 변화시키는 효과가 있다. 지난 한 달 동안 뉴딜 정책에 이상 징후가 발견되었다. 우리는 그것이 공격을 받는 것을 보았고, 점점 더 확실히 그것이 폐기되는

---

* 필 모리슨에 따르면 오펜하이머는 1939년 가을 소련의 핀란드 침공을 분석하는 팸플릿을 작성했다. 모리슨은 오펜하이머를 도와 그것을 발송했다. 그 팸플릿은 발견되지 않았다.

것을 지켜보았다. 민주주의 전선 운동에 동조하는 진보주의자들은 최근 횡행하는 빨갱이 사냥으로 차차 실의에 빠지고 있다. 반동 세력이 발호하고 있다."10

슈발리에는 인터뷰에서 이것은 오펜하이머 특유의 언어라고 주장했다. "그의 스타일을 볼 수 있습니다. 그는 특정한 단어를 사용하는 습관이 있었습니다. '점점 더 확실히(more and more surely).' 그것은 오펜하이머다운 표현입니다. 보통 사람들은 '확실히(surely)'라는 말을 이럴 때 쓰지 않지요."11 슈발리에의 주장은 오펜하이머를 이 팸플릿의 유일한 저자로 지목하는 근거로 삼기에는 너무 약한 연결고리이다. 그러나 오펜하이머가 초안을 작성하는 데 참여했음을 암시하는 것이기는 하다. "점점 더 확실히"라는 표현이 오펜하이머 같기는 하지만 팸플릿 내용 중에는 그렇지 않은 부분도 많았던 것이다.

어찌 되었건 이 보고서가 제안했던 것은 무엇이었을까? 주된 목적은 무엇보다도 뉴딜을 비롯한 국내 사회복지 정책을 방어하는 데에 있었다.

현재 공산당은 소련의 정책을 지지한다는 이유로 공격받고 있다. 하지만 공산당을 박멸한다고 해서 그와 같은 정책을 되돌리지는 못할 것이다. 그것은 다만 미국과 러시아 사이의 전쟁을 반대하는 가장 큰 목소리를 잠재울 수 있을 따름이다. 공산당에 대한 공격은 민주 세력을 혼란에 빠뜨리고, 노조를, 특히 산업 조직 회의(Congress of Industrial Organizations, CIO) 소속 노조들을 파괴하며, 구호(relief) 정책의 삭감을 가능하게 하고, 민주주의 전선을 향한 운동의 근간인 평화, 안보, 노동을 위한 위대한 정책들을 폐기시키는 것을 목적으로 한다.

1940년 4월 6일, 캘리포니아 공산당 교수 위원회는 또 다른 보고서를 발간했다. 첫 번째 팸플릿처럼 이 보고서 역시 저자가 표기되어 있지 않았다. 하지만 슈발리에는 오펜하이머가 여기에도 공저자로 참여했다고 주장했다.

좋은 사회의 가장 기본적인 요건은 구성원들의 생명을 보호할 수 있는 능력이다. 사회는 구성원들이 굶지 않도록 해 주어야 하며, 그들을 폭력적 죽음으로부터 보호해야만 한다. 오늘날 극도로 심각해진 실업과 전쟁의 위협으로 인해 우리 사회의 구성원들은 과연 사회가 가장 필수적인 의무를 수행할 능력이 있는가를 물을 수밖에 없다. 공산주의자들은 사회에 이보다 훨씬 많은 것을 요구한다. 그들은 모든 사람들에게 과거의 상위 문화(high culture)를 특징지었던 교육의 기회와 자유를 제공할 것을 요구한다. 하지만 우리는 이제 기초적인 요구를 무시하는 문화, 기회를 거부하고 인간의 욕구에 무관심한 문화는 솔직할 수도 없고 유익할 수도 없다는 것을 알고 있다.[12]

2월의 팸플릿과 마찬가지로, 이 보고서 역시 국내 문제에 초점을 맞추었다. 그들은 수백만 명의 실업자들이 처해 있는 곤경에 대해 고찰했고, 복지 예산을 삭감하기로 결정한 캘리포니아 전국 민주당원들을 공격했다. "빈민 구제 예산을 삭감한 것과 동시에 무기 생산 예산을 늘린 것은 우연의 소산이 아니다. 루스벨트의 사회 개혁 프로그램의 포기, 노동 운동에 대한 극심한 탄압, 그리고 전쟁 준비는 모두 연관된 움직임들이다." 이 팸플릿은 1933년부터 1939년까지 루스벨트 행정부가 "사회 개혁 정책을 추진해 왔다."라고 보았다. 하지만 1939년 8월 이래 "진보적 방향으로 사회를 이끌어 가려는 대책은 단 하나도 나오지 않았고……오히려 과거에 시행되었던 대책들마저 반동적 공세로부터 지키지 못했다." 루스벨트 행정부는 한때 마틴 다이즈(Martin Dies)가 이끄는 반미 활동 조사 위원회의 행태에 "넌더리"를 냈지만 이제는 그들과 같은 반동주의자들을 "끌어안고" 있었던 것이다. 한때 루스벨트는 노동조합 활동가, 자유 인권주의자, 실업자들을 보호했지만, 이제 그는 존 루이스(John L. Lewis)와 같은 노동계 지도자들을 공격하고 군비 확충에 자금을 쏟아붓고 있었다.

팸플릿의 저자들은 루스벨트가 한때 "어느 정도는 진보주의자"라고 여겼지만, 이제는 "반동주의자"를 넘어 "전쟁광"이 되었다고 생각했다.[13] 이와 같은 변화는 유럽에서의 전쟁에 기인한 것이었다. "전쟁이 끝나면 유럽은 사회주의화될 것이며 대영제국은 없어질 것이라는 생각이 널리 퍼져 있다. 우리는 루스벨트가 유럽에서의 구체제를 유지하는 역할을 맡고 있으며, 필요하다면 이 나라의 경제적 자원과 젊은이들의 목숨을 걸고서라도 이를 지킬 계획을 가졌다고 생각한다."

오펜하이머가 정말로 두 번째 팸플릿 제작에 참여했다면 그는 잠시나마 이성을 잃었던 것이 분명하다.[14] 그가 정말로 루스벨트를 "전쟁광"이라고 생각했을까? 오펜하이머가 이 당시 썼던 편지들을 보면 그가 루스벨트에게 실망한 것은 사실이지만, 그를 비난할 의도는 전혀 없었다.* 만약 오펜하이머가 이 팸플릿들을 작성하는 데 관여했다면, 이와 같은 단어 선택은 그가 거대한 재앙을 향해 돌진하는 세계가 미국의 정치에 미칠 영향에

---

* 1940년 4월의 팸플릿이 출판되고 1년 이상 지난 후, 그는 자신의 오랜 친구들인 에드와 루스 율링에게 보내는 편지에서 다음과 같이 썼다. "지역 또는 전국에서, 나아가 전 세계적으로 향후 전망은 더 이상 암울할 수 없다고 생각하네. 우리 나라가 결국 참전하게 될 것 같아. 루스벨트파가 린드버그파를 누르고 주도권을 잡게 되겠지. 내 생각에 우리는 나치스 근처에도 가지 못할 것이네. 나중에는 허스트린드버그파가 행정부의 '인본주의자'들을 쫓아낼 거야. 당분간 좋은 소식은 기대하기 힘들겠지. 유일한 희망은 조직된 노동자들의 정치적인 힘이 커져가고 있다는 것이네."

대해 걱정하고 있었음을 반영하는 것이다.

1930년대 말 무렵에 오펜하이머는 상당한 명성을 가진 중견 교수였다. 그는 여러 정치 사안에 대한 강연을 했고 탄원서에 서명했다. 그의 이름은 가끔씩 지역 신문에 등장하기도 했다. 당시의 샌프란시스코는 지극히 양극화된 도시였다. 특히 항만 하역 노동자들의 파업은 좌우간의 대립을 격화시키는 효과가 있었다. 보수파의 반격이 시작되자 오펜하이머는 자신의 정치 활동이 대학의 평판에 미칠 잠재적 영향에 대해 생각하지 않을 수 없었다. 그는 칼텍 동료 파울러에게 "나는 학교에서 해고당할지도 몰라……. 다음 주에 캘리포니아 대학교에서 급진주의 세력에 대한 조사가 있을 예정인데, 조사 위원들이 나를 별로 좋아하지 않는다고 하더군."이라고 털어놓았다.[15]

"캘리포니아 대학교는 명백한 표적이었습니다."라고 졸업생인 마틴 카멘(Martin D. Kamen)이 말했다.[16] "그리고 오펜하이머는 매우 활발한 활동을 벌였기 때문에 두드러졌지요. 그는 가끔씩 뭔가 낌새를 차리고는 얼마간 조용히 지내기도 했습니다. 그러다가 또 무언가 그를 자극하는 일이 벌어지면…… 그는 다시 활동을 재개했습니다. 그는 한결같지는 않았습니다."

오펜하이머가 1940년 무렵 공산주의에 호의적이었다는 슈발리에의 주장과는 달리, 다른 친구들은 오펜하이머가 소련에 환멸을 느끼기 시작했다고 보았다. 1938년에 미국 신문들은 스탈린이 소련 공산당 내의 반역 혐의자 수천 명에게 정치적 테러를 가했다는 소식을 자세하게 보도했다. 오펜하이머는 1954년에 "숙청 재판에 대해 개괄적으로 설명한 글을 읽었을 뿐이지만, 어떻게 보아도 소련 체제의 끔찍함을 은폐할 수는 없다."라고 썼다. 그의 친구 슈발리에는 1938년 4월 28일자 《데일리 워커》에 실린 트로

츠키주의 및 부하린주의 "반역자들"에 대한 모스크바 판결을 찬양하는 성명서에 기꺼이 서명했지만, 오펜하이머는 스탈린의 숙청 작업을 변호한 적이 없었다.[17]

1938년 여름에 지난 몇 달 동안 소련을 방문했던 두 명의 물리학자 게오르규 플라첵(George Placzek)과 빅터 바이스코프(Victor Weisskopf)가 오펜하이머의 뉴멕시코 목장을 방문했다. 그들은 1주일 동안 그곳의 사정에 대해 긴 대화를 나눴다. 그들은 "회의적인" 오펜하이머에게 "러시아는 당신이 생각하는 그런 곳이 아닙니다."라고 말했다. 그들은 알렉스 바이스베르크(Alex Weissberg)라는 오스트리아 출신 엔지니어가 단순히 자신들과 친하게 지내려고 했다는 이유만으로 구속되었다고 밝혔다. 바이스코프는 "아주 무서운 경험이었습니다."라고 말했다.[18] "우리는 친구들에게 연락을 취했는데, 그들은 우리를 모른다고 말했어요." 바이스코프는 오펜하이머에게 "상상하는 것보다 훨씬 더 끔찍해요. 아주 절망적입니다."라고 말했다.[19] 오피는 그들의 이야기를 듣고 동요한 듯 여러 질문을 퍼부었다.

16년 후인 1954년 오펜하이머는 자신의 심문관들에게 "그들은 차분하고 진실되게 자신들의 경험을 이야기해 주었고, 그것은 나에게 큰 인상을 남겼습니다. 물론 제한된 경험이었지만, 그들은 러시아를 숙청과 테러의 나라, 잘못된 국정 운영의 결과 오랫동안 국민들이 고통받는 나라로 묘사했습니다."라고 설명했다.[20]

하지만 스탈린이 권력을 남용하고 있다는 소식은 그가 소신을 바꾸거나 미국 좌파에 대한 지지를 철회할 이유까지는 아닌 듯했다. 바이스코프가 기억했듯이 오펜하이머는 "여전히 공산주의의 장점에 대한 믿음을 가지고 있었다."[21] 오펜하이머는 바이스코프를 신뢰했다. 바이스코프는 "그는 나에게 깊은 애정을 가지고 있었고, 나는 그런 그에게 감동을 받았습니다."라고 회고했다.[22] 오펜하이머는 오스트리아 출신 사회민주주의자인 바이스코프가 좌파에 대한 적대감으로 그런 이야기들을 하지는 않았으리라는 것을 알고 있었다. "우리는 양쪽 모두에게 사회주의가 바람직한 대안이라고 확신했습니다."

그럼에도 불구하고 바이스코프는 오펜하이머가 진심으로 동요했다고 생각했다. 그는 "나는 우리의 대화가 오펜하이머에게 깊은 영향을 미쳤다는 것을 알고 있었습니다. 그때가 그의 인생에서 결정적인 1주일이었지요. 그가 직접 나에게 그렇게 말했어요……. 그 주말부터 오펜하이머는 공산당과 거리를 두기 시작했습니다." 바이스코프는 "오피가 (공산당이) 히틀러 같은 위험이 있다는 것을 확실히 알게 되었다."라고 주장한다. "1939년 무렵이면 오펜하이머는 이미 공산주의자 그룹과는 상당히 멀어져 있었습니다."[23]

바이스코프와 플라첵의 이야기를 듣고 얼마 후 오펜하이머는 자신의 우려를 진 태트록의 옛 친구인 이디스에게 털어놓았다. "오피는 대화 상대가 필요했다고 말했습니다. 그리고 나라면 정치적 신념이 흔들리지 않을 것이라고 생각했다고 하더군요."[24] 그는 자신이 바이스코프로부터 여러 소련 물리학자들이 구속되었다는 소식을 들었다고 설명했다. 그는 이 소식을 믿고 싶지 않지만 무시할 수도 없다고 말했다. 이디스는 나중에 "그는 의기소침하면서 동시에 흥분한 상태였다. 이제 와서 생각해 보면 그가 당시에 어떤 감정 상태였는지 알겠지만, 당시에 나는 그의 우매함을 비웃었을 따름이었다."라고 썼다.

그해 가을 몇몇 친구들은 그가 가까운 친구들과는 개인적으로 정치 토론을 했지만, 더 이상 자신의 정치관을 공개적으로 말하는 것을 꺼리기 시작했음을 눈치챘다. 펠릭스 블로흐는 라비에게 1938년 11월에 보낸 편지에서 "오피는 잘 지내고 있고 자네에게 안부를 전하라고 했네."라고 썼다.[25] "솔직히 말해서 그는 자네에게 완전히 설득된 것 같지는 않아. 하지만 그는 적어도 더 이상 큰소리로 러시아를 칭송하지는 않아. 그것만으로도 대단한 발전이지."

공산당원들과의 관계와는 상관없이 오펜하이머는 항상 프랭클린 루스벨트와 뉴딜에 매료되어 있었다. 그의 친구들은 그를 열렬한 루스벨트 지지자라고 생각했다. 로런스는 오펜하이머가 1940년 대통령 선거 직전에 열심히 그에게 로비했던 것을 회고했다. 오피는 자신의 오랜 친구가 아직 누구에게 투표할지 결정을 내리지 못했다는 사실을 믿을 수가 없었다. 그날 저녁 그는 루스벨트의 세 번째 임기를 위한 선거 운동에 대한 열정적인 옹호론을 펼쳤고, 결국 로런스는 루스벨트에게 다시 한번 투표하기로 약속하고 말았다.[26]

오펜하이머의 정치관이 진화를 계속한 데에는 비참한 전쟁 소식이 가장 중요한 원인이었다. 1940년 늦봄과 초여름에 오펜하이머는 프랑스의 함락에 크게 상심했다. 그해 여름 한스 베테는 시애틀에서 열린 미국 물리학회 연례 회의에서 오펜하이머를 만났다. 베테는 오펜하이머의 정치 성향에 대해 어느 정도 알고 있었다. 그래서 그는 어느 날 저녁 오펜하이머가 파리가 나치스에게 함락된 것이 서양 문명을 어떻게 위협하는지에 대한 "아름다울 정도로 감명적인 연설"을 하는 것에 깜짝 놀랐다.[27] 베테는 오펜하이머가 "우리는 나치스에 대항해 서구적 가치를 지켜야 한다."라고 말했던 것을 떠올렸다. 또 오피는 이렇게 말했다. "그리고 몰로토프-폰 리벤트로프 조약(Molotov-von Ribbentrop pact) 때문에 공산주의자들을 더 이상 믿을 수 없게 되었어." 나중에 베테는 물리학자이자 역사가인 제러미 번스타인에게 다음과 같이 말했다. "그는 주로 인도주의적 관점에 기반을 둔 극좌파에 공감하고 있었다고 생각합니다. 히틀러-스탈린 조약은 공산주의에 동조하는 사람들을 혼란시켰고, 1941년 나치스가 러시아를 침공할 때까지 그들은 전쟁에 완전히 무관심한 편이었습니다. 하지만 오펜하이머는 프랑스 함락(러시아 침공이 있기 1년 전)에 깊은 인상을 받아서인지 다른 모든 문제를 잊은 듯했습니다."[28]

1941년 6월 22일 일요일, 슈발리에 부부와 오펜하이머는 함께 해변에서 피크닉을 마치고 돌아오던 길에 나치스가 소련을 침공했다는 소식을 라디오에서 들었다. 그날 저녁 모두는 늦게까지 잠을 이루지 못하고 최신 뉴스를 들으며 사태를 파악하려고 했다. 슈발리에는 오펜하이머가 히틀러는 커다란 실수를 저질렀다고 말했던 것을 기억했다. 오펜하이머는 히틀러가 소련에 등을 돌림으로써 "파시즘과 공산주의가 똑같은 전체주의적 철학의 다른 판본에 불과하다는 생각을 단번에 깨뜨렸다."라고 주장했다. 이제 전 세계의 공산주의자들은 서양 민주주의 국가들의 동맹으로 환영받게 될 것이었다. 이는 두 사람 모두 오래전부터 이루어져야 한다고 생각했던 바였다.

1941년 12월 7일 일본군이 진주만을 공격하자 미국은 갑자기 전쟁에 돌입하게 되었다. 슈발리에는 "우리의 작은 버클리 모임은 이런 분위기 반전의 영향을 받을 수밖에 없었습니다."라고 회고했다.[29] 슈발리에는 이 모임이 "계속해서 비정기적으로 모였다."라고 말했다. 오펜하이머는 잦은 출장으로 거의 모임에 참가하지 못했다. 슈발리에는 "모임에서는 거의 대부분 당시의 전황과 후방에서의 사안들에 대한 토론이 이루어졌다."라고 썼다.

슈발리에는 오펜하이머를 가장 가까운 친구로 여겼으며, 그가 1943년 봄 버클리를 떠나기 직전까지 자신과 좌파적 정치관을 공유했다고 항상 주장했다. "우리는 사회주의 사회의 이상을 공유했습니다……. 그의 입장에는 전혀 흔들림이 없었습니다. 그는 바위와 같이 굳건했습니다." 하지만 슈발리에는 오펜하이머가 이데올로그가 아니라는 점을 명확히 했다. "그는 맹목적인 당파성을 보인다든지, 무조건적으로 노선을 신봉하지는 않았습니다."30

슈발리에는 오펜하이머가 본질적으로 당의 규율에 얽매이지 않는 좌파 지식인이었다고 설명했다. 하지만 시간이 지나고 그가 오펜하이머와의 친분에 대해 쓰기 시작하면서 슈발리에는 무언가 다른 모습을 그리기 시작했다. 1948년에 그는 원자 폭탄 프로젝트에 참여한 뛰어난 물리학자이자 공산당의 "비공개 조직"의 실질적 지도자인 주인공이 등장하는 소설의 대략적인 초안을 잡았다. 1950년에 슈발리에는 출판사를 잡지 못하자 작업을 중단한 상태였다. 하지만 1954년, 오펜하이머 보안 청문회가 끝나고 나서 그는 작업을 재개했고, 1959년 퍼트남 출판사(G. P. Putnam's Sons)가 그 소설을 『신이 되려고 한 사나이』(*The Man Who Would Be God*)라는 무거운 제목으로 출판했다.

이 소설에서 오펜하이머를 본 딴 등장인물인 세바스찬 블로흐(Sebastian Bloch)는 공산당에 가입하기로 결정한다. 하지만 지역 공산당 간부는 그의 공식적인 입당을 불허한다. "세바스찬은 정기적으로 회합에 참석했고, 모든 면에서 정식 당원인 것처럼 행동했다. 그리고 다른 당원들도 그를 동지로 대했다. 하지만 그는 당비를 납부하지 않았다. 그는 자신의 모임 밖에서 당에 별도의 기부금을 제공하는 것으로 합의했던 것이었다."31 소설 후반부에서 슈발리에는 비공개 당 조직의 주례 회합을 묘사하면서 그것을 "대학 캠퍼스에서 교수들과 학생들이 온갖 다양한 주제로 가졌던 비공식 세미나와 같은 것"이라고 표현한다. 회원들은 "사상과 이론", 시사 문제, "교원 노조의 활동", 그리고 "노동조합의 파업, 인권 탄압을 받고 있는 개인이나 집단을 지지하는 문제" 등에 대해 토론한다. 1939년 11월 소련의 핀란드 침공이 발발했을 때, 슈발리에는 오펜하이머를 본 딴 인물을 통해 당 지부에게 "교양 있고 비판적인 사람들이 받아들일 수 있는 언어로" 국제 정세를 설명하는 에세이를 출판하자고 제안하게 한다. 오펜하이머 캐릭터는 인쇄와 발송 비용을 제공할 뿐만 아니라 에세이의 대부분을 스스로 쓴다. 슈발리에는 "그 보고서는 세바스찬에게 자식이나 마찬가지였다."라고 쓰고 있다. "이후 몇 달간 상당수의 보고서가 교수들 사이에 돌기 시작했다."[32]

이 실화 소설은 그리 많이 팔리지 않았고 평론가들의 평가도 그리 좋지 않았다. 예를 들어 《타임(Time)》의 서평가는 "이 소설의 기저에는 한때 숭배자였던 사람이 몰락한 우상을 짓밟고 있는 모습을 연상케 하는 무언가가 있다."라고 생각했다.[33] 하지만 슈발리에는 이 문제를 그냥 넘길 수 없었다. 1964년 여름 그는 오펜하이머에게 자신이 그들의 친분에 대한 회고록을 거의 끝마쳤다는 편지를 보냈다. 그는 "나는 내 소설에서 핵심적인 이야기를 하려고 했네. 하지만 미국의 독자들은 진실과 허구가 뒤섞인 것을 받아들이지 못했어. 그래서 나는 올바른 기록을 남기기 위해서 회고록을 쓰기로 했지……. 이 이야기에서 중요한 부분은 자네와 내가 1938년부터 1942년까지 같은 공산당 조직에서 당원으로 활동했던 것이네. 나는 올바른 관점에서 내가 기억하는 대로의 진실을 이야기하고 싶어. 당시 자네의 활동에 대해 수치스러워할 만한 것은 없지 않은가. 게다가 지금까지도 인상적인 자네의 보고서들은 당시 우리의 신념이 깊고 진실된 것이었음을 보여 주는 것이라고 생각하네. 이제 나는 그 당시의 이야기에 정당한 자리를 찾아주려고 하는 것이야." 그러고 나서 슈발리에는 오펜하이머에게 이와 같은 이야기를 하는 것에 이의가 있느냐고 물었다.

2주 후, 오펜하이머는 짧은 답장을 보내왔다.

> 자네는 편지를 통해 내게 이의가 있느냐고 물었네. 물론 있네.
> 나는 자네가 하는 이야기가 놀라울 따름이네. 자네가 나에 대해 말한 것 중에서 한 가지는 확실히 틀렸어. 나는 공산당의 당원인 적이 없었고, 그러므로 공산당 조직의 회원인 적도 없었네. 나는 물론 이것을 항상 알고 있었지. 나는 자네도 알고 있는 줄 알았어. 나는 공식적으로 이 말을 여러 번 반복했네. 나는 1950년 크라우치(Crouch)가 했던 말에 공개적으로 반박하기도 했어. 나는 10년 전 원자력 에너지 위원회 청문회에서도 그렇게 말했지.
>
> 언제나와 같이,
> 로버트 오펜하이머[34]

슈발리에는 이 편지를 자신이 회고록에 오펜하이머가 공산당에 가입했다고 쓴다면 명예 훼손죄로 고소당할 수도 있을 것이라는 경고로 해석했다. 그래서 그는 이듬해 『오펜하이머. 한 우정에 대한 이야기』를 출판하면서 그 부분을 삭제했다. 그 대신 이 책에서 공산당 "비밀 조직"은 단순한 "토론 모임"으로 표현했다.[35]

슈발리에는 오펜하이머에게 자신이 이 책을 쓴 이유를 설명하면서 "역사는 비록 쉽게 모습을 드러내지 않지만, 진실에 근거해야 할 필요가 있다."라고 말했다. 하지만 이 경우에 "진실"은 각자의 인식에 달려 있는 것이다. 버클리 "토론 모임" 회원들은 모두 공산당원이었을까? 확실히 슈발리에는 그렇게 믿었다. 오펜하이머는 적어도 자신은 그렇지 않았다고 주장했다. 그는 공산당을 통해 스페인 공화국, 농장 노동자, 민권 운동, 그리고 소비자 보호와 같은 특정한 활동에 기부금을 냈다. 그는 회합에 참석했고 당 명의의 성명서를 작성하는 데 도움을 주기도 했다. 하지만 그는 당원증을 가지고 있지 않았고, 당비를 납부하지도 않았으며, 당의 규율로부터 완전히 자유로웠다. 그의 친구들은 그를 동지라고 믿을 만한 이유가 있었을지도 모르지만, 오펜하이머는 확실히 자신은 당원이 아니라고 생각했다.

미국 공산주의사를 연구하는 역사가인 존 얼 헤인스(John Earl Haynes)와 하비 클레르(Harvey Klehr)는 "공산주의자가 된다는 것은 외부의 영향에서 차단된 엄격한 정신세계에 들어선다는 것을 의미한다."라고 썼다.[36] 이는 오펜하이머와는 거리가 먼 표현이다. 그는 마르크스의 저작들을 읽었지만, 또한 바가바드기타, 헤밍웨이와 프로이트도 읽었다. 당시 프로이트를 읽는 것은 출당까지 당할 수 있는 행위였다. 간단히 말해 오펜하이머는 공산당원에게 요구되는 독특한 사회적 계약을 체결한 적이 없었다.[37]

1930년대에 오펜하이머는 어쩌면 나중에 스스로 인정했거나 기억하는 것보다는 당에 가까웠을 수 있지만, 그의 친구인 슈발리에가 생각하는 것만큼 가깝지는 않았다. 이것은 놀라운 일도 아니고 기만적인 행동도 아니다. 오펜하이머가 연계를 가졌다고 알려진 이른바 공산당 "비밀 조직들"은 공식적인 명부나 정해진 규칙을 가지고 있지 않았다. 슈발리에가 마틴 셔윈에게 설명했듯이, 이와 같은 모임들은 제대로 편제되어 있지도 않았고 참가자들을 통제할 방법도 없었던 것이다. 조직적인 이유에서 공산당은 "비밀 조직"에 참여했던 사람들이 개인적으로 상당한 헌신을 했다고 간주했다. 다른 한편 각 회원들은 스스로 자신의 '헌신'의 정도를 정할 수 있었고, 그 정도는 시간에 따라 변할 수 있었다. 진 태트록의 경우와 같이 때에 따라서는 그들은 매우 짧은 기간 동안만 헌신할 수도 있었다.

슈발리에는 항상 공산당에 헌신적인 듯했다. 그리고 그가 오펜하이머와 가까운 친구였을 당시에 오펜하이머 역시 똑같은 정도로 헌신적이었다고 생각했던 것도 무리는 아니다. 어쩌면 얼마 동안은 그랬을지도 모른다. 하지만 우리는 그가 어느 정도로 헌신했는지 알지 못하고 알 수도 없다. 우리가 자신 있게 말할 수 있는 것은 오펜하이머가 높은 수준의 헌신을 보인 시기는 매우 짧았다는 것이다.

요점을 말하자면 오펜하이머는 항상 스스로 자유롭게 사고하고 스스로의 정치적 선택을 할 수 있기를 바랐다. 어떤 대의에의 헌신을 이해하기 위해서는 올바르게 균형 잡힌 시각에서 보아야 한다. 매카시 시기의 가장 해로운 특징은 그러지 못했다는 것이었다. 오펜하이머의 정치적 편력에 대한 가장 중요한 사실은, 그가 1930년대에 미국의 사회·경제적 정의를 위해 헌신했다는 것이고, 이러한 목적을 이루기 위해 좌파의 편에 서기로 선택했다는 것이다.

11장
스티브, 나는 당신의 친구와 결혼할 겁니다

그녀의 관심은 오펜하이머의 경력을 진전시키는 것이었다.

— 로버트 서버

1939년 말 무렵이 되면 오펜하이머와 진의 관계는 거의 끝난 것과 다름이 없었다. 오펜하이머는 그녀를 사랑했고, 여러 가지 문제들에도 불구하고 그녀와 결혼하고 싶어 했다. 그는 "우리는 두 번이나 결혼에 상당히 근접했다."라고 회고했다.[1] 하지만 두 사람은 어울리는 성격이 아니었다. 그녀는 선물 공세를 퍼붓는 그의 습관을 못마땅하게 여겼다. 진은 여자라는 이유로 자신을 떠받드는 것을 불편해했던 것이다. 어느 날 진은 오펜하이머에게 "이제 꽃은 사오지 말아요, 오펜하이머. 제발요."라고 말했다.[2] 하지만 다음 번에 그는 또 꽃다발을 사 들고 왔다. 진은 꽃다발을 바닥에 내동댕이치고는 같이 있던 친구에게 "가라고 그래. 내가 여기 없다고 그래."라고 말했다. 서버는 진이 때때로 "몇 주 동안, 심지어는 몇 달 동안 사라졌다가 돌아와서는 오펜하이머를 조롱하고는 했습니다. 그녀는 자신이 누구와 함께 있었고 무슨 일을 했다는 이야기들을 오펜하이머에게 해 주며 괴롭혔지요. 그녀는 그에게 상처를 입히려고 작정한 듯했습니다. 어쩌면 오펜하이머가 자신을 매우 사랑한다는 것을 알고 있었기 때문에 그럴 수 있었는지도 모르지요."라고 설명했다.[3]

결국 관계를 끊은 것은 진이었다. 진은 오펜하이머만큼이나 결단성 있는 인물이었다. 혼란스럽고 심란했던 그녀는 그의 두 번째 결혼 제안을 거절했다. 당시에 그녀는 의대 3년차를 마친 상태였다. 1930년대에 의사가 된 여성은 그리 많지 않았다. 그녀가 정신과 의사가 되기로 마음먹었을 때 친구들은 그와 같은 결정에 놀라면서도 그녀의 대담하고 충동적인 성격을 잘 드러낸다고 생각했다. 진은 정치에서건 심리적인 문제에서건 항상 실용적이고 냉정한 방식으로 남들을 도우려는 욕구를 가지고 있었다. 정신과 의사가 되는 것은 그녀의 성향과 지적 능력에 잘 어울렸다. 1941년 6월에 스탠퍼드 의대에서 학위를 취득한 후, 1941년부터 1년간 그녀는 워싱턴 D.C.의 세인트 엘리자베스(St. Elizabeth) 정신병원에서 인턴으로 근무했다. 이듬해 그녀는 샌프란시스코 마운트 시온 병원(Mount Zion Hospital)에서 레지던트로 근무하기 시작했다.

오펜하이머가 실연의 아픔을 딛고 "대개 매우 아름다운 젊은 여성들"과 데이트하는 모습이 사람들의 눈에 띄었다.[4] 오펜하이머는 슈발리에의 처제인 앤 호프만(Ann Hoffman), 《샌프란시스코 크로니클》의 칼럼니스트 허버트 케인(Herbert Caen)의 여동생 에스텔 케인(Estelle Caen) 등과 사귀었다. 서버는 영국계 이민자인 샌드라 다이어 베넷(Sandra Dyer-Bennett)을 비롯해 대여섯 명의 여자 친구들을 기억했다.[5] 그는 그들 중 몇몇의 가슴을 아프게 하기도 했다. 그래도 진이 우울해져서 그에게 전화를 하면 그는 항상 그녀에게 달려가 함께 시간을 보내고는 했다. 그들은 가장 가까운 친구이면서 가끔 연인이기도 한 그런 애매한 관계를 유지했다.

그러다가 1939년 8월의 어느 날 그는 패서디나에서 로리첸이 주최하는 가든파티에 참석했다. 그 파티에서 그는 키티 해리슨(Kitty Harrison)이라는 29세의 유부녀를 만났다. 서버는 그들의 첫 만남을 목격했다. 서버는 키티가 오펜하이머에게 첫눈에 반했다는 것을 알 수 있었다. 키티는 나중에 "나는 바로 그날 오펜하이머를 사랑하게 되었지만 어떻게든 그 사실을 숨기려고 했다."라고 썼다.[6] 얼마 후 오펜하이머는 샌프란시스코에서 열린 다른 파티에 키티와 함께 나타나 친구들을 놀라게 했다. 그날 저녁 키티는 선명한 난꽃 코사지를 달고 있었다. 파티 참석자들은 키티와 오펜하이머의 갑작스러운 출현에 불편해했다. 파티의 주최자는 최근까지 오펜하이머의 연인이었던 에스텔 케인이었던 것이다. 슈발리에는 그날에 대해 "그리 보기 좋은 모습은 아니었다."라고 평가했다. 오펜하이머의 몇몇 친구들은 진을 좋아했고 두 사람이 곧 화해할 것이라고 생각해서인지 새로 나타난 여인을 쉽사리 인정하지 않았다. 그들이 보기에 키티는 지나치게 경박하고 제멋대로였다. 수년 후 오펜하이머는 "당시 친구들이 많이 걱정했지요."라고 회고했다. 하지만 키티가 오펜하이머에게 그저 스쳐 지나가는 사랑이 아니라는 것이 확실해지자 그의 친구들도 단념할 수밖에 없었다. 한 여성 지인은 "솔직히 말해서 약간 창피한 일이기는 했지만, 적어도 키티는 그를 인간적으로 만들기는 했어요."라고 말했다.

캐서린 '키티' 퓨닝 해리슨은 작은 몸집에 갈색 머리카락을 가졌다. 그녀는 진만큼이나 아름다웠지만 성격은 정반대였다. 그날 저녁 키티가 오피의 친구들을 만났을 때 난꽃 장식을 달고 있었던 것은 우연이 아니었다. 그 난꽃은 그녀가 자신의 아파트에서 직접 재배한 것이었다. 쾌활한 성격의 키티에게서는 단 한 점의 침울함도 찾아볼 수 없었다. 그녀는 때때로 어려운 일을 겪기도 했지만, 금방 실패를 잊고 새로운 일을 찾아 나아갈 수 있는 능력이 있었다. 만약 진이 아일랜드 공주처럼 생겼다면, 키티는 자신이 정말로 독일 왕가 출신이라고 주장했다. 서버는 "키티는 어머니 쪽으로 유럽의 왕족들과 친척 관계였습니다."라고 회고했다.[7] "그녀가 어렸을 때면 아저씨뻘인 벨기에 왕을 방문하기도 했습니다." 키티는 1910년 8월 8일 독일 북라인 베스트팔리아(North Rhine-Westphalia)의 작은 마을인 레클링하우젠(Recklinghausen)에서 태어났다.[8] 그녀가 2세가 되었을 때 31세의 아버지 프란츠 퓨닝(Franz Puening)과 30세의 어머니 캐테 비서링 퓨닝(Kaethe Vissering Puening)은 미국 펜실베이니아의 피츠버그로 이민 오게 되었다. 야금 엔지니어였던 프란츠 퓨닝이 피츠버그 철강 회사에 직장을 잡았던 것이었다.

외동딸이었던 키티는 피츠버그 근교의 애스핀월(Aspinwall)에서 유복한 어린 시절을 보냈다. 그녀는 나중에 친구들에게 자신의 아버지가 "베스트팔리아 작은 공국의 왕자"였고 어머니는 영국 빅토리아 여왕의 먼 친척이라고 말했다.[9] 그녀의 할아버지 보드윈 비서링(Bodewin Vissering)은 하노버 왕령지(Hanoverian crown-land)의 임차인이었고 하노버 시의회의 선출직 의원이었다. 할머니 조한나 블로네이(Johanna Blonay)의 선조들은 11세기 십자군 전쟁 때부터 유럽의 가장 오래된 왕조인 사보이 가(House of Savoy)의 봉신이었다. 블로네이 가문은 이탈리아, 스위스, 프랑스 등 여러 공국에서 행정관과 궁정 자문관을 지냈고, 제네바 호수 남쪽에 거대한 대저택을 가지고 있었다.[10]

키티의 어머니 캐테 비서링은 아름답고 당당한 여성이었다.[11] 그녀는 사촌인 빌헬름 케이텔(Wilhelm Keitel)과 약혼했다. 하지만 케이텔은 나중에 히틀러의 야전 사령관을 지냈고 1946년에 뉘른베르크 전범 재판소에서 재판을 받고 교수형에 처해졌다. 키티의 어머니는 일부러 그녀를 유럽의 "왕족" 친척들을 방문하게 한 반면, 아버지는 그녀가 자신의 명문가 혈통에 대해 남들에게 이야기하지 못하게 했다. 하지만 나이를 먹고 나서 키티는 자신이 귀족 가문 출신이라는 것을 가끔씩 이야기했다. 퓨닝 가족의 친구들은 그녀가 종종 독일 친척들로부터 "캐서린 폐하(Her Highness, Katherine)"라고 시작하는 편지를 받았던 것을 기억하고 있다.[12]

독일 출신 이민자였던 퓨닝 가족은 제1차 세계 대전 중에 가끔 힘든 일들을 겪기도 했다. 적성 외국인으로 분류된 프란츠 퓨닝은 지역 당국의 감시를 받았고, 어린 키티도 동네 아이들과 잘 어울리지 못했다. 키티의 제1언어는 영어가 아니었고, 그녀는 나이가 든 후에도 아름다운 고급 독일어를 구사했다. 어린 시절에 그녀는 어머니가 위압적이라고 느꼈고, 모녀는 사이가 좋지 못했다. 키티는 사회적 관례에 신경 쓰지 않는 활발하고 원기왕성한 소녀였다. 그녀와 나중에 친해진 패트 셰르(Pat Sherr)는 "그녀는 고등학교 시절에 제멋대로였습니다."라고 회고했다.[13]

키티는 변화무쌍한 대학 시절을 보냈다. 그녀는 피츠버그 대학교에 입학했지만, 1년도 못되어 학교를 그만두고 독일과 프랑스로 떠났다. 이후 두어 해 동안 그녀는 뮌헨 대학교, 소르본, 그레노블 대학교에서 공부했다. 하지만 그녀는 대부분의 시간을 파리의 카페에서 음악가들과 함께 보냈다. 키티는 "나는 학교 공부는 거의 하지 않았어요."라고 회고했다.[14] 1932년 크리스마스 다음 날, 그녀는 당시에 사귀고 있던 보스턴 출신의 젊은 음악가 프랭크 램세이어(Frank Ramseyer)와 충동적으로 결혼했다. 몇 개월 후 키티는 남편의 일기장을 발견했다.[15] 거울 문자(mirror writing)로 쓴 램세이어의 일기장에 따르면 그는 마약 중독자에다가 동성애자였다. 그녀는 곧바로 미국으로 돌아와 위스콘신 대학교에서 생물학을 공부하기 시작했다. 1933년 12월 20일에 위스콘신 법원은 외설 행위를 이유로 결혼 무효 판결을 내렸다.

이로부터 열흘 후 키티는 피츠버그의 친구가 주최하는 신년 파티에 초대받았다. 그녀의 친구 셀마 베이커(Selma Baker)는 자신이 진짜 공산주의자를 만났다며 키티에게도 만나 보지 않겠느냐고 물었다. 키티는 "우리는 진짜 공산주의자를 직접 만나 본 적이 없어서 만나 보면 재미있을 것 같았습니다."라고 회고했다.[16] 그날 저녁 그녀는 부유한 롱아일랜드 사업가의 아들인 26세의 조 달레트(Joe Dallet)를 만났다. 키티는 "조는 나보다 세 살 많았습니다."라고 기억했다. "나는 그 파티에서 그와 사랑에 빠졌어요." 만난 지 6주도 되지 않아서 그녀는 달레트와 결혼식을 올리고 그를 따라 오하이오 영스타운(Youngstown)으로 갔다.

한 친구는 "(달레트는) 눈에 띄게 잘생긴 놈(handsome son-of-a-bitch)이었습니다."라고 회고했다.[17] 훤칠한 키에 마른 몸매, 그리고 굵고 짙은 곱슬머리를 가진 달레트는 어떤 일이라도 할 수 있을 것처럼 보였다. 1907년생인 그는 프랑스 어에 능통했고, 피아노를 잘 쳤으며, 변증법적 유물론에 깊이 있는 지식을 갖고 있었다. 그의 부모들은 독일계 유태인 가문 출신으로 미국에서 출생한 1세대 미국인이었다. 조가 어렸을 때 그의 아버지는 실크 무역으로 상당한 재산을 모았다. 그는 어린 시절에 롱아일랜드 우드미어(Woodmere)의 유태교 예배당에 다녔다. 하지만 13세가 되었을 때 조는 유태식 성인식(bar mitzvah)을 거부했다. 그는 얼마 동안 사립 학교에 다니다가 1923년 가을에 다트머스 대학에 입학했다. 그는 이 당시부터 이미 급진적인 정치관을 갖게 되었고, 자신의 "프롤레타리아 이상"을 지나치게 호전적으로 주장하기 시작했다. 그의 다트머스 동급생들은 그가 "대학의 분위기에 맞지 않는" 괴짜라고 생각했다.[18] 그는 대부분의 수업에서 낙제점을 받았고, 2학년 때 자퇴하고 뉴욕의 보험 회사에 취직했다. 직장에서 그는 꽤 성공적이었지만, 어느 날 수틀리는 일을 참지 못한 채 사표를 내던지고 노동자로서의 새로운 삶을 시작했다. 이와 같은 급반전의 배경은 아마도 1927년 8월 이탈리아 출신 무정부주의자 니콜라 사코(Nicola Sacco)와 바르톨로메오 반제티(Bartholomeo Vanzetti)가 사형을 당한 사건과 관련이 있었던 것 같다. 달레트는 누나에게 보낸 편지에서 "1927년 8월 22일 두 명의 이탈리아 인들이 매사추세츠 전기의자에 앉아 죽음에 이르지 않았다면 내 인생이 어떻게 되었을지 모르는 일이야."라고 썼다.

달레트는 "온실 속에서 살았던 시절의 찌꺼기를 빼내야" 한다고 결심하고 처음에는 사회 복지사로, 나중에는 항만 하역 노동자와 석탄 광부로 일했다.[19] 그는 1929년에 공산당에 입당한 후 걱정하는 가족들에게 보낸 편지에서 "나는 이제야 내가 하고 싶고, 잘할 수 있으며, 즐겁게 할 수 있는 일을 하고 있습니다……. 나는 무척 행복합니다."라고 썼다. 그는 시카고에서 몇 달을 보냈는데, 그동안 수천 명의 군중 앞에서 연설을 하다가 악독하기로 유명한 시카고 경찰의 '반공 기동대(Red Squad)'에게 얻어맞기도 했다.

1932년 무렵 달레트는 오하이오 영스타운에서 철강 노동자들을 산업조직 회의 소속 노동조합으로 결성하기 위한 활동을 벌이고 있었다.[20] 그는 철강 회사에 고용된 깡패들의 폭력에 맨몸으로 맞서는 용기를 보이기도 했다. 지역 경찰은 그가 노동 집회에서 발언하는 것을 막기 위해 그를 감옥에 몇 번이나 처넣어야 했다. 급기야 그는 공산당 후보로 영스타운 시장 선거에 출마했다. 키티는 그의 아내였지만 곧바로 공산당원으로 받아들여지지는 않았다. 그녀는 길거리에서 《데일리 워커》를 팔거나 철강 노동자들에게 전단지를 나눠 줌으로써 헌신성을 인정받은 후에야 겨우 공산주의 청년 동맹에 들어갈 수 있었다. 그녀는 "공장 문 앞에서 공산당 전단지를 나눠 줄 때는 테니스화를 신었습니다. 경찰이 들이닥치면 재빨리 뛰어서 도망갈 수 있도록 말이지요."라고 회고했다.

그녀는 1주일에 10센트의 당비를 납부했다. 부부는 월세 5달러의 쓰러져 가는 하숙집에서 살았고, 아이러니하게도 2주에 한 번 나오는 12달러 50센트의 정부 보조금으로 간신히 버티고 있었다. 같은 하숙집에는 다른 두 명의 견실한 공산당원이 살고 있었다. 존 게이츠(John Gates)와 아르보 쿠스타 할베르크(Arbo Kusta Halberg)가 그들이었는데, 할베르크는 나중에 이름을 거스 홀(Gus Hall)로 바꾸고 미국 공산당 의장까지 지내게 될 인물이었다. 키티는 나중에 "그 하숙집에는 부엌이 있었지만 난로가 새서 요리는 할 수 없었습니다. 우리는 근처의 지저분한 식당에서 하루에 두 끼씩 식사를 때우고는 했지요."라고 말했다.[21] 1935년 여름 동안 그녀는 공산당의 "책 외판원(literary agent)"으로 임명되어 당원들에게 마르크스주의 고전들을 사서 읽으라고 독려하는 일을 맡았다.

키티는 1936년까지 이와 같은 생활을 견뎌 냈으나 더 이상 버티지 못하고 달레트를 떠나고 말았다. 공산당은 달레트의 삶 그 자체였고, 키티는 비록 자신의 정치적 신념을 내던지지는 않았어도 그와 싸우는 일이 잦아졌다. 그들을 둘 다 아는 친구인 스티브 넬슨에 따르면, 달레트는 "그녀가 자신처럼 당에 충성심을 갖지 못하는 것에 불만을 가졌다."[22] 달레트가 보기에 키티는 "노동 계급의 태도를 체화하지 못한 젊은 중산층 지식인"처럼 행동했던 것이다. 키티는 그의 비하하는 듯한 태도를 경멸했다. 2년 반 동안의 극빈 생활 끝에 그녀는 별거를 선언했다. 그녀는 "가난함 때문에 점점 더 우울해졌습니다."라고 회고했다.[23] 마침내 1936년 6월에 그녀는 아버지가 있는 런던으로 떠났다. 그녀는 얼마 동안 달레트의 소식을 듣지 못했는데, 나중에 그동안 어머니가 그의 편지들을 중간에서 가로챘다는 사실을 알게 되었다. 키티는 다시 달레트와 화해하기로 마음먹었고, 남편이 자신을 만나러 유럽으로 올 것이라는 소식에 기뻐했다.

1937년 초, 달레트는 스페인 내전에서 파시스트들에 대항해 싸우기로 결심하고 공산당 여단에 자원했다. 그는 오랜 동지인 스티브 넬슨과 함께 1937년 3월 정기 순양함 '퀸 메리(Queen Mary) 호'에 올랐다. 달레트는 넬슨에게 자신과 키티가 곧 다시 예전으로 돌아갈 수 있을 것이라고 말했다. 달레트는 확실히 아직도 키티를 사랑하고 있었던 것이다.

키티는 프랑스 셰르부르(Cherbourg)의 선착장에서 배가 도착하기를 기다리고 있었다. 그녀와 달레트는 1주일 동안 파리에서 함께 시간을 보냈다. 넬슨은 그동안 그들과 함께 다녔다. 넬슨은 "내가 두 사람 사이에서 훼방을 놓는 것 같았습니다. 키티는 매우 아름다운 젊은 여인이었습니다. 키는 그리 크지 않았고, 금발에 붙임성이 좋은 타입이었죠."라고 회고했다.[24] 그녀는 런던에서 달레트를 만나러 프랑스로 왔을 때 세 사람이 괜찮은 호텔에서 묵고 좋은 프랑스식 레스토랑에서 식사를 할 만큼 충분한 돈을 가지고 있었다. 넬슨은 키티가 값비싼 프랑스 치즈를 곁들여 와인을 마시며 달레트를 따라 스페인 전장으로 가고 싶다고 이야기하던 것을 기억했다. 문제는 공산당의 정책에 따라 부부가 함께 스페인 내전에 참전할 수 없다는 데에 있었다. 그들이 점심을 먹던 중에 "조는 엄청나게 화를 냈습니다. 그는 '이런 관료주의에 빠진 사람들 같으니. 그녀는 많은 일들을 할 수 있어. 그녀는 앰뷸런스도 운전할 수 있단 말이야.'라고 말했지요. 키티는 이미 결심을 굳혔습니다." 달레트와 키티는 편법까지 동원해 여러 시도를 했지만,

모두 실패로 돌아갔고, 달레트는 키티를 남겨 둔 채 스페인으로 떠날 수밖에 없었다. 그가 떠나기 전날, 키티는 달레트와 넬슨에게 따뜻한 플란넬 셔츠, 양모 장갑과 양말 등을 사 주었다. 그들은 자주 편지를 주고받았고 키티는 매주 자신의 사진을 찍어 그에게 보냈다.

스페인으로 가는 길에 달레트와 넬슨은 프랑스 경찰에 체포되었다. 그들은 4월에 재판을 받고 20일간의 구금 생활을 마치고 석방되었다. 달레트는 4월 말에야 비로소 스페인에 도착했다. 그는 도착하자마자 키티에게 보낸 편지에서 "당신을 사랑해. 어서 A(알바세테(Albacete))에 도착해서 당신의 편지를 받아 볼 날만 기다리고 있어."라고 썼다.[25] 7월 무렵까지도 그는 여전히 그녀에게 흥분된 말투로 자신의 경험을 전했다. "대단히 흥미로운 나라에서 대단히 흥미로운 전쟁이 벌어지고 있어. 내가 그동안 했던 대단히 흥미로운 일들 중에서도 가장 흥미로운 일이야. 파시스트들에게 한방 먹이는 기분이라니."

키티는 넬슨을 좋아했다. 그녀는 일부러 시간을 들여 한 번도 만난 적 없는 넬슨의 아내 마거릿(Margaret)에게 편지를 보내 파리에서 그들이 함께 보낸 시간들에 대해 이야기해 주었다. 그녀는 "우리는 며칠 동안 재미있게 보냈어요. 물론 그들의 힘난한 앞날을 생각하면 준비가 완벽하지는 못했지만 그들은 즐거워했습니다."라고 썼다.[26] 그녀는 그들이 스페인 내전에 엄격한 중립을 지키려는 서방측의 태도에 항의하는 대규모 집회에 참석했다고 밝혔다. "우리는 연설하는 사람들이 무슨 말을 하는지 알아듣지는 못했지만, 그곳으로 가는 지하철 안은 매우 흥겨운 분위기였습니다. 수백 명의 젊은 공산주의 지도자들은 자신들이 모두 탈 때까지 지하철을 멈춰 세웠지요. 그들은 인터내셔널 가를 불렀고 반파시스트 구호를 외쳤어요. 지나가던 사람들까지 가세해서 우리가 그레넬(Grenelle) 역에 도착할 무렵에는 파리 전체가 인터내셔널 가를 합창하는 것 같았습니다. 내가 감정적인 타입일지도 모르지만(별로 그런 것 같지는 않은데), 나는 갑자기 몸집이 세 배쯤 커진 것 같았고, 눈에는 눈물이 핑 돌기 시작했으며, 큰 소리로 고함치고 싶어졌답니다." 키티는 편지 말미에 "당신의 동지, 키티 달레트"라고 서명했다.

스페인에 도착하자마자 달레트는 1,500명 규모의 맥켄지-파피누(McKenzie-Papineau) 여단의 '정치 위원(political commissar)'으로 임명되었다. 이 부대는 대개 캐나다 인들로 구성되어 있었지만, 이 무렵이면 에이브러햄 링컨 여단의 미국인 자원병들도 상당수 소속되어 있었다. 그해 여름 그는 동료 부대원들과 전투 훈련을 받기 시작했다. 그는 키티에게 "커다란 기관총 뒤에 앉아 있으면 대단한 힘을 갖게 된 것 같아."라고 썼다.[27] "당신은 내가 갱스터 영화에 나오는 기관총 소리를 좋아했다는 것을 잘 알 거야. 그러니 내가 실제로 그것을 발사하는 일을 맡게 되었을 때 얼마나 좋았겠어."

전황은 공화주의자들에게 불리하게 돌아가고 있었다. 달레트의 부대 역시 독일과 이탈리아로부터 공군과 포병 지원을 받던 스페인 파시스트 부대에 밀리기 시작했다. 그리고 달레트가 곧 알게 되었듯이, 스페인 좌파 세력은 사나운 내부 투쟁으로 인해 더욱 약화된 상태였다. 그는 키티에게 보내는 1937년 5월 12일자 편지에서 스페인 공산당 고위층들이 군대 내에서 무정부주의자들을 "축출"하겠다고 약속했다고 썼다. 그해 가을 무렵에 달레트는 탈주병들에 대한 "재판"을 관리하고 있었다. 한 증언에 따르면, 이들 중 몇 명은 처형되었을지도 모른다. 이로 인해 달레트는 부대원들 사이에서 악명 높은 인물이 되었다. 달레트의 친구에 따르면 이런 감정들은 "거의 증오"에 가까운 것이었다.[28] 몇몇 부대원들은 그를 이데올로기 광

신자라고 생각했다. 1937년 10월 9일자 코민테른 보고서에 따르면 "부대원들 중 일부는 조 달레트에 대한 불만을 공개적으로 표시하고 있으며, 그를 제거해야 한다는 의견이 팽배하다."[29]

나흘 후, 그는 처음으로 실전에 배치되어 자신의 대대원들을 이끌고 파시스트들이 장악하고 있던 푸엔테스 델 에브로(Fuentes del Ebro)라는 마을에 대한 공격을 감행했다. 며칠 전, 한 옛 친구는 그가 희미한 등유 램프 아래 홀로 앉아 있는 것을 발견했다. 달레트는 그에게 외로움을 토로했고 부대원들 사이에서 자신의 인기가 바닥에 떨어졌다는 것을 알고 있다고 털어놓았다. 그는 자신이 "후방의 안전한 곳을 찾는" 정치 위원이 아니라는 것을 보여 주겠다고 말했다. 그는 가장 선봉에서 적진을 향해 돌격해 자신의 용기를 보여 줄 생각이었다. 그의 친구는 이것이 대대 전체를 이끄는 사람이 해서는 안 되는 일이라며 말렸지만 달레트는 완강했다.

전투가 벌어진 날 달레트는 결심을 실행에 옮겼다. 그는 참호에서 첫 번째로 뛰쳐나갔고, 적진을 향해 몇 발짝 가지 못해서 가랑이에 기관총탄을 맞았다. 대대의 기관총 지휘관은 나중에 다음과 같이 보고했다. "공격은 오후 1시 40분에 시작되었다. 대대 정치 위원 달레트는 1중대와 함께 가장 반격이 심했던 왼편으로 공격해 들어갔다. 그는 선봉에서 총탄에 맞아 치명상을 입었다. 그는 위생병이 자신에게 다가오는 것조차 거부하며 마지막까지 영웅답게 행동했다."[30] 그는 엄청난 고통을 참으며 참호 쪽으로 기어 돌아오려 했지만 두 번째 기관총탄이 그의 목숨을 앗아갔다. 그때 그의 나이는 겨우 30세였다.

넬슨(그 역시 8월에 부상당했다.)은 달레트의 사망 소식을 파리에서 들었다. 달레트는 죽기 직전에 키티에게 편지를 써서 넬슨이 파리에 들를 것이라고 전했다. 그래서 키티는 그를 만나기 위해 런던에서 파리로 왔다. 그녀는 파리에서 달레트를 만나 그와 함께 스페인으로 갈 생각이었다. 슬픈 소식을 전해야 했던 넬슨은 자신이 묵던 호텔 로비에서 그녀를 만나기로 약속을 잡았다. 넬슨은 "그녀는 쓰러져서 나에게 매달렸습니다. 어떤 면에서 나는 조의 대타가 되었습니다. 그녀는 나를 끌어안고 눈물을 터뜨렸지요. 나 역시 평정을 유지할 수 없었습니다."라고 회고했다.[31] 키티가 울며 "이제 나는 어떻게 해야 해요?"라고 묻자 넬슨은 충동적으로 자신과 함께 뉴욕으로 돌아가 마거릿과 셋이서 함께 살자고 했다. 넬슨은 키티가 스페인으로 가서 자원병으로 병원에서 일하겠다는 것을 간신히 설득해 미국으로 데리고 돌아왔다.

키티는 27세의 공산당 전쟁 영웅의 과부 신분으로 미국에 돌아왔다. 미국 공산당은 그의 희생이 잊혀지지 않도록 최선을 다했다. 미국 공산당 의장 얼 브라우더는 달레트가 "파시즘의 확산을 막으려는 과업에 온몸을 바친" 사람들의 대열에 함께 했다고 썼다.[32] 몇 안 되는 아이비리그 출신 공산주의자였던 달레트는 노동 계급의 순교자가 되었다. 공산당은 키티의 동의를 얻어 조가 키티에게 보낸 편지들을 모아 1938년에 『스페인으로부터의 편지(Letters from Spain)』라는 서간집을 출판했다.

키티는 몇 달 동안 넬슨 부부와 함께 그들의 좁은 뉴욕 아파트에서 지냈다.[33] 그녀는 조의 옛 친구들을 만났는데, 그들은 모두 공산당원들이었다. 키티는 나중에 정부 조사관들에게 자신이 당시에 얼 브라우더, 존 게이츠(John Gates), 거스 홀, 존 스튜벤(John Steuben), 존 윌리엄슨(John Williamson) 등 유명한 공산당 간부들을 만났다고 말했다. 하지만 그녀는 또한 자신이 1936년 6월 영스타운을 떠나면서부터는 공산당원이 아니었고 당비도 내지 않았다고 말했다. 마거릿 넬슨은 "그녀는 매우 불안한 상태였습니다. 나는 그녀가 엄청난 스트레스를 견디고 있다는 인상을 받았습니다."라고 회고했다.³⁴ 다른 친구들 역시 키티가 오랫동안 달레트의 죽음에 깊은 상처를 받았다고 증언하고 있다.

1938년 초에 그녀는 친구를 만나러 필라델피아에 갔다가 그곳에 머물기로 결정하고는, 봄 학기부터 펜실베이니아 대학교에 등록했다. 그녀는 화학, 수학, 생물학을 공부했고, 마침내 대학 졸업장을 딸 수 있을 것 같았다. 그해 봄이나 여름 무렵, 그녀는 청소년 시절에 알고 지내던 영국 출생의 의사 리처드 스튜어트 해리슨(Richard Stewart Harrison)을 만났다. 해리슨은 키가 크고 날카로운 푸른 눈을 가진 잘생긴 남자였는데, 그는 영국에서 의사 생활을 하다가 미국에서 의사 자격증을 취득하기 위해 인턴 생활을 하던 중이었다. 정치 문제에 무관심했던 해리슨은 키티가 절실히 원하던 안정적인 생활을 가져다줄 수 있을 것 같았다. 키티는 다시 한번 충동적으로 1938년 11월 23일 해리슨과 결혼식을 올렸다. 그녀는 나중에 해리슨과의 결혼 생활은 "처음부터 실패작"이었다고 말했다.³⁵ 그녀는 한 친구에게 이것은 "견딜 수 없는 결혼"이며 자신은 "오래전부터 헤어질 준비가 되어 있었다."라고 말했다. 해리슨은 곧 레지던트로 근무하게 된 패서디나로 떠났다. 키티는 필라델피아에 남았고 1939년 6월에 식물학 전공으로 학사학위를 취득했다. 2주 후, 그녀는 해리슨의 설득에 따라 캘리포니아로 가서 형식상 결혼 생활을 유지하기로 했다. 그녀는 이것이 "이혼을 하면 막 의사 생활을 시작하려는 젊은이의 인생을 망칠 수도 있다는 그의 주장" 때문이었다고 말했다.

29세가 되어서야 키티는 마침내 자신의 인생에 대해 스스로 결정을 내릴 준비가 된 듯했다.³⁶ 비록 애정 없는 결혼 생활을 계속하고는 있었지만, 이제 그녀는 자신만의 경력을 쌓을 결심을 했다. 그녀의 주된 관심은 식물학이었고, 그해 여름 UCLA의 대학원 과정에 장학금을 받고 입학했다. 그녀는 박사 학위를 목표로 하고 있었고, 식물학 교수가 되려는 꿈을 가졌다.

1939년 8월에 그녀는 해리슨과 패서디나에서 열린 어느 야외 파티에 참석했을 때 오펜하이머를 처음으로 만났다. 키티는 그해 가을 UCLA에서 대학원 과정을 시작했지만, 푸른 눈동자를 가진 키 큰 젊은 남자를 잊지 않았다. 이후 몇 달 안에 그들은 다시 만났고 본격적으로 사귀기 시작했다. 키티는 아직 결혼한 상태였지만, 그들은 관계를 숨기려 하지 않았다. 그들이 오펜하이머의 크라이슬러 쿠페형 자동차에 함께 타고 있는 모습이 종종 사람들의 눈에 띄었다. 버클리 의대 교수였던 루이스 헴펠만(Louis Hempelman) 박사는 "그는 아름다운 젊은 여성을 차에 태우고 내 사무실 부근을 오가고는 했습니다."라고 회고했다.[37] "그녀는 대단히 매력적이었습니다. 작은 몸집에, 오펜하이머처럼 날씬했지요. 그들은 애정 어린 키스를 주고받으며 헤어지고는 했습니다. 오펜하이머는 항상 중절모를 쓰고 있었습니다."

1940년 봄에 오펜하이머는 용감하게도 리처드 해리슨과 키티를 페로 칼리엔테로 초대했다. 해리슨 박사가 나중에 FBI에 증언한 바에 따르면, 자신은 마지막 순간에 못 가게 되었지만 키티에게는 혼자서라도 갔다 오라고 권했다. 오펜하이머는 로버트 서버와 그의 아내 샬럿도 자신의 목장으로 초대했는데, 그들은 일리노이 어바나에서 차를 몰고 일단 버클리로 왔다. 그들이 도착하자 오펜하이머는 자신이 해리슨 부부를 초대했는데 리처드는 못 오게 되었다고 설명했다. 그는 "키티 혼자 올지도 몰라. 당신이 그녀를 데리고 올 수도 있긴 한데, 이 문제는 당신에게 맡기도록 하지. 하지만 그렇게 한다면 심각한 결과를 불러올지도 몰라."라고 말했다. 키티는 득달같이 서버 부부를 쫓아왔다. 그리고 두 달 내내 오피의 목장에 머물렀다.

그녀가 도착하고 며칠 후, 키티와 로버트(그녀는 그를 항상 로버트라고 불렀다.)는 말을 타고 로스피노스에 위치한 캐서의 관광 목장으로 향했다.38 그들은 하룻밤을 보내고 다음 날 아침에 돌아왔다. 몇 시간 후 1922년 여름에 어린 오펜하이머가 사랑에 빠졌던 여인인 캐서린이 그들의 뒤를 따라왔다. 그녀는 키티에게 자신의 잠옷을 선물하면서 로스피노스에서 오펜하이머의 베개 밑에서 발견했던 것이라고 짓궂은 설명을 덧붙였다.

여름의 끝자락에 오펜하이머는 해리슨 박사에게 전화를 걸어 그의 아내가 임신했다는 사실을 밝혔다. 두 남자는 오펜하이머와 키티가 결혼할 수 있도록 해리슨이 이혼을 해 주는 것이 좋겠다는 데 동의했다. 이 과정은 큰 충돌 없이 진행되었다. 해리슨은 FBI에게 "자신과 오펜하이머 부부는 여전히 좋은 관계를 유지하고 있으며, 그 일로 인해 그들 모두가 성(性)에 관해 현대적인 입장을 가지고 있음을 알게 되었다."라고 밝혔다.39

서버는 1940년 여름의 열정적인 불륜 관계를 직접 목격했지만, 오펜하이머로부터 10월에 결혼한다는 소식을 들었을 때 여전히 놀랄 수밖에 없었다.40 그가 소식을 처음 들었을 때, 그는 오펜하이머의 결혼 상대가 진인지 키티인지 잘 몰랐다. 양쪽 모두 가능성이 있었던 것이다. 오펜하이머가 다른 남자의 아내를 빼앗았다는 사실에 몇몇 친구들은 아연실색했다. 오펜하이머는 바람둥이는 아니었지만, 자신에게 매력을 느끼는 여성들에게 강하게 끌리는 남자였다. 그는 키티에게 저항할 수 없는 매력을 느꼈다.

1940년 가을의 어느 날 저녁, 오펜하이머는 스페인 내전 피난민들을 위한 모금 행사에서 넬슨과 함께 무대에 서게 되었다. 샌프란시스코에 막 도착한 넬슨은 오펜하이머가 누구인지 몰랐다. 주요 연사로 나선 오펜하이머는 스페인에서 파시스트들의 승리가 유럽에서 전면전이 발발하게 된 직접적인 요인이 되었다고 말했다. 그는 넬슨과 같은 스페인 내전 참전 용사들이 세계 대전을 지연시키는 역할을 했다고 주장했다.

연설이 끝나고 나서 오펜하이머는 넬슨에게 다가가 만면에 미소를 지으면서 "스티브, 나는 당신의 친구와 결혼할 겁니다."라고 말했다. 넬슨은 누구를 말하는 것인지 알 수 없었다. 그러자 오펜하이머가 "키티와 결혼할 거라구요."라고 설명했다.

넬슨은 "키티 달레트!"라고 외쳤다.[41] 키티가 뉴욕을 떠난 이후로 그녀와의 소식이 끊긴 상태였다. 오펜하이머는 "그녀는 관중석 저 뒤에 앉아 있어요."라고 말하며 그녀에게 앞으로 나오라고 손짓했다. 옛 친구를 다시 만난 반가움에 그들은 포옹을 나누고 곧 다시 만나기로 약속했다. 얼마 후 넬슨 부부는 오펜하이머 부부의 집에 저녁 식사 초대를 받았다. 그해 가을쯤, 키티는 네바다 레노(Reno)에서 규정된 6주간의 거주 기간을 보냈고 1940년 11월 1일자로 이혼 판결을 받았다. 바로 그날 그녀는 네바다 버지니아 시티(Virginia City)에서 오펜하이머와 결혼했다. 그들의 결혼 증명서에는 법원 청소원과 서기가 증인으로 서명했다. 이 신혼부부가 버클리로 돌아올 무렵에 키티는 이미 임부복을 입고 있었다.[42]

11월 말에 마거릿 넬슨은 키티에게 전화를 걸어 자신이 방금 딸을 낳았고, 조 달레트의 이름을 따서 아이의 이름을 조시(Josie)라고 지었다고 말했다.[43] 키티는 즉시 넬슨 부부를 초대했고, 그들에게 새집의 빈 침실을 내주었다.[44] 이후 몇 년 동안 넬슨 부부는 오펜하이머의 집을 여러 차례 방문했다. 나중에는 아이들끼리도 친해졌다. 넬슨은 그의 회고록에서 "나는 오펜하이머를 버클리에서 종종 만났습니다. 내가 대학 사회의 구성원들을 대상으로 강의를 하고 토론회를 구성하는 임무를 맡았기 때문이죠."라고 썼다. 그들은 단둘이 만나기도 했다. 예를 들어 FBI 도청 기록에 따르면 오펜하이머는 넬슨을 1941년 10월 5일 일요일에 만나 농장 노동자 파업 비용

명목으로 100달러의 기부금을 건넸다.[45] 하지만 그들은 관계는 정치적인 것 이상이었다. 1942년 11월 조시 넬슨이 두 살이 되자, 오펜하이머는 선물을 준비해 넬슨의 집을 찾았다. 마거릿은 "깜짝 놀랐고" 그의 친절한 행동에 감동을 받았다. 그녀는 "그는 뛰어난 두뇌뿐만 아니라 대단히 인간적인 면모도 갖춘 사람이었습니다."라고 생각했다.[46]

키티는 임신 중에도 생물학 연구를 계속했고 친구들에게 자신이 식물학자로서 경력을 쌓을 것이라고 공언했다. 마거릿은 "키티는 학교로 돌아온 것에 매우 들떠 있었습니다."라고 말했다. "그녀는 공부에 몰두했지요." 하지만 과학에 대한 공통의 관심에도 불구하고, 키티와 오펜하이머는 정반대의 성격을 가지고 있었다. 한 친구는 "그는 부드럽고 온화했습니다."라고 회고했다.[47] "그녀는 개성이 강하고, 자기주장이 강했으며, 공격적이었습니다. 하지만 대개 반대 성향의 부부가 금슬이 좋은 편이지요."

오펜하이머의 친척들은 대부분 키티를 못마땅하게 생각했다. 직설적인 성격의 재키 오펜하이머는 키티를 "심술궂은 여자(bitch)"라고 생각했고, 그녀가 오펜하이머를 친구들로부터 멀어지게 했다고 분개했다. 수십 년 후 재키는 키티에 대한 적대감을 표출했다. 재키는 "키티는 그 누구와도 로버트를 나누려 하지 않았어요."라고 회고했다.[48] "키티는 책동가였습니다. 키티는 자신이 원하는 건 뭐든지 항상 얻어 냈지요……. 그녀는 사이비였습니다. 그녀의 정치적 신념들도 모두 가짜였어요. 그녀의 생각들은 전부 다른 사람들로부터 빌려 온 것이었지요. 솔직히 말해, 그녀는 내가 일생 동안 만난 사람들 중에 몇 안 되는 정말로 사악한 사람입니다."

키티는 확실히 말투가 날카로웠고 오펜하이머의 몇몇 친구들을 적으로 만들었지만, 다른 사람들은 그녀가 "매우 똑똑하다."라고 생각했다. 슈발리에는 그녀의 지능이 날카롭고 깊이가 있기보다는 직관적이라고 여겼다. 그리고 그들의 친구 서버는 "모든 사람들이 키티가 공산주의자라는 것에 대해 이야기했습니다."라고 회고했다. 하지만 그녀가 오펜하이머의 인생을 안정시키는 역할을 했다는 것 역시 사실이다. 서버는 "그녀의 관심은 오펜하이머의 경력을 진전시키는 것이었습니다. 그것이 그녀에게 무엇보다 중요한 일이었지요."라고 말했다.

서둘러 결혼식을 마치고 나서, 오펜하이머와 키티는 대학 캠퍼스 북쪽 케닐워스 코트(Kenilworth Court) 10번지에 위치한 커다란 집을 임대했다. 그는 낡은 크라이슬러 쿠페를 팔고 키티에게 새 캐딜락을 사 주고는 "폭격 조준기(Bombsight)"라는 별명을 붙였다.[49] 키티는 남편을 설득해 사회적 지위에 맞는 옷을 입게 했다. 그래서 그는 처음으로 트위드 재킷과 값비싼 양복을 입기 시작했다. 하지만 그는 갈색 중절모는 계속해서 쓰고 다녔다. 그는 나중에 결혼 생활에 대해 "약간의 답답함이 엄습했습니다."라고 고백했다.[50] 이때만 해도 키티는 훌륭한 요리사였고, 그들은 서버 부부, 슈발리에 부부, 그리고 다른 버클리 동료들을 자주 집으로 초대했다. 그들의 술장은 항상 가득 차 있었다. 마거릿은 어느 날 저녁 키티가 "식료품을 사는 비용보다 술을 사는 데 돈을 더 많이 쓴다."라고 고백했던 것을 회고했다.[51]

1941년의 어느 날 초저녁, 하버드와 케임브리지 시절부터 친구였던 존 에드살이 저녁 식사를 하러 들렀다. 이제 화학 교수가 된 에드살은 오펜하이머를 10년 넘게 만나지 못했다. 그는 오펜하이머의 변화에 깜짝 놀랐다. 케임브리지와 코르시카에서 그가 알던 내성적인 소년은 이제 위풍당당한 인물이 되어 있었던 것이다. 에드살은 "나는 그가 훨씬 강한 사람이 되었다고 느꼈습니다. 그는 어린 시절 겪었던 정신적 위기를 극복했고 그것들을 거의 치유한 상태였지요. 나는 그에게서 자신감과 위엄을 느꼈지만, 다른 한편으로는 어느 정도의 내적 긴장감이 남아 있다고 생각했습니다……. 그는 대부분의 사람들이 이해하는 데 많은 시간이 걸릴 만한 것도 직관적으로 파악할 수 있었습니다. 이것은 물리학에서뿐만이 아니라, 다른 분야에서도 마찬가지였어요."라고 회고했다.[52]

그 무렵이면 오펜하이머는 아버지가 되기 직전이었다. 그들의 아이는 1941년 5월 12일, 오펜하이머가 칼텍에서 봄 학기 강의를 하던 패서디나에서 태어났다. 그들은 태어난 사내아이를 피터라고 이름 붙였는데, 오펜하이머는 장난스럽게 "프론토(Pronto)"라는 별명으로 불렀다. 키티는 친구들에게 놀림조로 무려 3.6킬로그램에 달하는 아기를 조산아라고 말했다.[53] 키티는 매우 어려운 임신 기간을 보냈고, 그해 봄 오펜하이머는 전염성 단핵증(單核症, mononucleosis, 말초 혈액 속에 단핵구가 지나치게 늘어나는 병)을 앓고 있었다. 하지만 6월이 되자 그녀는 슈발리에 부부를 초대할 수 있을 정도로 건강을 회복했다. 그들은 6월 중순에 도착해 1주일 동안 지난 이야기를 하면서 보냈다. 슈발리에는 최근 초현실주의 미술가 살바도르 달리(Salvador Dali)와 친구가 되었고, 오펜하이머의 정원에 앉아 달리의 책 『살바도르 달리의 비밀 생활(The Secret Life of Salvador Dali)』을 영어로 번역하는 작업을 했다.

몇 주 후, 오펜하이머와 키티는 슈발리에 부부에게 대단히 어려운 부탁을 했다. 오펜하이머는 키티에게 휴식이 절실하게 필요하다고 설명했다. 그가 키티와 함께 페로 칼리엔테로 한 달간 휴가를 가 있는 동안 슈발리에 부부가 태어난 지 두 달된 피터와 그의 독일인 보모를 맡아 줄 수 있을까 하는 부탁이었다. 슈발리에는 이 부탁을 오펜하이머가 가장 가까운 친구라는 자신의 감정에 대한 확증으로 받아들였다.[54] 슈발리에 부부는 부탁을 "기꺼이" 받아들였고 피터를 한 달이 아니라 두 달 동안 맡아 주었다. 이로써 키티와 오펜하이머는 가을 학기가 시작할 때까지 떠나 있을 수 있었다. 하지만 이는 어머니와 아기 사이의 관계에 장기적으로 악영향을 미칠지도 모르는 일이었다. 키티는 피터와 제대로 애착 관계를 형성하지 못했다. 1년이 지난 후에도, 친구들을 아기 방으로 데리고 가서 자랑하는 것은 항상 오펜하이머였다. 한 옛 친구는 "키티는 무관심한 듯했습니다."라고 말했다.[55]

오펜하이머는 페로 칼리엔테에 도착하자마자 기운이 회복되는 것 같았다.[56] 첫 주에 그는 키티와 함께 오두막에 지붕널을 이는 작업을 했다. 그들은 말을 타고 산속으로 오랫동안 다녔다. 어느 날 키티는 말안장 위에 선 채로 천천히 구보하는 묘기를 부리기도 했다. 오펜하이머는 7월 말 괴팅겐에서 처음 만났던 옛 친구인 코넬 대학교의 물리학자 베테를 우연히 만났고, 자신의 목장을 방문하도록 설득했다. 불행히도 오펜하이머는 베테가 탈 말을 마구간으로 몰다가 말발굽에 밟히고 말았다. 그는 샌타페이의 병원으로 엑스선을 찍으러 가야 했다. 여러가지 이유에서 기억에 남을 만한 여행이었다.

오펜하이머 부부는 돌아오자마자 피터를 찾아와서 새로 구입한 집으로 들어갔다.[57] 새집은 버클리가 내려다보이는 언덕에 위치한 이글 힐 (Eagle Hill) 1번지였다. 여행을 떠나기 전에 오펜하이머는 집을 한번 휙 둘러보고는 그 자리에서 제시한 가격인 2만 2500달러를 내고 구매하기로 결정했다. 여기에 더해 그는 5,300달러를 더 내고 집 양쪽의 집터도 사들였다. 새 집은 스페인 풍의 회반죽 벽에 붉은 타일 지붕을 가진 단층 빌라였고, 숲이 우거진 가파른 골짜기로 삼면이 둘러싸여 있었다.[58] 창문 밖으로는 금문교 너머로 석양이 지는 모습이 보였다. 커다란 거실은 삼나무 바닥에 3.6미터 높이의 천장, 그리고 삼면으로 창문이 나 있었다. 거대한 석재 벽난로에는 사나워 보이는 사자상이 조각되어 있었다. 거실의 양쪽 끝에는 바닥에서 천장까지 붙박이식 책꽂이가 설치되어 있었다. 프랑스풍 문을 열면 오동나무가 둘러친 아름다운 정원으로 나갈 수 있었다. 부엌에는 온갖 시설이 되어 있었고, 차고 옆에는 따로 손님용 객실이 있었다. 집에는 이미 어느 정도의 가구가 포함되어 있었고, 바버라 슈발리에는 키티가 실내 장식을 하는 것을 도와주었다. 모든 사람들은 이 집이 매력적이고 잘 설계된 구조를 가졌다고 생각했다. 오펜하이머는 거의 10년 동안 이 집에서 살게 될 것이었다.

12장
우리는 뉴딜을 왼쪽으로 견인하고 있었다

스페인 문제에 대해서는 충분히 할 만큼 했다. 세상에는 다른 더 급박한 위기가 닥치고 있다.

— 로버트 오펜하이머

1939년 1월 29일 일요일, 어니스트 로런스와 가깝게 일하던 전도유망한 젊은 물리학자 루이스 월터 앨버레즈(Luis Walter Alvarez, 1911~1988년)는 《샌프란시스코 크로니클》을 읽으며 머리를 깎고 있었다. 그는 두 명의 독일 화학자 오토 한과 프리츠 슈트라스만(Fritz Strassman, 1902~1980년)이 우라늄 원자핵을 2개 이상으로 쪼갤 수 있다는 것을 보이는 실험에 성공했다는 뉴스 통신사 기사를 읽었다. 그들은 가장 무거운 원소 중 하나인 우라늄을 중성자로 때림으로써 핵분열을 이루었던 것이다. 이 소식에 놀란 앨버레즈는 "이발이 끝나기도 전에 한달음에 방사선 연구소까지 뛰어가 소식을 전했다."[1] 그가 오펜하이머에게 소식을 전했을 때 그의 대답은 "그건 불가능해."였다. 오펜하이머는 칠판으로 가서 핵분열이 불가능하다는 것을 수학적으로 증명해 보였다. 누군가 실수를 저지른 것이 분명했다.

하지만 다음 날 앨버레즈는 자신의 실험실에서 그 실험을 성공적으로 재현했다. "나는 오펜하이머를 불러서 매우 작은 자연 상태의 알파 입자의 파동과 25배나 큰 핵분열 파동이 나타나는 것을 오실로스코프를 통해 보여 주었습니다. 오펜하이머는 곧 이 반응이 가능하다는 것에 동의했을 뿐만 아니라, 이를 통해 추가적으로 발생하는 중성자를 이용해 더 많은 우라늄 원자를 쪼갤 수 있으며, 이를 이용해 전력을 생산하거나 폭탄을 만들 수 있을 것이라고 추측했습니다. 그의 생각이 얼마나 빨리 전개되는지 참으로 놀라울 따름이었지요."

며칠 후 오펜하이머는 칼텍의 동료 윌리 파울러에게 보낸 편지에서 "U(Uranium, 우라늄)에 관련된 소식은 믿을 수 없을 정도야. 우리는 신문에서 처음 소식을 들었고, 그 이후로도 많은 보고가 속속 답지했다네……. 그래도 여전히 많은 의문점들이 남아 있어. 왜 예측대로 일시적인 고에너지 파동이 나타나지 않지?……U는 무작위로 쪼개질까, 아니면 특정한 방식으로만 쪼개질까?……나는 이 현상이 양전자나 중간자에 의한 것들과는 달리 대단히 실용적인 결과를 낳을 수도 있다는 점에서 흥미를 가지고 있어."라고 썼다.[2] 오펜하이머는 중대한 발견이 이루어졌다는 소식에 흥분을 감출 수 없었다. 다른 한편으로 그는 핵분열 현상이 끔찍한 결과를 낳을 수도 있다는 점을 알아챘다. 그는 옛 친구 윌렌베크에게 "나는 10센티미터 입방체 모양의 우라늄 중수소화물(deuteride)(중성자들을 흡수하지 않으면서 감속시킬 무언가가 필요할 테니까)만으로도 엄청난 폭발을 만들어 낼 수 있을 것이라고 생각한다."라고 썼다.[3]

우연히도 그 주에 21세의 대학원생 조지프 와인버그가 르콩트 홀 219호의 오펜하이머 사무실로 찾아와 문을 두드렸다. 오만하고 고집 세기로 유명했던 와인버그는 위스콘신 대학교의 그레고리 브레이트(Gregory Breit) 교수 밑에서 공부하던 중에 쫓겨나다시피 해서 버클리로 온 것이었다. 브레이트는 와인버그에게 전 세계에서 "너같은 미친 놈을 받아들여 줄" 곳은 버클리밖에 없을 것이라며 오펜하이머를 찾아가 보라고 떠밀었다. 와인버그는 브레이트에게 《피지컬 리뷰》에 실린 오펜하이머의 논문들을 전혀 이해할 수 없었다며 항의했지만 소용없는 일이었다.

와인버그는 "문 뒤에서는 엄청난 소동이 있는 듯했습니다."라고 회고했다. "그래서 나는 조금 크게 노크했고, 잠시 후 누군가 우당탕 소리를 내며 문을 열자 자욱한 담배 연기가 문 밖으로 뿜어져 나왔지요."

그 사람은 와인버그에게 "도대체 무슨 일이야?"라고 물었다.

젊은 와인버그는 "로버트 오펜하이머 교수를 찾고 있습니다."라고 말했다.

오펜하이머는 "제대로 찾아왔네."라고 대답했다.

와인버그는 문 뒤에서 흥분한 사람들이 소리치며 논쟁하는 것을 들을 수 있었다. 오펜하이머는 "왜 찾아왔지?"라고 물었다.

와인버그는 자신이 위스콘신에서 방금 도착했다고 설명했다.

"그곳에서 무슨 일을 했나?"

와인버그는 "그레고리 브레이트 교수와 함께 일했습니다."라고 대답했다.

오펜하이머는 "거짓말이야. 그것이 자네가 한 첫 번째 거짓말이네."라고 쏘아붙였다.

"네?"

오펜하이머는 "자네는 이곳으로 오지 않았나. 자네는 브레이트로부터 도망친 거야."라고 설명했다.

와인버그는 "정확하게 표현하자면 그렇습니다."라고 인정했다.

오펜하이머는 "좋아, 축하하네! 들어와서 함께 광기에 빠져 보게."라고 말했다.

오펜하이머는 와인버그를 어니스트 로런스, 라이너스 폴링, 그리고 자신의 대학원생인 하틀랜드 스나이더(Hartland Snyder), 필립 모리슨(Philip Morrison), 시드니 댄코프(Sidney M. Dancoff) 등에게 소개시켜 주었다. 와인버그는 이런 물리학계의 명사들을 만나게 된 것에 놀랐다. 그는 나중에 "그들은 모두 절친한 사이였습니다."라고 회고했다.[4] 나중에 와인버그는 모리슨과 댄코프와 함께 점심을 먹었는데, 그들은 학생 조합 식당 테이블에 앉아 핵분열의 발견에 대해 닐스 보어가 보내 온 전보가 갖는 중요성에 대해 의논했다. 누군가 냅킨을 꺼내 연쇄 반응의 개념을 이용한 폭탄을 그리기 시작했다. 와인버그는 "우리는 주어진 데이터에 근거해서 폭탄을 설계했습니다."라고 말했다. 모리슨은 간단한 계산을 해 보고는 그와 같은 연쇄 반응은 폭발로 이어지기 전에 이미 사라져 버릴 것이라고 결론 내렸다. 와인버그는 "당시만 해도 우리는 우라늄이 훨씬 높은 농도로 농축될 수 있으리라는 것을 몰랐습니다. 고도로 농축된 우라늄이 있다면 물론 핵분열로 이어질 수 있지요."라고 회고했다. 모리슨은 그로부터 1주일 안에 오펜하이머의 사무실에 놓인 칠판에서 "형편없는 폭탄 그림"을 볼 수 있었다.[5]

다음 날 오펜하이머는 와인버그와 앞으로의 연구 방향을 정하기 위해 만났다. 오펜하이머는 "그래, 물리학자가 되려고?"라며 놀렸다. "지금까지 한 일이 무엇이지?" 당황한 와인버그는 "최근에 말입니까?"라고 대답했다. 오펜하이머는 뒤로 기대며 웃음을 터뜨렸다. 그는 신입 대학원생이 뭔가 독창적인 일을 했으리라고는 기대하지 않았던 것이다. 하지만 와인버그는 자신이 어떤 이론적인 문제에 대한 작업을 해 왔다고 밝혔고, 그가 설명을 하려고 하자 오펜하이머는 그를 가로막고는 "물론 써 놓은 것이 있겠지?"라고 말했다. 와인버그는 써 놓은 것이 없었다. 하지만 그는 경솔하게 다음 날 아침까지 논문을 준비하겠다고 약속했다. 와인버그는 "그는 나를 쳐다보고는 냉정하게 '8시 30분까지 되겠나?'라고 말했습니다."라고 회고했다. 스스로 무덤을 판 와인버그는 밤새 논문을 작성했다. 그는 다음 날 오펜하이머로부터 논문을 되돌려 받았는데, 여백에는 발음할 수조차 없는 단어 하나가 끄적여 있었다. "스뇌시겐힐로릭(Snoessigenheellollig)."

와인버그는 "나는 그를 쳐다보았고, 그는 '이게 무슨 뜻인지 알겠지?'라고 말했습니다."라고 회고했다. 와인버그는 이 단어가 네덜란드 어 속어라는 것과 뭔가 호의적인 코멘트라는 것 정도밖에는 알지 못했다. 오펜하이머는 미소를 지으며, 의역하자면 "아름답다."라는 뜻이라고 설명했다.

와인버그는 "하지만 왜 네덜란드 어지요?"라고 물었다.

오펜하이머는 "그 이유는 말해 줄 수 없네. 절대로 말해 줄 수 없어."라고 대답했다. 그리고 나서 그는 되돌아 방을 나가면서 등 뒤로 문을 닫았다. 잠시 후 문이 다시 열렸다. 오펜하이머는 방 안으로 머리를 내밀고는 "말해 주면 안 되긴 하지만 이미 말을 꺼냈으니까. 왜냐하면 자네 논문은 내게 폴 에렌페스트를 연상시켰기 때문이야."라고 말했다.

와인버그는 깜짝 놀랐다. 그는 에렌페스트의 명성에 대해 잘 알고 있었다. "그게 그가 내게 했던 유일한 칭찬이었습니다……. 에렌페스트는 아주 복잡한 현상도 명쾌하고 재치 있게 그리고 가장 쉬운 언어로 표현할 수 있는 능력을 가졌습니다. 오펜하이머는 그의 작업을 무척 좋아했지요."[6] 며칠 후 오펜하이머는 이미 예정된 세미나 대신에 와인버그에게 이 논문을 발표하도록 하기까지 했다. 하지만 나중에 이와 같은 칭찬에 대한 대가라도 받으려는 듯이, 오펜하이머는 그의 발표가 "유치하다."라고 빈정대며 말했다. 그는 "이런 문제를 푸는 어른의 방식"이 있다고 말하며, 와인버그에게도 그런 방식으로 작업을 계속하라고 제안했다. 와인버그는 3개월 동안 정교한 계산법을 고안하기 위해 끙끙댔다. 결국 그는 논문에서 예측했던 것을 실증적으로 보일 수 있는 방법을 찾지 못했다고 보고할 수밖에 없었다. 오펜하이머는 "이제 한 가지 배웠겠지. 가끔은 정교하고 학구적인 방식, 이른바 어른의 방식이 어린아이의 단순한 방법보다 못할 수도 있는 거야."라고 말했다.

와인버그는 버클리에 도착하기 전부터 보어의 추종자였다. 많은 물리학자들처럼, 그는 물리학이 근본적인 철학적 통찰력을 제공해 줄 수 있다고 믿었다. 와인버그는 "나는 자연의 법칙을 만지작거리는 재미에 빠져 있었습니다."라고 말했다. 그가 한때 물리학을 포기하려고 했을 때, 한 친구가 보어의 고전『원자 이론과 자연 기술(Atomic Theory and the Description of Nature)』을 읽어 보라고 권했다. 와인버그는 "나는 보어의 책을 읽고 나서야 비로소 물리학과 화해할 수 있었습니다. 그 책으로 인해 나는 다시 한번 물리학에 천착할 수 있었지요."라고 말했다. 보어의 손을 거치고 나면, 양자 이론은 생명에 대한 유쾌한 찬양이 되었다. 와인버그가 버클리에 도착한 바로 그날, 그는 모리슨에게 보어의 책이 자신이 이사하면서 가져올 만한 몇 안 되는 책들 중 한 권이었다고 언급했다. 모리슨은 웃음을 터뜨렸다. 버클리에서, 특히 오펜하이머의 그룹에서, 보어의 작은 책은 성경과도 같은 것이었다. 와인버그는 버클리에서 "보어는 신이었고 오피는 그의 선지자"였다는 것을 알고는 매우 기뻐했다.[7]

학생이 논문을 쓰다가 막혀서 마무리를 짓지 못하고 있으면, 오펜하이머는 그냥 자신이 직접 해 버리는 일이 종종 있었다. 1939년의 어느 날 밤, 그는 와인버그와 하틀랜드 스나이더를 집으로 초대했다. 이 두 젊은 대학원생들은 같이 논문을 쓰고 있었는데, 결론이 만족스럽지 않아 고민하고 있었다. 와인버그는 "그는 우리에게 위스키를 따라 주고 음악을 틀어서 나의 관심을 유도했습니다. 하틀랜드는 책장에서 책 구경을 하고 있었지요. 그 사이에 오피는 타자기 앞에 앉았습니다. 약 30분 동안 그는 마지막 문단을 완성했습니다. 아름다운 문단이었지요."라고 회고했다.[8] 이 논문은 '스칼라 및 벡터장의 정상 상태(Stationary States of Scalar and Vector Fields)'라는 제목으로 1940년 《피지컬 리뷰》에 실렸다.

 오펜하이머는 강의 도중 항상 칠판에 수많은 공식을 쓰고는 했다. 하지만 다른 이론 물리학자들과는 달리 그는 공식에 얽매이지 않았다. 오펜하이머가 가장 뛰어난 학생이라고 여긴 와인버그는 수학 공식들을 암벽 등반에서의 임시 손잡이 정도로 생각했다. 각 손잡이는 다음 손잡이의 위치를 어느 정도 결정짓기는 한다. 와인버그는 "그것들을 연속해서 보면 특정한 등반의 기록이 됩니다. 하지만 그것으로 암벽의 모양을 알 수는 없지요."라고 말했다. 와인버그를 비롯한 다른 학생들은 이렇게 말한다. "오피의 수업을 들으면 한 시간에 다섯에서 열 번 정도 번개가 치는 듯한 경험을 하게 됩니다. 속도가 너무 빨라서 놓칠 수도 있었지요. 칠판에 적힌 공식을 베끼는 데 정신이 팔리면 번개가 치는지도 모를 수 있습니다. 이런 번개들은 물리학을 인간의 맥락에서 볼 수 있게 해 주는 기본적인 철학적 통찰력들이었습니다."

 오펜하이머는 양자 역학을 책만 읽어서는 배울 수 없다고 생각했다. 설명하는 과정에서 언어를 가지고 씨름하는 것 자체가 이해에 이를 수 있는 첩경이었다. 그는 같은 강의를 두 번 하지 않았다. 와인버그는 "그는 자신의 수업을 듣는 학생들을 의식하고 있었습니다."라고 회고했다.[9] 그는 청중의 얼굴을 보고 어떤 부분에서 이해에 어려움을 겪고 있는지를 파악하고는 즉석에서 설명 방법을 완전히 바꾸기도 했다. 한번은 단 한 명의 학생의 관심을 자극하기 위해 강의 시간 전체를 특정한 문제를 설명하는 데 집중하기도 했다. 수업이 끝나고 그 학생은 오펜하이머에게 달려가 그 문제를 자신이 풀어 봐도 괜찮겠냐고 물었다. 오펜하이머는 "좋아, 그것이 내가 오늘 세미나를 한 이유라네."라고 대답했다.

오펜하이머의 수업에는 기말 시험이 없는 대신 과제가 무척 많았다.[10] 1938년부터 1942년까지 대학원생이었던 에드 걸조이(Ed Geurjoy)는 그가 수업 시간에 "엄청난 속도로" 일방적인 강의를 했다고 회고했다. 학생들은 질문이 있으면 언제든 오펜하이머의 말을 끊을 수 있었다. 걸조이는 "그는 보통 참을성 있게 대답하는 편이었지만, 명백히 멍청한 질문에는 꽤 신랄한 반응을 보이기도 했습니다."라고 말했다.

오펜하이머는 몇몇 학생들에게는 무뚝뚝하게 대했지만, 상처받기 쉬운 학생들에게는 부드럽게 대했다. 어느 날 와인버그는 오펜하이머의 사무실 탁자에 쌓인 서류 더미를 뒤적이고 있었다. 와인버그는 종이 한 장을 빼 들어 첫 번째 문단을 읽기 시작했다. 그는 오펜하이머가 화난 얼굴로 자신을 보고 있는지도 모른 채 "이거 아주 훌륭한 제안서군요."라고 소리쳤다. "내가 한번 해 보고 싶은데요." 놀랍게도 오펜하이머는 퉁명스럽게 "그 자리에 다시 내려놔."라고 대답했다. 와인버그가 자신이 무슨 잘못을 저질렀냐고 묻자, 오펜하이머는 다만 "자네 보라고 거기에 둔 것이 아니야."라고만 대답할 뿐이었다.

몇 주 후에 와인버그는 논문 주제를 찾느라 고생하던 다른 학생이 그날 읽은 제안서에 나와 있던 프로젝트를 시작했다는 소식을 들었다. 와인버그는 "(그 학생은) 착하고 예의 바른 사람이었습니다. 하지만 오피가 번개처럼 내던지는 도전을 즐겼던 몇몇 학생들과는 달리, 그는 종종 혼란스럽고 불안해했습니다. 누구도 그에게 '이봐, 너는 깊이가 부족해.'라고 말할 용기를 내지 못했지요."라고 회고했다.[11] 와인버그는 그제야 오펜하이머가 그 학생을 위해 논문 주제를 만들어 주었다는 것을 알아챘다. 와인버그는 그것은 아주 쉬운 문제였지만 "그에게는 잘 맞는 것이었고, 그는 논문을 완성하고 박사 학위를 받을 수 있었습니다. 오피가 그를 필립 모리슨이나 시드 댄코프처럼 대했다면, 그는 졸업하는 데 큰 어려움을 겪었을 겁니다."라고 말했다. 와인버그는 나중에 오펜하이머가 이 학생을 걸음마를 배우는 아이처럼 대했다고 주장했다. "그는 그 학생이 제안서를 우연히 발견하고 관심을 표명하기를 기다리고 있었습니다……. 그는 특별 대우가 필요했고, 오피는 그렇게 해 줄 용의가 있었던 것이지요. 그 정도로 그는 사랑과 인간에 대한 이해로 넘치는 사람이었습니다." 와인버그는 그 학생이 나중에 응용 물리학자로 훌륭한 업적을 이루었다고 말했다.

와인버그는 곧 오펜하이머 핵심 그룹의 일원이 되었다. 와인버그는 "그는 나뿐만이 아니라 우리 모두가 그를 흠모했다는 것을 알고 있었습니다. 필립 모리슨, 조바니 로시 로마니츠(Giovani Rossi Lomanitz), 데이비드 봄(David Bohm), 그리고 막스 프리드먼(Max Friedman) 등이 당시 오펜하이머를 스승이자 역할 모델로 삼은 대학원생들이었다. 그들은 관습에 얽매이지 않는 젊은이들이었고, 모리슨의 말에 따르면 "자의식이 강하고 용감무쌍한 지식인"이라는 것을 자랑으로 여기는 사람들이었다.[12] 그들 모두는 이론 물리학을 연구하고 있었다. 그리고 그들 모두는 인민 전선 활동에 어떤 식으로든 활발하게 참여하고 있었다. 그중에서 필립 모리슨과 데이비드 봄은 자신들이 공산당에 가입했다는 것을 공개적으로 밝혔다. 다른 사람들은 그저 공산당 주변을 맴돌 뿐이었다. 조 와인버그 역시 잠시나마 공산당에 몸담았을 가능성이 높다.[13]

1915년 피츠버그에서 태어난 모리슨은 키티의 어린 시절 집에서 멀지 않은 곳에서 자랐다.[14] 그는 공립 학교에서 교육을 받았고, 1936년 카네기 멜론 대학교에서 물리학 학사 학위를 받았다. 그해 가을, 그는 오펜하이머 밑에서 이론 물리학을 연구하기 위해 버클리로 갔다. 그는 어린 시절 소아마비에 걸린 적이 있었고, 한쪽 다리에 금속 다리 보호 기구를 착용하고 있었다. 그는 건강을 회복하는 동안 많은 시간을 침대에 누워서 보냈는데, 그동안 1분에 5쪽을 읽을 수 있을 정도의 속독법을 익혔다. 대학원생 시절, 모리슨은 전쟁사로부터 물리학에 이르는 폭넓은 지식으로 사람들의 인상에 남았다. 그는 1936년에 공산당에 입당했다. 그는 자신의 좌익 정치관을 숨기지는 않았지만, 그렇다고 자신이 당원이라는 사실을 광고하고 다니지도 않았다. 1930년대 말에 그와 같은 사무실을 쓰던 데일 코슨(Dale Corson)은 모리슨이 공산당원이라는 것조차 모르고 있었다.

봄은 "당시 우리들은 모두 공산주의자에 가까웠습니다."라고 회고했다.[15] 사실 봄은 1941년 이전에는 공산당에 그리 동조하지 않았다. 하지만 프랑스가 함락하자 공산주의자들 이외에는 나치스의 침략을 막아낼 세력이 없는 듯했다. 그러나 많은 유럽인들은 러시아 인들보다는 나치스를 선호하는 것 같았다. 봄은 "나는 미국에도 그런 경향이 있었다고 느꼈습니다. 나는 나치스가 인류 문명에 심각한 위협을 제기한다고 생각했습니다……. 그리고 유럽에서 나치스에 대항해 싸우던 자들은 러시아 인들밖에 없었지요. 거기까지 생각이 미치자 공산주의자들이 하는 말에 점점 더 공감하게 되었습니다."라고 말했다.

1942년 늦가을이 되자, 신문에는 스탈린그라드 전투에 대한 기사가 넘쳤다. 한동안은 전쟁의 결과가 러시아 인들이 얼마나 희생할 것인가에 따라 달라질 것 같았다. 와인버그는 러시아에서 날아드는 소식에 극심한 고통을 느꼈다고 말했다. 그는 "어느 누구도 우리처럼 느낄 수는 없었습니다."라고 회고했다.[16] "우리는 소련에서 벌어지고 있던 공개 처형 등 말도 안 되는 일에 대해 듣고 나서도 그런 소문들로부터 고개를 돌릴 수밖에 없었습니다."

1942년 11월에 소련이 스탈린그라드 외곽에서 나치스에 대한 반격을 시작할 무렵, 봄은 공산당 버클리 지부의 정기 모임에 참석하기 시작했다. 이 모임에는 대개 열다섯 명 정도가 참가했다. 얼마 후 봄은 모임이 "지루해"지기 시작했고, "캠퍼스에서 선동 활동을 하기 위한" 여러 계획들이 별 것 아니라고 생각하게 되었다. "나는 그들이 별로 효과적이지 않았다고 느꼈습니다."[17] 봄은 서서히 모임에 나가지 않게 되었지만 여전히 열정을 가진 마르크스주의 지식인이었다. 그는 당시 가까운 친구였던 와인버그, 로마니츠, 그리고 피터스와 함께 마르크스주의 문헌을 읽었다.

모리슨은 당시 공산당 회합에 "공산주의자가 아닌 사람들도 많이" 참석했으며 "누가 공산당원이고 누가 아닌지 판단하기란 쉬운 일이 아니었습니다."라고 회고했다.[18] 이 모임들은 전형적인 대학가의 자유 토론회 같았다. 모리슨은 그들이 "태양 아래 모든 것"에 대해 토론했다고 회고했다. 가난한 대학원생 신분이었던 모리슨은 매달 당비로 25센트만 내면 되었다. 모리슨은 나치스-소련 조약 때까지는 당원 신분을 유지했지만, 많은 미국인 동지들처럼 진주만 공격이 있고 나서부터는 서서히 공산당으로부터 멀어졌다. 이 무렵이면 그는 일리노이 대학교에서 가르치고 있었고, 그가 속해 있던 지역당은 우선 순위를 전쟁을 지원하는 것에 두기로 결정했다. 그 이후로 '정치 토론'을 할 시간을 찾기란 어려운 일이었다.

데이비드 호킨스(David Hawkins)는 1936년 철학을 공부하러 버클리에 도착했다. 그는 도착하자마자 모리슨, 봄, 그리고 와인버그를 비롯한 오펜하이머의 학생들과 친해졌다. 호킨스는 어느 날 교원 노조 모임에서 오펜하이머를 만났다. 그들은 저임금에 시달리는 수업 조교들의 상황에 대해 의논하고 있었는데, 호킨스는 오펜하이머의 달변과 조교들의 사정에 공감하는 태도에 놀랐다고 회고했다. "그는 설득력이 있었고, 세련된 언어를 구사했으며, 다른 사람들의 말을 듣고 자신의 발언에 포함시키는 능력이 있었습니다. 오펜하이머는 몇 명의 발언이 끝나고 그들이 했던 말들을 요약하고는 했는데, 그의 발언이 끝나면 그들은 서로 동의하고 있었다는 것을 발견하게 되는 일이 많았지요. 그런 의미에서 그는 훌륭한 정치가였습니다. 엄청난 재능이지요."[19]

호킨스는 스탠퍼드 대학교에서 프랭크 오펜하이머를 만났고, 프랭크와 거의 비슷한 시기인 1937년 말 공산당에 가입했다. 오펜하이머 형제를 비롯한 다른 학자들처럼, 그는 캘리포니아의 기업형 농장을 휩쓸고 있던 반노동적 자경주의(自耕主義, vigilantism)에 분개했다. 하지만 그는 정치 활동을 주업으로 삼지는 않았다. 그가 넬슨과 같은 전업 공산당 활동가를 만나게 된 것은 1940년이 되어서였다. 호킨스는 자신의 당적을 숨겨야 한다고 생각했다. 그는 "우리는 꽤 비밀스러웠습니다. 직장을 잃을 수도 있었거든요. 좌익 신념을 가지고 몇몇 활동에 참여할 수는 있었지만, '나는 공산당원이오.'라고 말할 수는 없는 상황이었습니다."라고 말했다.[20] 호킨스는 혁명을 바란 것도 아니었다. 그는 나중에 "기술 사회의 중앙 집중화로 인해 거리에서 바리케이트 투쟁을 하는 것을 생각하기란 대단히 어려워졌습니다······. 우리는 뉴딜 세력의 좌익 분파였습니다. 우리는 뉴딜을 왼쪽으로 견인하고 있었지요. 그것이 우리의 임무였습니다."라고 말했다.[21] 이것은 그뿐만 아니라 오펜하이머의 정치 목적과도 어느 정도 일맥상통하는 것이었다.

1941년 무렵이면 호킨스는 철학과 조교수로써 대학에서 활발한 정치 활동을 벌였다. 그는 와인버그, 모리슨과 함께 버클리 곳곳의 개인 집을 돌아가면서 열리던 공부 모임에 참여했다. 호킨스는 "우리는 모두 사적 유물론을 비롯한 역사 이론에 관심이 많았습니다. 나는 모리슨에게서 좋은 인상을 받았고, 우리는 가까운 친구가 되었습니다."라고 회고했다.

이런 모임은 오펜하이머의 집에서도 몇 차례 열렸다. 세월이 지난 후 오펜하이머가 공산당원이었다고 생각했느냐는 질문을 받자, 호킨스는 다음과 같이 대답했다. "내가 아는 한 그렇지 않습니다. 하지만 당시에는 그것이 그렇게 중요한 문제가 아니었습니다. 그가 수많은 좌익 활동에 참여했던 것만은 확실합니다."[22]

마틴 카멘 역시 오피의 추종자들 중 하나였다.[23] 화학자였던 그는 시카고에서 핵물리 문제에 대한 박사 학위 논문을 썼다. 몇 년 후, 그와 또 다른 화학자 샘 루벤(Sam Ruben)은 로런스의 사이클로트론을 이용해 탄소14의 방사능 동위 원소를 발견하게 될 것이었다. 1937년 초에 그는 여자 친구를 따라 버클리로 왔고, 로런스는 연봉 1,000달러에 그를 방사선 연구소 연구원으로 채용했다. 카멘은 버클리에 대해 "그곳은 메카 같았습니다."라고 회고했다.[24] 오펜하이머는 곧 카멘이 음악에 재능이 있으며(그는 프랭크 오펜하이머와 바이올린 연주를 했다.) 문학과 음악에 대해 이야기하는 것을 즐긴다는 것을 알게 되었다. 카멘은 "내가 물리학 이외의 화제에 대해서도 대화를 나눌 수 있었기 때문에 나에게 호감을 갖지 않았나 생각합니다."라고 말했다. 그들은 전쟁이 시작되던 1937년까지 많은 시간을 함께 보냈다.

오펜하이머의 그룹에 들어온 사람이면 누구나 그랬듯이, 카멘 역시 이 카리스마 넘치는 물리학자를 존경하게 되었다. 카멘은 "모두 그를 좋은 의미에서 약간 미쳤다고 여겼습니다. 그는 명석했지만 피상적이기도 했습니다. 그는 호사가의 접근법을 가지고 있었지요."라고 말했다.[25] 카멘은 가끔씩 오피의 엉뚱한 행동들이 계산된 것이 아닌가 생각했다. 카멘은 오펜하이머와 함께 에스텔 케인의 집에서 열린 새해 파티에 갔던 것을 회고했다. 가는 길에 오피는 자신이 에스텔 집의 길 이름은 알고 있지만 번지수는 잊어버렸다고 말했다. 그는 단지 그것이 7의 배수라는 것만 기억했다. 카멘은 "그래서 우리는 그 길을 따라 왔다 갔다 하면서 집을 찾았습니다. 마침내 찾아낸 번호는 3528번지, 7의 배수였지요. 지금 와서 생각해 보니, 그가 우리를 놀렸던 것이 아니었나 하는 의심이 듭니다……. 그는 항상 장난을 칠 준비가 되어 있었습니다."[26]

카멘은 좌익 활동가가 아니었고, 공산주의자는 더더욱 아니었다. 하지만 그는 오펜하이머와 함께 반파시스트 피난민 합동 위원회(Joint Anti-Fascist Refugee Committee)와 러시아 전쟁 구호 기금(Russian War Relief)의 모금 행사들에 참석했다. 또한 오펜하이머는 그를 방사선 연구소 노조 조직화 시도에 끌어들였다. 이 사건은 버클리 근처 에메리빌(Emeryville)에 위치한 셸 개발 회사(Shell Development Company) 내부에서 노조 선거를 둘러싼 싸움으로부터 시작되었다. 셸은 많은 수의 사무직 노동자들을 고용하고 있었는데, 대부분 엔지니어와 화학자들이었고 상당수가 버클리 박사 출신이었다. 산업 조직 회의 산하 노조인 건축가, 엔지니어, 화학자, 기술자 연맹(Federation of Architects, Engineers, Chemists and Technicians, FAECT-CIO)은 셸 공장에서 조직화 캠페인을 벌였다. 셸 경영진은 이에 대항해 직원들에게 회사 노조에 가입하라고 독려했다. 이 무렵 데이비드 아델슨(David Adelson)이라는 셸 화학자가 오펜하이머에게 건축가, 엔지니어, 화학자, 기술자 연맹 조직화 캠페인에 그의 이름을 빌려 달라고 부탁했다. 아델슨은 캘리포니아 알라메다 카운티 공산당의 전문직 분과 소속이었고, 오펜하이머가 자신들의 활동에 공감할 것이라고 생각했다. 그의 판단은 옳았다. 어느 날 저녁, 오펜하이머는 자신의 학생이었던 셸 직원 허브 보그(Herve Voge)의 집에서 열린 노조 주최의 회합에서 연설을 했다. 열다섯 명 이상의 사람들이 참석해 오펜하이머가 미국이 전쟁에 참가할 가능성에 대해 이야기하는 것을 경청했다. 보그는 "그가 이야기하자 모두 듣기만 했습니다."라고 회고했다.[27]

1941년 가을에 오펜하이머는 자신의 집에서 노조를 조직하기 위한 회합을 개최하기로 했다. 그가 초대한 사람들 중에는 카멘이 포함되어 있었다. 카멘은 "나는 그리 마음이 내키지 않았지만 '네, 가겠습니다.'라고 말했습니다."라고 회고했다. 카멘은 형식상 미 육군에 고용된 신분으로 방사선 연구소에 근무하고 있었기 때문에 보안 서약서에 서명을 해야만 했다. 따라서 그는 건축가, 엔지니어, 화학자, 기술자 연맹처럼 논란의 소지가 많은 노조에 가입한다는 것이 꺼림직할 수밖에 없었다. 하지만 그는 회합에 참석했고 노조의 필요성을 역설하는 오펜하이머의 연설을 들었다. 이 모임에는 오펜하이머의 친구이자 심리학자인 어니스트 힐가드(Ernest Hilgard), 버클리 화학과의 조엘 힐더브랜드(Joel Hildebrand), 그리고 젊은 영국인 화학공학자이자 셸 개발 회사에 고용되어 있던 조지 엘텐튼(George C. Eltenton)을 비롯해 열다섯 명 정도가 참석했다.[28] 카멘은 "우리는 오펜하이머의 거실에 둘러앉았습니다. 모두는 '훌륭해요, 멋져요.'라고 말했지요."라고 회고했다. 카멘은 자신이 말할 차례가 되었을 때 "잠깐만요. 누가 (어니스트) 로런스에게도 이야기했습니까? 우리는 방사선 연구소에서 일하고 있고, 이런 문제에 대해서는 독립적으로 판단할 권리가 없어요. 우리는 이 문제에 대해 로런스의 허가를 받아야 합니다."라고 말했다.

오펜하이머는 이러한 반응을 예상하지 못했고 카멘은 그가 흔들리는 것처럼 보였다고 생각했다. 두 시간에 걸친 회합은 오펜하이머가 원하는 대로 만장일치의 지지로 끝나지 못했다. 며칠 후 그는 카멘을 만나서 "글쎄, 잘 모르겠어. 어쩌면 내가 잘못했는지도 몰라."라고 말했다. 그는 이어서 "내가 로런스를 만나러 갔는데, 로런스는 버럭 화를 내더군."이라고 설명했다. 지난 몇 년간 더욱 보수화된 로런스는 공산당의 지원을 받는 노조가 자신의 연구소에서 조직화 활동을 벌이려 한다는 것에 격분했다. 로런스가 배후가 누구냐고 캐묻자 오펜하이머는 "나는 그들이 누구인지 몰라. 그들이 스스로 자네한테 찾아가겠지."라고 대답했다. 로런스가 화를 낸 것은 단지 자신이 운영하는 연구소의 물리학자들과 화학자들이 노조를 조직하려 했기 때문만은 아니었다. 그것은 그의 옛 친구가 소중한 시간을 좌익 정치 활동에 낭비하고 있다고 생각했기 때문이었다. 로런스는 예전부터 계속해서 오펜하이머에게 "좌익 나부랭이 활동들"을 그만두라고 잔소리를 해 왔다.[29] 하지만 오펜하이머는 다시 한번 특유의 능변으로 과학자들은 사회의 "약자들"을 도울 책무를 가지고 있다고 주장했다.

로런스가 짜증을 내는 것도 당연했다. 그해 가을 로런스는 오펜하이머를 원자 폭탄 프로젝트에 참여시키려고 시도했으나 반대에 부딪혀 실패하고 말았다. 로런스는 카멘에게 "오펜하이머가 이런 무의미한 짓거리를 멈추지 않으면 그를 프로젝트에 포함시킬 수가 없어. 이대로는 육군이 절대로 그를 받아들이지 않을 거야."라고 말했다.[30]

오펜하이머는 1941년 가을에 노조 문제에서 손을 뗐다. 하지만 방사선 연구소의 과학자들을 노조로 결성한다는 계획 자체가 폐기된 것은 아니었다. 약 1년이 지난 1943년 초, 로시 로마니츠, 어빙 데이비드 폭스(Irving David Fox), 데이비드 봄, 버나드 피터스, 그리고 막스 프리드먼은 노조

(FAECT 25호 지부)에 가입했다. 이들은 모두 오펜하이머의 학생들이었다. 그들에게는 사실상 노조를 결성할 이유가 없었다. 예를 들어 로마니츠는 방사선 연구소에서 150달러의 월급을 받고 있었는데, 이는 그가 예전에 받던 봉급의 두 배에 달하는 것이었다. 노동 조건에 대한 불만도 없었다. 모두는 자신들이 할 수 있는 최대한 일할 용의가 있었다. 로마니츠는 "그것은 뭔가 극적인 일 같았습니다. 젊은 시절에 해 볼만 한 일이라는 것이지요……. 노조를 결성하는 이유로는 터무니없는 것이었습니다."라고 회고했다.[31]

프리드먼은 로마니츠와 와인버그의 설득에 넘어가 방사선 연구소의 조직책이 되었다. 그는 "이름만 그렇지 나는 아무 일도 한 것이 없었어요."라고 회고했다.[32] 하지만 그는 노조를 결성하는 것이 원칙적으로는 좋은 생각이라고 생각했다. "우리의 마음 한구석에는 원자 폭탄이 무엇에 사용될지에 대한 두려움이 있었습니다. 다른 한편으로 우리는 과학자들이 자신의 노력이 어떻게 이용될지에 대해 목소리를 내지 못하는 상황에서는 원자 폭탄 프로젝트에 참여해서는 안 된다고 생각했습니다."

과학자들이 결성한 노동조합은 방사선 연구소를 감시하던 육군 정보 장교들의 관심을 끌었고, 이들은 1943년 8월에 방사선 연구소 내의 몇몇이 "공산주의에 경도된 적색 분자들"임을 경고하는 보고서를 전쟁부(Department of War)에 보냈다. 와인버그의 이름이 언급되었다. 첨부된 보고서는 건축가, 엔지니어, 화학자, 기술자 연맹 25호 지부가 "공산당원들이나 공산당 동조자들이 장악한 조직으로 알려져 있다."라고 밝혔다.[33] 전쟁부 장관 헨리 스팀슨(Henry L. Stimson)은 대통령에게 이 보고서를 송부하면서 다음과 같이 덧붙였다. "이와 같은 활동이 즉시 중단되지 않는다면, 대단히 걱정스러운 상황이 발생할 것이라고 사료됨." 얼마 후 루스벨트 행정부는 산업 조직 회의에 버클리 연구소에서의 조직화 노력을 중단해 달라고 요청했다.

하지만 1943년이면 오펜하이머가 노조 조직화 활동에 등을 돌린 지 이미 오래된 상태였다. 그가 태도를 바꾼 것은 정치적 신념이 변했기 때문이 아니라, 로런스의 조언에 따르지 않으면 나치스 독일을 무찌르는 데 필요한 프로젝트에 참여할 수 없으리라고 생각했기 때문이었다. 1941년 가을 오피와 노조 조직 활동을 둘러싼 언쟁을 벌이던 중 로런스는, 하버드 대학교 총장인 제임스 코넌트(James B. Conant)가 아직 공식적으로 원자 폭탄 프로젝트에 참여하지 않은 오펜하이머와 핵분열 계산 문제를 의논한 것을 가지고 자신을 힐책했다고 오펜하이머에게 말해 주었던 것이다.

사실상 1941년 초 로런스가 사이클로트론을 이용해 우라늄 동위 원소 235(U235)를 분리하는 전자기 프로세스를 개발하기 시작했을 때부터 오펜하이머는 그와 공동 연구를 진행하고 있었다. 오펜하이머를 비롯한 다른 과학자들은 루스벨트 대통령이 1939년 10월 핵분열 연구를 조정하기 위해 우라늄 위원회(Uranium Committee)를 구성했다는 사실을 알고 있었다. 하지만 1941년 6월 무렵이면 많은 물리학자들이 핵분열 연구에서 독일이 미국보다 훨씬 앞서 있을지도 모른다는 사실에 우려를 표명하기 시작했다. 그해 가을, 연구가 더디게 진전되는 것을 걱정한 로런스는 콤프턴에게 편지를 써서 오펜하이머를 1941년 10월 21일 뉴욕 스케넥터디(Schenectady) 제네럴 일렉트릭(General Electric) 연구소에서 열릴 예정인 비밀 회의에 참석시켜야 한다고 주장했다. 로런스는 "오펜하이머는 중요한 새로운 아이디어들을 가지고 있습니다."라고 썼다.[34] 로런스는 오펜하이머가 급진적 정치 활동에 연계되어 있다는 소문이 널리 퍼져 있다는 것을 알고 있었다. 그래서 그는 콤프턴에게 따로 편지를 보내서 "나는 오펜하이머를 대단히 신임하고 있습니다."라며 그를 안심시켰다.

오펜하이머는 10월 21일에 스케넥터디에서 열린 회의에 참석했고, 효과적인 무기를 만들기 위해 필요한 우라늄 235의 양에 대한 그의 계산 결과는 워싱턴으로 보내는 최종 보고서의 핵심 부분이 되었다. 그의 계산에 따르면 폭발적 연쇄 반응을 일으키기 위해서는 100킬로그램 정도의 우라늄만 있으면 충분했다. 코넌트, 콤프턴, 로런스 등 몇 명만이 참석한 이 회의는 오펜하이머에게 깊은 영향을 미쳤다. 나치스 군대가 이미 모스크바로 진군하고 있다는 소식에 낙담한 오펜하이머는 미국의 전쟁 준비에 도움을 주고 싶었다. 그는 레이더를 연구하던 동료들을 부러워했다, 그는 나중에 "하지만 기초적인 원자력 에너지 연구를 하는 것을 직접 보고 나서야 내가 어떤 기여를 할 수 있을지 확실히 알게 되었습니다."라고 증언했다.[35]

한 달 후 오펜하이머는 로런스에게 보낸 짧은 편지에서 자신은 노조 활동에서 완전히 손을 뗐다고 안심시켰다. "앞으로는 (노조와) 관련해서 더 이상 문제가 없을 것이네……. 아직 모든 조합원들에게 나의 의사를 전달하지는 않았지만, 지금까지 만났던 사람들은 모두 우리에게 동의하고 있어. 그러니까 걱정하지 않아도 좋아."[36]

오펜하이머는 노조 활동을 그만두기는 했지만 그해 가을 자유 인권 문제에 대해 발언하는 것까지 참을 수는 없었다.[37] 뉴욕 주 상원 의원 F. R. 쿠더트 2세(F. R. Coudert, Jr.)는 뉴욕 공공 교육 체계 조사 합동 입법 위원회(Joint Legislative Committee to Investigate the Public Educational System) 공동의장이라는 지위를 이용해 뉴욕 시 공립 대학에서 불온 분자라고 알려진 교직원들을 색출하는 마녀사냥을 시작했다. 1941년 9월, 뉴욕 시립 대학(City College of New York)에서만 28명의 교수들이 해고되었는데, 이들 중 일부는 교원 노조의 뉴욕 지부 조합원들이었다. 오펜하이머가 참여하고 있던 미국 민주주의 및 학문의 자유 위원회(American Committee for Democracy and Intellectual Freedom, ACDIF)는 교원들의 해고를 비난하는 성명서를 발표했다. 이에 대해 쿠더트 상원 의원은 미국 민주주의 및 학문의 자유 위원회가 공산주의자들과 연계되어 있다며 맞대응했고, 《뉴욕 타임스(New York Times)》는 사설을 통해 쿠더트의 입장을 지지했다.

오펜하이머는 이와 같은 정치적 덤불 속으로 뛰어들었다. 그의 1941년 10월 13일자 편지는 예의 바르고, 재기 넘치며, 풍자적이다가, 마지막에는 날카로운 빈정거림으로 끝맺었다. 오펜하이머는 인권 선언이 급진적인 신념을 가질 권리뿐만 아니라, 그 신념을 "익명으로(with anonymity)" 말 또는 글로 표현할 권리까지 보장하고 있다는 점을 상기시켰다. 그는 "공산주의자이거나 공산주의 동조자인 교수들의 활동은 회합을 가지고, 그들의 의견을 밝히며, 그것들을 (주로 익명으로) 출판한 것으로, 이러한 것들은 인권 선언에 의해 구체적으로 보장된 행동들이라고 할 수 있습니다."라고 썼다.[38] 그는 이 편지를 다음과 같이 도전적인 문장으로 마무리했다. "신성한 체 하는 애매함과 빨갱이 사냥으로 점철된 당신의 성명서를 보고 나서야 나는 당신이 의장을 맡고 있는 위원회를 둘러싼 감언이설, 협박, 오만함에 대한 소문들이 사실이라는 것을 알게 되었습니다."

1930년대 말에 로버트 오펜하이머는 세상의 중심에 놓여 있었다. 그것은 그가 원하던 바였다. 카멘은 "무슨 일이든 오펜하이머에게 가서 사정을 이야기하면, 그는 잠시 생각해 보고 나서 그럴 듯한 설명을 해 주었습니다. 그는 공식적인 해설가였습니다."라고 말했다.[39] 하지만 1941년 무렵부터 오펜하이머는 자신이 핵심에서 밀려났다고 생각했다. 카멘은 "갑자기 아무도 그에게 말을 걸지 않았습니다. 저쪽에서 뭔가 큰 일이 진행되고 있는데 그는 그것이 무엇인지 알지 못했습니다. 그래서 그는 점점 더 좌절감에 빠졌고 로런스는 걱정하기 시작했습니다. 왜냐하면 오펜하이머는 조만간 사태를 파악하게 될 것이었고, 그를 제외시키기 위한 보안 장치들은 아무런 의미가 없게 될 것이니까요. 그를 포함시키는 것이 낫다고 생각했을 겁니다. 내 생각에는 결국 그렇게 된 것이었습니다. 그들은 그가 프로젝트 내부에 있는 것이 바깥에 있는 것보다 감시하기가 쉬울 것이라고 말하기까지 했습니다."라고 말했다.

1941년 12월 6일 토요일 저녁, 오펜하이머는 스페인 내전 참전 용사들을 위한 모금 행사에 참석했다. 그가 나중에 증언한 바에 따르면, 그는 그 다음 날 진주만에 대한 일본의 기습 소식을 듣고 난 후 "스페인 문제에 대해서는 충분히 할 만큼 했다.[40] 세상에는 다른 더 급박한 위기가 닥치고 있다."라고 마음먹었다.

13장
고속 분열 코디네이터

> 나는 그제야 우리 그룹의 명실상부한 지도자였던 오펜하이머의 엄청난 지적 능력을 직접 목격할 수 있었다……. 잊지 못할 지적인 경험이었다.
>
> — 한스 베테

오펜하이머가 '우라늄 문제'에 대한 회의들에서 중요한 해결책들을 지속적으로 내놓았던 것은 참석자들에게 좋은 인상을 남겼다. 어느새 그가 없으면 일이 진행되지 않는 상태에 이르렀다. 정치관의 문제를 논외로 친다면, 그가 과학 팀에 참여하는 것은 당연해 보였다. 그는 여러 쟁점들을 깊이 이해하고 있었고, 사람을 다루는 기술이 탁월했으며, 당면한 문제들에 대해 대단한 열정을 가지고 있었다. 15년 동안 쌓아 온 과학적 업적과 다양한 사회생활을 통해 오펜하이머는 미숙한 과학 영재에서 세련되고 카리스마 넘치는 지도자로 탈바꿈했던 것이다. 프로젝트 참가자들은 곧 원자 폭탄 제작과 관련된 문제들을 신속하게 해결하기 위해서는 오펜하이머가 중요한 역할을 할 수밖에 없으리라고 생각하게 되었다.

오펜하이머를 비롯한 미국 곳곳의 수많은 물리학자들은 이르면 1939년 2월부터 원자 폭탄을 만드는 것이 가능하리라는 것을 알고 있었다. 하지만 정부는 이 문제에 아직 본격적인 관심을 가지고 있지 않았다. 유럽에서 전쟁이 시작되기 한 달 전(1939년 9월 1일), 레오 질라르드는 알베르트 아인슈타인을 설득해 프랭클린 루스벨트 대통령에게 보내는 (질라르드가 작성한) 편지에 서명하게 했다. 질라르드는 이 편지에서 대통령에게 "새로운 종류의 대단히 강력한 폭탄이 만들어질지도 모른다."라고 경고했다.[1] 나아가 그는 "이와 같은 폭탄 단 1개를 배로 실어 와 항구에서 폭발시키면 항구 전체는 물론이고 주변 지역까지 파괴할 수 있을 것"이라고 지적했다. 불길하게도 그는 독일이 이미 그와 같은 폭탄을 만드는 작업을 시작했을 수도 있다고 말했다. "독일은 체코슬로바키아를 점령한 후 그곳의 광산에서 채굴된 우라늄의 수출을 금지"했던 것이다.

루스벨트 대통령은 아인슈타인의 편지를 받고 물리학자 라이먼 브리그스(Lyman C. Briggs)를 위원장으로 하는 임시 "우라늄 위원회(Uranium Committee)"를 구성했다.[2] 이후 별 진전 없이 2년이라는 세월이 흘렀다. 하지만 대서양 건너 영국에 망명해 있던 두 명의 독일인 물리학자 오토 프리슈(Otto Frisch)와 루돌프 파이얼스(Rudolph Peierce)는 원자 폭탄 프로젝트가 정말로 시급한 문제라며 영국 전시 정부를 설득했다. 1941년 봄 'MAUD 위원회(MAUD Committee)'라는 코드명의 영국의 극비 그룹은 '폭탄에 우라늄을 이용하는 문제(The Use of Uranium for a Bomb)'라는 제목의 보고서를 작성했다. 이 보고서는 플루토늄이나 우라늄을 이용해 기존의 비행기에 실을 수 있을 정도로 작은 폭탄을 2년 이내에 만들 수 있을 것이라고 예상했다. 그 무렵인 1941년 6월, 루스벨트 행정부는 군사 목적의 과학 연구를 효율적으로 수행하기 위해 과학 연구 개발국(Office of Scientific Research and Development, OSRD)을 설립했다. 과학 연구 개발국의 국장은 MIT 교수 출신의 엔지니어이자 당시 워싱턴 카네기 협회(Carnegie Institution)의 회장을 맡고 있던 바네바 부시였다. 부시는 루스벨트 대통령에게 원자 폭탄을 만들 수 있을 가능성은 "매우 낮다."라고 밝힌 바 있지만, MAUD 보고서를 읽고 나서 생각을 바꾸었다. 그는 루스벨트에게 보낸 1941년 7월 16일자 메모에서, 비록 그것은 여전히 "대단히 난해하기는 하지만 한 가지는 확실합니다. 만약 그와 같은 폭발을 만들어 낼 수 있다면 그것은 기존의 폭발물의 수천 배 이상의 파괴력을 가질 것이며, 전쟁의 승패를 결정지을 것입니다."라고 말했다.

갑자기 일이 일사천리로 진행되었다. 부시의 7월 메모를 읽은 루스벨트는 브리그스의 우라늄 위원회 대신에 백악관 직속의 새로운 위원회를 구성했다. 이 모임은 'S-1 위원회(S-1 Committee)'라는 코드명으로 알려졌고, 바네바 부시, 하버드의 제임스 코넌트, 전쟁부 장관 헨리 스팀슨, 합참의장 조지 캐틀렛 마셜(George Catlett Marshall, 1880~1959년), 부통령 헨리 애거드 월리스(Henry Agard Wallace, 1888~1965년) 등이 참가했다. 이들은 자신들이 독일에 대항한 경주를 하고 있었고, 이 경주의 승패에 따라 전쟁의 결과가 달리질 것이라고 믿었다. S-1 위원회의 의장으로는 코넌트가 임명되었고, 그는 부시와 함께 폭탄 프로젝트에 참여할 과학자들을 모으기 시작했다.

1942년 1월에 오펜하이머는 자신이 버클리의 고속 중성자(fast-neutron) 관련 연구 책임자로 임명될 것이라는 소식을 듣고 매우 기뻐했다. 그는 그 일이 원자 폭탄 프로젝트의 성패를 결정짓는 중요한 부분이라고 생각했다. 로런스는 코넌트에게 오펜하이머가 "모든 면에서 엄청난 자산이 될 것"이라고 말했다.³ "그는 프로그램 전반에 대한 이론적 통찰력을 가지고 있다."라고 말했다. 결국 5월에 오펜하이머는 공식적으로 S-1의 고속 중성자 연구 책임자로 임명되었다. 그의 정식 직함은 고속 분열 코디네이터(Coordinator of Rapid Rupture)였다. 그는 즉시 원자 폭탄 설계의 기본 윤곽을 잡기 위해 최고의 물리학자들이 모이는 극비 여름 세미나를 준비하기 시작했다. 그가 가장 초청하고 싶었던 사람은 한스 베테였다. 막 36세가 된 독일 출생의 베테는 1935년에 유럽을 떠나 코넬 대학교로 자리를 옮겼고, 1937년에 물리학 정교수가 되었다. 오펜하이머는 베테를 반드시 참석시키기 위해 하버드의 고참 이론 물리학자 존 해즈브룩 밴블렉(John Hasbrouck Van Vleck, 1899~1980년)의 도움을 받았다. 그는 밴블렉에게 "중요한 것은 우리가 하려는 작업의 중대성을 강조해 베테의 관심을 끄는 것입니다."라고 말했다.⁴ 당시 베테는 레이더의 군사적 적용에 대한 문제와 씨름하고 있었는데, 그는 이 프로젝트가 핵물리와 관련된 어떤 작업보다도 실용적일 것이라고 생각했다. 하지만 그는 밴블렉의 설득에 넘어가 그해 여름을 버클리에서 보내기로 했다. 또 한 명은 헝가리 출신의 물리학자로 워싱턴 D.C.의 조지 워싱턴 대학교에서 가르치고 있던 에드워드 텔러였다. 여기에 더해 오펜하이머의 스위스 인 친구들인 스탠퍼드 대학교의 펠릭스 블로흐와 인디애나 대학교의 에밀 코노핀스키(Emil Konopinski)도 초청을 받았다. 오펜하이머는 또한 로버트 서버를 비롯한 그의 제자 몇 명도 참가시켰다. 그는 이렇게 모은 뛰어난 물리학자 그룹을 자신의 "명사들(luminaries)"이라고 불렀다.

고속 분열 코디네이터로 임명되고 나서 얼마 후, 오펜하이머는 서버에게 자신의 조수가 되어 달라고 부탁했다. 그리고 1942년 3월 초부터 서버 부부는 오펜하이머의 집에 머물렀다. 오펜하이머는 서버를 가장 가까운 친구 중 하나로 여겼다. 1938년 서버가 어바나에 위치한 일리노이 대학교로 옮긴 이래로 그들은 거의 매주 일요일마다 편지를 주고받았다.* 서버는 나중에 자신의 비밀 취급 인가가 취소될 위기에 처했을 때, 당시에 오펜하이머와 주고받았던 편지들을 파기해 버렸다. 이후 몇 달간, 서버는 오펜하이머를 그림자처럼 따라다니며 그의 업무를 도왔다. 서버는 "우리는 거의 항상 같이 있었습니다. 당시에 그는 키티와 나 두 사람만 상대하면 되었습니다."라고 회고했다.[5]

1942년 여름의 비밀 세미나는 버클리의 르콩트 홀 4층 북서쪽 구석의 다락방에서 열렸다. 2개의 방에는 베란다로 나가는 여닫이문이 달려 있었는데, 보안상의 이유로 베란다 전체에 두꺼운 철망이 설치되었다. 방을 드나들 수 있는 열쇠는 오펜하이머만 가지고 있었다. 하루는 와인버그가 다락방 사무실에서 오펜하이머와 다른 몇몇 물리학자들과 앉아 있었을 때 잠시 대화가 끊겼고 오펜하이머는 "맙소사, 저걸 좀 봐."라고 말했다. 그리고 그는 프랑스식 문을 통해 햇볕이 들어오면서 책상에 놓인 종이들 위에 드리워진 철망 모양의 그림자를 가리켰다. 와인버그는 "우리 모두는 철망이 만들어 낸 그림자로 얼룩진 것 같았습니다."라고 말했다.[6] 와인버그는 그 모습이 섬뜩하다고 느꼈다. 그들은 상징적인 우리에 갇혔던 것이다.

시간이 지나자 오펜하이머의 "명사들"은 토론을 유도하고 토론 내용을 정리하는 그의 재능에 감탄하기 시작했다. 텔러는 나중에 "오펜하이머는 좌장으로서 세련되고 확신을 가지고 있었지만 격식에 얽매이지는 않았다. 나는 그가 사람을 다루는 기술을 어떻게 습득했는지 모른다. 그를 알

---

* 나중에 서버는 비밀 취급 인가를 유지하는 데 어려움을 겪게 되자 이 당시 주고받은 편지들을 없애 버리는 편이 현명할 것이라고 판단했다.

13장 고속 분열 코디네이터   315

던 사람들은 매우 놀랐다."라고 기록했다.[7] 베테도 텔러의 의견에 동의했다. "그는 즉시 문제의 핵심을 파고드는 능력이 있었습니다. 가끔은 첫 번째 문장만 듣고 곧바로 문제 전체에 대해 이해하는 경우도 있었지요. 다른 사람들도 자신과 같은 능력을 가지고 있으리라고 생각했던 것이 그의 가장 큰 문제였습니다."

그들은 이전에 있었던 인공 폭발을 살펴보는 작업에서부터 시작했다. 그들은 1917년에 노바스코샤 핼리팩스(Halifax)에서 탄약을 가득 실은 배가 폭발한 것을 사례로 삼았다. 이 비극적인 사건에서는 약 5,000톤의 TNT로 인해 핼리팩스 시내의 6제곱킬로미터가 파괴되었고 약 4,000명이 사망하였다. 그들은 핵분열 무기가 핼리팩스 폭발의 약 두세 배의 파괴력을 가질 것이라고 예상했다.

오펜하이머는 이어서 운반할 수 있을 정도로 작은 크기의 핵분열 장치의 기본 설계법으로 화제를 돌렸다. 그들은 지름 20센티미터 정도의 금속제 구에 우라늄 중핵을 넣으면 연쇄 반응을 얻을 수 있을 것이라고 계산했다. 다른 설계상의 세부적인 내용은 대단히 정밀한 계산을 요구했다. 베테는 "우리는 항상 새로운 기법을 생각해 내고, 계산을 해 봐서, 그 계산 결과에 따라 그때까지 생각했던 대부분의 기법들을 폐기하는 일을 반복했습니다. 나는 그제야 우리 그룹의 명실상부한 지도자였던 오펜하이머의 엄청난 지적 능력을 직접 목격할 수 있었습니다……. 잊지 못할 지적 경험이었습니다."라고 회고했다.[8]

세미나 참가자들은 곧 고속 중성자 반응을 이용한 장치를 설계하는 데에는 특별한 이론적 공백이 없다고 결론 내렸지만, 실제로 필요한 핵분열 물질의 양에 대해서는 합의에 이르지 못했다.[9] 믿을 만한 실험 데이터가 없었기 때문이었다. 하지만 그들은 무기를 만드는 데 필요한 핵분열 물질의 양은 4개월 전 대통령에게 보고한 예상량의 최소한 두 배 이상은 될 것이라고 생각했다. 이는 핵분열 물질을 기존의 실험실에서 소량씩 정제하는 것만으로는 충분하지 않고, 대규모 공업 단지에서 생산할 수밖에 없다는 것을 의미하는 것이었다. 폭탄을 만들기 위해서는 많은 자금이 필요할 것이었다.

때때로 오펜하이머는 헤아릴 수 없을 정도로 많은 문제들을 과연 모두 해결할 수 있을지에 대해 확신이 없었다. 또한 그는 그들이 이미 독일과의 경주에서 뒤떨어지고 있다고 생각해서 지나치게 시간이 많이 걸리는 연구는 성급하게 중단시키기도 했다. 한 과학자가 고속 중성자 산란을 측정하는 복잡한 계획을 제안하자, 오펜하이머는 "우리는 산란 효과에 대해 빠르고 정성적인 조사를 하는 편이 나을 것입니다……. 란덴버그(Landenburg)의 방식은 너무 느리고 불확실해서 그가 답을 찾기도 전에 이미 전쟁이 끝나 버릴지도 모릅니다."라고 주장했다.[10]

7월 들어 텔러가 자신이 수소 또는 "슈퍼" 폭탄의 가능성에 대한 계산을 마쳤다고 밝혀 논의가 잠시 중단되었다. 텔러는 그해 여름 핵분열 폭탄은 확실히 가능할 것이라고 생각하면서 버클리에 왔다. 하지만 핵분열 무기에 대한 논의에 지루해진 그는 1년 전쯤 엔리코 페르미가 점심을 같이 먹으며 제안했던 또 다른 문제를 계산해 보기 시작했다. 페르미는 핵분열 무기로 상당량의 중수소(deuterium)에 불을 붙이면 훨씬 강력한 핵융합 폭발을 만들어 낼 수 있을지도 모른다고 주장했다. 텔러는 12킬로그램의 액체 중수소에 핵분열 무기로 불을 붙이면 100만 톤 분량의 TNT가 폭발하는 것과 같은 위력을 낼 수 있으리라는 계산 결과를 발표해 세미나 참가자들을 놀라게 했다. 텔러는 이 정도 크기의 폭발이라면 핵분열 폭탄만으로도 90퍼센트 이상이 수소인 지구의 대기에 불이 붙을 가능성이 있다고 주장했다. 베테는 나중에 "나는 그것을 절대로 믿지 않았습니다."라고 말했다.[11] 하지만 오펜하이머는 슈퍼 폭탄과 텔러의 종말론적 계산 결과에 대해 콤프턴에게 개인적으로 보고하는 편이 나을 것이라고 생각했다. 그는 미시건 북부 호수가에 위치한 여름 별장에 있던 콤프턴을 찾아갔다.

콤프턴은 나중에 "나는 그날 아침을 잊을 수 없을 것이다."라고 썼다.[12] "나는 오펜하이머를 기차역에서 태우고 평화로운 호수가 내려다보이는 물가로 향했다. 그곳에서 나는 그의 이야기를 들었다……. 원자 폭탄이 대기 중의 질소나 바다물의 수소 폭발을 유발할 가능성이 정말 있는가?……인류의 생존을 걸고 도박을 하느니 나치스 치하의 노예로 사는 편이 낫지 않은가."

결국 베테가 대기에 불이 붙을 가능성은 거의 0에 가깝다는 계산 결과로 텔러와 오펜하이머를 설득했다.[13] 오펜하이머는 남은 여름 동안 그룹 토의 결과를 정리하는 요약 보고서를 작성했다. 코넌트는 1942년 8월 말 이 보고서를 읽고 나서 "폭탄의 현황(Status of the Bomb)"이라는 짧은 메모를 작성했다. 오펜하이머와 그의 동료들에 따르면 원자 폭탄은 "기존의 계산 결과의 150배가 넘는 에너지로" 폭발할 것이었다.[14] 하지만 그것은 기존의 예상치의 6배 이상의 핵분열 물질의 임계 질량을 필요로 했다. 원자 폭탄은 가능하지만 그것을 위해서는 엄청난 기술적, 과학적, 그리고 산업적 자원을 동원해야만 할 것이었다.

그해 여름의 세미나가 끝나기 전의 어느 날 저녁, 오펜하이머는 텔러 부부를 자신의 집으로 초대해 저녁 식사를 함께 했다. 텔러는 오펜하이머가 절대적인 확신을 가지고 "원자 폭탄만이 히틀러를 유럽에서 몰아낼 수 있다."라고 말하는 것을 생생하게 기억했다.[15]

1942년 9월 무렵이면 오펜하이머의 이름은 정부 관계자들 사이에서 원자 폭탄을 개발하기 위한 극비 군사 연구소를 이끌 후보자로 거론되고 있었다. 부시와 코넌트는 확실히 오펜하이머가 적절한 인물이라고 생각했다. 오펜하이머가 여름 동안 했던 일은 부시와 코넌트에게 자신감을 심어주었던 것이다. 하지만 한 가지 문제가 남아 있었다. 육군이 여전히 오펜하이머에게 비밀 취급 인가를 내주기를 거부하고 있었던 것이다.

오펜하이머 역시 자신의 수많은 공산주의자 친구들이 문제라는 것을 인식하고 있었다. 그는 콤프턴과의 전화 통화에서 "나는 공산당과의 모든 관계를 끊을 것입니다."라고 말했다.[16] "그렇지 않으면 정부가 나를 이용하는 데에 어려움을 겪을 테니까요. 내가 국가에 봉사하는 것을 방해하는 요소가 있어서는 안 됩니다." 그럼에도 불구하고, 1942년 8월에 콤프턴은 전쟁부가 "O(오펜하이머)에 반대한다."라는 연락을 받았다.[17] 오펜하이머의 보안 파일에는 그의 "공산주의적" 활동을 비롯한 여러 "수상한" 행적들에 대한 보고서들이 포함되어 있었다. 오피는 1942년 초 스스로 보안 설문지를 작성했는데, 이때 그가 가입했다고 밝힌 많은 조직들 중에는 FBI가 공산당 위장 단체라고 생각하던 것들이 다수 포함되어 있었다.

이러한 상황에서도 코넌트와 부시는 오펜하이머를 비롯한 좌익 배경을 가진 과학자들에게 인가를 내주라고 압력을 가하기 시작했다. 9월에 그들은 오피를 보헤미안 그로브(Bohemian Grove)로 데리고 갔다. 커다란 삼나무 숲이 아름답게 우거진 곳에서 오펜하이머는 처음으로 극비 S-1 위원회 회의에 참석했다.[18] 10월 초에 부시는 전쟁부 장관 스팀슨의 수석 보좌관 하비 번디(Harvey Bundy)에게 오펜하이머는 비록 "확실히 좌익 정치관을 가지고 있지만" 지금까지 프로젝트에 "상당한 공헌"을 했기 때문에 계속 일할 수 있도록 허가해 주어야 한다고 말했다.[19]

이 무렵 부시와 코넌트는 원자 폭탄 프로젝트에 군부를 개입시키려고 준비하고 있었다. 부시는 육군 병참 업무를 총괄하던 브레혼 소머벨(Brehon B. Somervell) 장군을 만났다. S-1 프로젝트에 대해 이미 잘 알고 있던 소머벨은 부시에게 자신이 이미 S-1을 감독할 사람을 뽑아 두었다고 말했다. 1942년 9월 17일에 소머벨은 의회 청문회장 밖의 복도에서 46세의 육군 장교 레슬리 그로브스 중령을 만났다. 그로브스는 미 육군 공병감실(Army Corps of Engineers) 소속으로, 최근 완공된 펜타곤의 건설을 지휘했던 인물이었다. 이제 그는 해외 전투 보직을 받고 싶어 했다. 하지만 소머벨은 안 된다고 말했다. 그로브스는 워싱턴에서 다른 일을 맡게 될 것이었다.

그로브스는 차분하게 "나는 워싱턴에 머무르고 싶지 않습니다."라고 말했다.

소머벨은 "이번 일을 잘 하면, 우리는 전쟁에서 이기게 될 거야."라고 대답했다.

S-1에 대해 알고 있던 그로브스는 "아, 그 일 말입니까."라고 말했다.[20] 그는 시큰둥했다. 그는 이미 S-1에 배정된 1억 달러의 예산의 몇 배나 되는 자금을 육군의 각종 건설 프로젝트에서 집행하고 있었던 것이다. 하지만 소머벨은 결심을 굳혔고, 그로브스는 명령에 따를 수밖에 없었다. 그는 곧 준장으로 진급했다.

그로브스는 남들이 자신의 명령에 따르는 데 익숙해 있었는데, 이는 오펜하이머와 닮은 점이었다. 그 한 가지 유사점을 제외하면 두 남자는 정반대였다. 그로브스는 183센티미터에 가까운 장신에 113킬로그램의 육중한 몸의 소유자였다. 그는 무뚝뚝했고 직설적이었으며 미묘한 외교적 수완 따위에는 관심도 없었다. 오펜하이머는 언젠가 "아 그래, 그로브스는 빌어먹을 놈이지만 적어도 솔직하기는 해!"라고 말했다.[21] 정치적으로 그는 뉴딜에 대한 경멸감을 감추지 못하는 보수주의자였다.

오펜하이머 가족. 율리우스 오펜하이머(왼쪽 위)는 1888년 독일에서 뉴욕에 도착했다. 1903년 그는 볼티모어에서 태어난 독일계 미국인 화가인 엘라(오른쪽 위)와 결혼했다. 1904년 태어난 로버트 오펜하이머(아래)가 자기 아버지의 무릎에 앉아 있다.

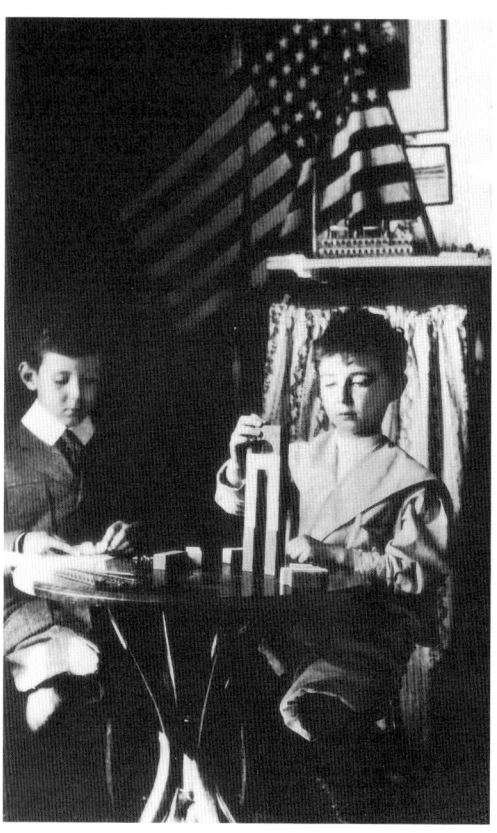

사진에서 친구의 오른편에 앉아 있는 오펜하이머는 어린 시절 블록 쌓기와 암석 표본 수집에 열정적이었다.

엘라와 오펜하이머.

"나는 매끈한, 불쾌할 정도로 착한 어린아이였다." 오펜하이머는 훗날 말했다. "어린아이로서의 내 삶은 세상이 거칠고 씁쓸하다는 사실을 숙지하지 못했다."

센트럴 파크에서 승마 중인 오펜하이머가 오른쪽에 보인다.

오펜하이머는 에티컬 컬처 스쿨에서 그의 "윤리적 상상력"을 기르는 법과 "현재 그대로가 아닌, 되어야 마땅한 것"을 보는 법을 배웠다.

로버트 오펜하이머와 동생 프랭크.

오펜하이머는 괴팅겐 대학교에서 막스 보른(오른쪽 위) 밑에서 양자 물리학 박사 학위를 받았다. 괴팅겐에서 그는 물리학자인 폴 디랙(오른쪽 가운데)과 헨드릭 크라머(왼쪽 아래)와 친분을 쌓았다. 나중에 그는 취리히에서 라비, 모트스미스, 볼프강 파울리(오른쪽 아래, 취리히 호수에서 찍은 사진)와 함께 잠시 연구하기도 했다.

1929년 칼텍 교수였던 오펜하이머(왼쪽 위)는 캘리포니아 대학교 버클리 분교에서의 겸직 제안을 수락했고 즉시 새로운 양자 물리학의 사도가 되었다. "나는 친구보다 물리학이 필요하다." 오펜하이머는 고백했다. 물리학자 윌리엄 파울러와 루이스 앨버레즈 사이에 선 오펜하이머(오른쪽 위). "나는 내가 사랑한 바로 그 이론의 산실이 되었으며 내가 더 배워 나갈수록 완전히 이해되지는 않지만 매우 풍부해졌다." 로버트 서버(오른쪽 아래)는 그의 제자이면서 평생의 친구였다.

"나의 가장 큰 두 사랑은 물리학과 뉴멕시코이다."라고 오펜하이머는 썼다. "그 둘이 결합할 수 없어서 안타깝다." 오펜하이머는 상그레 데 크리스토 산맥이 바라보이는 그의 목장 페로 칼리엔테(위)에서 여름을 보내곤 했다. 오펜하이머와 그의 말 크라이시스(오른쪽)는 동생 프랭크라든지 버클리의 물리학자인 어니스트 로런스(아래) 등의 친구와 함께 장거리 여행을 나섰다.

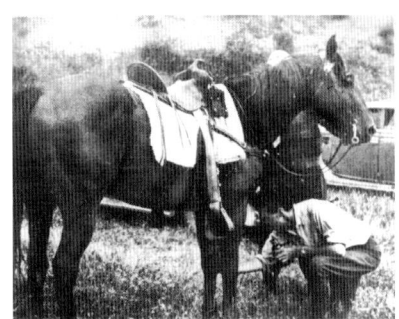

오펜하이머,
이탈리아 물리학자
엔리코 페르미,
어니스트 로런스.

조지프 와인버그와 로시 로마니츠, 데이비드 봄, 막스 프리드먼은 버클리에서 오피의 조수였다. "그들은 그의 몸짓, 버릇, 말투를 따라했다." 서버는 회고했다.

양자 물리학의 세계에서, 와인버그가 말했듯이 "닐스 보어(왼쪽)가 신이라면 오피는 그의 예언자였다."

4년 동안 오펜하이머의 약혼녀였던 진 태트록(왼쪽 위)은 아마도 공산당원이었을 것이다. 그녀는 "나는 열렬한 공산주의자가 될 수 없음을 깨달았다."라고 썼다.

진 태트록의 스탠포드 대학교 의과대학 스승이었던 토머스 애디스 박사(오른쪽 위)는 스페인 내전에 공산당을 통해 지원금을 내도록 오펜하이머를 설득했다.

1941년 오펜하이머는 국가 긴급상황에 대한 FBI 수사 명단에 올랐다.

1943년, 버클리 불문학 교수였던 하콘 슈발리에(왼쪽 위)는 최신 과학 정보를 소련에 제공하려는 조지 엘텐튼(오른쪽 위)의 계획을 오펜하이머에게 전했다. 오펜하이머는 결국 이 사건을 미 육군 방첩대의 장교인 보리스 패시(왼쪽)에게 신고했다.

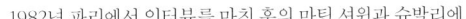

1982년 파리에서 인터뷰를 마친 후의 마틴 셔윈과 슈발리에.

키티 퓨닝은 피츠버그에서 자랐다. 승마복을 입은 21세의 키티(위)와 1936년의 여권 사진(오른쪽 위), 버클리의 균류학 실험실의 키티(오른쪽). 그녀는 1939년에 오펜하이머를 만나 사랑에 빠졌다. 방사선 연구소 시절 출입증(오른쪽 페이지 위)에는 그의 당시 사진이 남아 있다.

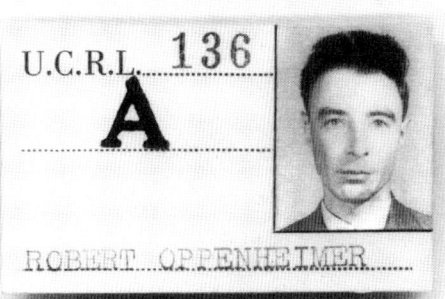

로스앨러모스 오두막집에 앉아 있는 키티의 모습. 그녀는 쾌활한 성품을 갖고 있었다. "그녀는 매우 강렬하고, 매우 지적이며, 매우 생기 넘치는 사람이었습니다. 다루기 어려운 성격이었지요."

로스앨러모스에서 키티는 자신의 전문 분야에서 뒤떨어지고 있다고 느꼈다. 그녀는 기지 병원에서 혈구수를 측정하는 일을 했지만 1년 만에 그만두고 말았다. 그녀는 사교 모임에서 사소한 잡담을 하기도 했다. 하지만 한 친구가 말했듯 "그녀는 큰 이야기를 하고 싶어 했다."

피터 오펜하이머는 1941년 5월에 태어났다. 위 사진에서는 로버트가 피터에게 이유식을 먹여 주고 있다. 아래 사진에서는 피터가 키티와 함께 웃고 있다.

도로시 맥키빈은 "그 (로버트)는 파티에서 대단히 사교적이었고 여성들은 그를 매우 좋아했습니다."라고 말했다.

오펜하이머가 로스앨러모스 오두막집에서 사진 왼편에 앉아 있는 맥키빈과 오른편에 무릎을 꿇고 있는 빅터 바이스코프와 대화를 나누고 있다.

이론 분과 책임자를 맡았던 한스 베테(아래).

로스앨러모스에서의 과학 콜로퀴움. 왼쪽부터 노리스 브래드버리, 존 맨리, 엔리코 페르미, J. M. B. 켈로그가 앉아 있다. 오펜하이머, 리처드 파인만, 그리고 필립 포터는 뒷줄에 앉아 있다.

로버트 오펜하이머는 1945년에 동생 프랭크(사진 중앙, 알파 동위 원소 분리기를 살펴보고 있다.)를 로스앨러모스로 불러 첫 원자 폭탄 시험인 트리니티 실험에 참여하도록 했다.

레슬리 그로브스 장군(사진 오른쪽, 전쟁부 장관 헨리 스팀슨과 함께)은 오펜하이머를 로스앨러모스 폭탄 프로젝트의 총책임자로 선택했다.

오펜하이머가 1944년 말 트리니티 폭발 실험 부지를 물색하기 위해 뉴멕시코 남부를 둘러보던 중 커피를 따르고 있다.

중절모를 쓴 오펜하이머가 실험이 시작하기 불과 몇 시간 전 트리니티 부지 첨탑 위에서 "장치"를 살펴보고 있다. 아래는 트리니티 폭발 장면.

폭격 이후의 히로시마. 히로시마와 나가사키에서 발생한 사망자 약 22만 5000명의 95퍼센트 이상이 민간인이었고, 대부분 여성이거나 어린이였다. 생존자들의 절반 이상이 몇 달 내에 방사선 중독으로 사망했다. 야마하타 요스케가 찍은 오른쪽 모녀의 사진은 나가사키 폭격 이후 24시간 내에 촬영되었다.

장로교 군목의 아들로 태어난 그로브스는 시애틀의 워싱턴 대학교와 MIT에서 공학을 전공했다. 그는 웨스트포인트를 4등으로 졸업했다. 그의 부하들은 그의 일처리 능력을 마지못해 인정할 수밖에 없었다. 전쟁 내내 그의 부관이었던 케네스 니콜스(Kenneth D. Nichols) 중령은 "그로브스 장군은 내가 같이 일했던 상관들 중에서 가장 못된 개자식이다."라고 썼다.[22] "그는 요구하는 것이 많았고 대단히 비판적이었다. 그는 항상 사람을 몰아붙였고, 칭찬하는 법이 없었다. 그는 까칠하고 냉소적이다. 그는 보통의 명령 체계를 깡그리 무시해 버린다. 그는 대단히 명석할 뿐만 아니라 적시에 어려운 결정을 내릴 수 있는 배짱을 지녔다. 그는 내가 아는 사람들 중에 가장 자만심이 강한 사람이다……. 나는 그를 증오했고 다른 사람들도 마찬가지였지만, 우리에게는 나름대로 서로를 이해하는 방식이 있었다."

1942년 9월 18일부로 그로브스는 공식적으로 폭탄 프로젝트의 지휘를 맡았다. 프로젝트의 정식 명칭은 '맨해튼 엔지니어 디스트릭트(Manhattan Engineer District)'였지만 일반적으로 '맨해튼 프로젝트'라는 이름으로 불리웠다. 근무 첫날 그는 1,200톤의 고품위 우라늄 광석을 사들였다. 다음 날 그는 우라늄을 처리할 수 있는 시설을 짓기 위한 테네시 오크리지 부지의 매입을 명령했다. 그달 말 그는 우라늄 동위 원소 분리에 관련된 실험이 진행 중인 모든 연구소의 현장을 방문하기 시작했다. 1942년 10월 8일, 그는 버클리 대학 총장이 주최하는 오찬 자리에서 오펜하이머를 만났다. 얼마 후 서버는 그로브스가 니콜스와 함께 오펜하이머의 사무실로 걸어 들어가는 것을 보았다. 그로브스는 군복 재킷을 벗어 니콜스에게 건네주면서 "세탁소를 찾아서 빨아 오게."라고 말했다.[23] 서버는 중령을 심부름꾼처럼 대하는 그의 태도에 놀랐다. "그것이 그로브스의 방식이었습니다."

오펜하이머는 맨해튼 프로젝트에 참가하기 위해서는 그로브스를 설득해야 한다는 것을 이해했고, 그를 설득하기 위해 자신의 매력과 명석함을 한껏 발산했다. 하지만 그로브스는 무엇보다도 오펜하이머의 "도가 지나친 야심"에 주목했다.[24] 그는 그러한 성품을 가진 자라면 신뢰할 만한, 어쩌면 고분고분하기까지 한 파트너가 될 수 있을 것이라고 생각했다. 그는 또한 새로운 연구소를 대도시보다는 고립된 시골에 세우는 편이 나을 것이라는 오펜하이머의 제안에 관심을 가졌다. 이는 보안 문제에 대한 그로브스의 우려를 해결해 줄 수 있을 만한 계획이었다. 하지만 무엇보다 그로브스는 그저 오펜하이머를 좋아했다. 그로브스는 나중에 어느 기자에게 "그는 천재입니다."라고 말했다. "진짜 천재 말이지요. 로런스는 매우 똑똑하긴 했지만 천재는 아닙니다. 그저 열심히 일하는 사람일 뿐이지요. 반면에 오펜하이머는 모르는 것이 없어요. 그는 어떤 주제에 대해서도 이야기할 수 있습니다. 글쎄, 항상 그런 것은 아니지만, 몇 가지 정도는 모르는 것이 있을 수도 있겠군요. 그는 스포츠에 대해서는 전혀 모릅니다."

그로브스가 보기에 오펜하이머는 다양한 분야에 걸친 문제들에 대한 실제적인 해답들을 신속하게 찾아내지 못하면 원자 폭탄 프로젝트는 실패로 돌아가리라는 것을 이해하고 있었다. 오펜하이머는 프린스턴, 시카고, 버클리 등지에서 고속 중성자 핵분열에 대한 연구를 수행하는 여러 그룹들이 똑같은 작업을 되풀이하고 있다는 점을 지적했다. 이들 과학자들을 한 곳으로 모아 공동 연구를 해야만 했다. 이 역시 엔지니어 출신인 그로브스의 입맛에 맞았고, 오펜하이머가 중앙 연구소의 개념을 주장했을 때 고개를 주억거리기까지 했다. 오펜하이머는 새로운 연구소에서 "우리는 지금까지 고찰해 보지 않았던 화학, 금속학, 공학 등 다양한 문제들에 대처할 수 있을 것입니다."라고 말했다.[25]

그로부터 1주일 후, 그로브스는 오펜하이머를 시카고로 불러서 뉴욕으로 향하는 특급 열차에 함께 올랐다.[26] 그들은 기차 위에서 논의를 계속했다. 이 무렵 그로브스는 이미 오펜하이머를 제안된 중앙 연구소의 책임자 후보로 점찍어 두고 있었다. 그는 오펜하이머에게는 세 가지 결점이 있다고 생각했다. 첫째, 이 물리학자는 노벨상 수상자가 아니었는데, 그로브스는 이것이 그가 노벨상을 받은 수많은 동료들의 연구 활동을 지도하는 데 방해 요소가 될 수도 있다고 생각했다. 둘째, 그에게는 행정 경험이 전무했다. 그리고 셋째, "(그의 정치적) 배경에는 우리의 입맛에 전혀 맞지 않는 요소들이 상당히 포함되어 있었다."[27]

베테는 "오펜하이머가 총책임자가 될 것이라는 것은 명백하지 않았습니다."라고 말했다.[28] "그는 이렇게 큰 집단을 지도해 본 경험이 전혀 없었으니까요." 그로브스의 낙점에 다른 사람들은 호의적인 반응을 보이지 않았다. 그로브스는 나중에 "나는 당시 과학계의 지도자들이었던 사람들로부터 전혀 지원을 받지 못했고, 오히려 반대의 목소리가 드높았다."라고 썼다.[29] 그중 한 가지 이유는 오펜하이머는 이론가였고, 원자 폭탄을 만들기 위해서는 실험가와 엔지니어의 재능이 필요하는 것이다. 로런스는 오펜하이머를 존경했지만, 그로브스가 그를 선택했다는 소식에 놀랄 수밖에 없었다.[30] 또 다른 친구이자 오펜하이머의 추종자인 이지도어 라비 역시 전혀 있을 법하지 않은 선택이라고 생각했다. "그는 매우 비실용적인 사람이었습니다. 그는 다 닳아빠진 신발에 우스꽝스러운 모자를 쓰고 돌아다녔어요. 게다가 그는 실험 장비들에 대해서는 전혀 아는 것이 없었습니다."[31] 한 버클리 과학자는 "그는 햄버거 장사도 제대로 해내지 못할 것"이라고 말했다.

그로브스가 오펜하이머의 이름을 군사 정책 위원회(Military Policy Committee)에 제안했을 때, 그는 상당한 반발에 부딪혔다. "장시간에 걸친 논쟁 끝에 나는 각 위원들에게 더 나은 사람이 있으면 이름을 대 보라고 했다. 몇 주가 지나자 우리가 더 나은 사람을 찾지 못하리라는 것이 확실해졌다." 10월 말이 되자 총책임자 자리는 오펜하이머로 결정되었다. 그로브스를 좋아하지 않았던 라비는 전쟁이 끝나고 나서 "오피가 임명된 것은 그로브스 장군의 천재성이 돋보이는 결정이었습니다[32]⋯⋯. 나는 깜짝 놀랐습니다."라고 마지못해 말했다.

오펜하이머는 임명되자마자 자신의 임무를 과학자 공동체의 주요 인사들에게 설명하기 시작했다. 그는 베테에게 보내는 1942년 10월 19일자 편지에 다음과 같이 썼다. "내가 그동안 무슨 일을 하고 다녔는지 말해 줄 때가 되었군. 나는 이번에 우리의 미래를 위한 아주 큰일을 맡았다네. 아직 정확히 무슨 일인지 이야기해 줄 수는 없어. 우리는 아주 외딴 곳에 군사 기술을 개발하기 위한 연구소를 세울 것이고, 몇 달 안에 결과를 낼 수 있기를 바라고 있네. 핵심적인 문제는 적절한 수준의 비밀을 유지하면서 우리가 임무를 완수할 수 있을 정도로 작업을 효과적이고 유연하게 수행하는 것이지."[33]

1942년 가을 무렵 버클리 주변에서는 오펜하이머와 그의 학생들이 원자력을 이용한 강력한 새로운 무기의 가능성을 타진하는 작업을 진행하고 있다는 것이 공공연한 비밀이 되었다. 그는 가끔은 주변 사람들에게 자신이 하는 일에 대해 이야기하기도 했다. 전국 노동 관계 위원회(National Labor Relations Board)의 변호사이자 진 태트록의 친구인 존 맥터넌(John McTernan)은 어느 날 저녁 파티에서 오펜하이머를 우연히 만났던 것을 생생하게 기억했다. "그는 빠른 말투로 자신이 수행하고 있던 폭발 장치에 관한 연구를 설명하려고 노력했습니다. 나는 그의 말을 한마디도 이해하지 못했지요……. 그러나 다음에 그를 만났을 때 그는 더 이상 말할 수 없다는 것을 분명히 했습니다."[34] 물리학과에 친구가 있던 사람이라면 누구나 그 작업에 대한 소문을 들었을 것이다. 데이비드 봄은 "많은 사람들이 버클리에서 진행되던 연구에 대해 알고 있었습니다……. 그것이 무엇인지 파악하는 것은 그리 어려운 일이 아니었습니다."라고 말했다.[35]

1942년 가을 베티 골드스틴(Betty Goldstein)은 심리학과 대학원 신입생으로 버클리에 도착했고, 곧 오펜하이머의 대학원생들과 어울리게 되었다. 그녀는(나중에 베티 프리든(Friedan)이 되었다.) 오펜하이머의 지도로 물리학 박사학위 논문을 쓰고 있던 데이비드 봄과 데이트를 시작했다. 수십 년 후 세계적인 물리학자이자 과학 철학자가 될 봄은 베티와 사랑에 빠졌고, 그녀를 자신의 친구 로마니츠, 와인버그, 프리드먼에게 소개했다. 그들은 주말마다 어울렸고, 가끔은 베티의 표현에 따르면 "다양한 급진적 스터디 그룹"에서 만나기도 했다.[36]

프리든은 "그들은 모두 전쟁과 관련된 비밀 프로젝트에 참여하고 있었습니다."라고 회고했다.[37] 1942년 말 오펜하이머가 자신의 학생들을 끌어모으기 시작하자 모든 사람들은 매우 커다란 무기가 만들어지리라는 것을 확실히 알게 되었다. 로마니츠는 "우리 중 다수는 '맙소사, 그런 무기가 완성되면 어떤 상황이 벌어질까. 그것은 지구를 폭파시켜 버릴지도 몰라'라고 생각했습니다. 몇몇은 오펜하이머에게 이런 얘기를 하기도 했지요. 그러나 그의 대답은 기본적으로 '이봐, 나치스가 그것을 먼저 갖게 되면 어떻게 되겠어?'였습니다."[38]

버클리 대학 공동체의 공산당 연락책이었던 넬슨 역시 신무기에 대한 소문을 들었다. 떠도는 소문들 중 일부는 버클리에서 무기 연구가 진행 중이라고 자랑스럽게 떠벌리고 다닌 국회 의원에게서 비롯된 것이기도 했다. 로마니츠는 넬슨이 공개 연설에서 다음과 같이 말하는 것을 들었다. "나는 몇몇 국회 의원들이 이곳에서 커다란 무기가 개발되고 있다고 말하는 것을 들었습니다. 전쟁은 커다란 무기들로 이길 수 있는 것이 아닙니다."[39] 그리고 나서 넬슨은 유럽에서 두 번째 전선이 열리면 전쟁에서 이길 수 있을 것이라고 주장했다. 현재 소련군은 나치스 군대의 5분의 4에 대항해 싸우고 있었고, 지원이 다급한 상황이었다. "이제 미국 인민들이 희생할 차례입니다. 그것이 이 전쟁을 이기는 방법입니다."

로마니츠는 넬슨을 공산당 공개 회합에서 만난 적이 있었고 "그를 대단히 존경했다."라고 말했다.[40] 그는 넬슨이 스페인 내전의 영웅이고, 경험 많은 노조 조직가이며, 용감한 인종 차별 비판자라고 생각했다. 로마니츠는 자신이 공산당에 강하게 공감했지만, 정식 당원으로 가입하지는 않았다고 밝혔다. 그는 "나는 공산당 모임에 참석했지만, 당시에 이와 같은 모임들은 훨씬 공개적이었습니다. 누가 당원이었고 누가 아니었는지 그 당시에는 별로 구분이 되지 않았고……지금도 잘 모릅니다. 그렇게 은밀한 모임들이 아니었어요."라고 말했다.

넬슨은 회고록에서 자신과 로마니츠, 와인버그 등 오펜하이머의 학생들과의 관계를 묘사했다. "나는 대학의 구성원들과 함께 강좌라든지 토론회를 개최하는 책임을 맡고 있었다. 오펜하이머의 물리학과 대학원생들은 이런 모임들에서 매우 활발하게 활동했다. 주로 학생들 쪽에서 우리에게 연락하는 경우가 훨씬 많았다. 그들은 엘리트주의적인 지적 문화의 분위기에 젖어 있었지만, 항상 친절했고 우쭐대지도 않았다."[41]

1943년 봄에 FBI는 넬슨의 집에 도청기를 설치했다.[42] 1943년 3월 30일

새벽, 요원들은 "조"라는 사람이 방사선 연구소에서의 자신의 일에 대해 이야기하는 것을 엿들었다. 조는 새벽 1시 30분에 넬슨의 집에 도착해 잠시 이야기나 나누자며 이끌었다. 두 사람은 낮은 목소리로 대화를 나눴다. 넬슨은 자신이 "완벽하게 믿을 만한 동지"를 찾고 있다고 말했다. 조는 자신이 그런 사람이라고 주장했다. 그러고 나서 조는 극비 폭발 장치 실험을 수행하기 위해 "프로젝트의 일부는 수백 킬로미터 떨어진 외딴 곳으로 옮겨질 것"이라고 설명했다.

이어서 그들은 어떤 "교수"에 대해 이야기하기 시작했다. 넬슨은 "그는 이제 매우 걱정하고 있으며, 우리가 그를 불편하게 하는 것 같다."라고 말했다.

조는 동의했다. 그는 교수가 (FBI 녹취록은 이것은 오펜하이머를 지칭한다는 것을 명확히 하고 있다.) "두 가지 두려움 때문에 나를 프로젝트에서 제외시켰습니다."라고 말했다. "첫째는 내가 그곳에 있으면 관심이 더 집중되리라는 것입니다……. 두 번째로 그는 내가 사람들을 선동할 것이라고 생각합니다……. 그가 그것을 두려워한다는 것이 이상하기는 한데, 그도 상당히 바뀌었으니까요."

"나도 알고 있어."

"그가 얼마나 바뀌었는지 믿을 수 없을 정도입니다."

넬슨은 이어서 자신이 "그 사람과 당 관계로뿐만 아니라 개인적으로도 상당히 가까웠다."라고 설명했다. 그는 오펜하이머의 아내가 스페인에서 전사한 가장 친한 친구의 아내였다고 말했다. 넬슨은 자신이 항상 오펜하이머를 "정치적으로 민감하게 만들려고" 노력했지만 "그는 사람들이 생각하는 것처럼 건전하지 않아……. 그가 자신의 분야에서 뛰어나다는 것은 의심의 여지가 없는 사실이지. 하지만 그가 남에게 마르크스나 레닌을 가르치려고 했을 때, 그는 확실히 몇몇 부분에서는 동의하지 못하는 것 같았단 말이야. 자네는 무슨 말인지 알 거야. 그는 마르크스주의자가 아니야."

"네, 흥미롭군요. 그는 내가 일탈하지 않는 것에 대해 약간의 혐오감을 가진 듯해요."

이 말에 넬슨과 '조'는 웃었다.

넬슨은 이어서 오펜하이머는 "옳은 길을 가고 싶어 하지만 내 생각에 그는 이제 과거의 우리와 관계했던 것에서 상당히 멀어져 있는 것 같아……. 그는 이제 이 프로젝트를 얻었지만, 그것은 그를 친구들로부터 멀어지게 할 거야."라고 말했다.

넬슨은 확실히 옛 친구의 태도에 짜증이 나 있었다. 그는 오펜하이머가 돈에는 관심이 없다는 것을 알고 있었다. 지금 오펜하이머의 추진력은 야심에서 나온다는 것을 눈치챘다. "(그는) 두말할 것도 없이 이름을 떨치고 싶어 하는 거야."

조는 이에 동의하지 않았다. "아니오, 꼭 그렇지만은 않아요, 스티브. 그는 이미 국제적인 명성을 가지고 있으니까요."

"글쎄, 내가 보기에는 그의 아내가 그를 잘못된 길로 이끌고 있어."

"그것은 우리 모두가 예상했던 바입니다."

오펜하이머가 프로젝트에 대한 정보를 제공하지 않으리라는 것을 확인하고 나서, 넬슨은 이제 조를 통해 소련에게 유용할지도 모르는 정보를 빼내려고 노력했다.

불법 도청으로 만들어진 FBI의 27쪽짜리 녹취록에는 이어서 조가 조심스럽게, 하지만 기꺼이 미국의 연합국(소련)에게 도움이 될 만한 프로젝트의 구체적인 내용들을 이야기했다고 나와 있다. 넬슨은 그와 같은 무기가 언제쯤 완성되겠냐고 낮은 목소리로 물었다. 조는 폭발 실험을 하기에 충분한 물질을 분리하는 데 적어도 1년 이상 걸릴 것이라고 예측했다. 조는 "예를 들어 오피는 이것이 1년 반이나 걸릴지도 모른다고 생각하고 있습니다."라고 말했다. 넬슨은 "그러면 정보를 넘겨주는 문제에 대해서 말이야. 그(오펜하이머)가 협조적이지는 않지만 우리는 매일 설득하려고 시도할 거야."라고 말했다. 녹취록을 분석하는 임무를 맡은 FBI 또는 육군 방첩대 요원은 이 대목에서 "오펜하이머가 스티브에게 정보가 새 나갈까 봐 과도하게 조심하고 있음을 보여 주는 발언"이라고 쓰고 있다.

이 녹취록은 조가 넬슨에게 정보를 건네주었음을 암시하는 것과 함께, 오펜하이머가 보안 문제에 신경 쓰기 시작했다는 것, 그리고 넬슨이 오펜하이머가 비협조적이고 과도하게 신중하다고 결론 내렸다는 것을 보여 주는 것이었다.*

---

* 소련 아카이브에 보관된 몇 개의 문서들에 따르면 당시 내부 인민 위원회(NKVD. KGB의 전신) 요원들은 오펜하이머가 (맨해튼 프로젝트를 지칭하는 소련의 코드명인) 에노르모즈(Enormoz) 프로젝트에 참여하고 있었다는 것을 알고 있었다. 그들은 오펜하이머가 최소한 공산주의 동조자이거나, 어쩌면 미국 공산당의 비밀 당원일지도 모른다고 생각했다. 그래서 그들은 그가 비협조적으로 나오자 극도로 초조해했다.

오펜하이머가 소련의 스파이 활동을 했다는 주장은 말도 안 되는 것이다. 그가 스파이 활동을 했다는 믿을 만한 증거는 단 하나도 나타나지 않았다. 두 건의 소련 정보 문서들이 오펜하이머를 거명하고 있다. 하나는 내부 인민 위원회부국장 브셀로보드 메르쿨로프(Vselovod Merkulov)가 1944년 10월 2일 모스크바에서 자신의 상사인 라브렌티 베리아(Lavrenty Beria)에게 보낸 문건이다. 이 문건에서 메르쿨로프는 오펜하이머가 "우라늄 문제에 대한 작업과 해외에서의 개발 현황"에 대한 정보를 제공했다고 암시했다. 메르쿨로프는 "1942년에 미국에서 우라늄에 대한 연구를 주도하고 있는 오펜하이머 교수가 우리에게 작업이 본격적으로 시작되었다고 알려 왔다. 오펜하이머 교수는 브라우더(Browder) 동지가 이끄는 지하 조직의 비밀 조직원이다. 카이페츠(Kheifets) 동지의 요청에 따라, 그는 브라우더 동지의 친척을 포함한 몇몇 정보원들의 연구 결과를 제공하였다."라고 주장했다. 하지만 그의 주장 뒷받침하는 증거는 전혀 없다. 심지어 당시 샌프랜시스코에 주재하고 있던 내부 인민 위원회 요원 카이페 넬슨과 아직 신원이 확인되지 않은 조와의 대화 내용을 담은 녹취록은 곧 샌프란시스코 육군 정보 부대의 보리스 패시(Boris Pash) 중령에게 전달되었다. 서부 지역 육군 제9군단 방첩대장인 패시는 아연실색했다. 그는 군 생활의 대부분을 공산주의자들을 색출하면서 보냈다. 샌프란시스코 토박이인 패시는 제1차 세계 대전 중에 러시아 정교회 주교인 아버지를 따라 모스크바에 갔었다. 볼셰비키가 권력을 장악했을 때 패시는 반혁명파 백군에 들어가 1918~1920년 내전에 참전했다. 그는 러시아 귀족 여성과 결혼한 후 미국으로 돌아왔다. 1920년대와 1930년대에는 고등학교 미식축구 코치로 일하면서 여름이면 예비역 미 육군 정보 장교로 근무했다. 미국이 제2차 세계 대전에 참전하자, 그는 서부에서 일본계 미국인들을 억류

츠가 오펜하이머를 만난 일이 있었는지조차 확실하지 않다. 당시의 상황을 조금 더 자세히 살펴보면, 메르쿨로프가 이와 같은 주장을 폈던 것은 카이페츠의 공적을 부풀려 그의 생명을 구하기 위해서였다는 것을 쉽게 알 수 있다. 1944년 여름에 카이페츠는 갑자기 "활동 불량으로 소환"되어 모스크바로 돌아갔다. 그는 이중첩자라는 혐의를 받았고 목숨이 위험한 지경에 이르렀다. 카이페츠는 오펜하이머를 정보원으로 삼아 미국 폭탄 프로젝트의 정보를 빼내는 데 성공했다고 주장함으로써 자신의 지위를 지키고 목숨을 건질 수 있었다.

더구나 또 다른 소련 문건은 1944년 10월의 메르쿨로프 메모를 정면에서 반박하고 있다. 전 비밀경찰(KGB) 요원인 알렉산더 바실리에프(Alexander Vassiliev)가 소련 아카이브에서 베낀 기록에 따르면, 메르쿨로프는 1944년 2월에 오펜하이머를 묘사하는 메시지를 받았다. "우리가 가지고 있는 정보에 따르면 (오펜하이머)는 1942년 6월 이래로 우리 '이웃들(GRU-소련 육군 정보부)'의 접촉을 받았다. 그들이 오펜하이머를 끌어들이는 데 성공한다면, 우리는 그를 넘겨 받아야만 할 것이다. 그들이 실패한다면, 우리는 '이웃들'이 오펜하이머에 대해 그동안 모아 둔 정보들을 넘겨받은 후 독자적인 접촉 작업을 시작해야 할 것이다. 동생 '레이(Ray, 프랭크 오펜하이머)' 역시 캘리포니아 대학교의 교수이며 우호 조직의 회원이다. 그는 로버트 오펜하이머보다 우리와 정치적으로 가깝다고 판단된다. 이 문건은 1944년 초 무렵까지만 해도 로버트 오펜하이머가 아직 내부 인민 위원회 에 요원이나 스파이로 포섭되지 않았다는 것을 보여 준다. 그리고 물론 1944년이면 오펜하이머는 이미 로스앨러모스의 철조망 속에서 그로브스와 미 육군 방첩대의 24시간 감시 아래 지내고 있었기 때문에, 그를 포섭하는 것은 불가능에 가까운 일이었을 것이다.

하는 임무를 수행했고, 이어서 맨해튼 프로젝트의 방첩 장교로 임명되었다. 패시는 스스로를 행동파라고 생각했으며, 관료주의적 행태는 그냥 두고 보지 못했다. 그의 추종자들은 그를 "교묘하고 빈틈없는" 사람이라고 표현했고, 다른 사람들은 그를 "미친 러시아 인"이라고 여겼다.[43] 패시는 미국에게 소련은 불구대천의 원수라고 생각했다.

패시는 넬슨-'조' 녹취록이 스파이 행위에 대한 증거일 뿐만 아니라 오펜하이머에 대한 자신의 의심을 확증해 주는 것이라고 결론 내렸다.[44] 다음 날 그는 워싱턴으로 가서 그로브스 장군에게 녹취록에 대해 보고했다. 넬슨에 대한 도청은 불법이었기 때문에, 정부는 넬슨과 베일에 가려진 조를 기소할 수 없었다. 하지만 그들은 이 정보를 이용해 방사선 연구소 안에서 넬슨의 활동과 연락책들의 전모를 파악할 수 있었다. 패시 중령은 곧 버클리 연구소가 스파이들의 표적이었는지에 대한 수사를 시작했다.

패시는 나중에 자신과 동료들은 조가 폭탄 프로젝트에 대한 기술적인 정보와 "시간 계획표"를 넬슨에게 제공했다는 것을 "알고 있었다."고 증언했다. 처음에 패시는 로마니츠에게 수사의 초점을 맞췄다. 로마니츠가 공산당원이라는 정보를 가지고 있었기 때문이었다. 패시는 로마니츠에게 미행을 붙였고, 1943년 6월의 어느 날 그가 몇몇 친구들과 함께 버클리 대학교의 새더 게이트(Sather Gate) 밖에 서 있는 모습이 눈에 띄었다. 그들은 서로 어깨동무를 하고 사진을 찍고 있었다. 사진을 찍고 로마니츠와 그의 친구들이 자리를 떠나자, 미행하던 정부 요원은 사진사에게 다가가 필름을 팔라고 했다. 로마니츠의 친구들은 곧 와인버그, 봄, 그리고 프리드먼으로 확인되었다. 그들은 모두 오펜하이머의 학생들이었다. 이때부터 이 젊은이들에게는 전복 세력이라는 딱지가 붙었다.

패시 중령은 자신의 수사관들이 "방금 언급한 네 명이 매우 자주 모였다는 것을 확인했다."라고 증언했다. "수사 기법이나 행동 방침"을 밝히지 않은 채, 패시는 "우리에게는 신원 불명의 사람이 있었고 이 사진이 있었습니다. 검토 결과 우리는 조가 조지프 와인버그라는 사실을 밝혀 냈습니다."라고 설명했다.[45] 그는 또한 자신에게 와인버그와 봄이 공산당원이라는 것을 밝힐 "충분한 정보"가 있다고 주장했다.

패시는 자신이 교활한 소련 간첩단을 발견했다고 확신했고, 수단과 방법을 가리지 않고 용의자들을 잡아들여야 한다고 생각했다. 1943년 7월, FBI 샌프란시스코 사무소는 패시가 로마니츠, 와인버그, 봄, 프리드먼 등을 납치해서 배에 싣고 바다로 나가 "러시아식으로" 취조하고 싶어 한다고 보고했다. FBI는 그와 같은 방식으로 얻은 정보는 법정에서 사용될 수 없으리라는 점을 분명히 했다. "하지만 패시는 취조가 끝나면 기소할 사람이 남아 있지 않게 할 생각이었다." 이것은 FBI가 용인하기 힘든 것이었고, "이와 같은 계획을 중단시키기 위해 압력을 가했다."[46]

그럼에도 불구하고 패시는 넬슨에 대한 감시의 수준을 높였다. FBI는 넬슨의 집을 도청하기 전부터 그의 사무실에 도청기를 설치했고, 그들이 엿들은 대화 내용에 따르면 그는 소련의 전쟁 노력에 공감하는 여러 젊은 물리학자들을 통해 버클리 방사선 연구소에 대한 정보를 차근차근 모으고 있었다. 이미 1942년 10월부터, FBI는 도청을 통해 넬슨이 방사선 연구소에서 일하던 공산주의 청년 동맹 조직 활동가 로이드 리만(Lloyd Lehmann)과 나눈 대화를 기록했다. "리만은 넬슨에게 매우 중요한 무기가 개발되고 있으며 자신은 기초 연구를 담당하고 있다고 밝혔다. 넬슨은 이어 리만이 공산주의 청년 동맹 소속이라는 것을 오펜하이머가 알고 있느냐고 물었고, 오펜하이머는 '너무 신경 과민'이라고 덧붙였다. 넬슨은 나아가 오펜하이머가 지금은 아니지만 한때 공산당 활동을 했고, 정부가 오펜하이머를 가만히 두는 것은 과학 분야에서의 그의 능력 때문이라고 말했다."[47] 오펜하이머가 '교원 위원회(교원 노조를 지칭하는 것)'와 스페인 구호 위원회에서 일했다는 것을 밝히고 나서, 넬슨은 심술궂게 "그는 과거를 덮을 수 없어."라고 말했다.

1943년 봄, 데이비드 봄이 양성자와 중양자의 충돌에 대한 학위 논문을 쓰기 시작했을 무렵에 그는 이 작업이 기밀로 분류되었다는 연락을 받았다. 그는 비밀 취급 인가가 없었기 때문에 그동안의 계산 결과를 압수하고 자신의 연구 결과에 대해 논문을 작성하는 것을 금지한다는 통지를 받았다. 그는 오펜하이머에게 호소했다. 오펜하이머는 봄이 논문을 작성하지는 않았지만 그에 필요한 모든 요구 사항을 만족시켰다는 것을 보증하는 편지를 썼다. 오피의 편지를 근거로 봄은 학위 논문을 제출하지도 않고 1943년 6월 박사 학위를 받았다. 오펜하이머는 봄을 로스앨러모스로 불러들이려고 개인적으로 요청했지만, 육군 보안 장교들은 허가를 내주지 않았다. 오히려 그들은 오펜하이머에게 봄은 독일에 친척이 있기 때문에 특수 업무를 수행할 수 있는 허가를 내줄 수 없다고 말했다. 이것은 거짓말이었다. 사실 봄은 와인버그와 친했기 때문에 로스앨러모스에 갈 수 없었던 것이다. 그는 전쟁 기간 동안 방사선 연구소에서 플라스마에 대해 연구했다.[48]

맨해튼 프로젝트에 참가하는 것은 금지당했지만, 봄은 물리학자로서 연구를 계속할 수 있었다. 로마니츠를 비롯한 다른 몇몇의 사람들은 그렇게 운이 좋지 못했다. 로런스가 방사선 연구소와 오크리지에 위치한 맨해튼 프로젝트 공장 사이의 연락책으로 임명한 지 얼마 되지 않아 로마니츠는 육군으로부터 징병 통지서를 받았다. 로런스와 오펜하이머가 개입했지만 소용없었다. 로마니츠는 전쟁 동안 미국 본토의 육군 기지들을 전전하며 보낼 수밖에 없었다.

프리드먼은 방사선 연구소에서 해고되었다.[49] 그는 잠시 동안 와이오밍 대학교에서 물리학을 가르친 후, 필립 모리슨의 소개로 시카고 대학교 야금 연구소에서 일하게 되었다. 하지만 일을 시작하고 6개월 후 보안 장교들이 찾아왔고, 그곳에서도 해고되고 말았다. 전쟁이 끝나고 나서, 그의 이름이 핵기술 스파이 행위에 대한 반미 활동 조사 위원회 수사에서 거론되자 그는 푸에르토리코 대학교로 자리를 옮길 수밖에 없었다. 로마니츠처럼 프리드먼 역시 방사선 연구소에서 건축가, 엔지니어, 화학자, 기술자 연맹 25호 노조 지부를 설립하는 일에 관여했다. 육군의 보안 장교들은 이를 체제 전복적인 활동으로 파악했고, 로마니츠와 프리드먼을 제거해야 한다고 쉽게 결론 내렸던 것이다.[50]

와인버그는 엄중한 감시를 받았지만, 결국 그가 스파이 행위를 했다는 증거가 나타나지 않자 그 역시 징병되어 알래스카의 육군 기지로 보내졌다.[51]

로스앨러모스로 떠나기 직전에, 오펜하이머는 넬슨에게 전화를 걸어 근처 식당에서 만나자고 했다. 그들은 점심시간에 버클리 시내의 한 작은 식당에서 만났다. 넬슨은 나중에 "그는 안절부절못할 정도로 흥분해 있었다."라고 썼다.[52] 오펜하이머는 커다란 잔에 커피를 마시면서 "나는 자네에게 작별 인사를 하고 싶었어……. 그리고 전쟁이 끝나면 다시 만날 수 있게 되기를 바라네."라고 말했다. 그는 자신이 어디로 가는지 말할 수는 없지만 무언가 전쟁과 관련된 일을 하게 될 것이라고 설명했다. 넬슨은 단지 키티와 함께 가느냐고 물었고, 두 친구는 전황에 대해 소소한 대화를 나누었다. 그들이 헤어질 무렵, 오펜하이머는 스페인 인민 전선이 조금만 더 버텼다면 "프랑코와 히틀러를 같은 무덤에 파묻을 수 있었을텐데……."라고 말했다. 넬슨은 회고록에 그 후 오펜하이머를 만나지 못했다고 썼다. "공산당과 오펜하이머의 관계는 아무리 좋게 보아도 빈약한 것이었다."

14장

슈발리에 사건

> 슈발리에를 통해서 오펜하이머에게 이야기했는데,
> 오펜하이머는 이 일에 전혀 관여하고 싶지 않다고 말했다.
>
> — 조지 엘텐튼

한 사람의 인생은 조그만 일로도 뒤바뀔 수 있다. 오펜하이머에게는 그러한 일이 1942~1943년 겨울, 그의 이글 힐 집의 부엌에서 일어났다. 그것은 친구와의 짧은 대화에 불과했다. 하지만 그 대화의 내용과 그에 대한 오피의 대응 방식은 고전 그리스와 셰익스피어의 비극과 비교하는 것이 적절할 정도로 그의 여생을 바꾸어 놓았다. 이것은 '슈발리에 사건'으로 세간에 알려졌고, 시간이 지남에 따라 실제로 무슨 일이 일어났는지 전혀 파악할 수 없게 되어 흡사 구로사와 아키라(黑澤明, 1910~1998년) 감독의 1951년작 「라쇼몬(羅生門)」과 같은 상황이 연출되었다.

버클리를 떠나기 얼마 전, 오펜하이머 부부는 슈발리에 부부를 집으로 초대해 저녁 식사를 했다. 그들은 하콘과 바버라를 가장 친한 친구로 여겼으며, 떠나기 전에 특별히 두 사람을 위한 송별회를 하려던 것이었다. 슈발리에 부부가 도착했을 때, 오펜하이머는 마티니를 준비하러 부엌에 들어갔다. 슈발리에는 오펜하이머를 따라 들어와 그들 공통의 지인이자 케임브리지 출신의 영국인이고 당시 셸 개발 회사에서 일하고 있던 조지 엘텐튼과 최근에 나눈 대화를 전했다.

둘 다 그 대화에 대한 기록을 남기지 않았기에 정확히 어떤 이야기가 오갔는지는 알 수 없다. 슈발리에가 전한 제안은 터무니없는 것이었고, 당시에는 둘 다 중요한 대화라고 여기지 않았던 것으로 보인다. 엘텐튼은 오펜하이머가 그의 과학적 작업에 대한 정보를 자신이 아는 샌프란시스코 소련 대사관의 외교관에게 넘길 수 있느냐고 슈발리에에게 물었던 것이다.

오펜하이머는 슈발리에에게 "반역죄"를 범하라는 것이냐고 화를 내며 말했고, 당신도 엘텐튼의 계획에 관여하지 말라고 충고했다는 것에 대해서는 슈발리에, 오펜하이머, 그리고 엘텐튼의 증언이 일치했다. 오펜하이머는 미국의 동맹인 소련이 생존을 위해 싸우고 있는 와중에, 워싱턴의 반동 세력들이 소련이 정당하게 받아야 할 도움을 주지 않고 있다는, 당시 버클리 좌익 서클에서 유행하던 주장에 흔들리지 않았다.

슈발리에는 항상 자신이 단지 엘텐튼의 제안을 오펜하이머에게 알려 주었을 뿐이지, 엘텐튼과 특별한 관계는 아니었다고 주장했다. 어쨌든 오펜하이머 역시 친구의 전언에 대해 그 이상의 의미를 부여하지 않았다. 그리하여 그는 이 사건을 소련의 생존에 대한 슈발리에의 과도한 관심에서 비롯된 에피소드에 불과한 것으로 치부할 수 있었던 것이다. 그가 즉시 관계 당국에 연락을 취했어야 했을까? 그랬다면 그의 인생은 아주 달라졌을 것이다. 하지만 그러려면 그가 보기에 과도한 이상주의자에 지나지 않는 친구를 고발해야만 했다.

그러는 사이에 마티니가 준비되었고, 대화는 끝났고, 두 친구는 다시 거실로 돌아와 부인들과 시간을 보냈다.

슈발리에는 그의 회고록 『한 우정에 관한 이야기(The Story of a Friendship)』에서 자신과 오펜하이머는 엘텐튼의 제안에 대해 그리 길게 이야기하지 않았다고 술회했다. 그는 자신이 오피에게 정보를 요구하지 않았으며, 단지 소련 과학자들과 정보를 공유할 수 있는 방법으로 엘텐튼이 제안한 방법을 전해 주었을 뿐이라고 주장했다. 그는 오피가 그것에 대해 알아야 한다고 생각했다. "그는 눈에 띌 정도로 심란해했다."라고 슈발리에는 썼다.[1] "우리는 한두 마디를 나눴고, 그게 전부였다." 그리고 그들은 마티니를 들고 거실로 돌아왔다. 슈발리에가 기억하기로 그날 마침 키티는 그녀가 가장 좋아하는 서양 난꽃 그림이 들어 있는 19세기 초 프랑스에서 출간된 균류학 책을 구입했다. 두 부부는 저녁을 먹기 전에 마티니를 마시면서 그 아름다운 책을 감상했다. 그러고 나서 슈발리에는 "그 일을 완전히 머리에서 지웠다."

1954년 보안 청문회에서, 오펜하이머는 슈발리에가 부엌으로 따라 들어와 대충 "최근에 조지 엘텐튼을 만났어."라고 말했다고 증언했다.[2] 슈발리에는 이어 엘텐튼이 "소련 과학자들에게 기술 정보를 전할 수 있는 방법"을 알고 있다고 말했다. 오펜하이머는 또 다음과 같이 말했다. "내 생각에는 (슈발리에에게) '하지만 그건 반역이야.'라고 말했다고 생각했는데, 확실하지는 않습니다. 어쨌든 나는 무슨 말인가 했어요. 슈발리에는 내 말에 완전히 동의하면서 '그것은 아주 나쁜 일이야.'라고 말했습니다. 그게 다입니

다. 아주 짧은 대화였어요."³

오펜하이머가 죽은 후 키티는 이 이야기를 또 다르게 기억했다. 그녀가 베르나 홉슨(오피의 전 비서이자 키티의 친구)을 만나러 런던에 갔을 때, 키티는 "슈발리에가 집에 오자마자 뭔가 문제가 있다는 것을 눈치챘다."라고 말했다. 그녀는 일부러 남자들을 단둘이 두지 않으려 했고, 마침내 슈발리에는 오펜하이머와 혼자 이야기할 기회를 잡을 수 없음을 깨닫고 키티 앞에서 엘텔튼과의 대화를 전했다. 키티는 "하지만 그건 반역이야."라고 말한 것은 자신이었다고 말했다. 키티의 이야기에 따르면, 오펜하이머는 키티를 이 일에서 제외시키기 위해 그녀의 말을 자신이 한 것으로 하고 그와 슈발리에는 단둘이 부엌에서 이야기한 것으로 항상 주장해 왔다는 것이다. 한편 슈발리에는 그와 오펜하이머가 엘텐튼의 제안에 대해 이야기할 때, 키티는 부엌에 들어온 적이 없었다고 주장했고, 바버라 슈발리에의 기억에도 키티는 이 사건과 관련이 없었다.

수십 년 후 하콘과 이혼한 바버라는 조금 다른 시각을 더해 주는 '일기'를 썼다. "나는 물론 하콘이 오피와 이야기할 때 부엌에 있지 않았다. 하지만 나는 그가 무슨 말을 할지 알고 있었다. 나는 또한 하콘이 100퍼센트 자신의 의지로 오피가 하는 일에 대해 알아내 엘텐튼에게 보고하려 했다는 것도 알고 있었다. 나는 하콘이 오피 역시 러시아 인들과 협조하는 것에 호의적일 것이라고 생각했다고 믿는다. 우리는 그 문제로 바로 직전에 크게 다투었기 때문에 생생하게 기억하고 있다."⁴

바버라가 이것을 썼을 당시(그 일이 있은 지 40여 년이 흐른 후) 그녀는 전 남편을 별로 좋지 않게 생각하고 있었다. 그녀는 그가 멍청할 뿐만 아니라 "제한된 시야, 완고한 사고방식, 그리고 변하지 않는 습관을 가진 사람"이라고 생각했다. 엘텐튼이 접근한 직후에 그녀는 이 문제를 오펜하이머에게 제기하지 말라고 설득하려 했다. 그녀는 1983년에 쓴 미출판 회고록에서 "그는 이 상황의 황당함을 알아채지 못해다."라고 썼다. "현대 프랑스 문학을 가르치는 순진한 사람이 오피가 가진 정보를 러시아 인들에게 전하는 연락책이라니."

오펜하이머는 건축가, 엔지니어, 화학자, 그리고 기술자 연맹 대표로 참석한 노조 대표자 회의 자리에서 엘텐튼을 만난 적이 있었다.[5] 엘텐튼은 오펜하이머의 집에서 열린 회의에 참석했다. 두 사람은 통틀어서 아마 너댓 번 정도 만났을 것이다.

날씬한 체형에 북유럽식 생김새의 엘텐튼과 그의 아내 도로시아는 영국인이었다.[6] 돌리(도로시아)는 영국 귀족 하틀리 쇼크로스(Hartley Shawcross) 경의 사촌이었지만, 엘텐튼 부부는 확고한 좌익 정치관을 가지고 있었다. 1930년대 중반에 조지는 영국 회사의 레닌그라드 주재원으로 일하고 있었고, 엘텐튼 부부는 소련의 정치 실험을 직접 목격할 수 있었다.

슈발리에와 돌리 엘텐튼이 처음 만난 것은 1938년에 그녀가 자원봉사를 하겠다고 샌프란시스코 미국 작가 동맹 사무실로 찾아왔을 무렵이었다.[7] 남편보다 훨씬 급진적인 정치관을 가진 돌리는 샌프란시스코의 미국 러시아 연구소(American Russian Institute)에서 비서로 일했다. 부부는 버클리로 이사온 후부터 지역의 좌익 모임에 참석하기 시작했다. 슈발리에는 그들을 오펜하이머 역시 참석했던 많은 모금 행사에서 만날 수 있었다.

엘텐튼이 어느 날 슈발리에에게 전화를 걸어 할 말이 있다고 하자, 슈발리에는 며칠 후 차를 타고 버클리 크래그몬트 가 986번지에 있는 엘텐튼의 집으로 찾아갔다. 엘텐튼은 전쟁이 앞으로 어떻게 될 것인지에 대해 진지하게 말했다. 그는 소련이 나치스 공격의 주력을 막아 내고 있으며(독일군의 5분의 4는 동부 전선에서 싸우고 있었다.), 전쟁의 결과는 미국이 얼마나 연합국 러시아에 무기와 신기술을 제공해 주는가에 달려 있다고 지적했다. 특히 소련과 미국 과학자들 사이에 긴밀한 협조가 중요하다는 말도 덧붙였다.

엘텐튼은 자신이 샌프란시스코 소련 영사관의 서기인 페테르 이바노프(Peter Ivanov)라는 사람을 만났다고 말했다(사실 이바노프는 소련 정보 요원이었다.). 이바노프는 "소련 정부는 많은 부분에서 충분한 과학 기술적 협조를 받지 못하고 있다고 느낀다."라고 이야기했다. 그러고 나서 그는 엘텐튼에게 버클리 방사선 연구소에서 무슨 일을 하고 있는지 알고 있느냐고 물었다.

1946년에 FBI는 슈발리에 사건에 대해 엘텐튼을 심문했고, 그는 이바노프와의 대화에 대해 다음과 같이 진술했다. "나는 그(이바노프)에게 개인적으로는 아는 것이 별로 없다고 말했다. 그러자 그는 내가 로런스 교수, 오펜하이머 박사, 기억이 안 나는 또 다른 한 명을 아느냐고 물었다."[8](엘텐튼은 나중에 이바노프가 언급한 세 번째 과학자가 루이스 앨버레즈라고 생각했다.) 엘텐튼은 자신이 오펜하이머밖에 모르며, 그 역시도 이 문제를 의논할 정도로 가까운 사이는 아니라고 대답했다. 이바노프는 계속해서 오펜하이머에게 접근할 수 있을 만한 다른 사람을 생각해 보라고 밀어붙였다. "생각해 보니 하콘 슈발리에의 이름이 떠올랐다. (이바노프는) 내가 (슈발리에와) 이 문제를 의논해 볼 용의가 있느냐고 물었다. 이바노프는 그와 같은 정보를 얻어 낼 수 있는 공식 통로가 없다고 확신하고 있었다. 나는 현 상황은 하콘 슈발리에에게 접근해도 양심의 가책을 받지 않을 정도로 중대한 상황이라고 스스로를 설득한 후, 슈발리에에게 연락을 해 보기로 했다."

엘텐튼에 따르면, 그와 슈발리에는 "상당히 마지못해" 오펜하이머에게 접근해 보기로 동의했다. 엘텐튼은 만약 오펜하이머가 유용한 정보를 가지고 있다면 이바노프가 그것을 "안전하게 전달"할 수 있을 것이라고 슈발리에를 안심시켰다. 엘텐튼의 설명에 따르면 자신과 슈발리에는 무엇을 하려고 하는지 확실히 이해했다. "이바노프는 보상 문제를 제기했지만 구체적인 액수까지 거론되지는 않았다. 어쨌든 나는 내가 하는 일의 대가로 돈을 받고 싶지 않았다."

엘텐튼은 1946년 FBI에게 다음과 같이 말했다. 며칠 후 슈발리에는 자신이 오펜하이머를 만나 보았는데, "자료를 구할 가능성은 전혀 없으며 오펜하이머 박사는 그와 같은 계획에 찬성하지 않았다."라고 엘텐튼에게 통지했다. 얼마 후 엘텐튼의 집으로 찾아온 이바노프 역시 오펜하이머가 협조하지 않을 것이라는 이야기를 들었다. 그것이 전부였다. 얼마 후 이바노프가 페니실린이라는 새로운 약품에 대해 아는 것이 있느냐고 엘텐튼에게 물은 적은 있었다. 엘텐튼은 자신은 전혀 아는 바가 없으니 나중에《네이처》에 기사가 실린 것을 보라고 이바노프에게 말해 주었다.

엘텐튼의 진술이 사실이라는 것은 또 다른 FBI 인터뷰에서도 확인할 수 있다. FBI 요원들이 엘텐튼을 심문하던 바로 그때, 또 다른 팀은 슈발리에를 만나 비슷한 질문을 했다. 그들의 인터뷰가 진행됨에 따라, 두 팀은 전화를 통해 서로의 질문과 대답을 확인하면서 두 사람의 진술에 모순이 없는지 확인하고는 했다. 결국 엘텐튼과 슈발리에의 진술은 대개 일치하는 것으로 확인되었다. 슈발리에는 자신이 기억하는 한 엘텐튼의 이름을 오펜하이머에게 언급하지 않았다고 말했다(하지만 그는 자신의 회고록에서는 언급했다고 밝혔다.). 그리고 그는 엘텐튼이 로런스와 앨버레즈의 이름을 언급했다는 것을 심문관들에게 밝히지 않았다. "나는 내가 기억하는 한도 내에서 내가 방사선 연구소의 작업에 대한 정보를 요청하기 위해 오펜하이머 말고 다른 어떤 사람에게 접근하지 않았다는 점을 말하고 싶다. 내가 지나가는 말로 몇몇 사람들에게 정보를 얻어 낼 수 있으면 좋겠다고 말했을 수는 있다. 그러나 내가 다른 사람들에게 이에 대한 구체적인 제안을 한 적이 없다는 것은 분명한 사실이다."

다시 말해 두 사람은 그들이 소련에 과학 정보를 제공하는 문제에 대해 의논했다는 점은 인정했지만, 이 제안을 들은 오펜하이머는 즉석에서 거절했다는 것이다.

이후 역사가들은 엘텐튼이 전쟁 기간 동안 공산당 조직책으로 일했던 소련의 스파이였다고 추측했다. 1947년에 그가 진술했던 구체적인 내용이 FBI 문서들을 통해 흘러 나가기 시작하자 그는 영국으로 도망갔고, 죽을 때까지 이 사건에 대해 말하기를 거부했다.[9] 엘텐튼은 정말로 소련의 스파이였을까? 물론 그가 무기 개발 프로젝트에 대한 과학 정보를 소련에 넘겨주자고 제안했던 것에 대해서는 논쟁의 여지가 없다. 하지만 1942~1943년에 보인 그의 행동을 보면 그는 진지한 소련 스파이였다기보다는 엉뚱한 이상주의자에 가까웠던 것 같다.

1938년부터 1947년까지 8년 동안 엘텐튼은 이웃인 허브 보그와 카풀로 출근했다. 보그는 오펜하이머의 수업을 들은 적이 있는 물리 화학자였고, 엘텐튼처럼 에메리빌에 있는 셸 개발 회사에서 일하고 있었다. 이 두 사람 말고도 네 명이 더 있었다. 중도적인 정치관을 가진 영국인 휴 하비(Hugh Harvey), 좌익 정치관을 가진 리 서스튼 칼튼(Lee Thurston Carlton), 해럴드 러크(Harold Luck), 대니얼 루텐(Daniel Luten) 등이 그들이었다. 그들은 이 카풀 모임을 "레드 헤링 클럽(red-herring ride club)"이라고 불렀는데, 이는 루텐이 항상 활발한 토론을 하는 와중에 주의를 딴 데로 돌리는 엉뚱한 소리(red-herring)를 하고는 했기 때문이었다. 보그는 당시에 그들이 나누었던 대화를 생생하게 기억했다. "우리 모두는 버클리 방사선 연구소에서 중요한 일이 일어나고 있다는 것을 알고 있었다고 기억합니다. 그것은 분명했습니다. 많은 외부 인사들이 연구소를 방문했고, 쉬쉬 하는 분위기가 있었지요."

어느 날 출근길에 엘텐튼은 전황 소식에 흥분해 "나는 이 전쟁에서 나치스보다는 러시아가 승리하기를 바라. 그들을 돕기 위해서라면 무슨 일이든 하겠어."라고 말했다.[10] 보그는 엘텐튼이 이어서 "나는 슈발리에나 오펜하이머에게 그들 생각에 러시아에 유용할 것 같은 정보가 있다면 전달해 주겠다고 말해 봐야겠어."라고 말했다고 주장했다.

보그는 엘텐튼의 정치관이 좋게 보아도 단순하고 미숙했다고 생각했다. 나쁘게 보면 엘텐튼은 "러시아 영사관의 앞잡이"였다.[11] 엘텐튼은 샌프란시스코 소련 영사관에 친구들이 있다고 공공연하게 밝혔고, 그들을 통하면 소련으로 정보를 전달할 수 있을 것이라고 떠벌렸다(사실 FBI 요원들은 1942년 그가 이바노프와 수차례 만나는 것을 보았다.). 보그는 엘텐튼이 계속해서 이 문제를 들먹였다고 기억했다. "그는 '우리는 러시아 인들과 같은 편에서 싸우고 있는데 왜 그들을 도우면 안 되지?'라며 끊임없이 말했습니다. 같이 카풀하던 친구들이 '그런 것은 공식 채널을 통해야 하지 않을까?'라고 묻자, 엘텐튼은 '나는 내가 할 수 있는 일을 할 뿐이야.'라고 대답했지요."

하지만 몇 주 후에 엘텐튼은 보그와 다른 친구들에게 "슈발리에를 통해서 오펜하이머에게 이야기했는데, 오펜하이머는 이 일에 전혀 관여하고 싶지 않다고 말했다."라고 했다. 엘텐튼은 실망한 듯했지만 보그는 이것이 그의 계획의 끝이었다고 생각했다.

1983년 마틴 셔윈에게 해 준 보그의 이야기는 그가 1940년대 말 FBI에서 진술한 내용과 일치하는 것이다. 전쟁이 끝나고 보그는 엘텐튼과 알고 지냈다는 이유로 직장을 잃을 뻔 했다. FBI가 보그에게 정보원으로 활동하면 오명을 씻어 주겠다고 제안했을 때, 그는 거절했다. 하지만 FBI는 그에게 엘텐튼에 대한 진술서에 서명하도록 설득했다. 이 진술서에는 "조지 엘텐튼과 돌리 엘텐튼 부부는 확실히 수상한 인물들이다. 그들은 소련에 산 적이 있었고 소련 체제에 공공연하게 공감했다. 조지는 제2차 세계 대전 중에 러시아를 돕기 위해 공개적으로 노력했다."라고 씌어 있었다. 보그는 "레드 헤링 클럽"에서 엘텐튼과 나눴던 대화를 설명하면서 "우리는 조지에게 공산주의의 사악함에 대해 설득할 수 없었고, 그 역시 우리의 생각을 바꾸지 못했다."라고 썼다.

수년 후, 1954년 오펜하이머 청문회장에서 엘텐튼의 이름이 등장하자, 보그는 정부가 엘텐튼에 대해 완전히 잘못 알고 있다고 생각했다. "그가 정말로 스파이였다면, 그는 그렇게 대놓고 말하지도 않았을 것입니다. 전혀 다른 사람인 척 했겠지요."[12]

3부

15장

그는 대단한 애국자가 되었다

> 그와 함께 있으면, 내 능력 이상을 발휘할 수 있었다……
> 나는 오펜하이머의 사람이 되었고 그를 매우 존경하게 되었다.
>
> ― 로버트 윌슨

오펜하이머는 새로운 인생을 시작하고 있었다. 그는 이제 전국 각지에 퍼져 있는 맨해튼 프로젝트 소속 기관들의 연구 개발 활동을 통합하여 사용 가능한 핵무기를 만드는 일을 관장하는 총책임자였던 것이다. 이 거대한 임무를 수행하기 위해 그는 새로운 능력을 갖추고, 상상해 본 적도 없는 문제들을 다루고, 예전의 삶의 방식과는 전혀 다른 업무 습관을 갖고, 과거의 경험과는 다른 행동 방식(예를 들어 보안 문제 같은 것)에 적응해야만 했다. 39세의 로버트 오펜하이머가 새로운 도전에 성공하기 위해서는 자신의 성격과 사고방식을 완전히 바꿔야 했다고 해도 전혀 과장이 아니었다.

게다가 시간이 별로 없었기 때문에 모든 것이 빠르게 진행되었다. 그와 같은 살인적인 스케줄에 맞춰 작업을 진행하기란 불가능에 가까운 일이었다. 그가 주어진 시간에 거의 비슷하게 일을 마무리 지을 수 있었던 것은 그의 초인적인 노력과 의지 덕분이었다.

오펜하이머는 종종 물리학과 뉴멕시코 사막 고원 지대에 대한 자신의 열정을 동시에 추구했으면 좋겠다는 공상을 하고는 했다. 이제 그럴 수 있는 기회가 왔다. 1942년 11월 16일에 그와 또 다른 버클리 물리학자 에드윈 맥밀런은 육군 소령 존 더들리(John H. Dudley)와 함께 샌타페이에서 북서쪽으로 65킬로미터 정도 떨어진 협곡에 위치한 헤메즈 스프링스(Jemez Springs)를 찾았다. 더들리는 새 군사 연구소를 세우기에 적절한 부지를 찾기 위해 미국 남서부 지역 수십 군데를 검토했고, 마침내 헤메즈 스프링스를 선택했던 것이다. 오펜하이머는 예전에 말을 타고 그곳에 가 본 적이 있었고 "아름답고 모든 면에서 만족스러운 장소"라고 기억했다.[1]

하지만 세 사람이 헤메즈 스프링스에 도착했을 때, 오펜하이머와 맥밀런은 자신들이 생각했던 것보다 협곡이 너무 좁다며 불평하기 시작했다. 오펜하이머는 멋진 산악 풍경이 보이지 않는다는 것과, 부지 주변의 가파른 협곡 때문에 울타리를 치는 것이 거의 불가능하다는 점을 들어 반대했다. 맥밀런은 "우리가 이 문제로 언쟁을 벌이고 있는데 그로브스 장군이 나타났습니다."라고 회고했다.[2] 그로브스는 부지를 쓱 쳐다보고는 "이곳은 안 되겠어."라고 한마디 툭 던졌다. 그가 오펜하이머에게 다가와 이 부근에 더 괜찮은 장소가 없느냐고 묻자 "오피는 뜬금없이 로스앨러모스를 제안했습니다."

오펜하이머는 그에게 "이 협곡을 따라 올라가면 메사 위에 도달하게 되는데, 그 부근의 학교 부지가 쓸 만할지도 모릅니다."라고 말했다. 그들은 마지못해 다시 차에 올라 퍼헤이리토 고원이라고 불리는 용암이 굳어 형성된 메사를 건너 북서쪽으로 48킬로미터를 더 갔다. 그들이 로스앨러모스 목장 학교에 도착했을 때 시간은 이미 늦은 오후로 향하고 있었다.[3] 오펜하이머, 그로브스, 맥밀런은 진눈깨비가 흩날리는 속에 학생들이 반바지를 입고 운동장을 뛰어다니는 것을 보았다. 324만 제곱미터 크기의 학교 부지에는 본관인 '빅 하우스(Big House)', 1928년에 폰데로사(ponderosa) 소나무 800개로 만든 아름다운 저택인 풀러 랏지(Fuller Lodge), 시골풍의 기숙사, 그밖에 몇 채의 작은 건물들이 있었다. 풀러 랏지 뒤편에는 학생들이 겨울에는 스케이트를 타고 여름에는 카누를 타는 연못이 있었다. 이 학교는 수목 생장 한계선(timberline) 바로 위쪽인 해발 고도 2,194미터에 위치해 있었다. 서쪽으로 3,353미터 높이의 눈 덮인 헤메즈 산맥이 보였다. 풀러 랏지의 넓은 현관에서 동쪽을 바라보면 리오그란데 계곡을 넘어 64킬로미터나 떨어져 있는 3,962미터 높이의 상그레 데 크리스토 산맥까지 볼 수 있었다. 그로브스는 주변 경관을 둘러보다가 갑자기 "바로 이곳이야!"라고 외쳤다고 전해진다.[4]

그로부터 이틀 안에 육군은 학교를 매입하기 위한 서류 작업을 시작했고, 나흘 후에 오펜하이머는 워싱턴 D.C.에 다녀온 후 맥밀런과 로렌스와 함께 "Y 부지(Site Y)"라고 명명된 이 지역으로 돌아와 실사 작업을 벌였다.[5] 카우보이 장화를 신은 오펜하이머는 로렌스와 함께 학교 건물들을 둘러보았다. 보안 문제 때문에 그들은 가명으로 자신들을 소개했다. 하지만 스털링 콜게이트(Sterling Colgate)라는 학생은 유명한 과학자들을 알아보았다. 콜게이트는 "그 순간 우리는 전쟁 중이라는 것을 몸으로 느낄 수 있었습니다."라고 회고했다.[6] "스미스와 존스라는 사람이 나타났습니다. 한 사람은 중절모를, 다른 사람은 보통 모자를 쓰고 있었고, 두 사람은 학교를 제집처럼 휘젓고 다녔습니다." 고등학교 졸업반이었던 콜게이트는 물리학을 공부했고 오펜하이머와 로런스의 사진을 교과서에서 본 적이 있었다. 얼마 후 학교에는 불도저와 건설 인부들이 들이닥쳤다.[7] 오펜하이머는 물론 로스앨러모스를 잘 알고 있었다. 그곳에서 페로 칼리엔테는 말을 타고 40분 정도 되는 거리였다. 그는 동생과 함께 여러 차례 헤메즈 산맥을 쏘다닌 적이 있었다.

오펜하이머는 자신이 원하던 대로 상그레 데 크리스토 산맥의 멋진 전망이 보이는 장소를, 그로브스 장군 역시 원하던 대로 구불구불한 자갈길과 단 한 개의 전화선이 들어와 있는 외진 부지를 얻을 수 있었다. 이후 3개월 동안, 건설 인부들은 널빤지와 양철 지붕을 얹은 간단한 막사를 지었다. 그들은 이어서 화학 또는 물리학 실험실로 쓸 비슷한 건물들도 만들었다. 모든 건물은 국방색 페인트로 칠해졌다.

오펜하이머는 단기간 동안 대규모 연구소를 건설하는 데 따르는 엄청난 혼란에는 신경 쓸 여유가 없었다.[8] 그는 프로젝트에 필요한 과학자들을 선발하는 데 온 정신을 쏟고 있었던 것이다. 하지만 오펜하이머가 자신의 조수로 고용했던 실험 물리학자 존 맨리는 로스앨러모스 부지에 강한 불만을 가지고 있었다. 맨리는 얼마 전 시카고에서 왔는데, 그곳에서 1942년 12월 2일 이탈리아 출신 물리학자 엔리코 페르미와 그의 연구팀은 세계 최초로 통제된 핵분열 연쇄 반응을 만드는 데 성공했다. 시카고는 훌륭한 대학과 세계 수준의 도서관을 갖추었을 뿐만 아니라 많은 수의 숙련된 테크니션, 유리공, 엔지니어 등 기술 인력이 풍부한 대도시였다. 로스앨러모스에는 아무것도 없었다. 맨리는 "우리는 지금 호레이쇼 앨저(Horatio Alger) 소설책밖에 없는 목장 학교 도서관과 승마 용구 등속밖에 없는 뉴멕시코의 허허벌판에 최첨단 연구소를 지으려고 하고 있는 것이다. 중성자 가속기를 만들기에는 가용 자원이 턱없이 부족할 것이 분명하다."라고 기록했다.[9] 맨리는 오펜하이머가 실험 물리학자였다면 "실험 물리학의 90퍼센트 이상은 사실상 배관 작업"이라는 것을 이해했을 것이고, 이런 외딴 곳에 연구소를 지으려고 하지 않았을 것이라고 생각했다.

사업의 세부 계획은 대단히 복잡했다. 오펜하이머는 일군의 과학자들과 함께 1943년 3월 중순 무렵 로스앨러모스에 도착할 예정이었다. 오펜하이머는 베테에게 그 무렵이면 도시 설계 전문가가 과학자들이 살기에 적절한 수준의 시설을 준비해 둘 것이라고 안심시켰다.[10] 주거 시설로는 미혼자들을 위한 숙소와 가족을 위한 방 1개짜리부터 3개짜리까지의 아파트가 지어졌다. 이 시설에는 모든 가구가 갖추어져 있었고, 각 가정에는 전기가 공급될 예정이었다. 하지만 보안상의 이유로 전화는 설치하지 않았다. 부엌에는 나무를 때는 난로와 히터가 설치되었고 벽난로와 냉장고도 제공되었다. 힘든 가사 일을 돕기 위해 때때로 가정부를 부를 수도 있었다. 로스앨러모스에는 어린아이들을 위한 학교, 도서관, 세탁 시설, 병원, 그리고 쓰레기 처리장이 건설되었다. 육군 영내 매점이 공동체의 식료품점과 통신 판매점 역할을 담당하게 될 것이었다. 여가 생활을 담당하는 장교가 정기적으로 영화 상영과 근처 산으로의 하이킹 프로그램을 준비했다. 그리고 오펜하이머는 맥주 및 음료수, 그리고 간단한 점심 식사를 할 수 있는 주점(cantina), 미혼자들을 위한 식당, 그리고 기혼자들이 분위기 있게 식사할 수 있는 멋진 카페를 만들 것이라고 약속했다.

그들은 실험 설비로 미시건에서 두 대의 밴더그래프(Van de Graaff) 발전기, 하버드로부터 사이클로트론 한 대, 그리고 일리노이 대학교에서는 코크로프트 월턴(Cockcroft-Walton) 기계를 주문했다. 모두 필수적인 장비들이었다. 밴더그래프 발전기는 기초적인 측정을 위해 사용될 것이었다. 최초의 입자 가속기였던 코크로프트 월턴 기계는 여러 원소들을 인공적으로 가공 처리하는 실험을 위해 필요했다.

세계 최초의 핵무기 연구소에 필요한 시설을 짓고, 과학자들을 충원하며, 모든 장비들을 갖추기 위해서는 섬세하고 인내심이 있는 행정가가 필요했다. 1943년 초에 오펜하이머는 그런 사람이 아니었다. 그는 대학원생들을 대상으로 하는 세미나보다 큰 모임을 주재해 본 적이 없었다. 1938년에 그는 열다섯 명의 대학원생을 지도하고 있었다. 이제 그는 수백 명의 과학자들과 기술자들을 지휘해야 했고, 그 수는 곧 수천 명에 달하게 될 것이었다. 그의 동료들 역시 그가 그 일을 하기에 적합한 성정을 가졌다고는 생각하지 않았다. 당시 로런스 밑에서 공부하던 젊은 실험 물리학자 윌슨은 "그는 1940년 전까지만 해도 대단히 괴팍한 사람이었습니다."라고 회고했다.[11] "그는 행정가와는 어울리지 않는 종류의 사람이었지요." 1942년 12월까지도 코넌트는 그로브스에게 보낸 편지에서 자신과 바네바 부시는 "우리가 적당한 사람에게 지휘를 맡겼는지에 대해 의구심을 가지고 있다."라고 썼다.[12]

심지어 맨리조차도 오펜하이머의 부관으로 일하는 것에 대해 심각하게 고민했다. 맨리는 "나는 그가 고상한 것에만 신경 쓰면서, 일상적인 문제에는 관심을 갖지 않을 것이라고 생각했습니다."라고 회고했다.[13] 맨리는 특히 연구소의 조직 구성에 대해 걱정하고 있었다. "나는 몇 개월 동안 계속 조직 구성도를 만들라고 오피를 괴롭혔습니다. 누가 이 일을 하고, 누가 저것을 책임지고 하는 것 말입니다." 오펜하이머는 참다못한 맨리가 1943년 3월의 어느 날 르콩트 홀 꼭대기에 위치한 자신의 사무실로 들이닥칠 때까지 그의 요청을 무시했다. 오펜하이머는 맨리가 책상 앞에 서서 자신을 빤히 바라보자 그가 무엇을 원하는지 곧 알아챘다. 그는 종이 한 장을 집어 들고 책상 위에 던지면서 "그 망할 놈의 조직도를 만들어 주지."라고 말했다. 오펜하이머는 연구소 안에 실험 물리학, 이론 물리학, 화학 및 야금학(治金學, metallurgy), 그리고 병기학(ordnance)이라는 4개의 부서를 만들 계획이었다. 각 그룹의 리더들은 부서장에게 보고하고, 이들 부서장들은 오펜하이머에게 보고하도록 되어 있었다.

1943년 초에 오펜하이머는 28세의 로버트 윌슨을 하버드로 보내 사이클로트론을 로스앨러모스로 안전하게 수송하는 것을 감독하도록 했다. 윌슨은 3월 4일에 사이클로트론이 들어갈 빌딩을 확인하기 위해 로스앨러모스에 도착했다. 모든 것이 난장판이었다. 구체적인 일정도 정해진 것이 없었을 뿐더러 책임 소재도 불분명했다. 윌슨은 맨리에게 불만을 토로했고, 두 사람은 함께 오펜하이머를 만나기로 결심했다. 세 사람의 만남은 최악이었다. 오펜하이머가 화를 내며 그들에게 욕설을 퍼부었던 것이다. 윌슨과 맨리는 깜짝 놀랐고, 그가 과연 이 일을 수행할 수 있을지 의구심을 품게 되었다.[14]

퀘이커(Quaker) 출신의 윌슨은 유럽에서 전쟁이 발발할 때 평화주의자로서의 입장을 취했다. "이렇게 끔찍한 프로젝트에 참가하게 된 것은 사실 나로서는 큰 변화였습니다."[15] 하지만 다른 많은 사람들과 마찬가지로 윌슨은 나치스가 원자 폭탄을 갖게 되어 전쟁에서 승리하는 것을 가장 두려워했다. 그는 원자 폭탄의 제작이 불가능하다고 입증되기를 개인적으로 바랐지만, 그것이 만들어질 수 있다면 가능한 한 힘을 보태고 싶었다. 성실하고 진지한 성품의 윌슨은 처음에는 오펜하이머의 거만한 태도를 못마땅하게 여겼다. 그는 나중에 "나는 그를 그리 좋아하지 않았습니다. 그는 자부심이 강했고 바보짓에 관대하지 않았지요. 어쩌면 그가 용인하지 않앉던 바보 중에 내가 속해 있었을지도 모르겠네요."라고 말했다.

오펜하이머는 로스앨러모스에 도착하기 전까지는 자신이 맡은 책임을 인식하지 못하는 듯 보였지만, 곧 빠르게 변할 수 있는 능력을 가지고 있다는 것을 보여 주었다. 윌슨은 불과 몇 달 사이에 그가 카리스마 넘치고 효율적인 행정가로 변신하는 것을 보며 놀랐다. 한때 괴짜 이론 물리학자이자 장발의 좌파 지식인이었던 오펜하이머는 이제 대단히 효율적으로 일을 처리할 수 있는 일류 지도자로 거듭나기 시작했다. 윌슨은 "그에게는 품위가 있었습니다. 그는 매우 똑똑한 사람이었지요. 그는 우리가 그의 약점이라고 지적했던 것들을 단 몇 달만에 말끔하게 털어 버렸습니다. 게다가 행정적인 절차들에 대해서도 우리보다 훨씬 더 많이 알고 있었습니다. 우리의 의구심은 깨끗이 사라졌습니다."라고 말했다.[16] 1943년 여름 무렵이면 윌슨은 "그와 함께 있으면 내 능력 이상을 발휘할 수 있었습니다……. 나는 오펜하이머의 사람이 되었고, 그를 매우 존경하게 되었습니다……. 나는 완전히 생각이 바뀌었습니다."라고 회고했다.[17]

그렇더라도 초기의 기획 단계에서 오펜하이머는 종종 대단히 순진한 모습을 보였다.[18] 그가 맨리에게 건넨 조직 구성도에서 자신이 연구소의 소장과 이론 부서의 부서장을 겸직하도록 했다. 하지만 그에게 두 가지 일을 동시에 할 만한 시간이 없으리라는 것은 곧 확실해졌다. 그래서 그는 이론 물리 부서장으로 베테를 임명했다. 그는 또한 그로브스 장군에게 과학자가 몇 명만 있으면 될 것이라고 말했다. 더들리 소령은 그들이 적당한 부지를 찾고 있을 때, 오펜하이머가 여섯 명의 과학자와 어느 정도의 엔지니어와 기술자들만 있으면 임무를 완수할 수 있을 것이라고 생각한다고 말했다고 주장한다. 이것은 아마도 과장이겠지만, 오펜하이머가 처음에

이 과업의 규모를 과소평가했다는 것은 확실하다. 처음에는 건설 비용으로 30만 달러의 예산이 책정되었다. 하지만 그로부터 1년 안에 750만 달러를 쓰게 되었다.

1943년 3월 로스앨러모스가 완공되자, 100여 명의 과학자, 엔지니어, 그리고 지원 인력이 새로운 공동체로 모여들었다.[19] 그로부터 6개월 후에는 약 1,000명, 1년 후에는 3,500명 이상이 메사 위에서 살고 있었다. 1945년 여름이 되면, 오펜하이머의 연구 단지는 최소한 4,000명의 민간인과 2,000명의 군인이 거주하는 작은 마을이 되었다. 그들은 300여 개의 아파트 빌딩, 52개의 기숙사, 그리고 200개의 트레일러에 살았다. "기술 구역(Technical Area)"만 해도 플루토늄 정제 공장, 주물 공장, 도서관, 강당, 그리고 수십 개의 실험실, 창고, 사무실 건물로 이루어져 있었다.

놀랍게도 오펜하이머는 연구소의 모든 과학자들을 육군 장교로 임관시키자는 그로브스 장군의 제안을 받아들였다. 1943년 1월 중순에 오펜하이머는 샌프란시스코 부근의 육군 기지인 프리시디오(the Presidio)를 방문해 육군 중령 계급장을 받기 위한 준비를 했다. 그는 육군의 신체검사 기준치를 넘지 못했다. 육군 군의관들은 오펜하이머가 몸무게가 58킬로그램으로 최저 몸무게보다 5킬로그램 적었고, 같은 키와 연령대의 정상 몸무게에 비해서는 무려 12킬로그램이나 적게 나간다고 보고했다. 그들은 그가 1927년부터 "만성적인 기침"에 시달리고 있었고, 엑스선 판독 결과 폐결핵을 앓고 있음을 확인했다. 그는 또한 허리 디스크에도 문제가 있다고 보고했다. 약 열흘에 한 번씩 왼쪽 다리가 저리는 증상이 나타났다는 것이다. 이와 같은 이유 때문에, 육군 군의관들은 오펜하이머를 "현역 복무 부적격"이라고 판단했다. 하지만 그로브스가 이미 군의관들에게 오펜하이머를 반드시 받아들여야 한다고 지시해 두었기 때문에, 오펜하이머는 "위

와 같은 신체적인 문제"들에도 불구하고 현역 복무를 하겠다는 메모에 서명해야만 했다.[20]

신체검사가 끝나고 오펜하이머는 장교용 군복을 맞췄다. 여러 가지 동기가 있었다. 어쩌면 고급 장교용 군복을 입는 것이 자신의 유태인 혈통에 대해 의식하고 있던 사람에게는 마침내 사회적으로 인정받았다는 상징이었을지도 모른다. 하지만 1942년에 군복을 입는 것은 애국적 행위이기도 했다. 전국에서 젊은 남녀들은 국가를 지킨다는 상징적 의미로 군복을 즐겨 입기 시작했다. 오펜하이머의 심리는 단순했다. 윌슨은 "오피는 멍해 보이는 눈을 하고는 이번 전쟁이 이전의 전쟁들과는 다르다고 말하고는 했습니다. 이것은 자유의 원칙을 지키기 위한 전쟁이라는 것이지요……. 그는 이 전쟁이 나치스에 맞서고 파시즘을 물리치기 위한 위대한 노력이라고 확신했습니다. 그는 인민의 군대(people's army)와 인민의 전쟁(people's war)이라는 표현을 사용했지요……. 그의 언어는 변한 것이 거의 없었습니다. 이전에는 급진적인 특징을 가지고 있었고, 이번에는 애국적인 특징을 가졌다는 것을 제외하고는 똑같았던 것입니다."라고 회고했다.[21]

오펜하이머가 로스앨러모스로 물리학자들을 불러 모으기 위해 사람들을 만나기 시작했을 때, 그는 곧 자신의 동료들이 군대식 규율 아래에서 일하는 것에 강하게 반발한다는 사실을 알게 되었다. 1943년 2월 무렵이면, 그의 옛 친구 라비와 다른 몇 명의 물리학자들은 "연구소는 군대의 영향에서 벗어나야 한다."라고 오펜하이머를 설득했다. 라비는 오펜하이머가 멍청한 짓을 하면 멍청하다고 얘기해 줄 수 있는 친구들 중 하나였다. "그는 전시에는 군복을 입는 것이 당연하다고 생각했습니다. 그것이 우리를 미국 국민들에게 친근하게 다가갈 수 있게 해 줄 것이라나. 나는 그가 전쟁에서 이기고 싶은 마음이 강하다는 것은 이해했지만, 그런 식으로 폭

탄을 만들 수는 없었습니다." 그는 "대단히 현명"하기도 하지만 "대단히 멍청"하기도 했던 것이다.[22]

그달 말이 되자 그로브스는 절충안에 동의했다.[23] 연구소의 과학자들은 실험 단계에서는 민간인 신분을 유지해도 좋지만, 일단 무기를 실제로 시험해 볼 수 있게 되면 모두 군복을 입도록 했다. 로스앨러모스 주변은 철조망을 둘러친 육군 기지로 만들어졌다. 하지만 '기술 구역' 안에서 과학자들은 '연구소장(Scientific Director)'인 오펜하이머의 지시에 따르게 되었다. 육군은 공동체에 드나드는 모든 사람을 통제했지만, 과학자들의 정보 교환까지 통제하지는 않았다. 과학자들의 의견 교환은 오펜하이머의 책임이었다. 베테는 오펜하이머가 육군과 벌인 협상 결과에 대해 "이제 외교 전문가가 되었군요."라며 축하의 말을 전했다.[24]

라비는 연구소의 조직을 구성하는 과정에서 중요한 역할을 했다. 베테는 나중에 "라비가 없었다면 엄청난 혼란이 있었을 것입니다. 오피는 조직을 구성하는 것이 필요 없다는 입장이었으니까요. 라비와 리 듀브리지(Lee Dubridge, 당시 MIT 방사선 연구소장)는 오피를 찾아가 '조직을 구성해야 합니다. 연구소를 부서로 나누고, 각 부서는 그룹으로 나누어야 합니다. 그렇지 않으면 아무것도 이루어 낼 수 없을 것입니다.'라고 말했습니다. 오피에게는 이 모든 것이 처음 경험하는 일이었으니까 말이지요. 라비가 오피에게 실제적인 문제에도 신경을 써야 한다고 설득했습니다. 또한 그는 오피를 설득하여 군복을 입는 문제를 포기하게 만들었습니다."라고 말했다.[25]

오펜하이머는 라비를 로스앨러모스로 불러오지 못했던 것을 크게 아쉬워했다. 그는 라비에게 연구소 부소장 자리까지 제안할 정도로 그를 참가시키고 싶어 했다. 하지만 라비는 폭탄을 만든다는 생각 자체에 근본적인 의구심을 가지고 있었다. "나는 1931년에 일본군이 상하이 교외에 폭탄을 퍼붓는 사진들을 보고 난 이후부터, 폭격이라는 방식에 강하게 반대했습니다.[26] 폭탄은 사람을 가리지 않고 터져 버리지요. 도망갈 수가 없어요. 신중한 사람이건 죄 없는 사람이건 피할 수가 없습니다……. 독일과의 전쟁 도중에, 우리(방사선 연구소)는 폭격에 필요한 장비 개발을 도왔습니다……. 하지만 이것은 진정한 적이었고 심각한 문제였지요. 하지만 원자폭탄을 이용한 폭격은 이를 한 단계 더 진전시키는 것이었고, 나는 그 생각에 불만이 많았습니다. 나는 그것이 끔찍한 일이라고 생각합니다." 라비는 레이더라는 훨씬 간단한 기술로도 이 전쟁에서 이길 수 있는 것이었다. 라비는 "나는 그 제의에 대해 심사숙고한 끝에 거절했습니다. 나는 '나 역시 이 전쟁이 심각하다는 것을 알고 있어. 레이더 기술이 부족하면 질 수도 있어.'라고 말했습니다."라고 회고했다.[27]

라비는 이에 덧붙여 자신이 프로젝트에 참가하지 않기로 결정한 보다 깊이 있는 이유를 댔다. 그는 오펜하이머에게 자신은 대량 살상 무기를 만드는 것으로 "물리학 300년의 정점"을 찍고 싶지는 않다고 말했다. 이것은 커다란 의미를 지닌 말이었고, 라비는 오펜하이머처럼 철학 문제에 관심이 많은 사람이라면 이 말을 받아들일 수 있으리라고 생각했다. 하지만 라비가 이미 원자 폭탄의 윤리적 문제에 대해 고민하고 있었던 데 비해 오펜하이머에게는 형이상학적 문제에 신경 쓸 겨를이 없었다. 그는 친구의 이의 제기를 외면했다. 그는 라비에게 "나 역시 이번 프로젝트가 '물리학 300년의 정점'에 놓여 있다고 생각하지만 자네와는 다른 생각을 하고 있네. 나에게 이것은 전쟁 중에 상당히 중요한 무기를 만드는 일이야. 나치스는 우리에게 선택의 여지를 주지 않을 것이라고 생각해."라고 썼다.[28] 오펜하이머에게 중요한 것은 단 하나였다. 나치스보다 먼저 무기를 만드는 것이었다.

라비는 결국 로스앨러모스에 합류하기를 거절했다. 하지만 오펜하이머는 그에게 첫 번째 세미나에는 참석해 달라고 했고, 이어서 프로젝트의 방문 컨설턴트가 되어 달라고 요청했다. 베테의 표현을 빌면, 라비는 "오피에게 아버지 같은 상담역"이 되었다. 라비는 "나는 로스앨러모스에서 급여를 받은 적이 없습니다. 나는 거절했어요. 이것 하나만큼은 명확히 했습니다. 나는 단지 오펜하이머의 상담역일 뿐이지, 어떤 위원회에도 참여하지 않았습니다."라고 말했다.[29]

하지만 라비는 베테를 비롯한 다른 과학자들이 로스앨러모스에서 참여하도록 독려하는 데 중요한 역할을 담당했다. 또한 그는 베테에게 "프로젝트의 신경 중추인" 이론 부서의 부서장을 맡겨야 한다고 주장했다.[30] 오펜하이머는 라비의 판단을 믿었고, 그의 조언에 따라 일을 처리했다.

라비가 프린스턴 대학교에서 일하던 일군의 물리학자들의 "사기가 떨어지고 있다."라고 경고하자, 오펜하이머는 20명의 프린스턴 대학교 과학자들을 한꺼번에 로스앨러모스로 데리고 오기로 결정했다. 이것은 상당히 중대한 결정이 되었다. 이들 중에는 로버트 윌슨뿐만 아니라, 리처드 파인만(Richard Feynman)이라는 명석하고 재기 넘치는 24세의 물리학자도 있었다. 오펜하이머는 파인만의 천재성을 즉시 알아보았고, 그를 로스앨러모스로 데리고 오고 싶어 했다. 하지만 파인만의 아내 알린(Arline)은 결핵을 앓고 있었고, 파인만은 그녀를 두고 로스앨러모스로 갈 수 없다고 못 박았다. 파인만은 이것으로 얘기가 끝났다고 생각했지만, 1943년 겨울의 어느 날 그는 시카고에서 걸려 온 장거리 전화를 받았다. 오펜하이머였다. 그는 뉴멕시코 앨버커키에서 알린이 머물 만한 결핵 요양소를 찾아냈다고 연락한 것이었다. 그는 파인만이 로스앨러모스에서 일하면서 주말마다 알린을 보러 갈 수 있을 것이라고 안심시켰다. 파인만은 감동을 받았고 오펜

하이머의 제안을 받아들였다.[31]

오펜하이머는 메사 위에서(곧 '언덕(the Hill)'이라는 별명을 갖게 되었다.) 일할 사람들을 찾기 위해 사정없이 밀어 부쳤다. 그는 로스앨러모스가 "Y 부지"로 지정되기 이전인 1942년 가을부터 선정 작업을 시작했다. 그는 맨리에게 "우리는 필요한 사람들을 수단과 방법을 가리지 않고 고용하는 작업을 지금 당장 시작해야만 한다."라고 했다.[32] 그가 초창기에 접근했던 사람들 중에는 MIT의 행정가이자 실험 물리학자인 로버트 바커(Robert Bacher)가 포함되어 있었다. 몇 달에 걸쳐 설득하고 나서야 바커는 마침내 로스앨러모스로 오기로 결정했다. 그는 1943년 6월에 도착해 프로젝트의 실험 물리 부서장을 맡게 되었다. 오펜하이머는 그해 봄에 바커에게 쓴 편지에서 그의 경력이 "매우 독특하며, 이것이 내가 당신을 지난 몇 달 동안 열심히 설득했던 이유"라고 썼다.[33] 오펜하이머는 바커가 "우리가 수행하려는 작업에서 꼭 필요한 안정성과 판단력"을 가지고 있다고 강하게 믿었다. 바커는 제의를 받아들였다. 하지만 그는 육군 군복을 입으라고 강요하면 당장 사임할 것이라고 미리 경고했다.

1943년 3월 16일에 오피와 키티는 샌타페이로 향하는 기차에 올랐다. 그들은 샌타페이에서 가장 좋은 호텔인 라 폰다(La Fonda)에 투숙했고, 오펜하이머는 며칠간 연구소의 샌타페이 연락 사무소를 운영할 사람들을 모집하면서 시간을 보냈다. 45세의 스미스 대학 졸업생인 도로시 스캐리트 맥키빈(Dorothy Scarritt McKibbin)이 인터뷰를 하기 위해 라 폰다 호텔의 로비에서 기다리고 있었다. 그녀는 자신이 하게 될 일이 무엇인지 전혀 듣지 못했다. 맥키빈은 "나는 외투를 입고 중절모를 쓴 한 남자가 팔자걸음으로 걸어오는 것을 보았습니다."라고 말했다.[34] 오펜하이머는 자신을 "브래들리 씨"로 소개하고 그녀의 이력에 대해 물었다. 맥키빈은 12년 전에 남편을 잃은 후, 가벼운 결핵 증상을 치료하기 위해 뉴멕시코로 이사했다. 오펜하이머와 마찬가지로 그녀 역시 아름다운 자연 경관에 푹 빠져 눌러앉았던 것이다. 1943년 무렵에 맥비킨은 샌타페이 지역 사회에서 알 만한 사람들은 다 알게 되었다. 그녀는 시인 페기 폰드 처치(Peggy Pond Church), 수채화가 케이디 웰스(Cady Wells), 건축가 존 고 밈(John Gaw Meem) 등과 가까운 사이였다. 그녀는 또한 1930년대 말 뉴멕시코에서 여름을 보냈던 무용수이자 안무가인 마사 그레이엄(Martha Graham)과도 친분이 있었다. 오펜하이머는 이 세련되고 발이 넓으며 자신감에 넘치는 여인이 쉽게 협박에 굴하지 않으리라는 것을 알 수 있었다. 그는 맥키빈이 어느 누구보다도 샌타페이 지역 사회에 대해 잘 알고 있다는 것을 알아채고는, 그녀에게 샌타페이 시내 이스트 팰리스 가 109번지에 위치한 비밀 연락 사무소의 운영을 맡겼다.

맥키빈은 오펜하이머의 우아하고 매력적인 태도에 흠뻑 빠져들었다. 그녀는 "나는 그와 연결된 모든 것들이 활기에 넘치게 될 것임을 알 수 있었습니다. 그래서 바로 결정을 내렸지요. 그와 함께 일할 수 있다면 어떤 일이라도 좋다고 생각했습니다. 나는 그처럼 빠르고 완벽하게 다른 사람을 끌어당기는 사람을 본 적이 없었어요. 그가 만약 새로 길을 닦기 위해 땅을 파는 일을 했더라도 함께 했을 것이라고 생각했습니다……. 나는 그저 그와 같이 활기가 넘치는 사람과 함께 일하고 싶었습니다."라고 회고했다.

맥키빈은 오펜하이머가 하는 일이 무엇인지 전혀 몰랐지만, 그녀는 곧 "로스앨러모스의 문지기"가 되었다.[35] 그녀는 아무 표시도 없는 사무실에 앉아 "언덕"으로 향하는 수백 명의 과학자들과 그들의 가족을 맞이했다. 그녀는 하루에 수백 통의 전화를 받고 수십 개의 통행증을 만들 때도 있었다. 그녀는 새로운 공동체에 속한 모든 사람들을 알게 되었다. 하지만 그들이 원자 폭탄을 만들고 있다는 사실을 알기까지는 1년이 넘는 시간이 걸렸다. 맥키빈과 오펜하이머는 평생 동안 친구로 남았다. 오펜하이머는 그녀를 별명으로 "딩크(Dink)"라고 불렀고, 어느새 그녀의 판단력과 추진력에 의존하게 되었다.

39세의 오펜하이머는 지난 20년 동안 전혀 나이를 먹지 않은 듯했다. 그의 검은색 곱슬머리는 여전히 무성했다. 맥키빈은 "그는 내가 본 사람들 중에 가장 푸른 눈을 가지고 있었습니다."라고 말했다.[36] 그의 눈은 상그레 데 크리스토 산맥에서 볼 수 있는 야생화의 색깔을 연상시켰고, 사람을 홀리는 듯했다. 그의 크고 둥근 눈은 짙은 속눈썹과 검은 눈썹으로 둘러싸여 있었다. "그는 항상 대화를 나누는 사람을 똑바로 쳐다봤습니다. 그는 상대방에게 자신이 줄 수 있는 모든 것을 주었지요." 그는 여전히 부드러운 목소리로 이야기했고, 어떤 주제에 대해서든 깊이 있는 대화를 나눌 만한 지식을 가지고 있었지만, 여전히 소년다운 매력을 가지고 있었다. 맥키빈은 나중에 "그는 뭔가에 인상을 받게 되면 '이런(Gee)!'이라고 말하고는 했습니다. 나는 그가 '이런!'이라고 말하는 것을 듣는 것을 참 좋아했습니다."라고 회고했다. 오펜하이머의 추종자들은 로스앨러모스에서 급속하게 늘어났다.

그달 말 무렵에 오펜하이머는 키티, 피터와 함께 로스앨러모스의 새집으로 이사했다. 1929년에 통나무와 돌로 지어진 이 단층집은 목장 학교 교장의 누나이자 학생들의 사감 역할을 했던 화가 메이 코넬(May Connell)이 머물던 곳이었다. 새로운 공동체를 가로지르는 조용한 비포장 도로에 위치한 오펜하이머의 집에는 관목 생울타리로 둘러싸인 작은 정원이 있었다. 2개의 작은 침실과 서재가 전부였던 이 집은 버클리 이글 힐의 집에 비하면 초라한 것이었다. 목장 학교의 교사들은 모두 학교 구내식당에서 식사를 했기 때문에 집에는 부엌이 없었는데, 키티가 부엌이 없으면 안 된다고 고집을 부려 곧 설치하게 했다. 거실에는 높은 천장에 석재 벽난로, 정원이 내다보이는 커다란 유리창이 있었다. 오펜하이머 가족은 1945년 말까지 이곳에서 살았다.

1943년에 첫 번째 봄이 오자, 로스앨러모스 주민들은 예기치 못한 고통에 시달렸다.[37] 눈이 녹으면서 사방이 진흙투성이가 되었고, 모든 사람들의 신발에 진흙이 마를 날이 없었다. 진흙이 자동차 타이어에 들러붙어 꼼짝 못하는 경우도 있었다. 4월이 되자 과학자들의 수는 30명으로 불어났다. 새로 도착한 사람들은 대부분 양철 지붕이 덮인 합판 막사에 임시로 배정되었다. 육군 공병대가 집을 지을 때 오펜하이머는 시각적 아름다움을 위해 산맥의 자연스러운 윤곽에 맞춰서 해 달라고 설득했다.

베테는 당시의 상황을 보고 크게 낙담했다. 그는 "나는 충격을 받았습니다. 그토록 고립된 곳이라는 것에 충격을 받았고, 조잡한 건물들에 충격을 받았습니다……. 우리는 화재가 발생하면 프로젝트 전체가 타 버릴지도 모른다고 걱정했습니다."라고 말했다.[38] 그래도 베테는 주변 경관이 "대단히 아름답다."는 것은 인정할 수밖에 없었다. "뒤에는 산맥, 앞에는 사막이 펼쳐져 있고, 사막 건너편에는 또 다른 산맥이 보였습니다. 그때는 늦겨울이었는데, 4월까지도 산 위에 눈이 쌓여 있습니다. 보기에는 아주 좋았지요. 우리가 대단히 고립된 위치에 있다는 것은 확실했습니다. 하지만 우리는 점차 적응했습니다."

숨이 멎을 정도로 아름다운 경치는 그나마 멋이라고는 없는 실용주의적 건물들을 견딜 수 있게 해 주었다. 물리학자 로버트 브로드(Robert Brode)의 아내인 버니스 브로드(Bernice Brode)는 "우리는 철조망으로 둘러싸인 마을 너머로 계절이 바뀌는 것을 볼 수 있었다.[39] 가을이면 짙푸른 사철나무를 배경으로 사시나무가 황금색으로 변했고, 겨울에는 눈보라에 눈이 쌓였다. 봄이 되면 연두색 새싹이 돋았고, 여름에는 마른 사막 바람이 소나무 숲 속을 윙윙거리며 불어 댔다. 메사 꼭대기에 이토록 기묘한 마을을 세운다는 발상은 천재적인 것이었다. 물론 많은 사람들이 로스앨러모스는 애초에 지어져서는 안 되는 도시라고 말하긴 했지만."이라고 썼다. 오펜하이머가 시카고 대학교에서 열린 모집 행사에서 메사의 아름다움에 대해 이야기하자, 평생을 도시에서 산 레오 질라르드는 "그런 곳에서는 아무도 논리 정연하게 생각할 수 없을 거야. 모두 미쳐 버릴 거라구."라고 외쳤다.[40]

로스앨러모스 주민들은 모두 조금씩 생활 습관을 바꿔야만 했다.[41] 버클리에서 오펜하이머는 오전 11시 이전에 수업을 잡지 않았었는데, 이는 밤 늦게까지 사람들과 어울리기 위해서였다. 로스앨러모스에서 그는 매일 아침 7시 반에 기술 구역으로 향했다. 사람들이 T라고 부르게 된 기술 구역은 3미터 높이 철조망 꼭대기에 두 겹의 철조망이 둘러싸고 있었다. 출입구에서는 헌병이 모든 사람의 명찰을 확인했다. 흰색 명찰은 T 안에서 자유롭게 다닐 수 있는 과학자라는 것을 의미했다. 오펜하이머는 가끔씩 무장 헌병이 여기저기에 배치되어 있다는 사실을 잊어버리기도 했다. 어느 날 그는 자동차를 타고 로스앨러모스 정문으로 향했는데, 속도를 줄이지 않고 휙 통과해 버렸다. 깜짝 놀란 헌병은 경고를 하고는 자동차의 타이어를 향해 총을 쏘아 댔다.[42] 오펜하이머는 차를 멈추고 후진해서 헌병에게 다가가 미안하다고 말하고 다시 갈 길을 갔다. 오펜하이머의 안전을 걱정한 그로브스는 1943년 7월 그에게 편지를 보내 몇 킬로미터 이상 이동할 때는 직접 운전하지 말 것을, 그리고 안전을 위해 "웬만하면 비행기를

타지 말 것"을 요청했다.⁴³

다른 사람들처럼 오펜하이머 역시 일요일을 제외하고 1주일에 엿새씩 일했다. 하지만 그는 평일에도 뉴멕시코식으로 청바지나 카키색 바지에 푸른색 작업용 상의를 입고는 했다. 그의 동료들도 마찬가지였다. 버니스 브로드는 "일과 시간 중에 광나는 구두를 신는 사람은 없었다."라고 썼다.⁴⁴ 오펜하이머가 T를 향해 걸어갈 때면, 그의 동료들은 그의 뒤를 졸졸 따라가면서 그가 혼잣말로 생각을 중얼거리는 것을 조용히 듣고는 했다. 한 로스앨러모스 주민은 "저기 엄마 닭과 병아리들이 간다."라고 말하기도 했다. 전화 교환원으로 일하던 23세의 한 여군은 "그의 중절모, 파이프, 그리고 눈초리가 무언가 독특한 분위기를 풍겼습니다. 그는 소리칠 필요가 없었지요……. 그는 자신의 전화 통화를 먼저 연결해 달라고 요청할 수도 있었지만 그러지 않았어요. 그렇게 친절할 필요까지는 없었는데 말이지요."라고 회고했다.⁴⁵

격식을 따지지 않는 연구소장의 행동은 많은 사람들의 호응을 받았다. 육군 특수 공병 분견대 소속의 젊은 기술자인 에드 도티(Ed Doty)는 전쟁이 끝나고 나서 부모님들에게 보낸 편지에서 "오펜하이머 박사가 이것저것 부탁하느라 여러 차례 전화를 했습니다……. 매번 나는 '도티입니다.'라고 전화를 받았는데, 그 역시 '오피입니다.'라고 대답하고는 했습니다."라고 썼다.⁴⁶ 그의 격의 없는 행동들은 "집중과 존경을 요구했던" 그로브스 장군과 좋은 대조를 이루었다.⁴⁷ 그로브스와 달리 오펜하이머는 자연스럽게 집중과 존경을 받았다.

오펜하이머와 그로브스는 처음부터 모든 사람들의 급여를 각자 이전 직장에서 받던 것과 동일하게 책정하는 데에 동의했다. 이것은 사기업에서 근무하던 비교적 젊은 사람이 나이 많은 정교수보다 많은 급여를 받게 된다는 문제가 있었다. 오펜하이머는 이런 불평등을 감안해서 월세는 급여에 비례해서 책정하도록 정했다. 젊은 물리학자 해럴드 애그뉴(Harold Agnew)가 어째서 배관공이 대학 졸업자보다 거의 세 배에 달하는 봉급을 받느냐고 묻자, 오펜하이머는 배관공들은 전쟁 준비에서 연구소의 중요성에 대해 전혀 모르지만 과학자들은 알고 있지 않느냐고 대답했다.[48] 다시 말해 과학자들은 적어도 돈 때문에 일하는 것이 아니라는 것이다. 오펜하이머 자신도 6개월 동안이나 급여를 받지 못했다.[49]

모두 아침 일찍부터 밤까지 일했다. 연구소는 밤낮을 가리지 않고 열려 있었고 오펜하이머는 각자 일정에 따라 일하는 것을 장려했다. 그는 시계를 설치하지 않았고, 그로브스 장군의 능률 전문가(efficiency expert)가 1944년 10월에 정규 작업 시간이 제대로 지켜지지 않는다고 불평하고 나서야 업무 시작과 끝을 알리는 사이렌을 도입했다. 베테는 "작업은 대단히 고됐습니다."[50]라고 회고했다. 이론 부서의 부서장인 베테는 과학 자체로만 보면 "이전에 내가 했던 많은 일들보다는 훨씬 쉬운 것"이었다고 생각했다. 하지만 마감 시간이 빠듯했다. 베테는 "아주 무거운 짐수레를 언덕 위로 밀어야 하는 것과 비슷한 느낌이었습니다."라고 말했다. 제한된 자원과 거의 무제한의 시간을 가지고 일하는 데 익숙해 있던 과학자들은 거의 무제한적으로 제공되는 자원과 엄격한 마감 시간에 적응해야만 했다.[51]

베테는 오펜하이머의 본부인 T-빌딩(Theoretical-Building)에서 일했다. 초록색으로 칠해진 2층짜리 건물은 로스앨러모스의 정신적 구심 역할을 담당했다. 베테의 근처에는 파인만의 자리가 있었다. 파인만이 사교적이었다면 베테는 진지했다. 베테는 "파인만은 프린스턴에서 갑자기 나타났습니다. 나는 그를 몰랐습니다. 오펜하이머가 데리고 왔지요. 그는 처음부터 대단히 활기찼습니다만, 첫 두 달간은 비교적 얌전한 편이었습니다."라고 회고했다.⁵² 37세의 베테는 자신과 논쟁을 주고받을 수 있는 사람이 있다는 것에 만족했고, 25세의 파인만은 베테와 말다툼하는 것을 즐겼다. 두 사람이 함께 있을 때면 건물 안의 모든 사람들은 파인만이 "아니오, 아니오, 당신은 미쳤어요."라든가 "미쳤군요!"라고 외치는 것을 들을 수 있었다. 그러면 베테는 조용한 목소리로 왜 자신이 옳은지를 설명하고는 했다. 파인만은 몇 분 동안 진정했다가 다시 "그건 불가능해요, 당신은 미쳤어요!"⁵³라고 터뜨렸다. 동료들은 파인만에게 "모기(The Mosquito)", 그리고 베테에게 "전함(The Battleship)"이라는 별명을 붙였다.

베테는 "로스앨러모스에서의 오펜하이머는 내가 알던 오펜하이머와는 매우 달랐습니다. 우선 전쟁 전의 오펜하이머는 어딘가 소심한 구석이 있었어요. 로스앨러모스에서의 오펜하이머는 결단력 있는 관리자였습니다."라고 말했다.⁵⁴ 베테는 이 변화를 설명하는 데 어려움을 겪었다. 그가 버클리에서 알던 "순수 과학자"는 "자연의 깊은 비밀"을 파헤치는 데 집중했다. 오펜하이머는 기업 활동에는 전혀 관심이 없었다. 하지만 로스앨러모스에서 그는 대규모 기업과 같은 거대한 조직을 지휘하고 있었다. 베테는 "그것은 전혀 다른 문제였고, 다른 태도를 필요로 했습니다. 그는 새로운 역할에 맞추어 자신을 완전히 바꾸었습니다."라고 말했다.

오펜하이머는 명령하는 일이 거의 없었다. 물리학자 유진 위그너가 회고했듯이, 그는 "눈과 두 손 그리고 반쯤 불붙은 파이프로 자연스럽게" 자신이 원하는 것을 전달할 수 있었다.⁵⁵ 베테의 기억에 따르면 "오피는 어떤 일을 해야 한다고 절대로 강요하지 않았습니다. 그는 우리들로부터 최선의 노력을 끌어냈습니다. 마치 손님을 맞는 집주인처럼 말이지요."⁵⁶ 윌슨도 비슷한 느낌을 받았다. "그와 함께 있으면 능력이 배가되는 것 같았습니다. 나는 보통 느리게 읽는 사람이었는데, 그가 나에게 어떤 편지를 주면 몇 분 안에 후다닥 읽고 미묘한 표현들까지 의논할 준비가 되어 있었습니다."[57] 하지만 그는 이 당시를 돌이켜 보면 어느 정도는 "자기 기만"이 있었다는 점을 인정했다. "그와 헤어지고 나면 우리가 무엇을 의논했는지 가물가물했습니다. 어쨌든 전체적인 방향은 있었으니까요. 구체적인 부분은 채워 넣으면 되는 것이었습니다."

오펜하이머의 허약해 보이는 외모는 그의 카리스마 넘치는 권위를 두드러지게 하는 효과가 있었다. 존 메이슨 브라운(John Mason Brown)은 몇 년 후 "그는 신체적으로 허약했기 때문에 오히려 그의 기질이 강력한 힘을 갖게 되었습니다."라고 말했다.[58] "그가 말을 할 때면 키가 훌쩍 커 보였습니다. 그의 정신의 거대함 때문에 그의 육체가 작다는 것은 잊어버리게 되었지요."

그는 이론 물리학 문제를 해결할 때면 항상 다음 질문을 예측하는 요령을 가지고 있었다. 하지만 이제 그는 공학 분야에서도 즉각적인 이해력으로 동료들을 놀라게 했다. 듀브리지는 "그는 15~20쪽 분량의 논문을 읽고서는 '자, 이걸 훑어보고 얘기해 봅시다.'라고 말하고는 했어요. 오피는 5분 정도 훌훌 넘겨보고는 모두에게 가장 중요한 요점들을 정리해서 말해 주었습니다……. 그는 지식을 흡수하는 능력이 대단했습니다……. 나는 오피가 연구소 안에서 일어나고 있는 일들을 모두 꿰고 있었을 것이라고 생각합니다."라고 회고했다.[59] 이의 제기가 있을 때에도, 오펜하이머는 논쟁이 벌어지기 전에 본능적으로 논점을 선점하고는 했다. 오펜하이머가 개인 비서로 채용한 버클리 철학과 학생인 데이비드 호킨스는 오펜하이머의 이러한 점을 가까이서 지켜볼 기회가 많았다. "토론이 시작되는 것을 참을성 있게 듣고 있다 보면, 어느새 오펜하이머가 요약해 결론을 내리고 있었지요. 그는 이의가 없어지는 방식으로 논점을 정리하는 탁월한 능력이 있었습니다. 그것은 마술 같았어요. 그보다 뛰어난 과학 업적을 가진 사람들도 그의 말을 존중했습니다."[60]

오펜하이머는 자신의 개인 매력을 자유자재로 사용할 수 있었다. 그를 버클리 시절부터 알던 사람들은 그에게 다른 사람들을 끌어당길 수 있는 천부적인 재능이 있다는 것을 알고 있었다. 맥키빈처럼 그를 뉴멕시코에서 처음 만난 사람들은 어느새 그의 마음에 들기 위해 노력하게 되었다. 맥키빈은 "그는 불가능한 일을 하도록 했습니다."라고 회고했다.[61] 어느 날 그녀는 연구소로 불려 가서 주택 부족 문제를 해결하기 위해 16킬로미터 떨어진 여관을 개조해 직원 숙소로 만들어 달라는 요청을 받았다. 맥키빈은 "글쎄요, 나는 호텔을 운영해 본 적은 없는데요."라며 저항했다. 바로 그 순간 오펜하이머의 방문이 열리더니 그가 머리만 빼꼼 내밀고는 "도로시, 당신이 해 주었으면 좋겠어."라고 말했다. 그는 곧바로 방으로 들어가 다시 방문을 닫았다. 맥키빈은 "하겠습니다."라고 말했다.

맨리는 "그는 사람을 이용하는 데 주저함이 없었습니다."[62]라고 회고했다. "자신에게 유용한 사람을 찾아내면, 그들을 이용하는 것은 너무나 자연스러운 일이었지요." 하지만 맨리는 자신을 포함해 많은 사람들이 오펜하이머에게 이용당하는 것을 즐겼다고 생각했다. 그는 이 모든 과정을 너무도 능숙하게 처리했다. "그는 상대방이 상황을 파악했음을 인식했습니다. 그것은 발레와도 같았지요. 모든 사람들은 자신의 역할을 알고 있었습니다. 거기에는 속임수가 끼어들 틈이 없었습니다."

그는 다른 사람들의 조언을 경청했고 받아들였다. 베테가 매주 무제한 토론회(open-ended colloquium)를 열면 모두에게 도움이 될 것이라고 제안하자, 오펜하이머는 즉시 동의했다. 그로브스는 이 소식을 듣고 이를 중단시키려고 했지만, 오펜하이머는 '흰색 명찰'을 단 과학자들 사이의 자유로운 의견 교환이 꼭 필요하다며 고집을 꺾지 않았다. 오피는 페르미에게 보낸 편지에서 "우리의 작업 배경은 너무나 복잡할 뿐만 아니라 관련된 정보가 엄격하게 구획되어 있어서(compartmentalization) 느긋하고 철저한 토론을 통해 많은 것을 얻을 수 있을 것이라고 생각합니다."라고 썼다.[63]

첫 번째 토론회는 1943년 4월 15일, 이제는 텅 빈 학교 도서관 건물에서 열렸다. 오펜하이머는 작은 칠판 앞에 서서 간단한 인사말을 건네고는 자신의 학생이었던 서버를 소개했다. 그는 서버가 그 자리에 모인 약 40여 명의 과학자들에게 주어진 임무를 간단하게 요약해 보고할 것이라고 설명했다. 수줍음이 많은 서버는 앞으로 나와 습관적으로 말을 더듬으며 미리 준비해 온 내용을 읽어 나갔다. 서버는 나중에 "보안은 형편없었습니다. 우리는 건물 반대편에서 목수들이 일하는 소리를 들을 수 있었고, 위층에서 일하던 전기공의 발이 천정을 뚫고 삐져 들어오기도 했습니다."라고 썼다.[64] 오펜하이머는 맨리를 시켜 서버에게 "폭탄"이라는 말 대신에 "장치"라는 중립적인 표현을 쓰는 편이 좋겠다고 말했다.

서버는 "이번 프로젝트의 목적은 핵분열 현상을 보이는 것으로 알려진 물질의 고속 중성자 연쇄 반응에서 나오는 에너지를 이용해 군사적으로 사용할 수 있는 폭탄 형태의 무기를 만드는 것입니다."라고 말했다.[65] 서버는 지난해 오펜하이머의 버클리 여름 세미나에서 도출된 계산 결과에 따르면, 원자 폭탄은 TNT 2만 톤과 맞먹는 정도의 폭발을 만들어 낼 수 있을 것이라고 보고했다. 하지만 그와 같은 장치의 중핵은 15킬로그램 정도의 고도로 농축된 우라늄을 필요로 하며, 이는 멜론 정도의 크기가 될 것이었다. 그들은 우라늄 238을 이용한 중성자 포획 과정을 통해 만들어진 플루토늄을 이용해 폭탄을 만들 수도 있었다. 플루토늄 폭탄은 오렌지 크기 정도의 훨씬 작은 임계 질량을 필요로 할 것이고, 두 종류 모두 농구공 크기 정도의 보통 우라늄 껍질로 중핵을 둘러싸야만 했다. 그러므로 폭탄 전체의 무게는 1톤 정도인데 이는 비행기로 수송할 수 있을 정도일 것이었다.*

서버의 말을 듣던 대부분의 과학자들은 이론적으로 무엇이 가능할지는 이미 대개 이해하고 있었지만, 지식의 구획화 때문에 구체적인 부분까지 알지는 못했다. 기초 문제들에 대한 대강의 해답이 이미 나와 있었다는 것을 알고 있던 사람은 거의 없었다. 실제로 사용 가능한 군사 무기를 만들기 위해 넘어야 할 장벽들이 분명 존재하기는 했지만 극복할 수 없을 정도는 아니었다. 원자 폭탄을 만들기 위한 물리학 이론 역시 완벽하게 이해된 것은 아니었지만, 남아 있는 중차대한 문제는 공학과 폭탄 설계에 관한 것들이었다.[66] 충분한 양의 우라늄 235와 플루토늄을 생산하기 위해서는 대규모의 산업적 노력이 필요할 것이었다. 그리고 폭탄에 사용될 수 있을 정도의 높은 순도의 물질이 생산될 수 있다고 하더라도, 효과적으로 폭발할 수 있는 원자 폭탄을 어떻게 설계할 것인지에 대해서는 아무도 명쾌한 해답을 가지고 있지 않았다. 하지만 한때 회의적이었던 베테조차도 "일단 플루토늄만 있으면, 핵폭탄을 만들 수 있으리라는 것은 거의 확실"하다고 생각했다.[67] 그러므로 청중석에 앉아 있던 과학자들에게 중요한 사실은 그들에게 전쟁의 향배를 결정지을 수 있을 만큼 중요한 임무가 부여되었다는 것이었다. 이 사실은 모두의 사기를 북돋웠다. 서버의 강연은 오펜하이머가 기대했던 효과를 불러 일으켰다. 과학자들에게 중요한 임무를 수행한다는 느낌을 주는 것과 그들이 역사를 바꿀 수단을 가지고 있다는 사

---

* 세계 최초로 실전에 사용된 원자 폭탄인 리틀 보이(Little Boy)는 무게가 4톤이었고, 에놀라 게이라는 이름의 B-29 폭격기로부터 히로시마에 투하되었다.

실을 상기시키는 것이었다. 하지만 그들이 독일인들보다 먼저 기술적인 문제들을 해결할 수 있을까? 그들은 정말로 전쟁을 승리로 이끄는 데 도움을 줄 수 있을까?

이후 2주 동안 서버는 네 차례에 걸친 강의를 통해 오펜하이머가 원하던 대로 과학자들 사이의 창조적 대화를 이끌었다. 여러 문제들 중에, 서버는 자신이 "격발(shooting)"이라고 불렀던 기술, 즉 우라늄 또는 플루토늄 임계 질량을 합쳐서 연쇄 반응을 시작하게 하는 방식에 대해 간단하게 요약했다. 서버는 가장 간단한 방식인 총 설계 방식에 대해 이야기했다. 이 방식은 우라늄 덩어리를 또 다른 우라늄 235 덩어리로 발사해 임계성을 만들어 폭발에 이르게 하는 것이었다. 하지만 그는 또한 "물질을 그림처럼 링 형태로 배치할 수 있을지도 모릅니다."라고 제안했다.68 "폭발 물질을 링 바깥쪽에 장착해 두었다가 발사하면, 핵분열 물질은 안쪽으로 이동해 구 형태를 이루게 될 것입니다." 핵분열 물질 내파(implosion) 방식이라는 이 아이디어는 1942년 여름에 리처드 톨먼이 처음 제기했던 것이었고, 톨먼과 서버는 오펜하이머에게 이에 대한 메모를 제출했다. 톨먼은 이어 내파에 관한 2개의 메모를 작성했고, 1943년 3월에 바네바 부시와 제임스 코넌트는 내파 설계에 대해 구체적으로 검토해 보라고 재촉했다. 오펜하이머는 "서버가 검토 중입니다."라고 대답했다고 전해진다. 비록 톨먼의 제안은 고체 상태의 물질을 압축해서 그 밀도를 높일 수 있는 방식까지 제기하지는 않았지만, 서버가 이 내용을 강의록에 포함시킬 수 있을 정도로 잘 정리된 것이었다. 하지만 이것은 또 다른 물리학자 세스 네더마이어(Seth Neddermeyer)의 관심을 촉발시켰다. 그는 오펜하이머에게 이 제안의 가능성을 탐구해 보겠다며 허락을 구했다. 네더마이어는 곧 몇 명의 과학자들과 함께 로스앨러모스 부근 협곡에서 내파식 폭발물에 대한 실험을 진행했다.

서버의 강연들은 오랫동안 회자되었다. 에드워드 콘던은 서버의 강의록을 이용해 24쪽짜리 요약문을 만들었다. 이것은 『로스앨러모스 안내서(*Los Alamos Primer*)』라는 제목의 책자로 만들어져, 새로 영입된 과학자들에게 제공되었다. 페르미는 서버의 강의 중 일부에 참석하고 나서는 오펜하이머에게 "당신들은 정말로 폭탄을 만들고 싶어 하는 것 같군요."라고 말했다.[69] 오펜하이머는 페르미가 진심으로 놀라는 듯한 목소리로 이 말을 한 것에 충격을 받았다. 페르미의 본거지인 시카고는 차분하게 가라앉은 분위기로 오펜하이머의 메사 연구소의 흥분된 분위기와는 대조적이었다. 만약 원자 폭탄을 만드는 것이 가능하다면, 독일인들이 경주에서 이미 앞서 있을 것이라는 생각은 모두 어느 정도 가지고 있었다. 하지만 이런 생각이 시카고에서 우울한 분위기를 낳은 반면, 오펜하이머의 카리스마 넘치는 지도를 받던 로스앨러모스에서는 작업을 빨리 진척시켜야겠다는 생각으로 이어졌다.

어느 날 페르미는 오펜하이머에게 독일인들을 대량으로 살상할 수 있는 또 다른 방법을 제안했다. 그는 어쩌면 방사능 핵분열 물질을 이용해 독일의 식량에 독을 넣을 수 있을지도 모른다고 말했다. 오펜하이머는 이 제안을 심각하게 받아들였던 것 같다. 그는 페르미에게 다른 사람에게는 말하지 말라는 다짐을 받고서는 이 아이디어를 그로브스 장군에게 보고했고, 이어서 텔러와 의논했다. 텔러는 오펜하이머에게 원자로에서 스트론튬 90(strontium-90)을 분리하는 것이 가능하다고 말했다. 오펜하이머는 이 제안을 보류할 것을 권고하기로 결심했는데, 제안을 보류한 이유는 모골이 송연한 것이었다. 그는 페르미에게 "나는 50만 명을 죽일 수 있을 정도의 식량에 독을 넣을 수 있지 않다면 이 계획을 시도해서는 안 된다고 생각합니다. 이 식량은 고르지 못하게 분배될 것이고, 따라서 실제 사망자 수는 그에 훨씬 미치지 못할 것이기 때문입니다."[70] 이 아이디어는 곧 기각되었는데, 다수의 적성 국민들을 효율적으로 독살할 수 있는 방법을 찾지 못했기 때문이었다.

전쟁은 온순한 사람들이 평상시라면 생각하지도 못할 아이디어를 내게 만들었다. 1942년 10월 말에 오펜하이머는 "비밀"이라고 표기된 편지를 한 통 받았다. 그것은 옛 친구이자 동료인 바이스코프가 보낸 것이었는데, 당시 프린스턴에 와 있던 물리학자 볼프강 파울리에게서 들은 놀라운 소식을 알려 주는 것이었다. 파울리에 따르면, 노벨상을 수상했던 물리학자 하이젠베르크가 얼마 전 베를린의 핵연구 시설인 카이저 빌헬름 연구소(Kaiser-Wilhelm Institute)의 소장으로 임명되었다는 것이다. 더구나 파울리는 하이젠베르크가 스위스에서 강연을 하기로 계획되어 있다는 소식을 들었다. 이어서 바이스코프는 이 소식을 베테와 의논하고 나서 즉시 무언가 대책을 세워야 한다는 데 동의했다고 말했다. 바이스코프는 "나는 스위스에서 하이젠베르크를 납치하는 편이 가장 좋을 것이라고 생각합니다. 당신이나 베테가 스위스에 나타난다면 독일인들도 같은 계획을 세울 것입니다."라고 썼다. 바이스코프는 심지어 자신이 직접 그 임무를 맡겠다고 자원하기까지 했다.

오펜하이머는 즉시 바이스코프에게 답장을 보내 "흥미로운" 편지를 잘 받았다고 말했다. 그는 하이젠베르크가 스위스를 방문할 것이라는 소식은 이미 알고 있었고, 이 문제를 워싱턴의 "해당 당국"과 이미 의논했다고 밝혔다. "이 문제에 대해 구체적인 계획이 진행되지는 않겠지만, 적어도 정부 당국이 세심한 주의를 기울이고 있다는 사실을 말해 주고 싶었습니다."[71] 오펜하이머가 이 문제를 의논했던 "해당 당국"이란 부시와 그로브스였다. 하지만 오펜하이머는 바이스코프의 계획을 지지하지 않았다. 설령 하이젠베르크를 성공적으로 납치할 수 있다고 하더라도, 그것은 연합국이 핵연구를 우선 과제로 삼고 있다는 것을 나치스에게 알리는 결과가 될 뿐이라고 생각했기 때문이었다. 그럼에도 불구하고 오펜하이머는 부시에게 보내는 편지에서 "하이젠베르크가 스위스를 방문하는 것은 우리에게 드문 기회가 될 것"이라는 점을 언급하지 않을 수 없었다.

나중에 그로브스는 하이젠베르크를 납치하거나 암살하기 위해 구체적인 계획을 세웠다.[72] 1944년에 그는 전략 정보국(Office of Strategic Services, OSS) 요원이자 전직 프로야구 선수인 모 버그(Moe Berg)를 스위스로 보내 하이젠베르크의 뒤를 밟게 했다. 하지만 결국 암살을 시도하지는 않기로 결정했다.

16장
너무 많은 비밀

이 정책대로 하자면 세 손을 등 뒤로 묶고 엄청나게 어려운 일을 해 내라고 하는 것과 같다.

— 에드워드 콘던 박사가 오펜하이머에게 보낸 편지

맨해튼 프로젝트 총책임자로서 첫 번째 행정적 위기는 그해 봄에 찾아왔다. 오펜하이머는 그로브스 장군의 승인 하에 괴팅겐 대학교 시절 동료인 에드워드 콘던을 부책임자로 임명했다. 콘던은 오펜하이머의 행정적 부담을 덜고 로스앨러모스에 주둔한 육군 지휘관과 연락을 취하는 역할을 맡았다. 오펜하이머보다 두 살 많은 콘던은 뛰어난 물리학자일 뿐만 아니라 대규모 연구소를 운영했던 경험까지 갖추고 있었다. 콘던은 1926년 버클리에서 박사 학위를 취득한 후 괴팅겐과 뮌헨에서 박사 후 과정을 밟았다. 그 후 약 10년간 프린스턴을 포함한 몇 개의 대학에서 강의를 하는 한편 영어로는 최초의 양자 역학 교과서를 집필했다. 그는 1937년 프린스턴을 떠나 주요 산업 연구 기관인 웨스팅하우스 전기 회사(Westinghouse Electric Company) 연구소의 부소장을 맡았다. 그 후 몇 년간, 그는 웨스팅하우스의 핵물리와 마이크로웨이브 레이더 관련 연구를 지휘했다. 콘던은 1940년 가을 무렵부터 MIT 방사선 연구소에서 레이더를 비롯한 전쟁 관련 프로젝트에 몰두하기 시작했다. 한마디로 콘던은 경험이라는 측면에서 본다면 로스앨러모스 총책임자로 오펜하이머보다 훨씬 적격인 인물이었다.

콘던은 1930년대에 오펜하이머만큼 정치적으로 활발하게 활동하지 않았을 뿐더러, 공산당에 가입한 일도 확실히 없었다. 그는 대통령 선거에서 프랭클린 루스벨트를 지지한 열성 민주당원이었고, 스스로를 뉴딜 정책에 찬성하는 "진보주의자" 정도로 생각할 뿐이었다.[1] 퀘이커 집안에서 자란 콘던은 언젠가 한 친구에게 "나는 고귀한 목표를 가진 조직이라면 모두 가입하지. 그 조직에 공산주의자가 참여하는지는 중요하지 않아."라고 말했다.[2] 강한 진보주의 성향을 가진 이상주의자인 콘던은 훌륭한 과학은 자유로운 지식 교환 없이는 이루어질 수 없다고 믿었고, 이러한 믿음에 따라 로스앨러모스와 다른 연구 기관들 사이의 정기적인 교류를 추진하기 위해 강력하게 로비를 펼쳤다.[3] 로스앨러모스 연락 장교들은 콘던의 계속된 보안 규칙 위반에 대해 그로브스 장군에게 보고했고, 이는 그의 분노를 사기에 충분했다. 그로브스는 "나는 '지식의 구획화(compartmentalization of knowledge)'가 보안의 핵심이라고 생각한다."라고 주장했다.[4]

1943년 4월 말, 그로브스는 오펜하이머가 시카고 대학교에서 맨해튼 프로젝트 소속의 야금 연구소(Metallurgical Laboratory) 소장인 아서 콤프턴(Arthur Compton)과 플루토늄 생산 계획에 대해 의견을 나누었다는 사실을 알게 되었다. 이는 명백한 보안 규칙 위반 행위였다. 그로브스는 로스앨러모스에 도착하자마자 오펜하이머의 사무실에 들이닥쳐 두 사람을 다그치기 시작했다. 콘던이 장군에게 항의했지만, 놀랍게도 오펜하이머는 콘던을 도우려 하지 않았다. 콘던은 그로부터 1주일 안에 사직하기로 마음먹었다. 처음에는 프로젝트가 마무리될 때까지는 머무르려고 했지만, 결국 6주 만에 그만두고 말았던 것이었다.

"나를 가장 화나게 하는 것은 바로 지나치게 엄격한 보안 정책입니다."[5] 콘던은 오펜하이머에게 보내는 사직서에 이렇게 썼다. "내가 적들의 첩보 및 파괴 활동에 대해 전혀 모르기 때문에, 이와 같은 정책이 적절한지에 대해서 이러쿵저러쿵 할 자격은 없습니다. 그러나 개인적으로 보안에 대한 지나친 우려 때문에 끔찍한 우울증을 앓게 될 지경이라는 것만 말해 두겠습니다. 특히 우편과 전화 통화를 검열하자는 건에 대해 검토했던 것 말입니다." 콘던은 "그로브스 장군이 우리를 다그쳤을 때 나는 너무 놀라서 내 귀를 믿을 수가 없을 정도였습니다. 나는 이 정책이 세 손을 등 뒤로 묶은 채로(with three hands tied behind your back) 대단히 어려운 일을 해 내라고 하는 것과 같다고 생각합니다." 만약 그와 오펜하이머가 보안 규칙을 위반하지 않고서는 콤프턴 같은 사람과 만날 수 없다면 "이 프로젝트가 성공할 가망은 없다고 하겠습니다."

콘던은 웨스팅하우스로 돌아가 레이더 기술 연구를 계속하는 편이 전쟁에서 승리하는 데 더 도움이 될 것이라고 결론 내렸다. 그는 왜 오펜하이머가 그로브스를 거역하려고 시도조차 하지 않는지 이해할 수 없었고, 조금은 슬프기까지 했다. 콘던은 오펜하이머 자신조차 비밀 취급 인가를 받지 못했다는 사실을 알지 못했다. 육군의 보안 관계자들은 오펜하이머의 인가를 여전히 가로막고 있었고, 오펜하이머는 자신의 직위를 지키기 위해서는 그로브스의 보안 정책을 거슬러서는 안 된다는 것을 알고 있었다.

오펜하이머는 그로브스와의 관계에 많은 노력을 기울였다. 지난 해 가을, 두 사람은 서로를 견주어 보고서는 각자 자신이 관계를 지배할 수 있으리라는 오만한 생각을 품었다. 그로브스는 이 카리스마 넘치는 물리학자가 프로젝트의 성공에 꼭 필요하다고 믿었다. 그로브스는 오펜하이머의 좌파 정치 활동이라는 과거를 이용하면 그를 제어할 수 있으리라고 생각했던 것이다. 오펜하이머의 계산 역시 마찬가지로 단순했다. 그는 자신이 그로브스가 구할 수 있는 가장 유능한 프로젝트 책임자라는 생각을 가지고 있는 한 지금의 직위를 유지할 수 있으리라는 것을 알고 있었다. 오펜하이머는 그로브스가 자신의 공산주의 활동을 핑계로 우위를 점하려 하겠지만 결국 자신이 원하는 대로 연구소를 운영할 수 있도록 장군을 설득할 수 있을 것이라고 믿었다. 오펜하이머는 콘던과 의견을 달리한 것이 아니었다. 그 역시 번거로운 보안 규정들이 과학자들을 질식시킬 수 있다는 것을 알고 있었다. 하지만 그는 시간이 지나면 자신이 승리할 수 있다고 확신했다. 어쨌든 오펜하이머가 그로브스의 승인이 필요했던 것만큼 그로브스는 오펜하이머의 역량이 필요했던 것이다.

돌이켜보면 오펜하이머와 그로브스는 원자 폭탄을 만들기 위한 독일과의 경주를 이끌어 나갈 완벽한 콤비였다. 오펜하이머의 스타일인 카리스마적 권위가 합의를 이끌어 내는 데 적절했다면, 그로브스는 위협함으로써 권위를 행사했다. 하버드 출신의 화학자인 조지 키스티아콥스키(George Kistiakowsky)는 "그로브스가 프로젝트를 운영하는 방식은 기본적으로 부하들에게 겁을 줘서 맹목적으로 복종하게 만드는 것이었습니다."라고 기억했다.[6] 서버는 그로브스가 "그의 부하들에게는 가능한 한 심술궂게 대하는 것을 방침으로 하는 것"이 아닌가 생각했다.[7] 오펜하이머의 비서인 프리실라 그린 더필드(Priscilla Green Duffield)는 장군이 항상 그녀의 책상을 지나쳐 가면서 인사도 없이 "얼굴이 더럽군."과 같은 무례한 말들을 던졌다고 기억했다. 그로브스의 이런 교양 없는 행동은 메사의 대부분의 사람들에게 불만이었고, 이는 오펜하이머에게 향할 비판을 줄이는 효과가 있었다. 하지만 그로브스는 오펜하이머에게만은 그러지 않았는데, 이는 그들 사이의 관계에서 오펜하이머가 가진 영향력을 보여 주는 척도이기도 했다.

오펜하이머는 그로브스를 만족시키기 위해 필요한 일들을 해냈다. 그는 장군이 원했던 대로 능숙하고 효율적인 행정가로 거듭났다. 버클리에 있을 때 그의 사무실 책상 위에는 보통 종이가 산더미처럼 쌓여 있었다. 로스앨러모스에서 오펜하이머 가족의 가까운 친구가 된 버클리 출신 내과 의사 루이스 헴펠만은 오펜하이머가 메사에서는 "종이 한 장 없는 깨끗한 책상을 유지했다."라고 말했다. 외모도 변했다. 오펜하이머는 그의 긴 곱슬머리를 잘랐다. 헴펠만은 "그가 머리를 너무 짧게 잘라서 알아보지 못할 지경이었다."라고 기억했다.[8]

사실 콘던이 로스앨러모스를 떠날 무렵은 그로브스의 구획화 정책이 폐기되기 직전이었다. 오펜하이머는 그것 때문에 그로브스와 대결하기를 원하지 않았지만, 정책 자체는 웃음거리가 되고 있었다. 작업이 진전되면서, 모든 "하얀 명찰" 과학자들이 서로 문제와 생각을 공유하는 것이 점점 중요해졌던 것이다. 텔러조차도 구획화가 효율성을 저하시킨다는 것을 인정했다. 1943년 3월 초 텔러는 오펜하이머에게 보내는 공식적인 편지에서 "나의 오랜 걱정. 너무 많은 비밀(my old anxiety. too much secrecy)"에 대한 논의를 펼쳤다고 설명했다.[9] 하지만 그러고 나서 곧 "나는 당신을 괴롭히려고 한 것이 아니라, 필요한 일이 생기면 나의 진술을 이용할 수도 있을 것이라는 생각에 한 일"이라고 털어놓았다. 그로브스는 그가 무엇에 부딪치고 있는지 곧 알아차렸다. 아무리 해도 그는 가장 책임감 있는 고참 과학자들로부터도 협조를 받아 낼 수 없었다. 한번은 로런스가 로스앨러모스를 방문해 소규모의 과학자 그룹에게 강의를 하기로 되어 있었다. 그로브스는 로런스를 잠시 옆으로 데리고 가서 얘기해서는 안 되는 내용에 대해 구체적인 지시를 내렸다. 놀랍게도 얼마 후 그로브스는 로런스가 칠판 앞에서 "그로브스 장군이 이 얘기는 하지 말라고 했지만……"이라고 말하는 것을 들었다.[10] 공식적으로 바뀐 것은 없었지만, 실질적으로 과학자들 사이에서 구획화 정책은 점점 힘을 잃어 갔다.

그로브스는 종종 구획화 정책이 실패했던 것은 콘던이 오펜하이머를 물들였기 때문이라고 덮어씌웠다. "그(콘던)가 로스앨러모스 초기에 엄청난 피해를 주었다."라고 그로브스는 1954년에 증언했다. "나는 구획화가 실패한 책임이 오펜하이머 박사 때문인지, 콘던 박사 때문인지 아직도 잘 모르겠다." 그는 20~30명 정도의 최고 수준의 과학자들이 자유롭게 대화를 주고받는 것은 괜찮을지도 모르겠다고 생각했다. 하지만 수백 명이 동시에 정책을 무시하자 구획화 정책은 우스갯소리에 지나지 않게 되었다.

그로브스는 마침내 로스앨러모스에서는 과학의 규칙이 군사 보안의 원칙을 이길 수밖에 없다는 것을 인식하게 되었다. 그의 증언에 따르면, "나는 상황을 전반적으로 총괄하긴 했지만 내 마음대로 하지 못했던 부분도 상당히 많았습니다. 나는 오펜하이머 박사가 보안 규칙을 항상 엄격하게 따르지는 않았다고 말했습니다만, 다른 고참 과학자들도 마찬가지였다는 말을 덧붙여야 공평할 것 같습니다."[11]

1943년 5월에 오펜하이머가 주재하는 회의에서 2주마다 화요일 저녁에 전체 세미나를 열자는 결정이 내려졌다.[12] 그는 텔러를 설득하여 세미나를 조직하는 일을 맡겼다. 그로브스가 이 세미나에서 다루게 될 주제의 범위에 대해 "걱정스럽다."라고 말했을 때, 오펜하이머는 이미 세미나를 열기로 "결정했다."라고 피력했다. 다만 오펜하이머는 과학자들의 출석을 제한하는 것에는 동의했다. 그는 또한 로스앨러모스의 과학자들이 맨해튼 프로젝트 소속의 다른 연구소의 과학자들과도 정보를 교환할 필요가 있다고 강하게 주장했다. 예를 들어 그해 6월 그는 시카고 야금 연구소의 페르미가 로스앨러모스를 방문할 수 있도록 허가해 달라고 강력하게 요구했다. 그는 페르미의 방문은 "최고로 중요한 사안"이기 때문에, 취소해서는 안 된다고 그로브스에게 말했다.[13] 결국 그로브스는 동의할 수밖에 없었고, 페르미는 방문 허가를 받았다.

1943년 늦은 여름, 오펜하이머는 맨해튼 프로젝트 보안 장교에게 보안에 관한 자신의 의견을 설명했다. "이 빌어먹을 것에 대한 나의 생각은, 우리가 수행하는 작업에 대한 (기본적) 정보는 이미 알고 싶어 하는 모든 국가들이 알고 있다는 것입니다. 한편 우리가 현재 진행하고 있는 일은 대단히 복잡하기 때문에 알아 봤자 별 소용이 없을 것입니다."[14] 폭탄에 대한 기술 정보가 다른 나라로 새 나가는 것은 위험한 일이 아니었다. 진짜 비밀은 "우리 노력의 강도"와 "관련된 국제적 투자"의 규모에 있었다. 만약 다른 나라들에서 미국이 폭탄 개발에 투입하는 자원의 규모를 알아챈다면, 그들도 비슷한 폭탄 프로젝트를 시작할지도 몰랐다. 오펜하이머는 이것조차도 "러시아에는 별로 영향이 없을 것"이라고 생각했지만, "독일에는 매우 큰 영향을 미칠지도 모르는데, 여기에 대해서는 많은 사람들도 동의할 것이라고 주장했다."

오펜하이머가 그로브스의 보안 장교들의 요구에 정신을 빼앗기고 있는 와중에도, 그의 젊은 추종자들 중 몇몇은 육군이 맨해튼 프로젝트를 엉성하게 관리하는 바람에 귀중한 시간을 낭비하고 있다고 불평을 늘어놓았다. 로스앨러모스가 문을 열었던 1943년 3월 무렵이면, 핵분열이 발견된

지 이미 4년이 지났고, 프로젝트에 참가하던 대부분의 물리학자들은 독일이 이미 2년 이상 앞서 있을 것이라고 생각했다. 급박한 현실 앞에서 그들은 육군의 보안 조치, 느려 터진 관료주의, 그밖에 작업의 진전을 늦추는 모든 것에 분노할 수밖에 없었다. 그해 여름 모리슨은 야금 연구소에서 보낸 "친애하는 오피에게"라는 제목의 편지에서 "작년 겨울의 작업에서 보였던 추진력은 거의 사라졌습니다. 연구원들과 하청업자들 사이의 관계는 악화되었습니다. 그 결과 신속한 성공은 불가능할 지경에 이르렀습니다."라고 보고했다.[15] 시카고 연구소의 젊은 과학자 10여 명은 걱정 끝에 루스벨트 대통령에게 연명으로 편지를 써서 "냉정하게 판단해 보았을 때 이 프로젝트는 시간을 낭비하고 있습니다. 육군의 지침은 상투적이고 판에 박힌 것들입니다." 가장 중요한 것은 속도였다. 그러나 육군은 "이 새로운 분야에서 능력을 발휘할 수 있는 몇몇 과학계 지도자들"의 의견을 듣지 않았고, "이러한 정책은 미국의 안보를 위협하고 있습니다."

3주 후인 1943년 8월 21일, 베테와 텔러는 오펜하이머에게 보낸 편지에서 프로젝트의 진척 상황에 대한 불만을 드러냈다. "신문과 정보 기관의 보고에 따르면, 독일인들은 11월과 1월 사이에 강력한 신무기를 갖게 될지도 모른다고 합니다."[16] 그들은 그 신무기가 아마도 "튜브합금(Tube-Alloys, 원자 폭탄의 영국 코드명)"일 것이라고 경고했다. "이것이 사실이라면 귀결이 어떠할지에 대해서는 말할 필요도 없을 것입니다." 그리고 나서 그들은 폭탄급 우라늄 생산을 책임지고 있는 기업들이 프로그램의 진척을 늦추고 있다고 불평했다. 베테와 텔러가 제시한 해결책은 "이 문제의 여러 단계에서 가장 경험이 많은 과학자들에게 직접 적절한 재원을 제공하여 새로운 프로그램을 만드는 것"이었다.

오펜하이머는 그들의 우려에 동의했다. 그 역시 미국이 독일에 뒤처질

지도 모른다는 걱정을 가지고 있었고, 그래서 그는 더욱 열심히 일했고 부하들에게도 그렇게 하도록 독려했다.

과학 총책임자라는 직위는 오펜하이머에게 로스앨러모스 안에서 절대적인 권한을 주었다.[17] 비록 겉으로는 군사 기지 사령관과 권력을 나눠 갖고 있었지만, 오펜하이머는 그로브스 장군에게 직접 보고했다. 초대 기지 사령관이었던 존 하먼(John M. Harmon) 중령은 과학자들과 수 차례 의견 충돌을 빚었고, 그로 인해 4개월 만인 1943년 4월 보직 해임되고 말았다. 그의 후임이었던 휘트니 애시브리지(Whitney Ashbridge) 중령은 과학자들과의 마찰을 최소화하고 그들의 불만을 사지 않는 것이 최선이라는 것을 잘 이해했다. 애시브리지는 우연하게도 로스앨러모스 목장 학교 출신이었는데, 그는 1944년 가을의 어느 날 과로로 인해 가벼운 심장 마비를 겪었고, 그 후 제럴드 타일러(Gerald R. Tyler) 중령에게 자리를 넘겨주었다. 전쟁이 끝날 때까지 오펜하이머는 이들 세 명의 육군 영관급 장교들과 함께 일했다.

보안 문제는 항상 골칫거리였다. 한때 육군 보안대는 오펜하이머의 집 밖에 무장 헌병을 배치했다.[18] 헌병들은 통행증을 검사했는데, 키티 역시 예외는 아니었다. 키티는 집을 나설 때 자주 통행증을 두고 다녔고 군인들이 집에 들어가지 못하게 하면 항상 큰 소란을 피웠다. 그래도 그녀가 불평만 했던 것은 아니었다. 키티는 가끔 외출할 때 헌병들에게 피터를 봐 달라고 부탁하기도 했다. 경계 담당 부사관은 사태를 파악하게 되자 헌병들을 철수시켰다.

그로브스 장군과의 협의 하에 오펜하이머는 내부 보안을 총괄하는 3인의 위원회를 위촉했다. 그는 자신의 보좌관인 호킨스와 맨리, 그리고 화학자 조 케네디(Joe Kennedy)를 임명했다. 그들은 헌병들의 접근조차 금지된, 철조망으로 둘러싸인 연구소(T-섹션) 안의 보안을 맡게 되었다. 내부 보안 위원회는 과학자들이 사무실을 비울 때 파일 캐비닛을 제대로 잠궜는지의 여부 같은 일상적인 일을 다뤘다. 누군가 밤새 기밀문서를 책상 위에 두고 퇴근한 것이 발견되면, 그 과학자는 다음 날 밤 연구소 순찰을 돌고 다른 규칙 위반자를 잡아내야만 했다. 서버는 어느 날 호킨스와 에밀리오 세그레가 다투는 것을 보았다. 호킨스는 "에밀리오, 당신은 어젯밤 기밀문서를 두고 갔어요."라고 말했다.[19] "그러니까 오늘밤에는 당신이 순찰을 돌아야 합니다." 세그레는 "그 논문은 전부 엉터리예요. 그것은 적들을 혼란에 빠지게 할 겁니다."라고 반박했다.

오펜하이머는 그의 부하들을 보안 기구로부터 보호하기 위해 끊임없이 노력했다. 그는 서버와 수차례에 걸쳐 어떻게 부하들이 해임되지 않도록 할 수 있는지 의견을 나누었다. 서버는 보안 부서에 대해 "그들이 마음대로 할 수 있다면, 아무도 남지 않을 것이다."라고 말했다.[20] 역시나 1943년 10월 육군의 보안 조사관들은 로버트와 샬럿 서버를 로스앨러모스로부터 떠나게 해야 한다고 권고했다. FBI는 특유의 과장을 섞어 서버 부부는 "공산주의 사상에 완전히 물들어 있으며, 그들의 지인들은 확인된 과격파들이었다."라고 뒤집어씌웠다.

로버트 서버는 좌파적인 생각을 가지고 있기는 했지만, 그의 부인만큼 활발한 정치 활동을 하지는 않았다. 샬럿은 1930년대 말 스페인 공화주의자들을 위한 모금 활동 같은 프로젝트에 힘을 쏟았다. 하지만 그렇게 보자면 오펜하이머가 샬럿보다 정치적으로 더 활발했다. 기록에는 육군의 고소가 어떻게 기각되었는지 확실히 남아 있지 않지만, 아마도 오피가 개인적으로 서버의 충성심을 보장했을 것이라고 추측할 수 있다. 어느 날 보안 담당 장교인 피어 드 실바(Peer de Silva) 대위가 서버의 정치적 배경에 대해 다그치자, 오펜하이머는 그것을 중요하지 않은 것으로 치부해 버렸다. "오펜하이머는 자발적으로 서버가 과거에 공산주의 활동을 했고, 서버 자신이 그렇게 말했다는 정보를 제공했다."[21] 오펜하이머는 그가 서버를 로스앨러모스로 데려오기 전에 정치 활동을 그만둬야 한다고 말했다고 설명했다. "서버는 그러겠다고 말했고, 나는 그 말을 믿습니다." 물론 드 실바는 이 말을 믿지 않았고, 이것은 오펜하이머의 순진함을 보여 준다고 생각했다.

언덕 위의 많은 부인들처럼, 샬럿 서버는 기술 구역에서 일했다. 비록 육군 정보과의 보안 파일에는 그녀 가족의 좌익 배경에 관한 내용이 포함되어 있었지만, 샬럿은 여전히 로스앨러모스의 가장 중요한 비밀을 관리하는 과학 도서관 사서 업무를 계속 보고 있었다. 오펜하이머는 그녀를 대단히 신뢰했다. 청바지 같은 캐주얼 복장을 좋아하는 샬럿은 도서관을 "입소문의 중심지"이자 사교 장소로 만들었다.[22]

어느 날 오펜하이머는 샬럿을 그의 사무실로 불렀다. 오펜하이머는 샌타페이에 퍼지고 있는 사막의 비밀 시설에 관한 소문에 대해 설명했다. 그는 그로브스에게 주의를 딴 데로 돌리기 위해서는 새로운 소문을 퍼뜨리는 것이 현명할지도 모른다고 제안했다. 오펜하이머가 말하기를 "그러니까 샌타페이에는 우리가 전기 로켓을 만들고 있다고 하는 거지."[23] 그러고 나서 그는 서버 부부와 또 한 커플에게 샌타페이의 선술집에 다니면서 소문을 퍼뜨리라고 지시했다. "술을 너무 많이 마신 것처럼 수다를 떠는 거야. 어쨌든 우리가 전기 로켓을 만들고 있다고 말하라구." 존 맨리와 프리실라 그린은 로버트, 샬럿 서버와 함께 샌타페이까지 자동차를 몰고 가서 소문을 퍼뜨리려 시도했다. 하지만 아무도 관심을 보이지 않았고, 육군 정보과는 전기 로켓에 대한 이야기는 듣지도 못했다.

제멋대로인 장난꾼 파인만은 보안 규정에 대응하는 자기만의 방식을 가지고 있었다. 검열관들이 앨버커키의 결핵원에 입원중인 파인만의 아내 알린이 코드로 쓴 편지를 보낸다고 불평하자, 그는 암호를 해독하는 열쇠를 가지고 있지 않다고 설명했다. 그것은 그의 코드 해독 능력을 연습해 보려는 파인만 부부 사이의 게임이었다. 그밖에 파인만의 장난은 보안 관계자들의 눈에 띄기 시작했다. 어느 날 밤에는 그가 기밀문서가 들어 있는 캐비닛을 모두 열어 놓은 적도 있었다. 또 다른 날에는 그는 로스앨러모스를 둘러싸고 있는 울타리에 구멍을 발견하고는, 경비에게 손을 흔들며 정문으로 걸어 나갔다가 구멍으로 다시 들어와 정문으로 다시 걸어 나갔다. 그는 이것을 몇 차례 반복했다. 파인만은 거의 체포될 뻔 했다. 그의 익살은 로스앨러모스의 전설이 되었다.[24]

육군과 과학자들의 관계는 항상 삐걱거렸다. 그로브스 장군이 분위기를 잡았다. 그의 부하들만 있을 때, 그로브스는 로스앨러모스의 민간인들을 항상 "아이들(the children)"이라고 불렀다. 그는 자신의 부하들 중 하나에게 "이 까다로운 사람들을 만족시키려고 노력해 보게. 생활 환경, 가족 문제 등 어느 것도 이들이 일하는 데 방해가 되어서는 안 돼."라고 지시하기도 했다.[25] 대부분의 민간인들은 그로브스를 "불쾌"하다고 여겼지만, 그는 그들이 어떻게 생각하건 상관하지 않는다는 것을 명확히 보여 줬다.

오펜하이머는 그로브스와 잘 지내는 편이었지만, 육군 방첩 장교들의 무례함은 참을 수가 없었다. 어느 날 오펜하이머가 팀장들과 정기 금요 회의를 하고 있을 때 드 실바 대위가 사무실에 느닷없이 들이닥쳐서는 "불만이 있습니다."라고 말했다.[26] 드 실바가 설명하기를, 어느 과학자가 자기 사무실로 와서 이야기를 하면서 그의 허락도 없이 책상 구석에 앉았다는 것이다. "기분 나쁩니다."라고 대위는 열을 냈다. 오펜하이머는 "대위, 이 연구소에서는 누구라도 다른 사람의 책상에 걸터 앉을 수 있습니다."라고 대답했다. 그때 사무실에 있던 사람들이 고소해했음은 말할 필요도 없다.

드 실바 대위는 로스앨러모스에 주재하고 있던 유일한 웨스트 포인트 졸업생으로 자신의 업무를 진지하게 생각하는 군인이었다. "그는 모두를 완전히 의심하고 있었어요."[27]라고 호킨스는 회고했다. 오펜하이머가 전 공산당원인 호킨스를 연구소의 보안 위원회에 임명한 일은 드 실바의 의심에 불을 질렀다. 오펜하이머는 호킨스를 좋아했고 그의 능력을 높이 샀다. 그는 호킨스가 충성스러운 미국인이라는 것을 알고 있었고, 그의 좌익 정치 사상은 자신과 마찬가지로 혁명적이라기보다는 개혁적인 것이었다.

어떤 보안 규정들은 모두에게 짜증나는 것이었다. 텔러가 그의 부하들이 편지 검열에 대해서 불평하고 있다고 말하자, 오펜하이머는 냉소적으로 "무슨 불만이 그렇게 많답니까? 나는 내 친동생하고도 얘기를 나누지 못하는데."라고 대답했다. 그는 자신이 감시받고 있다는 생각에 분노를 금하지 못했다. 윌슨의 회고에 따르면 "그는 자기 전화가 도청되고 있다면서 끊임없이 불평을 늘어놓았습니다."[28] 당시 윌슨은 이것은 "어느 정도는 편집증적"이라고 생각했다. 한참 후에야 그는 오펜하이머가 거의 완벽한 감시 아래 생활하고 있었다는 것을 알게 되었다.

로스앨러모스 연구소가 시작하기도 전인 1943년 3월, 육군 방첩대는 에드거 후버(J. Edgar Hoover)에게 오펜하이머에 대한 FBI의 감시를 일시 중지하라고 요청했다. 3월 22일부로 후버는 요청대로 감시를 중단했으나, 샌프란시스코의 그의 요원들에게는 오펜하이머와 관련이 있을 만한 공산당원에 대한 감시를 계속하라고 지시했다. 그날 육군은 오펜하이머에 대한 24시간 감시를 시작했다고 FBI에게 알렸다. 오펜하이머가 로스앨러모스에 도착하기도 전에 많은 수의 육군 방첩대 요원들이 비밀 임무를 수행하고 있었다. 그중 한 명이었던 앤드루 워커(Andrew Walker)는 오펜하이머의 개인 운전사이자 보디가드로 채용되었다. 워커의 증언에 따르면 방첩대 요원들은 오펜하이머의 우편물과 집 전화를 감시했다.[29] 오피의 사무실 역시 도청되고 있었다.

한편 오펜하이머 스스로도 보안에 더 신경을 쓰게 되었다. 한때 조심성 없는 대학교수였지만, 이제는 기밀 메모를 조심스럽게 뒷주머니에 핀으로 고정시키는 것이 습관이 되었다. 그는 귀중한 시간을 쪼개 육군 보안 장교들의 요구를 하나하나 들어줄 만큼 그들을 만족시키려고 노력했다. 하지만 업무의 압박, 끊임없이 감시받고 있다는 느낌, 실패하지는 않을까 하는 두려움, 그리고 다른 많은 걱정이 그에게 타격을 주기 시작했다. 1943년 여름의 어느 날, 오펜하이머는 바커에게 사직을 고려하고 있다고 고백했다. 그는 자신의 과거사에 대한 조사에 쫓기는 느낌을 받고 있으며, 업무에서 오는 스트레스를 감당할 수 없을 정도라고 털어놓았다. 오피가 자신이 얼마나 이 일을 하기에 적절치 않은 사람인지 늘어놓는 것을 듣고서, 바커는 한마디로 "당신말고는 이 일을 할 수 있는 사람은 아무도 없다."라고 말해주었다.[30]

그래서 오펜하이머는 꾹 참았다. 하지만 1943년 6월에 딱 한 번, 그는 육군 방첩대 장교들의 우려를 살 만한 일을 저지르고 말았다. 그는 키티와 결혼했음에도 불구하고 1939년과 1943년 사이 1년에 두 번 정도 진 태트록과의 만남을 지속했다. 그가 나중에 설명하기를 "우리는 서로에게 매우 깊이 빠져 있었고, 여전히 깊은 감정이 남아 있었다."[31] 그와 진은 1941년 신년 전야에 만났고, 그 후에도 가끔씩 버클리에서 열리는 파티에서 우연히 마주쳤다. 또 오펜하이머는 진을 그녀의 아파트와 그녀가 정신과 의사로 근무하는 어린이 병원 사무실로 방문하기도 했다. 한번은 그의 이글 힐 드라이브 집에서 가까운 진의 아버지 집을 찾아가기도 했고, 또 한번은 샌프란시스코에서 전망이 가장 좋은 식당인 톱 오브 더 마크(Top of the Mark)에서 같이 술을 마시기도 했다.

오펜하이머가 이 무렵 진과 다시 연애를 시작했는지는 확실치 않다. 우리가 아는 것은 그가 그녀를 다시 만나기 시작했고 그들 사이의 감정의 끈이 여전히 끊어지지 않은 채로 남아 있었다는 것이다. 오펜하이머가 키티와 결혼한 1940년 이후 어느 날, 진은 그들의 오랜 친구인 이디스의 샌프란시스코 아파트를 방문하고 있었다. 진은 창가에서 이디스의 어린 딸 마가렛 루드미야를 안고 서 있었다. 그때 이디스가 오펜하이머와 결혼하지 않은 것을 후회하느냐고 물었다. 그녀는 "응."이라고 대답했고, 자신이 "그토록 혼란스럽지만 않았더라도" 그와 결혼했을 것이라고 말했다.[32]

오펜하이머가 버클리를 떠난 1943년 봄 무렵 진은 의과 대학 학위 과정을 마치고 의사로서의 경력을 시작했다. 그녀는 마운트 시온 병원의 아동 정신과 의사로서 정신적 문제를 겪는 아이들을 돌보고 있었다.[33] 그녀는 자신의 성격과 지능에 잘 어울리는 직업을 선택한 것처럼 보였다.

진은 오펜하이머에게 그와 키티가 로스앨러모스로 떠나기 전에 한번 보고 싶은 "강한 욕망을 가지고 있다."라고 말했다. 하지만 어떤 이유에선지, 오펜하이머는 거절했다. 그가 넬슨에게도 인사를 한 것을 보면 보안 문제는 아니었을 것이다. 어쩌면 키티가 반대했을지도 모른다. 어쨌든 그는 진에게 작별 인사도 없이 로스앨러모스로 떠났고, 그것에 대해 죄책감을 가지고 있었다. 그들은 편지를 주고받았으나, 진은 그녀의 친구들에게 그의 편지를 이해할 수 없다고 말했다. 그녀는 몇 번에 걸친 답장에서 그를 비난했다.[34] 오펜하이머는 그녀가 프로이트의 학생이었으며 그가 정기적으로 참가한 학습 모임의 지도자이자 좋은 친구인 베른펠트 박사에게 심리 치료를 받고 있다는 것을 알고 있었다. 오펜하이머는 베른펠트 박사가 진의 연습 상대(training analyst)라는 것을 알고 있었으며, 또한 그녀가 "대단히 불행"했다는 것 역시 알고 있었다.[35]

그래서 그가 1943년 6월 버클리에 들를 일이 있었을 때, 오펜하이머는 일부러 진에게 전화를 걸어 저녁을 같이 먹자고 했다. 군사 정보 요원들은 그의 방문 내내 그를 미행했고, 나중에 관찰 결과를 FBI에 보고했다. "1943년 6월 14일, 오펜하이머는 기차를 타고 버클리를 출발해 샌프란시스코까지 가서……진 태트록을 만났고, 그녀는 그에게 키스했다."[36] 그리고 그들은 팔짱을 끼고 그녀의 1935년형 초록색 플리머스 쿠페 자가용을 타고 값싼 선술집, 카페, 댄스 홀을 겸비한 조키밀코 카페(Xochimilco Café)로 향했다. 그들은 저녁 식사에 곁들여 술을 몇 잔 하고, 약 10시 50분경 샌프란시스코 몽고메리 가 1405번지에 위치한 진의 아파트로 돌아왔다. 11시 30분에 불이 꺼졌고, 오펜하이머는 다음 날 아침 8시 30분에 진과 함께 모습을 드러낼 때까지 눈에 띄지 않았다. 그 FBI 보고서에는 "오펜하이머와 태트록 사이의 관계는 애정이 넘치고 친밀한 것처럼 보인다."라고 기록되어 있다. 그날 저녁, 요원들은 진과 오펜하이머가 샌프란시스코 시내의 유나이티드 항공사 사무실에서 만나는 것을 목격했다. "태트록은 걸어서 나타났고 오펜하이머는 그녀를 맞기 위해 뛰어갔다. 그들은 애정 표시를 한 후 가까이에 세워 둔 그녀의 차로 걸어갔다. 거기서 저녁을 먹으러 키트 카슨 그릴(Kit Carson's Grill)로 향했다." 저녁 식사 후 진은 그를 공항까지 배웅했고, 그는 뉴멕시코로 가는 비행기에 올랐다. 그 이후로 오펜하이머는 그녀를 두 번 다시 만나지 않았다. 11년 후 심문관들이 그에게 "왜 그녀가 당신을 만나야만 했는지 알아냈습니까?"라고 물었을 때, 그는 "그녀는 여

전히 나와 사랑에 빠져 있었기 때문입니다."라고 대답했다.[37]

오펜하이머가 공산당원으로 알려진 진과 만났다는 보고서는 워싱턴으로 전달되었고, 곧 그녀가 소련 정보 기관으로 원자 폭탄과 관련된 기밀을 전달하는 통로가 아닌가 하는 의심을 샀다. 진의 전화를 감청하는 것을 정당화하기 위해 1943년 8월 27일 작성된 문서에서 FBI는 오펜하이머가 "그녀를 중개자로 이용하거나, 그녀의 전화로 코민테른 조직과 중요한 통화를 했을" 가능성이 있다고 밝혔다.[38]

1943년 9월 1일, FBI의 수장인 에드거 후버는 법무장관에게 보내는 편지에서, 그들의 소련 코민테른 첩보 요원들에 대한 수사 결과 "진 태트록은 우리 나라의 전쟁 준비 노력에 관한 비밀 정보를 가진 사람의 정부(情婦)가 되었음을 확인했다."라고 밝혔다.[39] 후버는 진이 "샌프란시스코 지역 코민테른 조직원들의 연락책이며, 그녀는 관련자로부터 비밀 정보를 빼낼 수 있는 위치에 있을 뿐만 아니라 공산주의 조직의 첩보 요원들에게 그 정보를 전달해 줄 수도 있다."라고 주장했다. 후버는 "코민테른 조직 첩보 요원들의 신원을 파악하려는 목적으로" 그녀의 전화를 감청할 것을 제안했고, 그해 늦은 여름 무렵 육군 정보처나 FBI에 의해 도청기가 설치되었다.

오펜하이머가 진과 하룻밤을 보낸 지 2주 후인 1943년 6월 29일, 서해안 방첩 대장인 보리스 패시 중령은 펜타곤에 보낸 메모에서 오펜하이머의 비밀 취급 인가를 취소하고 현재 직위에서 해고할 것을 요구했다. 패시는 오펜하이머가 "여전히 공산당과 연계하고 있을지도 모른다."[40]는 정보를 가지고 있다고 보고했다. 그가 가진 것은 모두 정황 증거에 불과했다. 그는 오펜하이머가 진을 방문한 사실과 "버나데트 도일과 스티브 넬슨과 연락을 주고받는 공산당원인" 데이비드 호킨스와의 전화 통화를 증거로 들었다. 패시는 오펜하이머가 과학 정보를 직접 공산당에 보내지는 않을지라도, "다른 연락책에게 정보를 제공하고, 그 연락책들이 다시" 맨해튼 프로젝트에 관한 정보를 소련에 넘겼을 "가능성이 있다."라고 믿었다.[41] 패시는 당연하게도 진이 그 경로가 아니었을까 의심했다.[42] 그는 FBI의 동료들로부터 진이 1943년 8월까지도 공산당 내에서 활발하게 활동했다는 사실을 들었을 것이다.

패시의 생각에 진은 주요 간첩 혐의자였고 그는 그녀의 전화를 도청함으로써 그것을 증명할 수 있기를 바랐다. 최소한 패시는 오펜하이머와 진의 관계를 이용해 그를 굴복시키려고 했던 것이다. 6월 말쯤, 그는 이런 생각들을 문서로 정리해 그로브스의 새 보안 보좌관이자 클리블랜드 출신의 젊고 똑똑한 변호사인 존 랜스데일(John Lansdale) 중령에게 보냈다. 패시는 랜스데일에게 만약 오펜하이머를 바로 직위 해제시킬 수 없다면, 그를 워싱턴으로 불러 "방첩법 및 관련 법안"에 의해 처벌받을 수 있음을 명확히 알려야 한다고 말했다. 오펜하이머에게 군사 정보처가 그의 공산당 가입 사실에 대해 전부 알고 있으며, 정부는 그가 공산주의자 친구들에게 정보를 흘리는 것을 용납하지 않겠다는 점을 분명히 해야 한다는 것이었다. 패시는 그로브스 장군과 마찬가지로 오펜하이머를 견제하는 데 그의 야망과 자부심을 이용할 수 있을 것이라고 생각했다. 패시는 다음과 같이 썼다. "본인의 의견에 따르면, 해당자(오펜하이머)는 현 프로젝트의 성공으로 인해 얻을 자신의 미래와 명성을 보호하려고 할 것이다. 그러므로 그는 총책임자 직위를 유지하기만 한다면 정부의 계획에 협조하기 위해 모든 노력을 쏟을 것이다."[43]

그 무렵 랜스데일은 오펜하이머를 만났고, 패시와는 달리 그는 오펜하이머를 좋아했고 신뢰했다. 하지만 그는 오펜하이머가 프로젝트의 주요 인물로서는 정치 성향에 문제가 있다는 점을 인식했다. 패시의 제안을 들자마자, 랜스데일은 그로브스에게 그동안의 증거를 요약한 짧은 2쪽짜리 메모를 보냈다. 랜스데일은 그동안 오펜하이머가 가입했던 모든(FBI의 정의에 따른) "전위" 조직을 열거했다. 이중에는 미국 시민 자유 연맹과 미국 민주주의와 학문의 자유 위원회도 포함되어 있었다. 그는 또 오펜하이머가 윌리엄 슈나이더만(William Schneiderman), 스티브 넬슨, 한나 피터스(랜스데일에 따르면 "캘리포니아 알라메다 카운티 공산당 전문 분과 의사 지부의 조직책"), 아이작 폴코프처럼 공산주의자로 확인되었거나 의심을 받고 있는 인사들과도 연관과 친분이 있다는 점을 언급했다. 또 개인적인 친분 관계가 있는 사람들도 열거했는데, 여기에는 "오펜하이머가 부적절한 관계를 가졌다고 알려진" 진 태트록과 "많은 사람들이 공산당원이라고 믿는" 하콘 슈발리에가 포함되어 있었다. 랜스데일이 들었던 가장 심각한 사례는 스티브 넬슨의 조수인 버나데트 도일이었는데, "아주 믿을 만한 정보원에 따르면(예를 들어 전화 감청)" 그녀는 "J. R. 오펜하이머와 그의 동생 프랭크가 공산당에 정기적으로 당비를 납부했다고 말했다."

하지만 랜스데일은 오펜하이머의 해고를 요청하지는 않았다. 대신에 그는 1943년 7월 그로브스에게 "우리는 오펜하이머에게 공산당이 맨해튼 프로젝트에 관한 정보를 얻어 내려 한다는 사실을 알고 있다고 명확히 알려야 한다."라고 권고했다.[44] "우리는 이런 활동을 하는 반역자들의 일부를 파악 알고 있다."라고 말하라는 것이다. 물론 드러나지 않은 이들 때문에 육군은 공산주의 노선을 따르는 자들이 꼼꼼하게 찾아내 맨해튼 프로젝트에서 퇴출시킬 계획이었다. 대량으로 면직시키는 것이 아니라, 구체적인 증거에 기초한 조사 결과를 따르겠다는 것이다. 이를 위해 랜스데일은 오펜하이머를 이용하려고 했다. "그는 이 문제를 해결함에 있어 공산당에 대한 그의 관심과 공산당원들과의 연계와 친분이 큰 걸림돌이 되었음을 알아야 한다." 랜스데일은 이러한 방식을 통하면 오펜하이머가 관련자의 이름을 대게 할 수도 있다고 생각했던 것 같다. 간단히 말해 랜스데일은 오펜하이머를 과학 총책임자로 두고 싶으면, 그를 정보원으로 활용할 수 있도록 압박을 가해야 한다고 그로브스에게 말했던 것이다.

그 후 몇 년간, 적어도 오펜하이머가 정부에 고용되어 있는 동안에 그는 패시-랜스데일 전략 또는 그 변종에 시달려야만 했다. 로스앨러모스에서 그는 몇 명의 비서들을 두고 있었는데, 그들은 사실 "경호원 역할뿐만 아니라 비밀 요원으로도 활동할 수 있도록 특별히 훈련된 방첩대 요원들"이었다.[45] 그의 운전사이자 경호원이었던 앤드루 워커는 패시 중령에게 직접 보고하는 방첩대 요원이었다. 오펜하이머가 주고받는 우편물은 검열되었고, 그의 전화와 사무실도 도청 대상이었다. 전쟁이 끝난 이후에도 그는 직접 또는 전자 장비를 동원한 감시를 받았다. 그의 과거 행적은 의회 위원회들과 FBI에 의해 끊임없이 들먹여졌고, 그는 자신이 공산당 가입 혐의를 받고 있다는 사실을 거듭 확인받았다.

17장
오펜하이머는 진실을 말하고 있다

> 내가 무언가 잘못한 일이 있었다면 총살형을 당할 각오가 되어 있다.
>
> ─ 로버트 오펜하이머가 보리스 패시 중령에게

그로브스 장군은 랜스데일 중령의 권고에 동의했다. 그들은 오펜하이머를 프로젝트의 과학 총책임자로 두겠지만, 랜스데일은 오펜하이머를 자신의 거미줄에 옭아매기로 했다. 당연하게도 패시는 이 교묘한 전략에 강하게 반발했다. 그러나 1943년 7월 20일, 그로브스는 맨해튼 프로젝트 보안 부서에게 오펜하이머의 기밀 취급 인가를 발급하라고 지시했다. 이것은 "오펜하이머는 프로젝트에 꼭 필요한 인물이기 때문에 그에 대한 우리의 정보와 무관하게 추진될" 것이었다.[1] 이 결정에 불만을 품은 보안 장교는 패시만이 아니었다. 그로브스의 보좌관인 케네스 니콜스 중령은 오펜하이머에게 비밀 취급 인가가 승인되었다는 사실을 통보하면서 "앞으로는 수상한 친구를 만나는 것을 피하고, 로스앨러모스 밖으로 나갈 때면 우리가 항상 뒤따르고 있다는 것을 잊지 마시오."라고 경고했다.[2] 니콜스는 이미 오펜하이머를 강하게 불신하고 있었다. 이는 단지 그의 공산주의 과거 때문만이 아니라, 오펜하이머가 로스앨러모스에 "수상한 사람들"을 고용함으로써 보안을 위협하고 있다고 믿었기 때문이었다. 그가 오펜하이머에 대해 더 많이 알수록, 니콜스는 점점 더 그를 경멸하게 되었다. 그로브스는 이와 같은 의견에 공감하지 않았고, 오히려 오펜하이머를 점점 더 신뢰하게 되었다. 이는 오펜하이머에 대한 니콜스의 적의에 불을 붙이는 결과를 낳았다.

오펜하이머는 제거될 수 없었지만, 보안 요원들의 공격을 이겨 내지 못한 사람들도 많았다. 예를 들어 오펜하이머의 수제자인 21세의 로마니츠는 1943년 7월 27일 로런스의 사무실로 불려 가, 자신이 방사선 연구소의 그룹 리더를 맡게 되었다는 것을 알게 되었다. 하지만 3일 후 패시의 조사 보고서가 나오자 로마니츠는 징병 위원회로부터 바로 다음 날 신체검사를 받으러 오라는 통지를 받았다. 그는 즉시 로스앨러모스로 전화를 걸어 오펜하이머에게 사태를 설명했다. 오피는 그날 오후 국방부로 전보를 쳐서 "아주 심각한 문제가 발생했다. 로마니츠는 버클리에서 이 일을 맡을 수 있는 유일한 사람이다."라고 말했다. 그의 개입에도 불구하고 로마니츠는 곧 육군에 입대하고 말았다.

며칠 후 랜스데일이 오펜하이머의 사무실로 찾아왔다. 랜스데일은 로마니츠가 "간과하거나 용서할 수 없는 경솔한 행동"을 저질렀다면서, 그를 돕기 위한 노력을 중단하라고 경고했다.[3] 랜스데일은 로마니츠가 방사선 연구소에서 일하기 시작한 후에도 정치 활동을 계속했다고 밝혔다. 오펜하이머는 "그게 이유라면 화가 나는군요."라고 말했다. 그의 설명에 따르면 로마니츠는 폭탄 관련 연구를 시작하게 되면 정치 활동은 그만두기로 약속했다는 것이다.

랜스데일과 오펜하이머는 곧이어 공산당에 대한 개괄적인 토론을 나누었다. 랜스데일은 군사 정보 장교로서 개인의 정치적 믿음은 자신의 관심사가 아니지만, 허가를 받지 않은 사람들에게 기밀 정보가 새 나가는 것은 막아야 한다고 밝혔다. 놀랍게도 오펜하이머는 이에 강하게 반대하면서, 그는 현재 공산당적을 가지고 있는 사람이 프로젝트에 참가하는 것을 원하지 않는다고 말했다. 랜스데일이 그날 대화에 대해 작성한 보고서에 따르면, 오펜하이머는 "그런 사람들은 항상 충성심이 분열되는 문제점을 가지고 있다."라고 설명했다고 한다. 공산당 내부의 규율은 "매우 엄격했고, 그것은 프로젝트에 대한 완전한 충성심과 공존할 수 없는 것입니다." 그는 현재 당적을 보유하고 있는 사람들에 대해 이야기하고 있다는 것을 확실히 했다. 전직 당원들은 또 다른 문제였다. 그는 현재 로스앨러모스에서 일하고 있는 몇몇 전직 당원들을 알고 있었다.

랜스데일이 그 전직 당원들의 이름을 물어보려고 했을 때 마침 누군가 방에 들어와서 대화가 끊기고 말았다. 나중에 랜스데일은 오펜하이머가 "자신이 과거에 당원이었으며, 이 일을 시작한 이후 관계를 확실히 정리했음을 드러내려고 한 것이 아닌가" 생각했다.[4] 오펜하이머는 "암시적으로, 대단히 조심스럽게" 말하긴 했어도, 다른 한편으로 그의 입장을 설명하고 싶었던 것이다. 이후 몇 달간 두 사람은 가끔씩 보안 문제를 두고 다투었지만, 랜스데일은 항상 오펜하이머가 미국에 충성스럽게 헌신했다고 믿었다.

하지만 오펜하이머 자신은 랜스데일과의 대화 이후 걱정하기 시작했다. 로마니츠가 자신의 개입에도 불구하고 방사선 연구소에서 해고되었다는 사실은 뭔가 문제가 있다는 것을 보여 주는 사례였다. 구체적으로 어떤

"경솔한 행동"이 이런 결과를 낳았는지 모른 채, 오펜하이머는 건축가, 엔지니어, 화학자, 기술자 연맹의 이름으로 노조를 조직하려고 했던 것이 이유라고 추측했다. 여기에 생각이 미치자, 그는 슈발리에를 시켜 프로젝트 관련 정보를 소련에 넘겨주자고 접근했던 셸 엔지니어 조지 엘텐튼도 건축가, 엔지니어, 화학자, 기술자 연맹에서 활발히 활동하고 있었다는 것이 떠올랐다. 약 6개월 전에 자신의 부엌에서 엘텐튼의 계획에 대해 슈발리에와 나눴던 대화가, 비록 그는 말도 안 된다고 거절했지만 이제 심각한 문제가 될지도 모른다는 생각이 들기 시작했다. 오펜하이머는 랜스데일과의 대화 이후 운명적인 결정을 내리게 된다. 그는 관계 당국에 엘텐튼의 활동에 대해 알리기로 결정했다.

그로브스 장군은 나중에 FBI에, 오펜하이머가 자신에게 처음 엘텐튼을 언급했던 것은 8월 초 또는 중반 정도라고 말했다.[5] 하지만 오펜하이머는 거기서 멈추지 않았다. 1943년 8월 25일, 프로젝트 관련 업무로 버클리를 방문하고 있을 때 오펜하이머는 방사선 연구소 육군 보안 장교인 라이얼 존슨(Lyall Johnson) 중위의 사무실에 찾아갔다. 로마니츠에 대한 몇 마디를 나누고서 그는 존슨에게 이 동네에 건축가, 엔지니어, 화학자, 기술자 연맹에서 활발히 활동하는 셸 개발 회사 직원이 있다고 말했다. 그의 이름은 다름 아닌 엘텐튼이었고, 오펜하이머는 존슨에게 그를 눈여겨보아야 할 것이라고 말했다. 그는 엘텐튼이 방사선 연구소에 관한 정보를 구하려 한다고 넌지시 비추었다. 오펜하이머는 거기까지 얘기하고는 곧 자리를 떴다. 존슨 중위는 즉시 그의 상관인 패시에게 전화를 걸었고, 내일 오펜하이머에 대한 본격적인 인터뷰를 준비하라는 지시를 받았다. 그날 밤 그들은 존슨의 책상 밑에 조그마한 마이크를 설치해 옆방에서 그들의 대화를 녹음할 수 있게 준비해 두었다.

다음 날 오펜하이머는 운명적인 심문장에 모습을 나타냈다. 존슨의 사무실에 들어온 오펜하이머는 패시를 만나고는 놀라움을 감출 수 없었다. 만난 적은 없었지만 오펜하이머는 패시의 명성을 익히 들어 알고 있었다. 세 사람은 자리에 앉았고, 패시가 인터뷰를 주도했다.

패시는 의미 없는 아부성 발언으로 인터뷰를 시작했다. "영광입니다……. 그로브스 장군은 나에게 눈으로 볼 수 없는 아기를 원격으로 보게 하는 것 같은 책임을 맡겼습니다. 시간을 많이 뺏을 생각은 없습니다."[6]

"괜찮습니다." 오펜하이머는 대답했다. "시간은 얼마가 걸리든 상관 없습니다."

패시가 전날 존슨 중위와 나눴던 대화에 대해 묻기 시작하자, 오펜하이머는 말허리를 자르고 그가 의논할 것으로 생각했던 로마니츠에 대해 이야기하기 시작했다. 그는 자신이 로마니츠와 대화를 나누어야 할지 잘 모르겠으나, 하게 된다면 그가 얼마나 무분별했는지에 대해서 말해 주고 싶다고 설명했다.

패시는 다시 화제를 돌려 더 심각한 문제가 있다고 말했다. 방사선 연구소에 관심을 가진 "다른 조직"이 있었는가?

오펜하이머는 "아, 그렇다고 생각합니다. 하지만 내가 직접 알고 있는 것은 없어요." 그러나 그는 계속해서 "이름은 잘 모르지만 소련 영사관과 관련이 있는 어떤 남자가 프로젝트와 관련된 몇몇 중개자들을 통해 자신이 스캔들이 발생할 위험 없이 정보를 소련측에 전달할 수 있는 위치에 있다고 얘기한 것은 사실이라고 생각합니다." 그리고 나서 그는 같은 집단에서 활동하는 사람들 중에서 누군가 "경솔한 행동"을 하지 않을까 걱정했다고 덧붙였다. 오펜하이머는 패시가 묻기도 전에 자신의 입장을 설명하기 시작했다. "솔직히 말해서 나는 미국 대통령이 러시아 인들에게 우리가 이 문제에 대해 연구하고 있다고 말하는 편이 낫다고 생각합니다. 최소한 생각해 볼 만은 하다는 것이지요. 그러나 정보가 뒷구멍으로 새 나가는 것은 문제입니다. 그것에 대해서는 경계를 할 필요가 있겠지요."

어릴 때부터 볼셰비키를 증오하던 패시는 냉정하게 대응했다. "당신이 가진 정보가 정확히 무엇인지 구체적으로 말해 줄 수 있겠습니까? 당신도 알다시피 나에게 이것(기밀 정보의 유출)은 당신에게 프로젝트 전반의 진척이 중요한 만큼이나 중요한 문제입니다."

"글쎄요," 오펜하이머는 대답했다. "그들은 항상 다른 사람들에게 먼저 접근했습니다. 그러면 그 사람들은 견디다 못해 나를 찾아와 그 문제에 대해 상의하고는 했지요."

오펜하이머는 여기서 복수형을 사용했고, 하나 이상의 접근 방식에 대해 상세하게 설명하기 시작했다. 그는 심문을 받을 준비를 전혀 하지 못했다. 그는 로마니츠에 대해 존슨 중위와 더 자세하게 의논해야겠다고 생각한 터였다. 하지만 그는 난데없이 패시와 마주하고 있었고, 심문하는 듯한 패시의 말투는 그를 불안하게 했다. 그 결과 그는 필요 없는 말까지 하게 되었던 것이다.

6개월 전 부엌에서 슈발리에와 나눈 대화에 관한 기억은 이제 희미해져 있었다. 어쩌면 슈발리에가(엘텐튼이 나중에 FBI에 말했듯이) 엘텐튼에게 오펜하이머, 로런스, 앨버레즈에게 접근해 보라고 말했을지도 모른다.[7] 다른 한편 그는 소련이 미국의 신무기 기술에 대해 알아야 한다는 생각을 여러 번 피력하기도 했다. 어쩌면 다른 대화에서 나온 얘기와 엉켰을지도 모른다. 그건 충분히 가능한 일이었다. 많은 수의 친구, 학생, 그리고 동료들이 매일 유럽에서 파시스트들이 승리하지 않을까 걱정하고 있었다. 그들은 소련만이 그런 비극을 막을 수 있을 것이라고 정확하게 현실을 파악하고 있었다. 방사선 연구소에서 일하던 많은 물리학자들은 그들의 특별 프로젝트가 전쟁 수행에 직접적으로 기여할 수 있을 것이라고 믿었다. 이 사람들은 파시스트들의 공세를 전방에서 막아 내고 있는 사람들을 돕기 위해 그들의 정부가 할 수 있는 모든 것을 하고 있는지 자주 토의했다. 그 와중에 오펜하이머는 그의 동료들과 학생들이 궁지에 몰린 러시아 인들을 도와야 한다고 주장하는 것을 여러 번 듣기도 했다. 당시는 미국 언론에서 소련이 영웅적인 동맹국 대접을 받고 있을 무렵이었다.

이제 오펜하이머는 패시에게 소련을 돕는 문제로 그와 대화를 나누었던 사람들은 모두 "협력보다는 당황스러운" 태도를 보였다는 것을 설명하려고 했다. 그들은 우리의 동맹국을 도와야 한다는 것에는 공감했지만, 오펜하이머의 표현에 따르자면 정보를 "뒷문으로(out the back door)" 제공하는 것에는 부정적이었다. 나아가 오펜하이머는 그가 이미 그로브스와 존슨 중위에게 말했던 얘기를 꺼냈다. 셸 개발 회사에서 일하는 조지 엘텐튼을 감시할 필요가 있다는 것이었다. 오펜하이머는 "그는 아마도 정보를 제공받기 위해 할 수 있는 일을 해 달라는 요청을 받았을 것입니다."라고 말했다. 또한 엘텐튼은 어떤 프로젝트 연구원의 친구를 통해 이와 같은 얘기를 하기도 했다.

패시가 그들의 이름을 대라고 요구하자, 오펜하이머는 그들은 결백하다면서 예의 바르게 거절했다. "한 가지는 말해 줄 수 있습니다." 오펜하이머는 말했다. "두세 번인가 그런 경우가 있었지요. 그들 중 두 명은 아마도 로스앨러모스에서 나와 매우 가깝게 일하고 있었습니다." 로스앨러모스에서 일하던 두 명의 연구원들은 각각 1주일의 시차를 두고 소련의 연락을 받았다. 방사선 연구소의 직원이었던 세 번째 사람은 테네시 오크리지의 맨해튼 프로젝트 시설로 이미 옮겼거나 옮길 예정이었다. 그들에게 접근했던 사람은 엘텐튼이 아니라 제3의 인물이었는데, 오펜하이머는 "그러면 안 될 것이라고 생각"했기 때문에 그의 이름을 대지 않았다. 그는 자신의 "솔직한 의견"은 그 사람 자체는 결백하다는 것이라고 설명했다. 그의 추측에 따르면 그 사람은 어느 파티에서 엘텐튼을 우연히 만났고 엘텐튼이 그에게 다음과 같이 말했을 것이라고 추측했다. "나를 도와줄 수 있습니까? 우리는 여기서 중요한 일을 하고 있다는 것을 알고 있고, 그 내용을 우리 동맹국에 알리는 것이 필요하다고 생각합니다. 우리를 도와줄 수 있는 사람이 있을지 한번 알아봐 주겠습니까?"

오펜하이머는 이 "제3의 인물"이 버클리의 교수라는 것말고는 더 이상 구체적으로 언급하지 않았다. "이 일의 발단이 어디(엘텐튼)라는 것은 이미 말했고, 나머지는 모두 완전히 우연이었습니다." 오펜하이머가 엘텐튼을 지명한 것은 그를 "이 나라에 위협적인 존재"로 간주했기 때문이었다. 반면에 그의 친구인 슈발리에는 결백하다고 믿었기 때문에 거명하지 않았다. 오펜하이머는 패시에게 "엘텐튼과 프로젝트 사이의 중개자는 이것이 잘못된 것이지만 어쩔 수 없다고 생각했습니다. 나는 그가 계획에 찬성하지 않았을 것이라고 생각합니다. 아니, 확실히 그렇습니다."

오펜하이머는 엘텐튼의 이름을 제외하고는 슈발리에나 다른 사람을 거명하지 않았다. 하지만 그는 자신의 친구들에게 엘텐튼이 어떻게 접근했는지에 대해 꽤 상세하게 설명했다. 그는 패시에게 별 것 아니었다는 점을 강조하고 싶었던 것이다. "배경 설명을 좀 하지요. 당신도 두 동맹국 사이의 관계가 어렵다는 것은 알고 있을 테고, 러시아에 대해 별로 우호적이지 않은 사람들이 많지요. 그래서 정보, 레이더 같은 비밀 정보가 그들에게 전달되지 않는다는 것입니다. 그들은 목숨을 걸고 싸우고 있는데, 그들도 우리가 어떤 일을 하는지 알고 싶지 않겠습니까? 다시 말해서 이것은 단지 공식적인 교류에서 나타난 문제점을 좀 고쳐 보자, 이런 식으로 제안된 것입니다."

패시는 "아, 그렇군요." 정도로 대답했다.

"물론입니다." 오펜하이머는 성급하게 말을 받았다. "사실상 이것은 해서는 안 되는 교류니까, 반역죄라고 할 수 있지요." 하지만 접근의 의도 자체는 전혀 반역이 아니었다, 오펜하이머는 계속했다. 동맹국인 소련을 돕는 것은 "어쨌든 정부 차원에서 해결할 문제니까요." 이 일에 연루된 사람들은 단지 러시아와의 공식 교류 채널에서 드러난 "문제점"을 상쇄시킬 의사가 있느냐는 요청을 받은 것뿐이었다. 오펜하이머는 정보가 어떻게 러시아 인들에게 전달될 것이었는지에 대해서도 구체적으로 설명했다. 엘텐튼 지인이 접촉한 친구들에 따르면, 엘텐튼과의 인터뷰가 주선될 것이었다. 그들이 듣기로는 "엘텐튼이라는 사람이 (소련) 영사관 소속의 아주 믿을 만한 (그의 말에 따르면) 사람과 잘 알고 있답니다. 그 사람은 마이크로필름 제작 같은 일에 경험이 많다고 했습니다."[8]

"비밀 정보", "반역죄", "마이크로필름". 오펜하이머는 이런 단어들을 사용했다. 이는 오펜하이머를 공산당원은 아닐지라도 확실한 보안 위험 분자로 생각하고 있던 패시를 놀라게 하기에 충분했다. 패시는 자기 앞에 앉아 있는 이 사람을 결코 이해할 수 없었다. 그와 오펜하이머는 이웃 도시에 살고 있었지만, 그들은 전혀 다른 세계 사람이었다. 전직 고등학교 미식축구 코치였던 이 정보 장교는 오펜하이머가 어떻게 그렇게 확신을 가지고 반역죄에 해당하는 활동을 했던 것에 대해 말할 수 있고, 다른 한편으로는 자신감 넘치게 자신이 결백하다고 믿는 사람들의 이름을 대지 않는 것을 원칙으로 한다고 설명할 수 있는지 놀라울 따름이었다.

어떤 측면에서는 오펜하이머는 슈발리에와 대화를 나눈 후 6개월 동안 전혀 다른 사람이 되어 있었다. 로스앨러모스가 그를 바꾸어 놓았다. 이제 그는 자신의 어깨에 프로젝트의 최종 성공 여부가 달린 폭탄 연구소의 총책임자였다. 하지만 다른 면에서는, 그는 예전과 똑같이, 놀랍도록 다양한 주제에 대해 정통한 의견을 가지고 있음을 매일 보여 줬던 확신에 찬 명석한 물리학 교수였던 것이다. 오펜하이머는 패시가 나름대로 해야 할 일이 있다는 것은 알고 있었지만, 자신이 스스로 누가 보안 위험 분자이며(엘텐튼) 누가 아닌지(슈발리에) 구분할 수 있다고 확신했다. 그는 패시에게 "공산주의 운동과 연계하는 것은 비밀 전쟁 프로젝트를 수행하는 것과 공존할 수 없습니다. 2개의 충성심은 같이 갈 수 없는 것이지요."라고 설명하기까지 했다.[9] 나아가 그는 패시에게 "나는 많은 명석하고 사려 깊은 사람들이 공산주의 운동에 끌리고 있다고 생각합니다. 그런 활동은 이 나라를 위해서는 좋을지도 모르지만, 그 사람들이 전쟁 프로젝트에는 참가하지 않기를 바랍니다."라고 말했다.[10]

그가 몇 주 전 랜스데일에게 말했던 것과 같이, 당의 규율은 당원들에게 이중 충성을 강요했다. 그 사례로 그는 여전히 "책임감"을 느끼고 있는 로마니츠의 예를 들었다. 그에 따르면 로마니츠는 "골치아픈 일이 생길 수 있는 집단(공산당)에 관련되는 경솔한 일을 저질렀을지도 모릅니다." 그는 누군가가 로마니츠에 접근했던 것에는 의심의 여지가 없고, 그들은 "무언가 정보를 얻어 내 퍼뜨리는 것을 의무라고 생각하고 있었을지도 모릅니다." 따라서 공산주의자들을 비밀 전쟁 프로젝트에서 제외시키는 것이 문제를 쉽게 만드는 것이었다.

돌이켜 보면 오펜하이머는 참으로 놀랍게도 패시에게 이 사건에 연루된 자들은 모두 나쁜 의도가 없는 결백한 사람들이라고 설득하기를 반복했다. "자기 나라에 대한 의무를 다했던 러시아 인들을 제외하고는, 이 사람들 모두 뭔가를 실제로 했다기보다는 해야 하지 않을까 생각했던 정도입니다. 그들은 그것이 우리 정부의 정책에 어긋나는 것이 아니고, 국무부에서 그와 같은 교류를 방해하는 몇 명 때문에 생긴 문제를 좀 상쇄시켜 보자는 것이었지요." 그는 국무부가 영국과는 정보를 조금 공유하고 있다는 것과, 많은 사람들은 소련과 비슷한 정보를 나누는 것이 그것과 별로 다르지 않다고 생각했다는 점을 지적했다. "예를 들어 이런 일이 나치스와 있었다면 그건 전혀 다른 차원의 문제겠지요."라고 그는 패시에게 말했다.

패시 입장에서는 이 모든 일은 터무니없는 일일 뿐만 아니라 핵심에서 벗어난 것이었다. 엘텐튼과 최소한 또 다른 한 명(익명의 교수)은 맨해튼 프로젝트에 관한 정보를 빼내려고 했고, 그것은 스파이 활동이었다. 그럼에도 패시는 오펜하이머가 자신이 생각하는 보안 문제에 대해 강의하는 것을 참을성 있게 듣고 있었다. 그리고 나서 그는 대화의 초점을 다시 엘텐튼과 익명의 중개자에게로 돌렸다. 패시는 오펜하이머에게 그들의 이름을 꼭 알았으면 한다고 다시 한번 요구했다. 오펜하이머는 자신이 단지 "합리적으로 행동"해서 엘텐튼 같이 사건의 발단을 제공한 사람과 그와 같은 제안에 부정적으로 반응한 사람들 사이에 "선을 그으려" 한다는 것을 재차 설명했다.

그들은 얼마간 이를 두고 옥신각신했다. 패시는 반어법을 조금 사용해 "내가 원래 이렇게 집요하지는 않은데……(하하)."라고 말했다.

오펜하이머는 "당신은 집요합니다."라고 말허리를 끊고서는 "그리고 그것이 당신의 의무입니다."라고 말했다.

심문 막바지에 오펜하이머는 처음에 얘기했던 건축가, 엔지니어, 화학자, 기술자 연맹 노조에 대한 우려로 돌아왔다. 패시가 알아야 할 가장 중요한 것은 "감시를 해야 할 사람이 몇몇 있기는 하다는 것입니다." 그는 심지어 "건축가, 엔지니어, 화학자, 기술자 연맹 노조 지부에 사람을 파견해 어떤 일이 일어나고 있고 뭔가 정보를 캐낼 수 없을지 알아보는 것도 좋겠지요."라고 말하기까지 했다. 패시는 이 얘기를 듣고 바로 오펜하이머에게 정보원 활동을 해 줄 만한 사람을 아느냐고 물었다. 그는 없다고 대답하고는, 그가 들은 것은 "(데이비드) 폭스라는 친구가 회장이라더라."라는 정도라고 말했다.[11]

오펜하이머는 패시에게 자신은 로스앨러모스의 총책임자로서 "모든 것이 100퍼센트 잘 돌아가고 있습니다……. 그것은 사실입니다."라고 확실히 했다. 그러고 나서 그는 "나는 내가 뭔가 잘못한 일이 있었다면 총살형을 당할 각오가 되어 있습니다."라고 강조하기까지 했다.

패시가 어쩌면 자신이 로스앨러모스를 방문할지도 모른다고 넌지시 말하자, 오펜하이머는 "나의 모토는 신의 가호가 함께 하기를, 입니다."이라고 재치 있게 받았다. 오펜하이머가 일어섰을 때 패시가 "행운을 빕니다."라고 말하는 것과 오펜하이머가 "대단히 감사합니다."라고 대답하는 것을 도청기가 녹음했다.[12]

기묘한 인터뷰였다. 이 인터뷰는 나중에 오펜하이머를 파멸로 몰아넣게 될 것이었다. 그는 육군 정보 장교에게 첩보 활동이라는 적신호를 보냈고, 엘텐튼을 용의자로 지명했으며, "결백한" 익명의 중재자가 역시 결백한 몇 명의 과학자들과 연락을 주고받았다고 밝혔다. 그는 자신의 판단에 확신하기 때문에 이름을 거명할 필요는 없다고 패시를 안심시켰다.

오펜하이머는 몰랐겠지만, 이 대화는 한마디도 빠짐없이 녹취되었음에 주목할 필요가 있다. 녹취록은 오펜하이머의 보안 파일에 들어갔다. 나중에 그가 접근 방식들(두 번인지 세 번인지는 확실치 않지만)에 대한 보고가 부정확하다고 주장했기 때문에(자신도 그 출처를 설명할 수 없는 '황당무계한' 이야기) 그는 자신이 패시에게 거짓말을 했는지, 아니면 패시에게는 진실을 말하고 나중에 거짓말을 했는지 증명할 길이 없었다. 그것은 그가 모르고 시한폭탄을 삼킨 것과 같았다. 그것은 10년 후 폭발할 것이었다.

오펜하이머와 패시의 만남이 있은 후, 랜스데일과 그로브스는 문제가 심각해졌음을 알아챘다. 1943년 9월 12일, 랜스데일은 오펜하이머와 마주앉아 또다시 길고 솔직한 대화를 나눴다. 그는 오펜하이머에 대한 심문의 녹취록을 읽었고, 첩보 활동 혐의를 밝히겠다고 결심했다. 그 역시 비밀스럽게 대화를 녹음했다.

랜스데일은 오펜하이머에게 노골적으로 아부를 떠는 것으로 심문을 시작했다. "아부하려는 것은 아니지만, 당신은 내가 만난 사람 중에 가장 똑똑한 사람일 겁니다."[13] 그리고 그는 지난 번 대화에서 자신이 완전히 솔직하지는 않았다고 고백했다. 하지만 이번에는 "완벽하게 솔직"하고 싶다고 말했다. 랜스데일은 이어 "우리는 지난 2월 이래로 몇몇 사람들이 이 프로젝트에 관한 정보를 소련 정부에 넘기고 있다는 사실을 알고 있습니다."라고 설명했다. 그는 소련이 프로젝트의 규모, 로스앨러모스, 시카고와 오크리지의 시설들, 그리고 맨해튼 프로젝트의 예정 시간표에 대해서도 대강 알고 있다고 주장했다.

오펜하이머는 이 소식에 진심으로 놀란 듯 보였다. 그는 랜스데일에게 "나는 전혀 몰랐습니다. 예전에 정보를 얻으려는 한번의 시도가 있었다는 것은 알고 있었지만, 아무리 애써도 날짜가 기억나지가……아니 기억할 수가 없군요."

이 대화는 곧 공산당의 역할로 이어졌고, 두 사람 모두 비밀 전쟁 관련 일을 하는 사람은 탈당하게 하는 것이 공산당의 정책이라고 들었다고 밝했다. 오펜하이머는 묻지도 않은 그의 친동생 프랭크가 공산당과의 끈을 모두 끊었다고 털어놓았다. 더구나 그들이 프로젝트 일을 시작할 무렵인 18개월 전, 오펜하이머는 프랭크의 아내인 재키에게 공산당원들과 어울리는 것을 그만두는 편이 좋을 것이라고 충고했다고 말했다. "그들이 진짜로 그랬는지는 모릅니다." 그는 동생 친구들이 "극좌 성향"인 것이 여전히 걱정된다고 고백했다. "꼭 단위 전체가 모이는 회의에 나가지 않아도 꽤 가까운 관계를 유지할 수 있으니까요."

이번에는 반대로 랜스데일이 보안 문제 전반에 관한 자신의 입장을 설명했다. "당신도 잘 알겠지만," 랜스데일은 오펜하이머에게 말했다. "공산주의자 혐의를 증명하는 것은 매우 어렵습니다." 더구나 그들의 목표는 "장치"를 만드는 것이었고, 랜스데일은 누군가가 맨해튼 프로젝트에 기여하고 있는 한 그의 정치적 성향은 문제가 아니라고 생각한다고 밝혔다. 어쨌든 그들 모두는 목표를 이루기 위해 목숨을 걸고 있는 셈이었고, "우리는 목숨을 걸면서까지 그것(맨해튼 프로젝트)을 지킬 것은 아니니까요." 하지만 그들은 누군가 첩보 활동을 하고 있다면, 그를 기소할 것인지 아니면 단지 프로젝트에서 제외시키기만 할 것인지 결정해야 했다.

이때 랜스데일은 오펜하이머가 패시에게 엘텐튼에 대해 했던 얘기를 꺼냈고, 오펜하이머는 다시 한번 그에게 접근했던 사람의 이름을 거명하는 것은 부적절하다고 생각한다고 말했다. 랜스데일은 오펜하이머가 "프로젝트 일을 하는 세 사람"에 대해 이야기했고, 그들 모두가 그 중재자에게 "사실상 꺼지라."라고 말했다는 점을 지적했다. 오펜하이머는 동의했다. 그러자 랜스데일은 어떻게 엘텐튼이 다른 과학자들에게는 접근하지 않았다고 그렇게 확신하는지 물었다. "나는 모릅니다." 오펜하이머는 대답했다. "나는 그것을 알 수 없지요." 그는 왜 랜스데일이 정보를 얻고자 한 채널이 누군지를 알아내는 것을 중요하게 생각하는지 이해했지만, 여전히 다른 사람들을 연루시키는 것은 잘못된 일이라고 생각했다.

"내가 다른 사람의 이름을 대는 것을 주저하는 것은 내가 보기에 다른 사람들은 잘못된 일을 전혀 하지 않았다고 생각하기 때문입니다……. 그들은 다른 방식으로 연계될 사람들이 아닙니다. 다시 말하면 내 생각에 이것은 대단히 무계획적이고 비조직적인 활동입니다." 그러므로 그는 그 중재자의 이름을 "의무감을 가지고" 거명하지 않는 것이 "정당"하다고 느꼈다.

방향을 바꿔 랜스데일은 오펜하이머에게 버클리 프로젝트 구성원 중에 그가 생각할 때 당원이거나 한때 당원이었던 사람의 이름을 물었다. 오펜하이머는 몇몇 이름을 댔다. 그는 지난번 버클리를 방문했을 때 로마니츠와 와인버그가 당원이라는 사실을 알았다고 말했다. 그는 제인 뮤어(Jane Muir)라는 비서 역시 당원이라고 생각했다. 로스앨러모스에서는 그는 샬럿 서버가 한때 당원이었다는 것을 알고 있었다. 그의 좋은 친구 로버트 서버에 대해서는, "가능성은 있지만 잘은 모릅니다."라고 말했다.

"데이비드 호킨스는 어떤가요?" 랜스데일은 물었다.

"아닌 것 같은데요. 아니라고 하겠습니다."

"자," 랜스데일은 말했다. "당신은 공산당원이었던 적이 있었습니까?"

오펜하이머는 "아니오."라고 대답했다.

랜스데일은 "당신은 아마도 서부 지역의 모든 전위 조직에 가입했을텐데……."라고 찔러보았다.*

"대충 그렇습니다." 오펜하이머는 가볍게 받았다.

---

* 1954년에 열린 보안 청문회장에서 이것은 오펜하이머가 했던 발언으로 알려졌다.

"당신은 스스로를 한때나마 공산주의 동조자라고 생각했습니까?"

이에 오펜하이머는 "그런 것 같습니다."라고 대답했다. "그런 단체들에서 나의 활동은 매우 짧고 강렬한 것이었습니다."

나중에 랜스데일은 오펜하이머에게 왜 공산당과 짧고 강렬한 관련을 맺었으면서 당원 가입은 하지 않았는지에 대해 설명하도록 했다. 오펜하이머는 논의 대상에 오른 사람들 중 많은 숫자가 "옳고 그름에 대한 깊은 인식" 때문에 당원으로 가입했다고 밝혔다. 오펜하이머는 어떤 사람들은 어떻게 보면 종교적 신념과도 비슷한 "깊은 열정을 가지고 있다."라고 말했다.

"나는 이해할 수 없습니다."라며 랜스데일이 끼어들었다. "따지고 보면 그들은 어떤 정해진 사상을 좇고 있는 것도 아니잖습니까……. 그들은 마르크스주의를 따르고 있을지도 모르지만, 대개는 다른 나라의 외교 정책을 돕기 위해 노선을 바꾸고 있지 않습니까?"

오펜하이머는 이에 동의하며 "그 신념은 그것을 히스테리 상태에 빠지게 만들 뿐만 아니라…… 나는 생각조차 할 수 없습니다. 나의 공산당 당적은,(여기서 그는 자신이 공산당에 가입하는 것을 "생각할 수 없다."라고 말하고 있는 것이다.) 내가 활동했던 당시에는 내가 열정적으로 믿었던 많은 개혁 과제들과 당의 목표에 대한 입장들이 있었습니다."

"그 시기가 언제쯤이었는지 물어도 되겠습니까?"

"스페인 전쟁 무렵이었지요, (나치스-소련) 조약 때까지."

"조약 때까지라. 그때가 당신이 탈퇴했던 때라고 하는 거지요?"

"**나는 탈퇴한 적이 없어요. 나는 탈퇴할 것조차 없었습니다.** 나는 서서히 그 모든 조직들로부터 사라졌습니다."(강조는 저자.)

랜스데일이 다시 한번 이름을 요구했을 때, 오펜하이머는 "내가 연루되지 않았다고 믿는 사람을 연루시키는 것은 비열한 행동이라고 생각됩니다만."이라고 대답했다.

랜스데일은 한숨을 쉬면서 "오케이, 알겠습니다(O.K., sir)."라고 말하며 인터뷰를 끝냈다.[14]

이틀 후인 1943년 9월 14일, 그로브스와 랜스데일은 오펜하이머와 엘텐튼에 대해 샤이엔(Cheyenne)에서 시카고로 향하는 기차에서 다시 한번 대화를 나눴다. 랜스데일은 그 대화에 대해 메모를 작성했다. 그로브스가 엘텐튼 사건을 먼저 거론했지만, 오펜하이머는 명령을 받지 않는 이상 중재자의 이름을 대지 않겠다고 고집했다. 한 달 후 오펜하이머는 다시 한번 요구를 거절했다. 하지만 이상하게도 그로브스는 오펜하이머의 입장을 받아들였다. 그는 그것이 오펜하이머의 "친구를 고자질하는 것은 나쁜 일이라는 전형적인 미국 학생 같은 태도" 때문이라고 생각했다. FBI로부터 사건 전반에 관한 정보를 요구받았을 때, 랜스데일은 자신과 그로브스는 "오펜하이머는 진실을 말하고 있다고 믿는다."라고 전했다.[15]

하지만 그로브스의 부하들은 대부분 오펜하이머를 믿지 않았다. 1943년 9월 초, 그로브스는 맨해튼 프로젝트의 또 다른 보안 장교인 제임스 머리와 대화를 나눴다. 머리는 오펜하이머에게 마침내 비밀 취급 인가가 발급된 것에 우려를 표하면서 그로브스에게 다음과 같은 가상의 질문을 던졌다. 로스앨러모스의 20명의 연구원들이 확실한 공산주의자라는 증거가 나왔고, 이를 오펜하이머에게 제시했다고 하자. 오펜하이머는 어떻게 반응할 것인가? 그로브스 생각에 오펜하이머 박사는 모든 과학자들은 자유주의자들이며 이는 별로 걱정할 문제가 아니라고 말할 것이라고 대답했다. 그러고 나서 그로브스는 머리에게 이야기를 하나 해 주었다. 몇 달 전 오펜하이머는 "항상 미합중국에 충성하겠다."는 비밀 서약서에 서명하라는 요구를 받았다. 오펜하이머는 서약서에 서명했지만, 그 문구를 지우고 그 자리에 "나는 과학자로서 내 명예를 걸겠다."라고 썼다. "충성" 맹세는 개인적으로 불쾌했을지 모르지만, 오펜하이머는 과학자로서 그의 신용을 서약했던 것이다. 그것은 오만한 행동이었으며, 한편으로는 그로브스에게 과학이 오펜하이머가 섬기는 제단이며 그가 이 프로젝트의 성공을 향한 무조건적 헌신을 서약한다는 것을 보여 주기 위한 것이기도 했다.

그로브스는 나아가 머리에게 자신은 오펜하이머가 로스앨러모스에서 일어나는 어떠한 체제 전복적 활동도 그에 대한 개인적 배신으로 여길 것이라고 믿는다고 설명했다. "다시 말해서, 이것은 국가의 안위에 대한 문제가 아니라, 어떤 사람이 OPP(오펜하이머)가 프로젝트의 완료와 함께 갖게 될 명성을 얻는 것을 방해하지는 않겠냐는 것이지."[16] 그로브스의 눈에는 오펜하이머의 개인적인 야망이 그의 충성을 보장했다. 그날의 대화를 머리가 기록한 문서에 따르면, 그로브스는 오펜하이머의 "부인이 그에게 더 많은 명성을 추구하도록 한다. 그리고 부인의 의견은 (어니스트) 로런스가 지금까지 모든 주목과 영예를 독차지했고, 그녀는 OPP 박사가 더 중요한 일을 많이 했기 때문에 영예를 받아야 한다고 생각한다……. 그리고 이것이 박사가 자신의 세계사에 이름을 남길 단 한 번의 기회라는 것이다." 이 때문에 그로브스는 "그는 미합중국에 계속해서 충성을 다할 것이라고 믿는다."라고 결론지었다.

불타는 야망은 그로브스가 존경하고 신뢰하는 성격이었다. 그것은 그 자신과 오펜하이머와의 공통점이었고, 그들은 단 하나의 초월적 목표가 있었다. 그것은 바로 파시즘을 분쇄하고 전쟁에 승리할 수 있는 무기를 만들어 내는 것이었다.

그로브스는 자신이 사람을 보는 눈이 있다고 생각했다. 그리고 그는 오펜하이머는 고결한 인격을 가진 사람이라고 믿었다. 다른 한편 그는 엘텐튼 사건에 대한 육군과 FBI의 조사가 또 다른 이름이 나오기 전에는 진전될 수 없으리라는 것을 알고 있었다. 그래서 마침내 1943년 12월 초, 그로브스는 오펜하이머에게 엘텐튼의 요청을 받고 그에게 접근한 중재자의 이름을 대라고 명령했다. 명령을 받으면 솔직하게 대답하겠다고 약속했던 오펜하이머는 마지못해 슈발리에를 지명했지만, 그의 친구는 악의적으로 첩보 활동을 한 것은 아니라고 역설했다. 오펜하이머가 패시에게 8월 26일 했던 말과 이 새로운 정보를 종합해서 랜스데일 중령은 12월 13일 FBI에게 "J. R. 오펜하이머 교수는 DSM 프로젝트(폭탄 프로그램의 초기 코드명)에 참가하고 있는 세 명의 연구원이 캘리포니아 대학교 소속 익명의 한 교수로부터 스파이 활동을 하라는 요청을 받았다는 얘기를 들었다고 진술했다."라고 보고했다. 랜스데일은 오펜하이머가 그 교수의 이름을 대라는 명령을 받자 슈발리에를 중재자로 지명했다고 말했다. 랜스데일의 편지는 다른 이름을 거명하지는 않았는데, 이는 오펜하이머가 여전히 슈발리에가 접근했던 세 명을 지명하기를 거절했기 때문이거나, 아니면 필시 그로브스가 중재자의 이름만을 요구했기 때문이었다. FBI는 이것에 불만을 품은 나머지 두 달 후인 1944년 2월 25일 그로브스에게 오펜하이머로부터 "다른 과학자들"의 이름을 알아내라고 요청했다. FBI 기록에 그로브스의 답변이 없는 것으로 보아 그는 이 요청을 분명히 무시했던 것 같다.

하지만 「라쇼몽」에서와 같이, 또 다른 입장에서 이 이야기를 설명한 사람이 있었다. 1944년 3월 5일, FBI 요원인 윌리엄 하비(William Harvey)는 '신래드(Cinrad)'라는 제목의 요약 메모를 작성했다. 하비의 보고에 따르면,

"1944년 3월*, 레슬리 그로브스는 오펜하이머와 상의했다……. 오펜하이머는 마침내 슈발리에가 접근했던 것은 오직 한 사람뿐이라고 진술했고, 그 사람은 그의 동생인 프랭크 오펜하이머였다." 이 관점에서는 슈발리에가 1941년 가을 오펜하이머가 아니라 프랭크에게 접근한 것으로 되어 있다. 프랭크는 즉시 그의 형에게 이 사실을 알렸고, 오피는 즉시 슈발리에에게 전화를 걸어 "혼내 주었다."라고 했다는 것이다.[17]

프랭크가 연루되었다면 이것은 물론 전혀 다른 이야기가 된다. 하지만 이 이야기는 의문의 여지가 있을 뿐만 아니라, 확실히 사실이 아니다. 슈발리에가 가장 친한 친구인 오펜하이머를 두고 잘 알지도 못하는 프랭크에게 접근할 이유가 없지 않은가? 그리고 1942년 여름이 되어서야 시작된 프로젝트에 대한 정보를 프랭크에게 1941년 가을에 물어봤다는 것도 이상하다. 게다가 슈발리에와 엘텐튼 둘 다 FBI에서 동시에 진행된 인터뷰에서 이글 힐의 부엌 대화는 오펜하이머와 슈발리에 사이에 있었고, 그 시기는 1942~1943년 겨울이었다는 것을 확인했다. 더군다나 하비의 3월 5일 메모는 당시 작성된 문건으로는 유일하게 프랭크 오펜하이머를 언급하고 있으며, FBI는 문서 파일을 검색한 후 "프랭크 오펜하이머에 대한 이야기의 원래 출처를 파일에서 찾을 수 없었다."라고 보고했다.[18] 그럼에도 불구하고 하비의 보고서는 오펜하이머의 FBI 문서철에 포함되어 있었기 때문에, 이 이야기는 나름 강한 생명력을 갖게 되었던 것이다.**

---

* 하비는 아마도 날짜를 잘못 알았을 것이다.

** 나중에 리처드 로즈(Richard Rhodes), 그레그 허켄(Gregg Herken), 그리고 리처드 휴렛(Richard G. Hewlett)과 잭 홀(Jack M. Holl) 등 사려깊은 역사가들은 프랭크 오펜하이머가 어떻게든 엘텐튼 계획에 연루되어 있었다고 주장했다.

18장
동기가 불분명한 자살

나는 이 모든 것이 지긋지긋하다.

— 진 태트록, 1944년 1월

패시 중령은 1943년 가을, 소련 영사관에 정보를 넘기는 것에 대해 오펜하이머와 상의했던 사람이 누구인지 알아내는 데 두 달이나 허비했다. 그와 그의 요원들은 버클리의 학생과 교수 등 여러 명을 반복해서 인터뷰했지만 성과는 없었다. 그럼에도 패시는 끈질기게 조사를 계속했다. 오펜하이머에 대한 패시의 적대감은 도를 지나쳤고, 그로브스는 패시가 육군의 시간과 자원을 쓸데없는 조사에 낭비하고 있다고 결론지을 수밖에 없었다. 이것이 마침내 그로브스가 1943년 12월 말 오펜하이머에게 연락책의 이름(슈발리에)을 대라고 명령하게 만든 이유였을 것이다. 이렇게 함으로써 그로브스는 패시의 재능을 다른 곳에 더 유용하게 쓸 수 있으리라고 생각했다. 그해 11월 패시는 독일 과학자들을 붙잡아 나치스 정권의 폭탄 프로그램의 상황을 파악하기 위한 비밀 임무였던 알소스(Alsos)의 군사 사령관에 임명되었다. 패시는 런던으로 전속되었고, 이후 6개월간 그는 연합군을 따라 유럽으로 침투할 과학자들과 군인들로 이루어진 극비 팀을 훈련시키는 일을 맡았다. 하지만 패시가 떠난 후에도, FBI 샌프란시스코 사무실의 그의 동료들은 진 태트록이 텔레그라프 힐의 그녀 아파트에서 거는 전화 통화를 감청하는 일을 계속했다. 몇 달이 흘렀지만, 그들은 이 젊은 정신과 의사가 오펜하이머나 다른 사람으로부터 받은 정보를 소련에 넘기는 연락책이라는 혐의를 확인할 수 있는 어떤 증거도 확보할 수 없었다.

  1944년 연초에 진은 우울증이 심해지는 시기를 보내고 있었다. 1월 3일 월요일, 그녀가 버클리에 있는 아버지의 집을 방문했을 때, 그는 그녀가 "의기소침"해져 있다는 것을 느꼈다. 그날 돌아가면서 그녀는 아버지 존 태트록에게 다음 날 저녁에 전화하기로 약속했다. 그녀가 화요일 밤 전화를 걸지 않자, 태트록 교수는 딸에게 전화를 걸었지만 진은 받지 않았다. 그는 수요일 아침에 다시 전화를 걸고 나서 텔레그라프 힐의 그녀 아파트로 찾아갔다. 오후 1시쯤 도착한 태트록 교수는 초인종을 눌러도 그녀가 나오지 않자, 67세의 몸을 이끌고 창문으로 기어 들어갔다.

  아파트 안에서 그는 "욕조 끝에서 베개 더미 위에 누워서 반쯤 채워진 욕조에 머리가 잠긴" 진의 시체를 발견했다.[1] 어떤 이유에선지 태트록 교수는 경찰에 연락하지 않았다. 대신 그는 딸의 시신을 응접실 소파 위로 옮겨 뉘었다. 응접실 탁자 위에서 그는 편지 봉투 뒤에 연필로 끄적인 무기명의 자살 노트를 발견했다. 거기에는 "모든 것이 지긋지긋해요……. 나를 사랑했고 도와줬던 사람들에게 사랑과 용기를 보냅니다. 살아서 보답하고 싶었지만 무력감에 빠지고 말았어요. 나는 이해하려고 결사적으로 노력했지만, 할 수 없었습니다……. 나는 일생을 남에게 부담이 될 것 같네요. 적어도 노력하려는 사람들로부터 부담을 덜 수는 있겠지요."[2] 그 다음에 이어지는 글들은 삐뚤삐뚤 알아볼 수 없는 선들로 이어졌다.

태트록은 놀라서 그녀의 아파트를 뒤지기 시작했다. 마침내 그는 진의 개인 서신 뭉치와 사진 몇 장을 발견했다. 그녀의 편지에 무슨 내용이 적혀 있었는지는 모르지만, 그는 이것들을 벽난로 속에서 태웠다. 죽은 딸을 옆에 뉘어 놓고 그는 꼼꼼하게 그녀의 편지들과 사진들을 불태웠다. 몇 시간이 흘렀다. 그의 첫 번째 통화는 장의사에게 건 것이었다. 장의사 직원 중 누군가가 마침내 경찰에 이 사실을 알렸다. 그들이 5시 30분쯤 시의 부검시관과 함께 도착했을 때, 종이들은 아직 벽난로 속에서 타고 있었다. 태트록은 경찰에게 타고 있는 편지와 사진들은 그의 딸 것이라고 말했다. 그가 그녀의 시신을 발견한 지 4시간 30분 후의 일이었다.

태트록 교수의 행동은 아무리 좋게 보아도 비정상적이었다. 하지만 가족의 자살 현장을 목격한 사람은 가끔 이상 행동을 보이는 것으로 알려져 있다. 그러나 그가 아파트를 꼼꼼하게 뒤졌다는 것은 뭔가를 찾고 있었음을 보여 준다. 확실히 그가 진의 편지들에서 읽었던 내용이 그가 그것들을 없애도록 했다. 그것은 정치적인 이유는 아니었을 것이다. 태트록은 딸의 정치 성향에 대부분 공감하고 있었다.[3] 그의 동기는 뭔가 더 개인적인 것이었다.

검시관의 보고서에 의하면 진은 최소한 12시간 전인 1944년 1월 4일 화요일 저녁 무렵 사망했다. 그녀의 위장에서는 "상당히 최근에 섭취한 반쯤 소화된 음식"과 알 수 없는 분량의 약품이 발견되었다. "애보트 넴부탈 C(Abbott's Nembutal C)"이라고 쓰인 약병이 아파트에서 발견되었다. 거기에는 수면제 두 알이 들어 있었다. 또 "코데인(Codeine) 1/2gr"이라고 표기된 봉투 속에서는 소량의 흰 가루가 발견되었다. 경찰은 "업존 라세페드린 하이드로클로라이드(Upjone Racephedrine Hydrochloride), 3/8 그레인"이라고 쓰인 양철 상자도 발견했다. 그 상자에는 아직 11개의 캡슐이 들어 있었다. 위장 검사 결과, 그녀의 위장에서는 "바비튜릭산(barbituric acid) 파생물, 살리신산(salycidic acid) 파생물, 그리고 약간의 클로랄 하이드레이트(chloral hydrate)"가 발견되었다. 실제 사인은 "급성 심폐 부종과 폐색증"이었다. 그녀는 욕조 안에서 익사한 것이다.[4]

1944년 2월에 열린 정식 검시에서 배심원은 진 태트록의 죽음을 "자살, 동기 불분명"이라고 결론 내렸다.[5] 한 신문은 아파트에서 심리 상담사인 베른펠트 박사가 보낸 732.50달러의 청구서가 발견됐고, 이는 "그녀가 자신의 문제에 대해 심리학자의 도움을 받았다."는 증거라고 보도했다. 사실 진은 정신 의학을 공부하는 의대생으로서 자비로 상담을 받아야만 했던 것이다. 반복적 조울증이 그녀를 자살로 이끌었다면, 그것은 비극적인 일이었다. 친구들의 증언에 따르면, 당시 그녀는 인생에서 새로운 황금기를 맞고 있었다. 그녀는 상당한 성취를 이루었다. 정신 분석 훈련 기관으로는 캘리포니아 북부에서 최고인 마운트 시온 병원의 동료들은 그녀가 "걸출한 성공"을 거두었고 그녀가 자살했다는 소식에 놀라움을 감추지 못했다.

그녀의 죽음을 전해 들은 진의 어릴 적 친구인 로버트슨은 죽은 친구에게 무슨 일이 있었는지를 이해하기 위해 편지를 썼다. 로버트슨은 "개인적 비통함"이 진을 자살로 몰았을 것이라고 생각하지 않았다. "너는 애정을 갈망하는 사람이 아니었어. 너의 채워지지 않는 갈망은 창조성을 향한 것이었지. 그리고 너는 오만함 때문이 아니라 세상을 위해 봉사할 수 있는 좋은 도구를 갖기 위해 자신 안에서 완벽함을 찾으려 했어. 너는 네가 의대 과정을 끝내도 네가 원하는 힘을 가져다주지 않는다는 것을 발견했지. 또

너는 병원의 관습이라는 틀에 박힌 일들과, 전쟁이 어떻게 환자들의 삶을 의사의 힘으로는 도저히 고칠 수 없는 엉망진창인 상태로 만들 수 있는지 발견했지. 그때, 그 마지막 순간에, 너는 다시 정신 분석학으로 관심을 돌렸어."[6] 로버트슨은 이와 같이 "도중에 항상 내면적인 절망으로 이어지는" 경험이 "고치기에는 너무 깊어진" 고통을 불렀으리라고 추측했다.

로버트슨과 다른 많은 친구들은 진이 자신의 성적 성향을 둘러싼 문제로 고민하고 있었다는 것에 대해서는 모르고 있었다. 재키 오펜하이머는 나중에 진이, 정신 분석 결과 자신의 잠재적 동성애 경향을 발견했다고 말했다고 밝혔다.[7] 당시 프로이트의 학설에 따르는 분석가들은 동성애는 극복해야 할 병리 현상이라고 생각했다.

진이 죽고 나서 한참 후 그녀의 친구인 이디스 안스타인 젠킨스는 《피플스 월드》의 편집장인 메이슨 로버슨(Mason Roberson)과 산책할 기회가 있었다. 로버슨은 진을 잘 알고 있었고, 그는 진이 스스로 레즈비언이라고 털어놓았다고 말했다. 진이 로버슨에게, 여성에게 매력을 느끼는 것을 극복하기 위해 "찾을 수 있는 모든 '황소(bull, 남자를 지칭 — 옮긴이)'들과 잠자리를 같이 했다."라고 말했다는 것이다.[8] 이 말을 들은 젠킨스는 예전 어느 주말 아침에 워시번과 진을 만나러 샤스타 가에 있는 워시번의 집에 들어섰을 때를 떠올렸다. 그들은 "메리 엘렌의 침대에 앉아 담배를 피우며 신문을 보고 있었다." 젠킨스는 그녀의 수기에서 레즈비언 관계를 암시하는 듯한 표현으로 "진은 메리 엘렌을 필요로 하는 것처럼 보였다."라고 썼으며, 워시번이 "내가 처음 진을 만났을 때, 그녀의 (큰) 가슴과 두꺼운 발목에 반해 버렸지."라고 말했다고 밝혔다.[9]

워시번은 진이 죽었다는 소식에 특히 망연자실할 만한 이유가 있었다. 그녀는 친구에게 진이 죽기 전날 밤 자신에게 전화를 걸어 이리로 오면 안 되겠냐고 부탁했다고 친구에게 털어놓았다. 진은 자신이 "매우 우울하다." 라고 말했다. 워시번은 당연하게도 그날 밤 갈 수 없었던 것에 대해 후회와 죄책감에 시달렸다.[10]

스스로의 목숨을 끊는 것은 살아남은 자들에게 항상 불가사의한 일이다. 진의 자살은 오펜하이머에게 깊은 상실감을 남겼다. 그는 이 젊은 여성에게 많은 것을 걸었었다. 그는 그녀와 결혼하고 싶어 했고, 키티와 결혼한 뒤에는 필요할 때마다 곁에 있었던 충실한 친구로, 그리고 가끔씩은 연인으로 남았다. 그는 그녀가 우울증에서 벗어나도록 하기 위해 몇 시간이고 산책을 하며 대화를 나누기도 했다. 이제 그녀는 세상을 떠났다. 그는 실패했던 것이다.

그녀의 시체가 발견된 다음 날, 워시번은 로스앨러모스의 서버 부부에게 전보를 보냈다.[11] 로버트 서버가 오펜하이머에게 슬픈 소식을 전하러 갔을 때, 그는 오펜하이머가 이미 소식을 들었음을 알았다. 서버는 "그는 깊은 슬픔에 빠졌습니다."라고 회고했다.[12] 오펜하이머는 그가 가끔씩 그랬던 것처럼 혼자서 로스앨러모스를 둘러싼 소나무 숲을 따라 긴 산책을 떠났다. 그가 지난 몇 년간 진의 심리 상태에 대해 알고 있던 것에 비추어 봤을 때, 오펜하이머는 고통스러운 상반된 감정을 느꼈음이 틀림없다. 후회, 분노, 실망, 깊은 슬픔과 함께, 양심의 가책과 죄책감까지 느꼈을 것이다. 그것은 진이 "무력한 영혼"으로 전락했다면, 그녀의 인생에서 그의 존재가 무력감에 기여했을 것이기 때문이었다.

사랑과 연민 때문에, 그는 진의 중요한 심리적 후원자가 되었다. 그러고 나서 그는 별다른 이유 없이 그녀로부터 멀어졌다. 그는 관계를 유지하려고 노력했지만, 1943년 6월 이후로는 그가 진과의 관계를 계속하면서 로스앨러모스의 업무를 본다는 것은 불가능하다는 것이 확실해졌다. 그는 상황의 포로가 되었던 것이다. 그에게는 사랑하는 아내와 아이에게 지켜야 할 책임이 있었다. 그에게는 로스앨러모스의 동료들에 대한 책임도 있었다. 이렇게 봤을 때 그는 할 수 있을 만큼 했던 것이라고 볼 수 있다. 그러나 진이 보기에는 야망 때문에 사랑을 버린 것이라고 보였을 수도 있었다. 그런 면에서 진은 오펜하이머가 로스앨러모스의 총책임자를 맡은 후 생긴 최초의 사상자라고 할 수 있을 것이다.

진의 자살은 샌프란시스코 신문의 1면을 장식했다. 그날 아침 FBI 샌프란시스코 사무실은 후버에게 신문에 보도된 사실을 요약하는 전보를 보냈다. 전보의 결론은 다음과 같았다. "불리한 평판을 받을 수 있으므로 본 사무실은 직접 행동을 삼가도록 하겠음. 시간이 좀 지나면 조심스럽게 직접 조사를 진행하면서 중간 보고를 할 것임."[13]

그 후 여러 역사가들과 저널리스트들이 진의 자살 동기에 대해 추측해 왔다.[14] 검시관에 따르면, 진은 사망 직전에 밥을 충분히 먹었다. 만약 그녀의 의도가 약을 먹고 익사하려는 것이었다면, 의사였던 그녀는 소화되지 않은 음식이 약의 대사 속도를 늦출 것임을 알고 있었을 것이다. 부검 소견서에 바르비투르산염이 그녀의 간이나 다른 중요한 기관에까지 도달했다는 증거는 없다. 또한 소견서에는 치사량의 바르비투르산염을 복용했다는 구절도 없다. 반대로 앞에서 언급했듯이, 부검에서는 익사에 의한 질식이 사인이라고 결론 내렸다. 이 정황들은 충분히 수상하다. 부검 보고서 내용 중에서 이보다 더 이상한 점은 검시관이 "약간의 포수(抱水)클로랄"을 발견했다는 것이다. 포수클로랄을 알코올과 섞으면 흔히 "믹키 핀(Mickey Finn)"이라고 알려진 (음료에 몰래 넣는) 수면제의 주요 성분이 된다. 간단히 말해서 몇몇 형사들은 누군가가 진에게 "몰래 수면제를 먹였고" 강제로 욕조에 익사시켰을지도 모른다고 추측했다.

검시관의 보고서는 그녀의 혈액에서 알코올 성분은 발견되지 않았다고 밝혔다(하지만 검시관은 췌장에 손상이 있음을 발견했는데, 이는 진이 술을 많이 마셨음을 보여 주는 것이었다.). 자살에 대해 연구하는 의사들 중 진의 부검 보고서를 읽은 사람들은 그녀가 스스로 익사했을 가능성이 있다고 말한다. 이 시나리오에 따르면 진은 잠을 청하기 위해 바리비투르산염을 먹고 마지막 식사를 했고, 욕조 옆에서 무릎을 꿇은 채로 스스로 포수클로랄을 투여했다는 것이다. 포수클로랄의 투여량이 어느 정도 이상이 되면 진은 바로 욕조물에 머리를 처박은 채로 기절하게 된다. 그러고 나면 그녀는 서서히 질식으로 사망에 이르게 되는 것이다. 진의 "심리적 부검"에 따르면 그녀는 "지연성 우울증"에 시달리는 활동적인 사람이었다. 병원에서 일하는 정신과 의사로서, 진은 포수클로랄과 같은 강력한 마취제를 쉽게 구할 수 있었다. 다른 한편 진의 기록을 검토한 한 의사는 "똑똑한 사람이 누군가를 죽이고 싶으면 바로 이렇게 하면 됩니다."라고 말하기도 했다.[15]

진의 오빠인 휴 태트록 박사와 몇몇 수사관들은 진의 죽음에 의문점이 많다고 계속해서 주장했다.[16] 그들은 1975년 CIA 암살 계획에 대한 미 상원의 청문회 결과가 공표된 이후 그녀가 자살했다는 결론에 점점 의심을 품게 되었다. 청문회에서 유명해진 증인 중 한 명은 다름 아닌 보리스 패시였다. 패시는 진의 전화에 대한 도청을 지휘했을 뿐만 아니라 와인버그, 로마니츠, 봄, 그리고 프리드먼을 "러시아식으로" 심문하고 그들의 시신을 바다에 던져 버리자고 제안하기도 했다.[17]

패시는 1949년부터 1952년 사이 CIA의 제7프로그램 지부(PB/7)의 지부장으로 근무했는데, 이는 정책 조정국(Office of Policy Coordination, OPC) 산하의 비밀 스파이 조직이었다. 패시의 상사인 정책 조정국 작전계획부장은 상원 의원회 조사관들에게 패시 중령의 제7프로그램 지부는 암살과 납치, 그리고 다른 "특수 작전"을 수행하는 역할을 담당했다고 말했다. 패시는 자신이 암살 책임을 맡았다는 것은 부인했지만, "우리 지부가 그런 인상을 받을 가능성이 있었음은 이해할 수 있다."라고 인정했다.[18] 전직 CIA 요원인 하워드 헌트는 1975년 12월 26일 《뉴욕 타임스》기자에게 1950년대 중반에 자신의 상관들이 패시가 "이중간첩 혐의를 받는 자들을 암살"하는 임무를 맡은 부서를 담당하고 있다는 얘기를 들었다고 밝혔다.

비록 CIA는 암살에 관련된 기록이 없다고 주장했지만, 상원 위원회 조사관들은 패시의 부서에게 "암살과 납치의 임무"가 부여되었다고 결론 내렸다. 예를 들어 1960년대 초 패시가 CIA의 기술 서비스 부서(Technical Services Division)에 근무할 당시 그는 피델 카스트로(Fidel Castro)에게 보낼 독을 넣은 시가를 만드는 프로젝트에 참가하기도 했다.

오랫동안 볼셰비키를 혐오했고 방첩 장교로 근무했던 패시 중령은 냉전 스파이 소설에 나오는 암살자의 조건을 모두 갖추었다고 할 수 있다.[19] 하지만 그의 화려한 이력에도 불구하고, 그를 진의 죽음과 직접 연결시킬 만한 증거는 나오지 않았다. 그리고 1944년 1월 패시는 런던으로 전속되었다. 진의 무기명 자살 노트는 "무기력한 영혼"이 스스로 목숨을 끊었음을 보여 주고 있다. 적어도 오펜하이머는 그녀가 그랬다고 믿었다.

19장

그녀를 입양할 생각이 있습니까?

이곳 로스앨러모스에서 나는 아테네의, 플라톤의, 이상적 공화국의 정신을 발견했다.

— 제임스 터크

로스앨러모스는 항상 예외적인 곳이었다. 50세 이상은 거의 없었고, 평균 나이는 25세에 불과했다. 버니스 브로드는 그의 수기에서 "그곳에는 병약자도, 시댁이나 친정 식구도, 실업자도, 유한계급도, 가난한 사람도 없었다."¹ 운전 면허증에는 이름 없이 숫자만 적혀 있었고, 그들의 주소는 단지 사서함 1163번지라고만 되어 있었다. 철조망으로 둘러싸인 로스앨러모스는 점점 미 육군의 후원과 보호 아래 과학자들의 자급자족 공동체로 변해 가고 있었다. 루스 마샤크는 로스앨러모스에 처음 도착했을 때 "우리 뒤로 거대한 문이 닫히는 것 같았다. 친구와 가족들이 사는 세상은 더 이상 내게 실재하지 않았다."라고 회고했다.²

1943~1944년의 첫 번째 겨울에는 일찍부터 눈이 내리기 시작해 늦게까지 계속되었다. 오랫동안 그 지역에 살았던 한 주민은 "이렇게 눈이 오랫동안 쌓여 있는 것은 푸에블로에서도 가장 나이 많은 노인들만 기억할 것이다."라고 썼다.[3] 아침이면 온도가 화씨 0도 이하로 떨어지기도 했고, 그런 날이면 계곡 밑으로 짙은 안개가 끼고는 했다. 하지만 혹독한 겨울은 메사의 아름다운 자연 경관을 돋보이게 했고, 이 독특하고 신비로운 풍경은 도시에서 온 과학자들을 사로잡기에 충분했다. 몇몇 로스앨러모스 주민들은 5월까지 스키를 타고 다녔다. 마침내 눈이 녹자 촉촉하게 젖은 고원은 라벤더와 다른 야생화들로 만발했다. 봄과 여름에는 거의 매일 오후마다 한두 시간 정도는 뇌우가 산 너머로 들이쳐 뜨겁게 달궈진 대지를 식혀 주었다. 파랑새, 검은방울새, 멧새 등이 떼를 지어 로스앨러모스 주변의 양버들 숲에 앉아 있었다. 모리슨은 나중에 "우리는 상그레 산맥에 쌓인 눈을 바라보거나 워터 캐니언(Water Canyon)에서 사슴을 찾는 법을 배웠다."라고 썼는데, 이것은 연구원들에게 공통적으로 나타난 정서를 잘 보여 주는 것이었다. "우리는 메사와 계곡에는 오래되고 이상한 문화가 있다는 것을 알게 되었다. 푸에블로 원주민인 이웃들과 오토위 캐니언(Otowi canyon)의 동굴들은 다른 사람들이 마른 땅에서 물을 구했다는 것을 상기시켜 주었다."[4]

로스앨러모스는 군사 기지였지만, 산장 같은 특징도 함께 가지고 있었다. 로스앨러모스에 도착하기 직전에 토마스 만(Thomas Mann, 1875~1955년)의 『마법의 산(The Magic Mountain)』을 읽은 로버트 윌슨은 가끔 자신이 그 책에 나오는 마법의 세계에 온 것 같다고 생각했다. 영국인 물리학자인 제임스 터크는 그 시기를 "황금기"라고 불렀다.[5] "이곳 로스앨러모스에서 나는 아테네의, 플라톤의, 이상적 공화국의 정신을 발견했다.[6] 그곳은 "하늘 위의 섬"이었다. 또 다른 사람들은 그곳을 "샹그릴라(Shangri-La)"라고 부르기도 했다.[7]

로스앨러모스의 주민들은 불과 몇 달 안에 공동체 의식을 키워 나갔다. 그곳에 정착한 부인들에 따르면 그렇게 되기까지 오펜하이머의 공이 컸다. 그는 참여 민주주의를 원칙으로 처음부터 마을 평의회를 임명했다. 나중에 그것은 선출 기구가 되었고, 비록 공식 권력을 가지고 있지는 않았지만 정기적으로 모여 오펜하이머가 공동체의 필요를 파악하는 데 도움을 주었다. 여기에서 PX 음식의 질, 주거 환경, 주차 위반 딱지 등과 같은 일상생활의 소소한 불만들을 제기할 수 있었다. 1943년 말이 되자 로스앨러모스에는 뉴스, 지역 사회 공지사항, 음악을 방송하는 저출력 라디오 기지국까지 생겨났다. 라디오 방송에서는 오펜하이머가 개인적으로 소장하고 있던 고전음악 레코드들에서 음악을 선곡하기도 했다. 이와 같은 소소한 일들을 통해, 오펜하이머는 자신이 모두의 희생에 대해 감사하고 있다는 사실을 알렸던 것이다. 개인 생활의 부재, 검소한 생활, 그리고 반복적인 물, 우유, 심지어 전기의 부족에도 불구하고, 그는 자신만의 유쾌한 열정으로 사람들을 이끌어 나갔다. 하루는 오펜하이머가 버니스 브로드에게 "당신 집에 사는 사람들은 모두 조금씩 미쳤어. 그러니까 잘 살 수 있을 거야."라고 말했다.[8] (브로드 부부는 같은 아파트에서 시릴 스미스와 앨리스 킴벌 스미스 부부, 에드워드 텔러와 미시 텔러 부부 위층에 살고 있었다.). 동네 극단이 조지프 케설링(Joseph Kesselring)의 희극 「비소와 낡은 레이스(Arsenic and Old Lace)」 공연을 시작했을 때, 관객들은 밀가루로 분칠을 하고 시체처럼 뻣뻣한 채로 다른 희생자들과 같이 무대 바닥에서 뒹구는 오펜하이머의 모습에 놀라고 즐거워했다.[9] 1943년 가을 한 그룹 리더의 아내가 알 수 없는 마비 증세로 사망하자, 오펜하이머는 소아마비에 감염될 우려에도 불구하고 가장 먼저 슬픔에 빠진 남편을 찾아갔다.

집에서 오펜하이머는 요리사였다. 그는 여전히 나시 고렝과 같은 이국적인 매운 요리를 즐겼지만, 그의 보통 저녁 식사 대접은 진 사워 또는 마티니로 시작해 스테이크, 신선한 아스파라거스, 그리고 감자 요리로 이어졌다. 1943년 4월 22일, 그는 자신의 39세 생일을 맞아 언덕 위에서의 첫 번째 대규모 파티를 열었다. 그는 손님들에게 아주 씁싸름한 마티니와 고급 음식을 대접했지만, 음식은 항상 모자랐다. 루이스 헴펠만 박사는 "해발 2,438미터에서 알코올의 효과는 배가 됩니다."라고 회고했다.[10] "그래서 냉정한 라비 같은 사람도 술에 취해 다 같이 춤을 추고는 했지요." 오펜하이머는 그의 팔을 뻣뻣하게 뻗은 채로 고풍스러운 폭스트롯 춤을 추었다. 라비는 빗을 꺼내 들고 하모니카를 부는 흉내를 내어 모두를 즐겁게 했다.

키티는 총책임자의 아내에게 기대되는 사교적인 역할을 거부했다. 로스 앨러모스 시절의 한 친구는 "키티는 항상 청바지와 캐주얼 셔브룩스 브라더스 셔츠를 입는 여성이었습니다."라고 회고했다.[11] 처음에 그녀는 헴펠만 박사의 지도 아래 방사선이 인체에 미치는 위험을 연구하는 실험실에서 파트타임 기사로 일했다. 그는 "그녀는 말도 아니게 위세를 부렸습니다."라고 회고했다.[12] 그녀는 아주 가끔씩만 옛 버클리 친구들을 저녁 식사에 초대했고, 집에서 열리는 파티에는 거의 나타나지 않았다. 하지만 오펜하이머 부부의 이웃인 데케 파슨스(Deke Parsons)와 부인 마사(Martha)는 손님 대접을 좋아했고 모임을 자주 열었다. 오펜하이머는 모두에게 열심히 일하고 열심히 놀라고 주문했다. 버니스 브로드에 따르면 "우리는 토요일마다 축제를 벌였고, 일요일에는 여행을 떠났고, 주중에는 일했다."

토요일 저녁이면 오두막집은 스퀘어 댄스를 추는 사람들, 청바지, 카우보이 부츠에 화려한 셔츠를 입은 남자들, 페티코트가 눈에 띄는 긴 드레스를 입은 여성들로 가득 찼다. 당연하게도 총각들이 여는 파티가 가장 소란스러웠다. 이와 같은 기숙사 파티에서 사람들은 실험실용 알코올 절반에 자몽 주스 절반을 섞은 120리터들이 깡통을 드라이아이스로 차게 만들어 마셨다. 젊은 과학자 중 한 명인 마이크 미치노비치(Mike Michinoviicz)는 아코디언을 연주했고, 음악에 맞춰 모두 춤을 추었다.

가끔은 몇몇 물리학자들이 피아노와 바이올린 연주회를 열기도 했다. 오펜하이머는 이러한 토요일 저녁 행사에 트위드 재킷을 차려입고 나타났다. 그의 주변에는 항상 사람이 모여들었다. 맥키빈의 회고에 따르면 "커다란 강당에서 사람들이 가장 많이 모여 있는 곳을 찾으면, 그 중심에는 항상 오펜하이머가 있었어요. 그는 파티에서 인기가 많았고, 여자들은 그를 매우 좋아했지요."[13] 한번은 누군가가 '당신의 억눌린 욕망'이라는 주제로 파티를 열었다. 오펜하이머는 평상복 그대로에 팔에 냅킨을 두른 채로 나타나 웨이터 분장을 했음을 나타냈다. 그것은 진심으로 익명성을 갈구하는 것을 보여 주기보다는, 계획된 겸손함에 가까웠다. 이 전쟁의 가장 중요한 프로젝트의 과학 총책임자인 오펜하이머는 실제로 자신의 "억눌린" 욕망을 실현했던 것이다.

일요일이면 많은 주민들이 주변 산으로 하이킹이나 피크닉을 떠나거나, 로스앨러모스 목장 학교의 마구간에서 말을 빌려 타고는 했다.[14] 오펜하이머는 그의 14세짜리 아름다운 밤색 말 치코(Chico)를 타고 마을 동쪽에서 출발해 서쪽으로 산속 오솔길을 따라 갔다 오고는 했다. 오펜하이머는 가장 험한 산길에서도 가벼운 구보로 말을 달리게 할 수 있을 정도로 승마에 능숙했다. 그는 길가에서 만나는 사람마다 그의 진흙색 중절모를 흔들며 한마디씩 건넸다. 키티도 "유럽에서 교육받은 능숙한 기수"였다. 처음에 그녀는 앨버커키에서 경주마로 활약했던 딕시(Dixie)라는 스탠더드브레드를 탔다. 나중에 그녀는 서러브레드로 바꾸었다. 그들 뒤에는 항상 무장 경비가 뒤따랐다.

오펜하이머의 동료들은 그가 말을 타거나 등산을 할 때 보이는 지구력에 항상 놀랐다. 헴펠만 박사는 "그는 항상 허약해 보였습니다."라고 회고했다. "그는 물론 항상 지나칠 정도로 말랐지만 놀라울 정도로 강했습니다."[15] 1944년 여름에, 그와 헴펠만은 같이 말을 타고 상그레 데 크리스토 산을 넘어 그의 페로 칼리엔테 목장을 찾았다. "아주 죽을 뻔 했습니다." 헴펠만은 말했다. "그는 말을 가벼운 구보로 가게 하고도 아주 편해 보였습니다. 나와 내 말은 따라잡기 위해 죽기 살기로 달려야 했죠. 첫날에 우리는 아마도 30에서 56킬로미터 정도 갔을 겁니다. 거의 죽기 일보 직전이었죠." 오펜하이머는 거의 아프지 않았지만, 하루에 담배 4~5갑을 피우는 것이 원인이 되어 심한 기침에 시달렸다. 그의 비서 중 한 명은 "내 생각에 그는 줄담배를 피는 중간에만 파이프를 집어 들었던 것 같아요."[16]라고 말했다. 그는 경련을 하는 것처럼 억제할 수 없는 기침을 오랫동안 하고는 했는데, 기침을 하는 와중에도 말을 계속하느라 얼굴이 보랏빛으로 변할 때도 있었다. 오펜하이머는 마티니를 항상 똑같이 만들었던 것처럼, 담배도 똑같은 방식으로 피웠다. 대부분의 사람들이 집게손가락으로 재를 터는데, 그는 새끼손가락으로 담뱃재 끝을 건드려 터는 특이한 습관이 있었다. 이 습관 때문에 그의 손가락 끝에는 못이 박혀 까맣게 탄 것처럼 보였다.[17]

메사 위에서의 생활은 호화스럽지는 않을지라도 서서히 어느 정도는 편안해졌다.[18] 군인들이 땔감을 잘라서 각 아파트의 부엌과 벽난로에 쌓아 두었다. 육군은 쓰레기를 수거했고 난로에 석탄을 땠다. 게다가 매일 육군

버스를 타고 푸에블로 인디언 여인들이 근처 샌일데폰소(San Ildefonso)로부터 가사 보조 일을 하러 들어오기도 했다. 사슴 가죽으로 만든 부츠에 화려한 푸에블로 숄을 두르고, 터키석과 은으로 만든 장신구를 주렁주렁 매단 푸에블로 여인들은 곧 마을에서 흔히 볼 수 있었다. 매일 아침 일찍 그들이 육군 가사 보조 사무실에 수속을 하고 나서, 흙길을 따라 걸어 지정된 집으로 반나절 동안 일하러 가는 모습을 볼 수 있었다. 그래서 주민들은 그들을 "반나절들(half-days)"이라고 부르기 시작했다. 오펜하이머가 승인하고 육군이 집행한 이 계획은 과학자들의 아내들이 비서, 실험실 조수, 학교 선생님, 또는 기술 구역에서 "컴퓨터 기계 기사"로 일할 수 있게 하기 위한 조치였다. 이것은 또한 로스앨러모스의 인구를 최소화하고, 똑똑하고 활동적인 여성들의 사기를 북돋워 주었다. 가사 보조 서비스는 주부가 갖고 있는 직업의 중요성과 근무 시간, 어린 자녀의 수, 그리고 병이 났을 경우를 고려해 필요에 따라 배정되었다. 항상 완벽하지는 않았지만, 이와 같은 군대식 사회주의는 메사에서의 생활을 편하게 해 주었고, 고립된 연구소를 완전 고용의 효과적인 공동체로 만드는 데 일조했다.

로스앨러모스에는 독신 남성과 여성이 항상 매우 높은 비율로 살고 있었고, 당연하게도 그들을 어울리지 못하게 하려는 육군의 시도는 실패로 돌아갔다. 그룹 리더 중에서 가장 어렸던 윌슨은 헌병대가 여자 기숙사 중 한 곳을 폐쇄하고 거기에 살던 여성들을 해고하기로 결정했을 때 마을 평의회의 의장직을 맡고 있었다. 눈물을 글썽이는 일군의 젊은 여성들이 결연하게 마음먹은 일군의 총각들과 함께 평의회에 나와 결정을 재고할 것을 요구했다. 윌슨이 나중에 회고하기를 "그 젊은 여성들은 우리 젊은 남성들의 기본 욕구를 충족시켜 주는 것으로 꽤 성공적인 사업을 벌이고 있었던 것으로 보였습니다.[19] 문제는 병이 돌았다는 것이고, 육군은 더 이상 사태를 방관할 수만은 없었던 것이죠." 결과적으로 마을 평의회는 그 일에 종사하는 여성의 수가 그리 많지 않다고 판단했다. 보건 조치가 취해지기는 했지만 기숙사는 계속 문을 열게 되었다.

몇 주에 한 번씩 언덕의 주민들은 샌타페이로 나와 쇼핑을 하며 오후를 보낼 수 있었다. 몇몇은 라 폰다의 선술집에 들러 술을 한 잔 하기도 했다. 오펜하이머는 올드 샌타페이 길에 있는 맥키빈의 아름다운 어도비 벽돌집에서 자주 하룻밤을 보내고는 했다. 1936년에 맥키빈은 1만 달러를 들여 샌타페이 바로 남쪽에 위치한 6,000제곱미터 정도의 땅에 고전적인 히스패닉 목장 집을 지었다. 손으로 깎은 스페인풍의 대문에 집을 감싸는 듯한 현관을 자랑했던 그 집은 새로 지었지만 수십 년은 된 것 같은 분위기를 풍겼다. 도로시는 새집을 고가구와 나바호 양탄자로 꾸몄다. 프로젝트의 문지기로서 그녀는 'Q(최고급)' 보안 명찰을 가지고 있었고, 오펜하이머는 종종 그녀의 집을 샌타페이에서 비밀회의를 여는 데 사용할 수 있었다. 맥키빈은 이런 행사에서 "여성 지도자"의 역할을 즐겨 맡았다. 하지만 그녀는 오펜하이머와 단둘이, 그녀는 그가 좋아하는 스테이크와 아스파라거스 요리를 하고 그는 "세상에서 가장 맛있는 쌉쌀한 마티니"를 준비하면서 보내는 조용한 저녁도 소중하게 생각했다.[20] 오펜하이머에게 맥키빈의 집은 언덕 위에서의 끊임없는 감시로부터 휴식을 취할 수 있는 피난처였다. 호킨스가 나중에 말하기를, "도로시는 로버트 오펜하이머를 사랑했습니다. 그는 그녀의 특별한 사람이었고, 그 또한 그녀를 그렇게 생각했지요."[21]

로스앨러모스로 이주한 대부분의 부인들은 메사의 극심한 기후와 고립감, 그리고 특유의 리듬에 비교적 잘 적응했다. 하지만 키티는 점점 더 덫에 사로잡힌 것처럼 느꼈다. 그녀는 로스앨러모스가 남편에게 줄 수 있는 명예를 갈구하기도 했지만, 식물학자로서의 야심을 가진 똑똑한 여성이었기 때문에 그것만으로는 만족할 수 없었다. 지난 1년 동안 헴펠만 박사 밑에서 혈액 샘플을 조사했던 그녀는 그 일을 그만두었다. 그녀는 사회적으로 고립감을 느꼈다. 기분이 좋은 날이면, 그녀는 친구나 낯선 사람에게도 매력적이고 따뜻했다. 하지만 모두가 그녀에게 날카로운 면이 있다고 느꼈다. 그녀는 긴장하거나 불행해 보이는 모습을 자주 보였다. 사교 모임에서 그녀는 잡담을 하기도 했지만, 한 친구의 표현에 따르면 "그녀는 자기 자랑을 늘어놓고 싶어 했다."[22] 젊은 폴란드 물리학자인 조지프 로트블랫(Joseph Rotblat, 1908~2005년)은 오펜하이머 집에 저녁을 먹으러 갔을 때 가끔 그녀를 보았다. 로트블랫은 "그녀는 남들과 잘 어울리려 하지 않는 것 같았습니다."라고 말했다. "도도한 사람이었죠."[23]

오펜하이머의 비서인 더필드는 키티를 가장 잘 관찰할 수 있는 위치에 있었다. "그녀는 매우 열정적이고, 매우 똑똑하고, 매우 에너지 넘치는 사람이었습니다."라고 더필드는 회고했다.[24] 하지만 그녀 역시 키티가 "다루기 매우 어려운 스타일"이라고 생각했다. 옆집에 살던 또 다른 물리학자의 아내인 팻 셰르는 키티의 오락가락하는 성격에 압도당했다고 느꼈다. "그녀는 겉으로는 밝고 따뜻한 사람이었어요." 셰르는 회고했다. "하지만 그것은 사람들에 대한 진심 어린 따뜻함이 아니라, 주목과 사랑을 받고 싶은 그녀의 지독한 갈망의 표현이었다는 것을 나중에야 알게 되었습니다."

오펜하이머처럼 키티도 사람들에게 선물하는 것을 좋아했다. 어느 날 셰르가 자신의 케로신 난로에 대해 불평을 터뜨리자, 키티는 낡은 전기난로를 주었다. 셰르는 "그녀는 선물로 관심을 사려고 했어요."라고 말했다.[25]

다른 부인들도 그녀의 갑작스러운 행동이 모욕에 가깝다고 생각했다. 키티는 남자들과 함께 있는 편을 선호했지만, 키티를 싫어하는 것은 남자들도 마찬가지였다. 더필드는 "그녀는 점잖은 남자들이 뒤에서 씹는 몇 안 되는 사람 중 하나였습니다."라고 회고했다. 하지만 더필드가 보기에 오펜하이머는 키티를 신뢰했고, 뭐든 문제가 생기면 그녀에게 조언을 구했다. 더필드는 "그는 그녀의 판단을 어느 누구의 충고만큼이나 중요하게 생각했습니다."라고 말했다.[26] 키티는 서슴지 않고 남편의 말을 끊었지만, 한 가까운 친구의 회고에 따르면 "그는 그것을 아무렇지도 않게 생각하는 듯했어요."[27]

1945년 초 더필드는 아이를 가졌고, 오펜하이머는 갑자기 새로운 비서가 필요하게 되었다. 그로브스는 몇 명의 경험 많은 비서들을 제안했지만, 오펜하이머는 모두 거절했다. 어느 날 오펜하이머는 그로브스의 워싱턴 사무실에서 보았던 예쁜 금발에 파란 눈을 가진 20세의 앤 윌슨(Anne T. Wilson)을 원한다고 말했다. 앤은 오펜하이머에 대해 "그(오펜하이머)는 장군의 문 바로 앞에 있던 내 책상 앞에 서서 나와 대화를 나누었습니다."라고 말했다.[28] "나는 모든 여성들이 그 앞에 납작 엎드린다는 전설적인 인물과 얘기하고 있다는 사실에 깜짝 놀랐죠."

앤은 그의 요청을 감사히 받아들여 로스앨러모스로 옮기는 것에 동의했다. 하지만 그녀가 떠나기 전, 그로브스의 방첩대장인 랜스데일이 그녀에게 한 가지 제안을 했다. 그녀가 오펜하이머 사무실에서 본 것을 정리해 한 달에 한 번만 보고서를 작성하면, 한 달에 200달러를 주겠다는 것이었다. 앤은 놀라서 단호하게 거절했다. 그녀는 나중에 "나는 그에게 말했어요. 랜스데일 씨, 방금 그 말을 했다는 것조차 잊어 주었으면 좋겠네요."라고 말했다고 밝혔다. 그녀가 그로브스에게 듣기로는, 로스앨러모스로 옮기면 그녀는 오펜하이머에게만 충실하면 된다고 말했다. 하지만 그로브스는 그녀가 로스앨러모스를 떠날 때마다 감시를 붙이라고 지시했다. 오펜하이머의 사무실에서 일하는 이상, 앤은 너무 많은 것을 알게 될 터였다.

앤이 로스앨러모스에 도착했을 때, 오펜하이머는 화씨 104도의 고열을 동반한 수두에 걸려 쓰러져 있었다. 어느 물리학자의 아내는 "우리의 깡마른 총책임자는 얼굴에 빨간 생채기투성이에 제멋대로 자란 수염 사이로 열에 시달린 눈을 통해 세상을 응시하는 15세기 성인의 초상화 같다."라고 썼다.[29] 그가 병에서 회복하자, 앤은 오펜하이머 집에 술을 한 잔 하러 오라는 초대를 받았다. 그는 그녀에게 유명한 마티니를 한 잔 만들어 주었다. 아직 고도에 익숙지 않았던 그녀에게 강한 알코올은 바로 그녀를 정신없게 만들었다. 앤은 간호사 기숙사에 위치한 그녀의 방으로 누군가가 부축해 주었다는 것을 기억했다.

앤은 카리스마 넘치는 새 상사에게 매료되었고, 그를 깊이 존경했다. 20세에 불과했던 그녀는 1945년 당시 마흔이 넘은 오펜하이머에게 로맨틱한 감정을 갖지는 않았다. 그래도 앤은 아름답고 젊은 데다 똑똑하고 세련된 여성이었다. 사람들은 총책임자의 새 비서에 대해 입방아를 찧기 시작했다. 그녀가 도착하고 몇 주 후, 앤의 책상 위에는 사흘에 한 번씩 샌타페이의 꽃집에서 보낸 장미꽃이 한 송이씩 도착하기 시작했다. 이 불가사의한 장미꽃들을 누가 보냈는지는 알 수 없었다. "나는 당황해서, 어린애처럼 돌아다니면서 '나를 짝사랑하는 사람이 있나 봐요. 이 아름다운 장미꽃들을 누가 보내는 걸까요?'라고 말했습니다. 결국은 알아내지 못했지요. 하지만 마침내 어떤 사람이 내게 와서는 '그런 짓을 할 사람은 한 사람밖에 없는데, 그건 로버트야.'라고 말했습니다. 글쎄요, 나는 말도 안 된다고 해 주었죠."

작은 마을에서 으레 그렇듯이, 오펜하이머가 앤과 바람을 피운다는 입소문이 퍼지기 시작했다. 그녀는 그런 일은 없었다고 말했다. "나는 그를 받아들이기에는 너무 어렸습니다. 마흔 살 먹은 남자는 늙은이라고 생각했어요." 키티도 그 소문을 들었고, 그녀는 어느 날 앤을 찾아와 느닷없이 오펜하이머를 꼬시려는 계획이 있냐고 물었다. 앤은 깜짝 놀랐다. 앤은 "그녀는 분명 내가 경악했다는 것을 눈치챘을 겁니다."라고 회고했다.[30]

몇 년 후 앤이 결혼하자 키티는 마음을 놓았고, 두 여자 사이에는 깊은 우정이 싹트기 시작했다. 오펜하이머가 앤에게 실제로 끌렸다면, 익명의 붉은 장미 한 송이는 그의 성격을 잘 나타내 주는 작은 표시였다. 그는 먼저 나서서 여성을 정복하는 남자가 아니었다. 앤 자신이 눈치챘듯이, 여성들은 오펜하이머에게 "이끌렸다." 앤은 "그는 정말이지 인기 만발의 남자였어요."라고 말했다.[31] "내가 보기에도 그랬고, 그런 얘기도 많이 들었습니다." 하지만 그 당시 오펜하이머는 심할 정도로 수줍음을 탔고, 속세의 사람이 아닌 것처럼 보이기까지 했다. 앤은 "그는 항상 상대방의 입장에서 생각했습니다."라고 말했다. "내 생각에는 이것이 여성들을 잡아끄는 비밀이 아니었나 싶어요. 그는 그들의 마음을 읽는 것 같았고, 많은 여자들이 나에게 그렇게 말했습니다. 로스앨러모스에서 임신한 여자들은 '내 심정을 이해해 줄 수 있는 사람은 로버트뿐'이라고 말하기까지 했다니까요." 그리고 그가 설혹 다른 여자에게 끌렸더라도, 그는 여전히 키티에게 헌신했다. 헴펠만은 키티와 오펜하이머에 대해 "그들은 대단히 가까웠습니다."라고 말했다.[32] "그는 가능하면 저녁에는 집에 들어갔습니다. 나는 그녀가 그를 자랑스러했지만, 그녀 자신이 중심에 있기를 바랐다고 생각합니다."

오펜하이머를 둘러싼 보안이라는 그물은 그의 아내도 옭아맸다. 키티는 곧 랜스데일에게 가벼운 심문까지 받았다. 능숙한 심문관인 랜스데일은 키티가 그녀의 남편을 이해하는 중요한 열쇠를 제공할 수 있으리라고 판단했다. 그는 나중에 "그녀의 배경은 별로 좋지 않았습니다."라고 증언했다.[33] "바로 그 때문에, 나는 오펜하이머 부인과 기회가 닿는 대로 많은 대화를 나누려고 했습니다." 그녀가 마티니를 대접했을 때, 그는 심술궂게도 그녀는 차를 대접할 것 같은 사람은 아니라고 말했다. "오펜하이머 부인은 강한 신념을 가진 강한 여인이라는 생각이 들었습니다. 그녀는 공산주의자였을 수 있었던 사람이었고, 나는 충분히 그랬을 것이라고 확신했습니다. 진정한 공산주의자가 되려면 아주 강해야 하니까요." 하지만 이런저런 대화를 나누던 중에, 랜스데일은 키티가 궁극적으로는 남편에게 충성하고 있다는 것을 알게 되었다. 또한 그는 그녀가 예의 바르게 역할을 다하고는 있지만, 실은 "나를, 그리고 내가 상징하는 모든 것을 증오"하고 있다고 느꼈다.

두서없는 심문은 점점 둘이 추는 춤과 같은 형태를 띠었다. 랜스데일은 나중에 "우리 세계에서 흔히 말하듯이, 내가 그녀를 꾀어내려던 것과 동시에 그녀 역시 나를 꾀어 들이려고 하고 있었습니다······. 나는 그녀가 믿는 바를 위해서라면 무슨 일이든지 할 수 있겠다고 느꼈습니다. 그래서 나는 전술을 바꿔서 내가 오펜하이머의 위치를 솔직하게 평가하려는 균형 잡힌 사람이라는 것을 보이려 했습니다. 우리의 대화가 길어진 것은 그 때문입니다."

"나는 그녀가 공산주의자인 적이 있다고 확신했고, 그녀의 사상이 그동안 별로 변하지 않았으리라고 생각했습니다······. 그녀는 자신이 오펜하이머를 만나기 전의 행적을 내가 얼마나 알고 있는지, 그것이 나에게 어떻게 보일 것인지에 대해서는 관심이 없었습니다. 나는 그녀와 전남편의 과거는 그녀에게 오펜하이머에 비하면 아무것도 아니라는 것을 알게 되었습니다. 나는 남편에 대한 그녀의 애착이 공산주의에 대한 그것보다 훨씬 강하며, 그의 미래가 공산주의보다 훨씬 의미 있는 일이라고 생각한다는 것에 확신을 갖게 되었습니다. 그녀는 그가 자신의 인생 그 자체라고 설득하고 싶어 했고, 나는 그 설득에 넘어간 것입니다."34 나중에 랜스데일은 그로브스에게 자신의 결론을 보고했다. "오펜하이머 박사는 그녀 인생에서 가장 중요한 것이다……. 그녀의 의지력은 오펜하이머 박사가 우리가 위험하다고 판단하는 교우 관계로부터 멀어지는 데 강력한 영향을 미쳤다."35

철조망 안에서 키티는 가끔 자신이 현미경 아래에서 살고 있다고 느꼈다. 배급 카드만 보여 주면 육군 매점에서 음식과 각종 상품을 구할 수 있었다. 극장에서는 1주일에 두 편의 영화를 한 편에 15센트만 내면 볼 수 있었다. 의료 진료는 공짜였다. 이 때문에 많은 젊은 부부들은 아이를 가지려 했다. 첫해에만 80명의 신생아가 태어났고, 이후로도 한 달에 10명 정도가 태어났다.36 병실이 7개뿐인 조그마한 병원은 "시골 무료 출산실(rural free delivery, RFD)"이라고 불리게 되었다. 그로브스 장군이 높은 출산율에 대해 불평하자, 오펜하이머는 산아 제한은 과학 총책임자의 업무가 아니라고 간단하게 대답할 뿐이었다. 그 무렵 키티가 다시 임신을 했다. 1944년 12월 7일, 그녀는 로스앨러모스 막사 병원에서 딸 캐서린을 낳았고, 그들은 아기를 "타이크(Tyke)"라는 별명으로 불렀다.37 아기 침대 위에는 "오펜하이머"라는 이름표가 붙어 있었고, 며칠 동안 상관의 아기를 구경하기 위해 사람들이 병원에 드나들었다.

4개월 후 키티는 "부모님을 만나러 집에 다녀와야겠다."라고 선언했다.

산후 우울증 때문인지, 오펜하이머 집에 마티니가 너무 많아서였는지, 결혼 생활의 문제 때문이었는지 모르지만, 키티는 감정적으로 무너지기 일보 직전이었다. "키티는 자주 울음을 터뜨렸고 술도 많이 마셨습니다."라고 패트 셰르는 회고했다.[38] 키티와 오펜하이머는 그들의 두 살배기 아들 문제로 골치를 썩고 있었다. 여느 어린아이처럼 피터는 다루기가 매우 힘들었다. 셰르에 따르면, 키티는 "피터에게 매우 참을성이 없었습니다." 심리학을 공부했던 셰르는 키티가 "어린아이에 대해 그 어떤 본능적인 이해도" 없었다고 생각했다. 키티는 항상 변덕스러웠다. 그녀의 동서인 재키 오펜하이머는 키티가 "며칠 동안 쇼핑하러 앨버커키나 서해안까지 가면서 아이들을 가정부에게 맡기고는 했다."라고 말했다. 키티는 여행에서 돌아올 때 항상 피터에게 커다란 선물을 안겨 주었다. 재키는 "그녀는 죄책감 때문에 불행했을 거예요. 불쌍한 것."이라고 말했다.[39]

1945년 4월, 키티는 피터를 데리고 피츠버그로 떠났다. 하지만 그녀는 4개월밖에 안 된 딸은 얼마 전 유산을 한 이웃 친구 셰르에게 맡기기로 결정했다. 로스앨러모스의 소아과 의사였던 헨리 바넷(Henry Barnett) 박사는 아이를 돌보는 것이 셰르에게도 도움이 될 것이라고 제안했다. 그래서 타이크(나중에는 토니라고 부르기도 했다.)는 셰르의 집으로 가게 되었다. 키티와 어린 피터는 1945년 7월까지 3개월 반 동안 집을 비울 예정이었다. 오펜하이머는 물론 너무 바빠서 그의 딸을 보러 1주일에 두 번 정도밖에 오지 못했다.

지난 2년간 엄청나게 바쁘게 지낸 오펜하이머는 서서히 탈진하기 시작했다. 신체적인 타격은 눈에 띌 정도였다. 기침은 끊이지 않았고, 50킬로그램까지 떨어진 몸무게는 178센티미터인 그의 키를 고려했을 때 지나치게 마른 것이었다. 그는 계속해서 왕성한 활동력을 보였지만, 실제로 매일 조금씩 사라져 가는 것 같았다. 심리적인 타격도 결코 덜하지 않았다. 단지 눈에 덜 띌 따름이었다. 오펜하이머는 일생 동안 자신의 정신적 스트레스를 관리하면서 보냈다. 그럼에도 타이크의 출생과 키티가 떠난 사건은 그를 특히 상처받기 쉽게 만들었다.

셰르는 "아주 이상했어요."라고 기억했다.[40] "그는 우리 집에 와서 나하고 수다를 떨었지만, 아기를 보게 해 달라고 하지는 않았습니다. 아이가 어디서 뭘 하고 있는지도 몰랐고 보게 해 달라고 하지도 않았어요."

"하루는 내가 참다못해 '딸을 보고 싶지 않아요? 아주 예쁘게 자라고 있어요.'라고 말했습니다. 그러자 그는 '네, 네.' 정도로 가볍게 대답할 뿐이었어요."

두 달이 지났고, 오펜하이머는 셰르를 방문한 자리에서 그녀에게 "당신은 타이크를 매우 사랑하는 것 같습니다."라고 말했다. 셰르는 단순히 "나는 아이를 좋아해요. 그리고 아이를 보살피면 누구의 아이건 당신 인생의 일부가 된답니다."라고 대답했다.

셰르는 오펜하이머가 "당신은 그녀를 입양할 생각이 있습니까?"라고 물었을 때 깜짝 놀랐다.

"무슨 소리예요? 훌륭한 부모가 멀쩡히 있는데요."라고 그녀는 대답했다. 그녀가 왜 그런 얘기를 하느냐고 묻자, 오펜하이머는 "내가 그녀를 사랑할 수 없기 때문에."라고 대답했다.

셰르는 그런 감정은 아이와 떨어져 살게 된 부모에게서 흔히 나타나는 것이라며 그를 안심시키고는, 시간이 지나면 아이에게 애착을 갖게 될 것이라고 말했다.

오펜하이머는 "아뇨, 나는 애착을 느끼는 사람이 아닙니다."라고 말했다. 셰르가 이 문제에 대해 키티와 의논한 적이 있느냐고 묻자, 오펜하이머는 "아뇨, 아뇨, 아뇨. 나는 아이에게는 자신을 사랑해 주는 가정이 중요하다고 생각했기 때문에 당신에게 먼저 물었던 겁니다. 당신이 그녀에게 이 모든 것을 주었잖습니까."라고 말했다.

셰르는 이 대화를 창피하고 심란하게 생각했다. 그의 제안이 비록 기이했지만, 진심 어린 감정을 담고 있었다고 느꼈던 것이다. "그는 커다란 양심을 가진 사람이라고 느꼈어요. 나한테 그런 말을 하기까지는……이 사람은 자신의 감정을 담아서, 동시에 그 감정에 죄책감을 느끼면서까지, 자신이 아이에게 줄 수 없다고 생각한 것을 주려고 했던 것이지요."

마침내 키티가 1945년 7월에 로스앨러모스로 돌아오자, 그녀는 언제나처럼 셰르에게 선물 공세를 퍼부었다. 키티는 로스앨러모스에 팽팽한 긴장감이 돌고 있는 것을 발견했다. 남자들은 더 오랜 시간 일에 몰두하고 있었고, 그에 따라 그들의 아내들은 더욱 고립감에 빠져 있었다. 키티는 매일 몇 명의 작은 그룹의 여성들을 집으로 초대해 칵테일파티를 벌였다. 1945년에 로스앨러모스를 방문한 재키 오펜하이머는 이런 파티를 기억하고 있었다. 재키는 "우리가 별로 사이좋게 지내지 않았다는 것은 잘 알려진 사실입니다."라고 말했다.[41] "그리고 그녀는 우리가 합석하는 자리를 되도록 만들지 않으려고 했지요. 한번은 그녀가 나를 칵테일파티에 초대했습니다. 오후 4시 정도에 시작했지요. 내가 도착했을 때, 키티는 다른 여자 너댓 명과 둘러 앉아 수다를 떨면서 술을 마시고 있었습니다. 그것은 끔찍한 모임이었고, 다시는 참석하지 않았어요."

당시 셰르는 키티가 알코올 중독자라고 생각하지 않았다. 셰르는 "그녀가 술을 마시긴 했어요."라고 회고했다.[42] "4시가 되면 그녀는 술을 마시기 시작했지만, 혀가 꼬이거나 하지는 않았습니다." 키티의 음주는 나중에 큰 문제가 될 터였다. 그러나 또 다른 가까운 친구인 헴펠만 박사에 따르면, "로스앨러모스에서 그 정도로 술을 마시지 않은 사람은 거의 없었습니다."[43] 알코올은 메사에서 쉽게 구할 수 있었고, 시간이 흐르면서 몇몇 사람들은 작은 마을에 고립되어 있다는 생각에 억눌렸다. 햄펠만은 "처음에는 아주 재미있었죠."라고 회고했다. "하지만 시간이 지나면서 모두는 피곤해지기도 해서 점점 짜증을 쉽게 내고는 했습니다. 상황이 좋지 않았어요. 그렇게 서로 가깝게 생활하고 있었으니까 더욱 그랬을 겁니다. 함께 일하는 사람들과 놀기까지 해야 했으니까요. 친구가 저녁 초대를 했는데, 특별히 할 일은 없지만 가기 싫어서 핑계를 댔다고 칩시다. 금방 들통이 나지요. 그들이 당신 집 앞을 지나치다가 당신 차가 거기 있는 것을 발견할 테니까요. 모두가 모두에 대해서 모든 것을 알고 있는 것입니다."

샌타페이로 가끔씩 소풍을 나가는 것을 제외하면, 로스앨러모스에서 허가된 탈출구는 오토위에 있는 이디스 워너(Edith Warner)의 진흙 벽돌집에서 저녁을 먹는 것이었다. 그 집은 로스앨러모스에서 리오그란데 위에 있는 구불구불한 길을 따라 32킬로미터 정도 떨어진 "물이 소리를 내는 곳"에 자리 잡고 있었다.[44] 오펜하이머가 처음 워너를 만난 것은 프랭크, 재키와 프리홀레스 캐니언(Frijoles Canyon)으로 여행을 갔을 때였다. 그때 말 한 마리가 도망가서 오펜하이머가 그것을 쫓아가는 와중에 워너의 '찻집'에 우연히 도착한 것이다. 오펜하이머는 나중에 "우리는 차와 초콜릿 케이크를 먹었고 얘기를 나눴다."라고 썼다.[45] "그것은 잊을 수 없는 만남이었다." 워너는 청바지와 징이 달린 카우보이 부츠를 신은 오펜하이머를 "서부극에 나오는 날씬한 영웅" 같다고 생각했다.[46]

워너는 필라델피아 목사의 딸로 1922년 30세를 맞은 해에 신경 쇠약에 시달리고 나서 퍼헤이리토 고원에 처음 오게 되었다. 그녀는 나이 지긋한 아메리카 인디언 동료인 아틸라노 몬토야(Atilano Montoya, 그는 푸에블로에서 틸라노(Tilano)로 알려져 있었다.)와 함께 관광객들을 상대로 찻집을 운영하고 있었다. 그녀의 인생은 극도로 단순했다.[47]

오펜하이머가 메사로 온 후 얼마 지나지 않았을 때, 그는 그로브스 장군을 데리고 오토위로 차를 마시러 갔다. 목장 학교도 문을 닫고 전쟁으로 석유도 배급제로 바뀐 터라 관광객은 찾아보기 어려웠다. 워너는 어떻게 수익을 맞춰야 할지 걱정이라고 조심스럽게 말을 꺼냈다. 차를 마시면서, 그로브스는 그녀에게 연구소의 음식 서비스 전부를 맡기면 어떻겠냐고 제안했다. 그것은 수익이 꽤 짭짤한 큰 일이었다. 워너는 한번 생각해 보겠다고 말했다. 그들이 자리를 떴을 때, 오펜하이머는 그로브스를 차까지 배웅하고 돌아와 워너의 문을 두드렸다. 모자를 손에 들고 서서 달빛을 얼굴 한가득 안은 채로 그는 그녀에게 "하시 마시오."라고 말했다.[48] 그리고 그는 갑자기 뒤돌아 차를 향해 걷기 시작했다.

며칠 후 오펜하이머는 워너의 문 앞에 다시 나타나 열 명 이하의 파티를 1주일에 세 번 정도 치를 수 있겠느냐고 물었다. 오펜하이머가 그녀에게 설명하기를, 과학자들에게 잠시 색다른 경험을 하게 해 줌으로써 그녀는 전쟁 노력에 큰 기여를 할 수 있을 것이라고 했다. 그로브스 장군은 이 생각에 동의했고, 워너에게 이것은 뜻밖에 찾아온 행운이었다.

워너는 그해 말쯤에 "4월이 되자, 그들은 로스앨러모스에서 1주일에 한 번씩 내려와 저녁을 먹었고, 잇따라 다른 사람들이 몰려오고는 했다."라고 썼다.[49] 워너는 하루 종일 요리를 한 후, 간단한 셔츠식 드레스에 인디언 가죽신 차림으로 모임을 주재했다. 모두는 회칠한 진흙 벽돌벽에 손으로 깎은 대들보가 낮게 깔린 식당 한가운데에 놓인 긴 수제 나무 식탁에 둘러앉았다. 51세의 워너는 '배고픈 과학자들'에게 가정식 음식을 양껏 대접했다. 그들은 촛불가에서 지역 도공인 마리아 마티네즈가 손으로 만든 전통 인디언식 검은 토기 접시와 대접에 담은 양고기 라구(ragoût, 고기, 채소로 만든 프랑스식 스튜 – 옮긴이)를 즐겼다. 식사가 끝나면 손님들은 벽난로에 둘러서서 잠시 불을 쬐다가 메사로 돌아가는 차에 올랐다. 촛불을 켠 진흙 벽돌 집 분위기에서 저녁을 제공한 대가로 워너는 1인당 2달러씩 받았다. 그녀는 이 불가사의한 사람들이 "어떤 비밀 프로젝트" 관련 일을 한다는 정도로만 알고 있었다. "샌타페이 사람들은 그것을 잠수함 기지라고 불렀다. 그 정도면 괜찮은 어림짐작이었다."

워너 집에서의 저녁은 인기 만발이어서, 매주 같은 요일 밤에 정기적으로 다섯 쌍씩 예약을 하게 되었다. 오펜하이머는 자신과 키티가 우선권을 갖도록 했으나, 곧 파슨스, 윌슨, 베테, 텔러, 서버 부부 등도 단골손님이 되었으며, 다른 로스앨러모스 커플들도 자리를 얻으려고 줄을 섰다. 신기하게도, 조용한 워너는 오펜하이머의 활달하고 독설적인 아내와 특별히 친해졌다. 워너는 나중에 "키티와 나는 서로를 이해했어요. 우리는 아주 가까운 사이가 되었습니다."라고 말했다.[50]

1944년 초 어느 날, 오펜하이머는 덴마크 출신의 노벨상 수상자인 닐스 보어를 데리고 와서는 워너에게 "니콜라스 베이커 씨"라고 소개했다.[51] 이 이름은 오펜하이머가 제멋대로 갖다 붙인 가명이었다. 모두가 이 온화하고 겸손한 덴마크 인을 "닉 삼촌"이라고 불렀다. 부드러운 말투를 가진 보어는 문장을 제대로 끝내지 않고 중얼거리는 습관이 있었다. 하지만 워너 역시 수다쟁이는 아니었다. 한참 후 보어는 워너의 여동생에게 보낸 편지에서 "당신 언니의 우정에 감사한다."라고 썼다.[52] 워너는 불가사의할 정도로 보어와 오펜하이머를 존경했다. "그(보어)는 내면의 침착함을 가진 사람이었습니다. 차분하고 마르지 않는 샘물이었죠……. 로버트도 마찬가지였습니다."

워너의 식탁에서 식사를 한 유명인은 보어만이 아니었다. 제임스 코넌트(과학 연구개발 기구 OSRD 제1섹션 의장), 아서 홀리 콤프턴(Arthur Holly Compton, 1892~1962년. 노벨상 수상자이자 시카고 대학교 야금 연구소 소장), 그리고 노벨상 수상자 엔리코 페르미가 오토위 브리지의 집을 방문했다. 하지만 워너의 필라델피아 집 서랍장 위에는 오펜하이머의 사진 액자만이 놓여 있었다.[53] 필립 모리슨이 1945년 말 워너에게 보낸 장문의 편지에서 수많은 저녁 식사를 대접해 준 것에 감사했을 때, 오펜하이머도 같은 생각이었을 것이다. "워너 양, 당신은 우리 인생에서 결코 작은 부분이 아니었습니다. 정성스럽게 차린 식탁과 조심스럽게 만든 장작불 등 강가의 당신 집에서 했던 저녁 식사들은 우리를 안심시켰고, 우리를 보듬어 안았으며, 우리를 녹색 가건물들과 임시로 만든 길로부터 잠시 떠나 있을 수 있게 해 주었습니다. 우리는 잊지 못할 것입니다……. 나는 캐니언 입구에 보어의 정신을 그토록 잘 이해하는 집이 있다는 것이 참으로 다행스럽습니다."[54]

20장
보어가 신이라면 오피는 그의 예언자였다

그들은 원자 폭탄을 만드는 데 내 도움을 필요로 하지 않았다.

— 닐스 보어

원자 폭탄을 향한 '경주'는 혼란스럽게 시작되었다.[1] 1939년이 되자, 몇몇 과학자들(대개 유럽에서 이민 온 사람들)은 독일의 옛 동료들이 핵분열의 발견을 군사적으로 이용하는 방법을 먼저 찾아내지 않을까 걱정하기 시작했다. 그들은 이런 위험성에 대해 미국 정부에 경고했고, 정부는 관련 학회와 소규모 핵 연구 프로젝트를 지원했다. 과학자들로 구성된 위원회는 이를 조사해 보고서로 작성했다. 하지만 독일에서 핵분열이 발견된 지 2년이 넘은 1941년 봄이 되어서야, 독일에서 영국으로 이주해 온 과학자 오토 프리슈와 루돌프 파이얼스가 전쟁 중에 사용할 수 있을 정도로 빨리 원자 폭탄을 만드는 방법을 고안했다. 그때 이후로 미국-영국-캐나다 연합 원자 폭탄 프로젝트에 참가했던 모든 사람들은 이 죽음의 경주에서 이기기 위해 모든 노력을 집중했다. 핵으로 무장한 세계가 전후에 어떤 함의를 가지는지에 대한 생각은 1943년 12월 보어가 로스앨러모스에 도착할 때까지 중요하게 논의되지 않았다.

오펜하이머는 보어가 곁에 있다는 것에 대단히 감사했다. 57세의 덴마크 물리학자는 1943년 9월 29일 코펜하겐에서 몰래 보트를 타고 탈출했다. 스웨덴 해변에 무사히 당도한 그는 스톡홀름으로 보내졌는데, 거기서 독일 요원들이 그를 암살하려 시도했다. 10월 5일, 보어를 구출하기 위해 파견된 영국 공군이 그를 영국군 모스키토 폭격기 폭탄 발사대에 실었다. 합판으로 만든 비행기가 고도 6,096미터에 도달하자, 조종사는 가죽 헬멧에 붙어 있는 산소마스크를 쓰라고 지시했다. 하지만 보어는 지시 사항을 듣지 못했고(그는 나중에 헬멧이 그의 머리에 비해 너무 작았다고 말했다.) 곧 산소 부족으로 기절하고 말았다. 그럼에도 그는 무사히 비행을 마쳤고, 스코틀랜드에 도착했을 때는, 낮잠을 잘 잤다고 말하기까지 했다.

활주로에서 그를 맞은 것은 그의 친구이자 동료인 제임스 채드윅이었다. 보어는 그를 따라 런던으로 가서 영국-미국 폭탄 프로젝트에 대한 간단한 보고를 받았다. 보어는 1939년 이래로 핵분열의 발견이 원자 폭탄을 가능하게 해 주리라는 것을 이해했지만, 우라늄 235를 분리하기 위해서는 실행 불가능할 정도로 막대한 공업적 노력이 필요할 것이라고 믿었다. 이제 미국인들이 그들의 거대한 공업적 자원을 바로 이 목적을 위해 쓸 것이라는 것이다. 오펜하이머는 나중에 "(이것은) 보어에게 대단히 멋진 일이었다."라고 썼다.[2]

보어가 런던에 도착한 지 1주일쯤 지났을 때, 그의 21세의 아들 오게(Aage)가 도착했다. 전도유망한 젊은 물리학자였던 오게는 나중에 아버지에 이어 노벨상을 받게 된다. 이후 7주간 아버지와 아들은 '튜브 합금(Tube Alloys, 폭탄 프로젝트를 지칭하는 영국 코드명)'에 대해 구체적으로 보고받았다. 보어는 영국 정부의 자문관을 맡기로 했고, 영국 정부는 그를 미국으로 보내는 데 동의했다. 12월 초, 그는 아들과 함께 뉴욕행 배에 몸을 실었다. 그로브스 장군은 보어가 참가한다는 것이 그리 달갑지 않았으나, 물리학 세계에서 이 덴마크 인의 명성을 생각해 그들이 뉴멕시코 사막의 불가사의한 'Y 부지'를 방문할 수 있도록 허가를 내줄 수밖에 없었다.

그로브스가 불만을 가졌던 것은 보어가 말썽꾸러기라는 첩보 보고서 때문이었다.[3] 1943년 10월 9일, 《뉴욕 타임스》는 이 덴마크 물리학자가 "핵 폭발과 관련된 새로운 발명품을 위한 계획"을 가지고 런던에 도착했다고 보도했다. 그로브스는 격분했지만, 보어를 붙들어 매려고 시도하는 것 말고는 할 수 있는 일이 없었다. 이것은 거의 불가능한 일이었다. 보어는 막을 수가 없었다. 덴마크에서 그는 왕이 만나고 싶으면 왕궁으로 걸어 들어가 문을 두드렸다. 그리고 그는 워싱턴에서도 주미 영국 대사인 핼리팩스 경(Sir Halifax)과 루스벨트 대통령과 친분이 두터운 대법원 판사 펠릭스 프랭크퍼터를 방문했을 때에도, 그와 비슷하게 행동했다. 이 사람들에게 보내는 보어의 메시지는 분명했다. 원자 폭탄을 만드는 것은 이미 확정적이었고, 이제 개발이 성공한 후에 어떻게 할지를 생각하기에 지금도 결코 이르지 않다는 것이었다. 그의 가장 큰 두려움은 새로운 발명품이 서방 세계와 소련 사이의 핵무기 경쟁으로 이어지지 않을까 하는 것이었다. 그는 이것을 막기 위해서는 러시아 인들에게 폭탄 프로젝트의 존재를 알리고 그것이 그들에게 위협이 되지 않으리라고 안심시켜야 한다고 주장했다.[4]

이런 생각은 물론 그로브스를 불쾌하게 했고, 그는 이 말 많은 물리학자를 로스앨러모스에서 빨리 보내려고 동분서주했다. 보어가 도착할 때까지 보안 규정을 위반하지 못하게 하기 위해, 그로브스는 시카고에서부터 그와 그의 아들이 탄 기차에 동승했다. 그로브스의 과학 자문관인 칼텍의 리처드 톨만도 자리를 같이했다. 그로브스와 톨만은 덴마크 방문객이 객실에서 나와 돌아다니지 않는지 번갈아 감시하기로 했다. 하지만 보어와 한 시간을 보낸 톨만은 기진맥진한 상태로 나와서는 "장군, 나는 더 이상 견딜 수 없소. 당신은 군인이니까 당신이 하시오."[5]

그래서 그로브스는 보어 특유의 "속삭이듯 중얼거리는" 말투를 듣다가, 가끔씩 그의 말을 끊고서는 구획화 정책의 중요성을 설명하려고 했다.[6] 그것은 실패할 수밖에 없는 노력이었다. 보어는 맨해튼 프로젝트에 대한 개괄적인 지식과, 과학의 사회적, 국제적 함의에 대해 끊임없는 걱정을 안고 있었다. 그뿐만 아니라, 2년 전인 1941년 9월에 보어는 독일의 원자폭탄 프로그램을 이끄는 독일 물리학자이자 한때 자신의 학생이었던 하이젠베르크를 만났다. 그로브스는 보어에게 그가 독일 프로젝트에 대해 무엇을 알고 있는지 물었다. 하지만 그로브스는 보어가 다른 사람에게는 그 얘기를 하지 않기를 바랐다. "나는 그에게 어떤 얘기를 하면 안 되는지 12시간 내내 말해 주었던 것 같아."

그들은 1943년 12월 30일 늦은 저녁 로스앨러모스에 도착했고, 오펜하이머가 주최하는 보어 환영 리셉션에 참가했다. 그로브스는 나중에 "도착한 지 5분도 지나지 않아서 보어는 말하지 않기로 약속했던 얘기를 줄줄이 읊고 있었다."라고 불평했다.[7] 보어가 오펜하이머에게 가장 먼저 물은 것은 "그것이 정말 충분히 큰가?"였다.[8] 다시 말해서 이 신무기가 미래에는 사람들이 전쟁을 생각할 수 없게 만들 정도의 힘을 가지고 있는가라는 의미였다. 오펜하이머는 질문의 의미를 곧 파악했다. 지난 약 11년 동안, 그는 새로운 연구소를 설치하고 운영하는 것과 관련된 행정 업무에 온 힘을 쏟았다. 보어는 미국에 머문 몇 주 동안 오펜하이머가 원자 폭탄이 전쟁이 끝난 후에 어떤 결과를 낳을지 깊이 생각하게 만들었다. 보어는 나중에 "그것이 내가 미국에 간 이유입니다."라고 말했다.[9] "원자 폭탄을 만드는 데에는 내 도움이 필요하지 않았습니다."

그날 저녁 보어는 오펜하이머에게 하이젠베르크가 연쇄 반응을 통해 강력한 폭발을 만들 수 있는 우라늄 반응기를 만들기 위해 적극적으로 노력하고 있다고 말해 주었다. 오펜하이머는 다음 날인 1943년의 마지막 날, 보어가 가져온 소식에 대해 논의하기 위한 회의를 소집했다. 그 회의에는 닐스 보어와 오게를 포함해, 텔러, 톨먼, 서버, 바커, 바이스코프, 그리고 베테 등 로스앨러모스를 이끄는 과학자들이 참석했다. 보어는 이들에게 1941년 9월 하이젠베르크와 만났을 당시의 기묘한 상황을 설명하려고 했다.

보어는 자신의 뛰어난 독일인 수제자가 어떻게 나치스 정권으로부터 독일 치하 코펜하겐에서 열릴 학회에 참가할 허가를 받았는지 이야기했다. 그 자신은 나치스가 아니었지만, 애국자인 하이젠베르크는 나치스 독일에 남기로 선택했다. 그는 말할 나위 없이 독일의 가장 뛰어난 물리학자였다. 독일에 원자 폭탄 프로젝트가 존재한다면, 하이젠베르크가 그것을 지휘할 적임자였다. 그가 코펜하겐에 도착해서 보어를 찾아왔을 때, 두 사람이 어떤 대화를 나누었는지는 여전히 수수께끼다. 하이젠베르크는 나중에 자신이 조심스럽게 우라늄 문제에 대해 말을 꺼냈고, 보어에게 핵분열 무기가 이론적으로는 충분히 가능하지만 "원컨대 이 전쟁에서는 이루어지기 어려울 정도의 대단한 기술적 노력이 필요"하다는 것을 얘기하려 했다고 주장했다.[10] 자신과 다른 독일 물리학자들이 그런 무기를 이번 전쟁에 사용할 수 있을 정도로 빨리 만드는 것은 불가능하다고 나치스 정권을 설득하고 싶었다는 얘기를 보어에게 하려 했지만, 독일의 감시에 따른 생명의 위협을 느꼈기 때문에 직접 말할 수는 없었다는 것이다.

하지만 이것이 하이젠베르크가 전하려 했던 메시지였다면, 보어는 그것을 듣지 못했다. 덴마크 물리학자가 들은 것은 독일의 고위 물리학자가 핵분열 무기가 가능할 뿐만 아니라, 개발에 성공한다면 전쟁의 향방을 가르게 될 것이라고 말한 것이었다. 놀라기도 하고 화도 난 보어는 대화를 중단했다.

나중에 보어는 하이젠베르크가 무슨 말을 하고 싶었는지 잘 몰랐다고 말했다. 몇 년이 지난 후 그는 평소 습관대로 하이젠베르크에게 보낼 편지 문안을 여러 번 작성했으나, 결국 보내지 않았다. 그가 썼던 모든 편지문 초안에 공통적으로 나타나는 것은 하이젠베르크가 원자 폭탄 얘기를 꺼낸 것만으로도 보어가 놀랐다는 것이다. 예를 들어 한 초안에 보어는 다음과 같이 썼다.

다른 한편 나는 자네가 이 전쟁이 지속된다면 원자 폭탄으로 승패가 결정 날 것이라는 말을 꺼냈을 때, 내가 받았던 인상을 분명히 기억하네. 나는 이 말에 전혀 반응을 보이지 않았지. 하지만 자네는 그것을 의구심의 표현이라고 생각했는지, 자네가 지난 몇 년간 이 문제에 천착했고, 그 가능성에 대해 확신한다고 말했네. 하지만 자네는 독일 과학자들이 사태가 그렇게 흘러가는 것을 막기 위해 어떤 노력을 하고 있는지 전혀 내비치지 않았어.[11]

보어와 하이젠베르크가 어떤 얘기를 했고 하지 않았는지는 여전히 상당한 논쟁의 여지가 있다. 오펜하이머는 나중에 다음과 같은 애매한 말을 남겼다. "보어는 그들(하이젠베르크와 그의 동료 칼 프리드리히 폰 와이즈자커(Carl Friedrich von Wezsäcker))이 무언가 정보를 캐내기 위해 자신을 방문했다는 인상을 받았다. 나는 그것이 정탐 활동이었다고 믿는다."[12]

하지만 한 가지만은 확실하다. 보어는 이 만남 이후에 독일이 원자 폭탄을 이용해 전쟁을 끝내려 한다는 커다란 두려움을 갖게 되었다. 뉴멕시코에서 그는 오펜하이머와 과학자들에게 이 두려움을 전했다. 보어는 또한 하이젠베르크가 그렸다고 알려진 폭탄의 개념도를 보여 주기도 했다. 하지만 모두는 그림이 폭탄이 아니라 우라늄 반응로를 나타낸 것이라는 것을 금방 눈치챘다.[13] 베테는 그림을 보고 "맙소사, 독일인들이 런던에 반응로를 떨어뜨리려 하고 있군."이라고 말했다.[14] 독일이 폭탄 프로젝트를 진행시키고 있다는 사실은 우려스러웠지만, 그들이 대단히 비실용적인 디자인을 추구하고 있었다는 것은 불행 중 다행이었다. 이 문제에 대한 토론을 마친 후, 보어조차 이런 "폭탄" 디자인은 실패할 것이라는 확신을 갖게 되었다. 다음 날, 오펜하이머는 그로브스에게 폭발하는 우라늄 반응로는 "군사 무기로서는 별 효용이 없을 것"이라는 보고서를 보냈다.[15]

오펜하이머는 언젠가 "역사가 보여 주었듯이, 현명한 사람들조차 보어의 얘기를 알아듣지 못했을 가능성이 많다."라고 지적했다.[16] 보어처럼 오펜하이머도 말을 단순하게 하는 사람이 아니었다. 로스앨러모스에서 두 사람은 서로를 흉내 내는 것 같았다. 오펜하이머는 나중에 "로스앨러모스에서 보어는 대단했다."라고 썼다.[17] "그는 기술적인 문제에도 많은 관심을 보였다. 하지만 내가 생각하기에 그가 온 것은 기술적인 자문을 주기 위해서는 아니었다." 오펜하이머의 설명에 따르면, 보어는 "대단히 비밀스럽게" 과학뿐만 아니라 국제 관계 전반에서의 자유로운 교류라는 정치적인 목적을 위해 온 것이었다. 이것만이 전후 핵무기 경쟁을 사전에 막을 수 있는 유일한 희망이었던 것이다. 오펜하이머도 같은 생각이었다. 거의 2년 동안, 그는 복잡다단한 행정 책임에 온 신경을 쏟아 왔다. 시간이 흐를수록 그는 이론 물리학자라기보다는 과학 행정가로 변모하고 있었다. 이 변화로 그는 지적인 갑갑증에 시달리게 되었을 것이다. 그래서 보어가 메사에 나타나 깊이 있는 철학적 표현으로 이 프로젝트가 인류에게 갖는 함의에 대해 이야기했을 때, 오펜하이머는 새로운 활력을 갖게 되었다. 오펜하이머가 나중에 쓰기를, 그때까지 이 일은 "으스스해 보였다." 보어는 "많은 사람들이 이 작업에 의혹의 눈길을 보내고 있을 때, 희망을 볼 수 있게 해주었다." 그는 히틀러를 무릎 꿇리기 위해 과학자가 어떤 역할을 할 수 있을지에 대해 강조했다. "그는 행복한 결말이 오게 될 것이라고, 그리고 그 과정에서 객관적이고 협력적인 과학이 중요한 역할을 맡게 될 것이라고 믿었다. 우리도 그렇게 믿고 싶었다."

바이스코프는 보어가 자신에게 "폭탄은 무서운 물건일지 모르나, 또한 '위대한 희망'이 될 수도 있습니다."라고 말했다고 회고했다.[18] 그 당시 보어는 자신의 우려하는 바를 알리는 글을 오펜하이머에게 보내 의견을 구하기도 했다. 1944년 4월 2일 무렵에 그는 만족할 만한 초고를 완성할 수 있었다. 보어는 일이 어떻게 진행되더라도 "우리는 이미 인류의 미래에 깊은 영향을 미칠 것이 분명한 과학과 기술의 위대한 쾌거를 손에 넣은 것이 확실하다."라고 주장했다.[19] 가까운 미래에 "유례없는 무기가 만들어져 전쟁의 성격을 완전히 뒤바꿀 것이다." 이것은 좋은 소식이었다. 나쁜 소식 역시 명징하고 예언적이었다. "우리가 빠른 시일 내에 이 새로운 물질을 어떻게 통제할 것인지에 대한 합의에 이르지 못한다면, 그로 인해 얻을 수 있는 일시적인 이익보다 그것 때문에 인류가 받게 될 영구적인 생존의 위협이 훨씬 커질 것이다."

보어는 원자 폭탄이 언젠가 만들어질 것이라 생각했다. 그리고 인류 생존 위협을 통제하기 위해서는 "국제 관계에서 새로운 접근 방식"이 필요했다. 앞으로 다가올 핵의 시대에는 비밀주의를 추방하지 않으면 인류는 안전할 수 없을 것이다. 보어가 상상한 "열린 세계"는 유토피아적인 꿈만은 아니었다. 이 신세계는 이미 세계 과학 공동체에 존재하고 있었다. 이런 측면에서 보어는 자신의 코펜하겐 연구소나, 영국의 캐번디시 연구소 등은 이 신세계의 실용적 모델이 될 수 있으리라고 생각했다. 원자력 에너지의 국제 통제는 과학의 가치에 기반을 둔 '열린 세계'에서만 가능한 것이었다. 보어에게 과학 탐구의 공동체적 문화는 진보와 합리성을 만들어 내는 것과 동시에 평화도 일구어 낼 수 있었다. 그는 "지식은 그 자체로 문명의 기반이다."라고 썼다. "(하지만) 지식의 폭을 넓히는 것은, 인간 생활의 조건을 형성할 수 있는 가능성을 통해 개인과 국가에게 보다 많은 책임감을 지운다." 그러므로 전후에 세계 각국은 어떤 잠재적 적성국이 핵무기를 비축하고 있지 않다고 확신할 수 있어야만 했다. 그것은 국제 감시단이 각국 군사 및 산업 시설에서 하는 일과 새로운 과학 발견에 대한 모든 정보를 갖는 '열린 세계'에서만 가능한 것이었다.

마지막으로 보어는 이 새로운 국제 통제 체제가 가능하려면, 폭탄이 완성되기 전에, 즉 전쟁이 완전히 끝나기 전에 소련이 세계 원자력 에너지 계획에 참가해야만 한다고 결론 내렸다.[20] 보어는 스탈린에게 맨해튼 프로젝트의 존재를 알리고, 그에게 이것이 소련에게 위협이 되지 않을 것이라고 안심시키는 것이 전후 핵무기 경쟁을 막을 수 있는 유일한 방법이라고 믿었다. 동맹국 사이에 전후 원자력 에너지의 국제 통제에 관한 조기 합의를 이루는 것만이 핵으로 무장한 세계를 막는 길이었다. 오펜하이머는 이에 동의했다. 그 역시 지난 8월 패시에게 미국 대통령이 러시아 인들에게 폭탄 프로젝트에 대해 알리는 것에 대해 "호의적인 생각"을 가지고 있다고 말해 보안 장교들을 놀라게 했다.

보어가 오펜하이머에게 미친 영향은 명백했다. 바이스코프는 "(오펜하이머는) 보어를 예전부터 알고 있었고, 그들은 성격과 생각이 매우 비슷했습니다."라고 말했다.21 "보어는 오펜하이머와 이런 정치적, 윤리적 문제에 대한 의견을 나눈 사람이었습니다. 아마도 오펜하이머는 보어를 만나고 나서부터(1944년 초) 그것에 대해 심각하게 생각하기 시작했을 것입니다." 그해 겨울 어느 날 오후, 오펜하이머와 호킨스가 보어를 풀러 로지에 마련한 그의 숙소까지 배웅했을 때, 보어는 장난스럽게 애슐리 연못의 얼음의 두께가 어느 정도인지 확인해 보자고 했다. 평소에는 대담무쌍하던 오펜하이머가 호킨스에게 호들갑스럽게 말했다. "이런 맙소사. 그가 미끄러지면? 얼음이 깨져서 빠진다면? 그럼 우리는 어떻게 하지?"22

바로 다음 날, 오펜하이머는 호킨스를 자신의 사무실로 불러, 비밀 파일 캐비닛에서 폴더를 하나 꺼내 보어가 프랭클린 루스벨트에게 쓴 편지를 읽게 했다. 오펜하이머는 이 문서를 매우 귀중하게 생각했다. 호킨스에 따르면, "그 편지가 담고 있는 의미는 루스벨트가 완전히 이해하고 있었다는 것입니다. 그리고 이 때문에 우리는 즐거워하고 낙관할 수 있었지요……. 흥미로운 일입니다. 우리는 로스앨러모스에 있을 때 루스벨트가 이해하고 있다는 착각 속에서 살고 있었습니다."23

보어는 오래전부터 자신이 제창한 양자 물리학의 '코펜하겐' 해석을 "상보성(complementarity)"24이라는 철학적 세계관으로 만들어 나가고 있었다. 보어는 항상 자신의 물리학에서의 통찰력을 인간관계에 적용하려고 했던 것이다. 과학사가 제러미 번스타인이 나중에 썼듯이, "보어는 상보성이라는 생각이 물리학에 머무는 것에 만족할 수 없었다. 그는 그것을 모든 곳에서 발견했다. 본능과 이성, 자유 의지, 사랑과 정의 등등."[25] 그는 그것을 로스앨러모스의 작업에서도 발견했다. 프로젝트는 모든 부분에서 모순투성이였다. 그들은 파시즘을 굴복시키고 전쟁 자체를 종식시킬 대량 살상 무기를 만들고 있었다. 하지만 이로 인해 모든 문명을 끝장낼 수도 있었다. 오펜하이머는 보어로부터 인생의 모든 모순은 결국 하나로 귀결되고, 그러므로 상보적이라는 말을 듣고 안도감을 느꼈다.

오펜하이머는 보어를 너무 존경한 나머지, 인류를 위해 그의 말을 해석하는 역할까지 맡으려 했다. 보어가 "열린 세계"라고 말했을 때, 이것이 무엇을 의미하는지 알 만한 사람은 많지 않았다. 이해를 했던 사람들은 보어의 대담한 제안에 놀라고는 했다. 1944년 초봄 어느 날, 보어는 자신의 학생이었던 러시아 물리학자 카피차로부터 한 통의 편지를 받았다. 보어에게 모스크바로 와서 정착하는 것이 어떻겠냐는 초청장이었다. "당신과 당신 가족에게 보금자리를 제공하고, 과학 연구를 계속할 수 있는 제반 지원을" 보장한다는 것이었다. 카피차는 보어가 아는 많은 러시아 물리학자들의 인사말을 동봉했다. 그가 그들의 "과학 연구"에 동참한다면 기쁠 것이라는 내용들이었다.[26] 보어는 이것이 좋은 기회라고 생각했고, 루스벨트와 처칠이 카피차의 초청을 승인해 주기를 바랐다. 오펜하이머가 나중에 동료들에게 설명했듯이, 보어는 "과학자들을 통해 당시 우리의 동맹이었던 러시아 지도자들에게 미국과 영국이 열린 세계를 위해 핵 관련 지식을 '교류'하고……우리는 러시아가 스스로 개방하고 열린 세계의 일부가 되기로 동의한다면 핵 관련 지식을 러시아 인들과 공유하자고 제안하기를" 바랐다.[27]

보어는 비밀주의는 위험하다고 생각한 것이다.[28] 카피차와 다른 러시아 물리학자들을 잘 알던 보어는 그들이 핵분열의 군사적 함의에 대해 잘 알고 있으리라고 생각했다. 사실 그는 카피차가 보낸 편지의 투로 봤을 때, 소련은 이미 영국-미국 원자력 프로그램에 대해 어느 정도 알고 있으리라고 추측했다. 그리고 그는 소련이 자국만 제외한 채로 신무기가 개발되고 있다는 결론에 이른다면, 위험한 의심으로 이어질 것이라고 생각했다. 로스앨러모스의 여러 물리학자들은 이에 동의했다. 로버트 윌슨은 나중에 자신이 왜 로스앨러모스에 영국 과학자들은 있는데, 소련 과학자들은 없느냐고 오펜하이머를 "괴롭혔다고" 회고했다. 윌슨은 "시간이 흐르면 언젠가 서로 감정이 상하는 일이 생길지도 모르겠다고 생각했습니다."라고 말했다.[29] 전쟁이 끝날 무렵에는 오펜하이머는 이 생각에 확실히 동의했다. 하지만 전쟁 중에는 끊임없이 감시를 받고 있다는 생각에 훨씬 조심스러워했고, 그런 대화에는 끼지 않으려고 노력했다. 그는 아예 대답하지 않거나, 그와 같은 결정은 과학자들이 내릴 수 있는 것이 아니라고 말하고는 했다. 윌슨은 나중에 "정확히는 모르겠습니다만, 그는 내가 그를 시험하고 있다고 생각했을지도 모르겠습니다."

당연히 과학자들을 고용하고 있던 장군들과 정치인들은 보어의 태도에 동의하지 않았다. 예를 들어 그로브스 장군은 러시아를 진정한 동맹국으로 생각하지 않았다. 1954년에 그는 원자력 에너지 위원회 청문회에서 "내가 맨해튼 프로젝트를 맡고 나서 약 2주 후부터, 나는 러시아가 우리의 적국이라는 사실을 추호도 의심하지 않았고, 프로젝트는 그러한 전제에서 추진되었습니다. 나는 러시아는 동맹국이라는 당시에 유행하던 생각에 휩쓸리지 않았습니다."[30] 윈스턴 처칠(Winston Churchill)도 소련에 대해 비슷한 생각을 가지고 있었고, 영국 정보국으로부터 카피차-보어 서신 교환을 보고받고 불같이 화를 냈다. 처칠은 자신의 과학 자문인 처웰 경(Lord Cherwell, 프레더릭 린드만(Frederic A. Lindemann))에게 화를 내며 소리를 질렀다. "그(보어)가 어떻게 이 일에 관련된 건가? 내가 보기에 보어를 구속시키거나, 적어도 그가 구제받을 수 없는 범죄를 저지르기 직전이라는 사실을 알게 해야 할 것이야."[31]

1944년 봄과 여름에 보어는 루스벨트와 처칠과 각각 독대했지만, 보어는 미국과 영국이 핵 관련 정보를 독점하는 것은 근시안적이라고 설득하는 데 실패했다. 그로브스는 나중에 오펜하이머에게 자신은 보어가 "모두에게 골칫거리이며, 이는 그의 엄청난 지적 능력 때문일지도 모른다고" 생각한다고 말했다.[32] 아이러니하게도 정치 지도자들에 대한 그의 영향력이 줄어들수록, 로스앨러모스 물리학자들 사이에서 보어의 명성은 높아져만 갔다. 다시 한번 보어는 신이었고 오피는 그의 예언자였다.

보어는 하이젠베르크와의 만남을 통해 독일에서 폭탄이 만들어질 가능성에 대해 듣고 놀라서 1943년 12월 로스앨러모스를 방문했다. 그가 이듬해 봄 로스앨러모스를 떠날 무렵에 그는 독일인들은 실제 이용 가능한 폭탄 프로그램을 진행하고 있지 않다는 것을 첩보 보고서를 통해 알게 되었다. 그는 "독일 과학자들의 활동을 통해 누출된 정보에 따르면, 그들이 의미 있는 성과를 거두지 못했음이 거의 확실하다."라고 메모했다.[33] 보어가 이렇게 믿었다면, 오펜하이머 역시 독일 물리학자들이 폭탄을 만들기 위한 경쟁에서 멀리 뒤처져 있다는 것을 알아챘을 것이다. 호킨스에 따르면, 오펜하이머는 1943년 말 무렵에 그로브스 장군으로부터 독일이 그들의 초기 폭탄 프로그램을 포기했다는 소식을 한 독일인 정보원의 보고를 통해 들었다. 그로브스는 이런 보고는 그 진위를 평가하기 어렵다고 말했다. 독일인 정보원이 거짓 정보를 넘겼을지도 모르는 일이었다. 오펜하이머는 단지 어깨를 으쓱할 따름이었다. 호킨스는 이미 늦었다고 생각했다고 회고했다. 로스앨러모스를 이끄는 두 남자는 "독일의 진척 상황과 관계없이 폭탄을 만들기로 이미 결정했다."[34]

21장
장치가 문명에 미치는 영향

> 내가 당시 오펜하이머에게 느꼈던 것은, 이 사람은 천사처럼 진실하고 솔직해서 잘못된 일을 할 수 없을 것이라는 것이다……. 나는 그를 믿었다.
>
> ― 로버트 윌슨

모두가 오펜하이머의 존재감을 느끼고 있었다. 그는 육군 지프나 자신의 커다란 검정색 뷰익을 타고 연구소 구석구석을 돌아다니면서, 가끔은 계획 없이 연구실에 불쑥 나타나고는 했다. 보통 그는 방 뒤에 앉아 줄담배를 피우면서 진행되는 토론을 조용히 들었다. 그는 거기 있는 것만으로도 사람들이 자신의 능력 이상을 발휘하게 하는 것 같았다. 바이스코프는 프로젝트가 획기적인 전기를 맞을 때마다 오펜하이머가 항상 그 자리에 있었다는 것에 놀라워했다. "그는 새로운 효과가 측정될 때마다, 새로운 아이디어가 나올 때마다 실험실이나 세미나실에 있었습니다. 그가 항상 많은 아이디어나 제안을 내놓은 것은 아니었습니다. 그의 주된 기여는 지속적이고 강력한 존재감이었고, 이는 우리 모두에게 직접 참여하고 있다는 느낌을 불러일으켰습니다."[1] 베테는 플루토늄을 녹이는 데 쓸 만한 내열 용기에 대해 결론이 나지 않는 토론을 하던 어느 날 오펜하이머가 들렀던 것을 회상했다.[2] 양쪽 주장을 듣고 나서 오펜하이머는 토론 결과를 요약해 주었다. 그는 직접 해결책을 제안하지는 않았지만, 그가 방을 떠날 무렵에는 모두가 올바른 해답이 무엇인지 알게 되었다.

반면 그로브스 장군의 방문은 항상 방해가 되었는데, 가끔은 우스운 상황을 만들기도 했다. 어느 날 오펜하이머가 그로브스와 함께 실험실을 둘러보고 있을 때, 장군은 외피에 뜨거운 물을 공급하는 고무 튜브 3개 중 하나에 자신의 몸을 실었다. 매칼리스터 헐(MacAllister Hull)이 역사가 찰스 소프(Charles Thorpe)에게 전한 바에 따르면, "그것(고무 튜브)이 벽에서 튀어나와 뜨거운 끓는 물이 방 이곳저곳으로 쏟아지기 시작했지요. 그리고 그로브스 장군의 사진을 본 적이 있다면, 물이 어디에 맞았는지 금방 알 수 있을 겁니다."[3] 오펜하이머는 흠뻑 젖은 장군을 보면서 "물의 비압축성을 보여 주는 좋은 예로군요."라고 놀렸다.

오펜하이머의 개입은 때로 프로젝트의 성공에 필수 불가결했다. 그는 사용 가능한 무기를 빨리 만들기 위해 가장 먼저 해결해야 할 문제는 핵분열성 물질의 원활한 공급이라는 것을 이해했다. 그래서 그는 항상 이 물질의 생산을 앞당길 수 있는 방법을 찾고 있었다. 1943년 초, 그로브스와 그의 보급 담당 집행 위원회는 가스 확산과 전자기 기술을 이용해 농축 핵분열 우라늄을 분리하기로 결정했다. 그 당시 또 다른 기술인 액체 열확산법은 적절치 않은 것으로 간주되어 기각된 상태였다. 하지만 1944년 봄, 오펜하이머는 액체 열확산에 관한 몇 년 전 보고서를 읽고는 이것이 잘못된 선택이었다는 결론을 내렸다. 그가 보기에 이 기술을 이용하면 전자기 분해 과정을 거치기 전에 부분적으로 농축된 우라늄을 비교적 값싸게 얻을 수 있었다. 그래서 1944년 4월, 오펜하이머는 그로브스에게 미봉책으로 액체 열확산 공장을 만들자고 제안했다. 그 공장에서 약간이라도 농축된 우라늄을 생산하여 그것을 전자기 확산 공장에 공급하면, 핵분열성 물질의 생산을 앞당길 수 있다고 말했다. 그는 "Y-12(전자기) 공장의 생산량을 30에서 40퍼센트가량 증가시킬 수 있고, K-25(가스 확산) 생산을 계획보다 몇 달 앞당겨 증진시키기를" 바란다고 썼다.[4]

오펜하이머의 권고가 있고 한 달이 지나서야 겨우 그로브스는 그 가능성에 대해 한번 알아보자고 동의했다. 공장은 빠르게 지어졌고, 1945년 봄부터 1945년 7월 말까지 그곳에서 폭탄 1개 정도 분량의 핵분열성 물질을 만들기 위해 필요한 정도의 부분 농축된 우라늄을 생산하기 시작했다.

오펜하이머는 항상 우라늄 '총구식 설계(gun-design)' 프로그램에 깊은 믿음을 가지고 있었다. 이는 핵분열성 물질 "한덩어리(slug)"를 또 다른 핵분열성 물질 목표물로 발사시켜 "임계성"을 만들어 핵폭발로 이어지게 하는 방식이었다. 하지만 1944년 봄이 되자, 그는 플루토늄 폭탄의 디자인을 통째로 바꾸어야만 하는 위기를 맞았다. 오펜하이머는 세스 네더마이어에게 내파 설계(implosion design) 폭탄(핵분열성 물질을 듬성듬성하게 배열해 순간적인 압력을 가하면 임계성에 도달할 수 있도록 만드는 것)을 만들기 위한 폭발 실험을 진행하라고 지시했지만, 그는 단순한 총구식 설계로 플루토늄 폭탄을 만들 수 있기를 바랐다. 하지만 1944년 7월까지 만들어진 적은 분량의 플루토늄으로 실험을 하자, 총구식 디자인으로는 플루토늄 폭탄을 효율적으로 폭발에 이르게 할 수 없음이 분명해졌다. 그와 같은 시도는 플루토늄이 "총" 안에서 미리 폭발할 위험성을 안고 있었던 것이다.[5]

한 가지 방법은 플루토늄 물질을 더 농축시켜 보다 안정적인 원소로 만드는 것이었다. 맨리가 설명하기를 "우리는 나쁜 플루토늄 동위 원소를 좋은 놈들로부터 분리시킬 수도 있었습니다. 그러나 그러려면 우라늄 동위 원소를 분리하기 위해 세운 거대한 공장들을 처음부터 다시 만들어야만 했습니다. 우리에게는 그럴 시간이 없었지요. 결국 누군가가 플루토늄으로 폭발 가능한 무기를 만들 수 있는 방법을 생각해 낼 때까지는, 플루토늄을 생산하기 위해 (워싱턴 주) 핸포드에 투자한 막대한 시간과 노력은 낭비였다고 생각하는 수밖에 없었습니다."[6]

1944년 7월 17일, 오펜하이머는 그로브스, 코넌트, 페르미 등과 함께 이 위기를 타개하기 위한 회의를 소집했다. 코넌트는 우라늄과 플루토늄을 섞어서 저효율 내파식 폭탄을 만들자고 제안했다. 이런 무기는 수백 톤의 TNT에 불과한 폭발력을 갖게 될 것이었다. 코넌트는 저효율 폭탄으로 성공적인 시험을 거치면, 더 큰 무기로 나아갈 자신감을 갖게 될 것이라고 말했다.

오펜하이머는 일정을 지나치게 지연시킨다는 이유로 코넌트의 계획을 거부했다. 그는 서버가 처음 내파식이라는 아이디어를 냈을 때 회의적이었지만, 이제 내파식 디자인의 플루토늄 폭탄에 모든 것을 걸자고 모두를 설득하기 시작했다. 이것은 용감하고 훌륭한 도박이었다. 1943년 봄에 네더마이어가 이 개념으로 실험해 보겠다고 나선 이래 그동안 별다른 진전이 없었다. 하지만 1943년 가을, 오펜하이머는 프린스턴의 수학자인 폰 노이만을 로스앨러모스로 데려왔고, 노이만은 계산해 본 결과 적어도 이론적으로는 내파가 가능하다고 결론 내렸다. 오펜하이머는 이것이 해 볼 만한 도박이라고 생각했다.

다음 날인 1944년 7월 18일, 오펜하이머는 그로브스에게 자신의 결론을 요약 보고했다. "우리는 전자기 분리의 가능성을 타진해 보았습니다……. 이 방법은 원론적으로 가능하긴 하지만 성공에 이르기까지 필요한 개발 과정을 전부 밟기에는 일정이 지나치게 빠듯하다는 것이 우리의 의견입니다……. 위 사실에 비추어 봤을 때, 플루토늄을 높은 순도로 농축시키려는 노력을 중단하고 낮은 중성자 배경을 요구하지 않는 조립 방식에 노력을 집중하는 것이 나을 것으로 생각됩니다. 현재 우리가 우선적으로 시도해 보아야 할 방식은 내파식입니다."[7]

오펜하이머의 조수였던 호킨스는 나중에 "내파식은 (플루토늄 폭탄을) 성공시키기 위한 유일한 희망이었지만, 당시까지 나온 증거에 비추어 봤을 때 그리 좋은 선택은 아니었습니다." 네더마이어와 그의 부하들은 내파식 디자인으로 별로 진전을 보지 못하고 있었다. 내성적이고 나서기 싫어하는 네더마이어는 혼자서 차근차근 일하는 것을 좋아했다. 그는 오펜하이머가 "1944년 봄이 되자 나에 대해 대단히 초조해했습니다……. 그는 내가 전쟁 연구가 아니라 보통 연구를 하는 것처럼 지나치게 천천히 일을 추진한다고 생각했을 겁니다."라고 나중에 털어놓았다.[8] 또한 네더마이어는 메사에서 오펜하이머의 매력을 몰라본 몇 안 되는 사람들 중 하나였다. 조바심에 빠진 오펜하이머는 그답지 않게 화를 내기 시작했다. 네더마이어는 다음과 같이 회고했다. "오펜하이머는 나에게 화가 머리 끝까지 났습니다. 많은 사람들이 그를 지혜와 영감의 원천이라고 생각했습니다. 나는 그를 과학자로서는 존경했지만, 그를 그런 식으로 높여 보지는 않았습니다……. 그는 나의 말을 끊고 심할 정도로 창피를 주고는 했습니다. 하지만 나 역시 당하고만 있지는 않았지요."[9] 이와 같은 성격 차이는 내파식 디자인을 둘러싼 위기를 낳았고, 오펜하이머는 그해 늦여름 연구소의 대규모 재편을 발표하기에 이르렀다.

1944년 초, 오펜하이머는 하버드의 폭발물 전문가인 조지 '키스티' 키스티아콥스키(George 'Kisty' Kistiakowsky)를 로스앨러모스로 불러오는 데 성공했다. 키스티아콥스키는 자기 의견이 뚜렷하고 강한 의지를 가진 사람이었다. 이 때문에 그는 명목상 상관인 '데케' 파슨스 중령과 자주 부딪혔다. 키스티아콥스키는 그의 생각에 지나치게 감상적이었던 네더마이어와도 잘 지내지 못했다. 1944년 6월 초, 키스티아콥스키는 결국 오펜하이머에게 사직하겠다고 위협하는 메모를 썼다. 오펜하이머는 즉시 네더마이어를 불러 키스티아콥스키가 그의 자리를 차지하게 될 것이라고 말했다. 상처받은 네더마이어는 화를 내면서 자리를 떴다. 네더마이어는 "오랜 쓰라림"을 느꼈지만, 결국 선임 기술 자문으로 로스앨러모스에 남았다. 오펜하이머는 이 일을 파슨스와 상의하지 않은 채 독단적으로 처리했다. 키스티아콥스키는 "파슨스는 불같이 화를 냈습니다."라고 회고했다.[10] "그는 내가 자신을 거치지 않고 오펜하이머에게 바로 불만을 표시한 것을 괘씸하다고 생각했습니다. 그가 어떻게 느꼈는지는 이해할 수 있지만, 나는 민간인이었고, 오피 역시 마찬가지였습니다. 나는 그에게 보고할 의무는 없었습니다."

자신이 담당하는 부서를 통제하지 못하는 지경에 이른 것에 화가 난 파슨스는, 9월에 오펜하이머에게 메모를 보내 자신이 내파식 폭탄 프로젝트 전 단계에 대한 결정 권한을 갖겠다고 제안했다. 오펜하이머는 부드럽지만 확고하게 거절했다. "당신이 나에게 달라고 하는 권한은 나조차 가지고 있지 않기 때문에 당신에게 위임할 수 없는 것입니다. 규정에 어떻게 나와 있건 간에, 나는 프로젝트를 실제로 수행하는 실험실 과학자들의 이해와 승인 없이 결정을 내릴 수 있는 권한이 없습니다."[11] 해군 중령인 파슨스는 자신 밑에서 일하는 과학자들의 의견 충돌을 조정할 수 있는 권한을 원했던 것이다. 오펜하이머는 "당신은 합의에 이르기까지 기나긴 토론과 논쟁을 벌여야 할지도 모릅니다."라고 썼다. "이것은 문제의 해결에 필수적인 과정으로, 내가 어떻게 한다고 해서 피할 수 있는 것이 아닙니다." 과학자들은 자유롭게 논쟁할 수 있어야 했고, 오펜하이머는 모두가 만족할 만한 합의에 이를 수 있다고 판단될 때에만 그들의 분쟁을 중재할 것이라는 의미였다. 그는 파슨스에게 "나는 연구소가 그렇게 운영되어야 한다고 주장하는 것이 아닙니다. 그것은 이미 사실상 그렇게 운영되고 있습니다."

플루토늄 폭탄의 설계와 관련된 위기 상황 와중에, 라비가 로스앨러모스로 정기 방문차 찾아왔다. 그는 나중에 지도급 과학자들과의 회의에서 그들로부터 플루토늄 폭탄을 성공시키기 위한 방법을 빨리 찾아내야만 한다는 다급함을 느꼈다고 기억했다. 화제는 곧 적들이 무엇을 하고 있는지로 넘어갔다. 라비는 "독일 과학자들이 누구였냐고? 우리는 그들이 누구인지 전부 알고 있었습니다."라고 회고했다.[12] "그들이 무엇을 하고 있었냐고? 우리는 프로젝트 전반을 재검토했고, 그동안 해 온 일을 돌이켜 보면서 독일이 앞설 수 있는 지점이 어디인지, 더 나은 판단력으로 실수를 미연에 방지할 수 있었던 점은 없었는지를 찾으려 했습니다……. 우리는 마침내 독일은 우리와 거의 비슷한 수준에 있거나, 아마 앞서 있을지도 모르겠다는 결론에 도달했습니다. 우리는 매우 숙연해졌지요. 우리는 적이 무엇을 가지고 있는지 알지 못했습니다. 단 하루도, 단 1주일도 헛되게 보낼 수 없는 상황이었습니다. 한 달을 낭비한다는 것은 재앙에 가까운 일이었습니다." 모리슨이 1944년 중반의 그들의 태도를 이렇게 한마디로 정리했다. "우리가 실패한다면 전쟁에서 패배하고 말 것이다."[13]

연구소의 재편에도 불구하고, 키스티아콥스키의 그룹은 1944년 말까지도 아직 자몽 크기의 플루토늄 덩어리를 골프공 크기로 완벽한 대칭을 이루며 압축할 수 있는(렌즈라고 불리기도 한) 구형 폭발물을 만들지 못했다. 그와 같은 렌즈가 없이는 내파식 폭탄은 불가능했다. 파슨스는 비관한 나머지 오펜하이머에게 렌즈 제작을 포기하고 다른 방식으로 내파시킬 수 있는 방법을 시도하자고 제안하기도 했다. 1945년 1월 그로브스와 오펜하이머가 참가한 가운데 파슨스와 키스티아콥스키는 이 문제를 두고 뜨거운 논쟁을 벌였다. 키스티아콥스키는 렌즈 없이 내파시킬 수 있는 방법은 없으며, 자신의 팀원들이 곧 렌즈를 만들 수 있을 것이라고 말했다. 오펜하이머는 그를 지지했는데, 이는 플루토늄 폭탄의 성공에서 가장 중요한 결단 중 하나였다.[14] 몇 달 후 키스티아콥스키와 그의 팀은 마침내 내파식 설계를 완성할 수 있었다. 1945년 5월이 되자, 오펜하이머는 플루토늄 장치가 성공하리라고 확신하기 시작했다.

폭탄 만들기는 이론 물리학보다는 공학에 가까웠다. 하지만 오펜하이머는 버클리에서 학생들이 새로운 통찰력을 가질 수 있도록 자극했던 것만큼이나, 그의 과학자들이 기술적이고 공학적인 장애들을 극복하도록 이끄는 일에 매우 능숙했다. 베테는 나중에 "로스앨러모스는 그가 없이도 성공할 수 있었을지 모릅니다. 하지만 힘은 더 들고, 정열은 훨씬 적고, 더 느리게 진척되었겠지요. 그것은 연구원들 모두에게 잊을 수 없는 기억이었습니다. 전쟁 중에 큰 성과를 올린 다른 연구소도 있었습니다……. 그러나 다른 곳들은 강한 소속감을 느낀다든지, 연구소에서 일하던 시절을 떠올린다든지, 그때가 인생의 황금기라는 느낌을 주는 일은 없다고 생각합니다. 로스앨러모스가 그럴 수 있었던 것은 오펜하이머 때문이었습니다. 그는 진정한 지도자였습니다."[15]

1944년 2월, 독일 출신의 루돌프 파이얼스가 이끄는 영국 과학자들이 로스앨러모스에 도착했다. 오펜하이머는 이 명석하지만 겸손한 이론 물리학자를 볼프강 파울리 밑에서 함께 공부하던 1929년에 처음 만났다. 파이얼스는 1930년대 초 독일에서 영국으로 이주했고, 1940년에는 오토 프리슈와 함께 '슈퍼 폭탄 제작에 대하여(On the Construction of a Superbomb)'라는 선구적인 논문을 발표했다.[16] 영국과 미국 정부는 이 논문으로 인해 처음으로 핵무기가 가능하다는 것을 인식하게 되었다. 이후 몇 년간 파이얼스는 "튜브 합금"이라는 코드명의 영국 폭탄 프로그램에 참가했다. 1942년, 그리고 다시 1943년 9월에 윈스턴 처칠 국무총리는 파이얼스를 미국으로 보내 폭탄의 조속한 완성을 돕게 했다. 파이얼스는 버클리로 오펜하이머를 찾아갔고, 그는 이후 이렇게 회상했다. "그의 깊이 있는 지식에 깊은 인상을 받았습니다……. 그는 내가 여행에서 만난 사람들 중, 폭탄 자체뿐만 아니라 그 안에서 일어나는 물리학적인 함의에 대해서까지 생각한 유일한 사람이었습니다."[17]

로스앨러모스를 처음 방문한 파이얼스는 단지 이틀 반 동안만 그곳에 머물렀다. 하지만 오펜하이머는 영국 과학자들에게 내파의 유체 역학에 대해 맡기기로 합의했다고 그로브스에게 보고했다. 한 달 후 파이얼스는 로스앨러모스로 돌아와 전쟁이 끝날 때까지 그곳에 있게 된다. 그는 조리 있게 자신의 생각을 표현할 수 있는 능력과 다른 사람을 재빨리 이해할 수 있는 오펜하이머의 능력에 감탄하기도 했지만, 무엇보다도 "그가 그로브스 장군에게 맞설 수 있었던 점"을 높이 평가했다.[18]

파이얼스 팀이 1944년 봄 로스앨러모스에 정착하자, 오펜하이머는 명목상 텔러에게 맡겨진 임무를 맡기기로 결정했다. 이 변덕스러운 헝가리 출신 물리학자는 내파식 폭탄에 필요한 복잡한 계산을 하기로 되어 있었다. 하지만 텔러는 자신의 업무를 수행하고 있지 않았다. 텔러는 이미 "슈퍼" 핵융합 폭탄에 관련된 이론 문제에 천착하고 있었고, 핵분열 폭탄에는 전혀 관심이 없었다. 오펜하이머가 1943년 6월 전쟁의 수행이라는 목적상 슈퍼 폭탄에는 당분간 관심을 끊어야 한다고 결정하자, 텔러는 점점 비협조적이 되었다. 그는 전쟁 관련 연구에 기여할 만한 어떤 책임도 맡으려 하지 않았다. 항상 말이 많던 그는 끊임없이 수소 폭탄에 대해 떠들었다. 그는 또한 베테 밑에서 일하게 된 것에 대한 불만을 참지 않고 터뜨렸다. 텔러는 "나는 그가 내 상사라는 것이 마음에 들지 않았습니다."라고 회고했다.[19] 그의 적대감은 베테가 그를 비난한 데서 비롯된 것이었다. 매일 아침 텔러는 수소 폭탄을 만들기 위한 새로운 아이디어를 떠올렸다. 그러면 베테는 밤새 왜 그것들이 터무니없는지 증명했던 것이다.[20] 텔러가 오펜하이머를 얼마나 성가시게 했으면, 오펜하이머는 어느 날 찰스 크리치필드(Charles Critchfield)에게 "주님, 우리를 외부의 적들과 내부의 헝가리 인들로부터 보호하소서."라고 말하기까지 했다.[21]

당연하게도 텔러의 행동은 점점 오펜하이머의 신경을 건드리기 시작했다. 그해 봄의 어느 날, 텔러는 팀장 회의에서 내파 프로젝트에 필요한 계산을 하라는 베테의 지시를 거부한 채 뛰쳐나왔다. 베테는 너무 화가 나서 오펜하이머에게 불만을 털어놓았다. 베테는 "에드워드는 파업에 들어갔습니다."라고 회고했다.[22] 오펜하이머가 이 사건에 대해 묻자 텔러는 마침내 핵분열 폭탄과 관련된 모든 일에서 제외시켜 달라고 말했다. 오펜하이머는 동의했고, 곧 그로브스 장군에게 텔러 자리에 파이얼스를 임명하겠다고 보고했다. "이 계산들은 원래 텔러의 책임이었는데, 나와 베테는 그가 이 책임을 맡기에 적절하지 않다고 생각합니다. 베테는 자신 밑에서 내파 프로그램을 담당할 사람이 필요하다고 생각했습니다."

모욕당했다고 느낀 텔러는 로스앨러모스를 완전히 떠나겠다고 공언했다. 오펜하이머가 그를 붙잡지 않았다고 해도 아무도 놀라지 않았을 것이다. 모두 텔러를 "프리마돈나(prima donna)"라고 생각했다. 서버는 그를 "어느 조직에서고 재앙을 부르는 자"라고 불렀다.[23] 하지만 오펜하이머는 텔러를 해고하는 대신에, 그에게 원하는 것을 주었다. 그에게 핵융합 폭탄의 가능성을 탐구할 자유를 주었던 것이다. 오펜하이머는 게다가 없는 시간을 쪼개 1주일에 한 시간씩 그가 생각하는 것에 대해 대화를 나누기로 하기까지 했다.

텔러는 이와 같은 엄청나게 관대한 배려에도 만족하지 않았다. 그는 자신의 친구가 "정치인"이 되었다고 생각했다. 오펜하이머의 동료들은 왜 그가 텔러 같은 자를 상대하는지 궁금해했다. 파이얼스는 텔러에 대해 "조금 사납다. 그의 아이디어들은 헛소리로 끝나는 경우가 종종 있었다."라고 생각했다. 오펜하이머는 바보에 대해서는 참을성이 없을 때도 있었다. 하지만 그는 텔러가 바보가 아니라는 것을 알고 있었다. 그는 텔러가 결국 프로젝트에 뭔가 기여할 수 있으리라고 생각했기 때문에 그의 행동을 보아 넘겼던 것이었다. 그해 여름 처칠의 특사였던 처웰 경을 위한 리셉션을 주최한 오펜하이머는 파이얼스에게 초대장을 보내는 것을 깜빡 잊었음을 나중에야 알게 되었다. 다음 날 그는 파이얼스에게 사과하면서 "더 심할 수도 있었지. 텔러였다면 어쩔 뻔 했어."라고 덧붙였다.[24]

1944년 12월, 오펜하이머는 라비에게 편지를 보내 로스앨러모스로 한 번 더 와 달라고 재촉했다. "친애하는 라브(Rab). 우리는 당신이 언제쯤 다시 이곳으로 올 수 있는지 궁금해하고 있습니다. 이곳에서는 위기가 항상 계속되고 있어 언제나 조금 나아질지 판단하기 어려울 정도입니다."[25] 라비는 얼마 전 '원자핵의 자기 성질을 기록하는 공명 방식'을 개발한 공로를 인정받아 노벨 물리학상을 받았다. 오펜하이머는 그에게 축하의 말을 전했다. "이 상이 청년기에 막 접어든 사람보다 막 벗어난 사람에게 갔다는 것은 좋은 소식이다."

오펜하이머는 행정적인 업무에 치였지만 가끔은 개인적인 편지를 쓸 시간을 낼 수 있었다. 1944년 봄, 그는 자신이 유럽에서 탈출하는 데 도움을 준 독일 출신 망명 가족에게 편지를 썼다. 그는 마이어스(Meyers) 가족을 만난 적이 없었지만 1940년 그들이 미국으로 오는 데 드는 비용을 지불했다. 4년 후, 마이어스 가족은 오펜하이머에게 그들이 미국 시민이 되었음을 자랑스럽게 전하면서 돈을 갚았다. 그는 회신에서 그들이 느끼는 "자부심"을 이해하며 돈은 감사히 받겠다고 썼다. "나는 이로 인해 당신이 어려움을 겪지 않기를 바랍니다."[26] 그리고 그는 필요하다면 돈을 돌려주겠다고 제안했다(수년 후 마이어스의 딸들 중 한 명은 감사 편지에서 "1940년에 당신은 우리가 건너 올 수 있게 해 주었고 우리는 생명을 구할 수 있었습니다."라고 썼다.). 마이어스 가족을 나치스로부터 구출한 것은 오펜하이머에게 몇 가지 측면에서 중요한 의미를 가졌다. 첫째로 그것은 정치적인 논쟁의 여지가 없이 그가 반파시즘 활동을 했던 것이었는데, 이는 그의 기분을 좋게 했다. 둘째로, 그것은 작은 자선 행위였지만 그가 왜 이 무시무시한 무기를 만들기 위한 경주를 하고 있는지 일깨워 주는 것이었다.

그는 경주를 하고 있었다. 쉼 없이 달리는 것은 그의 성격이었다. 적어도 오펜하이머를 전쟁 후 만나 존경하게 된 프리먼 다이슨은 그렇게 생각했다. 하지만 다이슨은 그것이 오피의 가장 큰 단점이기도 했다고 생각했다. "쉼 없이 달리는 것은 그가 잠시 멈춰 쉬거나 성찰하지 않고 최고의 성취를 이루도록, 로스앨러모스의 임무를 완수하도록 해 주었다."

다이슨은 "유일하게 잠시 멈춰 섰던 사람은 리버풀 출신의 조지프 로트블랫이었다……."라고 썼다.[27] 폴란드 출신 물리학자인 로트블랫은 전쟁이 터졌을 때 영국에 있었다. 그는 제임스 채드윅의 초청으로 영국 폭탄 프로젝트에 참가했고 1944년 초 로스앨러모스에 도착했다. 1944년 3월 어느 저녁, 로트블랫은 "불편한 충격"을 받았다. 채드윅의 집에 함께 저녁 초대를 받은 그로브스 장군은 저녁 식사 자리에서 농담을 주고받다가 "당신은 물론 이 프로젝트의 주된 목적은 러시아 인들을 굴복시키는 것임을 알고 있겠지요."라고 말했던 것이다.[28] 로트블랫은 충격을 받았다. 그는 스탈린에 대한 환상을 가지고 있지는 않았다. 소련의 독재자는 그가 사랑하는 폴란드를 침공했던 터였다. 하지만 매일 수천 명의 러시아 인들이 동부 전선에서 죽어 가고 있다는 것을 아는 로트블랫은 배신감을 느꼈다. 그는 나중에 "그때까지 나는 우리의 작업이 나치스의 승리를 막기 위한 것이라고 생각했다."라고 썼다.[29] "그런데 이제 나는 우리가 준비하는 무기가 바로 그 목적을 위해 엄청난 희생을 감수하는 사람들에게 사용할 의도에서 만들어진다는 이야기를 들었던 것이다." 1944년 말, 연합군이 노르망디 해변에 상륙하고 6개월 후, 유럽에서의 전쟁은 곧 끝나리라는 것은 명확했다. 로트블랫은 독일인들을 굴복시키는 데 필요치 않은 무기를 만드는 일을 계속하는 것에 더 이상 의미를 찾지 못했다.* 그는 자신을 위한 환송회에서 오펜하이머에게 작별 인사를 한 후, 1944년 12월 8일 로스앨러모스를 떠났다.

1944년 가을, 로스앨러모스에서 직접 나온 첫 첩보 보고서가 소련에

---

* 조지프 로트블랫은 핵 군비 축소를 위한 활동에 대한 공적으로 1995년 노벨 평화상을 수상했다.

도착했다. 육군 방첩대의 정보망을 피해 로스앨러모스에 침투했던 스파이들 중에는 영국 시민권을 가진 독일 물리학자 클라우스 푹스(Klaus Fuchs)와 하버드 물리학과 학부 과정을 마친 19세의 영재 과학자 테드 홀(Ted Hall)이 있었다. 홀은 1944년 1월에 로스앨러모스에 도착했고, 푹스는 루돌프 파이얼스가 이끄는 영국인 팀 소속으로 8월에 일을 시작했다.

1911년생인 푹스는 독일의 퀘이커 가족에서 자랐다. 학구적이고 이상적이었던 그는 1931년 라이프치히 대학교에서 공부하던 중 독일 사회당(SPD)에 가입했다. 이때는 그의 어머니가 자살한 해이기도 했다. 1932년 푹스는 나치스의 정치적 힘이 커지는 것에 놀라 사회주의자들과 결별하고 나치스에 보다 적극적으로 저항하던 공산당에 가입했다. 1933년 7월 그는 히틀러의 독일을 탈출해 영국으로 정치적 망명을 했다. 이후 몇 년간, 그의 가족 대부분은 나치스 치하에서 처형당했다. 그의 형은 아내와 자녀를 남겨 둔 채 스위스로 도망쳤고, 그의 가족은 나중에 강제 수용소에서 죽음을 맞이했다. 그의 아버지는 "반정부 선동"을 한 죄로 감옥에 보내졌고, 1936년 그의 누나 엘리자베스는 그녀의 남편이 구속되어 강제 수용소로 보내진 후 스스로 목숨을 끊었다.[30] 푹스가 나치스를 증오할 이유는 충분했다.

1937년 브리스틀 대학교에서 물리학으로 박사 학위를 받은 푹스는 장학금을 받고 당시 에든버러 대학교에서 강의하던 오펜하이머의 지도 교수 막스 보른과 함께 일하게 되었다. 전쟁이 시작되자 푹스는 적성 외국인으로 분류되어 캐나다에 억류되었고, 보른 교수는 그가 풀려날 수 있도록 "푹스는 젊은 이론 물리학자들 중 두세 명 안에 들 정도로 재능이 있다."라고 증언하기도 했다.[31] 그는 수천 명의 반나치스 독일 망명자들과 함께 1940년 말에야 풀려날 수 있었다. 푹스는 영국의 직장으로 돌아갈 수 있는 허가를 받았다. 영국 내무성은 공산주의자로 활동했던 푹스의 과거를 알고 있었지만, 그는 1941년 봄이 되자 파이얼스 및 다른 영국 과학자들과 함께 기밀로 분류된 '튜브 합금' 프로젝트에 참가할 수 있었다. 1942년 6월, 푹스는 영국 시민권을 취득했고, 이미 이때부터 영국의 폭탄 프로그램에 관한 정보를 소련에 넘겨주고 있었다.

푹스가 로스앨러모스에 도착했을 때, 오펜하이머를 비롯한 그 누구도 그가 소련의 스파이라고 의심하지 않았다. 1950년 그가 체포되었을 때, 오피는 FBI에게 자신은 푹스가 기민당원(Christian Democrat)이라고 생각했고, "열성 정치 분자"라고는 생각조차 하지 않았다고 밝혔다. 베테는 푹스가 자신의 부하들 중 가장 뛰어나다고 생각했다. 베테는 FBI에게 "그가 스파이였다면 그는 역할을 완벽하게 소화해 냈습니다. 그는 밤낮없이 일했습니다. 그는 미혼이었기 때문에 달리 할 일이 없었고, 로스앨러모스 프로젝트의 성공에 큰 공헌을 했습니다."라고 말했다.[32] 이후 1년간 푹스는 내파식 폭탄 디자인을 총 방식과 비교했을 때의 문제점과 장점을 구체적으로 기술한 정보를 소련에 넘겨주었다. 그는 소련이 자신의 정보를 또 다른 로스앨러모스 정보원을 통해 재확인하고 있다는 것은 알지 못했다.

1944년 9월 무렵 테드 홀은 내파식 폭탄에 필요한 측정 시험 관련 일을 하고 있었다. 오펜하이머는 홀이 내파 시험에 관한 한 메사에서 가장 뛰어난 젊은 테크니션이라는 이야기를 들었다.[33] 대단히 똑똑한 젊은이였던 홀은 그해 가을 지적인 혼란에 빠졌다. 그는 기본적으로 사회주의자에 소련을 선망하는 인물이었지만, 아직 정식으로 공산당에 가입하거나 자신의 일과 현 상황에 불만을 가지고 있지 않았다. 누구도 그를 끌어들이려 하지 않았다. 하지만 그해 내내 그는 20대 후반이나 30대 초반의 '선배' 과학자들이 전후 군비 경쟁에 대해 걱정하는 이야기를 들었다. 하루는 풀러

로지에서 닐스 보어와 함께 앉아 저녁 식사를 할 기회가 있었는데, 그때 그는 보어가 "열린 세계"을 갈망한다는 이야기를 듣게 되었다. 홀은 전후 미국의 핵무기 독점은 또 다른 전쟁으로 이어질 수 있다는 보어의 결론을 듣고서는 1944년 10월부터 행동을 감행하기로 결심했다. 그는 "내가 생각했을 때 미국의 독점은 위험하고 방지해야 할 일이었다. 나는 그러한 생각을 가진 유일한 과학자가 아니었다."라고 말했다.[34]

홀은 로스앨러모스에서 14일간 휴가를 얻어 뉴욕으로 향하는 기차에 몸을 실었다. 그러고는 곧장 소련 무역 사무소로 걸어 들어가 소련 관료에게 친필로 작성한 로스앨러모스에 대한 보고서를 건네주었다. 보고서에는 연구소의 목적과 폭탄 프로젝트에 참여하고 있는 고위 과학자들의 이름이 열거되어 있었다. 이후 몇 개월 동안 홀은 소련에 내파식 폭탄의 디자인에 관한 중요 정보를 포함한 추가 정보를 제공했다. 홀은 '자생적' 스파이로서 안성맞춤이었다. 그는 러시아 인들이 원자 폭탄 프로젝트에 대해 알고 싶어하는 것이 무엇인지 알고 있을 뿐만 아니라, 소련으로부터 아무것도 원하지도 기대하지도 않았다. 그의 유일한 목적은 핵전쟁으로부터 "세계를 구하는 것"이었는데, 전쟁이 끝난 후 미국이 핵을 독점하게 된다면 이를 실현할 수 없다고 믿었던 것이다.[35]

오펜하이머는 홀의 첩보 활동에 대해 전혀 알지 못했다. 하지만 그는 몇몇 그룹 리더를 포함한 20여 명의 과학자들이 한 달에 한 번씩 비공식적으로 모여 전쟁, 정치, 그리고 미래에 대해 토론하는 모임을 갖고 있다는 것을 알고 있었다. 로트블랫은 "이 모임은 주로 저녁에, 대개는 텔러의 집처럼 큰 방이 있는 곳에서 모이고는 했습니다. 사람들은 만나서 유럽의 미래, 세계의 미래에 대해 토론했지요."라고 회고했다.[36] 특히 그들은 이 프로젝트에서 소련 과학자들이 제외되었다는 사실에 대해 이야기를 나누었다. 로트블랫에 따르면, 오펜하이머는 적어도 한번 이 모임에 참석했다. 로트블랫은 나중에 "나는 항상 그가 문제들에 대해 우리와 같은 인간적 접근을 하고 있다는 점에서 생각을 공유하고 있다고 생각했습니다."라고 말했다.

1944년 말 로스앨러모스의 여러 과학자들은 '장치'를 계속 개발하는 것에 양심의 가책이 실린 목소리를 내기 시작했다. 당시 연구소의 실험 물리 부서장을 맡고 있던 로버트 윌슨은 "그것을 어떻게 이용할 수 있을지에 대해 오피와 꽤 긴 토의를 했다."[37] 윌슨이 오펜하이머를 찾아가 이 문제를 보다 포괄적으로 토론할 수 있는 공식 회의를 열자고 제안했을 때 밖에는 여전히 눈이 쌓여 있었다. 윌슨은 나중에 "오피는 이 일을 진행하면 G-2 보안대 사람들로부터 문제가 생길 것이라며 나를 설득하려고 했다."라고 회고했다.

윌슨은 오펜하이머를 존경했지만 그의 주장에 설득되지는 않았다. 그는 스스로에게 "좋아요. 그래서 어쨌다는 겁니까? 당신이 평화주의자라면 그들이 당신을 감옥에 처넣거나 감봉을 하는 것에 대해서는 걱정하지 않을 테지요."라고 말했다.[38] 윌슨은 오펜하이머에게 이토록 중요한 주제에 대해 적어도 열린 토론의 장을 열지 않으면 안 될 것이라고 말했다. 그러고 나서 윌슨은 연구소 곳곳에 '장치가 문명에 미치는 영향(The Impact of the Gadget on Civilization)'에 대한 공공 토론회를 열 것이라는 공고를 붙였다. 그가 제목을 이렇게 정한 것은 이전에 프린스턴에서 "우리가 이곳에 오기 전에 무언가의 '영향'에 대해 젠 체하는 학술적인 토론이 아주 많았"기 때문이었다.

놀랍게도 오펜하이머는 그날 저녁에 참석해 토론을 경청했다. 윌슨은 나중에 바이스코프 같은 고참 물리학자를 포함해 20명 정도가 참가했다고 회고했다. 회의는 사이클로트론이 있는 건물에서 열렸다. 윌슨은 "나는 건물이 매우 추웠던 것을 기억합니다……. 우리는 전쟁이 (거의) 끝난 것이나 다름없는데 왜 우리가 계속해서 폭탄을 만들고 있는지에 대한 꽤 격렬한 토론을 했습니다."39

원자 폭탄에 대한 윤리적이고 정치적인 문제에 대한 토론이 벌어진 것은 이번이 처음은 아니었다. 내파 기술에 관한 일을 하던 젊은 물리학자 루이스 로젠(Louis Rosen)은 낡은 극장에서 열린 콜로키움에, 방이 꽉 찰 정도로 많은 사람들이 참가했던 것을 기억했다. 로젠에 따르면 오펜하이머가 연사였고 주제는 '이 나라가 핵무기를 살아 있는 인간에게 사용하는 것이 옳은 일인가'였다.40 오펜하이머는 과학자들에게 장치의 운명을 결정하는 데 있어 여느 시민들보다 더 큰 목소리를 가질 권리가 없다고 주장했다. 로젠은 "그는 매우 유창하고 설득력 있는 사람이었습니다."라고 말했다. 화학자 조지프 허시펠더(Joseph Hirschfelder)는 1945년 초 어느 추운 일요일 저녁에 폭풍우가 치는 와중에 로스앨러모스의 작은 목조 교회당에서 열린 비슷한 토론회를 회고했다. 이때 오펜하이머는 그 특유의 유창함으로 우리 모두는 끝없는 두려움에 떨면서 살도록 운명지어져 있지만 폭탄은 또한 모든 전쟁을 종식시킬 수 있을지도 모른다고 주장했다.41 보어의 말을 떠올리게 하는 이런 희망은 당시 모인 과학자들에게 설득력이 있었다.

이와 같은 민감한 토론에 관한 공식 기록은 남아 있지 않다. 따라서 전적으로 기억에 의존하는 수밖에 없다. 윌슨의 설명이 가장 자세할 뿐만 아니라, 윌슨을 아는 사람들은 그를 항상 솔직한 사람이라고 생각했다. 바이스코프는 나중에 윌슨, 베테, 데이비드 호킨스, 필립 모리슨, 윌리 히킨보텀(Willy Higinbotham), 그리고 윌리엄 우드워드(William Woodward) 등과 폭탄에 관한 정치 토론을 했던 것을 회고했다. 바이스코프는 유럽에서의 전쟁이 끝날 것이라고 예측되자 "우리는 전쟁 후 세계의 미래에 대해 생각했다."라고 회고했다.[42] 처음에는 그들은 자신들의 아파트에서 만나 "이 무시무시한 무기가 세상에 무슨 일을 저지를 것인가? 우리가 하고 있는 일은 좋은 일인가, 나쁜 일인가? 그것이 어떻게 응용될지에 대해서는 걱정할 필요가 없는가?" 등과 같은 질문에 대해 생각했다. 이런 비공식 모임들은 서서히 공식 회의로 발전했다. 바이스코프는 "우리는 이런 모임을 강의실에서 열려고 했습니다."라고 말했다. "그러자 곧 반대에 부딪혔습니다. 오펜하이머가 반대했죠. 그는 그것은 우리의 일이 아니라고 했습니다. 그것은 정치의 영역이고 우리가 관여할 문제가 아니라는 것이었죠." 바이스코프는 40명의 과학자들이 '세계 정치에서의 원자 폭탄'에 대해 토론하기 위해 모였던 1945년 3월의 회의를 회고했다. 오펜하이머는 또다시 사람들이 참여하지 못하게 했다. "그는 우리가 폭탄 사용에 관한 문제에 관여해서는 안 된다고 생각했습니다." 하지만 윌슨의 기억과는 달리 바이스코프는 나중에 "그만 둬야 한다는 것은 생각조차 하지 않았습니다."라고 썼다.[43]

윌슨은 오펜하이머가 참석하지 않았다면 오펜하이머에 대한 평판이 나빠졌을 것이라고 믿었다. "그는 총책임자였으니까, 어떻게 보면 장군 같은 자리를 맡고 있었던 것이지요. 어떨 때는 선봉에 서야 하고, 다른 때는 후위로 물러나야 합니다. 어쨌든 그는 참석했고, 정곡을 찌르는 주장으로 나를 설득했습니다."[44] 윌슨은 차라리 설득되기를 바랐다. 이제 이 장치가 독일인에게 사용되지 않을 것이라는 것이 명확해지자, 그와 다른 참석자들은 의구심을 가졌지만 명쾌한 해답은 없었다. 윌슨은 "나는 우리가 나치스와 싸우고 있다고 생각했지, 특별히 일본인들을 생각해 보지 않았습니다." 누구도 일본인들 역시 폭탄 프로그램을 진행하고 있었다는 것을 모르고 있었다.

오펜하이머가 일어서서 부드러운 목소리로 말하기 시작하자 모두 조용히 그의 말을 들었다.[45] 윌슨은 오펜하이머가 토론을 "주도"했다고 회고했다. 그의 핵심 주장은 근본적으로 닐스 보어의 "열림(openness)"이라는 비전과 상통하는 것이었다. 그는 세상이 이 근원적으로 새로운 무기에 대해 모른 채 이 전쟁이 끝나서는 안 된다고 주장했다. 최악의 경우는 장치가 군사 기밀로 남아 있는 것이었다. 그렇게 된다면 다음 전쟁은 거의 확실히 핵전쟁이 될 것이었다. 그는 그들이 이 장치가 시험 단계까지 나아가야 할 것이라고 설명했다.[46] 그는 새로 만들어진 세계 연합이 1945년 4월 첫 회의를 개최하기로 했다는 점을 지적했다. 세계 국가의 대표들이 전후 세계에 대해 토의하기 시작할 때 그들이 인류가 대량 살상 무기를 발명했다는 것을 아는 것이 중요하다는 것이었다.

윌슨은 "나는 그것이 매우 좋은 주장이라고 생각했습니다."라고 말했다.[47] 얼마 동안 보어와 오펜하이머는 이 장치가 어떻게 세계를 바꾸어 놓을지에 대해 이야기했다. 과학자들은 이 장치가 국가 주권의 개념을 바꾸어 놓을 것임을 알고 있었다. 그들은 프랭클린 루스벨트를 신뢰했고 그가 바로 이 수수께끼를 해결하기 위해 국제 연합을 만들고 있다고 믿었다. 윌슨이 말했듯이 "주권이 없는 지역이 존재할 것이고, 주권은 국제 연합에 있게 될 것이다. 그것은 우리가 아는 방식의 전쟁이 종식될 것을 의미하며, 이것이 바로 그 약속이다. 그것이 내가 이 프로젝트를 계속할 수 있었던 이유이다."

오펜하이머는 로스앨러모스의 무시무시한 비밀을 세계가 알지 않고서는 전쟁을 끝낼 수 없다는 주장을 전개함으로써 설득에 성공했다. 이것은 모두에게 중요한 순간이었다. 보어의 논리는 오펜하이머의 동료 과학자들에게 특히 설득력이 있었다. 하지만 그들 앞에 서 있는 카리스마 넘치는 사람 역시 중요한 역할을 담당했다. 윌슨이 그 순간을 회고했듯이, "내가 당시 오펜하이머에게 느꼈던 것은, 이 사람은 천사처럼 진실하고 솔직해서 잘못된 일을 할 수 없을 것이라는 것입니다……. 나는 그를 믿었습니다."[48]

22장

이제 우리는 모두 개새끼들이다

루스벨트는 위대한 건축가였고, 트루먼은 어쩌면 좋은 목수가 될 수 있을 것이다.

— 로버트 오펜하이머

연구소가 문을 연 지 단 2년 만인 1945년 4월 12일 목요일 오후, 프랭클린 루스벨트가 사망했다는 소식이 돌았다. 모든 작업은 중단되었고 오펜하이머는 행정 건물 앞 깃대 부근에서 공식 발표를 할 테니 모두 모이라는 연락을 돌렸다. 그러고 나서 그는 돌아오는 일요일로 추모식 일정을 잡았다. 모리슨은 나중에 "일요일 아침 메사는 밤새 내린 눈에 파묻혀 있었다."라고 썼다.[1] "마을의 거친 풍경은 눈으로 뒤덮여 정적에 빠졌다. 시선이 닿는 곳 어디든 부드러운 흰색이었고, 그 위로 밝은 해가 비추어 벽마다 푸른빛의 깊은 그림자를 드리웠다. 그것은 애도에 어울리는 풍경은 아니었지만, 자연은 우리에게 필요했던 위로를 주는 듯했다. 모두 강당으로 모여 들었고, 오피는 2~3분간 가슴 깊은 곳에서 우러나는 추도사를 읽었다."

오펜하이머는 세 문단으로 이루어진 짧은 추도사를 준비했다. 그는 "우리는 거대한 악과 공포의 시대를 살고 있고," 이러한 시대에 프랭클린 루스벨트는 "전통적이고 진정한 의미에서 우리의 지도자였습니다."라고 말했다.[2] 오펜하이머는 그답게 바가바드기타의 한 구절을 인용했다. "인간은 믿음으로 만들어진 존재이다. 한 인간이 믿는 바가 바로 그 자신이다." 루스벨트는 전 세계 수백만의 사람들이 희생된 이 전쟁이 끝나면 "인간이 살기에 보다 좋은 세상"이 올 수 있을 것이라는 믿음을 심어 주었다.[3] 오펜하이머는 다음과 같이 그의 추도사를 마무리지었다. 그렇기 때문에 "우리는 그 희망을 이루기 위해 노력해야만 합니다. 그가 시작한 일이 그의 죽음과 함께 끝나지 않도록."

오펜하이머는 여전히 루스벨트가 보어와의 만남을 통해 그들이 만들고 있는 신무기의 특성과 관련된 정보를 일부만 공개할 수밖에 없다는 사실을 이해했기를 바랐다. 나중에 그는 호킨스에게 "글쎄, 루스벨트는 위대한 건축가였고, 트루먼은 어쩌면 좋은 목수가 될 수 있겠지."라고 말했다.

해리 트루먼(Harry Truman, 1884~1972년)이 대통령직을 승계할 무렵, 유럽에서의 전쟁은 거의 이긴 것이나 다름없었다. 하지만 태평양에서의 전쟁은 절정에 달하고 있었다. 1945년 3월 9일과 10일 저녁, 334대의 B-29기가 수톤의 젤리 가솔린(네이팜)과 고성능 폭약을 도쿄에 투하했다. 이 대공습으로 10만 여 명이 사망했고 625제곱킬로미터가 전소했다.[4] 이를 시작으로 공습은 계속되었고 1945년 7월 무렵에는 일본의 5대 도시가 공격을 받았고 민간인 사상자만 수십만 명에 달했다. 이는 적국의 군사 시설만을 노리는 것이 아니라 국가 자체를 파괴하는 전면전이었다.

소이탄 폭격은 비밀이 아니었다. 미국인들은 신문에서 공습에 대한 소식을 읽을 수 있었다. 생각 있는 사람들은 대도시에 대한 전략적 폭격이 깊은 윤리 문제를 불러일으킨다는 것을 이해했다. 오펜하이머는 나중에 "나는 스팀슨(전쟁부 장관)이 대일본 공습에 항의하는 미국인들의 시위가 없었다는 사실에 놀랐다고 말했던 것을 기억합니다. 도쿄의 경우에는 대단히 많은 수의 사상자가 있었지요. 그는 공습을 중단해야 한다고 말하지는 않았지만, 여기에 의문을 제기하는 사람이 없는 이 나라에 뭔가 문제가 있지 않은가 생각했습니다."[5]

1945년 4월 30일 히틀러가 자살했고, 그로부터 8일 후 독일은 항복했다. 세그레가 그 소식을 들었을 때, 그의 첫마디는 "우리가 너무 늦었군."이었다.[6] 로스앨러모스의 연구원들은 모두 "장치"를 완성시키는 작업의 유일한 정당성은 히틀러를 굴복시키는 것이라고 생각하고 있었던 것이다. 세그레는 그의 회고록에 "이제 폭탄이 나치스에 사용될 수 없게 되자 의구심이 고개를 들었다."라고 썼다. "이와 같은 의구심은 공식 보고서에는 나타나지 않았지만 사적인 자리에서 많이 토론되었다."

시카고 대학교 야금 연구소에서 레오 질라르드는 마음이 급해지고 있었다. 이 떠돌이 물리학자는 시간이 많이 남지 않았다는 것을 알고 있었다. 원자 폭탄은 곧 완성될 것이고, 그는 그것이 일본의 도시에 사용될 것이라고 예상했다. 그는 루스벨트 대통령에게 핵무기를 만들기 위한 프로그램을 시작해야 한다고 처음으로 건의한 사람이었지만, 이제는 핵무기의 사용을 막기 위해 노력하고 있었다. 그는 루스벨트 대통령에게 보내는 메모에서 "우리의 원자 폭탄 '시범' 발사"는 소련과의 무기 경쟁을 촉발할 것이라고 경고했다.[7] 하지만 질라르드가 만날 기회를 잡기 전에 루스벨트가 죽자, 그는 신임 대통령 해리 트루먼과 5월 25일 만나기로 간신히 약속을 잡았다. 그는 트루먼을 만나기 전에 오펜하이머에게 편지를 써서 "원자 폭탄 제조 경쟁을 피할 수 없다면 이 나라의 미래는 그리 밝지 못할 것입니다."라고 경고했다. 질라르드는 이와 같은 무기 경쟁을 피할 수 있는 명쾌한 방법이 없는 한 "일본에게 원자 폭탄을 사용함으로써 우리 패를 전부 보여 주는 것이 과연 현명한 일인지 모르겠다."라고 생각했던 것이다. 그는 폭탄 사용에 찬성하는 쪽의 의견을 들었지만, 그들의 주장은 "나의 의구심을 불식시킬 수 있을 정도로 강하지 않았다." 오펜하이머는 답장을 보내지 않았다.

5월 25일, 질라르드는 시카고 대학교의 월터 바트키(Walter Bartky)와 컬럼비아 대학교의 해럴드 유리(Harold Urey)와 함께 백악관에 도착했지만, 트루먼은 이 문제를 곧 국무성 장관으로 임명될 제임스 번즈(James F. Byrnes)에게 넘긴 상태였다. 그들은 바로 사우스캐롤라이나 스파르탄버그에 위치한 번즈의 집으로 찾아가 회담을 가졌는데, 그 결과는 좋게 보아도 쓸모가 없었다. 질라르드가 일본에 원자 폭탄을 사용하는 것이 소련을 핵보유국으로 만들 위험성이 있다고 설명하자, 번즈는 "그로브스 장군은 러시아에 우라늄이 없다고 하던데요."라며 말을 끊었다.[8] 질라르드는 소련은 충분한 양의 우라늄을 가지고 있다고 말했다.

그러고 나서 번즈는 일본에 원자 폭탄을 사용하는 것이 전쟁이 끝난 후 러시아가 동유럽에서 군대를 철수시키도록 하는 데 도움이 되지 않겠냐고 말했다. 질라르드는 "폭탄을 사용하는 것으로 러시아를 통제할 수 있다는 전제를 듣고 소스라치게 놀랐다." 이어서 번즈는 "글쎄요, 당신은 헝가리 출신인데, 러시아가 헝가리에 영원히 머물기를 바라지는 않을 것 아니오."라고 말했다. 이는 질라르드를 격분시킬 따름이었다. 질라르드는 나중에 "나는 우리가 미국과 러시아 두 나라를 동시에 파괴할 무기 경쟁을 시작할지도 모른다는 것이 걱정이었다. 지금 단계에서 헝가리가 어떻게 될지는 걱정 축에도 들지 않았다." 질라르드는 착잡한 기분으로 돌아갔다. 그는 "번즈의 집을 떠나 기차역으로 걸어갈 때만큼 우울했던 적이 없었다."라고 썼다.

워싱턴으로 돌아와서 질라르드는 폭탄 사용을 막으려는 노력을 계속했다. 오펜하이머가 전쟁부 장관 스팀슨과 만나기 위해 5월 30일 워싱턴에 온다는 소식을 듣고서 질라르드는 그로브스 장군의 사무실에 전화를 걸어 그날 아침 오펜하이머와 만날 약속을 잡았다. 오펜하이머는 질라르드를 참견꾼이라고 생각했지만, 일단 만나서 무슨 얘기인지 들어 보기로 했다.

"원자 폭탄은 개똥입니다." 오펜하이머는 질라르드의 주장을 듣고 나서 말했다.

"무슨 말이죠?" 질라르드가 물었다.

오펜하이머는 "군사적 용도가 전혀 없는 무기라는 것입니다. 그것은 거대한 폭발을 일으키긴 하지만 전쟁에서 유용한 무기는 아니지요."라고 대답했다. 동시에 오펜하이머는 만약에 이 무기를 사용하기로 결정한다면 러시아에게 사전 연락을 취하는 것이 중요하다고 생각한다고 질라르드에게 말했다. 질라르드는 신무기에 대해 스탈린에게 이야기해 주는 것만으로는 전후 무기 경쟁을 막을 수 없을지도 모른다고 주장했다.

오펜하이머는 "글쎄요, 러시아에게 우리가 무엇을 하려는지 미리 알려 주고 나서 일본에 폭탄을 사용하면, 러시아 인들도 이해할 것이라고 생각하지 않습니까?"

질라르드는 "그들은 너무도 잘 이해하겠지요, 지나칠 정도로요."라고 대답했다.

질라르드는 폭탄 사용을 막기 위한 세 번째 시도 역시 실패로 돌아갔다는 사실에 다시 한번 실망했다. 이후 몇 주간 그는 맨해튼 프로젝트에 참여했던 과학자들 중에 소수나마 민간인을 표적으로 한 폭탄 사용에 반대했다는 기록을 남기기 위해 열성적으로 노력했다.

다음 날인 5월 31일, 오펜하이머는 전쟁부 장관 스팀슨이 미국 핵정책의 미래에 대해 자문을 받기 위해 소집한 이른바 임시 위원회(Interim Committee)라고 불리는 중요한 회의에 참석했다. 이 위원회에는 스팀슨을 비롯해 해군성 차관 랠프 A. 바드(Ralph A. Bard), 바네바 부시 박사, 제임스 번즈, 윌리엄 클레이튼(William L. Clayton), 칼 콤프턴(Karl T. Compton) 박사, 제임스 코넌트(James B. Conant) 박사, 스팀슨의 참모였던 조지 해리슨(George L. Harrison) 등이 속해 있었다. 네 명의 과학자가 과학 자문 패널로 초청되어 참가했는데, 오펜하이머, 엔리코 페르미, 아서 콤프턴, 그리고 어니스트 로런스였다. 그밖에도 조지 마셜 장군, 그로브스 장군, 그리고 스팀슨의 보좌관이었던 하비 번디와 아서 페이지(Arthur Page)가 그날 회의에 참석했다.

스팀슨이 의제를 통제한 이 회의에서는 일본에 폭탄을 투하할 것인지의 여부에 대해서는 토의조차 하지 않았다. 그것은 이미 결정된 것이나 다름없었다. 스팀슨은 그 사실을 강조라도 하듯 대통령에게 군사 관련 자문을 하는 자신의 책임에 대해 개괄적인 소개를 하는 것으로 회의를 시작했다. 폭탄의 군사적 이용에 관한 사안은 지난 2년간 폭탄을 만들어 온 과학자들의 의견과 관계없이 백악관이 단독으로 결정하게 될 것임을 회의 참가자들 모두 느끼고 있었다. 하지만 스팀슨은 핵무기가 가진 의미에 대한 토론에 귀를 기울여 온 현명한 사람이었다. 오펜하이머와 다른 과학자들은 스팀슨이 자신과 다른 임시 위원회 위원들이 폭탄을 "단지 새로운 무기에 불과한 것이 아니라 인간과 우주의 관계에서 혁명적인 변화"로 여긴다고 말하자 안도의 한숨을 내쉬었다. 원자 폭탄은 "우리를 잡아먹을 프랑켄슈타인"이 될 수도, 세계 평화를 지키는 수단이 될 수도 있었다. 어느 쪽이든 그것의 중요성은 "이번 전쟁에서의 필요성을 훨씬 뛰어넘는 것이었다."9

그러고 나서 스팀슨은 재빨리 토론 주제를 미래의 핵무기 개발로 돌렸다. 오펜하이머는 앞으로 3년 안에 1000만에서 1억 톤의 TNT만큼의 폭발력을 가진 폭탄을 만들 수 있다고 보고했다. 로런스는 "상당량의 폭탄과 핵물질을 비축해 두어야 할 것"이라고 거들었다. 미국이 "선두에 서 있기를" 바란다면, 워싱턴은 핵연료 제조 공장 확장에 더 많은 자금을 투자해야 한다는 것이었다. 회의록에 따르면, 회의 초반에 스팀슨은 무기와 산업 설비를 비축해야 한다는 로런스의 제안에 모두 동의한다고 선언했다. 하지만 이후의 토론 내용은 오펜하이머의 양면적인 태도를 반영했다. 그는 맨해튼 프로젝트가 "선행 연구의 과실을 땄을 뿐"이라는 의견을 개진했다. 그는 스팀슨에게 전쟁이 끝난 후 과학자들이 전시 연구의 "빈곤함을 벗어나" 대학과 연구소로 돌아갈 수 있게 해야 한다고 강하게 건의했다.

로런스와는 달리 오펜하이머는 맨해튼 프로젝트가 전쟁 후에도 과학 연구를 계속 지배하기를 바라지 않았다. 그가 특유의 낮은 목소리로 발언하자 여럿은 그의 말에 수긍하는 듯했다. 바네바 부시는 말을 끊고 그 역시 "현재 연구원들 중 핵심만 남기고 가능한 한 많은 과학자들을 보다 폭넓고 자유로운 탐구를 할 수 있도록 해야 한다는 오펜하이머 박사의 의견에 동의한다."라고 밝혔다. 콤프턴과 페르미 역시 이 의견에 동의했으나 로런스는 아니었다. 비록 그가 명시적으로 밝히지는 않았지만, 오펜하이머는 전쟁이 끝난 후 무기 연구소의 역할을 재정립해야 한다는 주장을 폈던 것이다.

스팀슨이 이 프로젝트의 비군사적 가능성에 대해 묻자 오펜하이머가 다시 토론을 주도했다. 그는 그때까지 그들의 "주된 관심사는 전쟁을 최대한 단축시키는 것"이었다고 밝혔다. 하지만 그는 핵 물리학에 관한 "기초 지식은 전 세계에 광범위하게 퍼져" 있으므로 미국으로서는 원자력의 평화적 이용을 촉진할 수 있도록 "정보의 자유로운 교환"을 제안하는 것이 현명할 것이라고 말했다. 오펜하이머는 바로 전날 질라르드와 나눴던 대화에서 했던 얘기를 반복하며 "우리가 실제 폭탄을 사용하기 전에 정보 교환을 제안한다면, 훨씬 더 도덕적으로 우위에 설 수 있을 것입니다."라고 말했다.

이것을 신호로 삼아 스팀슨은 "자기 규제 정책"의 가능성에 대해 이야기하기 시작했다. 그는 "완전한 과학적 자유"를 보장하기 위한 국제 기관을 설립할 수 있을지에 대해 언급했다. 어쩌면 전후 세계에서 폭탄은 사찰 권리를 가진 "국제 통제 기구"에 의해 통제될 수 있을지도 모른다는 것이다. 회의에 참석한 과학자들이 고개를 끄덕일 때, 이제껏 침묵을 지키던 마셜 장군은 사찰의 효용성에 대해 지나친 믿음을 갖는 것의 위험성에 대해 경고했다. 누구나 알듯이 러시아가 "가장 큰 걱정거리"였다.

대부분의 참석자들이 반론을 제기할 수 없을 정도로 마셜의 위상은 대단한 것이었다. 하지만 오펜하이머에게는 (보어의 생각과 일치하는) 그 나름의 계획이 있었고, 조용하지만 존경받는 마셜 장군을 자신의 입장으로 끌어들이기 시작했다. 그는 러시아 인들이 핵무기 분야에서 어떤 일을 하고 있는지 아무도 모른다는 것을 인정했다. 그럼에도 불구하고 그는 "과학자들 공통의 이해 관계가 문제 해결에 도움이 되리라는 희망을 표시했다." 그는 "러시아는 항상 과학에 우호적"이었다는 점을 지적했다. 그는 일단 잠정적으로 그들과의 토의를 개최해 우리가 개발한 것을 설명하되 "우리 노력의 결과에 대한 구체적인 정보는 주지 않는 것"이 어떻겠느냐고 제안했다.

그는 "이 프로젝트에 거대한 국가적 노력이 투입되었다고 말할 수 있을 것입니다."라고 말했다.[10] "그리고 이 분야에서 그들과 협력할 수 있기를 바란다고 말하는 것이지요." 오펜하이머는 자신이 "이 문제에서 러시아의 태도를 선입견을 가지고 보아서는 안 될 것이라고 생각한다."라면서 발언을 마쳤다.

놀랍게도 오펜하이머가 발언을 마친 후 마셜은 구체적으로 러시아를 변호하기 시작했다. 그는 모스크바와 워싱턴 사이의 관계가 비난과 역비난의 기나긴 역사였다고 말했다. 하지만 "이와 같은 혐의는 대부분 근거가 없는 것이었습니다." 원자 폭탄 문제에 대해서 마셜은 자신이 "러시아가 이 프로젝트에 대한 정보를 가지고 있다 하더라도 그것을 일본에 넘기지는 않을 것이라고 확신한다."라고 밝혔다. 폭탄을 러시아로부터 지켜야 한다고 주장하기는커녕, 마셜은 "저명한 러시아 과학자 두 명을 실험 장소로 초대하는 것이 어떨지 제안하기까지 했다."

오펜하이머는 이런 말들이 최고 군사 사령관의 입에서 흘러나왔다는 것에 만족했을 것이다. 그리고 곧이어 트루먼의 대리인인 번즈가 만약 그런 일이 일어난다면 스탈린이 핵 프로젝트에 참가시켜 달라고 할 것이 분명하다고 강력하게 항의하자 다시 낙담했을 것이다. 감정을 배제한 건조한 공식 기록이지만, 행간을 조심스럽게 읽으면 참가자들의 격론을 느낄 수 있다. 바네바 부시는 영국인들조차 "실제로 폭탄을 생산할 수 있는 공장의 설계도를 가지고 있지는 않다."며, 폭탄의 디자인을 넘겨주지 않고도 러시아 인들에게 프로젝트에 대해 많은 정보를 제공할 수 있다는 점을 지적했다. 오펜하이머와 회의에 참가한 과학자들은 모두 그와 같은 정보가 오랫동안 비밀로 남아 있을 수 없으리라는 것을 알고 있었다. 폭탄의 물리적 원리는 곧 대부분의 물리학자들에게 알려질 것이었다. 피할 수 없는 사실이었다.

하지만 번즈는 이미 폭탄을 미국의 외교를 위해 사용할 수 있는 무기라고 생각하기 시작했다. 차기 국무부 장관인 번즈는 오펜하이머와 마셜의 주장을 무시하고 로렌스 편을 들었다. 그들은 "가능한 한 핵무기 생산과 연구에서 우리가 한발 앞설 수 있도록 하고 그와 동시에 러시아와의 관계를 진전시키기 위해 모든 노력을 기울여야" 한다는 것이었다. 의사록에는 번즈의 의견에 "참석자 모두가 대체로 동의"했다고 기록되어 있다. 하지만 오펜하이머를 비롯한 여러 참석자들은 미국이 핵무기에서 "한발 앞서" 있으려면 필연적으로 소련과의 군비 경쟁이 촉발될 수밖에 없다는 것을 알고 있었다. 이 중대한 모순은 콤프턴이 "자유로운 연구"를 통해 미국의 지도적 위치를 유지하는 동시에 러시아와 "협조적 이해"에 도달하는 것을 강조하면서 적당히 봉합되었다. 이와 같은 애매한 결론에 도달한 채로 회의는 오후 1시 15분에 휴회하고 말았다.

점심을 먹으면서 누군가 일본에 폭탄을 사용하는 문제를 거론했다. 이는 기록되지 않았지만, 회의가 속개되었을 때 토론의 초점은 계속해서 임박한 폭격의 효력에 맞추어져 있었다. 어떤 결정이든 정치적 함의가 있다는 것을 잘 아는 스팀슨은 의제를 바꿔 토론을 계속할 수 있게 했다. 누군가 원자 폭탄 1개의 효력은 지난 봄 일본 도시에 행해진 대규모 공습 이상은 아닐 것이라고 말했다. 오펜하이머도 여기에 동의하는 듯했으나 "원자 폭탄의 시각적 효과는 대단할 것입니다. 그것은 3,000에서 6,000미터 높이의 엄청난 빛의 기둥을 동반할 것입니다. 폭발로 인한 중성자 효과는 최소한 반지름 1킬로미터 안에 위치한 모든 생명체에 위협을 가할 정도일 것입니다."라고 덧붙였다.

"여러 종류의 목표물과 기대되는 효과"에 대한 토론이 이어졌고, 그러고 나서 스팀슨 장관이 모두가 대체로 동의한 것으로 보이는 결론을 요약했다. "우리는 일본에게 어떤 경고도 줄 수 없다. 민간인 지역에 집중할 수는 없다. 하지만 가능한 한 많은 수의 사람에게 깊은 심리적 인상을 남길 수 있는 방법을 찾아야만 한다." 스팀슨은 "가장 바람직한 목표물은 많은 노동자가 일하고 있고, 노동자 거주 지역으로 둘러싸인 중요한 군수 공장"이라는 제임스 코넌트의 제안에 동의한다고 말했다. 즉 하버드 대학교의 총장은 이와 같은 근사한 완곡어법으로 세계 최초의 원자 폭탄의 목표물로 민간인들을 선택했던 것이다.

오펜하이머는 이와 같은 선택에 반대하기는커녕 그러한 공습이 몇 개 도시에서 동시에 이루어질 수 있는지에 대해 말하기 시작했다. 그는 다수의 원자 폭탄 동시 투하가 "가능할 것"이라고 생각했다. 그로브스 장군은 이 의견에 반대했고, 나아가 맨해튼 프로젝트에서 "처음부터 사상이 수상하고 충성심에 의심이 가는 몇몇 과학자들로 인해 골치가 아팠다."라며 불평을 늘어놓기 시작했다. 그로브스는 회의 직전에 질라르드가 트루먼이 폭탄을 사용하지 않도록 설득하기 위해 그를 만나려 한다는 보고를 받은 터였다. 그로브스의 발언 직후, 회의록에는 폭탄이 사용된 후에 이런 과학자들을 프로그램에서 제외시키는 방안을 강구하는 데에 모두 "동의"했다고 기록되어 있다. 오펜하이머는 이와 같은 숙청 계획에 침묵으로 동의한 것으로 보인다.

마지막으로 과학자들 중 하나로 보이는 누군가가 과학자들이 그들의 동료들에게 임시 위원회의 심의 결과에 대해 뭐라고 말하는 것이 좋을지 물었다. 모두는 그날 참석한 네 명의 과학자들이 전쟁부 장관이 주재한 위원회에 참석했고 "이 주제의 모든 측면에 대해 자신의 의견을 자유롭게 개진할 수 있었음을 동료들에게 말해도 좋다."는 데에 동의했다.[11] 이것으로 회의는 오후 4시 15분에 종료되었다.

오펜하이머는 이 중요한 토의에서 애매한 역할을 맡았다. 그는 임박한 신무기를 러시아 인들에게 알려야 한다는 보어의 생각을 강하게 주장했다. 그는 마셜 장군을 설득하기까지 했지만, 번즈가 효과적으로 그 생각을 수포로 돌아가게 했다. 한편 그는 확실히 그로브스 장군이 질라르드 같은 반체제 과학자들을 제외시키려는 의도를 보였을 때 침묵을 지키는 편이 현명하다고 느꼈다. 또한 오펜하이머는 코넌트의 이른바 "군사" 목표물, 즉 "많은 노동자가 일하고 있고, 노동자 거주 지역으로 둘러싸인 중요한 군수 공장"에 관한 계획에 대해 대안을 제시하기는커녕 비판조차 하지 않았다. 그는 정보를 공개해야 한다는 보어의 생각을 주장했지만, 결과적으로 아무것도 얻지 못하고 모든 것을 양보했던 것이다. 미국은 소련에게 맨해튼 프로젝트에 대해 적절한 사전 통지를 주지 않을 계획이었고, 일본 역시 아무 경고 없이 원자 폭탄을 맞게 될 예정이었다.

한편 시카고에서는 질라르드의 활동에 자극을 받은 일군의 과학자들이 폭탄의 사회적, 정치적 함의에 대한 비공식 위원회를 조직했다. 1945년 6월 초, 위원회의 몇몇은 위원장이었던 노벨상 수상자 제임스 프랑크의 이름을 따 후에 '프랑크 보고서'라고 알려진 12쪽짜리 문서를 작성했다. 이 문서는 일본에 대한 기습 핵 공격은 어떤 측면에서도 바람직하지 않다고 결론 내렸다. "(독일) 로켓 폭탄처럼 표적을 가리지 않으면서 그것보다 100만 배는 더 파괴적인 무기를 비밀스럽게 준비해 사전 경고 없이 사용하는 나라가, 그 무기를 국제 협의를 통해 폐기하기를 바란다는 주장을 세계를 상대로 설득하기란 대단히 어려울 것이다."[12] 이 문서에 서명한 과학자들은 유엔 대표단 앞에서, 가능하면 사막 한가운데나 무인도에서, 이 신무기를 시연할 것을 권고했다. 프랑크는 문서를 들고 워싱턴으로 향했지만, 스팀슨은 출장 중이라는 대답만 들을 수 있었다(사실 스팀슨은 출장 중이 아니었다.). 트루먼은 프랑크 보고서를 보지도 못했다. 그것은 육군에 의해 압류되어 기밀로 분류되었다.

시카고의 과학자들과는 반대로, 로스앨러모스에서는 플루토늄 내파식 폭탄 모델을 하루라도 빨리 실험해 보기 위해 정신없이 일하고 있었고, 그들의 '장치'가 일본에 사용되어야 하는지의 여부를 숙고할 겨를이 없었다. 하지만 로스앨러모스의 과학자들은 오펜하이머에게 의지할 수 있다고 생각했다. 야금 연구소의 생물 물리학자이자 프랑크 보고서에 서명한 일곱 명 중 하나였던 유진 라비노비치(Eugene Rabinowitch)가 논평했듯이, 로스앨러모스 과학자들은 대부분 "오펜하이머가 옳은 일을 할 것이라는 믿음"을 공유하고 있었던 것이다.[13]

어느 날 오펜하이머는 로버트 윌슨을 사무실로 불러 자신이 폭탄 사용에 대해 스팀슨을 자문하기 위한 임시 위원회에 들어가게 되었다고 설명했다. 오펜하이머는 윌슨의 의견을 물었다. "그는 내게 생각할 시간을 좀 주었습니다……. 나는 돌아와서 그것을 사용해서는 안 되며, 일본인들에게 어떤 식으로든 통지해야 한다고 말했습니다." 윌슨은 이제 몇 주 안으로 폭탄 시험을 하게 될 것임을 지적했다. 일본인 참관단을 초청해 시험을 목격하게 하면 어떨까?

오펜하이머는 "글쎄, 그것이 제대로 폭발하지 않으면?"이라고 되물었다.

윌슨은 "그리고 나는 그에게 돌아서서 차갑게 '글쎄요, 그들을 모두 죽이면 되지요.'라고 대답했습니다."라고 회고했다. 평화주의자였던 윌슨은 곧 그런 "잔인한 말"을 한 것을 후회했다.

윌슨은 오펜하이머가 자신의 의견을 물은 것은 영광이라고 생각했지만, 자신의 의견이 그의 생각을 바꾸지 못한 것에는 실망했다. 윌슨은 "애초에 그는 나에게 그런 얘기조차 해서는 안 되는 것이었습니다."라고 말했다.[14] "하지만 그는 분명히 누군가로부터 조언을 듣고 싶었고 그는 나를 좋아했습니다. 나 역시 그를 존경했구요."

오펜하이머는 그의 제자였고, 시카고 야금 연구소에서 로스앨러모스로 전입해 온 후로 가까운 친구가 된 모리슨과도 대화를 나눴다. 모리슨은 1945년 봄 그로브스가 소집한 표적 위원회(Target Committee) 회의에 참석했던 것을 기억하고 있다. 이 회의는 5월 10일과 11일 두 차례 오펜하이머의 사무실에서 열렸고, 공식 회의록에는 참가자들이 폭탄의 표적은 "지름 5킬로미터 이상 되는 커다란 도시"여야 한다는 데에 동의한 것으로 기록하고 있다.[15] 그들은 심지어 도쿄 시내의 황궁을 표적으로 삼는 것을 고려하기도 했다. 기술 전문가 자격으로 참가한 모리슨은 시범이 불가능하다면 적어도 일본인들에게 공식 경고는 해야 하지 않느냐고 제안했던 것을 기억하고 있다. "나는 전단지를 이용해 경고하는 것만으로도 충분하다고 생각했습니다."[16] 하지만 그가 이 제안을 꺼내자마자 어느 육군 장교가 말도 안 되는 소리라고 말했다. "우리가 경고를 하면 그들은 원자 폭탄을 실은 폭격기를 추격해 격추시킬 거요."라고 장교는 말했다. 그 장교는 이어서 "당신은 쉽게 이야기하지만 나로서는 받아들이기 쉽지 않습니다."라고 말했다. 오펜하이머는 모리슨의 입장을 지지하지 않았다.

모리슨은 나중에 회고했다. "근본적으로 나에게는 힘든 시간이었습니다. 나에게는 의견을 개진할 자격조차 주어지지 않았습니다. 결국 우리는 앞으로 일어날 일에 영향을 미칠 수 없음을 깨달았지요." 그 방에 같이 있었던 호킨스는 모리슨의 회고를 뒷받침했다. 호킨스는 "모리슨이 우리 대부분이 가지고 있던 걱정을 대표해서 말했다."라고 썼다. "그는 일본인들에게 경고를 보내 그들이 대피할 기회를 주어야 한다고 제안했다. 그의 반대편에 앉아 있던 이름 모를 장교는 이 제안에 강하게 반대했고, '그러면 그들은 모든 화력을 집중해 우리를 공격할 테고, 나는 그 비행기 안에 앉아 있을 것입니다.'라고 말했다."

6월 중순경, 오펜하이머는 로스앨러모스에서 자신을 비롯해 로런스, 콤프턴, 그리고 페르미로 구성된 과학 패널 회의를 소집해 임시 위원회로 보낼 최종 권고안을 의논했다. 네 명의 과학자들은 프랑크 보고서에 대해 자유로운 토론을 벌였고, 콤프턴이 결과를 요약했다. 특히 눈여겨볼 것은 이 권고안이 원자 폭탄의 위력을 극적으로 보이면서도 인명에는 피해가 없는 시범 방식을 제안하고 있다는 점이다. 오펜하이머는 애매한 입장을 취했다. 그는 나중에 "나는 (폭탄의) 투하에 반대하는 주장을 개진하긴 했지만, 그것을 승인하지는 않았다."라고 보고했다.[17]

1945년 6월 16일, 오펜하이머는 '핵무기의 즉각적 사용에 대한' 과학 패널의 권고를 요약한 짧은 메모에 서명했다. 스팀슨 장관에게 보내는 이 메모는 대단히 제한적인 권고를 담고 있었다. 패널 구성원들은 우선 폭탄을 사용하기 전에 워싱턴은 영국, 러시아, 프랑스, 그리고 중국에게 그 존재를 알리고 "우리가 이것을 더 나은 국제 관계를 만드는 데 이용할 수 있도록 어떻게 협력할 수 있는지에 대한 의견"을 들 것을 권고했다. 둘째, 패널은 이 무기를 처음 사용하는 것에 대해서는 과학자들 사이에 합의가 이루어지지 않았다고 보고했다. 그것을 만들고 있던 몇몇 과학자들은 폭탄 투하의 대안으로 '장치'의 시범을 보일 것을 제안했다. "순수한 기술 시범을 옹호하는 사람들은 원자 폭탄의 사용을 금지하기를 바라고 있으며, 우리가 지금 무기를 사용한다면 미래 협상에서 국제 사회가 우리의 위치를 선입견을 가지고 볼 것이라는 점을 걱정했다." 오펜하이머는 로스앨러모스나 시카고 야금 연구소의 동료 과학자들이 시범에 찬성한다는 것을 확실히 알고 있었지만, 그는 이제 "즉각적인 군사적 이용으로 미국인의 생명을 구할 수 있는 기회를 강조"하는 쪽으로 기울었다.

왜 그랬을까? 뜻밖에도 그의 사고방식은 시범을 원하는 편과 마찬가지였고 근본적으로는 보어의 생각을 따르고 있었다. 그러나 그는 이번 전쟁에서 폭탄을 군사적으로 사용하는 것이 앞으로의 전쟁을 방지할 수 있으리라고 믿게 되었다. 오펜하이머는 자신의 동료들 중 몇몇은 이번 전쟁에서 폭탄을 사용하면 "특정한 무기를 없애는 것보다 전쟁을 방지하는 데 보다 많은 노력을 들이게 된다는 측면에서 국제 정세를 호전시킬 것"이라고 진심으로 믿는다고 설명했다. "우리는 이 논리에 동의한다. 우리는 어떤 기술 시범도 전쟁의 종언을 가져다줄 수 없다고 생각한다. 우리는 직접적, 군사적 사용을 대신할 어떤 대안도 생각할 수 없다."

이처럼 군사적 사용을 명료하게 지지했지만, 패널은 군사적 사용의 정의에 대해서는 결론에 이를 수 없었다. 콤프턴이 나중에 그로브스에게 통지했듯이, "그와 같은 사용이 어떻게, 어떤 조건에서 이루어져야 할지에 대해서 패널 구성원들 사이에 충분한 합의가 이루어지지 않았다."[18] 오펜하이머는 메모를 기묘하게 끝맺었다. "우리가 과학자로서 원자력의 발전으로 인해 발생한 정치적, 사회적, 군사적 문제들을 해결할 수 있는 특별한 능력이나 독점적 권리를 가지고 있지 않다는 것은 명확하다." 이것은 뜻밖의 결론이었고, 오펜하이머는 곧 이 입장을 포기할 것이었다.

오펜하이머는 많은 사실을 알지 못했다. 그는 나중에 이렇게 회고했다.

"우리는 일본에서의 전황에 대해 전혀 알지 못했습니다. 우리는 그들을 다른 방식으로 항복시킬 수 있는지, 아니면 침공이 불가피했는지 알지 못했습니다. 군부로부터 침공이 불가피하다는 얘기를 들었기 때문에 그런가 보다 했을 따름이지요."[19] 무엇보다도 그는 워싱턴의 군사 정보 부대가 일본 정부가 전쟁은 패배로 끝났다는 것을 알고 있었고 항복 조건을 받아들일 준비를 하고 있다는 메시지를 도청하고 해독했다는 사실을 알지 못했다.

예를 들어 5월 28일, 전쟁부 차관 존 매클로이는 스팀슨에게 "무조건 항복"이라는 단어가 일본에 대한 미국의 요구 사항에서 제외되도록 건의하라고 역설했다.[20] 그들이 도청한 일본 기밀 전보(코드명 '매직')를 해독한 매클로이와 다른 고위 장교들은 도쿄 정부의 핵심 관료들이 워싱턴의 요구대로 전쟁을 끝낼 수 있는 방법을 찾고 있음을 알았다. 같은 날 임시 국무부 장관 조지프 그루(Joseph C. Grew)는 트루먼 대통령과의 긴 면담에서 같은 이야기를 해 주었다. 목적이 무엇이건 간에 일본 정부 관료들은 단 하나의 포기할 수 없는 조건을 가지고 있었다. 당시 스위스 주재 전략 정보국 요원이었던 앨런 덜러스(Allen Dulles)가 매클로이에게 보고한 바에 따르면, "그들은 천황과 헌법을 지키고 싶어 했다. 군사적 항복이 사회 질서와 규율의 몰락으로 이어질 것을 우려했기 때문이다."[21]

6월 18일, 트루먼의 참모총장인 윌리엄 대니얼 레이히(William Daniel Leahy, 1875~1959년) 제독은 일기에 "내 의견에는 현재 일본이 받아들일 수 있을 만한 조건으로 일본의 항복을 받아 낼 수 있을 것으로 보인다."라고 썼다.[22] 같은 날 매클로이는 트루먼 대통령에게 일본 군대의 상황은 "일본의 항복을 받기 위해 우리가 러시아에 도움을 요청해야 하는지" 자문해야 할 정도로 좋지 않다고 생각한다고 말했다.[23] 그는 트루먼에게 일본 본토를 침공하기 위한, 또는 원자 폭탄을 사용하기 위한, 최종 결정을 내리기 전에 정치적인 방법으로 일본의 완전한 항복을 받아 낼 수 있는 방법을 강구해야 한다고 말했다. 그는 일본인들에게 "천황과 그들이 원하는 정부 형태를 그대로 두도록 할 것"이라고 말해 주어야 한다고 말했다. 그는 나아가 "게다가 그들이 항복하지 않으면 우리가 엄청나게 파괴적인 무기를 사용할 수밖에 없다고 말해 주어야 합니다."라고 말했다.

매클로이에 따르면 트루먼은 이런 제안을 받아들이는 듯했다.[24] 7월 17일 무렵이면 미국의 군사적 우위는 매클로이가 일기에 다음과 같이 쓸 수 있을 정도로 확고했다. "지금 경고를 보낸다면 그들이 가장 취약한 순간에 그것을 받게 될 것이다. 그것은 어쩌면 우리의 목적을 이루어 줄지도 모른다. 전쟁의 성공적인 종료를."[25]

드와이트 아이젠하워 장군에 따르면, 그는 7월에 열린 포츠담 회담에서 폭탄의 존재에 대해 처음 듣고서는 스팀슨에게 "일본인들은 이미 항복할 준비가 되어 있으니 그런 끔찍한 무기로 그들을 타격할 필요가 없을 것"이라고 말했다.[26] 트루먼 대통령 역시 일본이 항복하기 일보 직전이라고 생각했던 것 같다. 대통령은 1945년 7월 18일 개인 일기장에 친필로 최근 일본으로부터 도청한 "일본 천황이 평화를 요청하는 전보"에 대해 쓰고 있다.[27] 천황은 모스크바 특사에게 보내는 이 전보에서 "무조건 항복이 평화의 유일한 걸림돌이다."라고 말했다. 트루먼은 스탈린에게서 소련이 8월 15일 일본에 선전포고를 할 것이라는 약속을 받아 둔 터였다. 트루먼은 "그는 (스탈린은) 8월 15일에 일본과의 전쟁을 시작할 것이다."라고 일기에 썼다. "그렇게 되면 일본은 끝장일 것."

트루먼과 그의 보좌관들은 일본 본토에 대한 침공이 적어도 1945년 11월 1일 이후에나 가능할 것임을 알고 있었다. 그리고 대통령의 참모들은 대부분 전쟁이 그 이전에 끝날 것이라고 믿었다. 전쟁은 소련의 선전포고로 인한 충격으로 끝날 가능성이 높았다. 어쩌면 그것은 그루, 매클로이, 레이히 등이 생각했듯이 천황제를 존속시킨다는 것을 포함한 항복 조건을 일본에게 제시하는 것만으로도 끝날지 모를 일이었다. 하지만 트루먼과 그의 가장 가까운 참모였던 국무부 장관 번즈는 원자 폭탄의 완성이 그들에게 또 하나의 선택지를 주었다고 생각했다. 번즈가 나중에 설명했듯이 "러시아 인들이 개입하기 전에 우리가 전쟁을 끝내는 것이 중요하다는 생각을 항상 가지고 있었습니다."[28]

항복 조건을 명확히 하지 않고(번즈는 이를 국내 정치 상황을 고려해 반대했다.) 전쟁을 8월 15일 이전에 종결시키기 위해서는 신무기를 사용할 수밖에 없었다. 7월 18일 트루먼은 일기에 "일본은 러시아가 참전하기 전에 항복할 것으로 믿는다."라고 기록했다.[29] 그리고 8월 3일, 번즈 장관의 특별 보좌관 월터 브라운(Walter Brown)은 그의 일기에 "대통령, 레이히, JFB(번즈)는 일본이 평화를 원한다는 데 동의했다[30](레이히는 태평양으로부터 또 다른 보고서를 받았다.). 대통령은 그들이 러시아를 통해 항복할지도 모른다는 점을 두려워했다."라고 썼다.

로스앨러모스에 동떨어져 있던 오펜하이머는 '매직' 관련 도청 정보에 대해서도, 항복 조건에 대해 워싱턴에서 벌어진 열띤 토론에 대해서도, 대통령과 국무성 장관이 무조건 항복의 구체적 조건을 열거하지 않고 소련의 개입 없이 전쟁을 끝내는 데에 원자 폭탄이 중요한 역할을 담당하기를 바라고 있었다는 것에 대해서도 전혀 모르고 있었다.[31]

만약에 오펜하이머가 히로시마 폭탄 투하 전에 대통령이 "일본인들은 평화를 원한다."는 것을 알고 있었음을 인지했다면, 그리고 대도시를 대상으로 한 원자 폭탄의 군사적 이용이 8월에 전쟁을 끝내기 위해 필수적인 것이 아니었음을 알았다면, 그가 어떻게 반응했을지 아무도 확신할 수 없다. 하지만 우리는 그가 전쟁이 끝난 후 자신이 속았다고 믿게 되었고, 이로 인해 그가 정부 관료들이 하는 말이면 뭐든지 의심하게 되었음을 알고 있다.

오펜하이머가 과학 패널의 의견을 요약한 6월 16일자 메모를 쓴 지 2주 후, 텔러가 맨해튼 프로젝트 시설을 돌고 있는 탄원서의 복사본을 들고 찾아왔다. 질라르드가 기초한 이 탄원서는 트루먼 대통령에게 보내는 것으로, 미국이 항복 조건을 공표하기 전에는 일본에 원자 폭탄을 사용하지 말아야 한다고 역설했다. "미국은 일본에 부과될 구체적인 조건을 공표하고, 일본이 이 조건에 항복하기를 거부하기 전까지는 이 전쟁에서 원자 폭탄을 사용하지 말아야 한다."[32] 이후 몇 주간 맨해튼 프로젝트 과학자 155명이 질라르드의 탄원서에 서명했다. 이에 반대하는 탄원서에는 오직 두 명이 서명했을 뿐이었다. 이와는 별개로 육군에서 프로젝트 과학자 150명을 대상으로 1945년 7월 12일에 실시한 설문조사에서는, 72퍼센트가 사전 경고 없이 폭탄을 군사적으로 사용하는 것보다 그것의 위력을 보일 수 있는 시범을 보이는 것을 선호하는 것으로 나타났다. 그럼에도 오펜하이머는 텔러가 질라르드의 탄원서를 보여 줬을 때 화를 냈다. 텔러에 따르면 오피는 질라르드와 그의 동료들을 비난하기 시작했다. "그들이 일본인의 심리에 대해 뭘 알아? 어떻게 그들이 전쟁을 끝낼 수 있는 방법을 함부로 판단할 수 있지?" 그런 판단은 스팀슨이나 마셜 장군 같은 사람들에게 맡기는 것이 옳을 것이었다. 텔러는 그의 회고록에서 "우리의 대화는 짧았다."라고 썼다.[33] "나는 그가 나의 가까운 친구들을 그토록 신랄하게 비난하는 것에, 그리고 그의 성급함과 격렬함에 큰 상처를 받았다. 하지만 나는 그의 결정을 받아들였다."

텔러는 회고록에서 자신이 1945년 당시 시범과 경고 없이 폭탄을 사용하는 것은 그것을 통해 "얻을 수 있는 이득도 불확실할 뿐만 아니라 윤리적으로도 비난받을 수 있는 일"이라고 생각했다고 밝히고 있다. 하지만 그는 1945년 7월 2일 질라르드에게 보낸 회신에서 이와 반대되는 결론을 내리고 있다. 텔러는 "나는 당신이 (무기의 즉각적인 군사적 사용에 대해) 반대하는 것이 설득력 있다고 생각하지 않습니다."라고 썼다. 이 장치는 물론 "무시무시한" 무기였지만 텔러는 인류에게 유일한 희망은 "모두에게 다음 전쟁은 치명적일 것이라는 사실을 설득시키는 것입니다. 이를 위해서는 어쩌면 실제로 사용하는 것이 가장 좋은 방법일지도 모릅니다." 이 편지에서 텔러는 시범이 가능할 것이라든가, 경고가 필요하다든가 하는 말조차 꺼내지 않았다. 텔러는 질라르드에게 "우리는 우연하게도 이 가공할 무기를 만들었지만, 이는 우리에게 그것을 어떻게 사용해야 할지 결정할 책임까지 주지는 않았습니다."

이것은 물론 오펜하이머가 스팀슨에게 보내는 6월 16일 메모에서 주장했던 것이다. 그는 과학자 공동체가 더 이상 해야 할 일이 없다고 믿었다.[34] 그는 로스앨러모스에서 질라르드의 탄원서를 돌렸던 두 명의 물리학자인 랠프 랩(Ralph Lapp)과 에드워드 크루츠(Edward Creutz)에게 "자신(오펜하이머)을 통해 이 문제에 대한 의견을 개진할 기회가 주어졌기 때문에, 이와 같은 방식(탄원서)은 불필요할 뿐더러 별로 효과적이지도 않을 것이다."라고 말했다.[35] 오피는 설득력이 있었다. 크루츠가 질라르드에게 설명하기를, "그가 (오펜하이머가) 이 상황에 솔직하고 위압적이지 않게 대처하고 있기 때문에, 나는 그의 제안을 따르고 싶습니다." 오펜하이머는 탄원서를 워싱턴에 직접 전달하는 대신, 정규 육군 보고 체계를 따라 보냈다. 이는 너무 늦게 도착할 것이었다.

오펜하이머는 질라르드의 탄원서에 대해 그로브스에게 비난조로 보고했다. "동봉된 (질라르드가 크코츠에게 보내는) 문서는 당신이 관심을 가지고 지켜보던 것의 근황을 보여 주는 것입니다."[36] 그로브스의 참모 니콜스는 그로브스에게 같은 날 전화를 걸어 질라르드 탄원서에 대해 의견을 나누던 중 "사자(질라르드)를 제거하는 것이 어떻겠느냐고 물었고, 장군은 지금은 그렇게 할 수 없다고 말했다." 그로브스는 질라르드를 해고하거나 체포하는 것은 다른 과학자들의 반란을 불러일으킬 것임을 알고 있었다. 하지만 오펜하이머가 질라르드의 행동을 똑같이 언짢아하는 이상, 그로브스는 이 문제가 폭탄이 준비될 때까지 봉합될 수 있으리라고 확신했다.

1945년 여름의 메사는 유달리 덥고 건조했다. 오펜하이머는 기술 분과원들에게 좀 더 오래 일하도록 독려했다. 모두가 예민해져 있었다. 계곡 아래 동떨어져 있던 워너조차도 변화를 감지할 수 있을 정도였다. "언덕 위에는 긴장감이 감돌았고 뭔가 일이 빠르게 진행되고 있었죠……. 고지대에서의 폭발이 빈번해지다가 멈추고는 했어요."[37] 그녀는 남쪽으로 향하는 차량이 많아졌음을 눈치챘다. 그것은 앨라모고도(Alamogordo)로 향하는 길이었다.

그로브스 장군은 초기에는 플루토늄이 너무 귀해서 조금도 낭비해서는 안 된다는 이유로 내파식 폭탄의 실험에 반대했다. 오펜하이머는 "우리의 지식이 불완전하기" 때문에 실제 크기로 실험해야만 한다고 그를 설득했다.[38] 그는 그로브스에게, 실험을 하지 않는 것은 "눈가리개를 하고 적지에서 장치를 사용하는 계획을 세우는 것"과 마찬가지라고 말했다.[39]

1년 전인 1944년 봄, 오펜하이머는 3박 4일 동안 육군 트럭을 타고 뉴멕시코 남부의 척박하고 건조한 계곡 지대를 둘러보며 폭탄을 안전하게 실험할 수 있는 외진 지역을 물색했다. 동행은 하버드 출신의 실험 물리학자인 케네스 베인브리지와 로스앨러모스 보안 장교인 피어 드 실바 대위를 포함한 몇몇 육군 장교였다. 밤이면 이들은 방울뱀을 피하기 위해 트럭 위에서 잠을 잤다. 드 실바는 나중에 오펜하이머가 침낭 속에 누워 별을 쳐다보면서 괴팅겐에서의 학생 시절을 회상했던 것을 기억했다. 오펜하이머로서는 자신이 그토록 사랑했던 사막을 즐길 수 있는 흔치 않은 기회였다. 몇 차례의 원정 후에 베인브리지는 마침내 앨라모고도 북서쪽 97킬로미터 근방의 사막 부지를 선택했다. 스페인 인들은 이 지역을 호르나다 델 무에르토(Jornada del Muerto), 즉 '죽음의 여행'이라고 불렀다.

이곳에 육군은 가로 29킬로미터, 세로 39킬로미터의 지역을 점령하고 몇 명의 목장주들을 징발권을 발동해 퇴거시킨 후 야전 실험실과 원자 폭탄의 첫 폭발을 관측하기 위한 벙커를 짓기 시작했다.[40] 오펜하이머는 시험 부지를 "트리니티(Trinity)"라고 이름 붙였으나, 나중에 왜 그 이름을 골랐는지 기억하지 못했다. 그는 막연하게 "나의 심장을 쳐라, 삼위일체의 신이여."라고 시작하는 존 돈의 시를 떠올렸던 것을 기억했다.[41] 하지만 이는 그가 다시 한번 바가바드기타로부터 영감을 얻었음을 보여 준다. 힌두교 교리의 삼위(트리니티)는 창조자 브라마(Brahma), 보존자 비슈누(Vishnu), 그리고 파괴자 시바(Shiva)였던 것이다.

모두가 긴 업무 시간으로 인해 지쳐 가고 있었다. 그로브스는 완벽성보다는 속도를 강조했다. 모리슨은 "폭탄을 완성하는 기술 작업을 하던 우리에게는 8월 10일 부근이 위험, 자금, 그리고 제대로 된 디자인을 희생하더라도 꼭 맞추어야 할 최종 기일"이라는 지시를 받았다(스탈린은 8월 15일까지는 태평양 전쟁에 참전할 예정이었다.). 오펜하이머는 "나는 그로브스 장군에게 원료를 보다 효율적으로 사용할 수 있도록 폭탄 디자인을 변경하겠다고 제안했다……. 그는 시간이 더 걸린다는 이유로 이를 거부했다."라고 회고했다. 그로브스는 7월 중순 트루먼 대통령이 포츠담에서 스탈린과 처칠을 만날 때까지 일을 마무리짓고 싶어 했다. 오펜하이머는 나중에 보안 청문회에서 "우리는 포츠담 회담 전까지 그것을 완성시키라는 엄청난 압력을 받았습니다. 그로브스와 나는 그것 때문에 며칠 동안 말다툼을 벌였지요."라고 증언했다.[42] 그로브스는 회담이 끝나기 전까지 시험을 끝내 사용 가능한 폭탄을 트루먼에게 전달하고 싶었던 것이다. 그해 봄만 해도 오펜하이머는 7월 4일까지 완성하는 데 동의했다. 하지만 이 일정은 곧 비현실적인 것으로 판명되었다. 6월 말 무렵에 그로브스가 계속해서 재촉하자 오펜하이머는 그의 부하들에게 7월 16일 월요일을 목표로 삼자고 말했다.[43]

오펜하이머는 켄 베인브리지에게 트리니티 부지의 준비를 총괄하는 일을 맡겼고, 자신의 동생 프랭크를 베인브리지의 행정 보좌역으로 삼았다. 프랭크는 재키와 다섯 살 난 딸 주디스(Judith), 그리고 세 살배기 아들 마이클(Michael)을 버클리에 남겨 두고 5월 말 로스앨러모스에 도착했다.[44] 프랭크는 전쟁 초기에는 방사선 연구소에서 로런스와 함께 일했다. FBI와 육군 정보대는 그에 대한 감시를 늦추지 않았지만, 프랭크는 로런스의 충고를 받아들여 모든 정치 활동을 중단한 것으로 보였다.[45]

프랭크는 1945년 5월 말부터 트리니티 부지에서 야영 생활을 시작했다. 생활 조건은 아무리 좋게 말해도 혹독했다. 그들은 텐트에서 잠을 자며 38도가 넘는 더위 속에서 일했다. 목표 기일이 다가오자 프랭크는 재난에 대비하는 것이 현명할 것이라고 느꼈다. 그는 "우리는 며칠 동안 사막을 통해 빠져나갈 수 있는 대피로를 찾는 데 보냈고, 작은 지도를 만들어 모

든 사람이 대피할 수 있도록 했다."라고 회고했다.[46]

1945년 7월 11일 저녁, 오펜하이머는 집으로 걸어와 키티에게 작별 인사를 했다. 그는 실험이 성공적이라면 그녀에게 "침대보를 갈아도 좋다."라는 메시지를 보내겠다고 말했다.[47] 그녀는 행운을 빌며 그에게 마당에서 찾은 네잎 클로버를 주었다.

예정된 실험 이틀 전, 오펜하이머는 앨버커키의 힐튼 호텔에 투숙했다. 그곳에서 그는 워싱턴에서 시험을 사찰하러 온 바네바 부시, 제임스 코넌트, 그리고 다른 보안 장교들을 만났다. 화학자 조지프 허시펠더(Joseph Hirschfelder)는 "그는 매우 긴장했습니다."라고 회고했다. 게다가 플루토늄 물질을 빼고 수행한 마지막 시험 발파가 실패로 돌아가 사람들을 더욱 조바심나게 했다. 모두가 키스티아콥스키를 들들 볶기 시작했다. 그는 "오펜하이머가 지나치게 흥분한 것을 보고 나는 내파 장치가 성공하는 데 한 달치 봉급을 걸겠다고 말해 주었다."라고 회고했다.[48] 그날 저녁 오펜하이머는 긴장감을 완화시키기 위해 부시를 위해 자신이 산스크리트 어에서 번역한 바가바드기타의 한 구절을 낭송했다.

전쟁터에서, 숲속에서, 산속 벼랑에서
어둡고 거대한 바다에서, 창과 화살이 날아드는 가운데에서
꿈속에서, 혼란 속에서, 수치심에 빠져
한 사람이 이전에 행한 선한 일들이 그를 보호한다.[49]

그날 밤 오펜하이머는 네 시간밖에 자지 못했다. 그의 옆방에 묵었던 그로브스의 부관 토머스 패럴(Thomas Farrell) 장군은 그가 밤새도록 심한 기침에 시달리는 것을 들었다. 오펜하이머는 7월 15일 일요일 피로에 지치고

전날의 소식으로 우울한 채로 깨어났다. 하지만 본부 식당에서 아침을 먹고 있을 때, 그는 베테로부터 내파 예행 시험이 실패했던 것은 배선의 회로가 끊어졌기 때문이라는 소식을 들었다. 베테는 실제 장치에서 키스티아콥스키의 설계가 작동하지 않을 이유가 없다고 말했다. 안도의 한숨을 내쉰 오펜하이머는 이제 날씨를 걱정하기 시작했다. 그날 아침 트리니티 상공은 맑았지만, 그의 기상 전문가인 잭 허바드(Jack Hubbard)는 부지 부근의 바람이 거세지고 있다고 말했다. 오펜하이머는 그로브스가 시험을 위해 캘리포니아에서 출발하는 비행기를 타기 직전에 그에게 전화를 걸어 "날씨가 변덕스럽습니다."라고 경고했다.[50]

늦은 오후에 천둥 구름이 몰려오기 시작하자 오펜하이머는 트리니티 타워로 차를 몰고 가 그의 '장치'를 마지막으로 확인했다. 그는 혼자서 타워에 올라 그의 창조물인 기폭 장치가 여기저기 달린 못생긴 금속 구체를 점검했다. 모든 준비가 완료된 듯했고, 그는 주변 풍경을 한번 둘러보고는 타워에서 내려와 차를 타고 마지막으로 장치를 조립한 팀원들이 짐을 싸고 있던 맥도날드 목장으로 돌아왔다. 격렬한 폭풍이 다가오고 있었다. 본부에서 오펜하이머는 그의 선임 금속학자인 시릴 스미스와 대화를 나눴다. 오펜하이머는 일방적으로 가족과 메사 위에서의 생활에 대해 주절주절 이야기했다. 그러다가 대화는 잠시 철학적인 주제로 빠졌다. 어둠이 다가오는 지평선을 바라보면서 오펜하이머는 "저 산이 항상 우리의 작업에 영감을 준다는 것이 흥미롭군."이라고 중얼거렸다.[51] 스미스는 그것이 고요의 순간이라고 생각했다. 말 그대로 폭풍 전야의 고요였다.

긴장감을 완화하기 위해 몇몇 과학자들은 내기를 하기로 했다.[52] 1달러씩 내고 폭발의 크기를 예측하는 것이었다. 텔러는 그답게 4만 5000톤의 TNT라는 많은 양에 돈을 걸었다. 오펜하이머는 아주 적은 3,000톤에 걸었다. 라비는 2만 톤이었다. 그리고 페르미는 폭탄이 대기를 점화할 것이라는 데 돈을 걸어 육군 경비 대원들을 놀라게 했다.

그날 밤 과학자들은 이상한 소리에 잠을 깼다. 프랭크 오펜하이머가 회고하기를 "그 지역의 모든 개구리들이 캠프 옆의 작은 연못에 모여 밤새도록 교미하고 울어 댔다."[53] 오펜하이머는 본부 식당에 앉아 블랙커피를 마시며 줄담배를 피웠다. 그는 잠시 동안 보들레르의 시집을 꺼내 조용히 시를 읽기도 했다. 그 무렵이면 폭풍은 양철 지붕 위로 비를 세차게 뿌리기 시작했다. 번개가 어두운 밤하늘을 찢자 페르미는 바람이 방사성 비를 뿌릴지도 모른다는 이유로 시험을 연기할 것을 제안했다. 그는 오펜하이머에게 "큰 재해가 있을 것입니다."라고 경고했다.[54]

다른 한편 오펜하이머의 기상 전문가 허바드는 동이 트기 전에 폭풍이 지나갈 것이라고 그를 안심시켰다. 허바드는 시험 시간을 오전 4시에서 오전 5시로 연기할 것을 권고했다. 흥분한 그로브스가 식당을 왔다 갔다 했다. 그로브스는 허바드를 싫어했고 그가 "확실히 혼란에 빠진 데다 아주 흥분해 있다."라고 생각했지만, 아직까지 그의 육군 항공대 기상 전문가를 부르지는 않았다.[55] 그는 허바드의 확언을 믿지 못했고, 설령 믿었다고 해도 시험을 조금이라도 연기하는 것에 격렬하게 반대했다. 그는 오펜하이머를 따로 불러 왜 시험이 예정대로 실시되어야 하는지에 대한 이유를 열거하기 시작했다. 두 사람은 모두 너무 지쳐 있는 상황에서 시험을 연기하는 것은 최소한 2~3일 지체하는 것을 의미한다는 것을 알고 있었다. 그로브스는 보다 신중한 과학자들이 오피에게 시험을 연기하자고 설득할 것을 우려해 그를 남쪽 보호 구역으로 데리고 갔다.[56] 이곳은 트리니티 부지에서 10킬로미터도 떨어지지 않은 곳이었다.

오전 2시 30분, 시험 부지에는 시간당 49킬로미터의 바람과 심한 천둥을 동반한 비가 내리쳤다. 허버드와 그의 일기 예보 팀은 여전히 폭풍이 동트기 전에 잦아 들 것이라고 예측했다. 오펜하이머와 그로브스는 벙커 밖에서 초조한 듯이 걸어 다니면서 몇 분에 한번씩 하늘을 보며 날씨의 변화가 있는지를 확인했다. 오전 3시경, 그들은 벙커로 들어가 대화를 나누기 시작했다. 두 사람 모두 시험이 연기되는 것을 참을 수 없었다. 오펜하이머는 "계획을 연기한다면 부하들이 다시 제 속도를 찾게 만들 수 없을 것입니다."라고 말했다.57 그로브스는 시험이 예정대로 진행되어야 한다고 더욱 완강하게 고집했다. 마침내 그들은 결정을 내렸다. 오전 5시 30분으로 시간을 조정하고 행운을 바라겠다는 것이었다. 한 시간 후, 먹구름이 걷히기 시작했고 바람도 잦아들었다. 오전 5시 10분, 시카고의 물리학자 샘 앨리슨(Sam Allison)의 목소리가 통제 센터 바깥의 스피커를 통해 흘러나왔다. "이제 시작 20분 전입니다."

파인만이 색안경을 건네받았을 때 그는 트리니티 부지에서 32킬로미터 떨어진 곳에 서 있었다. 그는 색안경을 쓰면 아무것도 볼 수 없을 것이라고 생각해 대신 앨라모고도 쪽을 향하던 트럭 운전석에 올라탔다. 트럭의 창은 해로운 자외선을 차단해 줄 것이었고, 그는 섬광을 볼 수 있을 것이라고 생각했다. 그럼에도 불구하고 그는 엄청난 섬광이 지평선 위로 떠오르자 반사적으로 고개를 숙였다. 다시 고개를 들었을 때, 그는 흰색의 빛이 노란색으로 그리고 오렌지색으로 바뀌는 것을 보았다. "중심이 매우 밝은 오렌지색의 거대한 공이 떠올랐고, 약간 소용돌이치더니 가장자리가 조금 검게 변했다. 연기로 만들어진 거대한 공 안쪽에서 섬광이 보였고, 불꽃과 열이 빠져나가고 있었다." 폭발 후 1분 30초가 지나고 나서야 파인만은 거대한 폭발음과 인공 천둥의 떨림을 느낄 수 있었다.58

코넌트는 빛이 비교적 빨리 나타나리라고 예상하고 있었다. 하지만 백색 광선이 하늘을 메웠을 때 그는 잠시 "뭔가 잘못됐다."라고, "온 세상이 불길에 휩싸였다."라고 생각했다.[59]

서버 역시 32킬로미터 떨어진 곳에서 땅바닥에 엎드려 용접용 안경을 쓰고 있었다. 그는 나중에 "팔이 아파서 안경을 잠시 내렸을 때 폭탄이 터졌다. 나는 섬광 때문에 눈이 부셔 아무것도 볼 수 없었다."라고 썼다. 30초쯤 후 그의 시력이 돌아왔을 때, 그는 6,000~9,000미터 높이로 피어오르는 밝은 자주색 기둥을 보았다. "32킬로미터 거리에서도 열기를 느낄 수 있었다."[60]

폭발로 인한 방사능 낙진을 측정하는 임무를 맡은 화학자 허시펠더는 나중에 이 순간을 다음과 같이 묘사했다. "갑자기 밤은 낮이 되었고, 그것은 엄청나게 밝았다. 그 열기는 추위를 몰아냈다. 불덩어리는 점점 커지면서 흰색에서 노란색으로 다시 붉은색으로 색깔을 바꿨고 하늘로 서서히 떠오르기 시작했다. 약 5초 후 어둠이 다시 깔리기 시작했지만 하늘은 여전히 북극광과 같은 자주색 빛으로 가득 차 있었다……. 폭풍에 날린 흙덩이가 우리를 지나쳐 날아다녔지만, 우리는 경외감에 빠져 그곳에 그저 서 있을 뿐이었다."[61]

프랭크 오펜하이머는 장치가 폭발했을 때 그의 형 곁에 있었다.[62] 그는 땅에 엎드려 있었지만 "첫 번째 섬광의 빛이 땅바닥에서부터 올라와 눈꺼풀을 투과했다. 내가 처음으로 올려다보았을 때 나는 불덩어리를 보았고, 그 바로 직후에 이 세상의 것 같지 않은 구름이 떠오르는 것을 보았다. 그것은 매우 밝고 매우 자주색이었다."[63] 프랭크는 "어쩌면 그것이 이쪽으로 흘러와 우리를 집어삼킬지도 모르겠다."라고 생각했다. 그는 섬광에서 발생하는 열이 이토록 강하리라고는 생각하지 않았다. 몇 분 후, 폭발음은

먼 산에서 울려 퍼지고 있었다. 프랭크는 "하지만 가장 무서웠던 것은 하늘에 걸려 있던 방사능 물질로 가득 찬 엄청난 자주색 구름이었다. 나는 그것이 계속 위로 올라갈지 내 쪽으로 다가올지 감을 잡을 수 없었다."

오펜하이머 역시 폭발 지점 9킬로미터 남쪽의 통제 벙커 바로 앞에 엎드려 있었다. 카운트다운이 2분 앞으로 다가오자 그는 "주여, 이것은 참기 힘듭니다."라고 중얼거렸다.[64] 한 육군 장군이 마지막 카운트다운이 시작될 때 그의 모습을 가까이서 지켜보았다. "오펜하이머 박사는 폭발이 몇 초 앞으로 다가오자 점점 더 긴장했다. 그는 거의 숨조차 쉬지 않았다. 마지막 몇 초간 그는 전방을 노려보았고 방송에서 '지금!'이라고 소리치자 엄청난 빛이 터져 나왔다. 그러고 나서 곧 낮은 폭발음이 들리자 그의 얼굴은 안도한 듯 긴장을 푸는 모습이었다."[65]

우리는 물론 이 최초의 순간에 오펜하이머의 마음에 어떤 생각이 오갔는지 알지 못한다. 그의 동생은 "우리는 그저 '성공했어.'라고 말한 것 같다."라고 회고했다.[66]

나중에 라비는 멀리서 오펜하이머의 모습을 보았다. 라비는 자신의 운명을 틀어쥔 사람의 느긋한 몸가짐을 보며 온몸에 전기가 흐르는 것 같았다. "나는 그가 차에서 내릴 때의 몸가짐을 잊을 수 없을 것입니다······. 그의 걸음걸이는 서부 영화에 나오는 것 같았어요. 그는 해 냈습니다."[67]

그날 오전 그로브스로부터 취재 허가를 받은 《뉴욕 타임스》 기자 윌리엄 로런스(William L. Laurence)가 코멘트를 따기 위해 오펜하이머에게 다가오자, 오펜하이머는 자신의 감정을 간략하게 이야기했다. 그는 폭발의 효과는 "놀라웠지만 아주 만족스럽지는 않았다."라고 말했다. 잠시 말을 멈추고 나서 그는 "많은 젊은이들이 이것 때문에 목숨을 구하게 될 것"이라고 덧붙였다.[68]

오펜하이머는 나중에 신비로운 버섯구름이 하늘로 떠오르는 것을 보았을 때 기타의 구절을 떠올랐다고 말했다. 1965년 NBC 다큐멘터리에서 그는 "우리는 이 세상이 예전 같지 않다는 것을 알고 있었습니다. 몇몇은 웃었고, 몇몇은 울었습니다. 대부분은 말을 잇지 못했습니다. 나는 힌두교 경전인 바가바드기타의 한 구절을 기억했습니다. 비슈누 왕자에게 그의 임무를 완수해야 한다고 설득하고 있습니다. 그에게 감명을 주기 위해 비슈누는 팔이 여러 개 달린 형태를 취하고서는 '이제 나는 죽음이, 세계의 파괴자가 된다(Now I am become death, the destroyer of worlds).'고 말합니다. 우리 모두가 근본적으로는 이와 같이 생각했을 것입니다."라고 기억했다.[69] 오펜하이머의 친구인 에이브러햄 페이스는 이 인용문이 오피의 "승려 같은 과장"처럼 들린다고 말하기도 했다.*[70]

오펜하이머의 마음에 어떤 생각이 떠올랐건, 그의 주변 인물들이 있는 그대로의 행복을 느꼈음에 틀림없다. 로런스는 그의 기사에서 그들의 감정을 묘사했다. "큰 폭발음이 거대한 섬광이 번쩍한 지 약 100초 후에야 울렸다. 새로 태어난 세상의 첫 울음이었다. 그것은 침묵에 잠긴 부동의 실루엣에 생명을 불어넣고 목소리를 주었다. 고함 소리가 공기를 채우기 시작했다. 지금껏 땅에 선인장처럼 뿌리 내린 듯 서 있던 사람들은 그제야

---

*《뉴욕 타임스》 기자인 로런스는 나중에 오펜하이머의 발언이 가진 강렬한 충격을 결코 잊지 못할 것이라고 말했다. 하지만 이상하게도 그는 자신이 1945년에 작성한 기사들과 1947년에 출간된 책 『영점 위의 여명: 원자 폭탄 이야기(Dawn over Zero: The Story of the Atomic Bomb)』에서 기타의 구절을 인용하지 않았다.[75] 이 구절을 처음으로 인용한 기사는 1948년의 《타임》 기사였고, 로런스 자신도 1959년에 출간된 책 『인간과 원자(Men and Atoms)』에서 인용했다. 하지만 로런스는 이 구절을 1958년에 출간된 로버트 융크(Robert Jungk)의 역사서 『1,000개의 태양보다 밝은(Brighter Than a Thousand Suns)』에서 인용했을 가능성이 높다.

춤을 추기 시작했다."[71] 몇 초 후 사람들은 춤을 멈추고 서로 악수를 나누기 시작했다. 로런스는 그들이 "서로 등을 두드리며 행복한 아이들처럼 웃어대기 시작했다."라고 보고했다. 폭발로 땅바닥에 내동댕이쳐졌던 키스티아콥스키는 오펜하이머를 끌어안고 10달러를 내놓으라고 했다. 오펜하이머는 자신의 지갑이 비어 있다는 것을 보여 주며 다음에 주겠다고 말했다.[72] (나중에 로스앨러모스로 돌아와 오피는 키스티아콥스키에게 자신이 서명한 10달러짜리 지폐를 증정하는 의식을 거행했다.).

통제 센터를 떠나면서 오펜하이머는 베인브리지와 악수를 나눴다. 베인브리지는 그의 눈을 쳐다보면서 "이제 우리는 모두 개새끼들이다(Now we're all sons-of-bitches)."라고 중얼거렸다.[73] 본부로 돌아와서 오펜하이머는 동생 프랭크와 패럴 장군과 함께 브랜디를 나눠 마셨다. 한 역사가에 따르면, 그러고 나서 그는 로스앨러모스에 남아 있던 비서에게 전화를 걸어 키티에게 메시지를 남겨 달라고 부탁했다. "그녀에게 이제 침대보를 갈아도 좋다고 전해 주게."[74]

4부

23장

불쌍한 사람들

절망과 지척지간.

— 로버트 오펜하이머

모두는 로스앨러모스로 돌아와 성대한 파티를 즐겼다. 파인만은 그답게 활력에 넘쳐 지프 보닛 위에 앉아 봉고를 두드리고 있었다. 파인만은 나중에 "하지만 내가 기억하기에 로버트 윌슨 한 사람만 앉아서 의기소침해 있었다."라고 썼다.

파인만은 "왜 그렇게 힘이 없어요?"라고 물었다.

윌슨은 "우리가 만든 저 무시무시한 물건 때문에."라고 대답했다.

파인만은 프린스턴에 있던 자신을 로스앨러모스로 스카우트한 사람이 바로 윌슨이었다는 것을 상기하며 "하지만 당신이 시작했잖아요. 당신이 우리를 끌어들였다구요."라고 말했다.

윌슨을 제외한 다른 모든 사람이 기쁨에 도취되었던 것도 당연한 일이었다. 모두 로스앨러모스로 올 충분한 이유를 가지고 있었다. 어려운 과제를 완수하기 위해 모두 열심히 일했다. 일 자체가 만족스러워지기도 했거니와, 앨라모고도에서의 놀라운 성과는 모두를 흥분에 빠지게 했다. 그 과정에서 파인만처럼 원래 활기찬 사람도 더 의기양양하게 되었다. 파인만은 그 순간을 회고하며 "생각이 그냥 멈춥니다, 아시겠어요? 그냥 멈춘다구요."라고 말했다. 파인만이 생각하기에 로버트 윌슨은 "그 순간에 계속 생각을 하고 있던 유일한 사람"이었다.

하지만 파인만은 잘못 생각하고 있었다. 오펜하이머 역시 그것에 대해 생각하고 있었다. 트리니티 시험 후 며칠 간, 그의 감정은 변하기 시작했다. 로스앨러모스 연구원들은 더 이상 밤늦게까지 일하지 않았다. 그들은 트리니티 시험이 성공한 이상 "장치"는 무기가 될 것이고, 무기들은 군대의 통제를 받을 것임을 잘 알고 있었다. 오펜하이머의 비서 앤 윌슨은 육군 항공대 장교들과 가졌던 수차례의 회의를 기억했다. "그들은 목표물을 고르고 있었습니다."[1] 오펜하이머는 목표지 후보에 오른 일본 도시들의 이름을 알고 있었는데, 이는 그의 정신을 번쩍 들게 했다. 앤은 "오펜하이머는 그 2주 동안 대단히 조용히 명상을 하는 일이 많았습니다. 이는 그가 어떤 일이 있을지 또 그것이 무엇을 의미하는지 알고 있었기 때문이었습니다."라고 회고했다.

트리니티 시험 다음 날, 오펜하이머는 앤에게 슬프고 침울하기까지 한 말을 던져 그를 놀라게 했다. "그는 아주 우울해졌습니다."라고 윌슨은 말했다. "그만큼 우울해 한 사람도 없었습니다. 그가 집에서 기술 구역으로 걸어오고, 내가 간호사 숙소에서 출발하면 중간 어디선가 만나고는 했지요. 그날 아침, 그는 파이프 담배를 피우면서 '저 불쌍한 사람들, 저 불쌍한 사람들'이라며 일본인들을 걱정했습니다."라고 말했다. 끔찍한 일이 일어날 것을 알았던 그는 자포자기한 듯했다.

하지만 바로 그 주에 오펜하이머는 폭탄이 "불쌍한 사람들"을 효과적으로 공격할 수 있도록 만전을 기하는 데 총력을 다하고 있었다. 1945년 7월 23일 저녁에 그는 티니앤(Tinian) 섬으로부터 히로시마로 폭탄을 수송하는 임무를 총괄하게 된 토머스 패럴 장군과 그의 참모 존 모이너한(John F. Moynahan) 중령을 만났다. 아주 맑고, 시원하고, 별이 많은 밤이었다. 그의 사무실에서 왔다 갔다 하며 줄담배를 피우던 오펜하이머는 그들이 무기를 목표 지점까지 수송하는 데 있어 자신의 지시 사항을 모두 이해했는지 확인하고 싶어 했다. 전직 신문 기자였던 모이너한은 1946년에 출판한 팸플릿에서 그날 저녁의 상황을 생생하게 묘사했다. "(오펜하이머는) '구름이 덮여 있으면 폭탄 투하를 중단하시오.'라고 말했다.² 그는 긴장해서 뻣뻣한 채로 단호하게 말했다. '목표물을 보아야 합니다. 레이더로 관측하는 것으로는 안 되요. 반드시 육안으로 확인해야 합니다.' 그는 긴 걸음으로 걷다가 돌아서서는 담배를 또 하나 뽑아 들었다. '투하 지점을 레이더로 확인하는 것은 상관없지만, 실제 투하는 육안으로 해야 한다는 것입니다.' 다시 걸었다. '달이 뜬 밤에 떨어뜨리는 것이 가장 좋겠지요. 물론 비가 오거나 안개가 끼면 안 됩니다……. 너무 높은 곳에서 폭발시켜서도 안 됩니다. 너무 높으면 파괴력이 훨씬 떨어질 것입니다.'"

오펜하이머의 지휘 하에 만들어진 원자 폭탄이 이제 곧 사용될 것이었다. 하지만 그는 그것이 소련과의 군비 경쟁을 촉발하지 않는 방식으로 사용될 것이라고 스스로에게 되뇌였다. 트리니티 시험 직후, 그는 바네바 부시로부터 임시 위원회가 폭탄의 존재와 곧 일본에 사용될 것임을 러시아에 알려야 한다는 그의 권고를 만장일치로 받아들였다는 것을 듣고 안도

했다. 그는 당시 포츠담에서 처칠과 스탈린을 만나고 있던 트루먼 대통령이 그에 대한 단도직입적인 토론을 하고 있을 것이라고 생각했다. 나중에 이 3자 회담에서 실제로 어떤 일이 있었는지를 알게된 오펜하이머는 아연실색했다. 무기에 대한 허심탄회하고 솔직한 토론을 하기는커녕, 트루먼은 의뭉스럽게도 수수께끼 같은 말을 하는 것에 멈췄던 것이다. 트루먼은 그의 회고록에 "7월 24일, 나는 스탈린에게 우리가 파괴력이 매우 강한 신무기를 만들어 냈다고 넌지시 말했다. 러시아 수상은 별로 관심을 보이지 않았다. 그는 단지 그 소식을 듣게 되어 기쁘며 '그것을 일본에 대항해 사용할 수 있을 것'이라고 말했을 따름이었다."라고 썼다. 이것은 오펜하이머의 기대에 훨씬 못 미치는 것이었다. 역사가 앨리스 킴벌 스미스가 나중에 썼듯이 "포츠담에서 일어난 일은 어이없는 희극이었다."³

1945년 8월 6일, 정확히 오전 8시 14분에 조종사 폴 티벳(Paul Tibbet)의 어머니 이름을 따 에놀라 게이(Enola Gay)라는 별명을 붙인 B-29기가 시험해 보지 않은 총구식 우라늄 폭탄을 히로시마 상공에 투하했다. 맨리는 그날 워싱턴에서 걱정스럽게 소식을 기다리고 있었다. 그는 폭탄 투하 후 그 결과를 오펜하이머에게 보고하는 단 하나의 임무를 띠고 워싱턴에 가 있었다. 폭격기에서 연락이 오는 데만 다섯 시간이 걸렸다. 맨리는 마침내 에놀라 게이의 "폭탄 담당" 장교였던 파슨스 대위로부터 "시각적 효과는 뉴멕시코에서의 시험 때보다 컸다."라는 전신 보고를 들었다.⁴ 맨리가 로스앨러모스의 오펜하이머에게 전화를 걸려고 하자, 그로브스가 그를 막았다. 대통령이 발표하기 전까지는 그 누구도 원자 폭탄 투하에 관한 정보를 퍼뜨려서는 안 된다는 것이었다. 맨리는 자정 무렵 실망감에 빠져 백악관 건너편의 라파예트 공원(Lafayette Park)으로 산책을 나갔다. 다음 날 이른 아침, 그는 트루먼이 오전 11시에 발표할 것이라는 소식을 들었다. 맨리는 전국 라디오 방송망에서 대통령의 발표가 막 보도되기 시작했을 때에야 오피와 통화할 수 있었다. 그들은 사전에 뉴스를 전달할 코드를 미리 정해놓았지만, 오펜하이머의 첫마디는 "내가 자네를 왜 워싱턴으로 보냈나?"였다.

같은 날 오후 2시, 그로브스 장군은 워싱턴에서 로스앨러모스의 오펜하이머에게 전화를 걸었다. 그로브스는 축하의 말을 전했다. 그는 "나는 당신과 당신 부하들이 자랑스럽습니다."라고 말했다.[5]

오펜하이머는 "잘됐습니까?"라고 물었다.

"모르긴 해도 엄청난 폭발음과 함께 터졌습니다."

오펜하이머는 "모두가 비교적 잘됐다고 생각하고 있습니다. 나 역시 축하합니다. 긴 여정이었습니다."라고 말했다.

그로브스는 "그렇소. 긴 여정이었지요. 나는 당신을 로스앨러모스 총책임자로 뽑은 것이 내가 한 일 중 가장 잘 한 일이라고 생각합니다."라고 대답했다. 오펜하이머는 "글쎄요, 나는 거기에 의구심을 가지고 있습니다만, 그로브스 장군."이라고 겸손하게 대답했다. 그로브스는 "당신은 내가 한번도 그 의구심에 동의한 적이 없었다는 것을 알고 있겠지요."라고 대답했다.

그 이후 소식은 로스앨러모스 방송을 통해 발표되었다. "주목하세요, 주목하세요. 우리의 장치 중 하나가 방금 일본에 성공적으로 투하되었습니다."[6] 프랭크 오펜하이머는 형이 소식을 들었을 때 사무실 바로 앞 복도에 서 있었다. 그의 첫 반응은 "하느님 감사합니다. 불발탄이 아니었군요."였다. 하지만 그는 곧 "수많은 사람들을 죽게 했다는 공포가 몰려왔다."라고 회고했다.

에드 도티라는 한 사병은 다음 날 부모에게 보낸 편지에 그때의 상황을 묘사했다. "지난 24시간은 꽤 손에 땀을 쥐게 했습니다. 모두는 내가 전에 봤던 어떤 경우보다도 흥분해 있었습니다……. 사람들은 복도로 나와 새해 첫날 타임스 스퀘어(Times Square)에서처럼 빙빙 돌았습니다. 모두 라디오를 찾고 있었습니다."[7] 그날 저녁 일군의 사람들이 강당에 모였다. 젊은 물리학자인 샘 코헨(Sam Cohen)은 관중들이 오펜하이머가 나타나기를 기다리면서 소리치며 발을 굴렀던 것을 기억한다. 모두는 그가 평소처럼 강당 옆쪽에서 나타나 무대에 오르리라고 기대했다. 하지만 오펜하이머는 극적으로 뒤쪽에서 입장해 중앙 통로를 통해 앞쪽으로 걸어오기 시작했다. 코헨에 따르면 그는 무대에 오르자 두 손을 감싸 쥐고는 우승자처럼 머리 위에서 흔들어 댔다. 코헨은 오펜하이머가 환호하는 군중에게 "폭격의 결과를 정확히 판단하기에는 아직 이르지만, 일본인들이 별로 좋아하지 않았다는 것만은 확실하다."라고 말했던 것을 기억한다.[8] 군중은 환호했고 오펜하이머가 그들의 성취가 "자랑스럽다."라고 말하자 동의의 환호성을 내질렀다. 코헨에 따르면 "그가(오펜하이머가) 유일하게 안타까워한 것은 독일에 사용할 수 있을 정도로 빨리 개발하지 못했다는 점이었다. 이 말에 모두는 지붕이 날아갈 정도로 소리를 질렀다."

그는 잘 맞지 않는 배역을 맡은 배우 같았다. 과학자들은 개선장군이 되도록 훈련받지 않았다. 하지만 그 역시 인간이었기 때문에 순수한 성공의 기쁨을 느꼈을 것이다. 그는 깃발을 높이 들어 흔들었던 것이다. 게다가 관중들은 그가 승리감으로 들뜨고 의기양양하기를 기대했다. 하지만 그 순간은 그리 오래가지 않았다.

앨라모고도에서의 시험 폭발에서 눈이 멀 정도의 섬광과 후폭풍을 보고 느꼈던 사람들에게 태평양으로부터의 소식은 좀 시들한 것이었다. 마치 앨라모고도가 그들이 놀랄 수 있는 능력을 마르게 한 것 같았다. 다른 사람들은 소식을 듣고 단지 냉정하게 가라앉았을 따름이었다. 모리슨은 폭탄을 준비하고 에놀라 게이에 탑재하는 것을 돕기 위해 가 있던 티니앤에서 소식을 들었다. 모리슨은 "그날 밤 로스앨러모스에서 온 사람들은 파티를 벌였다."라고 회고했다.[9] "그것은 전쟁이었고 전쟁에서의 승리였다. 우리는 자축할 권리가 있었다. 하지만 나는 야전 침대 한구석에 앉아 그날 밤 히로시마에서 어떤 일이 벌어졌는지 생각했던 것을 기억한다."

앨리스 킴벌 스미스는 나중에 "(로스앨러모스에서는) 확실히 그 누구도 히로시마 폭탄 투하를 자축하지 않았다."라고 주장했다.[10] 하지만 그녀는 "몇몇 사람들"이 남자 기숙사에서 파티를 열려고 했다는 점을 인정했다. 그 파티는 "기억에 남을 만한 대실패였다. 사람들은 아예 오지 않았거나, 일찍 돌아갔다." 스미스는 과학자들 얘기를 하고 있었다. 과학자들은 분명히 군인들과는 달리 침묵을 지켰다. 도티는 집에 보낸 편지에서 "아주 많은 파티가 열렸습니다. 나는 세 군데에서 초대를 받았는데, 하나밖에 참석하지 못했습니다……. 파티는 새벽 3시까지 계속되었습니다."라고 썼다. 그는 사람들이 "매우 행복했습니다. 우리는 라디오를 듣고 나서 춤을 추고 다시 라디오를 들었습니다……. 그리고 라디오에서 나오는 소식에 웃고 또 웃었습니다."라고 보고했다. 오펜하이머는 어떤 파티에 참석했는데, 떠나면서 어느 심란해하는 물리학자가 숲에서 구토하는 모습을 보았다. 그는 그 모습을 보고 이제 손익 계산이 시작되었음을 깨달았다.

로버트 윌슨은 히로시마로부터의 소식에 큰 충격을 받았다. 그는 무기가 사용되지 않기를 바랐으며, 사용되지 않을 것이라고 믿을 만한 이유가 있다고 생각했다. 오펜하이머는 1월에 폭탄이 시범 단계에 이를 때까지만 일을 지속하도록 그를 설득했다. 그리고 그는 오펜하이머가 임시 위원회

심의 과정에 참여했다는 것을 알고 있었다. 이성적으로 그는 오펜하이머가 그에게 확실한 약속을 할 수 없는 위치에 있음을 이해했다. 그것은 장군들, 전쟁부 장관 스팀슨, 그리고 궁극적으로는 대통령이 내릴 결정이었다. 하지만 그는 자신의 신뢰가 무너졌다고 느꼈다. 윌슨은 1958년에 "나는 일본인들과의 토론이나 그 위력을 평화적으로 보여 줄 수 있는 시범 없이 폭탄이 사용되었을 때 배신당했다고 느꼈습니다."라고 썼다.[11]

윌슨의 아내 제인은 히로시마 소식을 들었을 때 샌프란시스코를 방문 중이었다. 그녀는 로스앨러모스로 서둘러 돌아와 남편에게 축하의 미소를 지었으나 그가 "매우 우울"해하고 있음을 발견했다. 그리고 3일 후 두 번째 폭탄이 나가사키를 파괴했다. 제인 윌슨은 "사람들이 쓰레기통 뚜껑을 두들기며 기뻐했지만 남편은 거기에 참가하지 않았어요. 그는 골난 사람처럼 불행했습니다."라고 회고했다.[12] 로버트 윌슨은 "나는 아프고 속이 안 좋아서 토할 것 같았습니다."라고 회고했다.

윌슨 같은 사람은 또 있었다. 로스앨러모스 금속학자 시릴 스미스의 아내 앨리스 킴벌 스미스는 "시간이 지나면서 점점 많은 사람들이 감정의 변화를 겪었고, 심지어는 전쟁을 끝낸 것이 폭격을 정당화한다고 믿었던 사람들조차도 악이 실재한다는 것을 극히 개인적인 차원에서 느끼게 되었다."라고 썼다. 히로시마 이후, 메사 위의 사람들은 대부분 잠시나마 기쁨을 느꼈다. 하지만 샬럿 서버에 따르면, 나가사키의 소식이 전해진 후에는 암울함이 연구소를 뒤덮었다. 곧 "오피가 원자 폭탄은 지나치게 끔찍한 무기이기 때문에 이제 전쟁은 불가능하다고 말했다."라는 말이 돌았다.[13] 한 FBI 정보원이 8월 9일에 보고한 바에 따르면 오펜하이머는 "신경 쇠약"에 걸릴 지경이었다.[14]

1945년 8월 8일, 스탈린이 얄타 회담에서 루스벨트에게 약속했고 포츠담에서 트루먼에게 확인했던 대로 소련은 일본에 전쟁을 선포했다. 이것은 천황의 주전파 각료들에게 치명적인 소식이었다. 그들은 그동안 소련을 잘 이용하면 일본이 미국의 "무조건 항복" 원칙보다 다소 완화된 항복 조건을 얻어낼 수 있도록 도움을 받을 수 있을 것이라고 주장해 왔던 것이다.[15] 이틀 후 나가사키가 플루토늄 폭탄으로 황폐화된 다음 날 일본 정부는 항복 제안을 전해 왔다. 조건은 단 하나였다. 일본 천황의 지위를 보장하라는 것이었다. 그 다음 날 연합국은 항복 조건을 조금 바꾸는 것에 합의했다. 천황의 통치권은 "연합국 총사령관에 위임한다."는 것이다. 8월 14일, 라디오 도쿄(Radio Tokyo)는 정부가 이 조건을 받아들였다고, 즉 항복하기로 결정했다고 발표했다. 전쟁은 끝났고, 그로부터 몇 주 지나지 않았을 때부터 저널리스트들과 역사가들은 폭탄이 없었어도 전쟁이 비슷한 조건으로 같은 시기에 끝났을지를 두고 논쟁을 벌이기 시작했다.

나가사키 폭격 후 첫 주말에 로런스가 로스앨러모스에 찾아왔다. 그가 보기에 오펜하이머는 지쳐 있었고, 그동안 있었던 일들에 대한 불만으로 뚱한 상태였다. 두 친구는 폭탄에 대해 말다툼을 벌였다. 로런스는 자신이 시범을 보이자고 주장했을 때 오펜하이머가 그것을 막았음을 상기시켰다. 그러자 오펜하이머는 로런스에게 그가 오직 부자들과 권력자들에게만 관심이 있다고 쏘아 댔다. 로런스는 폭탄이 그토록 무시무시하기 때문에 더더욱 다시 쓰이는 일이 없을 것이라며 옛 친구를 안심시켰다.[16]

오펜하이머는 안심하지 않았다. 그는 그 주말의 대부분을 과학 패널의 이름으로 스팀슨 장관에게 보내는 최종 보고서 초안을 작성하는 데 보냈다. 그의 결론은 비관적이었다. "핵무기의 사용을 효과적으로 막을 수 있는 적절한 군사적 대응책은 없다는 것이 우리의 의견이다."[17] 게다가 폭탄은 지금도 대단히 파괴적이지만 점점 더 커지고 더 큰 파괴력을 갖게 될 것이었다. 미국이 전쟁에서 승리한 지 사흘 만에 오펜하이머는 스팀슨과 대통령에게 이 신무기들을 막을 방법이 없다고 말하고 있었던 것이다. "우리는 앞으로 수십 년 동안 미국이 핵무기 분야에서 주도권을 장악할 수 있는 프로그램을 세울 방법이 없다. 게다가 설령 주도권을 잡는다고 하더라도 우리 스스로를 가장 끔찍한 파괴력으로부터 지킬 수 있는 방법도 없다……. 우리는 과학적, 기술적 능력을 키우는 것으로 적국에 피해를 가할 수는 있어도 이 나라의 안전을 보장할 수는 없다고 믿는다. 안전은 오직 앞으로 전쟁 자체를 불가능하게 만드는 것으로만 보장받을 수 있을 것이다."

보고서를 완성한 오펜하이머는 바로 워싱턴으로 향해 바네바 부시와 함께 스팀슨의 전쟁부 보좌관인 조지 해리슨을 만났다. 오펜하이머는 8월 말 로런스에게 "시기가 안 좋았어. 투명성을 보이기엔 너무 일러."라고 전했다. 오펜하이머는 과학자들이 왜 원자 폭탄에 관련된 일을 하는 것이 무의미하다고 느꼈는지를 설명하려고 했다. 그는 "지난 전쟁에서 독가스가 그랬듯이" 원자 폭탄 역시 국제 사회에서 금지되어야 할 것이라는 주장을 넌지시 비추었다. 하지만 오펜하이머는 워싱턴에서 만난 사람들 중 누구도 자신을 지지하지 않는다는 것을 알았다. "나는 포츠담에서 일이 아주 틀어졌다는 명확한 인상을 받았다. 즉 러시아 인들과 함께 협력이나 통제하는 것에 대해서는 아무런 진전도 이루어지지 않았다."

오펜하이머는 이 방향으로의 심각한 노력이 전혀 없었다고 생각했다. 그는 워싱턴을 떠나기 전에 대통령이 원자 폭탄에 대한 함구령을 내렸다는 사실을 알게 되었다. 그리고 국무부 장관 번즈는 오펜하이머가 트루먼에게 보내는 편지를 읽고 나서 소식을 보내서는, 현 국제 정세에서 "계속해서 전력을 다해 맨해튼 프로젝트를 추진하는 것 외에는 대안이 없다."라는 의견을 피력했다.[18] 오펜하이머는 떠나기 전보다 훨씬 더 우울한 상태로 뉴멕시코로 돌아왔다.

며칠 후 오펜하이머와 키티는 단둘이 페로 칼리엔테 로스피노스 부근의 산장으로 향했다. 그들은 그곳에 1주일간 머물면서 엄청나게 치열했던 지난 2년의 결과를 정리해 보려고 했다. 그것은 3년 만에 처음으로 둘만의 시간을 보내는 것이었다. 오펜하이머는 이 시간을 이용해 옛 친구들로부터 온 편지에 답장을 썼다. 그들 대부분은 최근에야 신문 기사를 통해 오피가 전쟁 중에 무슨 일을 했는지 알게 되었다. 그는 자신의 은사인 스미스에게 "당신은 이 과업에 여러 우려가 따랐다는 것을 잘 알 겁니다. 장밋빛 약속으로 넘치는 미래는 절망과 종이 한 장 차이일 것입니다."라고 했다.[19] 그는 하버드 시절 친구 번하임에게도 비슷한 편지를 썼다. "우리는 지금 목장에 와서 제정신을 찾기 위해 열심히 노력하고 있지만 별로 낙관적이지는 않네⋯⋯. 앞으로 더 많은 골칫거리들이 있겠지."

8월 7일 하콘 슈발리에가 축하 편지를 보냈다. "친애하는 오피, 당신은 이제 어쩌면 지구상에서 가장 유명한 사람일지도 모릅니다."[20] 오펜하이머는 8월 27일에 친필로 세 장짜리 답장을 보냈다. 슈발리에는 나중에 답장은 "우리 사이에 항상 존재했던 애정과 친근함"으로 가득했다고 묘사했다. 폭탄에 대해서 오펜하이머는 "해야만 하는 일이었어, 하콘. 전 세계 사람들이 모두 평화를 갈망했고, 삶의 방식으로서의 기술과 인간은 섬이 아니라는 생각에 의지했을 때 그것을 열린 공론의 장으로 가져와야만 했지."라고 슈발리에에게 말했다. 하지만 그는 이렇게 변호하는 것이 마음 편하지만은 않았다. "우리가 이 세상을 마음먹은 대로 다시 만들 수 있다면⋯⋯ 상황은 우려로 가득 차 있고 필요 이상으로 어렵군."[21]

오펜하이머는 오래전부터 총책임자 자리에서 사임해야겠다고 결심했다. 8월 말이 되자 그는 하버드, 프린스턴, 그리고 컬럼비아로부터 교수직을 제의받을 것임을 알고 있었다. 하지만 그의 본능은 캘리포니아로 돌아가라고 말하고 있었다. 그는 친구인 하버드 대학교 총장 제임스 코넌트에게 "나는 그곳에 대한 귀속 의식을 버리지 못할 것입니다."라고 썼다.[22] 그의 칼텍 시절 친구들인 리처드 톨먼과 찰리 로리첸은 그에게 패서디나로 오라고 손짓하고 있었다. 놀랍게도 칼텍으로부터의 정식 제의는 로버트 밀리컨 총장이 이의를 제기하는 바람에 늦어졌다.[23] 오펜하이머는 톨먼에게 편지를 써서 자신은 좋은 선생이 아니며, 이론 물리 분야에서 참신한 성과를 내기에는 나이가 너무 많고, 어쩌면 칼텍 교수진에는 이미 충분한 수의 유태인이 포진하고 있을지도 모른다고 말했다. 하지만 톨먼은 밀리컨을 설득해 마음을 바꾸게 했고, 오펜하이머는 8월 31일에 정식 제의를 받을 수 있었다.

그 무렵이면 오펜하이머는 그가 진짜 고향으로 여기는 버클리로 돌아오지 않겠냐는 제안을 이미 받은 상태였다. 그는 망설였다. 그는 로런스에게 자신이 버클리의 로버트 스프라울 총장, 먼로 도이치 학장과 "사이가 별로 좋지 않다."라고 밝혔다. 더구나 그는 로런스에게 물리학과 학과장이었던 레이먼드 버지는 교체되어야 한다고 말할 정도로 사이가 나빴다. 로런스는 오펜하이머의 오만함에 화가 나서 그가 그렇게 느낀다면 버클리로 돌아오지 않는 편이 나을 것이라고 되받아쳤다.

오펜하이머는 로런스에게 해명 편지를 썼다. "나는 우리가 버클리에 대해 주고받았던 편지에 대해 착잡하고 슬픈 기분이 드네."[24] 오펜하이머는 자신의 옛 친구에게 "내가 당신에 비해 얼마나 더 약자 쪽에 가까운지"를 상기시켰다. "나는 그것을 부끄러워하지 않기 때문에 별로 바뀔 가능성이 없네." 그는 결정을 내리지는 않았지만, 로런스의 "매우 강한, 매우 부정적인 반응"은 그를 멈칫하게 했다.

'오펜하이머'가 전 세계에서 잘 알려진 이름이 되어 가는 와중에도, 스스로를 "약자"라고 부르는 남자는 우울증에 빠져 있었다. 오펜하이머 부부가 로스앨러모스로 돌아왔을 때, 키티는 친구인 진 바커에게 "당신은 내가 그동안 얼마나 끔찍한 생활을 했는지 상상조차 할 수 없을 것입니다. 로버트는 완전히 정신이 나갔어요."라고 말했다. 바커는 키티의 정신 상태에 놀랐다. "그녀는 로버트가 받았던 끔찍한 반응에 비추어 앞으로 어떤 일이 일어날지 두려워하고 있었습니다."

히로시마와 나가사키에서 벌어진 일의 중대함은 그에게 깊은 영향을 미쳤다. 바커는 "키티는 자신의 감정을 잘 드러내지 않았어요."라고 말했다.[25] "하지만 그것을 어떻게 참을지 모르겠다고 말했습니다." 오펜하이머는 자신의 고민을 다른 사람들과 나눴다. 그의 에티컬 컬처 스쿨 시절 친구인 디디스하임에 따르면, 오펜하이머는 전쟁이 끝나고 나서 얼마 후 "그의 실망과 슬픔을 명확하게 보여 주는" 편지를 보내기도 했다.

언덕 위에서 많은 사람들은 유사한 감정적 반응을 보였다. 이는 10월에 서버와 모리슨이 과학 조사팀과 함께 히로시마와 나가사키를 둘러보고 돌아온 후 더 심해졌다. 그때까지 사람들은 그들의 집에 가끔씩 모여 무슨 일이 일어났는지 반추해 보고는 했다. 바커는 "하지만 유일하게 모리슨만이 내가 그것을 이해할 수 있게 해 주었습니다."라고 회고했다.[26] "그는 마법의 화술과 묘사력을 가졌습니다. 나는 완전히 충격에 빠졌어요. 나는 집에 가서도 잘 수가 없었습니다. 나는 밤새 떨었습니다."

모리슨은 에놀라 게이가 폭탄을 투하하고 나서 31일이 지났을 때 히로시마에 도착했다. 모리슨은 "반지름 약 2킬로미터 안에 있던 사람들은 대부분 폭탄의 열기에 심각한 화상을 입었습니다."라고 말했다.[27] "뜨거운 섬광은 갑작스럽게 그리고 이상하게 타올랐습니다. 그들은(일본인들은) 우리에게 줄무늬 옷의 모양대로 화상을 입은 사람에 대해 이야기해 주었습니다……. 스스로 운이 좋았다고 생각했던 사람들도 많았는데, 이들은 무너진 잔해 속에서 경상을 입은 채로 기어 나왔습니다. 하지만 이들도 죽음을 피할 수는 없었습니다. 그들은 며칠이나 몇 주 후 폭발의 순간 방출된 라듐 같은 방사선으로 인해 죽었습니다."

서버는 나가사키의 전봇대가 모두 폭발이 일어난 방향으로 그을음이 생긴 것을 볼 수 있었다. 폭심지에서 3킬로미터 떨어진 지점까지 이렇게 그을은 전봇대를 발견할 수 있었다. 서버는 "나는 풀을 뜯고 있던 말 한 마리를 발견했는데 한쪽은 털이 타 버렸고, 다른 쪽은 멀쩡했습니다."라고 얘기했다.[28] 서버가 다소 경솔하게 그 말이 그럼에도 "행복하게 풀을 뜯고" 있는 것으로 보였다고 하자, 오펜하이머는 "폭탄이 인자한 무기인 것 같은 인상을 준다며 나를 꾸짖었습니다."

모리슨은 그가 본 것에 대해 로스앨러모스에서 간단한 브리핑을 했을 뿐만 아니라, 앨버커키 지역 라디오 방송국에서도 그의 보고서를 소개했다. "마침내 히로시마 상공을 저공 비행했을 때 놀라움에 눈을 뗄 수 없었습니다. 저 밑에는 한때 도시였던 평지가 붉게 그을려 있었습니다……. 하지만 그날 밤 비행기 수백 대가 이 도시를 공격했던 것이 아니었습니다. 한 대의 폭격기와 하나의 폭탄이, 총탄이 도시를 가로지를 수 있을 만한 시간 동안에 인구 30만 명의 도시를 불타는 장작더미로 만들었습니다. 그것은 놀라운 현상이었습니다."[29]

이디스 워너는 히로시마에 대한 소식을 하루에 한 번씩 신선한 채소를 사러 오던 키티로부터 들었다. 워너는 나중에 "이제 많은 것이 해명되었다."라고 기록했다.[30] 몇몇 물리학자들은 오토위 다리에 있던 그녀의 집으로 찾아와 해명해야 한다고 생각했다. 모리슨은 그녀에게 보내는 편지에서 "지성과 선의를 가진 사람이라면 우리의 위기의식을 이해하고 나눌 수 있을 것"이라는 희망에 대해 썼다. 모리슨과 비슷한 생각을 하고 있던 물리학자들은 이제 유일하게 남은 현명한 행동 방침은 모든 핵무기에 대한 국제 통제를 가하는 것이라고 믿었다. 워너는 1945년 크리스마스에 보낸 편지에서 "과학자들은 그들이 원자력 에너지를 군대와 정치인들의 손에 남겨 두고서 실험실로 돌아갈 수 없다는 것을 알고 있습니다."라고 썼다.

오펜하이머는 맨해튼 프로젝트가 근본적인 의미에서 바로 라비의 예상을 현실화했다는 것을 알고 있었다. 그것은 "지난 3세기 동안의 물리학의 결과로" 대량 살상 무기를 만든 것이다. 그리고 그는 이 성취가 물리학을 피폐하게 만들었다고 생각했다. 이는 단순히 형이상학적인 차원에서만이 아니었다. 그는 곧 과학적 성과로서의 폭탄을 비하하기 시작했다. 오펜하이머는 1945년 말 상원 위원회에서 "우리는 잘 익은 과일이 많이 달린 나무를 세게 흔들어 레이더와 원자 폭탄을 만들었습니다. (전쟁 동안에) 우리는 이미 알려진 지식을 광적이고 무자비하게 착취했습니다."[31] 그는 이 전쟁이 "물리학에 현저한 영향"을 주었다고 말했다. "실질적으로 멈추게 했지요." 그는 전쟁 중에 "학생을 길러내는 것을 포함해 물리학 분야의 전문 활동을 완전히 멈추었음을 볼 수 있다."라고 생각했다. 하지만 전쟁은 또한 과학에 관심을 집중시키기도 했다. 바이스코프가 나중에 썼듯이 "전쟁은 과학이 모두에게 가장 직접적인 중요성을 가진다는 것을 가장 잔인한 방식으로 명확하게 보여 주었습니다. 이것이 물리학의 성격을 바꾸어 놓았습니다."[32]

1945년 9월 21일 금요일 정오, 오펜하이머는 스팀슨에게 작별 인사를 하러 갔다. 그날은 스팀슨의 전쟁부 장관 임기의 마지막 날이자 그의 78세 생일이었다. 오펜하이머는 스팀슨이 그날 오후 백악관에서 이임식을 할 예정이며, 그 자리에서 "원자력에 대한 열린 접근"을 "뒤늦게" 주장할 것임을 알고 있었다.[33] 스팀슨의 일기에 따르면, 그는 트루먼 대통령에게 "적절한 반대 급부(quid pro quo)가 있다면 폭탄에 대한 정보를 공유할 기회를 줄 수도 있다고 러시아에게 즉시 제안해야 할 것"이라고 단도직입적으로 말할 생각이었다.

오펜하이머는 스팀슨을 진심으로 좋아했고 신뢰했다. 오펜하이머는 전쟁이 끝나고 원자 폭탄을 어떻게 다루어야 할지에 대한 논쟁이 중요한 전기를 맞고 있을 때 스팀슨이 은퇴한다는 것을 안타깝게 생각했다. 이날 만났을 때, 오펜하이머는 폭탄의 기술적 측면에 대해 다시 한번 설명했고, 스팀슨은 그에게 펜타곤 이발소에 같이 가자고 했다. 스팀슨은 그의 가느다란 은색 머리를 다듬었고 이발이 끝나자 의자에서 일어서서 오펜하이머와 악수를 나누고는 "이제 당신에게 달려 있습니다."라고 말했다.[34]

24장
내 손에는 피가 묻어 있는 것 같다

원자 폭탄이 무기고의 신무기에 불과한 것이 된다면

인류가 로스앨러모스와 히로시마의 이름을 저주할 날이 올 것이다.

― 로버트 오펜하이머, 1945년 10월 16일

로버트 오펜하이머는 이제 수만 명의 미국인들에게 익숙한 유명인이었다. 그의 얼굴은 전국 각지의 잡지 표지와 신문에서 쉽게 볼 수 있었다. 그의 업적은 곧 모든 과학의 업적이 되었다. 《밀워키 저널(Milwaukee Journal)》은 사설에서 "과학 연구자들에게 경의를"이라고 썼다.[1] 《세인트 루이스 포스트 디스패치(St. Louis Post-Dispatch)》는 다시는 미국의 "과학자들이 그들의 탐험에 필요한 것을 얻지 못하게 해서는 안 된다."라고 장단을 맞췄다. 《사이언티픽 먼슬리(Scientific Monthly)》는 그들의 "영광스러운 업적"에 경의를 표해야 한다고 말했다. "현대의 프로메테우스들은 다시 한번 올림푸스 산으로 돌격해 인간을 위해 제우스의 벼락을 가지고 돌아왔다."《라이프(*Life*)》는 물리학자들이 이제 "슈퍼맨 옷"을 입은 듯하다고 비평했다.

오펜하이머는 이와 같은 찬사에 익숙해졌다. 그는 마치 지난 2년 반 동안 메사 위에서 새로운 역할을 준비하는 훈련을 받은 것 같았다. 그는 과학자-정치가로 탈바꿈했고, 심지어 시대의 우상이 되었다. 파이프를 피우고 중절모를 쓰는 등 조금은 가식적인 그의 행동들조차 곧 전 세계에서 알아보게 되었다.

그는 곧 자신의 개인적인 생각들을 퍼뜨리기 시작했다. 그는 미국 철학협회(American Philosophical Society)의 청중들에게 "우리는 대단히 끔찍한 무기를 만들었고, 이는 세계를 한순간에 완전히 바꾸어 놓았습니다……. 이것은 우리가 자란 세계의 기준에서는 사악한 것이었습니다. 그것을 만듦으로써……우리는 과연 과학이 인간에게 유익하기만 한 것인가라는 질문을 던지게 되었습니다."[2] 원자 폭탄의 "아버지"는 자신의 창조물이 개념상 공포와 침략의 무기라고 설명했다. 게다가 그것은 저렴하기까지 했다. 이 조합은 언젠가 인간 문명 전체에 치명적일 수도 있을 것이었다. 그는 "지금 우리가 가지고 있는 초보적인 핵무기도 값싸게 만들 수 있습니다……. 누구나 손쉽게 핵무장을 할 수 있다는 것이지요. 히로시마가 핵무기 사용의 본보기가 되었습니다." 그는 히로시마에 투하된 폭탄이 "사실상 패배한 적을 향해" 사용되었다고 말했다. "그것은 침략자의 무기입니다. 놀라움과 두려움은 분열하는 원자핵만큼 그것의 근본적인 성질입니다."

그의 친구들은 그의 능수능란한 화술과 몸가짐에 놀랐다. 체르니스는 그가 버클리의 학생 모임에서 강연했을 때 참석한 적이 있었다. 유명 과학자의 말을 듣기 위해 수천 명 청중이 남자 체육관으로 몰려들었다. 체르니스는 "그가 연설을 잘 못한다고 생각했기" 때문에 조금은 걱정이 되기도 했다.³ 스프라울 총장이 그를 소개하자 오펜하이머는 일어서서 원고도 없이 45분 동안 연설했다. 청중을 휘어잡는 그의 능력에 체르니스는 깜짝 놀랐다. "그가 말하기 시작했을 때부터 끝날 때까지 아무도 숨소리조차 내지 않았습니다. 마치 마술 같았지요." 체르니스는 자신의 친구가 어쩌면 말을 너무 잘해서 다치게 될지도 모른다고 생각했다. "대중 연설을 할 수 있는 능력은 독과 같습니다. 그 능력을 가진 사람에게는 매우 위험하지요." 그와 같은 재주를 가진 사람은 자신의 매끄러운 화술이 효과적인 정치적 보호막을 제공한다고 생각하게 마련이다.

그해 가을 내내, 오펜하이머는 로스앨러모스와 워싱턴을 오가며 자신의 유명세를 이용해 정부의 고위 관료들에 영향을 미치려고 했다. 그는 로스앨러모스의 민간인 과학자 모두를 대표해 발언했다. 1945년 8월 30일, 그들 중 약 500명이 강당에 모여 '로스앨러모스 과학자 협회(Association of Los Alamos Scientists, ALAS)'라는 새로운 조직을 만들기로 했다. 며칠 내로 한스 베테, 에드워드 텔러, 프랭크 오펜하이머, 로버트 크리스티(Robert Christy) 등은 무기 경쟁의 위험성, 앞으로의 전쟁에서 원자 폭탄에 대한 방어가 불가능하다는 것, 그리고 국제 통제의 필요성을 역설하는 문서를 작성했다. 이들은 오펜하이머에게 그 "문서"를 전쟁부에 전달해 달라고 부탁했다. 모두는 이 문서가 조만간 언론에 배포될 것이라고 기대했다.

9월 9일, 오펜하이머는 이 보고서를 스팀슨의 보좌관 해리슨에게 보냈다.⁴ 소개 편지에서 그는 이 "문서"가 300명이 넘는 과학자들에게 회람되었으며, 이들 중 세 명을 제외하고는 모두 서명했다고 밝혔다. 오펜하이머는 자신이 준비 과정에 관여하지는 않았지만, 이 "문서"는 자신의 개인적 의견을 잘 나타내고 있으며 전쟁부가 이 보고서의 출판을 허가하기를 바란다고 썼다. 해리슨은 곧 오펜하이머에게 전화를 걸어 스팀슨이 이 보고서를 정부 내에 회람할 수 있도록 몇 부 더 보내 달라고 부탁했다는 말을 전했다. 하지만 해리슨은 전쟁부가 아직은 이것을 공개하지 않았으면 한다고 덧붙였다.

이 소식을 접한 로스앨러모스 과학자 협회의 과학자들은 오펜하이머에게 뭔가 대책을 세우라는 압력을 가했다. 오펜하이머는 자신도 심란한 것은 마찬가지지만, 정부에도 충분한 이유가 있을 테니 성급하게 생각하지 말자고 주장했다. 9월 18일에 그는 워싱턴으로 갔고, 이틀 뒤 전화를 걸어 "상황이 아주 좋아 보인다."라고 말했다.[5] 그 문서는 정부 내에서 돌고 있었고, 그는 트루먼 정부가 옳은 일을 하고 싶어 한다고 생각했다. 하지만 그달 말이 되자 정부는 그것을 기밀로 분류했다. 로스앨러모스 과학자 협회 소속 과학자들은 자신들의 특사가 생각을 바꿔 이제 그것을 덮으려는 결정에 동의했다는 것에 놀랐다. 그의 몇몇 동료들은 오펜하이머가 워싱턴에서 보내는 시간이 길어질수록 점점 더 고분고분해지는 것 같다고 생각했다.

오펜하이머는 자신이 마음을 바꾼 데에는 충분한 이유가 있었다고 강조했다. 트루먼 정부는 원자력 에너지에 대한 법률을 제안하려 하고 있었다. 오펜하이머는 로스앨러모스의 과학자들에게 "유명한 메모"에서와 같은 대중 토론은 매우 유익할 수도 있겠지만, 예의상 트루먼 대통령이 의회에 그의 메시지를 전달할 때까지 기다리는 편이 좋을 것이라고 설득했다. 오펜하이머의 호소는 로스앨러모스에서 치열한 논쟁의 대상이 되었다. 하지만 로스앨러모스 과학자 협회의 리더격인 윌리엄 '윌리' 히긴보탐(William 'Willy' Higinbotham)은 "문서를 덮어 둔 것은 정치적인 이유에서이며, 우리는 그 이유를 알거나 평가할 수 있는 위치에 있지 않다."라고 주장했다.⁶ 하지만 로스앨러모스 과학자 협회에게는 "무슨 일이 일어나고 있는지, 이 일에 관여하는 사람들이 누구인지 알고 있는 대표, 즉 오피"가 있었다. 그들은 이어 만장일치로 "윌리가 오피에게 우리가 그의 뒤를 지지한다고 말할 것"이라는 결정을 내렸다.

사실 오펜하이머는 자신의 동료 과학자들이 미래에 대해 가진 깊은 걱정을 표명하기 위해 최선을 다하고 있었다. 9월 말에 그는 국무부 차관 딘 애치슨에게 맨해튼 프로젝트 과학자들은 대부분 "슈퍼 폭탄뿐만이 아니라 어떤 폭탄이건 간에" 더 이상 무기 관련 연구를 하지 않기를 강하게 희망한다고 말했다.⁷ 히로시마 폭격 후 전쟁이 끝나자 이런 작업이 "그들의 마음과 정신에 어긋난다."라고 생각하게 되었다는 것이다. 그는 한 기자에게 자신은 과학자지 "무기 제조상"이 아니라고 말했다. 물론 모든 과학자들이 이렇게 느꼈던 것은 아니었다.⁸ 텔러는 여전히 "슈퍼"를 만들어야 한다고 주장하며 다녔다. 텔러가 오펜하이머에게 슈퍼 관련 연구를 계속할 수 있도록 밀어 달라고 부탁하자, 오펜하이머는 단호하게 거부했다. "나는 할 수도 없지만, 할 수 있어도 하지 않을 것입니다."⁹ 그것은 텔러가 오랫동안 잊을 수도 용서할 수도 없었던 반응이었다.

트루먼 대통령이 1945년 10월 3일 자신의 메시지를 국회에 전달했을 때, 많은 과학자들이 처음에는 안도했다. 이 메시지는 애치슨 밑에서 일하는 젊은 변호사인 허버트 마크스(Herbert Marks)가 작성했는데, 그는 이 메시지에서 의회에게 산업 전반을 규제할 권력을 가진 원자력 에너지 위원회를 만들어야 한다고 역설하고 있었다. 당시에는 워싱턴 내부인들조차 알지 못했지만, 마크스는 오펜하이머의 도움을 받았다.¹⁰ 그래서인지 이 문서는 오펜하이머가 원자력 에너지의 위험성과 잠재적 편익의 양면성에 대해 느끼던 급박한 마음 상태를 반영하고 있었다. 트루먼은 원자력 에너지를 이용하는 것은 "낡은 사고방식으로는 상상할 수 없을 정도로 혁명적인 새로운 힘이다."라고 선언했다. 시간이 가장 중요한 변수였다. 트루먼은 "가능하다면 원자 폭탄의 이용과 개발을 포기하기 위한 국제 사회의 조율만이 인류의 희망이 될 것이다."라고 경고했다.[11] 오펜하이머는 자신이 핵무기를 폐기하겠다는 대통령의 약속을 받아 냈다고 생각했다.

하지만 오펜하이머는 큰 메시지를 만드는 데에는 성공했을지 모르지만, 다음 날 콜로라도 상원 의원 에드윈 존슨(Edwin C. Johnson)과 켄터키 하원 의원 앤드루 메이(Andrew J. May)가 입안한 법안에는 영향을 미칠 방법이 없었다. 메이-존슨 법안이 구현하는 정책은 근본적으로 대통령의 연설과 상충하는 것이었다. 대부분의 과학자들은 그것이 군부의 승리라고 생각했다. 무엇보다도 이 법안은 보안 규정을 어기는 것에 엄격한 징역과 높은 벌금을 부과할 것을 제안했다. 오펜하이머의 동료들은 그가 메이-존슨 법안을 왜 지지했는지 이해할 수 없었다. 10월 7일, 그는 로스앨러모스로 돌아와 로스앨러모스 과학자 협회의 집행 위원회 위원들에게 법안을 지지해야 한다고 역설했다. 그는 특유의 설득력으로 그들을 설득하는 데 성공했다. 이유는 단순했다. 시간이 가장 중요한 변수였고, 재빨리 국내 원자력 에너지 관련 사안을 규제하기 위한 법률을 만들지 않으면 핵무기를 금지하는 국제 협약은 생각할 수조차 없다는 것이었다. 오펜하이머는 어느새 워싱턴 내부인이 되어 있었다. 그는 희망과 순진함으로 가득 차서 정부에 협력적인 지지자가 되었던 것이다.

하지만 법안의 구체적인 조항을 살펴본 과학자들은 경악했다. 메이-존슨 법안은 대통령이 임명한 9인 위원회에 원자력 에너지에 관한 모든 권력을 집중시킬 것을 제안했다. 군 관계자들도 위원회에 참가할 수 있도록 허용할 것이었다. 과학자들은 경미한 보안 규정 위반으로도 최고 징역 10년까지 받을 수 있었다. 하지만 오펜하이머가 1943년 로스앨러모스 과학자들을 육군 소속으로 하는 계획을 승인했을 때처럼, 그의 동료들을 걱정시켰던 구체적인 조항들의 함의는 정작 오펜하이머는 놀라게 하지 못했다. 전쟁 중의 경험을 토대로 생각해 보았을 때, 그는 그로브스와 전쟁부와 같이 일할 수 있을 것이라고 생각했다. 다른 사람들은 이에 동의하지 않았다. 질라르드는 격분했고, 이 법안을 막기 위한 활동을 벌이기로 했다.[12] 시카고 대학교의 물리학자 허버트 앤더슨(Herbert Anderson)은 로스앨러모스의 동료에게 편지를 써서, 오펜하이머, 로런스, 그리고 페르미에게 가지고 있던 자신의 확신이 무너졌다고 고백했다. "나는 그 훌륭한 사람들이 속은 것이 분명하다고 생각합니다. 그들은 이 법안을 읽어 볼 기회도 없었을 것입니다."[13] 사실 오피는 로런스와 페르미가 메이-존슨 법안의 구체적인 조항을 읽어 보기도 전에 지지하도록 설득했다. 두 사람은 곧 자신들의 지지를 철회했다.

오펜하이머는 1945년 10월 17일 열린 상원 증언에서 자신의 발언이 실제로 법안을 읽어 보기 "훨씬 전"에 미리 씌어졌다는 것을 고백했다. "나는 존슨 법안에 대해서는 잘 모릅니다……. 그 법안대로라면 당신은 무한한 권한을 갖게 되었습니다."[14] 그는 단지 스팀슨, 코넌트, 그리고 바네바 부시 같은 선의를 가진 사람들이 법안의 초고를 작성하는 데 도움을 주었다는 것밖에는 몰랐다. "그들이 이 법안에 깔려 있는 철학에 동의한다면," 그것으로 충분했던 것이었다. 중요한 것은 위원회의 권력을 "현명하게" 집행할 선의를 가진 인물 아홉 명을 찾는 것이었다. 군 장교들이 위원회에 참가하는 것이 현명한 판단일지에 대한 질문에 오펜하이머는 "나는 한 사람이 입고 있는 제복보다는, 그가 어떤 사람인지가 더 중요하다고 생각합니다. 나는 (조지) 마셜 장군보다 더 믿음직한 행정가를 생각할 수 없습니다."라고 대답했다.

옆에서 지켜보던 질라르드는 오펜하이머의 증언이 "걸작이었다……. 그는 의원들에게는 그가 법안에 찬성하는 것으로, 물리학자들에게는 그가 법안에 반대하는 것으로 비춰지도록 말했다."라고 생각했다.[15] 뉴욕의 좌익 신문 《PM》은 오펜하이머가 법안에 대한 "측면 공격"을 감행했다고 보도했다.[16]

프랭크 오펜하이머는 형과 말다툼을 벌였다. 로스앨러모스 과학자 협회의 활동가였던 프랭크는 이제 국제 통제의 필요성에 대해 시민들을 교육시키는 노력을 벌여야 할 때라고 믿었다. 프랭크는 "그는 그럴 시간이 없다고 말했습니다."라고 회고했다.[17] "그는 워싱턴 정가를 경험한 터였습니다. 그는 모든 것이 움직이고 있다고 보았고, 내부에서부터 바꿔 나가지 않으면 안 된다고 느꼈습니다." 어쩌면 오펜하이머는 자신의 명망과 커넥션을 이용해 트루먼 정부가 국제 통제를 향한 대약진을 하도록 하기 위한 계산된 도박을 하고 있었을지도 모른다. 그리고 어쩌면 그는 그것이 민간 차원이든 군부 차원이든 개의치 않았을지도 모르는 일이었다. 또는 어쩌면 그는 단지 정부가 자신을 외부인으로, "골칫거리"로 생각하게 만들 정책을 강하게 밀어붙일 의사가 없었는지도 모른다. 그는 핵 시대의 1막에서 중심 역할을 맡고 싶었다.

이 모든 것은 로버트 윌슨에게는 참을 수 없는 것이었다. 그는 기밀로 분류된 로스앨러모스 과학자 협회 명의의 "문서"를 고쳐서 《뉴욕 타임스》에 보냈고, 이는 곧 1면에 실렸다. 윌슨은 나중에 "그것을 우편으로 보낸 것은 심각한 보안 규정 위반이었습니다."라고 썼다.[18] "나에게 그것은 로스앨러모스의 지도자들로부터의 독립 선언이었습니다. 나는 그들을 여전히 존경하고 좋아했지만, 내가 그 일로 얻은 교훈은 아무리 총명한 사람이라도 권력의 자리에 가게 되면 다른 여러 상황을 고려하게 되고 결국 신뢰할 수 없게 된다는 것입니다."

로스앨러모스 밖에서 메이-존슨 법안에 대한 과학자들의 반대의 목소리가 높아지자, 로스앨러모스 과학자 협회 회원들은 생각을 고쳐먹었다. 빅터 바이스코프는 로스앨러모스 과학자 협회 집행 위원회 회의에서 "오피의 제안을 보다 비판적으로 생각해 보아야 한다."라고 말했다.[19] 그달 안에 로스앨러모스 과학자 협회는 오펜하이머와 결별했고 법안 반대 운동을 본격적으로 시작했으며 이를 위해 히긴보텀을 워싱턴으로 파견했다.[20] 질라르드와 다른 과학자들은 법안에 반대하는 증언을 했다. 이러한 로비 활동은 곧 전국 각지의 신문과 잡지의 1면을 장식하기 시작했다. 반란은 성공했다.

과학자들의 정력적인 로비 활동 때문에 메이-존슨 법안이 의회를 통과하지 못하게 되자, 워싱턴의 많은 사람들이 놀랐다. 그 대신에 코네티컷 출신의 초선 상원 의원이었던 브라이언 맥마흔(Brien McMahon)이 새로운 법안을 작성했다. 이 법안은 핵 에너지 정책에 대한 통제권을 민간인으로만 이루어진 원자력 에너지 위원회에 주도록 제안했다. 하지만 트루먼 대통령이 원자력 에너지 법안에 서명한 1946년 8월 1일 무렵이 되자 그 법안은 너무 많이 바뀌어서, "원자력 과학자" 운동에 동참했던 사람들은 너무 많은 희생을 치르고 얻은 승리가 아닌가 생각하게 되었다. 예를 들어 이 법에는 핵물리 분야에서 일하는 과학자들을 로스앨러모스의 경우보다 훨씬 더 혹독한 보안 체제의 관리 아래 두는 조항이 포함되어 있었다. 결국 오펜하이머가 메이-존슨 법안을 지지한 것에 대해 그의 동생을 비롯한 동료들이 이상하다고 생각했지만, 이는 머지않아 사람들의 기억에서 희미해져 갔다. 이 문제에 관한 그의 애매한 태도는 정당화되었다. 그는 국방부의 계획에 반대하려는 시도에는 실패했는지 모르지만, 정말 중요한 문제는 원자 폭탄의 제조를 국제적으로 통제할 수 있게 만드는 것임을 이해했던 것이다.

의회에서의 토론이 벌어지던 와중에 오펜하이머는 공식적으로 로스앨러모스 총책임자 자리에서 물러났다. 1945년 10월 16일에 열린 이임식에는 메사 주민 모두가 나와 그들의 41세의 지도자에게 작별 인사를 했다. 맥키빈은 오펜하이머가 송별사를 하러 일어서기 직전에 잠시 동안 인사를 했다. 그는 사전에 연설문을 준비하지 않았고, 맥키빈은 "그의 눈은 깊은 생각에 빠져 있는 듯이 먼 곳을 바라보고 있었다. 나중에 나는 그 짧은 순간에 오펜하이머가 연설 준비를 했다는 것을 알 수 있었다."[21]라고 기억했다. 몇 분 후, 뜨거운 뉴멕시코의 태양을 받으며 단상 위에 앉아 있던 오펜하이머는 그로브스 장군으로부터 감사장을 받기 위해 일어섰다. 낮고 조용한 목소리로, 그는 앞으로 연구소의 작업에 참여했던 모두가 자부심을 가지고 그들의 성취를 돌아볼 수 있기를 기원했다. 하지만 다른 한편 그는 말했다. **"오늘 그 자부심은 깊은 우려와 함께해야 합니다. 원자 폭탄이 무기고의 신무기에 불과한 것이 된다면, 인류가 로스앨러모스와 히로시마의 이름을 저주할 날이 올 것입니다."**[22]

그는 계속했다. "전 인류가 단결하지 않으면 반드시 멸망할 것입니다. 이것이 엄청나게 파괴적이었던 이번 전쟁이 우리에게 준 교훈입니다. 원자 폭탄은 모두가 이해할 수 있도록 보여 주었습니다. 다른 사람들은 다른 시기에, 다른 전쟁에 대해, 다른 무기에 대해 같은 말을 했습니다. 그들은 승리하지 못했습니다. 우리들 중 몇몇은 잘못된 역사의식을 가지고 이번에도 승리하지 못할 것이라고 말합니다. 우리가 그렇게 믿을 필요는 없습니다. 우리의 작업을 통해 우리는 법률과 인류애의 이름으로 단결된 세계에 헌신했습니다."

"언덕(The Hill)"의 많은 사람들은 그의 말을 듣자, 그가 기묘하게도 메이-존슨 법안을 지지하기는 했지만 여전히 로스앨러모스 과학자들의 편에 서 있다는 사실을 재확인할 수 있었다. 한 로스앨러모스 주민은 "그날 그는 우리와 한몸이었습니다. 그는 우리에게, 우리를 위해 말했습니다."라고 썼다.[23]

그날 아침 단상에는 버클리 대학교의 스프라울 총장이 그와 함께 앉아 있었다. 스프라울은 오펜하이머의 강한 어조에 놀랐고, 연설 중간에 나눴던 개인적 대화는 더욱 그의 마음을 어지럽혔다. 스프라울은 오펜하이머를 버클리로 오게 하려는 의도를 가지고 행사에 참석했다. 그는 오펜하이머가 버클리에 정나미가 떨어졌다는 것을 알고 있었다. 9월 29일에 오펜하이머는 그에게 편지를 보내 아직 미래에 대해 결정을 한 바가 없다고 밝혔다. 몇몇 다른 학교에서 그에게 종신 교수직을 제의했고, 제시된 연봉도 그가 버클리에서 받던 것보다 두세 배에 달했다. 그리고 오펜하이머는 "비록 버클리에 오래 몸담았지만 "이 대학이 나의 과거 행적을 경솔한 행동이라고 받아들이며 나에 대한 신뢰를 잃었다는 것"을 알고 있다고 말했다. 여기서 "경솔한 행동"이란 오펜하이머가 교원 노조에 참가해 정치 활동을 벌인 것을 스프라울이 골칫거리로 여겼던 것을 말하는 것이었다. 그는 스프라울에게 보낸 편지에서, 대학과 물리학과가 자신을 원하지 않는데도 버클리로 돌아가는 것은 잘못된 일이라고 말했다. 그리고 "다른 대학과 비교해서 그토록 낮은 연봉을 받고 돌아가는 것 역시 잘못된 일일 것입니다."[24]

뻣뻣하고 보수적인 스프라울은 항상 오펜하이머가 골칫거리라고 생각했다. 그래서 그는 로런스가 오펜하이머에게 연봉을 두 배로 올려 제의하자고 제안했을 때 망설였다. 로런스는 "우리가 오펜하이머 교수에게 지불하는 액수는 별로 의미가 없는 것이, 그가 여기로 온다면 그의 월급을 무시할 수 있을 정도의 연구비를 정부가 대 줄 것이기 때문입니다."라고 주장했다.[25] 스프라울은 마지못해 따랐다. 하지만 두 사람이 단상 위에서 이 문제를 의논했을 때 오펜하이머는 그가 편지에서 했던 말만 반복했다. 그는 물리학과의 동료들과 스프라울이 "어려운 성격과 흐릿한 판단력 때문에" 그의 복귀를 그리 반기지 않았다는 것을 알고 있었다. 그러고 나서 그는 갑자기 스프라울에게 자신은 칼텍으로 가기로 결정했다고 밝혔다. 그리고 형식적으로는 휴직 처리를 해 달라고 부탁했다. 이는 나중에 버클리로 돌아가고 싶어지면 그럴 수 있는 여지를 만들기 위해서였다. 스프라울은 당연히 속으로 발끈했지만, 그 요청을 받아들일 수밖에 없다고 느꼈다.

오펜하이머의 태도는 그가 여전히 다음에 무엇을 할지에 대한 확신이 없었다는 것을 보여 주지만, 그것이 무엇이건 간에 중요한 일이어야 한다는 생각을 가지고 있었다. 한편으로 그는 자신이 버클리에서 보냈던 행복한 시절로 돌아가고 싶어 했다. 그리고 다른 한편으로 그는 전쟁 후 얻게 된 지위를 이용해 새로운 야망을 이루고 싶기도 했다. 그는 하버드와 컬럼비아의 제의를 거절함으로써 일단 한 가지 결정을 한 셈이었다. 그는 캘리포니아로 돌아갈 것이고, 버클리로 돌아갈 기회도 일단은 남아 있었다. 하지만 당분간은 프로펠러 비행기를 타고 워싱턴을 오가는 피곤한 날들을 보내야 할 것이었다.

로스앨러모스에서 이임식이 있었던 다음 날인 10월 18일, 오펜하이머는 워싱턴 스타틀러 호텔(Statler Hotel)에서 열린 학회에 참석했다. 오펜하이머는 대여섯 명의 상원 의원들 앞에서 원자 폭탄이 이 나라에 가져올 위험성에 대해 단호한 어조로 설명했다. 그 자리에는 루스벨트의 세 번째 임기(1941~1945년) 동안 부통령이었고, 지금은 트루먼 행정부의 상무부 장관을 맡고 있는 헨리 월리스도 참석했다. 오펜하이머는 기회를 놓치지 않고 월리스에게 다가가 그와 개인적으로 대화를 나누고 싶다고 말했다. 월리스는 다음날 아침에 같이 산책을 하자고 제안했다.

전직 부통령과 워싱턴 시내를 가로질러 상무부 건물 쪽으로 걸으면서 오피는 폭탄에 대한 자신의 깊은 걱정을 드러냈다. 그는 재빨리 현 정부의 정책에 내재된 위험을 간략하게 설명했다. 나중에 월리스는 자신의 일기에 "나는 오펜하이머처럼 불안한 정신 상태를 가진 사람을 본 적이 없다. 그는 전 인류의 파멸이 코앞에 다가왔다고 느끼는 듯했다."라고 썼다. 오펜하이머는 국무부 장관 번즈가 "폭탄을 국제 외교에서 원하는 것을 얻기 위해 사용할 수 있는 권총 같은 것이라고 생각한다."며 심한 불평을 털어놓았다. 오펜하이머는 이것은 성공하지 못할 것이라고 강변했다. "그(번즈)는 러시아 인들이 자부심 강한 민족이고 훌륭한 물리학자들과 풍부한 자원을 가지고 있다고 말한다. 그들은 원자 폭탄을 만들기 위해 생활 수준을 낮춰야 할지도 모르지만, 충분한 수의 폭탄을 최대한 빨리 손에 넣기 위해 그들이 할 수 있는 모든 것을 할 것이다. 그는 포츠담에서의 잘못된 대처가 수천만 혹은 수억의 죄없는 사람들에 대한 학살로 이어질 것이라고 생각한다."

오펜하이머는 트리니티 시험이 있기 훨씬 전인 지난 봄만 해도 많은 과학자들이 러시아와의 전쟁이 일어날 가능성에 대해 "많이 우려했다고" 털어놓았다. 그는 루스벨트 정부가 폭탄에 대해 소련과 대화를 할 계획을 수립해 놓았다고 생각했다. 또 그는 영국인들이 반대했기 때문에 일이 그렇게 진행되지 않았다고 생각했다. 그래도 그는 스팀슨이 이 문제에 대해 "정치인다운" 시각을 가졌다고 생각했다. 그는 전쟁부 장관이 트루먼 대통령에게 보낸 9월 11일자 메모에서 "러시아에게 과학적 정보뿐만 아니라 제조 노하우까지 넘길 것을 주장"했던 것에 대해 얘기하며 자신도 찬성하는 입장이라고 말했다. 이때 월리스는 스팀슨의 견해가 국무 회의에서 한번도 논의되지 않았다며 말을 끊었다. 오펜하이머는 이 소식을 듣자 확실히 실망하는 눈치로 뉴멕시코에 있는 과학자들이 모두 실의에 빠져 있다고 말했다. "그들의 머리에는 폭탄의 사회적, 경제적 함의밖에는 없습니다."

어느 순간 오펜하이머는 월리스에게 대통령을 만나는 것이 도움이 되지 않겠냐며 의견을 물었다. 월리스는 신임 전쟁부 장관 로버트 패터슨(Robert P. Patterson)을 통해 약속을 잡으라고 권했다. 이 말을 끝으로 두 사람은 헤어졌다. 월리스는 이어 자신의 일기에 "원자 폭탄 과학자들의 죄책감은 내가 본 것 중 가장 놀라운 것이다."라고 썼다.[26]

엿새 후인 1945년 10월 25일 오전 10시 30분, 오펜하이머는 대통령 집무실로 안내되었다. 트루먼 대통령은 화술에 능하고 카리스마 넘치는 인물이라는 명성이 자자한 유명 물리학자를 만나고 싶어 했다. 패터슨 장관이 그를 소개하고 나서 세 사람은 자리에 앉았다. 트루먼은 오펜하이머에게 메이-존슨 법안이 의회를 통과할 수 있도록 도와 달라며 대화를 시작했다. 트루먼은 "가장 중요한 것은 국가적 문제가 무엇인지 정하는 것입니다. 국제 문제는 그 다음이지요."라고 말을 꺼냈다.[27] 오펜하이머는 이상하리만큼 길게 침묵을 지키다가 머뭇거리며 "어쩌면 국제 문제를 먼저 해결하는 것이 좋을지도 모릅니다."라고 말했다. 그는 물론 모든 핵기술을 국제적으로 통제하는 노력을 통해 신무기의 확산을 막는 것이 우선이라는 말을 하려던 것이었다. 대화 중에 트루먼은 갑자기 그에게 러시아 인들이 언제쯤 그들의 원자 폭탄을 만들 수 있겠냐고 물었다. 오펜하이머가 모른다고 대답하자, 트루먼은 확신에 찬 목소리로 자신은 대답을 안다고 말했다. "영원히 만들지 못할 것입니다."

오펜하이머는 그와 같은 어리석음은 트루먼의 한계를 보여 주는 증거라고 생각했다. 히긴보텀은 "대통령이 전혀 상황을 이해하지 못하는 것을 보자 그는 가슴이 철렁 내려앉았습니다."라고 회고했다.[28] 자신의 불안감을 계산된 결단을 보여 주는 것으로 감추고는 했던 트루먼에게, 오펜하이머는 지나치게 불확실했고, 애매했으며, 재미없는 사람이었다. 마침내 대통령이 자신의 메시지가 갖는 급박감을 이해하지 못하고 있음을 감지한 오펜하이머는, 긴장한 듯 손을 비비며 나중에 후회할 만한 말을 내뱉고 말았다. 그는 조용한 목소리로 "대통령 각하. 내 손에 피가 묻어 있는 것 같습니다(Mr. President, I feel I have blood on my hands)."라고 말했다.[29]

이 말은 트루먼을 화나게 했다. 트루먼은 나중에 데이비드 릴리엔털에게 "(오펜하이머에게) 피는 내 손에 묻어 있다고 말해 주었어. 뒤처리는 나에게 맡기라고 해 주었지."라고 말했다. 하지만 그 후 몇 년간, 트루먼은 자신의 각색을 덧붙였다. 한번은 그가 "걱정 마세요. 씻으면 괜찮아질 겁니다."라고 대답했다고 했다. 또 한번은 그가 주머니에서 손수건을 꺼내 오펜하이머에게 내밀면서 "여기, 닦으시지요?"라고 말했다고 했다.

그리고 나서 어색한 침묵이 흘렀고, 트루먼이 자리에서 일어나 회의가 끝났음을 알렸다. 두 사람은 악수를 하고, 트루먼은 "걱정 마세요. 우리는 어쨌든 문제를 해결할 테고, 당신은 우리를 도와줄 것입니다."라고 말했다고 전해진다.

나중에 누군가 대통령이 "손에 피라니, 제길. 그는 내 손에 묻은 피의 절반도 묻히지 않았어. 그걸 아프다고 떠들고 다니다니."라고 중얼대는 것을 들었다. 그는 나중에 애치슨에게 "나는 두 번 다시 저 개자식을 만나고 싶지 않아."라고 말했다. 1946년 1월까지도 이 일은 그의 마음에 각인되어 있었고, 그는 애치슨에게 오펜하이머를 "5~6개월 전에 내 사무실로 찾아와 손을 비비면서 원자력 에너지를 발견하여 자신들의 손에 피를 묻혔다고 말한 울보 과학자"라고 표현했다.

이 중요한 만남에서, 평소에는 매력 있고 냉정한 오펜하이머는 평정과 설득력을 잃어버리고 말았다. 그는 평상시에는 자연스럽게 행동할 수 있었으나, 긴장만 하면 깊이 후회할 만한 말을 했고, 이는 그를 심각한 곤경에 빠뜨렸다. 이 경우에 그는 핵 지니를 호리병 속으로 다시 집어넣을 수 있는 권력을 가진 유일한 사람에게 좋은 인상을 남길 수 있는 기회를 잡았지만, 안타깝게도 그 기회를 놓치고 말았다. 체르니스가 꿰뚫어보았듯이, 그의 유창한 화술은 양날의 칼이었다. 그것은 설득의 도구이기도 했지만, 오랫동안 연구하고 준비했던 것을 깎아내리는 결과를 가져오기도 했다. 이처럼 그의 지적 자만심은 가끔씩 그가 바보 같은 행동을 하게 해 엄청난 결과를 초래하고는 했다. 그것은 오펜하이머에게 일종의 아킬레스 건 같은 것이었다. 그것은 결국 그의 정적들에게 그를 파괴할 수 있는 기회를 제공하게 될 것이었다.

기묘하게도 오펜하이머가 권력의 자리에 있는 사람으로부터 반감을 산 것은 이번이 처음도 마지막도 아니었다. 그는 자신의 학생들이 바보 같은 질문을 하지 않는 이상 참을성 있고, 친절하며, 부드러운 선생님이었다. 하지만 권력자들에게 그는 참을성 없고, 무례할 정도로 솔직했다. 이 경우에 핵무기의 함의에 대한 트루먼 대통령의 오해와 무지가 오펜하이머가 대통령의 반감을 살 만한 말을 하게 했던 것이다.

트루먼은 과학자들이 생각만 많은 좀생이들이라고 생각했고, 그들과 좋은 관계를 유지하지 못했다. 라비는 "그(트루먼)는 상상력이 풍부한 사람이 아니었습니다."라고 말했다.[30] 과학자들만 이렇게 생각하는 것이 아니었다. 트루먼 밑에서 잠시 전쟁부 차관으로 일했던 경험 많은 월가의 변호사 존 매클로이조차 자신의 일기에 대통령은 "결심을 빠르고 단호하게 하는 단순한 사람인데, 가끔은 너무 빨리 결심하는 것이 문제. 머리부터 발끝까지 미국인이다."라고 썼다.[31] 그는 위대한 대통령이 아니었다. "전혀 뛰어나거나 링컨답지 않았다……. 본능에 충실한 보통 사람으로 따뜻한 성품을 가졌다." 매클로이, 라비, 오펜하이머 모두 핵외교 정책을 둘러싼 트루먼의 직관이 올바르지 않으며, 이 나라와 세계가 직면한 과제를 해결할 수 있는 능력이 없다고 생각했다.

메사에서는 어느 누구도 오펜하이머를 "울보 과학자"라고 생각하지 않았다. 1945년 11월 2일 축축하고 추운 날 저녁에 전직 총책임자는 언덕 위로 돌아왔다. 사람들은 로스앨러모스 극장에서 오펜하이머가 "우리가 직면한 난관"에 대해 말하는 것을 듣기 위해 모여들었다.[32] 그는 고백을 하는 것으로 시작했다. "나는 실제 정치에 대해서는 잘 모릅니다." 하지만 그것은 중요한 것이 아니었다. 왜냐하면 원자 폭탄과 관련된 문제들은 과학자들이 일상적으로 직접 부딪치는 것이기 때문이었다. 그는 그동안 일어난 일들이 "과학과 상식의 관계를 재정립"하지 않을 수 없게 만들었다고 말했다.

그는 원고 없이 한 시간 동안 말했고, 관중을 완전히 사로잡았다. 몇 년이 지난 후에도 사람들은 여전히 "나는 오피의 연설을 기억합니다."라고 말하고는 했다.[33] 그들이 이날 밤을 기억하는 것은 그가 그들 모두가 폭탄에 대해 느끼는 혼란스러운 감정을 너무도 잘 설명했기 때문이었다. 과학자라면 누구나 "세상이 작동하는 법칙을 찾아내는 것은 좋은 일이라고 믿을 것입니다……. 이 세상을 통제할 수 있는 힘을 인류에게 주고 우리의 가치에 맞게 사용하게 하는 것은 좋은 일입니다." 게다가 "핵무기의 개발이 이성적인 해결책이 되기에는, 그리고 재앙이 될 가능성이 보다 적다는 점에서는, 이 세상 어디보다도 미국이 적절한 장소라는 느낌"이 있었다. 오펜하이머는 그럼에도 불구하고 과학자로서 그들이 이러한 "심대한 위기"에 대한 책임을 피할 수 없을 것이라고 말했다. 많은 사람들은 "여기서 빠져나가려고 발버둥칠 것입니다." 그들은 "이것은 단순히 또 하나의 무기에 불과하다."라고 주장할 것이다. 과학자들은 그것보다는 잘 알고 있었다. "나는 우리가 이것이 심대한 위기라는 것을 인정해야 한다고, 우리가 만들기 시작한 핵무기가 매우 끔찍한 물건이라는 사실을 직시해야 한다고, 그것은 살짝 변형에 그치는 것이 아니라 거대한 변화를 수반한다는 것을 알아야 한다고 생각합니다."

"전쟁의 성격이 변했다는 것은 명확합니다. 우리가 처음으로 만든 폭탄이, 그리고 나가사키에 투하된 폭탄이, 25제곱킬로미터의 면적을 파괴할 수 있다면 그것은 엄청난 것입니다. 누군가가 그것을 만들고 싶다면 매우 값싸게 만들 수 있다는 것도 명확합니다." 이와 같은 정량적 변화의 결과로 전쟁의 성격이 바뀌었다. 이제는 방어자보다 공격자가 우위가 서게 되었다. 하지만 전쟁이 막을 수 없는 것이 되었다면, 국가 간의 관계에서는 매우 "급진적인" 변화가 필요했다. "단지 정신적으로 법률적인 변화뿐만 아니라 우리의 개념과 느낌까지 바꾸어야 하는 것입니다." 그가 "강조"하고 싶었던 한 가지는 "우리가 정신적으로 얼마나 많이 바뀌어야 하는지"였다고 말했다.

이 위기는 국제 사회에서의 태도와 행동에 대한 역사적 전환을 요구했고, 그는 현대 과학에서 그 선례를 찾으려 했다. 그는 스스로 "임시 해결책"이라고 부르는 답을 찾았다고 생각했다. 우선 주요 열강들은 "공동 원자력 에너지 위원회"를 만들어야 할 것이었다. 이 위원회는 "국가 원수들의 통제가 미치지 않는" 권력을 가지고 원자력 에너지의 평화적 이용을 추구할 것이다. 둘째, 과학자의 교류를 강제할 수 있는 구체적인 방침을 세워 "과학자들 사이의 연대가 강화될 수 있도록" 할 것이었다. 그러고 나면 마침내 "나는 폭탄이 만들어지지 않을 것이라고 말할 수 있을 것입니다." 그는 이런 제안들이 모든 문제를 해결할 수 있는 제안인지 모르겠지만, 적어도 출발점은 된다고 생각했다. "나는 이곳의 친구들이 대체로 동의할 것으로 생각합니다. 특히 보어라면……."[34]

하지만 보어와 다른 과학자들이 승인하더라도, 모두는 그들이 나라 전체로 봤을 때 소수라는 것을 알고 있었다. 연설 후반부에서 오피는 자신이 "핵무기를 취급하는 책임을 단독으로 져야 한다고 고집하는 공식 성명서들"이 걱정스럽다고 털어놓았다. 바로 그 주 초에 트루먼 대통령은 뉴욕 센트럴파크에서 열린 해군의 날 행사에서 미국의 군사적 힘을 한껏 즐기는 듯한 연설을 했다. 트루먼은 미국이 전 세계를 대표해 원자 폭탄이라는 "신탁"을 갖게 될 것이며, "우리는 사악함과 어떤 타협도 거부할 것이다."라고 말했다.[35] 오펜하이머는 이와 같은 트루먼의 호전적인 태도를 혐오했다. "'우리는 무엇이 옳은지 알고 있으며, 당신의 동의를 얻기 위해 원자 폭탄을 사용할 수도 있다'는 식으로 문제에 접근하는 것은 매우 취약한 입장이며 성공할 수 없을 것입니다……. 결국 재앙을 방지하기 위해 무력을 사용하게 되는 것입니다." 오펜하이머는 관중들에게 자신이 대통령의 의도와 목적에 반대하는 것은 아니라고 말했다. 하지만 "우리는 1억 4000만 명일 뿐이고, 지구에는 20억 명이 살고 있습니다." 미국인들이 아무리 그들의 관점과 생각이 옳다고 확신해도 "다른 사람들의 관점과 생각을 완전히 부정하는 것으로는 합의에 이를 수 없습니다."

그날 밤 강당에 모인 사람들은 모두 감동을 받았다. 오펜하이머는 그들에게 익숙한 언어로 그들의 의구심, 두려움, 그리고 희망을 표현했던 것이다. 그 후 수십 년 동안 그의 말은 반향을 불러일으킬 것이었다. 그가 묘사한 세계는 원자 속 양자의 세계만큼이나 미묘하고 복잡했다. 그는 작은 문제에서 시작했지만, 최고의 정치인이 그렇듯, 문제의 핵심을 파고드는 간단한 진실을 말했던 것이다. 세계는 이미 바뀌었다. 미국인들이 단독 행동을 강행한다면 위태로움을 자초할 것이다.

며칠 후 오펜하이머와 키티, 그리고 그들의 두 자녀 피터와 토니는 캐딜락 자가용에 올라 패서디나로 떠났다. 키티는 로스앨러모스를 떠나게 된 것을 다행으로 여겼다. 이는 오펜하이머 역시 마찬가지였다. 그는 사랑하는 뉴멕시코의 메사에서 과학의 역사에 유례없는 업적을 남겼다. 그는 세계를 변화시켰고, 그 역시 변화했다. 하지만 그는 침울한 감정이 교차하는 것을 떨칠 수가 없었다.

칼텍에 도착하자마자 오펜하이머는 오토위 다리 옆 작은 집에서 보내온 편지를 한 통 받았다. 워너가 "친애하는 오프 씨"라는 인사말로 시작하는 편지를 보낸 것이다.[36] 누군가가 그녀에게 그의 송별사를 한 부 전해 주었다. 그녀는 "그것은 마치 당신이 내 부엌에서 말하는 것 같았어요. 절반은 당신 스스로에게, 절반은 나에게."라고 썼다. "그리고 그 연설문은 내가 몇 번이고 느꼈던 생각을 확신하게 해 주었습니다. 베이커 씨(닐스 보어의 가명)가 발산하는 기운 같은 것이 당신에게서도 느껴져요. 지난 몇 달간 나는 그것이 원자력 에너지만큼이나 잘 알려지지 않은 것이라고 생각했습니다……. 강물의 노래가 협곡으로부터 들려오고 속세의 요구가 이 조용한 장소에까지 도달할 때, 두 분을 생각할 것입니다."

25장

누군가 뉴욕을 파괴할 수도 있다

그동안 내 인생이나 다름없었던 물리학과

물리학을 가르치는 것이 아무런 의미가 없다고 느낀다.

— 로버트 오펜하이머

이제 오펜하이머는 워싱턴에서 영향력 있는 인물이 되어 있었다. 그리고 그것이 그를 FBI 국장 에드거 후버의 정보망에 걸려들게 했다. 그해 가을 후버는 오펜하이머가 공산주의자들과 연계되어 있다는 정보를 흘리기 시작했다. 1945년 11월 15일, 후버는 백악관과 국무부 장관에게 오펜하이머에 대한 3쪽짜리 FBI 파일의 요약본을 보냈다. 후버는 샌프란시스코의 공산당 간부들의 대화를 엿듣던 중 그들이 오펜하이머를 공산당에 "정규 등록된" 당원이라고 부르는 것을 들었다고 보고했다. 후버는 "오펜하이머가 원자 폭탄 프로젝트를 맡기 전부터 그를 알고 지내던 캘리포니아 공산

주의자들은 그와 다시 관계를 맺는 것에 관심을 보였다."라고 썼다.[1]

후버의 정보는 문제가 많은 것이었다. 캘리포니아 공산주의자들이 오펜하이머를 당원이라고 불렀던 것이 FBI 감청반에 잡힌 것은 확실히 사실이었다. 하지만 이는 놀라운 사실이 아니었다. 전쟁 전에는 오펜하이머가 공산당 활동에 몰두했다고 생각했던 공산당원들이 많았고, 전쟁 전에 오펜하이머를 알았던 사람이라면 누구나 이 유명한 "원자 폭탄" 물리학자를 자기 편이라고 주장하고 싶어 했기 때문이다. 히로시마에 원자 폭탄이 투하되고 4일이 지났을 때 FBI 도청팀은 공산당 조직책인 데이비드 아델슨(David Adelson)이 "오펜하이머가 많은 공을 차지하니 좋군."이라고 말하는 것을 녹음했다.[2] 또 다른 당 활동가인 폴 핀스키(Paul Pinsky)는 "예, 우리 당원이라고 주장할까요?"라고 대답했다. 아델슨은 웃으며 "오펜하이머가 원래 나를 밀어 넣은 사람이었지. 그 모임 기억나?"라고 말했다. 핀스키가 "네."라고 대답하자, 아델슨은 "그의 주변에 있는 게슈타포 같은 놈들이 사라지면 바로 그를 만나서 얘기할 거야. 그는 이제 너무 거물이어서 아무도 그를 건드릴 수 없지만, 이제 슬슬 입을 열고 속 얘기를 털어놓을 때가 됐지."라고 되받았다.

아델슨과 핀스키가 오펜하이머가 그들의 정치 사상에 공감한다고 생각한 것은 분명하다. 하지만 그는 동지였을까? FBI조차도 핀스키의 질문 ("우리 당원이라고 주장할까요?")은 "감시 대상자(오펜하이머)가 정식 당적을 가지고 있었는지 불분명하게 한다."라고 인정했다.[3]

1945년 11월 1일에 비슷한 일이 있었다. FBI는 알라메다 카운티 공산당의 한 지부인 노스 오크랜드 클럽(North Oakland Club) 집행 위원회에서의 대화를 엿들었다. 공산당 활동가인 캐트리나 샌도우(Katrina Sandow)는 오펜하이머가 공산당원이라고 말했다. 또 다른 공산당 간부인 잭 맨리(Jack

Manley)는 자신과 스티브 넬슨이 "오펜하이머와 가까운 사이"라고 자랑했으며 그를 "우리 사람 중 하나"라고 불렀다.[4] 맨리는 소련에 대단히 큰 우라늄 광맥이 있으며 미국이 신무기에 대한 독점을 유지하리라고 믿는 것은 "멍청한 일"이라고 말했다. 그리고 그는 오펜하이머가 2~3년 전에 "이에 대해 우리에게 자세하게 얘기"했었다고 주장했다. 또한 맨리는 자신이 일본에 떨어뜨린 것보다 훨씬 강력한 폭탄을 개발 중인 방사선 연구소의 과학자들을 안다고 말했다. 그는 자신이 "대중도 이해할 수 있도록 폭탄의 간단한 설계도를 모든 지역 신문에 출판할" 계획을 세우고 있다고 주장하기도 했다.

백악관과 국무부는 후버의 도청에 대해 아무런 조치도 취하지 않았다. 후버는 자신의 요원들을 통해 도청을 계속했다. 1945년 말, FBI는 버클리 외곽에 있는 프랭크 오펜하이머의 집에 도청 장치를 설치했다. 1946년 1월 1일 신년 파티에서 FBI는 동생을 찾아온 오펜하이머가 핀스키와 아델슨과 나누는 대화를 엿들었다. 그들은 자신들이 조직하고 있던 집회에서 원자 폭탄에 관한 연설을 해 달라고 오펜하이머를 설득하려 했지만, 오펜하이머는 예의 바르게 거절했다(프랭크는 동의했다.). 아델슨과 핀스키는 놀라지 않았다. 그들은 이 물리학자에 대해 다른 당 간부인 바니 영과 얘기한 적이 있었는데, 그는 당이 오펜하이머와 연락을 취하려 했지만 "관계를 지속하려는 노력을 전혀 하지 않았다."라고 말했던 것이다.[5] 오펜하이머의 오랜 친구이자 오클랜드 공산당 대표인 넬슨은 여러 차례 그와의 친분을 재개하려 노력했지만 오펜하이머는 반응을 보이지 않았다.

넬슨은 오펜하이머를 다시 만나지 않았다. 다른 당 활동가들은 그가 한때 당 외곽에 있었던 사람이라고 생각했을지도 모른다. 하지만 슈발리에조차 오펜하이머가 당의 규율에 얽매인 적이 없었다는 것을 알고 있었다. 그때나 지금이나 그는 항상 "개인적 경로"를 따랐다. 그랬기 때문에 오펜하이머 자신을 제외하고는 그 누구도 그와 공산당의 관계, 또 그것이 그에게 어떤 의미가 있었는지를 정확히 알 수 없었다. FBI는 오펜하이머가 당적을 가졌다는 것을 입증할 수 없었다. 하지만 이후 8년 동안 후버와 그의 요원들은 매년 오펜하이머에 대한 1,000여 쪽의 메모, 감시 보고서, 감청록을 만들었다. 이는 "개인적" 생각을 가진 물리학자의 평판에 손상을 입히기 위함이었다. 오펜하이머의 집 전화에는 1946년 5월 8일 도청 장치가 설치되었다.[6]

후버는 자신이 직접 지휘한 이 조사 과정에 대해 전혀 양심의 가책을 느끼지 않았다. 1946년 3월 초, FBI는 로스앨러모스 시절 오펜하이머의 비서였던 앤을 정보원으로 만들기 위해 가톨릭 사제를 이용했다. 볼티모어의 존 오브라이언(John O'Brien) 신부는 앤이 "가톨릭 신자"이며, "오펜하이머가 원자 폭탄의 비밀을 누설한 가능성에 대한 정보를 캐내기 위해" FBI에 협조하도록 그녀를 설득할 수 있다고 주장했다. 후버는 관련 메모에 "신부가 입을 다물기만 한다면 OK"라고 쓰며 이와 같은 시도에 동의했다.[7]

오브라이언 신부는 "앤을 설득하기 위한 접촉에서 사용할 수 있도록 오펜하이머에 대한 부정적인 정보"를 제공해 달라고 요구했다. 그의 FBI 담당 요원은 앤이 믿을 만하다고 확인되기 전에 그녀를 접촉하는 것은 안전한 전술이 아니라고 말했다. 사제는 1946년 3월 26일에 앤과 만났다. 다음 날 아침 그는 FBI에 전화를 걸어 "그녀는 종교적인 신념과 애국심 때문에 협조하기를 거부했다."라고 보고했다. 앤은 사제에게 자신이 "오펜하이머를 완벽하게 믿는다."라고 말했던 것이다. 그녀는 키가 크고, 금발 머리에, 잘 생긴 사제가 전직 고등학교 교사이자 가족의 가까운 친구라는 것을 알고 있었지만, 오브라이언 신부에게 어떤 정보도 제공하지 않았다. 그녀는 안보 기관들이 오펜하이머를 감시하고 있다는 사실에 분노를 나타냈다. 앤은 FBI가 자신을 감시하고 있다는 오펜하이머의 말을 들은 적이 있었는데, 그때는 그것이 어처구니 없는 일이라고 생각한다고 말했다.

오펜하이머는 이와 같은 감시에 분노했다. 하루는 버클리에서 자신의 학생이었던 와인버그와 이야기를 나누던 중 오펜하이머는 갑자기 벽에 붙어 있는 동판을 가리키면서 "저게 도대체 뭐야?"라고 말했다.[8] 와인버그는 대학이 인터콤 시스템을 철거한 후 벽에 난 구멍을 막기 위해 동판을 붙여 놓았다고 설명했다. 하지만 오펜하이머는 말을 가로막고 "저기에는 항상 마이크가 숨겨져 있었어."라고 말했다. 그리고 나서 그는 문을 쾅 닫으며 성큼성큼 방을 걸어 나갔다.

확실히 오펜하이머는 후버의 유일한 감시 대상이 아니었다. 1946년 봄, FBI의 국장은 트루먼 정부의 고위 관료 수십 명에 대한 조사를 진행하고 있었고 그들에 대한 기이한 혐의를 제기했다. 소위 "믿을 만한 정보통"에 의거해 그는 존 매클로이, 허버트 마크스, 에드워드 콘던, 심지어는 딘 애치슨까지 원자 에너지 정책에 관여했던 여러 관료들의 충성심에 의문을 제기했다.[9]

1946년에 진행된 오펜하이머와 트루먼 정부 관료들에 대한 후버의 조사는 반공주의 정치의 전조였다. 그는 "공산주의자", "공산주의 지지자", 또는 "동조자"라는 혐의를 무기로 정적들을 침묵시키거나 파괴했다. 그것은 사실 새로운 전술이 아니었다. 이와 같은 혐의는 1930년대 말부터 주 정부에서 상당한 파괴력을 가진 것으로 입증되었던 것이다. 하지만 미국과 소련 사이의 간극이 점점 커지는 당시의 분위기에서, 우리의 "원자 비밀"을 지킬 필요성에 초점을 맞추기는 쉬운 일이었고, 이와 같은 필요성은 핵 관련 연구자들에 대한 극심한 감시를 정당화했다. 후버는 핵 문제에 대한 가장 보수적인 입장에서 벗어나는 사람이면 누구에게나 의혹의 눈초리를 보냈고, 그는 원자 에너지 정책에 관여하는 사람 중 오펜하이머가 가장 혐의점이 많다고 생각하고 있었다.

1945년 크리스마스 무렵 살을 엘 듯한 추운 어느 늦은 오후였다. 오펜하이머는 뉴욕 시 리버사이드 가에 있는 라비의 아파트를 방문했다. 라비의 거실 창문 밖으로 해가 지는 것을 보면서, 두 오랜 친구는 허드슨 강 위에 떠 있는 얼음 조각들이 노란색과 분홍색으로 물드는 것을 바라봤다. 그리고 나서 두 사람은 어둠이 깔리는 방에 앉아 파이프 담배를 피우며 핵무기 경쟁의 위험에 대해 이야기를 나누었다. 라비는 나중에 국제 통제는 "자신의 생각"이었고, 오펜하이머는 그것의 "세일즈맨"이었다고 주장했다. 물론 오펜하이머는 이와 같은 생각을 로스앨러모스에서 보어와 대화를 나눈 뒤로 줄곧 하고 있었다. 하지만 어쩌면 그날 저녁의 대화를 통해 오펜하이머는 자신의 생각을 구체적인 계획으로 만들었는지도 모른다. 라비는 "나는 두 가지가 필요하다고 생각했습니다. 그것(폭탄)은 국제 사회의 통제 아래 있어야 한다. 왜냐하면 개별 국가의 통제를 받게 되면 결국 경쟁할 수밖에 없으니까. 둘째, 우리는 또한 핵에너지의 가능성을 믿었으며, 산업 사회를 유지하기 위해서는 그것이 반드시 필요하다고 생각했습니다."[10] 그래서 라비와 오펜하이머는 실제적인 영향력을 가진 국제 원자력 기구를 제안했고, 그것이 폭탄과 원자력 에너지의 평화적 이용을 동시에 통제할 수 있으리라고 생각했다. 핵무기를 만들어 핵 확산을 도모하는 국가는 그에 대한 처벌로서 에너지 발전소의 폐쇄를 감수해야 할 것이었다.

4주 후인 1946년 1월 말, 오펜하이머는 소련, 미국을 비롯한 몇몇 나라들이 수개월의 협상을 통해 유엔 원자력 에너지 위원회를 만들기로 결정했다는 소식을 듣고 기뻐했다.[11] 그에 대한 대답으로, 트루먼 대통령은 핵무기의 국제 통제를 위한 구체적인 제안서를 기초하기 위한 특별 위원회를 임명했다. 애치슨이 위원회의 의장을 맡았고, 미국 외교 정책에서 주도적인 역할을 담당했던 전 전쟁부 차관 존 매클로이, 바네바 부시, 제임스 코넌트, 레슬리 그로브스 장군 등이 참여했다. 애치슨이 개인 보좌관 마크스에게 자신은 원자력 에너지에 대해 아무것도 모른다고 불평을 털어놓자, 마크스는 자문 위원회를 구성하라고 권유했다. 똑똑하고 사교적인 젊은 변호사인 마크스는 한때 테네시 강 유역 개발공사(Tennessee Valley Authority) 사장인 릴리엔털 밑에서 일한 적이 있었는데, 그는 애치슨에게 릴리엔털이 앞뒤가 맞는 계획을 세우는 데 도움을 줄 수 있을 것이라고 제안했다. 진보적 뉴딜주의자인 릴리엔털은 과학자는 아니었지만 수백 명의 엔지니어와 기술자들과 일해 본 경험 많은 행정가였다. 그는 그들의 결정에 무게를 실어 줄 것이었다. 그는 자문 위원회의 의장을 맡기로 했고, 그를 제외하고 네 명이 더 자문 위원회에 참가하기로 했다. 뉴저지 벨 전화 회사 사장 체스터 바너드(Chester Barnard), 몬산토 화학 회사 부사장 찰스 토머스(Charles Thomas) 박사, 제네럴 일레트릭 부사장 해리 윈(Harry A. Winne), 그리고 오펜하이머였다.

오펜하이머는 이와 같이 일이 진행되는 것에 크게 기뻐했다. 마침내 그가 그토록 고대하던 원자 폭탄의 통제에 관한 주요 문제들을 해결할 수 있는 기회가 온 것이었다. 애치슨의 위원회와 자문 위원들은 그해 겨울 몇 차례 회의를 열어 예비 계획을 세우기 시작했다. 오펜하이머는 유일한 물리학자로서 자연스럽게 토론을 주도하게 되었고, 그의 명료함과 비전은 참가자들의 마음을 사로잡기에 충분했다. 모든 결정은 만장일치로 이루어졌고, 그는 그것을 얻기 위해 최선을 다했다. 첫 회의부터 릴리엔털은 오펜하이머에게 매료당했다.

그들은 워싱턴 쇼어햄 호텔(Shoreham Hotel)의 오펜하이머의 방에서 처음 만났다. 릴리엔털은 자신의 일기에 "그는 땅바닥을 쳐다보며 왔다 갔다 하면서 말을 하는 버릇이 있었다. 게다가 문장이나 문구 사이에 독특한 '허' 소리를 내고는 했는데, 참으로 이상한 습관이었다. 그의 화술은 뛰어났다……. 나는 그의 번득이는 재치에 깊은 인상을 받았고 그를 좋아하게 되었지만, 그의 말하는 방식이 듣기에 편안하지만은 않았다."라고 썼다.12 나중에 그와 더 많은 시간을 같이 보낸 후, 릴리엔털은 "인류가 그(오펜하이머)와 같은 사람을 만들었다는 것을 알게 된 것만으로도 인생을 살 만한 충분한 가치가 있다."라고 찬사를 늘어놓았다.

그로브스 장군은 오펜하이머가 많은 사람들을 매료시키는 것을 많이 보았지만, 릴리엔털의 경우는 좀 지나쳤다고 생각했다. "모두가 그를 추종하게 되었습니다. 릴리엔털은 오펜하이머에게 아침에 어떤 넥타이를 맬지를 물어볼 정도로 그의 말이라면 사족을 못 쓰게 되었지요."13 매클로이 역시 오펜하이머의 팬이 되었다. 매클로이는 오펜하이머를 전쟁 중에 만났고, 그를 여전히 폭넓은 교양인이고, "음악처럼 섬세한 정신"을 가졌으며, "거대한 매력"을 가진 지성인이라고 생각했다.14

애치슨은 나중에 자신의 회고록에 "내 생각에 모든 참가자들은 우리 중에 로버트 오펜하이머가 가장 신선하고 창의적인 생각을 가졌다는 것에 동의할 것입니다. 또한 당시에 그는 건설적이고 다른 사람의 생각을 받아들일 줄 알았습니다. 오펜하이머는 논쟁적이고, 날카로우며, 가끔은 현학적일 수도 있었지만, 그런 문제는 전혀 없었습니다."15라고 썼다.

애치슨은 오펜하이머의 번득이는 재치와 명료한 비전, 심지어는 그의 날카로운 언변마저 흠모했다. 회의가 시작되고 얼마 안 되었을 때, 오펜하이머는 조지타운에 있는 애치슨의 집에 초대받았다. 칵테일과 저녁 식사가 끝난 후, 그는 분필을 들고 작은 칠판 앞에 서서 집주인과 매클로이에게 원자의 복잡한 구조에 대해 강의했다. 그는 전자, 중성자, 양성자가 어떻게 서로를 예측 불가능하고 복잡하게 쫓아다니는지를 작은 그림을 그려 가며 설명했다. 애치슨은 나중에 "우리의 질문들은 그를 난처하게 했다. 그는 '전혀 이해하지 못하고 있군요! 두 분은 중성자와 전자가 정말로 작은 사람이라고 생각하고 있어요!'라고 말했다."라고 썼다.[16]

1946년 3월 초 자문 위원회는 오펜하이머가 쓰고 마크스와 릴리엔털이 수정한 3만 4000단어 분량의 보고서 초안을 작성했다. 그리고 그들은 3월 중순경 네 번에 걸쳐 워싱턴 D.C.에 위치한 덤바튼 오크스(Dumbarton Oaks) 저택에서 회의를 열었다. 3층 높이의 벽에는 장대한 태피스트리가 걸려 있었다. 한쪽 구석에서는 엘 그레코(El Greco)의 작품 「방문(The Visitation)」이 햇살을 받고 있었다. 호박으로 만든 비잔틴 고양이 조각상이 유리 케이스 안에 앉아 있었다. 회의가 끝나 갈 무렵 애치슨과 오펜하이머, 그리고 다른 참가자들은 돌아가면서 보고서 초고를 소리 내어 읽었다. 작업이 끝난 후 애치슨은 고개를 들고 돋보기를 벗으면서 "이것은 훌륭하고 깊이 있는 보고서입니다."라고 말했다.[17]

오펜하이머는 동료 패널들이 극적이고 포괄적인 계획을 승인하도록 설득하는 데 성공했다. 그는 미봉책을 쓰는 것으로는 충분하지 않다고 주장했던 것이다. 핵무기를 금지하는 간단한 국제 협약을 체결하더라도 강제할 수 있는 방법이 없다면 소용없는 일이었다. 국제 조사관들을 임명하는 것 역시 불충분한 방법이었다. 오크리지의 확산 공장 하나만 감시하는 데에도 조사관 300명이 필요할 것이었다. 게다가 해당 국가가 원자력 에너지를 평화적으로만 이용할 것이라고 잡아떼면 어떻게 할 것인가? 오펜하이머가 설명했듯이, 조사관들이 농축 우라늄 또는 플루토늄이 민간 핵발전소에서 군사 용도로 유출되는 것을 탐지하기란 어려울 것이었다. 원자력 에너지의 평화적 이용은 폭탄을 제조하기 위한 기술 능력과 떼려야 뗄 수 없는 관계였던 것이다.

오펜하이머는 이와 같은 딜레마에 대한 해법으로 현대 과학의 국제주의를 제시했다. 그는 원자력 에너지와 관련된 모든 것을 독점적으로 관장하는 국제 기구를 만들어 개별 국가들에게 혜택을 나눠 주자고 제안했다. 이 기구는 기술을 통제하고 그 기술이 오직 민간 목적으로만 개발되도록 할 것이었다. 오펜하이머는 장기적으로 보았을 때 "세계 정부 없이는 영구적 평화를 얻을 수 없고, 평화가 없다면 세계는 필연적으로 핵전쟁으로 귀결될 수밖에 없다."라고 믿었다.[18] 물론 세계 정부는 당장 실현될 수 없는 것이었으므로 오펜하이머는 적어도 원자력 에너지 부문에서만이라도 각국이 주권을 "부분적으로 포기"하기로 합의해야 한다고 주장했다. 그의 계획에 따르면 원자력 개발 공사(Atomic Development Authority)가 전 세계 모든 우라늄 광산, 핵발전소, 그리고 연구소에 대한 소유권을 갖게 될 것이었다. 어떤 나라도 원자 폭탄을 만들지 못하게 될 것이었지만, 과학자들은 원자력을 평화적으로 이용하기 위한 연구를 계속할 수 있을 것이었다. 4월 초에 한 강연에서 그가 설명했듯이, "이 제안은 원자력 개발 공사가 설립되어 핵무기로부터 세계를 보호하고 원자력 에너지의 혜택을 제공할 수 있을만큼만 각국이 주권을 부분적으로 포기하자는 것입니다."

각국의 활동이 완벽하게 투명하다면 그 어떤 나라도 비밀리에 핵무기를 만들기 위해 필요한 산업적, 기술적, 물질적 자원을 투입하기란 불가능할 것이었다. 오펜하이머는 일단 만들어진 무기를 되돌릴 수는 없으리라고 생각했다. 하지만 시스템을 투명하게 만들어 어떤 불량 정권이 핵무기를 만들기 시작하면 문명국들로부터 충분한 경고를 받도록 만들 수 있을 것이었다.

하지만 한 가지 점에서 오펜하이머의 정치관이 그의 과학적 판단을 흐렸다. 그는 모든 핵분열 물질을 영구적으로 "변성(denature)"시키거나 오염시켜 폭탄을 만드는 데 무용하게 만들어야 한다고 제안했다. 하지만 우라늄과 플루토늄은 어떤 방식으로 변성시켜도 원상태로 되돌릴 수 있었다. 라비는 "오펜하이머는 우라늄을 오염시키거나 변성시킬 수 있을 것이라고 말했는데, 이는 정신 나간 소리였습니다……. 너무나 어처구니가 없어서 나는 그에게 뭐라고 할 수조차 없었습니다."라고 말했다.[19]

모든 사람들이 이와 같은 긴박함을 공유하고 있었다는 사실은 몬산토 사의 찰스 토머스 같은 기업가나 공화당원이자 월스트리트 변호사인 존 매클로이 같은 사람들도 계획을 지지했다는 것을 보면 잘 알 수 있다. 마크스는 나중에 "원자 폭탄이라는 엄청난 사안 정도쯤 되었기 때문에 토머스 같은 사람도 광산들을 국제 관리 아래 두자는 계획에 동의할 수 있었을 것입니다. 그가 1억 2000만 달러 규모 회사의 부회장이라는 사실을 잊어서는 안 됩니다."라고 말했다.[20]

얼마 후 애치슨릴리엔털 보고서라고 알려진 오펜하이머의 보고서는 백악관에 제출되었다.[21] 오펜하이머는 이에 만족했다. 이제 대통령도 핵기술을 긴급히 통제할 필요성을 이해할 것이었다.

하지만 그의 낙관은 잘못된 것이었다. 국무부 장관 번즈는 겉으로는 "호의적인 인상을 받았다."라고 말했지만, 사실 그는 이 보고서의 폭넓은 권고를 보고 깜짝 놀랐던 것이다.[22] 다음 날 번즈는 트루먼에게 자신의 오랜 사업 파트너인 월스트리트 투자가 버나드 바루크(Bernard Baruch)에게 미 행정부의 제안을 국제 연합에 "통역"하는 일을 맡기라고 설득했다. 애치슨은 경악했다. 릴리엔털은 자신의 일기에 "어젯밤 소식을 들었을 때 나는 구역질이 날 정도였다……. 우리에게는 활기차고 오만하지 않은 젊은이가 필요하다. 러시아 인들에게 우리가 국제 협력에는 관심이 없고 단지 그들을 엿먹이려 하는 것은 아니라는 인상을 주어야만 하는 것이다. 바루크는 전혀 그런 느낌을 줄 수 있는 사람이 아니었다."라고 썼다.[23] 오펜하이머는 이 소식을 듣고, 당시 신설된 원자 과학자 연맹(Federation of Atomic Scientists) 회장이자 로스앨러모스 시절 친구인 히긴보텀에게 "우리가 졌다."라고 말했다.[24]

바루크는 사적인 자리에서 이미 자신은 애치슨릴리엔털 보고서의 권고들에 대해 "심대한 우려"를 가지고 있다고 말하고 있었다. 그는 퍼디난드 에버스태드(Ferdinand Eberstadt)와 존 핸콕(John Hancock, 리만 브러더스(Lehman Brothers)의 고위 임원) 같은 보수 은행가들이나, 광산 기술자이자 가까운 친구인 프레드 설즈(Fred Searls)에게 조언을 구했다. 바루크와 국무부 장관 번즈는 마침 우라늄 광산에 지분을 가지고 있는 대기업 뉴몬트 광업 회사(Newmont Mining Corporation)의 이사이자 투자자였다. 설즈는 뉴몬트의 최고 경영 책임자였다. 그들은 당연하게도 자신들의 광산이 국제 관리 아래 원자력 개발 공사로 넘어가게 될지도 모른다는 생각에 경계심을 가졌다. 이들은 막 시작되던 원자력 산업을 국제 관리 아래 두는 것을 심각하게 고려할 만한 사람들이 아니었다. 게다가 바루크는 미국의 원자 폭탄이 "승리를 가져다줄 무기(winning weapon)"라고 생각했던 것이다.[25]

오펜하이머의 명성은 너무 널리 알려져 있어서 바루크가 애치슨릴리엔털 보고서를 깔아뭉갤 준비를 하는 와중에도 오펜하이머를 과학 자문으로 임명하기 위해 노력할 수밖에 없었다. 1946년 4월 초 그들은 뉴욕에서 이 문제를 논의하기 위해 만났다. 오펜하이머의 입장에서 이 만남은 완전한 재앙이었다. 그는 자신의 계획이 현존하는 소련 정부 체계와는 어울리지 않는다는 것을 인정할 수밖에 없었다. 하지만 그는 미국의 입장은 "그들에게 올바른 제안을 하고 그들이 협력할 의지가 있는지 확인하는 것"이어야 한다고 주장했다. 반면 바루크와 그의 조력자들은 애치슨릴리엔털 계획은 몇 가지의 근본적인 면에서 수정되어야 한다고 주장했다. 국제 연합은 미국이 억지력을 갖도록 핵무기를 보유하는 것을 허가해야 한다. 제안된 원자력 개발 공사는 우라늄 광산에 대한 관리 권한을 가져서는 안 된다. 그리고 마지막으로 개발 공사는 원자력 에너지 개발에 대한 거부권을 가져서는 안 된다. 오펜하이머는 회의를 마치고 나오면서 바루크가 자신이 맡은 임무가 "러시아가 거부할 만한 제안을 하는 것"이라고 생각하는 것이 아닌가 의심할 정도였다.

바루크는 오펜하이머를 엘레베이터까지 배웅하면서 그를 안심시키려 했다. "내 친구들 걱정은 하지 마시오. 핸콕은 상당히 '우익'이지만 (윙크하며) 내가 너무 지나치지 않게 관리하지요. 설즈는 아주 똑똑하지만 그는 눈 돌리는 곳마다 공산주의자들을 발견하는 것 같아요."[26]

말할 것도 없이 바루크와의 만남은 오펜하이머를 안심시키지 못했다. 오펜하이머는 이 늙은 남자가 바보라고 확신하게 되었다. 그는 라비에게 자신은 "바루크를 혐오한다."라고 말했다.[27] 곧이어 그는 바루크에게 과학 자문으로 참여하라는 제안을 거절한다고 밝혔다. 라비는 이것이 실수라고 생각했다. "그는 용서받을 수 없는 일을 저질렀습니다. 그는 참여하기를 거부했던 것입니다. 그래서 리처드 톨먼이 불쌍하게도 끌려 들어갈 수밖에 없었던 것이지요." 건강이 안 좋던 톨먼은 바루크 같은 사람과 맞설 정력도 강한 성격도 갖지 못했다. 오펜하이머에 대해서는, 바루크가 릴리엔털에게 다음과 같이 말했다. "그 젊은이(오펜하이머)에 대해서는 안타깝게 생각합니다. 참으로 전도가 유망한데요. 하지만 그는 협조하려 하지 않았어요. 그는 자신의 태도를 후회하게 될 것입니다."[28]

바루크가 옳았다. 오펜하이머는 자신이 옳은 결정을 내렸는지에 대해 의구심을 갖게 되었다.[29] 제안을 거절하고 나서 단 몇 시간 후 그는 코넌트에게 전화를 걸어 자신이 멍청한 짓을 한 것 같다고 고백했다. 결정을 번복하는 것이 옳을까? 코넌트는 바루크가 이미 오펜하이머에 대한 신뢰를 잃었기 때문에 번복하기에는 너무 늦었다고 말했다.

이후 몇 주간 오펜하이머, 애치슨, 그리고 릴리엔털은 애치슨릴리엔털 계획을 살리기 위해 정부 관료들과 언론에 로비를 벌였다. 이에 바루크는 애치슨에게 그들의 활동이 자신의 지위를 훼손하고 있다며 불평했다. 애치슨은 아직 바루크에게 영향을 미칠 수 있다고 생각해 1946년 5월 17일 펜실베이니아 애비뉴에 위치한 블레어 하우스로 모두를 불러 모으기로 했다.

하지만 애치슨이 원자력 기술을 통제하기 위해 노력하던 와중에, 다른 사람들은 오펜하이머를 통제하거나 심지어 파괴하기 위해 노력하고 있었다. 그 주에 후버는 오펜하이머에 대한 감시 수위를 높이라고 지시했다. 그는 증거도 없이 오펜하이머가 소련으로 전향할 의도를 가지고 있을지도 모른다는 혐의를 제시하기 시작했다. 그는 오펜하이머가 소련 동조자라고 결론 내렸고, 이에 근거해 "그가 직접 핵연료 공장 건설에 대한 자문을 하는 것이 미국에서 가끔씩 정보를 제공하는 것보다 훨씬 소련에 유익할 것이다."라고 추론했던 것이다. 그는 요원들에게 "오펜하이머의 활동과 접촉을 주시하라."고 지시했다.[30]

애치슨이 소집한 회의가 열리기 1주일 전에 오펜하이머는 키티에게 전화를 걸어, 이번 회의는 "늙은이(바루크)를 통제하려는 것이 목적이야……. 별로 상황이 좋지는 않아."라고 말했다.[31] 그러고 나서 그는 "내가 그들에게서 원하는 것은 아무것도 없어. 단지 그의(바루크의) 양심에 호소하는 것에 희망을 걸 수밖에……" 키티는 "그 늙은이가 무엇을 원하는지" 잘 생각해 보라고 했다. 오펜하이머는 동의했고, 바로 그때 교환원이 딸깍거리는 소리가 들렸다. 그는 키티에게 "아직 거기 있어? 누가 엿듣고 있나?"라고 물었다. 키티는 "FBI일 거야."라고 대답했다. 오펜하이머는 "그들이 FBI라고?"라고 말하고는 "FBI가 방금 전화를 끊었나 봐."라고 말했다. 키티는 웃음을 터뜨렸고, 그들은 대화를 계속했다.

키티의 예상이 옳았다. 이틀 전부터 FBI는 버클리에 위치한 오펜하이머의 집을 도청하기 시작했다(그리고 후버는 국무부 장관 번즈에게 "당신과 대통령이 관심을 가질 만한 내용"이라며 통화 기록을 전달했다.[32]). 또한 후버는 요원을 붙여 오펜하이머를 미행하기 시작했다.

오펜하이머가 바루크를 비하하는 발언이 바루크에게 전달되었는지는 확실치 않다. 하지만 블레어 하우스에서 열린 회의는 순조롭게 진행되지 않았다. 바루크는 자신은 우라늄 광산들을 국제 관리 아래 두는 것에 명백히 반대한다고 밝혔다. 그러고 나서 "벌칙" 문제에 대한 논의가 시작되면서 회의는 결렬되기에 이르렀다. 바루크는 어째서 이 협약을 위반하는 국가들에 대한 처벌 조항이 없느냐고 물었다. 어떤 국가가 핵무기를 만들고 있다는 것이 발견되면 어떻게 할 것인가? 바루크는 협약을 위반하는 것을 막기 위해서 미국이 일정량의 핵무기를 보유할 필요가 있다고 생각했다. 그는 이것을 "적절한 처벌(condign punishment)"이라고 불렀다. 마크스는 그런 규정은 애치슨릴리엔털 계획의 정신에 완전히 어긋난다고 말했다. 게다가 위반국이 나오더라도 핵무기를 만드는 데까지는 적어도 1년 이상 걸릴 것이기 때문에, 국제 사회가 반응할 시간은 충분하다고 지적했다. 애치슨은 자신들도 보고서를 작성하면서 그 문제에 대해 고민하지 않은 것이 아니라고 설명했다. 그들은 "만약 어떤 강대국이 협정을 위반하거나 힘 대결을 하기로 선택한다면, 협정에 어떤 조항이 포함되어 있다는 것은 의미가 없을 것입니다. 그것은 국제 통제 자체가 실패했다는 것을 보여 주는 것이기 때문입니다."라고 결론 내렸던 것이다.[33]

그래도 바루크는 벌칙 없는 법조항은 무용하다고 고집했다. 그는 대부분의 과학자들의 의견을 무시하면서, 소련이 적어도 20년 동안은 핵무기를 만들 수 없으리라고 선언했다.[34] 그러므로 그는 빠른 시일 안에 미국의 독점적 지위를 포기할 긴급한 이유가 없다고 판단했던 것이다. 결론적으로, 그가 국제 연합에 제출하기로 마음먹은 계획은 애치슨릴리엔털 보고서를 상당히 수정한, 사실상 근본적으로 다른 것이었다. 새로운 원자력 기구가 취하는 어떤 행동에 대해서도 소련은 사실상 안전 보장 이사회의 거부권을 포기하게 될 것이었다. 협정을 위반하는 나라는 즉시 핵무기 공격을 받게 될 것이었다. 그리고 소련은 원자력 에너지의 평화적 이용과 관련된 기밀 정보를 제공받기 전에 그들의 우라늄 광맥에 대한 조사 보고서를 제출해야만 했다.

애치슨과 매클로이는 처벌 조항을 처음부터 강조하는 것에 강하게 반대했다. 그들은 또한 바루크의 의도대로 핵무기에 대한 미국의 독점을 앞으로 수년간 유지한다면 계획은 성사될 수 없을 것이라고 생각했다. 미국이 계속해서 핵무기를 만들고 있는 상황에서 소련이 그와 같은 조건에 합의할 리는 만무했던 것이다. 바루크의 제안은 원자력 에너지를 국제 협력을 통해 통제하자는 것이 아니라 미국의 독점을 연장하려는 의도였다. 매클로이는 완벽한 국가 안보를 유지하는 것은 불가능한 일이며 그와 같이 엄격한 즉각 처벌 조항을 두는 것은 "주제넘은" 일이라고 주장했다. 다음 날 대법관 펠릭스 프랭크퍼터는 매클로이에게 다음과 같은 편지를 보냈다.

"아주 대단한 싸움이었다고 들었습니다. 당신은 반대편에 앉아 있던 사람에게 너무 화가 나서 '입에서 먼지를' 내뿜을 정도였다고요."[35]

공화당원인 매클로이는 단지 화가 났을 뿐이었지만, 오펜하이머는 너무도 화가 난 나머지 우울증에 빠졌다. 그는 회의가 끝나고 릴리엔털에게 쓴 편지에서 "아직도 마음이 아주 무겁다."라고 썼다.[36] 오펜하이머는 나아가 앞으로 사태가 어떻게 진전될 것인지 예측했는데, 이는 그의 정치적 명민함을 잘 보여 주는 것이었다. "미국은 이제 이 문제에 대해 서두를 이유가 전혀 없을 것이다. 보고서는 (안전 보장 이사회에) 제출될 것이고 러시아는 거부권을 행사할 것이다. 우리는 이것을 러시아가 전쟁 의도를 보이는 것이라 판단할 것이다. 그리고 이것은 우리나라를 전쟁 일보 직전의 상태로 만들고 싶어 하는 사람들의 계획에 딱 들어맞겠지. 처음에는 심리적인 차원으로 시작하겠지만 점점 실제적으로도 전쟁 준비를 본격화할 거야. 육군은 이 나라의 연구 활동을 지휘하게 될 것이고, 공산주의자 사냥이 시작되겠지. 산업 조직 회의부터 시작해 모든 노동조합들은 공산주의자 취급을 받게 될 것이고, 반역자로 몰리게 될 거야."[37] 릴리엔털은 나중에 자신의 일기에 오펜하이머가 정신 사납게 왔다 갔다 하면서 "정말로 가슴이 무너지는 듯한 어투로" 말했다고 썼다.

오펜하이머는 릴리엔털에게 자신이 샌프란시스코에서 소련 외무 장관의 기술 자문을 맡고 있는 소련 과학자 안드레이 그로미코(Andrei Gromyko)와 이야기를 나눈 적이 있다고 말했다. 그로미코는 바루크의 제안이 미국의 핵 독점을 유지하기 위한 것이라고 강조했다. 그는 "미국의 제안은 미국이 자신의 핵폭탄들과 공장들을 30년이고 50년이고 원하는 만큼 무한정 유지하는 것을 용인하는 한편 러시아에게는 자신의 우라늄을 원자력 개발 공사에 즉각 넘겨주기를 요구하는 것이다."라고 말했던 것이다.[38]

1946년 6월 11일, FBI는 오펜하이머가 릴리엔털과 바루크의 "적절한 처벌" 제안에 대해 이야기하는 것을 엿들었다. 그는 릴리엔털에게 "나는 그들이 몹시 걱정돼."라고 말했다.[39]

릴리엔털은 "그래, 아주 안 좋아."라고 대답했다. "단기적으로 보더라도, 그것은……."

오펜하이머는 말을 끊으며 "결코 재미있는 상황이 되지는 않을 거야."라고 말했다. "하지만 그들은 그것을 지금 알지 못하고, 앞으로도 결코 알지 못하겠지. 그들은 전혀 딴 세상에서 살고 있어."

릴리엔털은 동의했다. "그들은 그동안 비현실적인 세계에서 살고 있었으니까. 표와 통계 자료로 이루어진 세계에서 살아온 사람들하고 말이 통할 리가 없지."

이틀 전 오펜하이머는 《뉴욕 타임스 매거진(New York Times Magazine)》에 이 문제를 일반인들도 이해할 수 있게 설명하는 긴 에세이를 발표했다.

우리의 계획은 원자력 에너지 분야에서 세계 정부를 세우자는 제안이다. 이 분야에서는 주권을 포기하자는 말이다. 이 분야에서는 합법적으로 거부권을 행사할 수 없게 될 것이다. 이 분야에서는 국제법을 따라야 할 것이다. 주권 국가들로 이루어진 이 세계에서 이것이 어떻게 가능할 것인가? 두 가지 방법이 있다. 하나는 정복이다. 그것은 주권을 파괴한다. 다른 방법은 주권의 부분적 포기이다. 우리가 제안하는 것은 세계 원자력 개발 공사를 설립할 수 있을 정도로만 각국이 주권을 부분적으로 포기하자는 것이다. 이를 통해 이 기구를 유지하고 성장시킬 수 있을 것이다. 그리고 전 세계를 핵무기의 사용으로부터 보호하고 원자력 에너지의 혜택을 제공할 수 있을 것이다.[40]

그해 초여름 오펜하이머는 여전히 버클리에서 물리학을 가르치고 있던 제자 와인버그를 우연히 만났다. 와인버그가 그에게 "국제적으로 통제하려는 노력이 실패하면 어떻게 해야 되죠?"라고 물었다.[41] 오펜하이머는 창밖을 가리키면서 "글쎄, 즐길 수 있는 동안 최대한 이 풍경을 즐겨야겠지."라고 대답했다.

1946년 6월 14일, 바루크는 "산 자와 죽은 자(the quick and the dead)" 사이의 선택이라는 성경 말씀을 인용하며 국제 연합에 자신의 계획을 제출했다.[42] 오펜하이머와 애치슨릴리엔털 계획에 관여한 모든 사람들이 예상했듯이, 소련은 즉시 바루크의 계획을 거부했다. 모스크바의 외교관들은 그 대신 핵무기의 생산과 사용을 금지하는 간단한 조약을 제안했다. 오펜하이머는 키티와의 전화 통화에서 이 제안이 "그리 나쁘지 않다."라고 말했다. 누구도 소련이 바루크 제안의 거부권 행사 관련 조항에 반대한 것에 크게 놀라지 않았다. 오펜하이머는 키티에게 바루크는 "그것이 얼마나 명청한 짓이었는지 잘 알면서도" 이 결과에 대해 자신이 얼마나 낙담했는지 과장되게 말하고 다닌다고 평가했다.[43]

트루먼 행정부는 오펜하이머가 예상한 대로 소련의 제안을 거절했다. 몇 달 동안이나 협상이 계속됐지만 그저 형식뿐이었고 의미 있는 결론에 도달하지 못했다. 이로써 두 강대국은 핵무기 경쟁을 조기에 통제할 수 있는 기회를 놓치고 말았다. 1962년 쿠바 미사일 위기와 곧이은 소련의 대규모 핵무기 생산이 있고 나서 1970년대가 되어서야 미국 행정부는 서로 받아들일 수 있을 만한 군비 통제 조약을 제안할 것이었다. 그때가 되면 이미 수만 개의 핵탄두가 생산된 후였다. 오펜하이머와 그의 동료들은 바루크 때문에 이 기회를 놓쳤다고 비난했다. 애치슨은 나중에 "그것은 (바루크의)

임무였는데 그가 일을 망쳤습니다."라고 평가했다.⁴⁴ 라비 역시 호의적이 지 않았다. "간단히 말해 그 일은 완전히 미친 짓이었다."

세월이 흐른 뒤 오펜하이머의 국제 통제 계획에 반대하던 사람들은 그 가 정치적으로 지나치게 순진했다고 평가했다. 그들은 스탈린이 그와 같 은 사찰을 절대로 받아들이지 않았을 것이라고 주장한다. 오펜하이머도 이 점을 어느 정도 인정했다. 그는 몇 년 후에 "나뿐만 아니라 그 누구라도 보어가 제안한 방안을 따랐더라면 역사가 어떻게 바뀌었을지 확신할 수 없다고 생각한다. 내가 아는 스탈린의 행태는 그런 면에서 한 조각의 희망 도 주지 않는 것은 사실이다. 하지만 보어는 우리의 행동이 상황을 변화시 킬 수 있다는 점을 이해하고 있었다. 그는 농담으로 딱 한번 이것이 '또 다 른 실험'이라고 말했지만, 이것이 그가 생각하던 모델이었다. 나는 우리가 그의 의견에 따르는 현명함을 보였더라면, 무능하다는 자책감과 비밀주의 의 효과에 대한 망상을 버리고 살아갈 만한 미래로 나아갈 수 있는 건전 한 비전을 가질 수 있었을 것이라고 생각한다."라고 썼다.⁴⁵

얼마 후인 그해 여름 릴리엔털은 오펜하이머의 워싱턴 호텔 방으로 방 문했다. 두 사람은 밤늦게까지 그간의 일들에 대해 이야기를 나눴다. 릴리 엔털은 자신의 일기에 "그는 대단한 매력과 탁월한 지적 능력을 갖춘 비극 적 인물이다. 나는 떠나면서 그가 슬퍼하고 있음을 보았다.⁴⁶ '(오피는) 나는 어디든 가서 어떤 일이든 할 준비가 되어 있지만, 더 이상 새로운 아이디어 를 낼 수는 없을 것 같아. 그리고 나는 그동안 내 인생이나 다름없었던 물 리학과 물리학을 가르치는 것이 이제 아무런 의미가 없다고 느낀다.' 특히 마지막 문장에서 나는 매우 가슴이 아팠다."라고 썼다.

오펜하이머의 고뇌는 대단히 깊은 것이었다. 그는 자신이 로스앨러모스 에서 했던 일의 결과에 대해 개인적 책임을 느꼈다. 신문의 1면에는 매일 세계가 다시 한번 전쟁을 향해 나아가고 있다는 증거가 실리고 있었다. 그는 1946년 6월 1일자 《원자 과학자 회보(Bulletin of the Atomic Scientists)》에 "미국인이라면 누구나, 또 한번의 대규모 전쟁이 일어난다면 핵무기가 사용되리라는 것을 알고 있다."라고 썼다.[47] 그는 바로 이 때문에 전쟁 자체를 없애기 위한 노력을 기울여야 한다고 주장했다. "지난 전쟁에서 전 세계에서 가장 문명화되고 인도적인 두 나라라고 생각하는 영국과 미국이 사실상 패배한 적국에 대항해 핵무기를 사용한 것을 보면 이것을 잘 알 수 있다."

그는 이와 같은 평가를 전에 로스앨러모스에서 한 강연에서도 내린 적이 있지만, 1946년에 이것을 글로 발표하기까지 한 것은 상당한 자기 고백이었다. 1945년 8월의 일이 있고 나서 1년도 채 되지 않아서, 일본의 두 도시 한가운데에 폭탄을 투하하라고 폭격수에게 지시했던 사람이, 자신이 '사실상 패배한 적국'에게 핵무기를 사용하는 것을 지시했다는 결론에 이르렀던 것이다. 이러한 자각은 그를 무겁게 짓누르고 있었다.

오펜하이머의 걱정거리는 대규모 전쟁만이 아니었다. 그는 핵 테러에 대해서도 근심했다. 비공개 상원 청문회장에서 누군가 "서너 명이 뉴욕으로 (원자) 폭탄을 몰래 가지고 들어와 도시 전체를 폭파시킬 수 있지 않을지"에 대해 그에게 물었다. 오펜하이머는 "물론 그것은 가능한 일입니다. 그 사람들은 뉴욕을 파괴할 수도 있습니다."라고 대답했다.[48] 깜짝 놀란 상원 의원이 이어 "도시 어딘가에 숨겨진 원자 폭탄을 탐지하기 위해서는 어떤 기구를 사용하지요?"라고 물었다. 오펜하이머는 놀리듯 "드라이버."라고 대답했다. 핵 테러리즘에 대한 방어책은 없었다. 그리고 그는 앞으로도 없을 것이라고 느꼈다.

나중에 그는 외교관들과 군 장교들을 대상으로 한 강연에서 폭탄의 국제 통제는 "이 나라가 전쟁 이전에 누렸던 수준의 국가 안보를 유지할 수 있는 유일한 길입니다.⁴⁹ 이것이 우리가 앞으로 100년간 끊임없이 생겨날 무책임한 정부들과 새로운 기술적 발견에 맞서, 누군가 우리를 핵무기로 기습할지도 모른다는 두려움에 떨지 않고 살 수 있는 유일한 길입니다."라고 말했다.

1946년 7월 1일 오전 9시에서 34초가 지났을 때, 역사상 네 번째 원자폭탄이 태평양 마셜 제도의 한 섬인 비키니 환초(Bikini Atoll)의 석호 상공에서 폭발했다. 다양한 크기와 모양의 낡은 해군 선박들이 침몰했거나 엄청난 양의 방사선에 노출되었다. 국회 의원, 기자, 그리고 소련을 포함한 각국 외교관들 등 다수의 사람들이 이 시범을 지켜보았다. 오펜하이머는 다른 여러 과학자들과 함께 초대받았지만 참석하지 않았다.⁵⁰

이미 두 달 전에 오펜하이머는 비키니에서의 실험에 참석하지 않겠다고 결정했다. 1946년 5월 3일 그는 트루먼 대통령에게 편지를 썼다. 겉으로는 자신의 이와 같은 결정을 설명하기 위해서였다. 하지만 그의 진짜 의도는 트루먼의 자세 자체에 이의를 제기하는 데에 있었다. 그는 우선 자신이 느끼는 "불안감"을 설명하면서 이는 자신뿐만 아니라 다른 과학자들 사이에서 "만장일치는 아니지만 대단히 폭넓게" 받아들여지고 있다고 주장했다. 그러고 나서 그는 이번 핵실험을 통렬히 논파해 나갔다. 만약 실험의 목적이 발표한 대로 해상전에서 핵무기의 효력을 확인하기 위한 것이라면, 대답은 꽤 간단했다. "만약 원자 폭탄이 선박 가까이에서 폭발한다면 그 배는 침몰할 것입니다." 유일한 변수는 폭탄과 선박 사이의 거리였고, 이것 역시 수학 계산으로 추론할 수 있었다. 이 실험의 비용은 1억 달러에 달할 것이었다. 오펜하이머는 "이 비용의 1퍼센트 이하의 비용으로도 훨씬 유용한 정보를 얻을 수 있습니다."라고 설명했다.

마찬가지로 만약 실험을 통해 해군 장비, 식량, 동물 등에 미치는 방사선의 영향에 대한 과학 데이터를 얻는 것이 목적이라면, 이와 같은 정보 역시 "간단한 실험"을 통해 훨씬 싸고 한층 정확하게 얻을 수 있었다. 오펜하이머는 이번 실험을 추진하는 사람들은 "우리는 핵전쟁의 가능성에 대비해야 한다."라고 주장한다고 썼다. 만약 이것이 실험의 진정한 목적이라면 그들은 방향을 완전히 잘못 잡은 것이었다. "핵무기는 도시 폭격에 사용되었을 때 가장 큰 효력을 발휘"하기 때문이었다. 그렇기 때문에 "해군 선박에 대한 핵무기의 파괴력을 자세히 확인하는 것은 별로 가치없는 일"이었다. 마지막으로 그는 "우리의 군사력에서 핵무기를 효과적으로 제거하기 위한 계획을 막 시작하는 판국에 군사적 목적의 핵무기 실험을 하는 것의 적절성"에 대해 의문을 제기했다(비키니에서의 실험은 바루크의 국제 연합 발표와 거의 동시에 이루어졌다.). 두말 할 것도 없이 이것이 오펜하이머가 격렬하게 항의했던 가장 중요한 이유였다.

오펜하이머는 자신이 비키니 실험을 관측하기 위한 대통령 위원회에 남아 있을 수도 있었겠지만, 아마도 "실험이 끝나고 내가 실험 자체에 비판적인 보고서를 제출하는 것을 트루먼은 별로 달가워하지 않을 것"이라고 결론 내렸다. 그는 이런 상황에서 자신은 대통령을 다른 임무를 통해 돕는 편이 나을 것 같다고 썼다.

만약 오펜하이머가 이 편지를 통해 트루먼이 비키니 실험을 연기하거나 취소하도록 설득할 수 있으리라고 생각했다면, 그것은 대단한 오해였다. 대통령은 오펜하이머가 반대하는 이유를 이해하기보다는, 그와의 첫 만남을 떠올렸다. 편지를 읽고 비위가 상한 트루먼은 그것을 임시 국무부 장관 애치슨에게 전송하면서 오펜하이머는 예전에 그의 손에 피가 묻어 있다고 말한 "울보 과학자"라고 묘사하는 짧은 쪽지를 덧붙였다.[51] "그는 이 편지로 알리바이를 만들려고 하는 것 같다." 트루먼은 오해했다. 오피의 편지는 사실 개인적인 독립 선언이었다. 그리고 그는 이를 통해 다시 한번 미국 대통령의 심기를 건드렸다.

26장
오피는 뾰루지가 났었지만 이제는 면역이 생겼다

그(오펜하이머)는 자신이 신이라고 생각한다.

― 필립 모리슨

오펜하이머는 칼텍에서 물리학을 가르치기 시작했지만 마음은 딴 데 있었다. 그는 나중에 "나는 강의를 하기는 했지만, 이제 와서 생각해 보면 어떻게 했는지 알 수가 없다……. 전쟁 중의 경험으로 나는 많이 바뀌었고, 그것은 가르치는 즐거움을 앗아가 버렸다……. 나는 항상 어디론가 불려 가고는 했고, 다른 여러 생각을 하느라 집중을 할 수 없었다."라고 썼다.[1] 그래서인지 그와 키티는 패서디나에 집을 구하지 않았다. 키티는 버클리 이글 힐의 집에 머물렀고, 오펜하이머는 1주일에 하루 이틀 정도는 리처드와 루스 톨먼 부부의 집 뒤켠에 위치한 손님용 오두막에서 신세를 지며 통근했다. 하지만 워싱턴으로부터의 전화는 멈추지 않았고, 이런 생활이 몇 달간 지속되자 더 이상은 이렇게 지낼 수 없으리라는 것이 확실해졌다. 1946년 늦봄, 오펜하이머는 돌아오는 가을부터 다시 버클리의 교수 자리로 복귀하겠다고 발표했다.

"바루크 계획(Baruch Plan)"의 여러 문제로 많이 낙담했지만, 오펜하이머와 릴리엔털은 계속 같이 일했다. 10월 23일, FBI는 두 사람이 8월 1일 맥마혼 법(McMahon Act)이 통과됨으로써 설치된 원자력 에너지 위원회 위원에 누가 지명될 것인지에 대해 의논하는 것을 엿들었다. 오펜하이머는 릴리엔털에게 "나는 오늘 밤까지는 말하지 않는 편이 나을 것이라고 생각했던 말을 하려고 하네. 나는 지난번 자네를 만난 이후로 죽 세상 돌아가는 일에 낙담해 있었어. 데이브, 나는 자네가 하는 일에 존경심을 가지고 있고, 덕분에 희망을 가질 수 있었어."[2]

릴리엔털은 그의 칭찬에 고마움을 표하고 나서, "나는 그래도 우리가 이 빌어먹을 것을 장악할 수 있으리라고 생각하네."라고 말했다.

그해 가을 트루먼 대통령은 릴리엔털을 원자력 에너지 위원회의 의장으로 임명했고, 그는 의회에서 요구하는 대로 '자문 위원회(General Advisory Committee, GAC)'를 설치했다. 트루먼이 오펜하이머를 싫어하기는 했지만, "원자 폭탄의 아버지"를 이 위원회에서 배제할 수는 없는 노릇이었다. 그래서 여러 보좌관들의 권고에 따라 트루먼은 그를 이지도어 라비, 글렌 시보그, 엔리코 페르미, 제임스 코넌트, 시릴 스미스, 하틀리 로(Hartley Rowe, 로스앨러모스의 컨설턴트), 후드 워싱턴(Hood Worthington, 듀퐁 사의 중역), 그리고 얼마 전 칼텍의 총장으로 취임한 리 듀브리지와 함께 위원으로 임명했다. 트루먼은 위원들이 알아서 자신들 중에서 의장을 뽑도록 했다. 하지만 한 신문 기사에 코넌트가 자문 위원회의 의장을 맡게 될 것이라고 잘못 보도되자, 키티는 왜 오펜하이머가 의장이 되지 않았냐고 화를 내며 물었다. 오펜하이머는 아내에게 "그것은 중요한 문제가 아니야."라고 단언했다.[3] 사실 듀브리지와 라비는 뒤에서 조용히 오펜하이머를 밀고 있었다. 1947년 1월 초 자문 위원회가 첫 회의를 할 때가 되자, 그들의 노력은 이미 효과를 보였다. 오펜하이머가 눈보라 때문에 회의에 늦게 도착했을 때, 그는 자신의 동료들이 이미 만장일치로 그를 의장으로 선출했다는 것을 알게 되었다.

그 무렵 오펜하이머는 이미 소련과 미국 양측 입장에 모두 환멸을 느끼고 있었다. 어느 쪽도 핵무기 경쟁을 막기 위해 필요한 수순을 밟을 준비가 되어 있지 않은 것처럼 보였다. 절망이 깊어 가고 맡게 된 책임은 커지면서 그의 시각 역시 변하기 시작했다. 그해 1월 베테가 버클리로 찾아왔을 때 오펜하이머는 "러시아 인들이 어떤 계획에든 동의하리라는 희망을 모두 버렸다."라고 고백했다.[4] 소련의 태도는 경직되어 있는 듯했다. 원자폭탄을 금지하자는 그들의 제안은 "러시아 인들이 서유럽으로 진격하는 것을 막을 수 있는 단 하나의 무기를 빼앗으려는" 목적이라고밖에 볼 수 없었다. 베테는 동의했다.

그해 봄 오펜하이머는 자문 위원회 의장으로서의 영향력을 이용해 미국의 협상력을 높이려고 노력했다. 1947년 3월 워싱턴에서, 그는 애치슨으로부터 곧 발표될 트루먼 독트린에 대한 사전 설명을 들었다. 오펜하이머는 나중에 "애치슨은 우리가 소련과 적대 관계에 돌입하고 있으며, 원자력 관련 협상을 할 때 이를 염두에 두어야 한다고 강조했습니다."라고 증언했다.[5] 오펜하이머는 이 권고를 즉각 행동에 옮겼다. 그는 곧 바루크의 뒤를 이어 유엔 원자 에너지 협상을 맡게 된 프레더릭 오즈본(Frederick Osborn)을 만났다. 오즈본은 오펜하이머가 미국이 유엔의 논의에서 철수해야 한다고 주장하는 것에 놀랐다.[6] 오펜하이머는 소련이 실행 가능한 계획에 절대로 동의하지 않을 것이라고 말했다.

소련에 대한 오펜하이머의 태도는 어느새 냉전의 논리를 따르고 있었다. 오펜하이머의 말에 따르면, 그는 전쟁 중에 이미 좌익의 국제주의적 사고방식에서 등을 돌리기 시작했다. 그는 또한 스탈린의 1946년 2월 9일 연설을 듣고 걱정에 빠졌다. 오펜하이머는 그것이 "포위를 두려워하며 재무장을 통해 스스로를 방어하려는" 소련의 생각을 반영하는 것이라고 생각했다.[7] 또한 그는 전쟁 중의 소련 첩보 활동에 대해 알게 되면서 더욱 낙담했다. 자신을 "T-1"이라고 밝힌 한 FBI 정보원에 따르면, 오펜하이머는 1946년 워싱턴에서 브리핑을 받고 돌아와서 "심각한 우울증"에 빠졌다.[8] T-1은 익명의 정부 관계자가 "오펜하이머에게 공산주의자들의 음모에 대한 실상을 말해 주자 오펜하이머는 공산주의에 대해 환상에서 완전히 벗어나게 되었다."라고 보고했다.

오펜하이머가 받은 브리핑은 캐나다 인 스파이 사건에 대한 것이었다. 몬트리올에서 일하던 영국인 물리학자 앨런 넌 메이(Alan Nunn May)가 소련에게 정보를 넘겨준 혐의로 구속되었는데, 이 사건은 이고르 고우젠코(Igor Gouzenko)라는 소련 암호 서기가 전향함으로써 전모가 드러났다. 오펜하이머는 동료 과학자가 "배신행위"를 한 증거를 보게 되자 충격을 받았고, 얼마 후 FBI가 슈발리에 사건에 대해 조사하기 위해 그를 찾아왔을 때 그는 "소련 이외의 나라에서 활동하는 공산주의자들이 알건 모르건 소련의 스파이 노릇을 하게 되는 상황에 처할 수 있다는 사실에 대해 말했다."[9] 그는 "그들(소련)에 의해 자행되는 배신행위와, 소련이 민주주의를 향한 숭고한 목적을 가지고 있다는 미국 공산주의자의 생각 사이의 간극을 메울 수" 없었다.

바루크 계획의 실패는 상황을 더욱 악화시켰다. 국제 통제의 꿈은 지정학적 상황의 변화를 기다릴 수밖에 없었다. 오펜하이머는 이제 미국과 소련 사이의 이데올로기의 차이가 금방 좁혀질 수 없음을 이해했다. 오펜하이머는 1947년 9월 외교관들과 육군 장교들 앞에서 "이와 같은 제안(국제 통제)은 미국에게도 많은 것을 포기하게 하는 것입니다. 이는 무엇보다는 미국이 나머지 세계로부터 격리되어 살아갈 수 있으리라는 희망을 영구히 포기하는 것을 의미합니다."라고 말했다.[10]

오펜하이머는 수많은 다른 나라들의 외교관들이 자신의 국제 통제 제안에 대해 "황당해 하고 있다."는 것을 알고 있었다. 그것은 많은 희생을 요구하고 주권의 일부를 포기하라는 것이었다. 하지만 그는 이제 소련에게 요구되는 희생은 그보다 한 단계 높은 수준이라는 것을 이해했다. 그는 다음과 같이 날카롭게 분석했다. "그것은 (국제) 통제라는 제안이 현재 러시아 국가 권력의 형태와 극단적으로 상충되기 때문이다. 그 권력의 기저에 깔린 이데올로기는 러시아와 자본주의 세계와의 피할 수 없는 충돌에 대한 믿음인데, 이는 원자력 에너지의 통제를 위한 우리의 제안에서 요구하는 밀접한 협력과는 공존하기 어려운 것이다. 즉 러시아 인들에게 국가 권력의 근원을 바꾸라고 요구하는 것이라고 할 수 있다."

그는 소련이 이 계획을 온전히 받아들일 가능성이 매우 낮다는 것을 알고 있었다.[11] 그는 먼 미래에 국제 통제가 이루어질 수 있으리라는 희망까지 포기하지는 않았지만, 지금으로서는 미국이 무장할 수밖에 없다고 결정했던 것이다. 결국 그는 상당히 우울해하긴 했지만, 원자력 에너지 위원회의 주된 임무가 "핵무기, 좋은 핵무기, 그리고 많은 핵무기를 제공하는 것"이어야 할 것이라는 결론에 도달하게 되었다. 오펜하이머는 1946년에는 국제 통제의 필요성과 투명성을 설파했지만, 1947년이 되자 다수의 핵무기에 의한 국방 계획을 받아들이기 시작했던 것이다.

겉으로 보기에 오펜하이머는 미국 제도권의 중심축에 속하는 사람이었다.¹² 그는 원자력 에너지 위원회 자문 위원회의 의장이었고, Q(핵 관련 기밀급) 비밀 취급 인가를 가지고 있었으며, 미국 물리학회 회장직과 하버드 대학교 이사회의 이사직을 맡고 있었다. 하버드 이사회에서 오펜하이머는 시인 아치볼드 매클리시(Archibald MacLeish, 1892~1982년), 판사 찰스 와이잰스키(Charles Wyzanski), 조지프 앨솝(Joseph Alsop) 등 명망가들과 어깨를 나란히 했다. 청명하고 따뜻했던 1947년 6월 초의 어느 날, 하버드는 오펜하이머에게 명예 학위를 수여했다. 졸업식장에서 그는 자신의 친구인 마셜 장군이 유럽의 경제 재건을 위해 트루먼 정부가 수십억 달러를 투입하리라는 (곧 마셜 계획으로 널리 알려진) 계획을 발표하는 것을 들었다.

오펜하이머와 매클리시는 특히 가까워졌다. 두 사람은 자주 편지를 주고받았고, 매클리시는 오펜하이머에게 자작 소네트를 보내 주기도 했다. 그와 오펜하이머는 자유주의적 가치를 공유했는데, 그들은 그 가치가 왼쪽의 공산주의자들과 오른쪽의 급진주의자들 모두로부터 위협받고 있다고 믿었다. 1949년 8월, 매클리시는 《애틀랜틱 먼슬리》에 '미국의 정복'이라는 제목의 날카로운 에세이를 실었다. 이 글에서 그는 전후 미국이 디스토피아 분위기에 빠져 들었다고 강하게 공격했다. 미국은 세계에서 가장 강력한 나라였지만, 미국인들은 소련의 위협에 집착하는 광기에 빠진 것처럼 보였다. 매클리시는 그런 의미에서 미국은 소련에게 "정복"되었으며, 미국인의 행동은 소련에 의해 결정되고 있다고 결론 내렸다. 그는 "소련이 무엇을 하든, 우리는 그 반대로 했다."라고 썼다.¹³ 그는 한편으로는 소련의 폭정을 강하게 비난했지만, 많은 미국인들이 반공의 이름으로 자유와 인권을 희생할 준비가 되어 있다는 사실을 보며 비탄에 빠졌다.

매클리시는 이 에세이에 대한 오펜하이머의 생각을 물었다. 오펜하이머의 대답은 그의 정치관이 어떻게 변했는지를 보여 준다. 그는 매클리시의 "현상"에 대한 분석은 훌륭하다고 생각했다. 하지만 그는 "개인주의 혁명의 재천명"이라는 매클리시의 처방에는 쉽사리 동의할 수 없었다. 이와 같은 제퍼슨식 개인주의는 새로운 것이 아니었을 뿐더러 적절하지도 못했다. 오펜하이머는 "인간은 목적인 동시에 수단입니다."라고 썼다. 그는 매클리시에게 "문화와 사회가 인간의 가치와 인간의 해방에 중요한 역할을 한다는 것"을 상기시켰다. 그러므로 "나는 현재 우리에게 필요한 것은 개인을 사회로부터 해방시키는 것보다 훨씬 미묘한 것이라고 생각합니다. 우리가 지난 150년의 경험으로 인해 점점 강하게 느끼게 된 것은 인간은 기본적으로 서로에게 의존할 수밖에 없다는 것입니다."

그러고 나서 오펜하이머는 그해 초 닐스 보어와 함께 한밤에 눈길을 걸으며 나누었던 이야기를 전했다. 그때 보어는 자신의 투명성과 상보성의 철학을 설파했다. 그는 보어가 "개인과 사회의 관계에 대한 새로운 인식"을 제공하며 "그것이 없이는 공산주의자들에게도, 고전주의자들에게도, 우리가 가진 혼란에 대해서도 효과적인 답을 할 수 없을 것"이라고 생각했다는 말을 전했다.[14] 매클리시는 오펜하이머의 편지를 환영했다. "이토록 긴 답장을 써 준 것에 감사합니다. 당신의 지적은 물론 대단히 정확한 것입니다."

좌파 진영의 친구들은 그의 이런 변화를 어떻게 생각해야 할지 확신할 수 없었다. 하지만 그동안 오펜하이머를 대중 전선 민주주의자(Popular Front Democrat)라고 여겼던 사람들은 그의 정치관이 바뀌었다고 생각할 이유가 없었다. 그것보다는 현안이 바뀐 탓이 컸다. 미국은 프랑코의 스페인을 제외하고는 파시즘에 대항한 전쟁에 승리했고, 대공황 역시 끝난 상황에서, 공산주의는 예전처럼 정치적 성향을 가진 지식인들을 끌어당길 매력을 갖지 못했다. 윌슨, 베테, 라비 같은 비공산당 자유주의 성향의 친구들은 오펜하이머를 자신들과 똑같은 동기를 가진 사람이라고 생각했다.

하지만 프랭크 오펜하이머는 형만큼 변하지 않았다.[15] 프랭크는 비록 더 이상 공산주의자는 아니었지만, 러시아가 미국에 위협적인 존재라고 생각하지 않았다. 이 문제를 둘러싸고 형제는 심각한 정치 토론을 벌이고는 했다. 오펜하이머는 동생에게 자신이 "러시아 인들은 기회가 주어진다면 진격할 준비가 되어 있다."라고 믿는다고 말했다.[16] 그는 현재 트루먼의 대소 강경 노선을 지지했고, 프랭크가 이에 반박하려고 하자 오펜하이머는 "자세한 얘기는 할 수 없지만 러시아가 협력하리라고 기대할 수는 없을 것"이라고 말하고는 했다.

전쟁이 끝나고 처음 만난 자리에서, 슈발리에 역시 오펜하이머의 세계관이 변한 것을 눈치챘다. 1946년 5월 어느 날, 오펜하이머와 키티는 스틴슨 해변에 위치한 슈발리에 부부의 새집을 방문했다. 오펜하이머는 자신의 정치 성향이 적어도 슈발리에가 보기에 "상당히 오른쪽으로" 이동했다는 것을 명확히 했다. 슈발리에는 그가 미국 공산당과 소련에 대해 "대단히 적대적인" 말을 하는 것에 놀랐다고 기억했다. 오펜하이머는 "하콘, 나를 믿게. 나는 심각해. 구체적으로 말할 수는 없지만, 러시아에 대한 나의 생각을 바꿀 만한 이유가 있네. 자네도 소련의 정책에 대한 맹목적인 믿음을 버려야만 해."라고 말했다.[17]

더구나 슈발리에는 옛 친구에 대한 자신의 관찰을 뒷받침할 만한 이야기들을 들었다. 어느 날 저녁 뉴욕에서 슈발리에는 길에서 모리슨과 마주쳤고, 그들은 전쟁 발발 이후 일어난 일들에 대해 이야기했다. 슈발리에는 모리슨을 옛 동지라고 생각했다. 하지만 그는 모리슨이 전쟁 전 오펜하이머의 가장 친한 친구 중 하나였고, 그를 따라 로스앨러모스로 간 주요 물리학자 중 하나라는 것을 알고 있었다.[18]

슈발리에는 "오피는 어때?"라고 물었다.

모리슨은 "요새는 거의 만나지도 못합니다."라고 대답했다. "우리는 더 이상 같은 언어를 사용하는 것 같지도 않아요.…… 그는 다른 세상에서 살고 있는 듯합니다." 모리슨은 오펜하이머와 이야기를 나눌 때 오펜하이머가 계속해서 "조지"를 들먹였던 것에 대해 말했다. 마침내 모리슨은 말을 끊고서 조지가 누구인지를 물었다. 모리슨은 슈발리에에게 "당신도 알다시피 나에게 (조지) 마셜 장군은 마셜 장군이거나 국무부 장관이지요. 그런데 오피는 그를 조지라고 불러요." 오펜하이머는 변했다. 모리슨은 "그는 자신이 신이라고 생각합니다."라고 말했다.

슈발리에는 1943년 봄 오펜하이머를 만난 이후 수많은 좌절을 겪었다. 그는 전쟁 정보국(Office of War Information, OWI)에서 전쟁과 관련된 일자리를 구하려 했으나 정부가 비밀 취급 인가를 내주지 않아 일을 할 수 없었다. 전쟁 정보국에서 일하던 한 친구는 슈발리에의 FBI 파일에 "믿을 수 없는" 혐의들이 포함되어 있다고 말했다. "누군가가 확실히 너에게 악의를 품고 있어." 이 당혹스러운 소식을 듣고서 슈발리에는 뉴욕에 머무르며 프리랜서로 번역을 하거나 잡지에 글을 쓰면서 보냈다.[19] 1945년 봄, 그는 다시 버클리에서 강의하기 시작했다. 하지만 전쟁이 끝나고 얼마 후, 전쟁부는 그를 뉘른베르크 전범 재판의 번역가로 채용했다. 그는 1945년 10월 유럽으로 갔고, 1946년 5월까지 캘리포니아로 돌아오지 않았다. 그 무렵 버클리는 정년 보장 심사에서 그를 탈락시켰다. 학문적 경력에 큰 타격을 입은 슈발리에는 크노프 출판사와 계약을 맺었던 소설을 쓰는 것을 전업으로 삼기로 결정했다.

1946년 6월 26일, 오피와 처음 다시 만난 지 약 6주 후, 슈발리에가 그의 소설을 쓰고 있을 때 두 명의 FBI 요원들이 그의 집 문을 두드렸다.[20] 그들은 샌프란시스코 시내의 사무실로 동행해 줄 것을 요구했다. 같은 시각, FBI 요원들은 조지 엘텐튼의 집에도 찾아가 오클랜드의 FBI 사무실까지 동행해 줄 것을 요청했다. 슈발리에와 엘텐튼은 동시에 6시간 정도 취조를 받았다. 정부 요원들은 그들이 1943년 초겨울 오펜하이머와 나눈 대화에 대해 알고 싶어 했다.

그들은 서로가 심문을 받았다는 사실을 알지 못했지만, 둘의 진술은 상당히 유사했다. 엘텐튼의 진술에 따르면, 소련이 간신히 나치스의 진격을 막아내던 1942년 말, 소련 영사관에서 일하던 페터 이바노프와 지금은 잘 기억나지 않는 또 한 사람이 찾아와 로런스와 오펜하이머 교수를 아느냐고 물었다. 엘텐튼은 오펜하이머를 알지만 그리 가깝지는 않다고 대답했다. 하지만 그는 오펜하이머와 가까운 친구들은 알고 있다고 먼저 말했다. 그러자 러시아 인은 혹시 그의 친구가 오펜하이머에게 소련 과학자들과 정보를 공유할 수 있을지 물어볼 수 있겠냐고 물었다. 엘텐튼은 슈발리에에게 이야기를 꺼내면서 자신의 러시아 인 친구가 정보는 "사진기로 복사되어 자신이 확보한 채널을 통해 안전하게 전달될 것"이라고 말했다고 전했다.[21] 엘텐튼의 증언에 따르면, 슈발리에는 며칠 후 "나의 집에 찾아와 오펜하이머 박사가 찬성하지 않았으며, 정보를 구할 수 있는 방법이 전혀 없다고 말했다." 엘텐튼은 더 이상 접근하려고 시도하지 않았다.

슈발리에는 엘텐튼의 진술이 대개 사실이라고 확인해 주었다. 하지만 그는 FBI 요원들이 세 명의 다른 과학자들에게 접근했던 것에 대해 지속적으로 묻는 것을 보고 놀랐다. 슈발리에는 오펜하이머 이외에는 그 누구에게도 접근하지 않았다고 말했다. 거의 여덟 시간에 걸친 심문이 끝나자, 슈발리에는 마지못해 자술서에 서명을 했다. "나는 내가 현재 알고 있는 한 방사선 연구소에서의 작업에 관한 정보를 얻기 위해 오펜하이머 이외에 그 누구에게도 접근하지 않았음을 밝히고자 한다."[22] 하지만 그는 이와 같은 단정적인 진술에 조심스럽게 단서를 붙였다. "나는 지나가는 말로 여러 사람들에게 내가 러시아에 보내려는 목적으로 정보를 얻고 싶다는 희망을 말했을 수는 있다. 그러나 이에 대해 구체적인 제안을 하지 않았던 것은 확실하다." 그는 자신의 회고록에 FBI가 어떻게 자신이 엘텐튼과 오펜하이머와 나눈 대화를 알고 있었는지 궁금했다고 썼다. 슈발리에는 왜 그들이 자신이 세 명의 과학자에게 접근했다고 생각했는지도 이해할 수 없었다.

얼마 후인 1946년 7월 혹은 8월에 슈발리에와 엘텐튼은 지인의 초대로 버클리에서 열린 오찬 모임에 같이 참석하게 되었다.[23] 이것은 두 사람이 1943년 이후로 처음 만나는 자리였다. 슈발리에는 자신이 6월에 FBI에서 조사를 받은 사실을 말해 주었다. 자세한 이야기를 주고받고 나서야 그들은 같은 날 조사를 받았다는 사실을 알았다. 그들은 FBI가 그들이 나눈 대화에 대해 어떻게 알았을지가 궁금했다.

몇 주 후, 오펜하이머는 슈발리에 부부를 자신의 집에서 열린 칵테일파티에 초대했다. 오펜하이머는 다른 손님들이 도착할 시간보다 그들을 조금 일찍 불러 슈발리에와 지난 얘기를 나누려고 했다. 슈발리에가 자신의 회고록에 쓰기를, 그가 최근에 FBI에 불려간 이야기를 꺼내자 "오피의 얼굴이 금세 어두워졌다."[24]

오펜하이머는 "밖으로 나가지."라고 말했다. 슈발리에는 이를 오펜하이머가 자신의 집에 도청 장치가 설치되어 있다고 생각하는 것으로 받아들였다. 그들은 나무가 우거진 뒤뜰 구석으로 걸어갔다. 걸으면서 슈발리에는 자신이 받은 심문에 대해 자세히 설명했다. 슈발리에는 "오피는 확실히 크게 불쾌해했다."라고 1965년에 썼다. "그는 나에게 끝없이 질문을 퍼부었다." 슈발리에가 자신이 엘텐튼과 나눈 대화에 대해 마지못해 진술했다고 설명하자, 오펜하이머는 잘한 일이라며 그를 안심시켰다. "나는 그 대화 내용을 보고해야만 했어."라고 오펜하이머는 말했다.

슈발리에는 "그래."라고 대답했으나, 속으로는 꼭 그랬어야만 했을까라고 생각했다. "하지만 세 명의 과학자에게 접근했다는 것과, 비밀 정보를 얻기 위해 수차례 시도했다고도 말한 거야?"

슈발리에에 따르면 오펜하이머는 이 중요한 질문에는 대답하지 않았다. 오펜하이머는 자신의 이글 힐 마당에서 자신이 1943년 패시에게 했던 말을 더듬어 기억하려고 끙끙대면서 더욱 더 흥분했다. 슈발리에는 그가 "매우 긴장한" 것처럼 보였다고 생각했다.

이윽고 키티가 "여보, 손님들이 도착하고 있으니 이제 들어오는 것이 좋겠어요."라고 불렀다. 오펜하이머는 곧 들어 가겠다고 퉁명스럽게 대답했다. 하지만 그는 계속해서 왔다 갔다 하며 슈발리에에게 그가 겪은 일을 다시 이야기해 보라고 했다. 몇 분 후 키티가 다시 나와 이제는 정말 들어와야 한다고 불렀다. 오펜하이머가 짧게 대답하자 키티 역시 고집을 부렸다. 슈발리에는 "그러자 놀랍게도 오피는 키티에게 욕설을 퍼부으며 쓸데없이 참견하지 말고 꺼져 버리라고 소리쳤다."라고 썼다.[25]

슈발리에는 자신의 친구가 이토록 험악하게 구는 것을 본 적이 없었다. 그리고 나서도 그는 슈발리에와의 대화를 멈추고 싶지 않은 듯 보였다. 슈발리에는 "무언가가 그를 거슬리게 했지만 그것이 무엇인지는 힌트조차 주지 않았다."라고 썼다.

슈발리에와의 대화가 있고 나서 얼마 후인 1946년 9월 5일, FBI 요원들이 오펜하이머의 버클리 사무실로 찾아왔다. 당연하게도 그들은 슈발리에와 1943년에 나누었던 대화에 대해 묻고 싶어 했다. 그는 언제나처럼 품위 있는 말투로 슈발리에가 엘텐튼의 계획에 대해 말해 주었고, 그는 그것을 즉각 거절했다고 설명했다. 그는 슈발리에에게 "그것은 반역이거나 반역에 가까운 것이야."라고 말했던 것을 기억했다.[26] 그는 슈발리에가 원자폭탄 프로젝트에 대한 정보를 빼내려 했다는 사실은 부인했다. 더 자세히 묻자, "오펜하이머는 오랜 시간이 지났기 때문에 정확히 어떤 단어를 사용했는지는 불확실하지만 슈발리에에게 '반역'이라는 말을 사용한 것은 명확히 기억한다고 말했다."

FBI 요원들이 맨해튼 프로젝트와 연관된 세 명의 과학자들에게 접근한 것에 대해 묻자, 그는 그 부분은 슈발리에의 신원을 보호하기 위해 "만들어 낸" 이야기라고 말했다. "오펜하이머는 이전에 이 이야기를 맨해튼 프로젝트에 보고하면서 슈발리에의 신원을 보호하려고 했고, 그렇게 하는 와중에 엘텐튼의 부탁을 받고 세 명의 신원 미상의 인물들이 연락을 받았다는 '가공의 이야기를 만들어' 냈다."

오펜하이머는 왜 거짓말을 했을까? 그는 왜 1943년에 거짓말을 했다고 실토한 것이었을까? 가장 그럴 듯한 해석은 나중에 한 이야기가 진실이라는 것이다. 오펜하이머는 1943년 패시를 만났을 때 놀란 나머지 세 명의 가상의 과학자들을 만들어 사건의 중요성을 강조하고 자신에게서 관심을 돌리려 했던 것이다. 또 다른 설명은 슈발리에가 원래 접근하려고 생각하고 있던 과학자는 세 명이었는데, 결국 그들에게 접근하지 않았다는 것이다. 사실 엘텐튼은 슈발리에에게 오펜하이머, 로런스, 그리고 어쩌면 앨버레즈 정도가 가능성이 있는 과학자들이라고 말하기는 했고, 슈발리에가 이것을 오펜하이머에게 말했을 개연성은 충분하다. 세 번째 가능성은, 그가

1943년에 진실에 가까운 이야기를 했지만, 이제 슈발리에와 신원 미상의 과학자들을 보호하기 위해 말을 바꾸어야 한다고 느꼈던 것이다. 1954년 보안 청문회에서 오펜하이머의 정적들은 이렇게 주장했지만, 사실 이 설명은 셋 중에서 가장 가능성이 적다. 오펜하이머는 오래전부터 슈발리에의 이름을 댔으며, 로런스와 앨버레즈는 그의 보호를 받을 필요가 없는 인물들이었다. 보호가 필요했던 것은 오히려 오펜하이머였다. 하지만 1943년에 육군 정보대 장교에게 거짓말을 했다고 1946년에 FBI에게 인정하는 것은 자신을 보호하기 위한 최선책이 아니었다. 이렇게 보았을 때, 그가 실제로 거짓말을 하지는 않았다고 판단하는 것이 진실에 가까울 것이다. 하지만 세 가지 설명은 8년 후 오펜하이머의 보안 청문회장에서 다시 제기될 것이었고, 1943년과 1946년의 증언들 사이의 차이점들은 오펜하이머를 곤경에 몰아넣게 될 것이었다.

1946년 말, 트루먼이 원자력 에너지 위원회 위원으로 임명한 루이스 스트라우스가 샌프란시스코를 방문했고, 로런스와 오펜하이머는 그를 맞으러 공항에 나갔다. 원자력 에너지 위원회 관련 사안을 논의하기 전에 스트라우스는 오펜하이머와 잠시 개인적으로 의논할 것이 있다며 그를 옆으로 데리고 갔다. 스트라우스는 오펜하이머를 전쟁 말기에 한번 만난 적이 있을 뿐이었다. 콘크리트 활주로에 서서 스트라우스는 자신이 뉴저지 프린스턴의 고등 연구소(Institute for Advanced Studies)의 이사직을 맡고 있다고 설명했다. 현재 그는 연구소의 새로운 소장을 선출하기 위한 위원회의 위원장직을 맡고 있었다. 위원회는 다섯 명의 후보들 가운데 오펜하이머를 가장 선호했고, 이사회는 오펜하이머에게 제의하기로 결정했던 것이다. 오펜하이머는 관심을 보였지만, 생각할 시간이 필요하다고 말했다.[27]

약 한 달 후인 1947년 1월, 오펜하이머는 워싱턴으로 가 스트라우스와 아침을 먹으며 자세한 이야기를 들을 수 있었다. 그날 저녁, 오펜하이머는 키티에게 전화를 걸어 아직 결심을 하지는 않았지만 "괜찮은" 생각 같다고 말했다. 스트라우스는 오펜하이머가 연구소에서 어떤 일을 할 수 있을지에 대해 "대단히 매력적인 아이디어들"을 가지고 있었다. 오피는 고등 연구소의 "과학 관련 학과들에 과학자가 한 명도 없으며, 자신은 그것을 곧 바꾸어" 놓을 수 있다고 말했다.[28]

고등 연구소는 아인슈타인의 지적 피난처로 가장 유명했다. 스트라우스가 아인슈타인에게 어떤 사람이 소장을 맡아야 한다고 생각하느냐고 물었을 때, 그는 "집중하려는 사람을 방해하지 않는 조용한 사람을 찾아야 할 것"이라고 대답했다.[29] 한편 오펜하이머는 연구소가 깊이 있는 학술 연구를 하는 곳이라고 생각하지 않았다. 1934년 처음으로 연구소를 방문하고 나서, 그는 동생에게 보내는 편지에 다음과 같이 썼다. "프린스턴은 정신 병동 같아. 유아독존의 명사들이 제각기 폐허 속에서 빛나고 있어."[30] 하지만 이제 그는 생각이 바뀌었다. 그는 키티에게 "제대로 하려면 생각을 좀 해 봐야겠지만, 내가 별 어려움 없이 해 낼 수 있는 일 같아."라고 말했다. 그는 그녀에게 프린스턴으로 이사를 가더라도 버클리에서 여름을 보낼 수 있도록 이글 힐 집은 팔지 않을 것이라고 다독였다. 마침 워싱턴으로의 긴 출장들이 지겨워지던 차였다. "지난 겨울처럼 비행기에서 한철을 날 수는 없어."[31] 그해에만도 그는 워싱턴과 캘리포니아를 열다섯 번이나 왕복했던 것이다.

결정을 내리기 전에 오펜하이머는 워싱턴에서 새로 사귄 친구인 프랭크퍼터 판사의 의견을 물었다. 프랭크퍼터는 이전에 연구소의 이사를 맡은 적이 있었다. 그는 "당신 스스로의 창의적인 일은 할 수 없을 거요. 하버드로 가지 그래요?"³²라며 말했다. 오펜하이머가 하버드로 가서는 안 될 만한 이유가 있다고 하자, 프랭크퍼터는 프린스턴을 잘 아는 또 다른 친구를 소개해 주었다. 이 사람은 오펜하이머에게 "프린스턴은 이상한 곳이지만 어떻게 돌아가는지 이해할 수만 있다면 괜찮을 것입니다."라고 조언했다.

오펜하이머는 새로운 도전을 받아들일 준비가 되어 있었다. 이 자리는 그의 행정 능력을 필요로 하는 일이었고, 정부 관련 업무를 수행할 수 없을 정도로 바쁜 일도 아니었다. 워싱턴과 뉴욕을 기차로 손쉽게 갈 수 있다는 점 역시 큰 매력이었다. 천천히 생각해 보던 중에, 오펜하이머 부부는 차 안의 라디오에서 로버트 오펜하이머가 고등 연구소 소장으로 임명되었다는 보도를 듣게 되었다. 오펜하이머는 키티에게 "음……, 그렇게 결정이 되었군."이라고 말했다.³³

《뉴욕 헤럴드 트리뷴(New York Herald Tribune)》은 사설을 통해 "놀랄 정도로 적절한 인사"라며 찬사를 보냈다. "그는 로버트 오펜하이머 박사로 친구들은 그를 '오피'라고 부른다."³⁴ 트리뷴의 논설위원들은 그를 "비범한 사람", "과학자 중의 과학자", "기지를 가진 실용적인 사람"이라며 칭찬을 늘어놓았다. 연구소의 이사 중 하나인 존 풀턴(John Fulton)은 오펜하이머와 키티의 집에서 점심을 먹고 자신의 일기에 신임 소장에 대한 인상을 기록했다. "겉으로 보기에 그는 마르고 약간 왜소해 보인다. 하지만 그는 날카롭고 흔들리지 않는 눈을 가졌고, 임기응변으로 재치 있는 대답을 하는 데 능했다. 그는 어떤 집단 속에서도 쉽게 존경을 받을 수 있을 것이다. 그는 이제 겨우 43세인데, 그동안 핵물리학에 몰두했음에도, 라틴 어와 그리스 어를 읽을 수 있고, 역사학에 폭넓은 지식을 가지고 있으며, 그림을 수집했다. 종합적으로 보았을 때 그는 과학과 인문학의 비상한 조화를 이루고 있

다."³⁵

하지만 스트라우스는 오펜하이머가 결심을 하지 못하고 시간을 끌자 짜증이 나기 시작하던 차였다.³⁶ 자수성가한 백만장자인 스트라우스는 고졸의 신발 외판원으로 사회생활을 시작했다. 1917년 그가 21세일 때 그는 "진보적인" 테디 루스벨트파 공화당원으로 명성을 얻은 엔지니어 출신의 정치 신인 허버트 후버(Herbert Hoover)의 비서로 일하게 되었다. 당시 후버는 전쟁 직후 유럽에서 우드러 윌슨 대통령의 피난민 식량 구호 프로그램을 운영했다. 스트라우스는 또 다른 후버 문하생이었던 젊고 똑똑한 보스턴 출신 변호사 하비 번디와 일하면서 월 스트리트로 진출하기 위한 발판을 다지고 있었다. 전쟁이 끝나고 후버는 스트라우스가 쿤, 로브(Kuhn, Loeb)라는 뉴욕 투자 은행에 들어갈 수 있도록 도와주었다. 성실하고 겸손한 스트라우스는 곧 쿤, 로브의 공동 경영자의 딸 앨리스 하나우어(Alice Hanauer)와 결혼했다. 1929년이 되자, 그는 회사의 공동 경영자가 되어 연봉을 100만 달러 이상 받았고 1929년 주식 시장 폭락도 비교적 피해 없이 비껴갔다. 1930년대에 그는 뉴딜 정책에 강력하게 반대했지만, 진주만 공격 9개월 전부터는 루스벨트 행정부에서 해군부 군수국에서 일하기 시작했다. 나중에 그는 해군부 장관 제임스 포레스탈(James Forrestal)의 특별 보좌관으로 근무했고, 전쟁이 끝나자 해군 소장이라는 명예 계급장을 받았다. 1945년에 스트라우스는 자신이 가진 월 스트리트와 워싱턴의 연줄을 이용해 전후 미국 주류 사회에서 강력한 위치를 차지할 수 있었다. 이후 20여 년간 그는 오펜하이머와 악연으로 만나게 된다.

스트라우스에 대한 오펜하이머의 첫인상은 FBI 도청 기록에서 볼 수 있다. "스트라우스에 대해서는, 나도 잘은 모르지만…… 그는 훌륭한 교양을 가진 사람은 아니지만, 일을 방해하지는 않을 것입니다."³⁷ 릴리엔털은 오펜하이머에게 자신은 스트라우스가 "활발한 성격을 가졌고 확실히 보수적이지만 전체적으로 그리 나쁘지 않다."라고 생각한다고 말했다. 두 사람의 평가는 스트라우스를 과소평가한 것이었다. 그는 병적인 야심가였고, 집요한 데다 대단히 까칠한 성격의 소유자였는데, 이로 인해 그는 대단히 위험한 정적이 될 수 있었던 것이었다. 스트라우스의 동료였던 원자력 에너지 위원회의 한 위원은 그에 대해 "당신이 루이스와 무엇인가에 대해 동의하지 않으면, 그는 처음에 당신이 바보일 것이라고 생각할 것이다. 하지만 당신이 계속해서 동의하지 않으면, 그는 당신이 반역자라고 결론 내릴 것이다."[38] 《포춘》은 그를 "올빼미 상의 얼굴"을 가진 사람이며, 그를 비판하는 사람들은 그가 "성마르고, 지적 오만함을 가졌으며, 대단한 싸움꾼"이라고 묘사했다고 밝혔다. 수년간 스트라우스는 맨해튼의 사원 에마누엘의 회장으로 일했는데, 이곳은 마침 펠릭스 애들러가 1876년 윤리 문화 협회를 설립하기 위해 떠난 곳이기도 했다. 유태 혈통과 남부 출신임을 자랑스러워하던 스트라우스는 자신의 성을 "스트로스(Straws)"로 발음해야 한다고 고집했다. 대단히 독선적이던 그는 다른 사람의 실수는 아무리 작은 것이라도 기억했고, 그것을 "기록용" 파일에 세심하게 기록했다. 그는 앨솝 형제가 썼듯이 "남에게 생색을 내지 않고는 견딜 수 없는" 사람이었다.

키티는 남편이 동부로 옮기기로 결정한 것을 환영했다. FBI 도청 기록에 따르면 그녀는 어느 외판원에게 자신들이 "그리 오래 떠나 있지 않을 거예요. 아마 15년에서 20년 정도?"라고 말했다.[39] 오펜하이머는 그녀에게 프린스턴의 새집에는 10개의 침실, 5개의 화장실, 그리고 "예쁜 정원"이 있다고 말했다.[40] 오펜하이머의 버클리 동료들이 실망한 것은 당연했다. 물리학과의 학과장은 그의 이직이 "학과 역사상 가장 큰 타격"을 줄 것이라고 표현했다.⁴¹ 로런스는 라디오 뉴스를 통해 오피의 결정을 듣고 섭섭해 했다. 다른 한편 동부에 위치한 오펜하이머의 친구들은 기뻐했다. 라비는 그에게 쓴 편지에서 "나는 당신이 온다는 소식에 기쁨을 감출 수 없습니다……. 이는 당신에게 과거와의 단절이지만, 지금이 그렇게 하기에 가장 좋은 때일 것입니다."⁴² 그의 친구이자 전 집주인인 워시번은 환송 파티를 열어 주었다.⁴³

오펜하이머는 많은 옛 친구들을 두고 떠나는 것이었다. 그중에는 그의 연인도 있었다. 그는 루스 톨먼 박사와의 친분을 항상 소중히 여겼다. 전쟁 중에 그는 워싱턴에서 그로브스 장군의 과학 자문역으로 일했던 루스의 남편 리처드와 가깝게 일했다. 전쟁이 끝나고 칼텍으로 돌아오라고 설득했던 것이 바로 리처드였던 것이다. 오펜하이머는 톨먼 부부를 가장 가까운 친구로 여겼다. 그는 그들을 1928년 봄 패서디나에서 만났으며, 이후 그들을 항상 높이 평가했다. 오펜하이머는 나중에 리처드 톨먼에 대해 이야기하면서 "그는 대단히 존경을 받을 만한 사람이었습니다."라고 말했다. "그는 현명함과 폭넓은 관심사를 가지고 있었습니다. 그는 대단히 똑똑했고 부인도 꽤 아름다웠죠. 우리는 이들과 곧 친해졌고, 매우 가까워졌습니다."⁴⁴ 1954년에 오펜하이머는 리처드 톨먼이 "아주 가까운 친구"라고 증언했다.⁴⁵ 프랭크 오펜하이머는 나중에 "오펜하이머는 톨먼 부부를 사랑했습니다, 특히 루스를요."라고 말했다.⁴⁶

전쟁 중 언젠가부터, 아니면 아마도 로스앨러모스에서 돌아오자마자 오펜하이머와 루스 톨먼은 불륜을 저지르기 시작했다. 임상 심리학자인 루스는 오펜하이머보다 거의 11세나 위였다. 하지만 그녀는 우아하고 매력적인 여인이었다. 다른 친구인 심리학자 제롬 브루너(Jerome Bruner)는 그녀가 "비밀을 털어놓을 수 있는 사람, 현명한 여인…… 그녀는 손을 대는 모든 것에 개인적인 의미를 부여하는 묘한 능력이 있었죠."라고 얘기했다. 인디애나 주 태생인 루스 셔먼(Ruth Sherman)은 1917년 캘리포니아 대학교를 졸업했다. 1924년 그녀는 리처드 톨먼(Richard Tolman)과 결혼하고 심리학 공부를 계속했다. 당시 리처드는 이미 저명한 화학자이자 수리 물리학자였는데, 그녀보다 12세 연상이었다. 부부는 아이를 갖지 않았지만, 친구들은 그들이 "서로 완벽하게 어울리는 부부"라고 생각했다.[47] 루스는 리처드가 심리학에, 특히 과학의 사회적 함의에 관심을 갖도록 했다.

오펜하이머 역시 정신 의학에 푹 빠져 있었다. 루스는 박사 논문으로 두 그룹의 성인 범죄 그룹의 심리적 차이에 대해 연구했다. 1930년대 말 그녀는 로스앤젤레스 카운티 보호 관찰국의 선임 심리 상담사로 일했다. 그리고 전쟁 중에 그녀는 전략 정보국 소속의 임상 심리학자로 근무했다. 전쟁이 끝난 후 1946년부터 그녀는 재향 군인 관리국의 선임 임상 심리학자로 일하기 시작했다.[48]

커리어 우먼인 루스 톨먼 박사는 높은 지적 능력을 가지고 있었다. 하지만 그녀를 아는 사람이라면, 그녀가 또한 따뜻하고 온화한 성격에, 통찰력을 가지고 인간의 본성을 관찰하는 사람이라는 것을 알고 있었다. 그녀는 남들에게는 잘 보이지 않는 오피의 성격을 파악했던 것 같다. "우리 둘 다 1주일 이상 후를 생각하면 우울해지는 면이 있어."[49]

1947년 여름 오펜하이머가 프린스턴으로의 이사를 준비할 무렵, 그는 로스피노스의 휴양지에서 루스에게 편지를 써서 자신이 매우 지쳤고 미래를 생각하면 섬뜩해진다고 불평을 늘어놓았다. 루스는 다음과 같이 답장을 보냈다. "나의 마음도 당신에게 하고 싶은 말들로 가득 차 있습니다. 나 역시 당신에게 편지를 쓸 수 있다는 사실에 감사합니다. 나 역시 한 달에 한 번씩 당신을 볼 수 없으리라는 사실을 받아들이기 힘듭니다. 리처드로부터는 당신에 대한 자세한 소식까지 들을 수는 없어요. 하지만 전반적으로 당신이 매우 지쳐 있다는 것만은 알고 있습니다."[50] 그녀는 자신이 디트로이트에서 열리는 학회에 참석할 때 그곳으로 올 수 없겠느냐고 물었다. 그것이 불가능하다면 "언제든 우리 집에 와요, 오펜하이머. 우리의 손님용 사랑채는 항상 당신에게 열려 있습니다."

오펜하이머가 루스 톨먼에게 보낸 편지들은 거의 남아 있지 않다. 대부분은 그녀가 죽고 나서 파기되었다. 하지만 그녀의 연서들은 깊은 감정과 긴밀한 관계를 보여 준다. 그녀는 날짜 표시가 없는 한 편지에서 "나는 감사로 충만한 마음으로 당신이 이곳에 있었던 한 주간을 생각해 봅니다. 그것은 잊을 수 없는 시간이었어요. 단 하루만이라도 그 시간을 늘릴 수 있다면 어떤 값이라도 치를 것입니다. 내가 보내는 깊은 마음을 당신도 알 것입니다."[51] 또 다른 편지에서 그녀는 주말을 같이 보낼 계획에 대해 썼다. 그녀는 비행장으로 그를 마중 나갔다가 "그날 바로 바닷가로 가기를" 원했다.[52] 그녀는 최근에 "도요새와 갈매기가 노니는 길다란 해변"을 자동차로 지나쳤다고 말하며 "오, 로버트, 로버트. 나는 곧 당신을 만날 것입니다. 그 시간이 어떨 것인지는 우리 둘 다 알고 있습니다."라고 썼다. 나중에 해변에서의 소풍에서 돌아온 후에 오펜하이머는 "루스, 내 사랑……나는 나에게 너무나 큰 의미가 있었던 행복한 날을 되새겨 보면서 이 글을 씁니다. 나는 당신이 용기와 현명함으로 가득 차 있다는 것을 알고는 있었지만, 아는 것과 가까이에 있는 것은 다른 것이겠지요……. 당신을 만나서 정말 좋았습니다."라고 쓰고 나서 편지 마지막에 "내 사랑, 루스, 언제나"라고 서명했다.[53]

키티는 물론 오펜하이머와 톨먼 부부의 오랜 친분에 대해 잘 알고 있었다. 그녀는 남편이 매달 칼텍에서 수업을 하러 패서디나에 갈 때면 톨먼의 손님용 숙소에서 머무른다는 것을 알고 있었다. 그는 톨먼 부부, 바커 부부와 함께 그들이 즐겨 찾는 멕시코 식당에서 식사를 하고는 했다. 그리고 가끔은 키티가 버클리에서 전화를 걸어 왔다. 진 바커는 "나는 키티가 로버트와 어울리는 모든 사람에 대해 분개했다고 생각한다."라고 회고했다.[54] 키티가 원래 소유욕이 강했을지도 모르지만, 그녀가 불륜 관계에 대해 알았다는 증거는 없다.

그리고 1948년 8월 중순의 어느 토요일 밤, 톨먼 부부의 집에서 열린 파티 도중 리처드 톨먼이 갑자기 심장마비로 쓰러졌다. 키티의 전 남편인 스튜어트 해리슨 박사가 급히 달려왔고, 리처드는 30분 이내에 인근 병원에 입원할 수 있었다. 그러나 3주 후 결국 리처드는 세상을 떠났다. 루스는 깊은 슬픔에 빠졌다. 그녀는 지난 24년 동안 남편을 깊이 사랑했던 것이다. 하지만 몇몇 친구들은 이 비극을 이용해 오펜하이머를 중상모략하려 했다. 이즈음 오펜하이머에 대한 적개심을 공개적으로 드러내기 시작한 로런스는, 리처드의 심장마비가 부인의 불륜 사실을 발견해서 발생했다는 소문을 퍼뜨렸다. 로런스는 나중에 스트라우스에게 "나는 오펜하이머 박사가 칼텍의 톨먼 교수 부인을 유혹했을 때부터 그에게 반감을 갖기 시작했다."라고 밝혔다.[55] 로런스는 "그것은 톨먼 박사가 알아챌 수 있을 정도로 오래 지속되었고, 그는 가슴이 찢어져 죽음에 이르렀다."라고 주장했다.

루스와 오펜하이머는 리처드의 죽음 이후에도 만남을 지속했다. 4년 후, 루스는 그와 만난 후 다음과 같은 편지를 보냈다. "나는 부둣가에 놓인 2개의 마술 의자에 앉아 앞에 넘실대는 바다와 머리 위를 휘감는 불빛과 비행기를 보던 것을 항상 기억할 것입니다. 차마 말은 못했지만 그날은 리처드의 4주기였어요. 1948년 8월의 끔찍한 날들과 그 전의 많은 행복한 나날들이 머리에서 맴돌았죠. 나는 그날 밤 당신과 함께 있을 수 있었다는 것에 매우 감사하고 있습니다."⁵⁶ 날짜 표시가 없는 또 다른 편지에서 루스는 "사랑하는 로버트, 지난 주 당신과 함께 보낸 소중한 시간들이 내 마음에 자꾸만 떠오릅니다. 나는 그 시간들에 대해 감사하고, 더욱 더 많이 원합니다." 그녀는 나아가 다음에 만날 날짜를 정하려고 했다. "당신이 UCLA에서 누군가를 만나야 한다고 말하고 우리가 그날 하루 종일 같이 보내는 건 어때요? 그리고 밤에는 파티 시간에 맞춰 돌아오면 되지 않겠어요? 한번 생각해 보세요." 루스와 오펜하이머는 확실히 서로 사랑했지만, 이 불륜 관계로 인해 서로의 결혼 생활을 망가뜨리려는 의도는 없었다. 그들이 만나는 동안, 루스는 키티와 오펜하이머 아이들과도 친근한 관계를 유지했다. 그녀는 단지 오펜하이머 가족의 오랜 친구였고, 오펜하이머의 절친한 친구였을 따름이었다.

프린스턴의 자리를 받아들이기 전에 오펜하이머는 스트라우스에게 "지금 나의 평판을 떨어뜨릴 만한 정보가 떠돌고 있다."라고 털어놓았다.⁵⁷ 당시 스트라우스는 경고를 무시했다. 하지만 새로 통과된 맥마흔 법에 의해, FBI는 모든 원자력 에너지 위원회 직원의 비밀 취급 인가를 재검토하고 있었고 전 위원들은 오펜하이머의 파일을 읽어야만 했다. 후버의 어느 보좌관이 말했듯이, 이는 FBI가 "더 이상 조심스러워야 할 필요 없이 오펜하이머에 대한 공개적이고 종합적인 조사를 진행할 수 있는" 기회를 제공한 것이었다.⁵⁸ 요원들은 오펜하이머의 뒤를 밟았고, 스프라울과 로런스를 포함한 10여 명의 지인들과 인터뷰 조사를 벌였다. 모두 그의 충성심을 의심하지 않았다. 스프라울은 한 요원에게 오펜하이머가 자신의 과거 좌익 활동에 대해 "창피해 하고 있다."라고 말했다고 밝혔다. 로런스는 오펜하이머가 "과거에 뾰루지가 있었지만 지금은 면역이 생겼다."라고 말했다.

이와 같은 오펜하이머의 신뢰성을 보증하는 증언들에도 불구하고, 스트라우스와 다른 원자력 에너지 위원회 위원들은 곧 FBI로부터 오펜하이머의 비밀 취급 인가가 쉽게 나오지 않을 것이라는 말을 들었다. 1947년 2월 말, 후버는 백악관으로 12쪽 분량의 오펜하이머 파일 요약본을 보냈는데, 이 문서는 그의 공산주의자들과의 관계를 강조하고 있었다. 1947년 3월 8일 토요일, 이 보고서는 원자력 에너지 위원회에도 전달되었고, 스트라우스는 곧 원자력 에너지 위원회의 법률 고문 조지프 볼피(Joseph Volpe)를 자신의 사무실로 불렀다. 볼피는 스트라우스가 그 보고서를 읽고 나서 "눈에 띌 정도로 놀랐다."는 것을 알 수 있었다. 두 사람은 파일을 검토했고, 마침내 스트라우스가 볼피에게 "조, 어떻게 생각하나?"라고 물었다.[59]

볼피는 "글쎄요, 누군가가 이 파일에 들어 있는 모든 정보를 공개하고 이것이 원자력 에너지 위원회의 최고 민간인 고문에 대한 것이라고 한다면, 그것은 큰 문제가 될 것입니다. 그의 배경은 끔찍합니다. 하지만 이 사람이 현재 국가 안보를 위협하는 위험인물인지를 판단하는 것은 당신의 책임입니다. 슈발리에 사건을 제외하고는 내가 보기에 확증은 없습니다."

원자력 에너지 위원회 위원들은 돌아오는 월요일에 이 문제를 토의하기 위해 모였다. 모두 오펜하이머의 인가를 취소하는 것은 심각한 정치적 결과를 야기하리라는 것을 알고 있었다. 제임스 코넌트와 바네바 부시는 위원들에게 오펜하이머에 대한 FBI의 혐의는 이미 몇 년 전 조사가 진행되었고 기각되었다고 말했다. 그래도 그들은 원자력 에너지 위원회가 오펜하이머의 비밀 취급 인가를 승인하려고만 한다면 FBI의 동의를 구할 수 있으리라는 것도 알고 있었다. 릴리엔털은 3월 25일 FBI 국장을 만나러 갔다. 후버는 여전히 오펜하이머가 슈발리에와 나눈 대화를 곧바로 보고하지 않은 것에 불만을 가지고 있었다. 그럼에도 그는 마지못해 오펜하이머가 "한때 공산주의에 경도되었을지도 모르지만, 그동안 서서히 멀어졌다."는 것에 동의했다.[60] 원자력 에너지 위원회의 보안 담당자들이 오펜하이머의 인가를 취소할 정도로 증거가 강력하지 않다고 느꼈다는 이야기를 듣자, 후버는 이를 더 이상 문제 삼지 않겠다고 말했다. 사실 그는 오펜하이머의 보안 등급을 원자력 에너지 위원회의 책임으로 하는 것을 원했던 것이다. 하지만 후버는 프랭크 오펜하이머는 경우가 다르다고 경고했다. FBI는 프랭크의 비밀 취급 인가를 승인하지 않을 것이었다.

나중에 스트라우스는 오펜하이머에게 자신이 그의 FBI 파일을 "꽤 세심하게" 검토했고, 고등 연구소 소장에 임명되는 데 문제될 만한 사항은 없었다고 말했다.[61] 원자력 에너지 위원회 위원들로부터 공식적인 인가는 조금 더 시간이 걸렸다. 1947년 8월 11일이 되어서야 원자력 에너지 위원회는 오펜하이머에게 최고 등급인 'Q' 인가를 승인했다. 투표는 만장일치로 처리되었다. 심지어 가장 보수적인 위원인 스트라우스마저도 찬성표를 던졌다.

오펜하이머는 전쟁 후 첫 조사를 무사히 마쳤지만, 그가 여전히 특별 관리 대상이라는 사실에는 변함이 없었다. 후버는 릴리엔털에게 오펜하이머를 더 이상 문제 삼지 않겠다고 말했지만, 지속적으로 그를 주시했다. 원자력 에너지 위원회 위원들이 오펜하이머의 인가를 승인한 지 한 달 후인 1947년 4월, 후버는 "적어도 1942년까지 오펜하이머 형제가 샌프란시스코 공산당의 주요 후원자였다는 사실을 입증하는" 새로운 정보를 찾아냈다.[62] 그 정보는 FBI가 샌프란시스코의 공산당 사무실에서 훔쳐낸 공산당 회계 기록이었다.

사건을 계속 조사하기 위해서 후버는 요원들에게 오펜하이머의 평판을 떨어뜨릴 수 있는 정보를 찾아내라고 지시했다. 예를 들어 1947년 가을에 FBI 샌프란시스코 사무실은 후버와 부국장 D. M. 래드(D. M. Ladd)에게 오펜하이머와 그의 몇몇 가까운 친구들의 성생활에 대한 노골적인 내용을 담은 비밀 메모를 보내 왔다. 후버는 캘리포니아 대학교의 어느 "매우 믿을 만한 사람이 FBI의 비밀 정보원"이 되기를 자원했다는 보고를 받았다. 이 익명의 정보원은 1927년 이후 오펜하이머의 버클리 친구들 중 상당수를 알고 있다고 주장했다. 그중 한 명은 기혼 여성이었는데, 자유분방한 취향을 가진 "섹스 중독자"였다. 정보원은 "대학 내에서는 이 부부가 다른 교수 부부와 부부 교환 행위를 하고 있다는 사실을 누구나 알고 있었다."라고 주장했다. 마치 이것만으로는 부족하다는 듯이, 이 정보원은 나아가 이 여인이 1935년에 어느 교수 파티에 참석했다가 그 자리에서 술에 취해 하비 홀(Harvey Hall)이라는 수학과 대학원생과 함께 사라졌다고 보고했다. 보고서 말미에 정보원은 당시 홀은 로버트 오펜하이머와 같이 살았다고 주장했다. 또한 1940년 결혼하기 전까지 "오펜하이머가 동성애적 성향을 가지고" 있었고 그가 홀과 깊은 관계라는 것은 널리 알려진 사실이라고 말했다.[63]

사실 오펜하이머는 홀과 같이 산 적이 없었다. 그리고 오펜하이머가 남자와 동성애적 관계를 맺었다는 증거 역시 없다. FBI의 정보원조차도 이를 "입소문"이라고 규정했는데, 아마도 그럴 것이다. 그럼에도 후버는 오펜하이머와 홀 사이의 "사건(affair)"을 오펜하이머의 FBI 파일 요약본에 포함시켰다. 이 요약본은 결국 스트라우스를 비롯한 많은 워싱턴 고위 관료들에게 전달되었다. 이는 물론 이들을 놀라게 했지만, 반대로 오펜하이머에 대한 정보들 중 일부는 별로 믿을 만하지 못하다는 것을 확인시켜 주는 효과가 있었다. 예를 들어 릴리엔털은 어느 익명의 제보자가 12세 소년이라는 것에 놀랐다.[64] 그는 중상모략의 소지가 있는 이야기들이 전쟁 전 오펜하이머를 알지도 못하는 익명의 정보원들로부터 나온 악의에 찬 소문에 불과하다고 결론 내렸다. 이것이 오펜하이머의 FBI 파일에 포함된 정보에 대한 정확한 평가였지만, 오펜하이머에게 별로 동정적이지 않은 독자들에게 확인되지 않은 이런 정보가 얼마나 치명적인 효과가 있을지는 두고 보아야 할 것이었다.

27장
지식인을 위한 호텔

물리학자들은 자신들의 죄과를 씻을 수 없다는 것을 알게 되었다.

— 로버트 오펜하이머

1947년 7월 중순의 유달리 덥고 습한 어느 여름날, 오펜하이머 부부는 프린스턴에 도착했다.[1] 아인슈타인의 피난처였던 고등 연구소의 소장으로서의 지위는 오펜하이머에게 워싱턴에 생겨나고 있는 여러 핵 정책 관련 위원회에 접근할 수 있는 유용한 발판이 되었다. 연구소는 그에게 2만 달러의 넉넉한 연봉을 주었을 뿐만 아니라, 무료로 소장 사저인 올든 매너(Olden Manor)를 사용할 수 있게 해 주었다. 여기에는 입주 요리사와 관리인이 포함되어 있었다. 연구소는 또한 그가 원할 때면 언제라도 여행을 할 수 있도록 허가해 주었다. 그는 10월에 정식으로 업무를 시작할 것이었고, 첫 교수 회의는 12월에나 주재하게 될 것이었다. 그와 키티, 그리고 여섯 살

난 피터와 세 살배기 토니는 몇 달간 새로운 환경에 적응하며 여유 있는 시간을 보낼 수 있었다. 오펜하이머는 이제 겨우 43세였다.

키티는 어느새 올든 매너를 사랑하게 되었다. 사저는 넓게 퍼진 식민지 시대 양식의 흰색 3층집이었고, 102만 제곱미터의 풍성한 숲과 초원으로 둘러싸여 고즈넉한 분위기를 가지고 있었다. 집 뒤에는 헛간과 축사가 있었다. 오펜하이머와 키티는 말 두 마리를 구입해 토퍼(Topper)와 스텝업(Step-up)이라고 이름 붙였다.

올든 매너의 일부는 프린스턴에 일찌감치 자리 잡은 개척자 가족이 이 자리에서 목장을 시작할 무렵인 1696년에 처음 지어졌다. 집의 왼쪽 날개는 1720년에 지어졌고, 1777년 프린스턴 전투 당시 조지 워싱턴의 군대가 야전 병원으로 사용했다. 올든 가의 후손들이 이후 계속해서 집을 개조하면서 덧붙인 결과, 19세기 말에는 방이 18개나 되었다. 올든 가는 1930년대까지 이 집을 소유하고 있다가 고등 연구소에 팔았다.

집은 안팎으로 밝은 흰색으로 칠해져 내부가 밝고 넓어 보였다. 높은 중앙 현관은 앞문에서 아치형 뒷문을 지나 슬레이트 지붕의 테라스까지 건물을 관통했다. 식당 옆으로는 L자 모양의 목장식 부엌이 위치해 있었다. 거실의 8개의 창문으로는 햇볕이 넉넉하게 들어왔다. 현관 건너편에는 음악실(music room)이라는 작은 응접실이 있었다. 음악실에서 계단을 따라 내려오면 커다란 벽돌 벽난로가 설치된 서재가 나왔다. 오펜하이머 가족이 입주했을 때, 집 안의 거의 모든 방은 붙박이 책장으로 둘러싸여 있었다. 오펜하이머는 그것들을 대부분 철거하고, 서재의 한쪽 벽에만 꽉 차게 책장을 설치했다.[2] 집 전체는 떡갈나무 바닥이었고, 걸어 다닐 때마다 부드러운 삐걱거리는 소리가 났다. 위층에는 곳곳에 구석구석 눈에 잘 띄지 않는 공간과 숨겨진 벽장, 그리고 부엌으로 이어지는 작은 계단이 있었다.

어느 방에서나 번호가 붙은 초인종을 누르면 요리사나 가정부를 부를 수 있었다.

오펜하이머는 도착하자마자 키티를 위한 생일 선물로 집 뒤켠 부엌 근처에 온실을 지었다.[3] 키티는 곧 온실을 여러 종류의 난초들로 채웠다. 집은 넓은 정원으로 둘러싸여 있었는데, 그중에는 돌로 만든 벽으로 둘러진 잘 관리된 화원이 있었다. 식물학자인 키티는 정원 일을 사랑했고, 한 친구에 따르면 그녀는 곧 "정원 가꾸기라는 마술을 부리는 예술가"가 되었다.[4] 오펜하이머는 나중에 한 기자에게 "우리가 처음 이사 왔을 때, 나는 이토록 큰 집에 익숙해질 거라고 생각하지 않았어요. 하지만 그동안 사는 데 딱 적당할 정도로 편해졌고, 지금은 매우 만족스럽습니다."라고 말했다.[5] 오펜하이머는 자신의 아버지가 아끼던 그림인 빈센트 반 고흐의 「울타리로 둘러싸인 들판과 떠오르는 해」를 거실 벽난로 위에 걸었다.[6] 그들은 드랭의 작품은 식당에, 뷔야르는 음악실에 걸었다.[7] 가구는 편안할 정도로 들여놓았지만, 키티는 모든 것을 깔끔하게 관리해 어질러져 있는 법이 없었다. 그림 하나 걸려 있지 않은 소박한 오펜하이머의 서재는 그의 로스앨러모스에서의 집을 연상케 했다.[8]

올든 매너의 뒤켠 테라스에서 오펜하이머는 남쪽으로 연구소 앞쪽의 너른 들판을 볼 수 있었다. 400미터도 떨어져 있지 않은 곳에 교회풍의 높은 첨탑을 가진 4층짜리 붉은 벽돌 건물인 풀드 홀(Fuld Hall)이 위치해 있었다. 1939년에 52만 달러를 들여 지은 이 건물에는 수십 명의 학자들을 위한 연구실, 나무로 장식된 도서관, 그리고 갈색 가죽 의자가 줄지어 놓여 있는 휴게실이 있었다. 꼭대기인 4층에는 카페테리아와 회의실이 있었다. 1947년 아인슈타인은 2층 구석방인 225호실을 사용했다. 보어와 디랙은 3층에서 서로 옆방에서 일했다. 오펜하이머의 1층 사무실인 113호실에서는 창밖으로 숲과 초원을 내다볼 수 있었다.[9] 그의 전임자인 프랭크 아이델로트(Frank Aydelotte)는 엘리자베스 시기 문학을 전공한 학자였는데, 그는 사무실 벽에 옥스퍼드의 풍경화를 걸어 놓았었다. 오펜하이머는 이것을 떼어내고 벽 전체를 덮는 크기의 흑판을 걸게 했다.[10] 그에게는 두 명의 비서가 있었는데, 한 명은 이전에 프랭크퍼터 대법관 밑에서 일했던 엘레노어 리어리(Eleanor Leary)였고, 다른 한 명은 젊고 능률적으로 일하는 20대의 캐서린 러셀(Katharine Russell)이었다. 그의 사무실 바로 앞에는 "거대한 금고"가 놓여 있었는데, 여기에는 원자력 에너지 위원회 자문 위원회 의장으로서 업무를 수행하기 위해 필요한 기밀문서들이 보관되어 있었다.[11] 잠긴 금고 옆에서는 무장 경비들이 24시간 감시하고 있었다.

그의 풀드 홀 사무실에 방문한 사람들은 "권력으로 빛나는" 남자를 만날 수 있었다. 전화가 울리면 그의 비서가 문에 노크를 하고 들어와 "오펜하이머 박사님, (조지) 마셜 장군의 전화입니다."라고 알렸다.[12] 그의 동료들은 이런 전화가 그를 "전율케"하는 것을 볼 수 있었다. 그는 역사가 자신에게 부여한 역할을 즐겼고 그 역할을 잘 해내려고 열심히 노력했다. 연구소 교수진 대부분은 스포츠 재킷을 입고 돌아다녔지만(아인슈타인은 구겨진 스웨터를 즐겨 입었다.) 오펜하이머는 프린스턴 상류층을 위한 양복점인 랭로크스(Langrocks)에서 수제로 만든 비싼 영국제 양모 정장을 자주 입었다(하지만 그는 가끔 "쥐가 물어뜯은 듯한" 재킷을 입고 파티에 나타나기도 했다.).[13] 많은 학자들이 프린스턴 주위를 자전거를 타고 돌아다닐 때, 오펜하이머는 근사한 푸른색 캐딜락 컨버터블을 탔다.[14] 그는 한때 머리카락을 길러 부스스하게 하고 다녔지만, 이제는 "승려처럼 짧게" 다듬었다.[15] 43세의 그는 섬세하고 연약해 보이기까지 했다. 하지만 그는 사실 꽤 강하고 활기에 넘쳐 있었다. 다이슨은 "그는 매우 마르고, 신경질적이고, 안절부절했습니다."라고 회고했다.[16]

"그는 항상 왔다 갔다 했습니다. 5초도 가만히 있지를 못했지요. 그는 엄청난 불안에 시달리는 사람 같았습니다. 그는 항상 담배를 피워 댔습니다."

프린스턴은 로스앨러모스의 생활 방식과 풍경은 물론이고, 버클리와 샌프란시스코의 자유분방한 분위기와는 완전히 다른 세상이었다. 1947년에 프린스턴은 인구 2만 5000명의 교외 소도시였다. 나소와 위더스푼 가가 만나는 곳에 단 1개의 신호등이 있었고, 프린스턴 환승역에서 매일 수백 명의 통근자들을 기차역으로 실어 나르는 '딩키(Dinky)' 전차를 제외하고는 대중교통도 없었다. 그곳에서 은행원, 변호사, 그리고 주식 중개인들이 양복을 차려입고 기차로 50분 거리에 있는 맨해튼으로 출근했다. 미국의 다른 작은 소도시와는 달리, 프린스턴은 위엄 있는 역사와 강한 엘리트 의식을 가지고 있었다. 하지만 어느 오랜 주민이 지적했듯이, 그곳은 "특징은 있지만 영혼이 없는 도시"였다.[17]

오펜하이머의 야심은 고등 연구소를 학제 간 학문 연구의 국제적 중심지로 만드는 것이었다. 고등 연구소는 1930년 루이스 뱀버거(Louis Bamberger)와 그의 여동생 줄리 캐리 풀드(Julie Carrie Fuld)가 출연한 500만 달러의 기부금으로 설립되었다. 뱀버거와 그의 여동생은 1929년 주식 시장 폭락 직전에 가족 사업인 뱀버거 백화점을 R. H. 메이시사(R. H. Macy & Co.)에 매각해 현금 1100만 달러의 후한 대가를 받았다. 고등 교육 기관을 설립하겠다고 생각한 뱀버거는 교육자이자 재단 간부인 에이브러햄 플렉스너(Abraham Flexner)에게 연구소의 첫 소장직을 맡겼다. 플렉스너는 연구소가 교육 기관도 연구 중심 대학도 아니어야 한다고 생각했다. "이 연구소는 그 사이의 위치를 차지할 것이다. 적은 수업량과 연구할 수 있는 시간이 충분히 주어지는 작은 대학 같은 곳이 될 것이다." 플렉스너는 뱀버거 가에게 연구소를 옥스퍼드의 올 소울스 칼리지(All Souls College)나 파리의 꼴레주 드 프랑스(Collège de France), 또는 오펜하이머의 출신 학교인 독일의 괴팅겐 대학교와 같은 유럽식 연구 기관을 모델로 하고 싶다고 말했다. 그는 그것이 "학자들을 위한 천국"이 될 것이라고 말했다.

1933년 플렉스너는 아인슈타인을 연봉 1만 5000달러에 채용함으로써 연구소의 명성을 높였다.[18] 다른 학자들에게도 비슷한 수준의 충분한 급여가 주어졌다. 플렉스너는 최고의 사람들을 원했고, 연구소의 교수진이 그들의 수입을 보충하기 위해 "교과서를 쓰거나 다른 종류의 쓸데없는 일을 하는 데 시간을 낭비하는 일"이 없기를 바랐다.[19] 그들에게는 "의무는 없고, 오직 기회가 있을 뿐"이었다. 1930년대를 거치면서 플렉스너는 요한 폰 노이만, 쿠르트 괴델(Kurt Gödel), 헤르만 바일(Hermann Weyl), 딘 몽고메리(Deane Montgomery), 보리스 포돌스키(Boris Podolsky), 오스왈드 베블렌(Oswald Veblen), 제임스 알렉산더(James Alexander), 그리고 네이선 로젠(Nathan Rosen) 같은 뛰어난 수학자들을 영입했다. 플렉스너는 "쓸모없는 지식의 유용함"을 추구했다. 하지만 1940년대 들어 연구소는 그동안 모아 놓은 명석한 두뇌들의 잠재력이 영원히 발휘되지 못할지도 모른다는 악평을 받을 위기에 처했다. 어느 과학자는 그곳을 "과학이 융성하지만 결실을 맺지 못하는 곳"이라고 묘사했다.

오펜하이머는 이 모든 것을 바꾸기로 마음먹었다. 그는 자신이 1930년대 버클리에서 했던 대로, 연구소가 이론 물리의 세계적인 중심지가 되기를 바랐다. 그는 전쟁이 진정으로 창의적인 작업을 중단케 했음을 알고 있었다. 하지만 세상은 빨리 변하고 있었다. 그는 1947년 가을 MIT에서의 연설에서 "전후 불과 2년이 지난 오늘, 물리학은 급속히 발전하고 있습니다."라고 말했다.[20]

1947년 4월 초, 젊고 똑똑한 물리학자 에이브러햄 페이스는 버클리에서 한 통의 전화를 받았다. 깜짝 놀란 페이스에게 오펜하이머는 "로버트 오펜하이머입니다."라고 말했다.[21] "나는 조금 전 고등 연구소의 소장직을 받아들였습니다. 우리가 이론 물리학 분야를 키울 수 있도록 당신이 내년에 그곳에 꼭 와 주었으면 합니다." 영광이라고 생각한 페이스는 덴마크에서 보어와 공부할 기회를 버리고 프린스턴으로 가기로 결정했다. 그는 이후 16년간 연구소에 머물면서 오펜하이머의 오랜 벗이 되었다.

페이스는 곧 오펜하이머가 일하는 모습을 가까이서 지켜볼 기회를 얻었다. 1947년 6월의 3일간, 미국에서 가장 뛰어난 이론 물리학자 23명은 롱아일랜드 동쪽 끝에 위치한 쉘터 아일랜드(Shelter Island)의 리조트인 램스 헤드 여관(Ram's Head Inn)에 모여들었다. 오펜하이머는 이 학회를 조직하는 데 주도적인 역할을 맡았다. 그는 한스 베테, 이지도어 라비, 리처드 파인만, 빅터 바이스코프, 에드워드 텔러, 조지 윌렌베크, 줄리언 슈윙거, 데이비드 봄, 로버트 마르샤크(Robert Marshak), 윌리스 램, 헨드릭 크라머(Hendrik Kramers) 등을 불러 모아 "양자 역학의 토대"에 대한 토론을 벌였다. 전쟁이 끝나자 이론 물리학자들은 마침내 근본적인 문제들로 그들의 관심을 돌릴 수 있었다. 오펜하이머의 박사 과정 학생들 중 하나였던 윌리스 램은 이 학회에서 가장 주목받는 발표를 했다. 그것은 나중에 '램 이동'이라고 알려진 이론이었는데, 이는 양자 전기 역학의 새로운 이론을 정립하는 데 중대한 단계가 되었다(램은 1955년 이 공로로 노벨상을 받았다.). 라비 역시 핵 자기 공명에 관한 혁신적인 강연을 했다.

공식적으로는 물리학회 총무였던 칼 대로(Karl Darrow)가 좌장이었지만 토론을 주도했던 것은 오펜하이머였다. 대로는 자신의 일기에 "학회가 진행될수록 오펜하이머의 영향력은 점점 명백해졌다. 거의 모든 주장에 대한 (가끔은 신랄한) 분석, 망설임 없는 언어 구사(나는 (물리학에 대한) 토론 중에 '카타르시스'라는 단어나 '중간자스러운(mesoniferous)'이라는 말(아마도 오펜하이머가 지어낸 말일 것이다.)을 들어 본 적이 없다.), 정색을 하고 던지는 농담, (자신의 것을 포함해서) 그 아이디어는 확실히 틀렸다고 이어지는 코멘트들, 그리고 그의 발언에 대해 참가자들이 가진 존경심." 페이스 역시 오펜하이머가 청중 앞에서 이야기할 때 보이는 "승려와 같은 스타일"에 깊은 인상을 받았다. "그것은 마치 그가 청중에게 자연의 신성한 비밀을 알려 주려는 것 같았다."

3일째이자 마지막 날, 오펜하이머는 자신이 전쟁 전 서버와 함께 연구했던 주제인 중간자들의 모순된 성질에 대한 토론을 이끌었다. 페이스는 나중에 오펜하이머가 얼마나 "훌륭하게" 주재자로서의 임무를 수행했는지 기억했다. 그는 적절한 순간에 말을 끊고 질문을 던졌으며, 토론 내용을 요약하고 다른 이들이 해답을 생각해 낼 수 있도록 자극했다. 페이스는 나중에 "나는 이 토론 도중 마르샤크 옆에 앉아 있었는데, 아직까지도 그의 얼굴이 갑자기 벌개졌던 것을 기억한다. 그는 일어나서 '어쩌면 두 가지 종류의 중간자가 있을지도 모릅니다. 한 종류는 많이 생성되고, 곧 약하게 흡수하는 다른 종류로 분해되는 것이지요.'"[22] 페이스의 생각에, 두 종류의 중간자가 존재한다는 마르샤크의 혁신적인 가설을 이끌어 낸 것은 오펜하이머였다. 이 획기적인 발견은 1950년 영국 물리학자 세실 파웰에게 노벨상을 안겨 주었다. 또한 쉘터 아일랜드 학회에서는 파인만과 슈윙거가 어느 전자가 자신 또는 다른 전자장과 어떻게 상호 작용하는지를 계산할 수 있게 해 주는 '재규격화 이론(renormalization theory)'을 풀어낼 수 있었다.[23] 오펜하이머는 이 경우에도 그와 같은 발견의 장본인은 아니었지만, 그의 동료들은 그가 남들이 보지 못했던 새로운 것들을 발견하도록 도와주는 데에 뛰어난 능력이 있다고 생각했다.

모든 사람이 오펜하이머의 역할에 찬사를 보낸 것은 아니었다. 데이비드 봄은 그가 너무 말이 많다고 생각했다고 회고했다. 봄은 "그는 말을 아주 잘했지요. 그러나 그의 말들을 뒷받침할 만한 것은 그리 많지 않았습니다."라고 말했다. 봄은 자신의 스승이 통찰력을 잃기 시작했고, 이는 아마 수년 동안 물리학에서 별로 의미 있는 일을 하지 않았기 때문이라고 생각했다. "그(오펜하이머)는 내가 하고 있던 일에 대해서는 별로 공감하지 않았어요."라고 봄은 회고했다. "나는 근본적인 질문을 던지고 싶었고, 그는 현재의 이론을 어떻게 이용해 그 결과를 어떻게 풀어낼 것인지를 파고들어야 한다고 생각했다." 봄은 예전에 오펜하이머에게 대단한 존경심을 가지고 있었다. 하지만 시간이 지날수록 오펜하이머가 "진정한 독창성은 없지만 다른 사람의 아이디어를 이해하고 그 함의를 파악하는 능력은 매우 뛰어나다."라는 밀턴 플레세트(Milton Plesset)의 말에 동의하게 되었다.

쉘터 아일랜드를 떠나면서 오펜하이머는 자신이 명예 학위를 받기로 예정되어 있는 하버드로 가기 위해 보스턴행 수상 비행기를 고용했다. 빅터 바이스코프를 비롯해서 케임브리지로 돌아가려는 몇몇 물리학자들은 같이 타고 가자는 오펜하이머의 초대를 받아들였다. 중간쯤 갔을 때 그들은 폭풍을 만났고 조종사는 코네티컷 뉴런던에 위치한 해군 기지에 착륙하기로 결정했다. 민간 비행기는 이 비행장을 사용할 수 없었고, 그들이 부둣가를 따라 활주했을 때 조종사는 화난 해군 중령이 그에게 소리치는 것을 봤다. 오펜하이머는 조종사에게 "내가 처리하겠소."라고 말했다.[24] 그는 비행기에서 내리면서 "내 이름은 오펜하이머요."라고 공표했다. 해군 장교는 놀라며 "당신이 바로 그 오펜하이머란 말이오?"라고 물었다. 오펜하이머는 바로 "내가 오펜하이머요."라고 대답했다. 그 유명한 물리학자를 만난 것에 몹시 당황한 장교는 오펜하이머와 그의 친구들에게 차와 쿠키를 대접하고 해군 버스를 동원해 그들을 보스턴까지 데려다 주었다.

미국에서 가장 유명한 물리학자는 별로 물리학 연구를 하지 않았다. 하지만 오펜하이머는 군이 연구소의 이사회를 설득해 자신이 전례가 없는 소장 겸 "물리학 교수"로 임용되도록 했다.25 1946년 가을 오펜하이머는 시간을 내서 베테와 공동으로 전자 산란에 대한 논문을 썼고, 이는 곧 《피지컬 리뷰》에 실렸다. 그해 그는 노벨 물리학상 추천을 받았지만, 노벨 위원회는 히로시마와 나가사키와 그토록 가깝게 연관되어 있는 사람에게 상을 주는 것에 주저했던 것으로 보인다. 이후 4년 동안 그는 짧은 물리학 논문 세 편과 생물 물리학 논문 한 편을 발표했다. 하지만 1950년 이후로 그는 단 한편의 과학 논문도 출판하지 않았다. 1951년 연구소를 방문했던 물리학자 머리 겔만(Murray Gell-Mann)은 "그는 참을성(Sitzfleisch)이 없었어요. 의자에 오래 앉으면 생기는 '군살(sitting flesh)'이 없었다는 말이지요. 내가 아는 한 그는 긴 계산을 요하는 긴 논문을 쓴 적이 없습니다. 그의 업적은 명석하지만 작은 통찰력이 필요한 것이 대부분이었습니다. 하지만 그는 다른 사람들이 일을 하도록 고무했고, 그의 영향력은 환상적일 정도였습니다."라고 말했다.26

로스앨러모스에서 그는 수천 명의 인력과 수백만 달러의 예산을 관리했다. 이제 그는 겨우 100여 명에 불과한 사람과 82만 5000달러의 예산을 가진 기관을 관장했다. 로스앨러모스는 완전히 연방 정부에 의존했다. 하지만 고등 연구소의 이사회는 소장이 연방 정부의 지원을 끌어들이는 것을 금지했다. 연구소는 완전히 독립적인 기관이었다.27 그것은 이웃인 프린스턴 대학교와도 아무런 공식적인 관계가 없었다. 1948년 무렵이면 180여 명의 고등 연구소 학자들은 수학과 역사학 두 '학부(School)' 중 한 곳에 속하게 되어 있었다. 연구소는 입자 가속기는 말할 것도 없고 실험실조차 없었으며, 칠판이 그중 가장 복잡한 도구라고 할 수 있었다. 수업이 없으니 학생도 없을 수밖에 없었다. 오직 학자들뿐이었다. 대부분은 수학자였고, 몇몇은 물리학자였으며, 적은 수의 경제학자들과 인문학자들이 있었다. 연구소는 사실 지나치게 수학에 치우쳐 있어서 이사회가 오펜하이머를 소장으로 임명한 것이 혹시 물리학/수학에만 전념하기로 결정했기 때문이 아닌가 생각될 정도였다.

오펜하이머가 처음으로 임명한 학자들은 그의 유일한 목적이 연구소를 이론 물리학의 중심지로 만들려는 것처럼 보이게 했다. 그는 기간제 멤버로 버클리에서 다섯 명의 물리학자들을 데리고 왔다. 페이스를 달래서 머물게 한 뒤, 그는 또 다른 젊은 영국인 물리학자 프리먼 다이슨을 영입했다. 그는 닐스 보어, 폴 디랙, 볼프강 파울리, 유카와 히데키, 조지 월렌베크, 조지 플라첵, 도모나가 신이치로, 그리고 몇몇 다른 젊은 물리학자들이 여름이나 안식년을 고등 연구소에서 보내도록 설득했다. 1949년 그는 나중에 리정다오(李政道, 1926년~)와 함께 1957년 노벨 물리학상을 수상하게 될 27세의 뛰어난 물리학자 양전닝(楊振寧, 1922년~)을 영입했다. 페이스는 1948년 2월 자신의 일기에 "이곳은 비현실적인 곳이다. 보어가 내 사무실에 들어와 이야기한다. 창밖을 내다보면 아인슈타인이 그의 조수와 함께 집으로 걸어가고 있다. 옆 사무실에는 디랙이 앉아 있다. 아래층에는 오펜하이머가 있다."라고 썼다.[28] 이곳은 세계 어디에서도 찾아 볼 수 없는 과학적 재능의 총집합소였다. 물론 로스앨러모스를 제외하고.

1946년 6월, 오펜하이머가 연구소에 도착하기 훨씬 전부터 노이만은 풀드 홀 지하 보일러실에서 고속 컴퓨터를 만들기 시작했다. 이 연구소에 이보다 더 실용적인 물건은 이제까지 없었다. 그리고 이보다 더 비싼 물건 역시 없었다. 이사회는 노이만에게 일단 10만 달러를 주고 연구를 시작하게 했다. 그리고 나서 추가 자금을 RCA, 미 육군, 해군 연구청, 그리고 원자력 에너지 위원회에서 받게 되었는데, 이는 연구소 정책에 어긋나는 대단히 드문 경우였다. 1947년에는 노이만의 컴퓨터를 위해 풀드 홀에서 몇백 미터 떨어진 곳에 작은 벽돌 건물이 지어졌다.

자신의 직업이 생각하는 것이라 여겼던 학자들 사이에서 기계를 만든다는 아이디어는 상당한 논쟁을 불러일으켰다. 수학자인 딘 몽고메리는 "우리가 많은 양의 계산을 필요로 한 적은 전혀 없었습니다."라며 불만을 터뜨렸다.[29] 오펜하이머는 노이만의 컴퓨터에 대해 양면적인 생각을 가지고 있었다. 대다수의 학자들처럼 그는 연구소가 국방비로 운영되는 실험실이 되어서는 안 된다고 생각했다. 하지만 이것은 달랐다. 노이만은 과학 연구를 혁명적으로 변화시킬 기계를 만들고 있었다. 그래서 그는 이 프로젝트를 지원했다. 노이만은 곧 차세대 상용 컴퓨터의 모델이 될 기계에 대한 특허를 신청하지 않는다는 데에 동의했다.

오펜하이머와 노이만은 1952년 6월 공식적으로 연구소 컴퓨터를 공개했다. 당시 그것은 전 세계에서 가장 빠른 전자 두뇌였고, 20세기 말에 일어날 컴퓨터 혁명을 촉발시키는 효과를 가지고 있었다.[30] 하지만 1950년대 말, 이 기계보다 훨씬 더 좋고 빠른 컴퓨터들이 등장하자, 연구소의 상임 멤버들은 오펜하이머의 거실에 모여 컴퓨터 프로젝트를 폐쇄하기로 결정했다. 그들은 또한 연구소에 이런 장비를 두 번 다시 들이지 말자는 제안을 통과시키기도 했다.

1948년 오펜하이머는 버클리 시절 친구이자 플라톤과 아리스토텔레스에 대해서는 미국에서 가장 뛰어난 학자인 고전학자 체르니스를 영입했다. 그해 그는 이사회를 설득하여 "소장 기금"으로 12만 달러를 마련하여,

그 돈으로 학자들의 단기 방문을 주선했다. 그는 이 기금을 이용해 어릴 적 친구인 퍼거슨을 데리고 왔다. 퍼거슨은 이 장학금을 이용해 『연극의 개념(The Idea of a Theatre)』이라는 책을 썼다. 오펜하이머는 루스 톨먼의 제안을 받아들여 심리학 연구를 위한 자문 위원회를 설립했다. 1년에 한두 번씩 루스는 그녀의 시동생 에드워드 톨먼을 비롯해 조지 밀러(George Miller), 폴 미일(Paul Meehl), 어니스트 힐가드(Ernest Hilgard), 그리고 제롬 브루너와 함께 연구소를 찾았다(에드 톨먼과 힐가드는 1938~1942년 샌프란시스코에서 모였던 지그프리트 베른펠트의 월례 연구회에서 오펜하이머를 만난 적이 있었다.). 오펜하이머의 사무실에 모인 저명한 심리학자들은 오펜하이머에게 심리학의 "근본적인 질문들"에 대해 간단하게 설명해 주었고 그들의 논의에 "그를 끼워 주었다." 오펜하이머는 곧 밀러, 브루너, 그리고 주목받는 아동 심리학자 데이비드 레비(David Levy)를 연구소로 초청했다. 오펜하이머는 심리학에 대해 이야기하는 것을 좋아했다. 브루너는 그를 "총명하고, 자신의 관심을 잘 표현했으며, 지나치게 완고했고, 어디서든 어떤 주제든 파고들 준비가 되어 있었고, 대단히 호감이 가는 사람이었다…… 우리는 많은 주제에 대해 이야기했지만, 심리학과 물리 철학에 대해 그와 나눈 대화가 특히 즐거웠다."라고 말했다.[31]

곧 다른 인문학자들이 연구소에 초빙되었는데, 여기에는 고고학자 호머 톰슨, 시인 T. S. 엘리엇, 역사가 아널드 토인비(Arnold Toynbee), 사회 철학자 이사야 벌린(Isaiah Berlin), 그리고 역사가 조지 케넌이 포함되어 있었다.[32] 오펜하이머는 이전부터 엘리엇의 시집 『황무지(The Waste Land)』를 흠모했고, 그가 1948년 한 학기 동안 연구소에 오기로 결정하자 매우 기뻐했다. 하지만 결과는 그리 좋지 못했다. 연구소의 수학자들은 시인을 받아들인 것에 불만을 가졌고, 그들 중 몇몇은 엘리엇을 냉대했다. 이는 그해 엘리엇이 노벨 문학상을 받고 난 후에도 계속되었다. 엘리엇 역시 연구소의 다른 학자들과 어울리지 못하고, 프린스턴 대학교에서 더 많은 시간을 보냈다. 오펜하이머는 실망했다. 그는 다이슨에게 "나는 엘리엇이 이곳에서 걸작을 하나 쓸 수 있기를 바랐는데, 그는 여기 있는 동안에 최악의 작품인 「칵테일 파티(The Cocktail Party)」를 쓰다가 나갔어."라고 말했다.[33]

그래도 오펜하이머는 연구소가 과학뿐만 아니라 인문학까지 아우르는 것이 중요하다고 굳게 믿었다.[34] 연구소에 대한 그의 강연에서 오펜하이머는 과학자들이 과학 자체의 특성과 결과를 보다 잘 이해하기 위해서는 인문학이 필수적이라고 강조했다. 그러나 수학자들은 불과 몇 명만이 그의 의견에 동의를 표했을 뿐이었다. 노이만은 자신의 분야만큼이나 고대 로마사에 관심을 가지고 있었다. 다른 사람들은 오펜하이머처럼 시에 관심이 있었다. 그는 이 연구소를 인간의 삶이 처해 있는 상황들을 총체적이고 다면적으로 이해하는 데 관심을 가진 과학자, 사회 과학자, 그리고 인문학자들의 안식처로 만들고 싶어 했다. 이는 그가 청년 시절부터 동등하게 관심을 기울여 왔던 과학과 인문학을 화합시킬 수 있는 놓칠 수 없는 기회였다. 그런 의미에서 고등 연구소는 로스앨러모스의 정반대이자 심리적 해독제였다.

로스앨러모스가 스파르타식이었다면, 고등 연구소는 전원적이고 편안했다. 특히 종신 교수진에게 그곳은 플라톤의 천국이나 다름없었다. 오펜하이머는 언젠가 "이곳은 무언가를 하지 않았다고 해도, 좋은 성과를 내지 못했다고 해도 변명을 할 필요가 없는 곳이다."라고 말했다.[35] 외부인들에게 연구소는 괴짜들을 위한 보호소처럼 보이기도 했다. 저명한 논리학자인 괴델은 엄청나게 수줍음을 타는 은둔자였다. 그의 진짜 친구는 아인슈타인밖에 없었는데, 두 사람은 종종 같이 산책을 하고는 했다. 그는 심한 편집증적 우울증에 시달렸고, 누군가 자신의 음식에 독을 탄다고 생각해 만성적 영양실조로 고통받고 있었다. 괴델은 몇 년 동안이나 무한의 개념과 관련된 수학의 수수께끼인 연속체 문제를 풀기 위해 노력했다. 그는 결국 해답을 찾지 못했다. 그는 또 아인슈타인에게 자극을 받아 일반 상대성 이론도 연구했는데, 그 결과 이론적으로는 "과거, 현재, 그리고 미래로 떠났다가 다시 돌아오는 것"이 가능하다는 "회전하는 우주"에 대한 논문을 1949년에 발표했다.[36] 그가 연구소에서 보낸 수십 년 중 대부분의 기간 동안 그는 낡아빠진 검정색 겨울 외투를 입고, 알아보기 힘든 독일어로 노트에 무언가를 끄적대는 외롭고 유령 같은 존재였다.

디랙도 그만큼이나 괴상했다. 그는 어린 시절 아버지로부터 오직 프랑스 어로만 대화하도록 강요받았다. 아버지는 이렇게 하면 아들이 프랑스어를 쉽게 배울 수 있으리라고 생각했던 것이다. 디랙은 "내가 프랑스 어로 제대로 표현할 수 없다는 것을 알게 되자 영어로 말하는 것보다 조용히 있는 편이 낫겠다고 생각했다. 그래서 나는 그때부터 조용한 사람이 되었다."라고 설명했다.[37] 사람들은 긴 고무장화를 신고 동네 숲 속에서 도끼로 나뭇가지를 베며 길을 내고 있는 그를 종종 볼 수 있었다. 이것은 그 나름대로 운동을 하는 것이었고, 어느새 연구소의 오락거리가 되었다. 디랙은 지나치게 무미건조한 사람이었다. 어느 날 한 기자가 그에게 전화를 걸어 그가 뉴욕에서 하기로 되어 있는 강연에 대해 물었다. 연구소의 학자들이 전화를 받느라 시간을 낭비하는 일이 없어야 한다고 생각한 오펜하이머가 연구실에 전화를 없애 버린 지 꽤 된 때였으므로, 디랙은 복도에 놓인 전화기로 받을 수밖에 없었다. 기자가 연설문을 한 부 얻을 수 없겠느냐고 묻자, 디랙은 전화기를 잠시 내려놓고 제러미 번스타인의 사무실로 들어가 그에게 조언을 구했다. 그는 자신의 말이 잘못 인용될까 봐 걱정이 되었던 것이다. 마침 거기에 있던 에이브러햄 페이스가 연설문 위에 "어떤 형태로든 출판하지 마시오."라고 쓰라고 권했다. 디랙은 몇 분 동안이나 골똘히 생각에 잠겼다. 마침내 그는 "그 문장에서 '어떤 형태로든'이라는 구절은 중복된 표현이 아닐까?"라고 말했다.[38]

노이만도 이상한 것은 마찬가지였다.[39] 그는 오펜하이머처럼 몇 개 국어를 구사했고 관심사가 넓었다. 그는 또한 파티를 즐겨 열었고, 그럴 때면 새벽까지 사람들과 즐거운 시간을 보내고는 했다. 그리고 그는 텔러처럼 맹렬한 소련 반대파였다. 어느 날 밤 열린 파티에서 초기 냉전에 대한 토론으로 대화가 흐르자 노이만은 아무렇지도 않게 미국은 원자 폭탄을 이용한 예방 전쟁으로 소련을 지구상에서 지워 버려야 한다고 말했다. 그는 1951년 루이스 스트라우스에게 쓴 편지에서, "나는 미소 갈등이 '전면적'인 무장 충돌로 이어질 것이며, 그렇기 때문에 미국이 최대한 무장할 필요가 있다고 생각합니다."라고 말하기도 했다.[40] 오펜하이머는 그와 같은 의견에 할 말을 잃었지만, 상임 교수진을 대하는 데 있어 정치적인 입장이 자신의 결정에 영향을 미치지 않도록 했다.

다양한 분야의 학자들은 오펜하이머의 드넓은 관심사에 항상 놀라워했다. 하루는 커먼웰스 펀드(Commonwealth Fund)의 간부인 랜싱 해먼드(Lansing V. Hammond)가 미국 여러 대학에서 공부하기 위해 신청한 60여 명의 영국 학생들 중에서 장학생을 선정하는 문제에 대한 조언을 구하러 오펜하이머를 찾아왔다. 학생들의 전공은 문학에서 과학까지 다양했다. 영문학자인 해몬드는 오펜하이머로부터 수학이나 물리학을 전공한 몇몇 학생들에 대해서 조언을 받으려고 생각했다. 해몬드가 사무실에 들어서자마자, 오펜하이머는 "예일에서 18세기 영문학으로 학위를 하셨으면 지도 교수가 팅커(Tinker)였습니까, 아니면 포틀(Pottle)이었습니까?"라고 물어 그를 놀라게 했다.⁴¹ 해먼드는 10분 안에 영국의 물리학 전공 학생들에게 적절한 미국 대학들에 대한 정보를 얻을 수 있었다. 그가 바쁜 사람의 시간을 뺏었다는 생각에 떠나려고 일어서자 오펜하이머는 "시간이 괜찮으시다면 다른 분야의 지원자들도 좀 보고 싶은데요."라고 말했다. 약 한 시간에 걸쳐 오펜하이머는 미국 전역의 여러 대학원 과정의 장점과 단점에 대해 이야기했다. "음……, 미국 토착 음악, 그에게는 로이 해리스(Roy Harris)가 딱 맞겠군……. 사회 심리학……밴더빌트가 학생 수가 적으니 원하는 것을 얻을 기회가 더 많겠네요……. 18세기 영문학이라, 당신 분야군요. 당연히 예일이 좋겠지만, 하버드의 베이트(Bate) 교수도 한번 생각해 보세요." 해먼드는 베이트라는 사람은 들어 본 적도 없었다. 그는 압도당했다고 느끼며 떠났다. 그는 나중에 "그 이전에도 이후에도 그런 사람과 대화를 나눠 본 적이 없다."라고 썼다.

고등 연구소의 가장 유명한 멤버였던 아인슈타인과 오펜하이머의 관계는 언제나 뜨뜻미지근했다. 오펜하이머는 나중에 아인슈타인에 대해 "우리는 가까운 동료였고 어느 정도는 친분이 있었다."라고 썼다.⁴² 하지만 그는 아인슈타인이 물리학의 살아 있는 수호 성인이지, 현역 과학자는 아니라고 생각했다(연구소의 몇몇 사람들은 《타임》에 실렸던 "아인슈타인은 과거의 업적을 표상하는 육표(陸標)이지, 미래를 비추는 등대가 아니다(Einstein is a landmark, not a beacon)."라는 말이 오펜하이머가 한 것이라고 생각했다.).⁴³ 아인슈타인 역시 오펜하이머에게 비슷한 종류의 감정을 갖고 있었다. 1945년에 오펜하이머가 처음으로 연구소의 종신 교수 후보 물망에 올랐을 때, 아인슈타인과 수학자 헤르만 바일은 교수 회의에 메모를 보내 볼프강 파울리를 추천했다.⁴⁴ 당시 아인슈타인은 파울리는 잘 알고 있었지만, 오펜하이머는 그저 이름을 아는 정도였다. 아이러니하게도 바일은 1934년 오펜하이머를 고등 연구소에 영입하기 위해 노력했는데, 오펜하이머는 "나는 그런 곳에서는 전혀 쓸모가 없을 것입니다."라고 말하며 단호하게 거절했다.[45] 물리학자로서 오펜하이머의 업적은 파울리에게 한참 못미치는 수준이었다. "확실히 오펜하이머는 파울리의 배타 원리와 전자 스핀에 대한 분석과 같이 물리학에 근본적인 기여를 한 것이 없습니다."[46] 아인슈타인과 바일은 오펜하이머가 "이 나라에서 가장 큰 이론 물리학 학파를 설립"했다는 것은 인정했다. 하지만 그의 학생들이 입을 모아 그가 훌륭한 선생이라고 칭찬하자, 그들은 경계했다. "그는 지나치게 학생들을 쥐고 흔들어서 그들이 작은 오펜하이머가 되어 버린 것일 수도 있다." 이 권고를 받아들여, 연구소는 1945년 파울리를 선택했으나, 그는 제안을 거절했다.

아인슈타인은 결국 새 소장에게 어느 정도의 존경심을 갖게 되었고, 오펜하이머가 "다양한 교육을 받은 비상하게 유능한 사람"이라고 말하기까지 했다.[47] 하지만 그가 존경했던 것은 사람으로서의 오펜하이머였지, 그의 물리학이 아니었다. 아인슈타인은 오펜하이머를 자신의 가까운 친구라 여기지 않았는데, 이는 "어쩌면 과학에 대한 우리의 의견이 정반대일 정도로 달랐기 때문일지도 모른다." 1930년대에 오펜하이머는 고집스럽게 양자 이론을 받아들이기를 거부하는 아인슈타인을 두고 "완전히 정신 나간 사람"이라고 부른 적도 있었다.[48] 오펜하이머가 프린스턴에 불러 모은 젊은 물리학자들은 모두 보어의 양자관을 받아들이고 있었고, 이들은 아인슈타인이 양자적 세계관에 이의를 제기하기 위해 던진 질문들에는 관심이 없었다. 그들은 왜 이 위대한 과학자가 양자 이론의 모순을 해결하기 위한 '통일장 이론'을 개발하는 데 열을 올리는지 이해할 수 없었다. 그것은 외로운 작업이었지만, 아인슈타인은 "하느님이 주사위 놀이를 한다는 주장"을 반박하는 것에 만족했다.⁴⁹ 이것이 바로 아인슈타인이 양자 물리의 토대 중 하나인 하이젠베르크의 불확정성 원리를 비판하는 이유였다. 그리고 아인슈타인은 대부분의 프린스턴 동료들이 자신을 "너무 오래 산 이단자, 또는 반동주의자로 보는 것"에 개의치 않았다.⁵⁰

오펜하이머는 "기하학과 중력을 통합한" 일반 상대성 이론을 창안한 사람의 "남다른 독창성"에 깊은 존경심을 갖고 있었다.⁵¹ 하지만 그는 아인슈타인이 "창의적인 작업에 오래된 전통 요소들을 적용했다."라고 생각했다. 그리고 오펜하이머는 아인슈타인이 말년에 이 "전통"에 발목을 잡혔다고 강하게 믿었다. 아인슈타인은 프린스턴에서 지내는 동안 양자 이론이 중대한 모순으로 인해 결함을 가지고 있다는 것을 증명하려 노력했다. 오펜하이머는 "그보다 더 솜씨 있게 예기치 못한 적절한 사례를 생각해 내는 사람은 없었다. 하지만 결국 중대한 모순은 발견되지 않았다. 게다가 모순을 해소하는 방법은 아인슈타인 자신의 이전 업적들에서 찾을 수 있었다." 아인슈타인이 양자 이론에서 불편하게 생각했던 부분은 바로 불확정성이란 개념이었다. 하지만 보어의 통찰력에 영감을 준 것은 바로 상대성에 대한 아인슈타인의 작업이었던 것이다. 오펜하이머는 이를 아이러니하다고 생각했다. "그는 보어와 고상하지만 치열하게 투쟁했다. 그리고 그는 자신이 만들었지만 증오하는 이론과 싸웠다. 과학의 역사에서 이런 일이 처음 있는 일은 아니었다."

이와 같은 논쟁은 오펜하이머가 아인슈타인과 어울려 즐거운 시간을 보내는 것을 방해할 정도는 아니었다. 1948년 초 어느 날 저녁, 그는 릴리엔털과 아인슈타인을 올든 매너로 초대했다. 릴리엔털은 아인슈타인 옆에 앉았고 "아인슈타인이 로버트 오펜하이머가 중성미자들을 '그 괴물들'이라고 부르며 물리학의 아름다움에 대해 이야기하는 것을 (엄숙하고 진지하게,

가끔씩 눈가에 주름을 지으며 웃기도 하면서) 듣는 광경을 지켜보았다."[52] 오펜하이머는 여전히 사치스러운 선물을 주는 것을 좋아했다. 아인슈타인이 고전 음악을 즐겨 듣는다는 것과 그의 라디오로는 뉴욕 카네기 회관의 공연 중계를 들을 수 없다는 것을 알고서, 오펜하이머는 머서 가 112번지 아인슈타인의 소박한 집 지붕에 안테나를 설치하도록 준비했다.[53] 이는 아인슈타인이 모르게 한 것이었다. 그리고 그의 생일에 오펜하이머는 그의 집에 새 라디오를 사 들고 찾아가 콘서트를 들어 보자고 했다. 아인슈타인은 매우 기뻐했다.

1949년 보어가 프린스턴을 방문했고 아인슈타인의 70회 생일을 축하하는 논문집에 에세이를 쓰기로 했다. 보어와 아인슈타인은 서로 만나는 것을 즐겼다. 하지만 오펜하이머처럼, 보어 역시 아인슈타인이 왜 그토록 양자 이론을 혐오하는지 이해할 수 없었다. 기념 논문집의 초고를 보고 아인슈타인은 칭찬만큼이나 독설이 많다고 논평했다. 그는 "이것은 나를 기념하는 책이 아니라 규탄서 같군."이라고 말했던 것이다.[54] 하지만 그의 생일인 3월 14일이 되자, 프린스턴의 강당에는 오펜하이머, 라비, 위그너, 그리고 바일을 비롯한 저명한 학자 250명이 아인슈타인 생일 기념 강연회에 참석하기 위해 모여들었다. 동료들이 얼마나 아인슈타인과 의견을 달리했건 그가 강당 안에 들어서자 공기 중에는 기대감으로 전류가 흐르는 듯했다. 순간적인 침묵이 흐르고 나서, 모두는 20세기의 가장 위대한 물리학자로 기억되리라는 것을 믿어 의심치 않을 사람에게 기립 박수를 보냈다.

오펜하이머와 아인슈타인은 물리학자로서 의견을 달리했지만, 휴머니스트로서는 한편이었다. 냉전이 시작되면서 군사 연구소와 대학의 미국 과학자들은 점점 군사 관련 연구 계약에 의존하게 되었지만, 오펜하이머는 다른 길을 선택했다. 과학이 군사화하는 "현장에 가까이" 있었지만, 오펜하이머는 로스앨러모스를 과감하게 떠났고, 아인슈타인은 그가 자신의 영향력을 이용해 군비 경쟁에 제동을 걸려 한 것에 경의를 표했다. 동시에 그는 오펜하이머가 자신의 영향력을 과할 정도로 조심스럽게 사용한다고 생각했다. 아인슈타인은 1947년 봄 오펜하이머가 새로 설립된 핵과학자 비상 위원회 만찬에서의 초청 강연을 왜 거절했는지를 이해할 수 없었다. 오펜하이머는 자신이 "원자력 에너지 문제에 대해 지금 공식적으로 입장을 표명할 준비가 되어 있지 않다."라고 생각했다고 설명했다.[55]

아인슈타인은 왜 오펜하이머가 그토록 워싱턴 정계의 눈치를 보는지 전혀 이해할 수 없었다. 그는 정부에 비밀 취급 인가를 내 달라고 요청할 꿈조차 꾸지 않았을 것이다. 아인슈타인은 본능적으로 정치인, 고위 장성을 비롯한 권력자들과의 만남을 싫어했다. 오펜하이머가 논평했듯이, "그는 정치인들과 자연스럽게 대화할 능력이 없었다."[56] 오펜하이머가 자신의 유명세와 권력자들과 어울릴 수 있는 기회를 즐겼다면, 아인슈타인은 누군가에게 입에 발린 소리를 하는 자리를 불편해했다. 1950년 3월의 어느 날 저녁, 아인슈타인의 71세 생일에 오펜하이머는 그와 함께 그의 집으로 걸어갔다. 아인슈타인은 "누군가에게 무언가 의미 있는 일을 할 기회가 주어진 다음의 인생은 조금 낯설게 마련이지."라고 말했다.[57] 오펜하이머는 그 어느 누구보다 이것이 무슨 의미인지 정확히 이해했다.

로스앨러모스에서처럼 오펜하이머는 여전히 설득력이 있었다. 페이스는 오펜하이머의 사무실에서 나오는 고참 교수를 만났던 것을 회고했다. 그 교수는 "참 이상한 일이지. 나는 강한 의견을 가지고 오펜하이머를 만나러 들어갔는데, 나오면서 보니까 내가 반대 의견에 동의했더라고."라고

말했다.⁵⁸

오펜하이머는 자신의 카리스마를 고등 연구소의 이사회에서도 발휘하려 했지만, 결과는 반반이었다. 1940년대 말, 이사회는 진보파와 보수파 사이에서 교착 상태를 이룰 때가 많았다. 부의장인 스트라우스가 회의를 주도했다. 다른 이사들은 대개 그의 판단에 따랐는데, 이는 그가 상당한 부를 지닌 유일한 이사였기 때문이기도 했다. 당시 개혁적인 이사들은 그의 극단적인 보수주의에 넌덜머리를 냈다. 한 이사는 "지난 세기에서 온 후버식 공화당원"이 필요한 것이 아니라며 투덜했다.⁵⁹ 오펜하이머는 프린스턴에 오기 전 스트라우스를 잠시 만났을 뿐이지만, 스트라우스의 정치관을 잘 알고 있었고 그가 이사회 의장이 되는 것을 은밀하게 막았다.

오펜하이머와 스트라우스의 개인적인 관계는 처음에는 예의 바르게 시작되었다. 하지만 초창기부터 엄청난 반목의 씨가 자라나고 있었다. 스트라우스는 프린스턴에 머물 때면 종종 올든 매너에 초대받았고, 한번은 저녁 식사 후 그가 오펜하이머와 키티에게 값비싼 와인 한 상자를 선물하기도 했다. 하지만 두 사람 모두 권력에 굶주려 있었고, 권력을 얻기만 하면 서로 상대방을 제거하는 데 사용할 것임을 잘 알고 있었다. 어느 날, 페이스가 풀드 홀 밖에 서 있을 때 연구소와 올든 매너 사이의 너른 마당에 헬리콥터 한 대가 내렸다. 스트라우스였다. 페이스는 나중에 "나는 그의 세련된 태도에 놀랐다. 그리고 본능적으로 이 사람의 행동 뒤에 무엇이 있는지 경계해야겠다는 생각이 들었다."라고 썼다.⁶⁰

오펜하이머는 곧 스트라우스가 "공동 관리자"로서의 위치를 차지하려 한다는 것을 알았다. 1948년에 그는 오펜하이머에게 연구소 부지 안에 위치한 전직 교수의 집을 살까 한다고 밝혔다. 오펜하이머는 신호를 알아채고는 재빨리 연구소가 그 집을 구입해 다른 교수에게 세를 놓도록 했다.

스트라우스 역시 눈치를 챘다. 미출판 연구소 역사 초고에는 "이 사건으로 스트라우스가 연구소를 가까이에서 운영하고자 하는 희망을 당분간 막을 수 있었다."는 논평이 실려 있다.[61] 그것은 또한 연구소 외부까지 이어지는 갈등과 상호 불신을 낳았다. 이런 좌절에도 불구하고 스트라우스는 자신의 가까운 협력자들인 이사회 의장 허버트 마스(Herbert Maas)와 이사회의 유일한 교수인 수학과의 오스왈드 베블렌을 통해 자신의 영향력을 행사했다.

스트라우스는 오펜하이머가 가끔 정치적으로 민감한 문제에 대해 이사회의 승인을 받지 않은 채 결정을 내리는 것이 신경에 거슬렸다. 1950년 말, 스트라우스는 캘리포니아 대학교 이사회의 충성 서약서에 서명하기를 거부했다는 이유로 중세학자 에른스트 칸토로비치(Ernst H. Kantorowicz) 교수의 임명을 막았다. 그러나 스트라우스는 반대하는 사람이 자신밖에 없다는 것이 확실해지자 슬그머니 태도를 바꾸었다. 의회가 원자력 에너지 위원회의 장학금을 받은 과학자들에게 FBI 비밀 취급 인가를 요구하는 법안을 통과시키자, 오펜하이머는 원자력 에너지 위원회에 강하게 항의하는 편지를 보냈다. 그와 같은 보안 심사는 연구소의 "전통"에 어긋나기 때문에 더 이상 그 장학금은 받지 않겠다는 것이었다. 그러고 나서 오펜하이머는 한 달이 넘게 지나서야 이사회에 그 일을 보고했다. 회의록에 따르면, 몇몇 이사들은 소장의 행동이 연구소를 "정치적 논쟁"에 휩싸이게 하지는 않을지 두려워했다.[62] 그들은 오펜하이머에게 앞으로는 그런 결정을 내리기 전에는 반드시 이사회와 상의하라고 말했다.

1948년 봄 오펜하이머는 《뉴욕 타임스》 기자와의 인터뷰에서 자신이 생각하는 연구소의 비전에 대해 자유롭게 이야기했다. 그는 더 많은 학자들, 또 학자가 아니더라도 경영이나 정치에 경험이 많은 사람까지도 한 학기나 1년 정도 짧게 방문할 수 있는 기회를 늘렸으면 한다고 말했다. 《뉴욕 타임스》는 '오펜하이머, 종신 교수의 숫자를 줄이려고 계획 중'이라는 제목을 뽑았다.[63] 그리고 기자는 오펜하이머의 직업을 다음과 같이 묘사했다. "만약 당신이 2100만 달러의 기금에서 나오는 자금을 마음대로 쓸 수 있다고 하자……. 만약 당신이 그 자금을 이용해 세계에서 가장 뛰어난 학자, 과학자, 예술가들을 초청할 수 있다면…… 가장 좋아하는 시인, 당신의 관심을 끌었던 책의 저자, 우주의 본질에 대해 함께 사색해 보고 싶은 유럽인 물리학자. 이것이 바로 오펜하이머가 즐기고 있는 것들이다. 그는 어떤 관심사나 호기심도 탐닉할 수 있다."

말할 것도 없이 연구소의 종신 교수들 중 몇몇은 이 기사를 보고 움찔했다. 다른 사람들은 연구소장이 자신의 변덕에 따라 연구소를 운영할지도 모른다는 생각에 분노를 표했다. 오펜하이머는 1948년 또 한번 경솔한 행동을 했는데, 이번에는 《타임》 기자에게 고등 연구소는 학자들이 "앉아서 생각하는" 곳인데, 그들이 앉아 있는 것만은 확실하다고 말한 것이었다. 그는 나아가 연구소에 "중세 수도원과 같은 분위기"가 있다고 말했다. 그러고 나서 그는 연구소의 가장 좋은 점은 그것이 "지식인을 위한 호텔" 역할을 하는 것이라고 말함으로써 종신 교수진의 심기를 건드렸다.[64] 《타임》은 연구소를 "방랑하는 사색가들이 쉬고 기력을 회복하여, 다시 제 갈 길을 갈 수 있게 해 주는 곳"이라고 묘사했다. 그 후 교수진은 오펜하이머에게 그와 같은 평판은 "바람직하지 않다는 것이 그들의 매우 강력한 의견"이라고 말했다.[65]

고등 연구소에 대한 오펜하이머의 큰 계획들은 종종 저항에 부딪혔는데, 특히 수학자들의 반대가 심했다. 이들은 원래 물리학자인 오펜하이머가 소장이 되면 수학과 교수진의 수를 늘리고 연구소 예산을 더 많이 배정해 줄 것으로 기대했다. 그들의 주장은 아주 사소한 것일 때도 있었다. 오펜하이머의 비서였던 베르나 홉슨은 "연구소는 지적으로 매우 흥미로운 천국입니다. 하지만 일상적인 갈등을 모조리 제거하고 나면, 그 자리에 더욱 지독한 갈등이 생겨나는 법이지요."라고 비평했다.[66] 싸움은 대부분 교수 임용을 둘러싼 것이었다. 한번은 오펜하이머가 회의를 주재하고 있는데 베블렌이 문을 박차고 들어와 토론 내용을 꼭 들어야겠다며 고집을 부렸다. 오펜하이머는 나가 있으라고 말했고, 베블렌이 거부하자 그는 회의 장소를 다른 곳으로 옮겼다. 홉슨은 "그것은 어린 사내아이들이 다투는 것 같았어요."라고 회고했다.

오펜하이머에게 베블렌은 항상 골칫거리였다. 그는 이사회의 일원으로 연구소에서 항상 실세였다. 사실 많은 수학자들은 베블렌이 소장이 될 것이라고 예상했다. 한 교수의 표현을 빌면, 그 대신 "오펜하이머라는 신참내기를 불러 들였다."[67] 노이만은 오펜하이머를 소장에 임명하는 것에 적극적으로 반대했다. 그는 스트라우스에게 "오펜하이머의 지적 능력은 논란의 여지가 없지만 그를 소장에 임명하는 것이 과연 현명한 일인지에는 강한 의구심"을 가지고 있다고 썼다. 노이만과 다른 여러 수학자들은 "소장을 임명하는 대신 돌아가면서 1~2년씩 교수 위원회 의장을 맡는 것"을 선호했다. 그러나 일은 그들이 원하지 않았던 방향으로 진행되었다. 폭넓고 복잡한 의제를 가진 고집 센 소장을 맞게 된 것이다.

오펜하이머는 로스앨러모스에서처럼 연구소에서도 참을성과 활력을 가지고 일했다. 하지만 다이슨에 따르면 그와 수학자들 사이의 관계는 "좋지 않았다."[68] 연구소의 수학부는 항상 일류였고, 오펜하이머는 학과 내부의 일에 관여하지 않으려 노력했다. 그는 부임 첫해에 수학부로 오는 멤버의 수를 60퍼센트나 증가시켰다.[69] 하지만 수학자들은 보답하기는커녕 다른 분야의 교수 임용을 예외 없이 반대했던 것이다. 오펜하이머는 화가 난 나머지 한번은 38세의 수학자 딘 몽고메리를 "내가 만난 사람 중 가장 오만하고 고집 센 개자식"이라고 부르기까지 했다.[70]

감정의 골은 깊어져만 갔고, 급기야는 폭발하기에 이르렀다. 연구소에서 수십 년을 보낸 뛰어난 프랑스 수학자 앙드레 와일(André Weil, 1906~1998년)은 "그(오펜하이머)는 수학자들에게 굴욕을 주지 못해 안달이었다."라고 말했다.[71] "오펜하이머는 일그러진 성격을 가지고 있었고, 그는 사람들을 다투게 하는 데서 즐거움을 찾았습니다. 그가 그러는 것을 내가 봤어요. 그는 연구소의 사람들끼리 서로 싸우는 것을 좋아했습니다. 그는 닐스 보어나 알베르트 아인슈타인처럼 되고 싶었지만, 자신이 그렇게 되지 못하리라는 것을 알고 있었죠." 와일은 오펜하이머가 연구소에서 맞닥뜨린 오만한 자존심의 전형적인 예였다. 이들은 그가 로스앨러모스에서 그가 이끌었던 젊은이들과는 달랐다. 와일은 오만하고, 거친 데다, 요구하는 것도 많았다. 그는 마치 깡패처럼 다른 사람들을 겁먹게 하는 것을 즐겼는데, 오펜하이머가 겁을 먹지 않자 화가 났던 것이다.

교수 사회의 파벌 싸움에서 사소한 문제를 물고 늘어지는 경우가 많다는 것은 잘 알려진 사실이다.[72] 하지만 오펜하이머는 고등 연구소에 내재된 몇 가지 모순과 맞닥뜨렸다. 수학자들은 작업의 특성상 가장 직관력 있는 업적을 20대나 30대 초반에 내는 경우가 많다. 반면 역사학자들이나 사회 과학자들이 진정으로 창의적인 업적을 내기 위해서는 여러 해 준비에 몰두해야만 한다. 그러므로 연구소는 젊고 뛰어난 수학자들을 쉽게 영입할 수 있었지만, 역사학자는 대부분 상당한 경륜을 가진 학자들이었다. 그리고 수학자들은 역사학자들의 연구 결과를 읽고 의견을 낼 수 있었지만, 역사학자는 수학부 교수 후보를 평가할 수 없었다. 여기에 근본적인 모순이 있었다. 수학자들은 학문의 전성기가 금방 지나가 버리기 때문에, 그리고 강의 부담이 없기 때문에, 중년의 수학자들은 학문외 활동에 몰두하려는 경향이 있었다. 그들은 교수 임용을 할 때마다 논쟁을 만들었다. 반대로 막 전성기를 맞으려는 비수학자들은 이런 일에 관심도 없었거니와 낭비할 시간도 없었다. 수학자들에게는 불행한 일이었지만, 오펜하이머는 스스로 물리학자이긴 했지만 연구소의 과학자들과 인문학자, 사회 과학자 사이의 균형점을 찾으려 했다. 놀랍게도 그는 심리학자, 문학 비평가, 심지어 시인까지 불러 들였던 것이다.

이와 같은 영역 다툼에 신물이 난 오펜하이머는 가끔 가까운 사람들에게 감정을 토로하고는 했다. 하루는 다이슨이 곧 임용될 물리학자에 대해 경솔하게 쑥덕대는 것을 그가 듣게 되었다. 곧 오펜하이머는 다이슨을 자신의 사무실로 불렀다. 다이슨은 "그는 내가 본 중에서 가장 심하게 화를 냈습니다. 상황이 좋지 않았죠. 나는 벌레가 된 듯한 기분이었습니다. 그는 내게 가졌던 모든 믿음이 산산조각 났다고 말했습니다……. 그는 그런 사람이었습니다. 그는 자신의 방식대로 모든 일을 해야만 했죠. 고등 연구소는 그의 작은 제국이었습니다."라고 회고했다.[73]

로스앨러모스에서 오펜하이머는 거의 화를 내는 일이 없었는데, 프린스턴에서는 그런 일이 잦아져 가까운 친구들을 놀라게 했다. 확실히 오펜하이머는 자신의 재치와 점잖은 태도로 사람들을 매료시켰다. 하지만 가끔 그는 자신의 거친 오만함을 주체하지 못하는 듯했다. 페이스는 젊은 학자들이 오펜하이머에게 신랄한 말을 듣고 자신의 사무실에 찾아와 울먹였던 일이 몇 번 있었다고 회고했다.[74]

오펜하이머는 세미나 도중 연사의 말을 가로막고 질문을 하는 경우가 종종 있었다. 레스 조스트(Res Jost)는 오펜하이머의 개입을 효과적으로 제지했던 것으로 많은 사람들의 기억에 남았다. 조스트는 스위스 출신의 수리 물리학자였는데, 하루는 그의 세미나 도중 오펜하이머가 어떤 부분을 더 자세히 설명해 줄 수 없겠느냐고 물었다. 조스트는 "예."라고 대답하고는 강연을 계속했다. 오펜하이머는 다시 그의 강연을 제지하며 "내 말은 이러저러한 것을 설명해 달라는 것이었다."라고 말했다.[75] 이번에는 조스트가 "그럴 수 없습니다."라고 말했다. 오펜하이머가 이유를 묻자, 조스트는 "왜냐하면 당신은 내 설명을 알아듣지 못할 것이고, 그러면 더 많은 질문을 퍼부어 한 시간을 몽땅 써 버릴 것이기 때문입니다."라고 대답했다. 오펜하이머는 조스트의 강연이 끝날 때까지 조용히 앉아 있었다.

명석하고 냉정한 오펜하이머를 가까이에서 관찰했던 친구들은 그가 수수께끼 같은 사람이라고 생각했다. 그를 거의 매일 마주했던 페이스는 그가 "자신의 감정을 잘 보이지 않는" 사람이라고 생각했다. 그러나 매우 드물지만 창문이 열리고 그가 감정을 드러내는 경우도 있었다. 어느 날 저녁, 페이스는 제1차 세계 대전에 참전했던 군인들 사이의 동지애, 계급, 그리고 배반을 그려 반전 영화의 고전이 된 장 르누아르(Jean Renoir)의 1937년작 「위대한 환상(La Grande illusion)」을 보러 프린스턴의 가든 극장을 찾았다. 불이 켜지고, 페이스는 뒷자리에 앉아 있던 오펜하이머와 키티 쪽을 곁눈질했다. 그는 오펜하이머가 눈시울을 붉혔다는 것을 알 수 있었다.

1949년 페이스는 오펜하이머와 키티를 디킨슨 가에 위치한 자신의 작은 아파트에서 열릴 파티에 초대했다. 그날 저녁 페이스는 기타를 치면서 모두 바닥에 앉아 포크 송을 부르자고 분위기를 이끌었다. 오펜하이머는 마지못해 따랐지만, 페이스는 그가 "참으로 어색한 상황이라는 듯 오만한 분위기"를 풍겼다는 것을 눈치챘다.[76] 하지만 시간이 좀 흐르자 페이스는 "그의 우월한 듯한 태도가 없어진 것을 볼 수 있었다. 이제 그는 감정이 풍부하고, 동지애에 굶주린 사람처럼 보였다."

고등 연구소에서의 생활은 조용하고 품위 있었다. 매일 오후 3시와 4시 사이에는 풀드 홀 1층의 휴게실에서 차를 마실 수 있었다. 오펜하이머는 언젠가 "우리는 차를 마시면서 우리가 이해하지 못하는 것을 서로 설명하는 시간을 갖는다."라고 말했다.[77] 1주일에 두세 번씩 오펜하이머는 물리학을 비롯한 여러 분야의 주제에 대해 활기 넘치는 세미나를 주최했다. 그는 "정보를 교환하는 가장 좋은 방법은 사람을 보내는 것이다."라고 설명했다.[78] 이상적인 경우에, 아이디어의 교환은 마치 불꽃이 튀기는 것 같았다. 연구소의 경제학자였던 월터 스튜어트(Walter W. Stewart) 박사는 "젊은 물리학자들은 연구소에서 가장 시끄럽고, 활발하며, 지적으로 민감한 부류들이었다……. 며칠 전 그들이 세미나를 마치고 나올 때 한 명에게 '어땠어?'라고 물었다.[79] 그는 '훌륭했습니다.'라고 말했다. '우리가 지난 주 물리학에 대해 알고 있었던 것들은 모조리 틀렸습니다!'"

가끔 객원 연사들은 '오펜하이머 요법'을 받고 나서 자신감을 상실하기도 했다. 다이슨은 영국에 있는 자신의 부모님들에게 보내는 편지에서 이 경험을 묘사했다. "나는 세미나 도중 그의 행동을 꽤 자세하게 관찰했습니다. 누군가가 나머지 청중도 이해할 수 있도록 그가 이미 알고 있는 배경 설명을 하면, 그는 빨리 다른 내용으로 넘어가자고 반드시 재촉합니다. 만약 연사가 그가 모르는 것이나 동의하기 힘든 얘기를 하면, 그는 충분한 설명이 이루어지기도 전에 끼어들어 날카롭고 통렬하게 비판합니다……. 그는 항상 신경질적으로 움직이고 있고, 줄담배를 피우죠. 나는 그가 조바심을 스스로도 통제할 수 없으리라고 생각합니다."[80] 어떤 사람들은 그의 또 다른 습관에 놀랐다. 그는 계속해서 엄지손가락 끝을 물어뜯으면서 앞니를 부딪치는 습관이 있었다.

1950년 가을의 어느 날, 오펜하이머는 자신이 해럴드 루이스(Harold W. Lewis)와 S. A. 우투이센(S. A. Wouthuysen)과 함께 공동으로 《피지컬 리뷰》에 출판한 중간자의 다중 발생에 관한 논문의 요점을 발표하도록 일정을 잡았다. 이 논문은 오펜하이머가 연구소 소장직을 시작하기 직전에 했던 연구의 결과물이었기 때문에 동료들과 심각한 토론을 벌이고 싶어 했다. 하지만 그날 모인 물리학자들은 쿠겔블리츠(Kugelblitz) 또는 '번개 공(번개가 가끔 공의 형태로 관찰되는 것)'이라는 설명되지 않은 현상에 대한 토론으로 빠져 버렸다. 오펜하이머는 화가 나 얼굴이 붉어지기 시작했다. 마침내 그는 일어나 "불덩어리, 불덩어리!"라고 중얼거리면서 나가 버렸다.[81]

다이슨은 자신이 양자 전기 역학에 대한 파인만의 최근 업적을 칭찬하는 강연을 했을 때 오펜하이머가 "엄청나게 호되게 비난했던 것"을 기억했다.[82] 나중에 그는 다이슨에게 찾아와 자신의 행동에 대해 사과했다. 당시 오펜하이머는 최대의 직관과 최소의 수학 계산을 이용하는 파인만의 연구 방식이 근본적으로 틀렸다고 생각했고, 다이슨이 그를 변호하는 것을 들으려 하지도 않았던 것이다. 파인만의 이론을 지지하는 한스 베테의 강연을 듣고 나서야 오펜하이머는 자신의 입장을 재고했다. 다이슨의 다음 강연에서 오펜하이머는 그답지 않게 조용히 앉아 있었다. 그리고 나중에 다이슨은 편지함에서 다음과 같은 짧은 메모를 발견했다. "이의 없음(nolo contendere). R. O."

다이슨은 오펜하이머와 있을 때 여러 감정을 동시에 느꼈다. 베테는 "오피가 매우 깊이가 있기" 때문에 그와 함께 공부하는 것이 좋을 것이라고 말했다. 하지만 다이슨은 물리학자로서의 오펜하이머에게 실망했다. 오펜하이머는 이론 물리학자에게 꼭 필요한 어려운 계산을 할 시간이 더 이상

없는 듯했다. 다이슨은 "그는 더 깊어졌는지는 모르겠으나, 사태가 어떻게 돌아가고 있는지 전혀 파악하지 못했다!"라고 회고했다.[83] 그리고 그는 인간으로서의 오펜하이머에 대해서도 갈피를 잡지 못했다. 오펜하이머는 철학적 초연함과 맹렬한 야망을 동시에 가지고 있었던 것이다. 그는 오펜하이머가 "악마를 정복하고 인류를 구원"하리라는 유혹에 빠진 사람이라고 생각했다.[84]

다이슨은 오펜하이머가 "허세"를 부린다고 생각했다. 그는 가끔씩 오펜하이머의 모호한 말을 이해할 수 없었는데, 이는 "불가해함이 깊이로 오해될 수 있다."는 말을 떠올리게 했다.[85] 하지만 이 모든 것에도 불구하고 다이슨은 오펜하이머의 매력에 빠져들었다.

1948년 초 《타임》은 오펜하이머가 최근에 《테크놀러지 리뷰(Technology Review)》에 발표한 에세이에 대한 짧은 보도 기사를 내보냈다. 《타임》은 로버트 오펜하이머 박사가 "지난 주 과학의 죄책감을 솔직하게 인정했다."라고 보도했다.[86] 이 기사는 로스앨러모스 연구소의 전시 책임자의 말을 인용해, "어떤 속됨, 어떤 유머, 과장도 진화할 수 없을 정도로, 물리학자들은 자신들의 죄를 알고 있었다. 이는 그들이 결코 털어 버릴 수 없는 것이다."라고 썼다.

오펜하이머는 자신의 이런 말이 논쟁을 불러일으키리라는 것을 알고 있었을 것이다. 심지어 그의 가까운 친구인 라비마저 그가 말을 잘못 했다고 생각했다. "그에 대해 우리는 그런 식으로 말한 적이 없었습니다. 그가 죄책감을 느꼈다고요. 그는 자신이 누구였는지도 몰랐을 겁니다."[87] 이 사건 이후 라비는 자신의 친구에 대해 "그는 너무 인문학으로 가득 차 있다."라고 말했다. 라비는 화를 내기에는 그를 너무 잘 알았다. 그는 "모든 것을 신비롭게 들리게 하는 경향"이 바로 친구의 약점 중 하나라는 것을 알고 있었다. 오펜하이머의 하버드 시절 교수였던 브리지먼은 한 기자에게 "과학자들은 자연에 존재하는 사실에 대해 책임질 필요가 없습니다……. 누군가가 죄책감을 가져야 한다면, 그것은 하느님이어야 합니다. 그가 사실을 거기에 두었으니까요."라고 말했다.[88]

물론 오펜하이머가 이런 생각을 한 첫 과학자는 아니었다. 그해 그의 케임브리지 시절 교수였던 블래킷은 일본에 폭탄을 사용키로 한 결정에 대한 본격적인 비판서인 『군대와 원자력 에너지의 정치적 결과(Military and the Political Consequences of Atomic Energy)』를 출판했다. 블래킷은 1945년 8월 무렵이면 일본은 이미 사실상 패배했고, 원자 폭탄은 전후 일본 점령에서 소련의 기선을 제압하기 위해 사용되었다고 주장했다. 블래킷은 "2개의 폭탄(당시에는 두 개밖에 없었다.)이 태평양을 건너 히로시마와 나가사키에 투하된 시간은, 일본 정부가 오로지 미군에게만 항복하는 것을 보장하기 위해 딱 맞추어 결정되었다."라고 썼다.[89] 원폭 투하는 "제2차 세계 대전의 마지막 군사 행동이라기보다는 현재 진행 중인 러시아와의 외교 냉전의 첫 주요 작전이었다."라고 결론 내렸다.

블래킷은 많은 미국인들이 원자 폭탄 투하 결정에서 외교적인 요인이 중요했다는 것을 눈치채고 있었으며, 이것이 "진실을 알거나 어렴풋이 눈치채고 있던 많은 영국인들과 미국인들의 마음에 깊은 심리적 갈등"을 낳았다고 썼다. "이와 같은 갈등은 자신들의 뛰어난 업적이 이런 방식으로 사용된 것에 깊은 책임을 느꼈던 원자 과학자들 사이에서 특히 강하게 나타났다." 블래킷은 물론 자신의 제자가 느낀 내적 갈등을 묘사하고 있는 것이었다. 그는 심지어 1946년 6월 1일 오펜하이머가 MIT에서 한 강연에서 미국이 "사실상 패배한 적을 향해 핵무기를 사용했다."라고 말했던 것을 인용하기도 했다.

어니스트 로런스, 글렌 시보그와 함께 한 오펜하이머. 《사이언티픽 먼슬리》는 "현대의 프로메테우스들은 올림푸스 산을 다시 한번 습격해 인류에게 제우스의 벼락을 가져다 주었다."라고 평가했다.

《피직스 투데이》는 오펜하이머의 중절모를 표지 사진으로 게재했다.

하버드 대학교는 오펜하이머를 이사로 선임했다(제임스 코넌트, 바네바 부시와 함께).

재능 있는 실험 물리학자였던 프랭크 오펜하이머(위)는 1949년 그가 공산당원인 적이 있었다는 사실이 밝혀지자 미네소타 대학교에서 해임되었다. 그는 콜로라도에서 목장주가 되었다.

앤 윌슨 마크스는 1945년에 오펜하이머의 비서였다. 그녀는 그의 친구이자 변호사인 (배의 갑판에 누워 있는) 허버트 마크스와 결혼했다.

칼텍의 리처드 톨먼와 그의 아내 루스 톨먼. 임상 심리학자인 루스는 오펜하이머의 연인이 되었다.

《타임》은 1948년 11월호 표지에 오펜하이머의 사진을 게재했다.

오펜하이머는 원자력 에너지 위원회의 자문 위원회 위원장이었다. 사진 속에서 그는 제임스 코넌트, 제임스 매코맥 장군, 할리 로우, 존 맨리, 이지도어 라비, 로저 워너와 함께 여행 중이다.

오펜하이머가 1947년 하버드 대학교로부터 조지 마셜 장군, 오마르 브래들리 장군과 함께 명예 학위를 받고 있다.

1947년 오펜하이머가 고등 연구소의 소장으로 임명되자 오펜하이머 가족은 뉴저지 주 프린스턴의 올든 매너에서 살게 되었다.

올든 매너 앞에 선 키티, 토니, 피터.

올든 매너 정원에서의 오펜하이머와 아이들.

오펜하이머는 키티가 난을 재배할 수 있도록 온실을 만들어 주었다. 그들은 파티를 연달아 주최했다. 패트 셰르는 "그는 가장 맛있고 차가운 마티니를 만들었어요."라고 말했다.

수학자 존 폰 노이만이 개발한 초기 컴퓨터 앞에 선 노이만과 오펜하이머.

오펜하이머가 프린스턴 고등 연구소에서 학생들과 물리학에 관한 토론을 하고 있다. 프리먼 다이슨은 "고등 연구소는 그의 작은 제국이었습니다."라고 말했다.

(왼쪽부터) 한스 베테, 브라이언 맥마흔 상원의원, 엘레노어 루스벨트, 데이비드 릴리엔털과 함께 앉아 있는 오펜하이머.

오펜하이머는 수소 폭탄을 개발하기 위한 긴급 프로그램에 반대했다. 그는 텔레비전에 나와 "슈퍼 폭탄은 우리의 도덕성의 근간을 건드리는 문제입니다. 이와 같은 결정을 내리는 데 있어 기밀로 분류된 사실을 근거로 한다는 것은 대단히 위험을 수반할 것입니다."라고 설명했다.

학회에서 물리학자 그렉 브레이트를 만난 오펜하이머. "우리는 우리가 잘 모르는 것들을 서로에게 설명해 준다."

1953년 12월에 드와이트 아이젠하워 대통령은 오펜하이머와 정부의 핵 기밀 사이에 벽 (blank wall)을 세우라고 지시했다(왼쪽 위). 이어서 소집된 보안 청문회는 원자력 에너지 위원회 의장 루이스 스트라우스(오른쪽 위)의 지휘 하에 진행되었다. 스트라우스는 오펜하이머를 공무에서 추방하기로 결심했다. 오펜하이머는 로이드 개리슨(오른쪽)에게 자신의 변론을 맡겼다.

1954년 4월 12일, 고든 그레이(오른쪽 위)를 의장으로 하는 오펜하이머의 보안 청문회가 열렸다. 오펜하이머의 기밀 취급 인가를 취소한다는 그레이 위원회의 결정에 반대표를 던진 유일한 AEC 위원은 헨리 드울프 스미스(오른쪽 가운데)였다. AEC 위원 유진 주커트(오른쪽 아래)는 다수 의견에 따라 오펜하이머에 반대하는 결정을 내렸다. 로버트 롭(왼쪽 아래)은 그레이 위원회의 검사 역할을 맡았다. 그레이 위원회에서 오펜하이머의 기밀 취급 인가를 취소하지 말아야 한다는 결정을 내린 유일한 위원은 워드 에번스(왼쪽 위)였다. 에번스는 이 결정을 "우리 나라의 검은 오명"이라고 평가했다.

말을 타고 있는 토니 오펜하이머. 베르나 홉슨은 "그 아이가 예닐곱 살 무렵부터 오펜하이머 가족의 버팀목 역할을 맡았습니다."라고 말했다.

오펜하이머는 기밀 취급 인가를 잃었지만 고등 연구소 소장직은 유지할 수 있었다. 프린스턴에서 키티와 산책을 즐기고 있는 오펜하이머.

오펜하이머는 피터에게 "사랑을 퍼부었다."

 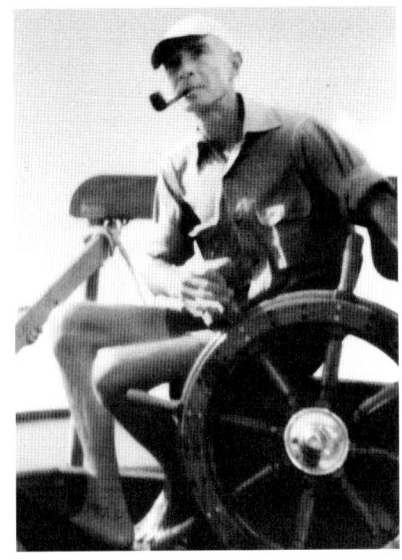

1954년 보안 청문회 이후 오펜하이머는 "상처 입은 짐승" 같았다. 프랜시스 퍼거슨은 "그는 뒤로 물러나서 단순한 삶으로 돌아갔습니다."라고 회고했다. 그는 가족을 데리고 버진 제도의 세인트존 섬으로 갔다. 나중에 그는 간소한 해변 오두막을 지었고, 오펜하이머 가족(아래)은 매년 몇 달씩 그 아름다운 섬에서 지냈다. 그와 키티는 숙련된 선원이었다.

오랜 친구 닐스 보어와 함께, 1955년.

1960년에 오펜하이머는 도쿄를 방문해 기자들에게 "나는 원자 폭탄의 기술적 성공에 참여했다는 사실을 후회하지는 않습니다. 물론 유감이 전혀 없는 것은 아닙니다. 다만 시간이 갈수록 기분이 더 나빠지지는 않는다는 것입니다."라고 말했다.

고등 연구소 사무실에서의 오펜하이머.

1962년 4월, 존 F. 케네디 대통령은 오펜하이머를 백악관으로 초청했다. 이 사진에서 그는 재키 케네디와 악수를 나누고 있다.

1969년 탐험관(Exploratorium)에서의 프랭크 오펜하이머. 샌프란시스코에 위치한 이 과학 박물관은 방문객들에게 물리학, 화학을 비롯한 여러 과학 분야의 전시품들을 직접 손으로 만질 수 있는 경험을 할 수 있게 해 준다. 프랭크는 이 박물관을 아내 재키와 함께 설립했다.

1963년 린든 존슨 대통령은 오펜하이머에게(아래, 키티와 피터와 함께) 5만 달러의 상금이 딸린 페르미 상을 수여했다. 데이비드 릴리엔털은 이날의 행사가 "오펜하이머에게 내려진 증오와 추악함의 죄를 속죄하기 위한 제의"라고 생각했다.

1954년 청문회에서 오펜하이머에게 불리한 증언을 했던 에드워드 텔러가 축하의 말을 전하기 위해 다가왔다. 키티가 굳은 얼굴로 뒤에 서 있었고, 오펜하이머는 웃으며 텔러와 악수를 나누었다.

1966년 여름, 오펜하이머가 세인트존 섬의 해변 오두막을 방문한 두 관광객과 인사를 나누고 있다. 그는 이미 후두암으로 죽어가고 있었다.

오두막 안에서 수심에 찬 얼굴의 토니. 준 발라스는 "모두가 그녀를 사랑했어요."라고 말했다. "하지만 그녀는 그것을 몰랐지요."

세인트존 섬에서 토니, 잉가 힐리버타, 키티, 도리스 자단이 칵테일을 마시며 즐거운 한때를 보내고 있다.

블래킷의 책이 다음 해 미국에서 출판되자 소동이 일었다. 라비는《애틀랜틱 먼슬리》에 이 책을 공격하는 글을 실었다. "히로시마에 대한 눈물은 일본에서 울려 퍼지지 않는다."[90] 그는 히로시마는 "정당한 표적"이었다고 주장했다. 하지만 오펜하이머는 블래킷의 주장을 비판하지 않았다. 그해 말, 블래킷이 노벨 물리학상을 수상하자 그는 따뜻한 축하의 말을 전하기도 했다. 더구나 몇 년 후 블래킷이 미국의 폭탄 사용에 비판적인 또 다른 저서인『핵무기와 동서 관계(*Atomic Weapons and East-West Relations*)』를 출판했을 때, 오펜하이머는 그에게 보내는 편지에서 몇몇 부분은 "올바르지" 않다고 생각하지만, 그래도 책의 "전체적인 주장"에는 동의한다고 썼다.

그해 봄, 새 월간지《피직스 투데이》는 창간호 표지로 오펜하이머의 중절모가 금속제 파이프에 걸려 있는 모습을 담은 흑백 사진을 실었다.[91] 이 유명한 모자의 주인을 밝히는 사진 설명은 필요치 않았다. 아인슈타인 이후 오펜하이머가 미국에서 가장 잘 알려진 과학자라는 것에는 이견이 없었다. 당시는 과학자들이 갑자기 지혜의 원천으로 간주되던 시기였다. 정부 내외에서 그의 조언을 구하기 위해 몰려들었고 그의 영향력은 널리 퍼져 있는 듯 보였다. 다이슨은 "그는 워싱턴의 장성들과 사이좋게 지내면서, 동시에 인류의 구세주가 되고 싶어 했습니다."라고 말했다.[92]

28장
그는 자신이 왜 그랬는지 이해할 수 없었다

> 그는 나에게 바로 그 순간 신경줄이 툭 끊어진 것 같았다고 말했다…….
> 그는 지나치게 스트레스를 받으면 합리적이지 못한 행동을 할 때가 있었다.
>
> ― 데이비드 봄

1948년 가을 오펜하이머는 19년 만에 유럽으로 가게 되었다. 19년 전 그는 촉망받는 젊은 물리학자였다. 이제 그는 자신의 세대에서 가장 유명한 물리학자이자 미국에서 가장 주목받는 이론 물리 학파의 설립자이며 '원자 폭탄의 아버지'가 되어 있었다. 그는 파리, 코펜하겐, 런던, 브뤼셀을 지나면서 강연을 하거나 물리학 학회에 참석했다. 그는 청년 시절 괴팅겐, 취리히, 라이덴에서 공부하며 지적으로 성장했기 때문에 이 여행을 열렬히 고대하고 있었다. 하지만 9월 말 동생에게 쓴 편지에서 그는 무언가에 실망했다고 쓰고 있었다. 그는 프랭크에게 "이번 유럽 여행은 옛날처럼 뒤를 돌아보게 하는 면이 있어······. 물리학 관련 학회들은 좋았어. 하지만 코펜하겐, 영국, 파리, 심지어는 이곳(브뤼셀)에서도 '우리는 뭔가 뒤떨어져 있어.'라고 말하는 듯해."¹ 이런 생각은 오펜하이머가 아쉬운 듯이 "무엇보다도 앞으로 세상이 어떤 식으로 돌아갈지는 상당 부분 미국에게 달려 있다는 것은 확실해."라고 결론 내리게 했다.

그리고 나서 오펜하이머는 편지를 보낸 주된 목적으로 화제를 돌렸다. 그는 프랭크에게 "편안하고, 강하고, 유능한 변호사의 조언을 구하라."고 재촉했다. 반미 활동 조사 위원회는 그해 여름 청문회를 열고 있었고, 오펜하이머는 동생에 대해, 그리고 어쩌면 자신에 대해 걱정하고 있었다. 그는 프랭크에게 "우리가 떠난 이후로 (J. 파넬) 토머스(J. Parnell Thomas) 위원회에서 구체적으로 일이 어떻게 되어 가고 있는지 파악하기는 힘들었어······. 심지어 히스에 대한 일도 나에게는 위협적인 전조처럼 보여."라고 썼다.

그해 8월, 《타임》 편집자이자 전 공산당원이었던 휘태커 체임버스(Whittaker Chambers)가 반미 활동 조사 위원회에서 뉴딜 변호사이자 전직 고위 국무부 관리였던 앨저 히스(Alger Hiss)가 워싱턴의 비밀 공산당 세포의 조직원이었다고 증언했다. 체임버스의 고발은 공화당에게 루스벨트 정부를 비난할 수 있는 건수를 제공했다. 그들은 공산주의자들이 미국의 외교 정책 중심부까지 진입했다고 주장했던 것이다. 히스는 1948년 9월 체임버스를 명예 훼손으로 고소했으나, 그해 말 히스는 위증으로 기소되고 말았다.

오펜하이머가 히스 사건을 "위협적인 전조"로 생각한 것은 정확한 판단이었다. 만약 히스 정도의 지위를 가진 사람조차 반미 활동 조사 위원회에 의해 끌어 내려질 수 있다면, 공산당 가입 사실이 잘 알려진 그의 동생 같은 사람은 어떤 일을 당할지 알 수 없는 노릇이었다. 오펜하이머는 1947년

3월 《워싱턴 타임스-헤럴드》가 프랭크의 당 가입 혐의에 대한 기사를 내보냈을 때부터 그러리라는 것을 알고 있었다. 프랭크는 멍청하게도 그 기사가 거짓이라고 주장했다. 직접적으로 말하지는 않았지만, 오펜하이머는 프랭크가 "지난 몇 년간 그 일에 대해 많은 생각을 했다."라고 밝혔다. 그가 프랭크에게 유능한 변호사를 구하라고 제안한 것은 이 무렵이었다. 그는 "워싱턴, 국회, 그리고 무엇보다도 언론을 잘 파악하고 있는" 사람의 도움을 필요로 했던 것이다. "허브 마크스는 어때? 그라면 이 일을 잘 처리할 수 있을 거야." 오펜하이머는 자신의 동생이 반미 활동 조사 위원회의 마녀사냥에 아예 걸려들지 않기를 바랐지만, 그래도 프랭크에게는 확실한 준비가 필요했다.

36세의 프랭크 오펜하이머는 성공적인 경력을 눈앞에 두고 있었다. 그는 로체스터 대학교를 떠나 이제 미네소타 대학교에서 입자 물리학에 관한 혁신적인 실험 연구를 진행하고 있었다. 1949년에 이르면 그는 높은 고도에서의 고에너지 입자(우주선)에 관한 연구로 동료 물리학자들 사이에서 미국에서 가장 촉망받는 실험 물리학자로 널리 알려져 있었다. 그해 초, 그는 자신의 연구 팀을 이끌고 해군 항공모함인 USS 사이판 선상에서 실험을 하기 위해 카리브 해로 향했다. 연구 팀은 여러 개의 안개상자와 핵건판을 특수 제작된 캡슐에 담은 후, 그것을 헬륨 풍선에 넣어 날려 보냈다. 이 풍선들은 높은 고도까지 올라가 핵건판에 중성자의 움직임을 기록하기 위해 설계된 것이었다. 이 실험으로 얻은 데이터로부터 우주선은 별이 폭발할 때 발생한 것임을 알 수 있었다. 데이터를 얻기 위해서는 풍선이 다시 땅에 떨어진 후 금속 캡슐을 회수해야만 했다. 프랭크는 1개의 캡슐을 찾기 위해 쿠바의 시에라 마에스트라(Sierra Maestra) 정글을 헤맨 끝에 마침내 마호가니 나무 꼭대기에 걸려 있는 캡슐을 찾아내기도 했다. 하지만 또 하나의 캡슐이 바닷속으로 사라졌을 때, 프랭크는 자신의 가슴이 "완전히 찢어져 버렸다."라며 감상적인 기록을 남겼다.[2] 그는 이런 탐험을 즐겼으며 자신의 일에 푹 빠져 있었다. 1945년까지는 프랭크가 오펜하이머의 발자취를 따라갔을 뿐이라면, 이제 그는 실험 물리학의 최전선에서 독립적인 과학자로 우뚝 섰던 것이다.

프랭크에 대해 걱정했지만 오펜하이머는 자신의 유명세가 동생의 좌익 과거사를 덮어 줄 수 있으리라고 믿었던 것 같다. 1948년 11월 그는《타임》표지 모델로 선정되었다.《타임》의 편집자들은 수백만 명의 미국인들에게 원자력 시대의 창시자인 오펜하이머가 "당대의 진정한 영웅"이라고 추켜세웠다.《타임》기자들과의 인터뷰에서 그는 급진주의에 경도되었던 과거에 대해 숨기려 하지 않았다. 그는 태연하게 1936년까지 자신은 "확실히 정치에 관심이 없는 사람이었다."라고 설명했다.[3] 그러고 나서 그는 실업자가 된 젊은 물리학자들이 "지쳐 가는 것"을, 그리고 독일에 있던 자신의 친지들이 나치스 치하를 벗어나기 위해 피난을 가야 하는 것을 보며 눈을 뜨게 되었다고 고백했다. "어느 날 나는 정치가 인생의 일부라는 것을 깨닫게 되었다. 나는 좌익이 되었다. 나는 교원 노조에 가입했고, 여러 공산주의자 친구를 사귀었다. 이는 대부분의 사람들이 대학 시절이나 고등학교 고학년 때 하는 일이었다. 반미 활동 조사 위원회는 이를 별로 좋아하는 것 같지 않지만, 나는 이를 부끄럽게 생각하지 않는다. 오히려 나는 너무 늦게 시작한 것이 부끄럽다. 당시 내가 믿었던 대부분의 가치들이 지금에 와서는 완전히 허튼 소리처럼 들리지만 그것은 내가 완전한 사람이 되는 데 중요한 한 부분이었다. 그와 같은 교육 과정이 없었다면, 나는 로스앨러모스에서 나의 업무를 제대로 수행할 수 없었을 것이다."[4]

《타임》의 기사가 나가자마자, 오펜하이머의 가까운 친구이자 한때 변호인이었던 마크스가 편지를 써서 "꽤 괜찮은" 기사라며 축하의 말을 전했다. 아마도 오펜하이머가 좌익이었던 자신의 과거에 대한 이야기한 것에 대해서 일텐데, 마크스는 "'재판 전'에 그렇게 말해 둔 것은 아주 잘한 일입니다."라고 말했다.5 오펜하이머는 이에 대해 "내가 좋았다고 생각한 것은 바로 당신이 말한 그 부분밖에 없습니다. 그것은 내가 기회를 포착해서 의도적으로 한 것인데, 오래전에 그 얘기를 했어야 했는데 그동안은 기회가 없었죠." 허버트 마크스의 부인 앤 윌슨(전에 오피의 비서였다.)은 《타임》의 기사로 인해 오펜하이머에 대한 관심이 높아져 호사가들이 입방아를 찧지는 않을까 걱정했다. 오펜하이머 자신도 정확히 판단하기 어려웠다. 그는 마크스에게 "나는 그것으로 인해 첫 1주일은 고통을 받았지만, 결국 나에게 좋은 일이라고 생각하게 되었습니다."라고 말했다.

이것은 의회의 조사관들에 대한 예방 접종을 맞으려는 의도였을 것이다. 1949년 봄 반미 활동 조사 위원회는 버클리 방사선 연구소에서의 핵기술 관련 스파이 활동에 대해 대대적 규모의 조사를 시작했다. 프랭크뿐만 아니라 오펜하이머마저도 잠재적 조사 대상이었다. 오펜하이머의 학생이었던 데이비드 봄, 로시 로마니츠, 막스 프리드먼, 그리고 조지프 와인버그는 증인으로 출두하라는 명령서를 받았다. 반미 활동 조사 위원회의 조사관들은 1943년 와인버그가 스티브 넬슨에게 원자 폭탄에 대해 이야기한 적이 있다는 것을 도청 기록을 통해 알고 있었다. 이 증거는 와인버그를 핵기술 스파이로 지목하는 것처럼 보였지만, 반미 활동 조사 위원회의 법률 자문관은 영장 없는 도청이 법정에서 인정되지 않으리라는 것을 알고 있었다. 1949년 4월 26일 반미 활동 조사 위원회는 와인버그를 넬슨과 대면시켰다. 그는 넬슨을 만난 적이 없다고 단호하게 부인했다. 반미 활동 조사 위원회의 변호사들은 와인버그가 위증했다는 것을 알았지만, 그것을 증명하기는 어려웠다. 그들은 봄, 프리드먼, 로마니츠의 증언을 바탕으로 주장을 펼칠 수 있기를 바랐다.

봄은 증언을 할지 어떨지 결정하지 못했다. 설령 하게 되더라도 그는 친구들에 대해 증언해야 하는지 고민했다. 아인슈타인은 그에게 감옥에 가게 되더라도 증언을 거부하라고 강하게 권했다. 아인슈타인은 그에게 "당신은 잠시 앉아 있어야 할지도 모릅니다."라고 말했다.[6] 봄은 수정 헌법 제5조(자신에게 불리한 증언을 거부할 권리를 부여 — 옮긴이)를 이용하고 싶지 않았다. 그는 공산당원이 되는 것은 불법 행위가 아니므로, 유죄가 될 소지는 전혀 없다고 생각했다. 그는 자신의 정치 활동에 대해서는 증언하되, 다른 사람에 대해서는 거부하겠다고 마음먹었다. 로마니츠가 비슷한 출두 명령서를 받았다는 소식을 듣고 봄은 당시 내슈빌에 교수로 부임해 있던 자신의 옛 친구에게 연락했다. 로마니츠는 전쟁 중 고생을 많이 했다. 그가 적당한 직업을 구할 때마다 FBI는 로마니츠는 공산주의자이며 그를 곧 해고해야 할 것이라고 직장에 압력을 넣었다. 그의 미래는 암담해 보였지만, 그는 마음을 추스려 프린스턴에 있는 봄을 방문했다.

로마니츠가 도착해서 봄과 함께 프린스턴 시내의 나소 가를 걷고 있을 때, 이발소에서 나오던 오펜하이머와 마주쳤다. 오펜하이머는 몇 년 동안이나 로마니츠를 만나지 못했지만, 그들은 연락을 주고받던 사이였다. 1945년 가을 그는 로마니츠에게 쓴 편지에 다음과 같이 썼다. "친애하는 로시. 당신의 길지만 우울한 편지를 받게 되어 기쁩니다. 미국으로 돌아오면 꼭 나를 찾아오십시오……. 당신에게는 특히 어려운 세월이었겠지만, 참고 견디면 곧 끝날 것입니다. 행운을 빌며, 오피."[7] 오펜하이머와 인사말을 나누고 봄과 로마니츠는 그들이 어떤 곤경에 처해 있는지를 설명했다. 로마니츠에 따르면 오펜하이머는 흥분하면서 갑자기 "맙소사, 이제 끝장이구나. 반미 활동 조사 위원회에 FBI 요원이 들어가 있어."라고 외쳤다.[8] 로마니츠는 그가 "편집증적"이라고 생각했다.

하지만 오펜하이머는 걱정할 이유가 충분했다.[9] 그 역시 반미 활동 조사 위원회에 증언하라는 출두 명령서를 받은 터였고, 그는 위원 중 한 명인 일리노이 하원 의원 해럴드 벨드(Harold Velde)가 전직 FBI 요원이라는 것을 알고 있었다. 벨드는 전쟁 중에 버클리에서 방사선 연구소에 대한 조사를 맡았던 사람이다.

오펜하이머는 나중에 자신의 제자들과의 만남에서 긴 대화를 나누지 못했다고 밝혔다. 그는 자신이 단지 "진실을 말하라."라고 조언했고, 그들은 "우리는 거짓말하지 않겠습니다."라고 대답했다고 말했다.[10] 결국 봄은 반미 활동 조사 위원회에서 1949년 5월과 6월에 각각 한 번씩에, 그리고 6월에 다시 한번 증언했다. 그는 자신의 변호를 맡은 전설적인 인권 변호사 클리퍼드 더르(Clifford Durr)의 조언대로 수정 헌법 1조와 5조를 들어 협조를 거부했다. 프린스턴 대학교는 봄을 지지하는 성명을 발표했다.

1949년 6월 7일, 오펜하이머가 비공개 반미 활동 조사 위원회 간부 회의에서 증언할 차례가 되었다. 그를 심문하기 위해 공화당 소속의 캘리포니아 하원 의원 리처드 닉슨(Richard M. Nixon)을 포함한 여섯 명의 의원들이 자리했다. 오펜하이머는 공식적으로는 원자력 에너지 위원회 자문 위원회 의장 자격으로 증언하는 것이었다. 하지만 이 냉철한 의원들은 그에게 핵무기 정책에 대해 질문하기 위해 모인 것이 아니었다. 그들은 핵기술 관련 스파이 활동에 대해 알고 싶어 했다. 그는 약한 모습을 보이지 않기 위해 개인 변호사를 대동하지 않기로 결정했다. 그 대신 그는 조지프 볼피를 데리고 가서, 그를 원자력 에너지 위원회의 고문 변호사라고 소개했다. 이후

두 시간 동안 오펜하이머는 협조적이었다.

반미 활동 조사 위원회의 변호사는 위원회가 그에게 창피를 주려는 의도는 아니라고 설명했다. 하지만 첫 질문은 다음과 같았다. "당신은 방사선 연구소의 몇몇 과학자들 사이에 공산당 세포가 활동하고 있었음을 알고 있었지요?" 오펜하이머는 전혀 알지 못했다고 대답했다. 그는 또 자신의 제자들의 정치 활동과 사상에 대한 질문을 받았다. 그는 전쟁 전에 와인버그가 공산주의자라는 사실을 몰랐다고 말했다. 오펜하이머는 "그는 전쟁 후에야 버클리에 왔습니다. 그리고 당시 그의 생각은 절대 공산주의에 경도되지 않았습니다."라고 말했다.

이어 반미 활동 조사 위원회의 변호사는 오펜하이머의 또 다른 제자 버나드 피터스 박사에 대해 질문했다. 그의 대답은 그가 여전히 순진했다는 것을 잘 보여 준다. 그는 간부 회의에서의 증언 내용은 공개되지 않으리라고 생각했던 것 같다. 반미 활동 조사 위원회 변호사는 오펜하이머가 맨해튼 프로젝트의 보안 장교들에게 피터스가 "위험인물이며 공산주의에 상당히 경도된 인물"이라고 말한 것이 사실이냐고 물었다.[11] 오펜하이머는 로스앨러모스의 보안 장교였던 피어 드 실바 대위에게 그렇게 말한 적이 있다고 인정했다. 더 구체적으로 말해 보라고 하자, 오펜하이머는 피터스가 독일 공산당의 당원이었으며 나치스에 대항해 시가전에 참여했다고 설명했다. 그 결과로 그는 강제 수용소로 보내졌으나 기적적으로 탈출했던 것이다. 그는 또한 피터스가 캘리포니아에 도착했을 무렵 그가 "폭력으로 (미국) 정부를 전복하는 일에 충분히 집중하지 않는다."며 공산당을 "강하게 비난했다."라고 밝혔다. 피터스가 독일 공산당원이었다는 사실을 어떻게 알았느냐는 질문에 오펜하이머는 "그가 나에게 이야기했던 여러 이야기 중 하나일 뿐"이라고 대답했다.

오펜하이머는 피터스 때문에 난처했던 것으로 보인다. 몇 달 전인 5월 그가 미국 물리 학회 연례 회의에 참석했을 때, 그의 옛 친구인 호우트스미트가 피터스에 대해 물었다. 원자력 에너지 위원회 자문 자격으로 호우트스미트는 가끔씩 보안 사건을 검토하고는 했다. 피터스는 얼마 전 호우트스미트에게 왜 자신에게 자꾸 문제가 생기느냐고 물었고, 호우트스미트가 그의 보안 파일을 찾아 보자 오펜하이머가 1943년 드 실바에게 피터스는 "위험인물"이라고 말한 기록이 나왔다. 호우트스미트가 오피에게 피터스에 대한 생각에는 변함이 없냐고 묻자 오펜하이머는 놀랍게도 "그를 보게. 그를 믿을 수 없다는 것을 모르겠나?"라고 대답했다.[12]

오펜하이머는 다른 친구들에 대해서도 질문을 받았다. 그의 오랜 친구 하콘 슈발리에가 공산주의자냐고 묻자 그는 "(슈발리에는) 말뿐인 사회주의자의 대표적인 사례"였지만 당원인지 아닌지는 모른다고 대답했다. '슈발리에 사건'에 대해서 오펜하이머는 1946년 FBI에서 했던 얘기를 반복했다. 슈발리에가 혼란스러운 채 찾아와 "소련 정부에 정보를 넘겨주자"는 엘텐튼의 계획에 대해 말했고, 그(오펜하이머)는 "헷갈리지 말고 그 사람들과는 연을 끊으라고 강하게 이야기했다."라고 대답한 것이다. 오펜하이머에 따르면 슈발리에는 원자 폭탄이 히로시마 상공에서 폭발할 때까지 그에 대해 전혀 알지 못했다. 위원회는 다른 세 명의 과학자들에게 접근했던 것에 대해서는 구체적으로 묻지 않았다. 오펜하이머는 핵기밀을 얻으려는 목적으로 슈발리에 이외에 누구도 접근하지 않았다고 밝혔지만, 이는 1943년 패시에게 한 이야기를 뒤집은 것이었다.

또 다른 제자인 로마니츠에 대해서 오펜하이머는 그가 "믿을 수 없는 경솔함"으로 인해 방사선 연구소에서 해고되고 육군에 끌려갔다고 짧게 대답했다. 그는 또한 와인버그가 로마니츠의 친구였고, 또 다른 물리학과

학생이었던 어빙 데이비드 폭스(Irving David Fox) 박사가 방사선 연구소 안에서 노동조합을 결성하는 데 주도적인 역할을 했다고 밝혔다. 케네스 메이에 대한 질문을 받자 그는 메이가 "공공연한 공산주의자"였다고 확인해주었다.

오펜하이머는 위원회를 만족시키기 위해 대단히 노력했다. 그는 아는 대로 이름을 댔다. 하지만 누군가 동생 프랭크가 과거에 당에 가입했는지를 묻자 오펜하이머는 "의장님, 나는 당신의 질문에 대답할 것입니다. 하지만 내 동생에 대한 질문은 하지 않았으면 합니다. 그것이 중요하다고 생각한다면 그에게 직접 물어보십시오. 만약 나에게 물어본다면 대답은 하겠지만, 그에 대한 질문은 제발 하지 않았으면 좋겠습니다."라고 대답했다.

반미 활동 조사 위원회의 변호사는 놀랍게도 그의 요구를 존중해 질문을 철회했다. 회의를 마치기 전에 닉슨 의원은 자신이 오펜하이머에게 "대단히 좋은 인상을 받았다."며 "그가 현재 우리 프로그램에서 맡고 있는 업무를 계속해도 좋을 듯 싶다."라고 말했다.[13] 볼피는 오펜하이머의 차분한 대응에 깜짝 놀랐다. "오펜하이머는 의원들을 매료시키려고 작정한 것처럼 보였습니다."[14] 나중에 여섯 명의 반미 활동 조사 위원회 소속 의원들은 이 유명한 과학자와 악수하기 위해 단상에서 내려왔다. 이 정도면 오펜하이머가 자신의 유명세가 보호막이라고 믿은 것도 이상한 일이 아니었다.

오펜하이머는 청문회를 큰 문제없이 통과했지만, 그의 제자들은 그러지 못했다. 오펜하이머의 증언이 있은 다음 날, 피터스는 형식적으로 20분 동안 위원회 증인석에 올랐다. 피터스는 자신이 독일이나 미국에서 공산당에 가입한 사실이 없다고 주장했다.[15] 그리고 그는 자신의 부인 한나 피터스 박사 역시 당원인 적이 없으며, 자신은 스티브 넬슨을 알지도 못한다고 말했다.

피터스는 전날 오펜하이머가 위원회에서 무슨 말을 했는지 궁금해서, 로체스터로 돌아가는 길에 오펜하이머를 만나기 위해 프린스턴에 들렀다. 오피는 "신이 그들의 질문을 인도해서 나는 남의 평판을 떨어뜨릴 만한 말을 전혀 할 필요가 없었지."라며 농담을 던졌다.[16] 그러나 1주일 후, 오펜하이머의 비공개 증언은 《로체스터 타임스-유니언(Rochester Times-Union)》을 통해 새 나갔다. 1면 머리기사에는 "오펜하이머 박사, 피터스가 '공산주의에 경도되었다'고 말하다."라는 제목이 붙어 있었다.[17] 피터스의 로체스터 대학 동료들은 자신들의 동료가 "속임수"를 써서 다하우(나치스 강제 포로 수용소)에서 탈출했고, 그가 한때 미국 공산당이 무장 혁명에 대해 충분히 헌신적이지 못하다며 비판했다는 기사를 읽게 되었다.

피터스는 자신이 해고될지도 모른다는 것을 곧 알아챘다.[18] 바로 지난해에도 비슷하게 반미 활동 조사 위원회 증언이 새 나갔고, 《로체스터 타임스-유니언》에 "로체스터 대학교 과학자, 스파이 혐의를 받다."라는 기사가 나가자 그는 신문사를 명예 훼손으로 고소했다. 그는 당사자들끼리 해결을 보았고 합의금으로 단돈 1달러를 받았다. 이런 과거를 생각할 때, 피터스는 혐의가 되살아나면 어떤 일이 벌어질지 잘 알고 있었다. 피터스는 바로 오펜하이머의 주장을 부인했다. 그는 《로체스터 타임스-유니언》에 "나는 오펜하이머 박사뿐만 아니라 그 누구에게도 공산당원이라는 사실을 말한 적이 없고, 당에 가입한 사실도 없다. 하지만 그들이 나치스에 대항해 힘겨운 투쟁을 한 것에는 대단한 존경심을 가지고 있다고 말하긴 했다……. 그리고 나는 다하우의 강제 수용소에서 죽어 간 영웅들 역시 존경하고 있다."라고 말했다.[19] 피터스는 자신의 정치관이 과거뿐만 아니라 현재에도 "주류적이지는 않다."는 것을 인정했다. 그는 인종 차별에 강력히 반대했고 "사회주의의 바람직함"을 믿지만 공산주의자는 아니었다.

바로 그날 피터스는 오펜하이머에게 편지를 쓰고 신문 기사 스크랩을 동봉해 그가 반미 활동 조사 위원회에서 정말 그렇게 말했느냐고 물었다. "내가 파시스트 독재자들에 대항하는 '직접 행동'을 지지했다는 것은 사실입니다. 하지만 내가 대다수의 국민이 자발적으로 정부를 지지하는 국가에서 그런 행동을 지지했던 적이 있었습니까?"[20] 그는 나아가 "내가 시가전에 참여했다는 드라마 같은 이야기는 어디에서 나온 것입니까? 그런 적이 있었으면 좋겠다고 생각은 합니다만······"이라고 물었다. 피터스는 너무 화가 난 나머지 자신의 변호사에게 "로버트를 명예 훼손으로 고소할 수 있느냐?"라고까지 물었다.[21]

닷새 후인 6월 20일, 오펜하이머는 피터스의 변호사인 솔 리노위츠(Sol Linowitz)에게 전화를 걸어 한나 피터스에게 메시지를 전했다. 오펜하이머 자신도 피터스에 대한 신문 기사를 보고 "매우 심란했으며, 그 기사는 자신이 위원회에서 한 말을 왜곡하고 있다."라고 설명했다.[22] 오펜하이머는 피터스와 몹시 대화하고 싶다고 말했다.

이 일이 있고 나서 얼마 후, 오펜하이머는 동생인 프랭크와 베테, 바이스코프로부터 연락을 받았는데, 그들은 모두 오펜하이머가 친구를 그런 식으로 공격한 것에 놀라움을 표시했다. 바이스코프와 베테는 그가 어떻게 피터스에게 그런 말을 할 수 있었는지 이해할 수 없다며 편지를 보냈다. 그들은 바이스코프의 말을 빌자면, 그가 "오해를 바로잡고 당신의 능력이 닿는 한 피터스의 면직을 막도록" 노력해야 한다고 설득했다.[23] 베테는 "나는 당신이 피터스 부부에 대해 매우 친근한 투로 이야기했던 것을 기억합니다. 그리고 그들은 당신을 친구라고 생각했을 것입니다. 어떻게 당신은 그가 다하우에서 탈출한 것이 죽음에 대한 방어가 아니라 '직접 행동'을

선호하는 증거라고 표현할 수 있습니까?"라고 썼다.[24]

괴팅겐 시절부터 오펜하이머의 친구이자 로스앨러모스에서 잠시 부소장직을 맡았던 에드워드 콘던은 화가 났고 "표현할 수 없을 정도로 놀랐다."[25] 이제는 미국 표준국(U.S. Bureau of Standards) 국장이 된 콘던 역시 의회 내 우익 공세의 타겟이 되고는 했다. 1949년 6월 23일 그는 아내 에밀리에게 다음과 같이 썼다. "나는 로버트 오펜하이머가 정신이 나갔다고 확신해요……. 오피가 정말로 균형을 잃고 있다면, 그것은 원자력 에너지에 대한 국제 통제에 관한 애치슨릴리엔털 보고서의 원저자였던 것을 포함한 그의 여러 지위를 고려할 때 대단히 복잡한 결과를 낳을 거예요. 그것은 커다란 비극일 것입니다. 나는 그가 다른 여러 사람들을 끌고 들어가지 않기를 바랄 뿐이에요. 피터스는 자신에 대한 오피의 증언이 새빨간 거짓말이라고 말하며, 오피는 진실을 알 텐데 왜 그러는지 모르겠다고 말하고 있어요."

콘던은 아내에게 자신이 프린스턴에 있는 사람들에게 들었는데 "오피가 지난 몇 주간 대단히 긴장하고 있었다……. 그는 그 자신이 공격당할까 엄청나게 두려워하고 있는 듯하다. 물론 그는 다른 버클리 출신들에게서 나온 좌익 활동 정도는 자신에게서도 나오리라는 것을 알고 있다……. 그는 밀고자가 됨으로써 개인적 사면을 얻어내려는 것 같다."라고 말했다.[26]

실망한 콘던은 오펜하이머에게 통렬한 편지를 썼다. "나는 당신이 그토록 오랫동안 알아 왔던 사람에 대해, 게다가 얼마나 좋은 물리학자이자 시민인지를 너무나도 잘 알면서, 어떻게 그렇게 말할 수 있는지 이해하려고 잠을 이룰 수가 없었습니다. 나는 당신이 밀고자가 됨으로써 사면을 받을 수 있으리라고 생각할 정도로 멍청하지는 않았으면 좋겠습니다. 당신도 그 사람들이 마음먹기만 하면 당신의 서류철을 벌집 쑤시듯 뒤져서 뭔가

건수를 찾아내리라는 것을 알고 있지 않습니까?"²⁷

　며칠 후 프랭크 오펜하이머가 피터스를 데리고 당시 버클리를 방문하고 있던 오펜하이머를 만나러 왔다. 피터스는 바이스코프에게 보낸 편지에서 이 만남을 묘사했다. "로버트와의 대화는 음울했습니다. 처음에 그는 신문 기사가 사실인지 거짓인지조차 얘기하려 하지 않았습니다."²⁸ 피터스가 진실을 이야기하라고 다그치자 오펜하이머는 그런 증언을 했다는 것을 확인해 주었다. 피터스는 "그는 그것이 끔찍한 실수였다고 말했다."라고 썼다. 오펜하이머는 자신이 그런 질문들에 답할 준비가 되어 있지 않았고, 이제 와서 신문을 통해 자신이 했던 말들을 다시 읽어 보니 그제야 얼마나 많은 피해를 끼쳤는지 깨달았다고 설명했다. 피터스가 프린스턴에서의 만남에 대해 계속 추궁하자 오펜하이머는 "얼굴이 벌개져서" 설명할 것이 없다고 말했다. 피터스는 오펜하이머가 자신을 오해했다고 단언했다. 피터스는 독일에서 옥외 공산당 집회에 참석한 적은 있었지만 맹세코 당에는 가입하지 않았다고 말했다.

　오펜하이머는 로체스터의 신문 편집자에게 편지를 써 자신의 반미 활동 조사 위원회 증언을 번복하기로 했다. 1949년 6월 6일에 출판된 이 편지에서 오펜하이머는 피터스 박사가 공산당원인 적도 없었고, 미국 정부에 대한 폭력 전복을 옹호한 적도 없었다고 설명했다. 오펜하이머는 "나는 그의 말을 믿는다."라고 말했다.²⁹ 그는 나아가 표현의 자유를 옹호하기까지 했다. "과학자가 어떤 정치적 의견을, 아무리 급진적이라도, 또는 아무리 자유롭게 표현하더라도, 그것 때문에 과학자로서의 경력을 유지하는 데 필요한 자격을 박탈해서는 안 된다."

　피터스는 이 편지에 대해 "꾸민 말 치고는 별로 성공적이지 못했다."라고 평가했다.³⁰ 그래도 그 편지로 인해 피터스는 직장인 로체스터 대학교에서는 쫓겨나지 않을 수 있었다.[31] 그러나 그는 곧 비밀 연구와 정부 연구 프로젝트를 할 수 없다면 미국에서의 경력은 막다른 골목이나 마찬가지라는 것을 알게 되었다. 1949년 말, 그가 인도에 가려 했을 때 국무부는 그에게 여권 발급을 거부했다. 그 다음 해 국무부는 입장을 바꾸었고 피터스는 봄베이의 타타 기초과학 연구소(Tata Institute of Fundamental Research)에서 강의를 하게 되었다. 하지만 1955년에 국무부가 여권 연장을 거부하자 피터스는 마침내 독일 시민권을 취득했다. 1959년 그와 한나는 코펜하겐에 위치한 닐스 보어의 연구소로 옮겼고, 그곳에서 남은 여생을 보냈다.

피터스는 봄과 로마니츠에 비하면 쉽게 산 편이었다. 1년도 더 지난 후에 그들은 의회 모독이라는 죄목으로 기소되었다. 봄은 1950년 12월 4일에 구속되었고(보석금 1,500달러를 내고 석방되었다.) 프린스턴은 그의 강의를 모두 취소하고 심지어 캠퍼스에 발을 들여놓는 것마저 금지했다. 6개월 후 그는 재판을 받고 무죄 판결을 받았다. 그렇지만 프린스턴은 무죄 판결 이후에도 봄과의 계약을 연장하지 않기로 결정했다.

로마니츠의 운명은 더욱 가혹했다.[32] 그는 반미 활동 조사 위원회 증언을 하고 나서 피스크 대학교에서 해고되었다. 그는 이후 2년간 일용직 노동자로 지붕을 고치거나 삼베 가방을 싣거나 정원을 다듬으면서 보냈다. 1951년 6월 그 역시 의회 모독으로 재판을 받았는데, 무죄 판결 이후에도 그가 찾을 수 있는 유일한 직업은 시간당 1.35달러를 받고 철길을 수리하는 일이었다. 그는 1959년까지 대학으로 돌아가지 못했다. 놀랍게도 로마니츠는 오펜하이머에 대한 원망이 전혀 없었던 것 같다. 그는 FBI와 당시의 정치 문화 때문에 겪어야 했던 일들에 대해 오펜하이머를 책망하지 않았다. 다만 약간의 실망감은 있었다. 로마니츠는 원래 오펜하이머를 "신에 가까운" 인물이라고 생각했다. 그는 오펜하이머가 "악의를 갖고" 그리했다고는 생각하지 않았다. 하지만 세월이 지나고 그는 "그 사람의 결함에 대해 개인적으로 안타깝게" 생각한다고 말하고는 했다.[33]

사실 오펜하이머가 자신의 제자들을 보호하기 위해 할 수 있었던 일이 그리 많지는 않았겠지만, 그는 가끔 그들과의 친분에 대해 진심으로 겁내는 듯한 행동을 보였다. 그들은 자신의 정치적 과거와의 연결 고리였다. 다시 말해 자신의 정치적 미래에 대한 위험 요소였던 것이다. 그는 확실히 두려워하고 있었다. 봄이 프린스턴의 자리를 잃자, 아인슈타인은 오펜하이머에게 그를 고등 연구소의 조수로 쓰자고 제안했다. 아인슈타인은 여전히 양자 이론을 수정하는 데 관심을 가지고 있었고, 언젠가 "봄말고 그 일을 할 수 있는 사람은 없어."라고 말하기도 했다.[34] 하지만 오펜하이머는 이 요청을 거부했다. 봄은 고등 연구소에게 정치적 부담을 안겨 줄 것이기 때문이다. 그는 비서인 엘레노어 리어리에게 봄이 찾아오지 못하게 하라고 지시하기도 했다. 리어리는 연구소 직원들에게 "데이비드 봄은 오펜하이머를 박사를 만나서는 안 돼요. 그를 만나서는 안 된다구요."라고 말하기도 했다.

단지 자신의 편의만을 고려하더라도, 오펜하이머는 봄과 거리를 둘 충분한 이유가 있었다. 하지만 다른 한편 봄이 브라질에서 강의할 수 있는 기회를 잡자, 오펜하이머는 그를 위해 강력한 추천서를 써 주었다. 봄은 처음에는 브라질, 다음은 이스라엘, 마지막에는 영국을 전전하며 여생을 외국에서 보냈다. 그는 한때 오펜하이머를 깊이 존경했다. 세월이 지나면서 애증의 감정을 갖기도 했지만, 그는 자신이 미국에서 추방된 것이 오펜하이머의 책임이라고 생각하지는 않았다. 봄은 "나는 그가 할 수 있는 한 나에게 공평하게 대했다고 생각합니다."라고 말했다.[35]

봄은 오펜하이머 역시 행동의 제약이 있었다는 것을 알고 있었다. 피터스에 대한 그의 반미 활동 조사 위원회 증언에 대한 뉴스가 터지고 나서 얼마 후, 봄은 오펜하이머와 솔직한 대화를 나눴다. 그는 왜 그들의 친구에 대해 그런 말을 했느냐고 물었다. 봄은 "그는 나에게 바로 그 순간 신경이 툭 끊어진 것 같았다고 말했다. 그것은 그가 도저히 감당할 수 없는 정도의 일이었던 것이다……. 나는 그가 정확히 무엇이라고 말했는지 기억할 수 없지만, 요점은 그런 것이었다. 그는 지나치게 스트레스를 받으면 합리적이지 못한 행동을 할 때가 있었다. 그는 자신이 왜 그랬는지 이해할 수 없었다고 말했다."[36] 이전에도 그런 일들이 있었다. 1943년 패시와의 인터뷰나 1945년 트루먼과의 만남이 그러했고, 몇 년 후 1954년 안보 청문회에서도 그럴 것이었다. 하지만 피터스가 바이스코프에게 말했듯이, "그(오펜하이머)가 청문회 때문에 겁을 먹은 것은 사실이겠지만, 그게 설명이 될 수는 없다……. 내가 높이 평가했던 사람이 그런 윤리적 공황 상태에 빠지는 것을 보는 것은 나에게 꽤 슬픈 경험이었다."[37]

1949년 6월 초 반미 활동 조사 위원회 증언이 있고 나서 엿새 후, 오펜하이머는 원자력 에너지 합동 위원회 공개회의에서 또다시 스포트라이트를 받아야 했다. 이번 주제는 연구 목적으로 외국의 실험실에 방사능 동위 원소를 수출하는 문제였다. 치열한 논쟁 끝에 원자력 에너지 위원회 위원들은 수출을 승인했다. 유일한 반대표를 던진 위원은 스트라우스였는데, 그는 방사능 동위 원소가 핵무기를 만드는 데 사용될 수도 있기 때문에 이를 수출하는 것은 위험할 수 있다고 믿었다. 바로 얼마 전, 스트라우스는 합동 위원회 청문회에서 수출에 반대하는 증언을 했던 것이다.

오펜하이머가 상원 빌딩의 회의실에 들어섰을 때 그는 스트라우스의 입장에 대해 알고 있었다. 그는 물론 이에 동의하지 않았고, 그런 우려는 전혀 근거 없는 것임을 명확히 했다. 그는 "그 누구도 방사능 동위 원소를 원자력 에너지를 얻는 데에 절대로 사용하지 못한다고 말할 수는 없을 것입니다. 원자력 에너지를 얻으려면 삽도 필요하지요. 원자력 에너지를 얻으려면 맥주도 필요할 것입니다."라고 증언했다. 그러자 청중석에서 가벼운 웃음이 터져 나왔다. 그날 필립 스턴(Philip Stern)이라는 젊은 기자가 청문회 방청석에 앉아 있었다.[38] 스턴은 이런 야유가 누구를 향한 것인지 몰랐지만, "오펜하이머가 누군가를 바보로 만들고 있다는 것은 명확했다."라고 썼다.

볼피는 누가 바보인지 정확히 알고 있었다. 증언대의 오펜하이머 옆자리에 앉아 있던 그는 스트라우스의 얼굴이 시뻘개지는 것을 보았다. 오펜하이머의 다음 발언은 더 많은 웃음을 자아냈다. "이렇게 보았을 때, 방사능 동위 원소는 전자 장비들보다는 훨씬 덜 중요하고, 예를 들어 비타민보다는 훨씬 더 중요합니다. 그 사이 어딘가에 진실이 있겠죠."

나중에 오펜하이머는 볼피에게 무심코 "오늘은 어땠어?"라고 물었다.[39] 볼피는 조금 거북했지만 "잘 했어요, 로버트. 너무 잘 했어."라고 대답했다. 오펜하이머가 사소한 의견 차이 때문에 스트라우스에게 망신을 주려고 의도한 것은 아니었을지도 모른다. 하지만 오펜하이머는 쉽게 오만함을 보였다. 이와 같은 태도는 그가 교실에서 학생들을 가르치면서 얻은 것이었다. 한 친구는 "로버트는 다 자란 어른들도 어린아이처럼 느끼게 할 수 있었지요."라고 말했다. "그는 거인도 바퀴벌레처럼 느끼게 했어요." 하지만 스트라우스는 어린 학생이 아니었다. 그는 예민하고, 복수심에 불타는 데다, 쉽게 수치심을 느끼는 성격을 가졌고 권력까지 쥐고 있었다. 그는 그날 매우 화가 나서 청문회장을 떠났다. 또 다른 원자력 에너지 위원회 위원인 고든 딘은 "나는 루이스의 무서운 표정을 아직도 기억한다."라고 말했다. 몇 년 후 릴리엔털은 "그는 사람 얼굴에서 흔히 보기 어려운 증오의 표정을 짓고 있었다."라고 생생하게 기억했다.

오펜하이머와 스트라우스의 관계는 1948년 초 이래로 서서히 나빠지고 있었다. 당시 오펜하이머가 고등 연구소 소장 업무에 그가 간섭하는 것에 저항하면서부터였다. 이 청문회 이전에도 그들은 원자력 에너지 위원회와 관련해서 몇 번의 의견 충돌이 있었다. 이제 오펜하이머는 자신의 공적 활동의 모든 측면에서 강력한 권력과 영향력을 지닌 매우 위험한 적을 만들었던 것이다.

합동 위원회에서 충돌이 있고 나서 얼마 후, 연구소 이사 중 한 명인 존 풀턴(John F. Fulton)은 스트라우스가 연구소 이사회에서 사직하리라고 생각한다고 말했다. 풀턴은 또 다른 이사에게 쓴 편지에서 "스트라우스가 이사회에 계속 참여하는 한 로버트 오펜하이머는 고등 연구소 소장직을 수행하는 데에 불편함을 느낄 것이라고 생각한다."라고 썼다.[40] 하지만 스트라우스의 협력자들은 그가 고등 연구소 이사회 의장으로 선출되도록 조치를 취했고, 그는 "오펜하이머 박사와 과학 문제에 대한 이견이 있다고 해서" 사임할 의사가 전혀 없음을 분명히 했다.[41] 스트라우스의 분노는 오펜하이머에게 앙갚음하기 전까지는 풀릴 기미를 보이지 않았다.

합동 위원회 공개회의 바로 다음 날인 1949년 6월 14일 프랭크 오펜하이머가 반미 활동 조사 위원회 증언대에 섰다. 2년 전 그는 신문 기자에게 자신은 공산당원인 적이 없었다고 말했다. 그는 당 가입 사실에 대해 거짓말하려던 의도는 아니었다. 하지만《워싱턴 타임스-헤럴드》의 기자가 어느 날 밤늦게 전화를 걸어 다음 날 아침 신문에 실릴 기사를 준비하는 중이라고 했다. 기사 내용을 전화로 읽어 주고 나서 기자는 프랭크의 코멘트를 요청했다. 프랭크는 "그 기사는 사실 무근의 내용으로 가득 차 있었습니다. 내가 전쟁 전에 당에 가입했다는 것이 유일한 사실이었죠. 그들은 내가 어떻게 생각하는지 물었고, 나는 그저 완전히 거짓말이라고 말했습니다. 멍청한 일이었습니다. 나는 아무 말도 하지 않았어야 했어요."라고 말했다.[42] 신문 기사가 나가자, 미네소타 대학교 관계자들은 프랭크에게 기사를 부인한다는 진술서를 작성하라고 압력을 가했다. 직장을 잃을지도 모른다는 생각에 프랭크는 변호사를 고용해 자신이 공산당원인 적이 없다는 진술서를 작성했다.

하지만 이 문제를 아내 재키와 의논하고 나서 프랭크는 그들에게 진실을 이야기하기로 마음먹었다. 그날 아침 그는 선서를 하고 자신과 재키가 1937년 초부터 1940년 말이나 1941년 초까지 3년 반 정도 공산당의 당원이었다고 증언했다. 그는 자신이 입당하면서 "프랭크 폴섬"이라는 가명을 사용했다는 사실을 인정했다. 그는 변호사인 클리퍼드 더르의 조언에 따라 다른 사람들의 정치관에 대해 증언하기를 거부했다. 그는 "나는 친구들에 대해서는 이야기할 수 없습니다."라고 말했다.[43] 반미 활동 조사 위원회의 변호사와 여러 의원들은 프랭크에게 이름을 대라고 반복해서 밀어붙였다. 전직 FBI 요원이었던 벨드 의원이 자신의 질문에 답변하기를 거부하는 이유를 반복해서 묻자, 프랭크는 자신의 친구들에 대해 "내가 평생 동안 지켜본 바에 따르면 예의 바르고 착한 사람들입니다. 나는 그들이 미국의 헌법이나 법률에 어긋나는 행동이나 말을 하는 것을 본 적이 없습니다."라고 말했다. 그들의 정치관을 거론할 이유가 없다는 것이었다. 프랭크는 자신의 형과 달리 입장을 고수했다. 그는 누구의 이름도 대지 않았다.

그와 재키는 이 모든 경험이 비현실적이라고 느꼈다. 재키는 자신의 정의감을 잃지 않았다. 하원 위원회 대기실에서 증언 차례를 기다리며 창밖을 내다보던 재키는 잘 관리된 정원과 대리석으로 휘감긴 의회 건물들과 워싱턴 시내의 흑인 거주 지역의 무너져 가는 집들 사이의 대조적인 풍경에 깜짝 놀랐다. 아이들은 맨발에 누더기를 걸치고 있었다. "그들은 모두 구루병(rachitic)에 걸려 있었으며 대부분 영양실조 같았다.[44] 그들은 길거리에서 발견한 쓰레기를 가지고 놀고 있었다. 그곳에 앉아 사람들의 이야기를 듣고 창밖을 내다보면서, 나는 한편으로 이 위원회가 나에게 무슨 짓을 하려는 것일까 걱정하고 있는 내 자신을 발견했다. 다른 한편으로 나는 누군가가 나를 여기로 불러 내가 미국인다운지 아닌지에 대해 질문한다는 사실에 점점 더 화가 치밀어 올랐다."

나중에 프랭크는 기자들에게 자신이 "세계에서 가장 부유하고 생산적인 나라에서 실업과 빈곤의 문제에 대한 답을 찾기 위해" 1937년 공산당에 가입했다고 밝혔다.

하지만 그들은 1940년이 되자 환상에서 깨어나 탈당했다. 그는 로스앨러모스나 버클리 방사선 연구소에서의 핵 첩보 활동에 대해서는 아는 바가 없다고 말했다. "나는 공산당의 활동에 대해서는 전혀 몰랐고, 정보를 얻기 위해 나에게 접근한 사람도 없었고 내가 정보를 넘겨준 사람도 없었다. 나는 열심히 일했고 중요한 기여를 했다고 믿는다."[45] 그로부터 한 시간도 채 지나기 전에 프랭크는 자신이 미네소타 대학교에 제출한 사직서가 수리되었다는 사실을 기자들로부터 들었다. 그는 2년 전에 거짓말을 했고, 대학 입장에서는 그것만으로도 해고의 이유가 충분했다. 종신 재직권을 받기까지 3개월도 채 남겨 두지 않은 때였지만, 그가 대학의 총장과 만났을 때 그는 모든 것이 끝났다는 것을 확실히 했다. 프랭크는 눈물을 흘리면서 총장 사무실을 나섰다.

프랭크는 무너졌다. 그는 버클리로 돌아갈 채비를 하면서야 비로소 사태의 심각성을 깨달았다. 순진하게도 그는 로런스가 안식처를 제공해 주리라고 생각했는데, 그가 자신을 거부하자 충격에 빠졌다.

> 친애하는 로런스,
>
> 어떻게 된 것입니까? 30개월 전만 해도 당신은 나를 안아 주면서 행운을 빌지 않았습니까. 내가 원하면 언제라도 돌아와 일하라구요. 이제 당신은 더 이상 나를 환영하지 않는다고 하는군요. 누가 바뀐 것입니까, 당신입니까, 나입니까? 내가 이 나라와 당신의 연구소를 배반했습니까? 물론 아닙니다. 나는 아무 일도 하지 않았어요……. 당신은 내 정치관에 동의하지 않았습니다……. 이제 당신은 당신과 다른 의견은 어떤 것도 받아들이려 하지 않는군요……. 나는 당신의 행동에 놀랐고 상처를 받았습니다.
>
> 프랭크[46]

1년 전, 프랭크와 재키는 콜로라도 산맥 고지에 위치한 파고사 스프링스(Pagosa Springs)에 323만 제곱미터 넓이의 목장을 구입했다. 그들은 이곳을 여름 휴가용 별장으로 사용하려고 계획했다. 1949년 가을, 그들은 스스로 이 유배지로 들어가 많은 친구들을 놀라게 했다. 프랭크는 피터스에게 "아무도 나에게 직장을 주지 않았어. 그래서 우리는 이곳에서 겨울을 나게 될 것 같아. 엄청나게 아름다운 곳이야. 여기에 와 보지 않으면 왜 여기에 있는지 이해할 수 없을 거야."라고 썼다.[47] 목장은 고도 2,438미터에 놓여 있었고, 겨울에는 참을 수 없을 정도로 추웠다. 모리슨은 "재키는 오두막집에 앉아 망원경으로 소들이 눈 속에서 송아지를 낳는 모습을 지켜보았습니다. 그들은 새로 태어난 송아지들이 얼어 죽는 것을 막기 위해 뛰쳐나가야 했죠."라고 회고했다.[48]

이후 10여 년 동안, 로버트 오펜하이머의 똑똑하고 사교적인 동생은 목장 관리인으로 살아야 했다. 그들은 가장 가까운 마을에서도 32킬로미터나 떨어져 있었다. 그들의 신분을 상기시켜 주기라도 하듯, FBI 요원들이 가끔씩 찾아와 이웃들에게 질문을 하고는 했다. 그들은 가끔 오펜하이머 목장까지 찾아와 프랭크에게 다른 공산당원들에 대해 묻기도 했다. 한 요원은 "대학으로 돌아가고 싶지 않습니까? 그러려면 우리에게 협조해야 할 겁니다."라고 직접적으로 말하기까지 했다.[49] 프랭크는 항상 그들을 돌려보냈다. 1950년에 프랭크는 다음과 같이 썼다. "시간이 꽤 지나자 나는 FBI가 나에게서 정보를 얻어내려는 것이 아니라 내 주변을 유해하게 만들려 한다는 것을 깨달았습니다. 그들은 내 친구들, 이웃들, 동료들을 나에게서 돌아서게 만들고 나를 의심하게 만들어서 나의 좌익 활동을 벌하려는 것이었습니다."[50]

오펜하이머는 매 여름마다 목장을 방문했다. 프랭크는 이미 현실을 받아들였지만 오펜하이머는 자신의 동생이 이런 삶을 살고 있다는 생각에 가슴 아파했다. 프랭크는 "나는 정말 목장 주인이 된 것 같았고, 실제로도 목장 주인이었습니다. 하지만 형은 내가 목장 주인이 될 수 있으리라고는 생각하지 않았고, 나를 학계로 돌아오게 하려고 애썼습니다. 하지만 그가 할 수 있는 일은 별로 없었죠."라고 말했다.[51] 이듬해 프랭크는 브라질, 멕시코, 인도, 그리고 영국에서 임시로 물리학 강의를 해 달라는 요청을 받았지만, 국무부는 그에게 여권을 내주지 않았다.[52] 미국에서는 취업 제의가 전혀 없었다. 그는 블랙리스트에 올라 있었던 것이다. 몇 년이 지나지 않아 프랭크는 생계를 위해 반 고흐의 그림 중 하나를 팔 수밖에 없었고, 「첫걸음들(밀레 이후)」을 4만 달러에 팔았다.[53]

동생의 운명에 실망한 오펜하이머는 대법관 프랭크퍼터, 하버드 대학교 이사 그렌빌 클라크(Grenville Clark), 그리고 다른 여러 법학자들에게 프랭크와 그 자신의 다른 제자들이 겪고 있는 수난을 방관하는 트루먼 정부의 정책을 지성적으로 비판하기 위해 고등 연구소가 어떤 일을 할 수 있을지를 물었다. 그는 클라크에게 대통령 충성 명령(Presidential Loyalty order), 원자력 에너지 위원회의 기밀 취급 인가 승인 절차, 그리고 반미 활동 조사 위원회의 조사는 "모두 불필요한 고통을 주며 학문, 견해, 그리고 언론의 자유를 말살하고 있다."고 생각한다고 말했다.[54] 얼마 후 오펜하이머는 버클리 법대 학장인 옛 친구 맥스 라딘(Max Radin) 박사를 연구소로 초청해 캘리포니아의 충성 서약 논쟁에 대한 에세이를 써 달라고 부탁했다.

이 당시 오펜하이머는 자신의 전화가 도청되고 있다고 믿었다. 1948년 어느 날, 로스앨러모스 시절 동료였던 물리학자 랠프 랩이 오펜하이머의 프린스턴 사무실로 찾아와 자신이 최근에 진행 중인 군비 통제 문제에 관한 교육 자료에 대해 의논했다. 랩은 오펜하이머가 갑자기 일어나 그를 밖으로 데리고 나가면서 "벽에도 귀가 있다네."라고 중얼거리는 것에 깜짝 놀랐다.[55] 그는 자신이 항상 관찰 대상이라는 것을 알고 있었다. 로스앨러모스의 주치의이자 최근에는 올든 매너를 자주 방문했던 친구 루이스 헴펠만 박사는 "그는 항상 미행당한다는 것을 의식했습니다."라고 회고했다.[56] "그는 누군가가 자신을 정말로 쫓아다닌다는 식으로 이야기했습니다."

그의 전화들은 로스앨러모스에서 감시를 받았고, 그의 버클리 집 역시 FBI에 의해 1946~1947년에 걸쳐 도청되고 있었다. 그가 프린스턴으로 이사 오자, FBI의 뉴저지 뉴왁 사무실은 본부로부터 그를 감시하라는 지시를 받았다. 그러나 전자 감시에 대한 영장은 나오지 않았다. 하지만 FBI는

"오펜하이머에 대한 정보를 모으기 위해서" 모든 노력을 기울일 것이었다. 1949년이 되자 FBI는 오펜하이머와 가까운 한 여인을 비밀 정보원으로 고용했다.[57] 1949년 봄 뉴왁 사무실은 후버에게 "오펜하이머 박사가 충성스럽지 않다는 새로운 정보를 얻지 못했음."이라고 보고했다.[58] 많은 시간이 흐른 후 오펜하이머는 "정부는 로스앨러모스에서 내가 받은 연봉보다 더 많은 돈을 들여 내 전화를 도청했다."라고 말했다.

29장

그것이 그녀가 그에게 물건들을 내던진 이유

> 그의 가족 관계에는 아주 문제가 많았다. 하지만 오펜하이머를 봐서는 전혀 알 수 없었을 것이다.
>
> — 프리실라 더필드

프랭크와 재키가 그들의 콜로라도 대지를 소 목장으로 만들기 위해 고생할 무렵, 오펜하이머는 프린스턴의 자기 영지를 감독했다. 고등 연구소 소장으로서의 업무는 그리 고되지 않았다. 그는 연구소 일을 하는 데 시간의 약 3분의 1을 사용했고, 3분의 1은 물리학이나 다른 학술 활동에, 나머지 3분의 1은 강연을 하거나 워싱턴에서 비공개 회의에 참석하는 데 사용했다.[1] 어느 날 옛 친구 체르니스가 "오펜하이머, 이제 정치 활동을 접고 물리학으로 돌아올 때가 되었네."라며 불만을 표시하기도 했다.[2] 오펜하이머가 말없이 이 조언에 어떻게 대답할지에 대해 생각하자, 체르니스는 "당신은 호랑이 꼬리를 붙잡은 사람 같은 것인가?"라고 몰아붙였다. 이에 오펜하이머는 마침내 "그래."라고 대답했다.

가끔은 프린스턴과 아내 키티를 떠나 여행을 하는 게 마음이 편할 때도 있었다. 《라이프》, 《타임》, 그리고 다른 대중 잡지에 나타난 오펜하이머의 가정생활은 전원적으로 보였다. 사진 속에서는 파이프 담배를 피우는 아버지가 어린 두 자녀에게 책을 읽어 주고, 아름다운 아내가 어깨 너머로 그들을 바라보고 있었으며, 버디(Buddy)라는 독일 셰퍼드 개가 그의 발 아래 누워 있었다. 《라이프》에 오펜하이머에 대한 커버스토리를 쓴 한 기자는 "그는 (건강하고 그를 매우 사랑하는) 아내와 자녀들에 대한 따뜻한 사랑으로 충만했으며, 모든 사람에게 예의 바른" 사람이었다고 썼다.[3] 《라이프》에 따르면 오펜하이머는 매일 저녁 6시 반에 아이들과 놀기 위해 퇴근했다. 매주 일요일, 그들은 피터와 토니를 데리고 네잎 클로버를 찾고는 했다. "오펜하이머 부인은 아이들이 네잎 클로버로 집을 어지르는 것을 막기 위해 그들이 찾아낸 것을 그 자리에서 바로 먹어 치우게 했다."[4]

하지만 오펜하이머 가족을 아는 사람이라면 올든 매너에서의 생활이 힘들다는 것을 알고 있었다. 오펜하이머의 전 비서이자 프린스턴의 이웃집에 살게 된 프리실라 더필드는 "그의 가족 관계에는 아주 문제가 많았어요."라고 말했다.[5] "하지만 오펜하이머를 봐서는 전혀 알 수 없었을 겁니다."

오펜하이머와 가정생활은 너무나도 복잡했다. 오펜하이머는 키티에게 많은 부분을 의존했다. 베르나 홉슨은 "그녀는 로버트의 가장 중요한 상담역이었습니다."라고 말했다. "그는 그녀에게 모든 것을 이야기했어요……. 그는 그녀에게 엄청나게 의존적이었죠." 그는 연구소의 일을 집으로 들고 가고는 했고 그녀는 그의 결정에 영향을 미쳤다. 홉슨은 "그녀는 그를 매우 사랑했고, 그도 마찬가지였습니다."라고 주장했다. 하지만 그녀를 포함해 프린스턴에서 키티를 알던 다른 가까운 친구들은 키티가 주변 사람들을 피곤하게 만드는 강한 성격의 소유자임을 알고 있었다. "참으로 이상한 사람이었죠. 분노와 슬픔이 지성과 재치와 뒤섞여 있었어요. 그녀는 벌집 속에서 사는 사람처럼 항상 긴장 상태였습니다."

홉슨은 다른 누구보다도 오펜하이머와 키티를 잘 알았다. 그녀와 남편 윌더 홉슨은 오펜하이머 부부를 친구인 소설가 존 오해러의 집에서 열린 1952년 신년 만찬에서 만났다. 얼마 후, 홉슨은 오펜하이머의 비서로 채용되어 이후 13년간 같이 일했다. "그는 많은 것을 요구하는 상사였고 키티 역시 그의 비서들에게 요구 사항이 많았습니다. 그것은 항상 대기 상태로 있기를 기대하는 두 명의 상사와 일하는 것과 같았습니다."[6]

규칙적인 사람이었던 키티는 매주 월요일 오후가 되면 올든 매너에서 부인들의 모임을 개최했다. 그들은 둘러앉아 수다를 떨었고, 몇몇은 오후 내내 술을 마시기도 했다. 키티는 이 모임을 자신의 "클럽"이라고 불렀다. 한 프린스턴 대학교 물리학자의 아내는 이들을 키티의 "날개 꺾인 새들의 모임"이라고 불렀다.[7] "키티는 모두 어느 정도 알코올 중독인 상처 입은 여인들을 불러들였다." 키티는 로스앨러모스에서부터 마티니를 즐겨 마셨다. 하지만 이제 그녀의 음주는 불쾌한 장면을 연출하기까지 했다. 술을 잘 마시지 않는 홉슨은 "그녀는 혀가 꼬이고 쓰러질 지경이 될 때까지 술을 마시고는 했습니다. 가끔은 기절하기도 했죠. 그래도 그녀는 도저히 그럴 수 있으리라고 생각할 수 없는 상태에서도 마음만 먹으면 정신을 추스릴 수 있었습니다."라고 회고했다.[8]

로스앨러모스 시절부터 키티의 친구였고, 토니가 아기였을 때 3개월 동안 돌봐 주었던 팻 셰르는 그녀의 단골 술친구였다. 셰르 가족은 1946년에 프린스턴으로 이사 왔다. 오펜하이머 가족이 올든 매너에 도착하고 얼마 후부터 키티는 셰르의 집에 1주일에 두 세 번씩 찾아가고는 했다. 키티는 확실히 외로워하고 있었다. 셰르는 "그녀는 오전 11시쯤 도착하고는 했어요."라고 회고했다.9 "그리고 오후 4시까지 계속 있었죠." 그동안 그녀는 셰르의 스카치를 축냈다. 하지만 어느 날 셰르는 그녀가 마시는 술을 더 이상 충당할 수 없다고 말했다. 그러자 키티는 "내 생각이 짧았어요. 다음부터는 내가 마실 술은 내가 가져올게요."라고 말했다.

키티의 우정은 강렬하고 짧았다. 그녀는 누군가와 친해지면 극도의 친밀감으로 자신의 모든 것을 내보였다. 셰르에게도 여러 번 그랬다. 그녀는 새로운 친구에게 자신의 성생활을 포함해 모든 것을 말해 주고는 했다. 셰르는 "그녀는 항상 그런 얘기를 해야만 했어요."라고 회고했다.10 그녀는 좋은 친구일 때도 있었지만, 항상 좋은 친구가 되어야 한다는 사실을 의식하고 있었다. 그리고 마지막에는 항상 마음을 거두고 친구를 공개적으로 비난했다. 홉슨은 "키티는 사람에게 상처를 주어야만 속이 풀리는 성격이었습니다."라고 말했다.

키티는 항상 사고를 잘 치는 편이었는데, 술을 마시면 그 정도가 더욱 심해졌다. 프린스턴에서 그녀는 주기적으로 작은 자동차 사고를 냈다. 매일 밤 그녀는 침대에서 담배를 피우다가 잠들었다. 그녀의 침대보는 담배 구멍투성이였다. 어느 날 밤 그녀는 놀라서 잠에서 깼다. 방에 불이 붙었던 것이다. 그녀 혹은 오펜하이머가 현명하게도 침대 옆에 둔 소화기로 불을 껐다. 이상하게도 오펜하이머는 이런 키티의 생활에 거의 개입하지 않았다. 대신 그는 아내의 자학적 행동을 극기하듯이 지켜보기만 했다. 프랭크 오펜하이머는 "그는 키티의 성격을 알고 있었지만, 그것을 인정하려 들지 않았습니다. 어쩌면 실패를 받아들이기 싫어서였을지도 모릅니다."라고 비평했다.11

한번은 에이브러햄 페이스가 오펜하이머의 사무실에서 그와 이야기를 나누고 있을 때, 두 사람은 키티가 취해서 비틀거리며 올든 매너에서 걸어 나와 정원을 가로질러 오는 것을 보았다. 그녀가 그의 사무실 문 앞까지 오자 오펜하이머는 페이스에게 돌아서서는 "가지 말고 있어."라고 말했다.[12] 페이스는 이럴 때면 "내 가슴이 다 아팠다."라고 나중에 썼다. 오펜하이머를 동정했지만 페이스는 왜 자신의 친구가 키티의 행동을 받아 주는지 이해할 수 없었다. 페이스는 "그녀의 음주 문제와는 별개로, 키티는 지금까지 내가 본 여자 중에 가장 비열한 여성이었다. 그녀는 잔인한 여자였다."라고 썼다.

홉슨은 오펜하이머가 왜 키티의 결점들을 감싸 줬으며 오펜하이머가 왜 그녀를 사랑했는지 이해했다. 그는 그녀를 있는 그대로 받아들였고 그녀가 바뀌지 않으리라는 것을 알고 있었다. 어느 날 오펜하이머는 홉슨에게 자신이 프린스턴으로 오기 전에 정신과 의사를 만나 키티 문제를 상의한 적이 있었다고 털어놓았다. 그는 놀랍도록 솔직하게도 의사가 그녀를 잠시 동안이라도 입원시키는 것이 좋겠다고 조언했다고 말했다. 그는 그렇게 할 수 없었다. 그 대신 자신이 키티의 "의사, 간호사, 그리고 정신과 의사"가 되기로 작정했다.[13] 그는 홉슨에게 자신은 "예상되는 결과를 충분히 생각해 본 후에" 이와 같은 결정을 내렸다고 말했다.

다이슨도 비슷한 인상을 받았다. "로버트는 키티를 있는 그대로 좋아했고, 그녀에게 다른 인생을 살라고 강요하지 않았습니다……. 내 생각에는 오펜하이머 자신이 오히려 그녀에게 완전히 의존적이었던 것 같아요. 그녀는 정말로 그가 딛고 선 반석이었습니다. 그가 그녀를 환자로 취급해서 인생을 재구성하려 했다면, 그것은 로버트와 키티 모두에게 어울리지 않는 일이었을 것입니다."[14] 또 다른 프린스턴에서의 친구인 저널리스트 로버트 스트런스키(Robert Strunsky)도 이에 동의했다. "그는 누구보다도 그녀에게 충실했습니다. 그는 그녀를 진심으로 보호하고 싶어 했죠……. 그는 그녀에 대한 어떤 비판도 받아들이지 못했습니다."15

오펜하이머는 키티의 음주가 깊은 고통으로부터 생겨난 증상임을 알고 있었을 것이다. 그는 그녀의 고통이 사라지지 않으리라는 것을 이해했다. 그는 그녀가 술을 못 마시게 하지 않았으며, 자신도 저녁 식사 후의 칵테일 한 잔을 거르지 않았다. 그가 만든 마티니는 독했으며 그는 그것을 만족스럽게 마셨다. 키티와는 달리 그는 술을 천천히 마시는 편이었다. 페이스는 칵테일 시간을 "야만적 습성"이라고 생각했지만, 오펜하이머는 "술버릇이 항상 좋다."라고 생각했다.16 그렇다 해도 오펜하이머가 알코올 중독자 아내 옆에서 계속해서 술을 마셨다는 사실은 사람들의 주목을 받았다. 세르는 "그는 아주 맛있고 차가운 마티니를 대접했어요."라고 말했다. "오피는 의도적으로 모든 손님들을 취하게 만들었습니다." 오펜하이머는 베르무트를 조금 넣은 진 마티니를 섞어 냉장고에 넣어 둔 술잔에 담아 주었다. 한 고등 연구소 교수는 올든 매너를 "버번 매너"라고 부르기도 했다.

몇몇 사람은 키티의 음주 습관에 대한 오펜하이머의 소극적인 태도를 이상하게 생각했다. 그녀가 무슨 일을 저지르더라도 그는 일생 동안 그녀의 곁을 지켰다. 또 다른 로스앨러모스 시절 친구였던 루이스 헴펠만 박사는 아내에 대한 오펜하이머의 헌신에 감탄했다. 루이스와 엘리노어 헴펠만(Eleanor Hempelmann)은 오펜하이머 부부를 1년에 두세 차례 방문했고 이 가족을 잘 안다고 느꼈다. 오펜하이머는 그에게 키티에 대한 전문적인 의견은 묻지 않았다. 하지만 그는 차분하고 사무적으로 헴펠만에게 상황이 어떤지 말해 주었다. 헴펠만은 "그는 그녀에게 성인 같은 사람이었습니다."라고 회고했다.17 "그는 항상 그녀를 불쌍하게 여겼고, 그녀에게 짜증을 내는 일도 없었습니다. 그는 그녀 옆에 잘도 붙어 있었습니다. 그는 훌륭한 남편이었습니다."

한번은 오펜하이머도 개입할 수밖에 없는 상황이 발생했다.[18] 키티는 술만 마신 것이 아니었다. 그녀는 불면증 때문에 자주 수면제를 먹기도 했다. 어느 날 그녀는 실수로 약을 과다 복용했고 오펜하이머는 그녀를 서둘러 프린스턴 병원으로 데리고 가야만 했다. 그 일이 있고 나서 오펜하이머는 자신의 비서에게 자물쇠가 달린 상자를 하나 사 달라고 부탁했다. 그는 앞으로는 키티가 자신에게 허락을 받고 약을 타서 먹게 했다. 이는 얼마간 지속되었지만, 시간이 지나자 원래대로 돌아갔다. 몇 년 후, 서버는 키티가 "보통 사람들보다 술을 많이 마시는 것이 아니라고" 주장했다.[19] 그는 키티의 행동이 질병 때문이라고 생각했다. "키티는 췌장염으로 고생했고, 그래서 매우 강한 진정제를 복용해야만 했습니다. 그것이 그녀가 술 취한 것처럼 보이게 했지요." 서버는 키티가 사교 모임에 참석하기 위해 "안간힘을 다해 몸을 추스리고는 저녁 나절 동안 버티기 위해 데메롤(마약성 진통제 — 옮긴이) 한 알을 먹고는 했습니다. 그것이 그녀가 술 취한 것처럼 보이게 했지요. 진짜로 술을 마신 것이 아니었습니다."라고 말했다.

키티의 불행의 원천은 두말 할 것도 없이 그녀 자신의 정신에 있었다. 또한 '소장 사모님' 역할을 해야 하는 스트레스 역시 한몫 했을 것이다. 격식을 갖춘 리셉션에서 소장 사모님으로 줄지어 들어오는 사람들을 맞이해야 할 때면, 그녀는 셰르에게 옆에 있어 달라고 부탁하고는 했다. 셰르가 왜 그래야만 하느냐고 묻자, 키티는 "내가 쓰러지려고 하면 나를 붙잡아 주어야 하잖아."라고 대답했다.[20] 셰르는 자신의 친구가 "신경과민인 데다 자신감도 떨어져 있다."는 것을 실감했다. 키티는 자신을 잘 모르는 사람들을 겁먹게 할 수 있었다. 가끔은 그녀도 활발해 보일 때도 있었다. 하지만 그것은 모두 연극이었다. 셰르는 키티가 연극을 해야 할 때면 "속으로는 정신을 잃을 정도로 겁내고 있었다."라고 믿었다.

자유로운 정신을 가진 변덕스러운 여인이었던 키티가 프린스턴의 꽉 막힌 상류 사회에 어울리는 것은 거의 불가능한 일이었다. 페이스의 한 동료는 프린스턴에 대해 다음과 같이 말했다. "당신이 싱글이라면 아마 미쳐 버릴 것입니다. 결혼했다면 당신의 아내가 미쳐 버릴 것입니다."[21] 프린스턴은 키티를 미치게 했다.

오펜하이머 부부는 프린스턴 공동체에 순응하기 위한 노력을 전혀 하지 않았다. 밀드레드 골드버거(Mildred Goldberger)는 "사람들이 (전화를 걸어) 연락처를 남겨도 그들은 절대로 응답 전화를 하지 않았어요."라고 회고했다.[22] "우리가 프린스턴 생활의 가장 좋은 부분이라고 생각한 것에 그들은 전혀 흥미를 보이지 않았지요." 사실 골드버거 부부는 오펜하이머 부부에게 강한 반감을 가지고 있었다. 밀드레드는 키티가 "전반적인 악의"로 가득 찬 "사악한" 여자라고 생각했다.[23] 그녀의 남편인 물리학자 마빈 골드버거(Marvin Goldberger)는 나중에 칼텍의 총장이 되었는데, 그는 오펜하이머가 "엄청나게 오만하고 자리에서 마주하기조차 힘든 사람"이라고 생각했다. "그는 신랄하고 거만했습니다……. 키티는 어떻게 할 수조차 없었지요."

키티는 프린스턴에 갇힌 암호랑이 같았다. 프린스턴 사람들은 오펜하이머의 저녁 초대를 받으면 먹을 것은 기대하지 말아야 한다는 것을 경험을 통해 알았다. 저녁 식사의 수준은 키티의 기분과 직접적인 관계가 있었다. 오펜하이머는 자신이 만든 독한 마티니를 담은 피처를 손에 들고 손님들을 맞이했다. 재키 오펜하이머는 "사람들은 식당에 앉아 수다를 떨면서 술을 마셨습니다. 안주라고는 아무것도 없이 말이죠. 그리고 밤 10시쯤 키티가 냄비에 계란과 고추를 넣은 간단한 요리를 만들면 그게 음식의 전부였습니다."라고 회고했다.[24] 오펜하이머와 키티는 배가 고프지 않은 듯했다. 어느 여름날 저녁 페이스는 저녁 초대를 받았고, 항상 그렇듯이 마티니를 마시고 나서 키티는 비시소와스(vichyssoise) 수프를 대접했다. 수프는 꽤 맛이 좋았고, 오펜하이머와 키티는 "아주 맛있다며 과장되게 칭찬을 주고받았다."[25] 페이스는 속으로 "좋아, 이제 저녁을 먹어 보자구."라고 생각했다. 하지만 음식은 그것으로 끝이었고, 배고픔을 견디지 못한 페이스는 파티에서 빠져나와 프린스턴 시내에서 햄버거를 2개나 사 먹었다.

불행하기는 했지만 결혼 생활은 키티의 전부였다. 그녀는 오펜하이머에게 대단히 의존적이었다. 그녀는 가정주부로서의 역할을 잘 해 내려고 많은 노력을 했고, "그가 신호만 보내면 모든 것을 완벽하게 준비하기 위해 분주하게 뛰어다녔다."[26] 어느 날 저녁에 열린 파티에서 오펜하이머가 거실 한구석에서 한 무리의 사람들에게 이야기를 하고 있을 때 키티가 불쑥 "사랑해!"라고 외쳤다. 오펜하이머는 당황해서 고개를 끄덕일 뿐이었다. 셰르는 "그가 이런 행동을 별로 좋아하지 않는다는 것은 분명했습니다. 그는 그때 그녀에게 대답하지 않았어요. 하지만 그녀는 가끔 이런 돌발 행동을 벌이고는 했습니다."라고 회고했다.

셰르는 로스앨러모스 시절부터 오펜하이머 부부를 알고 지냈지만, 프린스턴으로 이사 오고 나서 처음 몇 년 동안에 키티의 가장 가까운 친구가 되었다. 키티는 셰르에게 자신의 결혼 생활에 대해 털어놓았다. 셰르는 "그녀는 그를 매우 사랑했어요. 그건 의심할 여지없는 사실입니다."라고 말했다. 하지만 셰르의 생각에 오펜하이머는 그렇게 생각하지 않았다. "그녀가 임신하지 않았다면 그는 결혼하지 않았을 거라고 생각합니다……. 나는 그가 사랑을 돌려주지 않았을 뿐더러, 사랑을 줄 능력조차 없었다고 생각합니다." 반면 홉슨은 오펜하이머가 키티를 사랑했다고 항상 주장했다. 홉슨은 "나는 그가 그녀에게 엄청나게 의존했다고 생각합니다."라고 말했다.²⁷ "그가 항상 그녀의 말에 따른 것은 아니었지만, 그녀의 정치적, 지적 능력을 존중했습니다." 홉슨은 그들의 결혼 생활을 오펜하이머의 눈을 통해 보는 편이었다. 셰르와 홉슨은 그들의 문제가 성격의 충돌에서 기인한다는 것에 동의했다. 키티는 극단적으로 열정적이었고, 반면 오펜하이머는 놀랄 만큼 냉정할 수 있었다. 키티는 자신의 감정과 분노를 표현해야만 하는 사람이었다. 하지만 오펜하이머는 반응이 없었고, 그녀의 모든 감정들을 흡수해 버렸다. 홉슨은 "그녀가 그에게 물건들을 던진 것은 이런 이유 때문이었을 것"이라고 말했다.

키티는 셰르에게 자신은 평생 많은 남자들과 잠자리를 했지만, 오펜하이머를 배반한 적은 없다고 말했다. 오펜하이머는 그렇지 않았다.²⁸ 키티는 루스 톨먼과 오펜하이머의 불륜 관계에 대해서 아마도 모르고 있었겠지만, 오펜하이머에 대해 강한 질투심을 가지고 있었다. 로스앨러모스 시절의 또 다른 친구인 진 바커가 생각하기에 키티는 오펜하이머와 엮인 모든 사람들에게 분노를 표시했다.²⁹ 홉슨은 오펜하이머가 어느 날 자신에게 키티의 문제는 그녀가 "미치도록 질투심이 많고, 그것이 칭찬이건 비난이건 그에게 관심이 집중되는 것을 참지 못한다는 것이다……. 그녀는 그를 부러워했기" 때문이라고 털어놨다.³⁰

키티는 또한 셰르에게 "오피는 재미라는 것을 몰라."라고 털어놓았다. 키티에 따르면 그는 "지나치게 까다로웠다." 키티가 오펜하이머를 미치도록 냉정하다고 생각했던 것도 그럴 만했다. 그는 내성적인 감성을 가진 사람이었다. 두 사람은 극과 극이었던 것이다. 하지만 그것이 그들이 서로에게 끌린 이유이기도 했다. 그들의 결혼 생활은 건전한 동반자의 관계는 아니었을지 모르지만, 결혼 10년째에 접어들고 아이도 둘이나 낳게 되자 오펜하이머 부부는 상호 의존적인 유대감을 갖게 되었다.

프린스턴에 도착한 지 얼마 되지 않아 셰르는 올든 매너에서 열린 피크닉에 초대받았다. 식사를 마치자 가정부가 세 살배기 토니를 자신의 무릎에서 내려놓았다. 셰르는 오펜하이머가 입양하고 싶냐고 물었던 그 아이를 로스앨러모스에서 3개월간 돌본 이후로 처음 보는 것이었다. 셰르는 "토니는 아주 예쁜 아이였어요. 키티를 닮아 광대뼈가 높았고 짙은 갈색 눈동자와 머리카락을 가지고 있었지요. 오피를 닮은 구석도 있었구요."[31] 셰르는 토니가 오펜하이머에게 뛰어가 그의 무릎 위로 기어오르는 모습을 지켜보았다. "아이는 머리를 그의 가슴팍에 파묻었고 그는 팔로 아이를 감싸 안았습니다. 그는 나를 쳐다보며 머리를 끄덕였죠." 셰르는 무슨 말인지 알아채고는 눈물을 글썽였다. "그것은 내 말이 맞았다는 뜻이었습니다. 그는 토니를 매우 사랑했습니다."

하지만 그들의 삶에 부모의 의무를 다할 에너지는 남아 있지 않은 듯했다. 프린스턴의 이웃이었던 스트런스키는 "나는 로버트와 키티 오펜하이머의 아이로 태어난 것은 세상에서 가장 큰 장애를 가진 것과 같다고 생각합니다."라고 말했다.[32] 셰르는 "겉으로 보기에 그는 아이들에게 매우 다정했습니다. 화를 내는 적이 없었죠."라고 말했다.[33] 하지만 시간이 흐르면서 오펜하이머에 대한 그녀의 생각은 급격하게 변했다. 셰르는 여섯 살 피터가 조용하고 대단히 수줍음을 많이 타는 것을 보고 키티에게 그를 아동 심리학자에게 데리고 가서 사회성을 길러 줄 방법을 의논해 보라고 권했다. 키티는 오펜하이머와 이 문제에 대해 얘기했는데, 그는 자신의 어린 아들을 심리 치료사에게 맡기는 것은 좋지 않다고 생각했다. 오펜하이머 자신의 어릴 적 경험 때문이었다. 셰르는 오펜하이머의 태도가 "누군가의 도움이 필요한 아들을 갖는 것을 견디지 못하는" 아버지 같다는 생각에 격분했다.[34] 그녀는 결국 자신은 "그를 인간으로서 좋아하지 않았다……. 그를 알게 될수록 그가 더욱 싫어졌는데, 이는 그가 나쁜 아버지라는 느낌이 들어서였다."라고 결론 내렸다.

이것은 지나치게 가혹한 평가였다. 오펜하이머와 키티는 그들의 아들과 교감을 가지려 노력했다. 피터가 여섯 살이나 일곱 살쯤 되었을 어느 날, 키티는 그가 여러 가지 불빛, 버저, 퓨즈, 그리고 스위치를 이용해 무언가를 만드는 전기 놀이 장난감을 가지고 노는 것을 도와주었다. 피터는 이 장난감에 "고안품(gimmick)"이라고 이름 붙였고, 이후 몇 년 동안 이것을 가지고 노는 것을 좋아했다. 1949년 어느 날 저녁, 릴리엔털이 오펜하이머 부부를 방문했을 때 그는 키티가 방바닥에 피터와 함께 앉아 참을성 있게 "고안품"을 고치는 것을 보았다. 거의 한 시간 정도 지나서 그녀가 저녁 준비를 하러 일어서자, 오펜하이머는 "아버지다운 모습으로 피터를 사랑스럽게 쳐다보다가, 키티가 고치던 전깃줄 더미가 놓인 곳에 자리를 잡고 앉았다."[35] 오펜하이머가 담배를 입에 문 채 바닥에 앉아 전기 배선을 만지작거리기 시작하자 피터는 부엌으로 달려가 키티에게 다 들리도록 크게 속삭였다. "엄마, 아빠한테 '고안품'을 만지게 해도 괜찮아요?" 원자 폭탄이라는 "장치"를 만드는 프로젝트를 지휘한 사람도 어린아이의 장난감을 만지기 위해서는 허가를 받아야 한다는 생각에 모두 웃음보를 터뜨렸다.

이와 같이 따뜻한 가족생활을 하는 모습을 보일 때도 있었지만, 오펜하이머는 사려 깊은 아버지가 되기에는 신경 써야 할 일들이 너무 많았다. 다이슨이 언젠가 그에게 그와 같은 "골치 아픈 인물을 아버지로 둔 것"이 피터와 토니에게는 어렵지 않겠느냐고 물은 적이 있었다.[36] 오펜하이머는 특유의 그다운 경솔함을 보이며 "아, 괜찮아. 그들은 상상력이 없어."라고 대답했다. 다이슨은 나중에 자신의 친구가 "가까운 사람들에 대한 따뜻함과 냉정함이 예상할 수 없이 빠르게 오가는" 능력을 지녔다고 평가했다.

그것은 아이들에게 힘든 일이었다. 페이스는 나중에 "나 같은 외부인이 보기에 오펜하이머의 가정생활은 지옥 같았다. 그중에서도 가장 끔찍한 것은 두 아이들이 고통을 피할 수 없었다는 것이었다."라고 말했다.[37]

"고안품"을 만들며 같이 놀긴 했지만, 키티와 피터는 유대감을 갖지 못했고 모자 관계는 자주 티격태격했다. 오펜하이머는 키티가 문제라고 느꼈다. 홉슨은 "오펜하이머는 그들이 열정적으로 사랑에 빠지는 바람에 피터가 너무 빨리 생겼고, 키티는 그 때문에 자신을 원망했다고 생각했다."라고 말했다.[38] 11세 무렵 피터는 살이 찌기 시작했고 키티는 이 문제에 잔소리를 늘어놓았다. 집안에는 음식이 그리 많지도 않았지만, 키티는 피터에게 엄격한 다이어트를 시켰다. 모자는 자주 싸웠다. 홉슨은 "그녀는 계속해서 잔소리를 해서 피터의 삶을 비참하게 만들었습니다."라고 말했다. 셰르도 동의했다. "키티는 피터에게 전혀 참을성이 없었어요. 그녀는 아이들에 대한 직관적 이해라고는 전혀 없었습니다."[39] 오펜하이머는 그저 지켜보기만 했고, 꼭 개입해야 하는 경우에는 항상 키티의 편을 들었다. 헴펠만 박사는 "그(오펜하이머)는 아이들을 매우 사랑했습니다. 그는 아이들을 훈육하지 않았습니다. 그것은 키티의 몫이었지요."라고 회고했다.[40]

피터는 보통의 개구쟁이 아이였다.[41] 대부분의 남자 아이들이 유아 시절 그렇듯이 그도 시끄럽고, 활동적이며, 전반적으로 다루기 어려웠다. 하지만 키티는 그의 행동을 비정상적인 것으로 해석했다. 그녀는 언젠가 서버에게 자신과 피터의 관계는 아이가 일곱 살이 되던 해까지는 괜찮았는데, 그 이후로 왜 이렇게 변했는지 이해할 수 없다고 말했다. 피터는 무언가를 만드는 것을 좋아했다. 그는 프랭크 삼촌처럼 두 손으로 물건들을 분해하고 다시 조립하면서 신기한 것들을 만드는 재능을 가지고 있었다. 하지만 학교 성적은 좋지 못했고, 키티는 이를 받아들이지 못했다. 체르니스는 "피터는 대단히 민감한 아이였습니다. 그래서 그는 학교생활에 잘 적응하지 못했지요……. (하지만 이것은) 그의 능력과는 전혀 관계가 없었습니다."라고 말했다. 키티의 잔소리에 대한 피터의 대응 방식은 자신만의 세계로 빠져드는 것이었다. 서버는 피터가 대여섯 살 무렵부터 "애정에 굶주려 있는 듯했다."라고 회고했다.[42] 하지만 청소년기에 그는 그저 매우 진지할 따름이었다. 서버는 "오펜하이머 집 부엌에 들어서면 눈에 띄지 않으려 애쓰는 그림자 같은 피터를 볼 수 있었습니다. 피터는 그런 아이였지요."라고 말했다.

키티는 딸에게는 매우 다르게 대했다. 홉슨은 "그녀와 토니의 애착 관계는 남달랐습니다. 키티는 그 아이에게는 순수한 사랑을 쏟아부었지요……. 그녀는 토니가 행복하기만을 바라면서 피터에게는 고약하게 굴었습니다."라고 회고했다.[43] 어린 소녀 시절부터 토니는 항상 침착하고 강해 보였다. 홉슨은 "그녀가 예닐곱 살 무렵부터 온가족이 그녀에게 의지할 정도였습니다……. 아무도 토니 걱정은 하지 않았지요."라고 평가했다.

1951년 말 당시 일곱 살이었던 토니는 가벼운 소아마비 증상이 있다는 진단을 받았고, 의사들은 그녀를 따뜻하고 습도가 높은 곳으로 데려가라고 조언했다. 그해 크리스마스에 그들은 22미터짜리 케치선 '코만치(Comanche)'를 빌려 2주 동안 미국령 버진 제도의 세인트크로이(St. Croix) 섬 부근을 항해하며 보냈다. '코만치'의 선장은 테드 데일(Ted Dale)이라는 따뜻하고 사교적인 사람이었는데, 그는 곧 오펜하이머와 친해졌다. 데일은 그들을 백사장과 초록빛 바다를 가진 세인트존(St. John)이라는 작은 섬으로 안내했다. 그들은 트렁크 만(Trunk Bay)에 닻을 내리고 섬에 올라 주변을 둘러보기 시작했다. 경관에 반한 오펜하이머는 루스 톨먼에게 세인트존 섬을 묘사하는 편지를 썼다. 루스는 답장에 "따뜻한 바닷물, 밝은 색의 물고기, 부드러운 무역풍이 기력을 회복시켜 주었겠군요."라고 썼다.[44] 세인트존 섬은 오펜하이머 가족에게 깊은 인상을 남겼다. 토니는 소아마비 증상에서 회복되었다. 나중에 그녀는 이 낙원 같은 섬으로 돌아와 정착하게 된다.

키티가 가정생활을 비참하게 만들었다면, 오펜하이머의 무관심과 냉정함은 그것을 견딜 수 있게 해 주었다. 그는 결혼 생활을 유지하기로 의식적으로 마음먹은 터였다. 키티 역시 마음만 먹으면 자신의 행동을 통제할 수 있었다. 그녀는 술을 마셨건 안 마셨건 간에 철의 의지력을 지녔다. 어느 날 다이슨 부부의 집에 갑작스러운 위기가 닥치자 키티는 정원 일을 하던 진흙투성이 청바지 차림으로 달려갔다. 다이슨은 "그녀는 오펜하이머는 물론이고 우리에게도 큰 힘이 되는 존재였습니다."라고 평가했다.[45] "그녀는 여러 측면에서 그보다 강한 사람이었습니다. 그녀는 도움이 필요한 존재라는 느낌을 전혀 주지 않았지요. 가끔 술에 취하는 경우가 있었던 것은 사실이었지만, 그녀가 스스로를 통제하지 못할 정도의 알코올 중독자였다고는 전혀 생각하지 않았습니다."

그리고 키티는 적들도 있었지만 친구들도 있었다. 엘리노어 헴펠만은 오펜하이머 가족을 자주 방문했는데, 한번은 "언제나 우리는 당신과 즐거운 시간을 보내고, 당신 집에 가는 것을 좋아합니다."라고 편지를 보냈다.[46] 로스앨러모스 시절 오펜하이머 부부의 친구였던 '데크' 파슨스와 부인 마르타 파슨스가 올든 매너를 방문했을 때, 키티는 그들과 함께 달걀, 캐비어, 그리고 치즈를 얹은 호밀빵에 샴페인을 곁들인 멋진 피크닉을 가고는 했다. 보수적인 해군 제독인 파슨스는 오펜하이머 부부와의 철학적 대화들을 즐겼다. 그는 1950년 9월에 다녀간 후 다음과 같은 편지를 보냈다. "친애하는 오피, 당신과 키티와 함께 보낸 주말은 언제나 그랬듯이 큰 즐거움을 안겨 주었습니다. 그런 분위기에서는 우리의 소소한 문제들은 물론이고 세계의 거대한 문제들까지도 거의 해결할 수 있을 듯 싶습니다."47

키티는 난폭할 수도 있었지만, 마음만 먹으면 얼마든지 매력적일 수도 있었다. 그녀에게는 장난꾸러기 같은 면이 있었다. 어느 날 저녁, 저녁 식사를 마치고 손님들을 배웅하는 자리에서 그녀는 찰리 태프트(Charley Taft)의 거대한 몸집을 보고서는 "형(매우 날씬한 로버트 태프트(Robert Taft) 상원 의원)을 닮지 않아서 참 다행이군요."라고 말했다.48 오펜하이머는 깜짝 놀라며 "키티!"라고 외쳤다. 이에 대해 그녀는 "나는 앨런 덜러스(Allen Dulles)에게도 똑같이 말했어요."라고 말해 모두의 웃음을 자아냈다. 오펜하이머처럼 키티 역시 연기를 할 줄 알았다. 가끔은 지나치게 꾸민 듯한 모습을 보이기도 했지만, 키티는 오펜하이머와 함께 우아한 지식인 부부의 모습을 성공적으로 연기하기도 했다.

고등 연구소에서 1년간 시간을 보낸 라인홀드 니부어(Reinhold Niebuhr)의 부인 어설라 니부어(Ursula Niebuhr)는 "또 점심 초대를 받았습니다. 이번에는 오펜하이머 가족의 집에서였습니다. 아름다운 봄이었는데 키티가 집 주변에 수선화를 잔뜩 심었어요."라고 썼다. 조지 케넌과 그의 아내 역시 손님으로 방문했다. "로버트는 자신의 매력을 한껏 발산하며 손님들을 환대했다." 점심 식사 후에 손님들은 커피를 마시러 거실 아래층으로 자리를 옮겼다. 대화를 나누던 중에 오펜하이머는 케넌이 17세기 시인 조지 허버트(George Herbert)에 대해 잘 모르고 있다는 사실을 발견했다. 허버트는 오펜하이머가 가장 좋아하는 시인들 중 한 명이었다. 그는 책장에서 허버트 시집 초판본을 꺼내 "그의 공감시키는 목소리로" 낭송하기 시작했다. 인간의 초조함을 그린 「도르래(The Pulley)」라는 제목의 시였다. 오펜하이머는 자신이 그와 같은 특성을 가지고 있다는 것을 알고 있었다.

> 하느님이 맨처음 인간을 만드실 때에
> 그 곁에 축복의 잔들이 있었다.

시는 다음과 같이 끝나고 있었다.

> 그래도 그 나머지를 갖게 해 주자,
> 그러나 그것들은 초조한 불안으로 갖게 해 주자.
> 인간을 부유하면서도 권태롭게 하자. 그러면 적어도,
> 만일 선이 그를 이끌지 못하면, 권태가
> 그를 내 가슴에 던져 올릴 수 있도록.[49]

30장
그는 자신의 의견이 무엇인지에 대해서는 입을 다물었다

우리의 핵기밀 독점은 태양 아래에서 녹고 있는 얼음 덩어리 같은 것이다.

— 로버트 오펜하이머, 《타임》, 1948년 11월 8일

1949년 8월 29일, 소련은 카자흐스탄의 외딴 실험 장소에서 비밀리에 원자폭탄을 터뜨렸다. 9일 후 북태평양 상공을 날던 미국 B-29 기상 정찰기가 그와 같은 폭발을 감지하기 위해 설계된 특수 필터 여과지로 방사능 물질을 검출했다. 9월 9일에 이 소식은 트루먼 행정부의 고위 관료들에게 전달되었다. 아무도 그것을 믿으려 하지 않았고 트루먼마저도 회의적인 태도를 취했다. 정부는 논란을 종식시키기 위해 전문가 위원단에게 증거에 대한 분석을 의뢰했다. 국방부는 의미심장하게도 위원단 단장으로 바네바 부시를 선택했다. 부시는 연락을 받자 오펜하이머 박사가 단장을 맡는 것이 온당할 것이라고 제안했다.[1] 하지만 한 공군 장군이 자신들은 부시를

선호한다며 그를 설득했다.

부시는 마지못해 결정에 따랐지만, 위원단에 오펜하이머를 포함시켰다. 부시는 소식을 전하기 위해 전화를 걸었고, 페로 칼리엔테에서 방금 돌아온 오펜하이머와 통화할 수 있었다. 전문가 위원단은 9월 19일 오전에 다섯 시간에 걸친 회의를 가졌다. 부시가 회의를 주재했지만, 오펜하이머가 많은 부분에서 주도적인 역할을 했고, 점심 무렵이 되자 참석자들은 모두 증거가 확정적이라고 결론 내렸다. '조 1호(Joe-1)'는 원자 폭탄 실험이었을 뿐만 아니라 맨해튼 프로젝트의 플루토늄 폭탄과 비슷한 복제품임이 밝혀졌다.

다음 날 릴리엔털은 트루먼 대통령에게 전문가 위원단의 결론을 보고했고, 즉시 이 사태를 발표해야 한다고 호소했다. 릴리엔털은 일기에 자신이 "생각할 수 있는 모든 방법을 동원해 그를 설득하려 했으나 별 효과가 없었다."라고 썼다.[2] 트루먼은 소련이 정말 폭탄을 가지고 있는지 확실하지도 않다며 망설였다. 그는 릴리엔털에게 며칠 동안 발표를 미루고 생각해 보겠다고 말했다. 오펜하이머는 이 소식을 믿을 수 없었다. 그는 미국이 기선을 제압할 기회를 놓치고 있다고 생각했다.

3일이 지날 때까지 트루먼은 의심을 풀지 않았지만, 마지못해 소련에서 핵폭발 실험이 있었다고 발표했다. 그는 그것이 폭탄이었다고 말하기를 거부했던 것이다. 충격을 받은 텔러가 오펜하이머에게 전화를 걸어 "이제 어떡하죠?"라고 물었다. 오펜하이머는 간결하게 "너무 흥분하지 마시오(Keep your shirt on)."라고 대답했다.[3]

오펜하이머는 그해 가을 《라이프》 기자에게 "'작전명 조(Operation Joe)'는 예상했던 일이 벌어진 것뿐입니다."라고 차분하게 말했다.[4] 그는 미국의 독점이 그리 오래가지 못할 것이라고 생각했다. 1년 전에 그는 《타임》과의 인터뷰에서 "우리의 핵기밀 독점은 태양 아래에서 녹고 있는 얼음 덩어리 같은 것입니다."라고 말했다.[5] 그는 이제 소련도 폭탄을 가지게 되었으니 트루먼도 정책 방향을 선회해 모든 핵기술에 대한 통제를 국제화하려는 1946년의 노력을 재개하리라고 기대했다. 하지만 그는 한편으로 정부가 과잉 대응하지 않을까 걱정했다.[6] 몇몇 사람들이 예방 전쟁(preventive war)에 대해 이야기하기도 했다. 릴리엔털이 보기에 오펜하이머는 잔뜩 긴장해 "어쩔 줄 몰라"했다. 그는 릴리엔털에게 "이번에는 일을 그르쳐서는 안 돼. 이것으로 비밀주의의 고리를 끊어 버릴 수도 있어."라고 말했다.[7]

오펜하이머는 트루먼 행정부의 비밀주의에 대한 강박관념은 비생산적일 뿐만 아니라 비합리적이라고 믿었다. 그와 릴리엔털은 대통령과 그의 보좌관들이 핵 문제에 더 열린 태도를 갖게 하려고 1년 내내 노력했다. 이제 소련이 폭탄을 가지고 있었기 때문에 과도한 비밀주의 역시 필요 없게 된 것이었다. 원자력 에너지 위원회의 자문 위원회 회의에서 오펜하이머는 소련의 성취가 미국이 "보다 합리적인 안보 정책"을 채택할 계기를 마련해 주리라는 희망을 드러냈다.[8]

오펜하이머는 강하게 반응해서는 안 된다고 주장했지만, 의원들은 이미 소련의 성과에 대한 대응책을 논의하기 시작했다. 며칠 안에 트루먼은 핵무기 생산을 늘리자는 합참의 제안을 승인했다. 미국의 핵무기 보유량은 1948년 6월 당시 50기 정도였으나, 1950년 6월 무렵이면 300기 이상으로 급속히 늘어날 것이었다.[9] 이것은 시작에 불과했다. 원자력 에너지 위원회 위원인 스트라우스는 소련에 대한 미국의 군사적 우위가 필연적으로 줄어들 것이라고 주장하는 메모를 돌렸다. 그는 물리학 용어를 빌어 미국이 절대적 우위를 점하기 위해서는 기술에서의 "양자 도약(quantum jump)"이 필수적이라고 제안했다.[10] 이 나라는 열핵 폭탄, 즉 수소 폭탄을 개발하기 위한 비상 계획을 필요로 했던 것이다.

트루먼은 1949년 10월까지 수소 폭탄의 가능성조차 알고 있지 못했다.[11] 하지만 일단 그것에 대해 듣게 되자 대통령은 큰 관심을 보였다. 오펜하이머는 항상 회의적이었다. 그는 코넌트에게 보낸 편지에서 "나는 이 빌어먹을 것이 가능할지도 잘 모르겠지만, 설령 가능하더라도 목표 지점까지 그것을 옮길 수 있는 방법은 소달구지뿐이라고 생각한다."라고 썼다.[12] 다시 말하면 그것은 너무 커서 비행기에 실을 수 없으리라는 것이었다. 원자 폭탄보다 수천 배 더 파괴적인 무기가 갖는 윤리적 함의에 당황한 그는 수소 폭탄이 기술적으로 불가능하기를 바랐다. 원자(핵분열) 폭탄보다 더 끔찍한 수소(핵융합) 폭탄은 핵무기 경쟁을 더욱 가속화할 것이 분명했다. 핵융합의 물리학은 태양 내부의 반응을 본뜬 것이었고, 이는 핵융합 폭발에는 물리적 제한이 없다는 것을 의미했다.[13] 단지 중수소를 더하기만 하면 더욱 큰 폭발을 얻을 수 있었다. 수소 폭탄이 있다면 단 한 대의 비행기가 몇 분 안에 수백만 명의 사람을 죽일 수 있었다. 그것은 그 어떤 군사 목표물에 사용하기에도 너무나 효과가 컸다. 그것은 무차별한 대량 살상 무기였다. 그와 같은 무기의 가능성은 오펜하이머를 소름끼치게 했던 것만큼, 공군 장성들, 그들을 지원하는 의원들, 그리고 수소 폭탄을 만들려는 텔러의 야망을 지지하는 과학자들의 상상력에 강하게 불을 질렀다.

1945년 9월에 이미 오펜하이머는 콤프턴, 로런스, 페르미와 함께 참여했던 과학 자문 특별 위원단에서 비밀 보고서를 쓴 바 있었다. 보고서에서 그들은 "현재 상황에서 (수소 폭탄을 개발하기 위한) 노력을 기울여서는 안 된다."라고 권고했다.[14] 하지만 이는 권고일 뿐이었다. 오펜하이머는 공식적으로는 어떤 윤리적 우려도 표명하지 않았다. 하지만 콤프턴은 모두를 대표해 헨리 월리스에게 쓴 편지에서 다음과 같이 설명했다. "우리는 (수소 폭탄을) 개발해서는 안 된다고 생각합니다. **왜냐하면 그것을 사용함으로써 엄청난 인류의 재앙을 초래하느니 차라리 전쟁에서 패배하는 편이 나을 것이라고 생각하기 때문입니다."**

이후 4년 동안 많은 변화가 있었다. 소련과의 관계는 악화되었고, 핵무기는 미국이 봉쇄 정책을 추진하는 데 있어서 중요한 수단으로 떠올랐을 뿐만 아니라, 미국의 핵무기 보유량은 100기를 넘어 계속 증가하고 있었다. 질문은 단 하나였다. 이 새롭고 거대한 무기가 만들어진다면 미국의 국가 안보에 어떤 영향을 미칠 것인가?

1949년 10월 9일 오펜하이머는 매사추세츠 케임브리지에 도착했다. 그해 봄에 선출된 하버드 대학교 이사회 회의에 참석하기 위해서였다. 그는 퀸시 가에 위치한 하버드 대학교 총장 코넌트의 집에 머물렀고, 그들은 "하버드와 아무 관계없는 주제로 길고 어려운 대화를 나눴다."[15] 두 친구는 10월 말에 열릴 원자력 에너지 위원회 자문 위원회 회의에서 수소 폭탄에 대한 권고안을 내리라는 것을 알고 있었다. 그들은 서로의 걱정을 토로했을 것이고, 아마도 코넌트가 오펜하이머에게 "내 눈에 흙이 들어가기 전까지는(over my dead body)" 수소 폭탄을 못 만들게 할 것이라고 말한 것은 이때였을 것이다. 코넌트는 문명화된 나라에서 어떻게 그런 무시무시한 살인 무기를 만들 생각을 할 수 있느냐며 분통을 터뜨렸다. 그는 그것이 학살 기계라고 생각했다.

10월 21일 오펜하이머는 최근의 열핵 반응 관련 연구의 근황에 대한 보고를 받고 나서 '짐 아저씨(제임스 코넌트 — 옮긴이)'에게 긴 편지를 썼다. 오펜하이머는 그들이 지난번 대화를 나눴을 때 자신이 "슈퍼(수소 폭탄 — 옮긴이) 역시 중요한 문제가 될 것이라고 생각했다."는 것을 인정했다. 오펜하이머는 슈퍼 폭탄의 기술적 상황은 "우리가 7년 전 그것에 대해 처음 이야기하기 시작했을 때와 그리 달라지지 않았다."라고 생각했다. 그것은 "어떻게 설계할지, 비용은 얼마나 들지, 목표 지점까지 운반이 가능할지, 군사적인 가치가 있을지 등 모든 것이 밝혀지지 않은 무기"라는 것이다. 지난 7년간 바뀐 것이라고는 이 나라의 정치 지형뿐이었다. 그는 "어니스트 로런스와 에드워드 텔러라는 두 명의 노련한 주동자"가 있음을 지적했다. "이 프로젝트는 텔러에게 매우 중요한 것이었다. 그리고 어니스트는 작전명 조를 보았을 때 소련이 곧 슈퍼 폭탄을 개발할 것이며, 우리가 그들보다 먼저 해내야 한다고 믿고 있었다."

오펜하이머를 비롯한 자문 위원회 위원들은 수소 폭탄을 제조하기까지는 여전히 많은 기술 문제들이 산적해 있다고 믿었다. 하지만 그와 코넌트는 그것보다 슈퍼 폭탄의 정치적 함의가 더 큰 문제라고 생각했다. 오펜하이머는 코넌트에게 "나를 걱정스럽게 하는 것은 이것이 의회와 군 수뇌부들의 상상력에 불을 지폈다는 것이다.[16] 그들은 이것이 소련의 (핵무기) 개발이 제기하는 문제에 대한 **해답**을 제공할 것이라고 생각한다. 물론 이 무기의 개발을 반대하는 것은 어리석은 짓일 것이다. 그것은 언젠가는 가능하게 될 것이다……. **하지만 그것을 갖게 되면 이 나라를 구할 수 있고 평화를 얻을 수 있으리라고 믿는 것은 대단히 위험한 생각이다.**"

오펜하이머는 합참이 대통령에게 수소 폭탄 개발을 위한 비상 계획의 추진을 제안할 것이라고 말하고 나서, "유능한 물리학자들의 의견도 서서히 바뀌려는 징후가 보이는 것"에 대해 걱정했다.[17] 그는 베테마저도 로스앨러모스로 돌아가 슈퍼 폭탄 개발에 전념하리라고 생각하고 있다고 썼다.

사실 베테는 아직 마음을 정하지 못했고 바로 그날 오후 프린스턴에 도착했다. 벌써부터 물리학자들을 로스앨러모스로 영입하기 위해 전국 방방곡곡을 돌아다니던 텔러와 함께였다. 텔러에 따르면 베테는 이미 가겠다고 말한 상태였다. 베테의 말은 달랐다. 그는 오펜하이머의 조언을 듣기 위해 프린스턴에 왔던 것이었다. 하지만 오펜하이머도 "어떻게 해야할지 갈피를 잡지 못하는 상태"였다.[18] "나는 그에게서 얻으려 했던 조언을 받지 못했다."

오펜하이머는 슈퍼 폭탄에 대한 자신의 의견을 거의 드러내지 않았지만, 그는 베테와 텔러에게 코넌트는 비상 계획에 반대한다고 말했다. 오펜하이머가 반대 입장일 것이라고 확신했던 텔러는, 오펜하이머가 입장을 정하지 못하는 것을 보고 매우 기뻐하며 프린스턴을 떠났다. 그는 이제 베테가 자신과 함께 로스앨러모스로 가기로 결정하리라고 생각했다.

하지만 그 주말에 베테는 자신의 친구 바이스코프와 수소 폭탄에 대한 의견을 나눴다. 바이스코프는 열핵 무기로 전쟁을 하는 것은 자살 행위라고 주장했다. 베테는 "그런 전쟁이 벌어진다면, 우리가 승리하더라도 세계는 돌이킬 수 없을 정도로 파괴될 것이라는 데 동의할 수밖에 없었다. 우리는 전쟁을 통해 지키려는 것들을 잃게 될 것이었다. 우리는 매우 길고 어려운 대화를 나눴다."라고 말했다.[19] 며칠 후 베테는 텔러에게 전화를 걸어 자신의 결정을 통보했다. 베테는 "그는 매우 실망했습니다. 나는 안도의 한숨을 내쉴 수 있었죠."라고 회고했다. 베테의 결정에는 바이스코프가 결정적인 역할을 했지만, 텔러는 오펜하이머 때문이라고 확신했다.

한편 오펜하이머 역시 이 문제로 고군분투하고 있었다. 자문 위원회 의장으로서 그는 자신의 본능과 성향을 억누르려고 혼신의 노력을 다했다. 그는 회의에서 주로 듣기만 했다. 하지만 코넌트는 스스로를 억제하지 않았다. 그는 오펜하이머의 10월 21일자 편지를 받자마자 날카롭게 반응했다. 코넌트는 오펜하이머에게 슈퍼 폭탄 문제가 자문 위원회 안건으로 오른다면 자신은 "그런 어리석은 행위에는 반대할 것"이라고 말했던 것이

다.[20]

1949년 10월 28일 금요일 오후 2시, 오펜하이머는 원자력 에너지 위원회 회의실에서 자문 위원회 18차 회의(1947년 1월 이래)를 주재했다.[21] 이후 3일 동안, 이지도어 라비, 엔리코 페르미, 제임스 코넌트, 올리버 버클리(Oliver Buckley, 벨 전화 연구소 회장), 리 듀브리지, 하틀리 로(유나이티드 과일 회사 이사 중역), 그리고 시릴 스미스는 조지 케넌과 오마르 브래들리(Omar Bradley) 장군 같은 전문가 증인들을 배석시키고 슈퍼 폭탄의 장점에 대해 토의했다. 루이스 스트라우스, 고든 딘, 데이비드 릴리엔털 등 원자력 에너지 위원회 위원들도 일부 참석했다. 참석자들은 모두 소련의 성과에 대해 트루먼 행정부가 무언가 강하고 구체적인 대응책을 강구해야 한다는 것을 이해했다. 릴리엔털은 바로 전날의 일기에 로런스를 비롯한 슈퍼 폭탄 지지자들이 "'피에 굶주린' 자들이라고밖에는 볼 수 없었다."라고 썼다.[22] 그는 이들은 "생각해 볼 여지도 없다."라고 믿는다고 썼다. 자문 위원회 회의를 공식적으로 개회하기 전에, 오펜하이머는 유일하게 불참한 화학자 글렌 시보그의 편지를 꺼내 들었다. 1954년에 오펜하이머 흠잡기에 여념이 없었던 사람들은 그가 시보그의 의견을 공유하지 않았다고 주장했다. 하지만 그 회의에 참석했던 시릴 스미스는 오펜하이머가 회의를 시작하기 전에 그 편지들을 모두에게 보여 주었던 것을 기억했다. 시보그는 마지못해 수소 폭탄을 개발해야 할 것이라고 생각했다. 그는 "우리나라가 이 일에 엄청난 노력을 기울여야만 하는 것이 매우 유감스럽지만, 나는 우리가 하지 말아야 할 이유를 찾지 못했음을 고백합니다……. 내가 이 문제에 반대 입장을 취하게 하려면 내가 수긍할 만한 주장을 펼쳐야만 할 것입니다."라고 썼다.[23]

오펜하이머는 모두가 한마디씩 하기 전까지는 자신의 의견을 내비치지 않았다. 듀브리지는 "그는 자신의 의견이 무엇인지에 대해서는 입을 다물었습니다."라고 회고했다.[24] "우리는 돌아가면서 각자의 견해를 말했는데, 모두가 부정적인 입장이었습니다." 릴리엔털은 코넌트가 "창백한 잿빛" 얼굴을 하고는 "우리는 프랑켄슈타인을 이미 하나 만들었어."라고 중얼거리는 것을 들었다.[25] 또 하나를 만드는 것은 미친 짓이라는 것이었다. 라비는 나중에 "오펜하이머는 코넌트가 인도하는 대로 따라갔을 뿐"이었다고 회고했다.[26] 딘에 따르면 그들은 "윤리적 함의에 대해 매우 긴 토론을 했다." 릴리엔털은 토요일 밤에 적은 일기에서 코넌트가 "윤리적인 이유로 (수소 폭탄에) 완강하게 반대하는" 입장을 취했다고 썼다.[27] 버클리가 원자 폭탄과 슈퍼 폭탄 사이의 윤리적 차이는 없다고 주장하자, "코넌트는 윤리성에도 등급이 있다며 의견을 달리했다." 그리고 스트라우스가 최종 결정은 국민투표가 아니라 워싱턴에서 내릴 것임을 지적하자, 코넌트는 "그 결정이 확정될지 아닐지는 이 나라가 윤리적인 문제를 어떻게 생각하는지에 달려 있습니다."라고 대답했다. 코넌트는 심지어 "이런 것이 고려 대상이 되고 있다는 사실에 대한 비밀 제한을 해제할 수 있습니까?"라고 묻기도 했다.

라비는 워싱턴은 두말 할 필요 없이 프로젝트를 추진할 것이라는 소견을 말하고는, 이제 남은 유일한 질문은 "누가 참여할 의사가 있는가?"라고 말했다.[28] 토요일 내내 진행된 회의에서, 처음에는 페르미가 "우리는 그것의 가능성을 타진해 보아야 한다."라고 주장했지만, 다른 한편으로는 슈퍼 폭탄의 실현 가능성을 탐구하려는 노력과 "그것을 사용해야 하는가라는 질문은 별개의 문제"라고 말했다.[29] 릴리엔털은 결정을 내릴 수 없었다. 슈퍼 폭탄은 "국가 안보를 증진시키지 못할 뿐만 아니라, 평화의 가능성을 지금보다 낮춤으로써 오히려 해가 될지도 모르는 일이었다."

일요일 아침이 되자 여덟 명의 자문 위원들은 어느 정도 합의에 이르렀다. 그들은 과학적, 기술적, 윤리적 이유로 슈퍼 폭탄을 개발하기 위한 비상 계획에 반대하기로 결정했다. 라비와 페르미는 이 무기에 대한 반대 입장에 단서를 달았다. 그것은 미국이 수소 폭탄을 만들지 않겠다는 "서약에 전 세계 모든 나라들이 서명하도록 초청하겠다."는 제안이었다. 오펜하이머는 라비-페르미 단서 조항에 참여할지를 놓고 잠시 고민하다가, 결국 그와 대부분의 위원들은 그와 같은 무기는 전쟁 억지 능력도 없고 미국 안보에 도움도 되지 않는다는 이유로 수소 폭탄을 만들기 위한 비상 프로그램에 반대하는 권고안을 채택했다.

오펜하이머는 한편으로 "슈퍼 폭탄이 핵분열 폭탄보다 비용이 많이 들 것인지"에 대한 실용적 문제를 제기하기도 했지만, 위원회의 보고서는 핵무기 정책이 윤리적 문제에 대한 고려 없이 결정되어서는 안 된다는 점을 명확히 했다. 그들은 과학적, 기술적 측면에서 슈퍼 폭탄이 성공할 가능성은 반반 정도라고 판단했고, 그것을 개발하기 위한 비상 계획이 미국의 안보를 저해할 것임을 우선 분명히 했다.

하지만 문제를 기술적 또는 정치적 고려 사항들로 제한하는 것은 책임감 없는 행위이자 직무 유기라는 것이 그들의 공통된 견해였다. 그들은 어찌 되었건 결국 원자 폭탄을 만드는 데 필요한 과학적 지식을 제공한 맨해튼 프로젝트의 엘리트 베테랑들이었다. 그들은 열렬한 애국심으로 그 과업을 완수했다. 그들은 신무기를 전쟁에서 사용하려 결심한 정부의 결정을 따랐다. 오펜하이머는 폭탄을 일본에 사용하는 것에 레오 질라르드와 로버트 윌슨 같은 과학자들이 제기한 윤리적 이의를 봉쇄하기 위해 노력했다. 하지만 그와 같은 논쟁들은 전면전의 맥락에서, 원자 폭탄이 완전히 새로운 것이었을 때, 그리고 그들이 국가 정책에 대한 경험이 전무한 상태에서 벌어졌던 일이다.

1949년에는 상황이 완전히 달랐다. 미국은 전쟁 중이 아니었고, 핵무기 개발 경쟁은 소련의 성공으로 말미암아 새롭고 위험한 국면을 맞이했으며, 자문 위원회의 위원들은 미국에서 이 문제에 대해 가장 많은 지식과 경륜을 갖춘 핵 과학자들이었던 것이다. 그들은 지구상의 모든 생명을 몰살시킬 수 있는 무기에 대한 논의에서 군사 정책적 측면만을 고려할 수 없다는 데에 모두 동의했다. 기술적인 평가는 물론이고 윤리적인 문제도 같이 고려해야만 했다.

오펜하이머는 "이 무기의 사용은 수많은 인명의 살상을 초래할 것이다."라고 썼다.[30] "이것은 군사적, 또는 준군사적인 목표물만을 파괴하기 위해 사용할 수 있는 무기가 아니다. 원자 폭탄의 경우보다 훨씬 더 민간인 살상에 관한 정책에 깊은 함의를 갖게 된다."

오펜하이머는 슈퍼 폭탄이 지나치게 클 것이라는 점을 두려워했다. 다시 말하면 어떤 정당한 군사 목표물도 핵폭탄을 사용하기에는 "너무 작을" 것이었다.[31] 히로시마에 투하된 폭탄이 TNT 1만 5000톤의 폭발 성능을 가졌다면, 핵폭탄은 TNT 1억 톤의 위력으로 폭발할 것으로 예상할 수 있었다. 슈퍼 폭탄은 도시를 파괴하기에도 너무 컸다. 그것은 360~2600제곱킬로미터를 쉽게 파괴할 수 있었다. 자문 위원회 보고서는 "슈퍼 폭탄은 학살 무기가 될지도 모른다."라고 결론 내렸다. 미국이 그런 학살 무기를 실제로 사용하지 않더라도 단지 그런 학살 무기를 가지고 있다는 사실만으로도 미국의 안보에 악영향이 있을 것이었다. 자문 위원회 다수 의견 보고서에는 "그런 무기가 존재한다는 사실만으로도 세계 여론에 광범위한 영향을 미칠 것이다."라고 씌어 있었다. 사리 분별이 있는 사람이라면 미국이 아마겟돈을 행할 의사가 있다고 생각할 만한 것이었다.

"그러므로 우리는 우리가 획득할 무기의 심리적 효과가 우리의 이해 관계에 부정적인 영향을 미칠 것이라고 믿는다."

코넌트와 라비를 비롯한 다른 위원들처럼 오펜하이머 역시 슈퍼 폭탄이 "만들어지지 않기를" 바랐다. 그리고 그것의 개발을 거부하는 것이 소련과의 무기 통제 협상을 재개할 수 있는 계기를 만들 수 있기를 원했다. 오펜하이머는 다수 의견 보고서에 "우리는 슈퍼 폭탄이 만들어지지 말아야 한다고 믿는다."라고 썼다. "인류는 그와 같은 무기의 실현 가능성에 대한 시범을 보지 않는 편이 훨씬 나을 것이다."

맥조지 번디(McGeorge Bundy)가 나중에 썼듯이, 자문 위원회 보고서의 저자들은 본질적으로 1970년대가 되어서야 체결된 무기 통제 조약과 비슷한 주장을 펴고 있었다. 하지만 그들의 제안이 받아들여지지 않는다면 어떻게 될까? 만약 소련이 먼저 슈퍼 폭탄을 얻게 된다면? 수소 폭탄을 만들려면 실험은 필수적이었고, 소련이 실험을 하게 된다면 탐지되지 않을 수 없었다. "소련이 이 무기를 개발하는 데 성공할지도 모른다는 주장에 대해, 우리는 미국이 개발 계획을 추진한다는 사실이 그들을 막지는 못할 것이라고 대답할 것이다. 그들이 우리에게 그 무기를 사용하더라도, 미국이 보유한 원자 폭탄만으로도 충분히 보복할 수 있을 것이다."[32]

만약 슈퍼 폭탄이 그 위력에 맞는 거대한 목표물이 없어 군사용 무기로 적절하지 않다면, 오펜하이머와 자문 위원회 위원들은 작은 전술 핵무기를 위한 핵분열성 물질의 생산을 가속화하는 것이 군사적인 입장에서 보다 경제적이고 효과적일 것이라고 주장했다.[33] 그와 같은 "실전" 핵무기는 당시 서유럽에서 재래식 군대를 증강하려는 계획과 더불어 서방 국가들에게 소련의 공격에 대한 효과적이고 신뢰할 만한 억지력을 가질 것이었다. 이것은 처음으로 핵 "충분성" 전략을 제안하는 것이었다. 즉 비이성적으로 무조건 핵무기를 축적하는 것보다는 특정한 임무를 수행하기 위한 핵무기를 가져야 한다는 개념이었다.

오펜하이머는 자문 위원회의 회의 결과에 만족했다. 하지만 그의 개인 비서였던 캐서린 러셀은 그렇게 생각하지 않았다. 자문 위원회의 최종 보고서를 타자기로 치고 나서 그녀는 "이것은 많은 문제를 불러일으킬 것입니다."라고 예측했다.[34] 그럼에도 불구하고 오펜하이머는 1949년 11월 9일 원자력 에너지 위원회 위원들이 3 대 2로 자문 위원회의 권고를 승인했다는 소식을 듣고 기뻐했다. 위원들 중 릴리엔털, 파이크(Pike), 스미스는 슈퍼 폭탄 비상 계획에 반대표를 던졌고, 스트라우스와 딘은 찬성했다.

오펜하이머는 순진하게도 이것으로 슈퍼 폭탄에 대항한 싸움에서 승리했다고 생각했다. 하지만 텔러와 스트라우스를 비롯한 수소 폭탄 지지자들이 곧 반격을 가할 것임은 명약관화했다. 맥마흔 상원 의원은 텔러에게 자문 위원회 보고서가 "나를 짜증나게 한다."라고 말했다. 맥마흔은 소련과의 전쟁은 불가피하다고 믿었다. 그는 릴리엔털에게 자신은 미국이 "그들이 먼저 하기 전에 우리가 먼저 그들을 지구상에서 싹 쓸어 내야 한다고" 생각한다고 말하기도 했다.[35] 시드니 소우어스 제독은 "우리가 (수소 폭탄을) 먼저 만들거나 러시아 인들이 경고 없이 미국에 그것을 투하하기를 기다리거나 둘 중 하나다."라고 경고했다. 워싱턴의 관료들은 이와 유사한 종말론적 반응을 보였다. 슈퍼 폭탄에 대한 논쟁은 미국 사회 기저에 깔려 있던 냉전의 집단 광기를 촉발시켰고, 정치인들과 정책 결정자들은 군비 경쟁론과 군비 통제론의 양 진영으로 영구히 나뉘게 되었다.

로비스트들이 활발한 활동을 벌이기 시작하자 트루먼 대통령은 원자력 에너지 위원회 의장 릴리엔털, 국방부 장관 루이스 존슨, 그리고 국무부 장관 딘 애치슨에게 이 문제를 다시 연구해 최종 권고안을 만들라고 지시했다. 릴리엔털은 물론 슈퍼 폭탄의 개발에 적극적으로 반대했다. 존슨은 찬성 입장이었다. 애치슨만 결정을 내리지 못한 상태였다. 하지만 날카로운 정치 감각의 소유자인 애치슨은 백악관이 원하는 것이 무엇인지 알고 있었다. 그는 오펜하이머로부터 수소 폭탄에 대해 보고받았다. 오펜하이머가 자문 위원회 보고서에 드러난 미묘한 차이를 설명하려 했으나, 애치슨은 그것을 극도로 단순화시켜 이해하고 말았다. 그는 한 동료에게 "나는 가능한 한 열심히 듣긴 했는데, '오피'가 무슨 말을 하는지 이해할 수 없었어. 어떻게 편집증이 있는 적성국을 '모범을 보여서' 무장 해제하도록 설득할 수 있다는 거지?"라고 말했던 것이다.[36]

오펜하이머는 애치슨의 회의적 태도를 보고 행정부 내부에 자신의 협력자가 거의 없음을 깨달았다. 그래도 그해 가을 국무부 정책기획국장 자리에서 사임하려고 준비하던 케넌만은 그의 편이었다. 애치슨은 한때 케넌의 조언에 상당히 의존했지만, 이제는 두 사람이 중요한 정책 문제에서 동의하는 경우가 거의 없었다. 케넌은 미국의 봉쇄 정책을 입안한 사람이었지만, 그는 자신의 정책이 결과적으로 지나치게 군사화된 것에 불만을 가지고 있었다. 그는 트루먼 정부가 소련과 협상을 타결하지 못하고 서독에 독립 정부를 세우는 것을 보고 대단히 실망했다.[37] 그래서 그는 1949년 9월 말 모든 정부 공직에서 사임하겠다고 발표했던 것이다.

케넌은 1946년 육군 대학(War College) 강연에서 오펜하이머를 처음 만났다.[38] 케넌은 "그는 항상 입는 갈색 양복 상의에 지나치게 긴 바지를 입고 있었습니다."라고 말했다.[39] "그는 겉보기에 물리학을 전공하는 대학원생 같았죠. 그는 단상 끝까지 걸어 나와 연설문 없이 40분 또는 45분가량 강연했습니다. 그의 말은 너무나 용의주도하고 명쾌해서 아무도 질문조차 할 수 없었죠."

1949~1950년 무렵이면 케넌과 오펜하이머는 상당히 친한 사이가 되었다. 오펜하이머는 케넌을 프린스턴에서 열린 핵무기에 대한 비공개 세미나에 초청했다. 케넌은 또한 영국과 캐나다에 우라늄을 제공하는 문제를 다루면서는 오펜하이머와 오랫동안 같이 일하기도 했다. 케넌은 그와 관련된 회의들을 회고하면서 "그는 대단히 높은 차원에서 문제를 파악하려고 애썼습니다. 그는 두뇌 회전이 매우 빨랐을 뿐만 아니라 정확하고 통찰력이 대단했죠. 그는 (그 회의에서) 사소한 문제로 시간을 낭비하지 못하도록 했고, 모두가 자신의 지적 능력을 최대한 끌어내게 해 주었습니다."[40]

슈퍼 폭탄에 대한 논쟁이 한창 진행될 무렵인 1949년 11월 16일 케넌은 또다시 프린스턴으로 가게 되었다. 그와 오펜하이머는 "핵 문제의 현상"에 대해 긴 대화를 나누었다.[41] 오펜하이머는 그의 방문이 "고무적"이라고 생각했다. 그의 생각에 케넌의 견해들은 "현실적"이었고 "자신의 마음에 맞는" 것이었다. 당시 케넌은 소련 폭탄에 대한 대응으로 대통령이 슈퍼 폭탄의 개발에 대한 일시 중지를 제안할 것을 주장했다. 오펜하이머는 다음 날 케넌에게 보내는 편지에서 "내가 보기에 당신의 주장은 합리적이라고 생각합니다."라고 썼다. 하지만 그는 "현재의 여론 지형"을 고려했을 때 "경직되고 절대적인" 안전장치의 개념을 찾던 워싱턴의 많은 사람들이 그런 주장을 받아들이기는 어려울 것이라고 경고했다. 오펜하이머는 그동안 자신이 얼마나 정치 논쟁에 익숙해졌는지를 보여 주듯이, "우리는 당신의 제안이 지나치게 위험한 것이라는 주장에 어떻게 대처할지 미리 생각해 둘 필요가 있습니다."라고 말했다.

그의 편지를 받고 나서 케넌은 "현 상황에서" 미국은 수소 폭탄을 개발하지 않겠다는 결정을 발표하는 대통령 발표문 초안을 작성했다. 자문 위원회의 분석을 상당 부분 받아들인 이 발표문에서 케넌은 "사실상 무제한적인 파괴력"을 가진 무기를 만들어서는 안 되는 이유를 세 가지로 간단하게 정리했다. "첫째, 이 무기는 군사 목적으로 사용되기 어려울 것이라고 생각된다. 둘째, 절대적인 안보라는 것은 환상에 불과하며 미국의 현재 핵 보유량만으로도 충분한 전쟁 억지력을 가질 수 있다. 그리고 셋째, 우리가 그와 같은 계획을 추진하더라도 다른 나라가 수소 폭탄을 개발하는 것을 막지는 못한다."[42] 반대로 미국이 슈퍼 폭탄을 개발하는 것은 오히려 다른 나라들을 고무하여 똑같은 무기를 만들게 할 것이었다.

이 연설문은 발표되지 않았지만, 이후 6주 동안 케넌은 이 생각을 발전시켜 핵무기 문제를 전반적으로 재검토하는 80쪽짜리 보고서를 작성했다. 그는 이 보고서의 초고를 오펜하이머에게 보여 주었고, 오펜하이머는 이것이 "모든 면에서 훌륭하다고" 생각했다.[43] 케넌의 선견지명이 있는 이 보고서는 그가 봉쇄 정책을 제안했던 1947년 《포린 어페어즈(Foreign Affairs)》에 실린 에세이만큼 널리 알려지지는 않았지만, 냉전 초기의 성격을 잘 보여 주는 문서였다. 케넌 자신도 나중에 그것을 "내가 정부에서 일하면서 썼던 글 중에 가장 중요한 문서였다."라고 평가했다. 그것이 불러일으킬 논쟁을 예상한 케넌은 1월 20일 애치슨에게 "개인 문서"라고 표기해 보냈다.

'메모. 원자력 에너지의 국제 통제'라는 제목의 이 문서는 트루먼 행정부가 폭탄과 소련에 대해 갖고 있는 근본적인 가정들에 도전했다. 케넌은 오펜하이머의 입장을 받아들여 원자 폭탄이 위험한 까닭은 바로 그것이 소련의 위협에 대한 값싼 만병통치약이라는 잘못된 생각 때문이라고 주장했다. 그는 "군부"가 소련이 폭탄을 가지게 된 것에 대한 대응책으로 슈퍼 폭탄을 만들려 한다고 썼다. "나는 원자 폭탄이 '결정적' 결과를 가져올 것이라고, 또 인류가 직면한 어려운 문제들에 대한 손쉬운 해답을 제공할 것이라고 애매하고도 위험한 약속을 남발하는 것은 우리가 명쾌한 정책을 세우는 데 필요한 현 상황에 대한 이해를 방해한다고 생각한다. 이는 필연적으로 국력의 오용과 낭비로 이어질 것이다."[44]

케넌은 오펜하이머가 앞서 제안했듯이 소련과 포괄적 군비 통제 체제에 대한 협상을 해 보지도 않은 채 더욱 끔찍한 대량 살상 무기인 슈퍼 폭탄의 개발을 지지하지 말 것을 호소했다. 그는 또한 설령 협상이 실패하더라도 원자 폭탄을 미국 국방의 중심축으로 삼아서는 안 될 것이라고 주장했다. 오히려 미국 정부는 원자 폭탄이 "우리의 군사 태세에 불필요한 것, 즉 단지 상대방이 사용할 수 있다는 가능성 때문에 가지고 있는 것"임을 소련에게 분명히 해야 한다고 말했다.[45] 그는 소량의 핵무기만으로도 소련이 그들의 폭탄을 서방 국가에 대해 사용하는 것을 충분히 억지할 수 있다고 썼다.

이 부분에서 케넌의 메모는 자문 위원회에 보여 줄 1949년 10월 30일 권고의 논리를 따랐다. 하지만 케넌은 오펜하이머가 최근에 검토했던 또 하나의 아이디어를 채택했다. 원자 폭탄을 대량으로 보유하는 대신, 서유럽의 재래식 군사력을 증강하자는 것이었다. 그는 서방이 소련의 침공을 막기 위해 충분한 수의 군대와 재래식 무기를 투입할 의사가 있다는 것을 보여 줄 필요가 있다고 말했다. 그와 같은 재래식 억지력을 갖게 된다면 워싱턴은 핵무기를 이용한 "선제 공격 금지" 정책을 표방할 수 있게 될 것이었다. 그는 미국이 "소련 시스템의 근본적인 변화를 요구하지 않은 상태에서 가능한 한 빨리 (핵무기를) 군사력에서 제외시켜야 한다."라고 주장했다.[46]

케넌은 스탈린 체제를 비난할 만한 독재라고 생각했으나, 스탈린이 무모하다고는 생각하지 않았다. 소련의 독재자는 자신의 제국을 방어하겠다고 굳게 결심했을지 모르나, 그것이 서방 연합국에 대한 침략전을 벌일 의도가 있다는 것을 의미하지는 않았다. 그와 같은 전쟁은 자기 체제의 안정성까지도 위협할 것이기 때문이었다. 스탈린은 서방과의 전쟁이 소련을 피폐하게 만들 것임을 이해하고 있었다. 케넌은 나중에 "나는 그들이 견딜 수 있을 만큼의 전쟁을 이미 다 치렀다는 것을 확신했다. 스탈린은 또 다른 대규모 전쟁을 원하지 않았다."라고 말했다.[47]

간단히 말해 케넌은 1945~1949년에 소련이 서유럽 침공을 감행하지 않았던 것은 미국의 핵기술 독점 때문이 아니라 전략적 고려 때문이라고 믿었다. 소련도 원자 폭탄을 갖게 된 지금, 미국이 핵무기 경쟁을 시작할 이유가 없었다. 오펜하이머와 마찬가지로 케넌은 원자 폭탄이 궁극적으로는 자살 무기이며 군사적으로는 위험한 무용지물이라고 믿었다. 게다가 케넌은 소련이 미국과 비교해서 정치적, 경제적 수준이 훨씬 뒤떨어진다고 확신했다. 그러므로 장기적인 견지에서 보았을 때 외교적 노력과 더불어 "우리의 힘을 현명하게 이용"하기만 한다면 미국은 소련 체제를 꺾을 수 있었다.[48]

케넌의 80쪽짜리 "개인 문서"는 거의 같이 쓴 것과 다름없을 정도로 오펜하이머의 견해를 너무나 많이 반영했다. 두 사람은 이 메모를 척도로 다가오는 정치 소용돌이를 가늠할 수 있었다. 케넌의 메모는 국무부 내부에서 회람되었는데, 이것을 읽은 모든 사람들은 확고하게 이를 거부했다. 하루는 애치슨이 케넌을 자신의 사무실로 불러들여 "조지, 이 문제에 대해 자네의 견해를 계속 고집한다면, 차라리 국무부에서 사직하고 탁발승처럼 깡통을 들고 길모퉁이에 서서 '지구의 멸망이 멀지 않았다'고 외치는 편이 나을 것이네."라고 말했다.[49]

애치슨은 이 메모를 굳이 트루먼 대통령에게 보이려 하지도 않았다. 일이 이렇게 진행되자 오펜하이머는 바람이 어느 쪽으로 불고 있는지 충분히 알 수 있었다. 텔러가 이기고 있었다. 하지만 오펜하이머는 여전히 핵폭탄 설계에서 기술 문제를 극복할 수 없기를 바랐다. 그는 "텔러와 (존) 휠러가 맘대로 추진해 보라고 해. 분명히 실패할 테니까."라고 말했다고 전해졌다.[50] 1950년 1월 29일 그는 뉴욕에서 열린 미국 물리학회에서 텔러와 마주쳤다. 그는 텔러에게 트루먼이 슈퍼 폭탄에 반대하는 자신의 권고를 받아들이지 않을 것이라고 말했다. 텔러는 만약 그렇게 되면 로스앨러모스로 돌아와 슈퍼 폭탄을 개발하는 일에 참여하겠느냐고 물었다. 오피는 "물론 아니지."라고 쏘아붙였다.[51]

다음 날 오펜하이머는 워싱턴에서 열린 원자력 에너지 위원회 자문 위원회 회의에 참석하러 워싱턴에 들렀다가, 맥마혼 상원 의원이 슈퍼 폭탄에 대해 의논하기 위해 소집한 원자력 에너지 합동 위원회 특별 회의에 참석하기로 했다. 오펜하이머는 맥마혼이 슈퍼 폭탄 비상 계획을 추진하기 위해 대통령에게 강력한 로비를 벌이고 있음을 알고 있었고, 자신의 견해가 환영받지 못하리라는 것 역시 알고 있었다. 그래도 그는 회의장에 나타났고, 맥마혼을 비롯한 다른 의원들에게 "당신들이 우리가 문제의 핵심에서 벗어났다고 생각하며 이러쿵저러쿵 논의하도록 두는 것은 겁쟁이나 하는 짓이라고 생각했습니다."라고 말했다.[52] 그는 예의바른 태도를 견지했다. 의원들이 만약 소련이 슈퍼 폭탄을 갖게 되고 미국은 그렇지 못하면 어떤 일이 벌어지겠느냐고 묻자 그는 "그렇게 된다면 우리에게는 불운한 일이겠지요. 하지만 두 나라 모두가 이 무기를 갖게 된다면, 그것 역시 우리에게 불운한 일일 것입니다."라고 대답했다. 요점은 "우리가 이 길을 따라간다면, 우리는 그들의 (슈퍼 폭탄) 개발을 가속화하게 된다."는 것이었다. 한 의원이 수소 폭탄을 이용한 전쟁이 벌어지면 지구는 인간이 거주하기에 부적절한 환경이 되느냐고 묻자, 오펜하이머는 말을 끊고는 "전염병이 창궐하겠냐는 질문입니까?"라고 말했다. 그는 그것보다는 인류의 '윤리적 생존'이 더 걱정된다고 말했다. 그는 자신의 입장을 합리적으로 빈틈없이 설명했고, 회의에 참석한 그 누구도 자신의 논리를 부정할 수 없을 것이라고 생각했다. 그러나 그는 자신이 그 누구의 생각도 바꾸지 못했다는 것을 알고 있었다.

다음 날인 1950년 1월 31일, 릴리엔털, 애치슨, 그리고 국방부 장관 루이스 존슨은 대통령과 슈퍼 폭탄에 대한 회의를 하기 위해 옛 국무부 건물에서 길 건너에 위치한 백악관으로 걸어갔다. 릴리엔털은 여전히 비상계획에 강력히 반대하는 입장이었다. 애치슨은 개인적으로 릴리엔털의 이의 제기에 상당 부분 동의했지만, 국내 정치 요인을 고려하면 트루먼이 비상 계획을 추진할 수밖에 없을 것이라고 생각했다. "국민들은 이토록 엄중한 상황에서 핵기술 연구를 지연시키는 정책을 용인하지 않을 것이다."[53] 존슨 역시 이에 동의하며 릴리엔털에게 "우리는 대통령을 보위해야 한다."라고 말했다.[54] 결국은 그렇게 되고 말았다. 국내 정치 요인들로 인해 국가 안보에서 핵심 문제들이 단순화되면서 무시되었던 것이다.

그럼에도 그들은 릴리엔털에게 주장을 펼칠 기회가 주어져야 한다는 데에는 동의했다. 하지만 그들이 대통령 집무실에 들어서서 릴리엔털이 보고를 시작하자마자 트루먼은 그의 말을 끊고서는 "러시아 인들이 그것을 할 능력이 있습니까?"라고 물었다. 모두가 고개를 끄덕이자 트루먼은 "그렇다면 우리에게는 다른 선택이 없습니다. 추진합시다."라고 말했다.[55] 릴리엔털은 일기에 트루먼은 "우리가 집무실에 들어서기 전부터 이미 이를 추진할 마음을 먹고 있었다."라고 썼다. 몇 달 전에 릴리엔털은 트루먼에게 의회의 선동가들이 슈퍼 폭탄을 추진하라고 강요할 것이라고 경고했다. 트루먼은 당시 "나는 전격적인 결정을 쉽게 내리지 않습니다."라고 말했다. 백악관을 나서면서 릴리엔털은 시계를 봤다. 예전에는 그렇게 얘기했던 대통령이 지금은 정확히 7분을 할애해 주었다. 릴리엔털에 따르면 자신의 시도는 "증기 롤러를 가로막으려 한 것"과 같았다.[56]

그날 저녁 트루먼 대통령은 미리 준비된 것이 틀림없는 라디오 연설문을 통해 "열핵 무기의 기술적 가능성"을 타진하기 위한 계획을 발표했다. 동시에 그는 국가 안보 전략의 종합적 재검토를 지시했다. 이 작업은 케넌의 후임으로 국무부 정책기획국장을 맡게 된 폴 니츠에게 맡겨졌고, 그는 극비 정책 메모인 NSC-68을 작성했다. 니츠는 대규모의 핵무기 비축을 옹호했으며 소련이 세계 정복에 힘을 쏟고 있는 것으로 묘사했다. 그는 "자유세계의 정치적, 경제적, 군사적 힘을 증강하기 위해 신속하고 지속적으로 노력"해야 한다고 제안했다. 1950년 4월에 회람된 NSC-68은 핵무기 "선제 이용 금지" 정책을 표방한 케넌의 제안을 거부했다. 그와는 반대로 다량으로 비축된 핵무기가 미국 국방 전략의 근간이 될 것이었다. 이와 같은 목표를 이루기 위해 트루먼은 모든 종류의 핵탄두를 만들기 위한 생산 능력 확대에 필요한 산업 프로그램을 승인했다.

1950년대 말이 되자 미국의 핵무기 보유량은 핵탄두 300기에서 무려 1만 8000기까지 늘게 된다.[57] 이후 50년 동안, 미국은 7만 기 이상의 핵무기를 만들게 되고 핵무기 프로그램에 5.5조 달러라는 엄청난 자금을 쏟아붓게 된다. 돌이켜 보면, 그리고 그 당시에도, 수소 폭탄 개발 결정은 냉전 시기 군비 경쟁의 전환점이었다. 오펜하이머처럼 케넌도 완전히 "넌덜머리가 났을" 것이다. 라비는 분노를 터뜨렸다. 그는 "나는 트루먼을 용서할 수 없습니다."라고 말했다.[58]

릴리엔털은 트루먼과의 짧은 회의를 마치고 돌아와서 오펜하이머에게 대통령이 이 결정을 공개적으로 의논하는 것을 삼가해 줄 것을 요구했다고 말해 주었다. "모두 입까지 다물어야 한다고 말하자 장례식장 같은 분위기가 되어 버렸다."[59] 대단히 실망한 오펜하이머는 자문 위원회에서 사직하는 것을 고려했다. 애치슨은 오펜하이머와 코넌트가 이 문제로 미국 국민들에게 호소할까 두려워, 하버드 대학교 총장인 코넌트에게 일부러 "제발 문제를 만들지 말라."고 말하기까지 했다.[60]

코넌트는 오펜하이머에게 애치슨이 대중 토론은 "국익에 반하는 일"이라며 경고했다고 말했다. 다시 한번 오펜하이머는 충성스러운 지지자의 역할을 수행했다. 그가 나중에 증언했듯이, 이때 사직해서 "이미 결정된 문제에 대한 논쟁을 불러일으키는 것"은 책임 있는 행동이 아닌 듯했다.[61] 코넌트는 한 친구에게 쓴 편지에서 자신과 오펜하이머는 "(적어도 나는) 말썽꾼이라는 인상을 줄 만한 행동을 하고 싶지 않았기 때문에 사직하지 않았다."라고 썼다.[62] 그는 나중에 이 결정을 후회했다. 그는 둘 다 즉시 사직하는 편이 좋았을 것이라고 생각했다.

오펜하이머가 그때 사직했더라면 그의 인생은 달라졌을 것이다. 하지만 그는 그러지 않았다. 오펜하이머는 코넌트처럼 또다시 권력자들이 요구하는 대로 줄을 맞춰 일렬로 늘어섰다. 그래도 그는 이 결정을 추진했던 자들에게 경멸감을 숨길 수 없었다. 트루먼의 발표가 있던 날 저녁, 오펜하이머는 쇼어햄 호텔에서 열린 스트라우스의 54세 생일 파티에 참석했다. 오펜하이머가 혼자 구석에 서 있는 것을 발견하고는 한 기자가 그에게 다가가 "당신은 즐거워 보이지 않는군요."라며 말을 붙였다.[63] 오펜하이머는 대답 대신 "이것은 테베의 전염병(plague of Thebes)이야."라고 중얼거렸다. 스트라우스가 자신의 아들과 며느리를 오펜하이머에게 소개하려 하자, 오펜하이머는 통명스럽게 어깨 너머로 손을 내밀어 악수를 하고는 한마디 말도 없이 가 버렸다. 스트라우스는 당연히 격분했다.

오펜하이머는 수소 폭탄 결정이 여론을 수렴하지도 않고 공론을 모으지도 않은 채, 그 결과에 대한 솔직한 평가 없이, 비공개로 이루어졌다고 생각했다. 비밀주의는 무지한 정책을 낳았고, 그래서 오펜하이머는 비밀주의에 반대하는 목소리를 높이기로 결심했다. 1950년 2월 12일 스트라우스는 오펜하이머가 엘레노어 루스벨트의 일요일 오전 토크쇼 첫 방송에 출연해 수소 폭탄 결정을 내리게 된 과정을 공개적으로 비판하는 것을 보고 화를 냈다. 오펜하이머는 시청자들에게 "이것들은 복잡한 기술적 문제들이기는 하지만 우리가 갖고 있는 윤리성의 바탕이 되는 것이기도 합니다. 이와 같은 결정들이 비밀로 분류된 정보에 기초해서 내려진다는 것은 우리에게 대단히 위험한 일입니다."라고 말했다.[64, 65] 스트라우스에게 이런 코멘트들은 공개적으로 대통령에게 반기를 드는 행위였다. 그는 오펜하이머가 한 말의 발언을 녹취한 문서를 백악관에 보내기까지 했다.

그해 늦여름 오펜하이머는 《원자 과학자 회보》에 실린 칼럼에서 "이런 결정들이 비밀로 분류된 정보를 바탕으로 내려지고 있다."는 말을 반복했다. 그는 이것이 필요치도 않을 뿐더러 현명하지도 않다고 생각했다. "관련된 사실들은 적에게 별 도움이 되지 않을지도 모른다. 하지만 그것들은 정책에 대한 질문을 이해하는 데 필수적이다." 정부 내에서는 아무도 어느 누구도 이에 동의하지 않았다. 이미 비밀주의가 강화되는 방향으로 가고 있었던 것이다.

지난 5년 동안 오펜하이머는 자신이 가진 스타 과학자로서의 명성과 신분을 이용해 워싱턴의 국가 안보 체제를 내부에서부터 변화시키려고 노력했다. 필립 모리슨, 로버트 서버, 프랭크 오펜하이머를 비롯한 그의 오랜 좌익 친구들은 이것이 가망 없는 도박에 불과하다고 경고했다. 1946년에 원자 폭탄에 대한 국제 통제를 제안하는 애치슨릴리엔털 계획이 트루먼 대통령이 바루크를 임명하면서 좌절됐을 때 그는 이미 한번 실패를 경험했다. 그리고 이제 그는 다시 대통령과 각료들을 설득하는 데 실패한 것이다.[66] 트루먼 정부는 이제 히로시마에 투하된 폭탄보다 1,000배나 강력한 폭탄을 개발하는 프로그램을 추진하고 있었다. 그래도 오펜하이머는 "문제를 만들려" 하지 않았다. 물론 그는 점점 자신의 의견을 거침없이 말하게 되었고, 그에 따라 점점 의심을 사게 되었지만, 여전히 체제 내의 사람으로 남아 있었다.

31장

오피에 대한 어두운 말들

> 이 얼마나 구역질 나는 일인가. 하지만 이것은 거대한 지브롤터 바위 같은
> 당신의 존재에 부는 미약한 바람 같은 것이다.
>
> — 데이비드 릴리엔털이 로버트 오펜하이머에게, 1950년 5월 10일

그가 나중에 "우리가 잘못 대처한 슈퍼 폭탄을 둘러싼 한판 싸움"이라고 부르게 된 대회전이 있고 나서 오펜하이머는 실망한 채 프린스턴으로 돌아갔다.[1] 그해 봄 케넌은 그에게 쓴 편지에서 "당신은 나에게 지성적 양심의 표상입니다."라고 썼다.[2] 슈퍼 폭탄에 대한 논쟁을 치르는 와중에 둘 다 핵전쟁의 위협에 기반한 안보 전략에 반대한다는 것을 알게 되면서 두 사람은 동맹 관계를 맺었다.

케넌은 "지난날을 돌이켜 볼 때 생각나는 것은 그가 투명성이 바람직하다고 역설했던 것입니다."라고 회고했다.[3] 오펜하이머는 폭탄에 대한 정

보를 숨기는 것은 오해를 불러일으킬 위험성이 있다고 주장했다. 케넌에 따르면 오펜하이머의 주장은 "그들(소련인들)과 미래의 문제와 폭탄 사용에 대해 최대한 솔직하게 의논해야 한다."라는 것이었다. 케넌은 핵무기가 본질적으로 사악한 학살용 무기라는 것에 동의했다. "그 당시 사람들은 이것이 어느 누구도 득볼 것이 없는 무기라는 것을 인식해야만 했다……. 이런 무기를 개발함으로써 무언가 긍정적인 것을 이룰 수 있다는 생각은 근본적으로 터무니없는 생각이다."

개인적으로 케넌은 오펜하이머가 자신에게 고등 연구소에 자리를 마련해 역사학자로서의 새로운 경력을 시작할 수 있게 해 준 것을 고맙게 생각했다. "중년의 나이에 학자의 길을 걸을 수 있도록 기회를 제공할 만큼 나에게 확신을 갖고 북돋워준 것에 특별한 개인적 빚을 졌다고 생각합니다."[4] 하지만 케넌의 연구소 임용 심사는 심각한 물의를 일으켰다. 몇몇은 학술 활동이라고는 전무한 직업 외교관의 학자로서의 자격을 문제 삼았다. 노이만은 반대표를 던졌고, 오펜하이머에게 보낸 편지에서 케넌은 "아직까지는 역사학자가 아니"며 여태까지 "특출난" 학술적 업적도 없다고 썼다.[5] 항상 그렇듯이 베블린이 이끄는 대부분의 수학자들은 케넌이 단지 오펜하이머의 정치적 동지일 뿐이지 학자가 아니라는 이유로 이의를 제기했다. 다이슨은 "그들은 케넌을 매우 싫어했고 이 문제를 오펜하이머를 공격할 기회로 삼았습니다."라고 회고했다.[6] 하지만 케넌의 지적 능력의 진가를 아는 오펜하이머는 이사회에서 그의 임용을 밀어붙였고, 결국 케넌의 연봉 1만 5000달러를 연구소장 예산에서 주겠다고 약속함으로써 타협점을 찾을 수 있었다.

케넌이 프린스턴에서 18개월 정도 보냈을 무렵, 트루먼과 애치슨은 그에게 주 모스크바 미국 대사를 맡아 달라고 부탁했다. 결국 그는 1952년 봄, 마지못해 프린스턴을 떠났다. 그러나 그는 6개월도 안 되어서 오펜하이머에게 편지를 써서 자신의 모스크바 임기는 그리 길지 않을 것이라고 말했다.[7] 그리고 나서 열흘도 되기 전에 그는 한 기자에게 소련에서의 생활은 나치스 치하의 독일에서 보내던 때를 상기시킨다고 말했다는 이유로 직무 해제당했다. 당연하게도 소련은 그를 페르소나 논 그라타(persona non grata, 한 국가가 받아들이기를 기피하는 외교 사절)로 선정했다. 그리고 나서 얼마 후 드와이트 아이젠하워가 대통령 선거에서 승리하자 "강경 대응"을 선호했던 공화당원들 사이에서 "봉쇄" 정책의 입안자가 설 자리가 없으리라는 것이 명확해졌다. 1953년 3월, 케넌은 오펜하이머에게 편지를 써서 자신이 방금 국무부 장관 존 포스터 덜러스(John Foster Dulles)를 만났는데, 그는 "내가 '봉쇄' 정책을 입안했던 사람이기 때문에 현 정부에서는 적합한 '자리'를 찾을 수 없을 것이다."라고 말했다고 전했다.[8] 케넌은 이 말을 듣고 조기 퇴직을 결심했고 곧 프린스턴의 "학자들을 위한 감압실(decompression chamber for scholars, 고등 연구소)"로 돌아왔다. 이후 케넌은 1960년대 초에 몇 년간 유고슬라비아 대사로 부임했을 때를 제외하고는 여생을 그곳에서 보냈다. 그는 오펜하이머의 이웃이자 헌신적인 친구였다. 그가 보기에 오펜하이머는 "우아하고, 관대하며, 그리고 가장 면밀하고 엄격한, 가장 높은 수준의 지적 작업을 수행할 수 있는 공간"을 만들었던 것이다.

오펜하이머가 냉전 군사 체제에 맞서 싸웠던 사안은 수소 폭탄만이 아니었다. 1949년이 되자 그는 가까운 미래에 핵 군축과 관련된 상황이 호전되리라는 기대를 버리게 되었다. 그는 여전히 보어의 비전인 전 세계적 개방만이 핵 시대를 사는 인류의 유일한 희망이라고 믿었다. 하지만 냉전 초기에 유엔에서 진행된 핵무기 통제 협상은 교착 상태에 빠져 있었다. 오펜하이머는 자신의 영향력을 이용해 정부와 일반 대중이 원자력에 가지고 있는 환상에 찬물을 끼얹기 위해 계속 노력했다. 그해 여름 언론은 그가 "비행기와 전함에 핵연료를 장착하는 것은 어이없는 생각일 뿐이다."라고 말했다고 보도했다.9 원자력 에너지 위원회 자문 위원회에서 오펜하이머와 다른 과학자들은 핵연료를 이용한 폭격기를 개발하려는 공군의 계획인 렉싱턴 프로젝트(Project Lexington)를 비판했다. 그는 또한 민간 핵발전소에 내재된 잠재적 위험 요소들에 대해서도 이야기했다. 이와 같은 발언들은 핵기반 기술의 개발을 선호하던 국방부나 전력 산업 관계자들로부터 미움을 사기에 충분했다.

그동안 자문 위원회에서 군 고위 장성들과 접촉했던 위원들은 점점 군부의 핵무기 계획에 우려를 나타내기 시작했다. 듀브리지는 "나는 소련의 어디를 표적으로 할 것인지, 주요 산업 요충지를 타격하려면 (폭탄이) 몇 개나 필요한지에 대해 많은 논의가 있었다는 것을 알고 있습니다……. 당시 우리는 50개 정도만 있으면 소련의 필수적인 시설들을 파괴할 수 있다고 생각했습니다."라고 회고했다.10 듀브리지는 그것이 꽤 근접한 추정이라고 생각했다. 하지만 시간이 지날수록 펜타곤의 관료들은 자꾸만 숫자를 높일 구실을 찾아냈다. 듀브리지는 "우리는 그들이 앞으로 1~2년 안에 손에 넣을 수 있는 (폭탄의) 수에 맞추어 그만큼의 표적을 찾아내는 것을 보고 웃고는 했습니다. 그들은 생산 목표에 맞춰 표적의 수를 조정했습니다."라고 기억했다.

자문 위원회 회의에서 오펜하이머는 대개 극히 객관적인 태도를 취했다. 그가 감정을 드러내는 것은 매우 드문 일이었다. 한번의 예외적인 경우는 해군의 하이먼 리코버(Hyman Rickover) 제독이 해군이 핵잠수함을 개발하기 위해 서두르고 있다는 보고를 했을 때였다. 리코버는 핵반응로를 개발하기 위한 원자력 에너지 위원회의 작업이 늦어지고 있다며 불평했다. 그는 오펜하이머에게 원자 폭탄을 만들기 위한 "모든 지식을 다 얻을" 때까지 기다릴 생각이냐고까지 물었다.[11] 오펜하이머는 냉정한 푸른 눈으로 그를 노려보고는 그렇다고 대답했다. 제독은 소문대로 오만했지만, 오펜하이머는 리코버가 자리를 뜰 때까지 참고 있었다. 그러고 나서 오펜하이머는 리코버가 두고 간 나무로 만든 작은 잠수함 모형이 있던 곳으로 걸어갔다. 그는 모형의 선체를 움켜쥐어 조용히 박살 내고는 아무 말도 하지 않고 돌아섰다.[12]

오펜하이머의 정적은 점점 늘어나고 있었다. 그의 옛 친구인 체르니스가 수년 전에 논평했듯이 오펜하이머는 종종 "매우 잔인한" 말을 했다.[13] 그는 부하들에게는 친절하고 배려심이 깊지만, 동료들에게는 매우 예리했던 것이다.

스트라우스는 오펜하이머의 가장 위험한 정적 중 하나였다. 그는 오펜하이머가 지난 여름 의회 청문회에서 자신의 권고를 놀림감으로 삼았던 것을 잊지 않고 있었다. 스트라우스는 1949년 7월 친구에게 쓴 편지에서 "요즈음은 그리 행복하지 않아."라고 말했다.[14] 원자력 에너지 위원회에서 자신이 지지하는 여러 정책들이 계속 반대에 부딪치자 그는 점점 신경질적이 되었다. 스트라우스는 오펜하이머와 그의 친구들에 대해 "내가 동료들과 의견을 달리할 용기가 있다는 이유로 그들은 내가 불경죄를 지었다고 여긴다."며 불만을 토로했다. 그는 오펜하이머의 가까운 친구인 허버트와 앤 윌슨 마크스가 "내가 '고립주의자'라는 식"으로 소문을 퍼뜨리고 있다고 믿었다.[15] 한 친구가 말하길 어떤 사람들은 "과학 문제에 대해 오펜하이머 박사와 다른 의견을 갖는 것은 말도 안되는 행위"라고 생각하는 듯하다고 했다.[16] 이에 스트라우스는 "전지전능에 대하여(themes on omniscience)"라는 메모에 오펜하이머가 한때 우라늄을 "변성"시킬 수 있을 것이라고 제안했는데, 그것은 그 후 불가능한 것으로 밝혀졌다고 썼다.

스트라우스는 또한 오펜하이머가 의식적으로 핵폭탄의 개발을 늦추려 한다고 믿었다. 그는 오펜하이머가 마치 "싸우고 싶어 하지 않는 장군" 같다고 생각했다.[17] "승리는 기대할 수 없다." 1951년 초 원자력 에너지 위원회 위원으로서의 임기를 마친 스트라우스는 원자력 에너지 위원회 위원장 고든 딘을 찾아가 공들여 쓴 메모를 읽으며 오펜하이머가 "프로젝트를 사보타지"하고 있다고 비난했다. 그는 "뭔가 획기적인" 대책을 세워야 한다고 주장했는데, 이는 오펜하이머를 해고하라는 의미였다. 그리고 스트라우스는 오펜하이머를 받아들이는 것이 가져올 정치적 위험을 보여 주려는 듯, 회의가 끝나자 과장된 몸짓으로 자신의 메모를 딘의 벽난로 불속으로 던져 태웠다. 의식적이었든 아니든, 그것은 의미심장한 제스처였다. 국가 안보를 위해서는 오펜하이머의 영향력을 잿더미로 만들어야 했던 것이다.

1949년 가을 당시, 슈퍼 폭탄에 대한 내부 논쟁이 시작될 무렵에 스트라우스는 오펜하이머에 대한 의심을 증폭시킬 만한 일급비밀인 최고 기밀 정보를 듣게 되었다. 10월 중순에 FBI가 최근 해독한 소련 전보에 따르면 로스앨러모스에서 활동하던 소련 스파이가 있었다는 내용이었다. 비밀 전문은 1944년 영국 과학 사절단의 일원으로 로스앨러모스에 도착한 영국인 물리학자 클라우스 푹스를 지목하는 듯했다. 그로부터 몇 주 안에 스트라우스는 푹스가 원자 폭탄과 슈퍼 폭탄에 관한 기밀 정보에 접근할 수 있었다는 것을 알았다.

FBI와 영국 정부가 푹스를 조사하는 동안 스트라우스는 오펜하이머를 조사하기 시작했다. 그는 그로브스 장군에게 전화를 걸어 오펜하이머의 FBI 파일을 들먹이면서 슈발리에 사건에 대해 물었다. 그로브스는 그에 대한 대답으로 스트라우스에게 두 통의 긴 편지를 써서 1943년에 벌어진 일과 자신이 왜 슈발리에의 활동에 대한 오펜하이머의 설명을 받아들였는지를 설명했다. 첫 번째 편지에서 그는 오펜하이머가 충성스러운 미국인이라는 것을 단호한 어조로 주장했다. 두 번째 편지에서 그는 슈발리에 사건의 복잡함을 설명했다.

그로브스는 자신이 그 사건에서 오펜하이머의 태도가 문제되지 않는다고 생각했음을 명확히 했다. 그는 스트라우스에게 "과거에 공산주의 경향이 있는 친구들과 어울렸거나, 한때 소련에 호의적이었던 사람들을 모두 제거하면, 우리는 가장 유능한 과학자들의 상당수를 잃게 될 것임을 알아야 합니다."라고 썼다.[18]

오펜하이머에 대한 그로브스의 변호가 불만족스러웠는지 스트라우스는 계속해서 죄를 뒤집어씌울 만한 증거를 찾았다. 12월 초 무렵이면 그는 그로브스의 부관이었던 니콜스와 연락을 주고받고 있었다. 니콜스는 오펜하이머를 혐오했다. 이후 몇 년 동안 니콜스는 스트라우스의 조수이자 절친한 친구가 되었다. 두 사람은 오펜하이머에 대한 적대감으로 뭉쳤던 것이다. 니콜스는 스트라우스에게 아서 콤프턴이 1945년 9월 헨리 월리스에게 보낸 편지를 주었다. 그 편지에서 콤프턴은 자신과 오펜하이머, 로런스, 페르미는 슈퍼 폭탄과 같은 학살 무기를 사용해 얻은 승리보다 "전쟁에서 패배하는 편이 나을 것"이라고 생각한다고 밝혔다.[19] 스트라우스는 콤프턴의 편지에서 오펜하이머의 위험한 영향력을 더욱 잘 보여 주는 증거를 발견했다. 편지를 쓴 것은 콤프턴이었다는 점, 그리고 로런스와 페르미도 그의 주장을 지지했다는 점은 스트라우스에게 중요하지 않았던 것이다.

1950년 2월 1일 오후, 트루먼이 슈퍼 폭탄 개발 계획을 발표한 다음 날, 스트라우스는 후버의 전화를 받았다.[20] FBI 국장은 푹스가 조금 전 첩보 활동을 자백했다고 알려 주었다. 비록 오펜하이머가 푹스를 로스앨러모스로 불러들인 것은 아니었지만, 스트라우스는 푹스의 스파이 활동이 그의 감독 아래 이루어진 것이라며 그를 비난했다. 다음 날 스트라우스는 트루먼에게 편지를 보내 푹스 사건은 "(슈퍼 폭탄에 대한) 당신 결정의 현명함을 돋보이게 하는" 사례라고 말했다.[21] 스트라우스의 사고방식에 따르면, 푹스 사건은 비밀주의에 대한 자신의 강박은 물론이고, 영국을 포함한 그 어떤 나라와도 핵기술과 연구용 동위 원소를 나눠 갖는 것에 대한 반대입장을 정당화하는 것이었다. 그리고 스트라우스와 후버에게 푹스의 발각은 오펜하이머의 좌익 과거에 대한 재검토를 요구하는 것이기도 했다.

오펜하이머가 푹스의 자백에 대해 들은 날, 그는 마침 앤 윌슨 마크스와 뉴욕 그랜드 센트럴 역의 유명한 굴 요리점에서 점심을 먹기로 되어 있었다. 그는 로스앨러모스 시절 비서였던 앤에게 "푹스 소식 들었어?"라고 물었다.[22] 그들은 푹스가 로스앨러모스에서 조용하고, 외롭고, 심지어 측은한 마음이 들게 하는 사람이었다는 데에 동의했다. 다른 한편 그는 푹스가 빼돌린 슈퍼 폭탄에 대한 정보는 아마도 실현 불가능한 "소달구지" 모델일 것이라고 예상했다. 며칠 후 그는 연구소 동료 페이스에게 푹스가 러시아 인들에게 슈퍼 폭탄에 대한 모든 정보를 넘겨주었다면, 그들은 "몇 년쯤 뒤처지게 될 것"이라며 농담을 던졌다.[23]

푹스가 자백했다는 사실이 언론에 보도되기 바로 며칠 전, 오펜하이머는 원자력 에너지 합동 위원회의 비공개 간부 회의에서 증언을 했다. 처음으로 자신의 1930년대의 정치 활동에 대한 질문을 받고, 오펜하이머는 자신이 순진하게도 당시 대공황을 겪던 미국이 처한 문제들에 대한 해답을 공산주의자들이 가지고 있다고 생각했다고 차분하게 설명했다. 그의 제자들은 직장을 구하지 못해 쩔쩔매고 있었고, 히틀러는 유럽 전체를 위협하는 존재로 성장했다. 오펜하이머는 당원인 적은 없었지만 자신이 전쟁 동안 몇몇 공산주의자들과 친분을 유지했다고 털어놓았다. 그러나 그는 서서히 "공산당은 솔직함과 고결함이 없다는 것을" 알게 되었다.[24] 전쟁이 끝날 무렵에는 그는 "확고한 반공주의자"가 되어 있었다. "젊은 시절 공산주의 활동에 호의를 가졌던 것이 향후 감염에 대한 면역성을 갖게 해 주었다." 그는 공산주의가 '소름끼치도록 부정직'하고 '비밀주의와 독단성'으로 가득 차 있다며 강하게 비난했다.

나중에 윌리엄 리스컴 보든(William Liscum Borden)이라는 합동 위원회의 젊은 스탭은 오펜하이머에게 나와 주어 고맙다는 편지를 썼다. "나는 당신이 위원회에 나온 것이 여러 가지 의미에서 잘한 일이라고 생각합니다."[25]

보든은 세인트 알반스 사립 고등학교(St. Albans prep school)를 졸업하고 예일 법대를 졸업했다. 그는 영리하고 정력적이며, 소련의 위협에 대한 강박관념을 갖고 있었다. 전쟁 중에 그는 B-24 폭격기의 조종사였다. 하루는 야간 임무를 수행 중이었는데 바로 옆으로 독일의 V-2 로켓이 런던을 향해 지나간 적이 있었다. 보든은 나중에 "그것은 붉은색 불똥을 내뿜는 유성처럼 우리 곁을 지나 날아갔는데, 워낙 빨라서 우리가 탄 비행기가 멈춰 있는 것 같았다. 나는 이 로켓들로 인해 미국이 직접 공격에 노출되리라는 것을 곧 확신했다."라고 썼다.[26] 1946년에 그는 핵을 이용한 진주만식 기습 공격의 위험성을 경고하는 『시간이 없을 것이다. 전략에서의 혁명(There Will Be No Time. The Revolution in Strategy)』이라는 제목의 책을 썼다. 보든은 앞으로 미국의 적성국들이 다량의 핵탄두를 장착한 대륙간 로켓을 갖게 될 것이라고 예측했다. 보든과 그의 보수적인 예일 동문들은 트루먼 대통령이 소련에 대한 핵 최후통첩을 해야 한다고 재촉하는 신문 광고를 내기도 했다. "스탈린에게 선택하게 하시오. 핵전쟁이냐 핵평화냐." 맥마흔 상원 의원은 이 선동적인 광고를 보고 28세의 보든을 자신의 원자력 에너지 합동 위원회 보좌관으로 채용했다. 프린스턴의 물리학자 존 휠러(John Wheeler)는 "보든은 다른 늙은 개들보다 더 크게 짖고 더 세게 무는 어린 강아지 같았습니다."라고 썼다.[27] "그는 어디에서건 미국의 무기 개발을 늦추거나 방해하려는 음모를 보았습니다."

보든은 1949년 4월 열린 자문 위원회 회의에서 오펜하이머를 처음 만났다. 그 자리에서 보든은 오펜하이머가 공군의 핵 폭격기 계획인 렉싱턴 프로젝트를 공개적으로 비난하는 것을 조용히 듣고 있었다. 그것만으로는 부족했는지, 오펜하이머는 또 원자력 에너지 위원회가 민간 원자력 발전소를 지으려는 계획도 비판했다. "그것은 공학적으로 위험한 시도입니다."[28] 보든은 오펜하이머가 "타고난 지도자이자 교묘한 조종자"라고 생각했다.

하지만 푹스의 자백이 있고 나서, 보든은 오펜하이머가 단순히 '교묘한 조종자'보다 훨씬 더 위험한 존재가 아닐까 생각하기 시작했다. 그의 의혹에 불을 지른 것은 다름 아닌 스트라우스였다. 1949년 무렵에 스트라우스와 보든은 절친한 사이가 되었고, 스트라우스는 원자력 에너지 위원회를 떠난 이후에도 보든과 친분을 유지했다.[29] 그들은 서로가 오펜하이머의 영향력에 대해 비슷한 우려를 가지고 있음을 인지했다.

1950년 2월 6일, 보든은 FBI 국장 후버의 합동 위원회 증언에 참석했다. 명목상으로 푹스에 대해 보고하기 위해 온 것이었지만, 후버는 오펜하이머에 대해서도 꽤 많은 시간을 할애했다. 그날 참석한 위원들 중에는 맥마흔 상원 의원과 워싱턴 주의 민주당 하원 의원 헨리 '스쿱' 잭슨(Henry 'Scoop' Jackson)이 있었다.

잭슨의 워싱턴 주 선거구는 핸포드 핵시설이 있던 곳이었다. 그는 강경 반공주의자에 핵무기 개발을 강력하게 주장하던 사람이었다. 그는 슈퍼 폭탄에 대한 논쟁이 한창이었던 지난 가을 무렵 오펜하이머를 만났고, 저녁 식사나 함께 하자며 그를 워싱턴 D.C. 칼튼 호텔로 초대했다. 그는 이 물리학자가 수소 폭탄을 개발하는 것은 단지 무기 경쟁을 부추길 뿐이며 결국 미국을 더 위험하게 만드는 일이라고 주장하는 것을 듣고는 어이없어했다. 잭슨은 몇 년 후에 "나는 그가 맨해튼 프로젝트에서의 역할 때문에 죄책감을 가지고 있었다고 생각합니다."라고 말했다.[30]

잭슨과 맥마흔은 후버로부터 처음으로 슈발리에가 1943년 오펜하이머에게 접근해 소련과 공유할 정보를 구할 수 있는지 알아보았던 사건에 대해 듣게 되었다.[31] 후버는 오펜하이머가 이 요청을 거부했다고 보고했지만, 보든은 이 사건이 여전히 미심쩍다고 느꼈다. 그는 오펜하이머가 슈퍼 폭탄을 반대하는 것이 혹시 공산주의의 대의에 대한 충성심 때문이 아닐까 생각하기 시작했다.

한 달 후 텔러는 보든에게 오펜하이머가 전쟁이 끝나고 로스앨러모스를 철거하기를 바랐다고 말해 주었다. 그는 오펜하이머가 "로스앨러모스를 인디언들에게 되돌려 주자."라고 말했다고 주장했다. 보든은 또한 한 로스앨러모스 보안 장교가 오펜하이머를 "철학적 공산주의자"였다고 믿었다는 말도 들었다. 그리고 그는 키티가 스페인에서 싸우다 죽은 공산주의자와 결혼했었다는 사실을 처음으로 알게 되었다.

보든, 맥마흔, 그리고 잭슨은 최근에 오펜하이머가 자신의 영향력을 이용해 전장 전술 핵무기를 주장하고 나섰다는 것을 알게 되자 경악했다. 미 공군과 의회의 협력자들은 오펜하이머의 계획이 전략 공군 사령부(Strategic Air Command, SAC)의 주도적 역할을 약화시키려는 것으로 보았다. 잭슨과 그의 동료들은 치명적인 핵공격을 수행할 수 있는 전략 공군 사령부의 전쟁 능력이 미국 최고의 으뜸가는 무기라고 생각했다. 잭슨은 연설에서 "이제까지 우리의 핵 우위는 크레믈린을 저지해 주었습니다……. 핵 군비 경쟁에서 뒤떨어지는 것은 국가적 자살 행위일 것입니다. 최근 러시아의 핵 실험은 스탈린이 원자력 에너지 기술 개발에 총력을 기울이고 있다는 것을 의미합니다. 우리 역시 그럴 때가 되었습니다."라고 말했다.[32] 잭슨은 핵 시대에 미국은 어떤 적성국에도 대항할 수 있을 만큼 절대적인 군사적 우위를 가져야 한다고 생각했다. 그러므로 수소 폭탄을 만들 수만 있다면, 미국이 가장 먼저 그것을 개발해야만 했다. 잭슨의 전기를 쓴 로버트 카우프만은 "그는 순진한 과학자들이 선의만 가지고 수소 폭탄의 개발에 반대했던 것에 대응했던 경험을 잊지 않았다."라고 썼다.[33]*

잭슨 의원과 같은 정치인들은 오펜하이머가 순진하고 판단력이 떨어진다고 생각하는 정도였지만, 보든은 그 정도가 아니었다. 1950년 5월 10일 보든은 《워싱턴 포스트》 1면에 공산당원이었던 폴 크라우치(Paul Crouch)와

---

* 한편 잭슨은 2003년에 예방 전쟁을 강조하는 부시 독트린을 구체화했던 신보수주의자들(neoconservatives)에게 영향을 미쳤다. 1969년과 1979년 사이에 잭슨의 외교 정책 자문역을 맡았던 리처드 펄(Richard Perle)은 카우프만에게 다음과 같이 말했다. 그(잭슨)가 미사일 방어 전략에 대해 가진 열의와, 데탕트(détente)와 전략 무기 제한 회담(SALT, Strategic Arms Limitation Talks)에 대해 가진 회의적 태도는 모두 그의 과거 경험에서 기인하는 것이었다. 즉 우리가 수소 폭탄에 반대하던 과학자들의 말을 들었다면 스탈린의 소련이 수소 폭탄을 독점했을 것이고 우리는 심각한 곤경에 빠지게 되었으리라는 것이다.

부인 실비아 크라우치(Sylvia Crouch)가 버클리에서 오펜하이머가 당 회합을 주최한 적이 있었다고 증언했다는 기사를 읽었다. 캘리포니아 주 반미 활동 조사 위원회에서 한 증언에서, 크라우치 부부는 1941년 7월 케네스 메이가 회합 참가자들을 케닐워스 코트 10번지에 위치한 오펜하이머 자택으로 운전해 데려갔다고 주장했다. 회합이 있기 얼마전에 히틀러는 소련을 침공했고, 알라메다 카운티 공산당의 의장으로서 폴 크라우치는 이번 전쟁에 대한 당의 새로운 입장을 설명하기로 되어 있었다. 20명에서 25명 사이의 사람들이 참석했다. 실비아는 오펜하이머의 집에서 열린 그 모임에 대해 "특별 섹션이라고 불리던 최상위층 공산주의자 모임이었습니다. 이 모임은 워낙 중요해서 보통 공산주의자들은 구성원이 누군지 알지도 못했습니다."라고 진술했다.[34] 참가자들은 서로 신분을 공개하지 않았다. 그녀는 나중에 1949년 뉴스 영화에서 오펜하이머를 보고나서야 그가 모임의 주최자였음을 확인할 수 있었다고 말했다. 크라우치 부부는 FBI에서 보여 준 사진을 통해 데이비드 봄, 조지 엘텐튼, 조지프 와인버그 역시 그 모임에 참석했다고 확인해 주었다. 실비아는 반미 활동 조사 위원회가 전시에 원자 폭탄 기밀 정보를 공산당 스파이에 넘겨준 것으로 지목한 "과학자 X"가 와인버그였다고 밝혔다. 캘리포니아 언론은 이 주장들을 "폭탄 선언"이라며 대서특필했다. 폴 크라우치는 "서부의 휘태커 체임버스"라고 불리게 되었는데, 이는 1950년 1월 21일의 증언으로 앨저 히스가 위증 유죄 판결을 받게 만들었던 《타임》편집자이자 공산주의자였던 체임버스의 이름을 딴 것이었다.[35]

오펜하이머는 즉시 혐의를 부정하는 진술서를 발표했다. "나는 공산당원이었던 적이 없다. 나는 그런 목적으로 내 집에서건 어디에서건 회합을 주최한 적이 없다."[36] 오펜하이머는 '크라우치'라는 이름은 알지도 못한다고 말했다. 그러고 나서 그는 "내가 좌익 활동을 했고 좌익 조직에 가입했던 사람들을 많이 알고 지냈다는 사실은 더 이상 비밀이 아니다. 정부는 내가 원자 폭탄 프로젝트에서 일하기 시작할 때부터 이 문제에 대해 이미 구체적으로 파악하고 있었다."라고 말했다. 그의 진술서는 언론에 널리 보도되었고 문제는 잠잠해지는 듯 보였다. 그의 친구들은 걱정하지 말라는 편지를 보내기도 했다. 릴리엔털은 크라우치의 증언을 캘리포니아 신문에서 읽고 난 후 오펜하이머에게 "이 얼마나 구역질나는 일입니까? 하지만 이것은 거대한 지브롤터 바위 같은 당신의 존재에 부는 미약한 바람 같은 것입니다."라고 썼다.[37]

릴리엔털은 이 증언의 효과를 과소평가하고 있었다. 보든은 크라우치 부부의 주장이 "본질적으로는 믿을 만하다."는 메모를 작성했다.[38] 폴과 실비아 크라우치는 1950년 5월 캘리포니아 증언을 하기 몇 주 전부터 FBI와 수차례에 걸쳐 인터뷰를 했다. 그들이 증언을 할 무렵이면 그들은 이미 법무부에서 월급을 받는 유급 정보원이 되어 있었고, 전국의 공안 사건들에서 공산주의자 혐의를 받는 사람들에 대해 주기적으로 증언했다.

노스캐롤라이나 침례교 목사의 아들로 태어난 폴 크라우치는 1925년 공산당에 입당했다. 당시 그는 미 육군 소속이었는데, 공산당 간부들에게 보낸 편지에서 그는 "혁명 활동을 위장하기 위해 에스페란토 모임을 결성했다."라고 자랑하기도 했다. 육군은 이 편지를 가로챘고, 그가 하와이의 쇼필드 병영(Schofield Barracks)에 공산당 세포를 조직하고 있었다고 결론 내렸다. 크라우치는 "혁명 선동"이라는 죄목으로 군법 재판에 회부되었고 징역 40년을 선고받았다. 재판에서 그는 다음과 같이 증언했다. "나는 친구들과 내가 상상해 낸 사람들에게 편지를 쓰는 습관이 있습니다. 어떨 때는 내가 왕이나 다른 외국인들과 어떤 사이일까 생각하면서 편지를 쓰는 경

우도 있지요."³⁹

이상하게도 크라우치가 알카트라즈 감옥에서의 40년형 중 3년만을 살았을 때 캘빈 쿨리지(Calvin Coolidge) 대통령에 의해 사면받았다.⁴⁰ 이것이 이중 스파이가 되는 대가였는지는 확실하지 않다. 하지만 그가 석방되자 공산당은 그를 "프롤레타리아 영웅"이라며 칭송했다. 그는 얼마간 체임버스와 함께 《데일리 워커》의 편집인으로 일했다. 그리고 1928년에 당은 그를 모스크바로 보냈고, 그는 자신이 레닌 대학교에서 강의를 했으며 소련 적군(赤軍) 중령으로 명예 임관되었다고 주장했다. 그는 또한 자신이 소련 육군의 투카체브스키(M. N. Tukhachevsky) 대장과 만나 "미국 군대에 침투하기 위한" 계획을 세웠다고 말하기도 했다.⁴¹ 사실 그는 이상한 말과 행동을 보인다는 이유로 소련에서도 곧 쫓겨났던 것이었다. 미국으로 돌아오자 그는 공산당의 지령에 따라 자신의 출신지인 남부를 순회하며 사회주의 국가와 스탈린 동지를 칭송하는 임무를 맡았다. 그는 플로리다에 정착해 신문 기자 및 공산당 조직가로 활동했다.

어느 날 그는 한 마이애미 신문의 파업을 막는, 그의 경력으로 보았을 때 너무나 불가사의해 보이는 일을 맡았다. 동료들이 그가 한 일에 대해 알게 되자 크라우치는 캘리포니아로 도망쳤고, 1941년에 알라메다 카운티 공산당의 서기직을 맡게 되었다. 그는 인기 없는 동료이자 무능한 지도자였다. 넬슨은 "그는 바에서 혼자 술을 마시면서 보내는 시간이 많았다."라고 썼다.⁴² 1941년 12월, 또는 아무리 늦더라도 1942년 1월에 지역 공산당원들은 그가 제안했던 활동들이 길거리 회합에서 폭력을 부를 것이라고 느꼈고, 급기야 그의 면직을 요구했다. 그가 이중 간첩으로서 경찰의 앞잡이가 된 것이었을까? 그랬을지도 모른다. 어쨌든 이것으로 그의 당 활동은 끝났지만, 놀랍게도 그와 그의 부인은 1940년대 말 무렵 자신들의 동료들에게 불리한 증언을 해 주는 대가로 돈을 받는 프로페셔널 증인으로 다시 나타나게 된다. 1950년에 크라우치는 법무부에서 가장 많은 연봉을 받는 '컨설턴트'였고, 이후 2년 동안 9,675달러를 벌었다.

그의 기묘한 이력에도 불구하고, 폴 크라우치가 오펜하이머에 대해 한 증언은 처음에는 신뢰할 수 있는 것처럼 보였다. 크라우치는 오펜하이머의 케닐워스 코트 자택의 내부 구조를 묘사할 수 있었던 것이다. 그는 FBI에게 자신이 나중에 오펜하이머로 지목한 사람이 그에게 몇 가지 질문을 했다고 말했다. 공식적인 회의가 끝나고 그와 오펜하이머는 개인적으로 10분 정도 대화를 나누었다고 했다. 그리고 메이와 차를 타고 돌아올 때 메이가 "이 나라에서 가장 뛰어난 과학자들 중 하나와 이야기를 나눴다."라고 말해 주었다고 증언했다.[43] 크라우치의 증언은 그럴 듯하게 들릴 수 있을 정도로 상세했다. 이는 오펜하이머에게 엄청난 파괴력을 가질 수 있는 증언이었다.

다른 한편 오펜하이머는 자신이 크라우치가 묘사한 공산당 회의를 주최할 수 없었다는 것을 보여 주는 알리바이를 가지고 있었다. 그는 1950년 4월 29일과 5월 2일 FBI 요원들과의 인터뷰에서 자신과 키티는 버클리에서 1,910킬로미터 떨어진 뉴멕시코의 페로 칼리엔테 목장에 있었다고 설명했다. 그해 여름은 그와 키티가 갓 태어난 피터를 슈발리에 부부에게 맡기고 뉴멕시코로 갔던 바로 그때였다. 오펜하이머는 나중에 자신이 1941년 7월 24일 말에 채여 샌타페이의 한 병원에서 X레이를 찍었다는 문서를 제출하기도 했다.[44] 베테가 당시 그를 방문했고, 이 일을 분명하게 기억했다. 이틀 뒤인 7월 26일 오펜하이머는 "카울스(뉴멕시코)"라고 표기된 편지를 보냈다. 게다가 7월 28일에는 키티가 몰던 오펜하이머의 차가 페코스로 향하던 뉴멕시코 야생 수렵청 트럭과 충돌했다는 기록도 남아 있었다.

이 모든 것들은 오펜하이머가 7월 12일부터 8월 11일이나 13일까지 뉴멕시코에 머물렀음으로 보여 주었다. 크라우치가 오펜하이머를 7월 말쯤 케닐워스 코트에서 열린 공산당 회합에서 보았다는 주장은 오해였거나, 환상이거나, 거짓말이었던 것이다.[45]

시간이 지날수록 크라우치는 전혀 믿을 수 없는 정보원임이 드러났다.[46] 1953년 항공사 직원이자 노조 간부인 아만드 스칼라(Armand Scala)는 허스트(Hearst) 신문사로부터 명예 훼손 보상금으로 5,000달러를 받아 냈다. 신문사는 크라우치의 더욱 기이한 주장을 기사로 실었던 것이다. 그는 또한 조지프 매카시 상원 의원의 혐의를 뒷받침하는 정보를 제공하기도 했다. 예를 들어 그는 국무부에서 일하는 공산주의자들이 미국 여권을 훔쳐 소련 비밀 경찰 요원들에게 건네주었다고 주장했다. 크라우치의 증언은 너무나 믿을 수가 없어서 대법원은 급기야 1956년에 그가 증언했던 사건의 선고를 유예할 수밖에 없었다.[47]

결국 크라우치의 거짓말과 연극은 자신에게 그대로 돌아왔다.[48] 칼럼니스트 조지프 앨솝(Joseph Alsop)과 동생 스튜어트 앨솝(Stewart Alsop)이 크라우치가 필라델피아 공산주의자들에 대한 재판에서 위증을 했다고 고소하자, 아이젠하워 대통령의 법무장관 허버트 브라우넬(Herbert Brownell)은 마지못해 자신이 크라우치를 '조사'하겠다고 발표했다. 크라우치는 앨솝 형제에 대응해 100만 달러짜리 소송을 제기하는 한편 브라우넬에게 "나의 평판이 무너진다면 31명의 공산주의 지도자들에 대한 재판을 처음부터 새로 시작해야 할 것이다."라고 경고했다.[49] 곧 그는 브라우넬의 보좌관들의 충성심에 대해 조사해 보라고 후버에게 전화를 걸기에 이르렀다. 이 소식을 들은 《뉴욕 타임스》는 워싱턴의 정보통들이 "법무부는 더 이상 크라우치를 이용할 수 없을 것으로 보인다."라고 생각한다는 기사를 보도했다. 1954년 말에 크라우치는 하와이로 도망갔고, 그곳에서 '붉은 칠 당한 희생자(Red Smear Victim)'라는 제목의 회고록을 쓰려고 했다. 이 책은 출판되지 못했고, 크라우치는 앨솝 형제를 상대로 제기한 명예 훼손 소송의 재판 날짜가 되기도 전에 죽었다.

그러나 보든은 여전히 크라우치가 믿을 만하다고 생각했다. 만약 크라우치의 말이 진실이라면, 오펜하이머라는 수수께끼는 오펜하이머라는 공산주의 동조자가 될 것이었다. 1951년 6월에 보든은 자신의 보좌관 케네스 맨스필드(J. Kenneth Mansfield)에게 오펜하이머를 인터뷰하라고 지시했다. 맨스필드는 오펜하이머가 급속히 늘어나는 미국의 핵무기 보유량에 대해 "지나칠 정도로 모순되는 감정을 가졌다."고 보았다.[50] 오펜하이머는 도시 전체를 날려 버릴 파괴력을 지난 전략 핵무기는 소련이 미국을 공격하는 것을 막아 주는 단 하나의 목적만을 가진다고 설명했다. 트루먼 행정부의 계획처럼 그 수를 두 배로 증가시킨다고 해서 억지력이 두 배로 늘어나는 것은 아니었다.

오펜하이머의 설명에 따르면 전술 핵탄두는 전혀 다른 문제였다. 1946년에는 트루먼 대통령에게 보낸 편지에서 오펜하이머도 그와 같은 무기의 개발을 비난했다. 하지만 1949년 소련의 원자 폭탄 실험 성공 이후 오펜하이머와 자문 위원회의 동료들은 슈퍼 폭탄의 대안으로 이와 같은 '전장' 핵무기를 더 많이 만들 필요가 있다고 트루먼 행정부에 제안했다. 오펜하이머가 맨스필드에게 말했듯이, 핵무기의 군사적 효용은 "전쟁 계획의 현명함과 원하는 곳을 폭격할 수 있는 능력에 달려 있는 것이지, 폭탄 수가 중요한 것은 아니다."[51] 당시 미군은 한반도에서 실전을 치르고 있었다. 오펜하이머는 한국에서의 핵무기 사용을 지지하지는 않았지만, 전장에서 사용할 수 있는 소형 전술 핵무기가 "필요하다는 것은 명확하다."라고 주장했다. 그는 1951년 2월 《원자 과학자 회보》에 "군사 작전 수행에서 원자 폭탄의 유용함이 필수적인 부분으로 인식되어야만 비로소 그것이 전쟁을 치르는 데 도움이 될 것이다."라고 썼다.

맨스필드는 보든에게 "나는 오펜하이머가 (소련과의) 전쟁은 있을 수 없는 일이며, 값어치 없는 일이라고 생각한다는 느낌을 받았다."라고 말했다.[52]

> 나는 그가 스스로 주장하는 자제와 중용의 정책이 미칠 장기적 결과까지는 생각하고 있지 않다고 믿는다. 나는 또한 그가 고집스러운 마음으로 보았을 때 전략적 폭격이란 서툴고 굼뜬 것이라고 생각하리라고 믿는다. 그것은 외과용 메스 대신에 큰 망치를 사용하는 것이다. 그것은 특별한 상상력이나 섬세함을 필요로 하지 않는다. 여기에 과학자들 사이에서 특히 자주 보이는 윤리적 감성을 합치고, 러시아 인들은 독재 정권의 희생자들일 뿐이라는 신념을 더해 보라. 게다가 그는 비전투원을 죽이는 것을 극도로 싫어한다. 이렇게 보면 그가 왜 전술 핵무기를 개발해야 한다고 그토록 강조하는지 이해할 수 있을 것이다.

맨스필드의 1951년 6월의 메모는 오펜하이머의 사고의 방향과 논리를 정확하게 짚고 있다. 하지만 보든은 오펜하이머의 정책 권고를 논리적으로 설명할 수 없다고 마음을 굳힌 듯했다. 그는 다른 음험한 영향력들이 작동하고 있다고 믿었고, 다른 사람들 역시 이러한 믿음을 공유하고 있다는 것이 그에게 명확해졌다. 그해 늦여름 보든과 스트라우스는 그들이 가지고 있던 오펜하이머에 대한 의심에 대해 의논하기 위해 만났다. 이 만남을 요약한 문건에 따르면 스트라우스는 "대화의 주요 내용은 오펜하이머에게 가지고 있는 각자의 두려움과 우려를 표명하는 것이었다."[53] 그들은 오펜하이머가 비밀 공산당 회합을 주최했다는 크라우치의 주장에 대해 길게 이야기했다.

대부분의 증거들은 크라우치의 말을 부정하고 있었지만, 두 사람은 그렇게 생각하지 않았다. 그들은 이미 오펜하이머가 배반 행위를 저질렀다고 믿고 있었다. 하지만 보든과 스트라우스는 마지못해 그와 같은 주장은 도청 기록을 이용하더라도 확인할 수는 없으리라고 결론지었다. 스트라우스는 보든에게 "이제 '이발사(스트라우스가 조 볼피에게 붙인 별명)'가 전화 도청 가능성에 대해 알고 있기 때문에 그들(오펜하이머와 그의 부하들)은 앞으로 전화를 걸 때 특히 더 조심할 것이다."라고 말했다. 그들은 오펜하이머의 과학자 친구들은 언제든 그를 보호할 것이라고 생각했다. 게다가 오피는 자신이 감시받고 있다는 사실을 눈치채고 있는 듯했다. 보든은 개인 메모장에 "나는 (스트라우스에게) 다른 정부 요원들(아마도 FBI) 역시 명쾌한 결론을 내리지 못할 수도 있다는 심한 좌절감"에 시달리고 있다고 말해 주었다.

음모론적 시각을 갖고 있던 보든과 스트라우스는 오펜하이머가 전술 핵무기를 옹호하는 것은 슈퍼 폭탄의 개발을 막으려는 계획이라고밖에 생각할 수 없었다. 보든은 1951년 6월 스태니슬라우 울람(Stanislaw Ulam)과 텔러가 슈퍼 폭탄의 설계 문제를 해결한 이후에도 오펜하이머가 슈퍼 폭탄의 개발을 막기 위해 자신의 모든 영향력을 사용했다고 확신했다. 오펜하이머가 그 설계안에 대해 "기술적으로 깔끔하다."라고 칭찬했고, 공식적으로 폭탄의 개발을 사실상 묵인했다는 것은 그들에게 중요하지 않았다.[54] 오펜하이머와 자문 위원회의 동료들은 슈퍼 폭탄 개발을 추진하기 위해 두 번째 무기 연구소를 설립하겠다는 텔러의 제안을 수차례 거부했고, 보든과 스트라우스에게 이것은 오펜하이머가 계속해서 저항하고 있다는 증거로 충분했다. 하지만 오펜하이머와 자문 위원회는 나름대로의 이유가 있었다. 그들은 미국의 과학적 재능을 2개의 무기 연구소로 나누어 배치하는 것은 과학 발전을 저해하리라고 믿었던 것이다.

그해 텔러는 오펜하이머의 죄상을 고발하러 FBI에 갔다. 그의 요점은 오펜하이머가 "수소 폭탄의 개발을 늦추고 방해하려고 시도했다."는 것이었다.[55] 로스앨러모스에서 행해진 인터뷰에서 텔러는 "많은 사람들이 오펜하이머가 '모스크바로부터 직접 명령'을 받고 수소 폭탄의 개발에 반대했다고 믿는다."라고 말했다. 이는 구체적인 증거가 없는 입소문에 근거한 것이었다. 그리고 나서 텔러는 그가 "충성스럽지 못"하다고 생각하지는 않는다고 말했다. 오히려 오펜하이머의 행동은 성격적 결함 때문이라는 것이었다. "오펜하이머는 매우 뛰어나고 복잡한 사람입니다. 그는 어릴 때 신체적 또는 정신적 공격을 받았고, 그것이 그의 성격 형성에 영향을 미쳤을지도 모릅니다. 그는 과학자로서 큰 야망을 가졌지만, 자신이 원하는 것만큼 위대한 물리학자가 되지 못했다는 것을 인식하고 있을 것입니다." 결론적으로 텔러는 오펜하이머를 정부 관련 업무에서 제외시키기 위해서라면 **"무슨 일이든 할 것"**이라고 말했다.[56]

수소 폭탄 지지자들 중 오펜하이머의 영향력을 제거하기 위해 노력한 것은 텔러만이 아니었다. 1951년 9월, UCLA 지구 물리학 교수인 데이비드 트레셀 그릭스(David Tressel Griggs)는 미 공군의 최고 수석 과학자에 임명되었다. 1946년 랜드 코포레이션(RAND, 미 공군의 지원을 받아 설립된 군사 전략 컨설팅 회사)의 컨설턴트로 일할 당시 그릭스는 오펜하이머의 보안 문제에 대한 소문을 들은 적이 있었는데, 이제는 그의 직속상관인 공군부 장관 토머스 핀레터(Thomas K. Finletter)가 자신이 "오펜하이머 박사의 충성심에 대해 심각한 의문"을 가지고 있다고 말했다.[57] 핀레터와 그릭스는 새로운 증거를 가졌던 것은 아니었지만, 두 사람은 "오펜하이머 박사를 둘러싼 여러 활동 패턴들"이 자신들의 의심을 확인해 주었다고 믿었다.

오펜하이머의 입장에서는 공군 지도부가 멀쩡한 정신을 가졌는지 의심할 수밖에 없었다. 그는 그들의 흉악한 계획에 깜짝 놀랐다. 1951년에 그는 공군의 작전 계획을 볼 기회가 있었는데, 그들은 대부분의 소련 도시들을 초토화시킬 계획을 세우고 있었다. 그것은 대학살을 부르는 전쟁 계획이었다. 그는 나중에 다이슨에게 "내 평생 그것보다 더 빌어먹을 물건은 본 적이 없어."라고 말했다.[58]

1951년 핀레터 밑에서 일하기 시작한 지 몇 주가 지났을 때, 그릭스는 공군 파견단을 이끌고 패서디나에서 열린 칼텍 과학자들과의 회의에 참석했다. 이 회의는 칼텍 총장인 리 듀브리지가 주재한 회의였고, 목적은 소련군이 서유럽에 대한 지상 침공을 감행할 경우에 핵무기가 담당할 역할에 대한 최고 기밀 보고서(비스타 프로젝트(Project Vista))를 작성하는 것이었다. 그릭스와 다른 공군 관계자들은 비스타 프로젝트 보고서가 전략적 폭격을 비판했다는 소문에 놀랐다. 그 소문에 따르면 비스타 프로젝트의 저자들은 도시 전체를 파괴하는 핵폭탄 대신에 작은 전술 핵탄두를 선호했다는 것이었다.

더구나 보고서의 제5장은 핵폭탄이 실제 전쟁터에서 전술적 목적으로 사용될 수 없으리라고 주장했다.[59] 그리고 워싱턴이 핵무기의 "선제 사용 금지" 정책을 받아들이는 것이 국익에 도움이 될 것이라고 제안하기까지 했다. 이 장은 또한 전략 공군 사령부에 미국 전체 핵분열 물질 공급량의 3분의 1만 배정해야 한다고 권고했다. 나머지는 육군의 전술용 무기에 사용해야 한다는 것이었다. 그릭스는 이와 같은 권고안을 읽고 격노했다. 그는 5장의 주 저자가 로버트 오펜하이머라는 것을 알았을 때 놀라지 않았다.

오펜하이머는 비스타 프로젝트 위원회의 일원이 아니었다. 하지만 듀브리지는 위원회가 결론을 내리는 데 도움을 받고자 그를 논의에 참가시켰다. 오펜하이머는 위원회의 자료를 이틀 동안 읽고서는, 논쟁적이지만 대단히 논리적인 5장짜리 메모를 빠른 속도로 써 내려갔다. 오펜하이머의 설득력을 두려워한 그릭스와 그의 공군 동료들은 이 보고서가 흘러 나가지 않도록 총력을 기울였다. 그러나 그들은 별로 성공을 거두지 못했다. 1951년 크리스마스 직전에 듀브리지, 오펜하이머, 그리고 칼텍 과학자 로리첸은 NATO 총사령관 드와이트 아이젠하워 장군에게 비스타 프로젝트의 결론을 보고하기 위해 파리에 도착했다. 그들은 육군 장군인 아이젠하워에게 단 몇 개의 전술 핵탄두가 소련 기갑 사단에 대항해 얼마나 효과적일 수 있는지에 대한 인상을 남겼다. 오펜하이머는 이 보고가 "성공적"이라고 생각했다.[60]

핀레터는 이 소식을 듣고 "화가 머리 꼭대기까지 치밀었다."[61] 공군은 아이젠하워가 오펜하이머식 사고방식으로부터 영향을 받는 것을 원하지 않았다. 오펜하이머의 생각은 핵 관련 예산의 대부분을 육군이 집행해야 한다는 계획을 지지하는 것이기 때문이었다. 스트라우스 역시 격분했고, 나중에 아이오와 출신의 보크 히켄루퍼(Bourke Hickenlooper) 상원 의원에게 보낸 편지에서 "오펜하이머와 듀브리지가 작년에 아이젠하워 장군과 파리에서 시간을 보낸 이래로, 나는 그들이 장군에게 원자력 에너지 문제에 대한 허울 좋은 정책을 주입하지는 않을까 걱정했습니다."라고 썼다.[62] 공군 참모총장 호이트 반덴버그(Hoyt S. Vandenberg) 장군은 오펜하이머의 영향력에 깜짝 놀란 나머지 그의 이름을 공군의 일급 비밀에 접근할 수 있는 사람 명단에서 조용히 삭제했다.[63]

대량 학살 전쟁의 대안으로 전술 핵무기를 선호했던 오펜하이머의 계획에는 예기치 않은 문제점이 숨어 있었다. "전쟁을 전쟁터로 다시 가지고 오게 함"으로써 그는 핵무기가 실제로 사용될 가능성을 높이고 있었던 것이다.[64] 1946년에 그는 핵무기가 "정책의 수단만이 아니라……전면전이라는 개념을 가장 잘 보여 주는 무기"라고 경고한 바 있었다.[65] 하지만 1951년 무렵에 그는 비스타 보고서에 "(전술 핵무기는) 승리가 주요 목적인 전쟁에서 부수적인 용도로 사용될 수밖에 없음이 분명하다."라고 썼다. "그것은 공포 효과를 만들어 내기 위한 것이 아니라, 전투 병력들을 지원하는 목적으로 사용되어야 한다." 오펜하이머는 전술 핵무기의 사용이 훨씬 큰 규모의 핵전쟁으로 비화할 가능성을 무시했던 것이다. 공군이 합리적인 전쟁 전략이라는 이름 아래 아마겟돈을 계획하는 것을 막기 위해서는 어쩔 수 없었다.

그릭스와 핀레터는 오펜하이머의 또 다른 핵 전략 분석이 영향력을 갖게 된 것을 걱정했다. 핵 공격에 대한 미국의 대공 방어 전략을 다룬 1952년 MIT 보고서가 그것이었다. 당시 공군을 장악하고 있던 전략 공군 사령부는 대공 방어 예산이 늘어나게 되면 상대적으로 핵 보복 능력을 키우는 데 사용할 수 있는 예산이 줄어들지 않을까 우려했다. MIT 보고서가 제안했던 것이 바로 "전략 공군 사령부의 B-47 부대"를 줄이고 "중장거리 유도탄으로 무장한 장거리 요격기"를 늘리자는 것이었다.[66] 오펜하이머는 대공 방어의 효과를 완전히 무시한 것이 아니었지만, 전략 공군 사령부의 공군 장성들은 MIT 보고서의 제안이 향후 전쟁에서 패배를 기정사실화하는 것이라며 격렬하게 반대했다.

1952년 말, 핀레터를 비롯한 다른 공군 당국자들은 누군가가 MIT 보고서의 요약본을 앨솝 형제에게 전해 주었다는 것을 알고는 깜짝 놀랐다. 그들은 오펜하이머가 그랬을 것이라고 확신했다. "핀레터는 오펜하이머와 앨솝 형제가 공모했다며 분노를 금치 못했다."[67]

그해 봄, 그릭스는 라비에게 오펜하이머와 자문 위원회가 슈퍼 폭탄의 개발을 가로막고 있다고 말했다. 라비는 화를 내며 자신의 친구를 변호했고, 그릭스에게 자문 위원회 회의록을 읽어 보라고 권했다. 그러면 그는 오펜하이머가 얼마나 공평하게 회의를 주재했는지 알게 될 것이었다. 그리고 그는 프린스턴에서 두 사람의 만남을 주선하겠다고 제안했다. 그릭스는 동의했다.

1952년 5월 23일 오후 3시 30분, 그릭스와 오펜하이머는 오펜하이머의 프린스턴 사무실에 앉아서 서로 이해를 도모하는 시간을 가졌다. 하지만 오펜하이머는 곧 수소 폭탄의 개발에 반대하는 권고가 들어 있는 자문 위원회의 1949년 10월 보고서를 꺼내 들었다. 이는 붉은 깃발을 흔드는 것과 같았다. 오펜하이머는 자신의 매력을 이용해 그릭스를 안심시킬 수도 있었지만, 도저히 참을 수가 없었다. 그는 그릭스가 단지 권력을 노리는 멍청이거나, 고위 장성들과 야심 있는 물리학자 텔러 뒤에 줄을 선 이류 과학자에 불과하다고 생각했다. 그는 그런 사람 앞에서 자신을 변호할 필요가 없다고 느꼈고, 그들의 대화는 곧 파국으로 치달았다. 그릭스가 오펜하이머에게 핀레터 장관이 미국이 수소 폭탄 몇 개만 보유하면 세계를 지배할 수 있을 것이라고 허풍을 떨었다는 소문을 퍼뜨린 것이 당신이냐고 묻자, 오펜하이머는 참을성의 한계를 느꼈다. 오펜하이머는 그릭스를 노려보면서 자신은 그 이야기를 들은 적이 있으며, 그럴 듯한 이야기라고 생각했다고 말했다. 그릭스가 자신이 그때 방안에 같이 있었고 핀레터는 그런 말을 한 적이 없다고 주장하자, 오펜하이머는 자신은 그 이야기를 그 방에 있던 또 다른 사람에게 들었고 그는 믿을 만한 사람이라고 대답했다.

서로 막말을 하기 시작한 김에 오펜하이머는 그릭스에게 자신을 "친러파라고 생각하는지 아니면 단지 혼란스러워하는 것이라고 생각하는지"

물었다.⁶⁸ 그릭스는 자신도 그 질문에 대한 답을 알았으면 좋겠다고 대답했다. 오펜하이머는 말했다. "당신은 나의 충성심에 의심을 품은 적이 있습니까?" 그릭스는 자신이 오펜하이머의 충성심이 의심받는 것을 들은 적이 있으며, 자신은 핀레터 장관, 공군 참모총장 반덴버그와 함께 오펜하이머를 위험인물로 지목하여 의논한 적이 있다고 대답했다. 이에 오펜하이머는 그릭스를 "편집증병 환자"라고 단언했다.

오펜하이머와의 만남 이후 그릭스는 더욱 그가 위험 인물이라고 확신하게 되었다. 그는 돌아가자마자 이 만남에 대한 비밀 보고서를 핀레터에게 보냈다. 오펜하이머는 순진하게도 그릭스가 자신에게 피해를 줄 만큼 중요한 인물이 아니라고 생각했다. 설상가상으로 오펜하이머는 몇 주 후 핀레터와 점심을 먹으면서도 그를 비슷하게 대했다. 공군부 장관의 보좌관들은 두 사람이 일대일로 만나서 의견차를 좁힐 기회를 만들 필요가 있다고 생각했다. 하지만 오펜하이머는 의회에서 증언을 하느라 약속 시간에 늦은 데다 점심 식사 내내 굳은 얼굴로 앉아 있었다. 세련된 월스트리트 변호사 출신인 핀레터는 그에게 말을 걸려고 노력했지만 오펜하이머는 그에 대한 경멸감을 숨기려는 노력조차 하지 않은 채 "믿을 수 없을 만큼 무례하게" 처신했다.⁶⁹ 그는 공군 관계자들이 수백만 명을 더 죽이려는 목적으로 보다 더 많은 폭탄을 만들려고 하는 것에 질색했던 것이다. 그의 생각에 그들은 너무나 위험했고 윤리적으로 무뎠다. 오펜하이머는 주저 없이 그들을 정적으로 만들었다. 몇 주 후 핀레터와 그의 부하들은 원자력에너지 합동 위원회에서 "(오펜하이머가) 불온 분자"일 가능성이 있다고 말했다.⁷⁰

오펜하이머에 대한 핀레터의 고발은 핵문제를 둘러싼 논쟁에 참여하고 있던 사람들이 얼마나 극단으로 치닫고 있었는지를 잘 보여 주는 사례였다. 오펜하이머 역시 여기에서 자유롭지 않았다. 1951년 6월, 그는 재래식 방위력을 증강시키기 위한 로비를 벌이던 민간 그룹 '현재의 위험 위원회(Committee on Present Danger)'에서 비공개 연설을 했다(오펜하이머는 이 모임의 회원이었다.). 연설문도 없이 그는 "유럽이 (원자 폭탄에 의해) 파괴되지 않고 자유를 지킬" 수 있는 진정한 방어책을 제안했다. 그는 "러시아 인들은 기본적으로 자신들의 지도자에 대한 충성심이 없는 야만적이고 후진적인 사람들입니다. 우리의 최우선 정책은 궁극적으로 '핵무기를 없애 버리는 것'이 되어야 합니다."라고 결론 내렸다.[71]

1952년 무렵이면 오펜하이머는 예방 전쟁의 가능성까지 이야기하기 시작했는데, 이는 단지 3년 전만 하더라도 그가 혐오했을 만한 것으로 그동안 그의 생각이 얼마나 많이 변했는지를 보여 주는 것이었다. 물론 그는 그것을 강하게 주장하지는 않았지만, 몇 번에 걸쳐 그 가능성을 언급했다. 1952년 1월 오펜하이머는 앨솝 형제들과 토론을 했는데, 조지프 앨솝은 "오피의 노선은 간단히 말해서 예방 전쟁과 크게 다르지 않은 것이었습니다. 즉 잠재적인 적이 우리를 확실히 파괴할 수 있는 수단을 마련할 때까지 가만히 앉아서 기다릴 수는 없다는 것이었지요."라고 말했다.[72]

1953년 2월 오펜하이머는 외교 협회(Council on Foreign Relations)에서 강연을 하고 나서 예방 전쟁이라는 개념이 현재의 조건에서 의미 있는 전략이 될 수 있느냐는 질문을 받았다. 그는 "나는 그렇다고 생각합니다. 내 생각에 미국은 핵전쟁으로 타격은 받겠지만 그것을 이기고 살아남을 것입니다……. 그것이 좋은 생각이라는 것은 결코 아닙니다. 하지만 호랑이의 눈을 노려보지 않으면 결코 위험에서 벗어날 수 없으리라고 나는 생각합니다. 무섭다고 뒷걸음쳐서는 안 된다는 것이지요."라고 대답했다.[73]

1952년 무렵이면 오펜하이머는 워싱턴에 질려 있을 때였다. 트루먼 대통령은 그의 조언을 계속해서 무시했고, 이는 오펜하이머가 점점 정책 결정의 장에서 멀어지게 되었음을 의미했다. 5월 초, 그는 워싱턴의 코스모스 클럽에서 코넌트, 듀브리지와 함께 점심을 먹었다. 세 친구는 서로의 딱한 사정을 위로했고 워싱턴 뒷이야기에 대한 잡담을 나눴다. 나중에 코넌트는 자신의 일기에 다음과 같이 썼다. "몇몇 사람들이 원자력 에너지 위원회 자문 위원회에서 우리 셋을 잡으려 칼을 갈고 있다. 그들은 우리가 수소 폭탄 개발 문제에서 일부러 꾸물거렸다고 주장한다. 오피에 대한 어두운 말들!"[74] 6월이 되자 이 세 사람은 지난 10년 동안 "이제 정말로 나빠지려는 좋지 않은 일"을 하는 것에 질리기도 했고, 자신들을 자문 위원회에서 제거하려는 움직임이 있으리라는 것을 알게 되자, 모두 자문 위원회에 사직서를 제출했다. 오펜하이머는 이제 물리학에 집중하려 한다며 동생에게 편지를 썼다. "물리학은 복잡하고 놀라운 학문이다. 구경꾼이라면 몰라도 직접 하기에는 너무 어려워진 것 같다. 앞으로 언젠가는 다시 쉬워지겠지만, 금방은 아닐 듯싶구나."[75]

하지만 워싱턴에서 발을 빼는 것은 그리 쉽지 않았다. 그는 자문 위원회에서 사직했지만, 원자력 에너지 위원회의 고든 딘은 그가 계약직 자문역으로 계속 남아 있도록 설득했다. 이것은 자동적으로 그의 극비 Q 인가를 1년간 연장시켰다. 이뿐만이 아니었다. 4월에 그는 국무부 장관 딘 애치슨의 요청에 따라 군비 축소 문제에 대한 국무부 특별 패널에 참가하기로 했다. 이 패널에는 바네바 부시, 다트머스 대학교 총장 존 슬로언 딕키(John Sloan Dickey), CIA 부국장 앨런 덜러스, 그리고 국제 평화를 위한 카네기 재단(Carnegie Endowment for International Peace) 회장 조지프 존슨(Joseph Johnson)이 참가했다. 항상 그렇듯이 오펜하이머는 의장으로 선출되었다.

애치슨은 또한 33세의 하버드 정치학 교수인 맥조지 번디(McGeorge Bundy)를 패널의 서기로 임명했다. '맥' 번디는 헨리 스팀슨의 오른팔이었던 하비 번디의 아들이었다. 똑똑하고 논리 정연했으며 재치 있는 번디는 오펜하이머를 만나고 싶어 했다. 그는 하버드 명예 교우회의 젊은 학자 시절에 스팀슨의 1948년 회고록 『평화와 전쟁에의 복무(On Active Service in Peace and War)』를 같이 쓴 바 있었다. 그리고 그는 잡지 《하퍼스(Harper's)》 1947년 2월호에 실린 히로시마와 나가사키 원폭을 변호하는 에세이 '원자 폭탄의 사용은 어떻게 결정되었나(The Decision to Use the Atomic Bomb)'를 스팀슨의 이름으로 대필하기도 했다. 이 과정에서 번디는 이미 핵무기와 관련해서 여러 가지 가늠할 수 없는 문제들이 있다는 것을 잘 알고 있었다. 오펜하이머는 이 조숙한 보스턴 명문가 출신이 곧 마음에 들었다. 나중에 번디는 그답지 않은 겸손한 말투로 오펜하이머에게 "지난 주 인내심을 갖고 저를 지도해 주신 것에 어떻게 감사드려야 할지 모르겠습니다. 저는 다만 당신의 노력이 그만큼의 가치가 있었기를 바랄 뿐입니다."라고 썼다.[76] 어느새 두 사람은 편지를 주고받기 시작했고, 서로를 "친애하는 오펜하이머"와 "친애하는 맥"이라고 부르며 하버드 물리학과의 장점부터 시작해 서로의 아내의 건강에 이르기까지 다양한 의견을 나누었다. 번디는 오펜하이머가 "멋지고, 매력적이며, 심오하다."고 생각했다.

번디는 곧 자신의 새 친구가 논쟁을 몰고 다닌다는 것을 알게 되었다. 패널 초기의 한 회의에서, 가장 중요한 질문인 미국과 소련이라는 "전갈들이 독침을 사용하지 않고 전쟁을 벌이는 상황"에서 "어떻게 생존할 것인가"에는 오펜하이머와 다른 패널들의 의견이 모아졌다.[77] 오펜하이머는 텔러와 그의 동료들이 그해 가을 수소 폭탄의 조기 실험을 해 보고 싶어 한다는 것을 알고 있었다. 그래서 그는 바네바 부시가 어쩌면 워싱턴과 모스크바가 수소 폭탄 실험을 하기 전에 어떤 핵폭탄에 대한 실험을 완전히 금지하는 것에 합의할 수 있을지도 모른다고 하자 큰 관심을 보였다. 이 협정을 위반하면 곧 탐지할 수 있기 때문에 사찰할 필요도 없을 것이었다. 실험을 할 수 없다면 수소 폭탄은 믿을 만한 군사 무기로 개발될 수 없었다. 열핵 무기 경쟁을 시작하기도 전에 멈추게 할 수 있었던 것이다.

오펜하이머의 패널은 6월에 하버드 광장에서 자전거로 갈 만한 거리에 위치한 불규칙한 19세기식 주택인 번디의 케임브리지 집에서 회의를 계속했다. 코넌트가 비공식 참가자로 참석했다. 코넌트는 핵무기에 대한 관심을 잃은 상태였다. 번디의 기록에 따르면 코넌트는 "일반 미국인들"은 폭탄을 소련을 위협할 수 있는 무기라고 생각하는데 "더 중요한 사실은 이 무기가 상대방에 의해 미국에서 폭발할 수도 있다는 것"이라며 불평을 털어놓았다.[78] 코넌트는 수소 폭탄이 아니어도 대부분의 미국 대도시를 단 1개의 원자 폭탄만으로도 손쉽게 지도에서 지울 수 있다고 말했던 것이다. 회의 참가자들 중 어느 누구도 이 말에 반대하지 않았다.

대중의 무지도 문제였지만, 코넌트가 더 큰 문제라고 생각했던 것은 "미국 군부 지도자들의 태도"였다. 미국의 고위 장성들은 "전면전이 벌어졌을 경우 승리를 가져다줄 희망"을 신무기에 걸고 있었던 것이다. 이 나라가 재래식 군사력을 증강시킨다면 "미국은 지금처럼 원자 폭탄에 의지하지 않아도 될 것이다." 코넌트는 이렇게 되려면 장군들이 "장기적으로 보았을 때 핵무기는 미국에 위험 요소가 된다는 점을 받아들여야만 할 것"이라고 말했다.

오펜하이머가 말을 꺼내기도 전에 코넌트는 20년 후에 "선제공격 금지"라고 알려지게 될 정책을 제안했다. 그는 미국이 "앞으로의 전쟁에서 핵무기를 먼저 사용하지 않을 것을 공식적으로 발표"해야 한다고 말했다. 그는 또한 부시가 제안한 핵폭탄 실험을 암묵적으로 중단하자는 제안에도 동의했다. 오펜하이머는 두 가지 아이디어를 모두 지지했다. 실험 중단에 대한 패널의 주장은 특히 설득력이 있었다. 그들은 애치슨에게 다음과 같이 말했다.

> 우리의 열핵 실험이 성공하면 소련 역시 필연적으로 이 분야에 더 많은 노력을 쏟아붓게 되리라고 생각한다. 이 분야에서 소련은 이미 많은 노력을 기울이고 있을지도 모른다. 그러나 소련이 우리가 핵폭탄을 만들었다는 것을 알게 된다면 그들의 작업이 훨씬 가속화되리라는 것은 불을 보듯 뻔한 일이다. 또한 소련 과학자들은 우리의 실험으로부터 (낙진을 분석함으로써) 폭탄의 치수에 대한 유용한 정보를 얻어 낼 수 있을 것이다.[79]

오펜하이머와 그의 동료들은 첫 번째 열핵 폭탄 실험(작전명 '마이크(Mike)')이 그해 가을로 예정되어 있다는 것과, 이를 멈추려는 시도는 공군의 격렬한 반대를 불러일으키리라는 것을 알고 있었다. 그들은 자신의 생각이 옳다고 확신했지만, 이를 발표할 수 있는 방법은 없었다. 핵 문제에 대해서는 비밀주의의 베일이 둘러쳐져 있었기에 그들은 기밀 취급 인가를 위반하지 않고서는 자신들의 생각을 말할 수 없었던 것이다. 그래서 그들은 다시 한 번 워싱턴 외교 정책 수뇌부들을 현재의 핵무기 정책은 미국을 궁지에 몰아넣을 것이라고 설득하기로 했다. 하지만 1952년 10월 9일 트루먼의 국가 안전 보장 회의는 수소 폭탄의 실험을 중단하자는 오펜하이머 패널의 제안을 일언지하에 거부했다. 국방부 장관 로버트 러베트(Robert Lovett)는 화를 내며 "이런 생각은 당장 버려야 하며 이와 관련된 모든 보고서는 파기되어야 할 것"이라고 말했다.[80] 미국 외교 정책을 세우는 데 주요한 역할을 담당했던 러베트는 실험 중단이라는 뉴스가 새 나가면 조지프 매카시 상원 의원이 당장 국무부와 그 자문 패널을 조사하겠다고 나설 것이라고 생각했던 것이다.

3주 후 미국은 태평양에서 10.4메가톤급 핵폭탄을 터뜨려 엘루겔라브(Elugelab) 섬을 증발시켰다. 우울증에 빠진 코넌트는 《뉴스위크(Newsweek)》 기자에게 "나는 더 이상 원자 폭탄과 어떤 연관도 없습니다. 나는 아무것도 성취하지 못했습니다."라고 말했다.[81]

1주일 후, 오펜하이머는 9명의 회의 참석자들과 함께 또 다른 패널에 참가했다.[82] 국방 동원국(Office of Defense Mobilization) 과학 자문 위원회 위원들은 엄숙한 표정으로 실험 강행에 대한 항의의 표시로 사직해야 할지에 대해 논의했다. 많은 과학자들은 '마이크' 실험이 정부가 전문가들의 자문을 경청할 의사가 전혀 없음을 보여 주는 것이라고 느꼈다. 옛 친구 듀브리지는 사직서 초안을 작성해 돌리기까지 했다. 하지만 결국 그들은 다음 정부에서는 방향이 바뀔지도 모른다는 희미한 희망을 안고 기다리기로 했다. 하지만 그들은 그럴 가능성이 그리 높지는 않다는 것을 알고 있었다. MIT 총장 제임스 킬리언(James R. Killian)은 듀브리지 쪽으로 몸을 굽히며 "공군의 몇몇 사람들은 오펜하이머를 쓰러뜨리려 하고 있습니다. 미리 준비를 해야 합니다."라고 속삭였다.[83] 듀브리지는 충격을 받았다. 그는 순진하게도 모두 여전히 오펜하이머를 영웅으로 여긴다고 생각했던 것이다.

한편 오펜하이머는 맥 번디와 함께 국무부 군비 축소 패널의 최종 보고서를 쓰고 있었다. 이 문서는 아이젠하워가 백악관에 막 입성할 무렵 임기를 마치는 국무부 장관 애치슨에게 제출되었다.[84] 물론 당시에 이 보고서는 일급비밀로 분류되었고 아이젠하워 행정부의 고위 관료 몇몇에게만 회람되었다. 이것을 1953년에 발표했다면 분명 거대한 논쟁을 불러일으켰을 것이었다. 이 보고서는 대부분 번디가 썼지만, 많은 부분은 오펜하이머의 생각을 반영한 것이었다. 핵무기는 곧 인류 문명 전체를 위협할 것이었다. 단 몇 년 안에 소련은 1,000기의 원자 폭탄을 가질 수도 있고, "몇 년 더 지나면 5,000개에 이를 것이다." 이것은 "인류 문명과 대단히 많은 수의 사람을 끝장낼 정도의 위력"을 갖는 것이다.

번디와 오펜하이머는 소련과 미국 사이의 "핵 교착 상태"가 양편이 이런 자살 무기를 사용하지 못하게 만드는 "기묘한 평형 상태"로 이어질 수도 있음을 인정했다. 하지만 그렇게 된다면 "이토록 위험한 세계는 그리 평온하지 않을 것이고, 정치인들은 평화를 유지하기 위해 매번 경솔한 행위를 하지 않도록 결정을 내려야 할 것이다." 그들은 "핵 무장 경쟁을 어떤 식으로든 조절하지 않으면 인간 사회는 점점 위해의 길로 들어서게 될 것"이라고 결론지었다.

이런 위험에 맞서 오펜하이머 패널은 "솔직함"을 장려했다. 과도한 비밀주의 정책은 미국인이 핵의 위험을 무비판적으로 받아들이거나 무지하게 만들었다. 이 상태에서 벗어나기 위해서 새로운 행정부는 "핵 위험에 대해 이야기해야 한다."[85] 놀랍게도 패널은 "핵무기 생산의 속도와 효과"를 대중에게 공개해야 하며, "어떤 선을 넘어서면 우리가 '소련보다 앞서 나가는 것'만으로는 소련의 위협을 떨쳐 낼 수 없다는 사실에 초점을 맞추어야 할 것"이라고 권고했다.

'솔직함'이라는 개념은 그동안 계속해서 안보는 "개방"과 연결되어 있다고 주장해 온 닐스 보어에게서 영감을 받은 것이었다. 오펜하이머는 여전히 보어의 예언자였던 것이다. 그는 오랫동안 교착 상태에 빠져 있던 UN 군축 회담에 더 이상 희망을 걸지 않았다. 하지만 그는 '솔직함'이라는 정책을 통해 미국인들에게는 핵무기에 의존하는 것의 위험성에 대해 경고할 수 있으며 소련인들에게는 미국이 이 무기들을 예방적 선제공격에 사용하지 않으리라는 신호를 보낼 수 있음을 신임 정부가 알게 되길 바랐다. 더 나아가 군비 축소 패널은 소련과 직접적, 계속적으로 소통해야 한다고 주장했다. 크레믈린은 미국이 대략 어느 정도의 핵을 보유하고 있는지 알아야 하며, 워싱턴은 보유량을 줄이기 위한 쌍무 회담을 강력하게 추진해야 할 것이었다.

아이젠하워 행정부가 1953년 오펜하이머 패널의 권고를 받아들였다면, 냉전은 한층 덜 군사화된 경로를 밟았을지도 모른다. 번디는 1982년 《뉴욕 리뷰 오브 북스(New York Review of Books)》에 실린 '수소 폭탄을 막을 수 있었던 기회를 놓치다(The Missed Chance to Stop the H-Bomb).'라는 에세이에서 이런 추론을 전개했다.[86] 그리고 소련 제국이 몰락한 후에 공개된 러시아 문서 기록은 역사학자들이 냉전 초기의 기본 가정들을 재고하게 했다. 역사가 멜빈 레플러(Melvin Leffler)가 썼듯이 "적국 문서 기록"은 소련이 "동유럽을 공산화하고, 중국 공산당을 지원하며, 한국에서 전쟁을 벌일 미리 짜여진 계획이 있었던 것은 아니었음을" 보여 준다.[87] 스탈린은 독일에 대한 "종합 계획"을 갖고 있지 않았고, 미국과의 군사 갈등을 피하고 싶어 했다. 제2차 세계 대전이 끝나고 스탈린은 병력을 1945년 5월 1135만 6000명에서 1947년 6월 287만 4000명으로 줄였다. 이는 심지어 스탈린 치하에서도 소련은 침략 전쟁을 벌일 능력도 의사도 없었음을 보여 준다. 케넌은 나중에 자신은 "그들(소련)이 서유럽을 군사적으로 침략하는 것이 이득이 된다고 믿었다고, 또는 그들이 소위 핵 억지력이 없었더라도 그 지역을 공격했을 것이라고는 생각하지 않았다."라고 썼다.[88]

스탈린은 잔인한 경찰국가를 통치했다. 그러나 경제적으로 정치적으로 소련은 쇠퇴하는 전체주의 국가였다. 1953년 3월 스탈린이 사망하자 그의 후계자들이었던 게오르기 말렌코프(Georgi Malenkov)와 니키타 흐루시초프(Nikita Khrushchev)는 탈스탈린화 과정을 시작했다. 말렌코프와 흐루시초프는 핵무기 경쟁의 위험성을 잘 알고 있었다. 양자 물리학에 관심을 가진 말렌코프는 1954년 전쟁에서 수소 폭탄을 사용하는 것은 "세계 문명의 파멸을 의미할 것"이라는 연설로 공산당 정치국을 발칵 뒤집었다.[89] 변덕스럽고 유별난 지도자인 흐루시초프는 가끔씩 강경한 발언으로 서구인들을 겁먹게 만들었다. 하지만 그는 나중에 데탕트라고 불리게 될 외교 정책을 추구했고, 개방의 첫 여명을 보이기도 했다.[90] 그는 1955년 서방 국가들과의 군비 통제 회담을 재개했고 1950년대 말 무렵에는 소련 국방 예산을 대폭 삭감했다. 흐루시초프는 1953년 9월 핵무기에 대한 첫 보고를 받고 "나는 며칠 동안 잠을 잘 수 없었다. 그러고 나서 나는 이 무기들을 쓸 수 없으리라고 확신하게 되었다."라고 나중에 회고했다.[91]

흐루시초프에게 오펜하이머 패널이 제안한 것과 같은 급진적 군비 통제 체제를 받아들이도록 설득하는 데에는 엄청난 노력이 필요했을 것이다. 하지만 아이젠하워 정부는 그 방향으로 가려는 노력 자체를 하지 않았다. 주 모스크바 미국 대사로 존경을 받았던 소련학자 찰스 '칩' 볼렌(Charles 'Chip' Bohlen)조차도 자신의 회고록에 워싱턴이 말렌코프와 핵무기를 비롯한 여러 사안에 대해 의미 있는 협상을 벌이지 못한 것은 좋은 기회를 놓친 것이라고 나중에 썼다.[92]

1953년 무렵이면 냉전은 워싱턴과 모스크바가 선택할 수 있는 정책의 선택지를 협소하게 만들었다. 그리고 핵의 지니 요정을 호리병 속에 가두려 했던 오펜하이머의 노력은 미국 내부에서의 정치적 기류로 인해 강력한 반대에 부딪혔다. 이제 공화당 출신의 아이젠하워가 대통령에 당선되자 그 정치 기류는 오펜하이머를 병에 가둬 바닷속으로 던져 버리려 했다.

32장

과학자 X

> 그(오피)는 내가 지긋지긋했고, 나 역시 그가 지긋지긋했다.
>
> ― 조지프 와인버그

1950년 봄이 되자, 오펜하이머는 FBI, 반미 활동 조사 위원회, 그리고 법무부가 자신에 대한 포위망을 좁혀 오고 있음을 느꼈다. 후버는 부하들에게 오펜하이머가 위증으로 기소될지도 모르기 때문에 그에 대한 수사의 고삐를 늦춰서는 안 된다고 말했다. 그해 봄만 해도 FBI 요원들이 프린스턴 사무실로 찾아와 두 번이나 그를 면담했다. 요원들의 보고서에 따르면 그는 "대단히 협조적"이지만, 다른 한편으로는 "과거 공산당 가입 사실에 대한 혐의들이 재판 과정에서 널리 알려질 가능성에 깊은 우려를 표시"하기도 했다.[1] 그는 자신이 크라우치 부부와 반미 활동 조사 위원회가 소련 스파이인 '과학자 X'로 지목한 와인버그와 연결되는 것에 대해 걱정했던 것이다. 오펜하이머가 와인버그를 마지막으로 본 것은 그가 반미 활동 조사 위원회의 수사를 받기 시작하고 나서 얼마 지나지 않은 1949년 물리학회 연례 회의장에서였다. 이때 와인버그는 오펜하이머가 자신과 거리를 두기 시작했음을 느꼈다. 와인버그는 "당시부터 우리의 관계에 먹구름이 끼기 시작했습니다. 오피는 내가 어떻게 행동할지 몰라 안절부절했지요. 내가 압력에 이기지 못하고 그에게 화살을 돌릴까 봐 걱정했던 게지요……. 그는 내가 무언가, 그것이 사실이든 아니든 그에게 해로운 말을 할지도 모른다고 생각했던 것이 분명합니다."라고 회고했다.[2]

와인버그는 자신에게 일어난 일들에 대해 "겁먹었고" 어리둥절해했음을 인정했다. 그는 물론 자신이 1943년에 넬슨과 원자 폭탄 프로젝트에 대한 대화를 나누는 죄를 저질렀다는 것은 알고 있었지만, 그들의 대화가 녹음되었다는 사실은 까맣게 모르고 있었다. 또한 그는 그것이 스파이 활동이라고 생각하지도 않았다. 바로 얼마 전《밀워키 저널》에는 와인버그가 우라늄 235 샘플을 소련에 넘겨준 비밀 정보원이었다는 말도 안되는 기사가 실렸다. 그는 "맙소사, 그런 주장을 하기 위해 그들은 도대체 뭘 어떻게 연결시킨 것일까?"라고 생각했다.[3] 그는 얼마 동안은 돌아 버릴 것 같았다. "나는 다급했고, 외톨이가 된 것 같았으며, 포위 공격을 당하는 것 같았습니다. 나는 정말로 부들부들 떨었습니다. 그들(FBI)이 조사를 계속했다면 내가 무슨 말을 했을지는 하느님만이 아실 것입니다."

다행히도 조사는 천천히 진행되었다.[4] 그해 봄 샌프란시스코 연방 배심원단은 그에 대한 위증 기소에 대한 결정을 내리고 있었다. 하지만 법무부는 인정할 만한 증거를 거의 제출하지 못했다. 와인버그는 선서를 하고 자신이 공산당원이었던 적이 없으며 넬슨을 만난 적도 없다고 증언했다. FBI의 도청은 불법 행위였기 때문에 법정에서 증거 능력을 인정받지 못했으며, 와인버그가 공산당원이었다는 다른 증거는 없었던 것이다. 1950년 4월에 이르기까지 FBI는 샌프란시스코 지역의 공산당원 18명과 인터뷰를 했는데, 그 누구도 와인버그와 공산당을 연결시키지 못했다.[5] 도청 증거를 사용할 수 없게 되자 배심원단은 와인버그에 대한 기소를 기각할 수밖에 없었다.

법무부는 첫 번째 실패에도 굴하지 않고 1952년 봄에 두 번째 배심원단을 소집했다. 그들이 들고 나온 유일한 새로운 증거는 폴 크라우치가 당 회합에서 넬슨과 대화하던 와인버그를 본 적이 있다는 증언뿐이었다. 검사들은 크라우치의 증언이 신뢰성이 떨어지리라는 것을 잘 알고 있었다. 하지만 그들은 재판 과정에서 와인버그에 대한, 그리고 어쩌면 오펜하이머에 대한 새로운 증거가 나타날지도 모른다고 계산했던 것 같다. 그때쯤이면 와인버그는 이미 버티겠다고 결심한 상태였다. 와인버그는 나중에 상대편에 대해 "그들은 바보였습니다."라고 말했다.[6] "그들은 내가 조금 덜 다급해지고 조금 더 강인해질 때까지 기다려 주었습니다." 배심원단의 심문을 받으면서도 그는 특히 오펜하이머에 대한 질문에는 대답하기를 거부했다. 와인버그는 "나는 오피를 끌어들이지 않을 작정이었습니다. 내 눈에 흙이 들어가기 전까지는 말이죠."라고 말했다.

그 무렵 오펜하이머는 1941년 7월 버클리의 케닐워스 코트에 위치한 집에서 당 회합을 주최했다는 크라우치 부부의 고발 내용에 대해 다시 한 번 인터뷰를 받았다. 이때 상원 사법 위원회에서 나온 두 명의 수사관들이 오펜하이머의 변호사 허버트 마크스가 배석한 가운데 그를 심문했다. 오펜하이머는 크라우치 부부를 모른다고 다시 대답했다. 그는 또한 샌프란시스코 주재 소련 정보 기관원이었던 그리고리 케이펫츠(Grigori Kheifets)

를 만난 적이 없다고 대답했다. 그리고 그는 넬슨이 자신에게 폭탄 프로젝트 관련 정보를 얻으려고 접근한 적이 없다고 말했다.

이 인터뷰의 분위기는 그다지 우호적이지 못했다. 마크스는 상원 수사관들이 대화 내용을 자세히 기록하는 것을 보고, 그들이 적은 기록의 사본을 달라고 요청했다. 그들이 이 요청을 거부하자 마크스는 오펜하이머에게 계속 질문하고 싶다면 "사본을 내주어야 할 것"이라며 고집을 부렸다.[7] 이에 상원 수사관들은 작년 봄 오펜하이머가 법원의 소환장을 받았을 당시 오펜하이머의 또 다른 변호사였던 볼피가, "비공식적 대화" 형식으로 인터뷰를 받게 해 달라고 요청했다고 냉정하게 말했다. 그들은 "호의를 베푸는 것"이라고 생각했던 것이다. 이것으로 20분에 걸친 인터뷰는 끝났다. 오펜하이머와 마크스는 이런 일들을 겪자 크라우치 부부의 고발의 여파가 여전히 가라앉고 있지 않다는 것을 확인할 수 있었다.

1952년 5월 20일, 와인버그가 기소되기 3일 전, 오펜하이머는 또 한번의 심문을 받기 위해 워싱턴에 도착했다. 와인버그를 기소할 변호사들은 오펜하이머를 고발자와 대면시키는 것이 좋겠다고 결정했던 것이다. 4년 전 닉슨과 그의 반미 활동 조사 위원회 수사관들은 경계심을 갖추지 않은 히스를 코머도어 호텔로 유인해 그를 고발한 체임버스와 대면시켰다. 히스는 위증으로 징역을 살고 있었다. 법무부 수사관들은 어쩌면 닉슨의 전술이 오펜하이머에게도 먹힐지 모른다고 판단했던 것이다.

오펜하이머는 자신의 변호사들과 함께 형사부 검사들로부터 인터뷰를 받기 위해 법무부에 들어섰다. 1941년 7월에 케닐워스 코트 집에서 열렸다는 회합에 대한 질문을 받자, 그는 다시 한번 크라우치 부부의 이야기를 부인했고 자신은 당시 뉴멕시코에 있었다고 주장했다. 그는 폴 크라우치와과 실비아 크라우치 부부를 모르며, "그런 사람들"이 공산주의나 러시아 침공에 대한 대화를 나누러 자신의 집에 온 적도 없었다고 말했다.[8] 그는 자신이 캘리포니아 반미 활동 조사 위원회에서 한 크라우치의 증언을 읽었는데, 크라우치가 묘사하는 회합에 대해서는 전혀 기억하는 바가 없다고 말했다. 그는 이에 대해 자신의 부인 그리고 케네스 메이와 이야기해 보았지만, "그들 역시 그런 회합은 없었다는 것을 확인해 주었다."라고 말하기까지 했다.

이때 법무부 검사들은 오펜하이머의 변호사인 마크스와 볼피에게로 돌아서서 폴 크라우치가 옆방에 앉아 있다고 말했다. 그들은 크라우치를 이 방으로 불러서 "그가 오펜하이머 박사를 알아볼지, 그리고 오펜하이머 박사가 크라우치를 알아볼지 대질"해 보아도 괜찮겠느냐고 물었다.[9] 오펜하이머가 그러라고 하자, 마크스와 볼피도 동의했다. 문이 열리고 크라우치가 오펜하이머에게 다가와 악수를 청하고는 "오펜하이머 박사, 안녕하십니까?"라고 말했다. 그리고 그는 과장된 몸짓으로 검사들에게 돌아서서 방금 자신이 악수를 한 이 사람이 1941년 7월에 케닐워스 코트 10번지에서 모임을 주최했던 바로 그 사람이라고 말했다. 크라우치는 그가 "히틀러의 러시아 침공 이후의 공산당 선전 방향"에 대해 강연했다는 자신의 증언을 되풀이했다.

오펜하이머가 크라우치의 연기에 당황했을지도 모른다. 그러나 FBI 기록에는 그가 단지 자신은 크라우치를 모르겠다고 대답했다고만 나와 있다. 1941년 7월 회합에 대해 더 자세히 묘사해 보라는 요구에 크라우치는 오펜하이머가 한 시간에 걸친 발표를 마치고 자신에게 몇 가지 질문을 던졌다고 말했다. 이에 오펜하이머는 그의 말을 끊으며 자신이 질의응답 시간에 구체적으로 어떤 질문을 했냐고 물었다. 크라우치는 오펜하이머의 질문들은 "마르크스주의에 입각해서" 러시아의 참전을 철학적으로 어떻게 분석할 수 있는지에 대한 것이었다고 주장했다. 크라우치는 "오펜하이머 박사는 우리가 왜 러시아에 도움을 주어야 하는지에 대해서는 알겠지만, 배신할 가능성이 있는 영국을 왜 도와야 하는지는 잘 모르겠다고 발언했습니다."라고 말했다.[10] 크라우치는 오펜하이머가 또한 독일의 러시아 침공으로 인해 2개의 전쟁, 즉 "영국-독일 제국주의 전쟁"과 "러시아-독일 인민 전쟁"이 동시에 발발한 것은 아닌지 물었다고 주장했다. 이에 오펜하이머는 자신이 "2개의 전쟁이라는 생각은 한 적도 없고 그에 대한 의견을 개진한 적도 없기 때문에" 그런 질문을 했을리가 없다고 말했다.

마크스와 볼피는 크라우치에게 오펜하이머의 외모에 대해 물어보면서 그의 실수를 유도하려 했다. 1941년과 지금 그의 모습이 거의 비슷합니까? 크라우치는 똑같아 보인다고 대답했다. 그의 머리카락은 어떻습니까? 크라우치는 오펜하이머의 머리가 1941년보다는 조금 짧은 것 같지만 머리 모양에 그다지 집중하지 않았기 때문에 잘 기억나지 않는다며 은근슬쩍 넘어가려 했다. 사실 1941년에 오펜하이머는 길고 부스스한 머리를 하고 있었다. 1952년 그의 머리는 짧은 상고머리였다. 하지만 이것만으로 크라우치의 증언을 통째로 부정하기에는 부족했다.

전체적으로 크라우치는 법정에서 자신이 오펜하이머에 대항할 수 있는 꽤 믿을 만한 증인이라는 것을 보여 주었다. 그는 오펜하이머의 집 내부 구조를 묘사했을 뿐만 아니라 1941년 가을 그를 켄 메이의 집들이 파티에서 보았다고 주장하기도 했다. 오펜하이머는 자신이 메이의 집들이 파티였는지 확실치는 않지만 한 일본인 소녀와 어느 파티에서 춤을 췄던 것을 기억한다고 인정했다. 이것은 중요한 자백이라고 보일 수도 있는 것이었다.[11] 크라우치는 오펜하이머가 이 파티에서 메이, 와인버그, 넬슨, 그리고 또 다른 버클리 물리학과 학생인 클라렌스 히스키(Clarence Hiskey)와의 대화에 깊이 빠져 있는 것을 보았다고 주장했던 것이다.

마침내 크라우치가 퇴장했고, 오펜하이머는 법무부 검사들에게 다시 한번 자신은 크라우치를 만난 기억이 전혀 없다고 진술했다. 그 말을 끝으로 그는 증언대에서 내려올 수 있었다. 그는 마크스와 볼피를 대동한 채 법무부를 나섰고, 세 사람은 법무부가 생각하는 다음 단계가 무엇일지 추측해 보려고 했다.

3일 후인 1952년 5월 23일 그들은 와인버그가 기소되었다는 소식을 들었다. 고발장에는 크라우치와 오펜하이머, 그리고 케닐워스 회합에 대한 이야기는 전혀 들어 있지 않았다. 오펜하이머의 변호사들이 원자력 에너지 위원회 의장 고든 딘을 통해 케닐워스 사건을 고발장에서 빼 달라고 법무부에 로비를 벌인 결과였다.[12] 오펜하이머는 안도했다. 하지만 그것도 잠시 동안이었다.

와인버그의 위증 재판은 1952년 가을이 되어서야 시작되었고, 정부는 즉시 오펜하이머에게 그가 증인으로 설 수도 있다는 통지서를 보냈다. 마크스는 오펜하이머의 이름이 증인 명단에 들지 않게 하기 위해 법무부에 부지런히 로비했다. 그는 특히 원자력 에너지 위원회 의장 고든 딘을 설득해 크라우치의 고발 내용을 재판 심리 과정에서 제외시켜 달라는 내용의 편지를 트루먼 대통령에게 보내게 했다. 딘은 대통령에게 "결국은 오펜하이머의 말과 크라우치의 말이 맞붙게 될 것입니다. 와인버그 소송의 결과가 어떻든 오펜하이머 박사는 자신의 이름에 먹칠을 하게 될 것이고 그것은 이 나라에도 큰 손해가 될 것입니다."라고 썼다.[13] 트루먼은 바로 다음 날 답장을 보내왔다. "나는 와인버그-오펜하이머 관계에 많은 관심을 가지고 있습니다. 당신과 마찬가지로 나는 오펜하이머가 정직한 사람이라고 생각합니다. 요즘처럼 인신공격과 중상모략이 판치는 시기에는 좋은 사람들이 불필요한 고통을 당하지요." 하지만 트루먼은 어떻게 하겠다고는 확실히 말하지 않았다.

그해 초가을, 법무부가 와인버그에 대한 구체적인 고발장을 제출했을 때 오펜하이머는 거명되지 않았다. 하지만 11월 초 아이젠하워는 대통령 당선 이후 안보 소송들에 더욱 강경한 입장을 취했다. 1952년 11월 18일, 한 법무부 관료가 볼피에게 전화를 걸어 "오피가 소환될 것 같다."라고 말했다.[14] 《샌프란시스코 크로니클》은 뉴스 통신사 기사를 인용해 "정부 소속 검사들은 오늘 조지프 와인버그 박사가 캘리포니아 버클리의 'J. 로버트 오펜하이머 소유의 것으로 알려진 주택'에서 열린 공산당 회합에 참가했다고 밝혔다."라고 보도했다.[15] 다음 날 오펜하이머는 와인버그의 변호사로부터 피고측 증인으로 법정에 출두하라는 소환장을 받았다. 오펜하이머는 루스 톨먼에게 자신이 얼마나 불쾌한지 알렸고, 그녀는 "참으로 비참한 일이에요. 오펜하이머, 당신이 얼마나 걱정하고 있는지 알고 있습니다."라며 답장을 보냈다.[16]

마크스와 볼피는 말과 말이 맞붙는 재판에서는 어떤 일이 벌어질지 아무도 모른다는 것을 알고 있었다. 와인버그가 위증죄로 유죄 판결을 받게 되면, 그것은 오펜하이머에 대한 기소로 이어질 것이었다. 이를 막기 위해 마크스와 볼피는 다시 한번 오펜하이머를 사건에서 제외시키기 위해 노력했다. 검사들과의 회의에서 그들은 "오펜하이머에게 이런 곤욕을 치르게 하는 것을 끔찍한 일이다······. 이 나라를 위해 중요한 일을 많이 한 사람이 그런 일을 당하지 않을 방도를 찾기를 희망한다······. 오펜하이머 같은 사람에게 혐의를 씌우는 것이 바로 스탈린이 바라는 일일 것이다."라고 주장했다.[17]

아이젠하워의 취임식 직후였던 1월 말, 볼피와 마크스는 다시 원자력 에너지 위원회의 딘 의장을 찾아가 "이 문제를 자연스럽게 고위층에서 고려할 방법이 없을지"에 대해 물었다.[18] 하지만 마침내 2월 말에 재판이 시작되자 와인버그의 변호사는 오펜하이머가 피고측 증인으로 출석할 것이며 그는 케닐워스 코트의 회합은 날조된 것이라고 증언할 것이라고 발표했다. 와인버그의 변호인은 "이 사건은 결국 범죄자(크라우치)의 말을 믿을 것이냐, 아니면 저명한 과학자이자 걸출한 미국인의 말을 믿을 것이냐의 문제라고 볼 수 있습니다."라고 주장했다.[19]

오펜하이머는 요청을 받으면 바로 법정에 출두할 수 있도록 워싱턴으로 가야만 했다.[20] 하지만 2월 27일 그는 아마도 증언하지 않아도 될지 모른다는 말을 들었다. 법무부가 갑자기 케닐워스 회합과 관련된 부분을 기소장에서 제외하기로 했다는 것이었다. 원자력 에너지 위원회에 대한 평판을 지키기 위해 고든 딘이 법무부에 압력을 가했던 것이다. 오펜하이머는 2월 27일 저녁에 기차를 타고 집으로 돌아갔고, 캘리포니아에서 방문 중이었던 루스 톨먼이 올든 매너에서 주최한 파티에 뒤늦게 도착했다. 루스는 그가 "지쳤고 근심하고 기진맥진한 상태였다."[21]는 것을 알 수 있었다. 하지만 적어도 그는 "법정에서 비참한 꼴을 당하는 것"은 피할 수 있었다.

검찰은 와인버그가 넬슨과 나눈 대화 내용을 담은 FBI의 불법 도청 기록을 증거로 사용할 수 없었기 때문에, 이 사건은 검찰에 대단히 불리한 상황이었다.[22] 재판은 1953년 3월 5일에 와인버그의 무죄 방면으로 끝났다. 연방 제1심 법원 판사인 알렉산더 홀조프(Alexander Holtzoff)는 통상적인 사법 규범에서 벗어나게도 "이 법정은 배심원단의 평결을 승인하지 않습니다."라고 말했다.[23] 그는 이런 결정을 내린 이유로 재판 중의 증언을 통해 "1939년과 1941년 사이라는 중대한 시기에 어느 명문 대학 캠퍼스에서 공산주의 지하 조직이 활발하게 활동했다는 놀랍고 충격적인 사실"을 밝혀냈기 때문이라고 말했다.*

그럼에도 불구하고 오펜하이머는 크게 안도했다. 그 모든 일이 지나가기를 바랐다. 릴리엔털은 오펜하이머가 재판에서 증언하지 않을 것이라는 소식을 듣고는 "요즈음 비열하고 부당한 일이 너무도 많이 일어나지만, 우리는 약간의 품위를 유지할 자격이 있습니다."라는 편지를 오랜 친구에게 보냈다.[24] 얄궂게도 어느 날 오펜하이머가 국회 의사당에서 엘레베이터에 탔을 때 매카시 상원 의원과 마주치게 되었다. 오펜하이머는 나중에 한 친구에게 "우리는 서로를 쳐다봤지. 그리고 내가 윙크를 해 주었어."라고 말했다.[25]

이제 36세인 와인버그는 자신의 인생을 되찾았다. 하지만 직장까지 되찾을 수는 없었다. 미네소타 대학교는 반미 활동 조사 위원회가 그를 '과학자 X'로 지목했던 2년 전에 이미 그를 해고했다. 그의 무죄 판결에도 불구하고 미네소타 대학교의 총장은 와인버그가 FBI에 협조하기를 거부했기 때문에 복직되지 않을 것이라고 발표했다.[26] 와인버그는 오펜하이머에게 한 광학 회사에 직장을 구할 수 있도록 추천서를 써 줄 것을 부탁했다. 와인버그는 "이것으로 내가 당신을 괴롭히는 것도 마지막이 될 것"이라고 다짐했다.[27] 오펜하이머는 FBI가 곧 와인버그를 찾아낼 것임을 알고 있었지만, 그를 지지하는 편지를 써 주었고 그는 직장을 구할 수 있었다. 와인

---

* 이 사건의 검사였던 윌리엄 히츠(William Hitz) 역시 분노했다. 그는 와인버그를 기소했던 대배심원들에게 다음과 같이 말했다. "우리는 그 망할 놈을 당장 교수형에 처할 수 있을 정도로 충분한 증거를 가지고 있습니다. 하지만 그 증거들은 불법적으로 수집되어서 재판에서는 채택되지 않았습니다." 사실상 스파이 행위에 대한 증거는 애매모호했다.

버그는 고마워했지만, 수년이 지나고 오펜하이머와의 관계에 대한 질문을 받자 그는 "그는 내가 지긋지긋했고, 나 역시 그가 지긋지긋했다."라고 대답했다.

와인버그 사건은 엄청난 감정 소모를 수반했을 뿐만 아니라 경제적으로도 부담이었다. 1952년 12월 30일, 사건이 재판에 들어가기도 전에, 오펜하이머는 스트라우스의 사무실에 들러 개인적인 문제로 상의할 것이 있다고 말했다. 그는 자신의 변호사들이 와인버그 사건에 대한 수임료로 9,000달러의 청구서를 보냈다고 털어놓았다. 변호사 비용이 그의 예상보다 훨씬 많이 나왔고, 그는 "이를 어떻게 처리해야 할지 몰랐다."[28] 그는 그러고 나서 스트라우스에게 고등 연구소 이사회 의장 자격으로 연구소가 자신의 소송 비용을 부담하도록 권고해 줄 수 있느냐고 물었다. 스트라우스는 단호하게 그렇게 할 수 없다며 거절했다. 오펜하이머가 코닝 글라스 회사(Corning Glass Company)가 자신의 친구 콘던의 소송 비용을 내 주었다는 것을 지적하자, 스트라우스는 그것은 경우가 다르다고 말했다. 콘던 박사의 고용주는 그를 고용하기 전부터 콘던이 반미 활동 조사 위원회에서 문제가 되고 있었다는 사실을 알고 있었다. 반면 연구소의 이사들은 오펜하이머에게 그런 문제가 있었는지 "전혀 모르고" 있었다고 스트라우스는 차갑게 말했다. 이는 물론 사실이 아니었다. 1947년 오펜하이머는 스트라우스에게 자신의 좌익 과거에 대해 말해 주었다. 그럼에도 스트라우스는 변호사들이 오펜하이머가 "꽤 부유하고 그 정도는 부담할 수 있으리라고" 생각했기 때문에 고액의 청구서를 보내지 않았겠느냐고 말했다.

오펜하이머는 스트라우스의 관리 아래 연구소 사무장이 자신의 세금 결산을 하는데 어떻게 그렇게 말할 수 있느냐며 성을 냈다. 스트라우스는 "당신의 수입이 어느 정도인지 전혀 모르겠다."라고 말했다. 이에 오펜하이머는 자신이 "부유하지 않으며, 연구소에서 받는 봉급 이외에 미미한 수입이 있을 따름"이라고 말했다. 그는 "범상치 않은 예술 작품들"을 물려받았기 때문에 사람들이 자신을 부자라고 생각할 수도 있을 것이라는 점은 인정했다. 스트라우스는 매정하게도 "현 시점에서" 이 문제를 연구소 이사회에서 거론하지 않을 것이라고 말했다. 오펜하이머는 굴욕감에 치를 떨며 자리에서 일어섰다. 이것으로 그는 스트라우스가 확실히 자신에게 적대감을 갖고 있다는 것을 알게 되었다. 그는 연구소 이사회에 직접 청구서를 보내기로 결정했다. 하지만 스트라우스는 나중에 FBI에서 자신이 이사회의 "장발의 교수들"을 설득해 그 요청을 기각시켰다고 말했다. 1953년 봄 무렵 두 사람 사이의 적대감은 그들을 아는 사람이라면 누구에게나 명백할 정도였다.

33장
정글 속의 야수

> 우리는 유리병 속에 든 두 마리의 전갈과 같다. 서로 상대방을 죽일 수 있는 능력을 가졌지만,
> 그러려면 자신의 목숨을 걸어야 하는 것이다.
>
> — 로버트 오펜하이머, 1953년

오래전부터 오펜하이머는 자신의 미래에 어둡고 중대한 무언가가 기다리고 있으리라는 어렴풋한 예감을 가지고 있었다. 1940년대 말의 어느 날, 그는 집착, 분열된 자아, 그리고 실존적 예언에 관한 이야기인 헨리 제임스(Henry James)의 단편 「정글 속의 야수(The Beast in the Jungle)」를 집어 들었다. 그 이야기에 "꼼짝없이 사로잡힌" 오펜하이머는 바로 허버트 마크스에게 전화를 걸었다.[1] 마크스의 미망인 앤 윌슨 마크스는 "그는 허브에게 어서 그 책을 읽어 보라고 재촉했습니다."라고 회고했다. 제임스 소설의 주인공 존 마처(John Marcher)는 여러 해 전에 만났던 여인을 다시 만나게 되고, 그녀는

그가 어떤 예감으로 인해 고통받고 있다고 털어놓았던 것을 기억했다. "당신은 아주 어릴 때부터 당신 안의 가장 깊은 곳으로부터 무언가 희귀하고 이상하며 어쩌면 놀랄 만하고 끔찍한 일이 언젠가 당신에게 일어날 것이고, 당신 뱃속에는 그것에 대한 예감과 확신이 있으며, 그것은 아마도 당신을 압도하게 될 것이라고 말했습니다."

마처는 그것이 무언이건간에 아직까지는 그 일이 일어나지 않았다고 고백했다. "그것은 아직 오지 않았습니다. 다만 그것은 내가 하게 될 일이, 이 세상에서 이루어야만 하는 일이, 그것으로 내가 명성을 얻거나 존경을 받을 일이 아닙니다. 나는 그 정도로 멍청하지는 않아요." 여인이 "그것은 당신에게 단지 고통을 주는 일인가요?"라고 묻자, 마처는 "글쎄요, 말하자면 기다려야만 하는, 대면해야만 하는, 내 인생에 갑자기 퍼져 나가는 것을 마주해야만 하는 것이지요. 그것은 아마도 더 이상의 의식을 모조리 파괴하고, 나 자신을 없애 버릴 것입니다. 다른 한편으로는 아마도 모든 것을 바꿔 놓고, 나의 세계의 근본을 잘라 버려서 내가 그 결과를 받아들일 수밖에 없게 만들겠지요."[2]

히로시마 이후로 오펜하이머는 언젠가 자신의 "정글 속의 야수"가 나타나 자신의 존재 자체를 바꾸어 놓게 될 것이라는 이상한 느낌을 가지고 살았다. 그는 지난 몇 년 동안 자신이 추적을 받고 있다는 것을 알고 있었다. 그를 기다리고 있던 '정글 속의 야수'가 있었다면, 그것은 스트라우스였다.

와인버그가 마침내 무죄 판결을 받기 6주 전인 1953년 2월 17일, 오펜하이머는 여전히 불안한 마음을 안고 뉴욕에서 자신과 번디가 얼마 전 아이젠하워 행정부에 보낸 군축 보고서의 내용에 대한 연설을 했다. 이 보고서에서 그들은 핵무기 문제를 다룸에 있어 "솔직함(candor)"이 정책의 기본이 되어야 한다고 주장했다. 역사가 패트릭 맥그래스(Patrick J. McGrath)에 따르면, 오펜하이머는 이 연설을 하기 전에 아이젠하워의 동의를 구했다.[3] 하지만 그는 자신의 연설이 워싱턴의 정적들을 화나게 하리라는 것은 확실히 알고 있었다. 미국의 엘리트들이 참석하는 외교 위원회 비공개 회의에서의 연설은 워싱턴의 고위 장성들과 정책 수립자들 사이에서 널리 퍼지게 될 것이 분명했다.[4] 그날의 청중 중에는 젊은 은행가 데이비드 록펠러(David Rockefeller), 《워싱턴 포스트》 발행인 유진 마이어(Eugene Meyer), 《뉴욕 타임스》 군사 특파원 핸슨 볼드윈(Hanson Baldwin), 그리고 쿤, 로브의 투자 은행가 벤저민 버튼위저(Benjamin Buttenwieser) 같은 외교가의 명사들이 앉아 있었다. 스트라우스 역시 그날 저녁 그 자리에 있었다.

친구인 릴리엔털의 소개로 단상에 오른 오펜하이머는 오늘 연설의 제목을 '핵무기와 미국의 정책(Atomic Weapons and American Policy)'이라고 붙였다는 말로 연설을 시작했다.[5] 그는 이것이 "주제넘은 제목"이라고 말해 청중의 웃음을 자아냈다. 하지만 그는 이어서 "이보다 규모가 작은 제목은 내가 전달하고자 하는 내용을 담아내지 못할 것"이라고 설명했다.

그러고 나서 그는 핵무기와 관련된 모든 정보는 기밀로 분류되어 있기 때문에 "나는 아무것도 드러내지 않으면서 그것의 본성을 설명해야 한다."라고 덧붙였다. 그는 전쟁이 끝난 이래로 미국은 "소련의 적대감과 점점 커지는 소련의 국력"과 직면해야만 했다고 지적했다. 그렇게 시작된 냉전에서 원자력의 역할은 단순한 것이었다. 미국의 정책 수립자들은 "우리가 앞서 나가자. 우리가 적들보다 앞서 나갈 필요가 있다."라고 결론 내렸다.

그는 화제를 냉전 경쟁으로 돌리면서, 소련은 이미 세 번의 핵실험을 실시했으며 상당량의 핵분열 물질을 생산하고 있다고 말했다. 그는 "이것에 대한 증거를 제시하고 싶은 마음은 굴뚝 같습니다만 그럴 수 없습니다."라고 말했다. 하지만 그는 소련이 미국과 비교했을 때 어느 정도 위치까지 와 있는지에 대해 대강의 추정은 해 볼 수 있다고 말했다. "내 생각에 소련은 우리보다 4년 정도 뒤떨어져 있습니다." 이것은 안심할 수 있는 정도의 차이로 들릴 수도 있을 것이었다. 하지만 오펜하이머는 히로시마에 투하된 폭탄 단 1개의 효과를 생각해 보았을 때 미소 양측은 이와 같은 신무기들이 훨씬 더 큰 살상력을 가질 수도 있음을 안다고 말했다. 미사일 기술을 넌지시 암시하며, 그는 기술의 발전은 곧 "한층 더 현대적이고, 더 유연하며, 더 요격하기 어려운" 운반 수단을 가능케 할 것이라고 말했다. 그는 "이 모든 것이 곧 현실화될 것입니다. 나는 우리 모두가 이 문제에 대한 우리의 입장이 무엇인지 알아야 한다고 생각합니다."라고 말했다.

핵무기의 개발과 국제 정치 체제의 변화를 이해하기 위해서는 사실 관계를 파악하는 것이 필수적이었다. 하지만 사실들은 기밀로 묶여 있었다. 그는 "나는 그것에 대해 글을 쓸 수 없습니다."라고 말하며, 다시 한번 비밀주의 때문임을 강조했다. "나는 이것만은 말할 수 있습니다. 내가 이런 가능성들에 대해 솔직하게 의논했던 모든 책임 있는 사람들, 과학자나 정치인, 시민이나 정부 관료 중에 그들이 알게 된 사실에 대해 크게 걱정하지 않는 사람은 없었습니다." 그는 10년 후를 내다보며 "소련이 우리보다 4년 뒤떨어져 있다는 것은 그다지 위안이 되지 않을 것입니다……. 우리가 폭탄을 2만 개 갖게 되더라도 그들의 폭탄 2,000개보다 진정한 의미에서 전략적 우위에 서 있다고 말할 수 없을 것입니다."라고 말했다.

구체적인 수치를 제시하지는 않았지만 오펜하이머는 미국의 핵무기 보유량이 급속히 증가하고 있다고 말했다. "우리는 처음부터 이 무기들을 자유롭게 사용할 것이라고 주장했습니다. 우리가 여차하면 그것들을 사용하리라는 것은 널리 알려진 사실입니다. 또한 우리의 계획이 적에 대한 대규모의 전략적 선제공격을 가하는 것이라는 것 역시 널리 알려진 사실입니다." 이것은 물론 수십 개의 소련 도시들에 무차별의 공습을 가해 흔적도 없이 날려 버린다는 전략 공군 사령부의 전쟁 계획을 간략하게 요약한 것이었다.

그는 계속해서 원자 폭탄이 "가령 유럽에서 전투가 발생한다면 그것이 장기간 지속되어 고통스러운 전쟁으로 발전하는 것을 막기위해 우리가 사용할 수 있는 거의 유일한 무력 수단이라고 누구나 생각하고 있습니다"라고 말했다.[6] 그럼에도 불구하고 유럽인들은 "이 무기들이 무엇인지, 얼마나 많이 필요할지, 그것들이 어떻게 사용될 것이며 폭발하면 어떤 일이 벌어지는지 전혀 모르고 있다."

그는 원자력 분야에서의 비밀주의가 유언비어와 엉뚱한 추측, 때로는 완전한 무지로 이어지고 있다고 주장했다. "우리는 (중요한 사실들이) 비밀주의와 두려움 때문에 극소수의 사람들만 정보를 알고 있는 상황에서는 올바르게 행동할 수 없습니다." 트루먼 전 대통령은 최근에 소련이 미국 본토를 위협할 수 있을 정도의 핵무기를 비축하고 있다는 소문은 말도 안 되는 생각이라고 치부했다. 오펜하이머는 날카롭게 말했다. "소련의 핵 능력에 대해 우리가 알고 있는 모든 정보에 대한 브리핑을 받았을 전직 대통령이 공개적으로 정반대되는 말을 하다니 참으로 걱정스러운 일이 아닐 수 없습니다." 그는 또한 "공군 방어 사령부의 고위 장성"이 바로 몇 달 전에 "우리의 정책은 타격 부대를 보호하는 것이지 이 나라를 보호하는 것이 아니었습니다. 그것은 너무나도 큰 임무여서 우리의 보복 공격 능력에 지장을 주게 될 것이기 때문입니다."라고 말했다며 조롱했다. 오펜하이머는 이와 같은 "어리석은 일들은 사실을 알고 있는 사람들이 어느 누구와도 그에 대해 이야기할 수 없을 때, 토론을 벌이기에는 너무나 많은 사실들이 비밀로 묶여 있을 때, 그래서 우리가 더 이상 스스로의 힘으로 생각할 수 없게 될 때 일어납니다."라고 결론 내렸다.

오펜하이머는 유일한 구제책은 "솔직함"뿐이라고 결론지었다. 워싱턴의 공직자들은 이제 미국 국민들에게 적국에서는 이미 알고 있는 핵무기 경쟁에 대해 정직하게 말해 주어야 할 것이었다.

그것은 엄청나게 예리하고 거침없는 연설이었다. 오펜하이머는 자신이 핵심적인 사실은 말할 수 없다는 점을 반복해서 덧붙였다. 그러고 나서 그는 특별한 지식의 세례를 받은 브라만 승려처럼 가장 근본적인 비밀을 폭로했다. 그 어떤 나라도 핵전쟁에서 승리를 거두리라고 예상할 수는 없을 것이었다. 그는 가까운 미래에 "우리는 두 강대국들이 상대방은 물론이고 인류 문명 전체를 끝장낼 수 있는 위치에 도달하는 것을 보게 될 것입니다. 다만 자국의 파멸까지도 각오해야 할 것입니다."라고 말했다. 그러고 나서 오펜하이머는 "우리는 유리병 속에 든 두 마리의 전갈과 같습니다. 서로 상대방을 죽일 수 있는 능력을 가졌지만, 그러려면 자신의 목숨을 걸어야 하는 것이지요."라고 덧붙여 청중의 간담을 서늘하게 했다.

이보다 더 도발적인 연설은 상상하기 어려웠다. 새 행정부의 국무부 장관 존 포스터 덜러스는 노골적으로 대량 보복에 기반한 국방 정책을 지지했다. 하지만 이제 핵 시대의 아버지로 추앙받는 과학자가 이 나라 국방 정책의 근본 가정들이 무지와 어리석음으로 가득 차 있다고 선언한 것이다. 미국에서 가장 유명한 핵과학자가 지금까지 엄격하게 비밀에 부쳤던 핵기밀을 공개하고, 핵전쟁의 결과에 대해 솔직하게 토론하자고 정부에 요구한 것이다. 최고 비밀 취급 인가를 가진 저명한 시민이 이 나라의 전쟁 계획을 둘러싼 비밀주의를 비판한 것이다. 오펜하이머의 발언 내용이 워싱턴 국방 행정가들 사이에 퍼지자 많은 사람들은 소스라치게 놀랐다. 스트라우스는 분노를 참을 수 없었다.

다른 한편 오펜하이머의 연설을 들은 대부분의 변호사들과 투자 은행가들은 깊은 인상을 받았다.[7] 신임 미국 대통령 아이젠하워조차 그의 연설문을 읽고 솔직함에 사로잡혔다. 군인 출신인 아이젠하워는 오펜하이머가 두 강대국을 "병 속에 든 두 마리의 전갈"에 비유한 것을 이해할 수 있었다.[8] 아이젠하워는 군축 패널 보고서를 읽고 나서 그것이 사려 깊고 현명한 제안이라고 생각했다. 그는 자신의 주요 백악관 보좌관 C. D. 잭슨(C. D. Jackson, 잭슨은 타임 라이프(Time-Life) 사에서 헨리 루스(Henry Luce)의 오른팔이었다.)에게 "핵무기는 적극적으로 기습하려는 편에 유리하게 작용하네. 미국은 절대로 그런 행동은 하지 않을 거야. 핵무기가 출현하기 전까지 우리는 어떤 나라로부터도 이와 같은 히스테리적 공포를 느껴 본 적이 없다는 것을 명심하게."라고 말할 정도로 핵무기에 대단히 회의적이었다.[9] 아이젠하워는 임기 후반기에 "이런 식으로 전쟁을 할 수는 없어. 우리가 보유하고 있는 불도저들로는 길거리에 널릴 시체들을 수습할 수조차 없을 거야."라고 신랄하게 말하며 매파 보좌관들의 의견을 힐책하기도 했다.[10]

얼마 동안은 오펜하이머의 견해가 새로 당선된 대통령에게 영향을 미칠 수 있을 듯이 보였다.[11] 하지만 아이젠하워의 선거 운동에 상당한 기부금을 낸 스트라우스가 1953년 1월에 대통령 원자력 에너지 보좌관에 임명되었다. 게다가 7월에는 원자력 에너지 위원회의 의장으로 영전했다.

스트라우스는 미국의 핵 보유량을 대중에게 공표하고 미국 핵전략의 성격에 대한 공개적인 토론이 이루어져야 한다는 오펜하이머의 견해에 강하게 반대했다. 그는 이 문제에 열린 태도를 취하는 것은 "소련의 첩보 활동을" 도와주는 것밖에는 안 된다고 생각했다.[12] 그래서 스트라우스는 기회가 있을 때마다 아이젠하워에게 오펜하이머에 대한 의구심을 심기 위해 노력했다. 신임 대통령은 나중에 누군가(아마도 스트라우스였던 것 같은데)가 자신에게 "오펜하이머 박사는 믿을 수 없는 사람입니다."라고 말했던 것을 기억했다.[13]

1953년 5월 25일에 스트라우스는 후버의 참모인 D. M. 래드(D. M. Ladd)와 대화를 나누기 위해 FBI 본부에 들렀다. 스트라우스는 그날 오후 3시 반에 아이젠하워와 독대할 예정이었다. 그는 래드에게 오펜하이머가 며칠 후 대통령이 참석한 국가 안전 보장 회의에서 브리핑을 하기로 되어 있다고 말하면서 자신이 "오펜하이머의 활동에 대해 걱정이 많다."라고 덧붙였다. 그는 1943년에 오펜하이머가 공산주의자로 의심이 가는 데이비드 호킨스를 로스앨러모스에 채용했다는 사실을 바로 얼마 전에 알게 되었다. 더구나 그는 오펜하이머가 미국 공산당의 지도자였던 얼 브라우더의 아들인 젊은 수학자 펠릭스 브라우더(Felix Browder)가 고등 연구소에 채용되는 과정에서 신원 보증인으로 나섰다는 사실도 알고 있었다. 스트라우스는 보스턴 대학교에서 온 브라우더의 추천서에 따르면 그의 평판이 그리 좋지 않았다는 점을 지적하며, 그를 채용하기 위해서는 이사회의 의결을 거쳐야만 한다고 오펜하이머에게 말했다. 이사회는 결국 6 대 5로 브라우더의 임용안을 부결했다. 하지만 그때는 오펜하이머가 이미 브라우더에게 임용 제의를 보낸 상태였다. 스트라우스가 이에 반발하자, 오펜하이머는 스트라우스의 비서에게 전화를 걸어 이사회에서 반대 의견을 내지 않는 한 브라우더를 채용할 것이라고 통지했다. 스트라우스는 오펜하이머의 횡포에 분노했다. 그의 생각에 오펜하이머의 행동은 미국에서 가장 유명한 공산주의자의 아들에게 자리를 내주기 위한 것 그 이상도 이하도 아니었던 것이다.*

마지막으로 스트라우스는 래드에게 자신은 오펜하이머가 1942년에 러시아 인 "친구들"과 가졌던 관계를 의심하고 있다고 말했다.[14] 이는 두말할 것도 없이 슈발리에 사건을 가리키는 것이었다. 오펜하이머는 또한 "수소 폭탄에 관련된 작업을 지연시켰다고 알려져" 있었다.[15] 스트라우스는 래드에게 자신이 그날 오후 아이젠하워에게 이런 사실들을 감안해서 오펜하이머의 배경에 대해 브리핑하는 것에 "이의"가 있느냐고 물었다. 래드는 스트라우스에게 FBI는 전혀 이의가 없다고 대답했다. FBI는 이미 법무장관, 원자력 에너지 위원회, 그리고 "기타 연관된 정부 부서"에게 오펜하이머에 관한 정보를 건네주었던 것이다.

그러므로 오펜하이머의 명성에 흠집을 내기 위한 스트라우스의 활동이 언제 시작되었는지 정확히 알 수 있다. 그것은 그가 대통령 보좌관으로 임명된 1953년 5월 25일 오후에 시작되었던 것이다. 아이젠하워는 나중에 스트라우스가 "오펜하이머 문제를 가지고 반복해서 찾아왔다."라고 회고했다.[16] 스트라우스는 이번에는 아이젠하워에게 "오펜하이머가 (원자력 관련) 프로그램에 관여하고 있는 한 자신은 원자력 에너지 위원회 일을 맡을 수 없을 것"이라고 말했다.[17]

스트라우스가 아이젠하워를 만나기 1주일 전, 오펜하이머는 백악관에 전화를 걸어 "지금 당장 대통령을 짧게라도 만나야겠다."라고 요청했다.[18] 이틀 후 그는 대통령 집무실로 안내되어 들어갔다. 이 짧은 만남 후에 아

---

* 결국 오펜하이머의 판단이 옳았다고 입증되었다. 브라우더는 이후 출중한 업적을 쌓아 나갔고, 1999년에 빌 클린턴 대통령은 그에게 과학 및 공학 분야에서 최고의 영예인 국립 과학상 훈장(National Medal of Science)을 수여했다.

이젠하워는 오펜하이머에게 5월 27일에 열리는 국가 안전 보장 회의 자리에서 브리핑을 해 달라고 초대했다. 오펜하이머는 듀브리지와 함께 나타나 다섯 시간 동안 솔직함의 이점에 대한 자신의 주장을 펴고 질문을 받았다. 그는 대통령에게 다섯 명으로 이루어진 군비 축소 패널을 구성하라고 요구하면서 1946년의 릴리엔털 패널을 생각했을지도 모른다. C. D. 잭슨에 따르면, 오펜하이머는 "대통령을 제외한 나머지 참석자들을 사로잡았다." 아이젠하워는 오펜하이머에게 정중하게 사의를 표했지만, 그가 방에서 나갈 때까지 자신이 무슨 생각을 하고 있는지 내비치지 않았다. 어쩌면 아이젠하워는 이틀 전 오펜하이머가 고문으로 남아 있는 한 원자력 에너지 위원회를 맡을 수 없다는 스트라우스의 말을 떠올렸을지도 모르는 일이었다. 잭슨의 설명에 따르면, 아이젠하워는 오펜하이머의 "최면을 거는 것처럼 참석자들을 끌어당기는 힘"을 지켜보면서 불편해했다.[19] 얼마 후 그는 잭슨에게 오펜하이머를 "완전히 믿지는 않는다."라고 말했다. 스트라우스가 영향력을 발휘했던 것이다.

오펜하이머의 백악관 방문을 예의 주시하던 스트라우스는 이제 본격적으로 오펜하이머에 대한 공격을 시작했다. 이후 몇 달 동안,《타임》,《라이프》, 그리고《포춘》(모두 헨리 루스가 운영하는 잡지들이었다.)은 오펜하이머는 물론이고 과학자들이 국방 정책에 가진 영향력에 맹공을 퍼부었다.《포춘》1953년 5월호에는 "수소 폭탄을 둘러싼 은밀한 투쟁. 미국의 군사 전략을 뒤집기 위한 오펜하이머 박사의 끈질긴 캠페인에 대한 이야기"라는 익명의 기사가 실렸다.[20] 이 기사를 작성한 기자는 오펜하이머의 영향력 때문에 비스타 프로젝트가 "핵 보복 전략의 윤리성"에 의문을 제기하는 방향으로 선회했다고 주장했다. 기자는 공군부 장관 핀레터의 말을 인용하면서, "전쟁 계획의 성공적인 수행에 대한 책임을 지지 않는 과학자들이 중차대한 국가 과제들을 직접 해결하려 드는 것은 심각한 문제를 야기한다."라고 주장했던 것이다. 이 《포춘》에 실린 에세이를 읽고 나서 데이비드 릴리엔털은 자신의 일기에 "로버트 오펜하이머를 공격하는 또 하나의 고약한 기사"라고 적었다.[21]

릴리엔털이 간단하게 요약했듯이, 이 기사는 오펜하이머, 릴리엔털, 코넌트 등이 수소 폭탄의 개발을 저지하려 했지만 "스트라우스가 가까스로 이를 막았다. 그 후 J. R. O.(오펜하이머)는 공군의 전략적 폭격 부대가 국방의 주축이라는 생각을 부정하기 위한 일종의 음모를 퍼뜨리기 시작했다."는 것을 밝히려는 취지에서 씌어졌다. 당시에 릴리엔털은 알지 못했지만, 이 《포춘》 기사는 찰스 머피(Charles J. V. Murphy)라는 편집자가 쓴 것이었다. 예비역 공군 장교였던 머피는 은밀한 공저자(루이스 스트라우스)와 함께 이 기사를 썼다.

《포춘》의 공격이 있고 나서 얼마 후, 오펜하이머, 라비, 듀브리지는 워싱턴의 코스모스 클럽에서 대책을 논의하기 위해 잭슨과 만났다. 나중에 잭슨은 그들이 그 기사에 대해 "오펜하이머에 대한 부당한 공격"이라며 "격노"했다고 스트라우스에게 보고했다.[22] 그는 스트라우스에게 자신이 잡지의 공정성을 변호하려 했지만 그들은 "개인적으로는 머피와 (제임스) 셰플리(James Shepley, 《타임》의 워싱턴 지국장)가 부당하게 반오펜하이머 성전을 벌이고 있다고 생각했다."라고 밝혔다.

'솔직함'을 강조하는 오펜하이머의 연설은 백악관의 허가를 받은 직후인 1953년 6월 19일자 《포린 어페어스(Foreign Affairs)》에 출판되었다. 《뉴욕타임스》와 《워싱턴 포스트》는 오펜하이머를 인용하며, '솔직함'이 없으면 미국인들은 "합리적인 국방 정책을 갖지 못하게" 될 것이라는 기사를 게재했다.[23] 오펜하이머는 오직 대통령만이 "핵 문제를 둘러싼 전략적 상황이라는 주제를 둘러싼 수많은 거짓말들을 넘어설 수 있는 권위를 가졌다."라고 말했다. **거짓말이라니!**

격분한 스트라우스는 다급히 아이젠하워 대통령을 만나러 갔다. 그는 오펜하이머의 에세이가 "위험하며, 그의 제안들은 치명적"이라고 생각했다.[24] 그는 오펜하이머가 기사를 출판할 수 있도록 백악관이 허가를 내 주었다는 사실에 놀랐다. 대통령은 오펜하이머의 에세이를 읽었고, 그의 주장에 대개 동의했다. 6월 8일에 열린 기자 회견에서, 아이젠하워는 핵무기에 대해 보다 "솔직"해져야 할 필요가 있다는 오펜하이머의 생각에 동의한다고 밝혔다. 스트라우스는 아이젠하워에게 일부 언론은 그의 발언을 "로버트 오펜하이머 박사의 '솔직함' 원칙에 대한 포괄적 승인이며 우리의 핵 보유량과 생산 속도, 그리고 적국의 핵 보유력에 대한 우리의 추산 등과 같은 정보를 공개하는 것을 지지"하는 것으로 해석하고 있다며 불평했다.

아이젠하워는 "말도 안 되는 소리!"라고 대답했다.[25] "당신은 그 사람들이 써 제끼는 기사들을 읽지 않는 편이 낫겠어. 당신보다는 내가 보안 문제를 더 걱정하고 있다고 생각하는데." 그러고 나서 그는 "누군가 오펜하이머 기사에 대한 반박문을 쓰는 것이 좋겠군."이라고 덧붙였다. 어느 정도 위안을 받은 스트라우스는 자신이 반박문을 쓰겠다고 자원했다.

오펜하이머의《포린 어페어스》에세이는 아이젠하워 행정부 내에서 핵무기에 대해 대중에게 어디까지 이야기해 주어야 할지에 대한 격렬한 논쟁을 불러일으켰다. 그것이 오펜하이머의 의도였다. 그는 고삐 풀린 무기 경쟁으로 이 나라가 직면하게 될 위험성에 대한 자신의 사실적 묘사가 사람들이 핵무기에 과도하게 의존하는 현상을 재고해 보는 계기가 되리라

기대했다. 대중에게 끝없는 무기 경쟁의 가능성에 대해 두려움을 심어 주기 위해서라도 솔직함이 반드시 필요했던 것이다. 아이젠하워와 그의 보좌관들이 이 문제와 씨름했던 것에서도 볼 수 있듯이, 대통령은 상호 모순적인 목표를 추구하고 있었다. 그는 "솔직함"을 강조하는 연설문의 초안을 읽어 보고는 잭슨에게 "국민들을 두려움에 떨게 만들고 싶지는 않아."라고 말했다.[26] 그리고 그는 스트라우스에게 자신이 핵전쟁의 위험성에 대해서는 솔직하게 말하는 것과 동시에, 대중들에게 "희망적인 대안"을 보여주고 싶다고 말했다.

스트라우스는 이에 동의하지 않았지만, 영리하게도 입을 다물었다. 그는 아이젠하워가 오펜하이머의 생각에 이끌렸다는 사실에 낙담했지만, 대통령이 잘못 생각하고 있다는 것을 일깨워 주어야겠다고 결심했다. 1953년 8월 초, 스트라우스는 잭슨과 칵테일을 마셨는데, 잭슨은 나중에 자신의 일기에 "스트라우스가 오펜하이머와 다투지 않겠다고 단정적으로 말하니 정말 다행이라고 생각한다. 핵 보유량 계산법을 제외하고는 솔직함을 추구하는 것 역시 부정하지 않을 것"이라고 썼다.[27] 능숙한 싸움꾼이었던 스트라우스는 잭슨에게 거짓말을 했던 것이다. 얼마 지나지 않아 그는 찰스 머피와 함께 비밀스럽게 오펜하이머를 강력하게 비난하는 두 번째 《포춘》 에세이를 준비했다.

상황은 스트라우스의 편이었다.[28] 그해 8월 말, 전국 각지의 신문은 "소련 수소 폭탄 실험 성공"이라는 기사를 대서특필했다. 미국이 수소 폭탄 실험에 성공한 지 단 9개월만에 소련 역시 바싹 뒤쫓아 왔던 것이다. 적어도 당시의 미국인들은 그렇게 알고 있었다. 사실 소련의 실험은 기술적인 측면에서 보자면 실패한 것이었다. 그것은 진정한 의미에서의 수소 폭탄도 아니었고, 비행기로 수송할 수 있는 것도 아니었다. 하지만 소련이 미국의 핵무기 보유량을 곧 능가할지도 모른다는 두려움은 스트라우스가 오펜하이머의 주장을 막아 내는 데에 유용한 정치적 무기를 제공했다.

아이젠하워는 "원자력의 평화적 이용(Atoms for Peace)"을 제안하는 연설을 통해 자신이 찾던 "희망적 대안"을 역설했다. 그는 미국과 소련 양국이 원자력 발전소를 개발하는 국제 기관에 핵분열 물질을 제공하자고 제안했다. 1953년 12월 8일 UN에서 행해진 이 연설은 선전이라는 측면에서는 대성공이었다. 하지만 소련은 움직임을 보이지 않았다. 게다가 대통령 역시 미국의 핵무기에 대해 완벽하게 솔직하지 못했다. 미국의 핵무기 보유량에 대한 내용이 빠져 있었던 아이젠하워의 연설은 건전한 토론을 진척시키기에는 터무니없이 부족한 것이었다. 아이젠하워는 솔직함을 버리고 미국의 우월성을 선전하는 편을 택했던 것이다.

게다가 아이젠하워 행정부는 이후 몇 달 동안 핵전략을 재고하기는커녕 재래식 무기에 대한 지출을 줄이고 핵무기 보유량을 늘리는 방향으로의 전환을 개시했다. 아이젠하워는 이것을 "뉴룩(New Look, 새로운)" 방위 태세라고 불렀다.[29] 미 행정부는 공군의 전략을 받아들여 미국의 방위를 거의 전적으로 공군력에 의존하게 될 것이었다. "대량 보복(massive retaliation)"이라는 정책은 값싸고 효과적인 방식처럼 보였다. 그것은 또한 근시안적이고, 집단 학살을 불러일으키며, 자살 행위나 다름없었다. 애치슨은 그것을 "완전한 속임수"라고 불렀다.[30] 애들라이 스티븐슨(Adlai Stevenson)은 다음과 같이 신랄하게 물었다. "우리에게는 무위 또는 핵폭탄에 의한 대학살이라는 선택지밖에 없다는 말인가?" '뉴룩'은 사실 낡은 정책이었고, 아마도 오펜하이머가 신임 행정부에게 바랐던 것과는 정확히 반대되는 것이었을 것이다.

스트라우스는 승리를 거두었다. 핵 비밀주의 체제는 유지될 것이었고,

핵무기는 현기증이 날 정도의 속도로 만들어질 것이었다. 오펜하이머는 한때 스트라우스를 성가신 존재 정도로 생각했지 자신의 앞길을 "막아설" 사람이라고는 생각하지 않았다.[31] 이제 워싱턴에 공화당 행정부가 들어서자, 스트라우스는 주도권을 잡고 국가 정책을 급격히 우경화시키는 데 노력을 기울였다.

오펜하이머는 이제 스트라우스가 자신을 노릴 것임을 알고 있었다. 스트라우스가 원자력 에너지 위원회 의장으로 취임하고 얼마 후인 7월에 오펜하이머의 가까운 친구이자 변호사인 마크스는 원자력 에너지 위원회 직원으로부터 전화를 받았다. "당신의 친구 오피에게 문을 꼭 걸어 잠그고 다가오는 폭풍에 대비하는 것이 좋을 것이라고 전하시오."[32]

라비는 "나는 그가 곤경에 빠졌다는 것을 알고 있었습니다. 지난 몇 년 동안 그의 위에는 검은 그림자가 떠다니고 있었지요……. 나는 그가 쫓기고 있다는 것을 알고 있었습니다."라고 회고했다.[33] 그래서 어느 날 라비는 그에게 "로버트, 《새터데이 이브닝 포스트(Saturday Evening Post)》에 기고문을 보내도록 해. 자네의 인생 역정을, 급진주의와의 연계를 스스로 밝히란 말이야. 그러면 의혹이 사라질 거야."라고 말했다. 라비는 그 이야기를 오펜하이머가 직접 평판이 좋은 언론사를 통해 밝히면 대중도 이해할 것이라고 생각했다. 솔직한 고백 수기를 내면 오펜하이머에 대해 더 이상의 정치 공격을 할 명분이 없어지게 될 것이었다. 하지만 라비가 회고했듯이 "그는 그렇게 할 수 없었다."

오펜하이머에게는 다른 계획이 있었다. 그해 초여름에 오펜하이머, 키티, 그리고 두 자녀는 뉴욕항에서 SS 우루과이(SS Uruguay)에 승선해 리우데자네이루로 향했다. 오펜하이머는 브라질 정부의 초청으로 브라질에서 수차례의 강연을 하고 8월 중순쯤 프린스턴으로 돌아올 예정이었다. 그

가 브라질에 머무는 동안, FBI는 현지 미 대사관을 통해 그의 행적을 감시했다.[34]

오펜하이머가 브라질에서 여행을 즐기는 동안, 스트라우스는 1953년 여름 내내 오펜하이머의 영향력을 끝장내기 위해 초조하게 준비를 계속했다. 6월 22일에 그는 FBI 본부를 방문해 후버를 다시 만났다. 워싱턴에서 FBI 국장이 가진 권력을 잘 알던 스트라우스는 그들이 "가깝고 우호적인 관계"를 유지하기를 원했다.[35] 스트라우스 "제독"은 자리에 앉자마자 화제를 오펜하이머로 돌렸다. 후버는 그날의 대화를 기록한 메모에 "그는 매카시 상원 의원이 오펜하이머 박사를 조사하려 한다는 사실을 알고 있다고 밝혔다. 그는 오펜하이머의 활동을 파헤치는 것이 유용하다는 것에는 의심의 여지가 없지만, 너무 성급하게 일을 진척시켜서는 안 된다고 말했다."라고 적었다.

위스콘신 출신의 상원 의원 매카시와 그의 보좌관 로이 콘(Roy Cohn)은 5월 12일에 후버를 방문했었다. 매카시는 자신의 상원 위원회가 로버트 오펜하이머에 대한 조사를 개시하는 것에 대해 어떻게 생각하느냐고 물었다. 후버는 스트라우스에게 자신이 매카시의 관심을 다른 방향으로 돌리려 했다고 설명했다. 그는 오펜하이머가 "상당히 논쟁의 여지가 있는 인물"이며 미국 과학자들 사이에서 인기가 많다는 점을 지적했다. 그는 또한 오펜하이머 같이 만만치 않은 인물에 대한 공개 조사를 진행하기 위해서는 "엄청난 분량의 사전 작업"이 필요할 것이라고 매카시에게 경고했다고 말했다. 매카시는 무슨 말인지 알아들었으며 일단 오펜하이머 문제에서 손을 떼겠다고 밝혔다. 후버와 스트라우스는 "신문 머리기사를 장식하기 위한 목적으로 성급하게 접근할 사안이 아니"라는 것에 동의했다.

이어서 스트라우스는 후버에게 "비밀을 지켜야" 한다며 최근 칼럼니스트 조지프 앨솝이 매카시가 오펜하이머를 조사하는 것을 막아야 한다는 편지를 백악관에 전달했다는 것을 말해 주었다.36 스트라우스는 물론 앨솝이 오펜하이머의 친구라는 것을 알고 있었다. 그는 후버에게 오펜하이머가 영향력 있는 동맹 세력을 가지고 있음을 알려 주고 싶었던 것이다. 뜻이 맞는 두 사람의 만남은 잘 끝났고, 스트라우스는 자신이 강력한 권력을 지닌 FBI 국장과 제휴 관계를 맺었다고 생각했다. 오펜하이머를 제거하는 일은 매카시 같이 센세이션을 추구하는 어릿광대에게 맡겨 두기에는 너무나 중대했던 것이다. 그것은 세심한 계획과 숙련된 공작을 필요로 했다.

후버를 만나고 나서 스트라우스는 자신의 사무실로 돌아와 로버트 태프트 상원 의원에게 편지를 써서 만약 매카시가 오펜하이머에 대해 조사하려 하면 막아 달라고 부탁해 두었다. 그런 "실수"를 저질러서는 안 될 것이었다. "첫째로, 효력이 없는 증거도 상당수 있을 것입니다. 둘째로, 매카시 위원회는 그런 조사를 할 만한 곳이 아닐 뿐더러, 지금은 적절한 시기도 아닙니다."37 스트라우스는 자신이 주도하는 수사를 기획하려 했던 것이다.

1953년 7월 3일에 스트라우스는 공식적으로 원자력 에너지 위원회 의장직을 맡게 되었다. 《뉴 리퍼블릭》은 "그가 전함의 함교 위에 선 사령관이라도 된 듯했다."라고 보도했다.38 스트라우스는 전임자인 고든 딘이 자문 계약을 1년 더 연장해 달라는 오펜하이머의 요청을 승인했음을 확인하자, 곧바로 포문을 열었다. 그의 첫 번째 업무는 후버에게 오펜하이머에 대한 FBI의 최신 요약 보고서를 인편으로 보내 달라고 요청하는 것이었다.39 그 무렵이면 오펜하이머의 FBI 파일은 수천 페이지에 달했다. 1953년 6월의 요약 보고서만도 69쪽이었다. 스트라우스는 그것을 세심하게 검토했다.

아이젠하워가 정권 인수 작업을 진행하는 동안, 스트라우스는 보든과 연락을 계속했다.[40] 보든은 원자력 에너지 상하원 합동 위원회 총무를 맡고 있던 젊은이로, 스트라우스처럼 오펜하이머에 대한 뿌리 깊은 의심을 품고 있었다. 그는 민주당원이었고, 공화당이 상원에서 다수를 차지하게 되자 직장을 잃었다. 하지만 그는 오펜하이머에 집착한 나머지 그의 워싱턴에서의 영향력을 파헤치는 65쪽짜리 보고서를 개인적으로 작성했다. 그는 미국에서 오펜하이머보다 더 국방 및 외교 정책에 대한 "구체적이고 정확한 데이터"를 가진 사람은 없었다고 썼다. 보든은 오펜하이머의 전후 행적을 검토함으로써 그가 워싱턴의 정책 결정자들에게 얼마나 영향을 미치고 있는지 밝히려 했던 것이다.

최근 7일 동안……오펜하이머 박사는 산업용 핵발전에 대해 몬샌토 화학회사의 회장 찰스 토머스(Charles Thomas) 박사와 대화를 나누었다. 오펜하이머 박사는 국무부 장관의 매릴랜드 농장에서 점심 식사를 하며 1952년 가을에 에니웨톡(Eniwetok) 환초에서의 핵실험을 둘러싼 외교 정책에 대해 의견을 나누었다. 오펜하이머 박사는 공군부 장관과 만난 자리에서, 전략적 폭격과 전술적 폭격의 장단점에 대해 토의했다. 오펜하이머 박사는 핵무기의 국제 통제 문제를 의논하기 위해 프랑스 방문단을 접견했다. 오펜하이머 박사는 대통령과 독대한 후, 1952년 대통령 선거의 공화당 후보인 아이젠하워 장군과 민주당 후보인 스티븐슨 주지사를 만나러 갔다. 그리고 오펜하이머 박사는, 미국인으로는 유일하게, 영국 핵무기 연구소의 소장인 페니(W. C. Penny) 박사와 영국의 폭탄 개발 프로젝트에 대해 이야기를 나누었다……. 오펜하이머 박사가 활동적이며 사람을 끄는 성격을 가졌다는 데에는 누구나 동의하고 있었다. 그는 과학자들

사이에서 대단한 명성을 지니고 있으며, 참석하는 모임마다 의견을 주도하는 경향이 있었다.[41]

1952년에 보든은 확실한 결론을 내리지는 않았지만, 이토록 영향력 있는 인물의 보안 파일치고는 치명적인 내용이 많이 포함되어 있다는 사실에 깜짝 놀랐다. 스트라우스는 보든에게 계속해서 파헤치라고 부추겼다. 보든이 자신의 조사 보고서를 작성하기 약 한 달 전인 1952년 12월에 스트라우스는 그에게 수소 폭탄의 개발이 3년이나 지연된 이유에 대한 자신의 판단을 정리한 긴 편지를 보냈다. 오펜하이머가 이끌던 원자력 에너지 위원회 자문 위원회가 늑장을 부렸을 뿐만 아니라, 러시아 인들이 핵기술 첩보 활동으로 이득을 보았다는 것 역시 명확해 보였다. 스트라우스는 보든에게 "결론적으로, 나는 미국이 열핵 무기 분야에서 러시아보다 앞서 있다는 생각은 터무니없이 잘못된 것이라고 생각한다."라고 말했다.[42] 그리고 두 사람은 미국이 이와 같은 위험한 상황에 처하게 된 것은 오펜하이머의 책임이라는 데에 한 점의 의심도 없었다.

1953년 4월 말에 보든은 오펜하이머 문제를 의논하기 위해 스트라우스의 사무실을 찾았다. 이후 그들의 활동을 보면, 이날 오펜하이머의 영향력을 끝장내기 위한 계획을 세웠던 것 같다. 보든이 궂은 일을 할 것이었고 스트라우스는 그에게 필요한 정보를 제공할 것이었다.

그들이 만난 지 2주도 지나지 않아서 보든은 원자력 에너지 위원회의 기밀 문서실에 보관되어 있는 오펜하이머의 보안 파일을 검토할 수 있는 허가를 받았다. 보든은 1953년 5월 31일부로 공직에서 떠났지만, 8월 18일까지 이 파일을 개인적으로 가지고 있었다. 7월 16일에 스트라우스가 보든에게 전화를 걸었을 때, 보든은 뉴욕 주의 휴양지에서 혼자서 조용히 파일을 읽고 있었다. 보든이 워싱턴으로 돌아오자마자, 스트라우스는 오펜하이머의 문서철을 돌려받았다. 그는 거의 3개월 동안이나 그것을 사무실에 가지고 있다가 11월 4일이 되어서야 원자력 에너지 위원회 기밀 문서실에 반납했다. 스트라우스가 파일을 반납하고 몇 시간 후, 원자력 에너지 위원회의 보안 담당 직원인 브라이언 라플랜트(Bryan F. LaPlante)가 그것을 다시 대출했다. 스트라우스의 신임을 받던 라플랜트는 12월 1일까지 보고서를 반납하지 않았다.

보든, 스트라우스, 그리고 라플랜트가 오펜하이머의 파일을 차례로 검토한 것은 우연이 아니었다.[43] 보든은 확실히 스트라우스의 비호 아래 오펜하이머를 비난하는 보고서를 작성하고 있었다. 보든이 작업을 끝내고 서류철을 되돌려 주자, 스트라우스는 증거들을 스스로 검토하기 위해 파일을 기밀 문서실에 반납하지 않고 사무실에 보관했던 것이다. 그리고 스트라우스는 검토를 마치고 나서 라플랜트에게 파일을 읽어 보고 좀 더 구체적으로 분석해 보라고 지시했다.

그러므로 1953년 4월부터 12월까지 7개월 동안 스트라우스는 보든과 함께 오펜하이머에 대한 공격을 성공적으로 수행하기 위한 '엄청난 분량의 사전 작업'을 했던 것이다. 그들은 매카시 상원 의원은 이 사건을 세심하게 준비하리라고 생각하지 않았기 때문에 그를 제외시켰다. 원자력 에너지 위원회 소속 변호사 해럴드 그린(Harold Green)에 따르면 1953년 7월에 "스트라우스는 후버에게 자신이 오펜하이머를 축출하겠다고 약속했다." 이번 경우에는 스트라우스는 한 입으로 두 말 하지 않는 사람이었다.[44]

1953년 8월 말의 어느 날, 브라질에서 돌아온 오펜하이머는 스트라우스에게 전화를 걸어 자신이 9월 1일 화요일에 워싱턴에 갈 예정인데, 그날 아침에 만나는 것이 어떻겠냐고 물었다. 스트라우스가 그날은 오후밖에 시간이 없다고 말하자, 오펜하이머는 오후에는 백악관에서 중요한 약속이 있어서 안 된다고 대답했다. 스트라우스는 이 말을 듣고 즉시 FBI에게 연락해 오펜하이머가 워싱턴에 방문하는 동안 빈틈없이 감시하라고 요청했다. 한 FBI 요원은 "제독(스트라우스)은 오펜하이머가 화요일 오후에 어디에서 누구를 만날 것인지를 몹시 알고 싶어 했다."라고 보고했다.[45] 후버는 오펜하이머에 대한 감시를 승인했다. 스트라우스는 나중에 오펜하이머가 백악관에 가지 않았다는 것을 알았다. 대신 그는 오후 내내 스태틀러 호텔(Statler Hotel) 바에서 칼럼니스트 마퀴즈 차일드(Marquis Childs)와 함께 보냈다. 스트라우스는 안도했다. 하지만 그는 후버에게 "원자력 에너지 프로그램에 오펜하이머가 미칠 수 있는 영향력이 매우 걱정스럽다. 그는 사태를 예의 주시하고 있으며 **가까운 미래에 원자력 에너지 위원회에서 오펜하이머를 완벽하게 축출할 수 있기를 바란다**."라고 썼다.

스트라우스와 보든이 오펜하이머에 대한 공격을 준비하는 동안, 오펜하이머는 과학에 대한 네 편의 긴 에세이를 쓰면서 초가을을 보냈다. 1953년 초에 BBC(영국 방송 협회)는 그에게 명성 높은 리스 강연(Reith Lectures)을 해 달라고 초청했다. 방송을 통해 전 세계 수백만 명의 청취자들이 이 강연을 듣게 될 것이었다. 그와 키티는 11월에 3주간 런던에 머물다가 12월 초에 파리로 가는 것으로 일정을 잡았다. 이것은 상당한 영예였다. 이전 리스 강사들 중에는 '권위와 개인'에 대해 강의했던 버트런드 러셀과 바로 전해에 '세계와 서양'이라는 큰 주제에 대해 강의했던 아널드 토인비 등이 포함되어 있었다.

오펜하이머는 "사람들에게 도움이 되고 영감을 줄 만한 핵물리학의 최신 동향을 밝힌다."는 것으로 주제를 잡았다.[46] 대부분의 BBC 청취자들은 아마도 오펜하이머의 현학적이지만 세심한 언어 사용에 압도당했을 것이다. 한 비평가는 "그의 화려한 언변은 사람들을 완벽하게 사로잡았는데, 사람들을 그의 말에 집중했다기보다는 최면 상태에 빠진 것에 가까웠다."라고 썼다. 그의 강연은 매우 신비로운 것이었다. 그는 나중에 "그렇게 준비를 많이 했는데 사람들은 도무지 이해할 수 없었다고 하더군."이라고 자조했다.[47]

냉전이 그의 중심 주제는 아니었지만, 그는 잠시 동안 공산주의의 성격에 대해 이야기했다. "그토록 강력한 독재 정권이, 공동체(community)에서 나온 말인 '공산주의(communism)'라고 스스로를 명명한다는 것은 참으로 잔인한 언어유희일 것입니다. 일반적으로 공산주의라는 말은 마을에서 자신의 기능을 뽐내는 장인들, 그리고 무명으로 살아가는 것에 만족하는 사람들 같은 이미지를 연상시키는데 말입니다. 하지만 모든 공동체가 하나의 공동체, 모든 진실이 하나의 진실, 세상의 모든 경험에는 모순되는 점이 없고, 완전한 지식이 언젠가는 가능하며, 가능성이 있는 것은 실제로 존재할 수 있다는 믿음은 비극으로 끝날 수밖에 없을지도 모릅니다. 이것은 인류의 운명이 아닙니다. 인류가 나아갈 길이 아닙니다. 그것을 강요하는 것은 인류를 전지전능한 신적 존재로 만드는 것이 아니라 죽어 가는 세계에서 철창에 갇힌 무력한 죄수로 만드는 결과를 가져올 것입니다."[48]

1930년대에 공산주의를 받아들인 경험이 있는 오펜하이머는 1953년에 그 실체를 직시할 수 있었다. 프랭크처럼 그는 당시 미국 공산당이 추구하는 사회 정의를 향한 비전에 끌렸다. 패서디나의 공공 수영장에서 인종 차별을 철폐한다든지, 농장 노동자들의 노동 조건을 개선하라고 요구한다든지, 교원 노조를 조직하는 것들은 모두 해방감을 맛보게 해 주었다.

하지만 그동안 많은 것이 바뀌었다. 이제 그는 또 다른 "멋진 신세계(brave new world)"를 호소하면서 자신이 젊은 시절 꿈꾸었던 가장 숭고한 이상을 지적인 차원에서 이루려고 했던 것이다. 열린 사회를 향한 그의 요구는 비밀주의가 미국 사회를 엉망진창으로 만들어 버릴 수도 있다는 그의 우려와 연결되는 것이었다. 하지만 보다 넓게 보면 그것은 미국의 사회 정의와 관련된 문제이기도 했다. 오펜하이머는 히로시마 이전부터, 로스앨러모스 이전부터, 그리고 진주만 사건 이전부터 사회 정의라는 목표를 향해 노력했다. 미국에서 공산주의의 역할은 바뀌었다. 책임 있는 미국 시민으로서 오펜하이머의 역할도 바뀌었다. 하지만 그가 깊숙이 간직했던 가치들은 변하지 않았다. 그는 리스 강연에서 "열린 사회, 지식에 대한 무제한적 접근, 자기 계발을 위한 인간의 제한 없는 연대. 이러한 가치들을 지키지 않으면 우리는 점점 더 커지고, 복잡해지고, 급변하고, 전문화하는 기술 사회 속에서 인류의 공동체를 유지할 수 없을 것입니다."라고 말했다.[49]

런던에서의 어느 날 밤 키티와 오펜하이머는 프랭크의 에티컬 컬처 스쿨 동급생이었던 링컨 고든(Lincoln Gordon)과 저녁 식사를 했다. 오펜하이머는 1946년 고든이 바루크의 자문역으로 일할 당시 그를 만난 적이 있었다. 고든은 그날 저녁 나누었던 대화를 항상 기억하게 될 것이었다. 오펜하이머는 우울하고 성찰적인 기분에 빠져 있었고, 고든이 조심스럽게 원자폭탄이라는 화제를 꺼내자 오펜하이머는 폭탄 사용 결정을 내렸던 것에 대해 말하기 시작했다. 그는 자신이 임시 위원회의 결정을 지지했다는 것을 인정했다. 하지만 그는 "왜 나가사키에도 폭격해야만 했는지 지금까지도 이해하지 못한다."라고 후회했다.[50] 그의 말에는 분노나 괴로움보다는 슬픔이 담겨 있었다.

런던에서 리스 강연의 녹음을 마치고, 오펜하이머 부부는 영국 해협을 건너 파리에 도착했다. 키티는 곧바로 하콘 슈발리에에게 전화를 걸었다. 하지만 슈발리에는 학회 참석차 로마에 가 있었고 며칠 후에나 돌아올 것이었다. 오펜하이머와 키티는 기차를 타고 코펜하겐으로 가서 사흘 동안 보어를 방문했다. 그들이 파리로 돌아오자, 슈발리에는 그들이 파리에서 보내는 마지막 날 밤에 자신의 아파트에서 저녁 식사를 하자고 초대했다. 이것은 나중에 심각한 결과를 가져올 식사 초대였다. 스트라우스의 요청을 받은 파리 미국 대사관 보안 요원들은 오펜하이머의 행적을 감시하고 있었고, 그가 묵고 있던 호텔에서 그의 전화 통화 내역을 빼냈다. 파리 대사관은 "슈발리에는 소련의 첩보원이라는 의심을 받고 있는 자로 악명이 높다. 그는 프랑스 경찰과 정보기관의 감시 대상 명단에 올라 있는 인물이다."라고 보고했다.[51]

1953년 12월 7일에 슈발리에와 오펜하이머는 3년 만에 다시 만났다.[52] 그들이 마지막으로 만난 것은 1950년 가을 슈발리에가 바버라와 이혼한 직후 위로를 받기 위해 장기간 올든 매너를 방문했을 때였다. 하지만 두 사람은 계속해서 편지를 주고받았다. 오펜하이머는 슈발리에의 부탁을 받고 자신이 엘텐튼 사건에 대해 반미 활동 조사 위원회에서 말한 이야기를 요약하는 추천서를 써 주기도 했다. 이 편지는 슈발리에가 버클리에서 해고당하는 것을 막아 주지는 못했지만, 그래도 슈발리에는 고마워했다. 1950년 11월에 슈발리에는 파리로 갔다. 미 국무부가 그에게 미국 여권을 발급해 주지 않았기 때문에 프랑스 여권을 사용할 수밖에 없었다. 파리에서 그는 유엔에서 통역을 하거나 소설을 쓰는 것으로 삶을 꾸려 나갔다. 그가 캘리포니아 출신의 캐롤 랜스버그(Carol Landsburgh)와 결혼했을 때, 오펜하이머 부부는 결혼 선물로 마호가니 샐러드 그릇을 보냈다.

오펜하이머는 슈발리에와 오랫만에 만난다는 기대감에 부풀어 있었다. 오펜하이머와 키티는 몽스니 가(Rue du Mont-Cenis) 19번지 사크레쾨르(Sacré Coeur) 성당 근처에 위치한 슈발리에의 아파트에 도착했다. 그들은 낡은 엘레베이터를 타고 4층으로 올라갔다. 슈발리에와 캐롤은 그들을 따뜻하게 맞이했고, 네 사람은 곧 책장으로 둘러싸인 작은 거실에서 술잔을 주고받기 시작했다. 슈발리에는 마호가니 샐러드 그릇에 담긴 화려한 샐러드를 전채로 한 멋진 저녁 식사를 준비했다. 디저트를 먹으면서 슈발리에는 샴페인 병을 땄고, 오펜하이머와 키티는 코르크에 서명을 했다.

오펜하이머는 편안해 보였다. 그는 딘 애치슨 같은 워싱턴 명사들과 만났던 이야기도 해 주었다. 그들은 핵기술 스파이 활동을 했다는 죄목으로 얼마 전 사형 집행을 당한 율리우스 로젠버그(Julius Rosenberg)와 에델 로젠버그(Ethel Rosenberg) 부부에 대해서도 잠시 이야기했다. 그리고 슈발리에는 유네스코에서 통역 일을 계속할 수 있을지 모르겠다는 고민을 털어놓았다. 그는 자신이 미국 시민권을 포기하지 않았기 때문에, 미국 정부로부터 비밀 취급 인가를 받지 않으면 계속해서 일하지 못하게 될 것 같다고 설명했다. 오펜하이머는 자신의 하버드 시절의 친구인 제프리스 와이먼의 조언을 들어 보라고 제안했다.[53] 와이먼은 그해 미국 대사관의 과학 담당관으로 파리에 와 있었다.

오펜하이머 부부는 자정이 되기 얼마 전에 자리에서 일어섰다. 오펜하이머는 갑자기 슈발리에를 향해 돌아서면서 "나는 앞으로 몇 달 동안 고생을 좀 하게 될 것 같아."라고 말했다.[54] 어쩌면 누군가가 그에게 앞으로 벌어질 일을 넌지시 일러 주었는지도 모른다. 하지만 그는 더 이상 구체적으로 설명하지 않았다. 슈발리에는 그들을 배웅하면서 오펜하이머의 옷이 추워 보인다고 생각해서 그에게 이탈리아제 실크 스카프를 선물로 주었다. 두 사람은 그들의 우정이 곧 시험대에 오르리라고는 생각하지 않았다.

오펜하이머가 유럽에 가 있는 동안, 보든은 오펜하이머에 대한 기소장을 작성하기 시작했다. 그것은 스트라우스가 원자력 에너지 위원회 기밀 문서실에서 꺼내 온 오펜하이머의 보안 파일에서 나온 정보에 기초한 것이었다. 보든은 작업을 열성적으로 해 나가면서 스트라우스와 긴밀하게 연락을 주고받았다. 보든은 1953년 5월에 원자력 에너지 합동 위원회에서 해고된 후, 피츠버그의 웨스팅하우스 핵잠수함 프로그램에 새로운 직장을 구했다. 보든은 스트라우스의 "배려"에 감사했다.[55] 보든은 저녁마다 오펜하이머의 극비 인사 파일을 검토한 끝에 1953년 10월 중순쯤 기소장 초안을 작성하고 그것을 11월 7일에 후버에게 우편으로 보냈다. FBI의 요약 보고서에 따르면 이것은 길고 구성이 복잡한 문서였다. 하지만 보든은 오펜하이머의 죄상을 단 3장 반으로 간결하게 정리했다. 그의 결론은 충격적이었다. 오펜하이머가 공산주의자들과 연계되어 있다는 증거를 모으고 핵무기에 대한 그의 발언들을 검토한 후, 보든은 "로버트 오펜하이머는 소련의 첩보 요원일 가능성이 높다."라고 결론 내렸다.[56]

보든이 이 문서를 완성했다는 소식을 스트라우스가 정확히 언제 들었는지는 확실치 않지만, 공식적으로는 11월 27일에 후버가 그것을 스트라우스, 국방부 장관 윌슨, 그리고 대통령에게 전달했다. 하지만 11월 9일에 스트라우스는 이미 보든의 문서를 읽었다는 것을 보여 주는 듯한 메모를 남겼다. 스트라우스는 "내 기억에 따르면, 소련의 첩보 활동에 대한 1943년 11월 27일자 FBI 보고서에 '1940년 12월 무렵에 이미 스티브 넬슨, 하콘 슈발리에, 캘리포니아 공산당 지도자 윌리엄 슈나이더만, 그리고 JRO가 비밀 회동을 가졌다'고 기록되어 있을 것이다. 이 정보는 FBI가 감시 활동을 통해 알아낸 것이 분명하다."라고 썼다.[57]

공식적으로 문서를 받아 보기 직전인 11월 30일에 스트라우스는 또 다른 메모에서 오펜하이머의 가장 중요한 죄목은 슈발리에 사건과 관련된 것이라는 데에 주목했다. "여기서 중요한 점은 사건이 발생하고 얼마 후에 O(오펜하이머)가 G(그로브스)에게 보고했느냐는 것이고, O가 보고하기 전에 G가 이미 알고 있었다고 의심할 만한 이유가 있었는가 하는 것이다."[58] 이것은 매우 흥미로운 질문이었다. 하지만 그로브스가 오펜하이머와 슈발리에의 대화에 대해 알고 있었다는 증거는 없고, FBI 파일에도 그로브스 스스로 그렇게 증언하는 대목이 나온다. 이렇게 보았을 때, 스트라우스가 왜 이런 메모를 작성했는지가 가장 흥미로운 질문이 아닐까 싶다. 그는 이미 오펜하이머 보안 청문회의 핵심 쟁점이 될 내용을 준비하고 있었던 것이었을까?

1953년 가을에 워싱턴은 마녀사냥에 사로잡혀 있었다. 수백 명의 공무원들이 사소한 혐의 때문에 공직에서 물러나야만 했다. 그 누구도, 심지어 대통령조차도 매카시 상원 의원에 맞서려 하지 않았다. 1953년 11월 24일에 매카시는 라디오와 텔레비전을 통해 아이젠하워 행정부가 "애처로운 유화 정책"을 펴고 있다며 맹공을 퍼부었다.[59] 다음날 잭슨은 《뉴욕 타임스》의 제임스 레스턴(James Reston)에게 자신은 "매카시가 대통령에게 전쟁을 선포했다."고 생각한다고 말했다. 레스턴은 이 말을 익명의 백악관 관계자의 이야기라며 자신의 칼럼에 인용했다. 한 아이젠하워 보좌관은 기사를 읽고서 잭슨의 발언은 "매카시와 그의 동지들이 대통령의 정책을 지지하기 어렵게 만들 뿐"이라며 비난했다. 잭슨은 매카시의 공격에 아무도 제대로 대응하지 못하는 것을 보며 아연실색했다. 그는 자신의 일기에 "내가 지난 몇 달 동안 '지도력의 부재'에 대해 걱정하던 느낌들이 이번 주에 기어코 현실화되고 말았다. 나는 두렵다."라고 썼다.60 그는 대통령 수석 보좌관 셔먼 애덤스(Sherman Adams)에게 자신은 이번 사건으로 인해 최소한 매카시가 "알고 보면 좋은 사람이라고 생각하는 대통령 보좌관들의 생각이 바뀌기를 바란다."라고 말했다.61

이런 분위기에서 국방장관 윌슨은 1953년 12월 2일 아이젠하워에게 전화를 걸어 오펜하이머 박사에 대한 후버의 최신 보고서를 읽어 보았느냐고 물었다. 아이젠하워는 보지 못했다고 대답했다. 윌슨은 그것이 "최악"이라고 말했다.62 윌슨은 전날 밤 스트라우스가 "매카시는 그 사실을 알고 있고 우리에게 뒤집어씌울지도 모른다."라는 말을 전하기 위해 전화를 걸었다고 말했다. 아이젠하워는 자신은 매카시에 대해 걱정하지 않는다고 말했다. 하지만 오펜하이머 사건은 법무장관 허버트 브라우넬이 검토해야 할 것이었다. 그는 윌슨에게 "명확한 증거가 나오기 전에 (오펜하이머에 대한) 공격은 삼가야 할 것"이라고 말했다. 윌슨은 오펜하이머의 "동생과 아내가 현재 공산당원입니다. 이를 포함한 그의 주변 정황으로 보았을 때 그는 국가 안보를 위협하는 존재가 될 수도 있습니다."라고 말했다.

윌슨과의 전화 통화를 마치고 후버의 보고서를 읽기 전에 아이젠하워는 자신의 일기에 새로운 FBI 보고서가 "이전에는 알려지지 않았던 중대한 혐의를 밝혀냈다."라고 썼다. 기소 여부는 법무장관이 판단해야 할 문제지만, 아이젠하워는 "이것을 증명하는 것이 쉽지는 않을 것"이라고 평가했다. 하지만 그는 당분간 오펜하이머가 정부 관계자들과 접촉하는 것을 금지시킬 생각이었다. "우리나라의 핵무기 개발 초기부터 중심 역할을 했던 사람에 대한 혐의가 사실로 드러난다면 참으로 슬픈 일일 것이다…….

오펜하이머 박사는 원자력에 관련된 정보를 전 세계에 나누어 주어야 한다고 강력하게 주장하던 사람이다." 아이젠하워가 일기에 쓰지는 않았지만, 그는 원자력의 평화적 이용 프로그램을 통해 오펜하이머의 제안을 승인했다.

다음 날 이른 아침 아이젠하워는 안보 보좌관 로버트 커틀러(Robert Cutler)를 만났고, 커틀러는 오펜하이머 문제에 대한 즉각적인 대응을 촉구했다.63 아이젠하워는 그날 아침 10시에 스트라우스를 대통령 집무실로 불러 오펜하이머에 대한 최신 FBI 보고서를 읽어 보았느냐고 물었다. 스트라우스는 물론 그 보고서에 대해 잘 알고 있었다. 스트라우스와 의논을 마친 후 대통령은 오펜하이머가 "비밀로 분류된 정보에 대한 접근하는 것을 금지"하라고 지시했다.

그날 오후, 아이젠하워는 자신의 일기에 이른바 "새로운" 혐의들에 대해 읽어 보니 보든이라는 사람으로부터의 편지 이외에는 아무것도 없었다는 것을 깨달았다고 적었다. 이어서 그는 그 내용을 올바르게 평가했다. "이 편지는 새로운 증거를 제시하지 못하고 있다." 아이젠하워는 "대부분의 정보를 지난 몇 년 동안 끊임없이 확인하고 재확인해 왔는데, 그 결론은 언제나 오펜하이머 박사의 배신 행위를 뒷받침하는 증거가 없다는 것이었다. 하지만 이것은 그가 위험인물이 확실히 아니라는 것을 보여 주는 것은 아니다."라고 솔직히 털어놓았다.64

아이젠하워는 오펜하이머가 흑색선전의 희생자일지도 모른다는 것을 알고 있었다. 하지만 일단 조사를 명령한 이상, 절차를 밟지 않을 수 없었다. 그렇게 되면 매카시로부터 백악관이 잠재적 보안 위험 요소를 방어하려 한다는 소리를 듣게 될 것이 불 보듯 뻔했다. 이를 막기 위해 대통령은 법무장관에게 공식적으로 오펜하이머와 비밀 정보 사이에 "벽을 세우라."

고 명령했던 것이다.[65]

워싱턴처럼 입소문이 빠른 도시는 없을 것이다. 다음 날인 1953년 12월 4일이 되자, 오펜하이머의 로스앨러모스 시절의 친구이자 동료인 윌리엄 '데크' 파슨스 제독은 아이젠하워의 결정에 대해 알게 되었다. 파슨스는 오피의 좌익 경력에 대해 알고 있었지만, 그것은 큰 의미가 없다고 생각했다. 그해 가을, 파슨스는 오펜하이머에게 보낸 편지에서 "지난 몇 달간의 반지성주의가 비로소 지나가는 듯하네."라고 말한 바 있었다.[66] 그것은 큰 오판이었다. 그날 오후에 그는 한 칵테일 파티에서 아내 마사를 만났는데, 그녀는 그가 "대단히 못마땅해 한다는" 것을 알 수 있었다. 그녀에게 소식을 전하면서 그는 "내가 막아야겠어. 아이젠하워는 자신이 무슨 일을 하고 있는지 알아야만 해."라고 말했다. 그날 저녁 집에 돌아와서 그는 "미국은 엄청난 실수를 저지르고 있어."라고 말했다. 그가 다음 날 아침 해군부 장관을 만나야겠다고 말하자, 마사는 "데크, 당신은 해군 제독이에요. 왜 대통령을 직접 만나지 않죠?"라고 말했다.

그는 아내에게 "해군부 장관이 나의 직속 상사니까. 지휘 계통을 무시할 수는 없어."라고 말했다.

그날 밤 파슨스 제독은 가슴에 통증을 느꼈다. 다음 날 아침 그의 얼굴이 너무나 창백해져서 마사는 그를 베데스다의 해군 병원으로 데리고 갔다. 그는 그날 심장마비로 사망했는데, 마사는 오펜하이머의 소식 때문이라고 믿었다.

12월 4일에 아이젠하워 대통령은 스트라우스를 대동하고 버뮤다를 5일간 방문했다. 스트라우스는 돌아오자마자 오펜하이머에 대한 정부의 대응책을 구체적으로 계획하기 시작했다. 심지어 그는 12월 13일에 유럽 여행을 마치고 프린스턴으로 돌아올 예정이었던 오펜하이머를 만나면 무슨 말을 할 것인지 대본까지 준비했다. 다음 날 오후에 오펜하이머가 전화를 걸었고 두 사람은 일상적인 인사말을 나누었다. 스트라우스는 이틀 후에 한번 들르는 것이 "좋을 것 같다."라고 슬쩍 말했다.[67] 오펜하이머는 그러겠다고는 했지만, 보고할 것이 별로 없다고 덧붙였다. "큰 기대는 하지 마시오."

나중에 알려진 사실이지만, FBI는 아직 보든의 편지에 대한 분석을 마치지 않은 상태였다. 후버는 처음에 그것을 심각하게 받아들이지 않았다. 보든의 문서가 도착하고 얼마 후 한 요원이 밝혔듯이, 그의 고발장은 "사실을 왜곡해 보다 강력해 보이도록 말을 바꾸어 놓기까지 했다."[68] FBI는 뒤늦게 허겁지겁 검토를 시작했고, 오펜하이머에게 고발장을 보여 주는 것을 미루어 달라고 스트라우스에게 부탁했다. 스트라우스는 오펜하이머에게 전보를 보내 약속을 12월 21일 월요일로 조정했다.

12월 18일에 스트라우스는 대통령 집무실에서 오펜하이머 사건을 어떻게 다룰 것인지에 대해 의논했다. 이 회의에는 리처드 닉슨 부통령, 윌리엄 로저스(William Rogers), 백악관 보좌관 잭슨과 커틀러, 그리고 CIA 국장 앨런 덜레스가 참석했다. 아이젠하워는 의회 지도자들을 만나기 위해 자리를 비운 상태였다. 로저스는 트루먼이 해리 덱스터 화이트(Harry Dexter White)에게 했던 대로 공개 의회 위원회에 오펜하이머를 불러 심문하면 되지 않겠느냐고 제안했다. 하지만 화이트는 그런 시련을 겪고 나서 심장마비로 사망했고, 잭슨을 비롯한 다른 참석자들은 이 계획에 강하게 반발했다. 이에 "로저스는 곧 자신의 제안을 거두어들였다."[69] 대신 그들은 오펜하이머의 비밀 취급 인가를 재검토하는 패널을 임명하자는 스트라우스의 계획 쪽으로 기울었다. 그것은 정식 재판이 아니었다. 오펜하이머에게는 조용히 떠나느냐, 아니면 스트라우스가 임명할 패널 앞에서 비밀 취급 인가를 다시 승인해 달라고 호소하느냐의 선택이 주어질 것이었다.

1953년 12월 21일 오전 11시 30분, 그날 오후 오펜하이머와의 만남을 준비하던 스트라우스는 마크스가 자신을 만나기 위해 밖에서 기다리고 있다는 것에 당황했다. 스트라우스는 우연을 믿지 않았다. 왜 하필이면 오늘 오펜하이머의 친구이자 변호인이 그를 찾아왔을까? 마크스는 스트라우스에게 오펜하이머에 대해 급히 할 얘기가 있어 왔다고 밝혔다. 이에 스트라우스는 마크스의 말을 끊으며 자신이 오후에 오펜하이머를 만나기로 되어 있으므로 그때까지 기다리는 편이 좋겠다고 말했다. 마크스는 그의 말을 무시한 채 상원의 악명 높은 제너(Jenner) 내부 보안 분과 위원회가 오펜하이머에 대한 조사를 시작할 계획이라는 사실을 들었다고 말했다. 마크스는 1950년 5월 11일자 《뉴욕 타임스》를 꺼내 들고 '닉슨, 오펜하이머 박사 지지'라는 머리기사 제목을 소리 내어 읽었다. 그는 제너 위원회가 오펜하이머에게 스포트라이트를 비추면 닉슨 부통령 역시 창피를 면할 수 없으리라는 점을 상기시켰다. 난처해진 스트라우스는 차분하게, 그 얘기를 하러 온 것이냐고 물었다. 마크스는 고개를 끄덕였다. 그러자 스트라우스는 마크스에게 오펜하이머와 이에 대해 의논했느냐고 물었다. 마크스는 아니라고 말했다. 그는 오펜하이머가 유럽 여행을 떠난 이후로 이야기를 나눈 적이 없었던 것이다. 마크스는 곧 자리에서 일어섰다. 스트라우스는 마크스가 "예의 바른 공갈 협박"을 시도했다고 생각했다.[70]

오펜하이머는 그날 오후 3시쯤 도착했다. 스트라우스는 그로브스 장군의 전시 부관이자 지금은 원자력 에너지 위원회의 총괄 매니저를 맡고 있던 니콜스와 함께 그를 기다리고 있었다. 파슨스 제독의 급작스러운 죽음에 대해 잠시 이야기하고 나서, 스트라우스는 그날 오전에 허브 마크스가 찾아왔었다고 말했다. 오펜하이머는 놀라며 자신은 제너 위원회의 계획에 대해 전혀 모르고 있었다고 대답했다.

그리고 나서 스트라우스는 본론으로 들어갔다. 그는 오펜하이머에게 "우리는 당신의 비밀 취급 인가에 대해 매우 어려운 문제에 봉착해 있다."라고 말했다. 아이젠하워 대통령이 보안 파일에 문제가 될 만한 내용이 포함된 사람들에 대한 전면적인 재검토를 지시하는 행정 명령을 내렸다는 것이었다. 스트라우스가 오펜하이머의 파일에 상당히 심각한 내용이 많이 포함되어 있다고 하자, 오펜하이머는 자신이 곧 검토를 받게 되리라는 것을 알고 있다고 말했다. 스트라우스는 이어서 한 전직 공무원(보든)이 오펜하이머의 비밀 취급 인가에 이의를 제기하는 편지를 작성했고, 대통령은 그에 따라 즉각적인 조사를 명령했다고 밝혔다. 이때까지만 해도 오펜하이머는 특별히 놀라는 것 같지 않았다. 하지만 스트라우스는 재검토 과정의 "첫 번째 단계"로 비밀 취급 인가가 일시적으로 취소될 것이라고 말했다. 그러고 나서 그는 오펜하이머의 혐의점을 개괄하는 원자력 에너지 위원회의 편지가 준비되어 있다고 설명했다. 스트라우스는 그 편지의 초안은 나와 있지만 아직 정식으로 결재는 받지 못한 상태라고 말했다.

오펜하이머에게 그 편지를 읽어 볼 수 있는 기회가 주어졌다. 그는 내용을 훑어보면서 "몇몇 대목은 잘못되었지만, 많은 부분이 사실"이라고 말했다. 고발장에는 진실과 명백한 거짓이 애매하게 혼재되어 있는 듯했다.

그날의 만남에 대한 니콜스의 기록에 따르면, 보안 등급 재검토 절차가 시작되기 전에 사임할 가능성을 먼저 언급한 것은 오펜하이머였다.[71] 하지만 이는 고발장이 결재를 받지 않았고 그러므로 아직 공식화되지 않았다는 스트라우스의 설명 때문이었던 것으로 보인다. 오펜하이머는 처음에 이런 가능성을 고려하는 듯했지만, 어차피 제너 위원회가 자신에 대한 조사를 시작할 것이고, 현재 상태에서 사임하는 것은 "홍보 차원에서 그리 좋지 않을 것"이라고 생각했다.

오펜하이머가 언제까지 결정을 내려야 하느냐고 묻자, 스트라우스는 자신이 그날 저녁 8시부터 집에서 대답을 기다리고 있겠다고 말했다. 하지만 그는 어떠한 경우에도 다음 날까지 기다려 줄 수는 없을 것이었다. 오펜하이머가 고발장의 사본을 한 부 가져갈 수 있느냐고 묻자, 스트라우스는 거절했다. 그 편지는 결정을 내린 이후에 받아 볼 수 있을 것이었다. 그리고 오펜하이머가 "의회에서도 알고 있느냐?"고 묻자, 스트라우스는 자신이 아는 한도 내에서는 아니지만 "이런 일을 의회에 오래 숨길 수는 없을 것"이라고 말했다.

스트라우스는 마침내 오펜하이머를 구석으로 몰아세울 수 있었다. 하지만 오펜하이머는 여전히 침착하고 예의 바르게 적절한 질문을 하며 자신의 선택지를 재고 있었다. 스트라우스의 사무실에 들어선 지 35분 만에 오펜하이머는 자리에서 일어서면서 마크스와 상의해 보겠다고 말했다. 스트라우스는 기사가 딸린 캐딜락 승용차를 타고 가라고 권했다. (겉으로 보이던 것과는 달리) 정신이 없던 오펜하이머는 순진하게도 그의 제의를 받아들였다.

그는 운전기사에게 마크스의 사무실이 아니라 볼피의 법률 사무실로 가 달라고 부탁했다. 볼피는 전 원자력 에너지 위원회 법률 자문역이었고, 오펜하이머가 와인버그 재판에 증인으로 불려 나갔을 때 마크스와 함께 법률 자문을 제공했다. 얼마 후 마크스가 도착했고, 세 사람은 오펜하이머가 어떻게 대응해야 할지 한 시간가량 의논했다. 그들의 대화 내용은 도청기에 녹음되고 있었다.[72] 오펜하이머가 볼피를 찾아갈 것이라는 것을 예상한 스트라우스가 그의 사무실에 미리 도청기를 설치해 두었던 것이다.

볼피의 사무실에 숨겨진 마이크를 통해 스트라우스는 오펜하이머가 그 자리에서 물러날 것인지 말 것인지를 두고 이루어지는 토론을 감시할 수 있었다.* 오펜하이머는 몹시 괴로워하며 쉽게 결정을 내리지 못했다. 그날 늦은 오후에는 앤 윌슨 마크스가 들러서 남편과 오펜하이머를 그들의 조지타운 집으로 데리고 갔다. 가는 길에 오펜하이머는 "나에게 이런 일이 생기다니 정말이지 믿을 수가 없어."라고 말했다.[73] 그날 저녁 오펜하이머는 키티와 이 문제를 의논하기 위해 기차를 타고 프린스턴으로 돌아갔다.

스트라우스는 오펜하이머가 그날 저녁 결정을 내릴 것이라고 예상했다.[74] 하지만 다음 날 아침까지도 소식이 없자, 스트라우스는 니콜스를 시켜 그날 정오에 오펜하이머에게 전화를 걸게 했다. 오펜하이머는 마음의 결단을 내리는 데 시간이 더 필요하다고 말했다. 니콜스는 무뚝뚝하게 "더 이상 지체할 수 없다."라고 대답했다. 그는 딱 세 시간의 말미를 주었다. 오펜하이머는 동의하는 듯했지만, 한 시간 후 니콜스에게 전화를 걸어 자신이 워싱턴에서 직접 대답하는 편이 좋겠다고 말했다. 그는 자신이 오후 기차를 타고 내려가 다음 날 아침 9시에 스트라우스를 만나겠다고 말했다.

피터와 토니를 베르나 홉슨에게 맡기고, 키티와 오펜하이머는 트렌튼에서 기차에 올라 그날 늦은 오후에 워싱턴에 도착했다. 조지타운에 위치한 마크스 부부의 집에서 그들은 마크스, 볼피와 함께 오펜하이머가 어떻게 대응해야 하는지 의논하며 저녁 시간을 보냈다.

앤은 "그는 자포자기한 상태였습니다."라고 기억했다. 몇 시간에 걸쳐 전략을 세운 끝에, 변호사들은 "친애하는 루이스"에게 보내는 한 장짜리

---

* 그날 오후, 스트라우스는 FBI의 후버에게 전화를 걸어 프린스턴의 오펜하이머 자택과 사무실에 전화 도청 장치를 설치해 달라고 다시 한번 요청했다. 전화 도청기는 1954년 1월 1일 오전 10시 20분에 올든 매너에 설치되었다.[75]

편지를 작성했다.[76] 오펜하이머는 스트라우스가 자신이 사임하기를 은근히 바라고 있고, 그 방향으로 자신을 몰아붙이고 있다며 강력하게 항의했다. "당신은 내가 원자력 에너지 위원회 자문 위원회에서 사임함으로써 고발 내용의 본격적인 조사를 피하는 편이 낫지 않겠느냐고 말했습니다." 오펜하이머는 자신이 이러한 선택을 진지하게 고려했다고 말했다. 그는 스트라우스에게 "현재 상황에서 그 선택은 내가 지난 12년 동안 맡아 왔던 각종 공직을 수행하기에 적절한 사람이 아니라는 생각에 동의한다는 것을 의미하게 될 것입니다. 나는 나를 그렇게 할 수 없습니다. 내가 그토록 하찮은 사람이었다면, 나는 내가 했던 것처럼 조국에 봉사할 수 없었을 것이고, 프린스턴 고등 연구소 소장직도 맡지 못했을 것이며, 그동안 여러 차례 그러했듯이 과학과 조국의 이름으로 발언하지도 못했을 것입니다."라고 썼다.

그날 늦은 저녁 무렵 오펜하이머는 심신이 피로한 상태였다. 술을 몇 잔 마신 후, 그는 이층으로 올라가서 자겠다고 말했다. 몇 분 후, 앤과 허버트 마크스, 키티는 "요란한 소리"를 들었다.[77] 앤이 가장 먼저 올라가 보았다. 오펜하이머는 눈에 띄지 않았다. 그녀는 화장실 문을 두드리며 그의 이름을 불렀다. 아무런 대답이 없자 그녀는 문을 열려고 했다. 그녀는 "화장실 문을 열 수 없었고, 오펜하이머도 아무런 대답을 하지 않았어요."라고 말했다.

그가 화장실 바닥에 쓰러져 몸으로 문을 가로막고 있었던 것이다. 세 사람은 힘을 합쳐 간신히 문을 열었다. 그들은 그를 소파로 옮기고는 응급 처치를 했다. 앤은 "그는 알아들을 수 없는 말을 중얼거렸습니다."라고 회고했다. 오펜하이머는 자신이 수면제를 먹었다고 말했다. 앤은 의사에게 전화를 걸었는데, 의사는 "그가 잠들지 못하게 하세요."라고 지시했다. 그래서 그들은 의사가 도착할 때까지 한 시간 동안 그에게 커피를 마시면서 천천히 방안을 걸어 다니게 했다. '정글 속의 야수'가 마침내 공격을 감행했다. 오펜하이머의 시련이 시작되고 있었던 것이다.

5부

34장

상황이 별로 좋아 보이지 않지요?

누군가 조지프 K.를 중상모략했을 것이다.

그는 아무런 잘못도 없었는데 어느 화창한 날 아침에 체포되었다.

— 프란츠 카프카, 『심판(*The Trial*)』

오펜하이머가 스트라우스에게 사임하지 않을 것이라고 통보하자마자, 원자력 에너지 위원회의 총괄 매니저 니콜스는 기이한 미국식 심리를 추진하기 시작했다. 원자력 에너지 위원회의 젊은 변호사인 해럴드 그런이 오펜하이머의 혐의를 기술하는 편지를 작성하고 있을 때, 니콜스는 그에게 오펜하이머가 "미꾸라지 같은 개자식이지만, 이번에는 꼭 그를 잡고 말거야."라고 말했다.[1] 그런은 당시를 돌이켜 보며 이것이 청문회가 열릴 당시 원자력 에너지 위원회의 행동 지침을 정확하게 나타내는 말이라고 회고했다.

그해 크리스마스 이브에 두 명의 FBI 요원이 올든 매너에 들이닥쳐 남아 있던 기밀문서들을 압수해 갔다. 같은 날 오펜하이머는 1953년 12월 23일에 작성된 원자력 에너지 위원회의 공식 고발장을 받았다. 니콜스는 오펜하이머에게 원자력 에너지 위원회는 "당신이 원자력 에너지 위원회에서 계속 일하는 것이 국가 안보를 유지하는 데 위협이 될 것인지"에 대한 의문을 갖고 있다고 전했다.² "이 편지는 이 의문을 해소하기 위해 당신이 할 수 있는 일을 알려 주기 위한 것입니다." 고발장에는 오펜하이머가 여러 공산주의자들과 친분이 있었던 점, 그가 캘리포니아 공산당에 기부했던 사실, 슈발리에 사건 등 이미 널리 알려진 사실들이 모두 포함되어 있었을 뿐만 아니라, "다른 뛰어난 과학자들에게 수소 폭탄 프로젝트에 참가하지 말라고 설득하는 데 주요한 역할을 담당했고, 이와 같은 반대 운동이 폭탄의 개발을 지연시켰다는 점"을 들고 있었다. 수소 폭탄의 개발을 지연시켰다는 혐의점을 제외하고 나머지 문제들에 대해서는 그로브스 장군과 원자력 에너지 위원회가 이미 조사를 마쳤고 근거가 없다는 판정을 받은 바 있었다. 그로브스는 이 모든 사실을 알고서도 1943년 오펜하이머에게 비밀 취급 인가를 내 주도록 육군에게 명령했고, 원자력 에너지 위원회 역시 1947년 이후 검토했던 것이다.

오펜하이머가 슈퍼 폭탄에 반대한 경력이 포함된 것은 당시 워싱턴을 휘감았던 매카시 광풍의 깊이를 반영하는 것이었다. 이의 제기 자체가 바로 배신행위로 여겨지면서, 정부 자문 위원들의 역할과 자문을 구하는 목적 자체를 바꾸어 놓았다. 원자력 에너지 위원회의 고발장은 법정에서 유죄 판결을 이끌어 내도록 주도면밀하게 작성된 것이 아니었다. 그것은 오히려 정치적인 고발에 가까웠다. 오펜하이머의 운명은 이제 원자력 에너지 위원회 의장 스트라우스가 임명한 보안 검토 패널에 의해 결정될 것이었다.

크리스마스가 되기 하루 이틀 전, 오펜하이머의 비서 홉슨은 오펜하이머가 키티와 함께 자신의 사무실에 들어가 문을 닫는 것을 보았다. 그것은 예외적인 일이었다. 오펜하이머는 거의 항상 문을 열어 두었던 것이다. 홉슨은 "그들은 그 안에 상당히 오랫동안 있었어요. 무언가 잘못된 것이 분명한 듯한…… 그런 분위기였죠."라고 회고했다.3 그들은 마침내 밖으로 나와 술을 따르기 시작했고 홉슨에게도 한 잔 하겠느냐고 물었다. 나중에 홉슨은 집으로 돌아가 남편 월더에게 "오펜하이머 부부가 뭔가 어려움에 빠져 있어요. 그게 무엇인지는 모르겠지만 당신이 뭐라도 선물을 갖다 주는 것이 좋겠어요."라고 말했다. 월더는 마침 브라질 출신 소프라노의 음반을 샀고, 홉슨은 다음 날 그것을 사무실로 가지고 가 오펜하이머에게 주면서 "이것은 크리스마스 선물로 산 물건이 아닙니다. 이미 한 번 틀었어요. 이것은 단지 지금 내가 당신에게 주고 싶은 선물이에요."라고 말했다. 오펜하이머는 그것을 받고 머리를 떨군 채 잠시 가만히 있다가, 마침내 고개를 들고는 "이렇게까지 신경을 써 주다니."라고 말했다.

그날 오후, 그는 홉슨을 사무실로 불러들여 문을 닫고는 무슨 일이 있었는지를 그녀에게 이야기해 주고 싶다고 말했다. 이후 약 한 시간 반 동안 그는 그녀에게 고발장에 대한 것뿐만 아니라 자신의 어린 시절 이야기, 가족들, 그리고 성인이 된 이후의 생활 등에 대해 이야기했다. 홉슨은 모두 처음 듣는 이야기들이었다. 그녀는 이때 일을 돌이켜 보며 그가 니콜스의 고발장에 대한 대답을 연습한 것일지도 모른다고 생각했다. 그는 "나의 명예를 훼손하는 정보들은……나의 일생과 일의 맥락 속에서 보지 않으면 이해할 수 없다."라고 결정했던 것이다.4

이후 몇 주 동안 오펜하이머는 자신의 변호 준비를 위해 분주하게 일했다. 원자력 에너지 위원회는 그에게 30일 안에 고발장에 담긴 혐의 내용에 대해 답할 것을 요구했다. 우선 그는 법무팀을 구성해야만 했다. 1954

년 1월 초, 그는 마크스와 볼피에게 조언을 구했다. 마크스는 저명하고 정치적 커넥션이 많은 변호사를 구해야 한다고 강하게 주장했다. 반면 볼피는 오펜하이머에게 유능한 법정 변호사를 구하라고 조언했다. 한때 사람들은 그들이 명성은 드높지만 나이가 많은 뉴욕 변호사 존 로드 오브라이언(John Lord O'Brian)을 고용할지도 모른다고 생각했다. 그러나 오브라이언은 건강 문제 때문에 거절했다. 또 따른 유명한 법정 변호사인 80세의 존 데이비스(John W. Davis)는 원자력 에너지 위원회가 청문회를 뉴욕 시에서 여는 데에 동의하기만 한다면 이 사건을 맡을 용의가 있다고 말했다. 스트라우스가 이를 허용할 리가 없었다. 결국 오펜하이머와 마크스는 폴, 와이스, 리프킨드, 워튼 & 개리슨(Paul, Weiss, Rifkind, Wharton & Garrison)이라는 뉴욕 법률 회사의 선임 파트너인 로이드 개리슨(Lloyd K. Garrison)을 만나러 갔다. 오펜하이머는 지난 봄 개리슨이 고등 연구소의 이사로 선임되었을 때 만난 적이 있었고, 그의 품위 있는 행동에 호감을 가졌다. 개리슨의 집안은 그의 명성만큼이나 화려했다. 그의 증조부뻘 되는 윌리엄 로이드 개리슨(William Lloyd Garrison)은 잘 알려진 노예 폐지론자였고, 할아버지는 《더 네이션》의 문학 담당 편집자로 일했다. 개리슨 역시 미국 시민 자유 연맹의 이사를 맡고 있을 정도로 확고한 자유주의자였다. 해가 바뀌고 얼마 후, 마크스와 오펜하이머는 뉴욕에 위치한 있는 개리슨의 집에서 그를 만나 니콜스의 고발장을 보여 주었다. 개리슨이 문서를 다 읽고 나서 오펜하이머는 "상황이 별로 좋아 보이지는 않지요?"라고 말했다. 개리슨은 간단하게 "네."라고 대답했다.[5]

개리슨은 사건을 맡기로 했다. 그는 우선 오펜하이머가 답변을 준비할 수 있는 기한을 연장하도록 원자력 에너지 위원회에 요청해야 한다고 말했다. 1월 18일 개리슨은 워싱턴으로 내려가 연장을 받아 냈다. 한편으로 그는 또한 법정 경험이 있는 변호사를 채용하려 했지만 실패했다. 다른 한편 그는 오펜하이머와 함께 고발 내용에 대한 서면 답변을 준비하기 시작했다. 몇 주가 지나면서 개리슨은 사실상 오펜하이머의 대표 변호사가 되었다. 개리슨 자신을 포함해 모든 사람들은 그가 재판 경험이 적어 불리할지도 모른다고 생각했다. 1월 중순에 릴리엔털은 오펜하이머가 개리슨과 계속 일하기로 했다는 것을 알게 되었다. 그는 일기장에 "나는 내심 경험 많은 법정 변호사이기를 바랐지만, 이 사건은 그다지 어렵지 않은 것이기 때문에 어떤 변호사를 선택하든 그다지 중요하지 않을 것이다."라고 썼다.[6]

오펜하이머의 청문회가 열릴 것이라는 소문은 워싱턴 곳곳에 금세 퍼졌다. FBI 도청 기록에 따르면 키티는 1954년 1월 2일 딘 애치슨에게 전화를 걸어 "상황이 어떤지" 알아보려 했지만 그와 연결이 되지 않았다.[7] 며칠 후 스트라우스는 FBI에게 "오펜하이머의 죄상을 '눈속임'할 수 있는 사람들을 청문회 위원으로 임명해야 한다는 과학자들로부터 압력을 받고 있다."라고 보고했다. 스트라우스는 FBI에게 자신은 "이와 같은 압력에 굴할 생각이 전혀 없다."라고 밝혔다. 더구나 그는 자신이 오펜하이머를 심리할 위원회를 제대로 구성하는 것이 "가장 중요하다."는 것을 이해하고 있다고 말했다. 바네바 부시는 스트라우스의 사무실로 찾아와 "워싱턴 사람들은 모두" 그가 오펜하이머에게 저지른 일에 대한 소식을 알고 있다고 말했다.[8] 부시는 단도직입적으로 이것은 "대단히 부당한 조치"이며 그가 계속해서 밀어붙인다면 "틀림없이 스트라우스 자신에 대한 공격을 불러일으킬 것"이라고 말했다. 스트라우스는 화를 내며 "신경 쓰지 않는다."라고 말했고 자신은 그런 "공갈 협박"에는 굴하지 않을 것이라고 대답했다.

나중에 스트라우스는 자신을 사면초가에 놓인 사람이라고 묘사했지만, 그는 사실 자신이 유리한 고지를 점하고 있음을 알고 있었다. FBI는 그에게 오펜하이머의 모든 행동과 변호사들과의 대화 내용이 담긴 일일 보고서를 제공했다. 이로써 그는 오펜하이머가 법률적으로 어떻게 대응할 것인지 미리 예측할 수 있었다. 스트라우스는 오펜하이머의 변호사들에게 비밀 취급 인가를 내주지 않을 것이기 때문에, 그들은 오펜하이머의 FBI 파일을 볼 수 없을 것이었다. 더구나 그는 청문회 위원회를 구성할 권한을 가지고 있었다. 1월 16일 개리슨은 자신과 마크스의 비밀 취급 인가를 신청했지만 스트라우스는 원자력 에너지 위원회 법무팀의 일원이었던 마크스의 인가를 거부했다.[9] 개리슨이 사건 심리를 준비할 수 있을 정도로 빨리 인가를 받을 수 있을지는 아무도 모르는 일이었다. 하지만 그는 자신의 팀원 모두가 인가를 받거나 아예 받지 않겠다는 입장을 고수했다. 그는 곧 이 결정을 후회했고, 입장을 번복하려 했지만 성공하지 못했다.

그러나 3월 말이 되자 개리슨은 청문회 위원들이 1주일 동안 오펜하이머에 대한 FBI 조사 파일을 검토할 것이라는 사실을 알게 되었다. 설상가상으로, FBI 파일에 포함된 오펜하이머 관련 내용을 파악하는 데 도움을 주기 위해 원자력 에너지 위원회의 "검사측" 변호사가 여기에 참가할 것이었다. 위원들이 1주일 동안이나 파일들을 검토하면서 자신의 의뢰인에 대해 편견을 갖게 될 것이라고 생각하니 개리슨은 "땅이 꺼지는 느낌"을 받았다. 자신도 그 브리핑에 참가하게 해 달라고 요청했지만 단호하게 거절당했다. 동시에 개리슨은 자신이 최소한 같은 정보를 읽어 볼 수는 있도록 긴급 비상 비밀 취급 인가를 신청했다. 하지만 스트라우스는 법무부에 "어떤 경우에도 우리는 비상 인가를 내주지 않습니다."라고 말했다.[10] 스트라우스의 관점에 따르면 오펜하이머와 그의 변호사에게는 피고인에게 주어지는 그 어떤 "권리"도 없었다. 이것은 민간 재판이 아니라 원자력 에너지 위원회 인사 보안 위원회 청문회였다. 스트라우스가 모든 규칙을 결정할 것이었다.

스트라우스는 오펜하이머의 변호를 방해하기 위해 자신이 하고 있는 일들이 헌법에 위배된다는 사실에 전혀 개의치 않았다. 그는 FBI의 도청이 불법이라는 사실을 알고 있었지만 상관하지 않았다. 심지어 그는 어느 요원에게 "FBI가 프린스턴에서 녹취한 오펜하이머에 대한 도청 내용은 그가 생각하고 있었던 대응책을 미리 원자력 에너지 위원회에게 알려 주었다는 점에서 큰 도움이 되었다."라고 말하기까지 했다.[11] 이런 책략들은 해럴드 그린의 비위를 건드렸고, 그린은 마침내 스트라우스에게 "이 사건은 조사라기보다는 일방적인 고발에 가까우며, 나는 이 일에 관여하고 싶지 않다."라고 말했다.[12] 그는 이 사건에서 빠질 수 있도록 요청했다.

어느 날 워싱턴에서 바커 부부를 방문하고 있을 때 오펜하이머는 그들에게 자신이 감시받고 있다고 생각한다고 말했다. 진 바커는 "그는 방안으로 들어와서 가장 먼저 그림들 밑을 들춰 보면서 녹음기가 감춰져 있지 않나 확인하고는 했어요."라고 회고했다.[13] 어느 날 밤 그는 벽에 걸려 있던 그림을 떼어 내고는 "여기 있군!"이라고 말했다. 바커는 감시가 오펜하이머를 "겁에 질리게" 했다고 말했다.

FBI 뉴왁 사무소에서 오펜하이머의 집을 감시하던 한 요원이 "변호사-의뢰인 특권을 침해할지도 모른다는 사실에 비추어" 그의 집에 대한 전자 감시를 중단해야 하지 않겠냐고 권했을 때 후버는 단호하게 거부했다.[14] 더구나 FBI의 감시는 오펜하이머에 대한 것만이 아니었다. 키티의 부모인 프란츠 퓨닝과 케이트 퓨닝이 배를 타고 유럽 여행에서 돌아왔을 때 FBI는 미 관세청을 시켜 그들의 짐을 샅샅이 뒤지게 했다. 그들은 또한 퓨닝 부부가 소지한 모든 문서들의 사진을 찍어 두었다. 휠체어를 타고 다니던 키티의 아버지와 퓨닝 부인은 이와 같은 대접에 진이 빠진 나머지 입원해야 했을 정도였다.

스트라우스는 원자력 에너지 위원회에 대한 오펜하이머의 영향력을 제거하는 데 머물지 않고, 이 사건을 미국의 미래를 위한 성전(聖戰)으로 만들려고 계획했다. 그는 원자력 에너지 위원회의 법률 자문 윌리엄 미첼(William Mitchell)에게 "이 사건에서 지게 된다면, 원자력 에너지 프로그램은 '좌파'들의 손에 넘어가게 될 것입니다. 이렇게 되면, 진주만 같은 일을 다시 당하게 될 것이오······. 오펜하이머가 무죄 판결을 받게 된다면, 앞으로 증거 유무에 관계없이 '누구라도' 무죄 방면될 수 있을 것입니다."라고 말했다.[15] 이것은 이 나라의 미래가 걸린 일이었다. 그러므로 스트라우스는 통상적인 법적, 윤리적 제약은 무시해도 좋다고 생각했다. 단지 오펜하이머와 원자력 에너지 위원회의 공식 관계를 청산하는 것만으로는 부족했다. 스트라우스는 이 물리학자의 평판 자체를 완전히 무너뜨리지 않으면, 오펜하이머가 다시 자신의 명성을 이용해 아이젠하워 행정부의 핵무기 정책에 대한 강력한 비판자가 될 것이라고 예상했다. 그 가능성을 없애기 위해 그는 오펜하이머의 영향력을 깨끗하게 제거할 수 있는 성법원(星法院, star chamber, 중세시대의 종교 재판소를 일컫는 말 — 옮긴이)식 청문회를 기획하기 시작했다.[16]

1월 말 무렵 스트라우스는 오펜하이머의 고소인으로 46세의 워싱턴 출신 로저 롭(Roger Robb)을 선택했다. 미국 연방 검사보(assistant U.S. attorney)로 7년간 검사 생활을 했던 롭은 사나운 반대 심문에 능한 공격적인 법정 변호사로 명성을 얻고 있었다. 그는 살인 사건만 23건을 맡았고 대부분 유죄 판결을 이끌어 냈다. 1951년에 그는 국회 모독 혐의로 재판을 받은 얼 브라우더의 변호를 성공적으로 해냈다(브라우더는 그를 "반동"이라고 불렀지만 법률가로서의 그의 능력만큼은 높이 샀다.[17]). 롭은 모든 면에서 정치적 보수주의자였다. 그의 고객 중에는 신랄한 우익 칼럼니스트이자 라디오 방송인인 풀턴 루이스(Fulton Lewis, Jr.)도 포함되어 있었다. 그는 또한 FBI와 "친밀한 관계"를 유지했고, FBI 요원들에게도 항상 "완전히 협조적"이었다.[18] 롭은 심지어 《예일 로 리뷰(Yale Law Review)》에 저명한 시민 자유주의자 토머스 에머슨(Thomas Emerson)이 FBI를 비판하는 에세이를 발표한 것에 대해 후버가 답변한 것을 보고 축하의 편지를 보낼 정도였다. 그러므로 스트라우스가 롭의 비밀 취급 인가를 단 8일만에 내준 것도 놀랄 일은 아니었다.

롭이 2~3월에 열릴 청문회 준비를 하고 있을 때, 스트라우스는 피고측 증인들을 상대할 때 써먹을 수 있을 만한 정보를 정리한 메모를 그에게 보냈다. "브래드버리 박사가 증언할 때는……라비 박사가 증언할 때는……그로브스 장군이 증언할 때는……" 스트라우스는 각각의 증인들이 오펜하이머를 변호하기 위해 할 만한 말들에 대해 그것들을 반박할 수 있는 문서를 정리해 두었던 것이다.[19] 또한 FBI는 스트라우스의 요청에 따라 오펜하이머에 대한 구체적인 조사 보고서를 롭에게 제공했다.[20] 여기에는 물리학자의 로스앨러모스 자택에서 나온 쓰레기 중에서 찾아낸 물건들도 포함되어 있었다.

검사를 선택하고 나자, 스트라우스는 이제 판사들을 고르는 일에 정신을 쏟았다. 원자력 에너지 위원회 보안 심사 검토 위원회는 세 명의 위원으로 이루어졌는데, 스트라우스는 오펜하이머의 좌익 과거가 드러나기만 하면 그의 성실성에 의구심을 가질 만한 사람들로 채우려 했다. 2월 말이 되자, 그는 위원회 의장으로 고든 그레이(Gordon Gray)를 선택했다. 당시 노스캐롤라이나 대학교 총장이었던 그레이는 트루먼 행정부에서 육군부 장관을 역임했다. 오랜 친구인 스트라우스는 그레이가 1952년 선거에서 아이젠하워에게 표를 던질 정도로 보수적인 민주당원임을 알고 있었다. 그레이는 R. J. 레놀즈(R. J. Reynolds) 담배 회사를 경영하는 남부 귀족 집안 출신이었는데, 자신이 무슨 일을 맡게 될지 전혀 감을 잡지 못하고 있었다. 그는 이 임무가 1~2주 안에 끝날 것이며, 오펜하이머는 무죄 방면될 것이라고 생각하는 듯했다. 그는 오펜하이머에 대한 스트라우스의 개인적 적대감은 물론이거니와, 이번 청문회가 가진 의미도 전혀 이해하지 못한 채, 순진하게도 또 다른 보안 위원으로 릴리엔털을 제안했다. 스트라우스가 이 제안을 들었을 때 어떤 표정을 지었을지는 쉽게 상상할 수 있다.

릴리엔털 대신에 스트라우스는 또 한 명의 충분히 보수적인 민주당원인 스페리 코퍼레이션(Sperry Corporation) 회장 토머스 모건(Thomas Morgan)을 선택했다. 세 번째 위원으로, 스트라우스는 보수적 공화당원이자 로욜라 대학교와 노스웨스턴 대학교의 화학 명예 교수였던 워드 에번스(Ward Evans) 박사를 골랐다. 에번스는 과학자로서의 배경과 함께, 이전의 원자력에너지 위원회 청문회들에서 단 한 번도 비밀 취급 인가를 허용하는 표를 던진 적이 없다는 이력을 가지고 있었다. 그레이, 모건, 그리고 에번스는 오펜하이머가 공산주의 동조자였다는 사실을 모르고 있었다. 그들은 그의 보안 파일을 읽게 되면 크게 놀랄 것이 분명했다. 스트라우스의 관점에서 보았을 때 그들은 목적을 달성하기에 안성맞춤인 인물들이었다.

1월의 어느 날, 《뉴욕 타임스》의 워싱턴 지국장 제임스 레스턴은 우연히 오펜하이머와 함께 워싱턴에서 뉴욕으로 가는 비행기를 타게 되었고, 그들은 옆자리에 앉아 이런저런 이야기를 나눴다. 하지만 레스턴은 나중에 자신의 수첩에 오펜하이머가 "이상하게 초조해 하는 듯했고 확실히 무언가에 부담감을 가지고 있는 것 같았다."라고 썼다.²¹ 레스턴은 워싱턴의 지인들에게 전화를 걸어 "요새 오펜하이머에게 뭔가 문제가 있나?"라고 물었다. 레스턴이 오펜하이머에게 여러 번 전화 통화를 하려 했던 것은 곧 FBI 도청에 잡혔다.

오펜하이머는 자신의 비밀 취급 인가가 취소되었다는 것을 곧 모든 사람들이 알게 될 것이라는 데에 "대단히 짜증이 나" 있었다.²² 그가 마침내 레스턴의 전화를 받자, 레스턴은 그의 비밀 취급 인가가 취소되었고 원자력 에너지 위원회가 그를 조사하고 있다는 소문을 들었다고 말했다.²³ 더구나 그는 정부의 누군가가 이 정보를 매카시 상원 의원에게 전달했다고 말했다. 오펜하이머가 그에 대해서는 어떤 코멘트도 할 수 없다고 말하자, 레스턴은 자신이 이 기사를 송고하기 일보 직전이라고 말했다. 오펜하이머는 코멘트를 거부했지만 자신의 변호사와 이야기해 보라고 말해 주었다. 레스턴은 1월 말 개리슨을 만났고, 두 사람은 모종의 합의에 이르렀다. 개리슨은 이 모든 일이 조만간 알려질 것임을 알고 있었고, 차라리 레스턴에게 원자력 에너지 위원회의 고발장과 오펜하이머가 준비한 답변서를 공개하기로 결정했던 것이다. 대신 레스턴은 소식이 널리 알려지기 직전까지 이에 대한 기사를 쓰지 않기로 동의했다.²⁴

변론을 준비하기 위해 오펜하이머는 가혹한 시련을 통과해야만 했다. 그는 대부분의 시간을 풀드 홀의 사무실에서 개리슨, 마크스, 그리고 다른 변호사들과 함께 자신의 진술서 초안을 작성하거나 변론의 구체적인 부분을 의논하면서 보냈다. 매일 저녁 오후 5시면 그는 사무실을 나와 올든 매너로 걸어갔다. 변호사들도 그와 함께 집으로 돌아와 저녁 늦게까지 일하는 것이 보통이었다. 그의 비서는 "매우 치열했던 나날들이었지요."라고 회고했다.²⁵ 하지만 오펜하이머는 평정을 유지했다. 홉슨은 "그는 잘 견디고 있는 것 같았습니다."라고 말했다. "그는 결핵을 앓고 난 사람들이 대개 그렇듯이 대단한 스태미나를 가지고 있었지요. 그는 엄청나게 말랐지만, 대단히 강인했어요." 당시는 이미 2월에 접어들 때였다. 충성스럽고 대단히 신중한 비서였던 홉슨은 아직까지도 남편에게 무슨 일이 있었는지 이야기하지 않았다. 이를 불편하게 여기던 그녀는 어느 날 오펜하이머에게 "월더에게 무엇이 문제인지 이야기해도 될까요?"라고 물었다.²⁶ 오펜하이머는 놀라서 그녀를 올려다보며 "나는 당신이 이미 오래 전에 이야기한 줄 알았소."라고 말했다.

오펜하이머는 원자력 에너지 위원회 고발장에 대답하는 편지를 작성하는 데 "엄청난 노력"을 쏟았다. 홉슨은 그가 그것을 작성하는 데 "수차례에 걸쳐 문안을 고치면서 가능한 한 명확하고 진실되게 쓸 수 있도록 노력했습니다. 그는 그 일에 대단히 많은 시간을 들였습니다."라고 회고했다. 그는 가죽 회전 의자에 앉아서 조용히 몇 분 동안 생각에 잠겼다가, 몇몇 문장을 끄적이고, 다시 일어나 사무실을 왔다 갔다 하면서 구술을 시작하고는 했다. 홉슨은 "그는 완벽한 문장과 문단으로 한 시간 내내 구술할 수 있었습니다."라고 말했다. "그리고 팔목이 아파서 더 이상 쓸 수 없을 정도가 되면, 그는 '10분간 휴식을 갖지요.'라고 말하고는 했습니다." 그러고 나서 그는 다시 돌아와 또 한 시간 동안 구술하기를 반복했다. 오펜하이머의 또 다른 비서였던 케이 러셀은 홉슨이 속기로 받아 적은 것을 한두 행씩 띄어 타자를 쳤다. 오펜하이머가 그것을 검토하고 케이가 다시 타자를 치고 나면 키티가 원고의 교정을 보았다. 마지막으로 오펜하이머는 바뀐 부분을 다시 한번 확인했다.

오펜하이머는 자신을 변호하기 위한 노력을 거의 운명적으로 받아들였다. 1월 말에 그는 뉴욕 로체스터에서 열린 물리학 학회에 참석했다. 그는 거기에서 텔러, 페르미, 그리고 베테를 비롯해 낯익은 얼굴들을 많이 만났다. 오펜하이머는 곧 닥칠 시련에 대해 전혀 낌새를 보이지 않았지만, 베테에게는 모든 것을 털어놓았다. 베테는 자신의 오랜 친구가 "비탄에 빠져 있다."는 것을 곧 알아챘다. 오펜하이머는 베테에게 아무래도 질 것 같다고 고백했다.[27] 텔러는 이미 오펜하이머가 겪고 있던 시련에 대해 들었고, 쉬는 시간에 그에게 다가와 "당신이 곤경에 빠진 것에 대해 안타깝게 생각합니다."라고 말했다.[28] 오펜하이머는 텔러에게 자신이 그동안 "유해한" 일을 한 적이 있다고 생각하느냐고 물었다. 텔러가 아니라고 대답하자, 오펜하이머는 텔러가 자신의 변호사들에게 그렇게 얘기해 준다면 정말 고맙겠다고 냉정하게 말했다.

그 후 텔러는 뉴욕을 방문했을 때 개리슨을 만나 자신은 오펜하이머가 특히 수소 폭탄 관련 결정을 비롯해 많은 일들에서 잘못을 저질렀다고는 생각하지만 그의 애국심은 의심하지 않았다고 설명했다. 하지만 개리슨은 오펜하이머에 대한 텔러의 감정이 따뜻하지 않다는 것을 느낄 수 있었다. "그는 오펜하이머의 현명함과 판단력에 대한 믿음이 없다는 것을 표현했고, 그렇기 때문에 그가 정부에서 빠져 주는 것이 옳다고 생각하고 있었습니다. 이 문제에 대한 그의 감정과 오펜하이머에 대한 반감은 너무도 강해서 나는 결국 그를 증인으로 부르지 않기로 결정했습니다."[29]

오펜하이머는 한동안 자신의 동생과 연락을 주고받지 않았다. 프랭크는 그 해 겨울 동부를 방문하려고 했으나, 목장 일 때문에 일정을 미뤄야만 했다. 1954년 2월 초, 오펜하이머는 전화로 프랭크에게 자신이 "상당히 난처한 상황"에 빠졌다고 털어놓았다.[30] 그는 자신이 유럽에서 돌아온 이후로 "이 문제를 적절하게 설명하는" 편지를 작성하려고 노력했으나 결국

할 수 없었다고 말하며, 그들이 곧 만날 수 있었으면 좋겠다고 했다.

친구들이 보기에 오펜하이머는 산만하고 이상하게 피동적이었다. 어느 날 변호사들이 변론 전략에 대해 이야기하는 것을 듣던 중, 홉슨은 참을성을 잃고 오펜하이머를 밀어붙이기 시작했다. 그녀는 "나는 오펜하이머가 충분히 열심히 싸우고 있지 않다고 생각했습니다."라고 회고했다.[31] "나는 로이드 개리슨이 너무 신사적으로 대응하고 있다고 생각했습니다. 화가 났어요. 나는 맞서 싸워야 한다고 생각했죠."

홉슨은 변호사들의 토론 내용을 들을 수 있는 위치에 있었는데, 그녀가 보기에 그들은 오펜하이머에게 도움을 주고 있지 못했다. 그녀는 "내가 보기엔 이 모든 것이 말도 안 되는 일이라는 것이 명확했습니다."라고 말했다. 워싱턴에서 오펜하이머를 비판하던 사람들은 "이성이 통할 만한 자들이 아니었어요. 이 일을 꾸민 사람이 누구였든 간에 이 사건을 도구로 사용하고 있음이 분명했고, 우리는 그에 대항해서 싸우는 방법밖에는 없었습니다." 홉슨은 "너무 겁이 나서" 자신의 생각을 일류 변호사들 앞에서 말할 수는 없었지만 "그에게는 계속해서 그런 얘기들을 중얼거렸습니다." 마침내 오펜하이머는 그녀를 올든 매너의 뒷 계단으로 데리고 가서 매우 부드럽게 "베르나, 나는 정말로 내가 할 수 있는 한 최선이라고 생각되는 방식으로 열심히 싸우고 있어요."라고 말했다.

개리슨이 충분히 공격적이지 않다고 생각했던 것은 홉슨만이 아니었다. 키티 역시 법률팀이 선택한 방향에 불만을 가지고 있었다. 키티는 싸움꾼이었다. 그녀는 젊은 시절 오하이오 영스타운의 공장 대문 입구 앞에서 공산당 선전물을 나눠 주기도 했다. 어쩌면 그때 이후 처음으로, 이 시련은 그녀가 가진 모든 에너지, 끈기, 그리고 지적인 능력을 필요로 하는 것이다. 어떻게 보면 그녀 자신의 과거 자체가 남편에 대한 기소 내용의 일부였다. 그녀 역시 증언대에 서게 될 것이었다. 이것은 그뿐만 아니라 그녀에게도 시련이었다.

어느 토요일 정오 무렵, 오펜하이머는 오전 내내 원자력 에너지 위원회 고발장에 대한 답변을 준비하느라 보낸 후 홉슨과 함께 사무실을 나섰다. 홉슨은 "나는 그를 집까지 운전해서 데려다 주려고 했습니다."라고 회고했다.[32] 하지만 그들이 주차장으로 걸어 나갔을 때, 갑자기 아인슈타인이 나타났고 오펜하이머는 잠시 멈춰 서서 그와 대화를 나눴다. 홉슨은 두 사람이 이야기를 하는 동안 차에 앉아서 기다렸다. 잠시 후 오펜하이머는 차로 돌아와 그녀에게 "아인슈타인은 나에 대한 공격이 너무 터무니없어서 그냥 사직하는 편이 나을 것이라고 생각해."라고 말했다. 아인슈타인은 나치스 치하 독일에서 자신이 겪었던 일을 기억하는 듯했다. 그는 오펜하이머가 "마녀사냥의 대상이 되어야 할 책임은 없다."라고 주장했다. "그는 조국에 충실했고, 그 대가가 이것이라면 그 역시 조국에 등을 돌려야 할 것이다." 홉슨은 오펜하이머의 반응을 생생하게 기억했다. "아인슈타인은 이해하지 못해." 아인슈타인은 독일이 나치스에 감염되려 할 때 자신의 조국으로부터 도망쳤다. 그리고 그는 다시는 독일 땅을 밟지 않았다. 하지만 오펜하이머는 미국으로부터 등을 돌릴 수 없었다. 홉슨은 나중에 "그는 미국을 사랑했습니다. 그리고 그 사랑은 과학에 대한 것만큼이나 깊은 것이었습니다."라고 주장했다.

아인슈타인은 자신의 풀드 홀 사무실로 걸어가면서 오펜하이머가 있던 방향으로 고개를 끄덕이면서 자신의 조교에게 "저기 나르(narr, 바보)가 간다."라고 말했다.[33] 아인슈타인은 물론 미국이 나치스 독일과 같다고 생각하지 않았고, 오펜하이머가 도망쳐야 한다고도 생각하지 않았다. 하지만 그는 매카시즘에 크게 놀랐다. 1951년 초에 그는 자신의 친구인 벨기에의 엘리자베스 여왕에게 편지를 써서, 이곳 미국에서 "수년 전 독일에서의 재앙이 다시 반복되고 있습니다. 사람들은 악의 세력들에게 저항도 하지 않은 채 묵종하고 그들과 보조를 맞추고 있습니다."라고 썼다.[34] 그는 오펜하이머가 정부의 보안 위원회에 협조함으로써 자신을 굴욕에 빠뜨릴 뿐만 아니라 그와 같은 유해한 과정 자체에 정당성을 부여하게 되는 것을 두려워했다.

아인슈타인의 본능은 옳았다. 시간이 갈수록 오펜하이머의 생각이 틀렸다는 것이 명확해질 것이었다. 아인슈타인은 가까운 친구인 조하나 판토바(Johanna Fantova)에게 "오펜하이머는 나와 같은 '집시(gypsy)'가 아니야."라고 털어놓았다.[35] "나는 코끼리 같은 피부를 가지고 태어났지. 그 누구도 나를 상처 입힐 수는 없어." 그는 오펜하이머가 확실히 쉽게 상처 입고 쉽게 겁먹을 수 있는 사람이라고 생각했다.

2월 말, 오펜하이머가 원자력 에너지 위원회 고발장에 대응하는 편지를 마무리짓고 있을 무렵, 그의 오랜 친구 라비는 청문회 자체를 피해 갈 수 있는 방법을 찾으려고 노력하고 있었다.[36] 그해 초 스트라우스는 라비가 이 문제를 의논하기 위해 아이젠하워 대통령을 만나려 한다는 소식을 전해 듣고 미리 이 시도를 차단하는 데 성공했다. 그러고 나서 이제 라비는 스트라우스에게 그와 니콜스가 공식 고발장을 철회하고 오펜하이머의 비밀 취급 인가를 되돌려 준다면, 오펜하이머는 즉시 원자력 에너지 위원회 자문직에서 사임할 것이라고 직접 제안했다.[37] 사실 오펜하이머는 원자력 에너지 위원회 관련 일을 많이 하고 있지도 않았다. 지난 2년 동안 그는 통틀어 6일간 일했을 뿐이었다.

이 회의가 있고 나서 얼마 후인 1954년 3월 2일, 개리슨과 마크스는 스트라우스의 사무실로 찾아가 오펜하이머가 이와 같은 타협안을 받아들일 용의가 있음을 확인했다. 하지만 스트라우스는 승리를 확신한 나머지 이 해결책을 "논의할 가치도 없는 것"이라며 거부했다.[38] 그는 원자력 에너지 위원회 규정에 이런 사건은 청문회를 거치도록 되어 있다고 주장했다. 그는 만약 오펜하이머가 사임하겠다는 의사를 담은 문서를 제출한다면, "원자력 에너지 위원회는 그것을 고려해 볼 것"이라고 반대로 제안했다. 이것은 희박한 제안이었다. 개리슨과 마크스는 몇 시간 후 스트라우스에게 돌아와 방금 의뢰인과 전화로 의논을 마쳤으며 "청문회에서 싸우기로" 결정했다고 밝혔다.

마침내 결과적으로 자서전 형식으로 쓰인 오펜하이머의 답변서는 1954년 3월 5일 원자력 에너지 위원회에 전달되었다. 그것은 42쪽에 달했다.[39]

시간이 지날수록 더욱 많은 과학자들이 오펜하이머가 겪고 있는 일에 대해 알게 되었고, 많은 사람들은 연락을 해서 우려를 표명했다. 1954년 3월 12일 듀브리지는 워싱턴에서 전화를 걸어 자신이 뭔가 할 일이 없겠느냐고 물었다. 오펜하이머는 "내 생각에 백악관이 마음만 먹으면 무언가 할 수 있는 일이 있을 것 같지만, 그들은 아직 준비가 되어 있는 것 같지 않네……. 내가 자네에게 이 모든 것이 정말로 터무니없는 일이라고 말할 필요조차 없겠지."라고 씁쓸하게 대답했다.[40]

듀브리지는 "문제는 그것보다 더 심각하네."라고 대답했다. "이것이 단지 터무니없는 일에 불과하다면, 우리는 그에 대응해 싸우면 되겠지. 하지만 이것은 그것보다 훨씬 더 깊어."라고 대답했다. 오펜하이머는 동의하는 듯했고, 그는 단지 이 "까다로운 절차(rigamarole)"를 통과할 수 있기를 운명에 맡길 수밖에 없다고 말했다. 또 다른 친구인 자카리아스는 "당신은 개인적으로 두려워할 것이 없어. 그리고 당신의 태도는 이 나라에 정말로 중요하네. 내가 하고 싶은 말은, 본때를 보여 주라는 것이야."라며 그를 안심시켰다.[41]

4월 3일에 오펜하이머는 옛 연인인 루스 톨먼에게 전화를 걸어 앞으로 벌어질 일에 대해 이야기해 주었다. 그들은 몇 달만에 처음으로 통화하는 것이었다. 톨먼은 "오늘 아침 당신의 목소리를 들어 너무도 좋았습니다."라고 그에게 보내는 편지에 썼다.[42] "당신은 편지를 쓰기에는 너무도 시달렸고 혼란스러웠겠지요……. 당신은 항상 내 마음속에 있었습니다……. 오, 로버트, 로버트, 우리는 왜 이토록 자주 이런 일을 겪어야 하는 것일까요. 마음으로는 너무나 도와주고 싶은데 나에게는 힘이 없군요."

며칠 후 오펜하이머 부부는 피터와 토니를 기차에 태워 로스앨러모스 시절부터 친구였던 헴펠만 부부에게 보냈다. 아이들은 청문회 기간 동안 뉴욕 로체스터에 머물 것이었다.[43] 오펜하이머와 키티가 워싱턴으로 떠나기 직전에, 오펜하이머는 바이스코프가 소식을 듣고 지지와 격려를 보내기 위해 쓴 편지를 받았다. "나를 포함해 나와 같이 생각하는 사람들은 당신이 우리 모두의 싸움을 대신하고 있음을 너무도 잘 안다는 것을 당신이 알았으면 합니다. 운명은 이 투쟁에서 당신에게 가장 무거운 짐을 지우도록 선택했습니다……. 이 나라에서 우리가 지켜 온 정신과 철학을 당신보다 더 잘 대표할 수 있는 사람이 누가 있을까요. 힘이 떨어지면 우리를 생각하세요……. 나는 당신이 원래대로의 모습을 간직하기를, 그리고 모든 것이 잘 끝나기를 간절히 바랍니다."[44]

그것은 기분 좋은 생각이었다.

35장
나는 이 모든 일이 멍청한 짓이 아닐까 두렵다

청문회는 시작부터 왜곡되어 있었다.

— 앨런 엑커, 오펜하이머 변론팀

루이스 스트라우스는 오펜하이머에 대한 보안 청문회를 어서 시작하고 싶어 안달이었다. 한 가지 이유는 자신의 사냥감이 외국으로 도망갈지도 모른다고 생각했기 때문이었다. 스트라우스는 법무부에게 "그가 원자력 에너지 위원회 기소 도중에 도망간다면 그것은 대단히 불행한 일을 초래할 것이다."라며 은근히 오펜하이머의 여권을 압수하라는 압력을 넣었다.[1] 그는 또한 매카시 상원 의원이 자신의 계획을 방해할까 봐 걱정했다. 4월 6일에 매카시는 CBS 텔레비전 해설가 에드워드 머로의 공격에 답변하던 중 미국의 수소 폭탄 프로젝트를 의도적으로 방해하는 세력이 있다고 고발했다. 확실히 이 예측 불허의 상원 의원은 자신이 오펜하이머 사건에 대해 아는 바를 공개해 버릴 우려가 있었던 것이다.

1954년 4월 12일 월요일, 마침내 청문회 위원회가 개회하자 스트라우스는 안도의 한숨을 내쉬었다. 장소는 전쟁 중에 워싱턴 기념비 부근 컨스티튜션 애비뉴와 16번가가 만나는 지점에 지어진 허름한 2층짜리 임시 건물인 T-3 빌딩이었다. 이 건물에는 원자력 에너지 위원회의 연구처장 사무실이 있었지만, 이날을 위해 2022호실은 재판정처럼 꾸며져 있었다. 길고 어두운 직사각형 방의 한쪽 끝에 세 명의 위원들, 의장인 고든 그레이와 그의 동료들인 워드 에번스와 토머스 모건이 커다란 마호가니 책상 위에 FBI 문서를 담은 검정색 바인더를 쌓은 채 앉아 있었다. 개리슨의 조수 중 한 명이었던 앨런 엑커(Allan Ecker)는 보안 위원회 위원들 앞에 놓인 서류 뭉치를 보고 오펜하이머의 변호인들이 얼마나 깜짝 놀랐는지 회고했다. 엑커는 "그것이 그날 벌어진 일 중에서 가장 놀라운 일이었습니다."라고 회고했다.[2] "법적 절차는 전통적으로 백지 상태(tabula rasa)에서 시작해야 하는 것이기 때문입니다. 판사 앞에 놓인 증거들은 모두 공개적으로, 그리고 혐의를 받고 있는 사람에게 반박할 수 있는 기회가 주어진 상태에서 고려되어야 합니다……. 그들은 (그 서류 뭉치들을) 미리 검토했습니다. 그들은 거기에 어떤 내용이 담겨 있는지 알고 있었어요. 우리는 그 내용을 전혀 알지 못했습니다. 우리는 사본조차 받지 못했어요. 우리에게는 이의를 제기할 기회조차 주어지지 않았습니다……. 그러므로 나는 이 절차가 처음부터 불공평하다고 생각했습니다."

양쪽 변호인단은 서로 마주보면서 'T'자 형태로 놓인 두 개의 테이블에 앉았다.[3] 한 쪽에는 원자력 에너지 위원회의 변호사들인 로저 롭과 칼 아서 롤랜더(Carl Arthur Rolander, Jr.)가 앉았다. 롤랜더는 원자력 에너지 위원회의 보안국 부국장을 맡고 있던 인물이었다. 반대편에는 오펜하이머의 변호인인 로이드 개리슨, 허버트 마크스, 새뮤얼 실버만, 그리고 앨런 엑커가 앉았다. 피고인과 다른 증인들은 'T'자의 맨 아래쪽 나무 의자에 앉아 재판관들을 마주보게 되어 있었다. 증언하지 않을 때, 오펜하이머는 증인석 뒤쪽 벽에 붙어 있는 가죽 소파에 앉았다. 이후 약 한 달여 동안 오펜하이머는 약 27시간을 증인석에서 보냈고, 그보다 더 많은 시간을 소파에 앉아 담배와 파이프 담배를 번갈아 피우며 늘어져 있었다.

첫날 아침, 오펜하이머와 그의 변호사들은 거의 한 시간 정도 늦게 도착했다. 며칠 전 키티가 또 사고를 저질렀기 때문이었다. 이번에는 계단에서 굴러 떨어져서 다리에 깁스를 해야만 했다. 그녀는 목발을 짚고 천천히 가죽 소파 쪽으로 걸어가 남편과 함께 앉아 청문회가 시작되기를 기다렸다. 오펜하이머는 차분해 보였고, 거의 자신의 운명을 받아들이는 듯했다. 개리슨은 "우리는 꽤 깔끔하지 못한 광경을 연출했습니다."라고 회고했다.[4] "그녀의 모습은 우리에게 그다지 도움을 주지 못하는 것이었지요." 위원들은 그들이 지각한 것에 "꽤 화가 난" 듯했다. 개리슨이 지각에 대해 사과했다. 이 사건에 대해 언론이 기사를 쓸지도 모른다는 사실을 암시하듯이, 그는 "둑에 손가락을 넣고 있느라" 늦었다며 농담을 던졌다.[5]

그레이는 그날 아침을 원자력 에너지 위원회의 '고발장'과 오펜하이머의 답변서를 소리내어 읽는 데 보냈다. 이후 3주 반 동안 그레이는 이 절차가 "조사"일 뿐이지 재판은 아니라고 반복해서 주장했다.[6] 하지만 누구라도 원자력 에너지 위원회의 고발장 내용을 들었다면 오펜하이머가 재판을 받고 있지 않다고 생각하기 어려웠을 것이었다. 그의 혐의점들은 공산당 위장 단체 가입, 알려진 공산주의자인 진 태트록 박사와 '친밀한 관계'를 유지한 점, 토머스 애디스 박사, 케네스 메이, 스티브 넬슨, 아이삭 폴코프 등 다른 "알려진" 공산주의자들과의 친분, 조지프 와인버그, 데이비드 봄, 로시 로마니츠(모두 오펜하이머의 제자들), 데이비드 호킨스 등과 같은 알려진 공산주의자들을 원자 폭탄 프로젝트에 고용한 책임, 샌프란시스코 공산당에 한 달에 150달러씩 기부한 것, 마지막으로 이것이 어쩌면 가장 불길한 것일 텐데 1943년 초 방사선 연구소에 대한 정보를 샌프란시스코 소련 영사관에 넘겨주자는 조지 엘텐튼의 제안에 대해 하콘 슈발리에와 나눈 대화를 즉시 보고하지 않은 점 등이었다.

오펜하이머는 답변서를 통해 태트록과 애디스를 비롯한 다른 좌익 인사들과의 친분을 인정했다. 하지만 그는 그들과 불법적인 모의를 한 것은 아니라고 밝혔다. 그는 그들과의 관계에 대해 "나는 그들과 나눈 새로운 우의를 즐겼습니다."라고 말했다.7 그는 자신이 1930년대에 공산주의 동조자였다고 거리낌 없이 인정했고 공산당을 통해 다양한 활동에 기부금을 납부했다고 인정했다. 그는 원자력 에너지 위원회 고발장에 인용되었듯이 자신이 "아마도 서부에서 활동 중인 공산당 위장 단체에 모조리 가입했을 것"이라고 말했던 것은 기억하지 못했다. 그는 그 인용문은 사실이 아니라고 말했고, 만약 자신이 그렇게 말했다면 "그것은 아마도 반농담이었을 것"이라고 말했다(사실 그것은 존 랜스데일이 1943년 오펜하이머에게 했던 질문의 일부였다. "당신은 아마도 서해안에서 활동 중인 공산당 위장 단체에 모조리 가입했을 거요." 당시 그는 다만 "대충 그렇소."라고 대답했다.). 그는 로런스가 방사선 연구소에 자신의 제자들을 고용하도록 특별히 힘쓰지는 않았다고 밝혔다. 슈발리에 사건에 대해 오펜하이머는 슈발리에가 엘텐튼의 제안에 대해 자신에게 이야기했다는 것을 인정했다. "나는 이것이 대단히 잘못된 일이라는 취지로 의견을 강하게 밝혔습니다. 논의는 거기에서 끝났습니다. 나는 슈발리에와 오랜 친구인데, 그가 실제로 정보를 얻어 내려고 했다고는 생각하지 않습니다. 그리고 나는 그가 내가 무슨 일을 하고 있는지에 대해 아무것도 모르고 있다고 확신했습니다." 이 대화 내용을 뒤늦게 보고했던 점에 대해서 오펜하이머는 그것을 즉시 보고했어야 했다고 인정했다. 하지만 그는 결국 엘텐튼에 대한 정보를 보안 장교에게 자신이 자발적으로 전했다는 점을 지적했다. 그리고 그는 이 이야기가 "나의 보고 없이"는 알려지지조차 않았으리라는 점을 강조했다.[8]

전반적으로 오펜하이머의 답변은 믿을 만해 보였다. 그에 대한 혐의점들은 인종 평등, 소비자 보호, 노동조합의 권리, 그리고 언론의 자유를 지지하는 1930년대 뉴딜 진보주의자에게서 흔히 찾아볼 수 있는 행동들이었다. 하지만 원자력 에너지 위원회 고발장에는 슈발리에 사건만큼이나 처리하기 곤란한 혐의점이 하나 더 있었다. 고발장은 "1942~1945년 동안 캘리포니아 알라메다 카운티 공산당 전문직 분과 조직책인 한나 피터스 박사, 알라메다 카운티 공산당 서기 버나데트 도일, 스티브 넬슨, 데이비드 아델슨, 폴 핀스키, 잭 맨리, 그리고 카트리나 샌도우 등 여러 공산당 간부들은, 당신이 당시 공산당원이었으며 당신이 그 당시에는 당 활동을 할 수 없었고, 당신의 이름은 당원 명부에서 제외시켜야 하며 어떤 식으로든 거론되어서는 안 되고, 당신이 그 당시 원자 폭탄 문제에 대해 당원들과 의논했고, 1945년 이전 몇 년 동안 당신이 스티브 넬슨에게 육군이 원자 폭탄을 개발하고 있다는 이야기를 했다고 말했다."라고 주장했다.[9]

이런 구체적인 혐의를 알려 준 정보원은 누구였을까? 거명된 공산당 간부들이 수사당국에 말한 것은 아니었다. 반미 활동 조사 위원회에 불려 나갔을 때, 넬슨과 다른 사람들은 항상 이름을 대기를 거부했다. 말할 것도 없이 이 혐의들은 FBI의 불법 도청에 근거한 것이었고 그 내용은 청문회 배석 판사들 앞에 쌓여 있던 검정색 바인더에 포함되어 있었다. 정식 법정이었다면 불법 도청 녹취록을 증거로 채택할 수 없었겠지만, 그레이 위원회의 '조사'에서는 별 문제없이 사용되었다. 세 명의 위원들은 모두 10년 전에 나눴던 대화 내용을 FBI가 요약한 문서를 읽었다. 하지만 오펜하이머의 변호사들은 그것을 볼 수 없었고, 그러므로 그 내용에 반박할 수조차 없었다.

개리슨과 마크스는 오펜하이머가 공산당 비밀 당원이라는 혐의를 변호하기란 불가능하다는 것을 알아차렸어야 했다. 오펜하이머는 혐의를 부인했다. 그는 "당신의 편지는 공산당 간부들이 1942~1945년 했던 말을 근거로 내가 공산당의 비밀 당원이라고 주장합니다. 나는 그들이 무슨 말을 했는지 전혀 알지 못합니다. 내가 아는 것은 비밀이었건 아니건 간에 내가 당원이었던 적이 없었다는 것입니다. 거론된 사람들 중 몇몇의 이름은 들어 본 적도 없습니다. 잭 맨리와 카트니라 샌도우는 내가 모르는 사람들입니다. 버나데트 도일의 이름은 들어 보았으나 만난 적은 없는 것 같습니다. 핀스키와 아델슨은 가볍게 만난 적이 있을 뿐입니다."[10] 법정에서라면 이중 전문 증거(二重傳聞證擧, 제3자가 피고에 대해 다른 사람으로부터 들은 내용)로 기각되었을 만한 것이었다. 하지만 이 '조사'에서 오펜하이머의 재판관들은 FBI가 당내 사정에 정통한 공산주의자들의 목소리를 녹음했다는 것을 의심하지 않았다.

이 바인더에 포함된 정보의 일부는 오펜하이머의 혐의를 부각시키기 위해 왜곡되기까지 했다. 한 가지 주요 혐의점의 근거는 두 명의 FBI 정보원이었던 딕슨 힐과 실비아 힐 부부였다. 이들은 정보를 얻어 내기 위해 캘리포니아 공산당 몬트클레어 지부에 침투했다. 1945년 11월, 이들 부부는 샌프란시스코 FBI 사무실로 찾아와 자신들이 히로시마 폭격 직후 참석했던 공산당 회합에 대해 보고했다. 실비아 힐은 자신이 잭 맨리라는 공산당 간부가 오펜하이머에 대해 "우리 편"이라고 말하는 것을 들었다고 말했다.[11] 그러나 힐 부인은 이어서 "이에 대한 맨리의 진술은 그(오펜하이머)가 꼭 정식 공산당원이라는 것을 의미하는 것은 아니었다."라고 말했다. "당시 그녀가 받은 인상은 그가 아마도 실제 당원은 아니었지만 공산주의 사상에 동의했다는 것이었다." 이와 같은 맥락을 고려했을 때, 실비아 힐의 정보는 확인된 공산주의자들이 오펜하이머를 당원이라고 말하는 것을 엿들었다는 원자력 에너지 위원회의 고발 내용을 지지하는 것이 아니었다. 하지만 FBI가 오펜하이머 파일 요약문에서 힐이 제공한 정보를 강조하자 이 정도의 미묘한 차이는 중요하지 않은 것이 되어 버렸다. 이로 인해 뜬소문은 "평판을 떨어뜨리는" 정보로 격상되었던 것이다.

그레이 의장은 고발장과 오펜하이머의 답변서를 다 읽고 나서, 오펜하이머에게 "청문회에서 선서를 하고 증언"하겠느냐고 물었다. 그는 그러겠다고 대답했고, 그레이는 여느 법정에서와 같이 진실만을 말하겠다는 선서를 시행했다. 이제 본격적인 조사가 시작된 것이었다. 오펜하이머는 증인석에 앉았고 남은 오후 시간에는 자신의 변호인의 가벼운 질문들에 대답하면서 보냈다.

다음 날인 1954년 4월 13일 토요일 아침, 《뉴욕 타임스》는 제임스 레스턴이 쓴 특종 기사를 1면 머리기사로 실었다. 표제는 다음과 같았다.

오펜하이머 박사, 원자력 에너지 위원회 보안 청문회에 회부. 오펜하이머는 혐의를 부인. 청문회는 이미 시작. 핵 전문가에 비밀 데이터 접근 통제. 공산당 연계 혐의.

이 신문은 니콜스 장군의 고발장과 오펜하이머의 답변서 전문을 그대로 실었다. 레스턴의 기사는 미국 전역은 물론 해외의 신문에까지 실렸다. 수백만 명의 독자들은 이를 통해 처음으로 오펜하이머의 정치적, 개인적 생활의 세세한 부분까지 알게 되었다.

이 소식에 대한 반응들은 양 극단을 치달았다. 진보주의자들은 오펜하이머 같은 저명한 사람조차 이렇게 공격당할 수 있다는 사실에 깜짝 놀랐다. 진보적 칼럼니스트인 드류 피어슨(Drew Pearson)은 일기에 다음과 같이 썼다. "스트라우스와 아이젠하워 행정부의 관료들은 확실히 좀스러워지고 있다. 그들은 오펜하이머의 침대 밑을 뒤져 가면서까지 그가 1939년이나 1940년에 누구와 만나 어떤 얘기를 나눴는지를 파헤치려 하고 있다. 매카시식 마녀사냥에 힘을 실어 주기 위해서 이보다 더 좋은 방법은 없을 것이다."[12] 다른 한편 월터 윈첼(Walter Winchell) 같은 보수적인 평론가들은 이 소식에 물 만난 고기처럼 기뻐했다. 이틀 전 윈첼은 자신의 일요일 TV 방송에서 매카시 상원 의원이 "주요 원자력 과학자가 수소 폭탄을 개발조차 해서는 안 된다고 주장했다."라는 사실을 곧 공개할 것이라고 발표했다.[13] 윈첼은 이 유명한 핵 과학자가 "현역 공산당원"이었으며 "다른 주요 원자 과학자들도 참여하고 있는 공산당 세포 조직의 지도자"였다고 주장했다.

그레이 의장은 레스턴의 기사를 읽고 격노했다. 그는 개리슨에게 "당신은 어제 늦은 이유가 '둑에 손가락을 넣고' 있었기 때문이라고 했지요."라고 말했다.[14] 개리슨은 레스턴이 오펜하이머의 비밀 취급 인가가 취소되었다는 사실을 이미 1월 초부터 알고 있었다고 설명했다. 하지만 그레이는 개리슨의 설명을 듣지도 않은 채, 원자력 에너지 위원회 고발장의 사본을 언제 그 기자에게 주었느냐고 물었다. 이때 오펜하이머가 끼어들어 "그 문서들은 내 변호인이 금요일 밤 레스턴 씨에게 주었을 겁니다."라고 말했다.

이는 그레이의 화를 돋울 뿐이었다. "그럼 당신은 어제 아침 둑에 손가락을 넣고 있었다고 말했을 때 이미《뉴욕 타임스》가 그 문서들을 가지고 있었다는 것을 알고 있었다는 것입니까?"

오펜하이머는 "맞습니다."라고 대답했다.

그레이는 오펜하이머와 그의 변호사들에게 문서들을 언론에 누출시킨 것에 대한 책임을 돌렸다. 그는 자신의 분노가 스트라우스에게 향했어야 했음을 알지 못했다. 원자력 에너지 위원회 의장인 스트라우스는 레스턴이 오펜하이머에게 전화를 걸었다는 사실을 이미 알고 있었다. 더구나《뉴욕 타임스》에게 기사를 실어도 좋다고 허가해 준 것 역시 스트라우스였던 것이다. 매카시가 소식을 먼저 발표할 것을 두려워했던 스트라우스는 정보 누출의 책임을 오펜하이머의 변호사들에게 덮어씌울 수 있는 바로 지금이 기사를 내기에 적절한 시기라고 판단했다. 아이젠하워의 공보 비서관 제임스 해거티(James C. Hagerty)도 이에 동의했다. 그래서 4월 9일 스트라우스는《뉴욕 타임스》 발행인 아서 해이즈 슐츠버거(Arthur Hays Sulzberger)에게 전화를 걸어 보도 금지령을 풀었던 것이다.[15]

스트라우스는 이 사건이 "언론 재판"이 될 위험성이 있고, 게다가 청문회 일정이 늘어지면 오펜하이머에게 유리하게 작용할지도 모른다는 우려를 품고 있었다.[16] 그는 일정이 늘어지면 늘어질수록 오펜하이머의 친구들이 과학자 공동체를 대상으로 "선전"할 시간이 많아질 것이라고 생각했다. 신속한 결정이 필요했다. 그래서 며칠 후 그는 롭에게 청문회를 빨리 진행시키라는 메모를 보냈다.

며칠 전 에이브러햄 페이스는 프린스턴에서《뉴욕 타임스》가 이 사건에 대한 기사를 내보내려 한다는 소식을 들었다. 그는 기자들이 아인슈타인의 코멘트를 따기 위해 성가시게 굴 것임을 예상하고 머서 가에 있는 그의 집으로 찾아갔다. 페이스가 찾아온 이유를 밝히자 아이슈타인은 크게 웃고 나서 "오펜하이머의 문제는 그를 사랑하지 않는 여인을 사랑하고 있다는 거야. 미국 정부 말이네……. 해결책은 간단해. 오펜하이머는 워싱턴에 가서 정부 관료들에게 멍청이라고 말해 주고 집에 가면 그뿐이지."라고 말했다.[17] 페이스는 개인적으로 이 말에 동의했을지도 모르지만 보도용으로는 적절하지 않다고 느꼈다. 그래서 그는 아인슈타인을 설득해 오펜하이머를 지지하는 간단한 성명서를 작성하도록 했다. "나는 그를 과학자로서뿐만 아니라 한 사람의 위대한 인간으로 존경한다." 그는 이것을 전화로 《유나이티드 프레스》 기자에게 읽어 주었다.

4월 14일 수요일, 청문회 3일째가 되었다. 오펜하이머는 그날 오전 증인석에서 개리슨이 동생 프랭크에 대해 묻는 질문들에 대답하는 것으로 하루를 시작했다. 오펜하이머는 원자력 에너지 위원회 고발장에 "하콘 슈발리에가 이 문제에 대해 당신에게 직접 또는 당신의 동생 프랭크 프리드먼 오펜하이머를 통해 접근했다."라는 구절에 대해 크게 걱정했다. 그래서 개리슨이 프랭크가 슈발리에 문제에 연루되어 있느냐고 묻자 그는 "이 문제에 대해서 나는 확실히 기억하고 있습니다. 그는 이 문제와는 아무 관련이 없습니다. 전혀 말이 되지 않습니다. 슈발리에는 내 친구니까요. 내 동생이 그를 몰랐다는 것은 아니지만, 그것은 부자연스럽고 에둘러 가는 방법이었을 것입니다."라고 대답했다.[18] 이는 사리에 맞는 설명이었다. 하지만 스트라우스, 롭, 그리고 니콜스는 이것을 거짓말이라고 믿었고, 그들은 아무 증거도 없이 오펜하이머가 청문회에서 거짓말을 했다고 억지를 부렸다.

이로써 오펜하이머에 대한 개리슨의 심문은 원자력 에너지 위원회의 고발장에 대한 그의 답변서 내용을 강화하는 선에서 마무리되었다. 오펜하이머와 그의 변호사들은 심문 내용에 대체로 만족했다. 하지만 곧이어 롭이 반대 심문을 시작하자, 그가 분위기를 반전시킬 만한 구체적인 전략을 준비해 왔음을 명확히 알 수 있었다. 그는 거의 두 달간 FBI 파일을 세심하게 검토하며 심문 내용을 준비했다. 롭은 나중에 "오펜하이머를 반대 심문하는 것은 대단히 어려울 것이라는 이야기를 들었습니다."라고 말했다.[19] "그는 두뇌 회전이 빠르고 미꾸라지 같다구요. 그래서 내가 그랬지요. '그럴지도 모르지. 하지만 그가 나에게 반대 심문을 받지는 않았거든.'이라고. 어쨌든 나는 반대 심문을 조심스럽게 계획했습니다. 질문의 순서라든지, FBI 보고서의 내용이라든지. 내가 초반에 오펜하이머를 흔들어 놓을 수 있다면 시간이 지날수록 그가 속내를 털어놓을 가능성이 높다고 생각했습니다."

4월 14일 수요일은 어쩌면 오펜하이머 일생에서 가장 치욕적인 날이었을 것이다. 롭의 심문은 가차 없었고 가혹했다. 오펜하이머는 이런 시련에 전혀 준비되어 있지 못했다. 롭은 우선 오펜하이머에게 공산당과의 긴밀한 관계를 유지하는 것이 "비밀 전쟁 프로젝트의 총책임자로서 적절하지 못한 행동"임을 인정하게 만드는 것으로 시작했다. 그러고 나서 롭은 과거에 공산당원이었던 사람들에 대해 묻기 시작했다. 그런 사람들을 비밀 전쟁 프로젝트에 고용하는 것이 올바른 판단이었습니까?

오펜하이머: "지금 말입니까, 아니면 그 당시에 말입니까?"

롭: "우선 지금이라고 생각해 보죠. 예전 얘기는 조금 있다가 하기로 하고."

오펜하이머: "그것은 사안의 전체적인 성격과 그 사람의 성품, 즉 그가 정직한 사람인지 아닌지에 달려 있다고 생각합니다."

롭: "그것이 1941년부터 1943년까지 당신이 가지고 있던 견해인가요?"

오펜하이머: "본질적으로는 그렇습니다."

롭: "1941년부터 1943년까지 당시 공산당원이었던 사람이 더 이상 위험하지 않을 것이라고 판단할 수 있었던 기준은 무엇이었습니까?"

오펜하이머: "이미 말했듯이, 나는 누가 공산당원이었는지 아니었는지 잘 몰랐습니다. 내 아내의 경우, 그녀가 더 이상 위험하지 않다는 것은 명확했습니다. 내 동생의 경우에는, 나는 그가 도리를 지킬 줄 알고, 정직하며, 나에 대한 충성심을 가지고 있다고 확신했습니다."

롭: "당신의 동생을 예로 들어 얘기해 봅시다. 당신이 이야기한 확신을 갖기 위해 어떤 기준을 적용했습니까?"

오펜하이머: "누구도 자신의 동생에게 기준을 적용하지는 않습니다. 적어도 나는 그러지 않았습니다."[20]

롭의 의도는 두 가지였다. 첫째는, 오펜하이머와 그의 변호사들에게 접근이 금지된 문서 기록을 부정하는 발언을 하게 하는 것이었다. 둘째는, 오펜하이머가 인정한 사실들을 이용해 오펜하이머가 로스앨러모스를 운영하는 데 있어 좋게 말해서 무책임했다는 것, 나쁘게 말하면 그가 의식적으로 그리고 의도적으로 공산주의자들을 고용했다는 것을 보이려는 것이었다. 게다가 롭은 기회가 되는 대로 증인의 자존심을 건드렸다. 이를 위해 그는 오펜하이머가 이미 인정했던 부분을 반복해서 말하게 하고는 했다.

롭: "박사님, 당신의 답변서 5쪽에 '동조자(fellow travelers)'라는 표현이 나옵니다. 당신이 말하는 동조자의 정의가 무엇입니까?"[21]

오펜하이머: "그것은 내가 FBI와의 인터뷰에서 딱 한번 사용했던 혐오스러

운 표현입니다. 내가 이해하기로 그것은 공산당의 공개 프로그램의 일부를 받아들이며 공산주의자들과 협력하고 연계할 의사가 있지만 당원은 아닌 사람을 지칭하는 말입니다."

롭: "당신은 동조자를 비밀 전쟁 프로젝트에 고용하는 것에 문제가 없다고 생각합니까?"

오펜하이머: "오늘 말입니까?"

롭: "네."

오펜하이머: "아니오."

롭: "당신은 1942년과 1943년에도 그렇게 생각했습니까?"

오펜하이머: "당시 이 문제에 대한 내 생각은 사람을 평가할 때는 종합적으로 판단해야 한다는 것이었습니다. 지금은 공산당과 연계하거나 동조하는 것은 명백한 이적 행위라고 생각합니다. 하지만 전쟁 중에 이 문제는 그 사람이 어떤 사람인지, 그가 무엇을 할 용의가 있는지에 대한 것이라고 생각했을 것입니다. 물론 공산당에 동조하거나 당적을 갖는 것은 심각한 문제를 불러일으켰습니다."

롭: "당신은 동조자였던 적이 있었습니까?"

오펜하이머: "나는 동조자였습니다."

롭: "언제요?"

오펜하이머: "1936년 말이나 1937년 초부터 시작해 점점 멀어졌습니다. 1939년 이후로는 관계가 엷어졌고, 1942년 이후로는 거의 아니었다고 할 수 있습니다."

롭은 청문회 준비를 하면서 읽은 FBI 파일에서 1943년 보리스 패시와 오펜하이머의 인터뷰가 여러 번 언급된 것을 보았다.[22] 파일에 따르면 이 인터뷰는 녹음되어 있었다. 롭은 "인터뷰 원본 테이프는 어디 있지요?"라고 물었다. FBI는 곧 10년 묵은 프레스토 디스크(Presto disks)를 끄집어냈고, 롭은 오펜하이머가 슈발리에 사건을 처음으로 묘사하는 것을 들을 수 있었다. 그 내용은 그가 1946년 FBI에게 말했던 내용과는 확연히 달랐다. 오펜하이머는 확실히 한 번은 거짓말을 한 것이었고, 롭은 이 모순점을 파고들 만반의 준비를 한 터였다. 오펜하이머는 물론 자신이 패시와 나눈 대화가 녹음되었다는 사실을 전혀 모르고 있었다. 롭이 이날 반대 심문에서 슈발리에 사건으로 화제를 돌렸을 때, 그는 오펜하이머보다 그 사건에 대해 훨씬 더 자세히 알고 있었다.

롭은 우선 1943년 8월 25일 오펜하이머가 버클리에서 존슨 중위와 했던 인터뷰에 대한 기억을 상기시키는 것으로부터 시작했다.

오펜하이머: "맞습니다. 나는 엘텐튼이 위험인물이라는 것 외에는 별다른 말을 하지 않았다고 생각합니다."

롭: "네."

오펜하이머: "그러자 그는 나에게 왜 그런 말을 하느냐고 물었습니다. 그러고 나서 나는 터무니 없는 거짓말(cock-and-bull story)을 꾸며댔죠."

롭은 이 놀라운 자백에도 당황하지 않았다. 그는 계속해서 오펜하이머가 바로 그 다음 날인 8월 26일 보리스 패시에게 했던 이야기에 초점을 맞췄다.

롭: "당신은 이에 대해 패시에게 진실을 말했습니까?"

오펜하이머: "아니오."

롭: "거짓말을 했다는 것이군요."

오펜하이머: "그렇습니다."

롭: "구체적으로 어떤 부분이 거짓말이었습니까?"

오펜하이머: "엘텐튼이 중개자를 통해 세 명의 프로젝트 멤버에게 접근하려고 했다는 것입니다."

잠시 후, 롭은 "당신은 패시에게 X(슈발리에)가 프로젝트 참가자 세 명에게 접근했다고 말했습니까?"라고 물었다.

오펜하이머: "세 명의 X가 있었다고 말했는지, 아니면 X가 세 명에게 접근했다고 했는지는 확실치 않습니다."

롭: "X가 세 명에게 접근했다고 말하지 않았나요?"

오펜하이머: "아마도 그럴 겁니다."

롭: "왜 그러셨죠, 박사님?"

오펜하이머: "내가 멍청이(idiot)였기 때문입니다."[23]

"멍청이"라니? 오펜하이머는 왜 그런 말을 한 것일까? 롭에 따르면 오펜하이머는 명석한 검사로 인해 사면초가의 상태에 빠져 화가 난 상태였다. 청문회가 끝나고 나서 롭은 어느 기자에게, 오펜하이머가 이 말을 했을 때 오피가 "몸을 잔뜩 웅크리고, 손을 비비면서, 얼굴이 백지장처럼 하얗게 되었습니다. 나는 메스꺼움을 느꼈습니다. 그날 밤 집으로 돌아갔을 때 나는 아내에게 '나는 방금 로버트 오펜하이머가 스스로를 파괴하는 것을 보았어.'라고 말했습니다."라며 그 순간을 과장해서 표현했다.[24]

이런 묘사("나는 메스꺼움을 느꼈습니다.")는 롭의 법정에서의 이미지와 인간성을 긍정적으로 포장하기 위해 날조된 것이었다. 기자들과 역사가들이 지금껏 이 순간에 대한 롭의 해석을 받아들였다는 것은 다름 아니라 롭과 스트라우스가 오펜하이머 청문회 이후에 이 사안을 얼마나 교묘하게 조작했는지를 보여 주는 것이었다. 하지만 롭의 주장과는 달리 오펜하이머가 "멍청이"라고 말했던 것은 단순히 슈발리에 사건을 둘러싼 모호함을 불식시키기 위한 것이었다. 그는 자신이 X(슈발리에)가 세 명에게 접근했다고 말한 이유에 대해서 어떤 합리적 설명도 할 수 없다는 점을 명확히 하려고 했다. 오펜하이머는 아무도 자신을 정말로 멍청이라고 생각하지는 않을 것임을 알고 있었다. 그는 심문관의 경계를 누그러뜨리기 위해 스스로를 비하하는 표현을 사용한 것뿐이다. 하지만 얼마 지나지 않아 오펜하이머는 그들의 경계를 누그러뜨릴 수 없음을 분명히 알았다. 그는 자신을 파괴하려는 적과 마주하고 있었던 것이었다.

롭은 이제 막 시작한 참이었다. 오펜하이머는 자기가 거짓말했던 사실을 인정했다. 이제 롭은 증거를 들이댈 것이었고, 거짓말을 하나하나 파헤쳐 극적으로 조목조목 나열할 것이었다. 롭은 1943년 8월 26일 오펜하이머와 패시의 만남의 내용을 담은 녹취록을 꺼내 들며, "박사님……, 제가 그 인터뷰 녹취록의 일부를 읽어 드리겠습니다."라고 말했다.[25] 그리고 그는 11년 전 녹취록에서 오펜하이머가 소련 공사관을 통해 "누출이나 스캔들 없이" 정보를 빼돌릴 준비가 되어 있다고 말했던 부분을 읽었다.

롭은 패시에게 이런 말을 했던 것을 기억하느냐고 묻자, 오펜하이머는 전혀 기억나지 않는다고 대답했다. 그러자 롭은 "그렇다면 그런 말을 했다는 것을 부인하겠다는 것입니까?"라고 물었다. 오펜하이머는 롭이 손에 녹취록을 들고 있다는 것을 알고 있었기 때문에 "아니오."라고 대답할 수밖에 없었다.

롭은 과장된 목소리로 "박사님, 참고로 말씀드리면 우리는 당신 목소리가 녹음된 테이프를 가지고 있습니다."라고 말했다.

오펜하이머는 "그렇군요."라고 대답했다. 하지만 그는 슈발리에가 자신에게 엘텐튼의 생각에 대해 이야기했을 때 소련 영사관을 언급하지는 않았던 것이 거의 확실하다고 말했다. 하지만 그는 패시와 만났을 때 이 부분을 끼워 넣었을 뿐만 아니라, 슈발리에가 한 명이 아니라 "여러" 과학자들에게 접근했다고 말했다.

롭: "그러니까 구체적으로 여러 명에게 연락이 갔다고 말했다는 것이군요."
오펜하이머: "그렇습니다."
롭: "그리고 오늘 당신의 증언에 따르면, 그것은 거짓말이었죠?"
오펜하이머: "그렇습니다."

롭은 1943년의 녹취록을 계속해서 읽어 나갔다. 오펜하이머는 패시에게 "물론 이런 부탁을 하는 것 자체가 반역 행위라는 것은 명백한 사실입니다."라고 말했다.

롭: "이런 말을 했습니까?"
오펜하이머: "네. 대화 내용을 정확하게 기억하지는 못하지만 아마도 그런 것 같습니다."
롭: "어쨌든 당신은 그것이 반역 행위라고 생각했지요?"
오펜하이머: "그랬습니다."

롭은 계속해서 녹취록을 인용했다.

하지만 그것은 반역 행위처럼 느껴지지는 않았습니다. 그것은 정부의 정책 방향과도 그다지 다르지 않은 일을 수행하는 한 가지 방식일 뿐이었습니다. 그가 물은 것은 단지 엘텐튼과 인터뷰를 주선할 수 없겠냐는 것이었습니다. 엘텐튼은 소련 공사관에 소속된 사람과 매우 가깝게 연락하고 있었는데, 이 소련인은 대단히 믿을 만하며 마이크로필름을 다뤄본 경험이 매우 많다고 말했습니다.

롭: "당신은 패시 중령에게 마이크로필름에 대한 언급이 있었다고 말했습니까?"

오펜하이머: "거기 나와 있는 대로입니다."

롭: "그것은 사실이었나요?"

오펜하이머: "아니오."

롭: "그러자 패시는 당신에게 이렇게 말했습니다. '자, 이제 전체적인 그림으로 돌아갑시다. 당신이 말하는 이 사람들 중 두 명은 (로스앨러모스에) 당신과 함께 있었습니다. 그들은 엘텐튼으로부터 직접 연락을 받았습니까?' 당신은 '아니오.'라고 대답했습니다. 그러고 나서 패시는 "그럼 다른 사람을 통해서인가요?"라고 말했습니다."

오펜하이머: "그렇습니다."

롭은 반대 심문을 마무리지었다.

롭: "다시 말해서 당신은 패시에게 X(슈발리에)가 다른 과학자들을 접촉했다고 말했습니다. 그렇지 않습니까?"

오펜하이머: "그런 것 같군요."

롭: "그것은 사실이 아니었지요?"

오펜하이머: "그렇습니다. 엘텐튼이라는 이름을 제외하고는 모두 만들어 낸 이야기입니다."

개리슨은 자신의 의뢰인이 버둥거리는 것을 보고는 마침내 심문을 잠시 중단시키고는 그레이에게 "의장님, 여기서 한 가지 요청을 해도 좋겠습니까?"라고 물었다.

"그러도록 하시오."

개리슨은 예의 바르게 "검사가 녹취록을 읽을 때 우리에게도 사본을 제공하는 것이 절차상 타당하지 않은지"에 대해 이의를 제기했다. "이것은 물론 정식 법정에서는 당연히 지켜지는 사항입니다."

그레이와 롭은 잠시 의견을 나눈 뒤 나중에 비밀 분류 담당 직원이 문서를 공개할지 여부를 결정해야 한다는 데 동의했다. 물론 롭은 이미 이 문서의 내용을 소리 내어 읽고 있었다.

개리슨의 뒤늦은 개입은 롭이 쳐 놓은 함정으로부터 오펜하이머를 구해 내기에는 역부족이었다.

곧이어 롭은 만면에 미소를 머금은 채 다시 패시-오펜하이머 녹취록을 인용하기 시작했다.

롭: "오펜하이머 박사……, 당신은 참으로 자세하게도 이야기를 꾸며 냈군요."

오펜하이머: "확실히 그랬습니다."

롭: "터무니없는 거짓말을 했다면 왜 그토록 구체적인 정황까지 꾸며댔습니까?"

오펜하이머: "이 모든 것은 전부 멍청함의 소산입니다. 나는 왜 소련 영사

얘기를 했는지, 왜 마이크로필름 얘기를 했는지, 왜 프로젝트 참가자 세 명이 있었는지, 왜 그들 중 두 명은 로스앨러모스에 있었는지 설명할 길이 없습니다. 이 모든 것은 완전히 거짓말이었습니다."

롭: "만약 당신이 패시에게 했던 이야기가 사실이라면 말입니다, 슈발리에 씨에게는 대단히 불리하게 작용했겠지요? 그렇지 않습니까?"

오펜하이머: "그뿐만이 아니라 거론된 모든 사람들에게 그랬겠지요."

롭: "당신도 포함해서요?"

오펜하이머: "그렇습니다."

롭: "오펜하이머 박사, 오늘 당신의 증언에 따르면, 당신이 패시에게 했던 이야기는 일부만이 아니라 통째로 모조리 다 꾸며 낸 것입니다. 이 말에 동의하십니까?"

구석에 몰린 오펜하이머는 부주의하게도 "맞습니다."라고 대답했다.[26] 롭은 가차 없는 질문들로 오펜하이머를 구석에 몰아넣었다. 그는 롭의 심문에 적절하게 대답할 수 있을 정도로 패시와의 대화를 구체적으로 기억하지 못했다. 그랬기 때문에 그는 롭이 녹취록에서 선별적으로 발췌한 내용들을 인정할 수밖에 없었다. 만약 개리슨이 법정 경험이 풍부한 변호사였다면 일찌감치 자신이 녹취록을 검토하기 전에는 오펜하이머에 대한 심문을 거부했을 것이고, 또한 롭이 오펜하이머를 함정에 빠뜨리기 위해 녹취록을 전략적으로 이용하는 것에 이의를 제기했을 것이다. 하지만 개리슨은 문을 활짝 열어 두었고, 오펜하이머는 극기하는 심정으로 파멸의 길로 터벅터벅 걸어 들어갈 수밖에 없었다.

하지만 오펜하이머 역시 그렇게 쉽게 항복할 필요까지는 없었다. 사실 그에게는 패시에게 했던 복잡한 이야기를 설명할 수 있는 길이 있었다.

1946년 엘텐튼이 FBI에게 소련 영사관 직원인 이바노프가 버클리 방사선 연구소에서 일하던 세 명의 과학자, 오펜하이머, 로런스, 앨버레즈와 접촉해 보라고 제안했다고 말한 점에 주목할 필요가 있다. 엘텐튼은 오펜하이머와 안면이 있긴 했지만, 러시아 인들과 정보를 공유하는 문제에 대해 직접 물어볼 정도로 친분이 있는 것은 아니었다. 하지만 엘텐튼이 슈발리에에게 그 세 이름을 언급했을 가능성이 높다. 만약 그랬다면 슈발리에는 오펜하이머에게 엘텐튼의 계획을 전했을 것이다.

오펜하이머는 패시에게 엘텐튼의 활동에 대해 아는 바를 전하면서 세 명의 과학자 이야기를 했다. 오펜하이머의 "터무니없는 거짓말"에 대한 여러 해석 가운데 이것이 가장 사리에 맞으며, FBI의 파일에 나타난 증거에도 부합하는 것이다. 원자력 에너지 위원회의 공식 역사가 리처드 휴렛(Richard G. Hewlett)과 잭 홀(Jack M. Hall) 역시 비슷한 결론을 내렸다. "오펜하이머의 이야기는 오해의 소지가 있기는 했지만 나름대로 정확한 것이었다. 하지만 시간이 지날수록 복잡하게 꼬여만 갔다."27

왜 그랬을까?

이에 대한 가장 설득력 있는 설명은 보안 청문회가 끝나기 전에 오펜하이머가 했던 발언에서 찾아볼 수 있다. 그의 설명은 확실하게 알려진 사실들과 가장 잘 맞아 떨어질 뿐만 아니라 오펜하이머의 성격과도 일치하는 것이었다. 5년 전 데이비드 봄에게 고백했듯이 오펜하이머에게는 "견딜 수 없는 상황이 되면 이치에 어긋나는 말을 하는 경향"이 있었다. 그레이 의장이 오펜하이머에게 1943년 패시와 랜스데일에게 진실을 말했던 것은 아닌지, 다시 말하면 오늘 거짓말을 한 것은 아닌지 묻자 그는 다음과 같이 대답했다.

내가 패시에게 했던 이야기는 진실이 아니었습니다. 프로젝트 참가자들 중 이 사건에 관여된 인물은 세 명이 아니라 단 한 명뿐이었습니다. 바로 나였습니다. 나는 로스앨러모스에 있었습니다. 로스앨러모스에 있던 그 누구도 연루되지 않았습니다. 버클리에 있던 그 누구도 연루되지 않았습니다……. 나는 슈발리에가 소련 영사관에 대해 언급하지 않았다고 증언했습니다. 내가 기억하기로는 그렇습니다. 엘텐튼이 영사관과 연계가 있었다는 것을 내가 알고 있었을 가능성이 전혀 없지는 않습니다. 내가 할 수 있는 말은 나는 단지 정황상 그럴 것이라고 이야기했고, 패시의 질문에 대답하느라고 덧붙여진 세부 내용들은 거짓이라는 것뿐입니다. 나로서는 이 말을 하기가 쉽지는 않습니다. 도대체 왜 그랬느냐는 질문에 대해 멍청이이기 때문이라는 대답보다 더 설득력 있는 답변을 원하신다면, 내 자신을 이해시키기가 더욱 어려울 것입니다. 당시 나는 두세 가지 사항을 고려하고 있었다고 생각합니다. 첫째, 랜스데일이 지적했듯이 만약 방사선 연구소에 문제가 있었다면 엘텐튼이 연관되어 있었을 것이 확실했고, 이는 심각한 문제라는 사실을 전달해야 한다는 생각이었습니다. 내가 이야기를 꾸며 낸 이유가 사안의 중대성을 강조하기 위한 것이었는지, 아니면 내 이야기가 쉽게 받아들여지도록 하기 위해서였는지는 모르겠습니다. 하지만 확실히 또 다른 사람은 관여되지 않았고, 슈발리에와의 대화는 짧았습니다. 대화의 내용상 완전히 일상적이지는 않았겠지만, 그의 말투로 보아 그는 연루되고 싶지 않은 것 같았습니다.[28]

오펜하이머는 계속해서 설명했다.

내가 (이 이야기를) 즉시 사실대로 말했다면 좋았겠지요. 하지만 나도 마음의 갈등이 있었고, 결국 단서를 제공할 때는 자초지종을 전부 얘기해야 한다는 것을 모르고 정보 부서 사람들에게 단서를 제공하려 했던 것입니다. 그들이 구체적으로 파고들자 나는 거짓말을 지어내기 시작했습니다……. 그(슈발리에)가 나한테 먼저 얘기하지 않고 여러 프로젝트 참가자들에게 접근했을 리는 만무했습니다. 그는 그런 임무를 수행하기에 적절치 않은 중개자였습니다……. 음모는 전혀 없었습니다……. 내가 슈발리에의 이름을 그로브스 장군에게 언급했을 때에는 당연히 세 명의 과학자는 없었고, 그 일은 내 집에서 일어났으며, 관련된 사람은 나뿐이라고 말했습니다. 즉 내가 이 이야기를 꾸며 낸 의도는 확실히 중개자가 누구였는지를 밝히지 않기 위한 것이었습니다.[29]

롭이 다음에 꺼낸 주제는 분명히 오펜하이머에게 창피를 주기 위한 것이었다. 바로 그와 진 태트록의 연애에 대한 문제였다.

롭: "내가 이해하기로는 1939년과 1944년 사이에 태트록 양과 당신의 관계는 가벼운 편이었습니다. 맞습니까?"

오펜하이머: "우리는 거의 만나지 않았습니다. 가벼운 관계라는 표현은 맞지 않는 것 같군요. 우리는 깊은 관계를 가졌고, 다시 만났을 때 여전히 그 감정이 식지 않은 상태였습니다."

롭: "1939년과 1944년 사이에 당신은 그녀를 대충 몇 번 정도 만났다고 하겠습니까?"

오펜하이머: "5년이라는 세월이군요. 열 번이라고 하면 적당하겠습니까?"

롭: "그녀를 만났던 것은 어떤 자리에서였습니까?"

오펜하이머: "물론 우리는 가끔 다른 사람들과의 사교 모임에서 만나기도 했지요. 그녀를 1941년 새해 첫날 만났던 것을 기억합니다."

롭: "어디에서요?"

오펜하이머: "내가 그녀의 집으로 갔거나 병원에서였을 것입니다. 어느 쪽인지 확실치는 않지만, 우리는 톱 오브 더 마크로 술을 마시러 갔습니다. 나는 그녀가 버클리의 우리 집에 몇 번 왔던 것을 기억합니다."

롭: "당신과 오펜하이머 부인의 집 말입니까?"

오펜하이머: "그렇습니다. 그녀의 아버지가 버클리의 우리 집에서 멀지 않은 곳에 살고 있었습니다. 내가 한번 찾아간 적이 있었지요. 아까도 얘기한 것 같은데, 1943년 6월인가 7월인가에 방문했습니다."

롭: "당신은 그 얘기를 하면서 그녀를 만나야만 했다고 말한 것으로 기억합니다만."

오펜하이머: "네."

롭: "왜 그녀를 만나야만 했지요?"

오펜하이머: "그녀는 우리가 떠나기 전에 나를 무척이나 만나고 싶어 했습니다. 당시에 나는 그녀를 만날 수 있는 상황이 아니었습니다. 우선 나는 내가 어디로 가는지 말할 수조차 없는 상황이었습니다. 나는 그녀를 만나야겠다고 느꼈습니다. 그녀는 심리 치료를 받고 있었지요. 그녀는 대단히 불행했습니다."

롭: "그녀가 왜 당신을 만나고 싶어 했는지 알았습니까?"

오펜하이머: "그녀는 여전히 나를 사랑하고 있었기 때문입니다."

롭: "그녀를 어디에서 만났죠?"

오펜하이머: "그녀의 집에서."

롭: "그게 어딥니까?"

오펜하이머: "텔레그래프 힐입니다."

롭: "다음에 그녀를 또 언제 만났습니까?"

오펜하이머: "그녀는 나를 공항까지 바래다주었고, 그 이후로는 보지 못했습니다."

롭: "그게 1943년이었지요?"

오펜하이머: "네."

롭: "당시 그녀는 공산주의자였습니까?"

오펜하이머: "그런 이야기는 하지도 않았습니다. 아니었을 것이라고 생각합니다."

롭: "당신은 전에 한 답변에서 그녀가 공산주의자였다는 사실을 알고 있었다고 했지요?"

오펜하이머: "그렇습니다. 1937년 가을에 그렇다는 것을 알았습니다."

롭: "그녀가 1943년에 공산주의자가 아니었다고 믿을 만한 이유가 있었습니까?"

오펜하이머: "아니오."

롭: "뭐라구요?"

오펜하이머: "없었습니다. 다만 나는 그녀가 공산당과 맺었던 관계에 대해 생각했고 지금 생각나는 바를 일반론적으로 말한 것입니다."

롭: "당신에게는 그녀가 공산주의자가 아니었다고 믿을 만한 이유가 없습니다. 그렇지요?"

오펜하이머: "그렇습니다."

롭: "당신은 그녀와 밤을 함께 보냈지요?"

오펜하이머: "네."

롭: "당신은 그것이 보안 유지에 문제가 된다고 생각하지는 않았습니까?"

오펜하이머: "아니오, 그렇지 않습니다. 잘한 일이라고 볼 수는 없지만."

롭: "만약에 그녀가 당신이 오늘 아침 묘사한 것과 같은 공산주의자였다면, 당신이 난처한 상황에 처할 수도 있을 것이라고 생각하지 않았을까요?"

오펜하이머: "하지만 그녀는 아니었습니다."

롭: "그것을 어떻게 알았죠?"

오펜하이머: "나는 그녀를 아니까요."[30]

키티와 결혼한 지 3년째 되는 해에 진 태트록과 불륜 관계를 맺었다는 증언을 하는 모욕을 주고 나서, 롭은 오펜하이머에게 그녀의 친구들의 이름을 묻고 그들 중 누가 공산주의자였고 누가 단순 동조자였는지를 질문했다. 그것은 청문회의 목적상 의미 없는 질문이었지만, 그렇다고 전혀 무의미하지도 않았다. 당시는 매카시 광풍이 극에 달했던 1954년이었고, 이전에 공산주의자, 동조자, 좌익 활동가였던 사람들을 의회 청문회 자리에 불러내 이름을 대라고 하는 것이 다름 아닌 매카시식 정치 게임이었던 것이다. '밀고자' 또는 가룟 유다를 혐오하는 사회 분위기에서 그것은 치욕적인 경험이었다. 그들의 노림수가 바로 그것이었다.[31] 오펜하이머의 인격 자체를 파괴하려는 것이었다.

오펜하이머는 롭에게 이름을 댔다. 그는 토머스 애디스 박사가 공산당과 가까웠다고 생각했지만 당원이었는지는 알지 못했다. 슈발리에는 동조자였다. 케네스 메이, 존 피트먼, 오브리 그로스만, 그리고 이디스 안스타인은 공산주의자들이었다. 오펜하이머는 자신이 얼마나 굴욕적인 상황에 처해 있는지 알고 있었고, 롭에게 빈정대듯이 "이 정도면 충분합니까?"라고 물었다.[32] 흔히 그렇듯이 그들은 대개 알려진 인물들이었다. 롭의 가차 없는 심문에 오펜하이머는 마침내 큰 타격을 입기 시작했다. 그는 생각하지 않고 반응하기 시작했던 것이다. 그는 나중에 한 기자에게 "군인이 전투 중에 그럴 것이라고 생각합니다."라고 회고했다.[33] "너무도 많은 일이 벌어지거나 곧 벌어질 것이어서 다음 행동밖에는 생각할 시간이 없습니다. 싸움할 때처럼 말입니다. 이것은 싸움이었어요. 나는 내 자신을 느낄 틈조차 없었습니다."

수년 후, 개리슨은 이 고통스러운 시간 동안 오펜하이머의 심리 상태를 다음과 같이 회고했다. "처음 시작할 때부터 그에게는 뭔가 쫓기는 듯한 느낌이 있었습니다……. 우리 모두가 당시의 분위기에 압도되긴 했지만 오펜하이머는 특히나 그랬습니다."[34]

롭은 비밀 청문회장에서 일어난 일들을 매일 스트라우스에게 보고했고, 원자력 에너지 위원회 의장은 생각대로 일이 돌아간다는 소식에 반색을 표했다. 그는 아이젠하워 대통령에게 다음과 같이 썼다. "수요일에 오펜하이머는 선서를 한 상태에서 자신이 거짓말을 했다고 모든 것을 털어놓았습니다."[35] 그는 승리를 확신한 듯이 아이젠하워에게 "위원들은 이미 오펜하이머에게 대단히 나쁜 인상을 갖게 되었습니다."라고 보고했다. 아이젠하워는 조지아 오거스타의 별장에서 "중간 보고"를 해 줘서 고맙다는 답장을 전보로 보냈다. 이에 덧붙여 그는 스트라우스가 보낸 메모를 태워 버렸다고 전했다. 그는 자신과 스트라우스가 보안 청문회를 은밀하게 감시하는 부적절한 행동을 했다는 증거를 남기고 싶지 않았던 것이다.

청문회 나흘째인 4월 15일 목요일 아침, 그로브스 장군이 증인석에 섰다. 개리슨의 질문에 그로브스는 오펜하이머가 로스앨러모스에서 전시에 큰일을 해냈다며 칭찬했다. 이어 오펜하이머가 의식적으로 배신행위를 저지를 만한 인물이냐는 질문에, 그는 "그가 그랬다면 나는 깜짝 놀랄 것입니다."라고 단호하게 대답했다.[36] 슈발리에 사건의 구체적인 정황에 대한 질문에 대해서 그로브스는 다음과 같이 증언했다. "나는 그 사건에 대해 그동안 여러 가지 이야기를 들었지만, 그를 전혀 의심하지 않았습니다. 하지만 오늘 증언들을 들으니 확실히 혼란스럽군요……. 나의 결론은 모종의 접근이 있었고, 오펜하이머 박사는 이 접근에 대해 알고 있었다는 것입니다."

그로브스는 나아가 자신이 처음 그 이야기를 들었을 때 오펜하이머가 보였던 과묵함은 "전형적인 미국의 학생들이 그렇듯이 친구에 대해 고자질을 하는 것은 나쁜 일이라는 생각" 때문이었을 것이라고 설명했다. "나는 그가 이야기하는 것이 무엇인지 확실히 이해하지 못했습니다. 하지만 이것만은 확실했습니다. 그는 자신이 생각하기에 꼭 필요한 일을 하려고 했습니다. 즉 프로젝트에 침투하려는 구체적인 시도가 있으며 그것이 우리 프로젝트에 위협이 될 수도 있음을 나에게 알리려 했던 것입니다. 엘텐튼이 연구원으로 일하던 셸 연구소를 중심으로 버클리 주변 분위기가 그랬지요. 나는 오펜하이머 박사가 항상 자신의 오랜 친구들을, 어쩌면 자신의 동생을, 보호하려고 했다는 인상을 가지고 있었습니다. 내가 받은 인상은 그가 동생을 보호하려 했고, 이 연쇄적인 사건에 그의 동생이 연관되어 있을지도 모른다는 것이었습니다."

그로브스의 증언은 "어쩌면" 슈발리에 사건에 연계된 인물들을 확장시키는 효과가 있었을 것이다. 그로브스는 별다른 악의 없이 프랭크가 "연관되어 있을지도 모른다."라고 추측하면서 자신의 가설이 잠재적으로 중대한 함의를 가진다는 것을 완전히 인식하지 못했던 것 같다. 만약 프랭크가 연관되어 있었다면, 1943년에 오펜하이머는 패시에게 거짓말했을 뿐만 아니라, 1946년 FBI에게도 거짓말을 했고 이제 1954년에 청문회 위원회 자리에서도 거짓말을 하고 있는 것이었다. 물론 정상 참작의 정황은 있었다. 오펜하이머는 동생이 아무 잘못도 하지 않았다는 것을 알고 있었고 그를 보호하려 했던 것이다. 하지만 그로브스의 주장은 오펜하이머의 진실성을 더욱 의심스럽게 만들었고, 결국 프랭크가 연루되어 있다는 증거가 전혀 없었음에도 불구하고 슈발리에 사건을 더더욱 미궁에 빠지게 만들었다. 게다가 이로 인해 청문회 위원회는 이 사건에 더욱 관심을 갖게 되었다.

프랭크를 슈발리에와 연결시켰던 그로브스의 증언은 전쟁 중 오펜하이머의 FBI 파일에서 나온 것이었다. 이 문서를 10년 후인 1953년 12월 오펜하이머가 원자력 에너지 위원회의 인사 보안 위원회에 출두하기 전에 FBI에서 행해졌던 일련의 인터뷰와 비교해 보도록 하자. 인터뷰 대상자들은 전쟁 중 그로브스 장군의 부관이었던 랜스데일과 윌리엄 컨소다인(William Consodine), 그로브스, 보든과 함께 원자력 에너지 상하원 합동 위원회 담당 국장을 맡았던 코르빈 알라다이스(Corbin Allardice) 등이었다.

컨소다인과 랜스데일은 나중에 그로브스에게 FBI 요원들에게 했던 이야기를 보고했고, 이는 훗날 그의 증언을 형성하는 데 결정적인 역할을 했다. 그로브스는 그들의 기억이 오펜하이머가 자신에게 했던 말과는 몇 가지 중요한 측면에서 다르다는 것을 확인하고 당혹스러워했다. 더구나 이제 이 정보가 FBI에 알려졌기 때문에 그는 1954년 열린 청문회에서 오펜하이머의 비밀 취급 인가의 연장을 허가할 수 없다고 말하도록 했던 것이다.

앞서 지적했듯이, 프랭크와 슈발리에의 연계가 FBI 파일에 문서상 처음으로 언급된 것은 윌리엄 하비 요원이 작성한 1944년 3월 5일자 메모에서였다. 하비가 슈발리에 사건에 대한 정보를 독립적 경로를 통해 얻은 것은 아니지만, 여러 문서를 취합하는 과정에서 프랭크를 슈발리에가 접근했던 "사람들 중 한 명"으로 지목했다. 그러나 하비는 이와 같은 결론을 뒷받침할 만한 증거를 제공하지 못했고, FBI는 10년 후 이 문제로 골머리를 앓게 될 것이었다. 이때 후버에게 보낸 보고서에 따르면 "파일 검토 결과 프랭크 오펜하이머에게 맨해튼 프로젝트에 대한 데이터를 얻을 목적으로 누군가 접근했다는 것이나, 로버트 오펜하이머가 그 정보를 맨해튼 프로젝트나 FBI에 보고했는지에 대한 자료는 없는 것으로 판명"되었던 것이다.[37]

하지만 보든이 편지를 부친 지 몇 주 후인 1953년 12월 3일, 프랭크의 이름이 포함된 또 하나의 소문이 FBI로 날아들었다. 알라다이스는 보든의 후임으로 원자력 에너지 상하원 합동 위원회에서 근무하기 전에는 원자력 에너지 위원회의 직원이었는데, 그는 오펜하이머를 곤경에 빠뜨리려는 누군가의 사주를 받고 슈발리에가 프랭크에게 접근했다는 혐의를 다시 제기했다. 알라다이스는 "대단히 신뢰할 만한 정보원으로부터 로버트 오펜하이머가 엘텐튼·하콘 슈발리에 간첩 사건의 연락책이 프랭크 오펜하이머라고 말했다는 이야기를 들었다."라고 보고했다. 알라다이스는 나아가 자신의 정보원은 이 사실이 FBI 기록에 포함되어 있지 않은 것 같다고 생각한다고 말했다(이는 그 정보원이 오펜하이머 FBI 파일의 내용을 어느 정도 알고 있었으리라는 점을 시사하는 것이다.). 그는 FBI가 이것이 사실인지 확인하기 위해서는 당시 클리블랜드에서 변호사로 활동하던 랜스데일을 면담해야 할 것이라고 제안했다.

랜스데일과의 면담은 12월 16일에 열렸다.[38] 하지만 그 전날, 그로브스의 또 다른 부관이었던 컨소다인(알라다이스의 친구이자, 그의 "신뢰할 만한" 정보원일 가능성이 높은 인물)이 FBI 요원과 대화를 나누었다.

이 대화에 대한 FBI의 요약문은 12월 18일에 씌어졌고, 컨소다인은 다음과 같이 말했다.

그로브스 장군이 로스앨러모스에서 "(오펜하이머로부터 엘텐튼의) 중개인이 누구인지를 알아내고" 돌아온 다음 날 그는 자신의 사무실로 랜스데일과 컨소다인을 불러 이 문제를 논의했다. 그들에게 "오펜하이머가 중개인이 누구인지 밝혔다."라고 말하고 나서, "그로브스 장군은 랜스데일과 컨소다인에게 노란색 메모 용지를 건네면서 그 중개인이 누구일 것 같은지 이름을 3개씩 써 보라고 했다. 컨소다인은 랜스데일이 썼던 이름들을 기억하지는 못했다. 컨소다인은 자신이 프랭크 오펜하이머 단 한 명의 이름만 썼다고 말했다. 그로브스 장군은 이에 놀라며 맞다고 말했다. 그로브스 장군은 컨소다인에게 왜 프랭크 오펜하이머라고 생각했느냐고 물었다. 컨소다인은 로버트 오펜하이머가 자신의 동생을 연루시키려 하지 않을 것이 분명하기 때문에 그렇게 생각했다고 장군에게 대답했다고 했다."라고 설명했다.

"컨소다인에 따르면, 그로브스 장군은 로버트 오펜하이머가 자신으로부터 프랭크 오펜하이머가 중개인이라는 것을 FBI에 밝히지 않겠다는 약속을 받아 내고 나서야 이 사실을 인정했다고 (그들에게) 말했다. 컨소다인은 이야기를 마무리하면서……자신은 이 문제로 랜스데일과 의논한 적이 없었지만, 지난 며칠 동안 그로브스 장군과 전화로 이 문제에 대해 논의했다고 밝혔다."

12월 16일에 있었던 FBI 인터뷰에서 랜스데일은 이와 거의 비슷한 이야기를 했다. 그는 컨소다인의 '노란 메모 용지' 이야기는 전혀 기억하지 못했다(이는 그로브스도 마찬가지였다.). 랜스데일이 기억했던 것은 그로브스가 오펜하이머에게 엘텐튼의 연락책이 누구냐고 묻자, "오펜하이머가 그로브스에게 하콘 슈발리에가 프랭크 오펜하이머에게 접근했다고 말했다."는 인상을 장군으로부터 받았다는 것이다. 하지만 마지막에 "랜스데일은 그로브스 장군이 로버트 오펜하이머가 직접 연락을 받았다는 의견을 피력했지만, 자신은 프랭크 오펜하이머가 중개자였을 것이라고 생각했다고 말했다. 랜스데일은 자신이 아는 한, 그로브스 장군과 자신만이 이 사건에 대해 알고 있었다고 밝혔다." 개리슨이 랜스데일에게 노골적으로 그로브스가 "당신에게 프랭크였다고 말한 것이 아니라 프랭크였을 것이라고 생각한다고 말했을" 가능성은 없느냐고 묻자, 랜스데일은 "네, 그럴 수도 있지요."라고 대답했다.[39]

오펜하이머가 자신의 비밀 취급 인가가 취소되었다는 연락을 받은 1953년 12월 21일, 또 다른 FBI 요원이 코네티컷 대리언(Darien)에 있는 그로브스의 집에서 그를 면담했다.

그때까지 그로브스는 오펜하이머와 슈발리에 사건에 대해 FBI와 이야기하는 것을 거절해 왔다. 1944년에 그는 이 사건에 대한 FBI의 질의에 대답조차 하지 않았었다. 그리고 1946년 6월 슈발리에와 엘텐튼과 인터뷰하기 직전에 FBI 요원들이 그로브스를 찾아가 이 사건에 대해 무엇을 알고 있냐고 물었다. 그로브스는 오펜하이머가 "엄정한 비밀"을 지키겠다는 약속을 받고 자신에게 이야기했기 때문에 이야기할 수 없다며 그들을 돌려보냈다. 그로브스는 "'오피'와의 신뢰를 저버릴 수 없기 때문에 쉘 연구소 직원이 접근했던 사람의 이름을 말할 수 없다."라고 말했다. FBI 요원들은 그 쉘 직원이 엘텐튼이라는 것을 이미 알고 있으며 그를 막 만나 보려던 참이라고 대답했다. 그로브스는 놀랍게도 오펜하이머와의 신의를 지키려고 했다. 그는 "우리가 이 문제로 엘텐튼과 대면하지 않기를 바랐는데, 그것은 오펜하이머가 자신이 비밀을 지키지 않았다고 생각할 것을 염려했기 때문이었다." 그로브스는 퉁명스럽게 "더 이상 이야기하고 싶지 않다."라고 말했다.

후버는 미 육군의 장군이 FBI 수사에 협조하기를 거부했다는 사실에 깜짝 놀랐을 것이다. 1946년 6월 13일, 후버는 그로브스에게 개인적으로 편지를 써서 오펜하이머가 엘텐튼에 대해 무슨 얘기를 했는지를 밝히라고 요구했다. 그로브스는 6월 21일자 답장에서, 이는 자신과 오펜하이머의 관계를 "위태롭게 할 것이기 때문에" 정보 제공을 거부한다고 예의 바르게 밝혔다.[40] 워싱턴에서 FBI 국장의 직접 요청을 거부할 수 있는 사람은 그리 많지 않았다. 하지만 1946년의 그로브스는 상당한 신망과 자신감을 가지고 있었다.

하지만 1953년에 그로브스는 컨소다인과 랜스데일로부터, 그들이 프랭크가 엘텐튼·슈발리에 사건의 연락책이었다는 것을 FBI에 알렸다는 것을 듣게 되었다. 이로 인해 그는 부하들의 기억을 자신의 이야기에 포함시킬 수밖에 없었다. 문제는 그 자신이 1943~1944년 오펜하이머가 했던 얘기를 정확히 기억하지 못했다는 것이었다. 그로브스는 조사관에게 1943년 말경 자신이 오펜하이머에게 프로젝트에 관한 정보를 얻기 위한 목적으로 그에게 접근한 것이 누군지에 대해 "전모를 밝히라."고 명령했다고 말했다. 그로브스는 오펜하이머에게 이 사건에 대해 공식적인 보고서를 작성하지 않을 것이라고, 즉 "다시 말하면 FBI에 정보를 제공하지 않을 것이라고" 안심시켰다. 그로브스는 오펜하이머가 약속을 받고 나서 자신에게 "슈발리에가 프랭크 오펜하이머에게 접근"했으며, 프랭크가 오펜하이머에게 어떻게 할지에 대해 물어 왔다고 말했다고 밝혔다. 그로브스에 따르면 오펜하이머는 동생에게 엘텐튼과의 "관계를 끊으라."고 말했고, 또한 슈발리에와도 직접 만나 "크게 화를 냈다." 나아가 그로브스는 "정보를 원했던 것은 엘텐튼이었고, 중개인들(슈발리에와 프랭크)은 간첩 행위를 저지를 의도가 없었다."라고 설명했다.*

그로브스는 또한 "프랭크 오펜하이머가 한 행동은, 그가 해당 보안 장

---

* FBI가 프랭크 오펜하이머에게 이에 대해 물었을 때, 그는 슈발리에가 자신에게 접근했다는 것과, 자신이 형과 엘텐튼의 요청에 대해 의논했다는 것을 완강하게 부인했다.[41]

교들에게 연락을 취하지 않았다는 점을 제외하고는, 자연스럽고 올바른 것이었다."라고 생각한다고 말했다. 오펜하이머 형제는 매우 가까웠고, 따라서 슈발리에가 "찾아와 무척 당황한 동생 프랭크가 즉시 형에게 연락해 사건에 대해 말했던 것은 이해할 만한 것이었다." "그(그로브스)는 프랭크의 일처리가 엄격한 의미에서 말하면 보안 규정 위반이기는 했지만, 전체적으로는 적절하게 행동한 것이었다고 말했다.……장군은 오펜하이머가 동생, 슈발리에, 그리고 자신을 보호하려고 했다는 것이 분명하다고 말했다."

하지만 그로브스는 이어서 오펜하이머가 "자신의 늑장 보고를 정당화하기 위해 프랭크의 개입을 꾸며 낸 것인지, 아니면 실제로 프랭크가 연루되어 있었는지"에 대해 추측해 보았다.[42] 다시 말해 1943년에 그로브스는 확실히 프랭크에 대해 무언가 얘기를 했고, 랜스데일과 컨소다인은 그의 이야기를 듣고 슈발리에가 프랭크에게 접근했다고 믿게 된 것이었다. 그런데 이제 그로브스는 이 부분에 심각한 의문을 갖게 된 것이다. 프랭크의 역할에 대한 그로브스의 혼란은 누그러지지 않았다. 그는 1968년까지도 한 역사가에게 "물론 나는 그(오펜하이머)가 보호하려던 사람이 누구였는지 확신하지 못했습니다. 아마도 그의 동생이었을 것이라고 추측하고 있습니다. 그는 자신의 동생이 연루되는 것을 원치 않았어요."라고 고백했다.[43]

그로브스는 두 가지 사실만은 확신하고 있었던 것으로 보인다. 첫째, 슈발리에가 엘텐튼을 대신해서 오펜하이머에게 접근했다는 점, 둘째, 프랭크가 슈발리에로부터 무언가 부적절한 질문을 받고 즉시 오펜하이머에게 보고했다는 점을 명확히 하기 위해, 오펜하이머가 1943년에 그로브스에게 뭔가를 얘기했다는 점이다. 그 이상 구체적인 것은 역사 속에 파묻혀 버렸다. 사실 그로브스 자신도 "나는 그(오펜하이머)가 무슨 말을 하는지 확실했던 적이 없었다."라고 말했다. 그리고 한 편지에서 그는 "프랭크가 얼마나 연루되어 있었고 오펜하이머가 얼마나 연관되어 있었는지 가려내기가 무척 어려웠다."라고 썼다.[44] 랜스데일과 컨소다인이 왜 프랭크를 슈발리에의 연락책이라고 여겼는지에 대한 가장 그럴듯한 설명은 그로브스가 자신이 오펜하이머와 나눴던 대화에 대해 이야기하면서 프랭크의 연관성에 대한 자신의 의구심을 확실히 하지 않았다는 것이다.

모든 인터뷰들과 문서들을 종합적으로 놓고 보았을 때 다른 어떤 설명도 충분히 만족스럽지 못하다. 프랭크는 '슈발리에 사건'에서 엘텐튼이나 슈발리에의 연락책일 수는 없었다. 어떻게 보아도, 즉 동시에 진행된 슈발리에와 엘텐튼의 FBI 인터뷰, 바버라 슈발리에의 미출판 회고록, 키티가 베르나 홉슨에게 회고한 내용, 1954년 1월 프랭크가 FBI에 제출한 진술서, 그리고 오펜하이머가 1946년 FBI에 제출한 진술서와 그의 최종 증언 등을 통해 봐도 오펜하이머에게 접근한 것은 슈발리에였다.

그럼에도 불구하고 그로브스는 오펜하이머의 '이야기'를 믿었고 그것을 FBI에게 넘기지 않겠다고 약속했다는 이유 때문에 개인적으로 체면이 깎이게 되었다. 역사가 그렉 허켄(Gregg Herken)에 따르면 스트라우스와 후버는 그로브스가 "은닉" 사건에 연루되었다는 사실을 이용해 다가오는 보안 청문회에서 오펜하이머에게 불리한 증언을 하도록 그에게 압력을 가할 수 있으리라고 생각했다.[45] 후버의 주요 보좌관들 중 하나였던 앨런 벨몬트(Alan Belmont)는 자신의 상사에게 다음과 같은 메모를 보냈다. "그로브스가 FBI에게 간첩 행위에 대한 중대한 정보를 감추려고 시도했다는 것은 명백하다. 지금도 그로브스는 FBI를 열린 자세로 대하고 있지 않다."

FBI의 발견으로 체면이 깎이긴 했지만, 그로브스는 자신이 프랭크의 이름을 FBI에 밝히지 않겠다고 오펜하이머에게 약속했던 것에 대해서는 변명하려 하지 않았다. 더구나 그는 그 약속을 여전히 지키고 있다고 생각했다. "장군은 이제 당국이 모든 것을 알고 있었기 때문에, 본 요원과의 인터뷰가 오펜하이머와 했던 약속을 어기는 행위가 아니라고 생각한다고 말했다. 그는 이를 기록에 남기기를 원한다고 말했다. 나중에 오펜하이머의 친구들이 이 파일을 보고 '그로브스가 결국 약속을 저버렸군.'이라고 생각할 가능성이 있기 때문이다."[46] 만약 그로브스가 잠시라도 오펜하이머가 스파이를 보호하고 있었다고 생각했다면, 그는 FBI에게 알리는 것을 서슴지 않았을 것이다. 그는 분명 오펜하이머의 충성심에 강한 확신을 가지고 있었다.

이것은 물론 스트라우스의 생각과는 달랐다. 무죄를 입증하는 증거로 해석될 수 있는 것들은 모조리 무시되었다. 그 대신 스트라우스는 그로브스를 추궁하려 했고, 2월에 돌아와 다시 인터뷰를 하자고 그에게 요청했다. 일이 이렇게까지 진행되자, 그로브스는 자신이 오펜하이머에게 불리한 증언을 하라는 요청을 받게 될 것이며, 만약 그가 거부하면 간첩 은닉에 공모했다는 혐의를 뒤집어쓰게 되리라는 것을 이해했다.[47]

놀랍게도 롭은 프랭크에 대한 그로브스의 추측에 대해 더 이상 파고들지 않았다. 이는 오펜하이머가 동생을 위해 위험을 감수하려는 사람으로 그려질 것이기 때문이었다. 또한 롭은 그레이 위원회나 오펜하이머의 변호사들에게 그로브스가 프랭크의 이름을 FBI에 넘기지 않겠다고 약속했다는 사실을 밝히지 않았다. 이 또한 오펜하이머에 대한 관심을 딴 데로 돌리는 효과가 있을 것이기 때문이었다. 이 내용은 향후 25년간 기밀문서로 분류될 것이었다.[48] 롭은 반대 심문 중에, 그로브스는 1943년에 오펜하이머에게 비밀 취급 인가를 내준 결정은 당시에는 옳은 판단이었다고 여전히 생각하지만 오늘은 사정이 다를지도 모르겠다는 점을 명확히 했다. 롭은 다음과 같이 노골적으로 물었다. "오늘이라면 오펜하이머 박사에게 인가를 내주겠습니까?"[49] 그로브스는 애매한 태도를 취했다. "그 질문에 대답하기 전에 나는 원자력 에너지 법이 무엇을 요구하는지에 대한 나의 해석을 이야기해야 한다고 생각합니다." 그는 그 법을 문자 그대로 해석하면, 원자력 에너지 위원회는 비밀 정보에 접근이 허용된 사람들이 '방위와 보안을 위해하지 않을지'에 대한 판단을 내려야 했다. 그로브스가 보기에 여기에는 전혀 이견이 개입될 여지가 없었다. 그는 "이것은 그 사람이 위험 요소라는 것을 증명하는 게 아닙니다. 이것은 그가 위험 요소일 수도 있다는 점을 고려해 보는 것이지요."라고 말했다. 이렇게 보았을 때, 그리고 오펜하이머의 과거 행적에 비추어 보았을 때, "내가 위원회의 일원이라면 이 해석에 근거해서 오늘 오펜하이머 박사의 비밀 취급 인가를 승인하지 않을 것입니다." 롭은 장군으로부터 이 말을 끌어내고 싶었던 것이었다. 그렇다면 그로브스는 왜 지금껏 자신이 단호하게 보호해 왔던 사람에게서 갑자기 등을 돌렸을까? 스트라우스는 대답을 알고 있었다. 그는 만약 장군이 협조하지 않으면 장군에게 중대한 결과가 닥칠 것임을 명확히 해 두었던 것이다.

다음 날인 4월 16일 금요일, 롭은 오펜하이머에 대한 반대 심문을 계속했다. 그는 서버 부부, 데이비드 봄, 그리고 조지프 와인버그와의 친분에 대해서 물었다. 그리고 늦은 오후부터는 오펜하이머가 수소 폭탄의 개발에 반대했던 것에 대해 추궁하기 시작했다. 닷새 동안 쉴 새 없이 강도 높은 심문에 시달렸던 오펜하이머는 육체적으로 정신적으로 지쳐 있었을 것이다. 하지만 심문 마지막 날이었던 이날, 그는 날카로운 재치를 보여 주었다. 오펜하이머는 지난 며칠간 롭에게 뒤통수를 맞았던 경험을 살려 그의 질문을 능숙하게 받아넘겼다.

롭: "당신은 대통령의 결정이 있었던 1950년 1월 이후 윤리적인 문제에 근거해 수소 폭탄의 생산에 반대한다는 의사를 표현한 적이 있습니까?"

오펜하이머: "내가 그것이 끔찍한 무기라든지 하는 말은 했을 수 있었다고 생각합니다. 특별히 기억나는 것은 없군요. 당신이 생각하고 있는 맥락이나 특정한 대화를 상기시켜 주면 좋겠습니다."

롭: "당신은 왜 그런 말을 했을 수는 있었다고 생각하지요?"

오펜하이머: "왜냐하면 나는 항상 그것이 끔찍한 무기라고 생각해 왔기 때문입니다. 물론 기술적인 측면에서 보면 아름답고 매우 흥미로운 작업일 수는 있겠지만요. 그래도 나는 그것이 끔찍한 무기였다고 생각해 왔습니다."

롭: "그리고 그렇게 말했나요?"

오펜하이머: "그랬을 것이라고 생각합니다. 네."

롭: "당신은 그런 끔찍한 무기의 생산을 윤리적으로 혐오한다는 뜻입니까?"

오펜하이머: "그것은 너무 강합니다."

롭: "뭐라구요?"

오펜하이머: "그것은 너무 강합니다."

롭: "뭐가 너무 강하다는 것입니까? 무기가요, 아니면 내 표현이?"

오펜하이머: "당신의 표현 말입니다. 나에게는 중대한 근심거리였습니다."

롭: "당신은 그것에 대해 윤리적으로 꺼림칙하다고 생각했습니다. 정확한 표현입니까?"

오펜하이머: "거기에서 '윤리적'이라는 말은 빼도록 하지요."

롭: "당신은 그것에 대해 꺼림칙하다고 생각했습니다."

오펜하이머: "어떻게 그것에 대해 꺼림칙하게 생각하지 않을 수 있습니까? 나는 그것에 대해 꺼림칙하게 생각하지 않는 사람을 보지 못했습니다."[50]

잠시 후 롭은 오펜하이머가 제임스 코넌트에게 보낸 1949년 10월 21일자 편지를 꺼내 들었다. 이 문서는 지난 12월 FBI가 압수했던 오펜하이머의 개인 파일에서 나온 것이었다. "친애하는 짐 아저씨"에게 쓴 편지에서 그는 "어니스트 로런스와 에드워드 텔러라는 두 명의 경험 많은 흥행업자들"이 수소 폭탄 프로젝트에 대한 로비를 벌이고 있다며 불만을 토로했다. 롭은 퉁명스럽게 물었다. "박사님, 로런스 박사와 텔러 박사에 대한 당신의 표현들은……중상모략이라고 생각하지 않습니까?"

오펜하이머: "로런스 박사는 워싱턴으로 왔습니다. 그는 위원회에서 발언하지 않았어요. 대신 그는 의회 합동 위원회와 군부의 주요 장성들에게 가서 자신의 주장을 펼쳤습니다. 나는 그것이 중상모략을 당해도 싼 행동이었다고 생각합니다."

롭: "그럼 이 두 사람에 대한 당신의 표현이 중상모략이라는 것에는 동의하시는 것이지요?"

오펜하이머: "아니오. 나는 그들이 흥행업자로서 훌륭한 일을 했다고 생각합니다. 내가 그들에게 공정하지 못했던 것 같군요."

롭: "당신은 '흥행업자'라는 단어를 폄훼하는 의미로 사용했습니다. 그렇지 않습니까?"

오펜하이머: "잘 모르겠습니다."

롭: "당신이 그 단어를 로런스와 텔러에 대해 사용했을 때, 그들을 폄훼하려

는 의도를 가지지 않았습니까?"

오펜하이머: "아니오."

롭: "당신은 그들의 흥행 작업을 칭찬할 만하다고 생각합니다. 맞습니까?"

오펜하이머: "나는 그들이 칭찬할 만한 흥행 작업을 했다고 생각합니다."[51]

금요일이 되자, 롭과 오펜하이머가 서로를 혐오하고 있다는 것이 모두에게 명확해졌다. 롭은 "나는 그가 매우 똑똑하고, 냉정하며, 내가 본 것 중에 가장 차가워 보이는 푸른 눈을 가졌다고 생각했습니다."라고 회고했다.[52] 오펜하이머는 롭에게 반감만을 가지고 있었다. 어느 날 청문회가 잠시 휴회했을 때 두 사람은 우연히 가까이 서 있었고, 오펜하이머는 갑자기 끊이지 않는 기침을 해 대기 시작했다. 롭이 걱정을 표하자, 오펜하이머는 화를 내며 그의 말을 끊고서는 롭이 곧 발걸음을 돌릴 만한 말로 쏘아붙였다.

청문회 기간 동안, 롭은 하루 일과가 끝나면 스트라우스와 방에 틀어박혀 그날 있었던 일들을 정리했다. 그들은 위원회의 최종 평결에 대해서는 의심하지 않았다. 스트라우스는 어느 FBI 요원에게 "지금까지의 증언으로 보았을 때 위원회는 오펜하이머의 비밀 취급 인가의 취소를 권고할 수밖에 없을 것이라고 확신한다."라고 말했다.[53]

오펜하이머의 변호사들 역시 이에 동의할 수밖에 없었다. 오펜하이머 부부는 기자들의 추격을 뿌리치기 위해 개리슨의 로펌 동료인 랜돌프 폴(Randolph Paul)의 조지타운 집에 머물 수밖에 없었다. 기자들은 1주일 동안이나 그들의 행방을 찾지 못했다.[54] 하지만 FBI 요원들은 집을 찾아내서 오펜하이머가 밤늦도록 잠을 이루지 못하고 방안에서 왔다 갔다 했다고 보고했다.

개리슨과 마크스는 저녁마다 몇 시간씩 폴의 집에 모여 다음 전략을 짰다. 개리슨은 "우리는 앞으로의 일을 준비할 힘밖에 없었습니다. 그날 일을 사후 검토하기에는 너무 지쳐 있었죠. 물론 오펜하이머는 상상을 초월할 정도로 잔뜩 긴장해 있었습니다. 키티도 그랬지만, 오펜하이머는 더욱 그랬습니다."라고 말했다.[55]

폴은 오펜하이머 부부가 하루하루 있었던 일들을 묘사하는 것을 들으며 점점 불안해졌다. 그들의 이야기만 들으면 오펜하이머는 행정적인 보안 청문회라기보다는 정식 재판을 받고 있는 것 같았다. 그래서 부활절 일요일이었던 4월 18일, 폴은 개리슨과 마크스를 자신의 집으로 초대해 조 볼피와 상담하기로 했다. 술잔이 돌고 나서 오펜하이머는 원자력 에너지 위원회의 전 법무팀장에게 "조, 청문회에서 무슨 일이 일어나고 있는지, 이 친구들이 당신에게 설명해 줄 것이네."라고 말했다. 볼피는 한 시간 동안 마크스와 개리슨으로부터 롭의 공격적인 전술들에 대한 요약과 오펜하이머가 매일 어떤 일을 당하고 있는지에 대해 듣고서는 격분했다. 마침내 그는 오펜하이머를 향해 "오펜하이머, 그들에게 마음대로 하라고 해. 그들이 하는 대로 따라 가지 말게. 내 생각에 당신은 이길 수 없어."라고 말했다.[56]

오펜하이머는 아인슈타인을 포함해 여러 사람들로부터 이런 충고를 전에도 들은 적이 있었다. 하지만 이번에는 원자력 에너지 위원회 청문회의 규칙을 작성하는 데 참여했던 경험 많은 변호사가 하는 말이었다. 볼피의 생각에도 보안 위원회는 자신이 작성해 놓은 규칙의 형식과 내용을 모두 터무니없이 위반하고 있었던 것이다. 그럼에도 오펜하이머는 이제 자신에게는 끝까지 절차를 진행하는 것 외에는 선택의 여지가 없었다고 판단했다. 그것은 금욕적이고 수동적인 반응이었다. 이는 아주 오래전 캠프장 얼음 창고에 갇힌 어린 소년이 자신의 상황을 조용히 받아들였던 것과 다르지 않았다.

36장

히스테리의 징후

요즘 오펜하이머 문제로 고민이 많습니다. 이것이 어떻게 보면 뉴턴이나 갈릴레오가

위험인물인지 아닌지를 밝히는 것과 같다고 생각합니다.

— 존 매클로이가 드와이트 아이젠하워 대통령에게

오펜하이머가 증언을 마치고 나자, 개리슨은 오펜하이머의 성품과 충성심을 보증할 피고측 증인을 20여 명이나 차례로 증언대에 세웠다.[1] 이들은 모두 과학계, 정계, 산업계에서 저명한 인물들로, 한스 베테, 조지 케넌, 존 매클로이, 고든 딘, 바네바 부시, 그리고 제임스 코넌트 등이었다. 피고측 증인들 중 가장 흥미로운 선택은 맨해튼 프로젝트의 보안 담당자였고 현재는 클리블랜드 법률 회사의 파트너인 존 랜스데일이었다. 로스앨러모스에서 육군의 주요 보안 장교로 일했던 사람이 피고를 위한 증인으로 나선 것은 청문회 위원들에게 큰 영향을 주었을 것이다. 더구나 랜스데일은 오

펜하이머와는 달리 롭의 공격적 전술들을 받아넘기는 방법을 알고 있었다. 반대 심문 중에 랜스데일은 오펜하이머가 충성스러운 시민이라고 "강하게" 생각한다고 말했다. 그러고 나서 그는 "나는 최근의 히스테리가 매우 우려스럽습니다. 이 청문회는 그 징후에 해당하겠지요."라고 덧붙였다.

롭이 이 말을 그냥 지나칠 리 없었다. "당신은 이번 조사가 히스테리의 징후라고 생각합니까?"

랜스데일: "나는……."

롭: "예, 아니오로 대답해 주십시오."

랜스데일: "나는 그 질문에 '예, 아니오'로 대답하지 않겠습니다. 계속 말할 수 있게 해 주면 기꺼이 대답하겠습니다."

롭: "좋습니다."

랜스데일: "나는 공산주의에 대한 최근의 히스테리가 대단히 위험하다고 생각합니다."

그러고 나서 그는 자신이 1943년에 오펜하이머의 비밀 취급 인가 문제를 취급했을 당시, 스페인에서 파시스트들과 싸우기 위해 자원했던 확인된 공산주의자들을 육군 장교로 임관해야 할 것인지에 대한 민감한 문제도 다루고 있었다고 설명했다. 랜스데일은 자신이 그와 같은 공산주의자들 15~20명의 "임관에 반대했다는 이유로" 상관들로부터 "비방"을 받았다고 말했다. 백악관은 그의 결정을 번복하게 했다. 랜스데일은 이것이 (엘레노어) 루스벨트 부인과 "백악관에서 그녀를 둘러싼 자들"이 공산주의자들도 장교로 임관될 수 있는 분위기를 만들었기 때문이었다고 말했다.

이렇듯 자신의 반공 경력이 투철하다는 것을 확인하고 나서, 랜스데일은 "오늘날 진자가 반대쪽 극단으로 치우쳐 있는 것을 볼 수 있습니다. 나의 판단으로 이것 역시 대단히 위험한 상황입니다……. 자, 내가 이번 조사가 히스테리의 징후라고 생각하냐고요? 아니오. 사실과 의심과 지나치게 많은……이렇게 말하겠습니다. 나는 1940년 당시의 공산주의자들을 현재의 공산주의자들과 똑같이 심각하게 다루고 있다는 사실이 바로 히스테리의 징후라고 생각하는 것입니다."라고 말했다.

체이스 내셔널 은행의 회장인 매클로이도 랜스데일과 같은 생각이었다. 아이젠하워 '사설 고문단(kitchen cabinet)'의 일원이었던 매클로이는 외교 협회 의장이면서 미국에서 가장 큰 기업 총수들과 함께 포드 재단 이사직을 맡고 있던 인물이었다. 1954년 4월 13일 오전에 매클로이는 오펜하이머 사건에 대한 레스턴의 기사를 읽고 나서 대단히 "걱정스러운" 기사라고 생각했다. 그는 나중에 "나는 그가 공산주의자였는지, 정부(情婦)와 바람을 피웠는지 아닌지에는 전혀 관심이 없었습니다."라고 회고했다.[2]

매클로이는 외교 협회에서 오펜하이머를 정기적으로 만나고 있었고 그의 충성심에 별다른 의심을 갖지 않았다. 그는 자신의 의견을 아이젠하워에게 전달하기도 했다. 그는 대통령에게 보낸 편지에서 "당신도 그렇겠지만 나는 요즘 오펜하이머 문제로 고민이 많습니다. 나는 이것이 어떻게 보면 뉴턴이나 갈릴레오가 위험인물인지 아닌지를 밝히는 것과 같다고 생각합니다. 그런 사람들은 그 자체로 항상 '일급비밀'에 속하게 되지요."라고 말했다.[3] 아이젠하워는 답장에서 다만 "훌륭한" 그레이 위원회가 오펜하이머를 사면하게 되기를 바란다고 말할 뿐이었다.

매클로이는 이 사건에 대해 확고한 생각을 가지고 있었다. 그는 하버드 법대 시절부터 알고 지내던 개리슨이 4월 말 피고측 증인으로 증언해 달라고 부탁하자 마지막 순간에 동의했다. 매클로이는 자신의 증언을 통해 청문회의 정당성 자체에 문제를 제기하려 했고, 이는 몇 가지 기억에 남을 만한 언쟁을 불러일으켰다. 그는 그레이 위원회가 생각하는 보안의 정의가 무엇인지에 대한 질문을 던지는 것으로 오펜하이머에 대한 변호를 시작했다.

"나는 당신들이 말하는 위험 요소라는 것이 정확히 무엇인지 모르겠습니다. 내 생각에는 나를 포함한 모든 사람이 위험 요소를 가지고 있습니다……. 또한 반대의 경우에도 위험 요소가 있을 수 있습니다……. 우리가 안전을 지킬 수 있는 최선의 방법은 최고의 두뇌와 포용력을 갖는 것뿐입니다. 과학자들이 작업을 수행하면서, 누군가 많은 제한 조건을 걸고 의심의 눈초리로 자신을 바라본다고 느낀다면, 우리는 (핵) 분야에서 점점 뒤떨어지게 될 것입니다. 그렇게 되는 것이 훨씬 더 위험하겠지요."[14]

개리슨이 매클로이에게 슈발리에 사건에 대해 묻자, 그는 그레이 위원회가 친구를 보호하기 위해 거짓말을 했던 오펜하이머의 행위와 그의 이론 물리학자로서의 국가적 가치를 견주어 보아야 할 것이라고 대답했다. 이와 같은 주장은 물론 그레이 위원회를 동요시켰다. 이 논리에 따르면 보안 문제에서 절대적인 기준이란 있을 수 없고, 각 개인에 대한 가치 판단이 개입되어야 한다는 것이었다. 이는 원자력 에너지 위원회 보안 규정의 권고이기도 했다. 매클로이에 대한 반대 심문에서 롭은 재치 있는 유비 관계를 통해 이 주장을 반박했다. 당신은 체이스 내셔널 은행의 회장으로서 은행 강도와 관련된 사람을 직원으로 채용할 것인가? 매클로이는 "아니오, 내가 아는 사람 중에는 그런 사람이 없습니다."라고 말했다. 그리고 체이스 은행의 지점장이 은행을 털 계획을 가진 사람을 안다는 친구가 있다면, 매클로이는 그 지점장이 대화 내용을 보고하리라고 기대하지 않겠는가?

매클로이는 물론 그렇다고 대답할 수밖에 없었다.

매클로이는 이 문답이 오펜하이머에게 불리하게 작용하리라는 것을 알았다. 잠시 후 그레이 역시 이 유비 관계를 사용해 그를 공격했다. "당신은 의심의 여지가 있는 인물에게 금고 관리를 맡기겠습니까?"

매클로이는 그러지 않을 것이라고 대답했지만, 그럼에도 불구하고 의심 가는 배경을 가진 직원이 "세상 어느 누구보다도 자물쇠의 세세한 부분까지 잘 알고 있다면, 나는 그를 해고하기 전에 다시 한번 생각해 볼 것입니다. 왜냐하면 그를 해고하는 것에 따른 위험성에 대해서도 고려해야 하기 때문입니다."라고 덧붙였다. 오펜하이머 박사에 대해 말하자면, "우리가 난해한 과학적 지식을 얻기 위해서 그에게 의존할 수밖에 없다면, 어느 정도의 정치적 미성숙함은 받아들여야 하지 않나 생각합니다."라고 말했다.

이와 같은 극적인 문답은 이례적인 것이 아니었다. 16번가와 컨스티튜션 가에 위치한 우중충한 청문회장은 훌륭한 배우들이 셰익스피어의 희곡 못지않은 화려한 연기를 보여 주는 무대가 되었다. 한 사람을 어떻게 판단할 것인가? 그의 교우 관계로? 그의 행동으로? 정부 정책을 비판한다고 해서 국가에 충성스럽지 못하다고 말할 수 있는가? 국가 시책에 맞지 않는다는 이유로 개인적인 관계를 희생하라고 강요하는 분위기에서 민주주의 체제를 지켜 나갈 수 있는가? 공무원들의 정치적 적합성을 판단하는 편협한 시험 따위로 국가 안보를 지킬 수 있는가?

오펜하이머의 품성에 대해 증언했던 증인들은 생생하고 날카로운 증언을 해 주었다. 조지 케넌의 입장은 명확했다. 오펜하이머에 대해 그는 "현세대의 미국인 중에서 가장 위대한 정신을 가진 사람들 중 하나"라고 말했다.[5] 그는 그런 사람은 "자신의 지성으로 책임감 있게 사고해 본 주제에 대해서 솔직하지 않을 수 없을 것"이라고 말했다. "로버트 오펜하이머에게 솔직하지 않은 말을 하라고 하는 것은 레오나르도 다빈치에게 인체 해부학 그림을 왜곡하라고 하는 것과 같을 것입니다."

롭은 이 말을 듣고서는 케넌에게 "재능 있는 사람"을 판단할 때 다른 기준을 적용해야 한다는 뜻이냐고 물었다.

"교회를 예로 들어 볼까요. 교회의 기준을 성 프랜시스(St. Francis)의 젊은 시절에 적용했다면, 그는 나중에 그토록 위대한 사람이 되지 못했을 것입니다……. 큰 죄인만이 큰 성인이 될 수 있는 것이지요. 이 사건에서도 마찬가지입니다."

그레이 위원회의 일원이었던 에번스 박사는 케넌의 말을 "모든 재능 있는 사람은 어느 정도 괴짜들(screwballs)"이라는 것으로 해석했다.

케넌은 침착하게 이의를 제기했다. "아닙니다. 나는 그들이 괴짜라는 말을 한 것이 아닙니다. 다만 성숙한 판단력을 가지고 공직에서 귀중한 성과를 내는 재능 있는 사람들을 보면, 그들이 거쳐 온 경로는 대개 보통 사람들과는 달리 평탄하지 않은 경우가 많다는 것입니다. 갈짓자를 그리며 살아온 경우가 대부분이지요."

에번스 박사는 이 말에 동의하는 듯했다. "문학에도 그런 표현이 있습니다. 애디슨(Addison)이던가요? '위대한 정신과 광기는 매우 가깝고 둘 사이에는 가느다란 구분이 있을 뿐이다.'라고 말했지요."

이렇게 말하고 나서 에번스 박사는 자신의 개인 노트에 "오펜하이머 박사가 미소 짓고 있다. 그는 내가 제대로 인용했는지 아닌지 알고 있을 것이다."[6]

같은 날인 4월 20일, 케넌에 이어 데이비드 릴리엔털이 증인석에 올랐다. 케넌은 큰 상처 없이 증언을 끝낼 수 있었다. 하지만 롭은 릴리엔털에게는 함정을 준비해 두고 있었다. 전날 릴리엔털은 기억을 떠올리기 위해 자신의 원자력 에너지 위원회 문서를 재검토할 수 있도록 허가를 받았다. 하지만 롭의 반대 심문 내용으로 보아, 롭이 릴리엔털에게는 건네지 않은 문서들을 보았음을 금세 알 수 있었다. 롭은 오펜하이머의 1947년 연례 보안 평가(security review)에 대해 묻는 것으로 심문을 시작했다. 그러다가 갑자기 릴리엔털 자신이 오펜하이머를 "철저하게 평가하기 위해 저명한 배심원들로 이루어진 평가 위원회를 구성할 것"을 권고했다는 것을 보여 주는 문서를 꺼내 들었다.

"다시 말하면 당신은 1947년에 현재 우리가 하고 있는 것과 똑같은 절차를 거쳐야 한다고 권고했던 것입니다. 그렇지요?"[7]

당황하고 화가 난 릴리엔털은 멍청하게도 그렇다고 인정해 버렸다. 사실 그의 제안은 지금 진행 중인 불공정한 재판과는 상당히 다른 것이었다. 롭이 계속해서 가차 없이 밀어붙이자, 릴리엔털은 "정확한 진실이 알고 싶었다면 당신은 내가 어제 그 파일을 보게 해 달라고 요청했을 때 보여 주었어야만 했습니다. 그랬다면 나는 당시에 있었던 일을 구체적이고 정확하게 밝힐 수 있었을 것입니다."라며 항의했다.

이때 개리슨은 다시 한번 "문서를 갑작스럽게 꺼내 드는 것은 진실에 접근하는 좋은 방법이 아닙니다."라며 이의를 제기했다.[8] "이것은 단순한 조사라기보다는 형사 재판처럼 진행되고 있습니다." 그리고 그레이 역시 다시 한번 개리슨의 항의를 무시했다. 그리고 다시 한번 개리슨은 침묵할 수밖에 없었다.

긴 하루를 보낸 릴리엔털은 집으로 돌아가서 일기장에 "나는 그와 같은 '함정' 전술에 너무나 화가 나서" 잠을 이룰 수가 없었다고 적었다.[9] "이 모든 것들에 슬픔과 역겨움을 참을 수 없다."

릴리엔털은 벌을 받는 듯한 경험을 했지만, 라비는 도전적이지만 침착한 자세를 유지해 큰 상처 없이 증언을 끝낼 수 있었을 뿐만 아니라, 이번 청문회에서 가장 기억에 남을 만한 발언을 남겼다. 라비는 "나는 스트라우스 씨에게 이 모든 절차가 진행되고 있다는 것은 참으로 안타까운 일이라고 말했습니다……. 오펜하이머 박사의 비밀 취급 인가를 취소한 것은 매우 잘못된 일입니다. 그는 자문역이었을 뿐입니다. 당신이 그로부터 자문을 받기 싫다면 자문을 받지 않으면 되는 것입니다. 간단한 일이죠. 도대체 왜 그의 비밀 취급 인가를 취소하고 이런 쓸데없는 절차를 거쳐야 하는지 이해할 수 없습니다. 게다가 오펜하이머 박사는 엄청난 업적을 이루었습니다. 우리는 원자 폭탄을 갖게 되었을 뿐만 아니라……(기밀로 분류되어 삭제된 부분) 그것 말고 또 무엇을 원한다는 말입니까? 인어라도 구해 달라는 것입니까? 그런 업적을 이룬 결과가 청문회에 끌려 나오는 것이라니, 참으로 잘못된 것이라고 생각합니다. 나는 여전히 그렇게 생각합니다."라고 말했다.[10]

롭은 반대 심문에서 슈발리에 사건에 대한 또 하나의 가설적인 질문을 던짐으로써 라비의 자신감을 흔들어 놓으려고 시도했다. 만약 라비가 그런 상황에 놓인다면, "그것에 대해 진실을 말했겠지요?"라고 롭은 물었다.

    라비: "나는 원래 진실만을 말하는 사람입니다."[11]

    롭: "당신은 그것에 대해 거짓말을 하지 않았겠지요?"

    라비: "나는 현재 나의 생각을 말할 뿐입니다. 그런 상황에서 내가 무슨 일을 할지는 하느님만이 아시겠지요. 지금 생각하기에는 그러리라는 것입니다."

롭: "박사님은 물론 오펜하이머 박사가 본 청문회장에서 그 사건에 대해 무엇이라고 증언했는지 모르시겠지요?"

라비: "모릅니다."

롭: "그렇다면 본 위원회가 당신보다는 그 사건에 대해 판단하기에 적합한 위치에 있겠지요?"

라비는 지지 않고 응수했다. "그럴지도 모르지요. 하지만 다른 한편으로, 나는 이 사람과 오랫동안 알고 지낸 경험을 가지고 있습니다. 1929년부터니까 벌써 25년째군요. 그리고 나는 직관적인 느낌에 많은 무게를 두는 편입니다. 다시 말해서 나는 이 위원회가 내릴 결정과는 매우 다른 판단을 내릴 수도 있는 것입니다."

라비는 "사건을 전체적으로 보아야 합니다. 소설책을 생각해 보세요. 한 사람의 일생에는 극적인 순간이 있게 마련입니다. 그것을 이해하기 위해서는 그의 행동의 동기가 무엇인지, 그가 무엇을 했는지, 그가 어떤 종류의 사람인지를 판단해야 합니다. 지금 진행되는 절차가 바로 그런 것입니다. 당신은 이 사람의 일생을 재구성하고 있는 것입니다."라고 말했다.

라비의 증언 도중에 오펜하이머는 청문회장에서 잠시 빠져나갔다. 그가 돌아오자 그레이 의장은 "이제 돌아왔군요, 오펜하이머 박사."라고 말했다.[12]

오펜하이머는 "그것이 내가 확신하는 몇 안 되는 것 중 하나입니다."라고 짧게 대답했다.

라비는 청문회장의 적대적인 분위기와 오펜하이머의 변화에 깜짝 놀랐다. 오펜하이머가 2022호실에 처음 들어섰을 때만 해도 그는 의기양양하고 자신감 넘치는 저명한 과학자이자 행정가였다. 하지만 이제 그는 정치적 순교자의 모습이었다. 라비는 나중에 "그는 적응이 빠른 사람이었지요."라고 평가했다. "그는 잘 나갈 때면 매우 오만할 수도 있었습니다. 그러나 일이 잘 풀리지 않으면, 그는 피해자 역할을 자처했지요. 그는 매우 독특한 인물이었습니다."[13]

청문회는 기상천외한 장면도 연출했지만, 다른 한편으로는 속 깊은 감정을 끌어내는 연극 무대 같기도 했다. 4월 23일 금요일, 바네바 부시가 증언대에 올랐다. 롭은 그에게 오펜하이머가 1952년 여름과 가을에 수소 폭탄의 조기 실험을 반대했던 것에 대한 질문을 던졌다. 부시는 "나는 그 실험이 당시 러시아와 할 수 있었던 유일한 합의, 즉 더 이상의 실험을 금지하는 협약을 체결할 가능성을 끝장냈다고 생각합니다. 그와 같은 합의에 이르기 위해서는 위반 사항이 즉각 알려질 수 있는 환경이 조성되어야만 하기 때문이지요. 나는 여전히 당시 실험을 감행했던 것은 중대한 실수였다고 생각합니다."[14] 그의 결론은 단호했다. "역사는 그것이 큰 전환점이었다는 것을 보여 줄 것입니다. 우리는 지금 암울한 세계로 가는 길목에 서 있고, 그러한 결과를 피하려는 노력 없이 쉽게 결정을 내린 사람들은 엄중한 책임을 져야 할 것입니다."

수소 폭탄 개발을 위한 비상 계획에 반대했던 오펜하이머를 둘러싼 논쟁에 대해 부시는 미국 전역의 과학자들은 오펜하이머가 "솔직하게 자신의 의견을 발언했다는 이유만으로 이런 시련을 겪어야만" 한다고 생각하는 것 같다고 말했다. 그리고 오펜하이머에 대한 서면 고발장에 대해서 그는 그것이 "엉성하게 쓴 편지"이며 그레이 위원회는 그것을 애초에 기각했어야 했다고 말했다.

그레이 의장은 이 대목에서 끼어들어, 수소 폭탄을 둘러싼 혐의 말고도

"소위 인격 모독적인 정보"가 밝혀졌고, 이것들은 단순한 의견 개진과는 무관하다고 말했다.

부시: "맞습니다. 재판을 하려면 그것을 가지고 했어야겠지요."
그레이: "이것은 재판이 아닙니다."
부시: "만약 이것이 재판이었다면, 나는 이런 말을 재판장에게 하지는 않았을 것입니다. 그쯤은 아실텐데요."
에번스: "부시 박사, 본 위원회가 어떤 잘못을 했다고 생각하는지 좀 명확하게 말해 주었으면 좋겠습니다. 처음 위원회 참가 제의를 받았을 때 나는 받아들이고 싶지 않았습니다. 나름 조국을 위한 봉사라고 생각해서 마지못해 참석했지만요."
부시: "당신은 그 편지를 받자마자 돌려보냈어야만 했습니다. 그리고 쟁점이 명확하게 드러나도록 다시 쓰게 했어야겠지요……. 한 사람이 자신의 의견을 표명했다는 이유만으로 그가 조국에 봉사할 자격이 있느니 없느니 하는 고민을 하는 것은 너무나 무의미한 일이라고 생각합니다. 그것을 문제 삼으려면 나부터 재판정에 세우십시오. 나도 때로는 인기 없는 의견을 강력하게 개진해 왔습니다. 그런 이유로 한 사람에게 오명을 씌운다면, 이 나라에는 희망이 없습니다……. 내가 지나치게 흥분했다면 미리 사과드리겠습니다."

4월 26일 월요일, 키티 오펜하이머가 증인석에 올라 과거의 공산당 활동에 대해 증언했다. 그녀는 질문 하나하나에 냉정하고 정확하게 대답해 큰 문제없이 증언을 마칠 수 있었다. 비록 그녀는 친구 패트 셰르에게 긴장했다고 털어놓았지만, 그레이를 비롯한 위원들이 보기에 그녀는 당당했고 거침이 없었다. 키티는 어린 시절에 독일 출신의 부모님들로부터 가만히 앉아 있는 훈련을 받았다.[15] 그 덕에 그녀는 엄청난 자제력을 보일 수 있었던 것이다. 그레이 의장이 소련 공산주의와 미국 공산당 사이에 차이가 있느냐고 묻자, 키티는 "두 가지로 대답할 수 있겠습니다. 내가 공산당원이었을 당시에 나는 둘 사이에 큰 차이가 있다고 생각했습니다. 소련에는 공산당이 있었고, 우리나라에도 공산당이 있었지요. 나는 미국 공산당이 국내 문제에 관심을 가지고 있다고 생각했습니다. 그러나 나는 더 이상 이렇게 생각하지 않습니다. 공산당은 전 세계적으로 연계되어 퍼져 있다고 믿습니다."라고 대답했다.[16]

에번스가 "지적 공산주의자와 보통 빨갱이"라는 두 종류의 공산주의자가 있지 않느냐고 묻자, 키티는 당황하지 않고 "그 질문에는 대답할 수 없습니다."라고 말했다.

에번스는 "나 역시도 그렇소."라고 대답했다.

오펜하이머를 변호하기 위해 나선 증인들은 대부분 그의 친구나 가까운 동료들이었다. 노이만은 달랐다. 그들은 비록 개인적으로는 우호적인 관계를 유지했지만, 노이만과 오펜하이머는 정반대의 정치관을 가지고 있었다. 이 때문에 노이만은 변호인측 증인으로 설득력을 가질 가능성이 있었다. 수소 폭탄 개발 프로젝트를 강력하게 지지했던 노이만은 오펜하이머가 자신을 설득하려고 했지만(그리고 노이만 역시 오펜하이머를 설득하려 했지만.) 오펜하이머가 슈퍼 폭탄과 관련된 자신의 작업을 방해한 적은 없었다고 설명했다. 슈발리에 사건에 대한 질문을 받자, 노이만은 "내가 보기에 이 사건은 탈선 청소년에 대한 이야기를 듣는 것 같군요."라고 재치 있게 대답했다.[17] 롭이 오펜하이머의 1943년 거짓말에 대한 가상의 질문을 다시 한 번 하자, 노이만은 "나는 그 질문에 어떻게 대답해야 할지 모르겠습니다.

물론 나는 거짓말하지 않기를 바랍니다. 하지만 여러분들은 지금 나에게 누군가 나쁜 일을 했다고 상정하고 나서, 내가 똑같이 행동했을 것 같으냐고 묻고 있습니다. 이것은 마치 언제부터 아내를 폭행하는 짓을 그만두었는지를 묻는 것과 마찬가지 아닙니까?"라고 대답했다.

이에 그레이 위원회 위원들은 일제히 나서서 노이만에게 질문에 대답하라고 다그쳤다.

에번스: "만약 누군가가 다가와서 자신이 기밀 정보를 러시아로 보낼 수 있는 방법을 알고 있다고 말한다면, 당신은 놀랄 것 같습니까?"

노이만: "그 사람이 누구냐에 따라 다르겠지요."

에번스: "친구라고 합시다……. 당신은 그 사실을 즉시 보고할 것 같습니까?"

노이만: "시기에 따라 다를 것입니다. 내가 비밀 취급 인가를 받기 전이었다면 보고하지 않았을 것입니다. 그 후라면 물론 보고했을 것입니다……. 내가 하려는 얘기는, 1941년 전에 나는 '기밀'이라는 단어가 무슨 뜻인지도 몰랐다는 것입니다. 내가 그와 같은 상황에 처했다면 어떻게 행동했을지는 하느님만이 아시겠지요. 나는 일 처리 방식을 나름대로 빨리 습득했다고 생각합니다만, 그 사이에 내가 무의식 중에 잘못을 저지른 경우도 있었을 것입니다."

노이만의 증언이 자신에게 불리하게 작용하고 있다고 생각한 롭은 기소하는 측에서 자주 사용하는 전술을 구사했다. 반대 심문으로 단 1개의 질문만을 던진 것이다. 그는 "박사님, 당신은 정신과 의사 훈련을 받은 적이 없지요?"라고 물었다. 노이만은 당대 최고의 수학자들 중 한 명이었다. 그는 직장에서뿐만 아니라 개인적으로도 오펜하이머를 잘 알고 있었다.

하지만 그는 정신과 의사가 아니었다. 그러므로 롭의 관점에서 보면, 노이만은 슈발리에 사건에서 오펜하이머의 행동을 판단할 자격을 갖추지 못했다.

청문회가 중반으로 치닫자 롭은 "위원회의 명령이 없는 한, 우리는 개리슨 씨에게 우리가 부를 증인들의 이름을 미리 공개하지 않을 것입니다."라고 선언했다.[18] 개리슨은 자신의 증인 명단을 청문회가 시작하자마자 공개했고, 롭은 이것을 보고 기밀문서를 참고해 구체적인 질문들을 준비할 수 있었다. 하지만 이제 롭은 자신이 상대편에게 같은 배려를 베풀지 않을 것이라고 말하고 있었다. "솔직히 말해서 과학계의 인사가 증인으로 채택될 경우 그들에게 외압이 가해질 수 있기 때문입니다." 물론 그럴 가능성이 전혀 없지는 않았지만, 개리슨은 롭의 평계에 강하게 반발해야만 했다. 우선 텔러가 기소측 증인으로 나설 것임은 누구나 예측할 수 있었고, 동료들은 그에게 가할 수 있는 최대한의 압력을 가할 것이 명확했다. 로런스와 앨버레즈 등 증인으로 불려 나올 사람들의 명단은 대충 예상할 수 있었다. 이번 공개 재판을 주도하던 스트라우스가 적대적인 증인들을 모으기 위해 끊임없이 노력했다는 점을 생각해 볼 때, 롭이 표명했던 우려는 오히려 역설적인 것이었다.

증언을 마치고 1주일 후, 라비는 오크리지에서 로런스를 우연히 만났을 때 오펜하이머에 대해 무슨 말을 할 것인지 물었다. 로런스는 그에 불리한 증언을 하기로 이미 동의했다. 로런스는 옛 친구인 오펜하이머에 대해 진절머리가 난 상태였다. 오펜하이머는 수소 폭탄에 대한 자신의 의견에 반대했을 뿐만 아니라 리버모어(Livermore)에 두 번째 군사 연구소를 설립하는 것에도 반대했다. 그리고 최근에 로런스는 칵테일파티에서 오펜하이머가 수년 전 친구인 리처드 톨먼의 아내인 루스와 불륜 관계라는 사실을 듣고는 분개했다. 그의 분노는 워싱턴에서 오펜하이머에게 불리한 증언을 해달라는 스트라우스의 요청에 응할 정도로 컸던 것이다. 하지만 로런스는 청문회장에 나타나기 전날 밤 급성 대장염으로 쓰러졌다. 다음 날 아침 그는 스트라우스에게 전화를 걸어 나갈 수 없겠다고 말했다. 스트라우스는 로런스가 핑계를 대는 것이라고 확신하고는 그를 겁쟁이라고 부르며 화를 냈다.[19]

로런스는 결국 청문회장에 나타나지 않았다. 하지만 롭은 며칠 전에 그를 인터뷰해서 그레이 위원회 위원들에게 녹취록을 제출한 상태였다. 물론 개리슨에게는 공개하지 않았다. 오펜하이머의 변호사들은 판단력이 부족한 오펜하이머에게 "정책 결정과 관계된 일을 다시 맡겨서는 안 될 것"이라는 로런스의 결론을 보지도 못했고, 그러므로 반박할 수도 없었다.[20] 이것은 청문회 절차를 중단시킬 수 있을 정도의 중대한 위법 행위였다.

로런스와는 달리 텔러는 증언하는 것을 망설이지 않았다. 텔러가 증언하기 6일 전이었던 4월 22일, 그는 원자력 에너지 위원회의 홍보 담당관인 찰스 헤슬레프(Charles Heslep)와 한 시간에 걸쳐 전화 통화를 했다. 대화 도중에 텔러는 오펜하이머와 "오피 파벌(Oppie machine)"에 대한 깊은 적대감을 표시했다. 텔러는 오펜하이머의 영향력을 없앨 수 있는 방법을 찾아야 한다고 믿었다. 헤슬레프는 스트라우스에게 보내는 보고서에 다음과 같이 썼다. "현재 진행 중인 사건은 보안 문제에 초점을 맞추고 있지만, 텔러는 전쟁이 끝난 1945년 이래로 오펜하이머가 '항상 나쁜 충고'를 제공했다는 것을 보임으로써 '혐의점을 확대'할 수 있는 방법을 찾을 수 있지 않겠느냐고 말했다." 헤슬레프는 "텔러는 현 청문회의 결과와는 별개로 이와 같은 '지위 박탈(unfrocking)'이 이루어져야만 한다고 생각하고 있다. 그렇지 않으면 과학자들이 (원자 폭탄) 프로그램에 대한 열의를 잃을지도 모른다는 것이다."라고 덧붙였다.

스트라우스에게 보내는 헤슬레프의 메모는 오펜하이머 사건의 배경을 이루는 정치적 동기를 잘 보여 주고 있다.

텔러는 이 사건을 보안 문제로만 다루면 승소하기 어렵다고 보고 있다. 그는 오피의 철학을 어떻게 표현해야 할지 고민했다. 오피는 국가에 충성하지 않는다기보다는(텔러는 이것은 약간 애매하게 표현했다.) '평화주의자'에 가까운 것이다.

텔러는 동료 과학자들에게 오피가 프로그램에 위험한 존재가 아니라, 단순히 더 이상 이용 가치가 떨어진 것이라는 것을 보여 주어야 한다고 말했다.

텔러는 진실을 아는 과학자는 '1퍼센트도 안 될 것'이라고 말했다. 오피는 과학계에서 '정치적으로' 강력한 권력을 가지고 있어서 그의 '지위를 박탈하는 것'은 어려우리라고 예상했다.

텔러는 '오피 파벌'에 대해 길게 이야기했다. 그는 몇몇 과학자들을 '오피의 사람'으로 지목했고, 다른 사람들은 '그의 팀'에 소속되어 있지는 않지만 그의 영향력 아래 놓여 있다고 말했다.[21]

4월 27일에 텔러는 롭과 만났다. 롭은 텔러가 여전히 자신의 오랜 친구에게 불리한 증언을 할 준비가 되어 있다는 것을 확인하고 싶었다. 텔러는 나중에 이 만남이 4월 28일, 자신이 증언석에 서기 바로 직전에 이루어졌다고 주장했다. 하지만 그가 나중에 스트라우스에게 보낸 짧은 노트에서 자신이 증언하기 전날 저녁에 롭을 만났다고 적고 있다. 텔러에 따르면 롭은 단도직입적으로 "오펜하이머의 비밀 취급 인가를 승인해 주어야겠습니까?"라고 물었다. 그는 "네, 오펜하이머는 허가를 받아야 합니다."라고 대답했다. 그때 롭은 오펜하이머가 "황당무계한 이야기(cock-and-bull story)"를 지어냈다고 인정하는 녹취록을 꺼내 들고는 텔러에게 읽어 보라고 건네주었다. 텔러는 나중에 오펜하이머가 거짓말을 했다는 것을 그토록 뻔뻔스럽게 자백했다는 사실에 깜짝 놀랐다고 주장했고, 자신이 증언을 할 것인지에 대해서는 확답하지 않았다고 말했다.

이 사건에 대한 텔러의 회고는 솔직하지 않은 것이다. 그는 거의 10년 동안이나 동료 과학자들 사이에서 오펜하이머가 영향력과 인기를 갖고 있는 것에 심하게 분개해 왔다. 1954년이면 그는 이미 오펜하이머의 "지위를 박탈"시키고 싶어 했다. 그는 롭이 보여 준 비밀 청문회 녹취록을 보게 되자 오펜하이머에게 불리한 증언을 할 마음을 먹기가 더욱 쉬워졌던 것이다.[22]*

다음 날 오후 텔러가 증인석에 올랐다. 단 몇 걸음 떨어진 곳에 위치한 소파에는 오펜하이머가 앉아 있었다. 롭은 텔러가 수소 폭탄의 개발을 비롯한 여러 사안에 관한 오펜하이머의 태도에 대해 상당히 오랫동안 증언하게 해 주었다. 마지막으로 텔러가 어느 정도는 상반되는 감정을 가지고 있다는 것을 보이고 싶어 한다는 것을 알고 있던 롭은 그가 꼭 필요한 말

---

* 텔러는 롭으로부터 증언 훈련을 받은 유일한 증인이 아니었다. 개리슨의 보좌역인 앨란 엑커는 어느 날 밤 청문회장에서 늦게까지 일을 하다가 복도 건너편에서 크게 떠드는 소리를 엿듣게 되었다. 엑커는 "나는 테이프에서 목소리가 흘러나오는 것을 들을 수 있었습니다."[24]라고 말했다. 그리고 나서 엑커는 롭이 나중에 증언대에 서게 될 몇몇 사람들과 방을 나오는 것을 보았다."롭은 나중에 증인이 될 사람들을 데리고 왔습니다. 그리고 그들은 심문(1943년 8월 오펜하이머에 대한 패시의 심문) 과정을 담은 테이프를 들었습니다."

만 하도록 부드럽게 유도했다.

롭: "문제를 간단하게 만들기 위해 한 가지만 묻겠습니다. 당신이 지금부터 증언할 내용 중에 오펜하이머 박사가 미합중국에 충성스럽지 않다는 것을 보이기 위한 의도를 가진 것이 있습니까?"[23]

텔러: "나는 그런 의도는 전혀 없습니다. 나는 오펜하이머가 탁월한 지적 능력을 지닌 매우 복잡한 사람이라고 알고 있으며, 이 자리에서 내가 그가 보인 행동의 동기를 분석하려 드는 것은 주제넘은 일일 것입니다. 하지만 나는 이전에도 그렇게 생각했고 지금도 그가 미합중국에 충성스럽다고 생각합니다. 나는 이를 논박하는 확실한 증거를 보기 전까지 그렇게 믿을 것입니다."

롭: "자, 그러면 그와 관련된 질문입니다. 당신은 오펜하이머 박사가 위험인물이라고 믿습니까?"

텔러: "오펜하이머 박사는 내가 이해하기 어려운 행동을 보여 준 경우가 많았습니다. 그와 나는 많은 사안에서 반대 의견을 가져 왔습니다. 그리고 솔직히 말해서 그의 행동은 혼란에 빠진 사람 같았습니다. 그런 측면에서 보았을 때, 이 나라의 중대한 이해 관계와 관련된 일을 내가 더 잘 이해할 수 있고 더 믿을 수 있는 사람에게 맡기는 편이 낫지 않나 생각하고 있습니다."

이어서 그레이 의장이 텔러에게 질문했고, 텔러는 요점을 다시 한번 반복했다. "1945년 이후에 보인 현명함과 판단력의 문제라면, 나는 그의 비밀 취급 인가를 승인하지 않는 편이 좋을 것이라고 말하겠습니다. 나는 이 문제에서 약간의 혼란을 겪고 있습니다. 오펜하이머 정도의 명성과 영향력을 가진 사람에 대한 것이니 말이지요. 이 정도에서 그쳐도 될까요?"

롭은 더 이상 질문이 없었다. 텔러는 증인석에서 내려가면서 주변을 둘러보았다. 그는 가죽 소파에 앉아 있던 오펜하이머를 지나칠 때 손을 내밀어 악수를 청하며 "미안합니다."라고 말했다.

오펜하이머는 그와 악수를 하고는 간결하게 "당신이 방금 했던 말은 도대체 무슨 소리인지 모르겠군."이라고 대답했다.[25]

텔러는 자신의 행동에 대해 큰 대가를 치르게 될 것이었다. 그해 여름에 로스앨러모스를 방문한 텔러는 식당에서 옛 친구 크리스티와 마주쳤다. 텔러는 그에게 인사하기 위해 손을 내밀며 그에게 다가갔는데, 크리스티는 악수를 거부하고 등을 돌려 버렸다. 텔러는 깜짝 놀랐다. 주변에는 화가 머리 끝까지 치민 라비가 서 있었다. 그는 "나도 당신과 악수하지 않을 거야, 에드워드."라고 말했다. 텔러는 자신의 호텔 방으로 돌아가 가방을 쌌다.[26]

텔러의 증언 이후에도 청문회는 1주일 동안이나 더 진행되었다. 청문회가 시작된 지 3주째인 5월 4일에 키티가 다시 증인석에 불려 나왔다. 그레이 의장과 에번스 박사는 그녀가 공산당에서 언제 탈퇴했는지에 대해 묻기 시작했다. 키티는 1936년 이후에 "공산당과 관련된 어떤 활동도 하지 않았습니다."라고 다시 한번 말했다.[27] 이어진 문답은 분위기를 어느 정도 경직시켰다.

그레이: "오펜하이머 박사가 1942년 말까지도 공산당에 기부금을 내고 있었다는 것은 그가 공산당과의 연계를 끊지 않았다는 것을 의미한다고 말해도 좋겠습니까? 꼭 예, 아니오로 대답할 필요는 없습니다. 원하시는 대로 대답하세요."

키티 오펜하이머: "알고 있습니다. 하지만 질문의 표현이 잘못되었다고 생

각합니다."

그레이: "내가 무슨 말을 하려는지 이해는 됩니까?"

키티: "네, 그렇습니다."

그레이: "그럼 생각하시는 대로 대답하세요."

키티: "로버트가 '공산당과의 연계를 끊지 않았다'는 표현이 마음에 들지 않는 이유는…… 로버트가 공산당과의 연계를 갖지 않았다고 생각하기 때문입니다. 나는 그가 스페인 피난민들에게 돈을 주었다는 것은 알고 있습니다. 나는 그가 그것을 공산당을 통해서 주었다는 것도 알고 있습니다."

그레이: "예를 들어, 그가 아이작 폴코프에게 돈을 주었던 것은 스페인 피난민 때문이 아니었습니다. 그렇죠?"

키티 오펜하이머: "아니오, 그렇지 않습니다."

그레이: "1942년까지도 말입니까?"

키티 오펜하이머: "그렇게까지 늦지는 않았을 텐데요."

그레이는 그녀의 남편이 그 연도라고 썼다는 점을 상기시켰다. 이에 그녀는 "그레이 씨, 오펜하이머와 나는 모든 것에 의견을 같이하지는 않아요. 그는 가끔씩 같은 일에 대해서도 나와는 다른 기억을 가지고 있는 경우가 있지요."라고 대답했다.

오펜하이머의 변호사들 중 한 명이 이 대목에서 끼어들려고 시도했지만, 그레이는 계속해서 질문을 하겠다고 고집했다. 그가 묻고 싶었던 것은, 당신 남편이 공산주의자들과의 관계를 정리한 것은 언제였는가라는 것이었다.

"나는 모릅니다, 그레이 씨. 다만 우리는 아직도 공산주의자라고 알려진 사람을 친구로 두고 있습니다."(이것은 물론 슈발리에를 지칭하는 것이었다.) 아무렇지도 않게 인정하는 것에 놀란 롭은 "뭐라구요?"라고 되묻기까지 했다. 하지만 그레이는 계속해서 공산당과 "확실히 관계를 끊게 된 과정"에 대해 다시 한번 물었다. 키티는 현명하게 대답했다. "사람에 따라 다르겠지요, 그레이 씨. 어떤 사람들은 급작스럽게 관계를 끊고, 그에 대한 공개적인 입장 표명을 하는 경우도 있습니다. 다른 사람들은 천천히 단계적으로 멀어집니다. 나는 공산당을 떠난 것이지, 나의 과거나 친구들을 떠난 것이 아닙니다. 또 다른 사람들은 공산당을 떠난 후에도 공산주의자로 남아 있기도 합니다."

질문은 계속되었다. 에번스는 그녀에게 공산주의자와 공산주의 동조자의 차이점을 정의해 달라고 요청했다. 키티는 간단하게 "나의 생각에 공산주의자는 공산당의 당원으로써 당이 요구하는 대로 행동하는 사람입니다."라고 대답했다.

롭이 그녀에게 그들이 《피플스 월드》를 구독했던 것에 대해 묻자, 키티는 자신의 기억하는 한 그 신문의 구독을 신청한 적이 없다고 대답했다. 키티는 "나는 그것을 구독하지 않았습니다. 오펜하이머는 자신이 했다고 말하고 있습니다. 하지만 의심의 여지가 있습니다. 내가 오하이오에 있을 때, 우리는 자주 《데일리 워커》를 공산당 포섭 대상자들에게 보내고는 했습니다. 이 경우도 비슷한 상황이라고 생각합니다."[28]라고 말했다.

키티는 단 한 치도 물러서지 않았다. 롭마저도 그녀를 건드릴 수 없었다. 그녀는 모든 질문에 침착하고 세심하게 대응했다. 키티는 확실히 오펜하이머보다는 훌륭한 증인이었다.

청문회 마지막 날인 5월 5일, 오펜하이머는 증인석에서 마지막 질문에 대답하고 나서 마지막으로 한마디 덧붙여도 좋겠느냐고 물었다. 오펜하이머는 지난 4주간 극심한 치욕을 감내해야 했지만, 개리슨의 화해 전략의 일환으로 자신을 괴롭혔던 사람들에게 감사의 뜻을 전하려던 것이었다. "나는 본 청문회 절차를 진행하는 동안 위원회가 보여 준 인내와 배려에 감사를 표하는 바입니다."[29] 그것은 그레이 위원회에게 자신이 분별력 있고 협조적인 인물임을 보이기 위한 발언이었다. 하지만 그레이 의장은 큰 인상을 받지 못한 듯했다. 그는 "감사합니다, 오펜하이머 박사."라고 짧게 대답했다.

다음 날 아침 개리슨은 세 시간에 걸쳐 최종 변론을 했다. 그는 다시 한번 "청문회"가 "재판"처럼 진행되었다며 이전보다는 조금 더 강하게 항의했다. 그는 그레이 위원회가 청문회가 시작되기 1주일 전부터 오펜하이머에 대한 FBI 문서들을 검토했다는 사실을 상기시켰다. 개리슨은 "나는 그 이야기를 들었을 때 푹 가라앉는 느낌을 받았습니다. 우리는 보지도 못할 FBI 파일을 1주일 동안이나 세심하게 검토했다니……."[30] 하지만 개리슨은 자신이 지나치게 강하게 항의해서는 안 된다고 생각했는지 곧 후퇴하고 말았다. 그는 물론 그들이 "적대적인 성격의 절차에 예기치 않게 참가하게 된 것은 사실이지만 청문회 위원들이 보여 준 공평무사함에 진심으로 감사드린다는 것을 말하고 싶습니다."라고 덧붙였다.

개리슨이 창피할 정도로 순종적인 모습을 보였는지도 모르지만, 그의 최종 변론은 설득력이 있었다. 그는 그레이 위원회에게 "시간의 흐름을 고려하지 않는 것이 낳을 수 있는 커다란 오해"를 경계해야 할 것이라고 경고했다. 1943년 슈발리에 사건은 당시의 상황에서 판단해야만 한다는 것이었다. "러시아는 이른바 우리의 용감한 연합국이었습니다. 러시아 인과 러시아에 우호적인 인물들에 대한 태도는 현재와는 매우 다른 것이었습니다."³¹ 오펜하이머의 성품과 충성심에 관한 문제에 대해서 개리슨은 위원들에게 "당신들은 이 사람과 이제 단 3주를 함께 보냈을 따름입니다. 당신들은 그에 대해서 많은 것을 알게 되었습니다. 하지만 그에 대해서 알지 못하는 것들이 여전히 많이 남아 있습니다. 당신은 그와 같이 생활해 보지 않았습니다."

개리슨은 이어서 다음과 같이 덧붙였다. "본 청문회에서는 오펜하이머 박사만 재판을 받고 있는 것이 아닙니다······. 미합중국 정부 역시 재판을 받고 있는 것입니다."³² 개리슨은 "이 나라를 휩쓸고 있는 걱정"에 대해 말하며 은근히 매카시즘에 대한 비판의 칼날을 세웠다. 트루먼과 아이젠하워 행정부 시기에 창궐했던 반공 히스테리로 인해 미국의 국가 안보 기구들은 이제 "공산주의라는 단일한 세력이 훌륭한 재능을 가진 사람들을 파괴하는 결과를 낳게 될 것처럼" 행동하고 있었다. "미국은 자국민들을 먹어 치워서는 안 됩니다." 개리슨은 그레이 위원회가 "사람 전체를 판단" 해 줄 것을 요청하는 것으로 최종 변론을 마쳤다.

재판은 끝났고, 1954년 5월 6일 저녁, 피고는 프린스턴으로 돌아가 위원회의 결정을 기다렸다.

개리슨이 뒤늦게 밝히려고 시도했듯이, 그레이 위원회 청문회는 명백히 불공평했고 터무니없는 불법 행위였다. 청문회 절차를 추진했던 주요 인물은 루이스 스트라우스였다. 하지만 고든 그레이는 위원장으로서 청문회가 공평하게 진행될 수 있도록 조정자의 역할을 할 수도 있었다. 그는 자신의 임무를 제대로 수행하지 못했다. 그는 롭의 불법적인 전술을 통제하여 청문회를 공평하게 진행할 수 있었지만, 롭이 절차를 주도하도록 내버려 두었다. 청문회가 시작되기도 전에 그레이는 롭이 단독으로 위원들을 만나 FBI 파일을 검토할 수 있도록 허가했는데, 이것은 원자력 에너지 위원회의 1950년 '비밀 취급 인가 절차'에 위배되는 것이었다.[33] 그는 개리슨에게 같은 기회를 제공해서는 안 된다는 롭의 권고를 받아들였다. 그는 롭이 개리슨에게 증인 명단의 공개를 거부했던 것을 묵인했다. 그는 피고측에게 로런스의 서면 증언을 보여 주지 않았다. 그는 개리슨에게 비밀 취급 인가를 내주기 위한 노력을 전혀 하지 않았다. 결국 그레이 위원회는 수석 판사가 수석 검사 역할을 동시에 맡은 전형적인 인민재판(kangaroo court)이라고 할 수 있다. 원자력 에너지 위원회 위원 헨리 스미스가 주장했듯이, 이 청문회를 객관적으로 법의 기준에 따라 평가했다면 그 정당성을 방어하기란 쉬운 일이 아니었을 것이다.

37장
이 나라의 오명

> 말할 수 없을 정도로 슬프다. 그들은 엄청난 잘못을 저지른 것이다. 오펜하이머에 대해서만이 아니다. 그들은 현명한 공직자들에게 요구되는 것이 무엇인지 전혀 이해하지 못하고 있다.
>
> — 데이비드 릴리엔털

오펜하이머는 피곤하고 신경이 곤두선 채로 올든 매너로 돌아왔다. 그는 그리 상황이 좋아 보이지 않는다고 생각했지만, 그레이 위원회의 결정을 기다리는 수밖에 별다른 방법이 없었다. 그는 결정이 나기까지 몇 주 정도 지나야 하리라고 생각했다. FBI 감청록에는 이때 그가 친구와 나눈 전화 통화 내용이 기록되어 있다. "그는 상황이 영원히 끝나지 않을 것이라고 믿고 있다. 그는 이 사건이 조용히 끝나지 않을 것이며 당대의 모든 사악함이 이 상황을 둘러싸고 있다고 생각하고 있다."[1] 며칠 후, FBI는 오펜하이머가 "현재 매우 우울해하고 있으며 아내에게 까탈스럽게 굴고 있다."라고 보고했다.

패널의 판결을 기다리면서, 그와 키티는 흑백 텔레비전으로 육군-매카시 상원 청문회를 보면서 시간을 보냈다. 이 엄청난 드라마 같은 사건은 1954년 4월 21일 오펜하이머가 호된 시련을 겪던 바로 그때 시작되었고, 2000만 명의 미국인들은 텔레비전을 통해 매카시 상원 의원과 육군의 변호사이자 보스턴 상류층 출신 변호사인 조지프 나이 웰치(Joseph Nye Welch)가 설전을 주고받는 것을 지켜보았다. 수많은 미국인들처럼, 오펜하이머 역시 현실에서 벌어지고 있는 드라마 같은 사건에서 눈을 뗄 수 없었다. 하지만 그에게 이는 자신이 얼마 전 겪어야만 했던 성법원과도 같았던 보안 청문회의 고통을 상기시키는 것이었다. 그는 자신이 웰치 같은 변호사의 도움을 받았다면 보다 나은 결과를 얻을 수 있었을지도 모른다고 생각했을까?

그레이는 모든 일이 잘되었다고 생각했다. 모든 절차가 끝난 다음 날 그는 자신의 생각을 요약하는 메모를 구술했다. "나는 지금까지 모든 절차가 상황이 허락하는 한 공정했다고 확신한다. 다만 오펜하이머 박사와 그의 변호인이 FBI 보고서 및 기타 기밀문서를 열람하지 못한 점이 아쉬움으로 남는다."[2] 그레이는 또한 "나는 롭이 반대 심문에서 이 문서들의 일부를 갑작스럽게 인용한 것에 약간 불편함을 느꼈다."라고 고백했다. 하지만 그는 결국 "청문회 절차를 전체적으로 보면 오펜하이머 박사에게 특별히 불리했던 점은 없었던 것으로 보인다."라고 스스로를 정당화했다.

그레이가 동료 위원들과 비공식적으로 나눴던 대화에 따르면 결과는 볼 것도 없는 듯했다. 그의 생각에 오펜하이머는 확실히 "정부에 대한 충성심이나 의무보다 특정 개인에 대한 충성심을 우선시"한 죄를 범했다. 또한 그레이가 며칠 전 모건과 에번스에게 말했듯이, "오펜하이머 박사는 특정 상황에 대한 판단을 하는 책임과 의무를 지닌 여러 사람들이 심사숙고해서 내린 공식 결정보다 자신의 개인 판단을 우선시하는 경향을 반복해서 보였다." 그레이는 슈발리에 사건, 버나드 피터스 옹호, 수소 폭탄 논쟁, 그리고 핵 정책에 대한 오펜하이머의 몇 가지 입장들을 예로 들었다. 모건과 에번스는 동의했다. 게다가 에번스는 "오펜하이머의 죄는 매우 잘못된 판단을 내린 것이었다."라고 지적하기까지 했다.

하지만 열흘의 휴회 기간이 끝나고 그레이가 워싱턴 D.C.로 돌아왔을 때 놀라운 소식이 기다리고 있었다. 에번스가 그동안 오펜하이머를 지지하는 반대 의견 초안을 작성했다는 것이다. 그레이는 에번스가 "처음부터" 오펜하이머의 비밀 취급 인가를 되돌려 주지 말자는 입장이었다고 생각하고 있었다.[3] 에번스는 그에게 개인적으로 자신의 경험에 따르면 "불온한 배경과 관심을 가진 자들은 거의 대부분 유태인들"이라고까지 말했던 것이다. 솔직히 말해서 그레이는 에번스의 반유태주의가 그의 판단에 영향을 미칠 것이라고 생각했다. 그레이는 한 달에 걸친 재판 절차 동안 "나의 동료들은 둘 다 특정한 입장을 견지하고 있다는 인상이 점점 강해졌다."라고 느꼈다. 하지만 지금 시카고에서 돌아온 그는 "에번스 박사는 생각을 완전히 바꾸었음이 분명했다." 에번스는 자신이 기록을 검토했고 새로운 혐의점을 찾아내지 못했을 뿐이라고 말했다. FBI는 "누군가가 그에게 접근해 협박했을 것이라고" 생각했다.

스트라우스는 이 사실을 듣자 길길이 뛰었다. 그와 롭은 오펜하이머의 변호사들을 도청했고, 개리슨의 비밀 취급 인가 신청을 거부했다. 그들은 또한 기밀문서를 인용해 증인들에게 기습적인 질문을 던졌고, FBI 파일에서 나온 전문(傳聞) 증거로 그레이 패널 위원들의 판단에 영향을 미치려 했다. 하지만 유죄 평결을 유도하기 위한 그들의 이 모든 노력들에도 불구하고 오펜하이머는 무죄 방면될 수도 있을 듯했다.

스트라우스는 에번스가 또 다른 패널 위원에 영향을 미칠 수도 있다고 생각해 롭에게 전화를 걸었다. 두 사람은 뭔가 대책을 세워야 한다는 데 동의했고, 롭은 스트라우스의 승인 하에 FBI에 전화를 걸어 후버의 중재를 요청했다. 롭은 FBI 요원 헨리히(C. E. Hennrich)에게 자신은 "국장님이 이 문제에 대해 위원들과 의논할 필요가 있다."고 생각한다고 말했다.[4] "롭은 만약 위원회가 잘못된 결정을 내린다면 엄청난 결과를 가져올 것이며, 이 문제는 대단히 급박한 사안이라고 생각한다고 말했다." 바로 그때 스트라우스는 후버의 비서 중 한명인 벨몬트(A. H. Belmont)에게 전화를 걸어 FBI 국장이 개입하게 해 달라고 사정하고 있었다. 그는 사태가 "일촉즉발"의 상태이며 "위원회는 아주 작은 충격에도 대단히 심각한 실수를 저지를 수 있다."라고 말했다.

헨리히 요원은 다음과 같이 논평했다. "나의 생각에 이 상황은 결국 다음과 같이 정리할 수 있다. 스트라우스와 롭은 위원회가 오펜하이머가 위험인물이라는 결론을 내리게 하고 싶은데, 현재 위원회는 그럴 것 같지 않다는 것이다······. 나의 판단으로는 국장이 위원들을 만나지 않는 편이 좋을 것이다."

후버의 개입이 알려지면 이는 대단히 불공정한 행위로 받아들여지게 될 것이었고, 후버 역시 이를 알고 있었다. 그는 자신의 보좌관들에게 "내가 오펜하이머 사건을 논하는 것은 대단히 부적절할 것이라고 생각한다."라고 말했다. 그는 그레이 위원회 위원들을 만나지 않았다.

몇 년 후 롭은 자신이 위원회의 판단에 영향을 미치기 위해 후버의 개입을 요청했다는 것을 부인했다. 영화 제작자이자 역사가인 피터 굿차일드(Peter Goodchild)가 롭에게 그와 같은 사실이 기록된 FBI 메모를 보여 주었을 때도, 그는 "나는 위원들에게 영향을 미치려는 목적으로 국장과 위원들 사이의 만남을 주선하려고 한 적이 없습니다."라고 말했다. 하지만 문서 기록은 명확하다. 롭은 거짓말을 하고 있었다.

아이러니하게도 그레이는 에번스의 의견서가 너무나 엉성하게 씌었다고 생각해 롭에게 다시 쓰도록 부탁했다. 롭은 "나는 에번스 '박사'의 의견이 너무 취약하지 않기를 바랐습니다. 만약 그랬다면 그는 단지 들러리라는 인상을 줄 수 있으니까요. 이해하겠어요? 사람들은 우리가 위원회에 바보 멍청이 같은 인물을 허수아비처럼 세워 놓았다고 생각할 수도 있다는 것입니다."라고 설명했다.[5]

5월 23일, 그레이 위원회는 최종 결정을 내렸다. 투표 결과는 2 대 1이었고, 위원회는 오펜하이머가 충성스러운 시민이기는 하지만 그럼에도 불구하고 위험인물이라고 판단했다. 그에 따라 그레이 의장과 모건 위원은 오펜하이머의 비밀 취급 인가를 되돌려 주지 말도록 권고했다. 그레이와 모건은 "우리는 다음과 같은 사항들을 고려해 결정을 내렸다."라고 썼다.[6]

1. 우리는 오펜하이머 박사가 그동안 보여 준 행동과 친분 관계가 그가 보안 체계의 요구 사항을 심각할 정도로 무시하고 있음을 반영하는 것으로 본다.
2. 우리는 그가 외부 영향에 굴복하기 쉬운 인물임을 확인했으며, 이는 이 나라 국방에 심대한 함의를 가질 수도 있다.
3. 우리는 수소 폭탄을 둘러싼 논쟁에서 그가 보인 행동으로 보아 충분히 불안 요소가 있다고 본다. 그가 향후 국방 문제와 관련된 정부 프로그램에 똑같은 태도를 보인다면, 그를 참여시키는 것이 국방력 증진을 위해 좋은 일인지

에 의문을 제기한다.

    4. 우리는 오펜하이머 박사가 본 청문회장에서 증언하면서 수차례에 걸쳐 솔직하지 못한 모습을 보였다고 결론 내렸다.

  이것은 억지 논리에 불과했다. 그들은 오펜하이머가 특정한 법이나 보안 규정을 위반한 죄를 고발하지 않았다. 그레이와 모건은 오펜하이머의 친분 관계를 트집 잡아 그가 올바른 판단을 내릴 수 없는 인물이라고 주장할 수밖에 없었다. 결정적으로 그들은 오펜하이머가 고의로 보안 체계를 무시하고 있다고 보았다. 그레이와 모건은 자신들이 작성한 다수 의견에 "친구들에 대한 충성심은 숭고한 것이다. 하지만 친구들에 대한 충성심이 국가와 보안 체계에 대한 의무에 앞서게 되면, 이는 보안을 무너뜨리는 결과를 낳을 것이다."라고 썼다.[7] 결국 오펜하이머의 주요 죄목은 친분 관계를 지나치게 우선시했던 것이었다.

  한편 에번스의 소수 의견은 위원회의 평결에 대한 명쾌한 비판이었다. 에번스는 "대부분의 정보들은 오펜하이머 박사가 1947년 비밀 취급 인가를 받았을 때 위원회에서 검토했던 것들이었다."라고 판단했다.[8]

  그들은 그의 친분 관계와 그의 좌익 활동에 대해 이미 알고 있었고, 그럼에도 그에게 인가를 내주었다. 그에게는 특별한 재능이 있었고 계속해서 임무를 훌륭하게 수행했기 때문에 어느 정도 위험을 감수했던 것이다. 그는 임무를 완수했고, 우리는 똑같은 정보를 바탕으로 그에 대한 조사를 벌이라는 요구를 받았다. 그는 자신의 임무를 철저하고 정성스럽게 완수했다. 오펜하이머 박사가 이 나라의 충성스러운 시민이 아니라는 것을 보이는 단 하나의 증거도 본 위원회에 제시되지 않았다. 그는 러시아를 증오한다. 그에게 공산주의 성향의 친구들이 있는 것은 사실이다. 그는 여전히 그들 중 몇몇과 친분을 유지하고 있다. 하지만 증거에 따르면 그 수는 1947년 당시보다 훨씬 적다. 그는 그 당시만큼 정치적으로 순진하지 않다. 그는 판단력을 길렀다. 본 위원회에서 그의 충성심에 의심을 갖는 사람은 없다. 이는 그에게 적대적인 증언을 했던 증인들 역시 인정할 것이다. 그는 비밀 취급 인가를 받았던 1947년보다 확실히 덜 위험한 인물인 것이다. 1947년에 받았던 그의 인가를 당시보다 훨씬 덜 위험한 인물이라는 것을 알게 된 이제 와서 취소하는 것은 자유 국가에서 채택할 수 있는 절차가 아닐 것이다…….

나는 개인적으로 우리가 오펜하이머 박사의 비밀 취급 인가를 승인하지 못한다면 그것은 이 나라의 오명이 될 것이라고 생각한다. 이 나라의 주요 과학자들이 그의 증인으로 나섰고, 그들은 그를 지지하고 있다.

에번스의 반대 의견이 자신이 직접 작성한 것이었는지, 아니면 롭이 손질한 것이었는지는 모르겠지만, 어느 쪽이든 주목할 만한 문서였다는 것은 확실하다. 단 두 문단으로 그는 그레이와 모건이 그들의 판결의 근거로 제시한 "고려 사항"들 중 1번, 2번, 4번을 뒤엎고 있다. 그럼에도 불구하고 그것은 이번 청문회를 열게 한 결정적인 계기였던 3번은 반박하지 못하고 있다. 그레이와 모건은 "우리는 수소 폭탄 프로그램을 둘러싼 그의 행동을 불안하게 생각하고 있다."라고 썼다.

그들은 왜 수소 폭탄 프로그램에 대한 그의 행동을 불안하게 생각했을까? 수소 폭탄을 개발하기 위한 비상 계획에 반대했던 것은 오펜하이머만이 아니었다. 원자력 에너지 위원회 자문 위원회 위원들 중 일곱 명이나 반대했고, 그들은 모두 반대 이유를 명확히 밝혔다. 그레이와 모건의 주장은 그들이 오펜하이머의 판단력에 반대한다는 것이었고, 그의 관점이 정부의 정책 결정에 반영되지 않기를 바랐던 것이었다. 오펜하이머는 핵무기 경쟁을 줄이거나 심지어 거꾸로 돌릴 수 있기를 바랐다. 그는 미국이 주요 국방 전략으로서 대량 학살을 채택할 것인지에 대해 민주적으로 열린 토론을 거쳐야 한다고 생각했다. 확실히 그레이와 모건은 1954년에 이런 생각을 받아들이기 어려운 것으로 간주했다. 그들은 군사 정책의 문제에서 과학자가 강한 반대 입장을 피력하는 것은 정당하지 않을 뿐더러 용납되어서도 안 된다고 주장하는 것이나 다름없었다.

스트라우스는 위원회가 간신히 유죄 평결을 내렸다는 소식을 듣고 안도했다. 하지만 그는 이제 에번스의 반대 의견에 설득된 원자력 에너지 위원회 위원들이 평결을 뒤집을 가능성에 대해 우려했다. 평결은 결국 권고일 따름이었고, 원자력 에너지 위원회 위원들은 그것을 받아들일 수도 거부할 수도 있었다. 오펜하이머의 변호사들은 원자력 에너지 위원회의 사장 니콜스가 통상적인 절차에 따라 그레이 위원회의 보고서를 위원들에게 전달할 것이라고 생각했다. 하지만 오펜하이머를 "미꾸라지 같은 개자식(slippery sonuvabitch)"라고 생각했던 니콜스는 위원들에게 청문회 결과를 요약하는 편지를 보냈다. 스트라우스, 찰스 머피(Charles Murphy, 《포춘》 편집자), 롭 등의 지도로 작성된 니콜스의 편지는 위원회의 보고서에 대한 완전히 새로운 해석을 제공했다.

니콜스의 편지는 오펜하이머에게 비밀 취급 인가를 돌려주어서는 안 되는 이유에 대해 완전히 새로운 주장을 제기했다. 그의 추측은 그레이 위원회의 평결에서 몇 발짝 더 나아간 것이었다. 오펜하이머의 FBI 문서철을 3개월 동안 스트라우스의 사무실에 두었을 당시의 그의 연구 결과에 기반해, 니콜스는 우선 오펜하이머가 단지 "말뿐인 공산주의 동조자"가 아니라고 주장했다. "단련된 공산주의자들과 그가 맺었던 관계로 보아 공산당원들은 그를 동료로 생각했던 것이 분명하다."⁾ 오펜하이머가 공산당을 통해 기부금을 냈던 것을 지목하며 니콜스는 "기록에 따르면 오펜하이머 박사는 당원증을 가지고 있지 않았다는 사실을 제외하고는 모든 면에서 공산당원이었다."라고 결론 내렸다.

그레이 위원회의 평결은 오펜하이머가 수소 폭탄을 개발하기 위한 비상 계획에 반대했다는 사실을 강조했지만, 니콜스의 편지는 정치적으로 애매할 수 있는 이 항목에 큰 비중을 두지 않았다. 오히려 그는 원자력 에너지 위원회의 의도가 오펜하이머 박사와 같은 과학자가 자신의 "솔직한 의견"을 표명할 권리를 제한하려는 데 있는 것이 아니라는 점을 명확히 했다.

대신에 니콜스는 슈발리에 사건으로 초점을 옮겼다. 하지만 그는 그레이 위원회가 미궁에 빠진 듯한 이 사건에 대해 내린 결론과는 상당히 다른 해석을 채택했다. 위원회는 오펜하이머가 1943년 패시에게 처음으로 슈발리에·엘텐튼 사건에 대해 말했을 때부터 거짓말을 했다고 인정한 것을 받아들였다. 니콜스는 이 결론을 기각한 채 놀랍게도, 그리고 어쩌면 불법적으로, 사건을 완전히 새로운 시각에서 재해석했다. 니콜스는 사실상 오펜하이머 사건을 재심한 것이었고, 그레이 위원회의 다수 의견을 거부했으며, 원자력 에너지 위원회 위원들에게 오펜하이머의 비밀 취급 인가를 돌려주지 말아야 할 완전히 새로운 근거를 제공했던 것이었다.

1943년 8월 26일 오펜하이머와 패시의 운명적인 만남을 담은 16쪽짜리 녹취록을 검토한 후에 니콜스는 "오펜하이머가 박사가 패시에게 했던 자세한 정황이 담긴 진술이 거짓이고, 오펜하이머 박사가 지금 주장하는 이야기가 진실이라고 결론 내리기는 어려울 것이다."라고 주장했다. 니콜스는 오펜하이머가 왜 "그렇게 복잡한 거짓 이야기를 패시에게 했겠는가?"라고 물었다. 슈발리에와 자신에게 집중되는 관심을 다른 곳으로 돌리려 했다는 오펜하이머의 꽤 그럴듯한 설명을 거부하면서, 니콜스는 오펜하이머가 "슈발리에로부터 그가 FBI에게 그 사건에 대해 어떻게 이야기 했는지에 대해 들은 후인 1946년까지 한 번도 현재의 주장과 같은 이야기를 한 적이 없었다."는 점을 지적했다. 니콜스는 슈발리에의 FBI 인터뷰와 같은 시간에 진행된 엘텐튼의 인터뷰가, 슈발리에 사건에 대한 슈발리에와 오펜하이머의 1946년 진술 내용이 사실임을 확인했다는 중대한 사실을 원자력 에너지 위원회 위원들에게 알리지 않았다. 결국 니콜스는 오펜하이머가 1946년 FBI에게 거짓말을 했고, 1954년 청문회에서 다시 한번 거짓말을 했다고 결론 내린 것이다.

니콜스는 새로운 사실을 발견하지 못했다. 오히려 그는 이미 알려진 사실조차 숨겼다. 그는 단지 오펜하이머가 동생을 보호하기 위해 거짓말을 했다는 증거가 빈약한 주장을 펼쳤을 따름이었다. 이상하게도 그레이 위원회는 프랭크 오펜하이머로부터 증언을 받아 내려는 노력은 기울이지 않았다. 사건의 핵심 인물들인 하콘 슈발리에와 조지 엘텐튼 역시 마찬가지 였다(슈발리에는 당시 파리에 살고 있었고 엘텐튼은 오래전에 영국으로 돌아갔다. 하지만 두 사람 모두 마음만 먹으면 유럽 현지에서 만날 수 있었다.).

니콜스의 편지는 지나친 억측과 그레이 위원회에서 제기되지 않았던 새로운 해석으로 점철되어 있었다. 그는 왜 이제 와서 또 다른 이론을 제시했던 것일까? 답은 간단하다. 오펜하이머가 1954년에 청문회 위원들 앞에서 거짓말을 했다고 주장하는 편이 11년 전에 어느 육군 중령에게 거짓말했다는 것보다 훨씬 더 그에게 불리한 것이기 때문이었다.

니콜스가 이런 급진적인 해석을 스트라우스의 승인 없이 제기했을 리 없다. 이것으로 보아 스트라우스는 확실히 위원회 다수 의견의 애매모호함과 에번스의 반대 의견의 명징함이 대비되면 원자력 에너지 위원회 위원들이 그레이 위원회의 평결을 기각할지도 모른다고 우려했음을 알 수 있다.

오펜하이머의 변호사들은 니콜스의 편지에 대해 전혀 알지 못했다. 개리슨이 원자력 에너지 위원회 위원들 앞에서 구두로 반론을 제기할 수 있는 기회를 얻어냈다면 그 편지에 대해 알 수 있었을지도 모른다. 개리슨의 요청에 공감하던 헨리 스미스 위원은 "오펜하이머 박사의 변호인에게 니콜스의 편지에 반론을 제기할 기회를 주지 않는다면, 우리는 나중에 편지가 공개되고 나서 중대한 비판에 직면하게 될 것"이라고 경고했다.[10] 하지만 스트라우스는 다시 한번 승리를 거두었고, 개리슨의 반론 요청은 아무런 설명 없이 거부되었다.

오펜하이머의 변호사들은 한동안 다섯 명의 원자력 에너지 위원회 위원들이 그레이 위원회의 권고를 기각하지 않을까 기대했다. 다섯 명 중에서 세 명은 민주당원들이었고(헨리 드울프 스미스, 토머스 머리(Thomas Murray), 그리고 유진 주커트(Eugene Zuckert)), 공화당원은 두 명뿐이었다(루이스 스트라우스와 조지프 캠벨(Joseph Campbell)). 처음에는 스트라우스 역시 3 대 2로 오펜하이머에게 유리한 결과가 나오지 않을까 두려워했다. 하지만 의장이었던 스트라우스는 동료 위원들에게 영향력을 행사할 수 있는 위치에 있었다. 그는 워싱턴에서 권력이 어떻게 작동하는지 이해하고 있었고, 동료들이 자신의 입장을 따르게 하기 위해서라면 충분한 보상을 해 줄 용의가 있었다. 그는 위원들에게 호화로운 점심 식사를 대접했고, 스미스에게는 높은 연봉을 받는 기업체의 일자리를 제의하기도 했다. 스미스는 스트라우스가 자신을 매수하려는 것이 아닌가 생각했다.[11] 오펜하이머를 기소하는 최초의 편지를 작성하는 일을 맡았던 원자력 에너지 위원회 소속의 변호사 해럴드 그린은 스트라우스가 강경한 입장을 가지고 있었다고 생각했다. 그린은 주커트가 처음에는 오펜하이머를 무죄로 생각했다는 것을 알고 있었다. 사실 4월 19일에 스트라우스는 "유진 주커트는 이번 보안 사건에 대한 최종 결정을 내리는 데에 관여하고 싶지 않다는 의사를 가지고 있다."라는 소식을 들었다.[12] 하지만 어떤 시점에서 주커트는 생각을 바꾸었다. 그는 오펜하이머에 대한 다수 의견을 승인한 다음 날인 6월 30일 원자력 에너지 위원회 위원직에서 사임하고 개인 변호사 사무실을 개업할 예정이었다. 그린은 무언가 부적절한 일이 벌어지고 있다고 확신했다. 주커트가 사임한 직후에 스트라우스는 자신의 법률적 업무의 대부분을 주커트에게 맡겼던 것이다. 그린은 몰랐지만, 주커트는 이미 스트라우스의 "개인 자문역(personal adviser and consultant)"이 된다는 계약서에 서명한 상태였다.[13]

6월 말이면 스트라우스는 단 한 명을 제외한 모든 위원들의 표를 확보 중이었다. 위원회의 유일한 과학자인 스미스 교수만이 오펜하이머의 비밀 취급 인가를 돌려주어야 한다고 생각한다는 입장을 분명히 밝혔다. 스미스는 맨해튼 프로젝트 과학 연구 개발의 역사를 정리한 1945년 『스미스 보고서(Smyth Report)』의 저자였고, 오펜하이머를 둘러싼 보안 문제들에 대해 잘 알고 있었다. 개인적으로 그는 오펜하이머를 그다지 좋아하지 않았다. 그들은 프린스턴에서 10년 동안이나 이웃으로 지냈지만, 그는 항상 오펜하이머를 오만한 사람이라고 생각했다. 하지만 스미스는 제출된 증거가 설득력 있지 못하다고 생각했다. 5월 초에 그는 스트라우스와 점심 식사를 하며 평결에 대해 논쟁을 벌였다. 식사를 마치고 스미스는 "루이스, 당신과 나의 차이는, 당신은 모든 것을 검은색이거나 흰색이라고 생각하지만 나에게는 모든 것이 회색으로 보인다는 것이오."라고 말했다.[14]

스트라우스는 "해리, 내가 좋은 안과 의사 하나 소개시켜 주지."라고 쏘아붙였다.

몇 주 후 스미스는 스트라우스에 대한 반대 의견서를 작성하기로 결심했다고 말했다. 매일 밤 자정까지 스미스는 쌓으면 높이가 120센티미터에 달하는 그레이 보고서와 청문회 녹취록들을 검토했다. 그는 이 작업을 하기 위해 원자력 에너지 위원회 보좌관 두 명의 도움을 요청했다. 니콜스는 이들 중 하나였던 필립 팔리(Philip Farley)에게 이 일을 맡으면 앞으로 경력에 좋지 않을 것이라고 경고했다. 하지만 팔리는 용감하게도 스미스와 함께 일하기로 했다. 6월 27일에 스미스가 반대 의견서 초안을 완성했을 때는 이미 다수 의견서 역시 많이 바뀌어서 처음부터 다시 작성하지 않으면 안되게 되어 버렸다.

6월 28일 월요일 저녁 7시부터 스미스는 보좌관들과 함께 완전히 새로운 반대 의견서를 쓰기 시작했다. 최종 의견서를 제출하기 위한 원자력 에너지 위원회 자체 마감 시간까지는 불과 열두 시간밖에 남지 않았다. 그들이 밤늦게까지 일하던 중, 스미스는 창문 너머로 자신의 집 앞에 낯선 차가 세워져 있는 것을 발견했다. 차 속에서는 두 사람이 앉아서 집 쪽을 바라보고 있었다. 스미스는 원자력 에너지 위원회나 FBI에서 자신을 겁주기 위해 사람을 보낸 것이라고 생각했다. 그는 보좌관들에게 "내가 오펜하이머를 위해 이 모든 수고를 감수하다니 참 우습지 않나. 나는 그 친구를 별로 좋아하지도 않는데 말이야."라고 말했다.[15]

그날 아침 10시에 팔리는 스미스의 반대 의견서를 시내의 원자력 에너지 위원회 본부로 들고 가서 안전하게 접수되었는지 확인까지 했다. 그날 오후 스미스의 반대 의견과 다수 의견이 언론에 공개되었다. 위원들은 4 대 1로 오펜하이머가 충성스럽다고 투표한 반면, 4 대 1로 그가 위험인물이라고 투표했다. 수정된 다수 의견에는 수소 폭탄에 대한 언급이 빠져 있었다. 그것이 그레이 위원회 결정의 중심 주제였음을 감안해 볼 때 수상쩍은 일이었다. 스트라우스가 작성한 다수 의견은 오펜하이머의 인성에 "근본적인 문제"가 있다는 점을 부각시켰다. 구체적으로 말해서, 슈발리에 사건과 함께 1930년대 공산주의자였던 여러 학생들과의 관계가 중심적으로 다루어졌다. "기록에 따르면 오펜하이머 박사는 항상 규칙을 어기는 행동을 해 왔다. 그는 국익과 관련된 중요한 책임을 맡고 있는 상황에서 거짓말을 해 왔다. 그는 반복해서 보안 문제를 의식적으로 무시하면서 자신의 부적절한 친분 관계를 유지했다."[16]

결국 오펜하이머의 비밀 취급 인가는 만료되기 하루 전에 취소되었다. 원자력 에너지 위원회 위원들의 평결을 읽고 나서 릴리엔털은 일기에 다음과 같이 썼다. "말할 수 없을 정도로 슬프다. 그들은 엄청난 잘못을 저지른 것이다. 로버트에 대해서만이 아니다. 그들은 현명한 공직자들에게 요구되는 것이 무엇인지 전혀 이해하지 못하고 있다."[17] 아인슈타인은 넌더리가 난 나머지 앞으로 원자력 에너지 위원회를 "원자력 박멸 음모(Atomic Extermination Conspiracy)"라고 불러야 할 것이라고 빈정거렸다.[18]

오펜하이머의 비밀 취급 인가가 취소되기 전인 6월, 스트라우스는 청문회 녹취록 사본이 기차에서 도난당했다며(그것은 곧 뉴욕 펜실베이니아 역 분실물 센터에서 발견되었다.) 타자로 친 3,000쪽짜리 녹취록을 정부 인쇄국(Government Printing Office)을 통해 출판해야 한다고 동료 원자력 에너지 위원회 위원들을 설득했다. 이것은 증인들의 증언을 비밀로 유지하겠다는 그레이 위원회의 약속을 위반하는 것이었다. 하지만 스트라우스는 자신이 홍보 전쟁에서 밀리고 있다고 판단해 그런 우려 정도는 무시해 버렸다.

그것은 75만 단어에 993쪽의 두꺼운 책자로 출판되었다. 『J. 로버트 오펜하이머 사건에 대하여(In the Matter of J. Robert Oppenheimer)』라는 제목의 이 책자는 곧 초기 냉전 시기를 대표하는 문서가 되었다. 스트라우스는 오펜하이머에게 불리한 보도가 확실히 나가게 하기 위해 원자력 에너지 위원회 직원들을 시켜 기자들이 읽기 편하도록 가장 파괴력 있는 증언들에 밑줄을 긋게 했다. 인신공격에 일가견이 있던 우익 칼럼니스트 월터 윈첼은 다음과 같이 썼다. "(대부분의 사람들이 건너뛰는) 오펜하이머의 증언 중에는 그의 내연 여성 이름이 포함되어 있다(故 진 태트록).[19] 그녀는 열광적인 공산당 지지자였고, 그는 결혼 후에도 그녀와의 관계를 인정했다……. 그는 원자 폭탄 프로젝트 일을 맡고 있을 때, 자신의 정부(情婦)가 빨갱이 조직의 일원이라는 사실을 알면서도 그녀를 만났던 것이다."

《아메리칸 머큐리(American Mercury)》 같은 극보수주의 잡지는 "원자 과학계의 대표 주자"의 몰락을 환영했고, 오펜하이머의 지지자들을 "잠재적인 반역자들을 옹호하는" 자들이라며 비난했다.[20] 하원 회의장에서 위원회의 결정이 발표되었을 때, 몇몇 의원들은 일어서서 박수를 치기도 했다.[21]

하지만 장기적으로 보았을 때, 스트라우스의 전략은 역효과를 낳았다. 사람들은 녹취록을 읽고는 청문회가 얼마나 종교 재판처럼 진행되었는지, 매카시 시대에 정의가 얼마나 무너져 내렸는지는 알게 되었다. 청문회 녹취록이 공개된 지 4년만에 스트라우스는 동료들의 신망을 잃을 뿐만 아니라 공직 경력도 끝장나게 될 것이었다.

아이러니하게도 이 재판과 그레이 위원회의 평결을 둘러싼 소동은 미국뿐만 아니라 전 세계에서 오펜하이머의 유명세를 드높이는 결과를 가져왔다.[22] '원자 폭탄의 아버지'로만 알려져 있던 그는 이제 박해받는 과학자로 갈릴레오와 같은 반열에서 추앙받게 되었다. 재판 결과에 분노하고 충격받은 로스앨러모스 과학자 282명은 연명으로 오펜하이머를 변호하는 서한을 스트라우스에게 보냈다. 전국적으로 1,100명이 넘는 과학자들과 대학 교수들은 결과에 항의하는 또 다른 청원서에 서명했다. 스트라우스는 이에 대응해 원자력 에너지 위원회가 "어렵지만 올바른" 결정을 내렸다고 대답했다.[23] 방송인 에릭 세버레이드(Eric Sevareid)는 "그(오펜하이머)는 정부의 기밀문서를 더 이상 볼 수 없을 것이고, 정부는 아마도 오펜하이머의 머리에 든 비밀에 더 이상 접근할 수 없을 것이다."라고 논평했다.[24]

오펜하이머의 친구이자 칼럼니스트인 조 앨솝은 그레이 위원회의 결정에 분노했다. 그는 고든 그레이에게 편지를 보내 "단 한 번의 멍청하고 비열한 행동으로 당신은 이 나라가 당신에게 진 빚을 청산해 버렸습니다."라고 말했다.[25] 조와 그의 동생 스튜어트는 곧 《하퍼스》에 1만 5000단어짜리 에세이를 발표해 스트라우스가 "충격적인 오판"을 저질렀다고 호되게 비난했다. 드레퓌스 사건에 대한 에밀 졸라의 에세이 「나는 고발한다(J'Accuse)」를 차용해, 앨솝 형제는 그들의 에세이에 '우리는 고발한다!(We Accuse!)'라는 제목을 붙였다.[26] 그들은 유려한 언어로 원자력 에너지 위원회가 로버트 오펜하이머뿐만 아니라 "미국식 자유의 고귀한 이름"을 더럽혔다고 주장했다. 두 사건은 묘한 공통점을 가지고 있었다. 오펜하이머와 알프레드 드레퓌스 대위는 둘 다 부유한 유태인 가족 출신이었고, 이들은 배신행위를 했던 혐의를 받고 재판정에 서야만 했다. 앨솝 형제는 오펜하이머 사건이 드레퓌스 사건과 유사한 장기적 파장을 불러일으킬 것이라고 예측했다. "프랑스의 추악한 세력들은 그들의 부풀어 오른 자존심과 도가 지나친 자신감으로 드레퓌스 사건을 조작했다. 하지만 결국 그들은 자신들의 더러운 손으로 스스로의 권력을 앗아가는 결과를 맞이할 수밖에 없었다. 미국에서도 비슷한 세력들이 오펜하이머를 재판할 수 있는 분위기를 만들었고, 결국 그로 인해 스스로 권력을 내놓게 될 것이다."

평결이 언론에 보도된 후, 매클로이는 연방 대법관 프랭크퍼터에게 편지를 썼다. "훈장을 주렁주렁 매단 웬만한 장군들보다 훨씬 더 이 나라의 안보에 그토록 많은 기여를 한 사람이 이제 와서 위험인물로 지목되다니 참으로 비극적인 일입니다. 내가 듣기로 (루이스 스트라우스) 제독은 나의 증언을 못마땅하게 생각했다던데, 무슨 말을 기대했는지 모르겠습니다. 나는 오피가 엄청난 기여를 했을 때 그 자리에 있었습니다. 나에게는 할 말이 많이 남아 있습니다만, 이제 와서 무슨 소용이 있겠습니까?"

프랭크퍼터는 자신의 옛 친구를 안심시키려 했다. "당신은 '적극적 보안 개념'의 중요성을 많은 사람들에게 일깨워 주었습니다."[27] 프랭크퍼터와 매클로이는 이 슬픈 사건의 주범이 스트라우스였다는 것에 동의했다.

오펜하이머는 매카시 반공 히스테리가 극에 달했던 시기에 가장 눈에 띄는 희생자였다. 역사가 바튼 번스타인(Barton Bernstein)은 "이 사건은 궁극적으로 매카시 없는 매카시즘의 승리였다."라고 썼다.[28] 아이젠하워 대통령은 청문회 결과에 대체로 만족하는 듯했다. 하지만 대통령은 이와 같은 결과를 이끌어 내기 위해 스트라우스가 어떤 비열한 전술을 사용했는지 알지 못했다. 청문회 막후의 분위기를 짐작도 하지 못했다는 듯이 아이젠하워는 6월 중순 스트라우스에게, 해수 담수화 문제를 해결하는 일을 오펜하이머에게 맡기자는 짧은 메모를 보냈다. "나는 이보다 인류에게 커다란 혜택을 가져다 줄 과학적 성공을 떠올릴 수 없소."[29] 스트라우스는 조용히 그의 제안을 무시했다.

스트라우스는 마음 맞는 몇몇 친구들의 도움을 받아 오펜하이머를 "끌어내리는" 데 성공했다. 이것이 미국 사회에서 갖는 의미는 거대한 것이었다. 겉보기에는 단 한 명의 과학자가 파문당한 사건에 불과했다. 하지만 모든 과학자들은 앞으로 국가 정책에 도전하면 어떤 심각한 결과를 맞이하게 되리라는 점을 알아채게 되었다. 청문회 직전에 오펜하이머의 동료인 MIT의 바네바 부시는 한 친구에게 "군대와 함께 일을 하는 과학 기술인이 얼마나 자유롭게 발언할 수 있느냐는 쉽게 대답하기 어려운 문제일세……. 나는 원칙에 따라 행동했지, 어쩌면 지나치게 엄격하게 말이야."라고 편지를 썼다.[30] 부시는 오랜 경험을 통해 정부 내부의 협의 과정에 대해 공개적으로 발언하면 자신의 유용성을 떨어뜨리는 결과를 낳으리라는 것을 믿고 있었다. 다른 한편으로 "한 명의 시민으로서 조국이 파국으로 향하는 것을 보고 있다면 그는 그 사실을 알려야 하는 의무가 있어."라고 생각했다. 부시는 핵무기에 점점 더 의존하는 워싱턴의 정책에 비판적인 오펜하이머의 의견에 많은 부분 동의하고 있었다. 하지만 오펜하이머와는 달리 그는 자신의 의견을 말한 적이 없었다. 오펜하이머는 입을 열었다. 그리고 이제 그의 동료들은 그가 용기와 애국심을 가졌다는 이유로 처벌받는 모습을 똑똑히 목격했다.

과학자 공동체는 수년 동안이나 큰 정신적 상처를 입었다. 텔러는 친구들 사이에서 추방자 취급을 받았다. 사건이 있고 나서 3년 후, 라비는 여전히 자신의 친구를 심문했던 자들에 대한 분노를 주체할 수 없었다. 뉴욕의 고급 프랑스 레스토랑인 방돔 광장(Place Vendôme)에서 주커트와 마주친 라비는 목소리를 높여 욕설을 퍼붓기 시작했다. 그는 원자력 에너지 위원회 위원으로서 주커트가 내렸던 결정에 대해 그를 큰 소리로 비난했다. 얼굴이 새빨개진 주커트는 황급히 자리를 떴고 나중에 라비의 행동에 대해 스트라우스에게 불평했다.[31]

듀브리지는 콘던에게 보낸 편지에서 "오펜하이머 사건 자체에 대해서 이제 와서 뭔가 하는 것은 아마도 불가능에 가까울 것이야. '위험인물'이라는 단어는 매우 범주가 넓은 말이지. 한 사람에게 반역죄 혐의를 뒤집어씌우는 것으로 시작해 결국 사소한 거짓말을 한 죄목으로 기소한 다음에 결국 똑같은 죄값을 치르게 할 수 있거든. 오펜하이머가 약간의 거짓말을 한 것은 의심의 여지가 없는 것 같아. 하지만 일반인들이 보기에 한때 '공산주의자'였던 인물은 사소한 거짓말을 한 것만으로도 용서할 수 없는 자가 되어 버린다네."라고 썼다.[32]

제2차 세계 대전 이후 몇 년 동안, 과학자들은 새로운 부류의 지식인들로 떠올랐다. 그들은 과학자로서만이 아니라 대중 철학자로서의 정당성을 가지고 정책 수립에 전문 지식을 제공할 수 있었다. 오펜하이머가 끌어내려지자 과학자들은 앞으로는 좁은 과학 문제의 전문가로서만 국가에 봉사할 수 있으리라는 것을 알아챘다. 사회학자 대니얼 벨(Daniel Bell)이 나중에 언급했듯이, 오펜하이머의 시련은 전후 시기 "과학자들의 구세주로서의 역할"이 끝났다는 것을 상징적으로 보여 주는 사건이었다.[33] 체제 내에서 일하는 과학자들은, 오펜하이머가 1953년 《포린 어페어즈》의 에세이를 통해 그랬던 것처럼, 정부 정책에 반대하면서 동시에 정부 자문 위원회에 참여할 수 있으리라고 기대할 수 없었다. 그의 재판은 과학자와 정부 사이의 관계에 큰 변화가 있었음을 보여 주는 것이었다. 앞으로 미국 과학자들은 가장 좁은 방식으로만 조국에 기여할 수 있을 따름이었다.

20세기 전반에 미국 과학자들은 대학을 떠나 기업 연구소에 직장을 잡기 시작했다. 1890년에 미국에는 단 4개의 기업 연구소가 있었다. 1930년에는 1,000개가 넘는 기업 연구 기관이 생겨났다. 그리고 제2차 세계 대전은 이러한 경향을 가속시켰다. 로스앨러모스에서 오펜하이머는 물론 이 과정의 중심 역할을 담당했다. 하지만 나중에 그는 다른 길을 택했다. 프린스턴에서 그는 군사 연구에 참여하지 않았다. 오펜하이머는 아이젠하워 대통령이 나중에 "군산 복합체(military-industrial complex)"라고 부르게 될 상황의 전개에 점점 놀란 나머지, 자신의 유명세를 이용해 군부에 점점 종속되어 가는 과학자 공동체에 경종을 울리려 노력했다. 1954년에 그는 패배했다. 과학사가 패트릭 맥그래스(Patrick McGrath)가 나중에 언급했듯이 "에드워드 텔러, 루이스 스트라우스, 그리고 어니스트 로런스와 같은 과학자들과 행정가들은 그들의 군사 중심주의와 반공주의로 미국 과학자들과 미국 과학 기관들을 미국의 군사적 이해 관계에 거의 완벽하게 복속시켰다."[34]

오펜하이머의 패배는 또한 미국 진보주의의 패배였다. 진보주의자들은 로젠버그 핵 스파이 사건 도중에 재판정에 서지 않았다. 앨저 히스는 위증 혐의를 받았지만, 그 기저에 깔려 있던 혐의는 첩보 활동이었다. 오펜하이머 사건은 달랐다. 스트라우스의 개인적인 의심에도 불구하고, 오펜하이머가 비밀 정보를 건네주었다는 증거는 나타나지 않았다. 그레이 위원회 역시 이와 같은 혐의에 대해서는 무죄를 선고했다. 하지만 수많은 루스벨트 뉴딜주의자들처럼 오펜하이머는 한때 넓은 의미에서 좌파였고, 인민전선의 활동에 활발하게 참여했으며, 수많은 공산당원들과 가깝게 지냈다. 그는 점차 소련 체제에 대한 미몽에서 깨어났고, 자신의 지위를 이용해 진보주의적 외교 정책을 결정하는 엘리트 그룹에 참여하게 되었다. 이 당시 그는 조지 마셜, 딘 애치슨, 그리고 맥조지 번디와 같은 저명한 외교계 인사들과 친분을 나누었다. 진보주의자들은 오펜하이머를 두 팔 벌려 받아들였다. 그의 몰락은 결국 진보주의의 몰락이었고, 진보주의 정치인들은 게임의 법칙이 바뀌었음을 곧 이해하게 되었다. 이제 꼭 첩보 활동이 아니더라도, 국가에 대한 충성심에 의심의 여지가 없더라도, 미국의 핵무기 의존이라는 원칙에 의문을 제기하는 것 자체가 위험한 행동으로 간주되었다. 그러므로 1954년 오펜하이머에 대한 보안 청문회는 냉전 초기에 미국의 공공 영역이 급속히 좁아지게 되는 중요한 전환점이 되었다.

38장

나는 아직도 손에 묻은 뜨거운 피를 느낄 수 있다

결국 그의 정적들은 원하던 대로 그를 파괴하고 말았다.

— 이지도어 라비

오펜하이머 부부는 숭배자들로부터 지지를 보내는 편지, 괴짜들로부터 욕설이 담긴 편지, 그리고 가까운 친구들로부터 고뇌가 담긴 편지 등 수많은 편지들을 받았다. 코넬 물리학자 로버트 윌슨의 아내 제인 윌슨은 키티에게 "오펜하이머와 나는 처음부터 충격을 받았고, 사태가 전개됨에 따라 역겨움과 메스꺼움을 참을 수 없었습니다. 인류의 역사에서 이보다 더 추악한 희극이 없지야 않았겠지만, 나는 그것을 기억해 낼 수 없군요."라고 썼다.[1] 오펜하이머는 자신의 사촌 바베트 오펜하이머 랭스도프(Babette Oppenheimer Langsdorf)에게 이 모든 일을 가볍게 농담처럼 표현했다. "나에 대해 읽는 것에 질리지 않았어? 나는 그래!"[2] 하지만 그의 쓰라린 경험은 다음과 같은 심술궂은 코멘트에서 배어 나오고는 했다. "그들이 나의 전화를 도청하는 데 쓴 돈은 내가 로스앨러모스를 운영할 때 받은 봉급보다도 많아."

오펜하이머는 동생과의 전화 통화에서 자신이 "이 사건이 어떻게 끝날지 처음부터" 알고 있었다고 말했다.³ 그는 물론 결과에 낙담했지만, 이 시련을 이미 지나간 것으로 취급하려 하고 있었다. 심지어 그는 프랭크에게 자신이 7월 초에 2,000달러를 들여 "역사가들과 학자들이 연구할 수 있도록" 청문회 기록의 사본을 만들었다고 말했다.

그의 가까운 친구들은 그가 지난 6개월 동안 눈에 띄게 늙었다고 생각했다. 체르니스는 "그는 어떤 날은 찡그리고 초췌한 모습이었고, 또 다른 날은 활기차고 어느 때보다도 아름다워 보였습니다."라고 말했다.⁴ 오펜하이머의 어릴 적 친구인 퍼거슨은 그의 외모에 깜짝 놀랐다. 그의 짧고 희끗희끗하던 머리는 완전히 새하얘졌다. 이제 막 50세가 된 그는 난생 처음으로 실제 나이보다 늙어 보였다. 오펜하이머는 퍼거슨에게 자신이 "빌어먹을 멍청이"였으며 어쩌면 그런 일을 당해도 쌀지도 모른다고 고백했다.⁵ 그가 죄를 지었다는 것은 아니었지만, "모르는 일에 대해 안다고 주장하는 것과 같은" 큰 실수를 여러 번 저지른 것은 사실이었다. 퍼거슨은 자신의 친구가 이제 "가장 치명적인 실수들이 자신의 허영 때문"이라는 것을 안다고 생각했다. 퍼거슨은 "그는 상처입은 짐승 같았습니다."라고 회고했다. "그는 물러섰습니다. 그리고 단순한 생활로 돌아갔지요."⁶

오펜하이머는 14세 때 극기심을 보였던 것과 마찬가지로 자신에게 내려진 판결에 저항하는 것을 거부했다. 그는 한 기자에게 "나는 이것이 거대한 사고라고 생각합니다. 열차의 충돌이나 빌딩이 무너진 것과 같은 것이지요. 이것은 나의 인생과는 아무런 관련이 없습니다. 나는 단지 거기 있었을 뿐입니다."라고 말했다. 하지만 재판이 끝나고 6개월쯤 지나서 작가인 존 메이슨 브라운(John Mason Brown)은 그의 시련을 "바싹 마른 십자가에 못박힘(dry crucifixion)"이라고 표현했다.[7] 오펜하이머는 엷게 미소지으며 대답했다. "사실 그렇게 바싹 마르지는 않았습니다. 나는 아직도 내 손에 뜨거운 피를 느낄 수 있어요."라고 대답했다. "내 인생과는 아무 관련이 없는……거대한 사고"라는 식으로 그가 이 시련을 하찮게 다루려 하면 할수록 그것은 더욱 그의 영혼을 무겁게 짓눌렀다.

오펜하이머는 깊은 우울증에 빠지거나 다른 정신 질환으로 고생하지는 않았다. 하지만 그의 몇몇 친구들은 그가 살짝 변한 것을 알아챘다. 베테는 "그가 이전에 보였던 활기가 대부분 빠져나갔습니다."라고 말했다.[8] 라비는 나중에 보안 청문회에 대해 말하면서 "나는 어떤 의미에서는 그것이 그를 정신적으로 거의 죽였다고 생각합니다. 결국 그의 정적들은 원하던 대로 그를 파괴하고 말았다."라고 했다. 서버는 청문회가 있고 나서 "오피는 슬픈 사람이었고, 그의 정신은 깨져 버렸다."고 생각했다.[9] 하지만 그해 말 데이비드 릴리엔털이 사교계의 명사 마리에타 트리(Marietta Tree)가 뉴욕에서 주최한 파티에서 오펜하이머 부부를 만났을 때 그는 키티가 "빛이 나는 것처럼" 보였고 서버는 "행복해 보였는데, 이는 그와 관련된 기억 속에는 없는 일"이라고 일기에 적었다.[10] 체르니스 같은 가까운 친구는 "오펜하이머와 키티가 청문회를 놀랄 만큼 잘 견뎌 냈다고 생각했다." 체르니스는 만약 오펜하이머가 바뀌었다면 오히려 나아진 쪽일 것이라고 생각했다. 체르니스는 오펜하이머가 시련을 겪고 난 후 남의 말을 더 경청했고 "다른 사람들에 대한 이해심이 깊어졌다."라고 말했다.[11]

오펜하이머는 초토화 상태였지만 평정심을 되찾았다. 그는 그동안 자신이 겪은 일들을 말도 안 되는 사고로 치부해 버릴 수 있었지만, 그와 같은 무기력함으로 인해 그는 활력과 분노를 가질 수 없었다. 그에게는 반격할 만한 힘이 남아 있지 않았다. 어쩌면 이와 같은 무기력함은 그의 뿌리 깊은 생존 전략이었을지도 모른다. 만약 그랬다면 그것은 상당한 대가를 요구했다.

오펜하이머는 한동안 고등 연구소 이사회가 자신을 유임시킬지에 대해 확신할 수 없었다. 그는 스트라우스가 자신을 소장직에서 쫓아내려 하리라는 것은 알고 있었다. 스트라우스는 7월에 FBI에게 연구소의 이사 13명 중 8명이 오펜하이머를 해고할 준비가 되어 있다고 생각한다고 밝혔다.[12] 하지만 그는 이사회 의장인 자신이 개인적 복수심으로 행동하는 것처럼 보이지 않기 위해 가을까지 투표를 미루기로 결정했다. 이는 그의 계산 착오였다.[13] 그동안 고등 연구소의 교수들은 오펜하이머를 지지하는 공개 서한을 작성해 서명을 받을 시간을 벌 수 있었다. 연구소의 종신 교수들은 모두 서명했는데, 이는 이들 중 여럿의 자존심에 상처를 입힌 소장에게 보이는 연대감치고는 상당히 놀라운 일이었다. 스트라우스는 일단 물러설 수밖에 없었고, 그해 가을 이사회는 오펜하이머를 유임시키기로 결정했다. 분노한 스트라우스는 고등 연구소 이사회 회의 때마다 오펜하이머와 충돌했다. 그는 오펜하이머에 대한 강박을 버리지 못했고, 오펜하이머의 규칙 위반 사례들을 구체적으로 기록한 메모로 자신의 파일을 채워 나갔다. 그는 1955년 1월에 교수 안식년 봉급에 대한 사소한 말다툼에 대해 "그는 능숙하게 거짓말을 늘어놓는다."라고 썼다.[14] 이후 수년 동안 그는 오펜하이머와 가까운 사람들에 대한 악의적인 메모들을 모았다.* 그는 프랭

---

* 1957년 소련 비밀 경찰은 앨솝의 동성애 밀회 장면 사진을 갖고 그에게 접근했다. 스트라우스는 이 사건의 전모를 담은 편지들을 CIA 국장 앨런 덜레스에게 보내 개인 금고에 보관하도록 조치를 취했다.

크퍼터 대법관을 "파렴치한 거짓말쟁이"라고 불렀고, 조 앨솝의 성적 취향이 그를 "소련의 협박에 취약하게" 만들었다는 소문을 퍼뜨렸다.[15]

만약 오펜하이머가 지난 몇 달간 겪었던 일들로 인해 고통받았다면, 그의 가족들 역시 그러했다. 키티는 보안 패널에서 훌륭하게 증언했지만, 그녀의 친구들은 그녀가 눈에 띄게 지쳤다는 것을 알 수 있었다. 어느 날 새벽 2시에 그녀는 옛 친구인 팻 셰르에게 전화를 걸었다. 셰르는 "우리는 곤히 자고 있었습니다. 그리고 그녀는 확실히 상당히 취한 상태였지요. 그녀는 혀가 꼬인 상태였고, 무슨 말을 하는지 잘 이해할 수 없었습니다."라고 회고했다.[16] 7월 초 원자력 에너지 위원회가 청문회의 결정을 추인한 직후, FBI는 불법 도청을 통해 키티가 갑자기 심하게 아프기 시작해 의사가 올든 매너로 왕진을 왔다는 사실을 기록했다.[17]

9세 된 토니는 이 모든 일들을 잘 받아들이는 듯했다. 하지만 해럴드 체르니스에 따르면 13세였던 피터는 "오펜하이머가 시련을 겪는 동안 학교 생활에 어려움을 겪었다."[18] 어느 날 그는 학교에서 돌아와 키티에게 한 동급생이 "너희 아빠는 공산주의자야."라고 말했다고 했다. 피터는 항상 예민한 아이였는데, 이제 더욱 과묵해졌다. 그해 여름 어느 날 텔레비전에서 육군-매카시 청문회를 보고 나서 피터는 위층으로 올라가 자신의 침실에 걸려 있는 흑판에 "미국 정부가, 내가 아는 어떤 사람들이 그들에게 불공평하게 대한다고 죄를 씌우는 것은 불공평한 일이다. 그러므로 나는 미국 정부의 어떤 사람들은 지옥에 가야 한다고 생각한다. 친애하는, 어떤 사람."[19]

당연하게도 오펜하이머는 긴 휴가가 모두에게 도움이 되리라고 생각했다. 그와 키티는 버진 제도로 돌아가기로 결정했는데, 계획을 세우면서 오펜하이머는 키티에게 세인트크로이로 전보를 보내서는 안 된다고 말했다. 그는 아직 감시를 받고 있을지도 모르는 일이었다. 정부가 방해할지도 모른다는 생각에 그는 "내가 직접 연락을 하면 그곳 역시 망가지게 될 거야."라고 말했다.[20] 키티는 그의 말을 무시한 채 전보를 보냈고, 그들의 친구 에드워드 '테드' 데일 소유의 21미터짜리 케치선 '코만치'를 예약했다.

FBI의 도청은 6월 말경 중단되었다.[21] 하지만 한 달 후 원자력 에너지 위원회 위원들이 오펜하이머에 대한 최종 평결을 내린 후, 스트라우스는 오펜하이머를 계속 감시해야 한다고 FBI에 압력을 가했다. 결국 7월 초 불법 전화 감청이 재개되었고, 동시에 FBI는 여섯 명의 요원을 배치해 오전 7시부터 자정까지 매일 오펜하이머를 직접 감시했다. 스트라우스와 후버는 그가 도주할지도 모른다고 생각했다. 스트라우스는 따뜻한 카리브 해 연안에 소련 잠수함이 나타나 오펜하이머를 철의 장막 저편으로 유괴해 가는 상상도 했다.

오펜하이머는 《뉴스위크》에 자신에 대한 기사가 실린 것을 보고 실소를 금치 못했다. "주요 정부 관계자들은 로버트 오펜하이머 박사가 유럽을 방문하면 그를 폰티코르보(Ponti Corvo)를 하도록 구슬린다는 공산주의자들의 계획을 듣고 대응책을 세웠다."[22] 폰티코르보란 1950년 소련으로 전향한 이탈리아 물리학자 브루노 폰테코르보의 이름을 딴 것이었다. FBI 도청에 따르면 마크스는 오펜하이머에게 그런 상황이라면 후버에게 편지를 써 휴가 계획을 미리 통보하는 편이 좋을 것이라고 조언하기도 했다. 그들의 대화를 요약한 FBI 기록에 따르면 "그 편지를 보내는 이유는 오펜하이머 박사가 이 나라를 뜰지도 모른다는, 납치될 수도 있다는, 소련 잠수함이 대기하고 있을 것이라는, 또는 유럽으로 휴가를 계획하고 있다는 등 말도 안 되는 뜬소문이 돌고 있기 때문이다."[23] 오펜하이머는 조언을 받아들여 후버에게 자신이 3~4주 동안 버진 제도를 항해하며 휴가를 보낼 것이라는 계획을 알리는 편지를 보냈다.

오펜하이머는 가족들과 함께 1954년 7월 19일 세인트크로이행 비행기에 올랐고, 그곳을 거쳐 세인트존 섬으로 향했다. 세인트존은 맨해튼 정도의 크기(56제곱킬로미터)에 인구는 800명 정도(이들 중 10퍼센트 정도는 '대륙 출신')인 때문지 않은 카리브 해의 섬이다. 1954년 무렵 이 섬의 만에는 단 2개의 슬루프 선이 정박되어 있을 뿐이었다. 섬의 단 하나뿐인 마을이자 상업 항구인 크루즈 만(Cruz Bay)의 인구는 약 수백 명에 불과했는데, 이들은 대부분 세인트존으로 끌려온 노예들의 후예들이었다.[24] 마을의 유일한 술집인 무이스(Mooie's)는 2년 후에야 문을 열 것이었다. 가장 큰 빌딩인 미드 여관(Meade's Inn)은 단층짜리 서인도풍의 오두막집이었다. 공작새와 당나귀들은 포장되지 않은 길거리를 쏘다녔다.

페리선에서 내린 오펜하이머 가족은 지프 택시를 잡아타고 흙길을 따라 섬의 북쪽 해안으로 향했다. 그들은 섬의 오랜 주민인 이르바 불란 소프(Irva Boulan Thorpe)가 운영하는 트렁크 만의 접대소에 짐을 풀었다. 로런스 S. 록펠러(Laurance S. Rockefeller)가 세운 고급 리조트 캐닐 플랜테이션(Caneel Plantation)이 있었지만, 이들은 사람들 눈에 띄고 싶지 않았던 것이다. 접대소에는 전화도 전기도 없었고, 약 12명 정도 묵을 수 있는 작은 규모였다. 그들은 조용히 쉴 수 있는 곳을 선택했다. 주인의 딸인 이르바 클레어 데넘(Irva Claire Denham)은 "그들은 충격에 빠져 있었습니다."라고 회고했다.[25] "그곳은 외진 곳에 있어서 사람들은 그들을 만나기 어려웠습니다. 그들은 심지어 누구와 얘기하는 것조차 조심하는 듯했습니다……. 키티는 로버트를 보호하려고 노력했습니다. 그녀는 누군가 그에게 접근하기라도 하면 호랑이처럼 그를 맴돌았습니다." 키티는 기분이 나쁠 때면 자주 물건들은 내동댕이치고는 했다.[26] 그럴 때면 다음 날 아침 오펜하이머가 집주인 가족을 찾아가 피해액을 충분히 보상했다. 오펜하이머 가족은 크루즈 만을 모항(母港)으로 삼고 세인트존 주변과 이웃의 영국령 버진 제도를 항해하며 5주간을 보냈다.

1954년 8월 25일까지도 FBI는 공산주의자들이 오펜하이머 가족을 철의 장막 저편으로 유괴하려는 "오펜하이머 작전"을 세우고 있지는 않을까 걱정했다. 한 FBI 보고서에는 "계획에 따르면 오펜하이머는 먼저 영국으로 갈 것이고, 영국에서 프랑스로 이동한 후, 프랑스에서 소련의 손아귀 속으로 사라질 것이다."라고 나와 있다.[27]

오펜하이머가 세인트존 섬에 머무는 동안 FBI가 그를 감시하는 것은 불가능했다. 1954년 8월 29일 그가 마침내 뉴욕으로 돌아왔을 때 FBI 요원들은 그에게 접근해 공항 터미널에 위치한 방으로 동행해 줄 것을 요구했다. 오펜하이머는 동의했으나 자신의 아내도 함께 갈 것을 요구했다. 그들이 방 안에 들어서자 요원들은 그가 버진 제도에 머무는 동안 소련 요원들이 접근해 전향할 것을 요청하지 않았느냐고 물었다. 오펜하이머는 소련인들이 "지독한 바보들"이긴 하지만, "그런 제안을 가지고 접근할 정도로 멍청"하다고는 생각하지 않는다고 말했다.[28] 그는 만약 그런 일이 생긴다면 즉각 FBI에게 통지하겠다고 자청했다. 짧은 심문이 끝나고 오펜하이머 가족은 공항을 떠났다. 요원들은 그들의 차를 뒤쫓아 프린스턴까지 따라갔고, FBI는 다음 날 다시 그들의 집 전화에 도청기를 설치했다.

놀랍게도 FBI는 오펜하이머가 떠난 지 6개월 후인 1955년 3월 요원 몇 명을 세인트존 섬으로 보냈다.[29] 그들은 오펜하이머가 섬에 머무는 동안 대화를 나눴던 주민들에게 질문을 하며 돌아다녔다.

외국 인사들은 재판 소식을 듣고 믿을 수 없다는 반응을 보였다. 유럽의 지식인들은 이를 미국이 비이성적 공포에 사로잡혀 있음을 확증하는 증거라고 보았다. 크로스먼(R. H. S. Crossman)은 영국의 주요 진보 주간지 《뉴 스테이츠맨 앤드 네이션(The New Statesman and Nation)》의 기고문에서 "이와 같은 환경에서 독립적이고 실험적인 정신이 어떻게 살아남을 수 있는가?"라고 물었다.[30] 파리에서 슈발리에는 오펜하이머가 보낸 청문회 녹취록을 받고 앙드레 말로에게 일부분을 소리 내어 읽어 주었다. 두 사람은 오펜하이머가 심문자에게 보여 준 이상한 소극성에 충격을 받았다. 말로는 특히 오펜하이머가 자신의 친구들과 동료들의 정치관에 대한 질문에 스스럼없이 대답했다는 사실을 불편하게 여겼다. 청문회를 통해 그는 밀고자가 되었던 것이다. 말로는 슈발리에에게 "문제는 그가 처음부터 고발인의 논리를 받아들였다는 것입니다……. 그는 애초부터 그들에게 '내가 바로 원자 폭탄이오!(Je suis la bombe atomique!)'라고 말해 주었어야 했어요. 그는 자신이 원자 폭탄을 만든 장본인이라는 사실을 강조했어야 했습니다. 그는 과학자이지 밀고자가 아니라고 말입니다."라고 말했다.[31]

오펜하이머는 처음에는 주류 사회에서 추방될 수밖에 없는 듯 보였다. 거의 10년 동안 그는 유명한 과학자 이상의 명성을 누렸다. 그는 한때 대단한 영향력을 지닌 유명인사였지만, 이제는 갑자기 모두의 시야에서 사라져 버렸다. 로버트 코플란(Robert Coughlan)이 나중에 《라이프》에 썼듯이, "1954년 보안 청문회 이후, 공인으로서의 오펜하이머는 더 이상 존재하지 않았다……. 그는 전 세계에서 가장 유명한 사람 중 한 명이었다. 수많은 사람들이 그를 존경했고, 인용했으며, 사진을 찍고, 조언을 구했으며, 찬사를 퍼부었다. 그는 새로운 종류의 영웅의 원형(原型)으로, 과학과 지성의 영웅으로, 새로운 원자력 시대를 연 장본인이자 살아 있는 상징으로 신격화되었다. 그리고 갑자기, 모든 영광은 사라졌고 그 역시 사라져 버렸다."[32] 매스컴에서는 텔러가 오펜하이머 대신 과학의 대변인 역할을 맡기 시작했다. 제러미 군델(Jeremy Gundel)은 "1950년대에 텔러에 대한 찬양은 어쩌면 그의 주요 라이벌이었던 로버트 오펜하이머의 몰락을 필요로 했을지도 모른다."라고 썼다.[33]

오펜하이머는 정관계에서 추방되었지만, 그는 자유주의자들 사이에서 공화당의 폐해를 적나라하게 보여 주는 상징으로 급격히 떠올랐다. 그해 여름 《워싱턴 포스트》는 부편집국장 알프레드 프렌들리(Alfred Friendly)의 시리즈 기사를 실었는데, FBI는 이를 두고 "오펜하이머에 대해 호의적"이라고 평가했다.[34] "드라마가 가득한 오펜하이머 청문회 녹취록"이라는 표제를 단 한 기사에서 그는 청문회를 "아리스토텔레스식 드라마, 셰익스피어에 못지않은 풍부함과 다양성, 그리고 『전쟁과 평화(War and Peace)』보다 훨씬 많은 인물이 등장하며 『바람과 함께 사라지다(Gone With the Wind)』보다 복잡한 줄거리"를 가졌다고 썼다.

많은 미국인들이 오펜하이머를 극단적인 매카시즘에 걸려든 과학자이자 순교자라고 여기기 시작했다. 1954년 말 컬럼비아 대학교는 그에게 대학 설립 200주년 기념 강연을 해 달라고 부탁했다. 강연은 전국에 방송되었다. 그의 메시지는 암담했고 비관적이었다. 이전에 그는 리스 강연을 통해 공동체주의에 입각한 노력이라는 과학의 미덕을 칭송했지만, 이제 그는 대중의 감정이라는 사나운 바람과 싸우는 지식인들의 외로운 조건을 강조했다. 그는 "우리는 이 세상을 살아가면서 자신의 한계를 알고, 피상성의 악함을 알고, 우리에게 가장 가까운 것들, 즉 우리가 아는 것, 우리가 할 수 있는 일, 우리의 친구들, 전통, 그리고 사랑에 의존할 수밖에 없습니다. 그렇지 않으면 우리는 혼란에 빠져 아무것도 알지 못하게 되고 아무것도 사랑하지 못하게 됩니다……. 만약 누군가가 우리와 생각을 달리한다면, 또는 우리 눈에는 추악한 것을 아름답다고 생각한다면, 우리는 그와 같은 피곤함과 문제들로부터 달아나야 할지도 모릅니다."[35]라고 말했다.

며칠 후 수백만 명의 미국인들은 유명한 앵커인 에드워드 머로(Edward R. Murrow)가 자신의 텔레비전 프로그램「시 잇 나우(See It Now)」에서 오펜하이머를 인터뷰하는 것을 지켜보았다. 오펜하이머는 이 프로그램에 출연하고 싶은 생각이 없었다. 그래서 마지막 순간에 취소하려고 했다. 머로의 방송국 역시 심각한 우려를 표명했다. 하지만 유명한 앵커인 머로가 오펜하이머를 설득해 그의 고등 연구소 사무실에서 인터뷰를 녹화하도록 했다.

머로는 오펜하이머와 2시간 30분 동안 나눈 대화를 25분으로 편집해 1955년 1월 4일 방송했다. 오펜하이머는 이 기회를 이용해 비밀주의의 해악에 대해 이야기했다. 그는 "비밀주의의 문제는 그것이 정부가 공동체 전체의 현명함과 자원을 이용하지 못하게 한다는 것입니다."라고 말했다.[36] 머로는 보안 청문회를 직접 언급하지는 않았는데, 이는 두말 할 것도 없이 오펜하이머의 요청에 따른 것이었다. 대신 그는 오펜하이머에게 과학자들이 정부로부터 소외되었냐고 물었다. 오펜하이머는 우회적으로 "과학자들은 조언을 해 달라는 요청을 받는 것을 좋아합니다."라고 대답했다. "누구라도 자신이 뭔가를 안다는 대우를 받는 것을 좋아합니다. 정부가 자신이 일하는 분야에서 잘못된 결정을 내린다면, 그리고 그 결정들이 비겁하고, 보복적이며, 근시안적이라면……당신은 실망에 빠지게 될 것입니다. 그리고 어쩌면 당신은 조지 허버트의 시「나는 떠나야겠어(I Will Abroad)」를 낭독할지도 모릅니다. 하지만 그것은 과학적이라기보다는 인간적인 것이지요." 인류가 이제 스스로를 멸망시킬 능력을 갖게 되었느냐는 질문에 오펜하이머는 "그렇게까지는 아닙니다. 그렇게까지는. 물론 인간 전체의 상당수를 파괴할 수는 있을 것입니다. 그렇게 된다면 남은 자들을 과연 인류라고 부를 수 있을지는 의문이지만."이라고 대답했다.

「시 잇 나우」에 출연하고 나서 몇 주 후, 오펜하이머의 이름은 다시 한번 전국 언론에 등장했다. 이번에는 학문의 자유를 둘러싼 논쟁을 통해서였다. 워싱턴 대학교는 1953년에 오펜하이머를 단기 방문 교수로 초빙했는데, 그는 보안 청문회 때문에 이를 연기했다. 1954년 말, 물리학과는 다시 그를 초청하려 했지만, 이번에는 헨리 슈미츠(Henry Schmitz) 총장이 이를 취소했다.《시애틀 타임스(Seattle Times)》가 이 소식을 보도하자 전국 방방곡곡에서 학문의 자유에 관한 토론이 벌어졌다. 몇몇 과학자들은 워싱턴 대학교를 보이콧하겠다고 선언했다.《시애틀 포스트 인텔리젠서(Seattle Post-Intelligencer)》는 사설을 통해 슈미트 총장을 지지했다. "이번 사안이 '학문의 자유'의 문제라는 주장은……감정적이고 유치한 헛소리에 불과하다." 신문은 오펜하이머를 지지하는 자들은 "전체주의 옹호자들"이라고 단언했다.[37]

오펜하이머는 소동에 끼어들지 않으려 했다. 한 기자가 그에게 이번 방문이 취소된 것은 학문의 자유에 대한 침해가 아니냐고 묻자, 그는 "그건 내 문제가 아니오."라고 말했다. 하지만 기자는 이어서 과학자들의 보이콧이 대학을 당혹스럽게 하지 않겠느냐고 물었고, 그는 날카롭게 "내가 보기에 그 대학은 이미 당혹스러운 입장에 빠진 것 같군요."라고 대답했다.

이와 같은 사건들은 오펜하이머의 새로운 이미지를 강화했다. 그는 워싱턴 내부자로부터 추방된 지식인으로 완전히 탈바꿈했다. 하지만 이는 오펜하이머가 개인적으로 스스로를 반체제 인사로 생각했다는 것을 의미하지는 않는다. 그에게는 대중 지식인으로서의 역할을 맡을 의사가 없었다. 그가 훌륭한 대의를 위해 모금 운동을 조직하던 때는 이미 지난날이었다. 이제 그는 청원서에 서명조차 하려 하지 않았다. 그의 친구들은 그가 이상하게도 수동적이고, 심지어는 지나치게 권위에 복종하는 듯하다고 생각했다. 그의 친구이자 추종자인 릴리엔털은 보안 청문회가 있고 나서 1년도 채 되지 않은 1955년 3월에 오펜하이머와 나눈 대화에 충격을 받았다. 릴리엔털, 오펜하이머, 아돌프 베를(Adolph Berle), 프랭클린 루스벨트의 보좌관들이었던 짐 로(Jim Rowe)와 벤 코헨(Ben Cohen), 그리고 루스벨트 대통령 시절의 법무장관이었던 프랜시스 비들(Francis Biddle) 등이 이사로 있던 자유주의 재단인 20세기 펀드(Twentieth Century Fund) 이사회 자리에서였다. 재단 일이 마무리되자 베를은 최근 벌어진 공산주의 중국과 장개석의 대만 사이의 갈등으로 화제를 돌렸다. 베를은 곧 전쟁이 날 것이라고 생각했고, 그렇게 되면 "작은 원자 폭탄"으로 시작될지도 모른다고 말했다. 또한 그는 자신이 아는 몇몇 장군들은 "중국이 더 강해지기 전에 지금 원자 폭탄으로 파괴해야 한다."라고 믿고 있다고 덧붙였다. 참석자들은 이에 대해 무엇을 할 수 있을지에 대한 활발한 토론을 벌였고, 곧 그들 모두 갑작스러운 군사 행동을 자제해야 한다는 성명서에 서명하자는 것으로 의견이 모아졌다.

하지만 이때 오펜하이머는 릴리엔털이 놀랄 만한 행동을 했다.[38] "그는 이 성명서에 기본적으로 동의하지만 이것이 야기할 소동을 생각해 봤을 때 자신은 서명하지 않는 편이 좋겠다고 설명했습니다."라고 말했다. 그는 나아가 아이젠하워 행정부가 전쟁으로 치닫는 것에 항의한다는 생각 자체에 찬물을 끼얹었다. 그는 따지고 보면 포모사(Formosa, 대만)와의 전쟁은 다른 희생을 각오하면서까지 꼭 지켜야 하는 것은 아니라고 말했다. 설령 만약 전쟁을 벌여야 하는 상황이 온다고 해도, 전술 핵무기의 제한적 사용이 반드시 도시들에 대한 전면적 폭격으로 이어지는 것은 아니었다. 심지어 그는 자신이 동의하기는 하지만 서명하지는 않을 어떤 성명서가 채택되더라도 "워싱턴에서 여러 사항들을 사려 깊고 조심스럽게 고려하지 않았다."는 인상을 주어서는 안 될 것이라고 주장했다. 오펜하이머는 언제나와 같이 설득력이 있었다. 회의가 끝날 무렵 모두는 성명서까지 필요한 상황은 아니라는 데에 동의했다. 릴리엔털은 "엄청난 공격을 받은 사람들이 애국심을 의심받을까 두려워하여, 우리나라와 정부에 대한 입장에 관해 토의할 때 일부러 과도하게 보수적인 입장을 취하는 것은 아닌가."라고 생각했다.

오펜하이머가 자신이 믿을 만한 애국자라는 것, 그리고 비판자들이 자신의 헌신성을 의심하는 실수를 저질렀다는 것을 보이기 위해 노력했다는 것은 확실했다. 그는 모든 정책, 그중에서도 특히 핵무기와 관련이 있는 정책에 대해 의견을 내는 것을 피하려 했다. 그는 핵 전략가로 행세하던 젊은 헨리 키신저(Henry Kissinger)처럼 전문가를 자처하는 사람들을 못마땅해했다. 그는 릴리엔털에게 개인적으로 "말도 안 되는 소리야."라며 불을 붙이지 않은 파이프를 휘두르며 말하기도 했다.[39] "이 문제들을 게임 이론이나 행동 연구 따위를 통해 해결할 수 있다고 생각하다니!" 하지만 그는 공개적인 자리에서는 키신저나 다른 핵 전략가들을 비난하지 않았다.

그해 봄 오펜하이머는 제1회 퍼그워시 회의(Pugwash Conference)에 참석해 달라는 버트런드 러셀의 초청을 거절했다. 퍼그워시 회의는 기업가 사이러스 이튼, 러셀, 레오 질라르드, 그리고 1944년 가을 로스앨러모스를 떠났던 폴란드 출신 물리학자 조지프 로트블랫이 조직한 과학자들의 국제 회의였다. 오펜하이머는 러셀에게 보내는 편지에서 자신은 "계획된 의제들을 보고 조금 걱정이 되었다."라고 썼다.[40] "무엇보다도 '핵무기의 지속적 개발로 인한 위험성들'이라는 항목은 가장 큰 위험성이 어디에 있는지 예단하게 만든다고 생각합니다." 당황한 러셀은 "핵무기의 지속적 개발로 인한 위험성을 부인할 수는 없다고 생각합니다."라고 답장을 보냈다.

과학 사회학자 소프는 이런 사례들을 들어 오펜하이머는 "핵 보유국의 핵심 그룹으로부터 추방되기는 했지만, 그럼에도 마음속으로는 그와 같은 정책들의 근본적인 방향에 지지를 보냈다."라고 주장했다.[41] 소프가 보기에 오펜하이머는 "권력자들의 옹호자이자 이길 수 있는(winnable) 핵전쟁의 과학-군사 전략가로서의 역할"로 돌아가고 있었다. 이렇게 보는 사람은 그뿐이 아니었다. 오펜하이머는 러셀, 로트블랫, 질라르드, 아인슈타인 등 미국 주도의 군비 경쟁에 항의하는 탄원서에 자주 서명했던 정치 활동가들과 운명을 같이할 의사가 전혀 없었다. 그의 이름은 러셀, 로트블랫, 아인슈타인뿐만 아니라 그의 스승이었던 막스 보른, 라이너스 폴링, 그리고 퍼시 브리지먼이 서명한 1955년 6월 9일자 공개서한에서도 확실히 빠져 있었다.[42]

하지만 오펜하이머는 여전히 자신만의 비판을 해 나갔다. 그는 단지 단독으로 그리고 동료 과학자들보다는 훨씬 더 복잡한 입장을 세우고 싶어 했다. 그는 핵무기가 제기하는 윤리적 철학적 딜레마에 대해 깊은 고민에 빠졌다. 하지만 소프의 말을 빌자면, "오펜하이머는 세상을 위해 눈물을 흘렸지만, 그것을 바꾸기 위해 노력하지는 않는" 듯했다.[43]

사실 오펜하이머는 무척이나 세상을 바꾸고 싶어 했다. 하지만 그는 자신이 워싱턴의 권력 중심부로부터 멀어졌다는 것을 알고 있었고, 1930년대 그를 움직였던 활동가 정신은 잊어버린 지 이미 오래였다. 그는 추방된 후 당시의 거대한 논쟁에 참여할 수 없었다. 오히려 그는 스스로를 검열하기 시작했다. 프랭크 오펜하이머는 형이 공직에 다시 들어갈 수 없다는 사실에 매우 낙담했다고 생각했다. 프랭크는 "그는 돌아가고 싶어 했다고 생각합니다. 이유는 알 수 없어요. 아마도 일단 한번 맛을 들이면 계속해서

원하는 그런 것이 아닌가 생각합니다."라고 말했다.[44]

하지만 그는 가끔씩 공개적으로 히로시마에 대해 이야기했고, 그럴 때마다 그는 자신이 저지른 일을 후회하는 듯했다. 1956년 6월에 오펜하이머는 아들 피터가 다니던 조지 스쿨(George School) 졸업식에서 히로시마 폭격은 "비극적인 실수"였을지도 모른다고 말했다. 그는 미국의 지도자들이 이 일본 도시에 원자 폭탄을 사용했을 때 그들은 "자제심을 잃었다."라고 말했다.[45] 몇 년 후 그는 괴팅겐 시절 스승이었던 보른에게 자신의 감정의 일단을 보였다. 보른은 오펜하이머가 원자 폭탄 개발에 참여하기로 했던 것을 좋지 않게 생각했음을 명확히 했다. 보른은 자신의 회고록에 "그토록 똑똑하고 유능한 제자들을 두었다는 것은 만족스러운 일이다. 하지만 나는 그들이 조금 덜 똑똑했고 더 현명했기를 바라고 있다."라고 썼다.[46] 오펜하이머는 보른에게 보낸 편지에서 "지난날 나는 당신이 내가 한 일에 대해 좋지 않게 생각한다는 것을 느껴 왔습니다. 나는 이것이 자연스럽다고 생각하며, 나 역시 그런 당신의 감정에 공감하는 바입니다."라고 썼다.

1950년대 중반 오펜하이머가 아이젠하워의 핵 정책에 대한 논쟁에 공개적으로 끼어들 생각은 없었지만, 그는 과학 또는 문화와 관련된 문제들에 대한 발언에는 주저하지 않았다. 보안 청문회가 끝나고 1년밖에 지나지 않았을 무렵 그는 『열린 마음(The Open Mind)』이라는 제목으로 에세이집을 출판했다.[47] 이 책은 그가 1946년 이후 했던 8개의 강연들을 엮은 것이었는데, 모두 핵무기, 과학, 그리고 전후 문화의 관계에 대한 주제를 다뤘다. 사이먼 & 슈스터(Simon & Schuster) 사에서 출판된 이 책으로 인해 오펜하이머는 현대 사회에서 과학의 역할에 대해 고뇌하는 사려 깊고 난해한 철학자로 변신할 수 있었다. 이 에세이집에서 그는 열린 사회를 위해 반드시 필요한 '열린 마음'을 호소했다. 그는 또한 "비밀주의의 최소화"를 주장했다.[48] "우리가 이미 알고 있는 사실이지만, 외교 정책의 분야에서 강압적인 방법으로는 아무것도 얻어 낼 수 없습니다." 핵으로 무장한 강력한 미국은 일방적으로 행동할 수 있을 것이라고 생각하는 사람들을 넌지시 힐책하며 오펜하이머는 다음과 같이 설파했다. "함축적이고 가늠할 수 없는 미지의 것을 다루는 일은 물론 정치 분야 특유의 문제는 아닙니다. 그것은 과학에도 있고 개인사의 가장 사소한 부분에도 있습니다. 그것은 글쓰기와 모든 형태의 예술이 갖고 있는 가장 큰 문제이기도 합니다. 이 문제를 해결하는 방식을 우리는 종종 스타일이라고 부릅니다. 스타일은 확언이 다루지 못하는 부분을 한계와 겸손함으로 보충합니다. 스타일은 효율적으로 (물론 절대적인 것은 아니지만) 행동할 수 있게 해 줍니다. 스타일은 외교 정책의 영역에서 우리에게 필수적인 목적의 추구와 우리와 다른 방식으로 문제를 보는 사람들의 관점, 감성, 그리고 열망에 대한 존중 사이의 조화를 이룰 수 있게 해 줍니다. 스타일은 행동이 불확실성에 보이는 경의입니다. 무엇보다도 스타일을 통해 권력은 이성에 무릎을 꿇게 됩니다."

1957년 봄에 오펜하이머는 하버드 대학교 철학과와 심리학과로부터 명성 있는 윌리엄 제임스 강연을 해 달라는 초청을 받았다. 그의 친구이자 하버드 학장인 맥조지 번디가 초청장을 보내자 예상대로 상당한 논쟁이 일어났다. 아치볼드 루스벨트(Archibald B. Roosevelt)가 이끄는 하버드 동문 모임은 오펜하이머가 강연을 하면 기부금 납부를 보류하겠다며 협박했다. 루스벨트는 "우리는 거짓을 행하는 사람이 '진실(Veritas)'을 모토로 가진 곳에서 강연을 하는 것은 적절치 않다고 믿는다."라고 말했다.[49] 번디 학장은 그들의 항의 내용을 경청한 후 4월 8일에 열린 강연에 기어코 참석했다.

6회에 걸친 공개 강연의 제목은 '질서에의 희망(The Hope of Order)'이었다.

첫 번째 강연을 들으러 온 사람들은 1,200명 규모의 샌더스 강당을 가득 메웠다. 강당에 입장하지 못한 800여 명은 인근 강의실에서 강연을 엿들을 수밖에 없었다. 시위를 예상해 무장 경찰들이 강당 입구를 지키고 있었다. 교탁 뒤 벽에는 커다란 미국 국기가 걸려 있어서 영화의 한 장면 같은 묘한 분위기를 연출했다. 우연하게도 조 매카시 상원 의원이 나흘 전 세상을 떠났고 그의 유해는 이날 오후 의회에 안치되어 있었다. 오펜하이머가 강연을 시작하기 위해 일어서서 잠시 멈칫한 후 칠판으로 걸어가 "고이 잠드소서(R.I.P.)."라고 썼다.[50] 관중이 이것이 죽은 상원 의원을 조용히 비난하는 담대한 행동이라는 것을 알아채고 웅성거리는 동안, 오펜하이머는 강단으로 돌아와 굳은 얼굴로 강연을 시작했다. 에드먼드 윌슨은 강연에 참석하고 나서 자신의 일기에 그 인상을 적어 두었다. 하버드 총장인 네이선 퍼시(Nathan Pusey)가 그를 소개할 때 오펜하이머는 단상 위에서 "긴장한 듯이 팔과 다리를 유태인 특유의 몸짓으로 움직이며" 홀로 앉아 있었다.[51] "하지만 말하기 시작하자 그는 관중 전체를 사로잡았다. 강당 전체에 적막이 깔렸다. 그는 조용한 목소리로 날카로운 논지를 전개했다. 그는 간단한 노트를 보며 짧고 정확한 문장으로 말했다. 그가 윌리엄 제임스를 묘사하면서 헨리와의 관계를 언급했다. 연설의 시작 부분은 상당히 짜릿했는데, 극적으로 만들기 위해 그가 특별히 노력한 것도 아니었다. 그는 다만 모두의 마음에 고통스럽게 간직하고 있던 중요한 질문들을 던졌을 뿐이었고, 우리는 엘레나가 말했듯이 그가 느끼는 강렬한 책임감을 함께 느낄 수 있었다. 우리는 감동을 받았고 고무되었다."

하지만 나중에 윌슨은 오펜하이머가 혹시 "기력이 쇠잔해진 명석한 사람"이 아닌가 생각했다. "그는 그 상황을 능숙하게 다룰 능력이 없었다. 그의 겸손함은 이제 나에게 비굴해 보일 따름이다." 오펜하이머의 강연을 들었던 다른 많은 사람들처럼 윌슨 역시 허약하고 애매한 상태에 놓인 한 남자를 보았다.

오펜하이머는 고등 연구소의 지위를 통해, 그리고 전국을 돌며 행한 수많은 강연들을 통해, 자신의 새로운 역할을 만들어 나가고 있었다. 한때 그는 과학계의 내부자였다. 이제 그는 현실에서는 멀어졌지만 여전히 카리스마 넘치는 지적 아웃사이더였다. 그를 자주 만났던 릴리엔털은 그가 원만해졌다고 생각했다. 물론 그는 나이를 먹었다. 1958년 무렵이면 오펜하이머의 54세의 마른 몸은 앞으로 굽어 늙은이 티가 완연하게 나기 시작했다. 하지만 릴리엔털은 그의 주름살이 깊게 팬 얼굴에 "일종의 '성공한 자의' 평온함이 감돌기 시작했다."라고 생각했다.[52] "그는 어떤 인간이 견딘 것보다 더 격렬하고 괴로운 폭풍을 견뎌 냈다."

오펜하이머는 특유의 능숙함과 섬세함으로 고등 연구소를 운영했다. 그는 자신이 이룬 일을 자랑스러워할 만했다. 연구소는 1930년대의 버클리처럼 이론 물리학 분야에서 세계 최고의 자리를 차지했다. 그곳은 다양한 연령대와 여러 전공 분야의 총명한 학자들의 집합소였다. 뛰어난 젊은 수학자인 존 내시(John Nash)는 1957년 고등 연구소에서 연구원으로 근무했다.* 내시는 하이젠베르크가 1925년 '불확정성 원리'에 대해 쓴 논문을 읽고 양성자 이론에서 해결되지 않은 모순점들에 대해 베테와 여러 물리학자들을 찾아다니며 질문하기 시작했다. 아인슈타인처럼 내시 역시 양성자 이론의 깔끔함을 불편하게 여기고 있었다. 1957년 여름에 그가 자신

---

* 내시의 일생은 실비아 네이사(Sylvia Nasar)의 『뷰티풀 마인드(*A Beautiful Mind*)』에 묘사되어 있다. 이 책은 나중에 같은 이름의 영화로 제작되었다.

의 이단적인 생각을 오펜하이머에게 제기하자, 오펜하이머는 성급하게 그의 질문들을 일축했다. 하지만 내시는 고집을 부렸고 오펜하이머는 곧 그와 심각한 논쟁을 벌일 수밖에 없었다. 나중에 내시는 그에게 보낸 사과 편지에서 대부분의 물리학자들은 "교조적인 태도를 가지고 있다."라고 평했다.[53]

내시는 그해 여름 고등 연구소를 떠났고, 이후 여러 해 동안 심각한 정신 질환을 앓다가 결국 얼마간 입원하기에 이르렀다. 오펜하이머는 내시가 겪어야 했던 시련을 동정했고, 그가 정신 분열 증상에서 어느 정도 회복하자 연구소로 다시 초청했다. 오펜하이머는 인간 정신의 허약함에 대해 관용적인 본능을 가지고 있었다. 이는 광기와 총명함은 종이 한 장 차이라는 인식에 바탕한 것이었다. 그렇기에 내시의 의사가 1961년 여름 오펜하이머에게 전화를 걸어 내시의 정신이 여전히 또렷하냐고 물었을 때 그는 "의사 선생, 그 질문에는 이 세상 그 누구도 대답할 수 없습니다."라고 대답했던 것이다.[54]

오펜하이머는 자신의 복잡한 사생활에 대해서는 당혹스러울 정도로 솔직할 수 있었다. 27세의 제러미 번스타인(Jeremy Bernstein)이 1957년 고등 연구소에 도착했을 때, 그는 오펜하이머 박사가 그를 즉시 만나고 싶어 한다는 연락을 받았다. 번스타인이 소장 사무실로 들어가자, 오펜하이머는 "그래, 물리학의 새로운 소식은 무엇인가?"라고 물으며 그를 명랑하게 맞았다.[55] 번스타인이 대답하기도 전에 전화가 울렸고 오펜하이머는 전화를 받는 동안 잠깐만 기다리라고 손짓했다. 그는 전화를 끊고 그날 처음 만난 번스타인에게 돌아서서는 별일 아니라는 듯 "키티야. 그녀가 또 술을 마셨다네."라고 말했다. 그리고 그는 이 젊은 물리학자에게 자신의 '그림들'을 보러 올든 매너에 오라고 초대했다.

번스타인은 연구소에서 2년을 보냈고 오펜하이머가 "끝없이 매력적"이라고 느꼈다.[56] 오펜하이머는 동시에 날카롭게 무서울 수도 매력적일 정도로 순진하기도 했다. 어느 날 그가 소장과의 정기 "고해성사(confessional)"를 하기 위해 오펜하이머의 사무실에 불려 갔을 때, 번스타인은 자신이 최근 프루스트를 읽고 있다고 말했다. 번스타인은 "그는 나를 따뜻하게 쳐다보았다."라고 나중에 썼다. "그러고 나서 그는 자신이 나의 나이였을 때 코르시카로 도보 여행을 간 적이 있었는데 어느 날 밤 전등 불빛을 비추며 프루스트를 읽었다고 말했다. 그는 뽐낸 것이 아니었다. 그는 자신의 경험을 나누고 있었던 것이다."

1959년에 오펜하이머는 문화적 자유 회의(Congress on Cultural Freedom) 주최로 서독 라인펠덴(Rheinfelden)에서 열린 학회에 참가했다. 그와 세계적인 명성을 가진 여러 지식인들은 바젤(Basel) 부근 라인 강변에 위치한 호화로운 살리너 호텔(Saliner Hotel)에 모여 서구 산업 세계의 운명에 대해 의논했다. 이런 외딴 환경에서 안전하다고 느꼈는지 오펜하이머는 그동안 핵무기에 대해 지켰던 침묵을 깨고 미국 사회에서 이 문제를 어떻게 평가하고 있는지에 대해 명료하게 이야기했다. 그는 "언제나 윤리를 인류사의 필수적인 부분으로 여겨 왔지만, 게임 이론의 언어를 빌리지 않고는 거의 대부분의 인간을 죽일 수도 있다는 가능성에 대해 이야기할 수 없었던 이 문명을 어떻게 이해할 수 있습니까?"라고 물었다.[57]

오펜하이머는 회의의 자유주의적이고 반공산주의적인 메시지에 깊이 공감했다. 한때 공산주의자들에게 둘러싸여 있던 사람이었지만, 오펜하이머는 이제 "경솔한 공산주의 동조자들"의 환상을 없애는 것에 전념하는 지식인들과 함께했다. 그는 연례 행사에서 만난 사람들과 어울리는 것을 즐겼다. 이들은 스티븐 스펜더, 레몽 아롱(Raymond Aron)과 같은 작가들, 역사가 아서 슐레진저 등이었다. 그는 회의 사무국장인 니콜라스 나보코프(Nicolas Nabokov)와 가까운 친구가 되었다. 나보코프는 소설가 블라디미르 나보코프(Vladimir Nabokov)의 사촌이었는데, 그는 파리와 프린스턴을 오가며 활동하는 꽤 인정받는 작곡가였다. 그는 문화적 자유 회의가 CIA로부터 자금을 받고 있다는 것을 확실히 알고 있었다. 알고 있기는 오펜하이머도 마찬가지였다. 독일에 파견되어 있던 CIA 요원 로런스 드 네프빌(Lawrence de Neufville)은 "누군들 몰랐을까요? 그것은 꽤 공공연한 비밀이었습니다."라고 회고했다.58 1966년 봄에 《뉴욕 타임스》가 이 사실을 보도하자 오펜하이머는 케넌, 존 케네스 갤브레이스(John Kenneth Galbraith), 슐레진저 등과 함께 연명으로 편집인에게 편지를 보내 회의의 독립성과 "대표자들의 고결함"을 변호했다. 그들은 CIA와의 연계를 굳이 부인하려 하지 않았다. 그해 말 오펜하이머는 나보코프에게 보낸 편지에서 자신은 문화적 자유 회의를 전후 시기에 가장 "위대하고 훌륭한 영향력"을 가진 단체 중 하나로 여긴다고 말했다.

시간이 갈수록 오펜하이머는 점점 더 국제적인 명사로 떠올랐다. 그는 해외여행을 훨씬 자주 다니기 시작했다. 1958년에 그는 파리, 브뤼셀, 아테네, 그리고 텔아비브를 방문했다. 브뤼셀에서 오펜하이머 부부는 키티의 먼 친척인 벨기에 왕실 가족의 환대를 받았다. 이스라엘에서 그들은 다비드 벤구리온(David Ben-Gurion)의 영접을 받았다. 1960년에 그가 도쿄를 방문했을 때 기자들이 공항으로 몰려들어 그에게 질문을 퍼부었다. 그는 부드럽게 대답했다. "나는 원자 폭탄의 기술적 성공에 참여했다는 사실을 후회하지는 않습니다. 물론 유감이 전혀 없는 것은 아닙니다. 다만 시간이 갈수록 기분이 더 나빠지지는 않는다는 것입니다."59 이와 같은 애매한 감정의 표현을 일본어로 통역하는 것은 쉽지 않았을 것이다. 이듬해 그는 미주기구(Organization of American States)의 주관으로 라틴 아메리카를 방문했고, 지역 신문에는 '원자 폭탄의 아버지(El Padre de la Bomba Atomica)'라는 표제가 실리기도 했다.

오펜하이머의 지적 능력을 높이 평가했던 릴리엔털은 오펜하이머의 가족 생활을 보고 안타까움을 금할 수 없었다. 그가 나중에 말하기를, "오펜하이머의 명석한 두뇌와 미숙한 성격은 묘한 모순을 이루었습니다……. 그는 사람들, 특히 자신의 자녀들을 어떻게 다뤄야할지 몰랐습니다."[60] 릴리엔털은 나중에 오펜하이머가 자녀들의 인생을 "망쳐 버렸다."는 가혹한 결론을 내릴 수밖에 없었다. "그는 그들을 엄하게 속박했습니다."[61] 피터는 부끄러움을 많이 타지만 매우 예민하고 지적인 젊은이로 자랐다. 하지만 그는 자신의 어머니로부터 소외된 채 살아갔다. 퍼거슨은 오펜하이머가 아들을 사랑했다는 것은 알고 있었지만, 오펜하이머는 피터를 어머니의 변덕스러운 기분으로부터 보호할 능력이 없는 듯했다.[62] 1955년에 오펜하이머와 키티는 14세의 피터를 펜실베이니아 뉴타운에 위치한 엘리트 퀘이커 기숙 학교인 조지 스쿨에 보냈다. 그는 아들과 아내 사이에 조금이나마 거리를 두면 둘 사이의 긴장 관계가 완화되지 않을까 기대했던 것이다.

오펜하이머가 1958년 한 학기 동안 파리에 방문 교수직을 제의받자 오펜하이머 가족에게 위기가 닥쳤다. 그와 키티는 12세의 토니를 프린스턴의 사립 학교에서 빼내 파리에 데리고 가기로 결정했다. 하지만 그들은 17세 피터는 조지 스쿨에 남겨 두고 가기로 결정했다. 오펜하이머는 동생에게 편지를 보내 피터가 프랭크 삼촌의 뉴멕시코 목장에서 여름 동안 일자리를 얻고 싶다는 의사를 비쳤다고 말했다. 오펜하이머는 "그는 여전히 매우 변

덕스럽고, 나는 6월에 일이 어떻게 될지 전혀 예측할 수 없어."라고 썼다.[63]

오펜하이머의 개인 비서인 베르나 홉슨은 이 계획에 반대하는 입장이었다. "그를 남겨 두고 가는 것은 잘못된 선택이었습니다. 그(피터)는 대단히 예민했어요. 나는 그 아이의 심정을 이해할 수 있었습니다."[64] 홉슨은 오펜하이머에게 자신의 생각을 말했다. 그러나 키티는 이미 마음의 결정을 내린 상태였다. 홉슨은 이것이 피터와 오펜하이머의 관계에서 중대한 전환점이라고 생각했다. 홉슨은 다음과 같이 말했다. "오펜하이머가 자신이 애착을 갖고 있던 피터와 키티 사이에서 선택을 해야 하는 순간이 온 것입니다. 그녀는 그가 이쪽 아니면 저쪽의 선택을 내릴 수밖에 없는 상황을 만들었어요. 그리고 그는 하느님과 또는 자기 자신과 맺은 협정 때문인지, 키티를 선택했습니다."

39장
그곳은 정말로 이상향 같았습니다

오펜하이머는 매우 겸허한 사람이었습니다. 나는 그를 무척 좋아했습니다.

— 잉가 힐리버타

1954년부터 오펜하이머 가족은 매년 몇 달씩 버진 제도의 작은 섬인 세인트존에서 살기 시작했다. 섬의 놀랄 만큼 아름답고 원시적인 자연에 반한 오펜하이머는 사회에서 추방된 사람처럼 스스로 선택한 유배 생활을 즐겼다. 그가 젊은 시절 하버드에서 쓴 시 구절에 따라 그는 세인트존 섬을 "그만의 감옥"으로 삼았던 것이다. 이 경험은 그가 20여 년 전 뉴멕시코에서 여름을 보내고 기운을 회복했던 것처럼 그의 힘을 솟게 해 주었다. 오펜하이머 가족은 처음 몇 번은 섬의 북쪽 트렁크 만에 위치한 이르바 불란 소유의 작은 접대소에 머물렀다. 하지만 1957년에 오펜하이머는 섬의 북서쪽 끝의 아름다운 호크네스트 만에 8,000제곱미터의 땅을 구입했다.

이곳은 아이러니하게도 '피스 힐(Peace Hill)'이라고 알려진 거대하게 돌출된 바위 바로 아래에 위치해 있었다. 백사장에는 야자나무가 자라고 있었고 옥색의 바다에는 비늘돔, 블루 탱, 농어, 그리고 가끔씩 창꼬치고기 떼가 쏘다녔다.

1958년에 오펜하이머는 유명한 건축가 윌리스 해리슨을 고용해 집을 짓기 시작했다.[1] 해리슨은 록펠러 센터, 유엔 빌딩, 링컨 센터 등 잘 알려진 건축물들을 설계하는 데 참여했던 건축가였다. 오펜하이머는 카리브 해 판 페로 칼리엔테를 짓고 싶었다. 하지만 오펜하이머가 고용한 건축업자가 토대가 될 콘크리트를 잘못된 지점에 부었고, 집의 위치는 위험할 정도로 물가에 가까웠다(그는 당나귀가 측량 기사의 설계도를 먹어 버렸다고 주장했다.). 마침내 완성된 오두막은 콘크리트 판에 18~21미터 길이로 단 하나의 커다란 직사각형 방이 놓여진 형태였다.[2] 121센티미터 높이의 벽이 침실 구역과 나머지 구역을 나누는 역할을 했다. 바닥에는 예쁜 테라코타 타일이 깔려 있었다. 장비가 잘 갖추어진 부엌과 작은 화장실이 건물 뒤편을 차지했다. 셔터가 달린 창문은 3면에서 햇볕이 고루 잘 들게 했다. 하지만 만을 바라보는 오두막 앞쪽은 완전히 뚫려 있어 따뜻한 무역풍이 통하도록 되어 있었다. 즉 이 집에는 벽이 3개밖에 없었고, 다만 허리케인 계절에는 양철 지붕을 내려서 구조물의 앞쪽을 덮을 수 있게 설계되어 있었다. 그들은 피스 힐 위에 자리 잡은 계란 모양의 커다란 바위를 따서 집을 "이스터 록(Easter Rock)"이라고 불렀다.[3]

해변을 따라 90미터 정도 가면 그들의 유일한 이웃인 밥 기브니(Bob Gibney)와 낸시 기브니 부부의 집이 나왔다.[4] 그들은 오펜하이머가 끈질기게 구슬린 끝에 마지못해 해변 땅을 팔았다. 기브니 가족은 헐값에 호크 네스트 만 부근 2만 6000제곱미터의 땅을 사들인 1946년부터 이 섬에서 살고 있었다.[5] 《더 뉴 리퍼블릭(The New Republic)》의 전 편집인인 밥 기브니는 한때 작가가 되려는 꿈을 가졌지만 지금은 글쓰기를 접은 상태였다.[6]

밥 기브니의 아내 낸시는 부유한 보스턴 가문 출신으로 《보그(Vogue)》 편집인으로 근무한 적이 있는 우아한 여인이었다. 기브니 부부는 세 명의 자녀를 두었고 현재는 거의 수입이 없는 상태여서 땅은 많고 현금은 부족한 상황이었다. 낸시는 오펜하이머 부부를 1956년에 트렁크 만의 게스트하우스에서 점심을 먹으면서 처음 만났다. 그녀는 "그들은 면 셔츠에 반바지를 입고 샌들을 신은 전형적인 관광객 차림이었다. 하지만 그들은 다른 세상에서 온 사람들 같았고, 지구에서 생활하기에는 너무 마르고 허약하고 창백해 보였다……. 둘 중에는 키티가 그나마 사람다웠는데, 그녀 역시 짙은 색의 눈을 제외하고는 특징 없는 외모였다. 그녀의 목소리는 그토록 작은 가슴에서 나는 것 치고는 지나치게 굵었다."라고 나중에 썼다.

소개를 주고받고 나서 키티는 낸시에게 "머리가 그렇게 많으면 덥지 않아요?"라고 말했다. 낸시는 이 말이 "대단히 무례한" 것이라고 여겼다. 하지만 그녀는 처음에는 오펜하이머를 좋아했다. 그는 "놀랍도록 피노키오를 닮았고, 끈에 달린 꼭두각시처럼 어색하게 움직였다. 하지만 그의 태도는 대단히 부드러웠다. 그는 따뜻함과 공감, 그리고 예절을 그의 유명한 파이프 연기와 함께 내뿜었다." 오펜하이머가 예의 바르게 남편은 무슨 일을 하느냐고 묻자 낸시는 그가 가끔씩 록펠러의 카닐 만 호텔에서 근무했다고 설명했다.

오펜하이머는 파이프 연기를 뿜으며 "그가 록펠러 밑에서 일했다구요?"라고 말했다. 그리고 목소리를 낮추며 "나도 나쁜 짓을 하고 돈을 받아 본 적이 있지요."라고 빈정거렸다.

낸시는 기가 막혔다. 그녀는 이보다 더 독특한 사람들을 만난 적이 없었다. 이듬해 오펜하이머는 오두막을 짓기 위한 땅을 사기 위해 기브니 부부를 설득했다. 그러고 나서 1959년 봄, 건축업자들이 아직 한창 집을 짓고 있을 무렵, 키티는 낸시에게 편지를 써서 그들이 6월에 세인트존에 가고 싶은데 지낼 곳이 마땅치 않다고 말했다. 그녀는 현명하지 못한 일이다 싶으면서도 그들이 자신의 커다란 시골풍 해안 별장의 방 하나에 머물 수 있도록 해 주었다.

몇 주 후 오펜하이머 부부가 14세의 토니와 그녀의 학교 친구 이사벨과 함께 나타났다. 키티는 두 아이들은 자신이 가져온 텐트에서 잘 것이라고 말했다. 그러고 나서 그녀는 도저히 여름 내내 있지는 못하고, 어쩌면 한 달쯤은 있을 것 같다고 했다. 낸시는 기절초풍했다. 그녀는 그들이 며칠 동안 머물 것으로 생각했던 것이다. 이렇게 그들은 의견 차이와 오해로 점철된 "정신 사납고 소름 끼치는 7주"를 보냈다.[7]

아무리 좋게 보아도, 오펜하이머 가족은 쉬운 손님들이 아니었다. 키티는 거의 대부분의 밤을 췌장염으로 인한 고통으로 신음하며 꼭두새벽까지 잠을 이루지 못했다. 이는 그녀가 술을 마신 날이면 더 심해졌다. 키티와 오펜하이머는 둘 다 "침대에서 술을 마시고 담배피는 것을 즐겼다." 기브니 부부는 밤마다 키티가 술에 넣을 얼음을 찾느라고 부엌에서 달그락거리는 소리를 들어야만 했다. 낸시는 오펜하이머의 "빈번한 악몽들"에 잠을 깨는 일이 종종 있었다. 오펜하이머 부부는 불면증에 시달리고 있었고 정오가 될 때까지 일어나지 않았다.

8월의 어느 날 낸시는 키티가 부엌에서 손전등으로 얼음을 찾느라 쿵쾅대는 소리에 세 번째 잠이 깼다. 낸시는 마침내 화가 머리 끝까지 치밀었다. "키티, 밤새 술 마시는 사람은 얼음이 필요 없어요. 당장 방으로 들어가 문을 닫고 무슨 일이 있어도 나오지 마세요."

키티는 잠시 동안 낸시를 쳐다보다가 들고 있던 손전등으로 있는 힘껏 그녀를 내리쳤다. 다행히 키티의 타격은 낸시의 뺨을 스쳤을 뿐이었다. 기브니는 나중에 "나는 그녀의 어깨를 잡고 '그들의 방'에 넣은 후 문에 빗장을 걸었다."라고 썼다. 다음 날 아침 낸시는 어머니를 방문하러 보스턴으로 떠나면서 자녀들에게는 "그 미친 사람들이 떠난 후"에 돌아오겠다고 말했다. 오펜하이머 가족은 8월 중순이 되어서야 떠났다.

이듬해에 그들은 이제 완성된 해변 별장으로 돌아왔다. 기브니 가족과의 관계가 회복되지 않았음은 당연한 일이었다. 낸시는 오펜하이머 부부와 다시는 말을 섞지 않았고, 자기 집 쪽 해변에 "사유지(Private Property)"라는 표지판을 붙여 키티를 자극했다.[8] 기브니 자녀들은 키티가 씩씩거리며 해변을 오가면서 표지판을 뜯어내던 것을 기억한다.

낸시가 직접 싸운 것은 키티였지만 진짜 혐오했던 것은 오펜하이머였다. "나는 비록 겉으로 내비치지는 않았지만 키티를 남몰래 존중하고 좋아하게 되었다. 그녀는 적어도 악의는 없었고, 작은 사자처럼 용감했으며, 자기편에 대한 맹렬한 충성심으로 가득 차 있었다."[9] 하지만 그녀는 오펜하이머를(처음에는 그에 대한 호의적인 인상을 가졌지만) 교활하다고 생각했다. 오펜하이머에 대한 낸시의 인식은 독특하게도 적대적이었다. 그해 여름의 일을 적은 에세이에서 그녀는 히로시마에 원자 폭탄을 투하한 지 14주년이 되던 날이었던 8월 6일에 대해 다음과 같이 적고 있다. "그날 우리집에 머문 손님들은 과거에의 향수를 느끼며 그 시절을 회고했다. 그날 로버트 오펜하이머를 본 사람이라면 누구도 그의 전성기에 대해 왈가왈부할 수 없었다……. 그는 의심할 바 없이 폭탄과 그것을 만드는 데에 자신이 지도적인 역할을 했다는 것을 자랑스럽게 생각했다."

오펜하이머는 언성을 높이는 일이 없었다. 누구도 그가 화난 모습을 본

적이 없었다. 딱 한 번의 잊기 어려운 예외가 있었다. 그들이 새로운 해변 별장으로 이사 오고 몇 년 후, 오펜하이머와 키티는 소란스러운 새해 파티를 열었다. 이날 손님으로 왔던 이반 자단(Ivan Jadan)이 큰 목소리로 오페라의 한 소절을 불렀다. 이 노래 소리는 밥 기브니의 신경을 거슬렸고, 그는 화가 나서 오펜하이머 쪽 해변으로 걸어왔다. 그는 총을 들고 있었고, 사람들의 주목을 끌기 위해 공중으로 몇 발을 발사했다. 오펜하이머는 그에게 사납게 쫓아가서 소리쳤다, "기브니, 다시는 내 집에 오지 마시오!"[10] 그 후 기브니 부부와 오펜하이머 부부는 사이가 완전히 틀어졌다. 그들은 변호사를 고용해 해변을 사용할 권리를 두고 티격태격했다. 그들 사이의 불화는 섬의 전설 같은 이야기가 되었다.

세인트존의 다른 주민들은 오펜하이머 가족에 대한 기브니 부부의 견해에 동의하지 않았다. 1955년부터 섬에 살고 있었던 이반 자단과 도리스 자단(Doris Jadan) 부부는 오펜하이머를 무척 좋아했다. 도리스는 "그는 주변 사람들을 불편하게 하지 않았어요. 이는 그가 얼마나 훌륭한 몸가짐을 가졌는지를 보여 주는 것이지요."라고 회고했다.[11] 1900년 러시아에서 태어난 이반 자단은 1920년대와 1930년대에 볼쇼이의 대표적인 테너 가수로 활동했다. 그의 지위에도 불구하고 자단은 공산당에 가입하기를 거부했고, 1941년 독일이 침공하자 그는 10여 명의 볼쇼이 친구들과 함께 독일군 전선을 넘어 항복했다. 그들은 곧 비좁은 가축 운반용 열차에 실려 독일로 보내졌다. 그는 1951년에 도리스와 결혼했고, 부부가 1955년 6월에 세인트존을 방문했을 때 이반은 "나는 여기서 살 거야."라고 선언했다.

오펜하이머 부부와 만난 자단 부부는 새로운 이웃이 독일어를 할 줄 안다는 것을 알고 기뻐했다. 이반은 영어가 서툴렀고, 그는 도리스와 주로 러시아 어로 이야기했다. 떠들썩한 성격의 이반은 기회만 생기면 노래를 부를 준비가 되어 있는 사람이었다. 하지만 그는 또한 꽤 공격적일 수도 있었다. 그는 누군가와 의견 차이가 생기면 곧장 일어나 자리를 옮기고는 했다. 이반은 그 누구보다도 진심으로 소련을 싫어했다. 그는 오펜하이머의 재판에 대해 잘 알고 있었지만, 오펜하이머의 윤리적 감성에서 잘못된 점을 찾아낼 수 없었다. 이반은 정치 얘기를 거의 하지 않는 편이었지만, 오펜하이머와는 종종 이 주제로 대화를 나누고는 했다. 두 사람은 썩 잘 어울리지는 않았지만 함께 보내는 시간을 즐겼다.

도리스는 "물론 키티는 전혀 달랐습니다."라고 회고했다.[12] "그녀는 심리적으로 불안정했어요. 하지만 그들(그녀와 오펜하이머)은 둘 다 서로를 보호하려 애썼습니다. 그녀가 이성을 잃었을 때 조차도……. 그녀는 짓궂은 행동을 하고는 했지요. 그녀는 마귀가 씐 것 같았고, 그녀 역시 그것을 알고 있었습니다." 도리스는 그럼에도 그녀를 좋아했다. 어느 날 키티는 도리스에게 다음과 같이 말했다. "도리스, 그거 알아요? 당신과 나는 공통점이 있어요. 우리는 둘 다 매우 독특한 사람과 결혼했고, 이는 우리만이 갖고 있는 책임이에요."

섬의 주민들은 모두 술을 마셨다. 키티 역시 술을 많이 마시긴 했지만, 마음만 먹으면 며칠이고 맑은 정신을 유지하기도 했다. 오펜하이머 가족의 이웃이었던 사브라 에릭슨은 "나는 키티가 술에 취한 것을 거의 보지 못했습니다."라고 회고했다.[13] 도리스는 "그녀는 그의 인생에서 엄청난 골칫거리였습니다. 그녀도 그것을 알고 있었지요. 하지만 그녀는 자신이 없었다면 그가 수많은 역경을 헤쳐 나오지 못했으리라는 것 역시 알고 있었습니다……. 그녀는 오펜하이머를 사랑했어요. 이것만은 의심의 여지가 없습니다. 하지만 그녀는 배배 꼬인 사람이었어요……. 어쩌면 그녀는 그가 얻을 수 있는 최고의 아내였을지도 모릅니다."라고 말했다.[14] 또 다른 세인트존 주민인 시스 프랭크(Sis Frank)는 오펜하이머가 "그녀에게 완벽하게 헌신적으로 대했습니다."라고 말했다.[15] "그의 눈에 그녀는 나쁜 짓을 할 수 없는 사람이었죠."

키티는 몇 시간이고 정원을 손질하면서 시간을 보냈다. 세인트존은 그녀의 난초들에게는 천국이었다. 시스는 "정원에 빈 공간이 생기면 그녀는 1주일 안에 그곳을 꽃으로 아름답게 채워 넣었습니다. 그녀는 난초를 가꾸는 데 대단한 재능을 가지고 있었습니다."라고 평했다.[16] 하지만 그녀는 키티가 혼자 있을 때 오두막을 방문하는 것을 꺼렸다. 키티는 항상 무언가 신랄하고 "악의 있는" 말을 했다. "나는 점점 그런 말들을 눈감아 주는 데 익숙해졌습니다. 대개의 경우 그녀가 이성을 잃고 하는 말이었으니까요……. 나는 그녀의 행동 방식을 알아차리게 되었습니다. 그렇게 불행하다니 참으로 끔찍한 일이지요."

"오펜하이머는 매우 겸허한 사람이었습니다."라고 1958년부터 섬을 방문하기 시작했던 젊고 아름다운 핀란드 출신의 여인 잉가 힐리버타(Inga Hiilivirta)는 회고했다.[17] "나는 그를 무척 좋아했습니다. 나는 그가 무언가 성스러운 데가 있다고 생각했습니다. 푸른 눈동자가 특히 매력적이었지요. 그것은 나의 생각조차 읽어 낼 것 같았어요." 그녀는 남편 이무와 함께 1961년 12월 22일에 열린 크리스마스 파티에서 오펜하이머 부부를 만났다. 호크네스트 만의 해변 별장에 들어서면서 25세의 잉가는 그처럼 유명한 사람이 이런 촌구석에 살고 있다는 것에 깊은 인상을 받았다. 하지만 그녀는 그들이 세상에서 좋은 것들을 다 가지고 있다는 것을 알아챘다. 오펜하이머가 그녀에게 "와인 한잔 하겠어요?"라고 물었을 때 그는 비싼 샴페인을 한 병 가지고 나왔다. 오펜하이머 부부는 샴페인을 상자로 구입했다.

며칠 후, 오펜하이머와 키티는 새해 파티를 주최했다. 그들은 나이든 흑인 원주민인 '라임주스' 리처드를 고용해 그들의 연두색 랜드로버 지프로 손님들을 크루즈 만에서 실어 나르도록 했다. 그날 밤 오펜하이머 부부는 가재 샐러드와 샴페인을 내놓았다. 라임주스와 그의 '스크래치 밴드'는 칼립소 음악을 연주했다. 오펜하이머가 잉가와 칼립소 춤을 추고 나서 모두는 수영을 하러 갔다. 잉가는 "그곳은 정말이지 이상향 같았어요. 마치 꿈처럼 말이지요."라고 말했다. 그들은 해변을 걸었고 오펜하이머는 여러 별자리들을 알려 주었다.

라임주스는 오펜하이머 가족의 집사 겸 정원사가 되었다.[18] 그들이 섬에 없을 때 그는 오펜하이머 소유의 랜드로버 지프로 섬을 방문한 관광객들을 상대로 택시 영업을 하기도 했다. 오펜하이머는 노인을 좋아했고 그를 돕고 싶어 했다. 그는 심지어 라임주스가 랜드로버로 토르톨라 럼을 밀수하는 것을 알고도 눈감아 주었다.

1961년 초의 어느 날 저녁, 이반은 마호 만에서 수영을 하다가 조그마한 대모(玳瑁) 바다거북을 잡았다. 그리고 그는 저녁 식사를 하면서 꿈틀대는 거북을 사람들에게 보여 주고서는 이것을 요리해 먹을 계획이라고 말했다. 오펜하이머는 움찔하며 거북이를 살려 달라고 간청했다. 그는 이것이 "뉴멕시코에서 (트리니티) 실험을 한 후 작은 동물들에게 벌어진 일들에 대한 끔찍한 기억을 불러일으켰다."라고 모두에게 말했다.[19] 결국 이반은 거북이 등껍질에 자신의 이름 머리글자를 새기고는 놓아주었다. 잉가는 감동을 받았다. "이 일로 나는 로버트를 더욱 더 좋아하게 되었습니다."

또 한번은 오펜하이머 부부가 크루즈 만이 내려다보이는 자단 부부의 집을 방문해 눈부신 저녁노을을 바라보고 있었다. 오펜하이머는 시스 프랭크를 향해 일어서면서 "시스, 나와 함께 언덕 가장자리로 갑시다. 오늘 밤 당신은 녹색 섬광을 보게 될 것입니다."라고 말했다.[20] 아니나 다를까, 해가 수평선 너머로 막 질 때, 시스는 초록색 불빛의 섬광을 보았다. 오펜하이머는 시스가 보았던 물리 현상에 대해 조용히 설명했다. 세인트존에서 보았을 때 지구 대기층은 프리즘과 같은 역할을 해서 잠시 동안 녹색 섬광을 만들어 낸 것이다. 시스는 이것을 보고 흥분했고, 오펜하이머의 참을성 있는 설명에 매료되었다.

사브라 에릭슨은 "그는 겸손한 사람이었습니다."라고 회고했다.[21] 매년 9월이면 오펜하이머 부부는 섬의 친구들 30여 명에게 새해 파티 초대장을 발송했다. 다양한 사람들이 참석했다. 흑인이든 백인이든, 교육을 받았든 아니든, 오펜하이머는 구별하지 않았다. 에릭슨은 "그들은 그런 면에서 진정한 인간이었습니다."라고 말했다.

기브니 부부와의 일을 제외하면, 오펜하이머는 세인트존에서 성품이 많이 부드러워졌다. 이제 그는 다른 사람들에게 신랄한 말을 하지 않았다. 존 그린은 "그는 내가 만났던 사람들 중에 가장 부드럽고 친절한 사람이었습니다."라고 말했다.[22] "나는 그보다 더 타인들에게 악의를 덜 느끼거나 덜 표현하는 사람을 알지 못합니다." 그는 자신이 겪었던 시련에 대해서 언급하는 것을 회피했다. 하지만 어느 날 케네디 대통령이 사람을 달에 보내겠다고 한 약속으로 화제가 돌자 누군가 그에게 물었다. "당신은 달에 가고 싶나요?" 오펜하이머는 "글쎄요, 그곳으로 보내고 싶은 사람들은 몇 명 있긴 한데."라고 대답했다.

오펜하이머와 키티는 점점 더 많은 시간을 섬에서 보냈다. 그들은 부활절 주간, 크리스마스, 그리고 여름의 상당 기간을 그곳에서 지냈다. 한번은 부활절 주간 동안 오펜하이머의 어릴 적 친구 프랜시스 퍼거슨을 초대했다. 오펜하이머는 불행히도 심한 감기에 걸려 대부분의 시간을 침대에서 보낼 수밖에 없었다. 하지만 키티는 여주인 역할을 완벽하게 해냈다. 그녀는 퍼거슨과 함께 해변을 산책하면서 식물학자로서의 지식을 이용해 섬의 화려한 식물군을 지적하기도 했다. 키티는 항상 오펜하이머의 어릴 적 친구들과 친하게 지내려고 애썼다. 하지만 이번 경우에 퍼거슨은 그녀의 행동을 조금 별나다고 생각했다. 그는 "그녀는 나에게 추근댔습니다."라고 회고했다.[23]

키티는 요리를 잘하는 것처럼 가장했다. 하지만 그들의 식사는 멋져 보이기는 했지만 실질적으로는 별게 없었다. 오펜하이머는 만에 통발을 가지고 있었고 그들은 해산물 샐러드, 문어, 그리고 새우 바비큐를 많이 먹었다. 그들은 원주민들처럼 해변에서 수확할 수 있는 서인도 달팽이의 일종인 생고둥을 날로 씹어 먹기도 했다. 한번은 크리스마스 저녁 식사에 샴페인과 일본 해초를 내놓았다. 오펜하이머는 거의 먹지 못했다. 도리스 자단은 "맙소사, 그 남자가 하루에 1,000칼로리를 먹었다면 그건 기적이었을 것입니다."라고 회고했다.[24]

피터는 세인트존에 거의 오지 않았다.[25] 청년 시절 그는 뉴멕시코의 험한 산악 지대를 선호했다. 하지만 토니는 섬을 자신의 정신적 고향으로 삼았다. 한 오랜 주민은 "그녀는 매우 귀여웠어요."라고 말했다.[26] 그녀는 원주민들의 생활 방식을 받아들였고, 곧 섬에서 널리 사용되는 크리올식 영어인 서인도 칼립소를 거의 완벽하게 구사할 수 있게 되었다. 그녀는 섬의 스틸 밴드 음악을 사랑했다. 어린 시절 그녀는 "아름답고 매끈한 외모에, 비극적인 짙은 눈, 길고 탐스러운 검은 머리칼, 그리고 공주 같은 겸손한 예절을 갖춘 대단히 심각한 어린아이"였다.[27] 그녀는 유난히 수줍음을 많이 탔고, 사진이 찍히는 것을 싫어했다.28 그녀는 세인트존의 친구들에게 자신은 유명한 아버지와 공공장소를 다닐 때 카메라 플래시가 터지는 것이 너무나 싫다고 항상 말했다. 세인트존은 그녀처럼 사생활을 중시하던 사람에게는 완벽한 곳이었다.

토니와 좋은 친구 사이가 된 잉가는 "그녀는 매우 유순하고 얌전했습니다."라고 회고했다. "토니는 시키는 일은 무엇이든 했습니다. 물론 나중에는 반항을 했지요."29 키티는 그녀에게 많이 의존했다. 토니는 종종 하녀처럼 그녀의 담배를 갖다 주기도 했다. 그러다가 청소년이 되자 그녀는 어머니와 싸우기 시작했다. 시스는 "토니와 그녀의 어머니는 항상 심하게 다투고 있었습니다."라고 회고했다.

세인트존의 한 이웃은 "오펜하이머는 토니에게 그다지 관심을 쏟지 않았습니다. 그는 그녀에게 잘 대해 주기는 했지만 관심을 쏟지는 않았어요. 남의 자식인 것처럼 말이지요."라고 회고했다.30 다른 한편 또 다른 이웃인 스티브 에드워즈는 오펜하이머가 "자신의 딸에 대해 깊은 관심"을 가지고 있다고 생각했다.31 "그가 토니를 자랑스러워했다는 것을 쉽게 알 수 있었습니다." 17세의 토니는 누가 보다라도 총명했지만, 또한 내성적이고, 예민하며, 온화했다. 한동안 러시아에서 태어난 이반 자단의 아들 알렉산더가 그녀를 쫓아다녔다. 시스는 "알렉스는 토니에게 홀딱 빠져 있었습니다."라고 회고했다.32 하지만 토니가 알렉스에게 심각하게 관심을 보이기 시작하자 오펜하이머는 그녀가 사귀기에는 알렉스의 나이가 너무 많다며 개입했다.33

자단 가족과 친분을 쌓자 토니는 러시아 어를 제대로 배워 보겠다고 결심했다. 그녀는 아버지처럼 언어에 재능이 있었다. 그녀는 프랑스 어를 전공했는데, 오벌린 대학을 졸업할 무렵에는 이탈리아 어, 프랑스 어, 스페인

어, 독일어, 그리고 러시아 어로 말할 수 있었고, 이 언어들로 일기를 쓰기도 했다.

오펜하이머, 키티, 그리고 토니는 모두 숙련된 항해사들이었다. 섬 주민들은 모터보트 대신에 범선을 선호하는 사람들을 "넝마족(rag people)"이라고 불렀다.[34] 그들은 한번 항해를 나가면 사나흘씩 모험을 즐겼다. 하루는 해질 무렵 오펜하이머가 혼자서 크루즈 만의 조그마한 정박지로 항해해 들어오고 있었다. 그는 낡은 밀짚모자를 깊게 눌러썼는데, 그 때문인지 항구에 정박되어 있던 또 다른 배를 보지 못하고 들이받았다. 다행히 다친 사람은 아무도 없었다. 그 후로 "항구에 들어설 때면 모자챙을 올려라."라는 말이 집안의 농담이 되었다.[35]

오펜하이머는 낮에는 항해를 하고 저녁에는 다양한 친구들을 접대하면서 여유로운 생활을 즐겼다. 호크네스트 만에서의 생활은 위험할 정도로 원시적일 수도 있었다. 어느 날 혼자서 등불에 등유를 붓고 있던 오펜하이머는 손을 말벌에게 쏘였다. 그는 놀라서 주전자를 떨어뜨렸고 그것은 타일 바닥에 산산조각이 나고 말았다. 부서진 조각 하나가 그의 오른발에 단도처럼 꽂혔다. 오펜하이머는 조각을 제거했지만, 피를 닦기 위해 절뚝거리며 바다까지 걸어갔을 때 그는 엄지발가락을 움직일 수 없음을 발견했다. 그의 작은 범선은 이미 출항 준비를 마친 채 해변에 정박해 있었다. 그는 배를 타고 크루즈 만의 병원까지 가기로 결정했다. 의사가 그를 진찰했을 때 그는 유리 조각이 힘줄을 깨끗이 잘라 냈다는 것을 발견했다. 오펜하이머는 의사가 힘줄을 제거하고, 팽팽하게 당긴 후, 다시 꿰매는 동안 불평 없이 고통을 참아 냈다. 의사는 "정신이 나갔다."라며 그를 나무랐다.[36] "만을 가로질러 항해하다니……발을 통째로 잃지 않은 것이 다행입니다."

오전에 항해를 하거나 해변을 산책하고 나서, 오펜하이머는 눈에 띄는 사람이면 가리지 않고 술을 마시러 오라고 초대하고는 했다. 그는 여전히 마티니를 대접했으나 그는 술의 영향을 받지 않는 듯했다. 도리스는 "나는 오펜하이머가 술에 취한 것을 본 적이 없어요."라고 회고했다.[37] 술자리는 저녁 식사로 이어졌고 오펜하이머는 종종 시를 낭송하기 시작했다. 그는 나지막한 목소리로 키츠(Keats), 셸리(Shelley), 바이런(Byron), 그리고 가끔은 셰익스피어를 낭송했다. 그는 『오디세이(*The Odyssey*)』를 사랑했고 이 책의 긴 문장들을 외우고 있었다.[38] 그는 단순한 철인왕(哲人王)이 되었고, 그의 주변에는 그를 따르는 국외자, 퇴직자, 비트족, 그리고 원주민들이 잡다하게 몰려들었다. 그의 비현실적인 분위기에도 불구하고, 그는 섬 생활에 자연스럽게 적응했다. 세인트존에서 원자 폭탄의 아버지는 자기 내부의 악마들로부터의 적당한 도피처를 발견했다.

40장
그것은 트리니티 바로 다음 날 했어야 했다

<blockquote>
대통령 각하, 당신이 오늘 이 상을 수여하는 데에는
약간의 동정심과 약간의 용기가 필요했을 것임을 알고 있습니다.
— 로버트 오펜하이머가 린든 존슨 대통령에게, 1963년 12월 2일
</blockquote>

1960년대 초 민주당이 백악관을 탈환하자 오펜하이머는 이제 더 이상 정치적 추방자가 아니었다. 케네디 정부는 그를 정부로 다시 데리고 오려 하지는 않았지만, 적어도 진보적 민주당원들은 그가 극렬 공화당원들의 박해를 받은 존경할 만한 사람이라고 생각했다. 1962년 4월, 맥조지 번디(전 하버드 대학교 학장이자 케네디 대통령의 국가 안보 자문역)는 오펜하이머를 노벨상 수상자 49인을 위한 백악관 만찬에 초대했다. 이 자리에서 오펜하이머는 시인 로버트 프로스트(Robert Frost), 우주 비행사 존 글렌(John Glenn), 작가 노먼 커즌스(Norman Cousins) 등 유명 인사들과 어깨를 나란히 했다. 케네디가 "내

생각에 오늘이 백악관 역사상 가장 뛰어난 재능과 지식을 가진 분들이 모인 것이 아닌가 싶습니다. 물론 토머스 제퍼슨이 혼자서 저녁을 먹었을 때를 제외하고는 말입니다."라고 농담을 던지자 모두 웃음을 터뜨렸다. 나중에 오펜하이머의 원자력 에너지 위원회 자문 위원회 시절부터의 오랜 친구이자 현재 원자력 에너지 위원회 의장인 글렌 시보그가 기밀 취급 인가를 회복하기 위한 청문회를 한 번 더 할 의사가 있냐고 물었다. 오펜하이머는 한마디로 "죽어도 안 하지."라고 대답했다.[1]

오펜하이머는 주로 대학에서 공공 강연을 계속했고, 대개 문화와 과학에 관한 폭넓은 주제를 다루었다. 그는 정부와 관련된 모든 직위를 박탈당했기 때문에, 이제 그는 대중적 지식인으로 널리 알려져 있을 뿐이었다. 그는 자신을 대량 살상 무기의 시대에 인류의 생존 문제를 고민하는 인문주의자로 내세웠다. 《크리스천 센추리(Christian Century)》의 편집자들이 1963년 그의 철학적 관점을 형성한 책이 무엇이냐고 물었을 때, 오펜하이머는 열 권의 책을 꼽았다.[2] 이 목록의 첫째는 보들레르(Baudelaire)의 『악의 꽃(Les fleurs du mal)』이었고, 다음은 바가바드기타였으며……마지막은 셰익스피어의 『햄릿』이었다.

1963년 봄, 오펜하이머는 케네디 대통령이 그에게 공직에서의 공헌을 한 사람에게 주는 명성 있는 엔리코 페르미 상을 수여할 것이라는 소식을 들었다. 수상자는 5만 달러의 상금과 메달을 받게 될 것이었다. 모든 사람들은 이것이 그의 정치적 복권을 의미하는 상징적 행위라고 이해했다. 한 공화당 상원 의원은 이 소식을 듣고 "어처구니 없군!"이라고 외쳤다.[3] 반미 활동 조사 위원회 소속 공화당 의원들은 오펜하이머에 대한 1954년 보안 규정 위반 혐의들을 요약한 15장짜리 문서를 회람했다. 다른 한편 CBS

의 베테랑 방송인 에릭 세버레이드는 오펜하이머를 "시인처럼 글을 쓰고 선지자처럼 말하는 과학자"라고 묘사했고, 오펜하이머가 이 상을 받게 된 것이 그가 국가 지도자로서의 복권을 의미한다고 해설했다.[4] 기자들이 오펜하이머의 반응을 요청하자 그는 "내가 경솔하게 떠벌일 수 있는 상황은 아닌 것 같군요. 나는 이를 가능하게 한 사람들에게 피해를 주고 싶지 않습니다."라며 구체적인 답변을 거부했다.[5] 그는 케네디 행정부에 참여하고 있던 맥조지 번디, 아서 슐레진저와 같은 친구들의 지원이 있었다는 것을 알고 있었다.

그 전 해에 같은 상을 받은 텔러는 즉시 오펜하이머에게 축하 편지를 보냈다. "나는 그동안 당신에게 무언가를 말해야 한다고 종종 생각해 왔습니다. 이번 일은 내가 옳은 일을 하고 있다는 확신을 가지고 당신에게 연락할 수 있게 해 주었습니다."[6] 사실 수많은 물리학자들이 오펜하이머의 비밀 취급 인가를 되돌려 주기 위해 케네디 행정부에 청원했다.[7] 그들은 오펜하이머가 단순히 상징적 복권뿐만 아니라 진정한 의미로 의혹에서 벗어날 수 있기를 바랐다. 하지만 번디는 이를 위한 정치적 대가가 지나치게 크다고 생각했다. 행정부가 오펜하이머에게 페르미 상을 수여할 것이라고 발표한 이후에도, 번디는 대통령이 백악관 행사에서 직접 상을 전달할지를 결정하기 전에 공화당의 반응을 살피는 조심성을 보였다.

1963년 11월 22일, 오펜하이머는 자신의 사무실에 앉아 12월 2일에 있을 시상식에서 할 연설문을 준비하고 있었다. 그때 누군가 방문을 두드렸다. 피터였다. 피터는 방금 자동차 라디오에서 케네디 대통령이 달라스에서 피격되었다는 소식을 들었다고 말했다. 오펜하이머는 먼 산을 바라보았다. 바로 그때 홉슨이 뛰어 들어와 "맙소사, 소식 들었어요?"라고 외쳤다.[8] 오펜하이머는 그녀를 바라보며 "피터가 방금 얘기해 주었소."라고 말했다. 이어 몇몇 사람들이 더 들어왔고 오펜하이머는 22세의 아들에게 술 한 잔 하겠느냐고 물었다. 피터는 고개를 끄덕였다. 오펜하이머는 홉슨의 커다란 벽장으로 술병을 가지러 갔다. 하지만 그때 피터는 아버지가 "팔을 축 늘어뜨리고 약지로 엄지를 계속해서 문지르며 술병들이 놓여 있는 곳을 응시하면서" 그곳에 가만히 서 있는 것을 보았다. 마침내 피터는 "뭐, 괜찮아요."라고 중얼거렸다. 그들이 같이 비서 자리를 지나 걸어 나갔을 때 홉슨은 오펜하이머가 "이제 모든 일이 산산조각 나는 것은 시간 문제야."라고 말하는 것을 들었다. 나중에 그는 피터에게 "그날 오후의 일은 루스벨트의 죽음만큼이나 큰 충격이었다."라고 말했다. 이어지는 1주일 동안 오펜하이머는 대다수의 미국인들처럼 텔레비전 앞에 앉아 이 비극이 전개되는 것을 지켜보았다.

12월 2일에 린든 존슨 대통령은 페르미 상 시상식을 예정대로 진행했다. 시상식 자리에서 덩치 큰 존슨 옆에 선 오펜하이머는 왜소해 보였다. 그는 "돌멩이처럼 경직되고, 생명이 빠져나간 잿빛으로, 지극히 비극적인 모습으로" 서 있었다.[9] 반면에 키티는 기쁨에 들떠 있었다. 릴리엔털은 이날의 행사가 "오펜하이머에게 내려진 증오와 추악함의 죄를 속죄하기 위한 제의"였다고 생각했다. 피터와 토니는 존슨 대통령이 몇 마디 축사를 하고 오펜하이머에게 메달, 상패, 그리고 5만 달러짜리 수표를 전달하는 것을 지켜보았다.

이어진 수상 연설에서 오펜하이머는 전 대통령 토머스 제퍼슨은 "종종 '과학의 형제애 정신'에 대해 쓰고는 했다."는 점을 언급했다. "나는 우리가 이와 같은 과학의 형제애 정신에 항상 도달하지는 못했다는 것을 알고 있습니다. 이는 우리가 공통의 과학적 관심을 갖지 못해서가 아닙니다. 이는 인류가 자유와 행복 추구를 유지할 뿐만 아니라 늘려 가며, 전쟁이라는 중재자 없이도 살 수 있을지를 시험해 보는 이 시대 가장 위대한 작업에 수많은 다른 사람들과 함께 종사하고 있기 때문입니다." 그러고 나서 그는 존슨을 향해 "대통령 각하, 당신이 오늘 이 상을 수여하는 데에는 약간의 동정심과 약간의 용기가 필요했을 것임을 알고 있습니다. 내가 보기에 이것은 우리의 미래에 대한 좋은 전조가 될 것입니다."라고 말했다.[10]

존슨 대통령은 짧은 답사에서 키티에게 "오늘 당신과 함께 영예를 나누는 여인, 오펜하이머 부인"이라고 정중하게 말했다. 그러고 나서 그는 "잘 보시면 그녀가 수표를 들고 있다는 것을 알 수 있습니다."라고 말해 관중들의 웃음을 자아냈다.

텔러는 그날 관중석에 앉아 있었고, 두 사람의 대면은 모두의 긴장을 고조시켰다.[11] 키티가 굳은 얼굴로 뒤에 서 있었고, 오펜하이머는 웃으며 텔러와 악수를 나누었다. 《타임》 사진 기자가 이 순간을 카메라에 담았다.

이어 존 F. 케네디의 미망인이 오펜하이머를 사저에서 만나고 싶어 한다는 전갈을 보내왔다.[12] 오펜하이머와 키티는 위층으로 올라가 재키 케네디를 만났다. 그녀는 고인이 된 남편이 얼마나 이 상을 주고 싶어 했는지를 오펜하이머에게 알려 주고 싶었다고 말했다. 오펜하이머는 이 순간을 나중에 회고하며 깊은 감동을 받았다고 털어놓았다.

하지만 오펜하이머는 여전히 워싱턴에서 평가가 엇갈리는 인물이었다. 공화당 상원 의원 히켄루퍼는 백악관에서 열린 시상식을 보이콧하겠다고 공개적으로 밝혔다. 또한 존슨 행정부는 공화당의 비판을 받아들여 이듬해부터는 페르미 상의 상금을 2만 5000달러로 낮추는 데 동의했다. 스트라우스는 오펜하이머가 절반이나마 복권되는 것을 보고는 큰 굴욕감을 느꼈다. 그는 《라이프》에 보낸 편지에서, 오펜하이머가 상을 받은 것은 "이 나라를 보호하는 보안 시스템에 심각한 타격을 줄 것"이라고 밝혔다.[13]

오펜하이머에 대한 스트라우스의 적대감은 1954년 재판 이후에 더욱 깊어졌다. 게다가 1959년 아이젠하워 대통령이 스트라우스를 상무부 장관으로 천거하자 오랜 생채기가 다시 벌어졌다. 그에 대한 인사 청문회에서는 오펜하이머 청문회가 중대한 이슈로 대두되었고 기나긴 싸움 끝에 스트라우스는 결국 49대 46의 표결로 낙마했다. 스트라우스는 이 결과는 번디와 슐레진저 같은 오펜하이머 옹호자들의 로비를 받은 클린턴 앤더슨 상원 의원과 존 F. 케네디 상원 의원 때문이라고 생각했다. 케네디가 "대통령의 선택에 반대하는 투표를 하려면 극단적인 경우여야 할텐데."라고 우려를 표하자, 맥 번디는 "이게 바로 극단적인 경우입니다."라고 대답했다.[14] 번디는 케네디에게 오펜하이머 사건을 처리하는 과정에서 스트라우스가 보인 비난받을 만한 행동들을 열거했다. 설득당한 케네디는 의견을 바꾸었고, 스트라우스는 결국 낙마하게 되었던 것이다. 버니스 브로드는 오펜하이머에게 "재미있는 쇼가 벌어지고 있음. 이렇게 원수를 갚게 되다니."라고 전보를 보냈다.[15] "그의 몸부림과 고통을 즐기시오. 좋은 시간 보내길. 같이 보았으면 좋았을 텐데." 스트라우스는 7년이 지난 후까지 "오펜하이머의 옹호자들은 자신의 의무를 다한 사람들에 대해 복수를 계속하고 있다."라며 오펜하이머의 영향력이 아직까지 영향을 미치고 있다고 불만을 터뜨렸다.[16] 둘 사이의 반목은 스트라우스와 오펜하이머가 무덤에 들어갈 때까지 계속될 것이었다.

오펜하이머가 페르미 상을 받은 후에도, 텔러에 대한 키티의 원한은 흔들림이 없었다. 1964년 봄의 어느 날 오후, 그녀와 오펜하이머는 릴리엔털과 술을 마셨다. 오펜하이머는 꽤 심한 폐렴 증상으로 고생하다가 막 회복된 차였다. 그는 이 일로 마침내 담배를 끊었지만 여전히 파이프는 피웠다.

오펜하이머는 특유의 중절모를 쓰고 낡은 캐딜락 컨버터블을 타고 프린스턴을 돌아다니고는 했다. 릴리엔털이 백악관에서 열린 페르미 상 시상식 이후로 처음 만나는 것이라고 하자, 키티의 짙은 눈이 이글거렸다. 그녀는 "끔찍한 날이었어요. 아주 끔찍했지요."라고 쏘아붙였다.17 오펜하이머는 자리에 앉아 고개를 숙이고는 "친절한 말들도 오갔지."라고 조용히 중얼거렸다. 하지만 잠시 후 텔러의 이름이 언급되자 오펜하이머는 "관대한 랍비와 같은 몸가짐"을 버린 채 진심으로 화난 듯이 눈을 번득였다. 릴리엔털은 그의 상처가 "여전히 쓰라렸음"을 알 수 있었다. 릴리엔털은 그날 일기를 다음과 같은 비평으로 끝냈다. "그녀(키티)는 오펜하이머가 겪어야 했던 고통에 관여했던 모든 사람들에 대한 깊은 분노로 활활 타고 있었다."

1930년대와 1940년대에 그토록 활발한 정치 활동을 했지만, 오펜하이머는 1960년대의 혼란에서 묘하게 벗어나 있었다. 1960년대 초에 수많은 미국인들이 뒷마당에 원자 폭탄 방공호를 지을 때 오펜하이머는 그와 같은 히스테리에 대해 아무런 발언도 하지 않았다. 릴리엔털이 뭐라 말하라고 요구하자 그는 "현재 상황에서 내가 할 수 있는 일은 아무것도 없네. 나는 어찌 되었건 그런 말을 하기에 가장 부적절한 사람일 거야."라고 설명했다.18 마찬가지로 1965~1966년에 베트남전이 본격화할 무렵 그는 피터와 개인적으로 이에 대해 이야기할 기회가 있었는데, 그는 현 정부의 전쟁 확대 정책에 회의적인 생각을 내비쳤다.19 하지만 그는 공개적으로는 아무런 말도 하지 않았다.

1964년에 오펜하이머는 히로시마에 대한 원폭 사용 결정에 대해 깜짝 놀랄 만한 새로운 해석을 담은 책을 한 권 증정 받았다. 가르 알페로비츠 (Gar Alperovitz)는 전 전쟁부 장관 스팀슨의 일기장과 전 국무부 장관 번즈와 관련된 국무부 자료들과 같은 새로 공개된 사료들을 이용해, 트루먼 대통령이 군사적으로 이미 패배한 것으로 보이는 적국 일본에게 폭탄을 사용했으며, 이 결정을 내리는 데 있어 소련에 대한 핵 외교가 중요한 요인이었다고 주장했다.『핵 외교. 히로시마와 포츠담. 원자 폭탄의 사용과 미국와 소련의 대결(Atomic Diplomacy. Hiroshima and Potsdam. The Use of the Atomic Bomb and the American Confrontation with Soviet Power)』은 엄청난 논쟁을 불러일으켰다. 알페로비츠가 오펜하이머에게 비평을 부탁하자, 오펜하이머는 책에 나오는 얘기들은 "대부분 내가 모르던 사실들"이라고 밝혔다. 하지만 그는 "그렇지만 당신이 묘사하는 번즈와 스팀슨은 내가 아는 그대로입니다."라고 덧붙였다.[20] 그는 이 책을 둘러싼 논쟁에 휘말리지 않을 것이었다. 하지만 그는 확실히 트루먼 행정부가 이미 사실상 패배한 적에 대해 원자 폭탄을 사용했다고 생각했다. 이는 영국 물리학자 블래킷이 1948년에 출판한『공포, 전쟁, 그리고 원자 폭탄』이라는 책의 주장과 통하는 것이었다.

같은 해 독일 극작가이자 정신과 의사인 헤이나르 키프하르트(Heinar Kipphardt)는 「J. 로버트 오펜하이머 사건에 대하여(In the Matter of J. Robert Oppenheimer)」라는 극본을 썼다. 1954년 보안 청문회에서 벌어진 일을 중심으로 서술한 이 연극은 독일 텔레비전에서 처음 상영되었고 곧 서베를린, 파리, 밀란, 그리고 바젤 등에서 공연되었다. 유럽 관객들은 키프하르트가 그린 오펜하이머가 고발자들 앞에서 현대의 갈릴레오처럼, 미국의 반공주의 마녀사냥에 순교한 과학자·영웅과 같이 유약하고 가냘프게 맞서는 것을 보고 매혹되었다. 이 연극은 비평가들의 호평을 받으며 5개나 되는 상을 휩쓸었다.

하지만 오펜하이머가 대본을 읽었을 때 그는 그것이 너무나 마음에 들지 않아 키프하르트에게 법적 조치를 취하겠다고 협박하는 편지를 썼다

(스트라우스와 롭 역시 이 연극에 대한 비평을 주시했고, 잠시 동안 런던의 로열 셰익스피어 극단을 고소하려고 생각했다. 하지만 그들의 변호사들은 사유가 불충분하다며 설득했다.). 오펜하이머는 특히 연극 결말 부분의 독백에서 극중의 오펜하이머가 원자 폭탄을 만든 것에 대한 죄의식을 표현하는 것을 싫어했다. "나는 우리가 과학의 정신을 배반하지 않았나 생각한다……. 우리는 악마의 일을 하고 있었던 것이다."[21] 이와 같은 신파는 그의 시련을 값싸게 만드는 효과가 있었다. 간단히 말해 그는 근본적인 모호함이 빠져 있었기 때문에 이 대본을 낮게 평가했던 것이다.

관객들은 동의하지 않았다. 1966년 10월에 런던에서는 배우 로버트 해리스가 오펜하이머 역을 맡은 영국 공연이 시작되었고, 대단한 인기를 누렸다. 한 영국 비평가는 이 연극은 "사람들이 생각하도록 만든다."라고 썼다.[22] 해리스는 오펜하이머에게 보낸 편지에서 "관객들, 특히 젊은 관객들은 경청했고 열광했습니다. 우리는 이에 놀라고 흡족했습니다."라고 썼다.

오펜하이머는 나중에 마지못해 이 극작가는 자신의 얘기를 연극으로 상연한 죄밖에는 없다는 데 동의했다. 그는 키프하르트 연극의 프랑스판을 더 좋아했는데, 이는 그것이 대부분의 대사를 보안 청문회 녹취록에서 따왔기 때문이었다. 그래도 그는 영국판과 프랑스판 연극에 대해 모두 "빌어먹을 이 희극을 비극으로 만들어 버렸다."라며 불평했다.[23] 어떻게 보든 키프하르트의 연극은 오펜하이머를 새로운 세대의 유럽과 미국 관객들에게 소개했다. 이 연극은 이어 뉴욕에서도 공연되었고, 나중에는 BBC 텔레비전 다큐멘터리 드라마를 비롯해 오펜하이머의 일생을 다룬 여러 영화를 제작하는 데 근간이 되었다.

연극 이외에도 오펜하이머의 일생을 파고들려는 여러 미디어 프로젝트들이 있었다. 히로시마 폭격 20주년을 맞던 1965년에 NBC는 「원자 폭탄 사용 결정(The Decision to Use the Atomic Bomb)」이라는 제목의 다큐멘터리를 방영했다. 체트 헌틀리가 해설자를 맡았고, 오펜하이머의 7월 16일 트리니티 실험에 대한 회고와 바가바드기타의 한 구절("이제 나는 죽음이 되었다. 세계의 파괴자")을 낭송하는 장면이 포함되어 있었다. 인터뷰어가 존슨 대통령이 소련과 핵무기의 확산을 막기 위한 회담을 시작해야 한다는 로버트 케네디 상원 의원의 제안에 대해 어떻게 생각하느냐고 묻자, 오펜하이머는 파이프 담배를 깊게 한 모금 빨아들이고서 "이미 20년이나 늦었습니다······. 그것은 트리니티 바로 다음 날 했어야 했습니다."라고 말했다.[24]

이 무렵 오펜하이머는 필립 스턴이라는 저명한 저널리스트가 1954년 보안 청문회에 대한 책을 쓰고 있다는 것을 알게 되었다. 하지만 스턴을 잘 아는 친구들이 그의 보증을 선다고 해도 오펜하이머는 인터뷰 요청을 수락하지 않았다. 그는 "그 책의 주제에 대해 나는 초연함을 가지고 있지도 못하고, 여러 부분에서 모르는 것이 너무도 많습니다. 이런 상황에서 내가 발언을 하는 것은 해악이 될 것입니다."라고 설명했다.[25] 그는 스턴이 "나의 협조, 제안, 또는 은연중의 승인이 없어야" 더 좋은 책을 쓸 수 있으리라고 생각했다. 스턴의 책 『오펜하이머 사건. 재판정에 선 보안(The Oppenheimer Case. Security on Trial)』은 1969년 출판된 후 호평을 받았다.*

1965년 봄 오펜하이머는 고등 연구소에 새로운 도서관이 완성된 것에

---

* 스턴의 책은 여전히 오펜하이머 보안 청문회에 대한 가장 종합적인 연구이다. 다른 훌륭한 연구로는 John Major, *The Oppenheimer Hearing* (New York: Stein & Day, 1971); Barton J. Bernstein, The Oppenheimer Loyalty-Security Case Reconsidered, *Stanford Law Review* 42 (July 1990): 1383-1484; 그리고 Charles P. Curtis, *The Oppenheimer Case: Trial of a Security System* (New York: Chilton, 1964) 등이 있다.

만족했다. 도서관은 바로 옆에 커다란 인공 호수가 있었고 드넓은 잔디밭에 둘러싸여 있었다. 오펜하이머는 이것을 자신의 주요 업적이라고 생각했다. 세인트존의 해변 오두막을 설계했던 해리슨의 작품인 이 도서관은 경사진 유리 미늘창을 사용한 혁신적인 천정을 가지고 있었다. 낮 동안 이 창문을 통해 충분한 햇빛이 들어올 수 있었다. 하지만 밤에는 도서관의 등불이 위쪽으로 치솟았다. 멀리서 보면 하늘 전체가 거대한 불빛에 휩싸인 것 같았다. 릴리엔털이 새 도서관의 아름다움과 멋진 야경을 칭찬하자, 오펜하이머는 "아이처럼 웃으며" 다음과 같이 말했다. "도서관과 그 주변 경관은 아름답네. 이는 또한 우리가 가장 명백한 결과를 예측하지 못한다는 점을 잘 보여 주고 있어. 이는 우리가 로스앨러모스에서 폭탄을 만들 때 겪었던 일이기도 하네. 도서관의 천정에 대해 말하자면, 우리는 딱 적당한 정도의 불빛을 원했지······. 낮에는 아주 멋졌어. 하지만 아무도 빛이 들어올 뿐만 아니라 하늘로 새 나갈 것을 예측하지 못했다네."[26]

새 도서관에 대한 만족감과는 별개로 오펜하이머는 연구소 수학과의 여러 교수들과 계속해서 갈등을 빚었다. 하찮은 일로 벌어지는 여러 갈등으로 인해 그는 가끔 버럭 화를 내고는 했다. 한 이사는 스트라우스에게 "로버트의 문제는 그가 논쟁하기를 좋아한다는 것입니다. 그는 사람을 싫어하는 경향이 있습니다. 그는 사퇴하는 편이 좋을 것입니다."라고 보고했다.[27] 스트라우스는 이런 보고들을 즐겼지만, 오펜하이머를 몰아내기에는 표수가 모자랐다.

하지만 1965년 봄 오펜하이머는 고등 연구소 이사회에 자신이 사임하기로 결정했음을 알렸고, 학기가 끝나는 1966년 6월에 임기를 마치겠다고 제안했다. 스트라우스는 오펜하이머가 이를 발표하는 자리에 참석해 있었다. 오펜하이머는 이 결정을 내리는 데 세 가지 요소가 작용했다고 밝했다. 첫째, 법정 은퇴 연령인 66세가 이제 2년밖에 남지 않았기 때문에 "종이 울리기만을 기다릴" 이유가 없었다.[28] 둘째, 키티가 "병에 시달리고 있고, 의사들이 치료가 불가능하다고 말했기" 때문이라고 설명했다(스트라우스는 심술궂게도 자신의 개인 메모에서 키티의 병을 "발작성 음주벽(dipsomania)"이라고 이름 붙였다.). 오펜하이머는 이로 인해 자신이 더 이상 방문객들이나 교수들을 접대할 수 없게 되었다고 말했다. 셋째, 그는 특히 수학과 교수진들과의 불화가 "참을 수 없을 정도이며 점점 심해지고 있다."라고 말했다.

오펜하이머는 이 결정을 그해 가을 무렵 공표하기 바랐다. 하지만 바로 그날 밤 몇몇 교수들을 초대한 저녁 식사 자리에서 키티는 비밀을 누설해 버리고 말았다. 이제 소식은 퍼질 것이 분명했으므로 이사회는 재빨리 보도 자료를 작성했고, 1965년 4월 25일 일요일 아침 신문에 소식이 실렸다.

오펜하이머는 떠나는 것에 아쉬울 것이 별로 없었다. 다만 그는 거의 20년 동안 자신과 키티의 집이었던 올든 매너에서 나가야 한다는 것만이 안타까울 따름이었다. 오펜하이머는 이사회가 연구소 구내에 그들이 살 집을 마련해 주기로 했다는 사실을 위안으로 삼았다. 오펜하이머 부부는 건축가 헨리 잔델(Henry A. Jandel)을 고용해 올든 매너에서 180미터 정도 떨어진 곳에 유리 및 철제로 현대풍의 단층집을 짓기로 하고 모델을 만들게 했다. 하지만 스트라우스는 자신의 영향력을 이용해 이 프로젝트를 막았다. 이는 개인적 보복이라고밖에는 볼 수 없는 행동이었다. 1965년 12월 8일 스트라우스는 동료 이사들에게 자신은 이 계획을 "회의적으로 보고 있다."라고 밝혔다. 그는 오펜하이머를 연구소 내에 계속 살게 하는 것은 "실수"라고 주장했다. 또 다른 이사인 해럴드 호크차일드(Harold K. Hochchild)는 한술 더 떠 "프린스턴 안에 사는 것조차 문제"라고 말했다.[29] 스트라우스는 재빨리 이사회가 결정을 번복하도록 설득했다. 오펜하이머는 다음 날 소식을 듣고서 "머리 끝까지 화를 냈다." 그는 만약 그것이 이사회의 굳은 결정이라면 자신은 아예 프린스턴을 떠날 것이라고 말했다. 키티는 자신의 분노를 한 이사와 그의 아내에게 퍼부었고, 이들은 스트라우스에게 "매우 불편한 대화가 오갔다."라고 보고했다. 스트라우스는 이 문제에 직접 관여하지 않았고, 오펜하이머 부부는 심증은 있으나 확실한 물증을 잡을 수 없었다. 이것이 12월 당시의 상황이었다. 하지만 1966년 2월이 되자 오펜하이머는 이사들을 설득해 결정을 다시 뒤집을 수 있었다. 그는 자신이 원하는 자리에 집을 짓도록 허락받았던 것이다. 1966년 9월에 공사가 시작되었고 집은 이듬해 봄에 완성되었다.[30] 하지만 그는 그 집에서 살지 못했다.

1965년 가을에 오펜하이머는 건강 검진을 위해 주치의를 찾았다. 그는 검진을 자주 받지 않았다. 하지만 그날 그는 집으로 돌아와 검사 결과 모든 것이 깨끗하다고 말했다. 그는 즐거운 듯이 "나는 너희들 모두보다 오래 살 거야."라고 말했다.[31] 하지만 두 달 후 기침이 눈에 띄게 심해졌다. 그는 그해 크리스마스를 세인트존에서 보내면서 시스에게 "심한 인후염"에 시달리고 있다며 "어쩌면 담배를 너무 많이 피워서인지도 모르지."라고 말했다. 키티는 그가 심한 감기에 걸렸나 보다 생각했다. 마침내 1966년 2월에 그녀는 그를 뉴욕의 의사에게 데리고 갔다. 진단 결과는 명확했고 충격적이었다. 키티는 홉슨에게 전화로 소식을 전했다. "오펜하이머가 암에 걸렸어요."

40년 동안 피운 줄담배가 그에 목에 타격을 주었던 것이다. 아서 슐레 싱거 2세는 이 "끔찍한 소식"을 듣고 곧 오펜하이머에게 편지를 썼다.[32] "나는 앞으로 몇 달 동안 당신이 얼마나 힘들지 상상하기조차 힘듭니다. 당신은 이 끔찍한 시대에 대부분의 사람들보다 더 끔찍한 일들을 겪었습니다. 그리고 당신은 우리 모두에게 도덕적 용기, 목적, 그리고 자기 통제의 모범을 보여 주었습니다."

이제 더 이상 줄담배를 피우지는 못했지만, 오펜하이머는 여전히 가끔씩 파이프를 피웠다. 3월에 그는 매우 고통스러운 후두 수술을 받았고, 이어 뉴욕의 슬로언케터링 연구소(Sloan-Kettering Institute)에서 코발트 방사선 치료를 받기 시작했다. 그는 친구들과 암에 대해서 꽤 솔직하게 말했다. 그는 퍼거슨에게 자신은 "그것이 지금 정도에서 멈췄으면 하는 작은 희망"을 가지고 있다고 말했다.33 하지만 3월 말경이 되자 모두는 그가 "쇠약해지고" 있음을 볼 수 있었다.

1966년의 어느 아름다운 봄날, 릴리엔털이 올든 매너에 들렀을 때 그는 오펜하이머의 로스앨러모스 시절 비서였던 앤이 오펜하이머 부부를 만나러 온 것을 보았다. 릴리엔털은 오펜하이머의 모습에 충격을 받았다. "난생 처음으로 오펜하이머 자신조차 '미래에 대한 불확실성'으로 가득 차 있다.34 그에 말에 따르면 너무 하얗고 두렵다는 것이다." 키티와 단둘이 정원을 거닐면서 릴리엔털은 둘 사이는 요즘 어떠냐고 물었다. 키티는 멈춰 서서 입술을 깨물었다. 그녀답지 않게 키티는 말을 잇지 못했다. 릴리엔털이 허리를 굽혀 그녀의 뺨에 부드럽게 키스하자, 그녀는 깊은 신음을 내뱉고는 울음을 터뜨렸다. 잠시 후 그녀는 눈물을 닦고는 이제 들어가서 앤과 오펜하이머와 시간을 보내야겠다고 말했다. 릴리엔털은 그날 저녁 일기장에 "나는 여인의 힘을 이보다 더 존경해 본 적이 없다."라고 썼다. "오펜하이머는 그녀의 남편이기만 한 것이 아니다. 그는 그녀의 과거이다. 행복하고 고통스러운 과거. 그리고 그는 그녀의 영웅이고, 이제 그녀의 커다란 '문제'가 되었다."

오펜하이머는 1966년 6월에 프린스턴 대학교로부터 명예 박사 학위를 받았다. 대학은 그를 "물리학자이자 선원, 철학자이자 승마인, 언어학자, 그리고 요리사, 좋은 와인 애호가이자 시인"이라고 칭송했다.[35] 하지만 그는 피곤하고 쇠약해 보였다. 그는 신경 계통의 문제로 지팡이와 다리 보호 기구 없이는 걸을 수 없었다.

병에 시달리며 쇠약해졌지만 오펜하이머의 위상은 점점 더 높아지는 듯했다. 다이슨은 "육체가 약해지면서 그의 정신은 더욱 강해졌다······. 그는 자신의 운명을 기품 있게 받아들였다. 그는 자신의 직무를 계속해서 수행했다. 그는 불평하지 않았다. 그는 단순해졌고 더 이상 누군가에게 좋은 인상을 주려고 노력하지 않았다."라고 말했다.[36] 그는 항상 스스로를 극적으로 표현하는 능력을 가진 사람이었다. 하지만 이제 "그는 단순하고, 직설적이며, 불굴의 용기를 가졌다." 릴리엔털이 알아차렸듯이, 그는 가끔 "활기차고 명랑해" 보이기까지 했다.[37]

7월 중순이 되자 의사들은 그의 목에서 악성 종양의 흔적을 찾아볼 수 없었다.[38] 방사선 치료는 그의 기력을 앗아갔지만 목적은 달성한 듯했다. 그래서 7월 20일에 그와 키티는 세인트존으로 돌아갔다. 그들을 1년 동안이나 보지 못했던 섬의 친구들은 그가 "귀신, 완전히 귀신"처럼 보였다고 생각했다.[39] 그는 수영을 하러 가고 싶어 했지만, 세인트존 주변의 따뜻한 바닷물조차 그에게는 너무 찼다. 대신 그는 해변을 따라 산책을 다녔고, 만나는 사람들 모두에게 예의 바르고 참을성 있게 대했다. 시스의 남편 칼이 심각한 심장 수술에서 회복 중이라는 소식을 듣고 오펜하이머는 그를 만나러 갔다. 시스는 "오펜하이머는 그에게 아주 친절했어요. 그가 끔찍한 트라우마를 넘어서는 데 큰 도움이 되었죠."라고 회고했다.

이 무렵 오펜하이머는 유동식에 단백질 가루를 타서 마시고 있었다. 그는 시스에게 "그 닭고기 샐러드 샌드위치를 먹게 해 준다면 억만금이라도

닐 텐데…….”라고 말했다.⁴⁰ 이무와 잉가의 새 집으로 저녁 초대를 받았지만 오펜하이머는 양갈비 고기를 먹을 수 없었고 간신히 우유 한잔을 마셨다. 잉가는 "나는 그가 매우 안쓰러웠습니다."라고 말했다.

거의 5주간의 시간을 보내고 그와 키티는 8월 말에 프린스턴으로 돌아왔다. 오펜하이머는 훨씬 나아졌다. 그는 여전히 후두염에 시달렸지만 전반적으로 많이 회복된 듯했다. 그의 주치의들이 그의 목을 다시 검사해본 결과 암의 흔적은 찾을 수 없었다. 오펜하이머는 한 친구에게 "그들은 내가 완치되었다고 확신했다네."라고 썼다.⁴¹ 프린스턴에 돌아온 지 5일만에 그는 버클리를 방문해 1주일 동안 옛 친구들을 만났다. 9월에 돌아오자마자 그는 의사들에게 계속된 염증에 대한 불만을 토로했다. "그러나 그들은 세심하게 검진하지 않았고 내가 불편한 것은 단지 방사선의 부작용이라고 말했다."

그해 초가을 오펜하이머 가족은 신임 소장 칼 케이센(Carl Kaysen)을 위해 올든 매너를 비워 주어야만 했다. 오펜하이머와 키티는 임시로 물리학자 양첸닝이 쓰던 머서 가 284번지에 있는 집으로 이사했다. 이곳은 몇 년간 비어 있어서인지 꽤 음산한 집이었다. 그들의 이웃은 프리먼 다이슨과 이메 다이슨 부부였다. 다이슨 부부의 어린 아들 조지는 오펜하이머가 소장으로 있던 시절 연구소에서의 어린 시절을 기억했다. "그(오펜하이머)는 매우, 매우 강한 존재감을 가지고 있었습니다. 그는 우리가 살던 세계의 자애롭지만 신비로운 통치자였지요."⁴² 하지만 오펜하이머가 옆집으로 이사 오자 "아이들에게 그는 귀신 같았습니다. 그는 자신의 왕국을 빼앗긴 채 창백하고 여윈 모습으로 옆집 마당에서 거닐었습니다."

오펜하이머는 10월 3일까지 의사를 찾아가지 않았다. 오펜하이머는 문화적 자유 회의에서 만난 친구 '니코' 나보코프에게 쓴 편지에서 "그 무렵에는 이미 입천장, 혀뿌리, 그리고 유스타키오관까지 암이 퍼져 버렸어."라고 말했다.[43] 수술은 불가능한 상황이었고, 의사들은 1주일에 세 번씩 베타트론을 이용한 방사선 치료를 처방했다. "궤양이 발생한 식도에 다시 방사선 치료를 가하는 것이 좋지 않으리라는 것은 모두 알고 있었다. 아직까지 그리 나쁘지는 않지만, 나는 미래에 대해 확신할 수만은 없다."

그는 자신이 생각보다 일찍 죽을 수도 있다는 사실을 받아들였다. 10월 중순에 릴리엔털은 그를 방문했을 때 소식을 듣게 되었다. 오펜하이머의 빛나는 푸른 눈은 이제 고통으로 흐려진 듯했다. 릴리엔털은 나중에 일기장에 "로버트 오펜하이머의 마지막 여정"이라고 썼다.[44] "그것은 매우 짧을지도 모른다……. 키티는 울음을 참기 위해 할 수 있는 모든 일들을 하고 있었다." 11월에 오펜하이머는 한 친구에게 "나는 이제 말하거나 먹는 것이 점점 어려워지고 있어."라고 썼다.[45] 그는 12월에 파리를 방문했으면 했지만, 의사들은 크리스마스 무렵까지 정기적으로 방사선 치료를 해야 한다며 만류했다. 대신 그는 집에서 퍼거슨과 릴리엔털을 비롯한 옛 친구들을 만나며 시간을 보냈다. 12월 초에 프랭크가 콜로라도에서 그를 찾아왔다.

1966년 12월 초에 오펜하이머는 브라질과 영국에서 활동하던 제자 데이비드 봄에게서 연락을 받았다.[46] 봄은 편지를 통해 자신이 키프하르트 연극과 오펜하이머의 인터뷰가 담긴 로스앨러모스에 대한 텔레비전 프로그램을 보았다고 말했다. 봄은 "나는 당신이 죄책감을 느끼는 듯한 말을 한 것을 보고 조금 걱정스러웠습니다. 나는 당신이 그와 같은 죄책감에 빠지는 것은 당신에게 남은 인생을 낭비하는 것이라고 생각합니다."라고 썼다.[47] 그는 그러고 나서 오펜하이머에게 장 폴 사르트르의 연극을 상기시켰다. "영웅은 책임감을 인식함으로써 마침내 죄책감에서 벗어나게 됩니다. 내가 이해하기로는 누군가가 과거의 행동에 대해 죄책감을 느끼는 것은 그가 과거와 현재의 자신으로부터 탈피했기 때문입니다."

오펜하이머는 바로 답장을 썼다. "연극이니 뭐니 하는 것들이 한동안 돌아다녔지. 나는 내가 로스앨러모스에서 했던 일에 대해 후회한 적은 없다네. 사실 나는 여러 차례에 걸쳐 후회하지 않는다는 것을 단언했어." 이어서 그는 다음과 같은 말을 썼다가 편지를 부치기 전에 삭제했다. "내가 키프하르트의 대본에 가지는 불만은 내가 했다고 하는 길고 즉흥적인 최종 변론인데, 거기에서는 내가 후회하는 것으로 나오지. 책임감과 죄책감에 대한 나의 감정은 항상 현재에 발을 딛고 있었고, 지금까지는 그것만으로도 다른 것에 신경 쓸 여력이 남아나질 않더군."

오펜하이머는 12월 초 《라이프》 기자 토머스 모건(Thomas B. Morgan)이 연구소 사무실로 찾아왔을 때 봄과의 논쟁을 생각하고 있었을지도 모른다. 모건은 그가 창밖으로 가을 숲과 연못을 응시하고 있는 것을 보았다. 벽에는 키티가 말을 타고 우아하게 울타리를 건너뛰는 오래된 사진이 걸려 있었다. 모건은 그가 죽어 가고 있음을 볼 수 있었다. "그는 매우 쇠약했고, 더 이상 이전의 호리호리한 카우보이 같은 천재의 모습이 아니었다. 그의 얼굴에는 깊은 골이 패어 있었다. 그의 머리칼은 이제 흰색 안개처럼 얇아져 있었다. 하지만 그는 우아함으로 나를 압도했다." 그들의 대화가 철학적인 주제로 넘어가면서 오펜하이머는 "책임"이라는 단어를 강조했다. 모건은 그가 그 단어를 거의 종교적인 의미로 사용하고 있다고 말했다. 오펜하이머는 이에 동의하며, 그것은 "종교적인 개념을 초월적인 존재에 연결시키지 않으면서 사용할 수 있는 세속적인 장치"라고 말했다. "나는 여기에 '윤리적'이라는 단어를 사용하고 싶군요. 나는 윤리적인 질문들에 대해 이전보다 훨씬 더 명료합니다. 물론 그것들은 내가 폭탄을 만들 때 역시 나를 강하게 지배했지만 말이지요. 나는 이제 내 인생을 묘사하면서 '책임감' 같은 단어를 사용하지 않고 어떻게 설명할 수 있을지 모르겠습니다. 그것은 선택과 행동, 그리고 선택들이 해소될 수 있는 긴장과 관련된 말입니다. 나는 지식에 대해서가 아니라, 행동에 대한 제약에 대해 말하고 있는 것입니다……. 힘이 없이는 의미 있는 책임감도 있을 수 없지요. 우리는 스스로 행하는 행동에 대해서만 힘을 가질 수 있습니다. 하지만 더 많은 지식, 부, 여가는 모두 우리가 책임감을 가져야만 하는 범위를 넓히고 있습니다."

모건은 그의 혼잣말이 끝나자 "오펜하이머는 그러고 나서 손바닥을 들어 결론을 말하기 시작했다. 그는 '당신과 나는 모두 부유하지는 않습니다. 하지만 책임감에 관한 한, 우리는 기아선상에 놓인 사람들의 가장 끔찍한 고통을 경감시킬 수 있는 위치에 있습니다.'라고 말했다."[48]

이는 그가 40년 전 코르시카에서 프루스트를 읽으며 배운 것을 달리 표현한 것에 불과했다. "우리가 끼치는 고통에 무관심한 것은……끔찍하고 영구적인 형태의 잔인함"이라는 것이다.[49] 무관심하기는커녕 오펜하이머는 자신이 타인들에게 끼친 고통을 날카롭게 인식하고 있었다. 그럼에도 그는 죄책감에 빠지려 하지 않았다. 그는 책임감을 받아들일 것이었다. 그는 자신의 책임감을 한번도 부인하지 않았다. 하지만 보안 청문회 이후로 그는 무관심이라는 '잔인함'에 대항해 싸울 능력이나 동기를 잃은 듯했다. 그런 의미에서 라비가 옳았다. "그들은 목적을 이루었습니다. 그들은 그를 죽였어요."[50]

1967년 1월 6일 오펜하이머의 주치의는 방사선 치료가 그의 암세포에 별 효과가 없는 것으로 나타났다고 말해 주었다. 다음 날 그와 키티는 릴리엔털을 포함해 몇몇 친구들을 점심 식사에 초대했다. 그들은 아주 비싼 거위 간을 내놓았고, 키티는 완벽한 안주인 역할을 해냈다. 릴리엔털이 떠나려 할 때 오펜하이머는 그의 코트를 가져다주면서 "나는 별로 즐겁지 않아. 의사가 어제 나쁜 소식을 전했어."라고 털어놓았다.[51] 그리고 나서 키티는 릴리엔털을 집 밖까지 배웅하며 갑자기 울음을 터뜨렸다. 릴리엔털은 그날 저녁 "시한부 인생은 종종 있었지만 이번 경우에는 너무나 헛되고 잔인한 듯하다. 로버트는 적어도 내 앞에서는 경직되고 마지막 현실에 매달리는 듯한 눈으로 죽음을 응시하고 있다."라고 기록했다.

1월 10일에 그는 로스앨러모스 시절 친구인 채드윅에게 편지를 써서 자신이 "후두암과의 싸움에서…… 그다지 성공적이지 못했다."라고 말했다.[52] 그는 "이는 담배를 피우다가 악성 협착증에 걸린 에렌페스트의 경우를 떠올리게 하는군요. 우리는 참으로 운이 좋습니다. 우리의 비판자들조차 사랑과 빛으로 충만했으니 말이오."라고 덧붙였다.

1월 말의 어느 날 오펜하이머는 지난 14년간 자신의 비서로 일했던 홉슨을 불러 이제 그만 프린스턴을 떠나라고 말했다. 홉슨은 그가 소장직에서 퇴진하면 자신도 은퇴하리라고 생각하고 있었다. 하지만 그녀는 그가 아팠고 키티도 여전히 그녀에게 의존한다는 것을 알고서는 일정을 늦춘 상태였다. 홉슨은 "나는 그가 곧 죽을 것이며 내가 그때 떠나지 않으면 키티를 혼자 두고 떠날 수 없으리라는 말을 하고 있음을 알았습니다."라고 말했다.[53]

1967년 2월이 되자 오펜하이머는 끝이 멀지 않았다는 것을 알았다. 그는 한 친구에게 "나는 고통을 조금 느낍니다……. 이제 귀도 잘 안 들리고 말하기도 힘들어요."라고 썼다.[54] 그의 의사들은 그가 더 이상 방사선 치료를 받을 상태가 아니라고 판단해, 이제는 강력한 화학 요법을 실시하기로 했다. 하지만 그는 계속 집에 머물렀고, 몇몇 친구들에게는 언제든 방문을 환영한다는 메시지를 보냈다. 니코 나보코프는 여러 차례 방문했고 다른 친구들에게도 오펜하이머를 찾아가 보라고 재촉했다.

수요일이었던 2월 15일에 오펜하이머는 다음 해에 고등 연구소를 방문할 연구원을 선발하는 위원회 회의에 참석하기 위해 남은 힘을 짜냈다. 이 날이 프리먼 다이슨이 그를 마지막으로 본 날이었다. 하지만 다른 사람들처럼 오펜하이머는 수십 개의 지원서를 모두 읽었다. 다이슨은 나중에 "그는 말하는 것을 매우 힘겨워했습니다."라고 썼다.[55] 하지만 그는 "여러 후보자들의 강점과 약점을 정확히 기억하고 있었습니다. 내가 들은 그의 마지막 말은 '우리는 와인스타인을 받아야 해. 아주 훌륭해.'였습니다."

다음 날 루이스 피셔(Louis Fischer)가 방문했다.[56] 최근 피셔와 오펜하이머는 절친한 친구가 되었다. 세계를 누비는 저널리스트로 유명한 피셔는 『마하트마 간디의 일생(The Life of Mahatma Gandhi)』(1950년)과 『스탈린의 삶과 죽음(The Life and Death of Stalin)』(1953년)을 포함해 20권이 넘는 책들을 저술했다. 오펜하이머는 그중에서 특히 1964년에 출판된 레닌의 전기를 좋아했다. 키티는 피셔에게 현재 작업 중인 책의 일부를 가지고 와 오펜하이머의 정신을 다른 곳으로 돌려 달라고 부탁했다.

하지만 피셔가 초인종을 눌렀을 때 몇 분 동안 아무런 대답이 없었다. 그만 포기하고 되돌아가려던 차에 그는 위층 창문을 두드리는 소리를 들었다. 위에는 그에게 들어오라고 손짓하는 오펜하이머가 있었다. 잠시 후 오펜하이머가 앞문을 열었다. 그는 청력을 많이 잃어서 초인종이 울리는 것을 듣지 못했던 것이었다. 오펜하이머는 낑낑대며 피셔가 코트를 벗는 것을 도와주려 했고, 두 친구는 식탁 양쪽에 앉아서 이야기를 나눴다. 피셔는 자신이 최근에 케넌의 연구를 도와주고 있던 토니를 만났다고 말했다. 오펜하이머가 말하려 했을 때 "그는 너무 우물우물거려 나는 그가 다섯 마디 하면 한 마디 정도밖에 알아듣지 못했다."[57] 하지만 그는 기어코 키티는 낮잠을 자고 있으며(그녀는 밤에 잠을 제대로 이루지 못했다.) 집에는 아무도 없다는 말을 전달했다.

피셔가 오펜하이머에게 책 원고를 건네주자 그는 몇 장을 읽기 시작하고서는 피셔가 어디에서 자료를 구했는지 묻기 시작했다. 그는 "베를린에서?"라고 말했다. 피셔는 같은 쪽에 있는 각주를 가리켰다. 피셔는 나중에 "그는 이때 아주 상냥한 미소를 지었다."라고 썼다. "그는 매우 말라 보였고, 그의 머리칼은 드문드문한 백발이었으며, 그의 입술은 말라서 갈라진 상태였다. 그는 읽으면서 말하는 것처럼 입술을 움직였는데 말은 하지 않았다. 그리고 어쩌면 이것이 나쁜 인상을 주리라고 생각했는지, 그는 자신의 입 앞에 마른 손을 갖다 댔다. 그의 손톱은 푸른색을 띠고 있었다."

20여 분이 지나자 피셔는 이제 갈 때가 되었다고 생각했다. 그는 나가는 길에 2층으로 올라가는 층계참의 두 번째 계단에 담배 한 갑이 놓여 있는 것을 발견했다. 담배 세 대가 갑에서 빠져나와 부근 카펫 위를 굴러다니고 있었다. 피셔는 허리를 굽혀 그것들을 갑에 집어넣었다. 그가 일어섰을 때 오펜하이머는 그의 옆에 있었다. 오펜하이머는 호주머니 속으로 손을 넣어 라이터를 꺼내 불을 붙였다. 오펜하이머는 피셔가 담배를 피우지 않는다는 것을 알고 있었지만, 그의 동작은 본능적인 것이었다. 그는 항상 손님의 담뱃불을 붙여 주었던 것이다. 피셔는 며칠 후 "나는 그가 자신의 정신이 빠져나가고 있다는 것을 알고 있었으며 아마도 죽고 싶어할 것이라는 강한 인상을 받았다."라고 썼다. 오펜하이머는 피셔가 코트를 입는 것을 도와주고 문을 열고서는 어색한 발음으로 "또 오시오."라고 말했다.

퍼거슨은 2월 17일에 방문했다. 그는 오펜하이머의 임종이 가까웠음을 알 수 있었다. 그는 아직 걸을 수 있었지만 이제 45킬로그램 정도밖에 나가지 않았다. 그들은 식당에 함께 앉았다. 하지만 잠시 후 퍼거슨은 오펜하이머가 너무 가냘파 보여서 좀 쉬는 편이 좋겠다고 생각했다. "나는 그를 침실로 데리고 가 침대에 눕히고 방을 나왔습니다. 그리고 다음 날 나는 그가 세상을 떠났다는 소식을 들었습니다."[58]

오펜하이머는 1967년 2월 18일 토요일 오전 10시 40분에 잠을 자다가 세상을 떠났다. 그의 나이는 불과 62세였다. 키티는 나중에 한 친구에게 "그의 죽음은 측은했어. 그는 먼저 아이가 되었고, 곧 갓난아기가 되었지. 그는 알 수 없는 소리를 냈어. 나는 방 안으로 들어갈 수 없었어. 나는 방 안으로 들어갔어야 했지만 그럴 수 없었어. 나는 견딜 수가 없었어."라고 털어놓았다.[59] 이틀 후 그의 시신은 화장되었다.

스트라우스는 키티에게 전보를 보내 자신은 "오펜하이머가 죽었다는 소식을 듣고 슬픔에 빠졌다."라고 밝혔다.[60] 국내외의 신문들은 길고 존경어린 부고 기사를 실었다. 런던의 《타임스》는 그를 전형적인 "르네상스 맨(Renaissance man, 다재다능한 사람)"이라고 묘사했다.[61] 릴리엔털은 《뉴욕 타임스》에 다음과 같이 말했다. "세계는 숭고한 정신을 하나 잃었습니다. 그는 시와 과학을 하나로 묶은 천재였습니다."[62] 텔러는 이보다는 약하게 표현했다. "(로스앨러모스 연구소를) 만드는 데 그는 훌륭하고 꼭 필요한 일을 해 냈습니다." 모스크바에서 소련의 타스 통신은 "뛰어난 미국 물리학자"의 서거를 보도했다. 《뉴요커》는 그를 "비상한 우아함의 소유자, 지적 전통에 얽매이지 않는 귀족"으로 기억했다.[63] 풀브라이트 상원 의원은 상원 회의실에서의 한 연설에서 고인에 대해 "이 특별한 천재가 우리에게 무엇을 해 주었는지뿐만 아니라, 우리가 그에게 무슨 일을 했는지도 기억합시다."라고 말했다.[64]

1967년 2월 25일 프린스턴에서의 추도식 이후에, 오펜하이머는 그해 봄 워싱턴에서 열린 미국 물리학회 특별 세션에서 다시 한번 기념되었다. 라비, 서버, 그리고 바이스코프를 비롯한 여러 명이 발언했다. 라비는 나중에 이날 연설들에 대한 서문을 작성했고, 이들은 책으로 묶여 출판되었다. 그는 "오펜하이머에게 실제성의 요소들은 미약했다. 하지만 그의 카리스마의 바탕을 이룬 것은 다름 아닌 그의 정신과 언어, 그리고 태도로 응집된 그 무엇이었다. 그는 한번도 자신을 완벽하게 표현한 적이 없었다. 그는 항상 아직 드러내지 않은 감성과 통찰력의 깊이가 있다는 느낌을 남겨 두었다."라고 썼다.[65]

키티는 남편의 유골을 항아리에 담아 호크네스트 만으로 가지고 갔다. 그리고 폭풍이 불던 어느 날 오후 그녀는 토니와 두 명의 세인트존 친구들(존 그린과 그의 장모 이르바 클레어 데넘)과 함께 그들의 해변 별장에서 보이는 작은 섬인 카발 바위(Carval Rock)로 배를 타고 나갔다. 그들이 카발 바위, 콩고 암초, 그리고 로방고 암초 사이에 도달했을 때 존 그린은 배의 엔진을 껐다. 그들은 21미터의 물 위에 떠 있었다. 아무도 입을 열지 않았고, 키티는 오펜하이머의 유골을 흩뿌리는 대신 그저 항아리를 바닷물로 떨어뜨렸다. 그것은 즉시 가라앉지 않았고 그들은 물결을 타고 까딱거리는 항아리 주변을 맴돌며 그것이 마침내 바다로 가라앉는 것을 조용히 지켜보았다. 키티는 오펜하이머와 이를 의논했다고 설명했다. "이곳이 그가 머물고 싶었던 곳입니다."[66]

에필로그
이 세상에 로버트는 단 한 명뿐이다

오펜하이머가 세상을 뜨고 한두 해가 지난 후, 키티는 오펜하이머의 가까운 친구이자 제자였던 로버트 서버와 함께 살기 시작했다.[1] 한 친구가 무심코 서버를 "로버트"라고 부르자 키티는 그녀를 날카롭게 꾸짖었다. "그를 로버트라고 부르지 마. 이 세상에 로버트는 단 한 명뿐이야." 1972년에 키티는 멋진 16미터짜리 티크 케치선을 구입해 문레이커(Moonraker)라고 이름 붙였다.[2] 그 이름은 큰 항해선의 가장 높은 돛이자, 광기에 걸린 사람을 일컫는 말이었다. 키티는 1972년 5월 이 배를 타고 세계 일주를 하자고 서버를 설득했다. 하지만 그들은 그리 멀리 가지 못했다. 콜롬비아 해안 부근에서 키티는 병에 걸렸고, 서버는 배를 돌려 파나마 항구로 돌아왔다. 키티는 1972년 10월 27일 파나마 시티(Panama City)의 고르가스 병원(Gorgas Hospital)에서 색전증(embolism)으로 세상을 떠났다.[3] 그녀의 유해는 카발 바위 부근, 즉 1967년 오펜하이머의 유골이 뿌려진 세인트존 해안에 뿌려졌다.

프랭크 오펜하이머는 학계에서 추방된 지 10년 만인 1959년부터 콜로라도 대학교 물리학과에 재직하게 되었다. 1965년에 그는 영예로운 구겐하임 펠로우십(Guggenheim Fellowship)을 받아 런던 대학교에서 기포 상자 연구를 하게 되었다. 그해 유럽에 머무는 동안, 그와 재키는 여러 과학 박물관들을 방문했다. 그들은 그중에서도 특히 팔레 드 라 데쿠베르(Palais de la Découverte)에서 모델을 이용해 기본적인 과학 개념을 보여 주는 것에 깊은 인상을 받았다. 그와 재키는 미국에 돌아오자마자 어린이들과 어른들에게 물리학, 화학 및 기타 과학 분야를 "직접 경험"할 수 있는 과학 박물관을 설립할 계획을 세우기 시작했다. 이 아이디어는 성공적이었고, 1969년 8월에 여러 재단으로부터 받은 기부금으로 프랭크는 아내 재키와 함께 1915년에 지어진 거대한 전시관인 순수 미술 궁전(Palace of Fine Arts) 터에 '익스플로러토리움(Exploratorium, 탐험관)'이라는 이름의 과학 박물관을 설립할 수 있었다. 익스플로러토리움은 곧 '체험 박물관 운동(participatory museum movement)'의 가장 성공적인 사례가 되었고, 프랭크는 이 박물관의 관장을 맡았다. 재키와 아들 마이클도 프랭크와 함께 일했고, 박물관은 가족 전체의 사업이 되었는데, 이는 아마도 세계에서 가장 흥미로운 과학 교육 박물관이었을 것이다.

오펜하이머는 프랭크를 자랑스러워했을 것이다. 두 형제가 과학, 예술, 정치에 몰두하며 사는 동안 배운 모든 것들이 익스플로러토리움에 집약되어 있었다. 프랭크는 "익스플로러토리움의 목적은 사람들이 그들을 둘러싼 세상을 이해할 수 있다고 믿게 해 주는 것이다."라고 말했다.[4] "나는 많은 사람들이 이해하는 것을 포기했다고 생각한다. 그들이 물질세계에 대한 이해를 포기하면, 사회적, 정치적 세계 역시 포기하게 되는 것이다. 우리가 이해하려는 노력을 멈추면 모두 침몰할 것이라고 생각한다." 1985년 세상을 뜰 때까지 프랭크가 익스플로러토리움을 "자애로운 독재자(benevolent despot)"로서 운영했다면, 그것은 언제나 "인류가 가진 지식은 소수의 이익을 위한 도구가 아니라 모든 사람들에게 권력과 즐거움을 가져다줄 수 있을 것"이라는 평등주의 사상에 기반한 것이었다.

피터 오펜하이머는 뉴멕시코로 이사 가서 상그레 데 크리스토 산맥이 내려다보이는 아버지의 페로 칼리엔테 산장에서 살았다. 그 후 그는 세 명의 자녀를 두었다. 두 번의 이혼을 겪고서 그는 샌타페이에서 건축공이자 목수로 생활을 꾸려 나갔다. 피터는 자신의 아버지가 원자 폭탄의 아버지라는 사실을 드러내지 않았다. 그것은 그가 샌타페이 지역의 핵폐기물 위험을 알리는 환경 운동가로서 집집마다 돌아다닐 때도 마찬가지였다.

아버지가 죽은 후 토니는 갈팡질팡했다. "토니는 항상 키티에게 열등감을 가지고 있었지요."라고 서버는 기억했다.[5] "키티가 그녀의 인생을 지나치게 관리하려 드는 바람에 토니는 독립할 수 없었어요." 그녀는 어머니에게 떠밀려 대학원에 입학했지만, 곧 그만두고 말았다. 토니는 뉴욕의 작은 아파트에서 잠시 혼자 살았는데, 가까운 친구는 드물었다. 결국 그녀는 자신의 아파트에서 나와 리버사이드 가에 위치한 서버의 커다란 아파트의 뒷방에서 살았다. 그녀는 1969년 자신의 비상한 언어 능력을 이용해 유엔에서 3개 국어를 통역하는 임시직을 구할 수 있었다. 사브라 에릭슨은 "그녀는 한 언어에서 다른 언어로 아무 문제없이 전환할 수 있었어요."라고 회고했다.[6] "하지만 어찌된 일인지 그녀는 항상 문제를 몰고 다녔지요." 그 자리는 비밀 취급 인가를 필요로 했다. FBI는 배경 조사를 시작했고, 그녀의 아버지에 관한 옛 혐의점을 다시 들먹였다.[7] 이것은 그녀의 연약한 자아에 고통스러운 일이었는데, 이 일을 겪고도 결국 인가조차 받지 못했다.

토니는 결국 세인트존으로 돌아와 그 섬을 집으로 삼았다. 서버는 "그녀는 세인트존에 머무르는 잘못을 저질렀어요."라고 말했다.⁸ "내 말은 그곳은 너무 좁아터진 곳이라는 뜻이에요. 그녀가 대화를 나눌 수 있을 만한 또래가 전혀 없었죠." 두 번의 결혼이 모두 실패로 돌아간 토니는 행복할 겨를이 없었다. 그녀는 FBI에 의해 자신이 선택한 직업조차 실패로 돌아가자 다시는 두 발로 설 수 없을 지경에 이르렀다.

두 번째 이혼 후에 그녀는, 섬에 도착한 지 얼마 되지 않은 여덟 살 연상의 여인인 준 캐서린 발라스(June Katherine Barlas)와 좋은 친구가 되었다. 토니는 발라스를 포함한 그 누구에게도 그녀의 부모에 대해 거의 말을 꺼내지 않았다. 발라스는 "하지만 그녀가 아버지 이야기를 할 때면 그를 사랑하고 있다는 것을 알 수 있었습니다."라고 회고했다.⁹ 그녀는 오펜하이머가 선물한 머리핀을 자주 했고, 그것을 찾을 수 없을 때는 화를 내고는 했다. 그녀는 1954년 청문회에 대해 "그 사람들이 아버지를 파괴했다."라고 가끔씩 말하는 것을 제외하고는 대체로 화제를 돌렸다.

하지만 토니는 확실히 부모님에 대한 감정이 남아 있었다. 그녀는 한동안 세인트 토마스에서 정신과 진료를 받았다. 토니는 친구인 잉가 힐리버타에게 자신이 정신과 진료를 통해 "부모에 대해 가지고 있던 분노가 어린 시절의 경험에서 기인한다는 것"을 이해할 수 있게 되었다고 말했다.¹⁰ 그녀는 가끔씩 우울증에 빠지기도 했다. 하루는 물에 빠져 죽으려는 생각으로 그녀는 호크네스트 만에서 카발 바위 방향으로 헤엄쳐 오펜하이머의 유해가 가라앉아 있는 곳으로 향했다. 그녀는 오랫동안 헤엄쳐 바다 한가운데까지 나갔다.¹¹ 그리고 나서 나중에 그녀가 친구에게 고백한 바에 따르면, 그녀는 갑자기 기분이 나아져 해변으로 돌아왔다.

1977년 1월 어느 일요일 오후에 그녀는 호크네스트 만에 오펜하이머가 지은 해변 오두막집에서 목을 매 자살하고 말았다.¹² 그녀의 자살은 분명히 계획적인 것이었다. 토니는 자신의 침대에 1만 달러짜리 채권과 집을 "세인트존 주민들"에게 넘긴다는 유언장을 남겼다. 그녀는 섬 주민들의 사랑을 받았다. 발라스는 "모두가 그녀를 사랑했어요."라고 말했다. "하지만 그녀는 그것을 몰랐지요." 크루즈 만의 작은 교회에서 열린 그녀의 장례식에는 수백 명의 조문객이 몰려 일부는 장례식장 밖에 서 있어야만 했다.

호크네스트 만의 오두막집은 허리케인에 휩쓸려 이제 없어졌다. 하지만 그 자리에는 주민 회관이 세워졌고, 그 부근은 오펜하이머 해변이라고 불리고 있다.

감사의 글
오피와의 기나긴 여정

로버트 오펜하이머는 숙련된 기수(騎手)였다. 그렇기 때문에 1979년 여름, 내가 그의 전기를 쓰기 위한 자료 조사를 시작하면서 가장 먼저 엉덩이에 굳은살이 박히도록 말을 타고 돌아다녔다는 사실은 전혀 이상한 일이 아닐지도 모른다. 나의 모험은 뉴멕시코 주 카울스의 로스피노스 목장에서 시작되었는데, 그곳은 오피가 1922년 여름 아름다운 상그레 데 크리스토 산맥을 처음으로 탐험하기 시작했던 곳이었다. 나는 몇십 년 만에 처음으로 말을 타는 것이었기 때문에 기나긴 여정을 앞두고 잔뜩 긴장할 수밖에 없었다. 나의 목적지는 3000미터 높이의 그라스 산 정상 너머에 위치한 "오펜하이머 목장", 즉 페로 칼리엔테였다. 그곳은 로스피노스에서 말을 타고 몇 시간이나 걸리는 곳이었다. 오피는 1930년대에 경치 좋은 산등성이에 놓인 62만제곱미터의 대지를 대여하기 시작했고, 1947년에는 마침내 구매해 자신만의 목장 건물을 지어 두었던 것이다.

로스피노스의 현재 주인인 빌 맥스위니(Bill McSweeney)는 우리의 안내자이자 향토사학자 역할을 기꺼이 맡아 주었다. 그는 여행 중에 우리에게(나는 아내와 아이들과 함께 여행하고 있었다.) 오피의 좋은 친구이자 목장의 원래 주인인 캐서린 차베스 페이지가 1961년 집에 침입한 도둑의 손에 끔찍한 죽음을 맞이했다는 이야기를 비롯한 여러 가지 이야기를 해 주었다. 오피가 캐서린을 처음 만났던 것은 그가 뉴멕시코를 처음 방문했을 때였고, 그녀를 향한 풋사랑은 그를 반복해서 이 아름다운 지방으로 이끌었다. 오피는 자신의 목장을 구입하고 난 후 매년 여름 캐서린의 말들을 빌려 타고 남동생 프랭크, 1940년 이후에는 아내 키티, 그리고 자신을 방문했던 수많은 물리학자들과 함께 트레킹에 나섰다. 물론 대부분의 물리학자들은 자전거보다 복잡한 탈것에 올라탄 적이 없었다.

나는 이 여행에서 두 가지를 얻기를 바랐다. 첫 번째로는 오피가 자신의 친구들과 그랬듯이 이 아름다운 황야를 말을 타고 달리는 자유로움을 즐기는 경험을 공유하고 싶었다. 두 번째 목적은 오펜하이머 가족 목장에 살고 있던 그의 아들 피터를 만나서 이야기를 나누려는 것이었다. 나는 그를 도와 마구간을 지으면서 그의 가족과 삶에 대해 한 시간 넘게 이야기를 나누었다. 그것은 잊히지 않는 출발점이었다.

그로부터 몇 달 전, 나는 알프레드 A. 크노프(Alfred A. Knopf) 출판사와 오펜하이머의 전기를 쓰기 위한 계약서에 서명했다. 오펜하이머는 1930년대 미국 이론 물리학의 대표적인 학파를 세운 물리학자이기 이전에 정치 활동가였고, '원자 폭탄의 아버지'이자 저명한 정부 자문역이기도 했다. 그는 또한 대중적인 지식인이자 매카시 광풍의 희생자 중 가장 널리 알려진 인물이었다. 그 당시에 나는 크노프 사의 편집자인 앵거스 카메론(Angus Cameron)에게 앞으로 4~5년 안에 원고를 끝마칠 수 있을 것이라고 약속했다. 앵거스는 이 책을 헌정 받는 사람들 중 하나다.

이후 5~6년 동안 나는 미국뿐만 아니라 세계 곳곳을 돌아다니면서 오펜하이머와 친분이 있던 수많은 사람들을 만났다. 만남은 꼬리에 꼬리를 이어갔고 나는 생각했던 것보다 훨씬 많은 사람들과 인터뷰를 할 수 있었다. 나는 수십 개 아카이브와 도서관을 방문해 수 만 건의 편지, 메모, 정부 문서 등을 수집했다. FBI 문서만 해도 1만 쪽에 달하는 방대한 양이었다. 그리하여 나는 오펜하이머에 대한 연구는 그의 인생보다 훨씬 더 폭넓은 분야를 다뤄야 함을 이해할 수 있게 되었다. 그의 개인사는 수많은 공적인 측면들과 맞닿아 있었고, 앵거스와 나의 기대보다 훨씬 더 깊은 차원에서 당시의 미국 사회를 이해할 수 있게 해 주었다. 오펜하이머의 삶이 지닌 복잡성, 깊이, 폭넓은 반향은 그가 죽은 뒤 수많은 책, 영화, 연극, 학술 논문, 그리고 이제는 오페라(원자력 박사)로 다루어진 것에서도 알 수 있다. 이들로 인해 그의 삶은 미국사와 세계사에서 한층 확고한 위치를 차지하게 되었다.

내가 페로 칼리엔테로의 여정을 시작한지 어느덧 25년이 되었다. 나는 오펜하이머의 삶을 정리하는 작업을 통해 전기라는 장르에 대해 새롭게 이해할 수 있게 되었다. 지난 사반세기는 험난했지만 항상 신나는 여정이었다. 5년 전, 나의 좋은 친구 카이 버드가 맥조지와 윌리엄 번디 형제의 공동 전기인 『진실의 색깔』을 완성한 직후 나는 그에게 공동 작업을 제안했다. 오펜하이머는 우리 두 사람의 노력을 필요로 할 만큼 큰 인물이었고, 나는 카이가 파트너로 참여하게 되면 작업이 훨씬 빠른 속도로 진행될 수 있을 것이라고 생각했다. 우리는 힘을 합쳐 대단히 긴 여정을 마무리할 수 있었다.

수많은 사람들이 우리와 기나긴 여정을 함께 했다. 우리가 이 책을 바치는 또 한 사람은 내가 대단히 존경하는 고(故) 진 메이어(Jean Mayer) 터프츠 대학교 총장이다. 1986년에 메이어는 나를 원자력 시대 역사 및 인문학 센터(Nuclear Age History and Humanities Center, NAHHC)의 초대 소장으로 임명했다. NAHHC는 오펜하이머가 직면했던 핵무기 경쟁과 관련된 제반 위험을 연구하는 것을 목적으로 하는 기관이다. 오펜하이머의 삶에 관한 이야기는 또한 1988년부터 1992년 사이에 모스크바 대학교와 터프츠 대학교의 학생들이 핵무기 경쟁을 비롯한 미소 현안을 토의하는 세계 교실(Global Classroom) 프로젝트를 낳았다. 매년 몇 차례에 걸쳐 우리의 토의는 위성 TV로 중계되어 소련 국영 방송과 미국 PBS를 통해 방송되었다. 오펜하이머의 생각들은 소련의 개방을 이끌어내는 데 중요한 역할을 했던 것이다.

또한 뛰어난 재능으로 사회적 성취를 이룬 두 여인에게 감사의 말을 전한다. 오랫동안 고통을 겪은 내 아내 수전 셔윈(Susan Sherwin)과 카이의 아내 수전 골드마크(Susan Goldmark)는 우리의 긴 여정을 함께 했고, 우리가 안장 위에서 떨어지지 않도록 도와주었다. 우리는 그들을 사랑하고 존경하며 그리고 이 책에 대한 우리의 집착에 참을성과 분노를 균형 있게 보여 준 데 감사한다.

우리는 또한 남부인 특유의 참을성과 세심함으로 이 책을 준비해 준 크노프의 편집자 앤 클로즈(Ann Close)에게 고마움을 전한다. 그녀는 전문가다운 노련함으로 우리의 긴 원고가 짧은 시간 안에 출간에 이를 수 있도록 이끌어 주었다. 교열을 맡았던 멜 로젠탈(Mel Rosenthal)은 우리의 문장을 유려하게 다듬어 주었을 뿐만 아니라 수식어를 제대로 처리하는 법을 가르쳐 주었다. 우리는 또한 차질 없이 작업이 진행될 수 있도록 도와준 밀리센트 베넷(Millicent Bennett)에게도 감사한다. 스테파니 클로스(Stephanie

Kloss)는 책의 표지를 우아하게 디자인해 주었다. 표지 사진으로 채택된 알프레드 아이젠스태드(Alfred Eisenstadt)의 오펜하이머 초상은 워싱턴의 예술가 스티브 프리츠(Steve Frietch)가 추천한 것이다.

우리는 또한 훌륭한 편집자 바비 브리스톨(Bobbie Bristol)에게 깊은 사의를 표한다. 그는 은퇴하면서 프로젝트를 앤에게 넘기기까지 수십 년 동안 이 책을 보호하고 보살펴 주었다. 하지만 아무리 바비가 보호해 주었더라도 알프레드 A. 크노프 출판사의 지적이고 저자들을 존중하는 문화가 없었더라면 이 책을 준비하기 위한 작업은 사반세기 동안 계속될 수 없었을 것이다.

게일 로스(Gail Ross)는 변호사이자 출판 계약 전문가이다. 그녀는 우리와 크노프 출판사 사이의 20년 묵은 계약 조건을 재협상하는 데 도움을 주었다. 그녀와는 앞으로도 라 토마테 식당에서 수많은 점심 식사를 함께 할 것이다.

"교활한" 빅터 나바스키(Victor Navasky)는 우리에게 친구이자 조언자였다. 그는 20여 년 전 우리를 서로에게 소개시켰다. 우리는 그의 현명함과 오랜 우정, 그리고 그의 훌륭한 아내 애니(Annie)에게 감사한다.

몇몇 저명한 학자들이 우리의 초고를 세심하게 읽고 논평해 주었다. 물리학자이자 오펜하이머의 전기 작가인 제러미 번스타인(Jeremy Bernstein)은 우리가 양자 물리학에 대해 잘못 이해한 부분을 참을성 있게 고쳐 주었다.

코넬 대학교의 골드윈 스미스 석좌교수인 미국사학자 리처드 폴렌버그(Richard Polenberg)는 여름방학 내내 우리의 원고 전체를 세심하게 읽고 나서 오펜하이머 보안 청문회 사건에 대한 자신의 지식과 역사가로서의 감수성을 나누어 주었다.

제임스 허시버그(James Hershberg), 윌리엄 라노에트(William Lanouette), 하

워드 모어랜드(Howard Morland), 지그문트 나고르스키(Zigmunt Nagorsky), 로버트 노리스(Robert S. Norris), 마커스 래스킨(Marcus Raskin), 알렉스 셔윈(Alex Sherwin), 안드레아 셔윈 리프(Andrea Sherwin Ripp) 등도 원고의 일부 또는 전부를 읽었고, 우리는 그들의 논평과 식견에 사의를 표한다.

작업을 진행하는 동안 우리는 그레그 허켄(Gregg Herken), S. S. 슈베버(S. S. Schweber), 프리실라 맥밀런(Priscilla McMillan), 로버트 크리즈(Robert Crease), 그리고 고(故) 필립 스턴(Philip Stern) 등 뛰어난 학자들의 도움을 받았다. 그들은 오펜하이머의 일생을 둘러싼 여러 논쟁적인 사안들에 있어서 우리가 낸 의견들에 대해 거침없는 비판을 가했다. 이들은 자신들이 수집한 문서들과 인터뷰 자료들을 아낌없이 나누어 주었다. 막스 보른의 전기 작가 낸시 그린스팬(Nancy Greenspan)은 자신의 연구 결과를 나누어 주었다. 우리는 바가바드기타에 대한 오펜하이머의 관심에 대한 학술적 분석은 짐 히지야(Jim Hijiya)의 작업에 의존했다. 최근에 우리는 영국인 과학사가 찰스 소프(Charles Thorpe)의 작업에 대해 알게 되었다. 그의 박사학위 논문을 인용할 수 있게 해 준 것에 대해 그에게 감사한다. 그의 논문은 곧 책을 출간될 것이다.

커티스 브리스톨(Curtis Bristol) 박사와 플로이드 갤러(Floyd Galler) 박사, 그리고 정신분석가 섀론 알페로비치(Sharon Alperovitz)는 오펜하이머의 젊은 시절에 대한 심리학적 분석에 대한 식견을 제공해 주었다. 제프리 켈먼(Jeffrey Kelman) 박사는 진 태트록 박사의 죽음에 관한 부검 소견서 및 다른 의료 기록들을 해석하는 데 도움을 주었다. 대니얼 벤베니스트(Daniel Benveniste) 박사는 오펜하이머가 지그프리트 베른펠트 박사와 했던 정신분석학 공부에 대한 자신의 통찰을 제공했다. 우리는 오펜하이머의 서간에 훌륭한 주석 및 해설을 단 모음집을 출간해 우리의 해석에 많은 영감을 제공한 고(故) 앨리스 킴벌 스미스와 찰스 와이너에게 많은 빚을 지고 있다. 마찬가지로, 우리는 리처드 휴렛(Richard G. Hewlett)과 잭 홀(Jack Hall)의 원자력 에너지 위원회의 공식 역사에서, 특히 책을 준비하던 초기에 수많은 도움을 받았다.

수많은 헌신적인 아키비스트들이 수천 쪽에 달하는 공식 문건과 개인 자료들을 안내해 주었다. 우리는 특히 로스앨러모스 국립 연구소 아카이브의 린다 샌도벌(Linda Sandoval)과 로저 미드(Roger A. Meade), 프린스턴 대학교의 벤 프라이머(Ben Primer), 고등 연구소의 피터 고다드(Peter Goddard) 박사, 조지아 휘든(Georgia Whidden), 크리스틴 페라라(Christine Ferrara), 그리고 로재너 재핀(Rosanna Jaffin), 존 F. 케네디 대통령 도서관의 존 스튜어트(John Stewart)와 셸던 스턴(Sheldon Stern), 미국 물리학회의 스펜서 위어트(Spencer Weart), 미국 국회 도서관의 존 얼 헤인스(John Earl Haynes), 그리고 앞서 열거된 도서관과 아카이브에서 우리에게 도움을 주었던 수많은 사람들에게 감사한다.

이들을 비롯해 미국 국회 도서관, 국립 문서 보관소, 하버드 대학교, 프린스턴 대학교, 캘리포니아 대학교의 뱅크로프트 도서관 등에서 수많은 학예사들이 우리의 역사를 보존하기 위해 대단히 열심히 일하고 있다.

우리는 미국인이자 역사가로서 정보 공개법(Freedom of Information Act)을 지지했던 모든 사람들에게 경의를 표한다. 이를 통해 우리는 FBI와 CIA 뿐만 아니라 그동안 역사가들과 저널리스트들에게 닫혀 있던 정부 문서들에 접근할 수 있었을 뿐만 아니라, 우리의 민주주의를 지키는 데 크게 기여할 수 있었다.

이와 같은 방대한 규모의 책은 역사학을 공부하는 젊고 활기찬 학생들의 도움이 없이는 불가능했을 것이다. 이들 중 일부는 터프츠 대학교의 원자력 시대 역사 및 인문학 센터 소속으로 연대표를 준비하고, 문서를 분석하고 정리했으며, 논문을 검색하고, 수백 시간에 달하는 인터뷰를 받아 적었다. 터프츠 졸업생인 수전 라페베르 칼(Susanne LaFeber Kahl)과 메러디스 모지어 파스치우토(Meredith Mosier Pasciuto)는 효율적인 행정요원으로서 우리의 작업을 정리하고 자신들의 연구 결과를 기여했다.

NAHHC의 연구 조교들과 대학원생들은 여러 가지 방식으로 기여했다. 지금은 다큐멘터리 감독이 된 미리 나바스키(Miri Navasky)는 문서를 검색하고 키티 오펜하이머의 연대기를 만드는 데 많은 시간을 쏟았다. 짐 허시버그는 제임스 코넌트의 전기를 준비하면서 수집한 문서를 우리와 나누었고 항상 날카로운 질문을 했다. 데비 헤론 핸드(Debbit Herron Hand)는 인터뷰를 효율적으로 받아적었다. 타냐 개슬(Tanya Gassel), 한스 펜스터마커(Hans Fenstermacher), 제리 겐들린(Gerry Gendlin), 야코프 티기엘(Yaacov Tygiel), 댄 리버펠드(Dan Lieberfeld), 댄 호닉(Dan Hornig)은 모두 정신적으로 지적으로 지원해 주었다.

피터 슈워츠(Peter Schwartz)는 샌프란시스코 베이 지역 아카이브에서 초기 작업을 해 주었다. 에린 드와이어(Erin Dwyer)와 카라 토머스(Cara Thomas)는 최종 원고의 타자 작업을 했다. 패트릭 트위드(Patrick J. Tweed), 파스칼 반 더 필(Pascal van der Pijl), 정의진(Euijin Jung)은 자료 수집에 도움을 주었다.

다른 수많은 친구들과 동료들이 우리가 이 전기를 쓰는 동안 지지해 주었다.

카이는 특히 침대 머리맡에서 원고의 상당 부분을 소리 내 읽도록 한 부모님 유진과 제린 버드(Eugene and Jerine Bird)에게 감사드린다. 또한 조셉 올브라이트(Joseph Albright)와 마르샤 쿤스텔(Marcia Kunstel), 가 알페로비치

(Gar Alperovitz), 에릭 앨터먼(Eric Alterman), 스캇 암스트롱(Scott Armstrong), 웨인 비들(Wayne Biddle), 셸리 버드(Shelly Bird), 낸시 버드(Nancy Bird)와 칼 베커(Karl Becker), 노먼 번바움(Norman Birnbaum), 짐 보이스(Jim Boyce)와 벳시 하트만(Betsy Hartmann), 프랭크 브라우닝(Frank Browning), 애브너 코헨(Avner Cohen)과 캐런 골드(Karen Gold), 데이비드 콘(David Corn), 마이클 데이(Michael Day), 댄 엘스버그(Dan Ellsberg), 필과 잰 펜티(Phil and Jan Fenty), 토머스 퍼거슨(Thomas Ferguson), 헬마 블리스 골드마크(Helma Bliss Goldmark), 리처드 곤잘레즈(Richard Gonzalez)와 타라 사일러(Tara Siler), 닐 고든(Neil Gordon), 미미 해리슨(Mimi Harrison), 폴 휴슨(Paul Hewson), 러시 홀트(Rush Holt) 하원 의원, 브레넌 존스(Brennon Jones), 마이클 카진(Michael Kazin)과 베스 호로위츠(Beth Horowitz), 짐과 엘지 클럼프너(Jim and Elsie Klumpner), 로런스 리프슐츠(Lawrence Lifschultz)와 라비아 알리(Rabia Ali), 리처드 링그먼(Richard Lingeman), 에드 롱(Ed Long), 프리실라 존슨 맥밀런(Priscilla Johnson McMillan), 앨리스 맥스위니(Alice McSweeney), 크리스티나와 로드리고 마카야(Christina and Rodrigo Macaya), 폴 매그너슨(Paul Magnuson)과 캐시 트로스트(Cathy Trost), 에밀리 메딘(Emily Medine)과 마이클 슈워츠(Michael Schwartz)(그리고 그들의 산중 교회), 앤드루 마이어(Andrew Meier), 브랑코 밀라노비치(Branco Milanovic)와 미셸 드 네베르스(Michelle de Nevers), 우데이 모한(Uday Mohan), 댄 몰디어(Dan Moldea), 존과 로즈메리 모너건(John and Rosemary Monagan)(그리고 그의 작가 모임의 친구들), 아이들 타임즈 북스(Idle Times Books)의 작크와 발 모건(Jacques and Val Morgan), 안나 넬슨(Anna Nelson), 폴라 뉴버그(Paula Newberg), 낸시 니커슨(Nancy Nickerson), 팀 노아(Tim Noah)와 고(故) 마조리 윌리엄스(Marjorie Williams), 제프리 페인(Jeffrey Paine), 제프 파커(Jeff Parker), 데이비드 폴라조(David Polazzo), (프로메테우스에 관한 인용문을 찾아낸) 랜스 포터(Lance Potter), 윌리엄 프로치나우(William Prochnau)와

로라 파커(Laura Parker), 팀 리서(Tim Rieser), 케일립 로시터(Caleb Rossiter)와 마야 라틴스키(Maya Latynski), 아서 새뮤얼슨(Arthur Samuelson), 니나 샤피로(Nina Shapiro), 알릭스 셜먼(Alix Shulman), 스티브 솔로몬(Steve Solomon), 존 터먼(John Tirman), 닐건 톨레크(Nilgun Tolek), 애비게일 위벤슨(Abigail Wiebenson), 돈 윌슨(Don Wilson), 애덤 자고린(Adam Zagorin), 그리고 엘리노어 젤리어트(Eleanor Zelliot)에게 감사한다.

카이는 특히 리 해밀튼(Lee Hamilton), 로즈메리 라이언(Rosemary Lyon), 린지 콜린스(Lindsay Collins), 대그니 기저우(Dagne Gizaw), 자넷 스파이크스(Janey Spikes)를 비롯한 우드러 윌슨 센터의 모든 친구들에게 오피에 대한 자신의 긴 이야기들을 들어준 것에 대해 사의를 표한다.

나는 위에 언급된 여러 친구들에 덧붙여 아들 알렉스 셔윈(Alex Sherwin)과 딸 안드레아 셔윈 리프(Andrea Sherwin Ripp)에게 감사한다. 그들은 사랑을 주었을 뿐만 아니라 오랜 세월 동안 "오피의 누에고치(Oppie's cocoon)"라고 불리던 상자들, 문서 보관함들, 그리고 책장들과 함께 삶의 터전을 나누었다. 그의 여동생 마조리 셔윈(Marjorie Sherwin)과 그녀의 파트너 로즈 월튼(Rose Walton)은 누에고치와 함께 살지는 않았지만 자주 방문했고, 항상 그곳에서 나비가 솟아오르리라는 희망을 버리지 않았다. 마침내 나비가 솟아올랐던 것은 마틴이 UCLA의 대학원생이었을 당시 그를 지도해 주었던 세 명의 훌륭한 교수들의 지도와 이후 오랜 세월에 걸친 지원에 힘입은 바가 크다. 이들은 키스 버위크(Keith Berwick), 리처드 로즈크랜스(Richard Rosecrance), 그리고 "R D"이다.

또한 많은 옛 친구들과 동료들의 지원과 지적인 격려, 그리고 자료 수집을 위한 여행에서의 환대에 감사한다. 히로시마 시장 아키바 타도시, 샘 밸런(Sam Ballen), 조엘과 샌디 바컨(Joel and Sandy Barkan), 아이라와 마사 벌린(Ira and Martha Berlin)(그리고 《위스콘신 역사 잡지(*The Wisconsin Magazine of History*)》), 리처드 챌리너(Richard Challener), 로런스 커닝햄(Lawrence Cunningham), 톰과 조앤 다인(Tom and Joan Dine), 캐롤린 아이젠버그(Caroline Eisenberg), 하워드 엔드(Howard Ende), 할 파이브슨(Hal Feiveson), 오웬과 아이린 피스(Owen and Irene Fiss), 로런스 프리드먼(Lawrence Friedman), 게리 골드스틴(Gary Goldstein), 론과 매리 진 그린(Ron and Mary Jean Green), 솔과 로빈 기틀먼(Sol and Robyn Gittleman), 프랭크 폰 히펠(Frank von Hippel), 데이비드와 조안 홀링거(David and Joan Hollinger), 미셸 호크먼(Michele Hochman), 알과 필리스 잔클로우(Al and Phyllis Janklow), 미키오 카토(Mikio Kato), 닉키 케디(Nikki Keddie), 매리 켈리(Mary Kelley), 로버트 켈리(Robert Kelley), 댄과 베티앤 케블레스(Dan and Bettyann Kevles), 데이비드 클라인먼(David Kleinman), 마틴과 마가렛 클라인먼(Martin and Margaret Kleinman), 바바라 크라이거(Barbara Kreiger), 노먼드와 마조리 쿠츠(Normand and Marjorie Kurtz), 로드니 레이크(Rodney Lake), 멜 레플러(Mel Leffler), 앨런 렐추크(Alan Lelchuk), 톰과 캐롤 레너드(Tom and Carol Leonard), 샌디와 신시아 레빈슨(Sandy and Cynthia Levinson), 댄 리버펠드(Dan Lieberfeld), 레온과 로다 리트와크(Leon and Rhoda Litwack), 말레인 록히드(Marlaine Lockheed), 자넷 로웬털(Janet Lowenthal)과 짐 파인스(Jim Pines), 데이비드 룬드버그(David Lundberg), 진 라이언즈(Gene Lyons), 래리와 일레인 메이(Lary and Elaine May), 데이비드 미즈너(David Mizner), 밥과 베티 머피(Bob and Betty Murphy), 아니와 수 나흐마노프(Arnie and Sue Nachmanoff), 브루스와 돈나 넬슨(Bruce and Donna Nelson), 아널드와 엘렌 오프너(Arnold and Ellen Offner), 게리와 주디 오스트라우어(Gary and Judy Ostrower), 도널드 피스(Donald Pease), 데일 페스카이아(Dale Pescaia), 콘스탄틴 플레샤코프(Constantine Pleshakov), 필 포초다(Phil Pochoda), 에단 폴록(Ethan Pollock), 고(故) 레너드 리저(Leonard Rieser), 델과 조안나 리치하트(Del and Joanna Ritchhardt), 존

로젠버그(John Roserberg), 마이클과 레슬리 로젠털(Michael and Leslie Rosenthal), 리처드와 조안 러더스(Richard and Joan Rudders), 라스 라이덴(Lars Ryden), 파벨 사르키소프(Pavel Sarkisov), 엘렌 슈레커(Ellen Schrecker), 샤란 슈와츠버그(Sharan Schwartzberg), 에드워드 시걸(Edward Siegel), 켄과 주디 세슬로우(Ken and Judy Seslowe), 사울과 수 싱거(Saul and Sue Singer), 롭 소콜로우(Rob Sokolow), 크리스토퍼 스톤(Christopher Stone), 쿠싱과 진 스트라우트(Cushing and Jean Strout), 나타샤 타라소바(Natasha Tarasova), 스티븐과 프랜신 트라첸버그(Stephen and Francine Trachtenberg), 에브게니 벨리코프(Evgeny Velikhov), 찰리와 조앤 와이너(Charlie and Joanne Weiner), 도로시 화이트(Dorothy White), 피터 윈(Peter Winn)과 수 그론왈드(Sue Gronwald), 허버트 요크(Herbert York), 블라디슬라프 주보크(Vladislav Zubok).

이 책을 준비하는 여러 해 동안 많은 학자들이 자신의 연구를 진행하는 와중에 발견한 오펜하이머 관련 문서들을 우리에게 보내 주었다. 우리는 허버트 빅스(Herbert Bix), 피터 쿠즈니크(Peter Kuznick), 로렌스 위트너(Lawrence Wittner), 그리고 폴란드의 저명한 역사가이자 주미 대사인 프리체미슬라우 그루드진스키(Przemyslaw Grudzinski)에게 감사하고 싶다. 우리는 또한 우리의 자료를 수집하는 동안 친절하게도 여러 가지를 도와준 피터, 찰스, 엘라(Peter, Charles, Ella) 등 오펜하이머 가족, 그리고 브레트와 도로시 밴더포드(Brett and Dorothy Vanderford)에게도 사의를 표한다. 바버라 소넨버그(Barbara Sonnenberg)는 자신이 소장하고 있던 오펜하이머 가족 사진 중 일부를 사용할 수 있도록 허가해 주었다. 버클리 이글 힐 1번지의 현재 소유주인 데이비드와 크리스틴 마일스(David and Kristin Myles)는 샌프랜시스코 베이를 내려다보는 오펜하이머의 아름다운 집을 둘러볼 수 있게 해 주었다. 여기에는 우리에게 많은 도움을 준 인터뷰 대상자들의 이름이 열거되어 있다. 우리에게 시간을 내어 참을성 있게 자신들의 이야기를 해 주신 분들에게 감사한다. 이 책은 그 분들의 도움이 없이는 쓰일 수 없었을 것이다.

아무리 역사가라 하더라도 문서들만 가지고는 책을 쓸 수 없다. 이 책은 여러 재단들의 재정 지원이 없었더라면 쓰일 수 없었을 것이다. 나는 아서 싱거(Arthur Singer)와 알프레드 P. 슬론 재단(Alfred P. Sloan Foundation), 존 사이먼 구겐하임 재단(John Simon Guggenheim Foundation), 국립 인문학 기금(National Endowment for the Humanities), 터프츠 대학교, 조지 워싱턴 대학교 총장 제임스 매디슨 기금(George Washington University President's James Madison Fund)에 사의를 표한다. 카이는 우드러 윌슨 국제 연구 센터(Woodrow Wilson International Center for Scholars), 원자력 역사 재단(Atomic Heritage Foundation)의 신디 켈리(Cindy Kelly), 뉴멕시코 주 산타페 레쿠르소스(Recursos)의 대표 엘렌 브래드버리리드(Ellen Bradbury-Reid)에게 감사한다.

마지막으로 우리는 '아메리칸 프로메테우스'가 책 제목으로 잘 어울릴 것이라고 제안했던 수전 골드마크(Susan Goldmark)와 또 다른 한 친구의 탁월한 감각에 찬사를 보내고 싶다.

마틴 J. 셔윈

원문 출처

다음 주에서 버드 문서(Bird Collection)와 셔윈 문서(Sherwin Collection)로 표기되어 있는 자료들을 포함한 우리의 개인 소장 연구 파일들은 이후 적절한 아카이브와 도서관들에 기증될 것이다. 그 경과는 우리의 웹사이트 www.HistoryHappens.net과 www.AmericanPrometheus.org에 발표할 것이다.

약어

AEC 원자력 에너지 위원회
AIP 미국 물리학회(닐스 보어 도서관)
APS 미국 철학 협회
Caltech 캘리포니아 공과 대학
CU 클렘슨 대학교 아카이브
CUL 코넬 대학교 도서관
DCL 다트머스 대학교 도서관
DDEL 드와이트 D. 아이젠하워 대통령 도서관
ECS 윤리 문화 협회 아카이브
FBI 연방 수사국 열람실
FDRL 프랭클린 D. 루즈벨트 대통령 도서관
FRUS 미국 국무부, 미국 외교 문서(Foreign Relations of the United States)
HBSL 하버드 대학교 경영 대학원 도서관
HHL 허버트 후버 대통령 도서관
HSTL 해리 S. 트루먼 대통령 도서관
HU 하버드 대학교 아카이브
HUAC 미국 반미 활동 조사 위원회
IAS 고등 연구소(프린스턴)
JFKL 존 F. 케네디 대통령 도서관
JRO J. 로버트 오펜하이머
JRO FBI File J. 로버트 오펜하이머 FBI 파일 번호 100-17828
JRO Hearing 미국 원자력 에너지 위원회, J. 로버트 오펜하이머 문제에 대해: 인사 보안 위원회 청문회 녹취록과 주료 문서 및 편지 기록.

필립 스턴의 서문. 매사추세츠 케임브리지, MIT 출판부, 1971년.
JRO Papers J. 로버트 오펜하이머 개인 소장 문서, 국회 도서관
LANL 로스앨러모스 국립연구소 아카이브
LBJL 린든 B. 존슨 대통령 도서관
LOC 국회 도서관(문서 열람실)
MED 맨해튼 엔지니어 디스트릭트
MIT 매사추세츠 공과 대학 아카이브
NA 국립 문서 보관소
NBA 닐스 보어 아카이브(코펜하겐)
NBL 닐스 보어 도서관, 미국 물리학회
NYT《뉴욕 타임스》
PUL 프린스턴 대학교 도서관(머드 문서 도서관)
SU 스탠퍼드 대학교 도서관
UC 시카고 대학교 아카이브
UCB 캘리포니아 대학교 버클리 분교(뱅크로프트 도서관)
UCSDL 캘리포니아 대학교 샌디에이고 분교 도서관
UM 미시건 대학교 도서관
WP《워싱턴 포스트》
WU 워싱턴 대학교 아카이브
YUL 예일 대학교, 스털링 도서관

서문

1 E. L. Doctorow, The State of Mind of the Union, *The Nation*, 1987년 3월 22일, 330쪽.

프롤로그

1 Murray Shumach, 600 at a Service for Oppenheimer, *NYT*, 1967년 2월 26일.
2 상동.
3 *Bulletin of the Atomic Scientists*, 1967년 10월.
4 Schumach, *NYT*, 1967년 2월 26일; Abraham Pais, A Tale of Two Continents, 400쪽.
5 Jeremy Bernstein, Oppenheimer: Portrait of an Enigma, vii~xi쪽.
6 *NYT*, 1967년 2월 20일.
7 이지도어 라비, 셔윈과의 인터뷰, 1982년 3월 12일, 11쪽.
8 프리먼 다이슨, 존 엘즈와의 인터뷰, 1979년 12월 10일, 5, 9~10쪽.

1장: 그는 모든 새로운 생각을 완벽하게 아름다운 것으로 받아들였다

1 오펜하이머 가계도, 폴더 4-24, 박스 4, 프랭크 오펜하이머 문서, UCB; JRO, 쿤과의 인터뷰, 1968년 11월 18일, APS, 3쪽. 셋째 동생 역시 뉴욕으로 이민 왔지만 얼마 후 독일로 영구 귀국했다. 세 명의 여자 형제들 중 한 명은 미국에서 산 적이 있었지만 독일로 돌아가 그곳에서 죽었다. 여자 형제들 중 막내였던 헤드윅 오펜하이머 스턴은 1937년에 미국으로 이민와 캘리포니아에 자리를 잡았다.(바베트 오펜하이머 랜스도프, 앨리스 스미스와의 인터뷰, 1976년 12월 1일, 셔윈 문서.) 에밀 오펜하이머의 딸인 바베트는 로버트 오펜하이머보다 두 살 아래였다. 1900년 미국 인구 조사 기록에는 율리우스 오펜하이머가 1870년 8월 출생으로 1888년 독일로부터 이민해 왔다고 되어 있는데, 이것은 잘못된 것이다. 율리우스는 자신의 직업이 외판원(travelling salesman)이라고 밝혔다.(1900년 인구 조사, 뉴욕 시, 롤 1102, 149권, 455절, 8장, 27줄, NA.)
2 엘라 프리드먼이 율리우스 오펜하이머에게, 날짜 미상, 1903년 3월경, 폴더 4-10, 박스 4, 프랭크 오펜하이머 문서, UCB.

3 도로시 맥키빈, 존 엘즈와의 인터뷰, 1979년 12월 10일, 21쪽. 맥키빈은 캐서린 차베스 페이지의 말을 인용하고 있다. 또한 프리다 앨츠슐양은 JRO에게, 1963년 12월 9일에서 엘라의 눈을 묘사했다.

4 Alice Kimball Smith and Charles Weiner, *Robert Oppenheimer: Letters and Recollections*, 2쪽; 프랭크 오펜하이머, 앨리스 스미스와의 인터뷰, 1975년 3월 17일, 58쪽.

5 Lincoln Barnett, "J. Robert Oppenheimer," 1949년 10월 10일.

6 프랭크 오펜하이머 구술사, 1973년 2월 9일, AIP, 2쪽.

7 엘라 프리드먼이 율리우스 오펜하이머에게, 2003년 3월 10일, 폴더 4-10, 박스 4, 프랭크 오펜하이머 문서, UCB.

8 FBI 파일 100-9066, 1941년 10월 10일과 파일 100-17828-3은 오펜하이머의 출생 증명서 19763번을 인용하고 있다.

9 프랭크 오펜하이머, 앨리스 스미스와의 인터뷰, 1975년 3월 17일, 34쪽; 1920년 미국 인구 조사.

10 프랭크 오펜하이머, 앨리스 스미스와의 인터뷰, 1975년 3월 17일, 54쪽; 엘제 윌렌베크, 앨리스 스미스와의 인터뷰, 1976년 4월 20일, 2쪽. 오펜하이머의 사촌 바베트 오펜하이머 랭스도프는 나중에 엘라를 재능 있는 화가라고 불렀다.(월터 랭스도프 부인이 필립 스턴에게, 1967년 7월 10일, 스턴 문서, JFKL; 조지 보애스가 앨리스 스미스에게, 1976년 11월 28일, 스미스 서간 모음, 셔윈 문서; Smith and Weiner, *Letters*, 138쪽.) 율리우스는 반 고흐의 「첫걸음(밀레 이후)」를 1926년에 매입했고, 1935년에 프랭크 오펜하이머에게 물려주었다.

11 JRO, 토머스 쿤과의 인터뷰, 1963년 11월 18일, 10쪽. 1920년 미국 인구 조사는 오펜하이머 가정에 세 명의 입주 가정부들이 살고 있었다고 기록하고 있다. 그들은 아일랜드 출신의 87세 넬리 코놀리, 독일 출신의 21세 헨리에타 로즈문트, 그리고 스웨덴 출신의 29세 시그네 맥솔리였다.(1920년 인구 조사, 244권, 702절, 13장, 27줄, 롤 1202, NA.)

12 Smith and weiner, *Letters*, 34쪽; 프랭크 오펜하이머, 앨리스 스미스와의 인터뷰, 1975년 3월 17일, 26쪽.

13 해럴드 체르니스, 셔윈과의 인터뷰, 1979년 5월 23일, 3쪽.

14 프랜시스 퍼거슨, 셔윈과의 인터뷰, 1979년 6월 8일, 7쪽.

15 율리우스 오펜하이머가 프랭크 오펜하이머에게, 1930년 3월 11일, 폴더 4-11, 박스 4, 프랭크 오펜하이머 문서, UCB; 보애스가 앨리스 스미스에게, 1976년 11월 28일, 스미스 서간 모음, 셔윈 문서.

16 퍼거슨, 앨리스 스미스와의 인터뷰, 1975년 4월 23일, 10쪽.

17 Peter Goodchild, *J. Robert Oppenheimer*, 11쪽.

18 Jeremy Bernstein, *Oppenheimer*, 6쪽; 프랭크 오펜하이머 구술사, 1973년 2월 9일, 4쪽, AIP.

19 프랭크 오펜하이머가 드니스 로열에게, 1967년 2월 25일, 프랭크 오펜하이머 문서, 카턴 4, UCB.

20 루스 마이어 체르니스, 앨리스 스미스와의 인터뷰, 1976년 11월 10일; 허버트 스미스, 찰스 와이너와의 인터뷰, 1974년 8월 1일, 12, 16~17쪽.

21 오펜하이머는 소아마비 증세가 약간 있었는지도 모른다. 앨리스 스미스가 프랭크 오펜하이머에게, 1979년 8월 6일, 카턴 4, 프랭크 오

펜하이머 문서, UCB; Peter Michelmore, The Swift Years, 4쪽.
22 JRO, 쿤과의 인터뷰, 1963년 11월 18일, APS, 1~4쪽; *Time*, 1948년 11월 8일, 70쪽.
23 JRO, 쿤과의 인터뷰, 1963년 11월 18일, 1쪽.
24 Denise Royal, *The Story of J. Robert Oppenheimer*, 13쪽.
25 이 문단의 인용문들의 출전은 Smith and Weiner, *Letters*, 5쪽; JRO, 쿤과의 인터뷰, 3쪽; 바베트 오펜하이머 랭스도프가 필립 스턴에게, 1967년 7월 10일, 스턴 문서, JFKL이다.
26 프랭크 오펜하이머 구술사, 1973년 2월 9일, AIP, 1쪽.
27 프랭크 오펜하이머 구술사, 1973년 2월 9일, AIP, 4쪽.
28 Denise Royal, *The Story of J. Robert Oppenheimer*, 16쪽.
29 1912년 이사회 회의록, 윤리적 문화 문서, 뉴욕 윤리 문화 협회.
30 *Time*, 1948년 11월 8일, 70쪽.
31 Richard Rhodes, I Am Become Death *American Heritage*, vol.28, no. 6(1987.)
32 Horace L. Friess, Felix Adler and Ethical Culture, 194쪽.
33 Stephen Birmingham, *The Rest of Us*, 29~30쪽.
34 Friess, Felix Adler and Ethical Culture, 198쪽.
35 Benny Kraut, *From Reform Judaism to Ethical Culture*, 190, 194, 205쪽. 이것이 어쩌면 오펜하이머가 시온주의에 관심을 보인 적이 없다는 사실을 설명해 주는 것일지도 모른다.
36 Friess, *Felix Adler and Ethical Culture*, 136, 122쪽.
37 Friess, *Felix Adler and Ethical Culture*, 35, 100, 153, 141쪽.
38 Felix Adler, "Ethics Teaching and the Philosophy of Life," School and Home, a publication of the Ethical Culture School P.T.A., 1921년 11월, 3쪽.
39 Smith and Weiner, *Letters*, 3쪽; 프랭크 오펜하이머 구술사, 1976년 4월 14일, AIP, 56쪽.
40 Friess, Felix Adler and Ethical Culture, 131, 201~202쪽.
41 Robin Kadison Berson, *Marching to a Different Drummer*, 101~105쪽.
42 존 러브조이 엘리엇이 율리우스 오펜하이머에게, 1931년 10월 23일, 뉴욕 윤리 문화 협회 문서.
43 Friess, Felix Adler and Ethical Culture, 126쪽; 이본 블루멘탈 파펜하임, 앨리스 스미스와의 인터뷰, 1976년 2월 16일.
44 The Course of Study in Moral Education, New York: Ethical Culture School, 1912, 1916, 1912년, 1916년(팸플릿, 22쪽); Kevin Borg, "Dobunking a Myth: J. Robert Oppenheimer's Political Philosophy," 미출간 원고, 캘리포니아 대학교 리버사이드 분교, 1992년.
45 *Time*, 1948년 11월 8일; Denise Royal, The Story of J. Robert Oppenheimer, 15~16쪽.
46 허버트 스미스, 앨리스 스미스와의 인터뷰, 1975년 7월 9일, 1쪽; Denise Royal, The Story of J. Robert Oppenheimer, 23쪽; Smith and Weiner, Letters, 6쪽; Rhodes, "I Am Become Death…" American Heritage, 73쪽.
47 Smith and Weiner, Letters, 4쪽; Remembering J. Robert Oppenheimer, The Reporter, 윤리 문화 협회, 1967년 4월 28일, 2쪽.
48 Stern, The Oppenheimer Case, 11~12쪽;

루스 마이어 체르니스, 앨리스 스미스와의 인터뷰, 1976년 11월 10일; Cassidy, J. Robert Oppenheimer and the American Century, 33~46쪽.
49 Stern, The Oppenheimer Case, 11~12쪽.
50 해럴드 체르니스, 셔윈과의 인터뷰, 1979년 5월 23일, 3쪽.
51 Barnett, "J. Robert Oppenheimer," Life, 1949년 10월 10일.
52 지넷 머스키, 앨리스 스미스와의 인터뷰, 1976년 11월 10일.
53 허버트 스미스, 와이너와의 인터뷰, 1974년 8월 1일, 3쪽; JRO, 쿤과의 인터뷰, 1963년 11월 18일, 3쪽.
54 Smith and Weiner, Letters, 5쪽.
55 JRO, 쿤과의 인터뷰, 1963년 11월 18일, 2쪽.
56 제인 캐이서, 와이너와의 인터뷰, 1975년 6월 4일, 34쪽; Smith and Weiner, Letters, 6~7쪽.
57 프랜시스 퍼거슨, 셔윈과의 인터뷰, 1979년 6월 8일, 4쪽.
58 Peter Michelmore, The Swift Years, 9쪽; Gregg Herken, Brotherhood of the Bomb, 338쪽, 각주 55번.
59 Michelmore, The Swift Years, 8~9쪽.
60 프랜시스 퍼거슨, 셔윈과의 인터뷰, 1979년 6월 8일, 6쪽.
61 어린 시절 오펜하이머는 종종 병을 앓았다. 그는 여섯 살에 편도선 제거 수술과 아데노이드 절제술을 받았고, 1916년에는 맹장 수술을 받았으며, 1918년에는 성홍열을 앓았다. JRO 신체 검사, 샌프란시스코 프리시디오, 1943년 1월 16일, 박스 100, 시리즈 8, MED, NA.
62 Smith and Weiner, Letters, 9쪽.
63 지넷 머스키, 앨리스 스미스와의 인터뷰, 1976년 11월 10일; Smith and Weiner, Letters, 61쪽.
64 Smith and Weiner, Letters, 40쪽.
65 Smith and Weiner, Letters, 9쪽.
66 프랭크 오펜하이머, 앨리스 스미스와의 인터뷰, 1976년 4월 14일, 12쪽. 캐서린 차베스 페이지(캐버너)는 1961년 도둑질을 하러 자신의 집에 침입한 한 멕시코계 미국인 젊은이의 칼에 맞아 죽게 된다.(도로시 맥키빈, 앨리스 스미스와의 인터뷰, 1976년 1월 1일.)
67 허버트 스미스, 와이너와의 인터뷰, 1974년 8월 1일, 6쪽.
68 프랜시스 퍼거슨, 셔윈과의 인터뷰, 1979년 6월 8일, 3쪽과 1979년 6월 18일, 8쪽.
69 허버트 스미스, 와이너와의 인터뷰, 1974년 8월 1일, 15~16쪽.
70 허버트 스미스, 와이너와의 인터뷰, 1974년 8월 1일, 6~10쪽.
71 허버트 스미스, 와이너와의 인터뷰, 1974년 8월 1일, 1쪽.
72 Smith and Weiner, Letters, 9쪽.
73 Smith and Weiner, Letters, 10쪽.
74 Emilio Segrè, Enrico Fermi: Physicist, 135쪽.
75 Los Alamos: Beginning of an Era 1943-45, Los Alamos National Laboratory, 1986년, 9쪽.
76 Smith and Weiner, Letters, 22쪽.(JRO가 허버트 스미스에게, 1923년 2월 18일.)

2장: 자신만의 감옥

1 JRO, 쿤과의 인터뷰, 1963년 11월 18일, 14쪽; 윌리엄 보이드, 앨리스 스미스와의 인터뷰, 1975년 12월 21일, 5쪽.
2 로버트 오펜하이머, 미 육군 신체 검사, 1943년 1월 16일, 박스 100, 시리즈 8, MED, NA.

3 Smith and Weiner, *Letters*, 61쪽.
4 Smith and Weiner, *Letters*, 9쪽.
5 Michelmore, *The Swift Years*, 15쪽; 제프리스 와이먼, 찰스 와이너와의 인터뷰, 1975년 5월 28일, 14쪽; JRO, 쿤과의 인터뷰, 1963년 11월 18일, 6쪽.
6 프레더릭 번하임, 와이너와의 인터뷰, 1975년 10월 27일, 7, 16쪽.
7 Smith and Weiner, *Letters*, 33쪽.
8 Smith and Weiner, *Letters*, 45쪽; 윌리엄 보이드, 앨리스 스미스와의 인터뷰, 1975년 12월 21일, 4쪽.
9 Smith and Weiner, *Letters*, 34쪽.
10 Barnett, *J. Robert Oppenheimer, Life*, 1949년 10월 10일.
11 Smith and Weiner, *Letters*, 59쪽.
12 Robert Oppenheimer, *Le jour sort de la nuit ainsi qu'une victoire*, 프랜시스 퍼거슨이 제공한 오펜하이머 시작(詩作) 모음, 앨리스 스미스 문서(지금은 셔윈 문서.)
13 Richard Norton Smith, The Harvard Century, 87쪽; *Harvard Crimson*, 1924년 12월 13일과 1923년 1월 17일.
14 Liberals Take Stand Against Restriction, *Harvard Crimson*, 1923년 3월 14일.
15 John Trumpbour, ed., How Harvard Rules, 384쪽;『개드플라이(The Gad-fly)』, 1922년 12월, 하버드 대학교 학생 진보 클럽 발행; JRO. 쿤과의 인터뷰, 1963년 11월 18일; Smith and Weiner, *Letters*, 15쪽; Michelmore, The Swift Years, 15쪽; 존 에드살, 와이너와의 인터뷰, 1975년 7월 16일, 6쪽.
16 JRO, 쿤과의 인터뷰, 1963년 11월 18일, 7, 9쪽.
17 JRO, 쿤과의 인터뷰, 1963년 11월 18일, 8쪽; Smith and Weiner, Letters, 28~29쪽.
18 *Time*, 1948년 11월 8일, 71쪽.
19 Gerald Holton, Young Man Oppenheimer, *Partisan Review*, 1981, vol. XLVIII, 383쪽; *Time*, 1948년 11월 8일, 71쪽. 세게스타의 사원은 아마도 기원전 430~420년 경에 지어졌을 것이다.
20 윌리엄 보이드, 앨리스 스미스와의 인터뷰, 1975년 12월 21일, 7쪽.
21 Pais, Niels Bohr's Times, 541, 253쪽; *Time*, 1948년 11월 8일, 71쪽.
22 JRO, 쿤과의 인터뷰, 1963년 11월 18일, 5, 9쪽.
23 JRO, 쿤과의 인터뷰, 1963년 11월 18일, 5, 9쪽.
24 Smith and Weiner, *Letters*, 48쪽.
25 Paul Horgan, *A Certain Climate*, 5쪽.
26 Smith and Weiner, *Letters*, 54쪽.
27 윌리엄 보이드, 앨리스 스미스와의 인터뷰, 1975년 12월 21일, 9쪽.
28 Smith and Weiner, *Letters*, 60~61쪽; *Time*, 1948년 11월 8일, 71쪽.
29 Smith and Weiner, *Letters*, 60쪽.
30 JRO, Neophyte in London, 프랜시스 퍼거슨이 제공한 오펜하이머 시작 모음, 앨리스 스미스 문서.
31 JRO, Viscount Haldome in Robbins, 프랜시스 퍼거슨이 제공한 오펜하이머 시작 모음, 앨리스 스미스 문서. 타자기로 작성된 이 시의 여백에 오펜하이머는 나의 첫 번째 연시라고 써 두었다.
32 Smith and Weiner, *Letters*, 62쪽.
33 Smith and Weiner, *Letters*, 32~33쪽.
34 *Harvard Crimson*, 1924년 11월 18일, 1925년 3월 9일.
35 Smith and Weiner, *Letters*, 60쪽.
36 로버트 오펜하이머의 하버드 대학교 성적표,

1922~1925년, 앨리스 스미스 문서; Smith and Weiner, *Letters*, 68쪽; JRO, 쿤과의 인터뷰, 1963년 11월 18일, 10쪽.
37 Smith and Weiner, *Letters*, 74쪽; Michelmore, The Swift Years, 15쪽.
38 JRO, 쿤과의 인터뷰, 1963년 11월 18일, 14쪽.
39 Smith and Weiner, *Letters*, 77쪽.
40 Smith and Weiner, *Letters*, 80~81쪽.
41 Michelmore, *The Swift Years*, 14쪽.
42 JRO, 쿤과의 인터뷰, 1963년 11월 18일, 14쪽.

3장: 사실은 별로 재미가 없다

1 Smith and Weiner, *Letters*, 86쪽.
2 Francis Fergusson, *Account of the Adventures of Robert Oppenheimer in Europe*, 메모, 2월 26일 (연도 미상, 1926년 2월일 것으로 추정.) 이 문서는 퍼거슨, 앨리스 스미스와의 인터뷰, 1976년 4월 21일, 서원 문서에 첨부되어 있음.
3 퍼거슨, 셔원과의 인터뷰, 1979년 6월 18일, 1쪽.
4 Fergusson, *Account of the Adventures of Robert Oppenheimer in Europe*.
5 John Gribbin, *Q Is for Quantum*, 284, 321~322쪽.
6 JRO, 쿤과의 인터뷰, 1963년 11월 18일, 11쪽.
7 Smith and Weiner, *Letters*, 89쪽; JRO, 쿤과의 인터뷰, 1963년 11월 18일, 16쪽.
8 Smith and Weiner, *Letters*, 87~88쪽.
9 Goodchild, *J. Robert Oppenheimer*, 17쪽.
10 Michelmore, *The Swift Years*, 17쪽; 와이먼, 와이너와의 인터뷰, 1975년 5월 28일, 22쪽.
11 Pais, *Inward Bound*, 367쪽. 러더퍼드의 이야기는 폴 디랙을 통해 페이스에게 전해졌다.
12 퍼거슨, 앨리스 스미스와의 인터뷰, 1976년 4월 21일, 36쪽.
13 Smith and Weiner, *Letters*, 88쪽.
14 프레더릭 번하임, 와이너와의 인터뷰, 1975년 10월 27일, 20쪽.
15 Smith and Weiner, *Letters*, 19쪽; 허버트 스미스, 와이너와의 인터뷰, 1974년 8월 1일, 19쪽.
16 Fergusson, *Account of the Adventures of Robert Oppenheimer in Europe*.
17 상동.
18 퍼거슨, 셔원과의 인터뷰, 1979년 6월 18일.
19 앨리스 스미스, 퍼거슨에 관한 노트, 1975년 4월 23일, 4쪽.
20 퍼거슨, 셔원과의 인터뷰, 1979년 6월 18일, 1쪽; Fergusson, *Account of the Adventures of Robert Oppenheimer in Europe*, 3쪽.
21 Smith and Weiner, *Letters*, 90쪽.
22 에드살, 와이너와의 인터뷰, 1975년 7월 16일, 27쪽.
23 와이먼, 와이너와의 인터뷰, 1975년 5월 28일, 23쪽.
24 퍼거슨, 셔원과의 인터뷰, 1979년 6월 18일, 4~6쪽.
25 허버트 스미스, 와이너와의 인터뷰, 1974년 8월 1일, 16쪽.
26 에드살, 와이너와의 인터뷰, 1975년 7월 16일, 19쪽. 에드살은 나중에 오펜하이머가 1926년 6월 분석가의 진단에 대해 이야기했다고 말했다. 하지만 에드살의 기억하기로는 그 정신과 의사는 케임브리지에 있었다. 에드살은 의사가 환자에게 그토록 잔인한 말을 했다는 사실에 놀랐다. 어니스트 존스 박사를 비롯한 프로이트의 제자들이 1920년대 중반 런던 정신의학계를 주름잡고 있었다. 오펜하이머를 치료했던 정신과 의사가 존스 박사였을 가능

성도 있다. 율리우스 오펜하이머는 아들을 위해서라면 항상 최고를 구해 주었다. 존스 박사는 당시 영국에서 가장 유명한 프로이트주의자였을 뿐만 아니라, 할리 가에서 개업하고 있던 네 명의 분석가들 중 하나였다. 더구나 그는 나중에 프로이트의 전기를 저술할 정도로 헌신적인 제자였지만, 오진으로 유명하기도 했다. 존스라면 오펜하이머를 조발성 치매증이라고 오진했을 가능성이 상당히 높다. [International Journal of Psychoanalysis, vol. 8, part 1를 보라. 대니얼 벤베니스트 박사가 버드에게 보낸 이메일, 2001년 4월 19일. 존스 박사가 종종 오진을 했다는 사실은 커티스 브리스톨 박사에게서 들은 것이다.]

27 퍼거슨, 셔윈과의 인터뷰, 1979년 6월 18일, 2쪽; Smith and Weiner, Letters, 94쪽.

28 Time, 1948년 11월 8일, 71쪽.

29 퍼거슨, 셔윈과의 인터뷰, 1979년 6월 18일, 5쪽.

30 퍼거슨은 파리의 정신과 의사가 오펜하이머에게 젊은이들의 성적인 욕구를 다루는 데 경험이 많은 고급 창녀를 만나 보라고 권했다고 주장했다. 퍼거슨에 따르면, 오펜하이머는 별로 내켜하지는 않았지만 결국 여인을 만나러 갔다. 퍼거슨은 "오펜하이머는 가벼운 신체 접촉조차 할 수 없었습니다."라고 했다. 그녀는 경험이 풍부하고 지적인 매력을 가진 여인이었습니다. 하지만 두 사람은 뭔가 잘 맞지 않았지요. 퍼거슨, 앨리스 스미스와의 인터뷰, 1976년 4월 21일; 퍼거슨, 셔윈과의 인터뷰, 1979년 6월 18일, 1~4, 7쪽.

31 퍼거슨, 셔윈과의 인터뷰, 1979년 6월 18일, 7~9쪽; Fergusson, Account of the Adventures of Robert Oppenheimer in Europe. 퍼거슨은 나중에 킬리와 파혼했다.

32 Fergusson, Account of the Adventures of Robert Oppenheimer in Europe.

33 Smith and Weiner, Letters, 86쪽.

34 Smith and Weiner, Letters, 91~98쪽.

35 Smith and Weiner, Letters, 91~98쪽.

36 퍼거슨, 셔윈과의 인터뷰, 1979년 6월 18일, 7~9쪽.

37 에드살, 와이너와의 인터뷰, 1975년 7월 16일, 18~20쪽.

38 허버트 스미스, 와이너와의 인터뷰, 1974년 8월 1일, 16쪽.

39 Talk of the Town, 《The New Yorker》, 1967년 3월 4일.

40 번하임이 앨리스 스미스에게, 1976년 8월 3일, 앨리스 스미스 서간 모음 A-Z, 셔윈 문서.

41 에드살, 와이너와의 인터뷰, 1975년 7월 16일, 26, 31쪽.

42 Smith and Weiner, Letters, 95쪽.

43 와이먼, 와이너와의 인터뷰, 1975년 5월 28일, 21~23쪽.

44 에드살, 와이너와의 인터뷰, 1975년 7월 16일, 20, 27쪽.

45 앨리스 킴벌 스미스와 찰스 와이너는 어쩌면 사과는 갑자기 실수가 드러난 과학 논문을 상징하는 것일지도 모른다고 추측했다. Smith and Weiner, Letters, 93쪽; Denise Royal, The Story of J. Robert Oppenheimer, 36쪽; 퍼거슨, 셔윈과의 인터뷰, 1979년 6월 18일, 4~6쪽; 퍼거슨, 앨리스 스미스와의 인터뷰, 1975년 4월 23일, 36~37쪽.

46 그는 나아가 데이비스에게 왜 자신이 그 사건을 미궁에 빠뜨리게 하고 싶어했는지를 설명했다. 내가 이 이야기를 당신에게 하는 이유요? 1954년에 정부가 나를 청문회 증인석에 세웠지요. 그 해 작은 글자로 수백 페이지에 달하는 기록이 공개되었습니다. 사람들은 나의 일생에 대한 모든 것이 그 기록에 포함되

어 있다고 말하더군요. 그렇지 않습니다. 나에게 중요한 의미를 지니는 것들은 그 기록에서 빠져 있습니다. 당신은 내가 지금 그것을 증명하고 있다는 것을 알고 있지 않습니까? 내게 중요한 무언가는 그 기록 속에 들어 있지 않습니다.(Nuel Pharr Davis, Lawrence and Oppenheimer, 21~22쪽.)

47 S. S. 슈웨버와 에이브러햄 페이스를 포함한 몇몇 역사가들은 오펜하이머가 잠재적 동성애 성향과 씨름하고 있었을지도 모른다고 추측했다. 우리는 이와 같은 추측에는 근거가 없다고 생각한다. 오펜하이머의 친구이자 동료였던 페이스는 1997년에 출간된 회고록에서 1950년대 초에 자신은 강력하고 잠재적인 동성애 성향이 오펜하이머의 감성의 중요한 요소였다고 확신했다고 썼다. 하지만, 당시 오펜하이머와 가장 가까웠던 친구인 프랜시스 퍼거슨은 "나는 그에게서 어떤 동성애 성향도 발견하지 못했습니다. 그가 그 때문에 고민하지 않았습니다. 그는 단지 당시에 이성을 사귀지 못하는 것과 함께 일에서 오는 스트레스 때문에 짜증이 나 있었을 뿐이었습니다."라고 주장했다. 이와 유사하게, 오펜하이머의 하버드 대학교 시절 룸메이트였던 프레더릭 번하임은 그는 자신이 이성 앞에서 얼어붙는다고 느꼈고, "내가 데이트를 하러 나가면 화를 내고는 했습니다. 동성애 성향은 전혀 없었어요. 그는 왠지 우리가 하나의 단위로 움직여야 한다고 생각했던 것 같은데, 이 역시 성적인 감정과는 거리가 있는 것이었습니다."라고 설명했다. Pais, *A Tale of Two Continents*, 241쪽을 보라. 또한 Schweber, *In the Shadow of the Bomb*, 56, 203쪽을 보라. 오펜하이머의 잠재적 동성애 성향에 대한 소문에 대해서는 JRO FBI 보안 파일, V. P. 키가 랜드에게, 1947년 11월 10일을 보라. 이 문서는 그가 동성애 성향을 가진 수학과 학생인 하비 홀과 깊은 관계였으며 당시 로버트 오펜하이머와 동거하고 있었다는 소문을 전하고 있다.(FBI 보안 파일, 마이크로필름, 릴 1; 또한 Schweber, 203쪽을 보라.) 하지만, 하비 홀은 오펜하이머와 동거한 적이 없었다. 홀과 오펜하이머는 적어도 한 개의 논문을 공동으로 집필해《피지컬 리뷰》에 출판했다.(Haakon Chevalier, Oppenheimer, 12쪽.) 퍼거슨, 셔윈과의 인터뷰, 1979년 6월 18일, 3~4, 7쪽; 번하임, 와이너와의 인터뷰, 1975년 10월 27일, 16쪽.

48 하콘 슈발리에, 셔윈과의 인터뷰, 1982년 6월 29일, 6쪽.

49 Royal, *The Story of J. Robert Oppenheimer*, 36쪽.

50 JRO, 쿤과의 인터뷰, 1963년 11월 18일, 16쪽.

51 Smith and Weiner, *Letters*, 96쪽; JRO, 쿤과의 인터뷰, 1963년 11월 18일, 17쪽.

52 Smith and Weiner, *Letters*, 96쪽; 와이먼, 와이너와의 인터뷰, 1975년 5월 28일, 18쪽.

53 Pais, et al., *Paul Dirac*, 29쪽.

54 Rhodes, *The Making of the Atomic Bomb*, 53~54쪽; 와이먼, 와이너와의 인터뷰, 1975년 5월 28일, 30쪽.

55 JRO, 쿤과의 인터뷰, 1963년 11월 18일, 17쪽.

56 JRO, 쿤과의 인터뷰, 1963년 11월 18일, 21쪽.

57 Pais, *Niels Bohr's Times*, 495쪽.

58 JRO, 쿤과의 인터뷰, 1963년 11월 20일, 1~2쪽.

59 Smith and Weiner, *Letters*, 97쪽.

60 Royal, *The Story of J. Robert Oppenheimer*, 36쪽.

61 JRO, 쿤과의 인터뷰, 1963년 11월 18일, 21쪽.

4장: 이곳의 일은, 정말 고맙게도, 어렵지만 재미있다

1 Talk of the Town, *The New Yorker*, 1967년 3월 4일.
2 Pais, *The Genius of Science*, 32~33쪽.
3 Gribbin, *Q Is for Quantum*, 55~57쪽; Obituary: Prof. Max Born, The Times of London, 1970년 1월 7일.
4 Smith and Weiner, *Letters*, 97쪽.
5 Smith and Weiner, *Letters*, 100쪽.
6 JRO, 쿤과의 인터뷰, 1963년 11월 20일, 5쪽.
7 Pais, *The Genius of Science*, 307~308쪽.
8 JRO, 쿤과의 인터뷰, 1963년 11월 20일, 4쪽.
9 Smith and Weiner, *Letters*, 100쪽.
10 Smith and Weiner, *Letters*, 101쪽.
11 Pais, Inward Bound, 367쪽. 페이스는 디랙으로부터의 개인 교신을 인용하고 있다.
12 JRO, 쿤과의 인터뷰, 1963년 11월 20일, 6쪽.
13 헬렌 앨리슨, 앨리스 스미스와의 인터뷰, 1976년 12월 7일. 호그니스 부부는 오펜하이머를 따라 1929년 버클리에 도착했다.
14 Max Debruck, *In Memory of Max Born*, 디브러크 문서, 37,8, 칼텍 아카이브(낸시 그린스팬에게 감사.)
15 Max Born, *My Life*, 229쪽; Goodchild, *Oppenheimer*, 20쪽.
16 Born, *My Life*, 234쪽; Royal, *The Story of J. Robert Oppenheimer*, 38쪽.
17 Smith and Weiner, *Letters*, 102쪽.
18 Smith and Weiner, *Letters*, 104~105쪽.
19 Michelmore, *The Swift Years*, 20쪽.
20 Michelmore, *The Swift Years*, 21쪽.
21 Smith and Weiner, Letters, 104쪽; 마거릿 컴프턴, 앨리스 스미스와의 인터뷰, 1976년 4월 3일.
22 JRO, 쿤과의 인터뷰, 1963년 11월 20일, 6쪽.
23 Michelmore, *The Swift Years*, 21쪽; Pais, *The Genius of Science*, 54쪽.
24 Pais, The Genius of Science, 67쪽; Luis Alvarez, *Adventures of a Physicist*, 87쪽; 레오 네델스키, 앨리스 스미스와의 인터뷰, 1976년 12월 7일.
25 Smith and Weiner, Letters, 101쪽; Davis, *Lawrence and Oppenheimer*, 22쪽.
26 Thomas Powers, *Heisenberg's War*, 84~85쪽; James W. Kunetka, *Oppenheimer*, 12쪽.
27 호우터만스의 정치적 신조는 좌파에 가까웠다. 그는 1940년 4월에 독일로 추방되기 전 2년 반 동안을 스탈린의 감옥에서 보냈다. 호우터만스에 관한 흥미로운 이야기로는 Powers, *Heisenberg's War*, 84, 93, 103, 106~107쪽과 David Cassidy, *The Uncertainty Principle*을 보라.
28 Helge Kragh, *Quantum Generations*, 168쪽.
29 Gribbin, *Q Is for Quantum*, 174, 417~418쪽.
30 Daniel J. Kevles, *The Physicists*, 167쪽; Abrecht Flsing, *Albert Einstein*, 730~731쪽. 1929년에 아인슈타인은 한 발짝 물러서서 자신은 이 이론에 포함되어 있는 깊은 진실을 믿기는 하지만 통계적 법칙들로 제한되어 있는 것은 임시방편에 불과할 것이라고 생각한다고 설명했다. 하지만 얼마 후 그는 다시 이와 같은 반(半)경험주의적 방법론으로는 진실에 다가갈 수 없을 것이라는 강경한 입장으로 선회했다.(Flsing, *Albert Einstein*, 566, 590쪽.)
31 Smith and Weiner, *Letters*, 190쪽(JRO가 프랭크 오펜하이머에게, 1935년 1월 11일.) 오펜하이머는 1930년 칼텍에서 처음으로 아인슈타인을 만났다.(JRO가 칼 실리그에게, 1955년 9월 7일, JRO Papers.)
32 JRO, 쿤과의 인터뷰, 1963년 11월 20일, 7쪽.

33 Smith and Weiner, *Letters*, 103쪽.
34 Kevles, *The Physicists*, 217쪽.
35 Schweber, *In the Shadow of the Bomb*, 64쪽.
36 Royal, *The Story of J. Robert Oppenheimer*, 42쪽.
37 Hans Bethe, review of Robert Jungk's Brighter Than a Thousand Suns, in *Bulletin of the Atomic Scientists*, vol. 12, 426~429쪽; Schweber, In the Shadow of the Bomb, 100쪽.
38 상동.

5장: 내가 오펜하이머입니다

1 Michelmore, *The Swift Years*, 23쪽.
2 Smith and Weiner, *Letters*, 108쪽.
3 프랭크 오펜하이머, 구술사, 1973년 2월 9일, AIP, 5쪽.
4 Goodchild, *Oppenheimer*, 22쪽.
5 Michelmore, *The Swift Years*, 24쪽.
6 엘제 윌렌베크, 앨리스 스미스와의 인터뷰, 1976년 4월 20일, 2쪽; Michelmore, The Swift Years, 24~25쪽.
7 Smith and Weiner, Letters, 110쪽; *Hound and Horn: A Harvard Miscellany*, vol. 1, no. 4(1928년 6월), 335쪽.
8 JRO, Le jour sort de la nuit ainsi qu'une victoire, 프랜시스 퍼거슨이 제공한 오펜하이머 시작 모음, 앨리스 스미스 문서.
9 Smith and Weiner, *Letters*, 113쪽.
10 Smith and Weiner, *Letters*, 113쪽.
11 Time, 1948년 11월 8일, 72쪽.
12 프랭크 오펜하이머가 드니스 로얄에게, 1967년 2월 25일, 폴더 4-23, 박스 4, 프랭크 오펜하이머 문서, UCB.
13 Robert Serber, *Peace and War*, 38쪽.
14 Royal, *The Story of J. Robert Oppenheimer*, 44쪽; Michelmore, *The Swift Years*, 26~27쪽; Smith and Weiner, *Letters*, 118, 126, 163~165쪽.
15 프랭크 오펜하이머, 구술사, 1973년 2월 9일, AIP, 18쪽.
16 JRO 신체 검사, 샌프란시스코 프리시디오, 1943년 1월 16일, 박스 100, 시리즈 8, MED, NA.
17 프랭크 오펜하이머가 드니스 로얄에게, 1967년 2월 25일, 폴더 4-23, 박스 4, 프랭크 오펜하이머 문서, UCB.
18 Smith and Weiner, *Letters*, 119쪽(프랭크 오펜하이머, 스미스와의 인터뷰, 1976년 4월 14일을 인용-); Royal, *The Story of J. Robert Oppenheimer*, 50쪽; Davis, *Lawrence and Oppenheimer*, 24쪽.
19 JRO, 쿤과의 인터뷰, 1963년 11월 20일, 18쪽.
20 1933년에 에렌페스트는 정신박약인 아들을 총으로 쏘아 죽이고 나서 스스로도 자살했다. John Archibald Wheeler with Kenneth Ford, *Geons, Black Holes, and Quantum Foam*, 260쪽.
21 막스 보른이 폴 에렌페스트에게, 1927년 7월 26일, 8/7 또는 17/27, 에렌페스트 서간 모음, 양자 물리학사 아카이브, NBL, AIP(보른의 전기 작가인 낸시 그린스팬에게 감사.)
22 Barnett, J. Robert Oppenheimer, 《*Life*》, 1949년 10월 10일.
23 Serber, *Peace and War*, 25쪽; Rabi, et al., *Oppenheimer*, 17쪽. 피터 미켈모어에 따르면, 오펜하이머에게 오피(Opje)라는 별명을 붙여준 것은 폴 에렌페스트였다.(Michelmore, *The Swift Years*, 37쪽.)

24 Victor Weisskopf, *The Joy of Insight*, 85쪽.
25 JRO, 쿤과의 인터뷰, 1963년 11월 20일, 20~21쪽. Herausprugeln은 내적 단련을 뜻한다.(헬마 블리스 골드마크에게 감사.) 에렌페스트는 언젠가 오펜하이머의 철학적 성향에 대해 놀리면서, "오펜하이머, 네가 윤리학에 대해 그토록 많이 아는 이유는 네가 성격이 없기 때문이야."라고 했다.(Herken, *Brotherhood of the Bomb*, 15쪽.)
26 JRO가 제임스 채드윅에게, 1967년 1월 10일, JRO Papers, 박스 26, LOC.
27 Smith and Weiner, *Letters*, 127쪽.
28 JRO, 쿤과의 인터뷰, 1963년 11월 20일, 22~23쪽.
29 Royal, *The Story of J. Robert Oppenheimer*, 45쪽.
30 Ed Regis, *Who Got Einstein's Office?*, 195쪽.
31 Michelmore, *The Swift Years*, 28쪽.
32 Regis, *Who Got Einstein's Office?*, 133쪽.
33 Wolfgang Pauli, *Scientific Correspondence*, 1권, 486쪽.
34 Jeremy Bernstein, *Profiles: Physicist*, 《The New Yorker》, 1975년 10월 13일과 1975년 10월 20일.
35 Rigden, *Rabi*, 19쪽; Bernstein, *Oppenheimer*, 5쪽.
36 Rigden, *Rabi*, 228~229쪽.
37 Pais, *The Genius of Science*, 276쪽.
38 라비, 셔윈과의 인터뷰, 1982년 3월 12일, 7, 12~13쪽.
39 Rigden, *Rabi*, 214쪽.
40 Rigden, *Rabi*, 215쪽.
41 Rigden, *Rabi*, 218~219쪽.
42 Royal, *The Story of J. Robert Oppenheimer*, 45~46쪽; Rabi, et al., *Oppenheimer*, 5쪽 (서문).
43 JRO, 쿤과의 인터뷰, 1963년 11월 20일, 22쪽.
44 Rabi, et al., *Oppenheimer*, 12, 72쪽.
45 Brian Greene, *The Elegant Universe*, 111쪽.

6장: 오피

1 Smith and Weiner, *Letters*, 126~127쪽.
2 25년 후, 오펜하이머는 로저 루이스 박사가 전쟁 이후 그들이 [공산]당과 가깝게 지낸다는 것에서 오는 적대감 때문에 점점 소외되었다고 느낀 친구들 중 하나라고 증언했다. Smith and Weiner, *Letters*, 132쪽; JRO hearing, 190쪽.
3 프랭크 오펜하이머가 앨리스 스미스에게, 7월 16일(연도 미상), 폴더 4-24, 박스 4, 프랭크 오펜하이머 문서, UCB.
4 Royal, *The Story of J. Robert Oppenheimer*, 49쪽.
5 프랭크 오펜하이머, 와이너와의 인터뷰, 1973년 2월 9일, 51쪽.
6 The Day After Trinity, 존 엘즈 감독, 시나리오, 5~6쪽; 월렌베크, 앨리스 스미스와의 인터뷰, 1976년 4월 20일, 9쪽; 프랭크 오펜하이머, 와이너와의 인터뷰, 1973년 2월 9일, 52쪽.
7 프랭크 오펜하이머, 와이너와의 인터뷰, 1973년 2월 9일, 51쪽.
8 프랭크 오펜하이머가 앨리스 스미스에게, 7월 16일(연도 미상), 폴더 4-24, 박스 4, 프랭크 오펜하이머 문서, UCB.
9 JRO가 프랭크 오펜하이머에게, 1930년 3월 12일, 폴더 4-12, 박스 1, 프랭크 오펜하이머 문서, UCB.
10 Smith and Weiner, *Letters*, 132쪽.
11 Smith and Weiner, *Letters*, 133쪽.
12 JRO, 쿤과의 인터뷰, 1963년 11월 20일, 29

쪽.
13 Royal, *The Story of J. Robert Oppenheimer*, 54쪽.
14 JRO, 쿤과의 인터뷰, 1963년 11월 20일, 30쪽.
15 Goodchild, *Oppenheimer*, 25쪽; Royal, *The Story of J. Robert Oppenheimer*, 55쪽.
16 Smith and Weiner, *Letters*, 149쪽; 네델스키, 앨리스 스미스와의 인터뷰, 1976년 12월 7일.
17 Rabi, et al., *Oppenheimer*, 18쪽; Royal, The Story of J. Robert Oppenheimer, 56쪽.
18 해럴드 체르니스, 셔윈과의 인터뷰, 1979년 5월 23일, 2~3쪽.
19 Smith and Weiner, *Letters*, 149쪽.
20 Smith and Weiner, *Letters*, 149쪽; 네델스키, 앨리스 스미스와의 인터뷰, 1976년 12월 7일.
21 Bernett, *J. Robert Oppenheimer, Life*, 1949년 10월 10일, 126쪽.
22 Lillian Hoddeson, et al., eds., *The Rise of the Standard Model*, 311쪽; Rabi, et al., *Oppenheimer*, 18쪽.
23 JRO, 쿤과의 인터뷰, 1963년 11월 20일.
24 Serber, *Peace and War*, 28쪽.
25 Herbert Childs, *An American Genius*, 143쪽.
26 Herken, *Brotherhood of the Bomb*, 51쪽. 로런스는 또 다른 좋은 친구인 로버트 쿡시를 생각하고 있었다.
27 Rhodes, *The Making of the Atomic Bomb*, 148쪽; Davis, *Lawrence and Oppenheimer*, 17, 30~31쪽.
28 Patrick J. McGrath, *Scientists, Business, and the State*, 36, 64쪽.
29 Gray Brechin, *Imperial San Francisco*, 312, 354쪽.
30 네델스키, 앨리스 스미스와의 인터뷰, 1976년 12월 7일.
31 JRO, 쿤과의 인터뷰, 1963년 11월 20일, 25쪽.
32 Schweber, *In the Shadow of the Bomb*, 66쪽; Gribbin, *Q Is for Quantum*, 266, 107쪽.
33 서버, 셔윈과의 인터뷰, 1982년 1월 9일, 14쪽.
34 네델스키, 앨리스 스미스와의 인터뷰, 1976년 12월 7일; Schweber, *In the Shadow of the Bomb*, 68쪽.
35 Regis, *Who Got Einstein's Office?*, 147쪽.
36 서버, 셔윈과의 인터뷰, 1982년 1월 9일, 15쪽. 윌리스 램은 1938년 오펜하이머의 지도 하에 물리학 박사 학위를 받았다. Gribbin, *Q Is for Quantum*, 203~204쪽을 보라.
37 멜바 필립스, 셔윈과의 인터뷰, 1979년 6월 15일, 5쪽.
38 Rabi, et al., *Oppenheimer*, 16쪽.
39 *Physics Review*, 1938년 10월 1일.
40 *Physics Review*, 1939년 9월 1일; Bernstein, *Oppenheimer*, 48쪽.
41 Marcia Bartusiak, *Einstein's Unfinished Symphony*, 60~61쪽; Bernstein, Oppenheimer, 48~50쪽.
42 Gribbin, *Q Is for Quantum*, 45, 266쪽.
43 서버, 셔윈과의 인터뷰, 1982년 1월 9일, 15쪽.
44 Rabi, et al., *Oppenheimer*, 13~17쪽.
45 네델스키, 앨리스 스미스와의 인터뷰, 1976년 12월 7일.
46 에드윈 율링, 셔윈과의 인터뷰, 1979년 1월 11일, 5~6쪽.
47 Smith and Weiner, Letters, 159쪽(JRO가 프랭크 오펜하이머에게, 1932년 가을.)
48 Rigden, *Rabi: Scientist and Citizen*, 7쪽.
49 수십년 후, 오펜하이머는 강의계획서와 강의 노트를 모두 잃어버렸다고 생각했다. JRO, 쿤과의 인터뷰, 1963년 11월 20일, 28쪽; Royal,

The Story of J. Robert Oppenheimer, 64~65쪽. 하지만 셔윈은 허브 보그로부터 사본을 구할 수 있었다. 이 문서는 적절한 아카이브에 기증될 것이다.

50 Smith and Weiner, Letters, 135쪽(1929년 10월 14일자 편지.)
51 Smith and Weiner, Letters, 138쪽.
52 Smith and Weiner, Letters, 172, 191쪽; 헬렌 캠벨 앨리슨이 앨리스 스미스에게, 날짜 미상 (1976년 경), 앨리스 스미스 인터뷰 노트. 내 털리 레이먼드는 1975년에 사망했다.
53 헬렌 앨리슨, 앨리스 스미스와의 인터뷰, 1976년 12월 7일.
54 JRO가 프랭크 오펜하이머에게, 1929년 10월 14일; Smith and Weiner, Letters, 135쪽.
55 JRO가 프랭크 오펜하이머에게, 1929년 10월 14일; Smith and Weiner, Letters, 135쪽.
56 체르니스, 셔윈과의 인터뷰, 1979년 5월 23일, 1~2쪽.

7장: 님 님 소년들

1 Cassidy, J. Robert Oppenheimer and the American Century, 123쪽.
2 율리우스 오펜하이머가 프랭크 오펜하이머에게, 1930년 3월 11일, 폴더 4-11, 박스 4, 프랭크 오펜하이머 문서, UCB; Michelmore, The Swift Years, 33쪽.
3 Smith and Weiner, Letters, 139쪽(1930년 3월 12일.)
4 율링, 셔윈과의 인터뷰, 1979년 1월 11일, 2, 9쪽.
5 San Francisco Chronicle, 1934년 2월 14일, 1쪽; Serber, Peace and War, 27쪽; 서버, 존 엘즈와의 인터뷰, 1979년 12월 15일, 26쪽.
6 Royal, The Story of J. Robert Oppenheimer, 63쪽; Serber, Peace and War, 25쪽; Smith and Weiner, Letters, 149, 186쪽; Herken, Brotherhood of the Bomb, 13쪽; 로버트 서버, 존 엘즈와의 인터뷰, 1979년 12월 15일, 23쪽.
7 Smith and Weiner, Letters, 143쪽(JRO가 프랭크 오펜하이머에게, 1931년 8월 10일.) 샤스타 하우스에 대한 묘사는 Edith A. Jenkins, Against a Field Sinister, 28쪽과 로버트 서버, 존 엘즈와의 인터뷰, 1979년 12월 15일, 23쪽에 나와 있다.
8 Chevalier, Oppenheimer, 20~21쪽.
9 Rabi, et al., Oppenheimer, 20쪽; Rigden, Rabi, 213쪽.
10 Jeremy Bernstein, Oppenheimer, 62쪽.
11 율링, 셔윈과의 인터뷰, 1979년 1월 11일, 15쪽.
12 해럴드 체르니스, 셔윈과의 인터뷰, 1979년 5월 23일, 10쪽.
13 허버트 스미스, 와이너와의 인터뷰, 1974년 8월 1일, 14쪽.
14 해럴드 체르니스, 셔윈과의 인터뷰, 1979년 5월 23일, 8쪽.
15 Serber, Peace and War, 29~31쪽.
16 Royal, The Story of J. Robert Oppenheimer, 63쪽, 서버 인용 부분.
17 율링, 셔윈과의 인터뷰, 1979년 1월 11일, 15쪽.
18 필립스, 셔윈과의 인터뷰, 9~11쪽. 칼슨은 나중에 프린스턴을 비롯한 몇몇 대학에서 물리학을 가르쳤다. 그는 1955년 자살했다.
19 Rabi, et al., Oppenheimer, 19쪽.
20 Smith and Weiner, Letters, 141쪽.
21 프랭크 오펜하이머가 로열에게, 1967년 2월 25일, 폴더 4-23, 박스 4, 프랭크 오펜하이머 문서, 뱅크로프트 도서관, UCB.
22 Smith and Weiner, Letters, 144~145쪽(JRO

가 어니스트 로런스에게, 1931년 10월 12일, 1931년 10월 16일.)
23 허버트 스미스, 와이너와의 인터뷰, 1974년 8월 1일, 12쪽; Michelmore, *The Swift Years*, 33쪽; Royal, *The Story of J. Robert Oppenheimer*, 61~62쪽.
24 Smith and Weiner, *Letters*, 152~153(율리우스 오펜하이머가 프랭크 오펜하이머에게, 1932년 1월 18일.)
25 율링, 셔윈과의 인터뷰, 1979년 1월 11일, 31쪽.
26 체르니스, 셔윈과의 인터뷰, 1979년 5월 23일, 5쪽; Smith and Weiner, *Letters*, 143, 165쪽; Time, 1948년 11월 8일, 75쪽.
27 체르니스, 셔윈과의 인터뷰, 1979년 5월 23일, 11쪽.
28 Smith and Weiner, *Letters*, 143, 165쪽; Royal, *The Story of J. Robert Oppenheimer*, 64쪽.
29 Smith and Weiner, *Letters*, 164쪽; Michelmore, *The Swift Years*, 39쪽.
30 서구 지식인들에 대한 바가바드기타의 영향에 대해서는 Jeffrey Paine, *Father India*를 보라.
31 Smith and Weiner, *Letters*, 155~156쪽(JRO가 프랭크 오펜하이머에게, 1932년 3월 12일.)
32 라비, 셔윈과의 인터뷰, 1982년 3월 12일.
33 James A. Hijiya, "The Gita of J. Robert Oppenheimer"; Smith and Weiner, *Letters*, 180쪽.
34 Hijiya, "The Gita of J. Robert Oppenheimer," 146쪽; Barbara Stoler Miller, trans., *Bhartrihari: Poems*, 39쪽.
35 Friess, *Felix Adler and Ethical Culture*, 124쪽; Rabi, et al., *Oppenheimer*, 4쪽.

36 오펜하이머가 기타에 매료되었다는 사실에 대한 해석은 제임스 히지야의 작업에 의존했다.(Hijiya, "The Gita of J. Robert Oppenheimer," Proceedings of the American Philosophical Society vol. 144, no. 2 (2000), 161~164쪽; JRO, Flying Trapeze, 54쪽.)
37 Serber, *Peace and War*, 25~29쪽.
38 JRO FBI file, 문서 241, 12쪽, 1951년 1월 31일, 2001년에 기밀 해제.
39 상동; Barton J. Bernstein, *Interpreting the Elusive Robert Serber*, 12쪽.
40 Bernstein, *Interpreting the Elusive Robert Serber*, 11쪽; 번스타인은 JRO가 어니스트 로런스에게, 1938년 7월 20일, 로런스 문서, UCB를 인용하고 있다.
41 Serber, *Peace and War*, 38~39쪽.
42 엘제 윌렌베크, 앨리스 스미스와의 인터뷰, 1976년 4월 20일, 11~12쪽.
43 JRO hearing, 8쪽.
44 로버트 서버, 1972년 로버트 오펜하이머 기념상 수상 연설, 개인 파일, 오펜하이머 기념상, AIP 아카이브.
45 JRO FBI file, 문서 241, 13쪽, 1951년 1월 31일, 2001년에 기밀 해제.
46 Chevalier, *Oppenheimer*, 29쪽.
47 Jenkins, *Against a Field Sinister*, 23, 27쪽; ber, *Peace and War*, 43쪽.
48 필립스, 셔윈과의 인터뷰, 1979년 6월 15일, 1쪽. 1947년에 FBI의 J. 에드거 후버는 필립스가 브루클린 대학에서 공산당 팸플릿을 돌렸다는 보고가 있었다고 주장했다.(후버가 상무부 장관 애브럴 해리먼에게, 1948년 9월 6일, 폴더: Arms Control, 1947년, 해리먼 문서, 카이 버드 문서.) 1950년대 초에 필립스는 매커랜 위원회에 증인으로 소환되었다. 그녀

는 위원회에 협조하기를 거부한 결과 브루클린 대학에서 제적당했고 컬럼비아 방사선 연구소에서도 해고되었다. 1987년에 브루클린 대학은 그녀에게 공식적으로 사과했다.

49 네델스키, 앨리스 스미스와의 인터뷰, 1976년 12월 7일; Weiner, Letters, 195쪽.

50 Smith and Weiner, Letters, 173쪽.

51 "Obituary: Prof. Max Born," The Times of London, 1970년 1월 7일.

52 Stephen Schwartz, From West to East, 226~246쪽.

53 Serber, Peace and War, 31쪽.

54 프랭크 오펜하이머 구술사, 와이너와의 인터뷰, 1973년 2월 9일.

55 Smith and Weiner, Letters, 194~195쪽.

56 JRO, 쿤과의 인터뷰, 1963년 11월 18일, 19쪽.

57 Serber, Peace and War, 42, 50쪽.

58 JRO, 쿤과의 인터뷰, 1963년 11월 20일, 31쪽; Smith and Weiner, Letters, 181, 190쪽. 오펜하이머에게 고등 연구소로 오라는 제안을 했던 사람은 수학자 헤르만 바일이었다.

8장: 1936년에 내 관심사가 바뀌기 시작했다

1 Jenkins, Against a Field Sinister, 23쪽; JRO hearing, 8쪽.

2 프리실라 로버트슨, 고(故) 진 태트록에게 보내는 약속(Promise)이라는 제목의 편지, 날짜 미상, 1944년 1월경, 서윈 문서. 에드윈 젠킨스는 태트록이 푸른 눈동자를 가졌다고 보고했지만(28쪽), 검시관의 사망증명서에는 담갈색으로 나와 있다. 미켈모어는 그것을 빛나는 초록색이라고 표현했다.(The Swift Years, 47쪽.)

3 샌프란시스코 검시관 사무실, 진 태트록에 대한 검시관 보고서, 1944년 1월 6일; 비밀 FBI 메모, 제목: 진 태트록, 1943년 6월 29일, 파일 A, RG 326, 엔트리 62, 박스 1, NA.

4 Jenkins, Against a Field Sinister, 28쪽.

5 Jenkins, Against a Field Sinister, 21쪽; Michelmore, 52쪽.

6 Chevalier, Oppenheimer, 13쪽. 항상 신뢰할 수는 없지만, 누엘 파르 데이비스는 태트록 교수가 유태인을 좋아하지 않았다고 주장했다. 그는 태트록 부인이 "이제 나의 파시스트 남편과 급진주의자 딸을 데리러 가야겠어요."라고 말했던 것을 인용하고 있다.(Davis, Lawrence and Oppenheimer, 82쪽.) 한편, 태트록 교수는 1938년 오펜하이머, 슈발리에, 그리고 다른 버클리의 교수들과 함께 스페인 민주주의 지원 의료국의 이스트 베이 지부를 지지하는 모금 활동에 참여했는데, 이는 파시스트나 보수주의자가 보일 행동이 아니었다.(People's Daily World, 1938년 1월 29일, 3쪽.)

7 Jenkins, Against a Field Sinister, 24쪽.

8 상동, 26쪽.

9 프리실라 로버트슨, 약속, 7장짜리 편지, 1944년 1월경.

10 상동.

11 상동.

12 그해 그녀의 학점이 좋지 않았던 것은 그녀가 당 활동에 쏟은 시간을 반영하는 것일지도 모른다. 그녀는 심리학에서 A를 받았지만, 의예과 과목에서는 대부분 C를 받았다.(캘리포니아 대학교 버클리 분교, 대학원 성적표, 1935~1936년; 진 태트록이 프리실라 로버트슨에게, 날짜 미상, 1935년 7월 15일 경.)

13 공산당 버클리 지부는 정신 분석학에 빠져드는 당원들을 공개적으로 질타했다. 슈발리에 부부의 친구인 프랜시스 베렌드 버크는 1942년 입당함과 동시에 프로이트주의 분석가이

자 오펜하이머 부부의 좋은 친구인 도널드 맥팔레인을 만나기 시작했다. 당 간부들의 그녀의 성향을 알게 되자, 그들은 그녀를 설득해 치료를 중단하게 하려 했다.(켄트 마스토레즈와 콘스탄스 로웰 마스토레즈, 카이 버드에게 보낸 이메일, 2004년 5월 6일. 콘스탄스는 버크의 딸이다.)

14 태트록이 로버트슨에게, 1935년 7월 15일 경.
15 Royal, *The Story of J. Robert Oppenheimer*, 69쪽.
16 Jenkins, *Against a Field Sinister*, 22쪽.
17 상동.
18 서버, 셔윈과의 인터뷰, 1982년 1월 9일, 9~10쪽. 또한 Serber, *Peace and War*, 46쪽을 보라.
19 하콘 슈발리에, 셔윈과의 인터뷰, 1980년 5월 9일.
20 JRO hearing, 8쪽.
21 아브람 예디디아가 셔윈에게, 1980년 2월 14일.
22 Harvey Klehr, *The Heyday of American Communism*, 270, 413쪽; Ellen Schrecker, *Many Are the Crimes*, 15쪽; Edward L. Barrett, Jr., *The Tenney Committee*, 1쪽; *The Nation*, 1934년 9월 13일, Dorothy Healey, *Dorothy Healey Remembers*, 40, 59쪽에 재인용; Steve Nelson, et al., *American Radical*, 262쪽.
23 JRO hearing, 8쪽.
24 불러들인(opened the door)이라는 표현은 1954년 청문회 당시 오펜하이머가 작성했던 자술서의 초안에서 사용했던 것이었다. 그는 최종 판본에서는 이 표현을 삭제했다. Goodchild, *Oppenheimer*, 233쪽을 보라.
25 Dr. Peters Replies to Oppenheimer, *Rochester Times Union*, 1949년 6월 15일; 반미 활동 조사 위원회 청문회, 1949년 7월 8일,

9쪽, 버나드 피터스 문서, NBA. 피터스는 자신이 뮌헨의 어느 감옥으로 이감되고 나서 곧 석방되었다고 증언했다. 또한, 피터스는 당시 자신과 부인 한나가 공산당원인 적이 없었다고 증언했다.
26 Bernard Peters, *Report of a Prisoner at the Concentration Camp at Dachau, Near Munich*, 피터스가 1934년 뉴욕에서 작성; Peters, *War Crimes*, 1945년 5월 11일, 피터스 문서, NBA.
27 Schweber, *In the Shadow of the Bomb*, 120쪽.
28 상동, 120, 220쪽.
29 한나 피터스 박사가 국무부 여권과장 루스 시플리에게, 1951년 8월 28일, 피터스 문서, NBA. 시플리가 자신의 여권 발급을 거부했던 것에 대해, 피터스는 자신이 공산당원인 적이 없었다고 완강하게 주장했다. 그녀는 반파시스트 난민 위원회의 회원인 적은 있었다고 말했다.
30 JRO가 *Rochester Democrat and Chronicle*의 편집인들에게, 1949년 6월 30일, 피터스 문서, NBA. 1943년 9월에 오펜하이머는 랜스데일 중령과 그로브스 장군에게 한나 피터스가 공산당원이라고 생각했다고 말했다. Herken, *Brotherhood of the Bomb*, 111쪽; JRO FBI 파일, 메모 1954년 4월 28일, 문서 1320. 또 JRO에 대한 AEC 보고서(*Rochester Times Union*, 1954년 7월 7일, 폴더 11, 버나드 피터스 문서, NBA)를 보라.
31 Stern, *The Oppenheimer Case*, 19쪽.
32 체르니스, 셔윈과의 인터뷰, 1979년 5월 23일, 5쪽.
33 슈발리에의 일기에는 1937년 7월 20일로 표기되어 있다. 하지만 그의 친구 E.는 오펜하이머가 『자본론』을 그 전해 여름에 읽었다고 밝혔다. Chevalier, *Oppenheimer*, 16쪽을 보라. 스티브 넬슨 역시 같은 이야기를 들었다.

Steve Nelson, et al., *American Radical*, 269쪽.
34 하콘 슈발리에 FBI 파일(100-18564), 1부, 배경 보고서, 2, 16쪽.
35 Larken Bradley, "Stinson Grand Dame Barbara Chevalier Dies," Point Reyes Light, 2003년 7월 24일.
36 Haakon Chevalier, *Oppenheimer*, 30쪽; 바버라 슈발리에 일기, 1981년 8월 8일(그레그 허켄, www.brotherhoodofthebomb.com에 감사.)
37 Jenkins, *Against a Field Sinister*, 25쪽.
38 Chevalier, *Oppenheimer*, 8~9쪽.
39 Chevalier, *Oppenheimer*, 8쪽; Axel Madsen, Malraux, 195쪽.
40 Robert A. Rosenston, *Crusade of the Left*, vii쪽; Schrecker, *Many Are the Crimes*, 15쪽.
41 Chevalier, *Oppenheimer*, 16쪽.
42 JRO hearing, 156쪽; FBI 국장에게 보내는 메모, 1958년 1월 17일은 프레드 에어리 부인(미혼명 헬렌 A. 리첸스)이 작성한 기말 보고서 버클리와 오클랜드의 교원 노조, 1936년 봄을 인용하고 있다. 에어리 부인은 FBI에게 자신이 1936년 버클리의 학생일 때 이 기말 보고서를 작성했다고 설명했다. 그녀는 보고서를 준비하면서 여러 노조 회합에 참석했고 간부들과 인터뷰를 하기도 했다.
43 Chevalier, *Oppenheimer*, 16~19, 21~22쪽.
44 Michelmore, *The Swift Years*, 49쪽.
45 JRO hearing, 155, 191쪽. 1950년에 FBI가 애디스 박사에 대해 오펜하이머에게 물었을 때, 오펜하이머는 애디스 박사가 이미 죽었으며, 공산당과의 관계에 대해 스스로를 변호할 수 없기 때문이라는 이유를 들어 답변하기를 거부했다. 그 무렵, 애디스의 미망인은 라이너스 폴링에게 전미 과학 아카데미 추모 에세이에서 죽은 남편의 정치관은 다루지 말아 달라고 부탁했다. 그녀와 두 자녀들이 스스로의 안전에 위협을 느꼈기 때문이었다. Kevin V. Lemley and Linus Pauling, *Thomas Addis, Biographical Memoirs*, 3쪽.
46 리처드 리프먼 박사가 라이너스 폴링에게, 1955년 2월 1일, 애디스 추모 위원회, 박스 60, 라이너스 폴링 문서, 오리건 주립 대학교.
47 Lemley and Pauling, "Thomas Addis," 6쪽.
48 상동, 5쪽. 또한 프랭크 보울튼 박사가 카이 버드에게 보낸 이메일, 2004년 4월 27일과 허켄의 웹사이트, www.brotherhoodofthebomb.com(제2장의 미주 33번)을 보라.
49 Frank Boulton, "Thomas Addis (1881-1949),": *Journal of the Royal College of Physicians of Edinburgh*, 135~142쪽; Lemley and Pauling, "Thomas Addis," 28쪽.
50 Herbert Romerstein and Eric Breindel, *The Venona Secrets*, 265~266쪽. 로머스타인과 브라인델은 코민테른 아카이브, 모스크바, Fond 515, Opis 1, Delo 3875를 인용하고 있다. 또한, 그들은 애디스가 지난 10년간 샌프란시스코 베이 지역의 공산당 위장 조직 27개에서 활동하고 있다고 주장하는 1944년 FBI 보고서를 인용하고 있다. 애디스: 샌프란시스코 현장 보고서, 1944년 5월 17일, 섹션 4, 건축가, 엔지니어, 화학자, 기술자 연맹 파일, 61-723번, FBI.
51 리프먼이 폴링에게, 1955년 2월 1일. 이 편지에는 애디스에 대한 추모 에세이 초고가 첨부되어 있었다. 애디스 추모 위원회, 박스 60, 폴링 문서, 오레곤 주립 대학교. "Thomas Addis", 29쪽.
52 폴링이 스탠포드 대학교 총장 도널드 트레시더에게, 박스 77, 폴링 문서; 호레이스 그레이 박사가 폴링에게, 1957년 4월 5일, 애디스 추모 위원회, 박스 60, 라이너스 폴링 문서, 오레

곤 주립 대학교.

53 JRO hearing, 1004쪽.

54 스탠포드 대학교 생리학과 학과장 프랭크 웨이마우스 박사가 애디스 추모 위원회에게, 박스 60, 라이너스 폴링 문서, 오레곤 주립 대학교.

55 토머스 애디스, 친애하는 친구라는 제목의 편지, 1940년 9월, 애디스-폴링 서간 모음, 1040~1042, 박스 49, 폴링 문서, 오레곤 주립 대학교. 다른 후원자들로는 헬렌 켈러, 도로시 파커, 조지 셀드스, 그리고 도널드 오그덴 스튜어트 등이 있었다.

56 상동; Boulton, "Thomas Addis (1881-1949)", 24쪽.

57 JRO hearing, 183, 185, 9쪽.

58 노동통계국의 소비자 물가 지수에 따르면 1938년 당시의 1달러는 2001년에 12.42달러의 구매력을 가지고 있었다.

59 JRO hearing, 5, 9, 157쪽; Stern, The Oppenheimer Case, 22쪽.

60 넬슨, 셔윈과의 인터뷰, 1981년 6월 17일, 14쪽; Nelson, et al., American Radical, 258쪽; 하콘 슈발리에 FBI 파일(100-18564), 제1부, SF 61-439, 37쪽.

61 JRO hearing, 9쪽.

62 상동, 157쪽; Stern, The Oppenheimer Case, 22쪽.

63 오펜하이머의 기부금은 스페인 민주주의 지원 미국 의료국으로 전달되었다.(Daily People's World, 1938년 1월 29일, 3쪽을 보라. FBI의 오펜하이머에 대한 배경 보고서, 1947년 2월 17일에서 재인용.) 캘리포니아 대학교 버클리 분교의 모금 위원회에는 오펜하이머, 슈발리에, 루돌프 쉐빌, 로버트 브레이디, G. C. 쿡, 프랭크 오펜하이머, 존 S. P. 태트록, A. G. 브로듀어, R. D. 컬킨스, H. G. 에디, E. 구드, W. M. 하트, S. C. 몰리, G. R. 호이즈, A. 퍼스타인, M. I. 로즈, F. M. 러셀, L. B. 심슨, P. S. 테일러, A. 토레스-리오세코, R. 트라이온, T. K. 휘플 등이 참여하고 있었다.

64 Daily People's World, 1938년 4월 26일; ACLU News, vol. IV, no. 1, 1939년 1월, 4쪽; JRO hearing, 3쪽.

65 슈발리에, 셔윈과의 인터뷰, 1982년 6월 29일, 3쪽.

66 Chevalier, Oppenheimer, 32~33쪽; 슈발리에, 셔윈과의 인터뷰, 1982년 6월 29일, 4쪽. 1939년 봄에 오펜하이머는 349지부의 교육 정책 위원회의 위원장직을 맡았다. 아서 브로듀어가 지부장이었고, 슈발리에와 필립 모리슨이 다른 위원회의 위원장이었다.(349 지부 서기 조지프 폰트로즈가 어빈 쿠엔즐리에게, 1939년 4월 27일, 노동 및 도시 문제 아카이브에서 복사, 웨인 주립 대학교(존 코르테시에게 감사).)

67 Jenkins, Against a Field Sinister, 22쪽.

68 Smith and Weiner, Letters, 202쪽.

69 Petteri Pietikainen, "Dynamic Psychology, Utopia, and Escape from History: The Case of C. G. Jung," Utopian Studies, 2001년 1월 1일, 41쪽.

70 지그프리트 베른펠트 문서, 정신 분석 위원회 샌프란시스코, 박스 9, LOC,에는 초청 명단을 비롯해 위원회 의사록이 포함되어 있다.

71 Gerald Holton, "Young Man Oppenheimer," Partisan Review, 1981, vol. XLVIII, 385쪽.

72 지그프리트 베른펠트 문서, 정신 분석 위원회 샌프란시스코, 박스 9, LOC; 오펜하이머 월러스틴 박사, 전화 인터뷰, 2001년 3월 19일; 또한 미출간 에세이 "Siegfried Bernfeld in San Francisco", 1993년 5월 20일과 벤베니

스트, 네이선 애들러 박사와의 인터뷰(벤베니스트 박사에게 감사를)를 보라. 베른펠트는 울프와 다른 그룹 멤버들에 대한 정신 분석을 행하고 있었다. 오펜하이머 역시 베른펠트 박사로부터 정신 분석을 받았을지도 모른다. 오펜하이머의 이름은 베른펠트 박사의 환자 명단에 올라 있지는 않지만, 베른펠트는 나중에 애들러에게 자신의 환자들 중에는 사이클로트론을 설계하는 데 중심적인 역할을 한 버클리의 물리학자가 있다고 말했다.

73 Rabi, et al., *Oppenheimer*, 5쪽.
74 지그프리트 베른펠트 문서, 정신 분석 위원회 샌프란시스코, 박스 9, LOC; 월러스틴 박사 전화 인터뷰, 2001년 3월 19일. 월러스틴 박사는 자신은 오펜하이머가 정신분석학에 깊은 관심을 가지고 있었고 베른펠트 박사의 세미나에 정기적으로 참석했다는 것을 알고 있었다고 말했다. 베른펠트 박사의 제자인 스탠리 굿먼 박사의 이메일, 2001년 3월 20일; Ernest Jones, *The Life and Work of Sigmund Freud*, 344쪽 ; Reuben Fine, *A History of Psychoanalysis*, 108쪽.
75 Herbert Childs, *An American Genius*, 266~267쪽.

9장: 프랭크가 그것을 잘라서 보냈다

1 J. 에드거 후버가 대통령에게, FBI 메모, 1947년 2월 28일, JRO FBI file.
2 JRO hearing, 8쪽.
3 프랭크 오펜하이머, 앨리스 스미스와의 인터뷰, 1975년 3월 17일, 37쪽.
4 Leona Marshall Libby, *The Uranium People*, 106쪽.
5 Herken, *Brotherhood of the Bomb*, 54쪽. 허켄은 클리포드 더르가 프랭크 오펜하이머에게, 1969년 12월 10일, 더르 폴더, 박스 1, 프랭크 오펜하이머 문서, UCB를 인용하고 있다.
6 Smith and Weiner, *Letters*, 95쪽.
7 윌리엄 마버리가 앨런 와인스타인에게, 1975년 3월 11일, 제임스 코넌트 문서, HU(제임스 허시버그에게 감사.)
8 Smith and Weiner, *Letters*, 147쪽. 프랭크가 하버드 대신에 존스 홉킨스를 선택하도록 설득했던 것은 친구 로저 루이스였다. 프랭크 오펜하이머, 앨리스 스미스와의 인터뷰, 1975년 3월 17일, 10쪽.
9 Smith and Weiner, *Letters*, 155쪽.
10 Smith and Weiner, *Letters*, 163쪽.
11 Smith and Weiner, *Letters*, 169~170쪽.
12 프랭크 오펜하이머, 앨리스 스미스와의 인터뷰, 1975년 3월 17일, 15쪽.
13 Paul Preuss, "On the Blacklist," *Science*, 35쪽.
14 프랭크 오펜하이머, 주디스 굿스타인과의 구술사, 1984년 11월 16일, 12쪽, 칼텍 아카이브.
15 프랭크 오펜하이머 구술사, 1973년 2월 9일, AIP, 38~40쪽.
16 FBI의 프랭크 프리드먼 오펜하이머에 대한 배경 파일, 1947년 7월 23일, D. M. 래드가 국장에게.
17 로버트 서버, 셔윈과의 인터뷰, 1982년 3월 11일, 11쪽.
18 프랭크 오펜하이머가 앨리스 스미스에게, 7월 16일(연도 미상), 폴더 4-24, 박스 4, 프랭크 오펜하이머 문서, UCB.
19 Michelmore, *The Swift Years*, 47쪽; Goodchild, *J. Robert Oppenheimer*, 34쪽.
20 프랭크 오펜하이머가 앨리스 스미스에게, 7월 16일(연도 미상), 폴더 4-24, 박스 4, 프랭크 오펜하이머 문서, UCB.

21 한스 레프티 스턴, 카이 버드와의 인터뷰, 2004년 3월 4일.
22 프랭크 오펜하이머, 굿스타인과의 구술사, 1984년 11월 16일, 32쪽, 칼텍 아카이브.
23 프랭크 오펜하이머, 굿스타인과의 구술사, 1984년 11월 16일, 9~11쪽, 칼텍 아카이브; William L. Marbury, *In the Catbird Seat*, 107쪽.
24 프랭크 오펜하이머, 와이너와의 구술사, 1973년 2월 9일, 46쪽, AIP.
25 프랭크 오펜하이머 증언, 1949년 6월 14일, 캘리포니아 대학교 버클리 분교 방사선 연구소와 원자 폭탄 프로젝트에 대한 공산당 침투에 관한 청문회, 하원 반미 활동 조사 위원회, 365쪽; FBI 보고서, 1947년 8월 20일, *Minneapolis Star*의 1947년 7월 12일자 기사를 인용. 1938년에 그의 번호는 60439였고, 1939년에는 1001번이었다.
26 프랭크 오펜하이머가 드니스 로열에게, 1967년 2월 25일, 폴더 4-23, 박스 4, 프랭크 오펜하이머 문서, UCB.
27 프랭크 오펜하이머, 셔윈과의 인터뷰, 1978년 12월 3일; 프랭크 오펜하이머, 굿스타인과의 구술사, 1984년 11월 16일, 칼텍 아카이브, 14~15쪽. 재키 오펜하이머 증언, 1949년 6월 14일, 캘리포니아 대학교 버클리 분교 방사선 연구소와 원자 폭탄 프로젝트에 대한 공산당 침투에 관한 청문회, 하원 반미 활동 조사 위원회, 377쪽.
28 재키 오펜하이머 증언, 1949년 6월 14일; 프랭크 오펜하이머, 굿스타인과의 구술사, 1984년 11월 16일, 15쪽.
29 프랭크 오펜하이머, 와이너와의 구술사, 1973년 2월 9일, AIP, 46쪽.
30 프랭크 오펜하이머, 셔윈과의 인터뷰, 1978년 12월 3일.
31 Michelmore, *The Swift Years*, 115쪽.
32 FBI의 프랭크 오펜하이머에 대한 요약 메모, 1947년 7월 23일, 2쪽; JRO hearing, 101~102쪽.
33 프랭크 오펜하이머, 셔윈과의 인터뷰, 1978년 12월 3일.
34 FBI의 프랭크 오펜하이머에 대한 요약 메모, 1947년 7월 23일, 3쪽.
35 JRO hearing, 102쪽.
36 JRO hearing, 186~187쪽.
37 FBI의 프랭크 오펜하이머에 대한 요약 메모, 1947년 7월 23일, 3~4쪽.
38 JRO, 존 랜스데일과의 인터뷰, 1943년 9월 12일; JRO hearing, 871~886쪽.
39 Jessica Mitford, *A Fine Old Conflict*, 67쪽.
40 Klehr, *The Heyday of American Communism*, 413쪽.
41 하콘 슈발리에, 셔윈과의 인터뷰, 1982년 6월 29일, 3, 4, 6, 7쪽; Chevalier, *Oppenheimer*, 19쪽. 이혼하고 여러 해가 지나고 나서, 바버라 슈발리에는 미출간 회고록에 오피와 하콘이 공산당 비밀 조직에 가입했다고 썼다. 의사와 (아마) 부유한 사업가를 포함해 6~8명 정도였을 것이다. 바버라는 자신이 이들의 이름을 일부러 기억하지 않으려 했다고 밝혔다.(바버라 슈발리에 문서, 1981년 8월 8일,(그레그 허켄에게 감사).)
42 1905년 러시아에서 태어난 슈나이더만은 3살 되던 해에 미국에 도착했다. 1939년에 정부의 수사관들은 그의 시민권을 박탈하고 추방하려 했다. 그가 오펜하이머를 만났을 때 재판이 여전히 진행중이었다. 1943년의 대법원 판결에 따라 슈나이더만은 시민권을 유지할 수 있었다.(Klehr, *The Heyday of American Communism*, 484쪽.)
43 FBI 보고서, 1941년 5월 19일, 문서 2, 그리고

FBI 텔레타이프, 1953년 10월 16일, 샌프란시스코 지국에서 FBI 국장에게, 하콘 슈발리에, FBI 파일, 제1부. 이 송전문은 슈나이더만과 폴코프가 도착했을 때 슈발리에의 집앞 진입로에는 [삭제]와 J. 로버트 오펜하이머 소유의 승용차들이 주차되어 있었다고 보고하고 있다.

44 N. J. L. 파이퍼가 FBI 국장에게, 1941년 3월 28일, JRO FBI file, 섹션 1, 문서 1.

45 FBI 보고서, 1954년 6월 18일, 조 크레이그 작성, 97-1(C-14) 요약문 첨부. 첨부 문서의 날짜는 미상이지만, 그 내용으로 보아 오펜하이머가 버클리 이글 힐 1번지의 집으로 이사간 1941년 8월 이후 작성된 것으로 보인다. 오펜하이머는 민주 스페인 원조 위원회 활동을 통해 헬렌 펠을 만났다.(또한 펠은 스티브 넬슨의 좋은 친구이기도 했다. 넬슨, 셔윈과의 인터뷰, 13쪽.) 애디스 박사는 진 태트록의 친구이자 오펜하이머가 스페인 공화국을 위해 낸 헌금을 공산당으로 돌리기 시작했던 장본인이었다. 버클리의 교수였던 알렉산더 카운은 오펜하이머에게 자신의 집을 잠시 빌려준 적이 있었다. 1943년에 오펜하이머는 랜스데일 중령에게 자신은 카운이 미국 소련 위원회의 회원이라는 것을 알고 있었지만, 공산당원인지는 모르겠다고 말했다.(JRO hearing, 877쪽.) 조지 앤더슨은 샌프란시스코에서 공산당 공인 변호사로 알려져 있었다. 오브리 그로스먼과 리처드 글래드스틴은 노동조합 지도자 해리 브리지스의 변호사였다.

46 필립 모리슨 증언, 1953년 5월 7~8일, 교육 과정에서의 급진주의의 영향, 83회 미국 의회, 상원 법사위원회, 9부, 899~919쪽.

47 모리슨, 셔윈과의 인터뷰, 2002년 6월 21일.

48 하콘 슈발리에, 셔윈과의 인터뷰, 1982년 6월 29일, 6~7쪽과 1982년 7월 15일, 5쪽.

49 넬슨, 셔윈과의 인터뷰, 1981년 6월 17일, 14쪽.

50 넬슨, 셔윈과의 인터뷰, 1971년 6월 17일, 22쪽.

51 Griffiths, "Venturing Outside the Ivory Tower: The Political Autobiography of a College Professor," unpublished manuscript, LOC., 미출간 원고, LOC. 그리피스의 자서전은 두 가지 판본이 있다. 제목이 달라지 않은 짧은 판본에서 그는 오펜하이머를 비밀 조직의 일원으로 거명하고 있다. 긴 판본에서는 오펜하이머의 이름이 등장하지 않는다. 그리피스가 이 자서전을 출판사에 회람하기 시작했을 때, 어느 친구가 오펜하이머의 이름을 쓰지 않는 편이 좋겠다고 설득했던 것이다. 여기에 쓰인 인용문들은 짧은 판본에서 나온 것이다.(26쪽.)

52 Gordon Griffiths, "Venturing Outside the Ivory Tower," unpublished manuscript, shorter version, LOC, 26쪽; 케네스 메이와의 인터뷰에 대한 FBI 보고서, 1954년 3월 5일, JRO FBI file.

53 케네스 메이, 칼튼 대학 총장 로런스 굴드 박사에게 보내는 비밀 편지, 1950년 9월 25일, 칼튼 대학 아카이브(대학 아키비스트 에릭 힐레만에게 감사.) 메이는 《뉴 매스》에 내 아버지는 왜 나를 버렸는가(Why My Father Disinherited Me)라는 기고문을 게재했다. 데이비드 호킨스, 셔윈과의 인터뷰, 1982년 6월 5일, 15쪽.

54 케네스 메이와의 인터뷰에 대한 FBI 보고서, 1954년 3월 5일. 메이는 제2차 세계대전 기간 중에 공산당으로부터 탈퇴했다. 1946년에 그는 마침내 수학 박사 학위를 취득했고, 같은 해 미네소타 노스필드에 위치한 칼튼 대학 수학과에 임용되었다. 메이의 버클리 시절 룸메

이트 존 다이어-베넷과 메이의 세 번째 부인 미리엄 메이, 버드와의 인터뷰, 2001년 5월 15일.

10장: 점점 더 확실하게

1 Smith and Weiner, *Letters*, 211쪽.
2 Maurice Isserman, *Which Side Were You On?*, 32~54쪽.
3 *The Nation*은 이 공개 편지를 재수록했다.(Schwartz, From West to East, 290쪽.)
4 Chevalier, Oppenheimer, 31~32쪽. 슈발리에는 1959년 출간된 자신의 소설 『신이 되려고 했던 사나이(*The Man Who Would Be God*)』에서 오펜하이머에 해당하는 인물을 통해 다음과 같이 스탈린-히틀러 조약을 옹호했다. "최악의 상황에서도 옳고 그른 수순이있습니다. 서구 열강들이 뮌헨에서 체코슬로바키아에 대한 서약을 어겼기 때문에 러시아의 지금과 같은 위대한 상황에 빠지게 된 것입니다. 이것은 확실히 올바른 수순입니다. 왜냐하면 이것은 소련에 대한 독일과 프랑스, 독일 등 다른 서구 국가들의 연합 공격이라는 계획을 흐트러뜨리는 묘수이기 때문입니다 이 조약은 독일과의 연합이 아니라 독일과 여타 서구 국가들과의 잠재적 위협을 예방하는 것입니다 이를 납득시키기는 쉽지 않을 것입니다.(Chevalier, *The Man Who Would Be God*, 21~22쪽.)"
5 수많은 역사가들이 이와 같은 주장을 받아들이고 있다. 예를 들어, Alexander Werth, Russia At War, 3~29쪽과 Peter Calvovoressi and Guy Wint, *Total War*, 82쪽을 보라.
6 Chevalier, *Oppenheimer*, 33쪽.
7 Maurice Isserman, *Which Side Were You On?*, 38, 42쪽. 1941년에 캘리포니아 상원의원 잭 테니가 이끄는 반미 활동 진상 조사 위원회는 전미 작가 회의가 사실 공산당 위장 단체라는 혐의를 조사하기 위한 청문회를 개최했다.(Edward L. Barrett, Jr., The Tenney Committee, 125쪽.)
8 Herken, Brotherhood of the Bomb, 31쪽; 슈발리에, 셔윈과의 인터뷰, 1982년 6월 29일, 6~7쪽; Chevalier, *Oppenheimer*, 35~36쪽.
9 Gordon Griffiths, "Venturing Outside the Ivory Tower," unpublished manuscript, shorter version, LOC, 미출간 원고, 짧은 판본, LOC, 27~28쪽.
10 이 팸플릿들은 로버트 스프라울 총장의 눈에도 띄게 되었다. 스프라울은 이것들을 총장 문서 모음 중의 공산주의자들, 1940이라고 표기된 폴더에 보관해 두었다. 인터뷰 도중에 슈발리에는 이 팸플릿들을 꺼내 보여 주었고, 셔윈은 그 내용을 발췌해 기록했다.(슈발리에, 셔윈과의 인터뷰, 1982년 7월 15일.)
11 슈발리에, 셔윈과의 인터뷰, 1982년 7월 15일.
12 동지들에게 보내는 보고서: II, 1940년 4월 6일, 공산주의자들, 총장실(로버트 스프라울), 1940년, UCB.
13 상동.
14 JRO가 에드윈과 루스 율링에게, 1941년 5월 17일; Smith and Weiner, *Letters*, 217쪽.
15 Smith and Weiner, *Letters*, 216쪽. 우리는 JRO가 당시 어떤 조사 위원회로부터도 심문받았다는 기록을 찾지 못했다. 그는 아마도 소환되지 않았을 것이다.
16 마틴 카멘, 셔윈과의 인터뷰, 1979년 1월 18일, 27쪽.
17 슈발리에, 셔윈과의 인터뷰, 1982년 7월 15일. Daily Worker, 1938년 4월 28일. 슈발리에는 넬슨 앨그런, 대쉬엘 해멧, 릴리언 헬먼, 도로

시 파커, 맬콤 카울리 등 거의 150여 명에 달하는 저명한 지식인들과 함께 이 선언문에 서명했다.
18 제2차 세계대전 중에 바이스버그는 결국 폴란드의 수용소로 보내졌다. 하지만 그는 트럭에서 뛰어내려 숲속으로 탈출한 후 폴란드 지하 반군 활동을 전개했다.(빅터 바이스코프, 셔윈과의 인터뷰, 1979년 3월 23일, 5쪽.)
19 Michelmore, *The Swift Years*, 57~58쪽.
20 JRO hearing, 10쪽.
21 Weisskopf, *The Joy of Insight*, 115쪽.
22 바이스코프, 셔윈과의 인터뷰, 1979년 3월 23일, 3~7쪽.
23 바이스코프, 셔윈과의 인터뷰, 1979년 3월 23일, 10쪽.
24 Edith Arnstein Jenkins, *Against a Field Sinister*, 27쪽. 이디스는 당원 가입용 가명으로 메리 셸리의 어머니 메리 월스톤크래프트의 이름을 선택했다. 그녀는 아무도 본명으로 입당하지 않았다고 말했다. 너무 위험했으니까요. 1936년부터 1938년까지, 안스타인은 버클리 공산당 비밀 조직의 공식 서기이자 당비 수납 담당자였다. 그녀는 1938년에 법대를 자퇴하면서 이 직위 역시 그만두었다. 그녀에 따르면, 버클리 공산당의 전문직 분과는 몇 개의 조직으로 구성되어 있었고, 각 조직에는 약 여덟 명의 사람들이 들어 있었다. 그녀는 나중에 적어도 1938년까지 오펜하이머는 자신의 비밀 조직 소속은 확실히 아니었다고 밝혔다. 또한 젠킨스는 오펜하이머가 공산주의 청년 동맹에게 보내는 약간의 돈을 자신에게 준 적이 있었다고 기억했다.(이디스 안스타인 젠킨스, 허켄과의 인터뷰, 2002년 5월 9일; 젠킨스, 버드와의 인터뷰, 2002년 7월 25일.)
25 Schweber, *In the Shadow of the Bomb*, 108쪽; 블로흐가 라비에게, 1938년 11월 2일, 박스 1(일반 서간 모음), 블로흐 문서, SU.
26 Childs, *An American Genius*, 307쪽.
27 Schweber, *In the Shadow of the Bomb*, 108쪽.
28 Bernstein, *Hans Bethe*, 65쪽.
29 슈발리에, 셔윈과의 인터뷰, 1982년 6월 29일, 10쪽; Chevalier, *Oppenheimer*, 46쪽.
30 Chevalier, *Oppenheimer*, 187쪽.
31 Chevalier, *The Man Who Would Be God*, 14~15쪽.
32 상동, 88~89쪽.
33 Time, 1959년 11월 2일, 94쪽.
34 슈발리에가 JRO에게, 1964년 7월 23일, JRO가 슈발리에에게, 1964년 8월 7일, 폴더 슈발리에, 하콘 사건 관련, 박스 200, JRO Papers, LOC.
35 Chevalier, *Oppenheimer*, 19, 46쪽.
36 John Earl Haynes and Harvey Klehr, *In Denial*, 39쪽. 존 헤인스가 나중에 썼듯이, 오펜하이머는 물론 당 간부들에게 대단히 소중한 동맹으로 여겨졌을 것이다. 더구나 그는 당으로부터 조직적인 지원을 필요로 하지 않았다. 그는 당에 매우 소중했지만, 당은 오펜하이머에게 신념이나 개인적 친분을 제외하고는 소중하지 않았던 것이다. 유능한 당 지도자라면 오펜하이머와 같은 사람에게 '규율'을 강요하지 않을 것이다. 그에게는 명령보다 설득, 구슬림, 예의 바른 부탁, 경우에 따라서는 아마 호소까지 했을 것이다.(존 헤인스, 그레그 허켄에게 보내는 이메일, 2004년 4월 26일 (허켄에게 감사).)
37 어느 FBI 정보원이 말했듯이, 비록 오펜하이머는 실제로 공산당에 가입하지 않았을지는 모르지만, 그가 공산당 철학을 받아들이고 공산주의의 목표를 지지하게 만들기 위한 노력은 공산주의자들 사이에서 성공적인 것으로 받아들여졌다. 이 FBI 정보원은 헝가리 출

신의 공산주의자로 1923년부터 1938년까지 코민테른 요원이었던 루이스 지바르티였다. 지바르티의 본명은 라즐로 도보스였는데, 그는 1938년 공산당을 탈퇴하고 저널리스트로 일했다. 지바르티가 오펜하이머와 만난 적이 있었다는 증거는 없다. 또한 위 인용문의 주장을 뒷받침할 만한 증거도 없다. 그는 1950년에 FBI의 정보원이 되었다.(에드거 후버가 루이스 스트라우스에게, 1954년 6월 25일, JRO FBI file, 섹션 44, 문서 1800.)

11장: 스티브, 나는 당신의 친구와 결혼할 겁니다

1 JRO가 니콜스에게, 1954년 3월 4일.
2 Michelmore, *The Swift Years*, 49쪽.
3 Goodchild, *J. Robert Oppenheimer*, 35쪽.
4 슈발리에, 셔윈과의 인터뷰, 1982년 6월 29일, 9쪽; Chevalier, *Oppenheimer*, 30쪽; Herken, *Brotherhood of the Bomb*, 345쪽.
5 서버, 셔윈과의 인터뷰, 1982년 1월 9일, 10쪽. 샌드라 다이어-베넷은 오펜하이머보다 10년 이상 나이가 많았다. 그녀는 1913년생의 포크 음악가 리처드 다이어-베넷의 어머니였다.
6 서버, 셔윈과의 인터뷰, 1982년 1월 19일; Goodchild, J. Robert Oppenheimer, 39쪽; 슈발리에, 셔윈과의 인터뷰, 1982년 6월 29일, 9쪽; Chevalier, *Oppenheimer*, 31쪽; Michelmore, *The Swift Years*, 63쪽; JRO가 닐스 보어에게, 1949년 11월 2일, 박스 21, JRO Papers.
7 로버트 서버, 셔윈과의 인터뷰, 1982년 3월 11일.
8 캐서린 오펜하이머 FBI 파일(100-309633-2), FBI 메모, 1951년 8월 7일.
9 서버, 존 엘즈와의 인터뷰, 1979년 12월 15일, 9쪽.
10 www.swisscastles.ch/Vaud/chateau/blonay.html.
11 Wilhelm Keitel, *Mein Leben*, 19~20쪽. 케이텔은 독일어 회고록에서 자신의 조부모인 보드윈 비서링과 요한나 블로네이의 귀족 혈통을 설명하고 있다.(이 회고록의 일부는 영어로도 출간되었다. translated by David Irving, The Memoirs of Field-Marshal Keitel [New York, Stein and Day, 1966]. 하지만 이 판본에는 케이텔의 가족사에 대한 부분은 빠져 있다.) 케이텔과 캐테 비서링의 약혼에 대해서는, JRO hearing, 277쪽을 보라.
12 서버, 셔윈과의 인터뷰, 1982년 3월 11일, 13쪽.
13 패트 셰르, 셔윈과의 인터뷰, 1979년 2월 20일, 10쪽; 서버, 셔윈과의 인터뷰, 1982년 3월 11일, 14쪽.
14 Goodchild, *J. Robert Oppenheimer*, 37쪽.
15 셰르, 셔윈과의 인터뷰, 1979년 2월 20일, 10쪽.
16 JRO hearing, 571쪽; Goodchild, *J. Robert Oppenheimer*, 38쪽.
17 스티브 넬슨, 셔윈과의 인터뷰, 1981년 6월 17일, 39쪽.
18 Robert A. Karl, "Green Anti-Fascists: Dartmouth Men and the Spanish Civil War," unpublished Dartmouth College research paper, 42쪽, DCL.
19 Karl, "Green Anti-Fascists", 43~44쪽; Hugh Thomas, *The Spanish Civil War*, 473쪽; Marion Merriman and Warren Lerude, *American Commander in Spain*, 124쪽. 달레트의 유태인 배경에 대해서는 마거릿 넬슨, 셔윈과의 인터뷰, 1981년 6월 17일, 34쪽과 Darmouth Alumni, 1937년 12월, 달레트 동창회 파일, DCL을 보라.

20 피어 드 실바, 미출간 원고, 2쪽(그레그 허켄에게 감사); Daily Worker, 1937년 10월 27일; 캘리포니아 반미 활동 진상 조사 위원회 제5차 보고서, 1949년, 553쪽.
21 Michelmore, *The Swift Years*, 61쪽; Goodchild, *J. Robert Oppenheimer*, 38쪽.
22 스티브 넬슨, 셔윈과의 인터뷰, 1981년 6월 17일, 4쪽.
23 셰르, 셔윈과의 인터뷰, 1979년 2월 20일, 25쪽; JRO hearing, 572쪽; Goodchild, J. *Robert Oppenheimer*, 38쪽.
24 스티브 넬슨, 셔윈과의 인터뷰, 1981년 6월 17일, 3, 6쪽.
25 Joe Dallet, *Letters from Spain*, 56~57쪽; 달레트가 키티 달레트에게, 1937년 4월 9일, 1937년 4월 22일, 1937년 7월 25일. 이 편지들은 Cary Nelson and Jefferson Hendricks, eds., *Madrid 1937: Letters of the Abraham Lincoln Brigade from the Spanish Civil War*, 71~74, 77~78쪽에 수록되어 있다.
26 마거릿 넬슨, 셔윈과의 인터뷰, 1981년 6월 17일, 28쪽. 넬슨은 이 편지를 셔윈의 녹음기에 읽어 주었다.
27 Dallet, *Letters from Spain*, 45쪽.
28 Sandor Voros, *American Commissar*, 338~340쪽.
29 Merriman and Lerude, *American Commander in Spain*, 124~125쪽. FBI 문서 263; FBI 문서 49, 1937년 10월 9일. 이는 Harvey Klehr, John Earl Haynes, and Fridrikh Igorevich Firsov, *The Secret World of American Communism*, 184~186쪽에 수록되어 있다. Schwartz, From West to East, 360쪽; Peter Carroll, *The Odyssey of the Abraham Lincoln Brigade*, 164~165쪽.
30 Voros, American Commissar, 342쪽.

Vincent Brome, *The International Brigades*, 1966, 225쪽. 밥 메리엄은 1937년 10월 16일 자신의 아내에게 보내는 편지에서 "우리는 이번 공격에서 조 달레트를 포함해서 좋은 사람들을 몇 명 잃었어."라고 썼다. Merriman and Lerude, *American Commander in Spain*, 175쪽; FBI 문서 158, 3쪽; Rosenstone, *Crusade of the Left: The Lincoln Battalion in the Spanish Civil War*, 234~236쪽.
31 스티브 넬슨, 셔윈과의 인터뷰, 1981년 6월 17일, 8~9쪽; Nelson, et al., *American Radical*, 232-233쪽; JRO hearing, 574쪽. FBI 문서 284, 5쪽.
32 Allen Guttmann, The Wound in the Heart, 142쪽; *Daily Worker*, 1937년 10월 27일.
33 FBI 메모 1952년 5월 6일, 캐서린 오펜하이머 FBI 파일.(100-309633.) 키티는 브라우더가 조 달레트를 만나러 오하이오 영스타운에 왔을 때 한번 만난 적이 있었다. 그들은 함께 저녁을 먹었다.(캐서린 오펜하이머에 대한 FBI 메모, 1952년 4월 23일, JRO file, 섹션 12.)
34 마거릿 넬슨, 셔윈과의 인터뷰, 1981년 6월 17일, 32쪽; 셰르, 셔윈과의 인터뷰, 1979년 2월 20일, 10쪽.
35 진 바커, 셔윈과의 인터뷰, 1983년 3월 29일, 4쪽; Goodchild, *J. Robert Oppenheimer*, 39쪽; JRO FBI file, 문서 108, 4쪽.
36 JRO hearing, 574쪽. 키티는 1939년 9월부터 1940년 6월까지 UCLA에 등록했고 로스앤젤레스 코로나도 가 553-1/2번지에 살았다.
37 루이스 헴펠만 박사, 셔윈과의 인터뷰, 1979년 8월 1일, 26쪽.
38 Serber, *Peace and War*, 59~60쪽. 프랭크와 재키 오펜하이머 역시 그해 여름 11살 난 조카 한스 레프티 스턴과 함께 목장에서 시간을 보

냈다.
39 JRO FBI file, 문서 154, 7쪽.
40 Serber, *Peace and War*, 60쪽.
41 스티브 넬슨, 셔윈과의 인터뷰, 1981년 6월 17일, 12쪽; Nelson, et al., *American Radical*, 268쪽.
42 Herken, *Brotherhood of the Bomb*, 52쪽.
43 래드가 FBI 국장에게, 1947년 8월 11일, JRO FBI file, 문서 159, 7쪽. 래드는 1945년 8월 7일 도청 기록에 포함된 넬슨의 발언을 인용하고 있다.
44 키티 오펜하이머가 마거릿 넬슨에게, 날짜 미상, 1940년 11월 29일 경, 마거릿 넬슨, 셔윈과의 인터뷰, 1981년 6월 17일, 30쪽.
45 Herken, *Brotherhood of the Bomb*, 56쪽.
46 마거릿 넬슨, 셔윈과의 인터뷰, 1981년 6월 17일, 31쪽; Steve Nelson, et al., *American Radical*, 268쪽.
47 사브라 에릭슨, 셔윈과의 인터뷰, 1982년 1월 13일.
48 프랭크와 재키 오펜하이머, 셔윈과의 인터뷰, 1978년 12월 3일; Goodchild, *J. Robert Oppenheimer*, 39~40쪽; 서버, 셔윈과의 인터뷰, 1982년 3월 11일, 15쪽; 슈발리에, 셔윈과의 인터뷰, 1982년 6월 29일, 2쪽.
49 Michelmore, *The Swift Years*, 65쪽.
50 Time, 1948년 11월 8일, 76쪽.
51 마거릿 넬슨, 셔윈과의 인터뷰, 1981년 6월 17일, 33쪽.
52 Smith and Weiner, *Letters*, 215쪽; 에드살, 와이너와의 인터뷰, 1975년 7월 16일, 40쪽.
53 셰르, 셔윈과의 인터뷰, 1981년 6월 17일, 11쪽.
54 Chevalier, *Oppenheimer*, 42쪽.
55 루스 마이어 체르니스, 앨리스 스미스와의 인터뷰, 1976년 11월 10일; 해럴드 체르니스, 스미스와의 인터뷰, 1976년 4월 21일, 20쪽.
56 Stern, *The Oppenheimer Case*, 33~34쪽. 도로시 맥키빈은 6월 25일자 엑스레이에 대한 병원 기록을 찾아냈다.(FBI 메모, 1952년 11월 18일, 46쪽, JRO FBI file, 시리즈 14; FBI 문서 327, 17~18쪽); Michelmore, *The Swift Years*, 65쪽; Goodchild, *J. Robert Oppenheimer*, 40쪽; JRO hearing, 336쪽.
57 1941년 6월의 서간, 박스 232, 부동산 폴더, JRO Papers.
58 버드와 셔윈은 2004년 4월 23일에 집을 둘러보았다. Chevalier, Oppenheimer, 43쪽.

12장: 우리는 뉴딜을 왼쪽으로 견인하고 있었다

1 Luis W. Alvarez, *Alvarez*, 75~76쪽.
2 Smith and Weiner, *Letters*, 207~208쪽. 리처드 로즈는 이 편지가 사실 1939년 2월 4일에 씌어졌음을(스미스와 와이너가 주장했듯이 1939년 1월 28일이 아니라) 설득력 있게 보이고 있다.(Rhodes, *The Making of the Atomic Bomb*, 812쪽, 각주 274번.)
3 Smith and Weiner, *Letters*, 209쪽. 오펜하이머는 또한 서버에게 핵분열의 발견의 소식을 전하는 편지를 썼다. 그 소식이 버클리에 도달하자마자 그는 나에게 편지를 보냈다. 나는 그 당일로 세미나를 개최했다 그는 그 첫 번째 편지에서 이미 폭탄을 만들 수 있는 가능성에 대해 언급했던 것 같다.(The Day After Trinity, 존 엘즈 감독, 시나리오, 12쪽.) 서버는 나중에 오펜하이머로부터 받은 모든 편지들을 파기했다.(서버, 셔윈과의 인터뷰, 1982년 3월 11일, 21쪽.)
4 조지프 와인버그, 셔윈과의 인터뷰, 1979년 8월 23일, 4~5쪽.
5 Rhodes, *The Making of the Atomic Bomb*, 275

쪽.
6 와인버그, 셔윈과의 인터뷰, 1979년 8월 23일, 10쪽.
7 상동, 6, 15~16쪽.
8 상동, 13쪽.
9 상동, 8쪽.
10 Ed Geurjoy, Oppenheimer as a Teacher of Physics and Ph.D. Advisor, speech delivered at Atomic Heritage Foundation conference, *Los Alamos*, 2004년 6월 26일.
11 조지프 와인버그, 셔윈과의 인터뷰, 1979년 8월 23일, 15쪽.
12 Schrecker, *No Ivory Tower*, 133쪽.
13 호킨스, 셔윈과의 인터뷰, 1982년 6월 5일, 14쪽. 호킨스는 와인버그가 자신의 버클리 당 모임 소속이었다고 밝혔다.
14 Schrecker, *No Ivory Tower*, 149, 41쪽; 호킨스, 셔윈과의 인터뷰, 1982년 6월 5일, 16쪽.
15 봄, 셔윈과의 인터뷰, 1979년 6월 15일, 5쪽.
16 와인버그, F. David Peat, *Infinite Potential*, 60쪽에서 재인용.
17 호킨스, 셔윈과의 인터뷰, 1982년 6월 5일, 17쪽.
18 Schrecker, *No Ivory Tower*, 38, 47, 49, 56쪽.
19 호킨스, 셔윈과의 인터뷰, 1982년 6월 5일, 6쪽.
20 상동, 14쪽.
21 상동, 12쪽.
22 상동, 15쪽.
23 카멘과 루벤은 탄소14를 1940년에 발견했다. 하지만 또 다른 화학자 윌러드 리비가 탄소 연대 측정법을 개발한 공로로 1960년에 노벨 화학상을 수상했다.(Kamen, Radiant Science, Dark Politics, 131~132쪽.)
24 카멘, 셔윈과의 인터뷰, 1979년 1월 18일, 20쪽.
25 상동, 2, 6쪽.
26 상동, 6~7쪽.
27 허브 보그, 셔윈과의 인터뷰, 1983년 3월 23일, 19쪽.
28 JRO hearing, 131, 135쪽.
29 Childs, *An American Genius*, 319쪽. 오펜하이머는 나중에 그들이 이 회의에서 과학 노동자 연합의 지부를 설립하는 것이 좋지 않을까에 대해 토의했다고 증언했다. 우리는 부정적인 결론을 내렸고, 나의 생각 역시 부정적이었습니다.(JRO hearing, 131, 135쪽.)
30 카멘, 셔윈과의 인터뷰, 1979년 1월 18일, 24~28쪽; Kamen, Radiant Science, Dark Politics, 184~186쪽. 카멘은 결국 방사선 연구소에서 해고되었다. 그가 관계 당국으로부터 소련의 스파이 활동을 해 왔다는 오해를 받았기 때문이었다. 이와 같은 잘못된 혐의를 그를 계속 따라다녔다. 1951년에 버크 히켄루퍼 상원의원은 카멘이 원자 스파이라는 혐의를 뒤집어 씌웠다. 카멘은 시달린 나머지 우울증에 빠져 자살 기도까지 했지만 회복했고, 《시카고 트리뷴》을 명예훼손으로 고발하기로 마음먹었다. 결국 카멘은 승소해 7,500달러의 위약금을 받았다.(Kamen, Radiant Science, Dark Politics, 248, 288쪽.)
31 로시 로마니츠, 셔윈과의 인터뷰, 1979년 7월 11일, 2부, 2쪽.
32 막스 프리드먼, 셔윈과의 인터뷰, 1982년 1월 14일. 프리드먼은 나중에 이름을 켄 맥스 만프레드로 바꾸었다.
33 Peat, *Infinite Potential*, 62~63쪽. 캘리포니아 반미 활동 진상 조사 위원회의 1947년 보고서에는 R. E. 콤즈가 건축가, 엔지니어, 화학자, 기술자 국제연맹은 캘리포니아 대학교 방사선 연구소에서 원자 연구와 관련된 공산주의 간첩 활동을 위한 위장 단체로 이용되

어 왔다고 주장하는 긴 보고서가 포함되어 있었다.(Barrett, *The Tenney Committee*, 54~55쪽.)

34 Smith and Weiner, *Letters*, 222~223쪽.
35 JRO hearing, 11쪽.
36 JRO가 어니스트 로런스에게, 1941년 11월 12일, Smith and Weiner, *Letters*, 220쪽.
37 Smith and Weiner, *Letters*, 217~218쪽; Schrecker, *No Ivory Tower*, 76~83쪽.
38 Smith and Weiner, *Letters*, 218~219쪽.
39 카멘, 셔윈과의 인터뷰, 1979년 1월 18일, 21쪽.
40 JRO hearing, 9쪽.

13장: 고속 분열 코디네이터

1 Martin J. Sherwin, *A World Destroyed*, 27쪽.
2 상동, 36~37쪽.
3 Herken, *Brotherhood of the Bomb*, 51쪽.
4 Smith and Weiner, *Letters*, 226~227쪽.
5 서버, 셔윈과의 인터뷰, 1982년 1월 9일, 20쪽.
6 와인버그, 셔윈과의 인터뷰, 1979년 8월 23일, 3부, 17쪽.
7 Bernstein, *Hans Bethe*, 65, 78쪽.
8 Rhodes, *The Making of the Atomic Bomb*, 420쪽.
9 Richard G. Hewlett and Oscar E. Anderson, Jr., *The New World*, 104쪽.
10 JRO가 존 맨리에게, 1942년 7월 14일, 박스 50, JRO Papers.
11 Rhodes, *The Making of the Atomic Bomb*, 418쪽.
12 Arthur H. Compton, *Atomic Quest*, 127쪽.
13 에드워드 텔러는 이 사건에 대해 다른 기억을 가지고 있었다. 대기의 점화라는 문제는 그해 여름 세미나에서 자세하게 다루어지지 않았다. 그것은 전혀 쟁점이 아니었다.(Teller, with Judith Shoolery, *Memoirs*, 160쪽.)
14 Rhodes, *The Making of the Atomic Bomb*, 418~421쪽.
15 Teller, *Memoirs*, 161쪽.
16 Compton, *Atomic Quest*, 126쪽.
17 Herken, *Brotherhood of the Bomb*, 349쪽, 각주 26(대화 기록, 1942년 8월 18일, 박스 1, JRO, AEC, record group 326, NA.)
18 Vincent C. Jones, *Manhattan: The Army and the Atomic Bomb*, 70~71쪽.
19 James Hershberg, *James B. Conant*, 165~166쪽; Goodchild, *J. Robert Oppenheimer*, 49쪽.
20 Leslie M. Groves, *Now It Can Be Told*, 4쪽.
21 로버트 스미스, 와이너와의 인터뷰, 1974년 8월 1일, 7쪽.
22 Nichols, *The Road to Trinity*, 108쪽; Goodchild, *J. Robert Oppenheimer*, 56~57쪽.
23 Robert S. Norris, *Racing for the Bomb*, 179~183쪽; Serber, *The Los Alamos Primer*, xxxii쪽.
24 Norris, *Racing for the Bomb*, 240~242쪽; Rhodes, *The Making of the Atomic Bomb*, 449쪽.
25 JRO hearing, 12쪽; Lillian Hoddeson, et al., *Critical Assembly*, 56쪽.
26 Norris, *Racing for the Bomb*, 241쪽.
27 Groves, *Now It Can Be Told*, 63쪽.
28 한스 베테는 나중에 어니스트 로런스가 방사선 연구소 동료 에드윈 맥밀런을 로스앨러모스의 총책임자로 밀었다고 주장했다. 베테는 제러미 번스타인에게 "그로브스는 현명하게도 오펜하이머를 총책임자로 결정했지요."라고 했다.(Bernstein, *Hans Bethe*, 79쪽.)
29 그로브스가 빅터 바이스코프에게, 1967년 3

월, 바이스코프 폴더, 박스 6, RG 200, NA, 레슬리 그로브스 문서(오펜하이머 노리스에게 감사.)

30 Herken, Brotherhood of the Bomb, 71쪽.
31 Charles Thorpe and Steven Shapin, Who Was J. Robert Oppenheimer? 《Social Studies of Science》, 2000년 8월, 564쪽; Bernstein, Experiencing Science, 97쪽.
32 Jon Else, The Day After Trinity, 11쪽.
33 JRO가 한스 베테에게, 1942년 10월 19일, 베테 폴더, 박스 20, JRO Papers.
34 존 맥터넌, 버드와의 전화 인터뷰, 2002년 6월 19일.
35 봄, 셔윈과의 인터뷰, 1979년 6월 15일, 15쪽.
36 Betty Friedan, Life So Far, 57~60쪽.
37 상동, 60쪽; 프리드먼, 버드와의 인터뷰, 2001년 1월 24일.
38 로마니츠, 셔윈과의 인터뷰, 1979년 7월 11일, 1부, 17쪽.
39 로마니츠, 셔윈과의 인터뷰, 1979년 7월 11일, 2부, 5쪽. 1943년에 두 번째 전선이 열리지 않았던 이유에 대한 주장으로는 John Grigg, 1943: The Victory That Never Was를 보라.
40 로마니츠, 셔윈과의 인터뷰, 1979년 7월 11일.
41 Steve Nelson, American Radical, 268~269쪽.
42 스티브 넬슨-조지프 와인버그 도청 기록, 1943년 3월 29일, 엔트리 8, 박스 100, RG 77, MED, NA, 칼리지 파크, 매릴랜드.
43 Anonymous review of The Alsos Mission, by Boris T. Pash(1969), in 《Intelligence in Recent Public Literature》, 1971년 겨울. 이 서평의 저자는 자신이 패시의 가까운 친구라고 밝히고 있다.
44 Herken, Brotherhood of the Bomb, 96~98쪽. 넬슨과 '조'의 대화가 있고 나서 얼마 후, FBI는 넬슨이 샌프란시스코 소련 영사관의 부법무관인 피터 이바노프를 만나는 것을 지켜보았다. 그들은 세인트 프랜시스 병원 구내에서 이야기를 나누고 있었다. 그리고 나서 며칠 후, 워싱턴의 소련 외교관은 넬슨의 집으로 방문해 확인되지 않은 지폐 10장을 지불했다. 그 결과 에드거 후버는 백악관의 해리 홉킨스에게 편지를 써서 넬슨이 비밀 무기 생산과 관련된 산업에 공산당원을 침투시키려 하고 있다고 보고했다.(원자 첩보 활동에 대한 보고 [넬슨-와인버그와 히스키-애덤스 사건], 1949년 9월 29일, 반미 활동 조사 위원회, 4~5쪽; 에드거 후버가 해리 홉킨스에게, 1943년 5월 7일, Benson and Warner, Verona, 49쪽에서 재인용. 후버는 거래가 1943년 4월 10일에 일어났다고 주장했다. Haynes and Klehr, Verona, 325~326쪽.)
45 JRO hearing, 811~812쪽.
46 Herken, Brotherhood of the Bomb, 106쪽.
47 FBI 문서 100-17828-51, 1946년 3월 18일, JRO 배경 파일. FBI에 따르면, 1943년 5월에 에이브러햄 링컨 여단 참전 용사인 존 V. 머라는 샌프란시스코에 도착해 버나데트 도일에게 연락했다. 머라는 도일에게 자신이 오펜하이머 부인과 연락을 취하고 싶다고 반복해서 말했다. 결국 도일은 머라에게 캘리포니아 대학교 버클리 분교의 반파시트 합동 위원회에 전화해 보라고 조언했다. FBI 문서에 따르면, 도일은 로버트 오펜하이머가 당원이기는 했지만, 어떤 식으로도 거명해서는 안 된다고 말했다. 머라가 키티를 만나지는 못했던 것 같다. 당시 키티는 이미 로스앨러모스로 간 이후였다. 이것은 몇몇 공산당원들이 오펜하이머를 동지라고 생각했음을 보여주는 증거이지, 그가 정말로 공산당원이었음을 보여 주는 것은 아니다.
48 Peat, Infinite Potential, 64쪽.

49 프리드먼, 셔윈과의 인터뷰, 1982년 1월 14일.
50 1949년 당시 버클리의 물리학 조교였던 어빙 데이비드 폭스는 반미 활동 조사 위원회에 증인으로 소환되었다. 그는 이름을 대기를 거부했고, 이어서 대학교 이사회에서 자신의 정치관을 설명해야만 했다.폭스는 솔직하게 자신이 공산당이 후원하는 몇몇 회합에 참석했지만, 당원으로 가입한 적은 없다고 설명했다. 폭스는 결국 해고되었다. 이는 이후 몇 년 동안 버클리에서 충성 서약을 둘러싼 맹렬한 논쟁을 촉발하는 계기가 되었다.(Griffiths, Venturing Outside the Ivory Tower, unpublished manuscript, shorter version, LOC, 18~19쪽.)
51 Joseph Albright and Marcia Kunstel, *Bombshell*, 106쪽.
52 스티브 넬슨, 셔윈과의 인터뷰, 1981년 6월 17일; Steve Nelson, et al., *American Radical*, 269쪽.

14장: 슈발리에 사건

1 Chevalier, *Oppenheimer*, 55쪽. 슈발리에는 자신과 오펜하이머가 엘텐튼의 제안에 대해 의논했을 때 부엌으로 들어오지 않았다고 말했다.(슈발리에, 셔윈과의 인터뷰, 1982년 6월 29일, 2쪽.)
2 JRO hearing, 130쪽.
3 베르나 홉슨, 셔윈과의 인터뷰, 1979년 7월 31일, 22쪽. 고등 연구소 시절 오펜하이머의 비서이자 키티의 친구인 홉슨은 반역이라는 말은 오펜하이머가 아니라 키티가 한 말 같다고 추측했다.
4 바버라 슈발리에 일기, 1981년 8월 8일, 1983년 2월 19일, 1984년 7월 14일(그레그 허켄, www.brotherhoodofthebomb.com에게 감사.)
5 JRO hearing, 135쪽.
6 오펜하이머는 1943년 8월 27일 패시에게 엘텐튼이 어디 소속인지는 모르지만 확실히 극좌라고 했다.(JRO hearing, 846쪽.) 엘텐튼이 공산당원이었다는 확고한 증거는 없지만, 프리실라 맥밀런은 *The Ruin of J. Robert Oppenheimer*에서 그가 당원이었다고 주장했다. 이 책의 18장을 보라. 허브 보그는 엘텐튼의 아내 돌리가 아마 그보다 더 급진적이었을 것이라고 생각했다.(보그, 셔윈과의 인터뷰, 1983년 3월 23일, 9쪽.) 1998년에 돌리는 자비로 레닌그라드에서 보낸 5년간의 이야기를 담은 *Laughter in Leningrad*라는 제목의 회고록을 출간했다. 레닌그라드 화학물리 연구소에서 근무하면서 엘텐튼은 많은 러시아 과학자들과 친하게 되었다. 그 중에는 소련의 첫번째 원자 폭탄과 수소 폭탄을 개발하는 데 참여한 핵물리학자 유리 보리소비치 카리톤이 포함되어 있었다.
7 하콘 슈발리에 FBI 파일, 1부, SF 61-439, 33쪽; Haynes and Klehr, *Venona*, 233쪽.
8 FBI(뉴왁) 보고서, 1954년 2월 12일, 19~22쪽 (엘텐튼과 슈발리에 자술서, 1946년 6월 26일), JRO FBI file, 문서 786.
9 흥미롭게도 그는 슈발리에와의 친분을 유지했고, 심지어 버클리에서 열린 슈발리에의 80세 생일 파티에 프랭크 오펜하이머와 함께 참석했다.(Herken, *Brotherhood of the Bomb*, 333쪽.) 셔윈은 1980년대 초 런던에 살고 있던 엘텐튼에게 연락했지만, 그는 인터뷰를 거절했다.
10 보그, 셔윈과의 인터뷰, 1983년 3월 23일, 3쪽.
11 보그, 셔윈과의 인터뷰, 1983년 3월 23일, 18쪽. 보그는 이 FBI 문서의 내용을 셔윈에게 읽

어 주었다.
12 보그, 셔윈과의 인터뷰, 1983년 3월 23일, 4, 8쪽. 역사가 존 얼 헤이즈와 하비 클레르는 엘텐튼이 비밀 공산당원이었다고 확신한다. 하지만 그들은 엘텐튼이 소련의 정보 장교 페터 이바노프를 몇 차례 만났다는 FBI 보고서 이외의 증거를 제시하지 못하고 있다.(Haynes and Klehr, Venona, 329쪽.) 보그는 엘텐튼이 공산당원이었을 가능성이 없는 것은 아니지만 자신은 부정적으로 생각하고 있다고 말했다.(보그, 셔윈과의 인터뷰, 1983년 3월 23일, 10쪽.) 엘텐튼의 아들인 마이크 엘텐튼은 나중에 "내가 아는 한, 나의 부모는 몇 가지 사안들에 있어서 공산당의 입장에 가깝기는 했지만 당원인 적은 없었다."라고 썼다.(Dorothea Eltenton, Laughter in Leningrad, xii쪽.)

15장: 그는 대단한 애국자가 되었다

1 Smith and Weiner, Letters, 236쪽.
2 Gen. John H. Dudley, "Ranch School to Secret City," public lecture, 1975년 3월 13일. Lawrence Badash, et al., eds., Reminiscences of Los Alamos에 수록; Norris, Racing for the Bomb, 243~244쪽; Lawren, The General and the Bomb, 99쪽; Marjorie Bell Chambers and Linda K. Aldrich, Los Alamos, New Mexico, 27쪽; John D. Wirth and Linda Harvey Aldrich, Los Alamos, 155쪽.
3 로스앨러모스 목장 학교는 1917년에 설립되었고, 매년 동부 부유한 집안 출신의 남학생 44명만을 입학시킬 뿐이었다. 이 학교의 졸업생으로는 콜게이트(콜게이트 사), 버로우즈(버로우즈 계산기), 힐튼(힐튼 호텔), 더글러스(더글러스 항공기) 가의 자제들이 있다. 학생들은 말을 한 마리씩 가지고 있었고 각자 자신의 말을 관리했다. 1939~1940년에 이 학교를 다녔던 고어 비달은 나중에 로스앨러모스에서는 책읽기보다 신체적인 단련이 중시되었다고 썼다.(Gore Vidal, Palimpsest, 80~81쪽.)
4 John H. Manley, "A New Laboratory Is Born," unpublished manuscript, 13쪽, 셔윈 문서; Edwin McMillan, Early Days of Los Alamos, unpublished manuscript, 7쪽, 셔윈 문서; Dudley, "Ranch School to Secret City," in Badash, et al., eds., Reminiscences of Los Alamos. 또한 레슬리 그로브스가 빅터 바이스코프에게, 1967년 3월, 바이스코프 폴더, 박스 6, RG 200, 레슬리 그로브스 문서(오펜하이머 노리스에게 감사)를 보라.
5 오펜하이머가 새로운 연구소 부지로 선택하지 않았더라도 로스앨러모스 목장 학교는 문을 닫았을 것이다. 이 학교에 대한 설명으로는 Fred Kaplan, Gore Vidal, 99~112쪽을 보라.
6 스털링 콜게이트, 존 엘즈와의 인터뷰, 1979년 11월 12일, 2~3쪽; Peggy Pond Church, The House at Otowi Bridge, 84쪽.
7 Edwin McMillan, Early Days of Los Alamos, 8쪽.
8 Wirth and Aldrich, Los Alamos, viii쪽. JRO는 1955년 워스의 할아버지에게 이렇게 말했다.
9 Manley, "A New Laboratory Is Born," unpublished manuscript, 18쪽.
10 Smith and Weiner, Letters, 244~245쪽; JRO가 한스와 로즈 베테에게, 1942년 12월 28일.
11 Raymond T. Birge, "History of the Physics Department," vol. 4, unpublished manuscript, UCB, xiv쪽; 로버트 윌슨, 오웬

깅그리치와의 인터뷰, 1982년 4월 23일, 3쪽.
12 Hershberg, *James B. Conant*, 167쪽.
13 맨리, 셔윈과의 인터뷰, 1985년 1월 9일, 23쪽; "A New Laboratory Is Born," unpublished manuscript, 21쪽.
14 Robert R. Wilson, "A Recruit for Los Alamos," *Bulletin of the Atomic Scientists*, 1975년 3월, 45쪽; Goodchild, *Oppenheimer*, 72쪽.
15 Mary Palevsky, *Atomic Fragments*, 128~129쪽.
16 로버트 윌슨, 깅그리치와의 인터뷰, 1982년 4월 23일, 4쪽.
17 Palevsky, *Atomic Fragments*, 134~135쪽; 윌슨, 깅그리치와의 인터뷰, 1982년 4월 23일, 4쪽, 셔윈 문서.
18 Dudley, "Ranch School to Secret City," in Badash, et al., eds., *Reminiscences of Los Alamos*, 셔윈 문서.
19 보안 때문에 로스앨러모스의 전체 인구는 극비 정보로 취급되었다. 첫 인구 조사는 1946년 4월에야 행해졌다. *Different sources use different figures*, 2000년 8월, 585쪽; Kunetka, *City of Fire*, 89, 130쪽 등을 보라. 쿠네카는 로스앨러모스의 과학자 숫자로 4,000명을 들고 있다. Edith C. Truslow's *Manhattan District History*(1991)에 따르면 1944년 말 경 로스앨러모스의 인구는 5,675명이었다. 그녀는 1945년에 인구가 급격히 증가해 8,200명에 이르렀다고 보고하고 있다. Norris, *Racing for the Bomb*, 246쪽 역시 유사한 숫자를 들고 있다.
20 JRO 신체 검사, 샌프란시스코 프리시디오, 1943년 1월 16일, 박스 100, 시리즈 8, MED, NA; Herken, *Brotherhood of the Bomb*, 75쪽. 신체 검사 기록에는 오펜하이머가 키 178센티미터, 몸무게 58킬로그램, 허리둘레는 28인치로 되어 있다. 그의 혈압은 128/78이었고, 양쪽 눈 모두 2.0의 시력을 가지고 있었다. 청력은 지극히 정상이었다. 하지만 그는 이가 다섯 개나 빠져 있었다. 오펜하이머는 육군 군의관들에게 정신 병력은 없다고 밝혔다.
21 Jane Wilson, ed., All in Our Time, 1974년, 147쪽; Libby, The Uranium People, 197쪽; Wilson, "A Recruit for Los Alamos," Bulletin of the Atomic Scientists, 1975년 3월, 42~43쪽.
22 라비, 셔윈과의 인터뷰, 1982년 3월 12일, 11쪽.
23 Smith and Weiner, Letters, 247~249쪽.
24 한스 베테가 JRO에게, 1943년 3월 3일, 베테 폴더, 박스 20, JRO Papers, LOC.
25 Rigden, Rabi, 149쪽.
26 상동, 152쪽.
27 Rhodes, The Making of the Atomic Bomb, 452쪽.
28 Smith and Weiner, Letters, 250쪽.
29 Rigden, Rabi, 146쪽.
30 JRO가 라비에게, 1943년 2월 26일; 라비가 JRO에게, 1943년 3월 8일; 라비가 JRO에게, 임시 조직과 절차에 관한 제안, 1943년 2월 10일, 라비 폴더, 박스 59, JRO Papers.
31 James Gleick, *Genius*, 159쪽.
32 JRO가 존 맨리에게, 1942년 10월 12일, 박스 50, 맨리 폴더, JRO Papers.
33 JRO가 오펜하이머 바커에게, 메모, 1943년 4월 28일, 박스 18, 바커 폴더, JRO Papers.
34 맥키빈은 또한 영향력 있는 칼럼니스트 드류 피어슨의 아내인 루비 피어슨의 오랜 친구이기도 했다.(Nancy C. Steeper, *Gatekeeper to Los Alamos*, 73쪽, 초고.)
35 도로시 맥키빈, 존 엘즈와의 인터뷰, 1979년

12월 10일, 2쪽, 셔윈 문서; 폐기 코르베트, 오피의 활력이 샌타페이를 움직였다, 맥키빈 폴더, JRO Papers; Steeper, *Gatekeeper to Los Alamos*, 3쪽.

36 맥키빈, 존 엘즈와의 인터뷰, 1979년 12월 10일, 21~23쪽.
37 Bernice Brode, *Tales of Los Alamos*, 8쪽.
38 베테, 존 엘즈와의 인터뷰, 1979년 7월 13일, 7쪽.
39 Brode, *Tales of Los Alamos*, 15쪽.
40 Davis, *Lawrence and Oppenheimer*, 163쪽.
41 Brode, *Tales of Los Alamos*, 37쪽.
42 Elsie McMillan, "Outside the Inner Fence," in Badash, et al., eds., *Reminiscences of Los Alamos*, 41쪽.
43 레슬리 그로브스가 JRO에게, 1943년 7월 29일, 그로브스 폴더, 박스 36, JRO Papers.
44 Brode, *Tales of Los Alamos*, 33쪽.
45 Eleanor Stone Roensch, *Life Within Limits*, 32쪽.(오피의 전화번호는 146번이었다.)
46 에드 도티가 부모에게, 1945년 8월 7일(로스앨러모스 역사 박물관), "Who Was J. Robert Oppenheimer?", 575쪽에서 재인용.
47 Roensch, *Life Within Limits*, 32쪽.
48 Kunetka, *City of Fire*, 59쪽; Brode, *Tales of Los Alamos*, 37쪽.
49 맥키빈, 존 엘즈와의 인터뷰, 1979년 12월 10일, 19쪽.
50 베테, 존 엘즈와의 인터뷰, 1970년 7월 13일, 7쪽.
51 Thorpe and Shapin, "Who Was J. Robert Oppenheimer?", 546쪽; "J. Robert Oppenheimer and the Transformation of the Scientific Vocation", 박사 학위 논문, 302~303쪽.
52 Bernstein, Hans Bethe, 60쪽.
53 Badash, et al., eds., *Reminiscences of Los Alamos*, 109쪽; James Gleick, *Genius*, 165쪽.
54 베테, 존 엘즈와의 인터뷰, 1979년 7월 13일, 9쪽.
55 Eugene Wigner, *The Recollections of Eugene P. Wigner*, 245쪽.
56 Bethe, "Oppenheimer: Where He Was There Was Always Life and Excitement," *Science*, 1082쪽.
57 Wilson, "A Recruit for Los Alamos," *Bulletin of the Atomic Scientists*, 1975년 3월, 45쪽.
58 John Mason Brown, *Through These Men*, 286쪽.
59 리 듀브리지, 셔윈과의 인터뷰, 1983년 3월 30일, 11쪽.
60 Thorpe and Shapin, "Who Was J. Robert Oppenheimer?", 574쪽.
61 맥키빈, 존 엘즈와의 인터뷰, 1979년 12월 10일, 21~23쪽.
62 맨리, 셔윈과의 인터뷰, 1985년 1월 9일; Smith and Weiner, *Letters*, 263쪽; 맨리, 앨리스 스미스와의 인터뷰, 1975년 12월 30일, 10~11쪽.
63 JRO가 엔리코 페르미에게, 1943년 3월 11일, 페르미, JRO Papers.
64 Serber, *Peace and War*, 80쪽.
65 Serber, *The Los Alamos Primer*, 1쪽.
66 Rhodes, *The Making of the Atomic Bomb*, 460쪽.
67 베테, 존 엘즈와의 인터뷰, 1979년 7월 13일, 1쪽.
68 Serber, *The Los Alamos Primer*, xxxii, 59쪽; Rhodes, *The Making of the Atomic Bomb*, 466쪽.
69 Davis, *Lawrence and Oppenheimer*, 182쪽.

70 Barton J. Bernstein, "Oppenheimer and the Radioactive-Poison Plan," *Technology Review*, 1985년 5~6월, 14~17쪽; Rhodes, *The Making of the Atomic Bomb*, 511쪽; JRO가 페르미에게, 1943년 5월 25일, 박스 33, JRO Papers.
71 JRO가 바이스코프에게, 1942년 10월 29일, 박스 77, 바이스코프 폴더, JRO Papers; Sherwin, A World Destroyed, 50쪽.
72 Norris, *Racing for the Bomb*, 292쪽. 또한 Dawidoff, The Catcher Was a Spy, 192~194쪽을 보라.

16장: 너무 많은 비밀

1 에드워드 콘던이 레이몬드 버지에게, 1967년 1월 9일, 박스 27, 콘던 폴더, JRO Papers; Jessica Wang, "Edward Condon and the Cold War Politics of Loyalty," *Physics Today*, 2001년 12월.
2 Wheeler, Geons, Black Holes, and Quantum Foam, 113쪽.
3 불과 몇 년 후에, 반미 활동 조사 위원회는 콘던을 원자 보안에 있어서 약한 고리들 중 하나라는 딱지를 붙이게 될 것이었다.(《New York Sun》, 1948년 3월 5일, Law to Dig Out Condon's Files May be Asked, 박스 27, 콘던 폴더, JRO Papers.)
4 Thorpe and Shapin, "Who Was J. Robert Oppenheimer?," *Social Studies of Science*, 2000년 8월, 562쪽.
5 에드워드 콘던이 JRO에게, 1943년 4월, Groves, Now It Can Be Told, 429~432쪽에 재수록.
6 Thorpe, "J. Robert Openheimer and the Transformation of the Scientific Vocation," 251쪽.
7 Serber, Peace and War, 73쪽; Norris, *Racing for the Bomb*, 243쪽. 노리스는 "그로브스가 오펜하이머를 섬세한 악기와 같이 조심스럽게 다루었다. 어떤 사람들은 강하게 밀어붙이면 부서진다."라고 쓰고 있다.
8 헴펠만, 셔윈과의 인터뷰, 1979년 8월 10일, 26, 27쪽.
9 텔러가 JRO에게, 1943년 3월 6일, 박스 71, 텔러, JRO Papers.
10 JRO hearing, 166쪽.
11 JRO hearing, 166쪽.
12 Thorpe, "J. Robert Oppenheimer and the Transformation of the Scientific Vocation", 박사 학위 논문, 229쪽.
13 상동, 233~234쪽.
14 JRO FBI file, 문서 159, D. M. 래드가 FBI 국장에게, 1947년 8월 11일. 래드는 오펜하이머가 보리스 패시 중령에게 1943년 8월 26일에 했던 진술을 인용하고 있다. JRO hearing, 849쪽을 보라.
15 모리슨이 JRO에게, 1943년 7월 29일, 루즈벨트에게 보내는 편지 첨부, 1943년 7월 29일, 박스 51, JRO Papers; Sherwin, A World Destroyed, 52쪽과 제2장.
16 베테와 텔러가 JRO에게, 메모, 1943년 8월 21일, 박스 20, 베테, JRO Papers.
17 Norris, *Racing for the Bomb*, 245~246쪽.
18 Brode, *Tales for Los Alamos*, 16쪽.
19 Serber, Peace and War, 80쪽.
20 서버, 셔윈과의 인터뷰, 1982년 1월 9일, 19쪽.
21 피어 드 실바, FBI 인터뷰, 1954년 2월 24일, RG 326, 엔트리 62, 박스 2, 파일 C(FBI 보고서), NA.
22 Jane S. Wilson and Charlotte Serber, eds., *Standing By and Making Do*, 65, 70쪽.

23 JRO가 그로브스에게, 1943년 4월 30일, 그로브스, 박스 36, JRO Papers; Jane S. Wilson and Charlotte Serber, eds., *Standing By and Making Do*, 62쪽; Robert Serber, *Peace and War*, 79쪽; *The Day After Trinity*, 존 엘즈.

24 Richard P. Feynman, "Los Alamos for Below," Badash, et al., eds., Reminiscences of Los Alamos, 105~132, 79쪽; Gleick, *Genius*, 187~189쪽.

25 Kunetka, City of Fire, 71쪽; Thorpe "J. Robert Oppenheimer and the Transformation of the Scientific Vocation", 박사 학위 논문, 201, 249쪽.

26 호킨스, 셔윈과의 인터뷰, 1982년 6월 5일, 19쪽.

27 호킨스, 셔윈과의 인터뷰, 1982년 6월 5일, 18쪽.

28 Robert R. Wilson, "A Recruit for Los Alamos," *Bulletin of the Atomic Scientists*, 1975년 3월, 43쪽.

29 G. C. 버튼이 래드에게, FBI 메모, 1943년 3월 18일; J. 에드거 후버가 샌프란시스코 사무실에게, 1943년 3월 22일(육군이 이제 오펜하이머에 대한 24시간 감시를 수행하고 있다는 스트롱 장군의 보고.) 앤드루 워커의 보고에 대해서는 Goodchild, *Oppenheimer*, 87쪽을 보라.

30 Powers, *Heisenberg's War*, Smith and Weiner, *Letters*, 216쪽; *Letters*, 261쪽.

31 JRO hearing, 153~154쪽. 밥 서버가 어느 날 밤 차를 타고 집에 가고 있었을 때 오피와 진이 대화를 나누면서 동네를 걷고 있는 것을 발견했다. 서버는 그가 그녀를 아직까지 만나고 있다는 것에 놀랐다고 말했다. "나중에 키티는 자신이 전부 알고 있었다고 말했어요. 오펜하이머는 진에게 문제가 생겼으며 자신이 무언가 해 줄 수 없을지 알아보고 있다고 말했다면서요." 나중에 서버는 진이 오피에게 자주는 아니지만 몇 번이나 다급하게 전화를 걸었다는 이야기를 듣게 되었다.(로버트 서버, 셔윈과의 인터뷰, 1982년 1월 9일, 11쪽.)

32 젠킨스 부부는 열성적인 공산당 활동가였고, 스탈린그라드 침공 중에 180명의 나치스를 사살한 것으로 알려진 여성 스나이퍼 루드미야 파블리첸코의 이름을 따서 딸의 이름을 마거릿 루드미야 젠킨스라고 지었다.(Jenkins, *Against a Field Sinister*, 30~31쪽을 보라.)

33 *Directory of Physicians and Surgeons, Naturopaths, Drugless Practitioners, Chiropodists, Midwives*, 1942년 3월 3일과 1943년 3월 3일, 캘리포니아 주 의료감정국 출판. 이 명부에 진 태트록 박사는 1941년 스탠포드 대학교 의과 대학을 졸업한 것으로 나와 있다.

34 Michelmore, *The Swift Years*, 89쪽. 미켈모어는 출처를 밝히지 않았고, 편지들은 발견되지 않았다.

35 JRO hearing, 154쪽.

36 FBI 비밀 메모, 제목: 진 태트록, 1943년 6월 29일, 파일 A, RG 326, 엔트리 62, 박스 1. 이 문서는 JRO 청문회의 AEC PSB 기록, 박스 1, NA에서도 발견할 수 있다. 또한 Rhodes, *The Making of the Atomic Bomb*, 571쪽과 JRO hearing, 154쪽을 보라. 육군 정보 요원들은 적어도 새벽 1시 경까지 불이 꺼진 아파트 건물을 지켜보았다. 그들은 도청기를 통해 두 사람이 하는 이야기를 들을 수 있었을지도 모른다. 도청 기록에 따르면 오펜하이머와 태트록은 침실로 들어가기 전에 거실에서 오랫동안 이야기를 나눴다. Goodchild, *J. Robert Oppenheimer*, 90쪽을 보라. 굿차일드는 이 도

청 기록을 보았다고 주장하는 두 명의 익명 정보원을 인용하고 있다. 이 도청 기록이 존재한다면 아직 비밀 해제되지 않았다.

37 JRO hearing, 154쪽.
38 E. A. 탬(후버의 보좌관)에게 보내는 FBI 메모, 1943년 8월 27일, 101-6005-8, 진 태트록 FBI 파일, 100-190625-308.
39 정보 공개법에 의해 입수한 FBI 문서에 따르면 태트록의 집 전화에 도청기가 설치된 것은 1943년 9월 10일의 일이었다.(FBI 무전 NR 070305, 1943년 9월 10일.) 하지만 태트록의 FBI 파일에는 1943년 8월자 통화 기록이 포함되어 있는데, 이는 아마 육군 정보대에서 이미 전화 감시를 시작했음을 보여 주는 것이다.(진 태트록 FBI 파일, FOIA no. 0960747-000/190-HQ-1279913, 샌프란시스코(SF) 100-18382.) 통화 기록에서 알 수 있는 것은 별로 없다. 예를 들어 1943년 8월 25일에 해병대 소속의 신원 미상의 여인이 뉴욕으로부터 진에게 전화를 걸었다. 진은 자신이 9월 11일에 휴가차 비행기를 타고 워싱턴 D.C.로 갈 것이라고 했다.(진 태트록 FBI 파일, FOIA no. 0960747-000/190-HQ-1279913, SF 100-18382; 후버, 법무장관에게 보내는 메모, 1943년 9월 1일, FBI 문서 100-203581573, 진 태트록 FBI 파일; 호킨스, 셔윈과의 인터뷰, 1982년 6월 5일.)
40 JRO FBI 파일, 문서 51, 1946년 3월 18일, JRO 배경; JRO FBI file, 문서 1320, 1954년 4월 28일.
41 보리스 패시 중령이 랜스데일 중령에게, JRO에 대한 메모, 1943년 6월 29일, JRO hearing, 821~822쪽에 수록.
42 FBI 비밀 메모, SF 101-126, 4쪽. 예를 들어, FBI는 태트록이 1942년 10월 29일까지도 《인민의 세계》를 구독하고 있었다는 것을 알고 있었다. 또한 FBI는 태트록의 아파트에 공산당과 밀접한 관계를 유지하고 있는 사람이 두 명이나 더 살고 있다는 사실을 수상하게 생각했다. 에밀 가이스트는 《인민의 세계》의 구독자였다. 데이비드 톰슨은 공산당 노스 비치 지부의 학술국장으로 알려져 있었다.(비밀 FBI 메모, 제목: 진 태트록, 1943년 6월 29일, 파일 A, RG 326, 엔트리 62, 박스 1, NA.)
43 패시가 랜스데일에게, JRO에 대한 메모, 1943년 6월 29일, JRO hearing, 821~822쪽에 수록.
44 랜스데일이 그로브스 장군에게, 1943년 7월 6일, RG 77, 엔트리 8, 박스 100, NA.
45 패시가 랜스데일에게, JRO에 대한 메모, 1943년 6월 29일, JRO hearing, 821~822쪽에 수록.

17장: 오펜하이머는 진실을 말하고 있다

1 Stern, *The Oppenheimer Case*, 49쪽.
2 Nichols, *The Road to Trinity*, 154쪽; Richard G. Hewlett and Jack M. Holl, *Atoms for Peace and War*, 102쪽.
3 JRO hearing, 276쪽.
4 JRO hearing, 276쪽(랜스데일이 그로브스에게, 메모, 1943년 8월 12일.)
5 FBI 뉴와 사무소가 FBI 국장에게, 1953년 12월 22일, 문서 565, 2쪽, JRO FBI file.
6 JRO hearing, 845~848쪽(패시-오펜하이머 인터뷰, 1943년 8월 25일.)
7 Hewlett and Holl, *Atoms for Peace and War*, 97쪽.
8 JRO hearing, 845~858쪽.
9 상동, 847쪽.
10 상동.
11 상동, 852쪽.

원문 출처　1023

12 상동, 853쪽.
13 상동, 871~887쪽.
14 상동.
15 상동, 167쪽; 벨몬트가 래드에게, FBI 메모, 5쪽, 1953년 12월 29일, JRO FBI file.
16 메모, 1943년 9월 10일, 조사관 제임스 머리와 그로브스 장군 사이의 대화, 그로브스 파일, 루이스 스트라우스 문서, HHL. 머리는 이 메모를 1954년 9월 티플에게 전달했고, 티플이 다시 스트라우스에게 전달했다.
17 벨몬트가 래드에게, FBI 메모, 5쪽, 1953년 12월 29일, JRO FBI file; 하콘 슈발리에 FBI 파일, 1부, 문서 110, 국장에게 보내는 메모, 1954년 3월 2일, 3쪽.
18 벨몬트가 래드에게, FBI 메모, 7쪽, 1953년 12월 29일, JRO FBI file.

18장: 동기가 불분명한 자살

1 샌프란시스코 검시관 사무실, 부검과, CO-44-63, 1944년 1월 6일, 오전 9시 30분.
2 *San Francisco Chronicle*, 1944년 1월 7일, 9쪽; *San Francisco Examinder*, 1944sus 1월 6일, 1면; *San Francisco Examiner*, 1944년 1월 7일, 3쪽. Michelmore, *The Swift Years*, 50쪽. 자살 노트는 태트록의 죽음에 대한 샌프란시스코 검시관 파일에 보존되어 있지 않다. 이 노트에 대해 필체 분석은 하지 않았다.
3 피터 굿차일드는 존 태트록이 우익 사상으로 버클리에서 잘 알려져 있었다고 보고한다.(Goodchild, *J. Robert Oppenheimer*, 31쪽.) 필 모리슨에 따르면 이는 잘못된 것이다. 또한 FBI 문서 제목: 리처드 콤즈: 캘리포니아 로스앤젤레스 공산당 활동에 대한 메모 요약, 1938년 10월 15일을 보라.
4 부검과 보고서, 1944년 1월 6일, 검시관 사무실, 샌프란시스코, CO-44-63; 병리과 보고서, CO-44-63; 독성과 보고서, 사건 번호 63; 1944년 1월 13일, 사망 증명서, 1944년 1월 8일; 검시관 기록, 진 태트록 사망 기록.
5 *San Francisco Chronicle*, 1944년 1월 7일, 9쪽. 지그프리트 베른펠트 박사는 진 태트록에 대한 검시관 사망 기록에 증인으로 올라 있었다. 그의 이름 옆에는 11월에 15회라는 말이 써져 있는데, 이는 그가 그녀를 11월에 15차례 진료했다는 것을 나타내는 것이다.
6 프리실라 로버트슨, 날짜 미상의 편지, 1944년 경, 약속, 28쪽, 셔윈 문서.
7 Goodchild, *J. Robert Oppenheimer*, 35쪽.
8 이디스 젠킨스, 허켄과의 인터뷰, 2002년 5월 9일. 태트록의 양성애 성향에 대해서는 캘리포니아 레즈비언 공동체에 대해 쓴 작가들인 밀드레드 스튜어트와 도로시 베이커 역시 입증하고 있다.(밀드레드 스튜어트 구술사, 34쪽, Special Collections, SU.)
9 Jenkins, *Against a Field Sinister*, 28쪽. 오펜하이머의 고모 헤드위그 스턴의 손녀인 힐다 스턴 하인은 나중에 자신은 워시번과 태트록이 친구 이상이라는 것을 알고 있었다고 말했다.(한스 레프티 스턴, 버드와의 전화 인터뷰, 2004년 3월 4일.)
10 이디스 젠킨스, 허켄과의 인터뷰, 2002년 5월 9일; 바버라 슈발리에, 허켄과의 인터뷰, 2002년 5월 29일. 슈발리에는 워시번이 이 이야기를 해 주었다고 말했다.
11 오펜하이머의 사생활을 파악하는 것이 주 임무였던 피어 드 실바 대위는 나중에 자신이 이 소식을 오펜하이머에게 처음으로 전해 주었다고 밝혔다. 그에 따르면, 오펜하이머는 소식을 듣고는 눈물을 흘렸다.(피어 드 실바, 미출간 원고, 5쪽.) 드 실바의 원고에는 잘못된 주장이 많이 포함되어 있다. 예를 들어, 태

록이 스티브 넬슨의 정부가 되었다거나, 그녀가 스페인 내전에서 구급차 부대에서 복무했다는 것이다. 그는 또한 태트록이 욕조 속에서 스스로 목에 칼을 그었다고 주장하기도 했다. 드 실바는 태트록의 자살 소식에 대한 오펜하이머의 반응에 대해 1954년 2월 FBI에서의 인터뷰에서 이야기했다. 그는 미출간 원고에 다음과 같이 썼다. 이어서 그[오펜하이머]는 진에 대한 자신의 감정을 꽤 길게 이야기하면서, 그녀 말고는 자신의 속마음을 터놓을만한 사람이 없었다고 말했다. 드 실바는 오펜하이머가 솔직하게 감정을 드러냈다고 생각했다. 오펜하이머는 자신이 태트록에게 대단히 헌신적이었으며 결혼한 이후에 그녀와 다시 깊은 관계를 가지게 되었고, 이 관계는 그녀가 죽을 때까지 계속되었다고 고백했다. 하지만 드 실바에게 오펜하이머가 이러한 내밀한 이야기까지 했으리라고는 생각되지 않는다.(피어 드 실바의 FBI 인터뷰, 1954년 2월 24일, RG 326, 엔트리 62, 박스 2, 파일 C [FBI 보고서], NA.)

12 로버트 서버, 셔윈과의 인터뷰, 1982년 1월 9일, 11쪽. Michelmore, *The Swift Years*, 50쪽; Serber, Peace and War, 86쪽.

13 샌프란시스코 사무실에서 국장에게 보내는 비밀 FBI 텔레타이프, 날짜 미상, 100203581-1421, 진 태트록 FBI 파일 100-18382-1과 100-190625-20.

14 Schwartz, *From West to East*, 380쪽. 태트록의 죽음에 대한 조사에 관해서는 조시아 톰슨 탐정 사무실의 키스 패터슨이 스티븐 리벨에게 보내는 사설 탐정 보고서, 1991월 7월 21일을 보라.

15 제롬 모토 박사, 버드와의 인터뷰, 2001년 3월 14일. 제프리 켈먼 박사, 버드와의 인터뷰, 2001년 2월 3일. 켈먼 박사는 만약 검시관이 혈중 포수클로랄의 정확한 수치를 측정했었더라면 태트록이 살해되었는지 여부를 판단할 수 있었을 것이라고 했다. 수치가 지나치게 낮았으면, 다시 말해 누군가가 믹키 핀으로 그녀를 기절시킬 수 있을 정도로만 투여했다면, 그녀의 머리를 물 속으로 밀어넣은 사람이 있다는 뜻일 것이다. 사망 증명서에는 단지 약간의 포수클로랄이라고 나와 있을 뿐이다. 이는 자살이 아니라는 것을 보여 주는 증거가 될 수도 있다. 그렇다면 자살 노트 역시 위조된 것이었을까? 불행히도, 태트록의 죽음에 대한 자세한 기록은 보존되어 있지 않다.

16 휴 태트록 박사는 정보공개법에 의거해 자신의 여동생에 대한 정보를 FBI에 요청했다.(휴 태트록 박사, 셔윈과의 인터뷰, 2001년 2월.) FBI는 검열을 거친 약 80장의 문서를 공개했다. 하지만 몇몇 문서들은 진 태트록에 대한 전화 도청은 1943년 9월 10일에 시작된 것으로 나와 있다.

17 Herken, *Brotherhood of the Bomb*, 106쪽.

18 처치 위원회 최종 보고서, IV권, 128~129쪽; William R. Corson, *The Armies of Ignorance*, 362~364쪽; Warren Hinckle and William W. Turner, *The Fish Is Red*, 29쪽.

19 전쟁이 끝나고 패시 중령은 1944년과 1945년에 수십 명의 독일 과학자들과 70,000톤의 우라늄 광석을 확보하기 위한 극비 앨소스 작전을 성공적으로 지휘한 공로로 훈장을 받았다.(Christopher Simpson, *Blowback*, 152~153쪽.)

19장: 그녀를 입양할 생각이 있습니까?

1 Brode, *Tales of Los Alamos*, 13쪽.

2 "J. Robert Oppenheimer and the Transformation of the Scientific Vocation",

박사 학위 논문, 188쪽.
3 Church, *The House at Otowi Bridge*, 126쪽.
4 상동, 98쪽.
5 Wilson, "A Recruit for Los Alamos," *Bulletin of the Atomic Scientists*, 1975년 3월, 41쪽.
6 Thorpe and Shapin, "Who Was J. Robert Oppenheimer?," *Social Studies of Science*, 2000년 8월, 547쪽.
7 Thorpe, "J. Robert Oppenheimer and the Transformation of the Scientific Vocation", 박사 학위 논문, 182쪽; Wilson and Serber, eds., *Standing By and Making Do*, 5쪽.
8 Brode, *Tales of Los Alamos*, 39쪽.
9 Smith and Weiner, 265쪽; Brode, *Tales of Los Alamos*, 72, 23쪽.
10 루이스 헴펠만 박사, 셔윈과의 인터뷰, 1979년 8월 10일, 29쪽.
11 앤 윌슨 마크스, 버드와의 인터뷰, 2002년 3월 5일.
12 헴펠만, 셔윈과의 인터뷰, 1979년 8월 10일, 8, 24쪽.
13 Brode, Tales of Los Alamos, 72, 23쪽; 헴펠만, 셔윈과의 인터뷰, 1979년 8월 10일, 30쪽; 도로시 맥키빈, 존 엘즈와의 인터뷰, 1979년 12월 10일, 22쪽.
14 헴펠만, 셔윈과의 인터뷰, 1979년 8월 10일, 10쪽; Brode, *Tales of Los Alamos*, 56, 88~93쪽; 맥키빈, 존 엘즈와의 인터뷰, 1979년 12월 10일, 20쪽; Wirth and Aldrich, *Los Alamos*, 261쪽.
15 헴펠만, 셔윈과의 인터뷰, 1979년 8월 10일, 22쪽.
16 마크스, 버드와의 인터뷰, 2002년 3월 5일.
17 피어 드 실바, 미출간 원고, 1쪽(그레그 허켄에게 감사.)
18 Brode, *Tales of Los Alamos*, 28, 33, 51~52쪽.
19 Wilson, "A Recruit for Los Alamos," *Bulletin of the Atomic Scientists*, 1975년 3월, 47쪽.
20 Nancy Cook Steeper, *Gatekeeper to Los Alamos*, 83쪽.
21 Steeper, *Gatekeeper to Los Alamos*, 60, 83쪽. 스티퍼는 데이비드 호킨스와의 1999년 인터뷰를 인용하고 있다. 스티퍼는 오펜하이머는 도로시의 집에서 자주 저녁시간을 보냈다. 그녀의 집은 로스앨러모스의 보기 흉한 외관과 폭탄을 만드는 데서 오는 끝없는 긴박감과 스트레스로부터 탈출할 수 있는 오아시스였다고 썼다.(Steeper, Gatekeeper to Los Alamos, 125쪽.)
22 패트 셔르, 셔윈과의 인터뷰, 1979년 2월 20일.
23 조지프 로트블랫, 셔윈과의 인터뷰, 1989년 10월 16일, 8쪽.
24 Goodchild, *J. Robert Oppenheimer*, 127쪽.
25 셔르, 셔윈과의 인터뷰, 1979년 2월 20일.
26 Goodchild, *J. Robert Oppenheimer*, 127쪽.
27 헴펠만, 셔윈과의 인터뷰, 1979년 8월 10일, 18쪽.
28 마크스, 버드와의 인터뷰, 2002년 3월 5일.
29 Wilson and Serber, eds., *Standing By and Making Do*, 50쪽.
30 마크스, 버드와의 인터뷰, 2002년 3월 5일.
31 마크스, 버드와의 인터뷰, 2002년 3월 5일.
32 헴펠만, 셔윈과의 인터뷰, 1979년 8월 10일, 25쪽.
33 JRO hearing, 266쪽; Goodchild, *J. Robert Oppenheimer*, 88쪽.
34 Davis, *Lawrence and Oppenheimer*, 156쪽.
35 Goodchild, *J. Robert Oppenheimer*, 90쪽.
36 1944년 6월이 되자, 로스앨러모스의 기혼녀들 중 1/5이 임신한 상태였다. Thorpe,

"J. Robert Oppenheimer and the Transformation of the Scientific Vocation", 박사 학위 논문, 276쪽; Wilson and Serber, eds., *Standing By and Making Do*, 92쪽; Robert Serber, *Peace and War*, 83쪽.

37 Brode, *Tales of Los Alamos*, 22쪽.
38 셰르, 셔윈과의 인터뷰, 1979년 2월 20일, 4쪽.
39 프랭크와 재키 오펜하이머, 셔윈과의 인터뷰, 1978년 12월 3일; Goodchild, *J. Robert Oppenheimer*, 128쪽.
40 패트 셰르, 셔윈과의 인터뷰, 1979년 2월 20일. 패트의 남편 러비 셰르는 자신의 아내가 토니 오펜하이머를 돌보았다는 사실을 확인해 주었다.(러비 셰르, 버드에게 보낸 이메일, 2004년 7월 11일.)
41 재키 오펜하이머, 셔윈과의 인터뷰, 1978년 12월 3일; Goodchild, *J. Robert Oppenheimer*, 128쪽.
42 패트 셰르, 셔윈과의 인터뷰, 1979년 2월 20일, 4쪽.
43 헴펠만, 셔윈과의 인터뷰, 1979년 8월 10일, 11, 20쪽.
44 Steeper, *Gatekeeper to Los Alamos*, 34쪽.
45 JRO가 페르모어 처치 부인에게, 1958년 11월 21일, 박스 76, JRO Papers.
46 Church, *The House at Otowi Bridge*, 86쪽.
47 Pettitt, *Los Alamos Before the Dawn*; Church, *The House at Otowi Bridge*, 12, 86쪽; Church, *Bones Incandescent*, 30쪽.
48 도로시 맥키빈이 앨리스 스미스에게, 1975년 10월 17일, 스미스 서간 모음, 셔윈 문서; Smith and Weiner, *Letters*, 280쪽; 맥키빈 인터뷰, 1976년 1월 1일.
49 Church, *The House at Otowi Bridge*, 123~124쪽.
50 피터 밀러가 JRO에게, 1951년 4월 27일, 박스 76, JRO Papers.
51 JRO가 그로브스에게, 1943년 11월 2일, 그로브스 폴더, 박스 36, JRO Papers.
52 Church, *The House at Otowi Bridge*, 95~98쪽; 피터 밀러가 JRO에게, 1951년 4월 27일, 박스 76, JRO Papers. 밀러는 워너가 죽기 직전 보어와 오펜하이머에 대해 한 말을 인용하고 있었다.
53 Church, *The House at Otowi Bridge*, 130쪽; Brode, *Tales of Los Alamos*, 120~127쪽.
54 Church, *The House at Otowi Bridge*, 98~99, 130쪽. 1945년 크리스마스에 보낸 편지에서 워너 양은 "나는 그곳에서 무슨 일이 일어나고 있는지 몰랐어요. 처음에는 원자 연구가 아닌가 의심하기도 했지만요."라고 썼다.

20장: 보어가 신이라면 오피는 그의 예언자였다.

1 Rhodes, *The Making of the Atomic Bomb*, 523~524쪽; Sherwin, *A World Destroyed*, 106쪽.
2 JRO, "Niels Bohr and Atomic Weapons," New York Review of Books, 1964년 12월 17일; Powers, *Heisenberg's War*, 237~238쪽.
3 Powers, *Heisenberg's War*, 239~240쪽.
4 Sherwin, *Q World Destroyed*, 90~114쪽.
5 Powers, *Heisenberg's War*, 247쪽.
6 Norris, *Racing for the Bomb*, 252쪽.
7 JRO hearing, 166쪽.
8 JRO, "Niels Bohr and Atomic Weapons," *New York Review of Books*, 1964년 12월 17일.
9 Sherwin, *A World Destroyed*, 91쪽.
10 Robert Jungk, *Brighter Than a Thousand*

Suns, 103쪽; Powers, *Heisenberg's War*, 253쪽.
11 2002년 2월에 닐스 보어 연구소가 공개한 보어의 편지, 문서 10을 보라. 닐스 보어 아카이브의 웹사이트 www.nba.nbi.dk를 보라. 또한, 마이클 프레인의 연극 「코펜하겐」과 "What Bohr Remembered," *New York Review of Books*, 2002년 3월 28일을 보라.
12 JRO, "Niels Bohr and Atomic Weapons," *New York Review of Books*, 1964년 12월 17일. 또한, Powers, *Heisenberg's War*, 120~128; Cassidy, *Uncertainty*; Jungk, *Brighter Than a Thousand Suns*, 102~104쪽을 보라.
13 Robert Serber, Peace and War, 86쪽. 이 스케치는 하이젠베르크가 보여 준 그림이 보어가 다시 그린 것이었다. 우리는 이 그림은 찾을 수 없었다.
14 Powers, *Heisenberg's War*, 253쪽.
15 Powers, *Heisenberg's War*, 254쪽; JRO가 그로브스에게, 1944년 1월 1일, MED, RG 77E 5, 박스 4, 337.
16 JRO, "Niels Bohr and Atomic Weapons," *New York Review of Books*, 1964년 12월 17일.
17 JRO가 그로브스에게, 1944년 1월 1일, 그로브스 폴더, 박스 36, JRO Papers; JRO, 닐스 보어와 그의 시대에 대한 세 개의 강의: 3부, 원자핵, 페그램 강의, 1963년 8월, 박스 247, JRO Papers; JRO, "Niels Bohr and Atomic Weapons," *New York Review of Books*, 1964년 12월 17일.
18 빅터 바이스코프, 셔윈과의 인터뷰, 1982년 4월 21일.
19 보어, 원자 물리학에서의 최근의 발견들을 산업과 전쟁에 이용하기 위한 프로젝트에 대한 비밀 논평, 1944년 4월 2일, 박스 34, 프랑크퍼터-보어 폴더, JRO Papers.

20 Sherwin, *A World Destroyed*, 93~96쪽; Goodchild, *J. Robert Oppenheimer*, 92쪽. 또한 Margaret Gowing, *Britain and Atomic Energy, 1939-1945*.를 보라.
21 바이스코프, 셔윈과의 인터뷰, 1982년 4월 21일.
22 Powers, *Heisenberg's War*, 255쪽.
23 Palevsky, *Atomic Fragments*, 117쪽. 수 년 후, 오펜하이머는 누군가가 만약 루즈벨트가 전쟁 이후까지 살았더라면 어떻게 되었을지에 대한 연극을 썼으면 좋겠다고 말했다.
24 Gribbin, *Q Is for Quantum*, 85, 88쪽.
25 Bernstein, *Cranks, Quarks, and the Cosmos*, 44쪽.
26 피터 카피차가 보어에게, 1943년 10월 28일, 박스 34, 프랑크퍼터-보어 폴더, JRO Papers.
27 David Lilienthal, *The Journals of David E. Lilienthal*, vol. 2, 456쪽(1949년 2월 3일의 일기.)
28 Sherwin, *A World Destroyed*, 106쪽.
29 Palevsky, *Atomic Fragments*, 134쪽; 로버트 윌슨, 오웬 깅그리치와의 인터뷰, 1982년 4월 23일, 5쪽(셔윈 문서); Wilson, "Niels Bohr and the Young Scientists," *Bulletin of the Atomic Scientists*, 1985년 8월, 25쪽.
30 JRO hearing, 173쪽.
31 Sherwin, *A World Destroyed*, 107~110쪽. 보어는 1944년 5월 중순 처칠을 만났고 1944년 8월 26일에 루즈벨트를 만났다. 처칠과의 짧은 만남은 성과를 남기지 못했다. 보어는 나중에 "우리는 심지어 같은 언어를 사용하지도 않았다."라고 했다. 반면, 보어는 루즈벨트가 자신과 마음이 통했다는 인상을 받았다.
32 그로브스가 JRO에게, 1964년 12월 7일, 그로브스 폴더, 박스 36, JRO Papers.
33 보어, 원자 물리학에서의 최근의 발견들을 산

업과 전쟁에 이용하기 위한 프로젝트에 대한 비밀 논평, 1944년 4월 2일, 박스 34, 프랭크퍼터-보어 폴더, JRO Papers.
34 Powers, *Heisenberg's War*, 257쪽.

21장: 장치가 문명에 미치는 영향

1 Thorpe and Shapin, "Who Was J. Robert Oppenheimer?," *Social Studies of Science*, 2000년 8월, 573쪽.

2 "Oppenheimer: Where He Was There Was Always Life and Excitement," *Science*, 1967년 3월 3일, 1082쪽.

3 매칼리스터 힐, 찰스 소프와의 인터뷰, 1998년 1월 16일, Thorpe, "J. Robert Oppenheimer and the Tranformation of the Scientific Vocation", 박사 학위 논문, 250쪽에 수록.

4 Jones, *Manhattan: The Army and the Atomic Bomb*, 176, 182쪽; Richard G. Hewlett and Oscar E. Anderson, Jr., *The New World*, 1939-1946, 168쪽.

5 Jone, *Manhattan: The Army and the Atomic Bomb*, 509쪽.

6 Hoddeson, et al., *Critical Assembly*, 242쪽.

7 상동, 241~243쪽.

8 Davis, *Lawrence and Oppenheimer*, 219쪽.

9 Goodchild, *J. Robert Oppenheimer*, 116쪽.

10 Thorpe, "*J. Robert Oppenheimer* and the Transformation of the Scientific Vocation", 박사 학위 논문, 326쪽; Goodchild, *J. Robert Oppenheimer*, 118쪽.

11 Thorpe, "J. Robert Oppenheimer and the Transformation of the Scientific Vocation", 박사 학위 논문, 263~264쪽.

12 Rigden, *Rabi*, 154~155쪽.

13 Studs Terkel, *The Good War*, 510쪽.

14 George B. Kistiakowsky, "Reminiscences of Wartime Los Alamos," Badash, et al., eds., Reminiscences of Los Alamos, 54쪽; *The Army and the Atomic Bomb*, 510쪽.

15 Smith and Weiner, *Letters*, 264쪽.

16 Sherwin, *A World Destroyed*, 34쪽.

17 루돌프 파이얼스 경, 셔윈과의 인터뷰, 1979년 6월 6일, 12쪽과 1979년 3월 5일.

18 파이얼스, 셔윈과의 인터뷰, 1979년 6월 6일, 6, 10쪽.

19 Teller, *Memoirs*, 85, 176~177쪽.

20 Serber, *The Los Alamos Primer*, xxxi쪽.

21 Teller, Memoirs, 222쪽.

22 JRO가 그로브스에게, MED, RG 77, 박스 201, 루돌프 파이얼스 폴더. 또한, Herken, *Brotherhood of the Bomb*, 86쪽과 Goodchild, *J. Robert Oppenheimer*, 105쪽을 보라. 텔러는 회고록에서 자신이 회의를 박차고 나온 이유에 대해서 조금 다르게 설명하고 있다. 텔러에 따르면 오펜하이머가 슈퍼와 관련해서 자신이 논의할 준비가 되어 있지 않은 문제에 대해 이야기해 보라고 무례하게 요구했다.(Teller, *Memoirs*, 193쪽을 보라.) 또한, Thorpe, "J. Robert Oppenheimer and the Transformation of the Scientific Vocation", 박사 학위 논문, 255쪽을 보라.

23 Serber, *The Los Alamos Primer*, xxx쪽. 파이얼스, 셔윈과의 인터뷰, 1979년 6월 6일, 14쪽.

24 파이얼스, 셔윈과의 인터뷰, 1979년 6월 6일, 1쪽.

25 JRO가 라비에게, 1944년 12월 19일, 박스 59, 라비, JRO Papers; Rigden, *Rabi*, 168쪽.

26 Smith and Weiner, *Letters*, 273~274쪽.

27 Palevsky, *Atomic Fragments*, 173쪽; Dyson, *From Eros to Gaia*, 256쪽.

28 로트블랫, 셔윈과의 인터뷰, 1989년 10월 16

일. 깜짝 놀란 로트블랫은 이 저녁 식사 자리에서의 대화를 동료 물리학자 마틴 더치에게 해 주었다.

29 로트블랫, 셔윈과의 인터뷰, 1989년 10월 16일, 16쪽; Albright and Kunstel, *Bombshell*, 101쪽.
30 Ted Morgan, Reds, 278쪽.
31 Robert Chadwell Williams, *Klaus Fuchs*, 32쪽.
32 상동, 76쪽.
33 Albright and Kunstel, *Bombshell*, 62, 119쪽.
34 상동, 90쪽.
35 테드 홀, 셔윈과의 인터뷰; Joan Hall, "A Memoir of Ted Hall", www.historyhappens.net에 게재.
36 Albridght and Kunstel, *Bombshell*, 86~87쪽. 로트블랫은 나중에 오펜하이머에게서 돌아섰다. 로트블랫은 "그에 대해 더 많은 것을 알게 되자, 나는 그가 영웅의 행동 방식을 취하고 있지 않다고 느꼈다. 서서히 그는 반(反)영웅이 되어 갔다. 예를 들어, 그는 도시에도 폭탄이 사용될 수 있다고 말했다. 그는 아니라고 말했어야 했다. 당시에 그는 자신의 목소리를 낼 수 있을 정도의 위치였다."고 말했다. Palevsky, *Atomic Fragments*, 171쪽.
37 Palevsky, *Atomic Fragments*, 135~136쪽. 윌슨은 같은 이야기를 오웬 깅그리치에게 해 주었다.(로버트 윌슨, 깅그리치와의 인터뷰, 1982년 4월 23일, 6쪽, 셔윈 문서.)
38 로버트 윌슨, 깅그리치와의 인터뷰, 1982년 4월 23일, 6쪽. 또한, Robert Wilson, "Niels Bohr and the Young Scientists," *Bulletin of the Atomic Scientists*, 1985년 8월, 25쪽과 Robert Wilson, "The Conscience of a Physicist," in Richard Lewis and Jane Wilson, eds., *Alamogordo Plus Twenty-five Years*, 67~76쪽을 보라.
39 로버트 윌슨, 깅그리치와의 인터뷰, 1982년 4월 23일, 6쪽. 윌슨은 이 토론회에 30에서 50명 정도가 참석했던 것 같다고 존 엘즈에게 말했다.(The Day After Trinity, 존 엘즈, 시나리오, 37쪽.)
40 루이스 로젠, 셔윈과의 인터뷰, 1985년 1월 9일, 1쪽.
41 Badash, et al., eds., *Reminiscences of Los Alamos*, 70쪽.
42 바이스코프, 셔윈과의 인터뷰, 1982년 4월 21일, 5쪽.
43 Weisskopf, *The Joy of Insight*, 145~147쪽. 로버트 윌슨은 1958년에 출간된 오펜하이머 융크의 책 Brighter Than A Thousand Suns에 대한 서평에서 이 토론회를 비슷하게 묘사하고 있다. 하지만 윌슨은 이 모임이 1945년이 아니라 1944년에 있었다고 썼다.(Robert Wilson, "Robert Jungk's Lively but Debatable History of the Scientists Who Made the Atomic Bomb," *Scientific American*, 1958년 12월, 146쪽.) 또한, Alice Smith, *A Peril and a Hope*, 61쪽을 보라. 하버드 출신의 물리학자인 로이 글라우버는 장치의 영향을 토론하기 위해 윌슨이 조직한 회합을 기억했다.(Albright and Kunstel, *Bombshell*, 87쪽을 보라.)
44 Palevsky, *Atomic Fragments*, 135~136쪽.
45 로버트 윌슨, 깅그리치와의 인터뷰, 1982년 4월 23일, 7쪽.
46 The Day After Trinity, 존 엘즈, 시나리오, 37쪽.
47 Palevsky, *Atomic Fragments*, 136~137쪽.
48 상동, 138쪽.

22장: 이제 우리는 모두 개새끼들이다

1 Smith and Weiner, *Letters*, 287쪽.
2 상동, 288쪽.
3 Palevsky, *Atomic Fragments*, 116쪽.
4 Mark Selden, "The Logic of Mass Destruction," in Kai Bird and Lawrence Lifschultz, eds., *Hiroshima's Shadow*, 55~57쪽.
5 Len Giovannitti and Fred Freed, *The Decision to Drop the Bomb*, 36쪽. 저자들은 오펜하이머와 인터뷰를 했다. 몇몇 미국인들은 대공습을 비판했다. Commonweal, 1945년 6월 22일과 1945년 8월 24일을 보라.
6 Emilio Segrè, *A Mind Always in Motion*, 200쪽.
7 William Lanouette, Genius in the Shadows, 261~262쪽; 레오 질라르드가 JRO에게, 1945년 5월 16일, 질라르드 폴더, 박스 70, JRO Papers.
8 Lanouette, *Genius in the Shadows*, 266~267쪽.
9 임시 위원회 회의록, 1945년 5월 31일. Sherwin, *A World Destroyed*, 299~301쪽(부록)과 202~210쪽에 수록.
10 상동.
11 Sherwin, A World Destroyed, 295~302쪽 (부록 L, 임시 위원회 회의록, 1945년 5월 31일); Giovannitti and Freed, *The Decision to Drop the Bomb*, 102~105쪽.
12 Alice K. Smith, *A Peril and a Hope*, 25쪽; Sherwin, *A World Destroyed*, 211쪽. 원자 무기의 정치적 함의,(프랑크 보고서), 323~332쪽(부록 S.)
13 Giovannitti and Freed, *The Decision to Drop the Bomb*, 115쪽.
14 Palevsky, *Atomic Fragments*, 142쪽; The Day After Trinity, 존 엘즈, 시나리오, 20쪽.
15 Sherwin, *A World Destroyed*, 229~230쪽; Thorpe, "J. Robert Oppenheimer and the Transformation of the Scientific Vocation", 박사 학위 논문, 344쪽. 소프는 J. A. 데리 소령과 N. F. 램시 박사, 그로브스 장군에게 보내는 메모, 표적 위원회 회의 보고서, 1945년 5월 10일과 11일을 인용하고 있다. Jones, *Manhattan: The Army and the Atomic Bomb*, 529~530쪽에서 재인용.
16 Palevsky, Atomic Fragments, 84, 252쪽; Norris, *Racing for the Bomb*, 382~383쪽.
17 Alice Smith, A Peril and a Hope, 50쪽; Goodchild, *J. Robert Oppenheimer*, 143쪽.
18 Gar Alperovitz, The Decision to Use the *Atomic Bomb*, 189쪽.
19 JRO hearing, 34쪽.
20 트루먼 대통령과의 면담 직후, 그루는 1954년 5월 28일자 일기에 다음과 같이 기록했다. 일본의 무조건 항복에 이르기까지 가장 큰 장애물은 그들이 천황제가 폐지될 것이라고 믿는다는 것이다. Joseph C. Grew, Turbulent Era, 2권, 1952년, 1428~1423쪽; Sherwin, *A World Destroyed*, 225쪽; Alperovitz, *The Decision to Use the Atomic Bomb*, 48, 66, 479, 537, 712, 753쪽.
21 앨런 덜러스, 퍼 제이콥슨의 팸플릿 *Per Jacobsson Meditation*, *Balse Center for Economic and Financial Research*, 시리즈 C, 4번, 1967년 경, 앨런 덜러스 문서, 박스 22, 존 매클로이 1945년 폴더, 프린스턴 대학교.
22 윌리엄 레이히 일기, 1945년 6월 18일, 윌리엄 레이히 문서, LOC, Bird and Lifschultz, eds., *Hiroshima's Shadow*, 515쪽에 수록.
23 Walter Mills, ed., The Forrestal Diaries, 70쪽; 백악관 회의록 요약, 1945년 6월 18일,

Sherwin, *A World Destroyed*, 355~363쪽(부록 W)에 수록.
24 제임스 포레스털 일기, 1947년 3월 8일, 대통령 비서 파일, HSTL, Bird and Lifschultz, eds., *Hiroshima's Shadow*, 537쪽에 수록.
25 존 매클로이 일기, 1945년 7월 16~17일, DY 박스 1, 폴더 18, 존 매클로이 문서, 앰허스트 대학.
26 "Ike on Ike", 1963년 11월 11일, 107쪽. 몇몇 역사가들은 아이젠하워의 이야기에 의구심을 나타내고 있다. Robert S. Norris, *Racing for the Bomb*, 531~532쪽; Barton J. Bernstein, "Understanding the Atomic Bomb and the Japanese Surrender: Missed Opportunities, Little-Known Near Disasters, and Modern Memory," *Diplomatic History* 19, no. 2를 보라.
27 Harry S. Truman, Off the Record, ed. Robert H. Ferrell, 53쪽; Sherwin, *A World Destroyed*, 235쪽.
28 제임스 번즈, NBC 텔레비전의 프레드 프리드와의 인터뷰, 1964년 경. 이 인터뷰의 녹취록은 허버트 페이즈 문서, 박스 79, LOC에 포함되어 있다. 1945년 7월 29일 포츠담에서 조지프 데이비스 대사는 자신의 일기에 다음과 같이 적었다. 번즈는 몰로토프의 완고함에 기가 질려서 '뉴멕시코 상황'(원자 폭탄)이 우리에게 커다란 힘을 주었으며, 이는 최종 심급에서 모든 문제를 결정지을 것이라고 했다.(조지프 데이비스 일기, 1945년 7월 29일, 박스 19, 데이비스 문서, LOC.)
29 Truman, Off the Record, ed. Ferrell, 53~54쪽.
30 월터 브라운 일기, 1945년 8월3일, 오펜하이머 멀드로우 쿠퍼 도서관, CU, Bird and Lifschultz, eds., *Hiroshima's Shadow*, 546쪽에 수록.
31 1945년 여름 폭탄을 둘러싸고 워싱턴에서 벌어진 논쟁에 대해서는 Bird and Lifschultz, eds., *Hiroshima's Shadow*, 501~550쪽에 수록된 문서들을 보라. 일본이 항복하려 했는지 여부에 대한 다른 관점으로는 Richard Frank, *Downfall: The End of the Imperial Japanese Empire* (Random House, 1999); Herbert Bix, *Hirohito and the Making of Modern Japan* (Harper Collins, 2000); and Barton J. Bernstein, "The Alarming Japanese Buildup on Southern Kyushu," *Pacific Historical Review*, November 1999;, 1999년 11월을 보라.
32 Bird and Lifschultz, eds., *Hiroshima's Shadow*, 553~554, 558쪽.
33 텔러가 질라르드에게, 1945년 7월 2일, 텔러 폴더, 박스 71, JRO Papers; Teller, *Memoirs*, 205~207쪽.
34 Alice Smith, *A Peril and a Hope*, 53, 63쪽.
35 질라르드가 JRO에게, 1945년 5월 16일과 1945년 7월 10일; 에드워드 크루츠가 질라르드에게, 1945년 7월 13일, 질라르드 폴더, 박스 70, JRO Papers.
36 질라르드 문서 21/235; NND-730039, NA 201 E 크루츠; 그로브스 일기, 1945년 7월 17일, NA (윌리엄 라노트에게 감사.) 질라르드와 랩은 인터뷰에서 오펜하이머가 탄원서를 회람할 수 없다.라는 결정을 내렸다고 밝혔다.(Alice Smith, A Peril and a Hope, 55쪽.)
37 Church, *The House at Otowi Bridge*, 129쪽.
38 Norris, *Racing for the Bomb*, 395쪽.
39 Jones, *Manhattan: The Army and the Atomic Bomb*, 511쪽.
40 피어 드 실바, 미출간 원고, 12쪽; Rhodes, *The Making of the Atomic Bomb*, 652쪽.

41 JRO가 그로브스에게, 1962년 10월 20일, 박스 36, JRO Papers; Hijiya, "The Gita of J. Robert Oppenheimer," *Proceedings of the American Philosophical Society*, vol. 1444, no. 2, June 2000, 2000년 6월, 161~164쪽; Szasz, *The Day the Sun Rose Twice*, 41쪽; Norris, *Racing for the Bomb*, 397쪽.

42 JRO hearing, 31쪽.

43 Norris, *Racing for the Bomb*, 399~400쪽; Morrison, "Blackett's Analysis of the Issues," *Bulletin of the Atomic Scientists*, February 1949, 1949년 2월, 40쪽.

44 The Day After Trinity, 존 엘즈, 시나리오, 7쪽.

45 1944년 6월, 프랭크가 테네시 오크리지의 우라늄 분리 공장에서 근무하고 있을 때, 재키는 연합군의 프랑스 상륙 직후 그에게 편지를 보냈다. "마침내 그날이 오고야 말았어요. 아주 기분 좋은 일이에요. 하지만 당신이 예상했듯이, 러시아에 대한 전투가 이미 시작되었어요. 불길한 일입니다." 재키에게 이것은 순수한 미국식 파시즘이었다. (재키 오펜하이머가 프랭크 오펜하이머에게, 날짜 미상, 1944년 6월경, 폴더 4-13, 박스 4, 프랭크 오펜하이머 문서, UCB.)

46 프랭크 오펜하이머, 와이너와의 인터뷰, 1973년 2월 9일, 56쪽.

47 Goodchild, *J. Robert Oppenheimer*, 151쪽.

48 George Kistiakowsky, "Trinity: A Reminiscence," *Bulletin of the Atomic Scientists*, 1980년 6월, 21쪽.

49 Vannevar Bush, *Pieces of the Action*, 148쪽.

50 Lansing Lamont, *Day of Trinity*, 184쪽.

51 상동, 193쪽.

52 The Day After Trinity, 존 엘즈, 시나리오, 12쪽.

53 프랭크 오펜하이머, 와이너와의 인터뷰, 1973년 2월 9일, 57쪽.

54 Lamont, *Day of Trinity*, 210쪽; The Day After Trinity, 존 엘즈, 시나리오, 12쪽.

55 Szasz, *The Day the Sun Rose Twice*, 73쪽.

56 Norris, *Racing for the Bomb*, 403~404쪽; Lamont, *Day of Trinity*, 210쪽.

57 Lamont, *Day of Trinity*, 212, 220쪽.

58 Feynman, "*Surely You're Joking, Mr. Feynman!*", 134쪽.

59 Hershberg, *James B. Conant*, 232쪽.

60 Serber, *Peace and War*, 91~93쪽.

61 Badash, et al., *Reminiscences of Los Alamos*, 76~77쪽.

62 The Day After Trinity, 존 엘즈, 시나리오, 47쪽.

63 프랭크 오펜하이머, 와이너와의 인터뷰, 1973년 2월 9일, AIP, 56쪽; The Day After Trinity, 존 엘즈, 시나리오, 14쪽.

64 Lamont, *Day of Trinity*, 226쪽.

65 토머스 패럴 장군, 전쟁부 장관에게 보내는 메모, 1945년 7월 18일, Groves, Now It Can Be Told, 436~437쪽에 수록; *NYT*, 1945년 8월 7일, 5쪽; Hijiya, "The Gita of J. Robert Oppenheimer," *Proceedings of the American Philosophical Society*, vol. 144, no. 2, 2000년 6월, 165쪽.

66 The Day After Trinity, 존 엘즈, 시나리오, 15~16쪽.

67 Davis, *Lawrence and Oppenheimer*, 242쪽; The Day After Trinity, 존 엘즈, 시나리오, 50쪽; 프랭크 오펜하이머, 존 엘즈와의 인터뷰, 1980년; Szasz, *The Day the Sun Rose Twice*, 89쪽.

68 William Laurence, *NYT*, 1945년 9월 27일, 7쪽.

69 The Day After Trinity, 존 엘즈, 시나리오, 79~80쪽. 몇몇 산스크리트 학자들은 이 문장은 이제 나는 시간(Time)이, 세계의 파괴자가 된다.로 해석하는 편이 나을 것이라고 주장한다.
70 Pais, *The Genius of Science*, 273쪽.
71 Alice Smith, A Peril and a Hope, 76쪽; *NYT*, 1945년 9월 26일, 1, 16쪽.
72 Lamont, Day of Trinity, 237쪽; Kistiakowsky, "Trinity: A Reminiscence," *Bulletin of the Atomic Scientists*, 1980년 6월, 21쪽.
73 수년 후, 오펜하이머는 베인브리지의 말을 기억했고 데이비드 릴리엔털에게 그에 동의한다고 말했다. "아마도 그럴 테지"(Lilienthal, *The Journals of David E. Lilienthal*, 6권, 89쪽, 1965년 2월 13일자 일기.)
74 Lamont, Day of Trinity, 242~243쪽. 그의 비서인 앤 윌슨은 그런 기억이 없다고 말했다.(앤 윌슨 마크스, 버드와의 전화 인터뷰, 2002년 5월 22일.) 리처드 파인만은 봉고 드럼을 꺼내 들고 기쁨에 겨워 두드리기 시작했다. 그는 나중에 이 순간에 대해 "생각이 그냥 멈춥니다, 아시겠어요? 그냥 멈춘다구요."라고 했다. 그다지 기쁘지 않았던 로버트 윌슨은 파인만에게 우리가 저 무시무시한 물건을 만들었어.라고 했다. Feynman, *"Surely You're Joking, Mr. Feynman!"*, 135~136쪽.
75 Hijiya, "The Gita of J. Robert Oppenheimer," *Preceedings of the American Philosophical Society*, vol. 144, no. 2, 2000년 6월, 123~124쪽.

23장: 불쌍한 사람들

1 앤 윌슨 마크스, 버드와의 인터뷰, 2002년 3월 5일.
2 Lt. Col. *John F. Moynahan, Atomic Diary*, 15쪽. 폭격기 승무원들은 오펜하이머의 지시에 따라 육안으로 확인한 후 히로시마 중심부에 폭탄을 투하했다. 하지만 나가사키에서는 구름이 덮여 있었고 폭격기의 연료가 모자랐기 때문에 대개 레이더를 통해 폭격이 이루어졌다.(노먼 램시가 JRO에게, 1945년 8월 20일 이후, 박스 60, JRO Papers.)
3 Alice Smith, A Peril and a Hope, 53쪽. 또한, Hershberg, James B. Conant, 230쪽을 보라.
4 Manley, "A New Laboratory Is Born," Badash, et al., eds., *Reminiscences of Los Alamos*, 37쪽.
5 그로브스와 JRO, 전화 대화 녹취록, 1945년 8월 6일, RG 77, 엔트리 5, MED, 201 그로브스, 박스 86, 일반 서간 1942~1945, 전화 대화 파일.
6 The Day After Trinity, 존 엘즈, 시나리오, 58쪽.
7 에드 도티가 부모에게, 1945년 8월 7일, 로스앨러모스 역사 박물관.
8 Sam Cohen, *The Truth About the Neutron Bomb*, 22쪽; Hijiya, "The Gita of J. Robert Oppenheimer," Proceedings of the American *Philosophical Society*, vol. 144, no. 2, 2000년 6월, 155쪽. 히지야는 오펜하이머가 우승자처럼 두 손을 감싸 쥐었다며 주장하면서 코헨을 인용하고 있지만, 이런 이야기는 코헨의 책에 나와 있지 않다. 하지만 이 이야기는 Lawren, *The General and the Bomb*, 250쪽에 나와 있다.
9 필립 모리슨의 라디오 연설, 앨버커키 KOB 방송국의 ALAS 시리즈, 3번, 전미 과학자 협회 기록, XXII, 2쪽. 원자 폭탄 과학자 보고서 3번: 히로시마의 죽음, 1쪽, UC.

10 에드 도티가 부모에게, 1945년 8월 7일, 로스 앨러모스 역사 박물관; Smith, A Peril and a Hope, 77쪽. 스미스는 오펜하이머가 젊은 팀장이 수풀가에서 구토하고 모습을 보았다고만 썼다. 토머스 파워스는 이 젊은 팀장이 로버트 윌슨이라고 지목하고 있다.(Powers, Heisenberg's War, 462쪽.) 또한, 존 엘즈의 The Day After Trinity를 보라.

11 Robert Wilson, "Robert Jungk's Lively but Debatable History," *Scientific American*, 1958년 12월, 146쪽; Palevsky, *Atomic Fragments*, 140~141쪽.

12 The Day After Trinity, 존 엘즈, 시나리오, 59~60쪽; Palevsky, *Atomic Fragments*, 141쪽.

13 Smith, *A Peril and a Hope*(1971년도판), 77쪽; Robert Serber, *Peace and War*, 142쪽.

14 Herken, *Brotherhood of the Bomb*, 139쪽; FBI 메모, 1952년 4월 18일, 섹션 12, JRO FBI file.

15 Alperovitz, The Decision to Use the Atomic Bomb, 279~304쪽; Barton J. Bernstein, "Seizing the Contested Terrain of Early Nuclear History;" Uday Mohan and Sanho Tree, "The Construction of Conventional Wisdom.", 417~420쪽. 또한, Barton J. Bernstein, *Seizing the Contested Terrain of Early Nuclear History*; Uday Mohan and Sanho Tree, *The Construction of Conventional Wisdom*을 비롯해 Bird and Lifschultz, *Hiroshima's Shadow*, 141~197, 237~316쪽에 실린 노먼 커즌스, 라인홀드 니부어, 펠릭스 모얼리, 데이비드 로런스, 루이스 멈포드, 매기 매카시 등 폭격의 비판적인 논자들의 에세이를 보라.

16 Childs, *An American Genius*, 366쪽; Herken, *Brotherhood of the Bomb*, 140쪽.

17 Smith and Weiner, *Letters*, 293~294쪽(JRO가 스팀슨에게, 1945년 8월 17일.)

18 상동, 300~301쪽; JRO가 어니스트 로런스에게, 1945년 8월 30일.

19 상동, 297~298쪽; JRO가 허버트 스미스에게, 1945년 8월 27일; JRO가 프레더릭 번하임에게, 1945년 8월 27일.

20 Chevalier, *Oppenheimer*, xi쪽.

21 The Day After Trinity, 존 엘즈, 시나리오, 65쪽; JRO가 하콘 슈발리에에게, 1945년 8월 27일, The Day After Trinity 보충 파일; Herken, *Brotherhood of the Bomb*, 142쪽.

22 JRO가 코넌트에게, 1945년 9월 29일, JRO Papers.

23 Smith and Weiner, *Letters*, 300쪽.

24 상동, 301~302쪽.

25 진 바커, 셔윈과의 인터뷰, 1987년 11월 5일, 3~4쪽. 디디스하임의 인용문은 허버트 스미스가 프랭크 오펜하이머에게, 1973년 9월 19일, 폴더 4-23, 박스 4, 프랭크 오펜하이머 문서, UCB에서 나온 것이다.

26 바커, 셔윈과의 인터뷰, 1987년 11월 5일, 2쪽.

27 필 모리슨의 라디오 연설문은 앨버커키 KOB 방송국의 ALAS 시리즈, 3번, 전미 과학자 협회 기록, XXII, 2쪽. 원자 폭탄 과학자 보고서 3번: 히로시마의 죽음, 5쪽, UC.

28 Serber, *Peace and War*, 129쪽.

29 Smith, *A Peril and a Hope*, 115쪽.

30 Church, *The House at Otowi Bridge*, 130~131쪽; Church, *Bones Incandescent*, 38쪽.

31 Michael A. Day, "Oppenheimer on the Nature of Science," *Centaurus*, vol. 43, 2001년, 79쪽; Time, 1948년 11월 8일.

32 바이스코프, 전후 물리학에 대한 노트, 1962년 12월, 박스 21, JRO와 닐스 보어, JRO

Papers.

33 JRO, 닐스 보어와 그의 시대에 대한 세 개의 강의, 페그램 강의, 브룩헤이븐 국립 연구소, 1963년 8월, 16쪽. 이 문서는 루이스 피셔 문서, 박스 9, 폴더 3, PUL에 보존되어 있다. 헨리 스팀슨 일기, 1945년 9월 21일, 3쪽, YUL.

34 상동.

24장: 내 손에는 피가 묻어 있는 것 같다

1 Paul Boyer, *By Bomb's Early Light*, 266~267쪽; Pais, *The Genius of Science*, 274쪽.

2 JRO, "Atomic Weapons," *Proceedings of the American Philoshphical Society*, 1946년 1월. 그는 이 연설을 1945년 11월 16일에 필라델피아에서 했다. 당시의 제목은 원자 무기들과 과학에서의 위기였다. 폴더 168.1, 리 듀브리지 문서(제임스 허시버그에게 감사.)

3 체르니스, 셔윈과의 인터뷰, 1979년 5월 23일, 11쪽.

4 Smith and Weiner, *Letters*, 304쪽; JRO가 해리슨에게, 1945년 9월 9일.

5 Smith, *A Peril and a Hope*, 116~117쪽.

6 상동, 120쪽.

7 Herken, *Brotherhood of the Bomb*, 150쪽.

8 Barnett, "J. Robert Oppenheimer", 1949년 10월 10일.

9 Teller and Brown, *The Legacy of Hiroshima*, 23쪽.

10 헨리 월러스 일기, 1945년 10월 19일, Morton Blum, *The Price of Vision*, 497쪽에 수록.

11 Truman, *Memoirs*, 1권, 532쪽.

12 Lanouette, *Genius in the Shadows*, 286쪽.

13 Smith, *A Peril and a Hope*, 167쪽; Hewlett and Anderson, The New World, 1권, 432쪽.

14 Smith, *A Peril and a Hope*, 153쪽; Thorpe, "J. Robert Oppenheimer and the Transformation of the Scientific Vocation", 박사 학위 논문, 401~402쪽.

15 Lanouette, *Genius in the Shadows*, 293쪽.

16 Smith, *A Peril and a Hope*, 154쪽.

17 The Day After Trinity, 존 엘즈, 시나리오, 68쪽; Goodchild, *J. Robert Oppenheimer*, 178쪽.

18 Thorpe, "J. Robert Oppenheimer and the Transformation of the Scientific Vocation", 박사 학위 논문, 395~396쪽; Wilson, "Hiroshima: The Scientists' Social and Political Reaction," *Proceedings of the American Philosophical Society*, 1996년 9월, 351쪽.

19 Thorpe, "J. Robert Oppenheimer and the Transformation of the Scientific Vocation", 박사 학위 논문, 409쪽.

20 Smith, *A Peril and a Hope*, 197~200쪽.

21 Steeper, *Gatekeeper to Los Alamos*, 111쪽.

22 Smith and Weiner, *Letters*, 310~311쪽.

23 Eleanor Jette, Inside Box 1663, 123쪽.

24 Smith and Weiner, *Letters*, 306쪽.

25 Herken, *Brotherhood of the Bomb*, 149쪽.

26 헨리 월러스 일기, 1945년 10월 19일, Blum, ed., The Price of Vision, 439~497쪽에 수록. 번즈의 원자 외교에 대해서는 Alperovitz, *The Decision to Use the Atomic Bomb*, 429쪽을 보라.

27 Murray Kempton, "The Ambivalence of J. Robert Oppenheimer," Esquire, 1983년 12월, Kempton, *Rebellions, Perversities, and Main Events*, 121쪽에 수록. 켐프턴은 이 대화가 1946년에 있었다고 잘못 쓰고 있다. 이 이야기의 다른 판본은 Davis, *Lawrence and*

Oppenheimer, 260쪽에 나온다. 데이비스는 날짜나 출처를 표기하고 있지 않다. 하지만 트루먼 대통령의 달력에 따르면, 대통령은 오펜하이머와 네 차례 만났다. 1945년 10월 25일, 1948년 4월 29일, 1949년 4월 6일, 그리고 1952년 6월 27일.

28 Davis, *Lawrence and Oppenheimer*, 261쪽.
29 트루먼이 딘 애치슨에게, 메모, 1946년 5월 7일, 박스 201 PSF, HSTL. 또한, Merle Miller, *Plain Speaking*, 228쪽과 Boyer, *By Bomb's Early Light*, 193쪽을 보라. 보이어에 따르면 딘 애치슨이 집무실 안에 있었다. 하지만 트루먼 대통령의 달력에 따르면 집무실 안에는 오펜하이머 패터슨과 오펜하이머만이 트루먼과 함께 있었다.(매튜 코넬리 파일, 대통령 달력, 1945년 10월 25일, HSTL.) Herken, *Brotherhood of the Bomb*, 150쪽. 허켄은 Davis, *Lawrence and Oppenheimer*, 258쪽; Michelmore, *The Swift Years*, 121~122쪽; 그리고 Lilienthal, *The Journals of David E. Lilienthal*, 2권, 118쪽을 인용하고 있다.
30 라비, 셔윈과의 인터뷰, 1982년 3월 12일, 9쪽.
31 존 매클로이 일기, 1945년 7월 20일, DY 박스 1, 폴더 18, 매클로이 문서, 앰허스트 대학.
32 Smith and Weiner, *Letters*, 315~325쪽.
33 상동, 315쪽.
34 상동, 315~325쪽.
35 Truman, *Memoirs*, 1권, 537쪽.
36 Smith and Weiner, *Letters*, 325~326쪽.

25장: 누군가 뉴욕을 파괴할 수도 있다

1 JRO FBI file, 섹션 1, 문서 20, 후버가 번즈에게, 메모, 1945년 11월 15일과 후버가 대통령 군사 보좌관 해리 본에게, 메모, 1945년 11월 15일.
2 JRO FBI file, 섹션 4, 문서 108, 9쪽.
3 Herken, *Brotherhood of the Bomb*, 160쪽. 허켄의 웹사이트 www.brotherhoodofthebomb.com에서 제9장의 긴 각주 7번을 보라. 멘크, FBI 메모, 1947년 3월 14일, 박스 2, JRO/AEC.
4 JRO FBI file, 문서 51(1946년 3월 18일, 6쪽)과 문서 159(래드가 FBI 국장에게, 1947년 8월 11일, 7쪽.)
5 JRO FBI file, 문서 134, 줄리어스 로버트 오펜하이머: 배경, 1947년 1월 28일, 7쪽.
6 FBI 국장에게 보내는 메모, 1947년 5월 23일, JRO FBI file., 시리얼 6. 후버는 마이크로폰 감시 역시 허가했다.
7 이 소식을 접한 이후부터 후버는 더 이상 윌슨과의 접촉을 명령하지 않았다.(JRO FBI file, 섹션 1, 문서 25, 1946년 3월 26일); 앤 윌슨 마크스, 버드와의 전화 인터뷰, 2002년 10월 21일.
8 조지프 와인버그, 셔윈과의 인터뷰, 1979년 8월 23일, 17쪽.
9 후버가 조지 앨런에게, 1946년 5월 29일, PSF 박스 167, 폴더: FBI 원자 폭탄, HSTL; Bird, *The Chairman*, 281쪽.
10 라비, 셔윈과의 인터뷰, 1982년 3월 12일, 2~5쪽; Rigden, *Rabi*, 196~197쪽.
11 Hewlett and Anderson, *The New World*, 1권, 532쪽.
12 Lilienthal, *The Journals of David E. Lilienthal*, 2권, 13쪽; 릴리엔털이 허브 마크스에게, 1948년 1월 14일, 릴리엔털이 JRO에게 보낸 편지 모음, 박스 46, JRO Papers.
13 Goodchild, *J. Robert Oppenheimer*, 178쪽.
14 Bird, *The Chairman*, 277쪽.
15 Dean Acheson, *Present at the Creation*, 153

16 상동. 또한, JRO hearing, 37~40쪽을 보라.
17 Joseph I. Lieberman, , 255쪽.
18 JRO, 원자 폭발물, 폴더: 국제 연합, AEC, 박스 52, 버나드 바루크 문서, PUL.
19 라비, 셔윈과의 인터뷰, 1982년 3월 12일, 6쪽; Herken, Brotherhood of the Bomb, 164쪽.
20 Lieberman, *The Scorpion and the Tarantula*, 246쪽.
21 원자 에너지의 국제 통제에 관한 보고서 국무부 장관의 원자 에너지 위원회를 위해 자문 위원회가 작성: 체스터 I. 버나드, J. R. 오펜하이머 박사, 찰스 A. 토머스 박사, 해리 A. 윈, 데이비드 E. 릴리엔털, 의장, 워싱턴 D.C., 1946년 3월 16일.
22 James F. Byrnes, *Speaking Frankly*, 269쪽. 번즈와 바루크의 사업 관계에 대해서는 Burch, *Elites in American History*, 3권, 60, 62쪽을 보라. 또한, 번즈와 바루크의 개인적 친분에 대해서는 David Robertson, *Sly and Able*, 118쪽을 보라.
23 Lilienthal, *The Journals of David E. Lilienthal*, 2권, 30쪽; Bird, The Chairman, 279쪽.
24 Herken, *The Winning Weapon*, 165쪽. 오펜하이머는 바루크의 임명에 대해 나중에 "그날이 내가 희망을 포기한 날이었다. 하지만 공개적으로 그렇게 말할 수 있는 형편은 아니었다."라고 했다.(Davis, *Lawrence and Oppenheimer*, 260쪽.)
25 Herken, *The Winning Weapon*, 366쪽. 허켄은 또한 프레드 셜즈가 번즈에게, 1948년 1월 17일(셜즈 폴더, 번즈 문서)를 인용해 셜즈가 번즈에게 뉴몬트 사의 면세 지위를 보호할 수 있도록 도와 주기를 원했다는 것을 보이고 있다. 뉴몬트 광업 회사는 바루크의 친구이자 사업 파트너인 윌리엄 보이스 톰슨 중령이 1921년 설립했다.(Baruch, My Own Story, 238쪽.) 또한, Allen, *Atomic Imperialism*, 108쪽을 보라. 프레드 셜즈가 뉴몬트 광업 회사의 대표라는 사실은 Baruch, *The Public Years*, 363쪽에 나와 있다. 셜즈는 또한 전쟁 중에 번즈의 보좌관으로 근무했다.
26 Lieberman, *The Scorpion and the Tarantula*, 273쪽.
27 라비, 셔윈과의 인터뷰, 1982년 3월 12일, 6쪽.
28 Lilienthal, *The Journals of David E. Lilienthal*, 2권, 70쪽(1946년 7월 24일자 일기.)
29 Hershberg, *James B. Conant*, 270쪽.
30 후버가 로스앤젤리스 사무소에게, JRO FBI file, 섹션 1, 문서 23, 1946년 3월 13일.
31 FBI 샌프란시스코 사무소, 후버에게 보내는 메모, 1946년 5월 14일, 1946년 5월 10일 오펜하이머와 키티와의 전화 대화 감시에 대하여(JRO FBI file, 문서 45, 46.) 약 일 년 후, FBI는 여전히 도청을 계속했고, 키티는 그것을 알고 있었다. 1947년 3월 25일에 그녀는 한 친구에게 전화로 이야기할 때는 조심해야 해.라고 했다. 친구가 왜 그러냐고 묻자, 그녀는 "FBI 때문에, 알잖아."라고 대답했다.(JRO FBI file, 문서 148, 1947년 3월 25일.)
32 FBI 국장에게 보내는 텔레타이프, 1946년 5월 8일, JRO FBI file, 문서 33.
33 Hewlett and Anderson, *The New World*, 1권, 562~566쪽.
34 Bird, *The Chairman*, 281쪽.
35 상동, 282쪽.
36 JRO가 릴리엔털에게, 1946년 5월 24일, 릴리엔털 문서, Lieberman, *The Scorpion and the*

Tarantula, 284~285쪽에서 재인용.
37 Lilienthal, *The Journals of David E. Lilienthal*, 2권, 70쪽(1946년 7월 24일자 일기.)
38 상동, 69~70쪽(1946년 7월 24일자 일기)
39 FBI 도청 기록, 1946년 6월 11일, 루이스 스트라우스 문서, HHL.
40 "The Atom Bomb as a Great Force for Peace," *New York Times Magazine*, 1946년 6월 9일.
41 와인버그, 셔윈과의 인터뷰, 1979년 8월 23일, 25쪽.
42 Hewlett and Anderson, *The New World*, 590쪽.
43 키티와 로버트 오펜하이머의 전화 대화에 대한 FBI의 도청 기록, 1946년 6월 20일, JRO FBI file, 문서 68.
44 딘 애치슨 구술사, 날짜 미상, PPF, HSTL; Bird, *The Chairman*, 282쪽; Goodchild, J. *Robert Oppenheimer*, 181쪽.
45 JRO, 닐스 보어와 그의 시대에 대한 세 개의 강의, 페그램 강의, 브룩헤이븐 국립 연구소, 1963년 8월, 15쪽, 루이스 피셔 문서, 박스 9, 폴더 3, PUL.
46 Lilienthal, *The Journals of David E. Lilienthal*, 2권, 69쪽(1946년 7월 24일자 일기.)
47 "The International Control of Atomic Energy", 1946년 6월 1일.
48 Bird and Sherwin, "The First Line Against Terrorism," WP, 2001년 12월 12일. 또한, 존 폰 노이만이 루이스 스트라우스에게, 1947년 10월 28일, 스트라우스 문서, HHL; Herken, Counsels of War, 179쪽을 보라. 또한 Herken, *Brotherhood of the Bomb*, 18장, 각주 92(웹사이트 버전)에서 허켄은 핵 테러리즘의 위험성을 조사하는 프로젝트의 코드명이 사이클롭스(Cyclops)라고 보고한다. 그는 매티슨이 스타센에게, 1955년 9월 8일, 박스 16, USSD; 파놉스키, 허켄과의 인터뷰, 1993년을 인용하고 있다. 몇 년 후에 오펜하이머는 원자력 에너지 위원회를 설득해 두 명의 물리학자 오펜하이머 호프스태터와 울프강 파놉스키에게 이 문제에 대한 보고서를 작성하게 했다. 그들이 작성한 극비 보고서는 모든 공항과 항만에 방사능 탐지기를 설치할 것을 제안했다. 얼마 동안, 실제로 몇 개의 주요 공항에 장비들이 설치되었다. 호프스태터-파놉스키 보고서는 정보 기관원들 사이에서는 스크루드라이버 보고서라고 알려져 있다. 이 보고서는 아직 기밀로 묶여있다.
49 JRO 연설문, 최근의 문제로서의 원자력 에너지, 1947년 9월 17일, The Open Mind, 25쪽에 수록.
50 그로브스 장군은 오펜하이머가 비키니 시범에 초대하기는 했지만, 결과를 평가하는 데에서는 제외되도록 지시했다.(Herken, *The Winning Weapon*, 224쪽.) 또한, 다큐멘터리 영화 Radio Bikini를 보라.
51 트루먼, 애치슨에게 보내는 메모, 1946년 5월 7일, 원자 실험 폴더, PSF 박스 201, HSTL(아키비스트 데니스 빌저에게 감사.)

26장: 오피는 뾰루지가 났지만 이제는 면역이 생겼다

1 JRO hearing, 35쪽; JRO, 쿤과의 인터뷰, 1963년 11월 18일, 32쪽.
2 JRO FBI file, 문서 102, 전화 도청 기록, 1946년 10월 23일.
3 Hershberg, *James B. Conant*, 308쪽; 키티와 로버트 오펜하이머 사이의 전화 대화, FBI 메

모, 1946년 12월 14일, 문서 120, JRO FBI file; Hewlett and Duncan, *Atomic Shield*, 2권, 15~16쪽.

4 JRO hearing, 327쪽.

5 상동, 41쪽. 애치슨이 JRO에게 한 말은 냉전 초기부터 미국 정부의 입장은 트루먼 독트린이었음을 확실히 보여 준다.

6 Hewlett and Duncan, *Atomic Shield*, 2권, 268쪽. 또한, James G. Hershberg, *The Jig Was Up: J. Robert Oppenheimer and the International Control of Atomic Energy*, 2004년 4월 22~24일을 보라. Oppenheimer Centennial Conference, Berkeley.

7 JRO hearing, 40쪽.

8 키스 G. 티터, FBI 메모, 1954년 3월 3일, SF 100-3132.

9 JRO FBI file, 문서 159, 래드가 국장에게, 1947년 8월 11일, 13쪽.

10 JRO, *The Open Mind*, 26~27쪽. 또한, Thorpe, "J. Robert Oppenheimer and the Transformation of the Scientific Vocation", 박사 학위 논문, 446~447쪽을 보라.

11 JRO hearing, 69Whr.

12 조지프 앨솝이 JRO에게, 1948년 7월 29일, 앨솝 폴더, 박스 15, JRO Papers.

13 Scott Donaldson, *Archibald MacLeish: An American Life*, 400쪽.

14 JRO가 매클리시에게, 1949년 9월 27일; 매클리시가 JRO에게, 1949년 10월 6일; JRO가 매클리시에게, 1949년 2월 14일, 매클리시 폴더, 박스 49, JRO Papers.

15 1947년 2월에 두 명의 공산당 활동가들이 프랭크의 집을 방문해 두 시간에 걸쳐 다시 입당하라고 설득했다. 그들은 아무런 성과 없이 돌아갔다. FBI는 나중에 한 정보원으로부터 그 공산당 활동가가 우리는 10,000달러 정도를 잃은 것 같아.라고 불평했다는 이야기를 들었다. JRO FBI file, 문서 149, 1947년 4월 23일.

16 프랭크 오펜하이머, 셔윈과의 인터뷰, 1978년 12월 3일.

17 Chevalier, *Oppenheimer*, 69, 74쪽; 바버라 슈발리에 일기, 1984년 7월 14일, 그레그 허켄의 노트. 허켄의 웹사이트 www.brotherhoodofthebomb.com을 보라. FBI 도청 기록에 따르면, 슈발리에는 1946년 6월 3일 키티 오펜하이머에게 다음날 저녁에 방문하겠다는 확인 전화를 걸었다.(JRO FBI file, 섹션 2, 문서 56, 1946년 6월 3일.) 이는 1946년 여름에 슈발리에와 오펜하이머는 두 번이 아니라 세 번 만났다는 것을 보여 준다. 1946년 5월, 스틴슨 해변에서; 1946년 6월 4일, 이글 힐에서; 그리고 1946년 6월 26일(슈발리에의 FBI 심문이 있던 날)과 1946년 9월 5일(오펜하이머의 FBI 인터뷰가 있던 날) 사이에 한 차례. 또한, 키티는 6월 22~23일의 주말을 슈발리에 부부의 집에서 보내기로 했다. 하지만 나중에 그녀는 방문을 그 다음 주말로 연기했다.(1946년 6월 21일자 메모.)

18 슈발리에는 그 다음날 1959년 출간된 자신의 소설 *The Man Who Would Be God*의 개요를 작성했다고 주장한다.(Chevalier, *Oppenheimer*, 79~80쪽.)

19 Chevalier, Oppenheimer, 58쪽.

20 JRO에 대한 FBI 배경 보고서, 1947년 2월 27일, 10쪽; Goodchild, *J. Robert Oppenheimer*, 70쪽.

21 FBI(뉴왁) 사실 요약문, 19~22쪽. 엘텐튼과 슈발리에의 자술서, 1946년 6월 26일, 문서 786, JRO FBI files.

22 슈발리에, FBI 자술서, 1946년 6월 26일, 슈발리에 FBI 파일, 1부. 슈발리에, 셔윈과의 인

터뷰, 1982년 7월 15일, 10~11쪽.
23 Chevalier, *Oppenheimer*, 68쪽.
24 상동, 69~70쪽; JRO hearing, 209쪽.
25 Chevalier, *Oppenheimer*, 69~70쪽.
26 JRO FBI file, 섹션 12, 문서 287, 1952년 4월 18일, 조지 찰스 엘텐튼의 간첩 행위 혐의, 20쪽(1996년에 기밀 해제.)
27 Strauss, Men and Decisions, 271쪽.
28 JRO FBI file, 섹션 1, 1947년 1월 29일과 1947년 2월 2일, 키티와 로버트 오펜하이머 사이의 대화에 대한 도청 기록 요약문.
29 Strauss, *Men and Decisions*, 271쪽.
30 Smith and Weiner, *Letters*, 190쪽.
31 Barnett, "J. Robert Oppenheimer," *Life*, 1949년 10월 10일.
32 JRO FBI file, 섹션 1, 1947년 1월 29일과 1947년 2월 2일, 키티와 로버트 오펜하이머 사이의 대화에 대한 도청 기록 요약문.
33 Michelmore, *The Swift Years*, 142쪽.
34 *New York Herald Tribune*, 1947년 4월 19일.
35 Beatrice M. Stern, *A History of the Institute for Advanced Study*, 613쪽, 미출간 원고, IAS 아카이브.
36 Richard Pfau, *No Sacrifice Too Great*, 93쪽; Strauss, *Men and Decisions*, 7, 84쪽.
37 JRO FBI file, 섹션 3, 문서 103, JRO와 데이비드 릴리엔털, 오펜하이머 바커와의 전화 도청 기록, 1946년 10월 23~24일.
38 Joseph and Stewart Alsop, *We Accus* 19쪽; Duncan Norton Taylor, "The Controversial Mr. Strauss," *Fortune*, 1955년 1월; Brown, *Through These Men*, 275쪽.
39 Herken, *Brotherhood of the Bomb*, 174쪽; JRO FBI file, 1947년 5월 9일.
40 JRO FBI file, 섹션 6, 1947년 5월 7일, 도청 기록 요약문, 1947년 5월 27일.
41 JRO FBI file, 섹션 6, 신문 스크랩, 1947년 4월 28일.
42 라비가 JRO에게, 날짜 미상, 일요일 오후, 1947년 4월경, 라비 서간 모음, 박스 59, JRO Papers.
43 JRO FBI file, 섹션 6, 전화 도청 기록, 1947년 2월 27일.
44 JRO, 쿤과의 인터뷰, 1963년 11월 20일, 19쪽.
45 JRO hearing, 957쪽.
46 프랭크 오펜하이머, 셔윈과의 인터뷰, 1978년 12월 3일.
47 Jerome Seymour Bruner, *In Search of Mind*, 236~238쪽; John R. Kirkwood, Oliver R. Wolff and P. S. Epstein, "Richard Chase Tolman, 1881-1948," National Academy of Sciences of the United States of America, Biographical Memoirs, vol. 27, Washington, D.C., National Academy of Sciences, 1952년, 143~144쪽.
48 *Who Was Who in America*, Vol. 3, 1951-1960 (Chicago: A. N. Marquis Co., 1966), 857쪽.
49 루스 톨먼이 JRO에게, 1949년 4월 16일, 루스 톨먼 폴더, 박스 72, JRO Papers.
50 루스 톨먼이 JRO에게, 1947년 8월 24일, 루스 톨먼 폴더, 박스 72, JRO Papers.
51 루스 톨먼이 JRO에게, (1947년?) 8월 1일, 루스 톨먼 폴더, 박스 72, JRO Papers.
52 루스 톨먼이 JRO에게, 날짜 미상(1948년 11월?), 목요일 밤, 패서디나, 루스 톨먼 폴더, 박스 72, JRO Papers.
53 JRO가 루스 톨먼에게, 1948년 11월 18일, 루스 톨먼 폴더, 박스 72, JRO Papers.
54 진 바커, 셔윈과의 인터뷰, 1983년 3월 29일. 셔윈이 톨먼과 오펜하이머 사이의 불륜과 관련된 소문에 대해 묻자, 바커는 당황하면서

"둘 사이의 관계는 육체적인 것이 아니었어요. 둘은 서로에게 힘이 되었지요."라고 주장했다. 그리고 나서 그녀는 이 이야기를 계속하면 인터뷰를 그만 두겠다고 못박았다.

55 루이스 스트라우스 메모, 1957년 12월 9일, 박스 67, 스트라우스 문서, HHL. 스트라우스의 비서인 버지니아 워커는 역사가 바튼 번스타인에게 자신의 상사가 오펜하이머와 톨먼 사이의 관계에 대해 알게 되었을 때 매우 화를 냈다고 말했다.(워커, 바튼 번스타인과의 인터뷰, 2002년 11월 7일.) 번스타인은 또한 제임스 더글러스와의 인터뷰를 인용하고 있다. 항공 회사 중역인 더글러스는 전쟁 중의 어느날 아침 톨먼의 집을 방문했을 때 오펜하이머와 루스 톨먼이 잠옷을 입은 채로 단 둘이서 있던 것을 보았다고 주장했다. 또한, Herken, *Brotherhood of the Bomb*, 290, 404쪽을 보라. 허켄은 로런스의 아내 몰리와의 1997년 인터뷰를 인용하고 있는데, 그녀는 자신의 남편이 루스 톨먼과 알고 지내던 이웃이자 심리학자인 글로리아 가르츠가 주최한 칵테일 파티에 참석한 후 화를 내면서 집에 돌아왔던 것을 기억했다. 이는 1954년 오펜하이머 청문회가 있기 전의 일이었다. 허켄이 몰리에게 그 당시 리처드 톨먼이 아직 살아 있었냐고 묻자, 그녀는 "확실히 살아 있었습니다."라고 대답했다.

56 루스 톨먼이 JRO에게, 날짜 미상, 화요일 (1949년 봄?), 루스 톨먼 폴더, 박스 72, JRO Papers. 루스 톨먼의 문서들은 그녀가 죽은 뒤 유언에 따라 파기되었다.(앨리스 스미스가 베이트리스 스턴에게, 1976년 12월 14일, 스미스 서간 모음, 셔윈 문서.) 루스의 한 친구는 나중에 루스 자신이 오펜하이머로부터 받은 편지들을 파기했다고 말했다. 밀튼 플로세트 박사, 셔윈과의 인터뷰, 1983년 3월 28일, 11쪽. 플로세트는 그녀는 오펜하이머와 매우 가까웠습니다고 회고했다.

57 JRO hearing, 27쪽.

58 Barton J. Bernstein, "The Oppenheimer Loyalty-Securty Case Reconsidered," *Stanford Law Review*, 1990년 7월, 1399쪽.

59 Stern, *The Oppenheimer Case*, 104쪽.

60 Stern, *The Oppenheimer Case*, 104~105쪽; Bernstein, "The Oppenheimer Loyalty-Security Case Reconsidered," *Stanford Law Review*, July 1990, 1990년 7월, 1399쪽; Herken, *Brotherhood of the Bomb*, 179쪽.

61 Stern, *The Oppenheimer Case*, 104쪽.

62 FBI가 릴리엔털에게, JRO FBI file, 문서 149, 1947년 4월 23일. 또한, Herken, *Brotherhood of the Bomb*, 179쪽을 보라.

63 JRO FBI file, 문서 165, 1947년 10월 30일, 샌프란시스코 사무실에서 FBI 국장에게, 1996년 6월 28일에 기밀 해제. 홀과 오펜하이머에 대한 악소문은 래드에게 보내는 FBI 메모, 1947년 11월 10일에 다시 언급되었다. 이 FBI 문서는 S. S. Schweber, *In the Shadow of the Bomb*, 203쪽에 인용되어 있다.

64 Herken, *Brotherhood of the Bomb*, 179, 377쪽.

27장: 지식인을 위한 호텔

1 Regis, *Who Got Einstein's Office?*, 138쪽; Michelmore, *The Swift Years*, 141쪽.

2 앤 윌슨 마크스가 카이 버드에게, 2002년 5월 11일.

3 *Time*, 1948년 11월 8일, 76쪽.

4 Lilienthal, *The Journals of David E. Lilienthal*, 6권, 130쪽.

5 Morgan, "A Visit with J. Robert Oppenheimer," *Look*, 1958년 4월 1일, 35쪽.

6 오펜하이머는 이 그림을 1965년에 350,000달러를 받고 팔았다. 20년 후에 그것은 소더비에서 한 개인 소장가에게 9백만 달러에 팔렸다.
7 Brown, *Through These Men*, 286쪽.
8 햄펠만, 셔윈과의 인터뷰, 1979년 8월 10일, 16~17쪽.
9 Pais, *A Tale of Two Continents*, 198쪽.
10 *Who Got Einstein's Office?*, 139쪽.
11 프리먼 다이슨, 셔윈과의 인터뷰, 1984년 2월 16일, 8쪽; Pais, *A Tale of Two Continents*, 240쪽. 1953년 무렵에 기밀 서류들은 지하 금고로 옮겨졌다. 하지만 원자력 에너지 위원회는 여전히 매년 18,755달러를 들여 다섯 명의 경비원을 고용해 24시간 경비를 서게 했다.(맥카시가 스트라우스에게, 메모, 1953년 7월 7일, 스트라우스 문서, HHL.)
12 Pais, *A Tale of Two Continents*, 241쪽.
13 제러미 번스타인, 셔윈에게 보내는 이메일, 2004년 4월.
14 Bernstein, *The Merely Personal*, 164쪽; Bernstein, *The Life It Brings*, 100쪽; Pais, *A Tale of Two Continents*, 255쪽.
15 Lilienthal, *The Journals of David E. Lilienthal*, 3권, 173쪽(1951년 6월 6일자 일기.)
16 프리먼 다이슨, 존 엘즈와의 인터뷰, 1979년 12월 10일, 9쪽.
17 Pais, *A Tale of Two Continents*, 322쪽.
18 상동, 196쪽.
19 Regis, *Who Got Einstein's Office?*, 26~27쪽; Abraham Flexner, *Harper's*, 1939년 10월; Pais, *A Tale of Two Continents*, 194~196, 223쪽.
20 "Physics in the Contemporary World," Second Annual Arthur Dehon Little Memorial Lecture at MIT, 1947년 11월 25일, 7쪽.
21 Pais, *A Tale of Two Continents*, 224, 230, 221쪽. 페이스는 K. K. 대로우의 일기, 1947년 6월 3일, NBL을 인용하고 있다.
22 Pais, *A Tale of Two Continents*, 232, 234쪽.
23 Weisskopf, *The Joy of Insight*, 171쪽.
24 상동, 167쪽.
25 Regis, *Who Got Einstein's Office?*, 140쪽.
26 상동, 147쪽.
27 Stern, "A History of the Institute for Advanced Study, 1930~1950", 642쪽. 스턴의 미출간 원고는 1964년 오펜하이머의 지시로 작성된 것이다.(IAS 아카이브.)
28 Pais, *A Tale of Two Continents*, 248~249쪽.
29 Regis, Who Got Einstein's Office?, 113쪽.
30 폰 노이만의 계산기는 현재 스미소니언 박물관에 전시되어 있다.
31 Bruner, *In Search of Mind*, 44, 111, 238쪽; JRO, 소장 보고서, 1948~1953, IAS, 1953년, 25쪽. 한참 후에 오펜하이머는 소장 전용 자금을 이용해 1958~1959에 언어학자 노엄 촘스키를 연구소로 초청했다.
32 JRO, 소장 보고서, 1948~1953, IAS, 1953년; Pais, *A Tale of Two Continents*, 235~238쪽.
33 Dyson, *Disturbing the Universe*, 72쪽; Stern, "A History of the Institute for Advanced Study, 1930~1950", 662쪽, 미출간 원고, IAS 아카이브.
34 해럴드 체르니스, 셔윈과의 인터뷰, 1979년 5월 23일, 20쪽.
35 Regis, *Who Got Einstein's Office?*, 280쪽.
36 상동, 62~63쪽.
37 상동, 193쪽.
38 Bernstein, *The Merely Personal*, 155쪽.
39 Pais, *A Tale of Two Continents*, 207쪽.
40 Fred Kaplan, *The Wizards of Armageddon*, 63

쪽.
41 랜싱 해몬드, 로버트 오펜하이머와의 만남, 1979년 10월 작성.(프리먼 다이슨에게 감사.)
42 JRO, "On Albert Einstein," *New York Review of Books*, 1966년 3월 17일.
43 *Time*, 1948년 11월 8일, 70쪽.
44 Reis, *Who Got Einstein's Office?*, 135쪽.
45 Smith and Weiner, *Letters*, 190쪽.
46 Regis, *Who Got Einstein's Office?*, 136쪽.
47 Fölsing, *Albert Einstein*, 734쪽.
48 Smith and Weiner, *Letters*, 190쪽.
49 Fölsing, *Albert Einstein*, 730쪽.
50 상동, 735쪽.
51 JRO, "On Albert Einstein," *New York Review of Books*, 1966년 3월 16일.
52 Lilienthal, *The Journals of David E. Lilienthal*, 2권, 298쪽.
53 조지 휘든, 버드와의 인터뷰, 2003년 4월 25일.
54 Denis Brian, *Einstein: A Life*, 376쪽.
55 JRO가 아인슈타인에게, 날짜 미상(아인슈타인의 1947년 4월 15일자 편지에 대한 답장), JRO Papers.
56 Ronald W. Clark, *Einstein: The Life and Times*, 719쪽.
57 JRO, "On Albert Einstein," *New York Review of Books*, 1966년 3월 16일.
58 Pais, *A Tale of Two Continents*, 240쪽.
59 Stern, "A History of the Institute for Advanced Study, 1930-1950", 613~614쪽, 미출간 원고, IAS 아카이브.
60 Pais, *A Tale of Two Continents*, 327쪽.
61 Stern, "A History of the Institute for Advanced Study, 1930-1950.", 672~673, 688쪽, 미출간 원고, IAS 아카이브.
62 상동, 679~680, 691쪽.
63 Harry M. Davis, "The Man Who Built the A-Bomb," *New York Times Magazine*, 1948년 4월 18일, 20쪽.
64 "The Eternal Apprentice," *Time*, 1948년 11월 8일, 70쪽.
65 Stern, "A History of the Institute for Advanced Study, 1930-1950.", 651쪽, 미출간 원고, IAS 아카이브.
66 베르나 홉슨, 셔윈과의 인터뷰, 1979년 7월 31일, 14쪽.
67 존 폰 노이만이 루이스 스트라우스에게, 1946년 5월 4일, 스트라우스 문서, HHL. 고등 연구소의 초대 소장이었던 에이브러햄 플렉스너 박사 역시 오펜하이머가 소장직을 맡는 것을 강하게 반대했다. Strauss, *Men and Decisions*, 271쪽.
68 프리먼 다이슨, 셔윈과의 인터뷰, 1984년 2월 16일, 18쪽.
69 Stern, "A History of the Institute for Advanced Study, 1930-1950," 654쪽, 미출간 원고, IAS 아카이브.
70 Regis, *Who Got Einstein's Office?*, 151쪽.
71 상동, 152쪽.
72 Stern, "A History of the Institute for Advanced Study, 1930-1950", 667~669쪽, 미출간 원고, IAS 아카이브.
73 다이슨, 셔윈과의 인터뷰, 1984년 2월 16일, 17쪽.
74 Pais, *A Tale of Two Continents*, 240쪽.
75 Bernstein, *Oppenheimer*, 184~185쪽.
76 Pais, *A Tale of Two Continents*, 241쪽.
77 Wheeler, *Geons, Black Holes, and Quantum Foam*, 25쪽.
78 *Time*, 1948년 11월 8일, 81쪽.
79 Barnett, "J. Robert Oppenheimer," *Life*, 1949년 10월 10일.

80 Dyson, *Disturbing the Universe*, 73쪽; 존 맨리, 셔윈과의 인터뷰, 1985년 1월 9일, 27쪽.
81 Murray Gell-Mann, *The Quark and the Jaguar*, 287쪽.
82 Dyson, *Disturbing the Universe*, 55, 73~74쪽.
83 다이슨, 셔윈과의 인터뷰, 1984년 2월 16일, 3쪽.
84 Dyson, *Disturbing the Universe*, 80쪽.
85 다이슨, 셔윈과의 인터뷰, 1984년 2월 16일, 5쪽.
86 *Time*, 1948년 2월 23일, 94쪽.
87 라비, 셔윈과의 인터뷰, 1982년 3월 12일, 11쪽.
88 Barnett, "J. Robert Oppenheimer," *Life*, 1949년 10월 10일.
89 P. M. S. Blackett, Fear, War, and the Bomb, 135, 139~140쪽. 미국에서 출판된 판본의 쪽수를 따랐다.
90 Thorpe, "J. Robert Oppenheimer and the Transformation of the Scientific Vocation", 박사 학위 논문, 433~435쪽. 필립 모리슨은 블래킷의 책에 대한 호의적인 서평을 《원자 과학자 회보》 1949년 2월호에 게재했다. JRO가 블래킷에게, 전보, 1948년 11월 6일; JRO가 블래킷에게, 1956년 12월 14일, JRO Papers.
91 *Physics Today*, vol. 1, no. 1, 1948년 5월.
92 Dyson, *Disturbing the Universe*, 87쪽.

28장: 그는 자신이 왜 그랬는지 이해할 수 없었다

1 JRO가 프랭크 오펜하이머에게, 1948년 9월 28일, 앨리스 스미스 문서, 셔윈 문서.
2 Preuss, "On the Blacklist," *Science*, 1983년 6월, 33쪽.
3 *Time*, 1948년 11월 8일, 70쪽. 《타임》의 표지에는 수식이 가득찬 칠판 앞에 서 있는 오펜하이머의 모습을 담겨 있다. Dyson, *Disturbing the Universe*, 74쪽.
4 *Time*, 1948년 11월 8일, 76쪽.
5 허버트 마크스가 JRO에게, 1948년 11월 12일; JRO가 마크스에게, 1948년 11월 19일, 박스 49, JRO Papers.
6 Peat, *Infinite Potential*, 92쪽.
7 JRO가 로마니츠에게, 1945년 10월 30일, 셔윈 문서.
8 로마니츠, 셔윈과의 인터뷰, 1979년 7월 11일. 로마니츠는 피터 미켈모어에게 보낸 편지에서 오펜하이머가 지나치게 걱정스러워 했다고 썼다.(로마니츠가 미켈모어에게, 1968년 5월 21일, 셔윈 문서.)
9 Walter Goodman, *The Committee*, 239, 273쪽. 또 다른 FBI 요원은 반미 활동 조사 위원회의 선임 수사관인 루이스 러셀이었다.
10 JRO hearing, 151쪽.
11 반미 활동 조사 위원회 청문회, 1949년 6월 7일, 미 하원 기록, RG 233 반미 활동 조사 위원회 녹취록, 박스 9, JRO 폴더, 8~9, 21쪽.
12 Stern, *The Oppenheimer Case*, 124~125쪽.
13 반미 활동 조사 위원회 청문회, 1949년 6월 7일, 미 하원 기록, RG 233 반미 활동 조사 위원회 녹취록, 박스 9, JRO 폴더, 42쪽.
14 Stern, *The Oppenheimer Case*, 120쪽.
15 반미 활동 조사 위원회 청문회, 1949년 6월 9일, 1~9쪽, 버나드 피터스 문서, NBA.
16 FBI 파일 100-205953, 뉴욕 버펄로에서 찰스 에이헌이 작성한 보고서, 1954년 3월 15일, 셔윈 문서. FBI는 에드 콘던이 아내 에밀리에게 보낸 편지에서 이 구절을 인용했다.(*New York Herald Tribune*, 1954년 4월 20일.) 피터스는 다음과 같이 대답했다. "무슨 소리입니까? 신이 그들의 질문을 인도하지 않았더라면 당신은 나의 평판을 떨어뜨리는 말을 했을 수

도 있다는 겁니까?"(해럴드 그린에 대한 노트와 질문, 필립 스턴 문서, JFKL.)
17 Stern, *The Oppenheimer Case*, 125쪽; Rochester Times Union, 1949년 6월 15일.
18 변호사이자 나중에 카터 행정부에서 고위직을 맡았던 솔 리노위츠가 피터스의 변호를 맡았다. 리노위츠가 피터스에게, 1948년 11월 29일과 함께 동봉된 법률 문서들을 보라. 피터스 문서, NBAC.
19 *Rochester Times Union*, 1949년 6월 15일. 피터스는 불법 공산당 활동 혐의 때문에 1933년 5월 13일 발급된 영장으로 뮌헨 비밀 경찰에게 체포된 적이 있었다. 또한, 1933년 10월 14일자 경찰 명령서에는 그의 공산당 활동 때문에 더 이상 학교를 다닐 수 없게 되었다고 나와 있다.(*Rochester Times Union*, 1954년 7월 8일, 폴더 11, 피터스 문서, NBAC.) 피터스는 유태인이었고 당시에는 나치스가 정권을 잡고 있었으므로 약간은 에누리해서 받아들여야 할 것이다.
20 버나드 피터스가 JRO에게, 1949년 6월 15일, 피터스 문서, NBAC.
21 버나드 피터스가 한나 피터스에게, 1949년 6월 26일, 버나드 피터스 문서, NBAC.
22 JRO FBI file, 섹션 7, 문서 175, 1949년 7월 5일, 18쪽. FBI는 1949년 6월 20일자 오펜하이머의 전화 대화를 인용하고 있다. 또한, 한나 피터스가 버나드 피터스에게, 1949년 6월 20일, 버나드 피터스 문서, NBAC를 보라.
23 JRO hearing, 212쪽; Schweber, *In The Shadow of the Bomb*, 123~127쪽.
24 한스 베테가 JRO에게, 1949년 6월 26일, 피터스 문서, NBAC.
25 콘던이 아내에게 보낸 편지를 FBI가 중간에 가로챘고, 1954년 언론에 공개되었다. *New York Herald Tribune*, 1954년 4월 20일을 보라.

26 Paul Martin, "Oppenheimer Testimony on Dr. Peters Draws Charges of 'Immunity Buying,'" Rochester Times-Union, 1954년 7월 9일, 폴더 11, 피터스 문서, NBAC.
27 Stern, The Oppenheimer Case, 126쪽. 콘던은 나중에 나에게 가장 큰 충격을 주었던 것은 유태인 600만 명이 불타 죽은 직후에, 유태인인 그[오펜하이머]가 그 망할 위원회 앞에서 자신의 후계자이자 또 다른 유태인인 피터스에 대해 "나는 어느 정도록 피터스를 믿어야 할지 모르겠습니다. 왜냐하면 그는 다하우에서 도망치려 했기 때문입니다."라고 했다고 했다.(Thorpe, "J. Robert Oppenheimer and the Transformation of the Scientific Vocation", 박사 학위 논문, 486쪽을 보라.)
28 Schweber, In the Shadow of the Bomb, 127쪽. 슈웨버는 피터스가 빅터 바이스코프에게, 1949년 7월 21일, 폴더 42, 박스 3, 바이스코프 문서, MIT를 인용하고 있다.
29 JRO hearing, 214쪽.
30 Schweber, *In the Shadow of the Bomb*, 127쪽.
31 로체스터 대학교는 피터스 박사를 강력하게 지지했다. 대학은 1950년 그가 인도로 여행을 떠났을 때 여비를 부담했고, 이듬해 그를 부교수로 승진시켰다.(도널드 길버트가 버나드 피터스에게, 1951년 5월 29일, 폴더 13, 피터스 문서, NBAC.)
32 로마니츠, 셔윈과의 인터뷰, 1979년 7월 11일.
33 로마니츠가 피터 미켈모어에게, 1968년 5월 21일, 셔윈 문서.
34 Peat, Infinite Potential, 104, 337쪽. 피트는 "After 40 Years, Professor Bohm Re-emerges," by H. K. Fleming, Baltimore Sun, 1990년 4월을 인용하고 있다.
35 봄, 셔윈과의 인터뷰, 1979년 6월 15일.
36 상동.

37 Schweber, *In the Shadow of the Bomb*, 127쪽. 슈웨버는 피터스가 빅터 바이스코프에게, 1949년 7월 21일, 폴더 42, 박스 3, 바이스코프 문서, MIT를 인용하고 있다.
38 1969년에 필립 스턴은 1954년 오펜하이머 청문회에 대한 훌륭한 책을 썼다.(Stern, *The Oppenheimer*, 131쪽을 보라.)
39 Stern, *The Oppenheimer*, 129, 31쪽; Herken, *Brotherhood of the Bomb*, 196~197쪽.
40 존 풀턴 박사가 허버트 마스에게, 1949년 8월 1일, Stern, "A History of the Institute for Advanced Study, 1930-1950", 676쪽, 미출간 원고, IAS 아카이브에서 재인용.
41 스트라우스, 메모, 1949년 9월 30일, 루이스 스트라우스 문서, HHL. 1953년 9월에 스트라우스는 이반 로젠퀴스트 박사가 노르웨이 군부를 통해 문제의 방사능 동위원소를 요청했다는 사실을 알게 되었다. 로젠퀴스트는 나중에 공산주의자 혐의로 노르웨이에서 처벌을 받았다. 자신이 옳았음을 확신한 스트라우스는 이 사실을 기록해 메모로 남겨 두었다. 날짜 미상, 스트라우스 문서, HHL.
42 프랭크 오펜하이머, 와이너와의 인터뷰, 1973년 2월 9일, 72쪽.
43 프랭크 오펜하이머 증언, 1949년 6월 14일, 캘리포니아 대학교 버클리 분교 방사선 연구소와 원자 폭탄 프로젝트에 대한 공산당 침투에 관한 청문회, 반미 활동 조사 위원회, 355~373쪽.
44 프랭크 오펜하이머, 날짜 미상의 메모, 폴더 3-37, 박스 4, 프랭크 오펜하이머 문서, UCB.
45 프랭크 오펜하이머, 와이너와의 인터뷰, 1973년 5월 21일, 2쪽.
46 프랭크 오펜하이머가 어니스트 로런스에게, 날짜 미상, 1949년 경, 폴더 4-34, 박스 4, 프랭크 오펜하이머 문서, UCB. 프랭크 오펜하이머는 이 편지를 보내지 않았을지도 모른다.
47 프랭크 오펜하이머가 버나드 피터스에게, 날짜 미상, 1949년 가을, 피터스 문서, NBAC. 오펜하이머는 인도 봄베이에 위치한 타타 연구소에서 제의를 받았다. 하지만 국무부는 여권 발급을 거부했다.(에드 콘던이 버나드 피터스에게, 1949년 12월 27일, 폴더 12, 피터스 문서, NBAC.)
48 Preuss, "On the Blacklist," *Science*, 1983년 6월, 37쪽.
49 프랭크 오펜하이머, 와이너와의 인터뷰, 1973년 2월 9일, 73쪽.
50 Frank Oppenheimer, "The Tail That Wags the Dog", 미출간 원고, 폴더 4-39, 박스 4, 프랭크 오펜하이머 문서, UCB; Preuss, "On the Blacklist," *Science*, 1983년 6월, 34쪽.
51 프랭크 오펜하이머, 와이너와의 인터뷰, 1973년 5월 21일, 11~12쪽.
52 JRO가 해럴드 유리 박사에게, 박스 74, JRO Papers.
53 달젤 해트필드가 프랭크 오펜하이머에게, 1954년 2월 2일, 폴더 4-45, 박스 4, 프랭크 오펜하이머 문서, UCB.
54 JRO가 그렌빌 클라크에게, 1949년 5월 17일, 그렌빌 클라크 문서, 섹션 13, 박스 17, DCL.
55 Stern, The Oppenheimer Case, 113쪽.
56 헴펠만, 셔윈과의 인터뷰, 1979년 8월 10일, 20쪽.
57 JRO FBI file 100-17828, 문서 162, 1947년 10월 24일; FBI 사무실에서 후버에게, 1949년 4월 13일, JRO FBI file, 100-17828, 문서 173.
58 JRO FBI file 100-17828, 섹션 6, 문서 156, 1947년 6월 27일, 문서 176, 1949년 4월 13일.

29장: 그것이 그녀가 그에게 물건들을 내던진 이유

1 베르나 홉슨, 셔윈과의 인터뷰, 1979년 7월 31일, 15쪽.
2 Michelmore, *The Swift Years*, 143쪽.
3 Barnett, "J. Robert Oppenheimer," *Life*, 1949년 10월 10일.
4 Rhodes, *Dark Sun*, 309쪽;《*Life*》, vol. 29, no. xii(1947), 58쪽.
5 프리실라 더필드, 앨리스 스미스와의 인터뷰, 1976년 1월 2일, 11쪽(MIT 구술사 연구실.)
6 베르나 홉슨, 셔윈과의 인터뷰, 1979년 7월 31일, 3~4, 8, 18쪽.
7 밀드레드 골드버거, 셔윈과의 인터뷰, 1983년 3월 3일, 5, 13쪽.
8 베르나 홉슨, 셔윈과의 인터뷰, 1979년 7월 31일, 3쪽.
9 팻 셰르, 셔윈과의 인터뷰, 1979년 2월 20일, 15쪽.
10 상동, 25쪽.
11 Goodchild, *J. Robert Oppenheimer*, 272쪽.
12 Pais, *A Tale of Two Continents*, 242~243쪽.
13 베르나 홉슨, 셔윈과의 인터뷰, 1979년 7월 31일, 19쪽.
14 다이슨, 셔윈과의 인터뷰, 1984년 2월 16일, 16쪽.
15 오펜하이머 스트런스키, 셔윈과의 인터뷰, 1979년 4월 26일, 11쪽.
16 셰르, 셔윈과의 인터뷰, 1979년 2월 20일, 18쪽; Pais, *A Tale of Two Continets*, 242쪽.
17 헴펠만, 셔윈과의 인터뷰, 1979년 8월 10일, 12~13쪽.
18 베르나 홉슨, 셔윈과의 인터뷰, 1979년 7월 31일, 20쪽.
19 로버트 서버, 셔윈과의 인터뷰, 1982년 3월 11일, 16쪽. 서버의 설명에는 오해의 소지가 있다. 일반적으로 알코올 중독은 췌장염의 주요인이다. 헴펠만 박사에 따르면, 키티는 1950년대 후반에 췌장염을 앓았다. 그녀의 의사들은 알코올과 함께 먹어서는 안 되는 강력한 진통제를 처방했다.
20 셰르, 셔윈과의 인터뷰, 1979년 2월 20일, 14쪽.
21 Pais, *A Tale of Two Continents*, 322쪽.
22 밀드레드 골드버거, 셔윈과의 인터뷰, 1983년 3월 3일, 5, 9~10쪽.
23 상동, 5, 16쪽; 마빈 골드버거, 셔윈과의 인터뷰, 1983년 3월 28일, 3쪽.
24 Goodchild, *J. Robert Oppenheimer*, 272쪽.
25 Pais, *A Tale of Two Continents*, 242쪽.
26 셰르, 셔윈과의 인터뷰, 1979년 2월 20일, 25~26쪽.
27 베르나 홉슨, 셔윈과의 인터뷰, 1979년 7월 31일, 19쪽. 홉슨은 키티가 오펜하이머에게 물건을 던지는 것을 실제로 본 적은 없었다. 하지만 그녀는 그가 상처가 난 채로 출근하는 모습을 보았고, 시간이 갈 수록 더 자주 그런 일이 있었다.
28 셰르, 셔윈과의 인터뷰, 1979년 2월 20일, 25쪽.
29 진 바커, 셔윈과의 인터뷰, 1983년 3월 29일, 1쪽.
30 베르나 홉슨, 셔윈과의 인터뷰, 1979년 7월 31일, 6쪽.
31 셰르, 셔윈과의 인터뷰, 1979년 2월 20일, 12쪽.
32 스트런스키, 셔윈과의 인터뷰, 1979년 4월 26일, 11쪽.
33 셰르, 셔윈과의 인터뷰, 1979년 2월 20일, 17쪽.
34 상동, 16~17쪽.

35 Lilienthal, The Journals of David E. Lilienthal, 2권, 456쪽(1949년 2월 3일자 일기.)
36 Dyson, *Disturbing the Universe*, 79쪽.
37 Pais, *A Tale of Two Continents*, 243쪽.
38 베르나 홉슨, 셔윈과의 인터뷰, 1979년 7월 31일, 18쪽.
39 세르, 셔윈과의 인터뷰, 1979년 2월 20일.
40 헴펠만, 셔윈과의 인터뷰, 1979년 8월 10일, 19쪽.
41 상동, 14쪽.
42 로버트 서버, 셔윈과의 인터뷰, 1982년 3월 11일, 20쪽.
43 베르나 홉슨, 셔윈과의 인터뷰, 1979년 7월 31일, 18쪽.
44 루스 톨먼이 JRO에게, 1952년 1월 15일, 박스 72, JRO Papers.
45 프리먼 다이슨이 앨리스 스미스에게, 1982년 6월 1일, 앨리스 스미스 서간 모음, 셔윈 문서; 다이슨, 셔윈과의 인터뷰, 1984년 2월 16일, 15쪽.
46 엘리노어 헴펠만이 키티 오펜하이머에게, 날짜 미상, 1949~1950년 경, JRO Papers.
47 Al Christman, Target Hiroshima, 242쪽.
48 Lilienthal, *The Journals of David E. Lilienthal*, 3권, 381~382쪽(1953년 3월 28일자 일기.)
49 Dyson, *From Eros to Gaia*, 256쪽. 다이슨은 셔윈에게 보낸 초고에서 어설라 니버 부인을 인용하고 있다. 조지 허버트는 자신의 내밀한 감정에 대해 병적일 정도로 예민하게 쓰고 있다. 이것이 아마 오펜하이머의 관심을 끌었을 것이다.

30장: 그는 자신의 의견이 무엇인지에 대해서는 입을 다물었다

1 JRO hearing, 910쪽.
2 릴리엔털이 JRO에게, 1949년 9월 23일, 박스 46, JRO Papers; Lilienthal, *The Journals of David E. Lilienthal*, 2권, 571~572쪽. Hewlett and Duncan, Atomic Shield, 2권, 367쪽.
3 Teller, *Memoirs*, 279쪽.
4 Lincoln Barnett, "J. Robert Oppenheimer," *Life*, 1949년 10월 10일, 121쪽.
5 《*Time*》, 1948년 11월 8일, 80쪽.
6 이 무렵, 아인슈타인은 하버드 대학교의 천문학자 할로 섀플리에게 보낸 편지에서 "나는 이제 워싱턴의 권력자들이 예방 전쟁을 위한 준비를 체계적으로 하고 있다고 확신한다."라고 썼다.(William L. Shirer, *Twentieth Century Journey*, 131쪽.)
7 릴리엔털이 JRO에게, 1949년 9월 23일, 박스 46, JRO Papers(릴리엔털은 이 편지에서 오펜하이머를 인용하고 있다.) 또한, Lilienthal, *The Journals of David E. Lilienthal*, 2권, 570, 572쪽을 보라.
8 Hewlett and Duncan, *Atomic Shield*, 368쪽.
9 Melvyn P. Leffler, *A Preponderance of Power*, 324쪽.
10 스트라우스가 AEC 위원 릴리엔털, 파이크, 스마이드, 딘에게, 1949년 10월 5일의 메모, 1949~1950, 박스 39, 스트라우스 문서, HHL; McGeorge Bundy, *Danger and Survival*, 204쪽; Hewlett and Duncan, *Atomic Shield*, 373쪽; Herbert York, *The Advisors*, 41~56쪽.
11 McGeorge Bundy, *Danger and Survival*, 201쪽; Hewlett and Duncan, *Atomic Shield*, 204쪽.

12 JRO가 제임스 코넌트에게, 1949년 10월 21일, JRO hearing, 242쪽에 수록.
13 Hewlett and Duncan, *Atomic Shield*, 2권, 383쪽.
14 Bernstein "Four Physicists and the Bomb," *Historical Studies in the Physical Sciences*, vol. 18, no. 2 (1988), 243~244쪽(강조는 저자.) 또한, Bernstein and Galison, "In Any Light: Scientists and the Decision to Build the Superbomb, 1952-1954," HSPS, vol. 19, no. 2 (1989), 267~347쪽을 보라.
15 Hershberg, *James B. Conant*, 470~471쪽.
16 JRO hearing, 242~243쪽; Herken, *Brotherhood of the Bomb*, 204쪽.
17 JRO hearing, 242쪽(JRO가 제임스 코넌트에게, 1949년 10월 21일.)
18 JRO hearing, 328쪽.
19 Rhodes, *Dark Sun*, 393쪽.
20 JRO hearing, 76쪽.
21 Hershberg, *James B. Conant*, 473쪽.
22 Lilienthal, *The Journals of David E. Lilienthal*, 2권, 582쪽(1949년 10월 30일자 일기.) 또한, Hewlett and Duncan, *Atomic Shield*, 2권, 381~385쪽을 보라.
23 Rhodes, *Dark Sun*, 395쪽. 라비는 시보그가 그 회의에 참석했더라면 마음을 바꾸었을 것이라고 믿는다. 라비는 "그가 참석해서 반대 입장을 개진했더라면, 나는 매우 놀랐을 것입니다."라고 했다.(라비, 셔윈과의 인터뷰, 1982년 3월 12일, 8쪽.) 또한, Herken, *Brotherhood of the Bomb*, 384쪽을 보라.
24 리 듀브리지, 셔윈과의 인터뷰, 1983년 3월 30일, 21쪽. 또한, JRO 청문회에서 듀브리지의 증언, 518쪽을 보라.
25 Lilienthal, *The Journals of David E. Lilienthal*, 2권, 581쪽.
26 Hershberg, *James B. Conant*, 478쪽.
27 Lilienthal, *The Journals of David E. Lilienthal*, 2권, 580~583쪽; Schweber, *In the Shadow of the Bomb*, 158쪽; Hershberg, *James B. Conant*, 474쪽.
28 Schweber, *In the Shadow of the Bomb*, 158쪽.
29 Lilienthal, *The Journals of David E. Lilienthal*, 2권, 582쪽.
30 1949년 10월 30일의 자문 위원회 보고서, York, *The Advisors*, 155~162쪽에 수록; Bernstein, "Four Physicists and the Bomb: The Early Years, 1945-1950, 258쪽.
31 JRO hearing, 236쪽; Hershberg, *James B. Conant*, 467~468쪽.
32 1949년 10월 30일의 자문 위원회 보고서, *Advisors*, 155~162쪽에 수록.
33 York, *The Advisors*, 160쪽; Bundy, *Danger and Surviva*, 214~219쪽.
34 Michelmore, *The Swift Years*, 173쪽.
35 Lilienthal, *The Journals of David E. Lilienthal*, 2권, 584~585쪽; York, *The Advisors*, 60쪽.
36 고든 아네슨, 폭탄 투하 결정, NBC 뉴스 인터뷰 녹취록, 1986년 3월 1일(낸시 아네슨에게 감사), 1부, 13쪽; Rhodes, *Dark Sun*, 405쪽; Hershberg, *James B. Conant*, 481쪽.
37 Carolyn Eisenberg, *Drawing the Line*; Bird, "Stalin Didn't Do It," *The Nation*, 1996년 12월 16일.
38 David Mayers, *George Kennan and the Dilemmas of US Foreign Policy*, 241쪽.
39 조지 케넌, 셔윈과의 인터뷰, 1979년 5월 3일.
40 상동, 3쪽.
41 JRO가 케넌에게, 1949년 11월 17일, 박스 43, JRO Papers.
42 연설문 초고, GFKennan이라고 표기, 1949

년 11월 18일, 박스 43, JRO Papers.
43 JRO가 케넌에게, 1950년 1월 3일, 박스 43, JRO Papers.
44 Mayers, *George Kennan and the Dilemmas of US Foreign Policy*, 307~308쪽; FRUS 1950, vol. 1, 22~44쪽; George Kennan, *Memoirs, 1925-1950*, 355쪽; 조지 케넌, 메모. 원자력 에너지의 국제 통제, 1950년 1월 20일.
45 Walter L. Hisxon, *George F. Kennan*, 92쪽.
46 상동.
47 케넌, 서원과의 인터뷰, 1979년 5월 3일, 13쪽.
48 Mayers, *George Kennan and the Dilemmas os US Foreign Policy*, 308쪽. 케넌은 나중에 "러시아에 대한 우리의 태도는 다음과 같았다. 국제 통제를 위한 체계가 잡혀 있지 않는 한, 우리는 적은 양이나마 핵무기를 보유해서 다른 나라가 우리를 향해 그것을 사용하지 못하게 할 것이다. 하지만 우리는 핵무기의 존재를 유감스럽게 생각한다. 우리는 그것을 없애기 위한 협의를 계속해 나가고 싶다. 우리는 국방과 외교에 있어 그것에 의존하지 않을 것이다."라고 주장했다.(케넌, 서원과의 인터뷰, 1979년 5월 3일, 10쪽.)
49 고든 아네슨, 폭탄 투하 결정, NBC 뉴스 인터뷰 녹취록, 1986년 3월 1일(낸시 아네슨에게 감사), 2부, 2쪽.
50 Wheeler, *Geons, Black Holes, and Quantum Foam*, 200쪽.
51 Teller, *Memoirs*, 289쪽.
52 원자력 에너지 합동 위원회 회의록, 1950년 1월 30일, 문서 1447, RG 128(그레그 허켄에게 감사). 또한, Herken, *Brotherhood of the Bomb*, 216쪽을 보라.
53 Acheson, *Present at the Creation*, 349쪽.
54 Patrick J. McGrath, *Scientists, Business, and the State*, 124쪽.
55 Lilienthal, *The Journals of David E. Lilienthal*, 2권, 594, 601쪽(1949년 11월 7일자 일기.)
56 상동, 630~633(1950년 1월 31일자 일기.)
57 David Alan Rosenberg, "The Origins of Overkill: Nuclear Weapons and American Strategy, 1945-60," *International Securtiy*, no. 7 (Spring 1983), 23쪽; Stephen Schwartz, ed., Introduction, *Atomic Audit*, 3, 33쪽.
58 Rhodes, *Dark Sun*, 408쪽. 수소 폭탄의 비밀은 지켜질 수 없었다. 한스 베테가 나중에 썼듯이, 물론 이 비밀은 어느 나라든 장시간 노력하기만 하면 밝혀낼 수 있을 것입니다.(베테가 필립 스턴에게, 1969년 7월 3일, 스턴 문서, JFKL.)
59 Lilienthal, *The Journals of David E. Lilienthal*, 2권, 633쪽.
60 Hershberg, *James B. Conant*, 481쪽.
61 JRO hearing, 898쪽.
62 Hershberg, *James B. Conant*, 482쪽(코넌트가 윌리엄 말버리에게, 1954년 6월 30일.)
63 Goodchild, *J. Robert Oppenheimer*, 204쪽; Pfau, *No Sacrifice Too Great*, 123쪽. 파우는 이 사건을 서술하면서 스트라우스와의 인터뷰를 인용하고 있다.
64 루이스 스트라우스가 백악관의 시드니 사우어스 제독에게, 1950년 2월 16일, 폴더 수소 폭탄, AEC 시리즈, 박스 39, 스트라우스 문서, HHL.
65 *Bulletin of the Atomic Scientists*, 1950년 7월, 75쪽.
66 Acheson, *Present at the Creation*, 346쪽.

31장: 오피에 대한 어두운 말들

1 Davis, *Lawrence and Oppenheimer*, 316쪽.
2 케넌이 JRO에게, 1950년 6월 5일, 박스 43, JRO Papers.
3 케넌, 셔윈과의 인터뷰, 1979년 5월 3일, 4, 6쪽.
4 케넌이 JRO에게, 1966년 6월 26일, 박스 43, JRO Papers.
5 존 폰 노이만이 JRO에게, 1955년 11월 1일, 스트라우스 문서, HHL.
6 프리먼 다이슨, 셔윈과의 인터뷰, 1984년 2월 16일, 19쪽; 해럴드 체르니스, 셔윈과의 인터뷰, 1979년 5월 23일, 14쪽. Stern, "A History of the Institute for Advanced Study, 1930-1950", 683쪽, 미출간 원고, IAS 아카이브.
7 케넌이 바클리 헨리에게, 1952년 9월 9일, 박스 43, JRO Papers(케넌은 헨리에게 이 편지의 사본을 오펜하이머에게 전달해 달라고 부탁했다); 케넌이 JRO에게, 1952년 10월 14일, 박스 43, JRO Papers.
8 Hixson, *George F. Kennan*, 117쪽.
9 Stern, *The Oppenheimer Case*, 133쪽.
10 듀브리지, 셔윈과의 인터뷰, 1983년 3월 30일, 16쪽.
11 Norman Polmar and Thomas B. Allen, *Rickover*, 138쪽.
12 존 맨리, 앨리스 스미스와의 인터뷰, 1975년 12월 30일, 12쪽; Herken, *Brotherhood of the Bomb*, 195쪽.
13 체르니스, 셔윈과의 인터뷰, 1979년 5월 23일, 3쪽.
14 스트라우스가 윌리엄 골덴에게(스트라우스의 AEC 보좌관), 1949년 7월 21일, 스트라우스 문서, HHL.
15 스트라우스가 골덴에게, 1949년 9월 15일, 스트라우스 문서, HHL.
16 스트라우스, 메모, 1949~1950, 박스 39, 스트라우스 문서, HHL.
17 Pfau, *No Sacrifice Too Great*, 132쪽; Bernstein, "The Oppenheimer Loyalty-Security Case Reconsidered," *Stanford Law Review*, 1414쪽; McGrath, *Scientists, Business, and the State, 1890-1960*, 146쪽.
18 레슬리 그로브스가 스트라우스에게, 1949년 10월 20일과 1949년 11월 4일, 스트라우스 문서, HHL.
19 스트라우스가 케네스 니콜스에게, 1949년 12월 3일, 스트라우스 문서, HHL.
20 스트라우스, 메모, 1950년 2월 1일, 박스 30, 스트라우스 문서, HHL.
21 Robert Chadwell Williams, *Klaus Fuchs*, 116, 137쪽.
22 앤 윌슨 마크스, 버드와의 인터뷰, 2002년 3월 5일.
23 Pais, *A Tale of Two Continents*, 258쪽.
24 Bernstein, "The Oppenheimer Loyalty-Security Case Reconsidered," *Stanford Law Review*, 1990년 7월, 1408쪽.
25 상동.
26 Herken, *Counsels of War*, 10~14쪽; Herken, *Brotherhood of the Bomb*, 194쪽.
27 Wheeler, *Geons, Black Holes, and Quantum Foam*, 284쪽.
28 Herken, *Brotherhood of the Bomb*, 195쪽.
29 루이스 스트라우스가 윌리엄 보든에게, 1949년 2월 4일, 1949년 2월 24일; 1952년 12월 10일, 1954년 10월 11일, 1958년 2월 3일 등, 윌리엄 보든, 박스 10, AEC 시리즈.
30 William W. Prochnau and Richard W. Larsen, *A Certain Democrat*, 114쪽.
31 Bernstein, "The Oppenheimer Loyalty-Security Case Reconsidered," *Stanford Law*

Review, 1990년 7월, 1409~1410쪽.

32 Robert G. Kaufman, *Henry M. Jackson*, 55쪽.

33 상동, 56쪽.

34 Stern, *The Oppenheimer Case*, 164쪽; FBI 메모, 1950년 8월 18일, 18~20쪽, 섹션 10, JRO FBI file.

35 《*San Francisco News, San Francisco Call-Bulletin, Oakland Tribune*》의 신문 스크랩, 1950년 5월 9일, JRO FBI file, 섹션 8. 히스 사건에 대해서는 Sam Tanenhaus, *Whittaker Chambers*; Allen Weinstein, *Perjury*; *Alger Hiss, Recollections of a Life*; Victor Navasky, "The Case Not Proved Against Alger Hiss," The Nation, ; 1978년 4월 8일; John Lowenthal, Venona and Aler Hiss," *Intelligence and National Security* 15, no. 3, 2000년; Tony Hiss, *The View from Alger's Window: A Son's Memoir*을 보라.

36 JRO 진술서, 1950년 5월 9일 오후 9:45, JRO FBI file, 섹션 8.

37 릴리엔털이 JRO에게, 1950년 5월 10일, 박스 46, JRO Papers.

38 보든, 메모, 1951년 8월 13일, 원자력 에너지 합동 위원회 기록, 문서 3464, Barton J. Bernstein, "The Oppenheimer Loyalty-Security Case Reconsidered," *Stanford Law Review*, 1990년 7월, 1409~1411쪽에서 재인용.

39 Victor Navasky, *Naming Names*, 14쪽.

40 메모, 제목: 허버트 마크스, 1950년 12월 1일, 섹션 44, 문서 1817, JRO FBI file.

41 *Oakland Tribune*, 1950년 5월 9일; Navasky, *Naming Names*, 14쪽. 마셜 투카체브스키는 스탈린의 초기 숙청 당시인 1937년 6월 12일에 사형에 처해졌다.

42 Cedric Belfrage, *The American Inquisition*, 16, 168쪽; Nelson, et al., *American Radical*, 332쪽; Fred J. Cook, *The FBI Nobody Knows*, 388쪽; Joseph and Stewart Alsop, WP, 1954년 7월 4일. 크라우치는 위증 혐의로 수사를 받고 있던 유명한 노조 지도자 해리 브리지스에게 불리한 증언을 했다. 1949~1950년 재판 도중에 브리지스의 변호사는 크라우치 역시 위증을 했다는 증거를 제시했다.(Charles P. Larrowe, *Harry Bridges*, 311, 322쪽.)

43 FBI 메모, 1950년 4월 18일(폴 크라우치 인터뷰), JRO FBI file, 섹션 8. 또한, 폴 크라우치의 미출간 회고록의 29장을 보라. 크라우치 문서, 후버 전쟁 연구소 아카이브, 캘리포니아 스탠포드(앤드루 마이어에게 감사.)

44 도로시 맥키빈은 7월 25일에 찍은 X레이에 대한 병원 기록을 찾아냈다.(FBI 메모, 1952년 11월 18일, 46쪽, JRO FBI file, 섹션 14.)

45 Herken, *Brotherhood of the Bomb*, 231쪽. 허켄은 오펜하이머가 7월 25일 금요일부터 7월 28일 월요일 오후(키티가 자동차 사고를 낸 시점)까지의 사흘 사이에 자신의 목장에서 버클리까지 왕복 3,500킬로미터를 오갔을 이유가 있었을지도 모른다고 추측한다. 오늘날에도 이는 쉽지 않고 편도 18시간을 달려야 하는 거리이다. 1941년에는 시간이 훨씬 더 걸렸을 것이다. 도로시 맥키빈은 오펜하이머 부부가 7월 12일, 14일, 25일, 28일, 29일에 샌타페이 식료품점에서 물건을 구입한 영수증을 발견했다. 이는 오펜하이머 부부가 7월 말에 뉴멕시코를 떠나지 않았음을 보여 주는 것이다.(FBI 메모, 1952년 11월 18일, JRO FBI file, 섹션 14, 45쪽.) 더구나, 오펜하이머는 당시 버클리 이글 힐의 집을 구매하기 위한 협상을 진행 중이었다. 1941년 7월 26일에 오펜하

이머는 뉴멕시코 카울스에서 부동산 중개업자인 로빈슨에게 편지를 보내 가구는 모두 집에서 들고 나가도 좋다고 생각한다고 말했다. 즉 그들은 7월 26일이나 27일에 만나서 가구를 처분하자는 집주인의 요청을 들어주지 못했다. 또한, 오피는 "우리가 예정보다 조금 빨리 버클리에 돌아갈 가능성도 있습니다. 어쩌면 1주일 안에 수요일까지 우리의 연락을 받지 못하면, 8월 13일 부근까지는 돌아가는 것으로 생각해도 좋습니다."라고 했다. 1941년 8월 11일에 타이틀 보험 회사는 이글 힐에 대한 집값으로 22,163.87달러에 해당하는 수표를 수령했다. 수표의 명의는 키티로 되어 있었다.(섹션 44, 문서 1805, 1954년 6월 25일, JRO FBI file.)

46 Fred J. Cook, *The Nightmare Decade*, 388쪽; Cedric Belfrage, *The American Inquisition*, 208, 221~222쪽.

47 Robert Justin Goldstein, *Political Repression in Modern America*, 348쪽; Navasky, *Naming Names*, 14쪽.

48 크라우치가 저명한 변호사이자 FCC 위원이었던 클리포드 더르와 그의 아내 버지니아(휴고 블랙 판사의 처제)를 공산주의자로 지목하자, 버지니아는 크라우치가 비열한 거짓말을 일삼는 개라고 평가했다. 수 년 후, 그녀는 크라우치가 썩어 문드러진 더러운 휴지 조각 너무나 형편없어서 파괴적인 행위를 하고 있을 때조차 불쌍한 마음이 드는 자라고 묘사했다. 보통은 온화한 성격의 클리포드 더르조차 크라우치가 자신의 아내에 대해 했던 말에 흥분한 나머지 그의 얼굴을 후려갈기려 했다. Navasky, *Naming Names*, 14쪽.

49 Belfrage, *American Inquisition*, 1945-1960, 227~228쪽; Edwin M. Yoder, Jr., *Joe Alsop's Cold War*, 129쪽.

50 Bernstein, "The Oppenheimer Loyalty-Security Case Reconsidered," *Stanford Law Review*, 1990년 7월, 1415쪽.

51 상동.

52 상동.

53 보든이 스트라우스 위원과의 대화에 대해 작성한 원자력 에너지 합동 위원회 스탭 메모 요약, 1951년 8월 13일, 필립 스턴 문서, JFKL. 또한, "The Oppenheimer Loyalty-Security Case Reconsidered," *Stanford Law Review*, 1990년 7월, 1413~1414쪽을 보라.

54 Wheeler, *Geons, Black Holes, and Quantum Foam*, 222쪽.

55 FBI 메모, 앨버커키, 1952년 5월 15일, 1985년 9월 9일과 1996년 10월 23일에 기밀 해제, JRO FBI file.

56 에드워드 텔러, FBI와의 인터뷰, 앨버커키 로부터의 보고서, 1952년 5월 15일, 총 9쪽, 1996년 10월 23일에 기밀 해제, JRO FBI file.

57 JRO hearing, 749쪽.

58 Dyson, *Weapons and Hope*, 137쪽.

59 Stern, *The Oppenheimer Case*, 182~185쪽.

60 루스 톨먼이 JRO에게, 1952년 1월 15일, 박스 72, JRO Papers. 제5장의 초고에서 오펜하이머는 전술 무기가 전략 무기를 대체해야 한다는 윤리적 주장을 폈다. 하지만 이 문장은 결국 삭제되었다.(Herken, *Counsels of War*, 67쪽.)

61 Stern, *The Oppenheimer Case*, 185쪽.

62 루이스 스트라우스가 보크 히켄루퍼 상원 의원에게, 1952년 9월 19일, 수소 폭탄, AEC 시리즈, 박스 39, 스트라우스 문서, HHL.

63 윌리엄 보든, 원자력 에너지 합동 위원회 의장에게 보내는 메모, 1952년 11월 3일, 2쪽, 박스 41, 원자력 에너지 합동 위원회 기록,

DCXXXV, RG 128, NA.
64 전략 공군 사령부 폭격기에 실리는 10에서 20메가톤급 수소 폭탄들이 학살적이고 군사적으로 무용한 무기라는 오펜하이머의 판단은 옳았다. 하지만 그는 기술 발전으로 인해 몇 년 안에 대륙간 탄도 미사일이나 일반 포탄에 저수율 수소 폭탄을 설계할 수 있게 되리라는 것을 예상하지 못했다.(허버트 요크, 하워드 모어랜드에게 보낸 이메일, 2003년 3월 5일.)
65 Thorpe, "J. Robert Oppenheimer and the Transformation of the Scientific Vocation", 박사 학위 논문, 450~451쪽.
66 Steven Leonard Newman, "The Oppenheimer Case: A Reconsideration of the Role of the Defense Department and National Security", 뉴욕 대학교 박사 학위 논문, 1977년 2월, 48쪽.
67 상동, 53쪽. 뉴먼의 출처는 1947년 9월 17일에 찰스 J. V. 머피 중령이 자신에게 보낸 편지이다. 머피는 《포춘》에 JRO에 대한 공박을 게재했던 인물이다.
68 Stern, The Oppenheimer CFase, 190~191쪽.
69 상동, 191~192쪽.
70 Herken, Brotherhood of the Bomb, 253쪽.
71 윌리엄 클레이튼 문서, 1951년 6월 7일, x쪽, HSTL. 또한, 상위 방위 프로그램에 대한 성명서, 1952년 4월, 현존 위기 위원회, 애버렐 해리먼 문서, 카이 버드 문서.
72 스튜어트 앨솝이 마틴 소머즈에게, 1952년 2월 1일, Sat. Evening Post, 1952년 1월~11월 폴더, 박스 27, 앨솝 문서, LOC. Yoder, Joe Alsop's Cold War, 121쪽; JRO hearing, 470쪽.
73 J. 로버트 오펜하이머 박사를 위한 회의, 1953년 2월 17일, 28쪽, 외교 협회 아카이브.
74 Hershberg, James B. Conant, 600쪽.
75 Herken, Brotherhood of the Bomb, 251쪽; JRO가 프랭크 오펜하이머에게, 1952년 7월 12일, 와인버그 위증 재판, 1953 폴더, 박스 237, JRO Papers.
76 Bird, The Color of Truth, 113쪽; 번디 서간 모음, 박스 122, JRO Papers.
77 1952년 5월 16~18일 회의록, 군사 정책 컨설턴트 패널, 프린스턴, 박스 191, JRO Papers; Bird, The Color of Truth, 113쪽.
78 Bird, The Color of Truth, 602~604, 902쪽; Bird, The Color of Truth, 114쪽.
79 David Holloway, Stalin and the Bomb, 311쪽.
80 Hershbert, James B. Conant, 605쪽; NSC 회의록, 1952년 10월 9일, FRUS 1952~1954, 2권, 1034~1035쪽.
81 Hershberg, James B. Conant, 605쪽.
82 Herken, Brotherhood of the Bomb, 257쪽.
83 리 듀브리지, 셔윈과의 인터뷰, 1983년 3월 30일, 23쪽.
84 맥 번디는 이 보고서의 대중용 판본을 International Security(1982년 가을)에 Early Thoughts on Controlling the Nuclear Arms Race라는 제목으로 출판했다. 또한, Bundy, The Missed Chance to Stop the H-Bomb, 《New York Review of Books》, 1982년 5월 13일, 16쪽을 보라.
85 Bird, The Color of Truth, 115쪽.
86 McGeorge Bundy, The Missed Chance to Stop the H-Bomb, 《New York Review of Books》, 1982년 5월 13일, 16쪽.
87 Leffler, "Inside Enemy Archives: The Cold War Re-Opened," Foreign Affairs, 1996년 여름.
88 Bird, "Stalin Didn't Do It," The Nation, 1996년 12월 16일, 26쪽; Alperovitz and Bird, "The Centrality of the Bomb," Foreign

Policy, 1994년 봄, 17쪽. 또한, Arnold A. Offner, *Another Such Victory*와 Carolyn Eisenberg, *Drawing the Line*을 보라.

89 Vladislav Zubok and Constantine Pleshakov, *Inside the Kremlin's Cold War*, 166~168쪽.

90 David S. Painter, *The Cold War*, 41쪽.

91 Holloway, *Stalin and the Bomb*, 340~345, 370쪽; William Taubman, Khrushchev, xix쪽.

92 Charles E. Bohlen, *Witness to History*, 371~372쪽.

32장: 과학자 X

1 JRO, FBI와의 인터뷰, 1950년 5월 3일, 섹션 8, JRO FBI files.

2 조지프 와인버그, 셔윈과의 인터뷰, 1979년 8월 23일, 20~21쪽.

3 상동, 22쪽.

4 에드거 후버, FBI 메모, 1950년 5월 8일, JRO FBI files, 섹션 8.

5 벨몬트가 래드에게, FBI 메모, 1950년 4월 14일, 크라우치 사건, JRO FBi file.

6 와인버그, 셔윈과의 인터뷰, 1979년 8월 23일, 22, 30쪽.

7 오펜하이머, 마크스, 아렌스, 코너스 사이의 회의 기록, 1951년 12월 13일, 박스 237, JRO Papers.

8 키스 티터, FBI 메모, 1952년 11월 18일, 제목: JRO와 크라우치와의 인터뷰, JRO FBI file, 섹션 14, 3쪽. 오펜하이머는 어쩌면 켄 메이가 젊은이들의 회합을 하기 위해 자신의 집을 사용해도 되겠냐고 물어보았다고 말했다. 하지만 그는 자신이 허락을 해 주었는지, 심지어 그 당시 어디에 살고 있었는지조차 기억할 수 없었다.

9 상동. 이 FBI 메모에 따르면 크라우치는 오펜하이머가 옆방에 있는지 미리 알지 못했다. 크라우치에 따르면, 그는 1941년 8월에 오펜하이머를 한 번 만난 것이 전부였다. 그렇다고는 해도, 신문을 읽는 사람이라면 오펜하이머의 사진을 본 적이 있을 것이다.

10 상동.

11 FBI는 나중에 히스키가 1941년 8월 28일까지 테네시 녹스빌의 TVA에서 근무했다는 사실을 알게 되었다. TVA 기록에는 히스키가 8월 말까지 녹스빌을 떠나지 않았다고 나와 있다. (벨몬트가 래드에게, FBI 메모, 1952년 7월 10일, 1996년 7월 22일에 기밀 해제, JRO FBI file.)

12 고든 딘의 일기 발췌, 1952년 5월 16일에서 1953년 2월 25일까지, 에너지부 역사과.

13 딘이 트루먼에게, 1952년 8월 25일; 트루먼이 딘에게, 1952년 8월 26일, D 폴더, PSF 일반 파일, 박스 117, HSTL.

14 고든 딘 일기, 1952년 11월 18일, 에너지부 역사과.

15 Bernstein, "The Oppenheimer Loyalty-Security Case Reconsidered," *Stanford Law Review*, 1990년 7월, 1426쪽; *San Francisco Chronicle*, 1952년 12월 2일.

16 루스 톨먼이 JRO에게, 1953년 1월 2일, 박스 72, JRO Papers.

17 Bernstein, "The Oppenheimer Loyalty-Security Case Reconsidered," *Stanford Law Review*, 1990년 7월, 1426쪽.

18 상동, 1426~1427쪽.

19 고든 딘 일기, 1953년 2월 25일.

20 Herken, *Counsels of War*, 69쪽.

21 루스 톨먼이 JRO에게, 일요일, 1953년 3월 1일, 박스 72, JRO Papers.

22 조지프 파넬리 진술서, 미합중국 대 조지프 와인버그, 형사 사건번호 829-52, 워싱턴 D.C. 지방 법원, 1952년 11월 4일.
23 *NYT*, 1953년 3월 6일, 14쪽.
24 릴리엔털이 JRO에게, 1953년 3월 1일, 박스 46, JRO Papers, LOC. Barton J. Bernstein, "The Oppenheimer Loyalty-Security Case Reconsidered," *Stanford Law Review*, 1990년 7월, 1427쪽에서 재인용.
25 시스 프랭크, 셔윈과의 인터뷰, 1982년 1월 18일, 5쪽.
26 *NYT*, 1953년 3월 6일.
27 JRO가 버나드 스페로에게, 1953년 4월 27일, 박스 237, JRO Papers; 와인버그, 셔윈과의 인터뷰, 1979년 8월 23일, 25쪽. 와인버그는 새로운 직장에서 자신을 채용하기 위해서는 누군가의 보증이 필요하며, 로버트 오펜하이머의 편지라면 충분할 것이라는 이야기를 들었다고 말했다.
28 루이스 스트라우스, 메모, 1953년 1월 6일, 박스 66, 스트라우스 문서, HHL. 와인버그 사건과 관련된 오펜하이머의 최종 변호사 수임료는 14,780달러였다.(캐서린 러셀이 스트라우스에게, 1953년 4월 28일, HHL.) 이사회가 오펜하이머의 변호사 수임료를 내 주기를 거부했다는 사실은 벨몬트가 래드에게, FBI 메모, 1953년 6월 19일, 섹션 14, JRO FBI file에서 확인할 수 있다.

33장: 정글 속의 야수

1 앤 윌슨 마크스가 버드에게, 2002년 5월 11일.
2 Henry James, *The Beast in the Jungle and Other Stories*, 39, 70쪽.
3 Hewlett and Holl, *Atoms for Peace and War*, 44쪽; McGrath, *Scientists, Business, and the State*, 1890-1960, 155쪽.
4 로버트 오펜하이머 박사와의 회의, 1953년 2월 17일, 외교 위원회 아카이브.
5 군비와 미국 정책: 국무부 군축 컨설턴트 패널의 보고서, 1953년 1월, 극비, 1982년 3월 10일에 기밀 해제, 백악관 국가 안보 특별 보좌관, NSC 시리즈, 정책 문서 모음, 군축 폴더, 박스 2, DDEL.
6 JRO, 핵무기와 미국의 정책, 외교 위원회 연설, 1953년 2월 17일. JRO's *The Open Mind*, 61~77쪽에 수록. 오펜하이머는 유리병 속에 든 두 마리의 전갈이라는 표현을 바네바 부시가 프린스턴에서 했던 연설문에서 빌려 왔을지도 모른다. *McGrath, Scientists, Business, and the State*, 1890-1960, 151쪽을 보라.
7 그날 저녁, 오펜하이머는 릴리엔털과 단 둘이 저녁을 먹었다. 릴리엔털은 연설이 훌륭했다고 생각했다.(Lilienthal, *The Journals of David E. Lilienthal*, 3권, 370쪽.)
8 오펜하이머는 1953년 3월에 작성한 연설문 초고를 C. D. 잭슨에게 보냈다. 그것은 1953년 7월호 《*Foreign Affairs*》에 출판되었다.(JRO, 핵무기와 미국의 정책에 관한 노트, 원자력 에너지 폴더, 박스 1, 잭슨 문서, DDEL.)
9 아이젠하워가 잭슨에게, 1953년 12월 31일, DDE 일기, 앤 휘트먼 파일, 1953년 12월 폴더 (1), 박스 4, DDEL.
10 Herken, *Counsels of War*, 116쪽.
11 Ambrose, *Eisenhower*, 132쪽. 또한, 연표, 1954년 9월 30일, 앤 휘트먼 행정 시리즈, 평화를 위한 원자력 폴더, 박스 5, DDEL.
12 Strauss, *Men and Decisions*, 356쪽. 아이젠하워는 1953년 3월 9일 스트라우스를 원자력 에너지 문제에 관한 특별 보좌관으로 임명했다. 1953년 7월에 스트라우스는 AEC의 의장이 되었다.

13 아이젠하워 일기, 1953년 12월 2일, 앤 휘트먼 파일, 박스 4, 1953년 10월~12월 폴더, DDEL. 아이젠하워는 "내가 임기를 시작할 무렵에 (누군지 기억나지는 않지만) 누군가가 오펜하이머 박사는 믿을 수 없는 사람이라고 했다. 그게 누구였든(내 생각에는 아마도 스트라우스 제독 같은데), 그는 나중에 생각이 바뀌었다고 말했다."라고 적었다.

14 JRO가 스트라우스에게, 1953년 5월 18일, 제목: 펠릭스 브라우더; 스트라우스가 JRO에게, 1953년 5월 12일, JRO 서간 모음, IAS 아카이브. 브라우더는 프린스턴, 예일, 시카고, 럿거스 대학교에서 강의했다. 그는 나중에 구겐하임 펠로우쉽과 슬로언 펠로우쉽을 받았고, 미국 수학회의 회장에 선출되었다.

15 래드가 후버에게, 1953년 5월 25일, 섹션 14, JRO FBI file.

16 Newman, "The Oppenheimer Case", 박사학위 논문, 4장, 각주 127번. 뉴먼은 필립 스턴이 오펜하이머 슐츠 장군에게, 1967년 7월 21일, 박스 1, 스턴 문서, JFKL을 인용하고 있다.

17 래드가 후버에게, 1953년 5월 25일, 섹션 14, JRO FBI file 100-17828.

18 Newman, "The Oppenheimer Case", 2장, 각주 18, 21, 24번.

19 상동, 4장, 각주 65번. 뉴먼은 잭슨, 헨리 루스에게 보내는 메모, 1954년 10월 12일, 박스 66, 잭슨 문서, DDEL을 인용하고 있다.

20 Herken, Counsels of War, 69쪽.

21 Lilienthal, The Journals of David E. Lilienthal, 3권, 390~391쪽; Stern, The Oppenheimer Case, 203쪽; Herken, Brotherhood of the Bomb, 263쪽.

22 Newman, "The Oppenheimer Case", 4장, 각주 69번.

23 상동, 2장, 각주 30번(뉴먼은 Gertrude Samuels, A Plea for Candor About the Atom, *New York Times Magazine*, 1953년 6월 21일, 8, 21쪽을 인용하고 있다); Gertrude Samuels, "A Plea for Candor About the Atom," *New York Times Magazine*, Hewlett and Holl, Atoms for Peace and War, 53쪽.

24 Pfau, *No Sacrifice Too Great*, 145쪽.

25 루이스 스트라우스, 대통령과의 대화에 관한 메모, 1953년 7월 22일, 스트라우스 문서, AEC 위원들에게 보내는 메모, 박스 66, HHL.

26 Ambrose, *Eisenhower*, 133쪽.

27 잭슨 일기, 1953년 8월 4일, 박스 6, 로그 1953(2), 잭슨 문서, DDEL; Hewlett and Holl, Atoms for Peace and War, 57쪽.

28 Hewlett and Holl, Atoms for Peace and War, 58~59쪽.

29 Ambrose, *Eisenhower*, 171쪽; Strauss, *Men and Decisions*, 356~362쪽.

30 Newman, "The Oppenheimer Case", 2장, 각주 102번.

31 JRO FBI file, 섹션 3, 문서 103, JRO와 데이비드 릴리엔털, 오펜하이머 바커와의 전화 대화 도청 기록, 1946년 10월 23~24일.

32 The Oppenheimer Case, 208쪽.

33 라비, 셔윈과의 인터뷰, 1982년 3월 12일, 13쪽.

34 후버가 법률 담당 공관원에게, 리우데자네이루, 1953년 6월 18일, 섹션 14, JRO FBI file, 문서 348.

35 후버가 톨슨과 래드에게, 메모, 1953년 6월 24일, 섹션 14, JRO FBI file.

36 상동; 후버가 톨슨, 래드, 벨몬트, 니콜스에게, 메모, 1953년 5월 19일, 섹션 14, JRO FBI file.

37 스트라우스는 수많은(much)라는 단어를 삭

제하고 상당수(some)로 바꾸어 썼다. 루이스 스트라우스가 오펜하이머 태프트 상원 의원에게, 편지 초고, 1953년 6월 22일, 태프트 폴더, 스트라우스 문서, HHL.

38 Roland Sawyer, "The Power of Admiral Strauss," *New Republic*, 1954년 5월 31일, 14쪽.

39 벨몬트가 래드에게, 메모, 1953년 6월 5일, 섹션 14, JRO FBI file 100-17828; 오펜하이머 파일에 대한 FBI 요약문, 1953년 6월 25일, 섹션 14, JRO FBI file. 스트라우스, 오펜하이머 커틀러 장군과 잭슨에게 보내는 메모, 1953년 12월 17일, 스트라우스 문서, HHL.

40 Hewlett and Holl, *Atoms for War and Peace*, 45쪽.

41 윌리엄 보든, 원자력 에너지 상하원 합동 위원회 의장에게 보내는 메모, 1952년 11월 3일, 8~9쪽, 박스 41, 원자력 에너지 상하원 합동 위원회 기록, DCXXXV, RG 128, NA.

42 스트라우스가 보든에게, 1952년 12월 10일, 윌리엄 보든, 박스 10, AEC 시리즈, NA. 보든의 오펜하이머에 대한 공격에 영향을 준 다른 요인들에 대해서는 Priscilla McMillan, *The Ruin of J. Robert Oppenheimer*, 15장을 보라.

43 오펜하이머 관련 서류철의 표지에는 이 파일을 이용했던 사람의 이름과 대출 날짜가 기록되어 있다. 존 워터스의 1953년 5월 14일 메모와 고든 딘이 법무장관에게, 1953년 5월 20일, AEC 파일을 보라. 잭 홀이 썼듯이, 보든은 공개적으로는 항상 자신이 누구의 지시도 받지 않은 채 단독으로 행동했다고 주장했다. 그는 나중에 원자력 에너지 위원회 관계자에게 자신이 '원자력 프로그램에 대해 잘 알고 있는 한 사람'과 이 사건에 대해 의논했다고 털어놓았다. 하지만 그는 그 사람이 누구인지 밝히지 않았다. 그 사람은 물론 루이스 스트라우스였다. Jack A. Holl, "In the Matter of J. Robert Oppenheimer: Origins of the Government's Security Case," a December 1975 paper presented to the American Historical Association, 7~8쪽. 또한, Hewlett and Holl, *Atoms for Peace and War*, 45~47, 63쪽을 보라. 스트라우스와 보든의 만남의 구체적인 내용에 대해서는 McMillan, *The Ruin of J. Robert Oppenheimer*, 15장을 보라.

44 Harold P. Green, "The Oppenheimer Case: A Study in the Abuse of Law," *Bulletin of the Atomic Scientists*, 1977년 9월, 57쪽.

45 벨몬트가 래드에게, 메모, 1953년 9월 10일, JRO FBI file, 섹션 14.

46 Goodchild, *J. Robert Oppenheimer*, 219~220쪽.

47 Michelmore, *The Swift Years*, 199~200쪽.

48 리스 강의, 1953년, 박스 276~278, JRO Papers, LOC.

49 Michaelmore, *The Swift Years*, 202~203쪽.

50 링컨 고든, 버드와의 전화 인터뷰, 2004년 5월 18일. 당시에 고든은 런던의 미국 대사관에서 근무하고 있었다. 나중에 그는 브라질 주재 미국 대사로 근무했다.

51 파리 미국 공사관에서 FBI 국장에게 보내는 비밀 전보, 1954년 2월 15일, JRO FBI file, 문서 797, 2001년 7월 11일에 기밀 해제.

52 슈발리에에 따르면 그는 오펜하이머를 1946년 가을에 두세 차례, 1947년에 대여섯 차례, 1949년 네다섯 차례, 1950년 9월과 10월에 두 차례 만났고, 1953년 12월에 한 차례 만났다.(슈발리에가 필립 스턴에게, 1968년 6월 15일, 스턴 문서, JFKL.)

53 Stern, *The Oppenheimer Case*, 213~214쪽. 슈발리에는 나중에 와이먼을 만나서 자신의

미국 시민권 문제를 어떻게 처리하면 좋을지에 대한 조언을 들었다. 하지만 슈발리에는 다시 미국 여권을 신청하지 않았다. 1954년 초에 그는 미국 행정 명령 10422를 어겼기 때문에 UNESCO에 취직할 수 없었다. 1953년 1월 9일에 발령된 이 행정 명령에 따라 미국 국적의 UN 직원은 모두 보안 조사를 통과해야만 했다.(슈발리에 FBI 파일, 100-18564, 2부, 1954년 3월 17일자 문서.)

54 Chevaile, *Oppenheimer*, 86~87쪽. 다음 날 아침, 슈발리에는 오피와 키티를 데리고 프랑스 소설가 앙드레 말로를 만나러 갔다.

55 보든이 스트라우스에게, 1952년 11월 19일, 루이스 스트라우스 폴더, 박스 52, AEC, 원자력 에너지 상하원 합동 위원회 기록, NA.

56 JRO hearing, 837~838쪽.

57 스트라우스, 오펜하이머 파일 메모, 1953년 11월 9일, 스트라우스 문서, HHL.

58 루이스 스트라우스 메모, 1953년 11월 30일; Barton J. Bernstein, "The Oppenheimer Loyalty-Security Case Reconsidered," *Stanford Law Review*, 1990년 7월, 1442쪽.

59 Thomas C. Reeves, *The Life and Times of Joe McCarthy*, 530쪽.

60 잭슨 일기, 1953년 11월 27일, 로그 1953(2), 박스 56, DDEL. 잭슨은 나중에 "백악관 보좌관 회의에서 맥카시의 7표를 얻기 위해 그와 타협했던 것은 멍청한 전략이며 전술이었다. 대통령이 조만간 나서지 않으면, 공화당은 입법 활동에서도 실패를 거둘 것이며, 1954년, 1956년에도 성공을 장담할 수 없을 것이다."라고 했다.

61 잭슨이 셔먼 애덤스에게, 1953년 11월 25일, 셔먼 애덤스 폴더, 박스 23, 잭슨 문서, DDEL.

62 아이젠하워, 전화 통화 기록, 1953년 12월 2일, 전화 통화 폴더, 1953년 7~9월(1), 박스 2, DDE 일기 시리즈, 앤 휘트먼 파일, DDEL.

63 Pfau, *No Sacrifice Too Great*, 151쪽; Strauss, *Men and Decisions*, 267쪽.

64 아이젠하워 일기, 1953년 12월 2일과 1953년 12월 3일, 1953년 10~12월 폴더, 박스 4, 앤 휘트먼 파일, DDEL.

65 아이젠하워, 법무장관에게 보내는 메모, 1953년 12월 3일, 스트라우스 문서, HHL.

66 Christman, Target Hiroshima, 249~250쪽; Royal, The Story of J. Robert Oppenheimer, 155쪽.

67 전화 대화 기록(JRO가 스트라우스에게), 1953년 12월 14일 오후 3:05, 스트라우스 문서, HHL.

68 벨몬트가 래드에게, FBI 메모, 1953년 11월 19일, 문서 549, JRO FBI file. "The Oppenheimer Loyalty-Security Case Reconsidered," Stanford Law Review, 1990년 7월, 1440쪽에서 재인용.

69 잭슨 일기, 1953년 12월 18일, 로그 1953(2), 박스 56, DDEL.

70 스트라우스, 메모, 1953년 12월 21일, 1953년 12월 22일, 박스 66, 스트라우스 문서, HHL.

71 케네스 니콜스, 비밀 메모, 1953년 12월 21일, 스트라우스 문서, HHL; 벨몬트에게 보내는 FBI 메모, 1953년 12월 21일, JRO FBI file, 섹션 16, 문서 512.

72 Stern, The Oppenheimer Case, 234쪽; Stuart H. Loory, "Oppenheimer Wiretapping Is Disclosed," WP, 1975년 12월 28일.

73 *The Oppenheimer Case*, 235쪽.

74 JRO FBI file, 섹션 16, 문서 574-575, 벨몬트, 래드에게 보내는 메모, 1953년 12월 22일.

75 래드가 후버에게, 메모, 1953년 12월 21일, JRO FBI file, 섹션 16, 문서 514. 이 메모에 따

르먼 스트라우스는 1953년 12월 17일에 도청과 감시를 요청했다. 이상하게도, 한 FBI 메모는 AEC에 따르면 오펜하이머는 정문 근처 의자에 22구경 권총을 보관하고 있다고 요원들에게 경고하고 있다. 벨몬트가 래드에게, 메모, 1953년 12월 22일, JRO FBI file, 문서 513을 보라.

76 JRO가 스트라우스에게, 1953년 12월 22일, 스트라우스 문서, HHL.

77 앤 마크스, 버드와의 인터뷰, 2002년 3월 14일.

34장: 상황이 별로 좋아 보이지 않지요?

1 Bernstein, "The Oppenheimer Loyalty-Security Case Reconsidered," *Stanford Law Review*, 1990년 7월, 1449쪽.

2 JRO hearing, 3, 6쪽.

3 베르나 홉슨, 셔윈과의 인터뷰, 1979년 7월 31일, 4쪽.

4 JRO hearing, 7쪽.

5 Stern, The Oppenheimer Case, 520쪽.

6 Lilienthal, *The Journals of David E. Lilienthal*, 3권, 462쪽.

7 벨몬트가 래드에게, FBI 메모, 1954년 1월 7일, 섹션 17, 문서 605, JRO FBI file.

8 벨몬트가 래드에게, FBI 메모, 1954년 1월 15일, 섹션 18, JRO FBI file.

9 스트라우스가 후버에게, 1954년 1월 18일, 스트라우스 문서, HHL.

10 Stern, *The Oppenheimer Case*, 257쪽; 스트라우스, 메모, 1954년 1월 29일, 스트라우스 문서, HHL.

11 Goodchild, *J. Robert Oppenheimer*, 227쪽.

12 스트라우스, 메모, 1962년 2월 15일, 해럴드 그린 폴더, 1957~1976, 박스 36, 스트라우스 문서, HHL. 스트라우스는 이 사실을 그린에게 들었다. 그린은 허버트 마크스가 당시에 전화 도청기에 대해 이야기해 주었다고 말했다.

13 바커, 셔윈과의 인터뷰, 1983년 3월 29일.

14 FBI 케이블, 1954년 3월 17일, 섹션 24, 문서 1024, JRO FBI file.

15 벨몬트가 래드에게, FBI 메모, 1954년 1월 26일, 섹션 19, 문서 704, JRO FBI file. 모든 역사가들이 스트라우스가 오펜하이머를 끌어내리기 위해 끈질기게 노력했다고 생각하는 것은 아니다. 조금 다른 시각으로는 Bernstein, "The Oppenheimer Loyalty-Security Case Reconsidered," *Stanford Law Review*, 1990년 7월, 1385쪽을 보라.

16 Thorpe, "J. Robert Oppenheimer and the Transformation of the Scientific Vocation", 박사 학위 논문, 562쪽.

17 Stern, *The Oppenheimer Case*, 242쪽; Goodchild, *J. Robert Oppenheimer*, 230쪽.

18 벨몬트가 래드에게, FBI 메모, 1954년 1월 29일, JRO FBI file, 섹션 19, 문서 716.

19 스트라우스가 롭에게, 1954년 2월 23일, 스트라우스 문서, HHL; 벨몬트가 래드에게, FBI 메모, 1954년 2월 25일, 섹션 21, 문서 824, JRO FBI file.

20 Hewlett and Holl, *Atoms for Peace and War*, 86쪽.

21 James Reston, Deadline: A Memoir, 221~226쪽; Richard Polenberg, In the Matter of J. Robert Oppenheimer, xxvii쪽.

22 FBI가 루이스 스트라우스에게, 1954년 2월 2일, 섹션 19, 문서 741, JRO FBI file(1997년에 기밀 해제.)

23 FBI 요약문, 1954년 1월 29일, 섹션 19, 문서 720, JRO FBI file.

24 Stern, *The Oppenheimer Case*, 531쪽.

25 베르나 홉슨, 셔윈과의 인터뷰, 1979년 7월 31일, 8쪽.
26 상동, 5쪽.
27 Jeremy Bernstein, *Oppenheimer*, 96쪽. 번스타인은 베테와의 전화 통화를 인용하고 있다.
28 Robert Coughlan, "The Tangled Drama and Private Hells of Two Famous Scientists", 1963년 12월 13일; Teller, *Memoirs*, 373쪽.
29 Stern, *The Oppenheimer Case*, 516쪽.
30 FBI 요약문(도청 기록), 1954년 2월 6일, 섹션 19, 문서 760, JRO FBI file.
31 베르나 홉슨, 셔윈과의 인터뷰, 1979년 7월 31일, 5쪽.
32 상동, 10쪽. Hobson, review of In the Matter of J. Robert Oppenheimer, a play by Heinar Kipphardt, Princeton History, no. 1, 1971년, 95~97쪽.
33 시모어 멜먼은 아이슈타인의 비서인 브루리아 카우프만으로부터 들은 이 이야기를 마커스 래스킨에게 해 주었다.
34 Alice Calaprice, ed., *The Expanded Quotable Einstein*, 55쪽.
35 *NYT*, 2004년 4월 24일; Holton, *Einstein, History, and Other Passions*, 218~220쪽.
36 벨몬트가 래드에게, FBI 메모, 1954년 1월 15일, 섹션 18, JRO FBI file.
37 Thorpe, "J. Robert Oppenheimer and the Transformation of the Scientific Vocation", 박사 학위 논문, 496쪽.
38 벨몬트가 보드먼에게, FBI 메모, 1954년 3월 4일, 섹션 21, 문서 844, JRO FBI file. Herken, *Brotherhood of the Bomb*, 281쪽.
39 Stern, *The Oppenheimer Case*, 253쪽.
40 FBI 도청 기록, 1954년 3월 12일, 섹션 24, 문서 1037, JRO FBI file.
41 제럴드 자카리아스가 JRO에게, 1954년 4월 6일, 필립 스턴 문서, JFKL.
42 루스 톨먼이 JRO에게, 1954년 4월 3일, 루스 톨먼 폴더, 박스 72, JRO Papers.
43 루이스 헴펠만, 셔윈과의 인터뷰, 1979년 8월 10일, 11쪽.
44 Stern, *The Oppenheimer Case*, 258쪽.

35장: 나는 이 모든 일이 멍청한 짓이 아닐까 두렵다

1 벨몬트가 보드먼에게, FBI 메모, 1954년 3월 2일과 1954년 3월 1일, 스트라우스-로저스 통화 기록, 섹션 21, 문서 834, JRO FBI file.
2 엑커, 셔윈과의 인터뷰, 1991년 7월 16일, 7쪽.
3 Rhodes, *Dark Sun*, 543쪽; Herken, *Brotherhood of the Bomb*, 286쪽; Goodchild, *J. Robert Oppenheimer*, 236쪽; Stern, *The Oppenheimer Case*, 260, 268쪽; Polenberg, ed., *In the Matter of J. Robert Oppenheimer*, xxix쪽.
4 Goodchild, *J. Robert Oppenheimer*, 237쪽.
5 JRO hearing, 53쪽.
6 Polenberg, ed., In the Matter of J. Robert Oppenheimer, 29쪽. 폴렌버그가 오펜하이머 청문회 녹취록을 훌륭하게 요약, 편집했다. 하지만 우리는 MIT 출판부에서 출간한 녹취록 원문을 인용하는 것을 원칙으로 한다.
7 JRO hearing, 8, 876쪽.
8 상동, 14쪽.
9 상동, 5쪽.
10 상동, 10~11쪽.
11 키스 티터, FBI 메모, 1954년 3월 24일, 섹션 24, 문서 980, JRO FBI file.
12 Drew Pearson, *Diaries 1949-1959*, 303쪽.
13 월터 윈첼 방송 요약문, 1954년 4월 11일, 스

트라우스 문서, HHL.
14 JRO hearing, 53~55쪽.
15 메모, 1954년 4월 9일, 스트라우스 문서, HHL; Hewlett and Holl, *Atoms for Peace and War*, 89, 91쪽.
16 Bernstein, "The Oppenheimer Loyalty-Security Case Reconsidered," *Stanford Law Review*, 1990년 7월, 1463쪽; 스트라우스가 로저 롭에게, 1954년 4월 16일자 메모, 스트라우스 문서, HHL.
17 Pais, *A Tale of Two Continents*, 326쪽; Robert Serber, *Peace and War*, 183~184쪽.
18 JRO hearing, 103쪽.
19 Goodchild, *J. Robert Oppenheimer*, 231쪽.
20 JRO hearing, 111쪽.
21 상동, 113~114쪽.
22 Goodchild, *J. Robert Oppenheimer*, 231쪽; Herken, *Brotherhood of the Bomb*, 287쪽.
23 JRO hearing, 137쪽.
24 Stern, *The Oppenheimer Case*, 283쪽; Robert Coughlan, "The Tangled Drama and Private Hells of Two Famous Scientists," *Life*, 1963년 12월 13일, 102쪽.
25 JRO hearing, 144쪽.
26 상동, 146~149쪽.
27 Hewlett and Holl, *Atoms for Peace and War, 1953-1961*, 96쪽.
28 JRO hearing, 888쪽.
29 JRO hearing, 888~889쪽.
30 JRO hearing, 153~154쪽.
31 Navasky, *Naming Names*, 322쪽.
32 JRO hearing, 155쪽.
33 Coughlan, "The Tangled Drama and Private Hells of Two Famous Scientists," *Life*, 1963년 12월 13일.
34 Goodchild, *J. Robert Oppenheimer*, 228쪽.
35 스트라우스가 아이젠하워 대통령에게, 1954년 4월 16일; 아이젠하워가 스트라우스에게, 전보, 1954년 4월 19일, 스트라우스 문서, 아이젠하워 폴더, 박스 26D, AEC 시리즈, HHL.
36 JRO hearing, 167쪽; Polenberg, ed., *In the Matter of J. Robert Oppenheimer*, 77~78쪽.
37 FBI가 후버에게 보내는 메모, 1953년 12월 23일, 섹션 16, 문서 563, JRO FBI file(하비의 메모는 248쪽에 있다.)
38 Herken, *Brotherhood of the Bomb*, 400쪽, 각주 47번.
39 JRO hearing, 265쪽.
40 후버가 그로브스에게, 1946년 6월 13일; 그로브스가 후버에게, 1946년 6월 2일, RG 77(MED 파일), 엔트리 8, 박스 100, NA.
41 프랭크 오펜하이머는 1953년 12월 29일 자신의 콜로라도 목장에서 FBI의 인터뷰를 받았다. 그는 자술서에 서명하는 것을 거부했다. 스트라우스는 1954년 1월 7일에 이 인터뷰 사본을 건네받았다.(Herken, *Brotherhood of the Bomb*, 272, 400쪽.)
42 FBI가 후버에게 보내는 메모, 1953년 12월 22일, 섹션 16, 문서 557, 565, JRO FBI file.
43 레슬리 그로브스, 레이몬드 헨리와의 구술사 인터뷰, 1968년 8월 9일, 17쪽, HHL.
44 그로브스가 스트라우스에게, 1949년 10월 20일과 1949년 11월 4일, 박스 75, 스트라우스 문서, HHL.
45 Gregg Herken, *Brotherhood of the Bomb*, 280쪽. 역사가 바튼 번스타인은 허켄의 관점에 동의하지 않는다. Barton J. Bernstein, "Reconsidering the Atomic General: Leslie R. Grove," *The Journal of Military History*, July, 2003년 7월, 899쪽을 보라.
46 FBI가 후버에게 보내는 메모, 1953년 12월22

일, 섹션 16, 문서 557, 565, JRO FBI file.
47 Gregg Herken, *Brotherhood of the Bomb*, 281쪽.
48 Hewlett and Holl, *Atoms for Peace and War*, 98쪽.
49 Polenberg, ed., *In the Matter of J. Robert Oppenheimer*, 80~81쪽.
50 JRO hearing, 229쪽.
51 Polenberg, ed., *In the Matter of J. Robert Oppenheimer*, 107~108쪽.
52 Goodchild, *J. Robert Oppenheimer*, 248~249쪽.
53 Polenberg, ed., *In the Matter of J. Robert*, xxv쪽. 벨몬트가 보드먼에게, 1954년 4월 17일, JRO FBI file.
54 Stern, *The Oppenheimer Case*, 303쪽; Herken, *Brotherhood of the Bomb*, 288쪽.
55 Goodchild, *J. Robert Oppenheimer*, 249쪽.
56 Stern, *The Oppenheimer Case*, 303~304쪽; Goodchild, *J. Robert Oppenheimer*, 244쪽.

36장: 히스테리의 징후

1 당시 코넌트는 아이젠하워 행정부에서 재 서독 고등 판무관(辦務官)으로 근무하고 있었고, 국무부 장관 존 포스터 덜러스는 코넌트가 증인으로 나서지 않도록 설득하려 했다. 코넌트는 이를 거부하고 자신의 일기에 다음과 같이 적었다. 나는 그에게 오펜하이머의 청문회에 증언할 수밖에 없다고 말했다. 그는 내가 그렇게 한다면 이 정부에서 더 이상 중책을 맡을 수 없게 될 것이라고 했다.(제임스 코넌트 일기, 1954년 4월 19일. Bernstein, "The , 1990년 7월, 1459쪽에서 재인용.)
2 존 매클로이, 버드와의 인터뷰, 1986년 7월 10일.
3 Bird, *The Chairman*, 423쪽; 매클로이가 아이젠하워에게, 1954년 4월 16일과 1954년 4월 23일, DDEL.
4 Bird, *The Chairman*, 424~425쪽.
5 JRO hearing, 357쪽; Polenberg, ed., *In the Matter of J. Robert Oppenheimer*, 140~141쪽.
6 JRO hearing, 372쪽; Polenberg, ed., *In the Matter of J. Robert Oppenheimer*, 147~148쪽.
7 Polenberg, ed., *In the Matter of J. Robert Oppenheimer*, 162~163쪽.
8 JRO hearing, 419~420쪽; *In the Matter of J. Robert Oppenheimer*, 165쪽.
9 *In the Matter of J. Robert Oppenheimer*, 156쪽.
10 JRO hearing, 468쪽.
11 상동, 469~470쪽; Polenberg, ed., *In the Matter of J. Robert Oppenheimer*, 178~179쪽.
12 Polenberg, ed., *In the Matter of J. Robert Oppenheimer*, 173쪽.
13 Bernstein, *Oppenheimer*, 62쪽.
14 JRO hearing, 560~567쪽.
15 베르나 홉슨, 셔윈과의 인터뷰, 1979년 7월 31일, 18쪽.
16 JRO hearing, 576쪽.
17 JRO hearing, 643~656쪽; Polenberg, ed., *In the Matter of J. Robert Oppenheimer*, 231~237쪽.
18 Polenberg, ed., *In the Matter of J. Robert Oppenheimer*, 196쪽.
19 Herken, *Brotherhood of the Bomb*, 291쪽(허켄은 루이스 앨버레즈, 차일즈와의 인터뷰, 박스 1, 차일즈 문서를 인용하고 있다.)
20 Hewlett and Holl, *Atoms for Peace and War*, 87쪽.
21 차터 헤슬레프가 루이스 스트라우스에게, 1954년 5월 3일자 메모, 텔러 폴더, AEC 시리즈, 박스 11, 스트라우스 문서, HHL.

22 Teller, *Memoirs*, 374~381쪽; Hewlett and Holl, *Atoms for Peace and War*, 93쪽; Herken, *Brotherhood of the Bomb*, 292~293쪽.
23 JRO hearing, 710, 726쪽.
24 엑커, 셔윈과의 인터뷰, 1991년 7월 16일, 13쪽.
25 Goodchild, *J. Robert Oppenheimer*, 254~255쪽.
26 상동, 286쪽; Herken, *Brotherhood of the Bomb*, 298쪽.
27 JRO hearing, 915~918쪽.
28 상동, 919쪽.
29 상동, 961쪽.
30 상동, 971~972쪽; Polenberg, ed., *In the Matter of J. Robert Oppenheimer*, 347쪽.
31 JRO hearing, 971~992쪽; Polenberg, ed., *In the Matter of J. Robert Oppenheimer*, 351쪽.
32 Polenberg, ed., *In the Matter of J. Robert Oppenheimer*, 351~352쪽.
33 미국 원자력 에너지 위원회 비밀 취급 인가 질차, 연방 규정, 타이틀 10, 챕터 1, 문단 4, 1950년 9월 12일 채택, *Federal Register*, 1950년 9월 19일, 6243쪽. Newman, "The Oppenheimer Case", 박사 학위 논문, 5장, 각주 60번에서 재인용. McMillan, *The Ruin of J. Robert Oppenheimer*, 21장.

37장: 이 나라의 오명

1 Polenberg, ed., *In the Matter of J. Robert Oppenheimer*, xv쪽; FBI 도청 기록 요약문, 1954년 5월 7일과 1954년 5월 12일, 문서 1548, JRO FBI file.
2 오펜하이머 사건에 대한 고든 그레이의 메모, 1954년 5월 7일, 오펜하이머 서간 구술 폴더, 박스 4, 고든 그레이 문서, DDEL.
3 상동.
4 헨리히가 벨몬트에게, FBI 메모, 1954년 5월 20일, 문서 1690, JRO FBI file; Goodchild, *J. Robert Oppenheimer*, 259~261쪽.
5 Goodchild, *J. Robert Oppenheimer*, 261쪽.
6 JRO hearing, 1019쪽.
7 Polenberg, ed., *In the Matter of J. Robert Oppenheimer*, 361쪽.
8 상동, 1020쪽; Polenberg, ed., *In the Matter of J. Robert Oppenheimer*, 365쪽.
9 Polenberg, ed., *In the Matter of J. Robert Oppenheimer*, 372쪽.
10 Hewlett and Holl, *Atoms for Peace and War*, 103쪽.
11 Goodchild, *J. Robert Oppenheimer*, 265쪽.
12 맥케이 던킨이 작성한 자필 노트, 1954년 5월 19일, 주커트 폴더, 스트라우스 문서, HHL; 해럴드 그린, 바튼 번스타인과의 인터뷰, 1984년(번스타인, 버드와의 전화 인터뷰, 2004년 2월 13일.) 또한, "The Oppenheimer Loyalty-Security Case Reconsidered," *Stanford Law Review*, 1477쪽을 보라. 주커트는 나중에 "나는 루이스 스트라우스 밑에서 힘든 나날을 보냈습니다."라고 했다. 그는 오펜하이머 청문회를 개싸움이라고 불렀다. 별로 기분 좋은 경험은 아니었습니다. 전혀 재미가 없었어요. 나는 물론 여전히 루이스의 친구라고는 생각하지만.(유진 주커트 구술사 인터뷰, 1971년 9월 27일, HSTL.) 또한, Burch, *Elites in American History*, 2권, 178쪽을 보라.
13 1959년 5월에 스트라우스는 스미스에게 "주커트 씨는 임기가 끝난 후에 나의 개인 자문역을 맡기로 계약서에 서명했다."라고 확인해 주었다.(LLS 확인 폴더, 시리즈 3, 박스 2, 스미스 문서, 미국 철학 협회, 필라델피아. 허켄의 웹사이트 www.brotherhoodofthebomb.

com에 게재된 18장, 각주 16번에서 재인용.) 또한, McMillan, *The Ruin of J. Robert Oppenheimer*, 맺음말.

14 스트라우스, 1954년 5월 4일자 메모, 기록용 메모, 1954년, 박스 66, 스트라우스 문서, HHL.

15 Goodchild, *J. Robert Oppenheimer*, 264~265쪽.

16 JRO hearing, 1050쪽.

17 Lilenthal, *The Journals of David E. Lilienthal*, 3권, 528쪽.

18 *NYT*, 2004년 4월 24일.

19 Walter Winchell, *New York Mirror*, 1954년 6월 7일; FBI 메모, 1954년 6월 8일, 섹션 40, 문서 1691, JRO FBI file.

20 Thorpe, "J. Robert Oppenheimer and the Transformation of the Scientific Vocation", 박사 학위 논문, 587쪽.

21 Eric Sevareid, *Small Sounds in the Night*, 224쪽.

22 예컨대, Le Risque de Securit, *Le Monde*, 1954년 6월 8일, 1쪽을 보라.

23 원자력 에너지 위원회에 보내는 청원서, 1954년 6월 7일, 문서 1804, 섹션 44, JRO FBI file; *New York Post*, 1954년 7월 10일. Hewlett and Holl, *Atoms for Peace and War*, 111쪽. 이 결정은 수많은 논쟁을 촉발했다. 결국 법무장관 허버트 브라우넬은 워런 버거 차관에게 조사 기록을 다시 검토해 보라고 조용히 지시해야만 했다. 버거는 기록을 검토한 후 "나의 개인적인 결론은, 우리가 아직 전쟁 중이었다면 오펜하이머를 교수형에 처해야 했으리라는 것입니다."라고 보고했다.(스트라우스, 1969년 3월 27일자 메모; 워런 버거가 스트라우스에게, 1969년 5월 14일, 스트라우스 문서, HHL.)

24 Sevareid, *Small Sounds in the Night*, 223쪽.

25 조 앨솝이 고든 그레이에게, 1954년 6월 2일, 각종 서간 모음, 1951~1957년 폴더, 박스 1, 고든 그레이 문서, DDEL.

26 Joseph and Stewart Alsop, *We Accuse*, 59쪽; Robert W. Merry, *Taking on the World*, 262~263쪽.

27 Bird, *The Chairman*, 425쪽.

28 Bernstein, "The Oppenheimer Loyalty-Security Case Reconsidered," *Stanford Law Review*, 1990년 7월, 1388쪽.

29 아이젠하워가 스트라우스에게, 1954년 6월 16일, 앤 휘트먼 DDE 일기, 1954년 6월 폴더 (1), 박스 7, DDEL.

30 McGrath, *Scientists, Business, and the State, 1890-1960*, 167쪽.

31 스트라우스, 1957년 12월 5일자 메모, 박스 67, 스트라우스 문서, HHL.

32 Thorpe, "J. Robert Oppenheimer and the Transformation of the Scientific Vocation," 박사 학위 논문, 588쪽.

33 Daniel Bell, *The Coming of Post-Industrial Society*, 400쪽; Thorpe, "J. Robert Oppenheimer and the Transformation of the Scientific Vocation," 박사 학위 논문, 551쪽.

34 Ambrose, *Eisenhower*, 612쪽; McGrath, *Scientists, Business, and the State, 1890-1960*, 4쪽.

38장: 나는 아직도 손에 묻은 뜨거운 피를 느낄 수 있다

1 제인 윌슨이 키티 오펜하이머에게, 1954년 6월 20일, 로버트 윌슨 폴더, 박스 78, JRO Papers.

2 바베트 오펜하이머 랭스도프가 필립 스턴에게, 1967년 7월 10일, 스턴 문서, JFKL.
3 FBI 1954년 7월 8일 요약문, 섹션 45, 문서 1858, JRO FBI file.
4 해럴드 체르니스, 앨리스 스미스와의 인터뷰, 1976년 4월 21일, 24쪽.
5 프랜시스 퍼거슨, 셔윈과의 인터뷰, 1979년 6월 23일, 6~8쪽.
6 상동.
7 Brown, *Through These Men*, 288쪽.
8 *The Day After Trinity*, 존 엘즈, 시나리오, 76쪽, 셔윈 문서.
9 Serber, *Peace and War*, 183쪽.
10 Lilienthal, *The Journals of David E. Lilienthal*, 3권, 594쪽(1954년 12월 24일자 일기.)
11 해럴드 체르니스, 앨리스 스미스와의 인터뷰, 1976년 4월 21일, 23쪽.
12 로치가 벨몬트에게, FBI 메모, 1954년 7월 14일, 섹션 46, 문서 1866, JRO FBI file.
13 오펜하이머의 옛 친구인 해럴드 체르니스는 서명 운동을 조직하는 데 앞장섰다. 체르니스는 고등 연구소의 몇몇 이사들과 대화를 나눠 보고 나서 오피가 소장직을 잃을 수도 있다는 것을 깨달았다.(체르니스, 셔윈과의 인터뷰, 1979년 5월 23일, 16쪽.)
14 스트라우스, 1955년 1월 5일자 메모, 스트라우스 문서, HHL.
15 스트라우스, 1968년 5월 7일과 1967년 5월 12일자 메모, 스트라우스 문서, HHL; Merry, *Taking on the World*, 360~363쪽; Yoder, *Joe Alsop's Cold War*, 153~155쪽.
16 세르, 셔윈과의 인터뷰, 24쪽.
17 후버의 편지, 1954년 7월 15일, 섹션 46, 문서 1869, JRO FBI file.
18 해럴드 체르니스, 앨리스 스미스와의 인터뷰, 1976년 4월 21일, 19쪽; Stern, *The Oppenheimer Case*, 393쪽.
19 피터는 1954년 6월 9일에 이 글을 썼다; Brown, *Through These Men*, 228쪽.
20 FBI 메모, 1954년 7월 14일, 섹션 46, 문서 1888, JRO FBI file.
21 FBI 뉴와 사무실, 후버에게 보내는 메모, 1954년 7월 13일, 섹션 46, 문서 1880, JRO FBI file.
22 FBI 감시 기록 요약문, 1954년 7월 1일, 섹션 46, 문서 1893, JRO FBI file.
23 JRO가 후버에게, 1954년 7월 15일, 문서 1891; FBI 감시 기록 요약문, 1954년 7월 18일, 문서 1899, 섹션 46, JRO FBI file.
24 Susan Barry, "Sis Frank," *St. John People*, 89~90쪽.
25 이르바 클레어 데넘, 셔윈과의 인터뷰, 1982년 2월 20일, 4쪽.
26 잉가 힐리버타, 셔윈과의 인터뷰, 1982년 1월 16일, 19쪽.
27 JRO FBI files, 섹션 49, 1954년 8월 23일과 1954년 8월 25일.
28 JRO FBI files, 1954년 8월 30일, 섹션 49, 문서 1981과 2002.
29 Lilienthal, *The Journals of David E. Lilienthal*, 3권, 615쪽. 릴리엔털은 그해 봄 세인트존 섬을 방문했을 때 트렁크 베이의 호텔 주인인 랄프 불란에게서 FBI가 방문했었다는 이야기를 들었다.
30 Ferenc M. Szasz, "Great Britain and the Saga of J. Robert Oppenheimer," *War in History*, vol. 2, no. 3 (1995), 327쪽; News Statesman and Nation, 1954년 10월 23일, 525쪽. 프랑스 언론은 마찬가지로 비판적인 논평을 실었다. 1954년 6월 8일에 《르몽드》는 사설에서 안보 문제에 대한 지나친 집착으로

인해 미국은 일급의 정신적, 윤리적 위기로 향하고 있다. 그들은 그것으로 인해 자신들이 대항해 싸우고자 하는 전체주의의 경향을 띠기까지 한다. 누구도 공산주의를 용인하는 세력이라는 혐의를 받는 것을 원하지 않는다. 무의식 중에 맥카시 상원 의원의 관점이 대다수의 그것으로 받아들여지고 있다고 썼다.

31 Chevalier, *Oppenheimer*, 116쪽.
32 Coughlan, "The Equivocal Hero of Science: Robert Oppenheimer," *Life*, 1967년 2월, 34A쪽. 또한, Thorpe, "J. Robert Oppenheimer and the Transformation of the Scientific Vocation", 박사 학위 논문, 572쪽을 보라.
33 Jeremy Gundel, "Heroes and Villains: Cold War Images of Oppenheimer and Teller in Mainstream American Magazines" (July 1992), Occasional Paper 92-1, Nuclear Age History and Humanities Center, Tufts University, 56쪽.
34 브래니건이 벨몬트에게, FBI 메모, 1954년 7월 27일, 섹션 47, 문서 1912, JRO FBI file; WP, 1954년 7월 25일.
35 Thorpe, "J. Robert Oppenheimer and the Transformation of the Scientific Vocation", 박사 학위 논문, 608쪽; JRO, *The Open Mind*, 144~145쪽.
36 *See It Now*, 시나리오, 1955년 1월 4일, CBS 뉴스 다큐멘터리 도서관, 뉴욕.
37 Thorpe, "J. Robert Oppenheimer and the Transformation of the Scientific Vocation", 박사 학위 논문, 581~584쪽; Jane A. Sanders, "The University of Washington and the Controversy Over J. Robert Oppenheimer," *Pacific Northwest Quarterly*, 1979년 1월, 8~19쪽.
38 Lilienthal, *The Journals of David E. Lilienthal*, 3권, 618~619쪽.
39 상동, 5권, 156쪽.
40 버트런드 러셀이 JRO에게, 1957년 2월 8일; JRO가 러셀에게, 1957년 2월 18일; 러셀이 JRO에게, 1957년 3월 11일, 박스 62, JRO Papers; Lanouette, *Genius in the Shadows*, 369쪽.
41 Thorpe, "J. Robert Oppenheimer and the Transformation of the Scientific Vocation", 박사 학위 논문, 619~620쪽.
42 Max Born, et al., The Peril of Universal Death, 1955년 7월 9일. Bird and Lifschultz, eds., *Hiroshima's Shadow*, 485~487쪽에 수록.
43 Thorpe, "J. Robert Oppenheimer and the Transformation of the Scientific Vocation", 박사 학위 논문, 617~618쪽.
44 *The Day After Trinity*, 존 엘즈, 시나리오, 76쪽.
45 A-Bomb Use Questioned, 1956년 6월 9일, UPI 통신사.
46 Max Born, *My Life and My Views*, 110쪽; JRO가 보른에게, 1964년 4월 16일(낸시 그린스팬에게 감사.)
47 JRO, *The Open Mind*, 50~51쪽.
48 상동, 54쪽.
49 《*New York Herald Tribune*》, 1956년 3월 26일; Bird, *The Color of Truth*, 147쪽. 철학과의 모튼 화이트 교수가 초청장을 발송했다. 화이트, 셔원과의 인터뷰, 2004년 10월 27일.
50 "Requiescat," *Harvard Magazine*, 2004년 5~6월.
51 Edmund Wilson, *The Fifties*, 411~412쪽. Bernstein, *Oppenheimer*, 174쪽.
52 Lilienthal, *The Journals of David E.*

Lilienthal, 4권, 259쪽.
53 Nasar, *Beautiful Mind*, 220~221쪽.
54 상동, 221, 294쪽. 오펜하이머는 1961~1962년과 1963~1964년에 내시를 다시 고등 연구소에 받아 주었다.
55 Bernstein, *Oppenheimer*, 187~188쪽.
56 상동, 189쪽; 제러미 번스타인이 셔윈에게, 메모, 2004년 4월.
57 Peter Coleman, *The Liberal Conspiracy*, 120~121쪽.
58 Frances Stonor Saunders, *The Cultural Cold War*, 378~379, 394~395쪽; *NYT*, 1966년 5월 9일; Frances Stonor Saunders, *The Cultural Cold War*, 177, 297쪽.
59 Michelmore, *The Swift Years*, 241~242쪽. 오펜하이머의 일본 방문에 관한 일본 신문 기사를 모아 준 일본 도쿄 인터내셔널 하우스의 미키오 카토에게 감사한다.
60 릴리엔털, 셔윈과의 인터뷰, 1978년 10월 17일.
61 상동.
62 프랜시스 퍼거슨, 셔윈과의 인터뷰, 1979년 7월 7일, 10쪽.
63 JRO가 프랭크 오펜하이머에게, 1958년 4월 2일, 앨리스 스미스 문서.
64 베르나 홉슨, 셔윈과의 인터뷰, 1979년 7월 31일; 프랜시스 퍼거슨, 셔윈과의 인터뷰, 1979년 7월 7일, 8쪽.

39장: 그곳은 정말 이상향 같았습니다

1 Nancy Gibney, "Finding Out Different," in *St. John People*, 151쪽.
2 사브라 에릭슨, 셔윈과의 인터뷰, 1982년 1월 13일, 6쪽; 프랜시스 퍼거슨, 셔윈과의 인터뷰, 1979년 7월 7일, 1쪽.
3 시스 프랭크, 셔윈과의 인터뷰, 1982년 1월 18일, 1쪽.
4 낸시 기브니는 처음에 세인트루이스에서 온 부부에게 일부의 땅을 팔았고, 그 부부가 다시 오펜하이머에게 땅을 팔았다. 1년 후에 오펜하이머는 기브니 부부를 설득해 나머지도 팔게 했다.(엘리노어 기브니, 버드와의 인터뷰, 2001년 3월 27일.)
5 에릭슨, 셔윈과의 인터뷰, 1982년 1월 13일, 6쪽.
6 상동, 7쪽. 이르바 클레어 데넘, 셔윈과의 인터뷰, 1982년 2월 20일, 20쪽.
7 Gibney, "Finding Out Different," in *St. John People*, 153~155쪽.
8 에드 기브니, 버드와의 인터뷰, 2001년 3월 26일.
9 Gibney, "Finding Out Different," in *St. John People*, 150~167쪽.
10 도리스와 이반 자단, 셔윈과의 인터뷰, 1982년 1월 18일, 14쪽; 잉가 힐리버타, 셔윈과의 인터뷰, 1982년 1월 16일, 8쪽; 에릭슨, 셔윈과의 인터뷰, 1982년 1월 13일, 8쪽. 다툼은 로버트와 키티가 죽고 나서야 끝이 났다. 토니는 이 문제가 어처구니 없다고 생각했다. 그래서 그녀는 사브라 에릭슨을 통해 낸시 기브니를 만나 모든 문제를 마무리지었다.
11 도리스 자단, 셔윈과의 인터뷰, 1982년 1월 18일, 1~4쪽. 이반 자단은 1995년에 죽을 때까지 섬을 떠나지 않았다.
12 도리스 자단, 셔윈과의 인터뷰, 1982년 1월 18일, 3쪽.
13 에릭슨, 셔윈과의 인터뷰, 1982년 1월 13일, 14, 19쪽.
14 도리스 자단, 셔윈과의 인터뷰, 1982년 1월 18일, 6쪽.
15 시스 프랭크, 셔윈과의 인터뷰, 1982년 1월 18

일, 7쪽.
16 시스 프랭크, 셔윈과의 인터뷰, 1982년 1월 18일, 2, 8쪽.
17 힐리버타, 셔윈과의 인터뷰, 1982년 1월 16일, 3~5쪽; 힐리버타, 버드와의 인터뷰, 2001년 3월 26일.
18 힐리버타, 셔윈과의 인터뷰, 1982년 1월 16일, 4쪽.
19 상동, 5쪽.
20 시스 프랭크, 셔윈과의 인터뷰, 1982년 1월 18일, 2쪽.
21 에릭슨, 셔윈과의 인터뷰, 1982년 1월 13일, 14~15쪽.
22 존 그린, 셔윈과의 인터뷰, 1982년 2월 20일, 15쪽.
23 프랜시스 퍼거슨, 셔윈과의 인터뷰, 1979년 7월 7일, 2쪽.
24 피오나와 윌리엄 세인트 클레어, 셔윈과의 인터뷰, 1982년 2월 17일, 9쪽; 힐리버타, 셔윈과의 인터뷰, 1982년 1월 16일, 4쪽; 도리스 자단, 셔윈과의 인터뷰, 1982년 1월 18일, 4쪽.
25 존 그린, 셔윈과의 인터뷰, 1982년 2월 20일, 21쪽.
26 힐리버타, 버드와의 인터뷰, 2001년 3월 26일.
27 Gibney, "Finding Out Different", 157쪽.
28 힐리버타, 셔윈과의 인터뷰, 1982년 1월 16일, 17쪽.
29 상동, 2쪽. 시스 프랭크, 셔윈과의 인터뷰, 1982년 1월 18일, 5쪽; 에릭슨, 셔윈과의 인터뷰, 1982년 1월 13일, 9쪽.
30 에릭슨, 셔윈과의 인터뷰, 1982년 1월 13일, 11쪽.
31 스티브 에드워즈, 셔윈과의 인터뷰, 1982년 1월 18일, 4쪽.
32 시스 프랭크, 셔윈과의 인터뷰, 1982년 1월 18일, 7쪽.
33 힐리버타, 셔윈과의 인터뷰, 1982년 1월 16일, 1~2쪽.
34 존 그린, 셔윈과의 인터뷰, 1982년 2월 20일, 12쪽.
35 베티 데일, 셔윈과의 인터뷰, 1982년 1월 21일, 2~3쪽.
36 Michelmore, *The Swift Years*, 240쪽.
37 도리스 자단, 셔윈과의 인터뷰, 1982년 1월 18일, 8쪽.
38 에릭슨, 셔윈과의 인터뷰, 1982년 1월 13일, 14쪽.

40장: 그것은 트리니티 바로 다음 날 했어야 했다

1 Glenn T. Seaborg, *A Chemist in the White House*, 106쪽; Goodchild, *J. Robert Oppenheimer*, 275쪽.
2 Thorpe, "J. Robert Oppenheimer and the Transformation of the Scientific Vocation", 박사 학위 논문, 593쪽.
3 J. 로버트 오펜하이머 박사, 1963년 6월 26일, 오펜하이머 파일 폴더 2, 반미 활동 조사 위원회 성명 파일, RG 233, NA.
4 Szasz, "Great Britain and the Saga of J. Robert Oppenheimer," *War in History*, vol. 2, no. 3 (1995), 329쪽.
5 Michelmore, *The Swift Years*, 247~248쪽.
6 상동, 248쪽. 텔러는 자신의 회고록에서 자신이 1963년 페르미 상 후보 명단에 오펜하이머를 추천했다고 주장했다.(Teller, *Memoir*, 465쪽.)
7 *NYT*, 1963년 11월 22일; Herken, *Cardinal Choices*, 307~308쪽.
8 피터 오펜하이머, 버드에게 보낸 이메일, 2004년 9월 7일; Michelmore, *The Swift Years*,

249쪽.
9 Lilienthal, *The Journals of David E. Lilienthal*, 5권, 529쪽.
10 백악관 보도 자료, 존슨 대통령, 시보그, 오펜하이머의 연설문, 1963년 12월 2일, 필립 스턴 문서, JFKL; Seaborg, *A Chemist in the White House*, 186쪽; Lilienthal, 5권, 530쪽.
11 Goodchild, *J. Robert Oppenheimer*, 276~277쪽.
12 데이비드 파인스, 버드와의 인터뷰, 2004년 6월 26일.
13 Herken, *Brotherhood of the Bomb*, 331쪽.
14 Bird, *The Color of Truth*, 151쪽.
15 Herken, *Brotherhood of the Bomb*, 330쪽.
16 스트라우스, 1966년 1월 21일자 메모, 스트라우스 문서, HHL.
17 Lilienthal, *The Journals of David E. Lilienthal*, 6권, 22쪽.
18 상동, 5권, 275쪽.
19 피터 오펜하이머, 버드에게 보낸 이메일, 2004년 9월 10일.
20 JRO가 가르 알페로비츠에게, 1964년 11월 4일(알페로비츠에게 감사); Alperovitz, *The Decision to Use the Atomic Bomb*, 574쪽.
21 Heinar Kipphardt, *In the Matter of J. Robert Oppenheimer*, 126~127쪽.
22 Szasz, "Great Britain and the Saga of J. Robert Oppenheimer," *War in History*, vol. 2, no. 3 (1995), 330쪽.
23 상동, 329쪽.
24 *The Day After Trinity*, 존 엘즈, 시나리오, 77쪽, 셔윈 문서.
25 JRO가 제롬 위스너 박사에게, 1966년 6월 6일, 스턴 문서, JFKL.
26 Lilienthal, *The Journals of David E. Lilienthal*, 6권, 173쪽.
27 스트라우스, 1963년 4월 22일자 메모, 스트라우스 문서, HHL.
28 상동, 1965년 4월 29일, 스트라우스 문서, HHL.
29 상동, 1965년 12월 14일, 스트라우스 문서, HHL.
30 조지아 휘든(IAS), 버드에게 보낸 이메일, 2004년 2월 24일.
31 시스 프랭크, 셔윈과의 인터뷰, 1982년 1월 18일, 3쪽; 베르나 홉스, 셔윈과의 인터뷰, 1979년 7월 31일, 26쪽.
32 아서 슐레진저가 JRO에게, 1966년 2월 21일, 박스 65, JRO Papers.
33 프랜시스 퍼거슨, 셔윈과의 인터뷰, 1979년 6월 23일, 10쪽.
34 Lilienthal, *The Journals of David E. Lilienthal*, 6권, 255쪽.
35 Pais, *A Tale of Two Continents*, 399쪽; Goodchild, *J. Robert Oppenheimer*, 279쪽; Michelmore, *The Swift Years*, 253쪽.
36 다이슨, 존 엘즈와의 인터뷰, 1979년 12월 10일, 4쪽; Dyson, *Disturbing the Universe*, 81쪽.
37 사브라 에릭슨, 셔윈과의 인터뷰, 1982년 1월 13일, 16, 21쪽; 시스 프랭크, 셔윈과의 인터뷰, 1982년 1월 18일, 4쪽.
38 JRO가 니콜라스 나바코프에게, 전보, 1966년 7월 11일, 나바코프 폴더, 박스 52, JRO Papers.
39 사브라 에릭슨, 셔윈과의 인터뷰, 1982년 1월 13일, 16, 21쪽; 시스 프랭크, 셔윈과의 인터뷰, 1982년 1월 18일, 4쪽.
40 힐리버타, 셔윈과의 인터뷰, 1982년 1월 16일, 9, 12쪽.
41 JRO가 니콜라스 나바코프에게, 1966년 10월 28일, 나바코프 폴더, 박스 52, JRO Papers.

42 조지 다이슨, 버드에게 보낸 이메일, 2003년 5월 23일.
43 JRO가 니콜라스 나바코프에게, 1966년 10월 28일, 나바코프 폴더, 박스 52, JRO Papers.
44 Lilienthal, *The Journals of David E. Lilienthal*, 6권, 299~300쪽.
45 Michelmore, *The Swift Years*, 254쪽.
46 1966년 수첩, 박스 13, JRO Papers.
47 데이비드 봄이 JRO에게, 1966년 11월 29일; JRO가 봄에게, 편지 초고, 1966년 12월 2일; JRO가 봄에게, 1966년 12월 5일, 봄 파일, 박스 20, JRO Papers.
48 Thorpe, "J. Robert Oppenheimer and the Transformation of the Scientific Vocation", 박사 학위 논문, 629~630쪽; Thomas B. Morgan, "With Oppenheimer, on an Autumn Day," *Look*, 1966년 12월 27일, 61~63쪽.
49 Chevalier, *Oppenheimer*, 34~35쪽.
50 The Day After Trinity, 존 엘즈.
51 Lilienthal, *The Journals of David E. Lilienthal*, 6권, 348쪽.
52 JRO가 제임스 채드윅에게, 1967년 1월 10일, 박스 26, JRO Papers.
53 베르나 홉슨, 셔윈과의 인터뷰, 1979년 7월 31일, 10쪽.
54 Michelmore, *The Swift Years*, 254쪽.
55 Dyson, *Disturbing the Universe*, 81쪽. 마빈 와인스타인은 컬럼비아 대학교 출신의 물리학자로 1967년부터 1969년까지 고등 연구소에 펠로우로 와 있었다.
56 루이스 피셔가 마이클 조셀슨에게, 1967년 2월 25일, 폴더 3a, 박스 5, 피셔 문서, PUL.(조지 다이슨에게 감사.)
57 상동.

58 프랜시스 퍼거슨, 셔윈과의 인터뷰, 1979년 7월 7일, 19쪽과 1979년 6월 23일, 10쪽.
59 JRO 사망 증명서, 08006번, 뉴저지 보건국; Dyson, *Disturbing the Universe*, 81쪽; 사브라 에릭슨, 셔윈과의 인터뷰, 1982년 1월 13일, 20쪽. 프린스턴 병원의 병리학과장이었던 스탠리 바우어 박사에 따르면, 오펜하이머의 간은 외부 독성 물질 때문에 괴사 증상을 보이고 있었다. 이는 아마도 후두암을 치료하기 위한 화학 요법 때문이었을 것이다. 또한 방사선 치료로 오펜하이머의 후두암은 완벽하게 제거되어 있었다. 즉 그의 직접적 사인은 화학 요법이었다.
60 스트라우스가 키티 오펜하이머에게, 전보, 1967년 2월 20일, 스트라우스 문서, HHL.
61 Ferenc M. Szasz, "Great Britain and the Saga of J. Robert Oppenheimer," *War in History*, vol. 2, no. 3 (1995), 320쪽.
62 *NYT*, 1967년 2월 20일.
63 "Talk of the Town," *The New Yorker*, 1967년 3월 4일.
64 *Congressional Record*, 1967년 2월 19일.
65 Rabi, et al., *Oppenheimer*, 8쪽.
66 존과 이르바 그린, 그리고 이르바 클레어 데넘, 셔윈과의 인터뷰, 1982년 2월 20일, 1~2쪽.

에필로그: 이 세상에 로버트는 단 한 명뿐이다

1 샬럿 서버는 1967년에 자살했다.
2 Serber, *Peace and War*, 218~219쪽.
3 Serber, *Peace and War*, 221쪽; Pais, *The Genius of Science*, 285쪽.
4 Hilde Hein, *The Exploratorium*, ix~x, xiv~xv, 14~21쪽.
5 로버트 서버, 셔윈과의 인터뷰, 1982년 3월 11

일, 20쪽.

6 사브라 에릭슨, 셔윈과의 인터뷰, 1982년 1월 13일, 9쪽.

7 뉴와 사무실에 보내는 편지, 1969년 12월 22일, 섹션 59, JRO FBI files(1999년 6월 23일에 기밀 해제.)

8 서버, 셔윈과의 인터뷰, 1982년 3월 11일, 18쪽; 준 발라스, 셔윈과의 인터뷰, 1982년 1월 19일, 1~7쪽.

9 준 발라스, 셔윈과의 인터뷰, 1982년 1월 19일, 1쪽; 엘렌 챈세즈, 셔윈과의 인터뷰, 1979년 5월 10일.

10 잉가 힐리버타, 셔윈과의 인터뷰, 1982년 1월 16일, 20쪽.

11 에드 기브니, 버드와의 인터뷰, 2001년 3월 26일.

12 준 발라스, 셔윈과의 인터뷰, 1982년 1월 19일, 5쪽; 피오나 세인트 클레어, 셔윈과의 인터뷰, 1982년 2월 17일, 4쪽; 사브라 에릭슨, 셔윈과의 인터뷰, 1982년 1월 13일, 12쪽.

참고 문헌

Acheson, Dean. *Present at the Creation: My Years in the State Department.* New York: Norton, 1969.

Albright, Joseph, and Marcia Kunstel. *Bombshell: The Secret Story of America's Unknown Atomic Spy Conspiracy.* New York: Time Books, 1997.

Allen, James S. *Atomic Imperialism.* New York: 1952.

Alperovitz, Gar. *Atomic Diplomacy: Hiroshima and Potsdam: The Use of the Atomic Bomb and the American Confrontation with Soviet Power.* New York: Simon & Schuster, 1965.

―――. *The Decision to Use the Atomic Bomb.* New York: Alfred A. Knopf, 1995.

Ambrose, Stephen E. *Eisenhower: The President, 1952-1969.* London: George Allen & Unwin, 1984.

Alsop, Joseph and Stewart. *We Accuse: The Story of the Miscarriage of American Justice in the Case of J. Robert Oppenheimer.* New York: Simon & Schuster, 1954.

Alvarez, Luis W. *Alvarez: Adventures of a Physicist.* New York: Basic Books, 1987.

Barrett, Edward L., Jr. *The Tenney Committee: Legislative Investigation of Subversive Activities in California.* Ithaca, NY: Cornell University Press, 1951.

Badash, Lawrence, Joseph O. Hirschfelder, and Herbert P. Broida, eds. *Reminiscences of Los Alamos, 1943-1945.* Dordrecht, Holland: D. Reidel Publishing Company, 1980.

Bartusiak, Marcia. *Einstein's Unfinished Symphony: Listening to the Sounds of*

Space-Time. New York: Berkeley Books, 2000.

Baruch, Bernard. *Baruch: My Own Story*. New York: Henry Holt & Co., 1957.

—————. *The Public Years*. New York: Holt, Rinehart & Winston, 1960.

Belfrage, Cedric. *The American Inquisition, 1945-1960*. Indianapolis and New York: Bobbs-Merrill Co., 1973.

Bell, Daniel. *The Coming of Post-Industrial Society: A Venture in Social Forecasting*. New York: Basic Books, 1973.

Benson, Robert Louis, and Michael Warner. *Venona: Soviet Espionage and the American Response, 1939-1957*. Washington, DC: National Security Agency and Central Intelligence Agency, 1996.

Bernstein, Barton J., ed. *The Atomic Bomb: The Critical Issues*. Boston: Little, Brown & Co., 1976.

Bernstein, Jeremy. *Experiencing Science*. New York: Basic Books, 1978.

—————. *Hans Bethe: Prophet of Energy*. New York: Basic Books, 1980.

—————. *Quantum Profiles*. Princeton, NJ: Princeton University Press, 1991.

—————. *The Merely Personal: Observations of Science and Scientists*. Chicago: Ivan R. Dee, 2001.

—————. *The Life It Brings: One Physicist's Beginnings*. New York: Penguin Books, 1987.

—————. *Oppenheimer: Portrait of an Enigma*. Chicago: Ivan R. Dee, 2004.

Berson, Robin Kadison. *Marching to a Different Drummer: Unrecognized Heroes of American History*. Westport, CT: Greenwood Press, 1994.

Bird, Kai. *The Chairman: John J. McCloy and the Making of the American Establishment*. New York: Simon & Schuster, 1992.

—————. *The Color of Truth: McGeorge Bundy and William Bundy, Brothers in Arms*. New York: Simon & Schuster, 1992.

Bird, Kai, and Lawrence Lifschultz, eds. *Hiroshima's Shadow: Writings on the Denial of History and the Smithsonian Controversy*. Stony Creek, CT: Pamphleteer's Press, 1998.

Birmingham, Stephen. *Our Crowd*. New York: Future Books, 1967.

—————. *The Rest of Us: The Rise of America's Eastern European Jews*. Boston: Little, Brown & Co., 1984.

Blackett, P. M. S. *Fear, War, and the Bomb: Military and Political Consequences of Atomic Energy*. New York: McGraw-Hill, 1948, 1949.

Blum, John Morton, ed. *The Price of Vision: The Diary of Henry A. Wallace, 1942-1946*. Boston: Houghton Mifflin, 1973.

Bohlen, Charles E. *Witness to History: 1929-1969*. New York: Norton, 1973.

Born, Max. *My Life: Recollections of a Nobel Laureate*. New York: Charles Scribner's Sons, 1975.

Boyer, Paul. *By Bomb's Early Light: American Thought and Culture at the Dawn of the Atomic Age*. Chapel Hill, NC: University of North Carolina Press, 1994 (Pantheon, 1985).

Brechin, Gray. *Imperial San Francisco:*

Urban Power, Earthly Ruin. Berkeley: University of California Press, 1999.

Brian, Denis. Einstein: A Life. New York: John Wiley & Sons, 1996.

Brode, Bernice. Tales of Los Alamos: Life on the Mesa, 1943-1945. Los Alamos, NM: Los Alamos Historical Society, 1997.

Brome, Vincent. The International Brigades: Spain, 1936-1939. New York: William Morrow & Co., 1966.

Brown, John Mason. Through These Men: Some Aspects of Our Passing History. New York: Harper & Brothers, 1956.

Bruner, Jerome Seymour. In Search of Mind. New York: Harper & Row, 1983.

Bundy, McGeorge. Danger and Survival: Choices About the Bomb in the First Fifty Years. New York: Random House, 1988.

Burch, Philip H., Jr. Elites in American History. Vol. 3, The New Deal to the Carter Administration. New York: Holmes & Meier, 1980.

Bush, Vannevar. Pieces of the Action. New York: William Morrow & Co., 1970.

Byrnes, James F. Speaking Frankly. New York: Harper & Brothers, 1947.

Calaprice, Alice, ed. The Expanded Quotable Einstein. Princeton, NJ: Princeton University Press, 2000.

Calvovoressi, Peter, and Guy Wint. Total War: The Story of World War II. New York: Pantheon Books, 1972.

Carroll, Peter N. The Odyssey of the Abraham Lincoln Brigade: Americans in the Spanish Civil War. Stanford, CA: Stanford University Press, 1994.

Cassidy, David. J. Robert Oppenheimer and the American Century. Indianapolis, IN: Pi Press, 2004.

——. The Uncertainty Principle: The Life and Science of Werner Heisenberg. New York: W. H. Freeman, 1992.

Chambers, Marjorie Bell, and Linda K. Aldrich. Los Alamos, New Mexico: A Survey to 1949. Los Alamos, NM: Los Alamos Historical Society, monograph 1, 1999.

Chevalier, Haakon. The Man Who Would Be God. New York: G. P. Putnam's Sons, 1959.

——. Oppenheimer: The Story of a Friendship. New York: George Braziller, 1965.

Childs, Herbert. An American Genius: The Life of Ernest Orlando Lawrence. New York: E. P. Dutton & Co., 1968.

Christman, Al. Target Hiroshima: Deke Parson and the Creation of the Atomic Bomb. Annapolis, MD: Naval Institute Press, 1998.

Church, Peggy Pond. Bones Incandescent: The Pajarito Journals of Peggy Pond Church. Lubbock, TX: Texas Tech University Press, 2001.

——. The House at Otowi Bridge: The Story of Edith Warner and Los Alamos. Albuquerque, NM: University of New Mexico Press, 1959.

Clark, Ronald W. Einstein: The Life and Times. New York: HarperCollins, Avon Books, 1971, 1984.

Cohen, Sam. *The Truth About the Neutron Bomb*. New York: William Morrow, 1983.

Coleman, Peter. *The Liberal Conspiracy: The Congress for Cultural Freedom and the Struggle for the Mind of Postwar Europe*. New York: The Free Press, 1989.

Compton, Arthur H. *Atomic Quest*. New York: Oxford University Press, 1956.

Cook, Fred J. *The FBI Nobody Knows*. New York: Macmillan Co., 1964.

―――. *The Nightmare Decade: The Life and Times of Senator Joe McCarthy*. New York: Random House, 1971.

Corson, William R. *The Armies of Ignorance: The Rise of the American Intelligence Empire*. New York: Dial, 1977.

Crease, Robert P., and Charles C. Mann. *The Second Creation: Makers of the Revolution in 20th Century Physics*. New York: Macmillan Co., 1986.

Curtis, Charles P. *The Oppenheimer Case: The Trial of a Security System*. New York: Simon & Schuster, 1955.

Dallet, Joe. *Letters from Spain*. New York: Workers Library Publishers, 1938.

Davis, Nuel Pharr. *Lawrence and Oppenheimer*. New York: Simon & Schuster, 1968.

Dawidoff, Nicholas. *The Catcher Was a Spy: The Mysterious Life of Moe Berg*. New York: Pantheon, 1994.

Dean, Gordon E. *Forging the Atomic Shield: Excerpts from the Office Diary of Gordon E. Dean*. Ed. Roger M. Anders. Chapel Hill, NC: University of North Carolina Press, 1987.

Donaldson, Scott. *Archibald MacLeish: An American Life*. Boston: Houghton Mifflin, 1992.

Dyson, Freeman. *Disturbing the Universe*. New York: HarperCollins, 1979.

―――. *From Eros to Gaia*, New York: Pantheon, 1992.

―――. *Weapons and Hope*. New York: Harper & Row, 1984.

Eisenberg, Carolyn. *Drawing the Line: The American Decision to Divide Germany, 1944-1949*. New York: Cambridge University Press, 1996.

Else, Jon, *The Day After Trinity: J. Robert Oppenheimer and the Atomic Bomb* (documentary film). Image Entertainment DVD, 1980. Transcript and supplemental files, Courtesy of Jon Else.

Eltenton, Dorothea. *Laughter in Leningrad: An English Family in Russia, 1933-1938*. London: Biddle Ltd., 1998.

Feynman, Richard. *"Surely You're Joking, Mr. Feynman!"* New York: Norton, 1985.

Fine, Reuben. *A History of Psychoanalysis*. New York: Columbia University Press, 1979.

Fölsing, Albrecht. *Albert Einstein*. New York: Viking Penguin, 1997.

Foreign Relations of the United States (FRUS), 1950, vol 1.

Friedan, Betty. *Life So Far: A Memoir*. New York: Simon & Schuster, 2000.

Friess, Horace L. *Felix Adler and Ethical Culture: Memories and Studies*. New York: Columbia University Press, 1981.

Gell-Mann, Murray. *The Quark and the Jaguar:*

Adventures in the Simple and the Complex. New York: W. H. Freeman & Co., 1994.

Gilpin, Robert. *American Scientists and Nuclear Weapons Policy.* Princeton, NJ: Princeton University Press, 1962.

Giovannitti, Len, and Fred Freed. *The Decision to Drop the Bomb.* London: Methuen & Co., 1965, 1967.

Gleick, James. *Genius: The Life and Science of Richard Feynman.* New York: Vintage, 1992.

Goldstein, Robert Justin. *Political Repression in Modern America.* Cambridge, MA: Schenkman Publishing Co., 1978.

Goodchild, Peter. *J. Robert Oppenheimer: Shatterer of Worlds.* Boston: Houghton Mifflin Co., 1981.

Goodman, Walter. *The Committee.* New York: Farrar, Straus & Giroux, 1968.

Gowing, Margaret. *Britain and Atomic Energy, 1939-1945.* New York: St. Martin's Press, 1964.

Greene, Brian. *The Elegant Universe: Superstrings, Hidden Dimensions, and the Quest for the Ultimate Theory.* New York: Random House, 1999; Vintage, 2003.

Grew, Joseph C. *Turbulent Era: A Diplomatic Record of Forty Years.* Vol. 2. Boston: Houghton Mifflin, 1952.

Gribbin, John. *Q Is for Quantum: An Encyclopedia of Particle Physics.* New York: Simon & Schuster, 1998.

Grigg, John. *1943: The Victory That Never Was.* London: Eyre Methuen, 1980.

Groves, Leslie M. *Now It Can Be Told: The Story of the Manhattan Project.* New York: Harper, 1962; Da Capo Press, 1983.

Guttmann, Allen. *The Wound in the Heart: America and the Spanish Civil War.* New York: 1962.

Haynes, John Earl, and Harvey Klehr. *In Denial: Historians, Communism and Espionage.* San Francisco: Encounter Books, 2003.

——— . *Venona: Decoding Soviet Espionage in America.* New Haven CT: Yale University Press, 1999.

Healey, Dorothy. *Dorothy Healey Remembers.* New York: Oxford University Press, 1990.

Hein, Hilde. *The Exploratorium: The Museum As Laboratory.* Washington, DC: Smithsonian Books, 1991.

Herken, Gregg. *Brotherhood of the Bomb: The Tangled Lives and Loyalties of Robert Oppenheimer, Ernest Lawrence, and Edward Teller.* New York: Henry Holt & Co., 2002.

——— . *Cardinal Choices: Presidential Science Advising from the Atomic Bomb to SDI.* New York: Oxford University Press, 1992.

——— . *Counsels of War.* New York: Alfred A. Knopf, 1985.

——— . *The Winning Weapon: The Atomic Bomb in the Cold War, 1945-1950.* New York: Alfred A. Knopf, 1980.

Hershberg, James. *James B. Conant: Harvard to Hiroshima and the Making of the Nuclear Age.* New York: Alfred A. Knopf, 1993.

Hewlett, Richard G., and Oscar E. Anderson,

Jr. *The New World, 1939-1946*. Vol. 1, *A History of the United States Atomic Energy Commission*. University Park, PA: Pennsylvania State University Press, 1962.

Hewlett, Richard G., and Francis Duncan. *Atomic Shield, 1947-1952*. Vol. 2, *A History of the United States Atomic Energy Commission*. University Park, PA: Pennsylvania State University Press, 1969.

Hewlett, Richard G., and Jack M. Holl. *Atoms for Peace and War, 1953-1961: Eisenhower and the Atomic Energy Commission*. Berkeley, CA: University of California Press, 1989.

Hinckle, Warren, and William W. Turner. *The Fish Is Red: The Story of the Secret War Against Castro*. New York: HarperCollins, 1981.

Hixson, Walter L. *George F. Kennan: Cold War Iconoclast*. New York: Columbia University Press, 1989.

Hoddeson, Lillian, Laurie M. Brown, Michael Riordan and Max Dresden, eds. *The Rise of the Standard Model: A History of Particle Physics from 1964 to 1979*. New York: Cambridge University Press, 1983.

Hoddeson, Lillian, Paul W. Henriksen, Roger A. Meade and Catherine Westfall. *Critical Assembly*. New York: Cambridge University Press, 1993.

Hollinger, David A. *Science, Jews, and Secular Culture*. Princeton, NJ: Princeton University Press, 1996.

Holloway, David. *Stalin and the Bomb: The Soviet Union and Atomic Energy, 1939-1956*. New Haven, CT: Yale University Press, 1994.

Holton, Gerald. *Einstein, History, and Other Passions*. Woodbury, NY: American Institute of Physics Press, 1995.

Horgan, Paul. *A Certain Climate: Essays in History, Arts, and Letters*. Middletown, CT: Wesleyan University Press, 1988.

Isserman, Maurice. *Which Side Were You On? The American Communist Party During the Second World War*. Middletown, CT: Wesleyan University Press, 1982.

James, Henry. *The Beast in the Jungle and Other Stories*. New York: Dover Publications, 1992.

Jenkins, Edith A. *Against a Field Sinister: Memoirs and Stories*. San Francisco: City Lights, 1991.

Jette, Eleanor. *Inside Box 1663*. Los Alamos, NM: Los Alamos Historical Society, 1977.

Jones, Ernest. *The Life and Work of Sigmund Freud*. New York: Basic Books, 1957.

Jones, Vincent C. *Manhattan: The Army and the Atomic Bomb*. Washington, DC: Center of Military History, United States Army, 1985.

Jungk, Robert. *Brighter Than a Thousand Suns: A Personal History of the Atomic Scientist*. New York: Harcourt, Brace & Co., 1958.

Kamen, Martin D. *Radiant Science, Dark Politics: A Memoir of the Nuclear Age*. Berkeley: University of California

Press, 1985.

Kaplan, Fred. *Gore Vidal*. New York: Doubleday, 1999.

Kaplan, Fred. *The Wizards of Armageddon*. New York: Simon & Schuster, 1983.

Kaufman, Robert G. *Henry M. Jackson: A Life in Politics*. Seattle: University of Washington Press, 2000.

Keitel, Wilhelm. *Mein Leben. Pflichterfüllung bis zum Untergang. Hitlers Generalfeldmarschall und Chef des Oberkommandos der Wehrmacht in Selbstzeugnissen*. Berlin: Quintessenz Verlags, 1998.

Kempton, Murray. *Rebellions, Perversities, and Main Events*. New York: Times Books, 1994.

Kevles, Daniel J. *The Physicists: The History of a Scientific Community in Modern America*. New York: Vintage Books, 1971.

Kipphardt, Heinar. *In the Matter of J. Robert Oppenheimer*. Translated by Ruth Speirs. New York: Hill and Wang, 1968.

Klehr, Harvey. *The Heyday of American Communism: The Depression Decade*. New York: Basic Books, 1984.

Klehr, Harvey, John Earl Haynes, and Fridrikh Igorevich Firsov, *The Secret World of American Communism*. New Haven, CT: Yale University Press, 1995.

Kragh, Helge. *Quantum Generations: A History of Physics in the Twentieth Century*. Princeton, NJ: Princeton University Press, 1999.

Kraut, Benny. *From Reform Judaism to Ethical culture: The Religious Evolution of Felix Adler*. Cincinnati, OH: Hebrew Union College Press, 1979.

Kunetka, James W. *City of Fire: Los Alamos and the Birth of the Atomic Age, 1943-1945*. Englewood Cliffs, NJ: Prentice-Hall, 1978.

――――. *Oppenheimer: The Years of Risk*. Englewood Cliffs, NJ: Pretice-Hall, 1982.

Kuznick, Peter. *Beyond the Laboratory: Scientists as Political Activists in 1930s America*. Chicago: University of Chicago Press, 1987.

Lamont, Lansing. *Day of Trinity*. New York: Atheneum, 1985.

Lanouette, William, with Bela Silard. *Genius in the Shadows: A Biography of Leo Szilard, the Man Behind the Bomb*. New York: Charles Scribner's Sons, 1992.

Larrowe, Charles P. *Harry Bridges: The Rise and Fall of Radical Labor in the U.S.* New York: Independent Publications Group, 1977.

Lawren, William. *The General and the Bomb: A Biography of General Leslie R. Groves, Director of the Manhattan Project*. New York: Dodd, Mead & Co., 1988.

Leffler, Melvyn P. *A Preponderance of Power: National Security, the Truman Administration, and the Cold War*. Stanford, CA: Stanford University Press, 1992.

Lewis, Richard, and Jane Wilson, eds. *Alamogordo Plus Twenty-five Years*. New

York: Viking Press, 1971.

Libby, Leona Marshall. *The Uranium People*. New York: Crane, Russak & Co., 1979.

Lieberman, Joseph I. *The Scorpion and the Tarantula: The Struggle to Control Atomic Weapons, 1945-1949*. New York: Houghton Mifflin, 1970.

Lilienthal, David E. *The Journals of David E. Lilienthal*. Vol. 2, *The Atomic Energy Years, 1945-1950*. New York: Harper & Row, 1964.

———. *The Journals of David E. Lilienthal*. Vol. 3, *Venturesome Years, 1950-1955*. New York: Harper & Row, 1966.

———. *The Journals of David E. Lilienthal*. Vol. 4, *The Road to Change, 1955-1959*. New York: Harper & Row, 1969.

———. *The Journals of David E. Lilienthal*. Vol. 5, *The Harvest Years, 1959-1963*. New York: Harper & Row, 1971.

———. *The Journals of David E. Lilienthal*. Vol. 6, *Creativity and Conflict, 1964-1967*. New York: Harper & Row, 1976.

Madsen, Axel. *Malraux: A Biography*. New York: William Morrow & Co., 1976.

Marbury, William L. *In the Catbird Seat*. Baltimore: Maryland Historical Society, 1988.

Mayers, David. *George Kennan and the Dilemmas of US Foreign Policy*. New York: Oxford University Press, 1988.

McGrath, Patrick J. *Scientists, Business, and the State, 1890-1960*. Chapel Hill, NC: University of North Carolina Press, 2002.

McMillan, Priscilla J. *The Ruin of J. Robert Oppenheimer and the Birth of the Modern Arms Race*. New York: Viking, 2005.

Merriman, Marion, and Warren Lerude. *American Commander in Spain: Robert Hale Merriam and the Abraham Lincoln Brigade*. Reno, NV: University of Nevada Press, 1986.

Merry, Robert W. *Taking on the World: Joseph and Stewart Alsop—Guardians of the American Century*. New York: Viking Press, 1996.

Michelmore, Peter. *The Swift Years: The Robert Oppenheimer Story*. New York: Dodd, Mead & Co., 1969.

Miller, Barbara Stoler, trans. *Bhartrihari: Poems*. New York: Columbia University Press, 1967.

Miller, Merle. *Plain Speaking: An Oral Biography of Harry S. Truman*. New York: G. P. Putnam's Sons, 1973.

Mills, Walter, ed. *The Forrestal Diaries*. New York: Viking Press, 1951.

Mitford, Jessica. *A Fine Old Conflict*. New York: Alfred A. Knopf, 1977.

Morgan, Ted. *Reds: McCarthyism in Twentieth-Century America*. New York: Random House, 2003.

Moynahan, Lt. Col. John F. *Atomic Diary*. Newark, NJ: Barton Publishing Co., 1946.

Nasar, Sylvia. *A Beautiful Mind*. New York: Simon & Schuster, 1998.

Navasky, Victor. *Naming Names*. New York: Viking Press, 1980.

Nelson, Cary, and Jefferson Hendricks, eds. *Madrid 1937: Letters of the Abraham

Lincoln Brigade from the Spanish Civil War. New York: Routledge, 1996.

Nelson, Steve, James R. Barrett, and Rob Ruck. *Steve Nelson: American Radical*. Pittsburgh, PA: University of Pittsburgh Press, 1981.

Nichols, Kenneth D. *The Road to Trinity*. New York: William Morrow and Co., 1987.

Norris, Robert S. *Racing for the Bomb: General Leslie R. Groves, the Manhattan Project's Indispensable Man*. South Royalton, VT: Steerforth Press, 2002.

Offner, Arnold A. *Another Such Victory: President Truman and the Cold War, 1945-1953*. Stanford, CA: Stanford University Press, 2002.

Oppenheimer, J. Robert. *The Flying Trapeze: Three Crises for Physicists*. London: Oxford University Press, 1964.

———. *The Open Mind*. New York: Simon & Schuster, 1955.

Paine, Jeffery. *Father India: How Encounters with an Ancient Culture Transformed the Modern West*. New York: HarperCollins, 1998.

Painter, David S. *The Cold War: An International History*. London and New York: Routledge, 1999.

Pais, Abraham. *The Genius of Science: A Portrait Gallery of Twentieth-Century Physicists*. Oxford: Oxford University Press, 2000.

———. *Inward Bound: Of Matter and Forces in the Physical World*. New York: Oxford University Press, 1986.

———. *Niels Bohr's Times in Physics, Philosophy, and Polity*. Oxford: Clarendon Press, 1991.

———. *A Tale of Two Continents: A Physicist's Life in a Turbulent World*. Princeton, NJ: Princeton University Press, 1997.

Pais, Abraham, Robert P. Crease, Ida Nicolaisen and Joshua Pais. *Shatterer of Worlds: A Life of J. Robert Oppenheimer*. New York: Oxford University Press, 2005.

Pais, Abraham, Maurice Jacob, David I. Olive and Michael F. Atiyah. *Paul Dirac: The Man and His Work*. Cambridge: Cambridge University Press, 1998.

Palevsky, Mary. *Atomic Fragments: A Daughter's Questions*. Berkeley, CA: University of California Press, 2000.

Pash, Boris T. *The Alsos Mission*. New York: Award House, 1969.

Pearson, Drew. *Diaries 1949-1959*. Ed. Tyler Abell. New York: Holt, Rinehart & Winston, 1974.

Peat, F. David. *Infinite Potential: The Life and Times of David Bohm*. Reading, MA: Helix Books, Addison-Wesley, 1997.

Pettitt, Ronald A. *Los Alamos Before the Dawn*. Los Alamos, NM: Pajarito Publications, 1972.

Pfau, Richard. *No Sacrifice Too Great: The Life of Lewis L. Strauss*. Charlottesville, VA: University Press of Virginia, 1985.

Polenberg, Richard, ed. *In the Matter of J. Robert Oppenheimer: The Security Clearance Hearing*. Ithaca, NY: Cornell University Press, 2002.

Polmar, Norman, and Thomas B. Allen. *Rickover: Controversy and Genius*. New

York: Simon & Schuster, 1982.

Powers, Thomas. *Heisenberg's War: The Secret History of the German Bomb.* New York: Alfred A. Knopf, 1993.

Prochnau, William W., and Richard W. Larwen. *A Certain Democrat: Senator Henry M. Jackson, A Political Biography.* Englewood Cliffs, NJ: Prentice-Hall, Inc., 1972.

Rabi, I. I., Robert Serber, Victor F. Weisskopf, Abraham Pais and Glenn T. Seaborg. *Oppenheimer.* New York: Charles Scribner's Sons, 1969.

Reeves, Thomas C. *The Life and Times of Joe McCarthy: A Biography.* New York: Stein & Day, 1982.

Regis, Ed. *Who Got Einstein's Office?* Reading, MA: Addison-Wesley, 1987.

Reston, James. *Deadline: A Memoir.* New York: Random House, 1991.

Rhodes, Richard. *Dark Sun: The Making of the Hydrogen Bomb.* New York: Simon & Schuster, 1995.

―――. *The Making of the Atomic Bomb.* New York: Simon & Schuster, 1986.

Rigden, John S. *Rabi: Scientist and Citizen.* Cambridge, MA: Harvard University Press, 1987.

Robertson, David. *Sly and Able: A Political Biography of James F. Byrnes.* New York: Norton, 1994.

Roensch, Eleanor Stone. *Life Within Limits.* Los Alamos, NM: Los Alamos Historical Society, 1993.

Romerstein, Herbert, and Eric Breindel. *The Venona Secrets: Exposing Soviet Epionage and America's Traitors.* Washington, DC: Regnery, 2000.

Rosenstone, Robert A. *Crusade of the Left: The Lincoln Battalion in the Spanish Civil War.* New York: Pegasus, 1969.

Royal, Denise. *The Story of J. Robert Oppenheimer.* New York: St. Martin's Press, 1969.

Saunders, Frances Stonor. *The Cultural Cold War: The CIA and the World of Arts and Letters.* New York: The New Press, 2000.

Schrecker, Ellen. *Many Are the Crimes: McCarthyism in America.* Boston: Little, Brown & Co., 1998.

―――. *No Ivory Tower: McCarthyism and the Universities.* New York: Oxford University Press, 1986.

Schwartz, Stephen I., ed. *Atomic Audit: The Cost and Consequences of U.S. Nuclear Weapons Since 1940.* Washington, DC: Brookings Institution Press, 1998.

Schwartz, Stephen. *From West to East: California and the Making of the American Mind.* New York: The Free Press, 1998.

Schweber, S. S. *In the Shadow of the Bomb: Bethe, Oppenheimer and the Moral Responsibility of the Scientist.* Princeton, NJ: Princeton University Press, 2000.

Seaborg, Glenn T. *A Chemist in the White House.* Washington, DC: American Chemical Society, 1998.

Segrè, Emilio. *Enrico Fermi: Physicist.* Chicago: University of Chicago Press, 1970.

―――. *A Mind Always in Motion: The Autobiography of Emilio Segrè.* Berkeley:

University of California Press, 1993.

Serber, Robert. *The Los Alamos Primer*. Berkeley: University of California Press, 1992.

———. with Robert P. Crease. *Peace and War: Reminiscences of a Life on the Frontiers of Science*. New York: Columbia University Press, 1998.

Sevareid, Eric. *Small Sounds in the Night: A Collection of Capsule Commentaries on the American Scene*. New York: Alfred A. Knopf, 1956.

Sherwin, Martin. *A World Destroyed: Hiroshima and Its Legacies* (3rd ed.). Stanford, CA: Stanford University Press, 2003. Originally published as *A World Destroyed: The Atomic Bomb and the Grand Alliance*. New York: Alfred A. Knopf, 1975.

Shirer, William L. *Twentieth-Century Journey: A Native's Return, 1945-1988*. Boston: Little, Brown & Co., 1990.

Simpson, Charistopher. *Blowback: America's Recruitment of Nazis and Its Effect on the Cold War*. New York: Weidenfeld & Nicolson, 1988.

Singer, Gerald, ed. *Tales of St. John and the Caribbean*. St. John, VI: Sombrero Publishing Co., 2001.

Smith, Alice Kimball. *A Peril and a Hope: The Scientists' Movement in America: 1945-1947*. Cambridge, MA: MIT Press, 1965.

———. and Charles Weiner, eds. *Robert Oppenheimer: Letters and Recollections*. Stanford, CA: Stanford University Press, 1995. Originally published in 1980 by Harvard University Press.

Smith, Richard Norton. *The Harvard Century: The Making of a University to a Nation*. New York: Simon & Schuster, 1986.

St. John People: Stories About St. John Residents by St. John Residents. St. John, VI: American Paradise Publishing, 1993.

Steeper, Nancy Cook. *Gatekeeper to Los Alamos: The Story of Dorothy Scarritt McKibbin*. Los Alamos, NM: Los Alamos Historical Society, 2003.

Stern, Philip M., with Harold P. Green. *The Oppenheimer Case: Security on Trial*. New York: Harper & Row, 1969.

Strauss, Lewis L. *Men and Decisions*. Garden City, NY: Doubleday, 1962.

Szasz, Ferenc Morton. *The Day the Sun Rose Twice: The Story of the Trinity Site Nuclear Explosion, July 16, 1945*. Albuquerque, NM: University of New Mexico Press, 1984.

Tanenhaus, Sam. *Whittaker Chambers: A Biography*. New York: Random House, 1997.

Taubman, William. *Khrushchev: The Man and His Era*. New York: Norton, 2000.

Teller, Edward, and Allen Brown. *The Legacy of Hiroshima*. New York: Doubleday, 1962.

Teller, Edward, with Judith Shoolery. *Memoirs: A Twetieth-Century Journey in Science and Politics*. Cambridge, MA: Perseus Publishing, 2001.

Terkel, Studs. *The Good War: An Oral History of World War Two*. London: Hamish

Hamilton, 1985.

Thomas, Hugh. *The Spanish Civil War*. New York: Harper & Brothers, 1961.

Truman, Harry S. *Memoirs by Harry S. Truman*. Vol. 1, *Year of Decisions*, Garden City, NY: Doubleday & Co., 1955.

———. *Off the Record: The Private Papers of Harry S. Truman*. Robert H. Ferrell, ed. New York: Penguin, 1982.

Trumpbour, John, ed. *How Harvard Rules: Reason in the Service of Empire*. Boston: South End Press, 1989.

United State Atomic Energy Commission, *In the Matter of J. Robert Oppenheimer: Transcript of Hearing Before Personnel Security Board and Texts of Principal Documents and Letters*. Foreword by Philip M. Stern. Cambridge, MA: MIT Press, 1971 (referred to in endnotes as "JRO hearing").

Vidal, Gore. *Palimpsest: A Memoir*. New York: Random House, 1995.

Voros, Sandor. *American Commissar*. Philadelphia: Chilton Company, 1961.

Wang, Jessica. *American Science in an Age of Anxiety: Scientists, Anticommunism, and the Cold War*. Chapel Hill: University of North Carolina Press, 1999.

Weisskopf, Victor. *The Joy of Insight: Passions of a Physicist*. New York: Basic Books, 1991.

Werth, Alexander. *Russia at War, 1941-1945*. New York: Carroll & Graf, 1964.

Wheeler, John Archibald, with Kenneth Ford. *Geons, Black Holes, and Quantum Foam: A Life in Physics*. New York: W. W. Norton, 1998.

Weinstein, Allen. *Perjury: The Hiss-Chambers Case*. New York: Alfred A. Knopf, 1978.

———. and Alexander Vassiliev. *The Haunted Wood: Soviet Espionage in America—The Stalin Era*. New York: Random House, 1999.

Wigner, Eugene. *The Recollections of Eugene P. Wigner as Told to Andrew Szanton*. New York: Plenum Press, 1992.

Williams, Robert Chadwell. *Klaus Fuchs: Atomic Spy*. Cambridge, MA: Harvard University Press, 1987.

Wilson, Edmund. *The Fifties: From the Notebooks and Diaries of the Period*, ed. Leon Edel. New York: Farrar, Straus & Giroux, 1986.

Wilson, Jane S. *All in Our Time*. Chicago: Bulletin of the Atomic Scientists, 1974.

Wilson, Jane S., and Charlotte Serber, eds. *Standing By and Making Do: Women of Wartime Los Alamos*. Los Alamos, NM: Los Alamos Historical Society, 1988.

Wirth, John D., and Linda Harvey Aldrich. *Los Alamos: The Ranch School Years, 1917-1943*. Albuquerque, NM: University of New Mexico Press, 2003.

Ybarra, Michael J. *Washington Gone Crazy: Senator Pat McCarran and the Great American Communist Hunt*. Hanovor, NH: Steerforth Prees, 2004.

Yoder, Edwin M., Jr. *Joe Alsop's Cold War: A Study of Journalistic Influence and Intrigue*. Chapel Hill, NC: University of North Carolina Press, 1995.

York, Herbert. *The Advisors: Oppenheimer, Teller, and the Superbomb*. Stanford, CA: Stanford University Press, 1976, 1989.

Zubok, Vladislav, and Constantine Pleshakov. *Inside the Kremlin's Cold War: From Stalin to Khrushchev*. Cambridge, MA: Harvard University Press, 1996.

주요 논문 및 학위 논문

Alperovitz, Gar, and Kai Bird. "The Centrality of the Bomb," *Foreign Policy*, Spring 1994.

Barnett, Lincoln. "J. Rovert Oppenheimer," *Life*, 10/10/49.

Bernstein, Barton J. "Eclipsed by Hiroshima and Nagasaki: Early Thinking about Tactical Nuclear Weapons," *International Security*, vol. 15. Spring 1991.

———. "Four Physicists and the Bomb: The Early Years, 1945-1950," *Historical Studies in Physical Sciences*, vol. 18, no. 2, 1988.

———. "Interpreting the Elusive Robert Serber: What Serber Says and What Serber Does Not Explicitly Say," *Studies in History and Philosophy of Modern Physics*, vol. 32, no. 3, 2001, 443~486쪽.

———. "In the Matter of J. Robert Oppenheimer," *Historical Studies in the Physical Sciences*, vol. 12, part 2, 1982.

———. "The Oppenheimer Loyalty-Security Case Reconsidered," *Stanford Law Review*, July 1990.

———. "Oppenheimer and the Radioactive-Poison Plan," *Technology Review*, May-June 1985.

———. "Reconsidering the Atomic General: Leslie R. Groves," *The Journal of Military History*, July 2003.

———. "Seizing the Contested Terrain of Early Nuclear History: Stimson, Conant, and Their Allies Explain the Decision to Use the Atomic Bomb," *Diplomatic History* 17, Winter 1993.

Bernstein, Jeremy. "Profiles: Physicist," *The New Yorker*, 10/13/75 and 10/20/75.

Birge, Raymond T. "History of the Physics Department," vol. 4, "The Decade 1932-1942," unpublished manuscript, University of California, Berkeley.

Boulton, Frank. "Thomas Addis (1881-1949): Scottish Pioneer in Haemophilia Research," *Journal of the Royal College of Physicians of Edinburgh*, no. 33, 2003, 135~142쪽.

Bundy, McGeorge. "Early Thoughts on Controlling the Nuclear Arms Race." *International Security*, Fall 1982.

———. "The Missed Chance to Stop the H-Bomb," *New York Review of Books*, 5/13/82.

Coughlan, Robert. "The Tangled Drama and Private Hells of Two Famous Scientists," *Life*, 12/13/63.

———. "The Equivocal Hero of Science: Robert Oppenheimer," *Life*, February 1967.

Davis, Harry M. "The Man Who Built the A-Bomb," *New York Times Magazine*, 4/18/48.

Day, Michael A. "Oppenheimer on the Nature

of Science." *Centaurus*, vol. 43, 2001.

"The Eternal Apprentice," *Time*, 11/8/48.

Galison, Peter, and Barton J. Bernstein. "In Any Light: Scientists and the Decision to Build the Superbomb, 1952-1954," *Historical Studies in Physical Sciences*, vol. 19.

Gibney, Nancy. "Finding Out Different," in *St. John People: Stories about St. John Residents by St. John Residents*. St. John V. I.: American Paradise Publishing, 1993.

Green, Harold P. "The Oppenheimer Case: A Study in the Abuse of Law," *Bulletin of the Atomic Scientists*, September 1977.

Gundel, Jeremy. "Heroes and Villains: Cold War Images of Oppenheimer and Teller in Mainstream American Magazines," July 1992, Occasional Paper 92-1, Nuclear Age History and Humanities Center, Tufts University.

Hershberg, James G. "The Jig Was Up: J. Robert Oppenheimer and the International Control of Atomic Energy, 1947-1949." Paper presented at Oppenheimer Centennial Conference, Berkeley, CA, 4/22-24/04.

Hijiya, James A. "The Gita of J. Robert Oppenheimer," *Proceedings of the American Philosophical Society*, vol. 144, no. 2, June 2000.

Holton, Gerald. "Young Man Oppenheimer," *Partisan Review*, vol. XLVIII, 1981.

Kempton, Murray. "The Ambivalence of J. Robert Oppenheimer," *Esquire*, December 1983.

Leffler, Melvyn. "Inside Enemy Archives: The Cold War Re-Opened," *Foreign Affairs*, Summer 1996.

Lemley, Kevin V., and Linus Pauling. "Thomas Addis," *Biographical Memoirs*, vol. 63. Washington, DC: National Academy of Sciences, 1994.

Morgan, Thomas B. "A Visit with J. Robert Oppenheimer," *Look*, 4/1/58.

─────. "With Oppenheimer, on an Autumn Day: A Thoughtful Man Talks Searchingly About Science, Ethics, and Nuclear War on a Quiet Afternoon During a Bad Time," *Look*, 12/27/66.

Newman, Steven Leonard. "The Oppenheimer Case: A Reconsideration of the Role of the Defense Department and National Security." Dissertation, New York University, February 1977.

Oppenheimer, Robert. "Niels Bohr and Atomic Weapons," *New York Review of Books*, 12/17/64.

─────. "On Albert Einstein," *New York Review of Books*, 3/17/66.

Preuss, Paul. "On the Blacklist," *Science*, June 1983, 35쪽.

Rhodes, Richard. "I Am Become Death……" *American Heritage*, vol. 28, no. 6, 1987, 70~83쪽.

Rosenberg, David Alan. "The Origins of Overkill: Nuclear Weapons and American Strategy, 1945-1960," *International Security*, no. 7, Spring 1983.

Sanders, Jane A. "The University of Washington and the Controversy Over J. Robert Oppenheimer," *Pacific

Northwest Quarterly, January 1979.

Stern, Beatrice M. *A History of the Institute for Advanced Study, 1930-1950*, 613쪽, unpublished manuscript, archives, Institute for Advanced Studies.

Szasz, Ferenc M. "Great Britain and the Saga of J. Robert Oppenheimer," *War in History*, vol. 2, no. 3, 1995.

Thorpe, Charles Robert. "J. Robert Oppenheimer and the Transformation of the Scientific Vocation," Dissertation, UC-San Diego, 2001.

─────. and Steven Shapin. "Who Was J. Robert Oppenheimer?" *Social Studies of Science*, August 2000.

Trilling, Diana. "The Oppenheimer Case: A Reading of the Testimony," *Partisan Review*, November-December 1954.

Wilson, Robert. "Hiroshima: The Scientists' Social and Political Reaction," *Proceedings of the American Philosophical Society*, September 1996.

일차 문헌 모음

Acheson, Dean (YUL)
Barnard, Chester (Harvard Business School Library)
Baruch, Bernard (PUL)
Bethe, Hans (CUL)
Bohr, Niels (AIP)
Bush, Vannevar (LC and MIT)
Byrnes, James F. (CU)
Clark, Grenville (Dartmouth College)
Clayton, William (HSTL)
Clifford, Clark (HSTL)
Committee to Frame a World Constitution (University of Chicago)
Compton, Arthur (Washington University)
Compton, Karl (MIT)
Conant, James B. (HU)
DuBridge, Lee (Caltech)
Dulles, John Foster (PUL and DDEL)
Eisenhower, Dwight D., Presidential Papers collections (DDEL)
Federation of Atomic Scientists and numerous associated manuscript collections such as Atomic Sientists of Chicago, Fermi papers and Hutchins papers (University of Chicago)
Forrestal, James (PUL)
Frankfurter, Felix (LC and Harvard Law School)
Groves, Leslie, Record Group (RG) 200, National Archives (NA)
Harriman, Averell (LC and Kai Bird personal archive)
Lamont, Lansing (HSTL)
Lawrence, E. O. (UCB)
Lilienthal, David (PUL)
Lippmann, Walter (YUL)
McCloy, John J. (Amherst College archives)
Niebuhr, Reinhold (LC)
Oppenheimer, J. Robert (LOC and IAS)
Osborn, Frederick (HSTL)
Patterson, Robert (LC)
Peters, Bernard (Niels Bohr Archive, Copenhagen)
Roosevelt, Franklin D., Presidential Papers collection (Roosevelt Library)
Stimson, Henry L. (YUL)
Strauss, Lewis L. (HHL)
Szilard, Leo (UCSDL)

Tolman, Richard (Caltech)
Truman, Harry S., Presidential Papers Collections (HSTL)
University of Michigan records of the theoretical physics summer schools during the 1930s
Urey, Harold (UCSDL)
Wilson, Carroll (MIT)

정부 문서 모음

Atomic Energy Commission, National Archives
Manhattan Engineering District, Harrison-Bundy files, RG 77, NA
National Defense Research Council and Office of Scientific Research and Development, RG 227, NA
Federal Bureau of Investigation records on J. Rogert Oppenheimer, FBI Headquarters, Washington, DC (Name files: J. Robert Oppenheimer, Katherine Oppenheimer, Frank Oppenheimer, Haakon Chevalier, and Klaus Fuchs)
Los Alamos National Laboratory Archives, numerous files
Secretary of Defense Papers, RG 330, NA
Secretary of War Papers, RG 107, NA
Joint Committee on Atomic Energy, RG 128, NA
Special Committee on Atomic Energy, RG 46, NA
Department of State, AEC files and the records of the Special Assistant to the Secretary of State for atomic energy matters, RG 50, NA

인터뷰

다음 인터뷰들은 마틴 셔윈(MS), 카이 버드(KB), 존 엘즈(JE), 앨리스 킴벌 스미스(AS), 그리고 찰스 와이너(CW)에 의해 채록되었다. 셔윈과 버드의 인터뷰 녹취록들은 저자들이 보관하고 있다. 존 엘즈의 인터뷰들은 1980년에 제작된 그의 다큐멘타리 The Day After Trinity에 사용하기 위해 채록되었다. 스미스와 와이너의 인터뷰들은 그들이 편집한 오펜하이머 서간집 Robert Oppenheimer: Letters and Recollections 준비 과정에서 채록된 것들이다. 스미스와 와이너는 고맙게도 우리에게 인터뷰 녹취록들을 제공했다. 하지만 이 녹취록들은 대부분 매사추세츠 케임브리지의 MIT 구술사 프로그램에 보관되어 있다.

Anderson, Carl, 3/31/83 (MS)
Bacher, Jean, 3/29183 (MS)
Bacher, Robert, 3/29/83 (MS)
Barlas, June, 1/19/82 (MS); 3/28/01 (KB)
Bernheim, Frederic, 10/27/75 (CW)
Bethe, Hans, 7/13/79 (JE); 5/5/82 (MS)
Bohm, David, 6/15/79 (MS)
Boyd, William, 12/21/75 (AS)
Bradbury, Norris, 1/10/85 (MS)
Bundy, McGeorge, 12/2-3/92 (KB)
Chance, Ellen, 5/10/79 (MS)
Cherniss, Harold F., 4/21/76 (AS); 5/23/79 (MS); 11/10/76 (AS)
Chevalier, Haakon, 6/29/82, 7/15/82 (MS)
Chevalier, Haakon, Jr., 3/9/02 (MS)
Christy, Robert, 3/30/83 (MS)
Colgate, Sterling, 11/21/79 (JE)
Compton, Margaret, 4/3/76 (AS)
Crane, Horace Richard, 4/8/83 (MS)
Dale, Betty, 1/21/82 (MS)

Denham, Irva Claire, 1/20/82 (MS)
Denham, John, 1/20/82 (MS)
DeWire, John, 5/5/82 (MS)
DuBridge, Lee, 3/30/83 (MS)
Duffield, Priscilla Greene, 1/2/76 (AS)
Dyer-Bennett, John, 5/15/01 (KB phone interview)
Dyson, Freeman, 12/10/79 (JE); 2/16/84 (MS)
Ecker, Allan, 7/16/91 (MS)
Edsall, John, 7/16/75 (CW)
Edwards, Steve, 1/18/82 (MS)
Ericson, Sabra, 1/13/82 (MS)
Fergusson, Francis, 4/23/75, 4/21/76 (AS); 6/8/79, 6/18/79, 6/23/79, 7/7/79 (MS)
Fontenrose, Joseph, 3/28/83 (MS)
Fowler, William A., 3/29/83 (MS)
Frank, Sis, 1/18/82 (MS)
Freier, Phyllis, 3/5/83 (MS)
Friedan, Betty, 1/24/01 (KB)
Friedlander, Gerhart, 4/30/02 (MS)
Garrison, Lloyd, 1/31/84 (KB)
Geurjoy, Edward, 6/26/04 (KB)
Gibney, Ed, 3/26/01 (KB)
Gibney, Eleanor, 3/27/01 (KB)
Green, John and Irva, 2/20/82 (MS)
Goldberger, Marvin, 3/28/83 (MS)
Goldberger, Mildred, 3/3/83 (MS)
Gordon, Lincoln, 5/18/04 (KB phone interview)
Hammel, Edward, 1/9/85 (MS)
Hawkins, David, 6/5/82 (MS)
Hempelmann, Louis, MD, 8/10/79 (MS)
Hein, Hilde Stern, 3/11/04 (KB)
Hiilivirta, Inga, 1/16/82 (MS); 3/26/01 (KB)
Hobson, Verna, 7/31/79 (MS)
Horgan, Paul, 3/3/76 (AS)
Jadan, Doris and Ivan, 1/18/82, 3/26/01 (MS); 3/28/01 (KB)
Jenkins, Edith Arnstein, 5/9/02 (interview by Gregg Herken); 7/25/02 (KB phone interview)
Kamen, Martin D., 1/18/79 (MS)
Kayser, Jane Didisheim, 6/4/75 (CW)
Kelman, Dr. Jeffrey, 2/3/01 (KB)
Kennan, George F., 5/3/79 (MS)
Langsdorf, Babette Oppenheimer, 12/1/76 (AS)
Lilienthal, David E., 10/14/78 (MS)
Lomanitz, Rossi, 7/11/79 (MS)
Manfred, Ken Max (Friedman), 1/14/82 (MS)
Manley, John, 1/9/85 (MS)
Mark, J. Carson, 12/19/79 (JE)
Marks, Anne Wilson, 3/5/02, 3/14/02, 5/9/02 (KB)
Marquit, Irwin, 3/6/83 (MS)
McCloy, John J., 7/10/86 (KB)
McKibbin, Dorothy, 1/1/76 (AS); 7/20/79, 12/10/79 (JE)
Motto, Dr. Jerome, 3/14/01 (KB phone interview)
Mirsky, Jeanette, 11/10/76 (AS)
Morrison, Philip, 6/21/02 (MS); 10/17/02 (KB phone interview)
Nedelsky, Leo, 12/7/76 (AS)
Nelson, Steve and Margaret, 6/17/81 (MS)
Nier, Alfred, 3/5/83 (MS)
Oppenheimer, J. Robert, 11/18/63 (interview by T. S. Kuhn), AIP, APS
Oppenheimer, Frank, 2/9/73 (CW); 3/17/75, 4/14/76 (AS); 12/3/78 (MS)
Oppenheimer, Peter, 7/79 (MS); 9/23-24/04

(KB)
Peierls, Sir Rudolph, 6/5-6/79 (MS)
Phillips, Melba, 6/15/79 (MS)
Pines, David, 6/26/04 (KB)
Plesset, Milton, 3/28/83 (MS)
Pollak, Inez, 4/20/76 (AS)
Purcell, Edward, 3/5/79 (MS)
Rabi, I. I., 3/12/82 (MS)
Rosen, Louis, 1/9/85 (MS)
Rotblat, Joseph, 10/16/89 (MS)
St. Clair, Fiona and William, 2/17/82 (MS)
Serber, Robert, 3/11/82 (MS); 12/15/79 (JE)
Sherr, Patricia, 2/20/79 (MS)
Silverman, Albert, 8/9/79 (MS)
Silverman, Judge Samuel, 7/16/91 (MS)
Smith, Alice Kimball, 4/26/82 (MS)
Smith, Herbert, 8/1/74 (CW); 7/9/75 (AS)
Stern, Hans, 3/4/04 (KB phone interview)
Stratchel, John, 3/19/80 (MS)
Strunsky, Robert, 4/26/79 (MS)
Smyth, Henry De Wolf, 3/5/79 (MS)
Tatlock, Hugh, 2/01 (MS)
Teller, Edward, 1/18/76 (MS)
Uehling, Edwin and Ruth, 1/11/79 (MS)
Uhlenbeck, Else, 4/20/76 (AS)
Ulam, Stanislaw L., 7/19/79 (MS)
Ulam, Stanislaw and Françoise, 1/15/80 (JE)
Voge, Hervey, 3/23/83 (MS)
Wallerstein, Dr. Robert S., 3/19/01 (KB phone interview)
Weinberg, Joseph, 8/11/79; 8/23/79 (MS)
Weisskopf, Victor, 3/23/79; 4/21/82 (MS)
Whidden, Georgia, 4/25/03 (KB)
Wilson, Robert, 4/23/82 (interview by Owen Gingrich)
Wyman, Jeffries, 5/28/75 (CW)

Yedidia, Avram, 2/14/80 (MS)
Zorn, Jans, 4/8/83 (MS)

옮긴이의 글

로버트 오펜하이머의 삶에 대해서는 그동안 수많은 역사가들이 다양한 각도에서 조명해 왔다. 역사가들이 특히 주목했던 점은 오펜하이머가 총책임자로 진두지휘했던 맨해튼 프로젝트의 경과를 중심으로 거대 과학의 등장을 분석하는 것과 1954년 원자력 에너지 위원회의 보안 청문회에 초점을 맞춰 과학자들마저 냉전 초기 매카시즘의 희생양이 될 수밖에 없었음을 보이는 것이었다.

역사가인 마틴 셔윈과 저널리스트인 카이 버드가 함께 쓴 이 전기는 오펜하이머의 일생을 단편적인 각도에서 조망하는 것이 아니라 총체적인 모습을 담아내고 있다. 단순히 오펜하이머의 출생부터 죽음까지의 과정을 다루었다는 사실을 넘어, 소년 오펜하이머의 경험과 행동에 대한 구체적인 분석을 통해 중년의 오펜하이머에게서 보이는 독특한 정신 세계를 유추해 볼 수 있다는 의미를 갖고 있다. 예를 들어 저자들은 어린 시절 방학 캠프에서 그가 보여 준 금욕적인 인내력과 고행자적 세계관을 1954년 청문회에서의 결단과 연결시키는데, 이는 다른 오펜하이머 전기들이나 역사서들에서 볼 수 없는 참신한 분석이다. 이렇듯 저자들은 오펜하이머라는 만화경과 같은 인간에게서 보이는 이미지의 편린들을 연결시켜 오펜하이머의 전체적인 모습을 효과적으로 재현해 냈다.

오펜하이머의 일대기는 과학 활동이 '국가(state)'의 부국강병(富國强兵)과 더욱 밀접한 관계를 맺기 시작한 20세기의 흐름을 반영한다. 물리학 이론이 양자 역학 등을 통해 보다 정교해지면서 과학 활동의 유용성이 높아졌고, 이는 산업화를 통한 경제의 발전과 무기 개발을 통한 국가 안보 유지에 폭넓게 응용되기 시작했다. 맨해튼 프로젝트를 통한 원자 폭탄의 개발은 그 정점에 놓여 있었고, 전쟁 이후 국가의 기초 과학 지원을 정당화하는 근거를 제공했다. 오펜하이머는 원자 폭탄 개발을 진두지휘하며 얻게 된 과학자와 과학 행정가로서의 명성과 영향력을 이용해 미국, 나아가 세계가 나아갈 방향을 제시하는 지식인이자 철학자가 되고자 했다. 하지만 그는 냉전 초기의 매카시즘이라는 맥락 속에서 자신의 꿈을 이루는 데 실패하고 말았다. 그의 실패는 현대의 과학자들이 독립적인 지식인으로서 기능하는 것이 얼마나 어려운지를 극명하게 보여 주는 사례라고 할 수 있다.

국가의 지원을 받은 과학자는 얼마나 국가 정책에 비판적인 입장을 가질 수 있을 것인가? 21세기의 맥락에 맞추어 다음과 같은 질문 역시 가능하다. 자본의 지원을 받은 과학자는 얼마나 자본에 대해 비판적인 입장을 가질 수 있을 것인가? 오펜하이머의 삶을 통해 우리는 과학자의 사회적 역할에 대한 근본적인 질문을 던질 수 있게 된다.

2006년 말부터 시작된 번역 작업은 2009년 말이 되어서야 마무리되었다. 여러 차례 작업이 지체되는 동안 참을성을 가지고 기다려 준 ㈜사이언스북스 편집부에 감사의 말을 전한다. 이번 번역 작업은 개인사적으로도 커다란 의미가 있다. 작업이 진행되는 동안 학위 논문을 마무리했고 첫 직장에서 일을 시작했으며 아내는 딸을 낳았다. 번역 작업이 한창이던 2008년 여름, 딸을 병원에서 집으로 데리고 돌아와 작업을 계속했던 기억은 오래도록 남아 있을 것이다. 그런 의미에서 이 책은 나만큼이나 아내 김지영과 딸 최지우의 작품이라고 말해도 과언이 아닐 것이다.

필라델피아에서
최형섭

찾아보기

가

갈릴레오 861, 897

개리슨, 로이드 802, 804, 809, 811, 815, 818, 822, 826, 834, 847, 861, 864, 893

개리슨, 윌리엄 로이드 802

거트루드, 마리아 116

걸조이, 에드 296

게이츠, 존 274

고든, 링컨 781

고등 연구소 13, 22, 24, 195, 594~6, 605, 609~610, 613, 615, 618~619, 622, 625, 630, 632, 645, 647, 658, 661, 666, 669, 674, 684, 712, 757, 766, 794, 802, 908, 915, 923~624, 952~953, 963, 979, 987

고우젠코, 이고르 584

고흐, 빈센트 반 34, 611

골드스틴, 베티 325

곰퍼스, 새뮤얼 54, 70

공산당 191, 202~206, 206~207, 209~211, 213, 215, 217~221, 227, 233~234, 234~239, 240~249, 251~254, 257, 259~260, 202~265, 273~275, 277, 279, 297~301, 303~304, 319, 325~326, 329, 332, 344, 380, 391, 395~398, 401, 407~408, 411~414, 478~479, 557~560, 605, 644, 648, 650, 653, 656, 661~665, 719, 722~727, 730, 744~749, 751, 754, 766, 780, 784, 786, 800, 812, 820~824, 827~829, 841~842, 869~870, 877~879, 891, 897, 934

1097

괴델, 쿠르트 614, 622~623
괴팅겐 106, 109~124, 133, 141, 192, 287, 379, 509, 643, 655, 920
구로사와 아키라 37
군사 정책 위원회 323
굿차일드, 피터 89
그레노블 대학교 271
그레이 위원회 852, 861, 868, 871, 873, 880~883, 886~887, 890~898
그레이, 고든 807~808, 818~819, 821, 823, 824~825, 835, 837
그로미코, 안드레이 573
그로브스, 레슬리 22, 267, 320, 322, 324, 350~352, 354, 356, 357, 359, 366, 368, 375, 379~385, 390, 397, 399, 403, 405, 415~416, 419, 420, 447, 453, 454, 457, 462~468, 472, 477, 490~491, 498, 500, 502, 508, 510~514, 516, 524~525, 543, 546 563~564, 716~717, 785, 790, 800, 839, 843~853
그로스먼, 오브리 207
그리피스, 고든 245
그릭스, 데이비드 트레셀 733~734
그린, 이르바 데넘 2
그린, 해럴드 389, 780, 801, 807, 896
기번, 에드워드 68
기브니, 낸시 932
기브니, 밥 932
기술 구역 357, 359, 366, 389, 435, 522

나

나가사키 528~529, 533~534, 554, 618, 640, 739, 781
나보코프, 니콜라스 23, 926, 959, 963
나보코프, 블라디미르 926
나치스 48, 112, 125, 191, 208, 221, 251, 252, 260, 298, 306~307, 318, 325, 342, 345, 355, 360, 377, 420, 455, 477, 478, 713, 813
내시, 존 923
냉전 24, 745, 903
네더마이어, 세스 374, 467, 469
네덜란드 121, 129, 139, 140, 151, 293
네델스키, 레오 514, 156, 167, 178, 191
네델스키, 웨노나 232
네프빌, 로런스 드 928
넬슨, 마거릿 276, 279, 283~285
넬슨, 스티브 219, 274~278, 283, 300, 325~334, 393, 397, 561, 647, 653, 725, 749, 753, 785, 819, 8231
넬슨, 조시 284
노르웨이 157, 210
노스캐롤라이나 대학교 810
노이만, 요한 폰 111, 468, 612, 618, 622, 631, 711, 868
뉴룩 방위 태세 74
뉴마크, 헬렌 815
뉴멕시코 24, 61, 64, 80, 84, 97, 129, 133~137, 149, 152, 188, 195, 258, 267, 350, 361, 363, 371, 453, 457, 522, 531,

727, 928, 939, 969
뉴올리언스 29
뉴욕 30, 33, 131, 169, 170, 195, 209, 279, 323, 453, 544, 562, 568, 577, 588, 596~597, 623, 628, 705, 718, 760, 777, 802, 811, 816
뉴욕 시립 대학 308
뉴턴, 아이작 861
뉴턴, 알베르타 15
니츠, 폴 2, 709
니콜스, 케네스 321, 399~400, 508, 717, 790, 791, 793, 799~801, 824, 826, 890~895
닉슨, 리처드 649, 750, 789~790
닐런, 존 프랜시스 608

다

다이슨, 이메 958
다이슨, 프리먼 26, 476, 622, 633, 635, 641, 673, 680, 683, 712, 732, 957~958, 963
다이즈, 마틴 256
다트머스 대학 272
다하우 207, 653
달라스 945
달레트, 조 272~279
달리, 살바도르 286
대공황 205
대로, 칼 168
댄코프, 시드니 292, 297

더르, 클리퍼드 64
더필드, 프리실라 그린 382, 438, 670
던, 존 200, 509
덜러스, 앨런 502
덜러스, 존 포스터 766
데넘, 이르바 클레어 913
데스피오, 샤를 34
데이비스, 누엘 파르 100
데이비스, 존 804
데커, 캐롤라인 212
데탕트 477
덴마크 72, 104
도모나가 신이치로 619
도스토예프스키 98
도티, 에드 267, 528~529
독일 13, 47, 125, 129, 130, 143, 205, 272, 277, 312, 317, 333, 386, 451
듀보이스 43
듀브리지, 리 539, 370, 586, 696, 716, 734, 740, 770, 817, 903
듀이, 존 54
드 실바, 피어 388, 390, 391, 509, 652
드랭, 앙드레 34
드레퓌스, 알프레드 26, 900
디디스하임, 제인 53, 88, 535
디랙, 폴 103~105, 111, 119, 120, 130, 153, 161~163, 230, 611, 619, 622, 660, 694, 716, 738, 753, 775, 859

라

라그랑주 127
라비, 이지도어 아이작 2, 143~144, 146, 177, 185, 224, 260, 324, 358~361, 471, 475, 535, 552, 564, 571, 578, 586, 590, 601, 615, 628, 639, 694, 707, 769, 773, 814, 866, 867, 900, 967
라비노비치, 유진 499
라이더, 아서 811, 182
라이덴 대학교 106, 111, 130, 139, 643
라이프치히 411, 143
라플랜트, 브라이언 780
란덴버그 137
랜스데일 396~401, 408, 411~414, 417, 438~442, 839, 840, 848, 850, 852, 863
랜스버그, 바버라 에델 211
랜스버그, 캐롤 785
램, 윌리스 유진 613, 617
램세에이어 271
랩, 랠프 68
러더퍼드, 어니스트 80~82, 86, 87, 101, 105
러베트, 로버트 474
러셀, 버트런드 아서 윌리엄 73, 74, 920
러셀, 캐서린 701, 781, 812
러시아 98, 202, 258, 261, 330, 340, 345, 345, 385, 453, 530, 879, 934
런던 92~93, 97, 275, 427, 645, 781
레닌그라드 217
레드 헤링 클럽 344, 346

레리플러, 멜빈 476
레스턴, 제임스 787, 810, 825
레이먼드, 내털리 617
레이히, 윌리엄 대니얼 502
레프, 모리스 187
레프, 샬럿 187
레프, 제니 187
레프, 프랜시스 187
렘브란트 34
로, 하틀리 586, 696
로런스, 어니스트 올랜도 157~160, 161, 167, 175, 180, 189, 195, 225, 229, 236, 260, 289, 292, 301, 304, 307, 309, 322~333, 342, 352, 354, 384, 400, 416, 493, 496, 501, 510, 516~518, 529, 532, 543, 548, 592, 596, 601, 604, 606, 664, 690, 694, 717, 836, 855, 882, 902
로리첸, 찰스 크리스천 138, 194, 231, 269, 532, 733
로마니츠, 지오바니 로시 297, 299, 305, 325~326, 333, 403, 408, 413, 426, 647, 657, 820
로버슨, 메이슨 423
로버트슨, 프리실라 201~202, 422, 423
로스앤젤레스 174, 233, 604
로스앨러모스 2~24, 61, 333, 350~353, 355, 358~369, 380, 384~385, 387, 391, 400~411, 424, 429~432, 435, 437, 442, 445, 452, 461, 471, 474, 476, 479, 484, 499~500, 523, 524, 527~531, 536,

541~549, 555, 564, 580, 581, 593, 603, 615, 621, 631, 636, 641, 652, 665, 668, 673, 676, 694, 695, 718, 733, 768, 809, 829, 904, 908, 920, 962
로스펠드, 솔로몬 13
로스펠드, 지그문트 13
로스피노스 57, 81, 135, 136, 150, 190, 282, 531, 602
로이스먼, 진 817
로저스, 윌리엄 791
로젠, 네이선 166
로젠, 루이스 482
로젠버그, 에델 785
로젠버그, 율리우스 785
로체스터 대학교 647, 655
로트블랫, 조지프 437, 477, 920
로트블랫텔러 480
롤랜더, 칼 아서 820
롭, 레너드 913
롭, 로저 806, 818, 826~832, 852, 862~864, 884~886
롱아일랜드 의과 대학 208
루벤, 샘 301
루스벨트, 시어도어 30
루스벨트, 아치볼드 921
루스벨트, 프랭클린 20, 234, 238, 256, 260, 306, 313, 380, 386, 460~463, 487, 489, 529, 549, 599, 917, 946
루이스, 로저 150, 189
루이스, 존 256

르누아르, 피에르오귀스트 34
리노위츠, 솔 656
리만, 로이드 32
리버풀 130
리스 강연 779, 781, 914
리어리, 엘레노어 60
리정다오 2
리코버, 하이먼 716
리틀우드, J. E. 37
리펜슈탈, 샬럿 120, 121, 129, 131, 132
릴리엔, 한나 208
릴리엔털, 데이비드 53, 551, 563~576, 582, 597, 604~606, 627, 655, 660, 680, 689, 694, 699, 707, 724, 756, 761, 803, 865, 918, 923, 927, 946, 953, 957

마

마르샤크, 로버트 167, 618
마르크스, 카를 42, 202, 209, 214, 234
마르크스, 카를 247, 265, 274, 299
마샤크, 루스 429
마셜, 조지 캐틀렛 133, 494, 495, 496, 498, 544, 588, 612
마스, 허버트 633
마이어, 루스 711
마이어스 476
마크스, 앤 윌슨 438, 524, 564, 565, 649
마크스, 허버트 543, 565, 569, 575, 649, 717, 720, 751~755, 775, 804, 811, 817, 824, 912

마티네즈, 마리아 48
마틴, 이안 510
만, 토마스 430
말로, 앙드레 212, 915
매사추세츠 273
매이, 앨런 넌 588
매카시, 조지프 25, 213, 266, 729, 758, 776, 780, 787, 811, 816, 819, 826, 844, 899, 924
매클로이, 존 2, 502, 504, 505, 555, 565, 567, 568, 571, 576, 577, 861, 863, 864, 901
매클리시, 아치볼드 590, 591
맥그래스, 패트릭 763
맥마흔, 브라이언 54, 607, 701, 707, 724
맥밀런, 에드윈 매티슨 2, 188, 350, 351
맥키빈, 도로시 스캐럿 362, 364, 371, 432, 548
맥터넌, 존 324
맨리, 존 532, 354, 355, 371, 372, 387, 468, 526, 527, 563
맨스필드, 캐서린 65, 731
맨해튼 엔지니어 디스트릭트 321
맨해튼 프로젝트 22, 321, 322, 331, 333, 349, 379, 380, 385, 396, 397, 401, 405, 415, 454, 459, 462, 493, 497, 498, 504, 530, 535, 595, 688, 845, 894
머로, 에드워드 819, 917
머리, 제임스 415
머스키, 지넷 25, 56

머피, 찰스 71, 773, 889
메이, 앤드루 544
메이, 케네스 247, 652, 723, 819, 842
멕시코 67
모건, 토머스 810, 820, 887, 962
모렐, 오토라인 91
모리슨, 필립 208, 243, 292, 297, 297, 300, 301, 334, 386, 449, 471, 500, 510, 529, 536, 537, 592, 666, 711
모스코비치, 헨리 46
모스크바 258, 307, 330, 504, 579, 714, 727, 742, 968
모이너한, 존 255
몽고메리, 딘 166, 622, 636
미시건 533
미첼, 윌리엄 808
미치노비치, 마이크 432
밀리컨, 로버트 앤드루스 102

바

바가바드기타 812, 186, 265, 488, 509, 511, 517, 944, 952, 978
바너드, 체스터 567
바루크, 버나드 571~578, 579, 583, 711, 783
바르뷔스, 앙리 212
바서 대학 131, 200, 202
바이마르 공화국 112
바이스코프, 빅터 819, 258, 259, 376, 455, 458, 460, 465, 483, 537, 617, 658, 661,

818, 969
바일, 헤르만 628, 630
바커, 로버트 362, 606, 807
바커, 진 535, 680
바트키 490
반 고흐, 빈센트 67
반덴버그, 호이트 735
반미 활동 조사 위원회 334, 644~654,
　657~661, 666, 723, 747, 756, 781, 821
반제티, 바르톨로메오 273
밴블렉, 존 해즈브룩 134
밸런친, 조지 23
뱀버거, 루이스 165
버그, 모 377
버나드 대학 3
버지, 레이먼드 915, 534
버진 제도 684, 912, 913, 931
번디, 맥조지 700, 741, 923, 947
번디, 하비 13, 601
번하임, 프레더릭 65~67, 79, 87, 97, 533
베른펠트, 지그프리트 222, 224, 394, 422
베를린 48, 55, 208, 216, 376, 966
베블렌, 오스왈드 166, 635
베이커, 셀마 272
베크렐, 앙투안 앙리 29
베테, 한스 알브레히트 12~24, 124, 126,
　260, 287, 311, 314, 316, 318, 323, 324,
　353, 356, 359, 361, 365, 368, 369, 371,
　373, 386, 448, 457, 466, 466, 474, 482,
　512, 541, 587, 592, 617, 620, 641, 656,

695, 728, 813, 819, 861
벨, 대니얼 903
벨기에 270
벨몬트, 앨런 853, 888
벨하우젠, 펠릭스 42
보그, 허브 303, 344, 346
보든, 윌리엄 리스컴 721, 724, 726, 730,
　732, 777, 780, 785, 791
보들레르 136
보딘, 레너드 817
보른, 막스 106, 110~117, 122~140, 142,
　192, 230, 921
보스턴 대학교 768
보슬리, 루스 월스워드 211
보어, 닐스 72, 85, 104, 105, 110, 118, 124,
　139, 142, 162, 292, 294, 448, 452, 458,
　459, 463, 480, 482, 484, 488, 494, 498,
　502, 555, 578, 589, 611, 619, 626~628,
　657, 713, 744, 781
보이드, 윌리엄 클라우드 76, 79, 132
볼렌, 찰스 칩 477
볼로네이, 조한나 270
볼셰비키 30
볼코프, 조지 614
볼티모어 32, 564
볼피, 조지프 608, 654, 662, 732,
　752~756, 794~795, 859
봄, 데이비드 298, 300, 305, 325, 331, 333,
　426, 617, 619, 659, 725, 822, 839, 855,
　962

찾아보기　1103

부시, 바네바 133, 319, 354, 374, 493, 525, 532, 545, 567, 608, 689, 805, 861, 870, 902

부하린 258

뷔야르, 에두아르 34

브라우넬, 허버트 729~730, 788

브라우더, 얼 806

브라우더, 펠릭스 766

브라운, 존 메이슨 370, 907

브라질 60, 665, 774

브래디, 제임스 514

브레스텐, 루이스 216

브레이트, 그레고리 291

브로드, 로버트 365, 432

브로드, 버니스 366, 431

브루너, 제롬 604

브뤼셀 645

브리그스, 라이먼 132

브리지먼, 퍼시 윌리엄스 72, 82, 118, 642, 921

브리지스, 해리 914

브위셀 928

블라맹크, 모리스 드 34

블래킷, 패트릭 매이너드 스튜어트 86, 91, 99, 640, 950

블로흐, 세바스찬 262~263

블로흐, 펠릭스 147, 236, 260, 314

비들, 프랜시스 919

비서링, 보드윈 270

비스타 보고서 736

비스타 프로젝트 70

비키니 582

빌러드, 오스왈드 개리슨 47

사

사우샘프턴 8

사우스다코타 517

사이언티픽 먼슬리 539

사코, 니콜라 273

샌프란시스코 크로니클 268, 289

서버, 로버트 22, 148, 163, 166, 177, 186~191, 193, 195, 204, 232, 268, 270, 282, 315, 321~375, 388~424, 448, 455, 468, 515, 536, 618, 677, 711, 855, 909, 969

서버, 샬럿 388, 281, 530

세그레, 에밀리오 16, 388, 489

세버레이드 900, 947

세인트존 섬 2, 684, 931, 941, 957, 959

셀리그만, 요제프 42

셔윈, 마틴 9

셔윈, 마틴 241, 243, 244, 265, 345

셰르, 패트 271, 443, 673, 677~681, 871, 911

셰르부르 275

셰익스피어 37, 201, 865

소르본 271

소머벨, 브레혼 320

소우어스, 시드니 701

소프, 이르바 불란 913

소프, 찰스 466, 921
손, 킵 616
솔터, 윌리엄 46
슈뢰딩거, 에어빈 103, 106, 111, 117, 153
슈발리에, 바버라 38, 340, 783, 853
슈발리에, 하콘 911, 210~216, 221, 238~245, 252~261, 264, 265, 266, 268, 285~287, 337~341, 343, 345, 397, 402, 408, 418, 533, 563, 588, 592, 593, 595, 596, 597, 598, 608, 653, 719, 728, 769, 783, 783, 785, 787, 822, 828, 834, 840, 846~852, 864, 881, 890, 915, 262~263
슈윙거, 줄리언 시모어 2617
슈트라스만, 프리츠 289
슈퍼 폭탄 137, 474, 694, 699, 703, 713
슐레진저, 아서 마이어 2, 928, 928, 947, 958
슐츠버거, 아서 해이즈 827
스나이더, 하틀랜드 166, 292, 295
스미스, 시릴 431, 512, 530, 586, 696, 701
스미스, 앨리스 킴벌 9, 431, 526, 529
스미스, 허버트 윈슬로 37, 52, 56~60, 68, 74, 77, 79, 92, 95, 97, 180, 533
스미스, 헨리 84, 895
스미스, 헨리 드울프 24
스코틀랜드 216
스콜니코프, 수전 슈발리에 211
스킴슨 492
스타라우스 967
스탈린 257, 258, 491, 526, 531, 580, 588, 706, 724, 727, 756
스탈린그라드 299
스탠퍼드 715, 199, 207, 218, 236, 268, 300, 314
스턴, 앨프레드 22
스턴, 필립 13, 954
스턴, 헤드윅 오펜하이머 22
스테펀스, 링컨 70
스트라빈스키, 이고르 페도로비치 23
스트라우스, 루이스 598, 602~606, 624, 630~633, 689, 694, 699, 708~720, 757~767, 770, 773, 783, 799, 802~805, 818, 831, 842, 852, 886, 897, 902, 947, 954
스트로스 598
스트래턴, S. W. 123
스트런스키, 로버트 763
스티븐슨, 애들라이 74
스팀슨, 헨리 306, 313, 494, 499, 500, 502, 532, 537, 542, 545, 552, 741, 950
스페인 203, 212, 213, 218, 220, 225, 247, 276, 282, 309, 326, 327, 335, 388, 591, 862
스펜더, 스티븐 23
스프라울, 로버트 고든 610, 541, 549, 550, 608
스피노자 47, 77
시보그, 글렌 515, 586, 696, 946
시애틀 260, 321
시카고 157, 301, 322, 361, 366, 380, 386,

411, 454, 490, 500, 502, 514
실버만, 새뮤얼 821
싱클레어, 업턴 913, 205
CIA 427

아

아델슨, 데이비드 303, 562
아롱, 레이몽 926
아우어바흐, 마틸다 15
아이젠스테드, 알프레드 977
아이젠하워, 드와이트 데이비드 22, 504, 713, 727, 743, 761, 765, 766, 786, 808, 843, 899, 902, 920
아인슈타인, 알베르트 22, 30, 104, 110, 122, 165, 181, 203, 312, 595, 609, 611~614, 619, 623, 625~630, 634, 641, 648, 658, 813, 826, 857, 896, 919
안스타인, 이디스 207, 221, 259, 393, 844
알라다이스, 코르빈 847, 848
알렌산더, 제임스 166
알페로비츠, 가르 952
알프스 207
애그뉴, 해럴드 368
애덤스, 셔먼 788
애들러, 새뮤얼 42
애들러, 펠릭스 41, 47, 185, 186, 602
애디스, 토머스 208, 216, 218, 243, , 822, 866
애시브리지, 휘트니 387
애치슨, 딘 543, 554, 565, 569, 574, 576, 583, 587, 702, 706, 708, 714, 740, 774
앤더슨, 칼 612
앤더슨, 허버트 545
앤아버 134, 179, 200
앨라드, 루이스 47
앨라모고도 154, 524, 528
앨리슨, 새뮤얼 619
앨버레즈, 루이스 월터 289~290, 343, 404, 432, 598, 838
앨버커키 57, 361, 443, 536
앨솝, 스튜어트 729, 900
앨솝, 조지프 729, 739, 777, 900, 910
얄타 531
어바나 281, 315
에니웨톡 환초 77
에드살, 존 70, 97~99, 286, 216, 478
에렌페스트, 폴 122, 139~141, 143, 293, 964
에릭슨, 시브라 940
에릭슨, 에릭 23
에머슨, 토머스 809
에번스, 워드 810, 820, 866, 887~897
에티컬 컬처 스쿨 510, 204, 783
FBI 817, 209, 217, 238, 242, 248, 282, 284, 319, 327~329, 332~345, 346, 391, 395, 398, 402, 417, 479, 510, 530, 561~565, 575, 588, 594, 597, 602, 608, 650, 653, 659, 664, 667, 718, 749, 758, 769, 776, 777, 781, 789, 802, 805, 807, 823~825, 850, 853, 885, 897, 914

엑커, 앨런 820, 821
엘루겔라브 섬 474
엘리엇, 존 러브조이 46, 49, 185
엘리엇, 찰스 69
엘리엇, T. S. 68, 182, 623
엘사서, 월터 819
엘텐튼, 도로시아 341
엘텐튼, 조지 303, 339, 344, 346, 402~405, 407, 410, 412, 417, 594, 595~597, 653, 725, 783, 822~834, 840, 850~852, 853, 861
MIT 136, 321, 362, 380
열린 마음 922
영국 84, 231, 344, 479, 660, 667, 703
예디디아, 아브람 205
예이츠, 윌리엄 버틀러 812
예일 대학교 517
오데츠, 클리퍼드 817
오브라이언 564
오브라이언, 존 로드 804
오스트리아 413, 144, 222, 258, 259
오즈본, 프레더릭 587
오크리지 33, 405, 411, 569, 874
오클라호마 205
오클랜드 206
오펜하이머, 루이스 프랭크 36
오펜하이머, 바베트 40, 907
오펜하이머, 벤냐민 13, 38
오펜하이머, 에밀 13
오펜하이머, 엘라 3~34, 35, 37, 38, 55, 88, 90, 94, 130, 150, 173, 180
오펜하이머, 율리우스 13~34, 37, 40, 47, 49, 55, 88, 92, 130, 150, 169, 174, 180, 181, 227
오펜하이머, 재키 233, 234, 284, 445, 664, 666, 671, 678
오펜하이머, 캐서린 '키티' 퓨닝 23, 270~340, 365, 393, 432, 432, 437~445, 511, 533, 535, 558, 575, 596, 600, 606, 607, 632, 638, 673, 677, 682, 683, 685, 729, 781, 783, 783, 795, 805, 814, 821, 858, 871, 914, 927, 929, 934, 949, 956, 964, 967, 969
오펜하이머, 토니 23, 443, 558, 612, 672, 684, 685, 911, 934, 942, 948
오펜하이머, 프랭크 프리드먼 23, 40, 54, 81, 130~152, 167~170, 174, 176, 181, 189, 194, 225, 227, 228~237, 243, 397, 412, 418, 511, 513~516, 518, 541, 546, 592, 645~647, 656, 658, 665~667, 671, 711, 814, 828, 846, 848, 854, 891, 908, 922, 961
오펜하이머, 피터 23, 286, 364, 558, 612, 672, 682, 683, 941, 948
오하이오 272~273
오해러, 존 23
옥스퍼드 84, 85, 245, 616
올슨, 컬버트 206
와이먼, 제프리스 64, 75, 87, 91, 97, 99, 103, 785

와이오밍 대학교 34
와인버그, 조지프 2907~301, 305, 315, 325, 326, 332, 333, 334, 426, 565, 579, 649, 654, 725, 749, 752, 754, 758, 794, 822, 855
와일, 앙드레 636
요르단, 에른스트 파스쿠알 111
우드워드 482
울람, 스태니슬라우 732
워너, 이디스 46, 447, 536, 558
워시번, 메리 엘렌 911, 199, 424
워시번, 존 911
워싱턴 268, 314, 331, 351, 499, 502, 526, 532, 541, 550, 561, 599, 600, 611, 643, 707, 742, 763, 766, 781, 805, 811, 817, 902
워싱턴 대학교 321, 918
워싱턴 카네기 협회 133
워싱턴, 부커 43
워싱턴, 후드 586
워커, 앤드루 391, 398
원자력 에너지 위원회 24, 586, 589, 598, 608, 614, 663, 668, 696, 707, 717, 722, 757, 767, 769, 775, 780, 781, 793, 794, 804, 806, 811, 815, 817, 820, 823, 825, 845, 854, 866, 889, 897, 899, 946
월리스, 헨리 5, 552
웰치, 조지프 나이 86
웹, 베아트리스 209
웹, 시드니 209

위그너, 유진 폴 22, 110, 369, 630
위스콘신 대학교 272, 291
윈첼 826
윈첼, 월터 899
윌렌베크, 엘제 131, 151, 111, 113, 131, 189, 290, 617
윌리스, 헨리 애거드 윌리스 133, 693, 719
윌리엄 제임스 강연 923
윌슨 산 천문대 614
윌슨, 로버트 610, 355, 369, 430, 435, 462, 481~482, 483, 499~524, 530, 546, 592, 699
윌슨, 에드먼드 211, 924, 925
윌슨, 우드러 217
윌슨, 제인 530
유태인 30, 32~34, 37, 44, 112, 121, 143~144, 161, 174, 187, 192, 195, 205, 218, 272, 534, 887, 900
육군 대학 702
윤리 문화 협회 30
율링, 루스 811
율링, 에드윈 617, 175, 177
융, 카를 201
이바노프, 페테르 342~345, 594, 838
이스라엘 60
이스트먼, 맥스 202
이타카 210
이탈리아 119, 207, 212, 270, 273, 277, 352, 447
인도 659, 667

일리 533, 281, 315
일본 25, 309, 359, 502, 528, 581

자
자단, 도리스 936
자단, 이반 936
자문 위원회 586, 590, 737
잔델, 헨리 956
잭슨 787
제2차 세계 대전 24, 165, 251, 331, 346, 642, 903
제네바 호수 270
제임스, 헨리 761
제퍼슨, 토머스 43
젠킨스, 이디스 200, 203
조스트, 레스 638
조지 워싱턴 대학교 134
존스 홉킨스 대학교 29, 192, 229, 233
존스, 어니스트 22
존슨, 루이스 708
존슨, 린든 B. 2, 948
존슨, 에드윈 544
주커트, 진 902
지드, 앙드레 120, 212
진스, 제임스 호프우드 65, 202
질라르드, 레오 312, 366, 489~492, 494~498, 506~508, 543~545, 696, 918

차
차일드, 마퀴스 781

채드윅, 제임스 86, 102, 452, 477, 964
처웰 경 462, 475
처칠 461, 526
체르니스, 해럴드 53, 155, 171, 177, 182, 210, 541, 554, 623, 671, 684, 717, 908, 909
체임버스, 휘태커 646, 725, 752
체코슬로바키아 132
체호프, 안톤 65, 67, 119
초서, 제프리 41, 201
취리히 411, 143, 146, 149, 179, 224, 645
츠바이크, 슈테판 119

카
카네기 멜론 대학교 298
카멘, 에스 303
카멘, 마틴 257, 301~302, 304
카스트로, 피델 427
카울스 81
카자흐스탄 689
카피차, 페테르 103, 461~462
칼슨, 프랭클린 718~179
칼텍 130, 133, 138, 154, 166, 179, 194, 221~235, 236, 286, 290, 534, 550, 586, 603, 606, 678, 734
캐나다 232, 277, 588, 703
캐번디시 연구소 82, 85, 122, 194, 230
캘리포니아 114, 134, 195, 205~207, 210, 213, 219, 228, 253, 257, 422, 534
캘브레이스, 존 케네스 928

캠벨, 헬렌 619
커밍스, e. e. 136
커틀러, 로버트 789
컨소다인, 윌리엄 847~848, 850, 852
컬럼비아 534
컬럼비아 대학교 415, 916
케넌, 조지 프로스트 24, 702~704, 709, 714, 746, 861, 866, 928, 966
케네디, 조 387
케네디, 존 F. 938, 943~948
케설링, 조지프 431
케이센, 칼 960
케이스, 클리퍼드 2
케이텔, 빌헬름 271
케이펫츠, 그레고리 751
케이프타운 210
케인, 에스텔 914, 268, 302
케인, 허버트 268
케임브리지 64, 80, 85, 87, 92~99, 102, 103, 106, 110, 113, 115, 132, 163, 176, 194, 230~233, 285
케임브리지, 매사추세츠 201, 693
켐블, 에드윈 117
켐블, 에드윈 127
코넌트, 제임스 307, 313, 319, 354, 374, 449, 468, 497, 515, 545, 567, 574, 586, 608, 692, 696, 710, 742, 856
코넬 대학교 287
코노핀스키, 에밀 134
코르시카 섬 98~100, 133, 285, 963

코슨, 데일 298
코펜하겐 104, 122, 124, 139, 452, 455, 645, 783
코플란, 로버트 915
코헨, 샘 258
콘, 로이 76
콘던, 에드워드 118, 121, 124, 375, 379~384, 565, 657, 759, 903
콜게이트, 스털링 531
콜로라도 510, 201, 666, 961
콤프턴, 칼 113, 119, 307, 319, 380, 449, 492, 493, 500, 502, 692, 719
쿨리지, 케빈 727
퀴리, 마리 30
퀴리, 피에르 30
크라머, 헨드릭 167
크라머스, 헨드릭 앤서니 719
크라우치, 폴 264, 725~729, 732, 752, 753
크로스먼 915
크로커, 윌리엄 610
크리스티, 로버트 541
클라크, 그렌빌 68
클레르, 하비 265
클로델, 폴 119
클록, 오거스투스 53
키니 723
키스티아콥스키, 조지 382, 470, 471, 511, 518
키신저, 헨리 920
키프하르트, 헤이나르 952

킬리, 프랜시스 84, 94
킬리언, 제임스 474

타

타일러, 제럴드 387
태트록, 존 919, 200, 420
태트록, 진 191, 203~208, 215, 221, 224, 248, 259, 266~268, 270, 324, 391, 393, 395, 420~425, 822, 841, 843
태트록, 휴 200, 426
태프트, 로버트 686, 777
태프트, 찰리 686
터크, 제임스 430
테네시 405
텔러, 미시 431
텔러, 에드워드 616, 314~318, 375, 384, 386, 391, 431, 448, 455, 473, 475, 507, 513, 541, 543, 626, 690, 695, 707, 732, 737, 813, 857, 876, 902, 916, 949
텔아비브 928
토머스, 찰스 567, 571, 777
토인비, 아널드 623, 782
톨먼, 루스 173, 194, 455, 585, 603, 604, 605, 606, 623, 680, 756, 818, 875
톨먼, 리처드 154, 164, 173, 194, 221, 374, 534, 573, 585, 605
톨먼, 에드워드 23
톨스토이 98
톰슨, J. J. 28, 85
트로츠키 258
트루먼, 해리 487~490, 495, 497, 499, 504, 506, 510, 524~525, 529, 536, 540~544, 549~555, 563, 567, 575, 578~583, 586, 588, 659, 666, 687, 696~690, 694, 700, 702, 704~710, 712, 718, 722, 730, 738, 741, 753, 763, 789, 881, 950
트리니티 23, 200, 524, 551, 954
트리메티 호 54
티니앤 섬 255

파

파두아 208
파리 32, 93, 94, 97, 125, 260, 275~278, 645, 783, 915
파슨스, 데케 432, 448, 470, 472, 524, 788, 791
파슨스, 마르타 683
파울러, 랠프 611
파울러, 윌리엄 234, 251, 257, 290
파울리, 볼프강 110, 122, 124, 140, 143, 147, 153, 162, 167, 179, 224, 376, 473, 618, 626
파웰, 세실 프랭크 86
파이얼스, 루돌프 541, 472, 475
파이크 701
파인만, 리처드 148, 361, 368~369, 514, 522, 638
판토바, 조하나 816
팔리, 필립 897

패럴, 토머스 158, 525
패서디나 134, 138, 164, 169, 173, 179, 181, 194, 233, 269, 281, 534, 558, 585, 606, 734
패시, 보리스 330~332, 396, 399, 402, 405~410, 411, 417, 420, 594, 595, 651, 659, 829~833
팸세이어, 프랭크 271
퍼거슨, 프랜시스 36, 52~56, 65, 75, 78, 84~90, 92~96, 908, 929, 958, 967
퍼리, 웬델 416
퍼시, 네이선 924
페로 칼리엔테 137, 149~152, 169, 176, 189, 232, 233, 281, 287, 352, 434, 533, 688, 726
페르미 상 944~948
페르미, 엔리코 110, 317, 352, 372, 375, 385, 449, 468, 493, 545, 584, 690, 694, 717, 811
페이스, 에이브러햄 410, 615, 624, 629, 636, 672, 677, 681, 718, 825
페이지, 윈드롭 58
페이지, 캐서린 차베스 58, 60, 80, 135, 136, 150, 190, 282
펜실베이니아 187, 270, 280, 927
포돌스키, 보리스 166
포레스탈, 제임스 599
포모사 917
포츠담 256, 532
폭스, 데이비드 410

폭스, 어빙 데이비드 305, 654
폰테코르보, 브루노 912
폴, 랜돌츠 858
폴락, 이네즈 89, 90
폴란드 145, 165, 251
폴리, 에드윈 608
폴링, 라이너스 154, 194, 216, 292, 919
폴코프, 아이작 219, 242, 820, 878
푸에르토리코 대학 34
푹스, 클라우스 478, 479, 716, 718, 720
풀러 460
풀브라이트 967
풀턴, 존 598, 661
퓨닝, 캐테 비서링 270
퓨닝, 프란츠 270, 271
프랑스 29, 34, 98, 210, 270, 275, 912
프랑스, 아나톨 211
프랑코 35
프랑크, 제임스 111, 120, 126, 192
프랑크, 프란시스 212
프랭크, 시스 936, 940, 958
프랭크퍼터, 펠릭스 543, 575, 598, 612, 666, 899
프러시아 127
프렌들리, 알프레드 914
프로이트, 지그문트 59, 92, 202, 265
프루스트, 마르셀 101, 133, 925, 961
프리드먼, 막스 297, 305, 325, 332, 334, 426
프리드먼, 엘라 32

프리슈, 오토 132, 451
플라첵 819, 258, 259, 621
플랑크, 막스 카를 에른스트 루트비히 29, 110
플렉스너, 에이브러햄 165
플루토늄 132, 373, 466, 690
피셔, 루이스 965
피스크 대학교 659
피어스, 조지 워싱턴 71
피어슨, 드류 826
피츠버그 270, 272, 443, 785
피츠제럴드, 프랜시스 스콧 119
피카소, 파블로 34, 222
피터스, 버나드 207~208, 209, 299, 305, 652, 654, 656, 658, 661, 666
피터스, 한나 207, 397, 654, 823, 911
피트먼, 존 207, 844
핀레터, 토머스 734, 736
핀스키, 폴 562
필라델피아 280
필립스, 멜바 614, 175~179, 188, 191, 193, 599

하

하먼, 존 387
하버드 대학교 57, 63, 67, 72, 78~83, 87, 104, 113, 127, 130~134, 138, 163, 195, 201, 285, 314, 353, 382, 470, 497, 509, 534, 691, 783, 861, 921, 929
하비, 윌리엄 418, 845
하비, 휴 344
하와이 728
하이젠베르크, 베르너 카를 85, 103, 106, 110~111, 117, 122~125, 141, 153, 216, 376, 454~455, 463, 627, 924
한, 오토 111, 289
한국 728, 744
할베르크, 아르보 쿠스타 274
함부르크 120, 142
해리스, 로버트 9531
해리슨, 리처드 스튜어트 280~282, 602
해리슨, 월리스 930
해리슨, 조지 492, 530, 539
해리슨, 키티 269
핼리팩스 136, 453
허바드, 잭 152~514
허버트, 조지 686, 915
허시펠더, 조지프 151, 515
헌트, 하워드 427
헌틀리, 체트 954
헐, 매칼리스터 466
헝가리 491
헤밍웨이, 어니스트 177, 265
헤슬레프, 찰스 874
헤인스, 존 얼 265
헬먼, 릴리언스테펀스, 링컨 211
헴펠만, 루이스 383, 432, 434, 437, 440, 446, 666, 681, 816
헴펠만, 엘리노어 672, 681
호건, 로즈메리 57

호건, 폴 36, 57, 64, 73, 78, 81
호그니스, 도펀 115
호그니스, 피비 115
호닉, 도널드 23
호우터만스, 프리드리히 게오르그 121, 132
호우트스미스, 새뮤얼 에이브러햄 111, 131, 653
호킨스, 데이비드 300, 301, 370, 388, 391, 395, 413, 436, 460, 463, 469, 482, 487, 500, 766, 820
호프만, 앤 268
홀, 거스 274
홀, 잭 839
홀, 테드 479
홀, 하비 160
홀조프, 알렉산더 757
홉슨, 베르나 340, 635, 672, 674, 680, 683, 684, 795, 803, 812, 814, 853, 947
홉슨, 윌더 761, 801
홉킨스, 제라드 맨리 200
화이트, 해리 덱스터 789
화이트헤드, 앨프리드 노스 73
횔덜린, 요한 119
후두 956, 958, 962
후버, 에드거 391, 395, 561~564, 565, 574, 605~608, 718, 720, 775, 778, 783, 789, 807, 846, 884, 910~911
후버, 허버트 597
휠러, 존 705, 720

휴렛, 리처드 837
흐루시초프 477
히긴보텀 482, 545, 551
히데키, 유카와 25
히로시마 506, 529, 530, 535, 536, 540, 543, 562, 642, 653, 711, 741, 764, 783, 824, 922, 935, 951
히스, 앨저 646, 750
히스키, 클라렌스 753
히켄루퍼, 보크 733, 947
히틀러, 아돌프 48, 125, 165, 191, 201, 261, 318, 335, 489, 719
힐, 딕슨 822
힐, 실비아 822~823
힐더브랜드, 조엘 303
힐리버타, 잉가 937, 940

사진 출처

사진과 삽화의 사용을 허가해 준 다음의 개인과 기관에 감사한다.

AIP 미국 물리학회, 에밀리오 세그레 시청각 아카이브
AP AP/세계 사진 모음
Bancroft 캘리포니아 대학교 버클리 분교, 뱅크로프트 도서관
BS 버드-서원 사진 모음
Bukowski 조 부카우스키
AIP-BAS 《원자 과학자 회보》, AIP 에밀리오 세그레 시청각 아카이브
Caltech 캘리포니아 공과대학 아카이브
Eisenstaedt 알프레드 아이젠스태드/타임 & 라이프 사진/게티 이미지
AIP-PTC 어니스트 올랜도 로렌스 버클리 국립 연구소, AIP 에밀리오 세그레 시청각 아카이브, 《피직스 투데이》 사진 모음
Exploratorium 낸시 로저스 ⓒ 탐험관, www.explarotorium.edu
FBI 연방 수사국
Harvard 하버드 대학교 아카이브
Herblock 허블록 ⓒ 1950 『허블록의 지금 여기(Herblock's Here and Now)』(사이먼 & 슈스터, 1955), 워싱턴 포스트 사
Hiilivirta 잉가 힐리버타
JROMC J. 로버트 오펜하이머 기념 위원회
Karsh 유수프 카시/레트나 주식회사
Berkeley 로렌스 버클리 국립 연구소
LANL 로스앨러모스 국립 연구소 아카이브
Marks 앤 윌슨 마크스
NAS 미국 과학 아카데미
NA 미국 국립 문서보관소
Bohr 닐스 보어 아카이브, AIP 에밀리오 세그레 시청각 아카이브
Northwestern 노스웨스턴 대학교 아카이브

Richards 앨런 W. 리처드, 뉴저지 주 프린스턴, AIP 에밀리오 세그레 시청각 아카이브
Sonnenberg 바바라 소넨버그
Steltzer 울리 스텔처
Tatlock 휴 태트록 박사
Getty 타임 & 라이프 사진/게티 이미지
UPI 유나이티드 프레스 인터내셔널, AIP 에밀리오 세그레 시청각 아카이브,《피직스 투데이》사진 모음
UNC 노스 캐롤라이나 대학교 아카이브
Voge 허브 보그
Whitehead R. V. C. 화이트헤드/J. 로버트 오펜하이머 기념 위원회
Yamahata 야마하타 요스케, 나가사키, 1945년 8월 10일, 미국 국립 문서보관소 ⓒ 야마하타 쇼고/IDG 필름 사. 사진의 복원 및 보정은 TX 언리미티드 사

율리우스의 초상 Sonnenberg
엘라의 초상 Sonnenberg
율리우스와 아기 오펜하이머 JROMC
놀고 있는 오펜하이머 JROMC
엘라와 오펜하이머 LANL
턱에 손을 대고 있는 오펜하이머 JROMC
말을 타고 있는 오펜하이머 JROMC
청년 오펜하이머 AIP
청년 오펜하이머와 프랭크 AIP
폴 디랙 NA
막스 보른 NA
오펜하이머와 크라머 AIP
보트에 탄 오펜하이머 일행 AIP
서버, 파울러, 오펜하이머, 앨버레즈 AIP
칼텍 정원에서의 오펜하이머 Caltech
흑판 앞에 선 서버 Berkeley
자동차에 기댄 로런스와 오펜하이머 AIP
말과 함께 서 있는 오펜하이머 LANL

페로 칼리엔테의 저자들 BS
오펜하이머, 페르미, 로런스 Berkeley
와인버그, 로마니츠, 봄, 프리드먼 NA
닐스 보어 AP
카메라를 보고 있는 진 태트록 Tatlock
토머스 애디스 박사 NAS
FBI 문서 FBI
하콘 슈발리에 조만 헤이그마이어 초상 모음 Bancroft
조지 엘텐튼 Voge
보리스 패시 중령 NA
마틴 셔윈과 슈발리에 BS
승마 바지를 입은 키티 BS
키티 여권 사진 BS
실험실에서의 키티 BS
오펜하이머의 연구소 통행증 BS
소파 위에서 담배를 피는 키티 JROMC
키티의 로스앨러모스 통행증 BS
미소 짓는 키티 JROMC
키티와 피터 JROMC
아기 피터에게 우유를 먹이고 있는 오펜하이머 JROMC
로스앨러모스 파티에서의 오펜하이머 LANL
도로시 맥키빈, 오펜하이머, 빅터 바이스코프 LANL
강의에 참석한 오펜하이머 등 LANL
트리니티 시험 폭발 LANL
히로시마 전경 NA
나가사키에서 살아남은 어머니와 아이 Yamahata
기계 앞에 서 있는 오펜하이머 등 AIP-PTC
《피직스 투데이》표지 UPI
턱시도를 입은 오펜하이머, 코넌트, 바네바 부시 Harvard
실험실의 프랭크 오펜하이머 NA
프랭크와 소 AP

배를 타고 있는 앤 윌슨 마크스 **Marks**
리처드와 루스 톨먼 **BS**
《타임》 표지 **Getty**
비행기 앞에 선 오펜하이머 등 **LANL**
하버드 대학교에서의 오펜하이머 등 **Harvard**
올든 매너 **BS**
올든 매너 앞의 키티, 토니, 피터 **Whitehead**
잔디밭 위의 오펜하이머, 토니, 피터
   Sonnenberg
온실 속의 키티 **Eisenstaedt**
프린스턴 대학교에서의 오펜하이머와 노이만
   Richards
강의 중인 오펜하이머 **Eisenstaedt**
엘리노어 루즈벨트와 오펜하이머 **Getty**
오펜하이머 초상 **NA**
그렉 브레이트와 오펜하이머 **NA**
허블록 만화 **Herblock**
루이스 스트라우스 초상 **NA**
담배를 피우며 걷는 오펜하이머 **Getty**
워드 에번스 **Northwestern**
고든 그레이 **UNC**
헨리 드울프 스미스 **NA**
유진 주커트 **NA**
로저 로브 **Getty**
말을 타고 있는 토니 **BS**
키티와 오펜하이머 **BS**
넥타이를 매고 코트를 입는 피터 **JROMC**
요트를 타고 있는 토니 **BS**
요트를 타고 있는 오펜하이머 **BS**
해변의 오펜하이머 가족 **JROMC**
소파에 앉은 오펜하이머와 닐스 보어 **Bohr**
일본을 방문한 키티와 오펜하이머 **JROMC**
파이프 담배를 피우는 오펜하이머 **Steltzer**
오펜하이머와 재키 케네디 **Getty**
탐험관 앞에서의 프랭크 오펜하이머
   Exploratorium

페르미 상을 받는 오펜하이머와 키티 **JROMC**
오펜하이머와 린든 B. 존슨 대통령 **Berkeley**
텔러와 악수하는 오펜하이머 **Getty**
해변 별장에서의 오펜하이머 **Bukowski**
바닥에 앉아 있는 토니 **BS**
그네를 타고 있는 토니, 잉가, 키티, 도리스
   Hiilivirta
오펜하이머 초상 **Steltzer**

옮긴이 **최형섭**

서울 대학교 재료공학부를 졸업하고 미국 조지아 공과 대학과 존스 홉킨스 대학교에서 과학기술사를 공부했다. 2007년 존스 홉킨스 대학교에서 과학기술사 박사 학위를 받았다. 서울 대학교 공과 대학을 거쳐 2015년부터 서울과학기술대학교 융합교양학부 교수로 있다. 2019년 「정원 속의 수입기술: 경운기와 한국 농업 근대화」로 26회 한국과학사학회 논문상을 받았다. 한국 현대사 속의 과학과 기술의 모습에 관심을 갖고 연구 중이다. 『아메리칸 프로메테우스: 로버트 오펜하이머 평전』, 『처형당한 엔지니어의 유령』 등을 우리말로 옮기고 『한국 테크노컬처 연대기』(공저), 『그것의 존재를 알아차리는 순간: 일상을 만든 테크놀로지』 등을 썼다.

아메리칸 프로메테우스

1판 1쇄 펴냄 2010년 8월 6일
1판 8쇄 펴냄 2023년 9월 15일

지은이 카이 버드, 마틴 셔윈
옮긴이 최형섭
펴낸이 박상준
펴낸곳 (주)사이언스북스
출판등록 1997. 3. 24.(제16-1444호)
(135-887) 서울시 강남구 신사동 506 강남출판문화센터
대표전화 515-2000, 팩시밀리 515-2007
편집부 517-4263, 팩시밀리 514-2329
www.sciencebooks.co.kr

한국어판 ⓒ (주)사이언스북스, 2010, 2023. Printed in Seoul, Korea.
ISBN 978-89-8371-113-7 93990